ATOMS IN ELECTROMAGNETIC FIELDS

WORLD SCIENTIFIC SERIES ON
ATOMIC, MOLECULAR AND OPTICAL PHYSICS
Vol. 1

ATOMS IN ELECTROMAGNETIC FIELDS

C. Cohen-Tannoudji
Collège de France
Paris

World Scientific
Singapore • New Jersey • London • Hong Kong

Published by

World Scientific Publishing Co. Pte. Ltd.
P O Box 128, Farrer Road, Singapore 9128
USA office: Suite 1B, 1060 Main Street, River Edge, NJ 07661
UK office: 73 Lynton Mead, Totteridge, London N20 8DH

Library of Congress Cataloging-in-Publication Data

Cohen-Tannoudji, Claude, 1933–
Atoms in electromagnetic fields / C. Cohen-Tannoudji.
p. cm. -- (World Scientific series on atomic, molecular, and optical physics ; vol. 1)
Includes bibliographical references.
ISBN 9810212429 -- ISBN 9810212437 (pbk.)
1. Electromagnetic fields. 2. Photonuclear reactions. 3. Atoms.
I. Title. II. Series.
QC665.E4C64 1994
539.7--dc20 94-25498
CIP

Printed in Singapore.

General Introduction

Collecting a series of reprints and publishing them in the form of a book may seem a little pretentious. Actually, when this was suggested to me two years ago by World Scientific, my response was first negative. The first thought which caused me to change my mind came when I surveyed my own bookcase in which were contained a few sets of reprints bound together given by colleagues working in similar fields; I find them quite convenient. When I need to consult one particular paper, I find it immediately without having to spend hours looking for it in piles of reprints and preprints, most of the time without success.

Also, when I started to think about how I could organise the chapters of such a book, I found it worthwhile to look back over my research field and to try to find a few guidelines for understanding its evolution. During the last forty years, the field of atomic physics has experienced a number of spectacular developments, but a close inspection shows that the atom–photon interactions at the heart of these developments can always be analyzed with a small number of general ideas. Conservation laws are an obvious example. Conservation of angular momentum plays an essential role in optical pumping, whereas laser cooling is based on the conservation of linear momentum. A more subtle example is the influence of the correlation time of the electromagnetic field on the atomic dynamics. If this correlation time is very short compared to all the other characteristic times, which is the case of the vacuum field or of the broadband fields emitted by thermal sources, the atomic evolution can be described by rate equations or, equivalently, by a random sequence of quantum jumps associated with the absorption or emission processes. On the contrary, if the field correlation time is very long, the atomic evolution is described by optical Bloch equations or, equivalently, by a Rabi nutation between the two states of the atomic transition driven by the applied field. This explains why so many concepts developed for magnetic resonance turned out to be useful for the analysis of experiments performed with monochromatic laser sources as well. Another example of a useful guideline is the distinction between the reactive and the dissipative responses of an atom to electromagnetic excitation. For the internal degrees of freedom, they give rise to a shift and to a broadening of the atomic levels, respectively. This is true not only for the interaction with the vacuum field (Lamb shift and natural width), but also for the interaction with an applied field (light shift and power broadening). For external degrees of freedom, one also finds a reactive force (dipole force) and a dissipative force (radiation pressure force). One of the most recent developments in laser cooling, the so-called Sisyphus cooling, can also be interpreted as resulting from a correlation between the spatial modulations of the two responses of the atom to a laser excitation with a spatially modulated polarization. More precisely, the light shifts of two Zeeman sublevels (reactive response) and the optical pumping rates from one sublevel to the other (dissipative response) are spatially modulated and correlated in such a way that the moving atom is running up the potential hills more often than down. As a final example, one may mention the importance of linear superpositions of atomic sublevels. They give rise to well-known effects, such as level crossing resonances (Hanle effect), and they also play an essential role in the new laser cooling mechanisms, such as velocity selective coherent population trapping, allowing one to cool atoms below the recoil limit associated with the kinetic energy of an atom absorbing or emitting a single photon.

The reprints I have selected here consist of review papers and lectures given at international conferences or summer schools, as well as original theoretical or experimental papers. Some of them are not easily available and I hope it will be useful to find them in this book. They all deal with the physical effects which can be observed on atoms interacting with various types of electromagnetic fields (broadband fields, radiofrequency fields, laser fields, vacuum fields, etc.). The problems which are addressed in these papers concern not only the effect of the electromagnetic field on atoms, i.e. the dynamics of their internal degrees of freedom and the motion of their center of mass, but also the new features of the light which is absorbed or emitted by these atoms, such as the spectral distribution of the fluorescence light and photon correlations. I have tried to select papers which put emphasis on the physical mechanisms and general approaches, such as the dressed-atom approach, having a wide range of applications. I thus hope that they could be useful to a wide audience, and not only to specialists.

A short introduction has been written for each paper. It gives the historical context of the paper, explains how it fits into the general evolution of the research field, and points out connections with other ideas or other work done at different periods. A few references are given in these introductory notes, but they are not intended to be exhaustive. In addition, some recent work done after the selection of reprints was completed is mentioned in an epilogue.

I am very much indebted to Alfred Kastler and Jean Brossel for their constant interest in my work. They supervised my thesis and initiated me to this branch of atomic physics which has so greatly benefited from their inspiration. I would also like to express my gratitude to all the coauthors of the papers presented in this volume. Their contribution has been essential and the work described here could not have been done without their enthusiasm.

All the editors who have been contacted have given permission to reprint the papers for which I would like to thank them. I am also very grateful to Jean Dalibard, Jacques Dupont-Roc, and John Lawall for their help in the preparation of the introductory remarks and to Michèle Sanchez for the typing of these notes.

Table of Contents

3.5. Experimental evidence for compensation of Doppler broadening by light shifts 350
(with S. Reynaud, M. Himbert, J. Dupont-Roc, and H. H. Stroke)
Phys. Rev. Lett. **42**, 756 (1979)

3.6. Observation of Ramsey's interference fringes in the profile of Doppler-free two-photon resonances 355
(with M. M. Salour)
Phys. Rev. Lett. **38**, 757 (1977)

Section 4. Photon correlations and quantum jumps
The radiative cascade of the dressed atom

4.1. Atoms in strong light-fields: Photon antibunching in single atom fluorescence 364
(with S. Reynaud)
Phil. Trans. R. Soc. Lond. **A 293**, 223 (1979)

4.2. Time correlations between the two sidebands of the resonance fluorescence triplet 380
(with A. Aspect, G. Roger, S. Reynaud, and J. Dalibard)
Phys. Rev. Lett. **45**, 617 (1980)

4.3. Single-atom laser spectroscopy. Looking for dark periods in fluorescence light 386
(with J. Dalibard)
Europhys. Lett. **1**, 441 (1986)

4.4. Photon statistics and quantum jumps: The picture of the dressed atom radiative cascade 395
(with S. Reynaud and J. Dalibard)
IEEE J. Quantum Electron. **24**, 1395 (1988)

Section 5. Atoms in high frequency fields or in the vacuum field
Simple physical pictures for radiative corrections

5.1. Effect of high frequency irradiation on the dynamical properties of weakly bound electrons 409
(with P. Avan, J. Dupont-Roc, and C. Fabre)
J. Phys. (*Paris*) **37**, 993 (1976)

Section 1

Atoms in Weak Broadband Quasiresonant Light Fields
Light Shifts — Linear Superpositions of Atomic Sublevels

Resonance fluorescence, which consists of resonant absorptions and re-emissions of photons by atoms, is a basic process in atomic physics. For example, optical pumping uses resonance fluorescence induced by a polarized light beam for transferring to an ensemble of atoms part of the angular momentum carried by the incident polarized photons.

Before the development of laser sources, most experiments were done using spectral lamps, excited by dc or microwave discharges. The light emitted by such lamps has a broad spectral width, on the order of a few GHz (Doppler width), and an intensity sufficiently weak so that induced emission can be neglected in comparison with spontaneous emission.

The papers contained in this first section try to answer a few questions which were arising in the late fifties and which concern resonance fluorescence induced by weak broadband light fields:

– Is it correct to describe resonance fluorescence in terms of a random sequence of absorption and spontaneous emission processes?
– Are magnetic resonance curves between the ground state Zeeman sublevels perturbed by the incoming light?
– Can one prepare atoms in linear superpositions of ground state Zeeman sublevels? Are there interesting physical effects connected with the existence of such "Zeeman coherences"?

Answers to these questions can be found in the first three papers of this section. The last three papers describe level crossing resonances in atomic ground states (Hanle effect). They are associated with the resonant variations of the Zeeman coherences and are so narrow that they allow very small magnetic fields ($< 10^{-9}$ Gauss) to be measured.

Paper 1.1

C. Cohen-Tannoudji, "Théorie quantique du cycle de pompage optique. Vérification expérimentale des nouveaux effets prévus," *Ann. Phys. (Paris)*, 13e série, **7**, 423–495 (1962).

The first part of this thesis work presents a quantum theory of the optical pumping cycle and can be considered as one of the first examples of a master equation description of an ensemble of atoms driven by a quasiresonant optical field. Atoms are described by a density matrix and the denominations "optical coherences" and "Hertzian coherences" for the off-diagonal elements of the density matrix are introduced for the first time, these coherences being related to well-defined physical quantities such as the mean electric dipole moment or the mean transverse angular momentum (perpendicular to the axis of quantization, determined by the applied static magnetic field).

The correlation time of the absorption process is identified as being the inverse of the spectral bandwidth Δ of the incoming light (see remark on p. 17 and §D. 2, p. 18), and is interpreted as being the time it takes for an incident wave packet of light to pass through the atom. The fact that the correlation time $1/\Delta$ is small compared to the relaxation time (or pumping time T_P) of the ground state allows a separation of time scales and a rate equation description of the absorption process. Similarly, the brevity of the correlation time of vacuum fluctuations, compared to the radiative lifetime τ of the excited state, allows a rate equation description of spontaneous emission. This provides a justification of the description of resonance fluorescence induced by weak broadband optical fields in terms of a random sequence of sudden absorption and spontaneous emission processes (see Fig. 3 on p. 16, which can be considered as a precursor of modern descriptions of dissipative processes in terms of "quantum jumps").

One of the most important predictions of this quantum theory of the optical pumping cycle is that the magnetic resonance curves in the atomic ground states are broadened and shifted by quasiresonant light. Two types of such "light shifts" are identified. The first one is due to virtual absorptions and re-emissions of photons by the atom, and can be considered as the equivalent, for the absorption process, of the Lamb shift, which is due to the virtual spontaneous emissions and re-absorptions of photons. Such a light shift is sometimes called ac-Stark shift. The connection between level broadening and real absorption of light on the one hand and light shifts due to virtual processes and anomalous dispersion of light on the other hand is noted. The second type of light shift is due to the conservation of Zeeman coherence in real absorption-spontaneous emission cycles (fluorescence cycles). If the Larmor frequencies are not the same in the ground and excited states, the transverse atomic angular momentum takes a small advance (or delay) during each passage to the excited state, and the effective Larmor frequency in the ground state is slightly modified.

The second part of this thesis work describes the experiments which have been performed on the various isotopes of the mercury atom and which allowed a quantitative check of the various predictions of the first (theoretical) part, in particular those concerning the light broadening and the two types of light shifts of magnetic resonance curves in atomic ground states. This part also contains a description of experimental results which have not been published elsewhere, and which use detection signals proportional to the ground state Zeeman coherences for detecting magnetic resonance in the ground state, and in steady-state as well as in transient regimes. These signals are modulated at the frequency of the radiofrequency field, or at the Larmor frequency, and they provide a very good signal to noise ratio (see Chap. VIII, p. 60, and Figs. 40, 42, 43, and 46).

Thèse de Paris, 1962.

LABORATOIRE DE PHYSIQUE DE L'ÉCOLE NORMALE SUPÉRIEURE
(Professeur A. KASTLER)
24, rue Lhomond, Paris 5e

THÉORIE QUANTIQUE DU CYCLE DE POMPAGE OPTIQUE

VÉRIFICATION EXPÉRIMENTALE DES NOUVEAUX EFFETS PRÉVUS

Par

C. COHEN-TANNOUDJI

INTRODUCTION

Les « méthodes de détection optique de la résonance magnétique » constituent un champ de recherches qui s'est considérablement développé durant ces dernières années. Elles constituent un puissant moyen d'études de la structure des niveaux atomiques. Appliquées à l'étude des états excités, elles sont également connues sous le nom de « méthodes de double résonance ». La première application de ces méthodes, dont le principe fut suggéré par Brossel et Kastler en 1949 (9), *fut l'étude par Brossel de la structure du niveau excité* 6^3P_1 *du mercure* (10). *Leur extension à l'étude des niveaux fondamentaux fut rendue possible grâce à l'idée du « pompage optique », proposée en 1950 par Kastler* (26). *Depuis ces travaux originaux, le champ de recherches s'est considérablement élargi, dans de nombreuses directions. Pour une vue d'ensemble de la question, nous renvoyons le lecteur à deux récents articles de mise au point de Brossel* (11) (12), *dans lesquels de nombreuses références sont données.*

Deux idées importantes sont à la base de ces méthodes : en excitant la résonance optique d'un atome par de la lumière convenablement polarisée, il est possible de transférer à l'atome une partie du moment angulaire transporté par le photon et de créer ainsi une orientation atomique. Les différences de population obtenues entre les sous-niveaux Zeeman permettent alors de préparer le système dans un état où la résonance magnétique est facilement observable. La deuxième idée utilise la propriété suivante : deux sous-niveaux atomiques non dégénérés n'ont pas en général le même diagramme d'absorption ou d'émission d'énergie lumineuse. Toute variation de la répartition des populations entre les sous-niveaux Zeeman (en particulier celle causée par un champ de radiofréquence) se traduit donc par une modification du diagramme d'absorption ou d'émission global de la vapeur atomique et peut, par suite, être détectée sur la lumière absorbée ou réémise. Ce procédé de détection est particulièrement sensible : une transition entre sous-niveaux Zeeman est détectée au moyen de photons optiques qui possèdent une énergie considérablement supérieure à celle mise en jeu lors de cette transition.

Les méthodes de détection optique de la résonance magnétique reposent donc essentiellement sur les propriétés de l'interaction entre l'atome et le champ de rayonnement. Il est par suite tout à fait naturel que de nouveaux problèmes concernant les propriétés de cette interaction se soient posés au fur et à mesure du développement des travaux. Un exemple de ce genre de problème est celui de la « cohérence ». Il fut posé initialement lors de la découverte du phénomène de diffusion multiple « cohérente » (2) (8) (23). *Par la suite, son importance fut confir-*

Thèse C. COHEN-TANNOUDJI, 1962 *(p.)*

mée par la découverte d'autres effets optiques qui lui sont liés, comme, par exemple, les phénomènes de modulation de la lumière absorbée (6) (21) *ou émise* (22) *par un atome qui subit la résonance magnétique. De façon générale, l'ensemble de ces faits pose le problème de l'absorption et de l'émission d'énergie lumineuse par un atome qu'un champ de radiofréquence a placé dans une superposition cohérente des sous-niveaux Zeeman.*

Sur le plan théorique, le problème de l'interaction entre l'atome et le champ de rayonnement a été abordé par Barrat dans le cadre de la théorie quantique des champs (2) (3). *Il a mis au point un formalisme qui permet de décrire l'évolution de la matrice densité qui représente l'ensemble des atomes dans l'état* excité *sous l'effet du couplage avec des photons de résonance optique et de radiofréquence (ces derniers traités classiquement). Ce formalisme permet de rendre compte quantitativement des effets de diffusion multiple cohérente et des phénomènes de « battements lumineux » observés par Series* (22).

Le travail de Barrat est cependant restreint à l'étude de l'état excité. Il laisse un certain nombre de problèmes en suspens, en particulier ceux qui sont relatifs à la résonance magnétique dans l'état fondamental *et qui font intervenir la « cohérence » ainsi introduite entre les sous-niveaux de cet état. L'importance de ces problèmes est démontrée expérimentalement : toute une catégorie de méthodes de détection optique de la résonance magnétique dans l'état fondamental repose sur la possibilité d'observer dans certaines conditions une modulation de la lumière absorbée par la vapeur (effet Dehmelt)* (21). *Autre exemple : on constate expérimentalement une influence de l'intensité lumineuse sur la largeur* (14) (15) *des raies de résonance magnétique dans l'état fondamental. Tous ces phénomènes peuvent se comprendre de façon qualitative en considérant que l'absorption d'un photon optique par un atome arrache ce dernier à l'action cohérente du champ de radiofréquence. Une telle image n'est cependant pas suffisante pour un calcul quantitatif de l'effet. Elle ne permet pas surtout de préciser ce que devient la « cohérence » ainsi arrachée à l'état fondamental au cours du cycle de pompage optique : on peut se demander par exemple s'il n'y a pas une relation de phase entre les coefficients du développement de la fonction d'onde suivant les sous-niveaux de l'état fondamental* avant et après *le cycle de pompage optique. Enfin, le fait que la largeur des raies de résonance magnétique dépende de l'intensité lumineuse amène à se poser, de façon plus générale, le problème de la perturbation du système étudié, l'atome, par la lumière, qui dans ces expériences, peut être considéré en quelque sorte comme l'instrument de mesure.*

Il nous a donc semblé nécessaire de reprendre l'étude théorique complète du cycle de pompage optique lui-même ; en utilisant la théorie quantique des champs pour la description du champ de rayonnement (le champ de radiofréquence étant par contre traité classiquement) ; le formalisme de la matrice densité pour la description de l'ensemble des atomes, et ceci afin de rendre compte des effets de « cohérence » aussi bien dans l'état fondamental que dans l'état excité.

L'étude théorique correspondante, faite en collaboration avec Barrat, a été publiée en détail dans deux articles du Journal de Physique *que nous désignerons dans la suite par* J — P1 (4) *et* J — P2 (5). *Le but du présent travail est de présenter une interprétation physique détaillée des résultats de la théorie et de décrire la vérification expérimentale des effets essentiellement nouveaux que le calcul du cycle de pompage a permis de prévoir.*

La première partie de notre travail est donc consacrée à la théorie du cycle de pompage optique. Plutôt que de reprendre l'exposé détaillé des calculs qui est déjà fait dans J — P1 et J — P2, il nous a semblé intéressant d'essayer de dégager de ces calculs une image physique claire du cycle de pompage. Nous adoptons pour cela un mode de présentation très synthétique qui permet de montrer que tous les phénomènes observés jusqu'à présent dans les expériences de pompage optique, aussi complexes soient-ils, peuvent être analysés et compris à partir de quelques idées physiques très simples. La raison profonde d'une telle simplicité réside dans le fait que le phénomène de résonance optique peut, dans ces expériences, être décrit comme une succession de deux processus distincts, entièrement indépendants : l'absorption et la réémission d'un photon. Cette propriété elle-même est une conséquence des caractéristiques communes à toutes les sources lumineuses utilisées jusqu'à présent dans ces expériences : faible densité de photons, largeur spectrale importante de la raie excitatrice, grande indétermination sur la phase de l'onde lumineuse.

La présentation ainsi choisie permet de voir sous un angle nouveau plusieurs phénomènes importants, en particulier les « phénomènes de cohérence entre sous-niveaux Zeeman », qui sont rattachés au comportement des moments angulaires transversaux (perpendiculaires au champ magnétique statique H_0) de l'atome et du photon au cours du cycle de pompage. La complexité apparente de ces phénomènes provient uniquement du fait qu'en l'absence de toute interaction mutuelle, le moment angulaire transversal n'a pas le même mouvement propre sur l'atome et sur le photon : il précesse autour du champ magnétique pour le premier, reste immobile pour le second. Une telle différence de mouvement propre n'existe pas pour le moment angulaire longitudinal, ce qui rend les échanges de cette grandeur entre l'atome et le photon beaucoup plus simples à décrire.

Les effets essentiellement nouveaux que le calcul du cycle de pompage a permis de prévoir sont analysés et interprétés physiquement. Dans cette introduction nous citerons seulement deux des plus importants de ces effets :

a) Des effets radiatifs sont associés au processus d'absorption. Ils sont très analogues aux effets bien connus qui sont liés au processus d'émission spontanée (25) : durée de vie radiative d'un niveau excité ; self-énergie ou Lamb-shift (28) de ce niveau.

Le seul fait d'illuminer un atome avec des photons de résonance optique confère aux sous-niveaux de l'état fondamental une durée de vie finie et modifie leur énergie, ce qui se traduit par un élargissement et un déplacement des raies de résonance magnétique dans l'état fondamental.

b) Il y a possibilité d'une conservation partielle de la « cohérence » au cours du cycle de pompage optique. En termes plus physiques, le moment angulaire transversal de l'atome après le cycle de pompage peut conserver une certaine mémoire de la direction qu'il avait avant le cycle de pompage. Dans l'état fondamental, le champ de radiofréquence peut donc agir sur un atome donné de façon cohérente, pendant une durée plus longue que le temps moyen séparant l'absorption successive de deux photons par le même atome. Cette non-destruction de la direction angulaire transversale au cours des processus d'absorption et d'émission spontanée a également une autre conséquence importante. Comme les précessions de Larmor ω_e et ω_f sont en général différentes dans l'état excité et dans l'état fondamental, le moment angulaire transversal de l'état fondamental prend, après chacun des brefs passages que l'atome effectue dans l'état excité, une avance ou un retard suivant les signes relatifs de $\omega_e - \omega_f$ et ω_f. Le pompage optique entraîne donc une modification de la fréquence de Larmor moyenne de l'état fondamental en la couplant à celle de l'état excité ; ceci entraîne l'existence d'un second type de déplacement des raies de résonance magnétique causé par le faisceau lumineux, très différent cependant par sa nature du précédent (la grandeur de ce second type de déplacement dépend, par exemple, de la valeur du champ magnétique, ce qui n'est pas le cas pour le premier).

Étant donné l'importance de ces effets, il nous a semblé nécessaire de procéder à une vérification expérimentale quantitative de l'ensemble des résultats nouveaux prévus par la théorie. C'est à la description et à la discussion de ces diverses expériences qu'est consacrée la seconde partie de ce travail.

Nous avons choisi dans ce but les isotopes impairs du mercure auxquels Cagnac venait d'appliquer avec succès les méthodes du pompage optique (13) (14). Le cas de l'isotope ^{199}Hg est particulièrement simple et intéressant. Cet élément ne possède tout d'abord que deux sous-niveaux Zeeman dans l'état fondamental. Les coïncidences bien connues de la raie 2 537 Å permettent d'autre part, en utilisant des lampes à isotopes séparés, d'exciter sélectivement l'une ou l'autre des deux composantes hyperfines de la raie de résonance optique de cet élément. Enfin, les raies de résonance magnétique sont très fines par suite de la faiblesse du processus de relaxation thermique. Nous avons pu ainsi nous placer dans des conditions expérimentales très bien définies — entièrement calculables — et soumettre chacun des effets prévus au test de l'expérience. Dans tous les cas, les prévisions théoriques se sont trouvées vérifiées de façon quantitative (16) (17) (18).

PARTIE THÉORIQUE

CHAPITRE PREMIER

DESCRIPTION DU FORMALISME MATHÉMATIQUE

Introduction. — Avant d'aborder la théorie du cycle de pompage optique, il nous a semblé nécessaire de rappeler tout d'abord un certain nombre de notions importantes bien que le plus souvent très élémentaires. Aussi bien la conduite des calculs, que l'interprétation physique des résultats nécessitent en effet une compréhension claire du formalisme mathématique utilisé pour décrire les phénomènes physiques.

Nous commençons tout d'abord par étudier les deux systèmes qui sont en présence : l'ensemble des atomes et le champ de rayonnement. La description de l'*état* dans lequel chacun d'eux se trouve est rappelée. Chaque symbole mathématique est défini et est rattaché à une grandeur physique, ce qui permet de se représenter physiquement un « état » donné du système. Nous définissons de façon précise la notion de « cohérence » pour le système atomique et pour un mode du champ de rayonnement. Nous montrons qu'elle est liée aux grandeurs physiques qui, n'étant pas compatibles avec l'énergie, ne sont pas des constantes du mouvement, et ont par suite un mouvement propre (pour l'atome, le moment angulaire transversal, ou le moment dipolaire électrique ; pour le champ de rayonnement, la phase, les champs et potentiels électromagnétiques).

Nous étudions ensuite l'interaction qui couple les deux systèmes entre eux. Les éléments de matrice du hamiltonien qui décrit ce couplage sont explicités et interprétés physiquement : on montre comment les deux systèmes peuvent échanger de l'énergie, du moment angulaire et de la « cohérence ». Les processus élémentaires d'interaction : absorption, émission induite et émission spontanée sont analysés et comparés entre eux.

Nous abordons enfin le problème de la description du faisceau lumineux. Nous avons choisi pour cela un modèle particulièrement simple où la phase de l'onde lumineuse est complètement indéterminée. Pour justifier un tel choix, on rappelle que dans le domaine optique et avec les sources usuelles, les diverses cellules de l'espace des phases renferment un nombre moyen de photons très petit devant l'unité, ce qui entraîne une grande indétermination sur la phase.

A. — Le système atomique

Les atomes de la vapeur sont supposés sans interactions mutuelles. Les degrés de liberté externes correspondant à l'énergie cinétique de translation ne sont pas quantifiés. La position de l'atome est représentée classiquement :

$$\vec{R} = \vec{R}_0 + \vec{v}t.$$

La répartition des vitesses $\vec{v}$ est celle de l'équilibre thermique.

1° Les niveaux d'énergie. — On s'intéresse ici uniquement au niveau fondamental et au niveau de résonance optique. De façon plus précise, les calculs développés dans le présent travail sont relatifs au cas suivant. L'état fondamental a un moment angulaire électronique J = 0 et un spin nucléaire I ; l'état excité est le sous-niveau hyperfin F d'un niveau de moment angulaire électronique J = 1. C'est le cas des isotopes impairs du mercure pour la raie 2 537 Å : 6^1S_0—6^3P_1 (14).

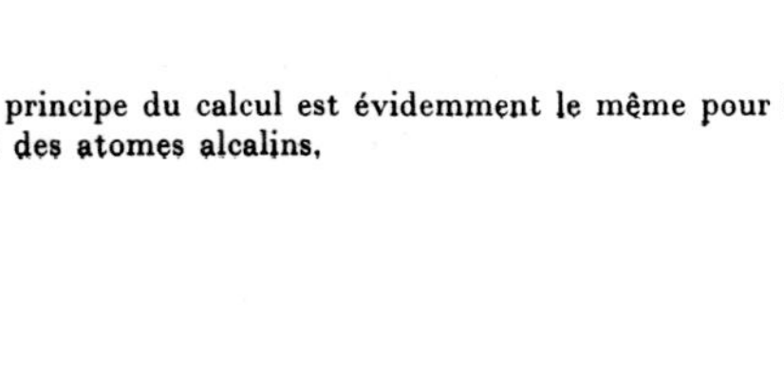

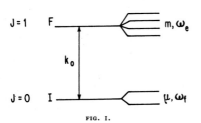

FIG. 1.

Le principe du calcul est évidemment le même pour le cas des atomes alcalins.

k_0 représente l'énergie qui sépare les deux états. En l'absence de champ extérieur, les deux niveaux d'énergie sont dégénérés.

Si un champ magnétique H_0 est appliqué le long de l'axe O_z, cette dégénérescence est levée : l'état fondamental et l'état excité se décomposent respectivement en 2I + 1 sous-niveaux μ et 2F + 1 sous-niveaux *m*. Les énergies de ces niveaux sont :

$$E_\mu = \mu\omega_f, \qquad E_m = k_0 + m\omega_e$$

(Dans tout ce qui suit, on fait $\hbar = c = 1$). ω_e et ω_f, écarts Zeeman dans l'état excité et dans l'état fondamental sont proportionnels à H_0.

2° Description de « l'état » d'un atome. — L'état d'un atome qui se trouve dans un sous-niveau Zeeman μ ou *m* est représenté par le symbole $|\mu\rangle$ ou $|m\rangle$. Dans un tel état, l'énergie, la grandeur du moment angulaire total $\vec{F}^2$, la composante F_z de ce moment angulaire suivant O_z ont des valeurs bien déterminées.

L'état le plus général dans lequel l'atome puisse se trouver à l'intant *t* est une *superposition linéaire* des états $|\mu\rangle$ et $|m\rangle$ que l'on désigne par $|\chi(t)\rangle$:

$$|\chi(t)\rangle = \sum_\mu a_\mu(t)\,|\mu\rangle + \sum_m a_m(t)\,|m\rangle = \sum_E a_E(t)\,|E\rangle \qquad \text{(I, A, 1)}$$

(Le symbole E est utilisé quand on ne veut pas différencier μ et *m*).

La valeur moyenne d'une grandeur physique G caractéristique de l'atome dépend de l'état $|\chi(t)\rangle$ dans lequel l'atome se trouve et peut s'écrire :

$$\langle G(t)\rangle_\chi = \sum_{E,E'} a_E(t)a^*_{E'}(t)G_{E'E}. \qquad \text{(I, A, 2)}$$

$G_{E'E}$ étant l'élément de matrice de l'opérateur qui représente la grandeur G entre les états E et E' :

$$G_{E'E} = \langle E'\,|\,G\,|\,E\rangle.$$

L'énergie et les *grandeurs compatibles avec l'énergie*, c'est-à-dire que l'on peut mesurer en même temps qu'elle, sont représentées par des matrices diagonales :

$$G_{EE'} = \delta_{EE'}.G_E.$$

D'après (I, A, 2), leurs valeurs moyennes ne dépendent que des *modules* $|a_E(t)|^2$ des coefficients du développement (I, A, 1), c'est-à-dire des probabilités pour que l'atome se trouve dans tel ou tel sous-niveau. Les autres grandeurs physiques ont, par contre, une valeur moyenne qui dépend également des $a_E(t)a^*_{E'}(t)$ avec $E \neq E'$, c'est-à-dire des *phases relatives* des coefficients du développement (I, A, 1).

Cette distinction entre les deux types de grandeurs n'est pas purement formelle. L'équation de Schrödinger qui décrit l'évolution de l'atome dans le temps donne en effet :

$$\begin{cases} a_\mu(t) = a_\mu(t_0)\mathrm{e}^{-i\mathrm{E}_\mu(t-t_0)} \\ a_m(t) = a_m(t_0)\mathrm{e}^{-i\mathrm{E}_m(t-t_0)} \end{cases} \qquad \text{(I, A, 3)}$$

On en déduit que les modules des $a_\mu(t)$ et $a_m(t)$ restent constants au cours du temps : comme leurs valeurs moyennes dépendent uniquement de ces quantités, on en déduit que l'énergie et les grandeurs physiques compatibles avec elle sont des *constantes du mouvement.*

Cette propriété importante, qui n'est d'ailleurs que l'expression quantique du principe de conservation de l'énergie, ne doit cependant pas faire oublier les autres grandeurs physiques qui peuvent avoir à jouer un rôle important, comme nous le verrons dans ce travail. A titre d'exemple, nous allons étudier deux de ces grandeurs, le moment angulaire transversal et le moment dipolaire électrique de l'atome.

3° **Le moment angulaire transversal.** — Les opérateurs $\mathrm{F}_\pm = \mathrm{F}_x \pm i\mathrm{F}_y$ qui représentent cette grandeur physique n'ont pas d'éléments de matrice entre l'état fondamental μ et l'état excité m ($\mathrm{F}_\pm$ ne change pas la parité). On peut donc parler d'un moment angulaire transversal dans l'état excité (ou fondamental) :

$$\left.\begin{aligned} \langle \mathrm{F}_\pm(t) \rangle = & \sum_{\mu\mu'} a_\mu(t)a^*_{\mu'}(t) \langle \mu' \mid \mathrm{F}_\pm \mid \mu \rangle \\ & + \sum_{mm'} a_m(t)a^*_{m'}(t) \langle m' \mid \mathrm{F}_\pm \mid m \rangle \end{aligned}\right\} \qquad \text{(I, A, 4)}$$

Les seuls éléments de matrice non nuls de $\mathrm{F}_\pm$ sont tels que $\mu - \mu' = \pm 1$ (ou $m - m' = \pm 1$). On déduit alors très facilement de (I, A, 3) et (I, A, 4) que la valeur moyenne du moment angulaire transversal exécute un mouvement circulaire de fréquence $\frac{\omega_f}{2\pi}$ dans l'état fondamental, $\frac{\omega_e}{2\pi}$ dans l'état excité.

On retrouve ainsi facilement l'image classique de la *précession de Larmor.*

On verrait de même que la valeur moyenne de grandeurs telles que $\mathrm{F}^2_\pm$, $\mathrm{F}^3_\pm$ ... fait intervenir les quantités $a_\mu a^*_{\mu'} (a_m a^*_{m'})$ avec $\mu - \mu'$ (ou $m - m'$) $= \pm 2$, ± 3 ... et ainsi de suite.

4° **Le moment dipolaire électrique $\vec{\mathfrak{D}}$:**

$$\vec{\mathfrak{D}} = e\sum_j \vec{r}_j.$$

e est la charge de l'électron, $\vec{r}_j$ la distance entre le noyau et le $j^{\text{ème}}$ électron.

$\vec{\mathfrak{D}}$ changeant la parité n'a d'éléments de matrice qu'entre un état μ et un état m :

$$\langle \vec{\mathfrak{D}}(t) \rangle = \sum_{\substack{m,\mu \\ (m-\mu=0,\pm 1)}} a_m(t)a^*_\mu(t) \langle \mu \mid \vec{\mathfrak{D}} \mid m \rangle + \text{c. c.} \qquad \text{(I, A, 5)}$$

D'après (I, A, 3) et (I, A, 5), le mouvement de $\langle \vec{\mathfrak{D}} \rangle$ est composé d'une série de mouvements sinusoïdaux de pulsation $k_0 + m\omega_e - \mu\omega_f$.

On retrouve ainsi l'image classique du dipôle électrique vibrant aux fréquences *optiques* des diverses composantes de la raie de résonance.

5° **Description de l'ensemble des atomes. Matrice densité. Notions de cohérence.** — Nous nous sommes intéressés jusqu'à présent au cas d'un seul atome. La description de l'état de cet atome se fait au moyen des nombres complexes $a_\mathrm{E}(t)$ ou, ce qui revient au même, au moyen des quantités $\sigma_{\mathrm{EE}'} = a_\mathrm{E}(t)a^*_{\mathrm{E}'}(t)$. La matrice σ est appelée la *matrice densité.* Toutes les prévisions physiques concernant l'atome se calculent à partir de σ. L'expression (I, A, 2) s'écrit :

$$\langle \mathrm{G}(t) \rangle = \text{trace}\, \sigma(t).\mathrm{G}.$$

La description d'un ensemble d'atomes identiques et sans interactions mutuelles se fait au moyen d'une *matrice densité globale*, qui est la moyenne des matrices densités individuelles représentant chacun des atomes. La mécanique statistique quantique nous enseigne que cette description est la plus complète qu'il soit possible de donner et la seule valable.

Les éléments diagonaux σ_{EE} de la matrice densité globale représentent la probabilité moyenne pour qu'un élément arbitraire de l'ensemble soit dans l'état E. Ce sont les *populations* des différents niveaux d'énergie. Par définition, nous appellerons *cohérence* entre les états E et E', l'élément non diagonal $\sigma_{\mathrm{EE}'}$, s'il existe (19).

La *cohérence entre les sous-niveaux Zeeman*, $\sigma_{\mu\mu'}$ et $\sigma_{mm'}$ est liée à l'existence d'un moment angulaire transversal *global* (l'une au moins des quantités $\langle \mathrm{F}_\pm \rangle$, $\langle \mathrm{F}^2_\pm \rangle$, ... est différente de 0). Le fait qu'une telle cohérence existe implique physiquement que les directions transversales des différents moments angulaires individuels ne se répartissent pas de façon isotrope. Les précessions de Larmor des différents atomes se font donc plus ou moins en phase. Une telle situation est notamment réalisée lorsqu'on effectue la résonance magnétique : le champ de radiofréquence introduit, en effet, une direction transversale privilégiée et « pilote » en phase la précession des différents dipôles magnétiques. C'est là la méthode favorite qui est utilisée pour introduire de la « cohérence » dans un système atomique.

On verrait de même que l'existence d'une *cohérence $\sigma_{m\mu}$ entre l'état excité et l'état fondamental* implique que la phase de la vibration des différents dipôles électriques ne varie pas aléatoirement d'un atome à l'autre. Cette situation serait réalisée si l'on « attaquait » l'ensemble des atomes par une onde lumineuse suffisamment cohérente (au sens optique du terme) dans le temps et dans l'espace.

De façon générale, nous voyons que la cohérence $\sigma_{EE'}$ entre les niveaux E et E' fait intervenir une grandeur physique qui, n'étant pas compatible avec l'énergie, a un mouvement propre, l'une des composantes de ce mouvement se faisant à la fréquence E — E'. Le fait que $\sigma_{EE'} \neq 0$ implique que la *phase* du mouvement à la fréquence E — E' de cette grandeur physique ne varie pas aléatoirement d'un atome à l'autre. Il y a alors cohérence, au sens propre du terme, entre les mouvements exécutés par les différents atomes et relatifs à cette grandeur physique. Une telle situation est réalisée lorsqu'une même cause, commune à tous les atomes, excite ce mouvement. La grandeur physique exécute alors un mouvement macroscopique observable. Il est impossible de rendre compte d'une telle situation, et par suite des effets qui lui sont associés, si l'on décrit l'ensemble des atomes uniquement en termes de populations, description qui est purement statique.

Les expériences qui seront décrites dans le présent travail *ne font intervenir que les cohérences du type* $\sigma_{mm'}$ *ou* $\sigma_{\mu\mu'}$ entre les sous-niveaux Zeeman de l'état excité ou entre ceux de l'état fondamental (y compris le cas où existe une structure hyperfine).

A ce stade il n'est peut-être pas prématuré de remarquer que l'existence d'une telle cohérence dans le système atomique se traduit par l'apparition de caractères nouveaux dans les propriétés *optiques* de la vapeur : c'est la description et l'interprétation de ces propriétés optiques que nous donnons en détail dans la suite de ce mémoire. Il est clair que ces phénomènes ne font pas intervenir la cohérence au sens optique du terme (au sens des interférences) entre les processus lumineux relatifs aux différents atomes et qui seraient liés à l'existence de termes de type $\sigma_{m\mu}$. Dans un but de clarté et pour rappeler leur fréquence d'évolution, nous parlerons de *cohérence hertzienne* ($\sigma_{mm'}$, $\sigma_{\mu\mu'}$) par opposition à la *cohérence optique* $\sigma_{m\mu}$.

6° Le problème de la « cohérence hertzienne » en résonance optique. — Si nous avons tant insisté sur des notions qui n'ont rien d'original, c'est uniquement dans le but de dégager clairement le problème de la cohérence hertzienne en résonance optique.

Le pompage optique a été décrit la plupart du temps uniquement en termes de populations des différents niveaux d'énergie. Or, l'une de ses principales applications est de permettre d'effectuer la résonance magnétique grâce aux différences de populations qu'il permet d'obtenir entre les sous-niveaux Zeeman. Dans les expériences correspondantes, les quantités $\sigma_{\mu\mu'}$ et $\sigma_{mm'}$ ne sont donc pas nulles. Quelles sont les conséquences de cette situation ? En termes de grandeurs physiques : Comment se comporte par exemple le moment angulaire transversal de l'atome lors de l'interaction avec le champ de rayonnement ? Joue-t-il un rôle lors de l'absorption ou de l'émission de photons ? Comment évolue-t-il au cours du cycle de pompage optique ? Des questions semblables peuvent se poser également à propos du moment dipolaire électrique.

Une dernière remarque : le fait de mettre sur le même plan le moment angulaire longitudinal et le moment transversal ne permet pas cependant pour autant de résoudre immédiatement le problème par une généralisation simple des résultats relatifs au moment angulaire longitudinal. Dans l'histoire du pompage optique, les phénomènes liés à la « cohérence hertzienne » se sont dégagés plus lentement et plus difficilement. Nous essaierons de montrer dans ce travail que cette différence de comportement provient essentiellement du fait suivant : en l'absence d'interaction avec le champ de rayonnement, le moment angulaire *longitudinal* est une constante du mouvement. Entre deux processus élémentaires d'absorption ou d'émission de photons, il n'évolue pas. Par contre, le moment angulaire *transversal* a un mouvement propre et évolue par suite entre deux processus d'interaction. Par surcroît la précession de Larmor se fait à des vitesses différentes dans l'état excité et dans l'état fondamental. Tous les caractères particuliers des phénomènes de cohérence hertzienne se comprennent aisément à partir de là, ce qui donne une grande unité à la question.

B. — Le champ de rayonnement

Nous utiliserons ici la théorie du champ de rayonnement libre de Dirac, telle qu'elle est exposée dans l'ouvrage de Heitler (25) et reprise dans les travaux de Barrat (2) (3). Nous saisirons cette occasion pour définir nos notations.

1° L'énergie et l'impulsion du champ de rayonnement. Le photon. — En théorie classique, on décompose le champ électromagnétique suivant un ensemble de *modes* de vibrations, satisfaisant aux conditions aux limites, indépendants entre eux et orthogonaux. L'ensemble des ondes planes dans l'espace libre en est un exemple. Chaque onde plane $e^{i(\vec{k}_i\vec{r}+\omega_i t)}$ est représentée par son vecteur d'ondes $\vec{k}_i$ et sa pulsation ω_i. $\vec{k}_i$ et ω_i sont liés par la relation $\omega_i = |\vec{k}_i|$.

A chacun de ces modes, on associe en théorie quantique un *oscillateur harmonique*. Le champ de rayonnement est donc représenté quantiquement par une infinité d'oscillateurs harmoniques indépendants. L'état dans lequel il se trouve est connu lorsqu'on connaît l'état dans lequel se trouve chacun de ces oscillateurs harmoniques.

Pour simplifier les notations, désignons par « mode $\vec{k}_i$ » l'oscillateur harmonique associé à l'onde plane $\vec{k}_i$. Les niveaux d'énergie du mode $\vec{k}_i$ sont équidistants, le $n^{\text{ième}}$ niveau ayant l'énergie nk_i (On prend comme zéro d'énergie celle correspondant au cas où tous les modes sont dans leur état le plus bas).

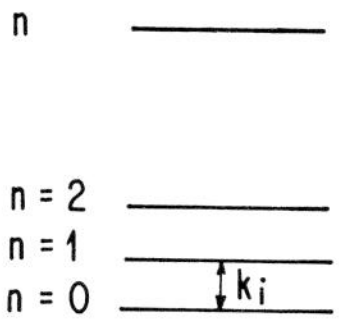

FIG. 2.

Les états propres de l'énergie $| n \rangle$ étant choisis comme états de base, l'état le plus général du mode $\vec{k}_i$ s'écrit :

$$| \xi(t) \rangle = \sum_{n=0}^{\infty} a_n(t) \, | n \rangle. \qquad \text{(I, B, 1)}$$

Lorsque le mode $\vec{k}_i$ se trouve dans l'état $| n \rangle$, l'énergie et l'impulsion ont des valeurs bien déterminées qui sont respectivement nk_i et $n\vec{k}_i$. Ce résultat s'interprète simplement en disant que l'état $| n \rangle$ du mode $\vec{k}_i$ renferme *n photons ;* les photons du mode $\vec{k}_i$ ayant une énergie k_i et une impulsion $\vec{k}_i$.

Lorsque le mode $\vec{k}_i$ se trouve dans l'état $| \xi \rangle$, le nombre de photons n'a plus de valeur bien déterminée. La probabilité pour qu'il y ait n photons est $| a_n(t) |^2$. Dans l'état $| \xi(t) \rangle$, la valeur moyenne du nombre de photons N, et par suite celle de l'énergie E et de l'impulsion $\vec{K}$ ne dépendent que des $| a_n(t) |^2$. Elles valent respectivement :

$$\left\{ \begin{aligned} \langle N \rangle &= \sum_{n=0}^{\infty} n \, |a_n(t)|^2 \\ \langle E \rangle &= \langle N \rangle k_i \\ \langle \vec{K} \rangle &= \langle N \rangle \vec{k}_i \end{aligned} \right. \qquad \text{(I, B, 2)}$$

En l'absence de toute autre interaction, ces quantités ne varient pas au cours du temps : ce sont des constantes du mouvement. Ceci résulte comme plus haut de l'expression donnant $a_n(t)$:

$$a_n(t) = a_n(t_0) \mathbf{e}^{-i E_n (t - t_0)}. \qquad \text{(I, B, 3)}$$

2° **Opérateurs de création et d'annihilation d'un photon.** — Avant d'aller plus loin, il est nécessaire de rappeler les propriétés des opérateurs A_i et A_i^+ qui jouent un rôle très important dans la théorie quantique de l'oscillateur harmonique (29). L'état $| n \rangle$ est transformé par A_i^+ en $| n + 1 \rangle$ et par A_i en $| n - 1 \rangle$. De façon plus précise, on a :

$$\left\{ \begin{aligned} A_i^+ \, | n \rangle &= \sqrt{n+1} \, | n + 1 \rangle \\ A_i \, | n + 1 \rangle &= \sqrt{n+1} \, | n \rangle \end{aligned} \right. \qquad \text{(I, B, 4)}$$

Leur effet étant d'augmenter ou de diminuer le nombre de photons d'une unité, A_i^+ et A_i sont appelés « opérateurs de création et d'annihilation » (ils portent également ce nom dans la théorie de l'oscillateur harmonique) d'un photon dans le mode $\vec{k}_i$. A_i^+ et A_i ne commutent pas entre eux :

$$[A_i, A_i^+] = 1. \qquad \text{(I, B, 5)}$$

Ce qui fait jouer un rôle important à A_i et A_i^+, c'est le fait que les opérateurs représentant les diverses grandeurs physiques liées au champ électromagnétique s'expriment simplement à partir d'eux. On peut ainsi établir à partir de (I, B, 4) que :

$$\left\{ \begin{aligned} N &= A_i^+ A_i \\ E &= k_i A_i^+ A_i \\ \vec{K} &= \vec{k}_i A_i^+ A^i \end{aligned} \right. \qquad \text{(I, B, 6)}$$

3° **Les potentiels et champs électromagnétiques.** — L'énergie E, l'impulsion $\vec{K}$, le nombre de photons N ne sont pas les seules grandeurs physiques caractéristiques du champ de rayonnement. D'autres grandeurs importantes sont les *potentiels et champs électromagnétiques.* En théorie classique, la description d'une de ces grandeurs, le champ électrique $\mathcal{E}$ par exemple, nécessite la connaissance de deux quantités, une amplitude $\mathcal{E}_0$ et une phase φ :

$$\mathcal{E} = \mathcal{E}_0 \mathbf{e}^{i(k_i t + \varphi)}. \qquad \text{(I, B, 7)}$$

En théorie quantique, les opérateurs qui représentent les potentiels et champs électromagnétiques sont des combinaisons linéaires de A_i et A_i^+. Par suite de (I, B, 5) A_i et A_i^+ ne commutent pas avec $A_i^+ A_i$, c'est-à-dire l'énergie. Les potentiels et champs électromagnétiques sont donc des grandeurs physiques non compatibles avec l'énergie. Ce ne sont pas des constantes du mouvement. Les valeurs moyennes de ces grandeurs dans l'état $| \xi(t) \rangle$ du mode $\vec{k}_i$ ne font intervenir que des quantités du type $a_n(t) a_{n'}^*(t)$ avec $n - n' = \pm 1$ (par suite des propriétés des A_i et A_i^+). D'après (I, B, 3), on en déduit que ces valeurs moyennes effectuent un mouvement sinusoïdal de fréquence $\frac{k_i}{2\pi}$, ce qui redonne bien l'image classique. D'autre part, si le nombre de photons est bien déterminé, c'est-à-dire si le champ de rayonnement est dans un état propre $| n \rangle$, les valeurs moyennes des potentiels et des champs sont *nulles* puisque toutes les quantités du type $a_n(t)a^*_{n'}(t)$ avec $n \neq n'$ sont nulles. Le fait d'être sûr du nombre de photons entraîne donc une indétermination complète sur la *phase* de la vibration des champs et potentiels électromagnétiques.

Pour résumer cette étude, nous voyons qu'il existe également pour le champ de rayonnement des grandeurs physiques non compatibles avec l'énergie, qui ont un mouvement propre et qui font intervenir des « cohérences » $a_n(t)a^*_{n'}(t)$ entre les différents niveaux d'énergie des modes. Il est donc tout aussi incorrect de décrire le champ de rayonnement uniquement en termes de photons qu'il l'est de décrire un ensemble d'atomes uniquement en termes de populations.

Par suite de leurs fréquences d'évolution, nous désignerons par *cohérence optique* du champ électromagnétique les quantités $a_n(t)a^*_{n'}(t)$ avec $n \neq n'$ (Ce sont ces quantités qui sont à l'origine de la cohérence d'une onde lumineuse, telle qu'elle est définie en optique classique).

4° La polarisation du champ de rayonnement. Le moment angulaire du photon. — Une autre grandeur physique importante est la polarisation du champ de rayonnement. Elle est liée au caractère vectoriel de ce champ. Dans une onde plane, le champ électrique, le champ magnétique et la direction de propagation forment un trièdre trirectangle direct. La polarisation est connue lorsqu'on connaît la direction $\vec{e}_\lambda$ du champ électrique. $\vec{e}_\lambda$ est perpendiculaire à $\vec{k}_i$.

Désignons par $\vec{u}_x$, $\vec{u}_y$, $\vec{u}_z$ les vecteurs unitaires de trois axes Ox, Oy, Oz, le champ magnétique statique H_0 étant porté par Oz. Posons d'autre part $\vec{u}_\pm = \frac{1}{\sqrt{2}}(\vec{u}_x \pm i\vec{u}_y)$, $\vec{u}_0 = \vec{u}_z$. Lorsque la direction de propagation de l'onde plane $\vec{k}_i$ est parallèle à Oz et que $\vec{e}_\lambda$ est confondu avec $\vec{u}_+$ ou $\vec{u}_-$, les états de polarisation correspondants sont bien connus et désignés par σ^+ et σ^-. Lorsque la direction de propagation est perpendiculaire à H_0 et que $\vec{e}_\lambda$ est confondu avec $\vec{u}_0$, l'état de polarisation correspondant est désigné par π. Dans le cas général, le vecteur $\vec{e}_\lambda$, *qui est toujours perpendiculaire à* $\vec{k}_i$, peut être décomposé suivant les trois vecteurs unitaires orthogonaux $\vec{u}_+$, $\vec{u}_-$, $\vec{u}_0$:

$$\left\{ \begin{array}{l} \vec{e}_\lambda = a_+\vec{u}_+ + a_0\vec{u}_0 + a_-\vec{u}_- \\ \vec{e}_\lambda . \vec{k}_i = 0 \end{array} \right. \qquad \text{(I, B, 8)}$$

Les modes du champ de rayonnement correspondant aux différentes ondes planes, sont donc repérés par $\vec{k}_i$ et $\vec{e}_\lambda$, c'est-à-dire par l'*impulsion* et la *polarisation.*

Au lieu de développer le champ de rayonnement en ondes planes, on aurait pu le développer en ondes sphériques. On peut montrer que les modes correspondant aux différentes ondes sphériques sont repérés par la *parité* P et le *moment angulaire total* J.

Toute onde plane peut être décomposée en ondes sphériques. Les photons du mode $\vec{k}_i\vec{e}_\lambda$ n'ont donc pas de moment angulaire et de parité bien déterminés puisque le développement d'une onde plane fait intervenir toutes les ondes sphériques.

Dans le problème qui nous intéresse ici, il est cependant possible de parler du moment angulaire des photons $\vec{k}_i\vec{e}_\lambda$. En effet, les transitions optiques utilisées dans les expériences de pompage optique sont toutes des *transitions dipolaires électriques.* Ceci entraîne que l'interaction entre l'atome et le champ de rayonnement fait intervenir uniquement la partie dipolaire électrique du mode $\vec{k}_i\vec{e}_\lambda$. En d'autres termes, parmi toutes les ondes sphériques qui interviennent dans le développement de l'onde plane $\vec{k}_i\vec{e}_\lambda$, seule l'onde dipolaire électrique, qui correspond à $P = -$ et à $J = 1$, interagit avec l'atome.

Dans la suite de ce travail, nous parlerons donc du *moment angulaire des photons* $\vec{k}_i\vec{e}_\lambda$, étant bien entendu que nous désignons par là le moment angulaire de la *partie dipolaire électrique de l'onde plane* $\vec{k}_i$, $\vec{e}_\lambda$.

En ce qui concerne l'interaction avec l'atome, le photon apparaît donc comme une particule ayant un moment angulaire $J = 1$. La projection de ce moment angulaire sur l'axe Oz (qui est la direction du champ magnétique, et non celle de $\vec{k}_i$) peut prendre les trois valeurs $+1$, -1, 0. A ces trois valeurs propres distinctes correspondent trois états propres orthogonaux $| +1 \rangle$, $| -1 \rangle$, $| 0 \rangle$ pour le photon, qui doivent être associés aux trois états de polarisation σ^+, σ^-, π. Un photon σ^+ a un moment angulaire $+1$ par rapport à Oz ; un photon σ^-, -1 ; un photon π, 0.

Nous dirons, par définition, que la polarisation $\vec{e}_\lambda$ est « cohérente » si dans le développement (I, B, 8), 2 au moins des quantités a_+, a_0, a_- sont différentes de zéro. Les seules polarisations qui ne sont pas « cohérentes » sont les polarisations σ^+, σ^-, π. Lorsque la polarisation $\vec{e}_\lambda$ est « cohérente », l'état angulaire du photon $\vec{k}_i\vec{e}_\lambda$ (plus exactement celui de la partie dipolaire électrique de l'onde plane $\vec{k}_i$, $\vec{e}_\lambda$) est une superposition linéaire des états $| +1 \rangle$, $| -1 \rangle$, $| 0 \rangle$. Les photons $\vec{k}_i\vec{e}_\lambda$ ont alors un *moment angulaire transversal* (perpendiculaire à H_0) non nul en moyenne. Il y a là une grande analogie avec ce que nous avons vu plus haut au sujet du moment angulaire atomique. Le fait que le moment angulaire transversal du photon est non nul en moyenne est lié à l'existence de « cohérences » $a_+a_-^*$, $a_+a_0^*$, ...

Une différence importante doit être signalée : les trois états $| +1 \rangle$, $| -1 \rangle$, $| 0 \rangle$ du photon ont la même énergie dans un champ magnétique : le moment angulaire transversal du photon ne précesse pas (L'état de polarisation d'un faisceau lumineux n'est pas affecté par un champ magnétique). C'est une constante du mouvement à la différence du moment angulaire transversal de l'atome. La « cohérence » $a_+a_-^*$ n'a donc pas de mouvement propre. Comme elle évolue à la fréquence zéro, nous parlerons, en faisant un abus de langage qui se révélera très commode par la suite, de *cohérence hertzienne* pour le mode $\vec{k_i}\vec{e_\lambda}$ (nous verrons, en effet, que la « cohérence hertzienne » du champ de rayonnement se transfère au système atomique lors de l'interaction). Les trois propositions suivantes sont donc équivalentes :

a) La polarisation $\vec{e}_{\lambda_0}$ est « cohérente » (superposition linéaire de $\vec{u}_+$, $\vec{u}_0$, $\vec{u}_-$).

b) Le moment angulaire transversal (perpendiculaire à H_0) du photon est non nul en moyenne.

c) Le champ de rayonnement possède de la « cohérence hertzienne ».

Remarque. — Tel que nous l'avons défini ici, le caractère longitudinal ou transversal du moment angulaire du photon est lié uniquement à son orientation par rapport au champ magnétique statique H_0. Ceci n'a rien à voir avec le caractère longitudinal ou transversal de l'onde plane $\vec{k_i}\vec{e_\lambda}$. Nous n'envisageons dans ce travail que des champs de rayonnement libres : l'onde $\vec{k_i}\vec{e_\lambda}$ est toujours transversale $(\vec{k_i}\vec{e_\lambda} = 0)$. Par rapport à la direction de propagation $\vec{k_i}$, le moment angulaire du photon ne peut prendre que les deux valeurs $+1$ ou -1.

5° **Le vide de photons.** — Avant de terminer ce chapitre, rappelons la définition du « vide de photons ». Cet état particulier du champ de rayonnement qui joue un rôle important en électrodynamique quantique correspond au cas où tous les modes sont dans leur état le plus bas $n = 0$.

Dans un tel état, le nombre de photons du mode $\vec{k_i}$, $\vec{e_\lambda}$ est bien déterminé puisqu'il est nul. Il s'ensuit que la phase et le champ électromagnétique ne sont plus déterminés. Leur valeur moyenne est nulle. En un point de l'espace, ces grandeurs fluctuent de façon aléatoire, d'où l'origine du terme : *fluctuations du champ électromagnétique du vide.*

Les fluctuations du vide jouent un rôle important car elles couplent l'atome au champ de rayonnement même en l'absence de tout photon. Elles sont responsables comme nous le verrons plus loin, de nombreux effets radiatifs (largeur naturelle, self-énergie ou « lamb-shift »). Elles sont caractérisées par deux propriétés importantes : *a)* Leur importance avec l'énergie croît comme k^2 (le nombre de modes distincts d'énergie comprise entre k et $k + dk$ est proportionnel au volume correspondant de l'extension en phase). *b)* Elles sont isotropes : dans le vide de photons, tous les modes interviennent, avec toutes les directions de propagation $\vec{k_i}$ et toutes les polarisations $\vec{e_\lambda}$ possibles.

C. — Le couplage entre l'atome et le champ de rayonnement

1° **Les échanges d'énergie et de moment angulaire longitudinal.** — Les éléments de matrice non nuls du hamiltonien $\mathcal{H}_1$ qui décrit le couplage entre l'atome et le champ de rayonnement correspondent à deux types de transitions entre les états de base que nous avons choisis pour les deux systèmes : *a)* l'*absorption d'un photon;* l'atome passe de l'état fondamental $| \mu \rangle$ à l'état excité $| m \rangle$ tandis que le mode $\vec{k_i}$, $\vec{e_\lambda}$ passe de l'état $| n + 1 \rangle$ à l'état $| n \rangle$; plus schématiquement :

$$| \mu ; \vec{k_i}, \vec{e_\lambda}, n + 1 \rangle \rightarrow | m ; \vec{k_i}, \vec{e_\lambda}, n \rangle.$$

b) l'*émission d'un photon*, qui correspond au processus inverse :

$$| m ; \vec{k_i}, \vec{e_\lambda}, n \rangle \rightarrow | \mu ; \vec{k_i}, \vec{e_\lambda}, n + 1 \rangle.$$

Les éléments de matrice de $\mathcal{H}_1$ jouant un rôle fondamental dans cette étude, il importe de bien préciser leur forme :

$$\left.\begin{aligned} &\langle \mu ; \vec{k_i}, \vec{e_\lambda}, n + 1 | \mathcal{H}_1 | m ; \vec{k_i}, \vec{e_\lambda}, n \rangle \\ &\qquad = A_{k_i} . \mathbf{e}^{i\vec{k_i}\vec{R}} . \langle \mu | \vec{e_\lambda} . \vec{D} | m \rangle \end{aligned}\right\} \quad \text{(I, C, 1)}$$

Chacun des trois facteurs :

$$A_{k_i}, \mathbf{e}^{-i\vec{k_i}\vec{R}}, \langle \mu | \vec{e_\lambda} . D | m \rangle$$

de l'expression précédente fait intervenir à la fois l'atome et le champ de rayonnement.

Dans le terme A_{k_i}, l'atome intervient par la partie *radiale* de l'élément de matrice de l'opérateur dipolaire électrique entre l'état excité et l'état fondamental. Cette quantité décrit en quelque sorte la « force » de la transition atomique. Dans A_{k_i} le champ de rayonnement intervient par l'élément de matrice de l'opérateur de création de photons A_i^+ entre les états n et $n + 1$; d'après (I, B, 4), cette quantité est égale à $\sqrt{n + 1}$.

Dans le terme $\mathbf{e}^{i\vec{k_i}\vec{R}}$, l'atome intervient par ses degrés de liberté externes, position et vitesse ($\vec{R} = \vec{R}_0 + \vec{v}t$) qui sont décrits ici classiquement. Quant au champ de rayonnement, il intervient par $\vec{k}_i$. Si $\vec{k}_i.\vec{v} \neq 0$, $e^{i\vec{k}_i\vec{R}}$ dépend du temps, ce qui entraîne une variation apparente de la fréquence de l'onde lumineuse, due au mouvement de l'atome. C'est ce terme qui, au cours des calculs, fait apparaître l'effet Doppler.

Enfin, le terme $\langle \mu \mid \vec{e}_\lambda \vec{D} \mid m \rangle$ est purement angulaire. $\vec{D}$ est l'opérateur dipolaire électrique de l'atome réduit à sa partie angulaire ; $\vec{e}_\lambda$, la polarisation du champ de rayonnement.

On peut dire en quelque sorte que A_{k_i} décrit l'*échange d'énergie* entre l'atome et le champ de rayonnement ; $\langle \mu \mid \vec{e}_\lambda . \vec{D} \mid m \rangle$ l'*échange de moment angulaire longitudinal.*

2° **Les échanges de « cohérence » entre l'atome et le champ de rayonnement.** — Les échanges décrits par l'élément de matrice de $\mathcal{H}_1$ font tous intervenir des grandeurs physiques compatibles avec l'énergie totale. Ceci provient du fait que la représentation choisie pour chacun des deux systèmes est une représentation d'énergie : l'élément de matrice connecte donc deux états propres de l'énergie.

Or, les deux systèmes peuvent également échanger des grandeurs physiques non compatibles avec l'énergie : l'absorption par un atome d'un photon qui possède un moment angulaire transversal confère à cet atome un moment angulaire transversal ; l'excitation d'un atome par une onde lumineuse qui possède une phase définie donne naissance à un moment dipolaire électrique atomique.

Mathématiquement, ces propriétés apparaissent de la façon suivante : considérons tout d'abord un atome qui se trouve dans un sous-niveau μ de l'état fondamental et qui est excité par un photon dont la polarisation $\vec{e}_\lambda$ est « cohérente » (superposition linéaire de σ_+, σ_-, π), c'est-à-dire qui possède une certaine « cohérence hertzienne » (cf. I, B, 4). Il existe alors plusieurs éléments de matrice non nuls $\langle m \mid \vec{e}_\lambda \vec{D} \mid \mu \rangle$ partant du même sous-niveau μ et aboutissant à plusieurs sous-niveaux m. L'atome, initialement dans un état propre du moment angulaire $\mid \mu \rangle$ va donc être porté par suite de l'interaction avec le champ de rayonnement dans une superposition linéaire des états $\mid m \rangle$ (il apparaît une « cohérence hertzienne » atomique), les coefficients de cette superposition étant déterminés par ceux de la superposition $\vec{e}_\lambda$. C'est ainsi qu'apparaît mathématiquement l'échange de moment angulaire transversal (ou encore de cohérence hertzienne).

Nous avons vu de même que l'excitation d'un atome par une onde lumineuse cohérente au sens de l'optique correspond à un état initial où le champ de rayonnement est dans une superposition linéaire des états $\mid n \rangle$:

$$\ldots a_n \mid \mu ; n \rangle + a_{n+1} \mid \mu ; n+1 \rangle + \ldots \quad \text{(I, C, 2)}$$

Par suite du couplage $\mathcal{H}_1$, cet état se transforme, un instant après, en :

$$\ldots a'_n \mid \mu ; n \rangle + a'_{n+1} \mid \mu ; n+1 \rangle + a''_n \mid m ; n-1 \rangle + a''_{n+1} \mid m ; n \rangle + \ldots$$

(l'indice prime est lié à ce qu'il reste de l'état initial, l'indice seconde aux états nouveaux qui apparaissent à partir de cet état initial). L'apparition d'un moment dipolaire électrique atomique est liée à l'apparition des quantités $a'_n a''^{*}_{n+1}$ qui sont elles-mêmes déterminées à partir des quantités $a_n a^{*}_{n+1}$. Il y a ici échange de « cohérence optique ».

Dans les deux exemples choisis, la « cohérence » (hertzienne ou optique) existe initialement dans le champ de rayonnement et se transfère par suite du couplage au système atomique. Le cas où la « cohérence » existe initialement dans le système atomique seulement, ou dans les deux systèmes à la fois se traite évidemment de la même façon et à partir des mêmes idées de base.

Insistons bien sur le fait qu'aucun de ces deux types de cohérence, cohérence optique et cohérence hertzienne, ne peut s'échanger avec l'autre. C'est la raison pour laquelle il est commode de les distinguer aussi nettement.

Dans la suite de ce travail, nous nous intéresserons surtout aux échanges de « cohérence hertzienne ». Les fréquences propres d'évolution de cette grandeur sont 0 pour le champ de rayonnement, ω_e et ω_f pour le système atomique. Il en résulte que les échanges de cette grandeur entre les deux systèmes seront d'autant plus faciles que leurs fréquences propres seront plus voisines dans les deux systèmes, c'est-à-dire que le champ magnétique sera plus bas (ω_e, $\omega_f \sim 0$). Cette image simple d'un échange « résonnant » permet d'interpréter simplement l'ensemble des expériences de pompage optique, où se manifestent des effets qui dépendent du champ magnétique ; ce qui justifie ainsi l'introduction de la notion de « cohérence hertzienne ».

3° **L'absorption. L'émission induite. L'émission spontanée.** — Considérons un atome qui se trouve en présence de n photons $\vec{k}_i\vec{e}_\lambda$. Si cet atome est dans l'état fondamental, l'état initial $\mid \mu ; n \rangle$ est couplé par $\mathcal{H}_1$ à l'état $\mid m ; n-1 \rangle$. Le carré du module de l'élément de matrice entre ces deux états est proportionnel à la probabilité de la transition $\mid \mu ; n \rangle \rightarrow \mid m ; n-1 \rangle$. Le facteur angulaire $\mid \langle \mu \mid \vec{e}_\lambda \vec{D} \mid m \rangle \mid^2$ étant mis à part, on voit que cette probabilité est proportionnelle à $\mid A_{k_i} \mid^2$, donc à n puisque $\mid A_{k_i} \mid^2$ renferme la quantité $\mid \langle n \mid A_i^+ \mid n-1 \rangle \mid^2$ qui, d'après (I, B, 4), est égale à n. La probabilité pour qu'un atome dans l'état fondamental absorbe un photon lorsqu'il est mis en présence de n photons est donc proportionnelle à ce nombre de photons, c'est-à-dire à l'intensité lumineuse. C'est le processus d'*absorption*.

Supposons maintenant que l'atome est dans l'état excité m lorsqu'il est mis en présence des n photons $\vec{k}_i\vec{e}_\lambda$. L'état initial $| m ; n \rangle$ est couplé par $\mathcal{H}_1$ à $| \mu ; n + 1 \rangle$. La probabilité de la transition $| m ; n \rangle \rightarrow | \mu ; n + 1 \rangle$ est alors proportionnelle à $| \langle n | A_i | n + 1 \rangle |^2$ c'est-à-dire à $n + 1$. La probabilité pour qu'un atome dans l'état excité émette un photon $\vec{k}_i\vec{e}_\lambda$ lorsqu'il est mis en présence de n photons $\vec{k}_i\vec{e}_\lambda$ est donc proportionnelle à $n + 1$. On interprète ce résultat en faisant intervenir deux processus : l'*émission induite*, processus entièrement symétrique du processus d'absorption, qui est proportionnel à n, et par suite à l'intensité lumineuse. L'*émission spontanée*, qui est indépendante de l'intensité lumineuse, et existe même en l'absence de tout photon. L'importance relative des deux processus est égale au nombre n de photons présents. Ce résultat se généralise facilement au cas où l'état initial du mode $\vec{k}_i$, $\vec{e}_\lambda$ n'est pas un état propre $| n \rangle$ mais l'état le plus général (I, B, 1). Il suffit de remplacer partout n par le nombre moyen $\bar{n}$ de photons se trouvant présents dans l'état $| \xi \rangle$.

L'absorption et l'émission induite sont deux processus entièrement symétriques ; ils ne font intervenir que les modes « remplis » ($\bar{n} \neq 0$). L'émission spontanée fait intervenir tous les modes, y compris ceux qui sont vides. C'est un processus entièrement différent des deux autres. C'est ainsi, par exemple, qu'un photon d'émission spontanée peut avoir *a priori* toutes les directions de propagation et toutes les polarisations possibles puisque tous les modes interviennent. Par contre, un photon d'émission induite a les mêmes caractéristiques (énergie, impulsion, polarisation) que les photons qui lui ont donné naissance. On dit que l'émission induite est « cohérente ». On veut dire par là que si on attaque un atome excité par une onde lumineuse cohérente au sens de l'optique, la phase du dipôle électrique atomique induit, et par suite celle de l'onde lumineuse qu'il émet ensuite, sont liées à la phase de l'onde incidente : l'onde d'émission induite et l'onde incidente ont donc une relation de phase et sont susceptibles d'interférer. Cette image « classique » se justifie sans peine dans le formalisme quantique par des calculs analogues à ceux développés dans le paragraphe précédent. L'état initial doit être alors du type :

$$\ldots a_n | m ; n \rangle + a_{n+1} | m ; n + 1 \rangle + \ldots$$

Toutes les propriétés de l'émission spontanée peuvent se retrouver aisément si l'on considère l'émission spontanée comme une *émission induite par les fluctuations du vide*. Nous avons vu en effet plus haut (cf. I, B, 5) que les fluctuations du vide sont isotropes. Elles ont *a priori* toutes les directions et polarisations possibles. D'autre part, leur phase est complètement indéterminée.

Signalons enfin que le processus d'émission spontanée est responsable d'effets radiatifs très importants et bien connus. C'est en effet l'émission spontanée qui rend instable un niveau atomique excité et qui lui confère une largeur naturelle Γ et une self-énergie ΔE. L'un des principaux résultats du présent travail est de montrer théoriquement et expérimentalement que des effets radiatifs analogues sont également associés aux deux autres processus d'absorption et d'émission induite. Le seul fait d'illuminer un atome peut élargir et déplacer ses niveaux d'énergie. Ces effets sont surtout sensibles sur l'état fondamental qui, n'ayant pas de largeur naturelle, est particulièrement fin.

D. — **La description du faisceau lumineux**

Avant d'aborder la mise en équations du cycle de pompage optique, il nous reste à préciser la description du faisceau lumineux qui excite la résonance optique des atomes.

D'après (I, B, 1), il faudrait décrire l'état $| \xi \rangle$ dans lequel se trouve chacun des modes du champ de rayonnement. La représentation d'énergie étant choisie, il est évident que les états $| n \rangle$ sont beaucoup plus commodes à manier mathématiquement que les superpositions linéaires $| \xi \rangle$. Aussi le modèle le plus simple qu'on peut choisir pour le faisceau lumineux est le suivant : tous les modes sont dans l'état 0, sauf un certain nombre d'entre eux, $\vec{k}_1$, $\vec{k}_2$, ..., $\vec{k}_N$ qui sont chacun dans un état propre de l'énergie. $\vec{k}_1$, $\vec{k}_2$, ..., $\vec{k}_N$ ont tous la même direction et la même polarisation $\vec{e}_{\lambda_0}$ qui sont celles du faisceau lumineux. Le nombre N est très grand de sorte qu'on peut admettre une répartition continue du nombre de photons $u(k)dk$ dans l'intervalle k, $k + dk$. $u(k)$ est la forme spectrale de la raie excitatrice. La largeur de $u(k)$ est désignée par Δ. Comme nous avons pris un état propre de l'énergie, l'état global du champ de rayonnement est stationnaire au cours du temps. Il s'ensuit que les photons de chaque mode ont une probabilité de présence uniforme dans le temps et dans l'espace. La phase du champ de rayonnement est par ailleurs complètement indéterminée.

Au premier abord, un tel modèle peut donc paraître très éloigné de la réalité physique. L'image intuitive qu'on se fait d'un faisceau lumineux correspond plutôt à une succession de trains d'ondes arrivant sur l'atome. Il semblerait donc préférable de choisir pour chaque mode un état où la phase ait une valeur déterminée, au moins partiellement. Un train d'ondes résulte en effet de l'interférence entre plusieurs ondes progressives de fréquences légèrement différentes, et la notion d'interférence implique l'existence d'une phase pour chaque onde.

Mais il se trouve qu'un mode ayant une phase déterminée doit avoir également un nombre moyen de photons très grand (en vertu de la relation d'incertitude entre le nombre de photons et la phase). Une telle situation est difficilement réalisable dans le domaine optique. Si nous considérons le rayonnement thermique, le nombre moyen de photons dans le mode k_i est égal à $(e^{k_i/kT} - 1)^{-1}$, c'est-à-dire extrêmement petit. Le rayonnement des sources lumineuses est évidemment beaucoup plus intense que le rayonnement thermique sur un intervalle spectral donné mais le nombre moyen de photons de chaque mode reste toujours petit devant l'unité. On peut donner une preuve expérimentale de ce fait : les effets de fluctuations d'intensité d'un faisceau lumineux découverts par Hanbury-Brown et Twiss (24) sont d'autant plus importants que le nombre moyen de photons de chaque mode est plus grand. Ces effets, intenses dans le domaine hertzien, sont très petits dans le domaine optique même avec les sources lumineuses les plus intenses.

Nous pouvons donc espérer que le modèle le plus simple décrit plus haut n'est pas trop éloigné de la réalité physique. Nous le choisissons en raison de sa grande simplicité. La confirmation expérimentale de tous les effets prévus par la théorie sera une justification *a posteriori* de ce modèle.

Le choix qui est ainsi fait pour la description du faisceau lumineux entraîne plusieurs conséquences importantes :

a) Nous pouvons décrire le faisceau lumineux excitateur uniquement en termes de photons.

b) Les quantités $\sigma_{m\mu}$ sont constamment nulles au cours du temps. La non-existence d'une phase définie dans le faisceau excitateur entraîne la non-existence d'un moment dipolaire électrique global pour l'ensemble des atomes. La matrice densité qui représente cet ensemble se décompose donc en deux sous-matrices $\sigma_{mm'}$ et $\sigma_{\mu\mu'}$ relatives à l'état excité et à l'état fondamental.

c) L'émission induite par le faisceau lumineux est négligeable devant l'émission spontanée. En fait, ceci suppose une condition sur l'intensité lumineuse $u(k)$, condition qui sera précisée plus loin (condition II, D, 4).

Enfin, on fait l'hypothèse suivante sur la largeur Δ de $u(k)$:

$$\Delta \gg \Gamma, \omega_e, \omega_f. \qquad \text{(I, D, 1)}$$

Γ est la largeur naturelle du niveau atomique excité.

La condition $\Delta \gg \Gamma$ est toujours réalisée dans les cas pratiques (dans le cas du mercure, Γ est de l'ordre du mégahertz ; la largeur Δ des sources excitatrices est de l'ordre de plusieurs milliers de mégahertz). On pourrait s'affranchir de la condition $\Delta \gg \omega_e, \omega_f$ au prix d'une complication de l'écriture des équations.

Remarque. — Le modèle choisi ici peut convenir à toutes les expériences de pompage optique réalisées jusqu'à présent. L'utilisation d'un « laser » (31) pour effectuer le pompage optique pose un problème théorique et expérimental entièrement nouveau. Les faisceaux lumineux obtenus avec une telle source ont des caractéristiques très intéressantes et assez opposées de celles qui sont décrites ici : densité de photons très élevée et répartie sur un intervalle spectral extrêmement étroit ; existence d'une phase bien définie pour l'onde lumineuse ; très grande directivité. Les états des modes remplis ne sont alors certainement pas des états propres de l'énergie, $| n \rangle$. La condition (I, D, 1) est également inversée.

L'étude théorique et expérimentale du pompage optique sera certainement très intéressante à reprendre avec ces nouvelles sources lumineuses. On peut prévoir dès à présent que le phénomène de résonance optique aura une allure très différente de celle dont nous avons l'habitude : à savoir deux processus indépendants, l'excitation optique et l'émission spontanée, séparés par le temps de vie de l'état excité. Le comportement de l'atome sera beaucoup plus voisin de celui d'un spin soumis à l'action d'un champ de radiofréquence.

CHAPITRE II

PRÉSENTATION DES RÉSULTATS THÉORIQUES

Introduction. — Nous pouvons aborder maintenant la théorie du cycle de pompage optique. Plusieurs modes de présentation peuvent être choisis pour une telle étude.

On peut, et c'est ce qui est fait dans J — P1 (4) et J — P2 (5), suivre l'ordre des calculs eux-mêmes. On part de l'équation de Schrödinger qui décrit l'évolution dans le temps du système : atome + champ de rayonnement ; on résout de façon approchée cette équation en lui appliquant des techniques de perturbations ; les approximations faites et les résultats obtenus sont interprétés au fur et à mesure de la progression des calculs.

Lorsqu'on veut justifier mathématiquement les résultats théoriques, un tel plan est le seul qui convienne. Mais il se trouve, et c'est ce que nous ferons ici, que l'on peut procéder autrement. On peut regarder la structure des équations finales auxquelles le calcul permet d'aboutir, et l'interpréter en termes d'images physiques. Un exemple : comme nous allons le voir, on peut considérer que l'évolution d'un atome dans le temps apparaît comme une suite alternée de processus d'absorption et d'émission spontanée séparés par des périodes d'évolution propre, chacun de ces processus pouvant être décrit de façon indépendante. Ces conclusions ne sont valables que dans le cadre des hypothèses faites dans le calcul et qui seront précisées.

L'intérêt d'une telle présentation est double : elle permet, d'une part, de dégager les idées importantes qui serviront ensuite de base à l'interprétation physique des différents phénomènes. Elle permet d'autre part d'introduire un certaine systématique dans l'écriture des équations qui décrivent l'évolution dans le temps du système atomique et du chmp de rayonnement.

Le détail des calculs ayant déjà été publié, il nous a semblé plus intéressant d'adopter ici ce second point de vue.

A. — Les grandes lignes du calcul théorique

1° Les trois étapes du cycle de pompage optique. — Trois étapes sont à distinguer dans le cycle de pompage optique. A chacune de ces trois étapes sont associés des états de base pour le système global : atome + champ de rayonnement.

1re étape.

L'atome est dans le sous-niveau μ de l'état fondamental, en présence du faisceau lumineux. Les états de base correspondants sont, avec les notations définies dans le chapitre Ier, § D :

$$| \mu ; \vec{k}_1, \vec{k}_2 \ldots \vec{k}_N, \vec{e}_{\lambda_0} \rangle$$

ou, plus simplement $| \mu \rangle$.

2e étape.

L'atome est dans le sous-niveau m de l'état excité ; un photon $\vec{k}_i, \vec{e}_{\lambda_0}$ du faisceau lumineux a été absorbé, ce qui fait intervenir les états :

$$| m ; \vec{k}_1 \ldots \vec{k}_{i-1}, \vec{k}_{i+1} \ldots \vec{k}_N, \vec{e}_{\lambda_0} \rangle$$

ou, plus simplement $| m ; - \vec{k}_i \rangle$.

(Pour simplifier les notations, nous supposons ici que les modes remplis $\vec{k}_1 \ldots \vec{k}_N$ ne renferment qu'un photon chacun).

3e étape.

L'atome est dans le sous-niveau μ de l'état fondamental ; un photon $\vec{k}_i, \vec{e}_{\lambda_0}$ du faisceau lumineux a été absorbé, un photon $\vec{k}, \vec{e}_\lambda$, réémis, ce qui fait intervenir les états :

$$| \mu ; \vec{k}_1 \ldots \vec{k}_{i-1}, \vec{k}_{i+1} \ldots \vec{k}_N, \vec{e}_{\lambda_0} ; \vec{k}, \vec{e}_\lambda \rangle$$

ou, plus simplement $| \mu ; - \vec{k}_i ; \vec{k}, \lambda \rangle$.

(Les états correspondants à l'émission induite par le faisceau lumineux sont négligés en vertu de la remarque c du § I, D).

Remarque. — Il faudrait, en toute rigueur, tenir compte de tous les états qui correspondent à plusieurs cycles de pompage successifs et qui sont, par exemple, du type :

$$| m; -\vec{k}_i; \vec{k}, \lambda; -\vec{k}_j \rangle, \; | \mu; -\vec{k}_i; \vec{k}, \lambda; -\vec{k}_j; \vec{k}', \lambda' \rangle, \text{ etc...}$$

Nous pouvons négliger ces états, parce que nous utilisons une théorie des perturbations limitée au second ordre pour résoudre l'équation de Schrödinger ; et que, d'autre part, l'état initial à l'instant t_0 est une superposition linéaire, uniquement des états $| \mu \rangle$.

Les équations d'évolution auxquelles nous aboutissons ne sont donc, en principe, valables que pour des temps t suffisamment rapprochés de t_0. Il est néanmoins possible de démontrer, ce que nous ferons plus loin, que ces équations demeurent valables pour toutes les valeurs de t.

2° L'évolution dans le temps. — L'évolution dans le temps du vecteur d'état du système global est décrite par l'équation de Schrödinger :

$$i \frac{d}{dt} | \Psi(t) \rangle = \mathcal{H} | \Psi(t) \rangle. \qquad \text{(II, A, 1)}$$

Le hamiltonien $\mathcal{H} = \mathcal{H}_0 + \mathcal{H}_1$ comporte deux termes : $\mathcal{H}_0$, qui représente les énergies propres des deux systèmes en l'absence de toute interaction ; $\mathcal{H}_1$, qui représente l'interaction entre les deux systèmes. Le rapport $\mathcal{H}_1/\mathcal{H}_0$ est petit (La constante de couplage $\frac{e^2}{\hbar c}$ de l'électrodynamique quantique est égale à $1/137$). La faiblesse de ce couplage permet de traiter $\mathcal{H}_1$ comme une perturbation dans (II, A, 1).

L'état initial, à l'instant $t = t_0$ est représenté par :

$$| \Psi(t_0) \rangle = \sum_\mu a_\mu(t_0) \, | \mu \rangle. \qquad \text{(II, A, 2)}$$

Par suite du couplage avec $\mathcal{H}_1$, cet état est devenu à un instant t suffisamment rapproché de t_0 :

$$\left. \begin{aligned} | \Psi(t) \rangle = & \sum_\mu a_\mu(t) \, | \mu \rangle + \sum_{m,i} a_{m; -\vec{k}_i}(t) \, | m ; \vec{k}_i \rangle \\ & + \sum_{\mu,i,\vec{k},\lambda} a_{\mu; -\vec{k}_i; \vec{k}, \lambda}(t) \, | \mu ; - \vec{k}_i ; \vec{k}, \lambda \rangle \end{aligned} \right\} \qquad \text{(II, A, 3)}$$

Le problème consiste à calculer les $a_\mu(t)$, $a_{m; -\vec{k}_i}(t)$, $a_{\mu; -\vec{k}_i; \vec{k}, \lambda}(t)$ qui décrivent l'état du système global à l'instant t.

De façon plus précise, si nous nous intéressons *uni-*

quement au système atomique, il nous faut calculer les trois matrices densités $\overline{a_\mu(t)a^*_{\mu'}(t)}$, $\sum_i \overline{a_{m;-\vec{k}_i}(t)a^*_{m';-\vec{k}_i}(t)}$, $\sum_{ik\lambda} \overline{a_{\mu;-\vec{k}_i;\vec{k},\lambda}(t)a^*_{\mu';-\vec{k}_i;\vec{k},\lambda}(t)}$, obtenues en faisant la moyenne sur les atomes identiques de la vapeur et en sommant sur tous les photons absorbés ou réémis. A l'instant t, l'ensemble des atomes dans l'état fondamental et dans l'état excité est décrit par les deux matrices densités $\sigma_{\mu\mu'}(t)$ et $\sigma_{mm'}(t)$:

$$\left\{\begin{aligned} \sigma_{mm'}(t) &= \sum_i \overline{a_{m;-\vec{k}_i}(t)a^*_{m';-\vec{k}_i}(t)} \\ \sigma_{\mu\mu'}(t) &= \overline{a_\mu(t)a^*_{\mu'}(t)} + \sum_{ik\lambda} \overline{a_{\mu;-\vec{k}_i;\vec{k},\lambda}(t)a^*_{\mu';-\vec{k}_i;\vec{k},\lambda}(t)} \end{aligned}\right. \qquad \text{(II, A, 4)}$$

Le comportement de toutes les grandeurs atomiques est calculable à partir de ces deux matrices densités.

3° **Le résultat final du calcul.** — La résolution approchée de (II, A, 1) par les méthodes de perturbation du 2e ordre qui sont exposées dans J — P1 et J — P2, permet de calculer la *vitesse d'évolution, à l'instant t, des deux matrices densités* (II, A, 4) :

$$\frac{d}{dt}\sigma_{\mu\mu'}(t),\ \frac{d}{dt}\sigma_{mm'}(t).$$

Le même traitement permet également de calculer les *quantités de lumière absorbée*, L_A, *ou réémise*, L_F, par unité de temps par l'ensemble des atomes.

Les détecteurs qui permettent de mesurer ces quantités sont des cellules photoélectriques ou des photomultiplicateurs. La sensibilité spectrale de ces appareils varie peu au voisinage de la fréquence atomique k_0. Aussi, les quantités L_A et L_F comportent également une moyenne sur l'énergie des photons absorbés ou réémis. (Les expressions détaillées auxquelles on parvient seront rappelées dans les chapitres ultérieurs).

Remarque. — Il existe une autre façon de conduire le calcul précédent qui nous a été signalée par M. Yvon : L'équation de Schrödinger (II, A, 1) est écrite directement pour la matrice densité globale qui représente l'ensemble des deux systèmes : atomes plus champ de rayonnement. On suppose qu'à l'instant initial, il n'y a pas de corrélations entre les deux systèmes. Si l'on s'intéresse au système atomique, on étudie l'évolution dans le temps de la « matrice densité réduite » obtenue en prenant la trace par rapport au champ de rayonnement de la matrice densité globale (Si l'on s'intéresse au champ de rayonnement, il faut prendre la trace par rapport au système atomique). Cette méthode générale s'appelle « méthode régressive » (32) et s'applique avec succès à tous les cas où le système étudié peut être décomposé en deux parties (33).

Les calculs développés dans J — P1 et J — P2 suivent d'ailleurs ce plan général. L'emploi systématique de la matrice densité, dès le début des calculs, devrait permettre de les présenter sous une forme beaucoup plus concise et beaucoup plus élégante.

B. — Étude de la forme générale des équations d'évolution

1° **Les équations d'évolution.** — On trouve finalement que les équations qui décrivent l'évolution dans le temps de $\sigma_{\mu\mu'}$ et $\sigma_{mm'}$ ont la forme suivante :

$$\left\{\begin{aligned} \frac{d}{dt}\sigma_{\mu\mu'} &= \frac{d^{(1)}}{dt}\sigma_{\mu\mu'} + \frac{d^{(2)}}{dt}\sigma_{\mu\mu'} + \frac{d^{(3)}}{dt}\sigma_{\mu\mu'} \qquad \text{(II, B, 1, a)} \\ \frac{d}{dt}\sigma_{mm'} &= \frac{d^{(1)}}{dt}\sigma_{mm'} + \frac{d^{(2)}}{dt}\sigma_{mm'} + \frac{d^{(3)}}{dt}\sigma_{mm'} \qquad \text{(II, B, 1, b)} \end{aligned}\right.$$

L'évolution dans le temps de l'état fondamental (ou de l'état excité) de l'atome comprend trois sortes de termes que l'on peut attribuer à trois causes différentes.

- — L'excitation optique par le faisceau lumineux $\left(\text{décrite par } \frac{d^{(1)}}{dt}\right)$.
- — L'émission spontanée $\left(\text{décrite par } \frac{d^{(2)}}{dt}\right)$.
- — Les causes d'évolution autres que l'interaction entre l'atome et le champ de rayonnement $\left(\text{décrites par } \frac{d^{(3)}}{dt}\right)$.

Envisageons ce dernier terme. Parmi les causes d'évolution qui figurent dans $\frac{d^{(3)}}{dt}$, il y a toujours l'interaction entre l'atome et le champ magnétique statique H_0. S'il n'y en a pas d'autres, $\frac{d^{(3)}}{dt}\sigma_{\mu\mu'}$ et $\frac{d^{(3)}}{dt}\sigma_{mm'}$ s'écrivent :

$$\left\{\begin{aligned} \frac{d^{(3)}}{dt}\sigma_{\mu\mu'} &= -i(\mu-\mu')\omega_f\sigma_{\mu\mu'} \\ \frac{d^{(3)}}{dt}\sigma_{mm'} &= -i(m-m')\omega_e\sigma_{mm'} \end{aligned}\right. \qquad \text{(II, B, 2)}$$

Ces équations décrivent la précession de Larmor du moment angulaire transversal dans l'état fondamental et dans l'état excité.

Remarque. — Nous écrivons ici les matrices densités $\sigma_{\mu\mu'}$ et $\sigma_{mm'}$ dans la représentation du laboratoire. Dans J — P1 et J — P2, elles sont écrites en représentation d'interaction et désignées alors par $\rho_{\mu\mu'}$ et $\rho_{mm'}$. Le passage en représentation d'interaction permet d'éliminer la variation propre du système atomique due aux causes d'évolution autres que l'interaction avec le champ de rayonnement. Les termes $\frac{d^{(3)}}{dt}\rho_{\mu\mu'}$

et $\frac{d^{(3)}}{dt}\rho_{mm'}$ n'existent plus pour les équations (II, B, 1) lorsqu'elles sont écrites pour $\rho_{\mu\mu'}$ et $\rho_{mm'}$.

La représentation du laboratoire est donc moins commode sur le plan mathématique. Par contre, elle permet de dégager beaucoup plus clairement la signification physique des différents résultats. Nous l'utiliserons ici de façon systématique. Le passage d'une représentation à l'autre se fait au moyen des formules :

$$\left\{\begin{array}{l}\sigma_{\mu\mu'}(t) = \rho_{\mu\mu'}(t)\mathbf{e}^{-i(\mu-\mu')\omega_f t}\\ \sigma_{mm'}(t) = \rho_{mm'}(t)\mathbf{e}^{-i(m-m')\omega_e t}\end{array}\right. \qquad \text{(II, B, 3)}$$

— Les équations qui décrivent les effets de l'excitation optique et de l'émission spontanée ont la forme suivante :

$$\left\{\begin{array}{ll}\frac{d^{(1)}}{dt}\sigma_{\mu\mu'} = \sum_{\mu''\mu'''} E_{\mu\mu'}^{\mu''\mu'''}\sigma_{\mu''\mu'''} & \text{(II, B, 4, a)}\\ \frac{d^{(1)}}{dt}\sigma_{mm'} = \sum_{\mu\mu'} E_{mm'}^{\mu\mu'}\sigma_{\mu\mu'} & \text{(II, B, 4, b)}\end{array}\right.$$

$$\left\{\begin{array}{ll}\frac{d^{(2)}}{dt}\sigma_{mm'} = \sum_{m''m'''} S_{mm'}^{m''m'''}\sigma_{m''m'''} & \text{(II, B, 5, a)}\\ \frac{d^{(2)}}{dt}\sigma_{\mu\mu'} = \sum_{mm'} S_{\mu\mu'}^{mm'}\sigma_{mm'}. & \text{(II, B, 5, b)}\end{array}\right.$$

Les divers coefficients E et S qui figurent dans ces équations sont des coefficients CONSTANTS. Nous ne préciserons pas davantage leur forme pour le moment puisque l'étude détaillée des équations (II, B, 4) et (II, B, 5) sera faite dans le chapitre III. Nous désirons maintenant souligner quelques points importants liés à la forme même de ces équations.

2° **Propriétés des équations d'évolution.** — *a)* Le point le plus important est le fait que la vitesse de variation du système atomique due au couplage avec le champ de rayonnement peut être dissociée de l'évolution propre $\frac{d^{(3)}}{dt}$ et mise sous la forme d'une *somme* de deux vitesses de variation $\frac{d^{(1)}}{dt}$ et $\frac{d^{(2)}}{dt}$ que l'on peut attribuer à chacun des deux processus élémentaires d'interaction qui interviennent au cours du cycle de pompage optique : l'absorption d'un photon du faisceau lumineux (représentée par l'indice 1) ; l'émission spontanée (représentée par l'indice 2).

b) Les équations d'évolution sont des *équations différentielles* et non des équations intégrodifférentielles. Il s'ensuit, par exemple, que la vitesse de variation de $\sigma_{\mu\mu'}$ à l'instant t, due au pompage optique dépend de l'état du système atomique, $\sigma_{\mu''\mu'''}$ et $\sigma_{mm'}$, au *même instant t*, et non pas de toute « l'histoire » de ce système entre l'instant initial t_0 et t.

c) Les équations (II, B, 4) et (II, B, 5) sont des équations différentielles *linéaires, à coefficients constants.*

On peut donc parler de *probabilités par unité de temps* associées aux processus élémentaires 1 et 2.

Pour des raisons d'homogénéité, les coefficients E et S qui figurent dans les équations (II, B, 4) et (II, B, 5) sont homogènes à l'inverse d'un temps. L'ordre de grandeur des coefficients E est $\frac{1}{T_p}$, où T_p est, de façon intuitive, la durée de vie de l'état fondamental, ou encore l'intervalle de temps moyen séparant l'absorption successive de deux photons par le même atome. Quant aux coefficients S, leur ordre de grandeur est $1/\tau$, où τ est la durée de vie radiative de l'état excité.

Remarque. — Comme elles sont obtenues à partir d'un traitement de perturbation du second ordre, les équations (II, B, 1) ne sont en principe valables que pour des instants t suffisamment rapprochés de t_0, de façon plus précise, pour $t_0 \leqslant t \leqslant t_0 + T_p$.

Mais nous venons de voir que ces équations différentielles sont linéaires et à coefficients constants : les propriétés de l'évolution du système atomique à l'instant t ne dépendent donc pas de cet instant t. Il s'ensuit que les équations (II, B, 1) sont valables pour toutes les valeurs de t, en particulier pour $t > t_0 + T_p$, à la condition toutefois que les caractéristiques du faisceau lumineux aient très peu changé entre l'instant initial t_0 et l'instant t. Nous supposerons que cela est vrai et que le faisceau lumineux constitue un très grand réservoir qui est très peu affecté par le couplage avec la vapeur atomique (dans la réalité physique, il est constamment « régénéré » par la source lumineuse, ce qui justifie l'hypothèse précédente).

C. — Conséquences physiques de la forme des équations d'évolution

1° **Description physique de l'évolution dans le temps.** — Après avoir analysé la forme mathématique des équations d'évolution, il est possible de donner une image physique simple de l'évolution dans le temps d'un atome donné. Il est clair que cette image n'est valable que dans le cadre des hypothèses qui permettent d'aboutir aux équations écrites plus haut. Comme nous allons le voir, c'est l'image communément admise et considérée comme intuitive (En fait, elle n'est pas le moins du monde évidente. Elle serait fausse dans l'hypothèse d'une excitation par un laser).

L'excitation optique arrache les atomes de l'état fondamental et les transporte dans l'état excité. L'équation (II, B, 4, *a*) décrit comment l'état fondamental est vidé par ce processus (l'état fondamental figure dans les deux membres de l'équation). L'équation (II, B, 4, *b*) décrit comment l'état excité est rempli à partir de l'état fondamental lors de ce processus (l'état excité et l'état fondamental figurent séparément dans les deux membres de l'équation). Les mêmes commentaires peuvent être faits à propos des équations (II, B, 5) ; l'équation (II, B, 5, *a*) décrivant comment l'état excité est vidé par le processus d'émission spontanée ; l'équation (II, B, 5, *b*) décrivant comment l'état fondamental est rempli à partir de l'état excité par suite de ce même processus.

Lorsque l'atome est dans l'état fondamental, il a donc une certaine probabilité $\frac{1}{T_p}$ par unité de temps de passer dans l'état excité sous l'effet du processus d'excitation 1. Lorsqu'il est dans l'état excité, il a une certaine probabilité $1/\tau$ de retourner à l'état fondamental sous l'effet du processus d'émission spontanée 2.

Il s'ensuit que son évolution dans le temps peut être représentée schématiquement par la ligne brisée de la figure 3.

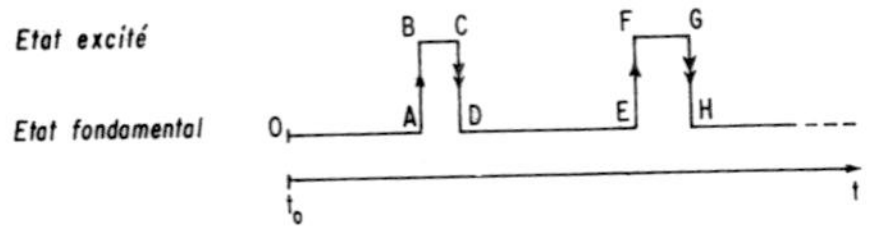

FIG. 3.

Il est intéressant de traduire physiquement sur cette figure les propriétés mathématiques *a*, *b*, *c*, énoncées dans le paragraphe précédent :

a) Les processus responsables de l'évolution de l'atome :

1° le long des lignes verticales marquées d'une flèche, du type AB, EF, ... $\left(\text{processus d'absorption } \frac{d^{(1)}}{dt}\right)$;

2° le long des lignes verticales marquées de deux flèches, du type CD, GH, ... $\left(\text{processus d'émission spontanée } \frac{d^{(2)}}{dt}\right)$;

3° le long des lignes horizontales OA, BC, DE, FG, ... $\left(\text{évolution propre } \frac{d^{(3)}}{dt}\right)$ agissent de façon *indépendante* sur l'atome.

b) L'évolution de l'atome le long d'une transition verticale dépend uniquement de l'*état de l'atome au point de départ de la transition.*

L'évolution le long de AB (ou GH) dépend ainsi uniquement de l'état de l'atome au point A (ou G). On peut donc parler de propriétés *instantanées* associées aux processus 1 et 2.

c) Ces propriétés instantanées sont décrites par les coefficients E et S. Comme E et S ne dépendent pas du temps, il s'ensuit que les propriétés des processus d'absorption et d'émission spontanée sont *intrinsèques* et restent les *mêmes* pour toutes les transitions du type AB, EF ... ou CD, GH, ...

2° **Plan choisi pour l'interprétation physique des résultats théoriques.** — Ces simples considérations suffisent à dégager clairement l'idée importante qui doit servir de base à une étude synthétique du pompage optique :

Ce qu'il y a de *commun* à toutes les expériences de pompage optique, ce sont les propriétés *instantanées* et *intrinsèques* des deux processus élémentaires d'interaction entre l'atome et le champ de rayonnement, l'absorption d'un photon de résonance optique et l'émission spontanée (parties verticales de la figure 3). Ce qui *varie* d'une expérience à l'autre, c'est l'*évolution propre* du système atomique entre deux processus élémentaires d'interaction (parties horizontales de la figure 3).

Cette idée impose alors de façon très naturelle le plan que nous suivrons au chapitre III pour interpréter physiquement les résultats théoriques :

a) Plutôt que d'étudier directement les équations d'évolution globales (II, B, 1), nous commencerons par étudier les groupes d'équations (II, B, 4) et (II, B, 5). On dégage ainsi les propriétés importantes qui se retrouvent dans toutes les expériences de pompage optique. C'est ce que nous ferons dans les parties A et B du chapitre suivant.

Au groupe des deux équations (II, B, 4), nous ajouterons d'ailleurs l'expression donnant la quantité de lumière L_A absorbée par unité de temps ; au groupe d'équations (II, B, 5) l'expression donnant la quantité de lumière L_F émise par unité de temps. En effet, l'absorption et l'émission d'énergie lumineuse doivent être respectivement associées aux deux processus 1 et 2. Chacun de ces deux processus se trouve ainsi décrit par un groupe de trois équations qui expriment l'effet instantané de ce processus, sur l'état fondamental de l'atome, sur l'état excité de l'atome et sur le champ de rayonnement.

Nous étudierons en détail chacun de ces deux groupes de trois équations. Toutes leurs propriétés seront analysées et interprétées à partir de lois physiques très simples : nous montrerons que l'énergie, le moment angulaire doivent être conservés globalement au cours des transitions verticales de la figure 3.

b) Une fois cette étude de base faite, il est beaucoup plus facile ensuite d'aborder l'analyse des équations d'évolution globales (II, B, 1). Il faut alors tenir compte de l'évolution propre de l'atome $\frac{d^{(3)}}{dt}$ entre deux processus élémentaires d'interaction (Dans ce travail, nous envisageons essentiellement comme causes d'évolution propre, l'interaction avec le champ magnétique statique H_0 et, éventuellement, l'interaction avec un champ de radiofréquence). C'est cette analyse de l'évolution globale que nous présenterons dans les parties C et D du chapitre III.

C'est à ce stade de l'étude qu'apparaît de façon frappante la différence entre le comportement du moment angulaire longitudinal de l'atome et celui du moment angulaire transversal : tant qu'on étudie les propriétés instantanées de l'interaction entre l'atome et le champ de rayonnement, on ne rencontre aucune différence importante entre le comportement de ces deux grandeurs physiques. Le long des lignes verticales de la figure 3, il y a entre l'atome et le photon un échange de moment angulaire aussi bien longitudinal que transversal. Par contre, le long des lignes horizontales, l'une de ces grandeurs, le moment angulaire longitudinal, n'évolue pas tandis que le moment angulaire transversal de l'atome évolue, par suite de la précession de Larmor.

3° **Utilité pratique du mode de présentation choisi.** — Comme nous l'avons signalé plus haut, le mode de présentation choisi présente un intérêt pratique.

Si l'on veut interpréter quantitativement une expérience de pompage optique donnée, le seul problème qui reste à résoudre est celui du calcul des quantités $\frac{d^{(3)}}{dt}\sigma_{\mu\mu'}$ et $\frac{d^{(3)}}{dt}\sigma_{mm'}$. Une fois ces expressions calculées, il faut les ajouter aux expressions $\frac{d^{(1)}}{dt}$ et $\frac{d^{(2)}}{dt}$ données dans le présent travail et résoudre le système différentiel (II, B, 1).

Nous verrons plus loin que les signaux de détection optique L_A et L_F s'expriment très simplement à partir de $\sigma_{\mu\mu'}$ et $\sigma_{mm'}$. Une fois le système (II, B, 1) résolu, on peut donc calculer les signaux optiques et par suite interpréter quantitativement l'expérience envisagée.

Il est donc ainsi possible d'introduire une certaine « systématique » dans la façon de conduire le calcul quantitatif d'une expérience de pompage optique.

D. — Conditions de validité de la théorie

Toutes les propriétés que nous venons de mettre en évidence et qui sont liées à la forme des équations d'évolution ne sont évidemment valables que si certaines conditions de validité sont remplies. La liste en est la suivante.

1° **Conditions de validité.** — *a)* Hypothèses faites sur le faisceau lumineux.

— L'onde lumineuse qui excite la résonance optique des atomes n'a pas de phase définie. On peut ignorer la « cohérence optique » entre l'état fondamental et l'état excité de l'atome :

$$\sigma_{m\mu}(t) \equiv 0. \qquad \text{(II, D, 1)}$$

— Δ, largeur de la raie excitatrice, est grande devant la largeur naturelle Γ du niveau excité (Γ est l'inverse de la durée de vie radiative τ du niveau excité ; $\Gamma = 1/\tau$):

$$\Delta \gg \Gamma. \qquad \text{(II, D, 2)}$$

— Δ est grand devant les effets Zeeman ω_e et ω_f de l'état fondamental et de l'état excité.

$$\Delta \gg \omega_e,\ \omega_f. \qquad \text{(II, D, 3)}$$

— L'intensité lumineuse est suffisamment faible pour que l'émission induite et l'absorption provoquées par le faisceau lumineux soient des processus très faibles devant l'émission spontanée.

Ceci entraîne que la durée de vie T_p de l'état fondamental est longue devant la durée de vie τ de l'état excité :

$$\Gamma \gg \frac{1}{T_p}. \qquad \text{(II, D, 4)}$$

b) Hypothèses faites lors de la résolution approchée de l'équation de Schrödinger.

— Les équations (II, B, 4) qui décrivent l'évolution sous l'effet du processus d'excitation optique sont établies moyennant la condition :

$$\Delta \gg \frac{1}{T_p}. \qquad \text{(II, D, 5)}$$

(Cette condition est réalisée si (II, D, 2) et (II, D, 4) le sont).

— Quant aux équations (II, B, 5) qui décrivent l'évolution sous l'effet du processus d'émission spontanée, elles sont valables si la largeur naturelle Γ est petite devant l'énergie optique k_0 de la transition, ce qui est très largement réalisé :

$$k_0 \gg \Gamma. \qquad \text{(II, D, 6)}$$

Remarque. — Il nous paraît important de rappeler comment s'introduit la condition $\Delta \gg \frac{1}{T_p}$ lors de l'établissement des équations (II, B, 4).

L'expression donnant $\frac{d^{(1)}}{dt}\sigma_{\mu\mu'}$ comporte des quantités du type :

$$\int_0^\infty u(k)dk \int_{t_0}^t \mathbf{e}^{ik(t-t')}\sigma_{\mu''\mu^*}(t')dt'$$

($u(k)$ est la forme spectrale de la raie excitatrice, dont la largeur est Δ). Pour faire le calcul d'une telle quantité, on procède de la façon suivante : on commence par se fixer une certaine valeur de $t - t'$ et à faire l'intégration sur k. L'exponentielle $\mathbf{e}^{ik(t-t')}$ est alors une fonction oscillante de k, dont la périodicité est $\frac{1}{t-t'}$. Si $\frac{1}{t-t'}$ est très petit devant la largeur Δ de $u(k)$, l'exponentielle oscille un très grand nombre de fois sur l'intervalle où $u(k)$ est différent de zéro et varie lentement ; l'intégrale du produit de ces deux fonctions est alors nulle. Les seules valeurs de $t - t'$ qui interviennent dans le calcul de la double intégrale sont donc celles pour lesquelles :

$$t - t' \leqslant \frac{1}{\Delta}.$$

Comme $\sigma_{\mu''\mu'''}(t')$ varie avec des constantes de temps de l'ordre de T_p, il s'ensuit que si $T_p \gg \frac{1}{\Delta}$, $\sigma_{\mu''\mu'''}(t')$ peut être remplacé par $\sigma_{\mu''\mu'''}(t)$ et sorti de l'intégrale. L'équation intégro-différentielle est ainsi remplacée par une équation différentielle.

Des calculs très analogues se rencontrent lors de l'étude des équations (II, B, 5) qui décrivent l'effet du processus d'émission spontanée. $u(k)$ est alors remplacé par la fonction k^2 qui est en quelque sorte la répartition spectrale énergétique des fluctuations du vide (voir I, B, 5). Ce qui joue le rôle de Δ, c'est alors k_0 qui est, de façon très approchée, la « largeur » de la fonction k^2 au voisinage du point k_0. D'où l'origine de la condition (II, D, 6).

2° Signification physique des conditions de validité. — La remarque précédente montre que $\frac{d^{(1)}}{dt}\sigma_{\mu\mu'}$ dépend en fait des valeurs de $\sigma_{\mu''\mu'''}(t')$ pour $t - \frac{1}{\Delta} \leqslant t' \leqslant t$. Elle conduit donc à penser que la *durée effective d'un processus d'absorption* est $\frac{1}{\Delta}$. Cette idée est d'ailleurs très bien confirmée par l'image classique des trains d'onde. En effet, si Δ est la largeur de la répartition spectrale énergétique, l'extension du train d'onde dans l'espace est $\frac{1}{\Delta}$, et le temps mis par ce train d'onde à passer devant l'atome est bien $\frac{1}{\Delta}$ (rappelons que nous avons pris $\hbar = c = 1$). On est de même conduit à penser que la durée effective d'un processus d'émission spontanée est de l'ordre de $\frac{1}{k_0}$.

Insistons bien sur le fait qu'il ne faut pas confondre la durée effective d'un processus avec l'inverse de la probabilité par unité de temps pour qu'un tel processus ait lieu. Ainsi, T_p est le temps moyen au bout duquel un processus d'absorption a une très grande chance de s'être produit ; $\frac{1}{\Delta}$ le temps effectif que dure un tel processus lorsqu'il se produit.

Cette interprétation physique de la quantité $\frac{1}{\Delta}$ permet alors de comprendre très clairement la plupart des conditions de validité de la théorie : elles expriment que les durées effectives des processus d'absorption et d'émission spontanée sont très courtes devant tous les autres temps du problème (ces temps sont T_p et $\frac{1}{\omega_f}$ pour l'état fondamental ; $\tau = \frac{1}{\Gamma}$ et $\frac{1}{\omega_e}$ pour l'état excité). On peut alors considérer ces processus comme instantanés. En d'autres termes, sur la figure 3, les transitions dues aux processus 1 et 2 sont réellement bien verticales dans l'échelle des temps choisie.

3° Domaine d'application de la présente théorie. — Nous signalerons tout d'abord que la condition (II, D, 3) $\Delta \gg \omega_e$, ω_f n'est pas essentielle. On peut s'en affranchir aisément. Les diverses équations conservent la même forme. La seule différence est que les coefficients E qui figurent dans les équations (II, B, 4) dépendent alors de ω_e et ω_f, ce qui n'est pas le cas lorsque la condition (II, D, 3) est réalisée. Ceci se comprend d'ailleurs facilement. Il faut alors tenir compte de la variation de l'intensité lumineuse excitatrice d'une composante Zeeman de la raie de résonance à l'autre.

En ce qui concerne les conditions (II, D, 2), (II, D, 4), (II, D, 5) et (II, D, 6), elles sont largement réalisées dans toutes les expériences de pompage optique. La seule difficulté provient de la condition (II, D, 1). Le modèle choisi pour le faisceau lumineux permet d'ignorer complètement la phase de l'onde lumineuse et, par suite, le dipôle électrique global de la vapeur atomique. Pour justifier un tel modèle, très commode sur le plan mathématique, nous avons indiqué que la phase des ondes lumineuses fournies par les sources usuelles était très mal déterminée. Mais nous ne démontrons pas rigoureusement que l'erreur commise en supposant qu'elle est *complètement* indéterminée est négligeable. La seule justification de ce point précis est fournie par le fait que toutes les prévisions théoriques concordent avec l'expérience.

Il nous semble que le prolongement normal d'une telle étude consisterait à reprendre la théorie du cycle de pompage optique en supposant inversées toutes les conditions précédentes, en particulier, les conditions (II, D, 1), (II, D, 2) et (II, D, 4).

CHAPITRE III

INTERPRÉTATION PHYSIQUE DES RÉSULTATS THÉORIQUES

A. — Étude du processus d'absorption

1° **Résultats théoriques.** — Comme nous l'avons souligné dans le chapitre précédent, les propriétés instantanées et intrinsèques du processus d'absorption sont décrites par le groupe d'équations (II, B, 4) et par l'expression donnant L_A. En explicitant les coefficients $E_{\mu\mu'}^{\mu''\mu'''}$ et $E_{mm'}^{\mu\mu'}$, il vient :

$$\left.\begin{aligned}\frac{d^{(1)}}{dt}\sigma_{\mu\mu'} = &-\left(\frac{1}{2T_p} + i\Delta E'\right)\sum_{\mu''} A_{\mu\mu''}\sigma_{\mu''\mu'}\\ &-\left(\frac{1}{2T_p} - i\Delta E'\right)\sum_{\mu''}\sigma_{\mu\mu''}A_{\mu''\mu'}\end{aligned}\right\} \quad \text{(III, A, 1, } a\text{)}$$

$$\frac{d^{(1)}}{dt}\sigma_{mm'} = \frac{1}{T_p}\sum_{\mu\mu'}\langle m\,|\,\vec{e}_{\lambda_0}.\vec{D}\,|\,\mu\rangle\langle\mu'\,|\,\vec{e}_{\lambda_0}.\vec{D}\,|\,m'\rangle\,\sigma_{\mu\mu'} \quad \text{(III, A, 1, } b\text{)}$$

$$L_A = \frac{1}{T_p}\sum_{\mu\mu'} A_{\mu\mu'}\sigma_{\mu'\mu}. \quad \text{(III, A, 1, } c\text{)}$$

Les deux premières équations qui représentent l'effet instantané du processus d'absorption sur l'état fondamental et sur l'état excité de l'atome sont tirées des formules (II, 13) et (II, 18) de J — P1.

La troisième équation s'obtient de façon très simple à partir des deux autres. On écrit que le nombre de photons absorbés dans le temps dt est égal au nombre d'atomes qui quittent l'état fondamental dans l'intervalle de temps dt, c'est-à-dire $-\sum_{\mu}\frac{d^{(1)}}{dt}\sigma_{\mu\mu}$; ou encore au nombre de ceux qui arrivent dans l'état excité au cours du même temps $\sum_m \frac{d^{(1)}}{dt}\sigma_{mm}$.

L'expression des quantités $\frac{1}{2T_p}$, $\Delta E'$, $A_{\mu\mu'}$ qui apparaissent dans les formules (III, A, 1) est la suivante :

$$\frac{1}{2T_p} = \int_0^{+\infty} u(k)|\,A_k\,|^2 dk\,\frac{\Gamma/2}{[k-(\tilde{k}_0+\vec{k}_0\vec{v})]^2+\Gamma^2/4} \quad \text{(III, A, 2, } a\text{)}$$

$$\Delta E' = \int_0^{+\infty} u(k)|\,A_k\,|^2 dk\,\frac{k-(\tilde{k}_0+\vec{k}_0\vec{v})}{[k-(\tilde{k}_0+\vec{k}_0\vec{v})]^2+\Gamma^2/4} \quad \text{(III, A, 2, } b\text{)}$$

$$A_{\mu\mu'} = \sum_m \langle\mu\,|\,\vec{e}_{\lambda_0}.\vec{D}\,|m\rangle\langle m\,|\,\vec{e}_{\lambda_0}.\vec{D}\,|\,\mu'\rangle \quad \text{(III, A, 2, } c\text{)}$$

On a par ailleurs :

$$\tilde{k}_0 = k_0 + \Delta E \quad \text{(III, A, 3)}$$

Γ et ΔE sont la largeur naturelle et la self-énergie du niveau excité.

2° **Effets du processus d'absorption sur l'état fondamental de l'atome.** — L'équation (III, A, 1, a) décrit la façon dont se vide un état fondamental possédant de la « cohérence hertzienne » $\sigma_{\mu\mu'}$ par suite du processus d'absorption. Les quantités $\sigma_{\mu\mu'}$ sont au nombre de $(2I+1)^2$. L'équation (III, A, 1, a) est donc, en fait, un système différentiel linéaire à coefficients constants par rapport aux $(2I+1)^2$ quantités $\sigma_{\mu\mu'}$.

Il s'ensuit que la description du processus d'absorption nécessite plusieurs constantes de temps qui sont les valeurs propres de la matrice associée à ce système différentiel linéaire. Nous allons, par une transformation simple sur l'équation (III, A, 1, a) faire apparaître ces valeurs propres et dégager ainsi clairement la signification de T_p, $\Delta E'$ et $A_{\mu\mu'}$ ($A_{\mu\mu'}$ est défini par III, A, 2, c).

Il est tout d'abord plus commode d'écrire ce système différentiel sous forme matricielle. Désignons par $\bar{\sigma}$ la matrice densité dans l'état fondamental. L'ensemble des quantités $A_{\mu\mu'}$ peut être considérée comme une matrice agissant dans cet état. Nous la désignons par A. Il vient ainsi :

$$\frac{d^{(1)}}{dt}\bar{\sigma} = -\frac{1}{2T_p}[A\bar{\sigma}+\bar{\sigma}A] - i\Delta E'[A\bar{\sigma}-\bar{\sigma}A]. \quad \text{(III, A, 4)}$$

La matrice A est hermitique : $A_{\mu\mu'} = A^*_{\mu'\mu}$ comme on le voit sur la définition de ces quantités. Il s'ensuit (propriété générale des matrices hermitiques) que les valeurs propres de A sont *réelles ;* et que les vecteurs propres sont orthogonaux. Désignons par p_α et $|\,\alpha\,\rangle$ ces valeurs propres et ces vecteurs propres.

Les vecteurs $|\,\alpha\,\rangle$ forment une *base orthonormée* qui peut être utilisée pour décrire l'état fondamental au même titre que l'ensemble des vecteurs $|\,\mu\,\rangle$. En ce qui concerne l'équation (III, A, 4), la représentation $|\,\alpha\,\rangle$ est beaucoup plus commode, car la matrice A est diagonale dans cette représentation. Il vient ainsi :

$$\frac{d^{(1)}}{dt}\sigma_{\alpha\alpha'} = -\left[\frac{1}{2T_p}(p_\alpha+p_{\alpha'}) + i\Delta E'(p_\alpha-p_{\alpha'})\right]\sigma_{\alpha\alpha'}. \quad \text{(III, A, 5)}$$

Les valeurs propres du système différentiel linéaire (III, A, 1) s'obtiennent ainsi immédiatement. Écrite pour un élément diagonal $\sigma_{\alpha\alpha}$, (III, A, 5) devient :

$$\frac{d^{(1)}}{dt}\sigma_{\alpha\alpha} = -\frac{p_\alpha}{T_p}\sigma_{\alpha\alpha}. \qquad \text{(III, A, 6)}$$

Les conséquences physiques des équations (III, A, 5) et (III, A, 6) apparaissent alors très clairement.

a) Par suite du processus d'absorption, l'état $|\alpha\rangle$ acquiert une *durée* de vie bien définie et qui vaut $\frac{T_p}{p_\alpha}$.

b) Par suite de ce même processus, l'état $|\alpha\rangle$ est également *déplacé* d'une quantité $p_\alpha \Delta E'$.

Il ressort donc de cette étude que le processus d'absorption non seulement *élargit* mais *déplace* l'état fondamental. Ces deux effets distincts sont à associer respectivement à T_p et $\Delta E'$ (d'où l'origine de la notation choisie). La *force* du processus d'absorption est décrite par ces deux quantités. Lorsque le moment angulaire total I de l'état fondamental est différent de 0, il existe $(2I+1)$ « états » du moment angulaire, différents et orthogonaux, qui ont chacun une durée de vie et un déplacement énergétique bien définis : $\frac{T_p}{p_\alpha}$ et $p_\alpha \Delta E'$. Ces états $|\alpha\rangle$ et les quantités p_α dépendent uniquement des quantités $A_{\mu\mu'}$ qui décrivent donc l'*aspect angulaire* du processus d'absorption.

Étant donnée leur importance, nous allons étudier maintenant de façon détaillée les quantités T_p, $\Delta E'$, $A_{\mu\mu'}$ dont l'expression est donnée par les formules (III, A, 2).

3° Étude de T_p et $\Delta E'$: aspect énergétique du processus d'absorption. — *a)* **Transitions réelles et transitions virtuelles.** — Dans les expressions (III, A, 2), le système atomique intervient par une courbe d'absorption ou de dispersion centrée au point $\tilde{k}_0$, de largeur Γ (A_k varie très peu avec k ; de plus, nous négligeons pour le moment l'effet Doppler). Quant au champ de rayonnement, il intervient par la répartition spectrale $u(k)$, de largeur Δ. Nous supposons $u(k)$ symétrique autour de la valeur k_1.

Pour avoir $\frac{1}{T_p}$ ou $\Delta E'$, il faut faire le produit de $u(k)$ par la courbe d'absorption ou de dispersion atomique et intégrer de 0 à $+\infty$ (fig. 4).

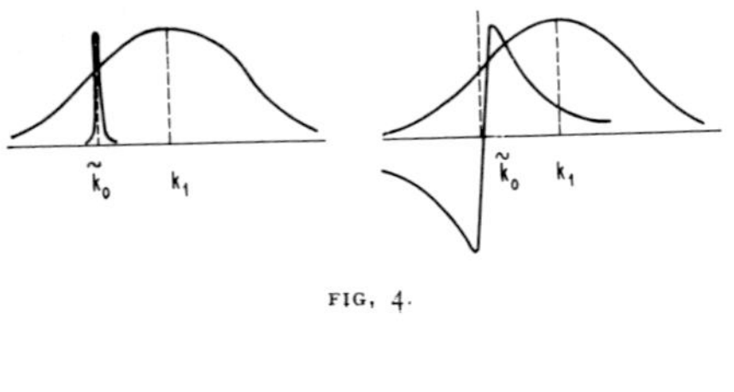

FIG. 4.

Pour $\frac{1}{T_p}$, le résultat de cette intégration est très simple, car Γ étant très petit devant Δ (condition (II, D, 2)), la courbe d'absorption atomique, de largeur Γ, se comporte comme une « fonction δ » vis-à-vis de $u(k)$. Il vient donc :

$$\frac{1}{2T_p} = \pi\,|A_{\tilde{k}_0}|^2 u(\tilde{k}_0). \qquad \text{(III, A, 7)}$$

On trouve ainsi que $\frac{1}{T_p}$ est proportionnel à l'intensité lumineuse excitatrice à la fréquence $\tilde{k}_0$.

Pour $\Delta E'$, le calcul de l'intégrale n'est pas aussi simple. On ne peut pas en effet, comme pour $\frac{1}{T_p}$, réduire le domaine d'intégration à un intervalle de largeur Γ entourant la valeur $\tilde{k}_0$. On peut par contre affirmer que la contribution de ce domaine d'intégration à la valeur de $\Delta E'$ est nulle. En effet, dans un domaine de largeur Γ, $u(k)$ ne varie pratiquement pas. Il peut donc être sorti de l'intégrale, qui vaut alors zéro par suite des symétries d'une courbe de dispersion.

Cette étude des expressions (III, A, 2) nous a donc permis d'établir le fait suivant : T_p *ne dépend que des valeurs de* $u(k)$ *comprises à l'intérieur d'un domaine de largeur* Γ *entourant la valeur* $\tilde{k}_0$. $\Delta E'$, *par contre, ne dépend que des valeurs de* $u(k)$ *à l'extérieur de ce domaine.*

Ceci nous amène alors tout naturellement à distinguer deux types de transitions différentes, qui se distinguent par l'énergie des photons qui les induisent : T_p est dû à l'un de ces types de transition, $\Delta E'$ à l'autre.

Lorsqu'il y a dans le faisceau lumineux excitateur un photon ayant une énergie égale, à Γ près, à l'énergie $\tilde{k}_0$ de la transition atomique, le photon peut être effectivement absorbé par l'atome. Une telle transition qui satisfait au principe de conservation de l'énergie est, pour cette raison, appelée *transition réelle.* L'effet d'une telle transition est de donner une durée de vie à l'état fondamental, puisque l'atome peut ainsi quitter effectivement cet état. Les transitions réelles élargissent donc l'état fondamental sans le déplacer.

Lorsque, par contre, l'énergie du photon k_1 diffère de $\tilde{k}_0$ d'une quantité supérieure à Γ, l'atome a une probabilité nulle d'avoir quitté l'état fondamental à la fin du processus d'excitation optique. Il ne peut se trouver dans l'état excité car l'énergie ne serait pas conservée dans une telle transition. La durée de vie de l'état fondamental n'est donc pas affectée par un tel processus.

Le couplage entre l'atome et le champ de rayonnement existe cependant. Si, pour des raisons liées à la conservation de l'énergie, ce couplage ne peut plus induire de transitions entre l'état fondamental et l'état excité, il n'en perturbe pas moins l'atome durant le processus d'excitation lui-même, et cette perturbation se traduit par un déplacement des niveaux d'énergie.

Ce résultat peut s'énoncer également d'une façon beaucoup plus imagée. Lorsque le défaut d'énergie $k_1 - \tilde{k}_0$ est supérieur à Γ, l'atome n'absorbe plus réellement le photon ; on dit qu'il peut l'absorber « virtuellement » et cela pendant un temps qui, d'après la quatrième relation d'incertitude est de l'ordre de $\frac{\hbar}{k_1 - \tilde{k}_0}$. L'effet de cette *transition virtuelle* est de mélanger l'état excité et l'état fondamental de l'atome et de modifier par suite l'énergie de ces états. Les transitions virtuelles déplacent donc l'état fondamental sans l'élargir.

Remarque. — Le photon est une particule relativiste. Il a une impulsion $\vec{k}(\hbar = c = 1)$. De même l'atome a une énergie cinétique correspondant aux degrés de liberté de translation. C'est donc le quadrivecteur impulsion-énergie, plutôt que l'énergie seulement, qui doit être conservé au cours d'une transition réelle. On retrouve ainsi sans difficulté l'effet Doppler $\vec{k}\vec{v}$ qui figure dans les expressions (III, A, 2).

b) **Lien avec l'absorption et la dispersion anormale de la vapeur.** — Étudions maintenant comment varient T_p et $\Delta E'$ en fonction de l'écart $k_1 - \tilde{k}_0$ entre le centre de la raie excitatrice k_1 et la fréquence de la transition atomique $\tilde{k}_0$.

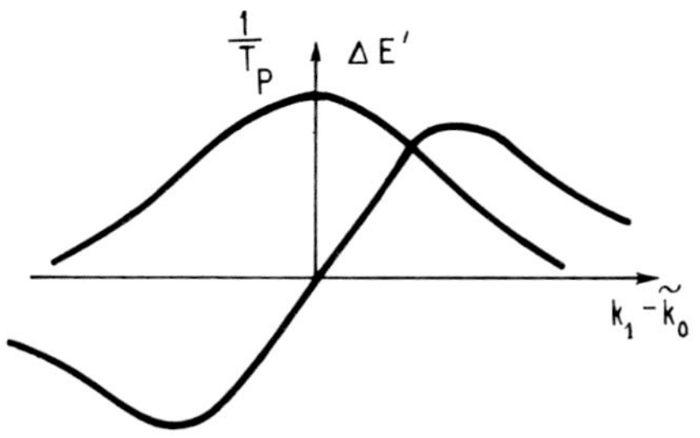

FIG. 5.

D'après (III, A, 7), $\frac{1}{T_p}$ varie exactement comme $u(k)$. L'interprétation que nous avons donnée de T_p rend ce résultat évident. Quant à $\Delta E'$, il est nul par raison de symétrie pour $k_1 = \tilde{k}_0$. Puis il croît avec $k_1 - \tilde{k}_0$. Un maximum du même ordre de grandeur que celui de $\frac{1}{T_p}$ est atteint lorsque $k_1 - \tilde{k}_0$ est de l'ordre de $\frac{\Delta}{2}$. $\Delta E'$ décroît ensuite, mais beaucoup plus lentement que $\frac{1}{T_p}$. En fait, on peut démontrer à partir de (III, A, 2) que pour $k_1 - \tilde{k}_0 \gg \Delta$, $\Delta E'$ décroît comme $\frac{1}{k_1 - \tilde{k}_0}$ et que :

$$\frac{1/T_p}{\Delta E'} = \frac{\Gamma}{k_1 - \tilde{k}_0} \ll 1.$$

La variation de $\frac{1}{T_p}$ et de $\Delta E'$ avec $k_1 - \tilde{k}_0$ rappelle de façon frappante celle de la partie réelle et imaginaire de l'indice de réfraction de la vapeur, c'est-à-dire l'absorption et la dispersion anormale. Cette analogie est plus que formelle et a une signification physique très profonde. Lorsqu'une transition *réelle* se produit, le photon est absorbé et disparaît du faisceau incident. C'est le phénomène d'absorption. Lorsqu'une transition *virtuelle* se produit, le photon est absorbé virtuellement pendant un temps très court ; puis il est replacé dans sa direction de propagation initiale. Néanmoins, pendant le temps que dure la transition virtuelle, le photon ne se propage pas puisqu'il est « happé » par l'atome. On conçoit donc que la vitesse de propagation des photons au sein de la vapeur soit affectée par les transitions virtuelles. C'est le phénomène de dispersion anormale.

Cette analogie peut être également soulignée de la façon suivante. L'interaction entre l'atome et le photon incident a des conséquences à la fois sur l'atome et sur le photon. Jusqu'à présent, seuls les effets de cette interaction sur le photon ont été étudiés : les phénomènes d'absorption et de dispersion anormale sont connus depuis fort longtemps. Le présent travail permet d'affirmer que les effets correspondants existent pour l'atome : les niveaux d'énergie dans l'état fondamental sont élargis et déplacés par suite de l'interaction avec le faisceau lumineux.

c) **Variation de $\frac{1}{T_p}$ et $\Delta E'$ avec l'intensité lumineuse.** — Il est facile de voir sur les expressions (III, A, 2) que $\frac{1}{T_p}$ et $\Delta E'$ sont proportionnels à l'intensité lumineuse. $u(k)dk$ représente en effet par définition le nombre de photons ayant leur énergie comprise dans l'intervalle k, $k + dk$. Faire varier l'intensité lumineuse revient à multiplier $u(k)$ et par suite $\frac{1}{T_p}$ et $\Delta E'$, par le facteur correspondant. Ceci se comprend d'ailleurs aisément. Plus grand est le nombre de photons dans le faisceau lumineux, plus grande est la probabilité pour qu'une transition réelle ou virtuelle se produise.

Nous devons donc nous attendre à ce que les effets d'élargissement et de déplacement des niveaux d'énergie causés par la lumière varient linéairement avec l'intensité lumineuse.

Remarque. — Avant de terminer ce chapitre, signalons que les effets associés à T_p et à $\Delta E'$, durée de vie et déplacement énergétique, sont très analogues aux effets radiatifs associés au processus d'émission spontanée : largeur naturelle Γ et self-énergie ΔE. Nous reviendrons en détail sur cette analogie lors de l'étude du processus d'émission spontanée.

4° **Étude des $A_{\mu\mu'}$. Aspect angulaire du processus d'absorption.** — *a)* **Caractère isotrope ou anisotrope du processus d'absorption.** — Les $A_{\mu\mu'}$ s'expriment à partir des quantités sans dimensions $\langle \mu \mid \vec{e}_{\lambda_0}.\vec{D} \mid m \rangle$ qui décrivent la dépendance angulaire des éléments de matrice du hamiltonien d'interaction $\mathcal{H}_1$. Ils dépendent essentiellement de la polarisation $\vec{e}_{\lambda_0}$. L'étude faite plus haut nous a montré que les *vecteurs propres* $\mid \alpha \rangle$ et les *valeurs propres* p_α de la matrice $A_{\mu\mu'}$ jouaient un rôle important en ce qui concerne les propriétés du processus d'absorption.

— L'atome et le photon possédant chacun un moment angulaire, l'absorption du photon par l'atome doit être décrite comme un processus d'interaction élémentaire entre deux particules douées de spin. Comme nous l'avons vu, l'état angulaire du photon est décrit par $\vec{e}_{\lambda_0}$. Lorsqu'il interagit avec un atome qui se trouve dans l'état angulaire $\mid \alpha \rangle$, nous avons vu plus haut que la probabilité d'une transition réelle était $\frac{p_\alpha}{T_p}$, celle d'une transition virtuelle $p_\alpha \Delta E'$. Deux cas sont alors à distinguer.

α) Toutes les valeurs propres p_α de A sont identiques (la matrice $A_{\mu\mu'}$ est un multiple de la matrice unité). Dans ce cas, la probabilité d'un processus d'interaction élémentaire entre l'atome et le photon est la même quel que soit l'état angulaire de l'atome. Nous dirons alors que le processus d'absorption est *isotrope*.

β) Les valeurs propres p_α de A ne sont pas toutes identiques. Si, par exemple, $p_\alpha \neq p_{\alpha'}$, la probabilité d'un processus d'interaction élémentaire n'est pas la même suivant que l'atome est dans l'état $\mid \alpha \rangle$ ou dans l'état $\mid \alpha' \rangle$. Elle dépend donc des états angulaires respectifs de l'atome et du photon. Nous dirons alors que le processus d'absorption est *anisotrope*.

Nous verrons plus loin qu'il est possible de réaliser des conditions expérimentales correspondant à ces deux cas.

b) **Symétries du processus d'absorption.** — Dans le cas isotrope, la symétrie du processus d'absorption est évidemment la symétrie sphérique.

— Dans le cas anisotrope, elle est beaucoup moins simple. Les états angulaires privilégiés par le processus d'absorption sont les états propres $\mid \alpha \rangle$ de la matrice $A_{\mu\mu'}$. Cette matrice étant en général non diagonale, les états $\mid \alpha \rangle$ ne coïncident pas avec les états $\mid \mu \rangle$ qui sont les états propres de la composante I_z du moment angulaire total de l'atome suivant l'axe Oz qui porte le champ magnétique statique H_0.

Le fait que les états $\mid \alpha \rangle$ soient en général différents des états $\mid \mu \rangle$ ne doit pas surprendre. Comme nous supposons $\Delta \gg \omega_e, \omega_f$, ceci entraîne, d'après la signification physique que nous avons donnée à $\frac{1}{\Delta}$ dans le chapitre précédent, que le moment angulaire atomique n'a pas le temps de précesser autour du champ magnétique H_0 pendant la durée effective $\frac{1}{\Delta}$ d'un processus élémentaire d'absorption. Les propriétés instantanées et intrinsèques d'un tel processus n'ont donc aucune raison de dépendre de la grandeur ou de la direction du champ magnétique, ce que l'on constate effectivement sur les expressions (III, A, 2) de $\frac{1}{T_p}$, $\Delta E'$, $A_{\mu\mu'}$. La symétrie du processus d'absorption est donc déterminée uniquement par la polarisation $\vec{e}_{\lambda_0}$ du faisceau lumineux.

— Il est possible de donner une image encore plus physique des états $\mid \alpha \rangle$. Supposons un instant que le processus d'absorption soit le seul à agir sur l'atome ; c'est-à-dire qu'il n'y a pas d'émission spontanée et que le champ magnétique est rigoureusement nul. En l'absence du faisceau lumineux, l'état fondamental a une dégénérescence d'ordre $2I + 1$. Lorsqu'on le soumet à l'action d'un faisceau lumineux polarisé, cette dégénérescence est levée. Il apparaît des sous-niveaux d'énergie qui ne sont autres que les états $\mid \alpha \rangle$. Les états $\mid \alpha \rangle$ sont donc au processus d'absorption ce que les états $\mid \mu \rangle$ sont à l'interaction Zeeman.

— Les états $\mid \alpha \rangle$ étant ainsi beaucoup mieux adaptés que les états $\mid \mu \rangle$ pour l'étude du processus d'absorption, on peut se demander s'il ne vaudrait pas mieux écrire toutes les équations (III, A, 1) dans la représentation $\mid \alpha \rangle$. En fait, pour décrire l'évolution globale, nous devrons tenir compte plus loin des deux autres processus, l'émission spontanée $\left(\frac{d^{(2)}}{dt}\right)$ et l'interaction Zeeman $\left(\frac{d^{(3)}}{dt}\right)$. Nous verrons que l'émission spontanée est un processus isotrope ; son étude peut donc être faite dans n'importe quel système de base. Par contre l'interaction Zeeman, dont la force est caractérisée par ω_f, est plus commode à étudier dans la représentation $\mid \mu \rangle$. Toutes les expériences envisagées dans ce travail correspondent à une situation où $\omega_f \gg \frac{1}{T_p}$ (la fréquence des raies de résonance magnétique dans l'état fondamental, ω_f, est grande devant la largeur d'origine optique $\frac{1}{T_p}$ de ces raies). L'interaction Zeeman l'emporte donc sur la perturbation associée au processus d'absorption. C'est la raison pour laquelle nous avons adopté dans tout ce travail la représentation $\mid \mu \rangle$. Si l'on voulait par contre faire une étude du pompage optique en champ nul ou très faible $\left(\omega_f \ll \frac{1}{T_p}\right)$, il est évident qu'il faudrait alors se placer plutôt dans la représentation $| \alpha \rangle$.

— Signalons enfin qu'il existe un cas où les états $| \alpha \rangle$ sont confondus avec les états $| \mu \rangle$. C'est celui où la polarisation $\vec{e}_{\lambda_0}$ est l'une des trois polarisations σ^+, σ^-, π. On voit en effet sur l'expression (III, A, 2, *c*) que $A_{\mu\mu'}$ n'est différent de zéro pour $\mu \neq \mu'$ que si l'état de polarisation $\vec{e}_{\lambda_0}$ permet l'existence de deux transitions partant de deux sous-niveaux différents μ et μ' et aboutissant au même sous-niveau m, ce qui est impossible pour les trois polarisations σ^+, σ^-, π qui obéissent à des règles de sélection bien définies $m - \mu = +1, -1, 0$. La matrice A est donc diagonale dans la représentation μ. Ces faits se comprennent bien physiquement : les trois polarisations σ^+, σ^-, π correspondent à des photons pour lesquels la composante du moment angulaire suivant l'axe Oz a une valeur bien définie. Aucune direction transversale n'est alors privilégiée. Il est alors tout à fait naturel que la direction Oz joue un rôle important dans la symétrie du processus d'absorption.

c) **Cas des isotopes impairs du mercure.** — Rappelons tout d'abord que l'équation (III, A, 1, *a*) n'est écrite que pour une seule composante hyperfine de la raie de résonance. Les états m qui figurent dans (III, A, 2, *c*) appartiennent uniquement au sous-niveau hyperfin F de l'état excité (voir I, A, 1). Nous supposons donc implicitement que la fréquence moyenne k_1 de la raie excitatrice est suffisamment proche de k_0 ; et que la largeur Δ de cette raie est suffisamment petite devant la structure hyperfine S_H de l'état excité pour que les transitions réelles et virtuelles induites par le faisceau lumineux vers les autres sous-niveaux hyperfins F′ de l'état excité soient négligeables.

On peut montrer cependant que l'équation (III, A, 1, *a*) se généralise facilement au cas où Δ n'est pas très petit devant S_H. Il suffit alors d'écrire séparément l'équation (III, A, 1, *a*) pour chacune des composantes hyperfines de la raie de résonance optique (les valeurs de T_p et $\Delta E'$ sont alors en général différentes de l'une à l'autre) ; puis d'ajouter ces différentes équations.

Deux cas sont alors à distinguer :

α) $\Delta \gg S_H$ (la largeur de la raie excitatrice est grande devant la structure hyperfine S_H. Excitation du type « broad-line »). — Dans ce cas, les valeurs de T_p et $\Delta E'$ sont les mêmes pour toutes les composantes hyperfines. L'équation (III, A, 1, *a*) demeure valable à condition de considérer la sommation qui figure dans (III, A, 2, *c*) comme étendue à tous les sous-niveaux hyperfins F, F′ ... de l'état excité et non à F seulement.

Les quantités $< \mu | \vec{e}_{\lambda_0} . \vec{D} | m >$ s'expriment très simplement à partir des quantités correspondantes pour l'isotope pair $\langle \mu = 0 | \vec{e}_{\lambda_0} \vec{D} | m_J = m - \mu \rangle_{I=0}$ et des coefficients de Clebsch Gordan C_{1I} (F, m ; $m - \mu$, μ) qui décrivent le couplage entre le moment angulaire nucléaire I et le moment angulaire électronique J = 1 de l'état excité (2) (3) :

$$\langle \mu | \vec{e}_{\lambda_0} \vec{D} | m \rangle = \langle \mu = 0 | \vec{e}_{\lambda_0} \vec{D} | m_J = m - \mu \rangle_{I=0} \; C_{1I}(F, m ; m - \mu, \mu). \qquad (III, A, 8)$$

Lorsque la sommation de (III, A, 2, *c*) est étendue à l'*ensemble* des sous-niveaux F, m de l'état excité, on peut montrer alors facilement à partir des règles de somme sur les coefficients de Clebsch-Gordan que la matrice $A_{\mu\mu'}$ est égale à la matrice unité.

Dans le cas d'une excitation broad-line, le processus d'absorption est donc isotrope.

β) $\Delta \sim S_H$ *ou* $\Delta \ll S_H$. — On ne peut plus utiliser les règles de somme et il n'y a alors aucune raison pour que la matrice $A_{\mu\mu'}$ soit un multiple de la matrice unité, comme on peut le vérifier sur quelques exemples particuliers.

Dans ce cas, le processus d'absorption est donc en général anisotrope.

Remarque. — Le fait que les valeurs relatives de Δ et S_H jouent un rôle important pour déterminer si le processus d'absorption est isotrope ou anisotrope peut se comprendre de façon très simple :

L'état fondamental de l'atome a un moment angulaire électronique J = 0. Son moment angulaire provient uniquement du spin nucléaire I. La transition étant dipolaire électrique, le couplage avec le champ de rayonnement fait intervenir uniquement les électrons et n'affecte pas le noyau. Il semblerait donc *a priori* que les états angulaires respectifs du noyau et du photon n'interviennent pas dans la probabilité d'une absorption et que le processus d'absorption soit toujours isotrope. Un tel raisonnement est cependant incorrect car il ne fait intervenir que l'état initial du processus et néglige l'état final. Or, le noyau intervient dans l'état final car le moment magnétique qu'il porte interagit avec celui de l'atmosphère électronique de l'état excité. C'est cette interaction qui est responsable de la décomposition du niveau excité en plusieurs sous-niveaux hyperfins F, F′ ... On peut dire encore que le moment magnétique électronique précesse dans le champ magnétique créé par le noyau avec une période de l'ordre de $\frac{1}{S_H}$.

Lorsque $\Delta \gg S_H$, la durée effective $\frac{1}{\Delta}$ du processus d'absorption est trop courte devant $\frac{1}{S_H}$ pour que l'électron et le noyau aient le temps de se coupler magnétiquement pendant la durée du processus d'absorption. Le noyau ne joue alors aucun rôle ni dans l'état initial, ni dans l'état final. La probabilité du processus ne dépend pas de son état angulaire. Le processus d'absorption est par suite isotrope.

Envisageons par contre le cas où $\Delta \leqslant S_H$. Lors du processus d'absorption, l'atmosphère électronique acquiert un moment angulaire qui est celui du photon absorbé. Le processus d'absorption dure suffisamment longtemps pour que le moment angulaire électronique ainsi créé ait le temps de se coupler magnétiquement au moment angulaire du noyau. L'état angulaire de ce dernier intervient alors au cours du processus d'absorption et on conçoit qu'il puisse jouer un rôle pour déterminer la probabilité de ce processus.

Dans le cas du mercure, il est facile d'exciter une seule composante hyperfine de la raie de résonance. Dans la suite de ce travail, nous nous supposerons placés dans ce cas.

5° **Détection optique de l'état angulaire du système atomique dans l'état fondamental.** — L'étude de l'aspect angulaire du processus d'absorption nous a permis de dégager la propriété importante suivante :

La probabilité pour qu'un photon, de polarisation donnée $\vec{e}_{\lambda_0}$, soit absorbé dépend, lorsque l'excitation n'est pas broad-line, de l'état angulaire dans lequel se trouve le système atomique dans l'état fondamental.

L'équation (III, A, 1, *c*) s'interprète ainsi immédiatement : elle exprime que l'absorption des photons $\vec{e}_{\lambda_0}$ à l'instant *t* renseigne sur l'état angulaire de l'ensemble des atomes au même instant : $\sigma_{\mu\mu'}(t)$. Il s'ensuit que toute variation dans le temps de cet état angulaire peut se détecter par une variation correspondante de la lumière absorbée L_A.

Cette propriété très importante est à la base de toute une catégorie de méthodes de détection optique de la résonance magnétique dans l'état fondamental.

Lorsque la polarisation $\vec{e}_{\lambda_0}$ est σ^+, σ^- ou π, la matrice A est diagonale et l'absorption est sensible uniquement à l'état angulaire longitudinal du système atomique :

$$L_A = \frac{1}{T_p} \sum_{\mu} A_{\mu\mu} \sigma_{\mu\mu}. \qquad \text{(III, A, 9)}$$

La variation de la lumière absorbée au cours du temps permet d'observer la façon dont les *populations* tendent vers leurs valeurs d'équilibre lorsqu'on modifie brusquement l'une des conditions dans lesquelles se trouvent les atomes (application à l'étude des transitoires de pompage optique, de radiofréquence...). En présence d'un champ de radiofréquence $H_1 e^{i\omega t}$, la répartition des populations d'équilibre dépend de l'écart $\omega - \omega_f$. L_A varie donc avec $\omega - \omega_f$ et permet le tracé des courbes de résonance magnétique.

Lorsque la polarisation $\vec{e}_{\lambda_0}$ est « cohérente », l'absorption L_A est également sensible à l'état angulaire transversal (« cohérence hertzienne » $\sigma_{\mu\mu'}$) du système atomique. Or, le moment angulaire transversal précesse autour du champ magnétique : $\sigma_{\mu\mu'}$ varie comme $\mathbf{e}^{-i(\mu-\mu')\omega_f t}$ (En présence d'un champ de radiofréquence $H_1\mathbf{e}^{i\omega t}$, la précession qui est *forcée* se fait à la *fréquence* ω ; $\sigma_{\mu\mu'}$ varie alors comme $\mathbf{e}^{-i(\mu-\mu')\omega t}$). Il existe donc, dans la lumière absorbée des composantes modulées aux fréquences $r\omega_f$ (ou $r\omega$) dont l'expression est donnée par :

$$L_A^{(r)} = \frac{1}{T_p} \sum_{\mu-\mu'=\pm r} A_{\mu\mu'} \sigma_{\mu'\mu}. \qquad \text{(III, A, 10)}$$

(En fait, *r* ne peut dépasser 2 : ceci provient du caractère dipolaire électrique de la transition : $\langle \mu \,|\, \vec{e}_{\lambda_0} \vec{D} \;|\; m \rangle$ est nul dès que $|\, m - \mu \,| > 1$; ce qui entraîne que :

$$A_{\mu\mu'} = 0 \qquad \text{si} \qquad |\,\mu - \mu'\,| > 2).$$

Au moyen d'un amplificateur sélectif, il est possible d'isoler $L_A^{(1)}$ ou $L_A^{(2)}$ et d'étudier ainsi l'évolution du moment angulaire transversal en régime transitoire ou statique.

Le cas où la polarisation $\vec{e}_{\lambda_0}$ est « cohérente » est celui des *expériences de faisceau croisé* dont le principe fut suggéré par Dehmelt et appliqué au cas des alcalins par Bell et Bloom (6) (21).

Le présent travail permet d'établir l'expression exacte (III, A, 10) des modulations aux fréquences ω_f et $2\omega_f$ à partir des éléments de la matrice densité. Il permet surtout d'évaluer quantitativement la perturbation apportée par le faisceau croisé à la « cohérence hertzienne » $\sigma_{\mu\mu'}$ qu'il permet de détecter. Nous verrons, en effet, lors de l'étude de l'évolution globale de l'état fondamental, que la précession de $\sigma_{\mu\mu'}$ est amortie et que la fréquence de cette précession est légèrement déplacée par suite de l'interaction avec le faisceau lumineux. Il faut tenir compte de l'effet de cette perturbation sur l'évolution de $\sigma_{\mu\mu'}(t)$, si l'on veut interpréter quantitativement le signal de modulation (III, A, 10).

Nous verrons plus loin que, dans le cas des isotopes impairs du mercure ^{199}Hg, ^{201}Hg, l'expérience permet de vérifier quantitativement tous les résultats théoriques concernant la modulation de l'absorption.

Remarque. — Dans ce paragraphe, nous avons étudié uniquement les conséquences de la dépendance angulaire des transitions réelles sur le champ de rayonnement : l'absorption des photons $\vec{e}_{\lambda_0}$ dépend de $\sigma_{\mu\mu'}$.

On pourrait également étudier les conséquences de la dépendance angulaire des transitions virtuelles. La vitesse de propagation des photons $\vec{e}_{\lambda_0}$ dans un milieu matériel dépend de l'état d'orientation angulaire de ce milieu (indice de réfraction d'un milieu anisotrope). On pourrait imaginer une détection optique de l'état angulaire du système atomique utilisant la dispersion anormale (l'effet Faraday par exemple).

Bien qu'il soit très intéressant, nous ne nous attacherons pas plus longuement à ce problème, car les grandeurs mesurées dans les expériences que nous étudions ici sont essentiellement des quantités de lumière absorbées ou réemises.

6° **Effets du processus d'absorption sur l'état excité de l'atome.** — Cet effet est décrit par l'équation (III, A, 1, *b*). Nous voyons que l'état excité est créé à partir de l'état fondamental grâce à l'excitation optique. En fait, $\Delta E'$ n'intervient pas dans (III, A, 1, *b*). Ce sont donc seulement les transitions réelles qui interviennent pour peupler effectivement l'état excité.

L'équation (III, A, 1, *b*) exprime tout simplement que le moment angulaire de l'état excité résulte de la composition du moment angulaire de l'état fondamental et de celui du photon absorbé.

En particulier, on voit qu'on peut créer une orientation atomique globale dans l'état excité même si l'état fondamental qui sert à le préparer n'en possède pas ($\sigma_{\mu\mu'} = \delta_{\mu\mu'}$). L'orientation qui est obtenue provient alors uniquement du photon absorbé. C'est ainsi par exemple que le moment angulaire longitudinal cédé par le photon permet d'obtenir des différences de populations entre les sous-niveaux Zeeman de l'état excité et d'effectuer par suite la résonance magnétique (cette propriété est utilisée dans l'expérience de double résonance). On voit d'autre part qu'il est possible d'introduire de la « cohérence hertzienne » $\sigma_{mm'}$ dans l'état excité en utilisant des photons qui ont une polarisation « cohérente » (qui possèdent une cohérence hertzienne) : ces photons cèdent à l'atome leur moment angulaire transversal.

B. — Étude du processus d'émission spontanée

1° **Résultats théoriques.** — Les effets du processus d'émission spontanée sur l'état excité et sur l'état fondamental de l'atome sont donnés par les équations (II, 18) et (III, 7) de J — P1 (équations qui sont écrites pour une composante hyperfine de la transition $6^1S_0 - 6^3P_1$ des isotopes impairs du mercure) :

$$\left\{\begin{aligned}
&\frac{d^{(2)}}{dt}\sigma_{mm'} = -\Gamma\sigma_{mm'} && \text{(III, B, 1, } a\text{)}\\
&\frac{d^{(2)}}{dt}\sigma_{\mu\mu'} = \Gamma \sum_{\substack{m,m'\\ m-m'=\mu-\mu'}} C_{11}(F, m; m-\mu, \mu)\, C_{11}(F, m'; m'-\mu', \mu')\sigma_{mm'} && \text{(III, B, 1, } b\text{)}\\
&L_F(\vec{e}_\lambda) = \frac{3\Gamma}{8\pi}\sum_{mm'} A_{mm'}\sigma_{m'm}. && \text{(III, B, 1, } c\text{)}
\end{aligned}\right.$$

La quantité de lumière de fluorescence émise par unité de temps, dans une direction donnée et avec un état de polarisation donné $L_F(\vec{e}_\lambda)$, se calcule aisément à partir de l'équation (III, 4) de J — P1. $A_{mm'}$ est donné par :

$$A_{mm'} = \sum_{\mu} \langle m | \vec{e}_\lambda \cdot \vec{D} | \mu \rangle \langle \mu | \vec{e}_\lambda \cdot \vec{D} | m' \rangle. \quad \text{(III, B, 2)}$$

Les quantités $C_{11}(F, m; m-\mu, \mu)$ ont été définies plus haut. Ce sont les coefficients de Clebsch-Gordan relatifs au couplage entre le moment angulaire électronique $J = 1$ de l'état excité et le spin nucléaire I.

— Nous allons essayer de comprendre les aspects généraux du processus d'émission spontanée en utilisant les résultats établis dans le chapitre précédent à propos de l'absorption. Il suffit pour cela d'utiliser les deux propriétés importantes signalées dans le § I, C, 3 :

a) l'émission spontanée peut être considérée comme une émission induite par les fluctuations du vide ;

b) les processus d'absorption et d'émission induite sont entièrement symétriques.

Nous allons grouper les fluctuations du vide en un certain nombre de catégories. Nous désignons par « *fluctuations* $d\Omega$, $\vec{e}_\lambda$ », celles qui correspondent à tous les modes possibles du champ de rayonnement pour lesquels la direction de $\vec{k}_i$ se trouve comprise dans un petit angle solide $d\Omega$ autour d'une direction donnée et qui ont tous la même polarisation $\vec{e}_\lambda$, perpendiculaire à cette direction.

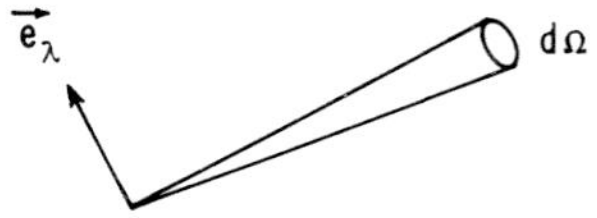

FIG. 6.

On peut assimiler en quelque sorte les fluctuations $d\Omega$, $\vec{e}_\lambda$ à un « faisceau lumineux » de direction et polarisation données qui provoque l'émission induite des atomes qui se trouvent dans l'état excité. Les propriétés de cette émission induite se comprennent très facilement à partir des résultats du chapitre précédent. Il faut ensuite sommer sur toutes les directions et polarisations possibles pour avoir les propriétés globales de l'émission spontanée. L'allure générale des équations (III, B, 1) se comprend aisément à partir de cette idée.

L'équation (III, B, 1, *c*) présente beaucoup d'analogies avec l'équation (III, A, 1, *c*). Ceci est dû au fait qu'elle *ne fait intervenir que les fluctuations* $d\Omega$, $\vec{e}_\lambda$. La lumière de fluorescence $L_F(\vec{e}_\lambda)$ émise par unité de temps dans l'angle solide $d\Omega$ et avec la polarisation $\vec{e}_\lambda$ est en effet proportionnelle à la probabilité d'émission induite par le « faisceau $d\Omega$, $\vec{e}_\lambda$ ». Il est par suite normal que les expressions (III, A, 1, *c*) et (III, B, 1, *c*) soient très voisines.

Par contre, les équations (III, B, 1, *a*) et (III, B, 1, *b*) sont beaucoup plus simples que les équations (III, A, 1, *a*) et (III, A, 1, *b*). Ceci provient du fait que pour avoir l'*effet global* de l'émission spontanée sur l'état excité et sur l'état fondamental de l'atome, il faut *sommer* sur tous les « faisceaux $d\Omega, \vec{e}_\lambda$ ». L'interaction *globale* prend alors un caractère isotrope, ce qui simplifie énormément les équations.

En d'autres termes, tant qu'on s'intéresse uniquement aux fluctuations $d\Omega, \vec{e}_\lambda$, l'émission spontanée a un caractère anisotrope. Dès qu'on somme sur toutes les fluctuations $d\Omega, \vec{e}_\lambda$, elle revêt un caractère isotrope.

2° **Aspect énergétique du processus d'émission spontanée.** — L'émission induite par les fluctuations $d\Omega, \vec{e}_\lambda$ correspond à une transition où l'atome passe de l'état excité à l'état fondamental et où l'un des modes du champ de rayonnement associés aux fluctuations $d\Omega, \vec{e}_\lambda$ passe de l'état $n = 0$ à l'état $n = 1$. Là encore, nous pouvons distinguer des transitions réelles ou virtuelles suivant qu'elles conservent ou non l'énergie.

Les transitions réelles font intervenir les modes pour lesquels l'énergie caractéristique k_i est égale à $\tilde{k}_0 + \vec{\tilde{k}}_0\vec{v}$ (à Γ près). L'état excité n'est donc pas un état stable puisque des transitions *réelles* peuvent se produire à partir de cet état. Il a une *durée de vie radiative finie.* L'importance de ces transitions réelles fait intervenir la constante de couplage $\frac{e^2}{\hbar c}$, la force $|A_{k_0}|^2$ de la transition atomique ; elle fait intervenir également le nombre de modes distincts susceptibles de provoquer ces transitions. Ce nombre est proportionnel à la densité de modes au voisinage de $\tilde{k}_0$, c'est-à-dire $\tilde{k}_0^2 d\Omega$. La fonction k^2 joue ici le rôle de la répartition spectrale $u(k)$ du chapitre précédent. On comprend ainsi pourquoi l'importance *a priori* de l'émission spontanée croît avec l'énergie de la transition considérée.

Les modes dont l'énergie n'est pas égale (à Γ près) à $\tilde{k}_0 + \vec{\tilde{k}}_0.\vec{v}$ ne peuvent induire de transitions réelles. Ils sont néanmoins couplés à l'atome. Leur effet est de déplacer les niveaux d'énergie atomiques et peut être décrit en termes de *transitions virtuelles :* émissions et réabsorptions virtuelles d'un photon qui mélangent chaque état d'énergie de l'atome à tous les autres. Le déplacement d'énergie correspondant est une *self-énergie* car il existe en l'absence de tout photon. Il est à l'origine du *Lamb-shift* (28).

Remarquons que l'état fondamental a, lui aussi, une self-énergie due aux fluctuations de vide. Par contre, il n'a pas de largeur naturelle car des transitions réelles d'émission spontanée ne peuvent se produire à partir de l'état fondamental.

3° **Aspect angulaire du processus d'émission spontanée.** — Les photons émis sous l'effet des fluctuations $d\Omega, \vec{e}_\lambda$ ont tous le même moment angulaire déterminé à partir de $\vec{e}_\lambda$ (cf. I, B, 4). Par suite de la conservation du moment angulaire lors de la transition, ce moment angulaire est aussi celui de l'atmosphère électronique de l'état excité (pour l'atome de mercure, J est nul dans l'état fondamental). Comme nous nous intéressons à un sous-niveau hyperfin particulier F de l'état excité, le moment angulaire électronique est, d'après le théorème de Wigner-Eckart, proportionnel au moment angulaire total. La probabilité pour que le moment angulaire électronique ait une certaine direction dépend donc de l'état angulaire $\sigma_{mm'}$ de l'atome dans l'état excité ; il s'ensuit que la probabilité d'émission d'un photon $\vec{e}_\lambda$ dépend de $\sigma_{mm'}$. L'interaction entre l'atome excité et les fluctuations $d\Omega, \vec{e}_\lambda$ présente donc un *caractère anisotrope.* C'est ce qu'exprime la relation (III, B, 1, *c*) qui présente beaucoup d'analogies avec la relation (III, A, 1, *c*) étudiée lors du processus d'absorption, comme nous l'avons déjà souligné plus haut.

De la même façon que dans le § A, on verrait également que la polarisation $\vec{e}_\lambda$ doit être « cohérente » (ni σ^+, ni σ^-, ni π), si l'on veut que la probabilité d'émission d'un photon $\vec{e}_\lambda$ soit sensible à l'état angulaire transversal $\sigma_{mm'}$ de l'atome dans l'état excité ($A_{mm'} \neq 0$ pour $m \neq m'$).

4° **Détection optique de l'état angulaire du système atomique dans l'état excité.** — Les propriétés découlant de l'expression (III, B, 1, *c*) et que nous venons d'analyser ont une conséquence importante :

L'observation de la lumière de fluorescence $L_F(\vec{e}_\lambda)$ émise dans une direction donnée et avec un état de polarisation $\vec{e}_\lambda$ donné permet de détecter optiquement toute évolution de l'état angulaire du système atomique dans l'état *excité.* L'évolution de l'état angulaire transversal est détectée lorsque la polarisation $\vec{e}_\lambda$ est « cohérente ». Cette propriété est à la base de toute une série de méthodes de détection optique de la résonance magnétique dans l'état excité. On peut répéter ici tout ce qui a été dit dans le § III, A, 5 en remplaçant μ, μ' par m, m' et $\vec{e}_{\lambda_0}$ par $\vec{e}_\lambda$.

En particulier la formule (III, B, 1, *c*) prévoit l'existence d'une modulation de la lumière de fluorescence aux fréquences ω et 2ω lorsqu'on effectue la résonance magnétique dans l'état *excité* et lorsque la polarisation $\vec{e}_\lambda$ est cohérente (ω est la pulsation du champ de radiofréquence). Ces phénomènes ont été mis en évidence par Series (22) et sont désignés sous le nom de *battements lumineux* (light-beats).

Le terme de battements lumineux fait songer à un battement entre deux ondes lumineuses dont les fréquences différeraient de ω ou 2ω ; ce qui impliquerait l'existence d'une phase bien définie pour chacune de ces ondes. En fait, le modèle que nous avons choisi ici pour décrire le faisceau lumineux permet d'ignorer à tout instant la phase de l'onde lumineuse. La modulation de la lumière de fluorescence est donc plutôt due aux deux faits suivants :

a) La probabilité d'émission d'un photon $\vec{e}_\lambda$ par un atome donné dépend de l'état angulaire de cet atome ; elle est donc modulée par la précession du moment angulaire transversal.

b) Lorsque $\sigma_{mm'} \neq 0$, les *précessions de Larmor des différents atomes sont en phase*, et par suite également les modulations des probabilités d'émission ; ce qui entraîne une modulation globale de la lumière $L_F(\vec{e}_\lambda)$ émise par la vapeur.

5° **Effets de l'émission spontanée sur l'état excité de l'atome.** — Les fluctuations $d\Omega$, $\vec{e}_\lambda$ ne sont pas les seules à agir sur l'état excité de l'atome. Pour avoir l'effet *global* de l'émission spontanée sur cet état excité, il faut sommer sur tous les angles solides $d\Omega$ et toutes les polarisations possibles $\vec{e}_\lambda$. L'interaction *globale* prend alors un caractère *isotrope. A priori*, aucune direction de l'espace n'est privilégiée.

Il s'ensuit que les atomes dans l'état excité ont la même self-énergie ΔE et la même durée de vie radiative $\tau = 1/\Gamma$, quel que soit l'état angulaire dans lequel ils se trouvent. C'est ce qu'exprime l'équation (III, B, 1, *a*) (ΔE n'apparaît pas dans cette équation car les sous-niveaux m et m' ont le même déplacement ΔE).

6° **Effets de l'émission spontanée sur l'état fondamental de l'atome.** — Les atomes qui retournent à l'état fondamental par émission spontanée introduisent dans cet état une image de ce qui se passe dans l'état excité. C'est ce qu'exprime l'équation (III, B, 1, *b*).

La restriction $m - m' = \mu - \mu'$ sur la sommation qui figure dans cette expression a la signification suivante : un photon d'émission spontanée a une polarisation $\vec{e}_\lambda$ qui, dans le cas général, est une superposition linéaire des trois vecteurs orthogonaux $\vec{u}_+$, $\vec{u}_0$, $\vec{u}_-$ (cf. § I, B, 4). Lorsqu'on somme sur toutes les fluctuations $d\Omega$, $\vec{e}_\lambda$, toutes les superpositions ont une probabilité égale *a priori*. Il en résulte que tous les effets liés au fait que $\vec{e}_\lambda$ est une superposition linéaire se moyennent globalement à zéro. On peut donc, pour calculer l'effet global de l'émission spontanée, sommer indépendamment sur les trois états de polarisation σ^+, σ^- et π qui correspondent à $\vec{u}_+$, $\vec{u}_-$, $\vec{u}_0$. La condition :

$$m - \mu = m' - \mu'$$

en résulte.

Une conséquence de cette condition est qu'il n'apparaît de cohérence hertzienne $\sigma_{\mu\mu'}$ dans l'état fondamental par émission spontanée que s'il en existe auparavant dans l'état excité. Ceci se comprend bien physiquement. A cause de son caractère isotrope *a priori*, l'émission spontanée ne peut changer globalement la direction angulaire privilégiée du système atomique lorsqu'elle le fait passer de l'état excité à l'état fondamental. Insistons sur le fait que cette propriété n'est vraie que de façon globale. Lors d'un processus d'émission spontanée *individuel*, le moment angulaire emporté par le photon a une direction déterminée, ce qui entraîne en général un changement de direction pour le moment angulaire atomique (expériences de corrélation angulaire). Mais ce changement de direction varie aléatoirement d'un processus à l'autre, ce qui entraîne la propriété globale précédente.

7° **Différences entre les processus d'absorption et d'émission spontanée.** — Ces différences sont de deux sortes :

a) **Différences d'ordre de grandeur.** — Avec les intensités lumineuses utilisées, l'absorption (ou l'émission induite) du faisceau lumineux qui excite la résonance optique des atomes produisent sur les niveaux d'énergie atomiques des effets $\left(\frac{1}{T_p}, \Delta E'\right)$ beaucoup plus petits que ceux de l'émission spontanée ($\Gamma = 1/\tau$, ΔE). Dans les expériences réalisées sur le mercure et qui sont décrites plus loin, les valeurs obtenues pour $\frac{1}{T_p}$ et $\Delta E'$ avec les sources lumineuses les plus intenses sont de l'ordre du hertz alors que Γ et ΔE sont de l'ordre du mégahertz.

Les effets du faisceau lumineux sur les niveaux d'énergie ne peuvent donc être observés que sur l'état fondamental qui, étant stable dans le vide de photons, n'a pas de largeur naturelle en l'absence de toute autre perturbation.

b) **Différences d'aspect angulaire.** — L'isotropie des fluctuations du vide fait que tous les sous-niveaux de l'état excité ont la même self-énergie ΔE et la même largeur naturelle Γ. De même, tous les sous-niveaux de l'état fondamental ont la même self-énergie. L'émission spontanée ne différencie donc pas entre eux les différents sous-niveaux Zeeman.

Par contre, dans le cas de l'absorption d'un faisceau polarisé dirigé, il est possible d'élargir et de déplacer différemment les sous-niveaux de l'état fondamental. Cette propriété est très importante pour l'observation expérimentale de $\Delta E'$: $\Delta E'$ étant noyé dans la largeur naturelle Γ du niveau excité, on ne peut en effet espérer l'observer sur une transition optique. Par contre, si le faisceau lumineux déplace de façon différente deux sous-niveaux de l'état fondamental, on peut détecter $\Delta E'$ par un déplacement de la raie de résonance magnétique.

Enfin, on ne peut faire varier les effets liés à l'émission spontanée et qui existent *a priori*. Par contre, on dispose de plusieurs paramètres pour agir sur T_p et $\Delta E'$ (intensité lumineuse, répartition spectrale, polarisation).

C. — Évolution globale de l'état excité

1° **Résultats théoriques.** — L'évolution globale dans le temps du système atomique est décrite par le système d'équations différentielles couplées (II, B, 1). Nous commencerons par étudier l'équation (II, B, 1, *b*). Ce choix est dicté par les deux raisons suivantes :

a) Le terme $\frac{d^{(2)}}{dt}\sigma_{mm'} = -\Gamma\sigma_{mm'}$ est particulièrement simple (ceci résulte de l'isotropie de l'émission spontanée).

b) Le temps de vie τ de l'état excité est, par hypothèse, très court devant celui, T_p, de l'état fondamental.

Ces deux propriétés permettent, comme nous le verrons plus loin, de déterminer aisément la solution de l'équation (II, B, 1, *b*) qui s'écrit (cf. équation II, 18 de J — P1) :

$$\left.\begin{aligned}&\frac{d}{dt}\sigma_{mm'}\\&=\frac{1}{T_p}\sum_{\mu\mu'}\langle m|\vec{e_{\lambda_0}}\vec{D}|\mu\rangle\langle\mu'|\vec{e_{\lambda_0}}\vec{D}|m'\rangle\sigma_{\mu\mu'}\\&-\Gamma\sigma_{mm'}-i\omega_e(m-m')\sigma_{mm'}\end{aligned}\right\}\quad\text{(III, C, 1)}$$

— L'interprétation physique de (III, C, 1) est très claire. L'évolution globale de l'état excité au cours du temps est déterminée par :

a) L'excitation optique qui, en quelque sorte, « prépare » l'état excité à partir de l'état fondamental (1er terme).

b) L'émission spontanée qui vide l'état excité (2e terme).

c) L'interaction avec le champ magnétique ; précession de Larmor (3e terme).

— Nous supposons ici que nous n'effectuons pas la résonance magnétique dans l'état excité, cas sur lequel nous reviendrons à la fin de ce chapitre. Par contre, nous supposons que la « cohérence hertzienne » $\sigma_{\mu\mu'}$ existe initialement dans l'état fondamental et nous étudions les conséquences de cette situation sur l'évolution de l'état excité. Si cette cohérence hertzienne, $\sigma_{\mu\mu'}$, est introduite dans l'état fondamental par un champ de radiofréquence, nous supposons l'amplitude de ce champ suffisamment petite et la durée de vie de l'état excité suffisamment courte pour qu'il n'y ait *aucune action directe* de ce champ de radiofréquence sur l'état excité.

Rappelons également la condition que nous avons introduite dans le § III, A et qui jouera un rôle important dans la suite de ce travail :

$$\omega_f \gg \frac{1}{T_p} \qquad \text{(III, C, 2)}$$

(l'effet Zeeman est grand devant la perturbation associée au processus d'absorption).

— Si nous faisons passer dans le 1er membre les 2e et 3e termes du 2e membre de (III, C, 1), nous obtenons une équation différentielle linéaire homogène en $\sigma_{mm'}$ avec second membre :

$$\left.\begin{aligned}&\frac{d}{dt}\sigma_{mm'}+[\Gamma+i(m-m')\omega_e]\sigma_{mm'}\\&=\frac{1}{T_p}\sum_{\mu\mu'}\langle m|\vec{e_{\lambda_0}}\vec{D}|\mu\rangle\langle\mu'|\vec{e_{\lambda_0}}\vec{D}|m'\rangle\sigma_{\mu\mu'}\end{aligned}\right\}\quad\text{(III, C, 3)}$$

Nous voyons ainsi que l'évolution globale de l'état excité est couplée à celle de l'état fondamental. Pour intégrer (III, C, 3), il faut connaître l'évolution de $\sigma_{\mu\mu'}$. Il est commode d'écrire $\sigma_{\mu\mu'}$ sous la forme :

$$\sigma_{\mu\mu'} = \mathbf{e}^{-i(\mu-\mu')\omega_f t}\rho_{\mu\mu'}.$$

Nous séparons ainsi la variation principale de $\sigma_{\mu\mu'}$, due à l'interaction avec le champ magnétique et décrite par l'exponentielle $\mathbf{e}^{-i(\mu-\mu')\omega_f t}$ et la variation due au couplage avec le champ de rayonnement, contenue dans $\rho_{\mu\mu'}$. Cette variation se fait avec des constantes de temps de l'ordre de T_p (ce point est démontré rigoureusement dans J — P2).

La solution de l'équation (III, C, 3) sans 2e membre s'amortit avec une constante de temps $\tau = 1/\Gamma$. Dès que $t - t_0 \gg 1/\Gamma$, le régime transitoire correspondant a disparu. Le 2e membre de (III, C, 3) est une somme de fonctions oscillant aux fréquences $(\mu - \mu')\omega_f$ et dont l'amplitude $\rho_{\mu\mu'}$ varie avec des constantes de temps T_p. Comme T_p est très long devant le temps propre τ associé à l'équation sans 2e membre, il est très facile de calculer la solution de (III, C, 3). La solution forcée, oscillant aux fréquences $(\mu - \mu')\omega_f$ et obtenue en considérant tout d'abord $\rho_{\mu\mu'}$ comme une constante, suit le mouvement lent de $\rho_{\mu\mu'}$ parce que $T_p \gg \tau$. On trouve ainsi :

$$\sigma_{mm'}(t)=\frac{1}{T_p}\sum_{\mu\mu'}\frac{\langle m|\vec{e_{\lambda_0}}\vec{D}|\mu\rangle\langle\mu'|\vec{e_{\lambda_0}}\vec{D}|m'\rangle}{\Gamma+i[(m-m')\omega_e-(\mu-\mu')\omega_f]}\sigma_{\mu\mu'}(t).\qquad\text{(III, C, 4)}$$

On constate sur l'équation (III, C, 4) que le mouvement de $\sigma_{mm'}(t)$ s'effectue aux fréquences de Larmor $(\mu - \mu')\omega_f$ de l'état fondamental. Il apparaît aussi clairement que l'amplitude et la phase du mouvement de $\sigma_{mm'}$ dépendent du champ magnétique (ω_e, ω_f).

2° **Analyse du mouvement angulaire global de l'état excité.** — Le fait que l'état excité évolue globalement aux fréquences de Larmor $(\mu - \mu')\omega_f$ de l'état fondamental peut surprendre au premier abord. En effet, si nous considérons un atome particulier, cet atome précesse bien à la fréquence ω_e pendant les séjours qu'il fait dans l'état excité ; mais, à l'instant t un très grand nombre d'atomes se trouvent dans cet état : ce sont ceux que l'excitation optique y a amenés à un instant égal ou antérieur à t et qui ne l'ont pas encore quitté à l'instant t. Il faut déterminer l'état angulaire individuel de tous ces atomes si l'on veut décrire l'évolution globale de l'état excité à l'instant t.

a) **Mouvement de $\sigma_{mm'}$ induit à partir de celui de $\sigma_{\mu\mu'}$.** — Nous avons rattaché plus haut (cf. § I, A, 3) $\sigma_{\mu\mu'}$ et $\sigma_{mm'}$ à des grandeurs physiques angulaires (F_z, $F_{\pm}$, $F_{\pm}^2$ ...). Dans le plan complexe, et *en l'absence de tout couplage*, $\sigma_{mm'}$ et $\sigma_{\mu\mu'}$ tournent aux fréquences $(m - m')\omega_e$ et $(\mu - \mu')\omega_f$. Nous voulons étudier le mouvement global de la partie de $\sigma_{mm'}$ qui est couplée à $\sigma_{\mu\mu'}$ (le couplage affecte très peu $\sigma_{\mu\mu'}$ qui continue à tourner à la fréquence $(\mu - \mu')\omega_f$).

Désignons par $d\sigma_{mm'}(t, t')$ la valeur, à l'instant t, de la grandeur $\sigma_{mm'}$ pour ceux des atomes qui, excités dans un petit intervalle de temps dt' au voisinage de l'instant $t' \leqslant t$ n'ont pas encore quitté l'état excité à l'instant t. L'état angulaire global $\sigma_{mm'}(t)$ est la résultante de tous les $d\sigma_{mm'}(t, t')$ pour $t' \leqslant t$.

Le déphasage entre $d\sigma_{mm'}(t, t)$ et $\sigma_{\mu\mu'}(t)$ ne dépend que de $\vec{e}_{\lambda_0}$ et ne varie pas au cours du temps. Nous avons en effet :

$$d\sigma_{mm'}(t, t) = \frac{dt}{T_p} \langle m \,|\, \vec{e}_{\lambda_0}\vec{D} \,|\, \mu \rangle \langle \mu' \,|\, \vec{e}_{\lambda_0}\vec{D} \,|\, m' \rangle \, \sigma_{\mu\mu'}(t).$$

Il est donc le même que celui qui existe entre $d\sigma_{mm'}(t - \theta, t - \theta)$ et $\sigma_{\mu\mu'}(t - \theta)$ (voir fig. 7).

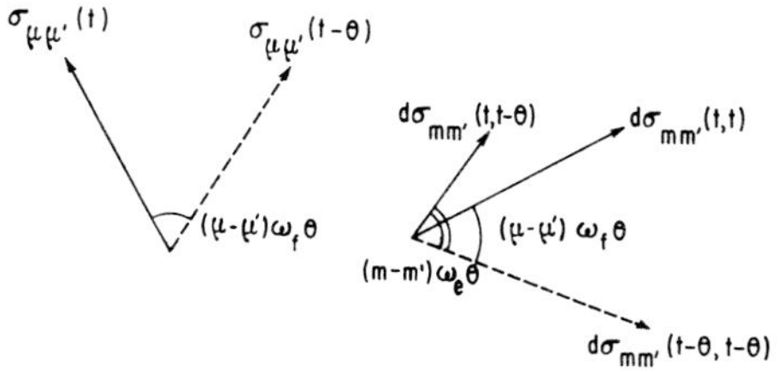

FIG. 7.

L'angle entre $d\sigma_{mm'}(t, t)$ et $d\sigma_{mm'}(t - \theta, t - \theta)$ est donc égal à $(\mu - \mu')\omega_f\theta$.

Entre $t - \theta$ et t, $d\sigma_{mm'}(t - \theta, t - \theta)$ tourne d'un angle $(m - m')\omega_e\theta$; d'autre part, l'émission spontanée a détruit en partie cette grandeur qui se trouve ainsi réduite à l'instant t par le facteur $e^{-\Gamma\theta}$.

$d\sigma_{mm'}(t, t - \theta)$ est donc $e^{-\Gamma\theta}$ fois plus petit que $d\sigma_{mm'}(t, t)$; les deux grandeurs forment entre elles un angle égal à $[(m - m')\omega_e - (\mu - \mu')\omega_f]\theta$.

Pour avoir la valeur globale $\sigma_{mm'}(t)$, nous avons donc à composer un ensemble de vecteurs correspondant aux diverses valeurs de θ et se disposant suivant un éventail. $d\sigma_{mm'}(t, t)$ suit le mouvement de $\sigma_{\mu\mu'}(t)$; il en est donc de même pour l'éventail tout entier. *$\sigma_{mm'}(t)$ tourne donc à la même vitesse que $\sigma_{\mu\mu'}(t)$.*

Lorsque $(m - m')\omega_e - (\mu - \mu')\omega_f \ll \Gamma$, l'ouverture de cet éventail est très petite. La résultante a sa valeur maximum et est dirigée suivant $d\sigma_{mm'}(t, t)$. Lorsqu'on augmente le champ, l'éventail s'ouvre et tend à devenir isotrope à la limite $(m - m')\omega_e - (\mu - \mu')\omega_f \gg \Gamma$. La résultante $\sigma_{mm'}(t)$ diminue donc et tend vers zéro lorsque le champ augmente ; cette résultante tourne également par rapport à $d\sigma_{mm'}(t, t)$ (l'angle de rotation limite est de $\pi/2$).

Cette image permet d'interpréter physiquement tous les termes qui figurent dans l'expression (III, C, 4). En conclusion la partie de $\sigma_{mm'}(t)$ qui provient de $\sigma_{\mu\mu'}(t)$ tourne à la même fréquence que $\sigma_{\mu\mu'}(t)$, c'est-à-dire $(\mu - \mu')\omega_f$. Le déphasage en champ nul de ces deux grandeurs provient uniquement de la polarisation $\vec{e}_{\lambda_0}$. Lorsqu'on augmente le champ, l'amplitude de $\sigma_{mm'}$ diminue et tend vers 0 ; il apparaît un déphasage supplémentaire qui varie de 0 à $\pi/2$.

b) **Analogie avec la théorie des circuits électriques.** — Le résultat précédent peut s'établir encore plus simplement de la façon suivante. La structure mathématique du système (II, B, 1) (système différentiel linéaire à coefficients constants) permet de l'interpréter de façon très imagée en termes de *circuits électriques* (ou mécaniques) :

α) Les différents « circuits » $\sigma_{\mu\mu'}$, $\sigma_{mm'}$ ... ont chacun une *fréquence propre* $(\mu - \mu')\omega_f$, $(m - m')\omega_e$ ... Ceci résulte des expressions $\frac{d^{(3)}}{dt}\sigma_{\mu\mu'}$ et $\frac{d^{(3)}}{dt}\sigma_{mm'}$.

β) Les circuits $\sigma_{mm'}$ sont *amortis* avec une constante de temps égale à τ $\left(\text{terme } \frac{d^{(2)}}{dt}\sigma_{mm'}\right)$; les circuits $\sigma_{\mu\mu'}$ avec une constante de temps de l'ordre de T_p $\left(\text{terme } \frac{d^{(1)}}{dt}\sigma_{\mu\mu'}\right)$. Comme $T_p \gg \tau$, les circuits $\sigma_{mm'}$ sont beaucoup plus amortis que les circuits $\sigma_{\mu\mu'}$.

γ) Les différents circuits $\sigma_{\mu\mu'}$ et $\sigma_{mm'}$ sont *couplés* entre eux $\left(\text{termes } \frac{d^{(1)}}{dt}\sigma_{mm'} \text{ et } \frac{d^{(2)}}{dt}\sigma_{\mu\mu'}\right)$.

Supposons que nous lancions le circuit $\sigma_{\mu\mu'}$ sur sa fréquence propre, tous les autres circuits étant au repos. Admettons, ce que nous justifierons de façon précise dans le paragraphe suivant D, que l'oscillation de $\sigma_{\mu\mu'}$ est très peu affectée par le couplage (Nous verrons en fait que cette oscillation a sa fréquence $(\mu - \mu')\omega f$ légèrement déplacée et qu'elle s'amortit avec une constante de temps de l'ordre de T_p. Ceci résulte de la condition $\omega_f \gg \frac{1}{T_p}$). Sur un intervalle de temps court devant T_p, mais long devant τ, l'effet du couplage sur $\sigma_{mm'}$ est équivalent à une excitation du circuit $\sigma_{mm'}$ à la fréquence $(\mu - \mu')\omega_f$. Pour que $\sigma_{mm'}$ puisse « suivre », il faut que la fréquence imposée $(\mu - \mu')\omega_f$ tombe à l'intérieur de sa *bande passante*, qui a une *largeur* $\Gamma = 1/\tau$ et qui est *centrée* autour de la fréquence

$(m - m')\omega_e$. Le fait que les fréquences propres soient différentes entraîne par ailleurs un *déphasage* entre les mouvements de $\sigma_{\mu\mu'}$ et $\sigma_{mm'}$. Toutes les propriétés de l'expression (III, C, 4) se comprennent ainsi aisément.

L'image que nous venons de donner est très générale et s'applique avec succès à tous les effets liés au cycle de pompage optique et qui dépendent du champ magnétique (Les différentes fréquences propres varient en effet avec le champ). Inversement, elle permet de préciser dans quelles conditions un effet varie avec le champ magnétique : lorsqu'un mouvement du moment angulaire dans l'état excité ou fondamental est *induit* par émission ou absorption de photons à partir d'un autre mouvement de *fréquence propre différente*, l'amplitude et la phase du mouvement induit varient avec le champ magnétique.

REMARQUE. — En général $\omega_e \neq \omega_f$. La seule possibilité pour que les fréquences propres soient les mêmes est $m - m' = 0$, $\mu - \mu' = 0$. Le couplage entre les grandeurs *longitudinales* de l'état excité et fondamental est donc le seul qui n'introduise pas d'effets dépendant du champ.

c) **L'effet Hanle.** — L'étude de l'effet Hanle (30) qui est connu depuis fort longtemps peut se faire très simplement à partir des résultats que nous venons d'établir. Elle correspond au cas $\mu = \mu'$, $m \neq m'$.

La « cohérence hertzienne » $\sigma_{mm'}$ introduite dans l'état excité provient alors uniquement du champ de rayonnement. La polarisation $\vec{e}_{\lambda_0}$ doit être « cohérente ». L'état excité acquiert un moment angulaire transversal qui provient uniquement de celui du photon absorbé et qui est *fixe* (pour être plus précis, il évolue avec des constantes de temps de l'ordre de T_p, comme il ressort de III, C, 4).

En champ très bas, $(m - m')\omega_e \ll \Gamma$, la direction du moment angulaire transversal de l'état excité est déterminée par la direction correspondante pour le photon. Lorsqu'on augmente le champ, le moment angulaire transversal de l'état excité diminue et sa direction tourne ; ce qui entraîne une *dépolarisation* de la lumière de fluorescence $L_F(\vec{e}_\lambda)$ et une *rotation du plan de polarisation*. Rappelons que la polarisation $\vec{e}_\lambda$ doit être cohérente si l'on veut que la fluorescence $L_F(\vec{e}_\lambda)$ soit sensible au moment angulaire transversal (« cohérence hertzienne » $\sigma_{mm'}$), de l'état excité (cf. § III, B, 4).

On peut dire encore que l'effet Hanle apparaît comme une excitation *à la fréquence 0 du mouvement angulaire transversal de l'état excité.*

d) **Effets du mouvement angulaire transversal de l'état fondamental sur l'évolution de l'état excité.** — Si l'étude précédente permet de retrouver aisément l'effet Hanle, elle laisse prévoir également certains résultats nouveaux relatifs à l'état excité : *lorsqu'il existe un mouvement angulaire transversal global dans l'état fondamental* ($\sigma_{\mu\mu'} \neq 0$), *ce mouvement peut se transmettre au moment angulaire aussi bien longitudinal que transversal de l'état excité.*

α) *Effets sur le moment angulaire longitudinal :*

$$\mu \neq \mu' \qquad m = m'.$$

Pour que $\sigma_{\mu\mu'}$ et σ_{mm} soient couplés, il faut que la polarisation $\vec{e}_{\lambda_0}$ soit « cohérente ». Ceci résulte de l'expression (III, C, 4) et se comprend aisément à partir de la conservation du moment angulaire lors du processus d'absorption. Le moment angulaire *longitudinal* de l'état *excité* oscille alors à la fréquence $(\mu - \mu')\omega_f$, pourvu toutefois que ω_f ne soit pas trop grand devant Γ.

Comment détecter cette vibration du moment angulaire *longitudinal* de l'état excité à la fréquence de l'état fondamental ? Le plus simple est d'observer la lumière de fluorescence $L_F(\vec{e}_\lambda)$ en choisissant pour $\vec{e}_\lambda$ une polarisation non cohérente (π, σ^+ ou σ^-). En effet, dans ce cas, $L_F(\vec{e}_\lambda)$ ne dépend que de σ_{mm} (cf. § III, B, 4), et la modulation de $L_F(\vec{e}_\lambda)$ reflète uniquement celle du moment angulaire longitudinal de l'état excité.

Ce résultat peut paraître évident : la polarisation $\vec{e}_{\lambda_0}$ étant « cohérente », la lumière absorbée par la vapeur, $L_A(\vec{e}_{\lambda_0})$, est sensible à $\sigma_{\mu\mu'}$ (avec $\mu \neq \mu'$) et est par suite modulée à la fréquence $(\mu - \mu')\omega_f$ (cf. § III, A, 5) (C'est le phénomène bien connu d'absorption modulée de Dehmelt). La lumière absorbée étant modulée, il semble normal que la lumière réémise $L_F(\vec{e}_\lambda)$ le soit aussi, et à la même fréquence.

En résumé, dans l'expérience que nous venons de décrire, la *cohérence hertzienne* $\sigma_{\mu\mu'}$ de l'état fondamental produit une modulation des *populations* σ_{mm} de l'état excité (il faut pour cela utiliser une excitation en polarisation $\vec{e}_{\lambda_0}$ « cohérente »). La lumière de fluorescence, observée en polarisation « non cohérente » $\vec{e}_\lambda$ n'est sensible qu'aux valeurs de σ_{mm} ; elle est donc modulée à la fréquence de l'état *fondamental*. On peut, par suite, détecter les résonances de l'état fondamental à l'aide de la modulation de la lumière absorbée $L_A(\vec{e}_{\lambda_0})$ et de la lumière de fluorescence $L_F(\vec{e}_\lambda)$.

Il existe cependant une différence importante entre $L_A(\vec{e}_{\lambda_0})$ et $L_F(\vec{e}_\lambda)$. La modulation à la fréquence $(\mu - \mu')\omega_f$ de la lumière absorbée ne varie pas avec le champ magnétique H_0 alors qu'il n'en est pas de même pour celle de la lumière réémise (en effet, d'après (III, C, 4), l'amplitude et la phase de la modulation de σ_{mm} varient avec H_0). Ceci provient du fait que l'état excité répond à une excitation donnée avec un retard moyen τ. Il ne peut donc refléter le caractère périodique d'une excitation que si le retard τ n'est pas trop long devant la période $1/\omega_f$ de cette excitation. On peut dire encore, et de façon plus générale, que $L_A(\vec{e}_{\lambda_0})$ détecte le *mouve-*

ment même de $\sigma_{\mu\mu'}$, alors que $L_F(\vec{e}_\lambda)$ détecte le *mouvement induit* sur un autre système de fréquence propre différente (nulle dans le cas présent, car $m = m'$).

Les techniques de modulation proposées par Dehmelt pour détecter la résonance magnétique sont donc toujours valables sur l'absorption. En ce qui concerne la fluorescence, la méthode est limitée aux champs faibles. Dans le cas du mercure, le champ critique qui correspond à la condition $\omega_f \sim \Gamma$ est de l'ordre du millier de gauss. La valeur importante de ce champ est due au fait que la structure Zeeman de l'état fondamental est purement nucléaire.

β) *Effets sur le moment angulaire transversal* :

$$\mu \neq \mu' \qquad m \neq m'.$$

Pour simplifier l'interprétation, supposons que la polarisation $\vec{e}_{\lambda_0}$ n'est pas cohérente, c'est-à-dire qu'elle est σ^+, σ^- ou π. Dans ce cas, σ_{mm} n'est pas couplé à $\sigma_{\mu\mu'}$: le moment angulaire longitudinal de l'état excité ne vibre pas. En outre, la lumière absorbée $L_A(\vec{e}_{\lambda_0})$ ne dépend pas de $\sigma_{\mu\mu'}$ (avec $\mu \neq \mu'$) et n'est donc pas modulée. On s'attendrait alors à ce que la lumière de fluorescence ne soit pas modulée. *Or, ce n'est pas le cas.*

En effet, comme nous l'avons vu plus haut (cf. § III, C, 2), le *moment angulaire transversal* de l'état excité $\sigma_{mm'}$ exécute un mouvement forcé à la fréquence $(\mu - \mu')\omega_f$ par suite du couplage avec l'état fondamental. Ce mouvement de $\sigma_{mm'}$ (avec $m \neq m'$) se détecte sur la lumière de fluorescence si la polarisation $\vec{e}_\lambda$ est « cohérente » (cf. § III, B, 4) et la modulation de $L_F(\vec{e}_\lambda)$ reflète alors uniquement ce mouvement angulaire transversal.

En résumé, dans cette deuxième expérience, une excitation en polarisation non cohérente $\vec{e}_{\lambda_0}$ fait apparaître une « cohérence hertzienne » $\sigma_{mm'}$ dans l'état excité s'il en existe une, $\sigma_{\mu\mu'}$, dans l'état fondamental. Bien que les populations σ_{mm} de l'état excité ne soient pas modulées, la lumière de fluorescence l'est, et cela, à la fréquence de l'état fondamental, si la détection se fait en polarisation « cohérente » $\vec{e}_\lambda$.

Comme dans le cas α analysé plus haut, le mouvement détecté par $L_F(\vec{e}_\lambda)$ est un *mouvement induit.* Il varie donc avec le champ et n'est important que si la différence des fréquences propres $(m - m')\omega_e - (\mu - \mu')\omega_f$ n'est pas trop grande devant Γ.

Dans le cas du mercure, $\omega_f \ll \omega_e$. Le champ critique correspond donc à $\omega_e \sim \Gamma$ et est de l'ordre du gauss, c'est-à-dire mille fois plus petit que dans le cas α. Le comportement avec le champ du mouvement induit dans l'état excité doit donc, dans ce cas, être très différent pour la partie longitudinale et pour la partie transversale du moment angulaire. Cela permet de séparer facilement les deux effets.

Nous verrons plus loin que l'expérience confirme bien l'existence de tous ces phénomènes (modulation de $L_F(\vec{e}_\lambda)$ à la fréquence ω_f ; variation avec le champ de cette modulation en amplitude et en phase).

REMARQUE. — « Cohérence hertzienne » entre niveaux hyperfins.

Dans le cas où la largeur de la raie excitatrice Δ n'est pas petite devant la structure hyperfine S_H, on peut exciter simultanément les différents niveaux hyperfins de l'état excité. En plus de la cohérence $\sigma_{Fm;Fm'}$ entre sous-niveaux Zeeman appartenant au même niveau hyperfin, il faut également envisager la cohérence entre sous-niveaux Zeeman appartenant à des niveaux hyperfins différents $\sigma_{Fm;F'm'}$.

Cependant, si $S_H \gg \Gamma$, la distance entre les niveaux Fm, $F'm'$ est très grande devant la largeur naturelle Γ des niveaux excités ; l'expression donnant $\sigma_{Fm;F'm'}$, et qui est analogue à (III, C, 4) contient alors au dénominateur des quantités du type $\Gamma + iS_H$; $\sigma_{Fm;F'm'}$ peut alors être négligé devant $\sigma_{Fm;Fm'}$. La matrice densité dans l'état excité se décompose en une série de sous-matrices relatives chacune à un sous-niveau hyperfin. Pour faire le calcul du cycle de pompage optique, on peut alors étudier séparément l'effet de chaque composante hyperfine, puis sommer indépendamment sur ces composantes.

(Par contre, si l'on augmente suffisamment le champ, de façon que deux sous-niveaux Fm, $F'm'$ viennent à se croiser, on ne peut plus négliger $\sigma_{Fm;F'm'}$, tout au moins, tant que la distance des deux niveaux Fm, $F'm'$ reste de l'ordre de Γ. Les effets nouveaux liés à l'apparition de cohérence entre les niveaux Fm, $F'm'$ sont les effets de *croisement de niveaux* découverts par Franken (20)).

REMARQUE. — Pour la raie 2 537 Å, $6^1S_0 \leftrightarrow 6^3P_1$ du mercure, la structure hyperfine dans l'état excité S_H est très grande devant la largeur naturelle Γ.

Par contre, pour la transition $6^1S_0 \leftrightarrow 6^1P_1$ des isotopes impairs du zinc et du cadmium, S_H est de l'ordre de Γ. L'étude théorique et expérimentale de ce cas fait actuellement l'objet d'une étude au laboratoire.

3° **Cas d'une résonance magnétique dans l'état excité.** — Il faut alors ajouter au 2e membre de (III, C, 1) un terme $-i[\mathcal{H}_{RF}, \sigma]_{mm'}$ décrivant l'évolution sous l'effet du hamiltonien de radiofréquence $\mathcal{H}_{RF}$.

Le mouvement de $\sigma_{mm'}$ n'est plus alors uniquement un mouvement *induit* à partir de celui de $\sigma_{\mu\mu'}$. Il peut être excité *directement* par le champ de radiofréquence $H_1e^{i\omega t}$. La précession de $\sigma_{mm'}$ se fait alors à la fréquence $(m - m')\omega$.

En pratique, les expériences de résonance magnétique dans l'état excité ont toujours été faites dans des conditions où il n'y a pas de « cohérence hertzienne » $\sigma_{\mu\mu'}$ dans l'état fondamental, et où toutes les populations $\sigma_{\mu\mu}$ des sous-niveaux de cet état sont égales. Les intensités lumineuses excitatrices utilisées étaient trop faibles pour orienter l'état fondamental. Si l'on tient compte de la relaxation thermique de cet état caractérisée par le temps Θ, on s'est toujours placé dans des cas où :

$$T_p \gg \Theta.$$

Dans ce cas, la matrice densité $\sigma_{\mu\mu'}$ de l'état fondamental est un multiple de la matrice unité et (III, C, 1) s'écrit alors :

$$\frac{d\sigma_{mm'}}{dt} = \frac{\sigma^{(0)}_{mm'}}{T_p} - \Gamma\sigma_{mm'} - i(m-m')\omega_e\sigma_{mm'} - i[\mathcal{H}_{RF}, \sigma]_{mm'} \qquad \text{(III, C, 5)}$$

avec :

$$\sigma^{(0)}_{mm'} = \frac{N_0}{2I+1}\sum_{\mu}\langle m \mid \vec{e}_{\lambda_0}\cdot\vec{D} \mid \mu\rangle\langle \mu \mid \vec{e}_{\lambda_0}\cdot\vec{D} \mid m'\rangle$$

(N_0 est le nombre d'atomes de la vapeur).

Nous renvoyons aux travaux théoriques de Barrat (3) sur les battements lumineux pour l'étude de l'évolution de l'état excité qui est décrite par (III, C, 5). Signalons également qu'il est possible de donner une image physique très simple des effets de cohérence hertzienne introduits par le champ de radiofréquence en se plaçant dans le référentiel tournant à la fréquence ω. Nous renvoyons pour cela à la publication de Brossel (12) citée en référence.

Le cas où l'intensité lumineuse est suffisamment forte pour que l'état fondamental soit orienté ($T_p \leqslant \Theta$) et où l'on effectue la résonance magnétique à la fois dans l'état excité et dans l'état fondamental (soit que l'on mette deux champs de radiofréquence, soit que l'on mette un seul mais avec une amplitude suffisamment grande et dans un champ directeur H_0 suffisamment bas) n'a jamais été étudié sur le plan théorique et expérimental. Les équations d'évolution *couplées* que nous donnons dans ce travail peuvent servir de base à une telle étude.

D. — Évolution globale de l'état fondamental

1° **Résultats théoriques.** — Pour avoir l'évolution globale de l'état fondamental $\frac{d}{dt}\sigma_{\mu\mu'}$, il faut ajouter à l'évolution propre $-i(\mu-\mu')\omega_f\sigma_{\mu\mu'}$ les effets de l'excitation optique $\frac{d^{(1)}}{dt}\sigma_{\mu\mu'}$ qui arrache les atomes de l'état fondamental et ceux de l'émission spontanée $\frac{d^{(2)}}{dt}\sigma_{\mu\mu'}$ qui les y fait retourner.

Comme nous l'avons vu plus haut (cf. § III, B, 6), le processus de retombée $\frac{d^{(2)}}{dt}\sigma_{\mu\mu'}$ fait intervenir $\sigma_{mm'}$ avec $m - m' = \mu - \mu'$. Si nous remplaçons $\sigma_{mm'}$ par son expression (III, C, 4) obtenue dans le chapitre précédent (en remplaçant toutefois les indices μ et μ' par μ'' et μ'''), il vient l'équation (IV, 1) de J — P2 :

$$\left.\begin{aligned}
\frac{d}{dt}\sigma_{\mu\mu'} = & -\left(\frac{1}{2T_p}+i\Delta E'\right)\sum_{\mu''}A_{\mu\mu''}\sigma_{\mu''\mu'} \\
& -\left(\frac{1}{2T_p}-i\Delta E'\right)\sum_{\mu''}\sigma_{\mu\mu''}A_{\mu''\mu'} \\
& +\frac{\Gamma}{T_p}\sum_{\mu''\mu'''}B^{\mu\mu'}_{\mu''\mu'''}\frac{\sigma_{\mu''\mu'''}}{\Gamma+i[(\mu-\mu')\omega_e-(\mu''-\mu''')\omega_f]} \\
& -i(\mu-\mu')\omega_f\sigma_{\mu\mu'}
\end{aligned}\right\}\text{(III, D, 1)}$$

avec :

$$\left.\begin{aligned}
B^{\mu\mu'}_{\mu''\mu'''} = & \sum_{\substack{m,m' \\ m-m'=\mu-\mu'}}\langle m \mid \vec{e}_{\lambda_0}\cdot\vec{D} \mid \mu''\rangle\langle \mu''' \mid \vec{e}_{\lambda_0}\cdot\vec{D} \mid m'\rangle \\
& C_{11}(F, m; m-\mu, \mu)C_{11}(F, m'; m'-\mu', \mu')
\end{aligned}\right\}\text{(III, D, 2)}$$

On voit ainsi que $\sigma_{\mu\mu'}$ est couplé linéairement à tous les autres éléments de la matrice densité dans l'état fondamental.

On montre dans J — P2 qu'on peut, puisque $\omega_f \gg \frac{1}{T_p}$, négliger dans le 2e membre de (III, D, 1) tous les termes qui font intervenir $\sigma_{\mu''\mu'''}$ avec $\mu''-\mu''' \neq \mu-\mu'$. *C'est « l'approximation séculaire »*. L'expression (III, D, 1) prend alors une forme plus simple :

$$\left.\begin{aligned}
\frac{d}{dt}\sigma_{\mu\mu'} \\
= & -\left[\frac{1}{2T_p}(A_{\mu\mu}+A_{\mu'\mu'})+i\Delta E'(A_{\mu\mu}-A_{\mu'\mu'})\right]\sigma_{\mu\mu'} \\
& +\frac{\Gamma}{T_p}\sum_{\substack{\mu''\mu''' \\ \mu-\mu'=\mu''-\mu'''}}\frac{B^{\mu\mu'}_{\mu''\mu'''}}{\Gamma+i(\mu-\mu')(\omega_e-\omega_f)}\sigma_{\mu''\mu'''} \\
& -i(\mu-\mu')\omega_f\sigma_{\mu\mu'}.
\end{aligned}\right\}\text{(III, D, 3)}$$

L'erreur commise sur la solution de (III, D, 1) lorsqu'on remplace (III, D, 1) par (III, D, 3) est de l'ordre de $\frac{1}{\omega_f T_p}$.

2° **Interprétation physique de l'approximation séculaire.** — L'image des circuits électriques qui a été donnée plus haut (cf. § III, C, 2, *b*) convient très bien pour interpréter physiquement l'équation (III, D, 1) et l'approximation séculaire.

On peut considérer les différents éléments de la matrice densité $\sigma_{\mu\mu'}$ comme représentant des circuits ayant chacun une fréquence propre $(\mu-\mu')\omega_f$. L'effet global du cycle de pompage optique apparaît comme un couplage entre ces différents circuits, ce qui les amortit avec des constantes de temps de l'ordre de T_p. Le couplage entre les circuits $\sigma_{\mu\mu'}$ et $\sigma_{\mu''\mu'''}$ n'est efficace que si leurs bandes passantes se recouvrent. L'écart entre les fréquences propres $[(\mu-\mu')-(\mu''-\mu''')]\omega_f$, ne doit donc pas être trop grand devant la bande passante $\frac{1}{T_p}$. Comme par hypothèse $\omega_f \gg \frac{1}{T_p}$, ceci n'est possible que si $\mu - \mu' = \mu'' - \mu'''$.

3° **Circulation des populations et de la « cohérence hertzienne » le long du cycle de pompage optique.** — Il convient de bien distinguer dans (III, D, 3) les termes provenant du processus d'absorption et ceux provenant du processus d'émission spontanée.

L'absorption ne couple efficacement $\sigma_{\mu\mu'}$ qu'à lui-même (ceci résulte de l'approximation séculaire). Ce couplage est direct et ne varie pas avec le champ.

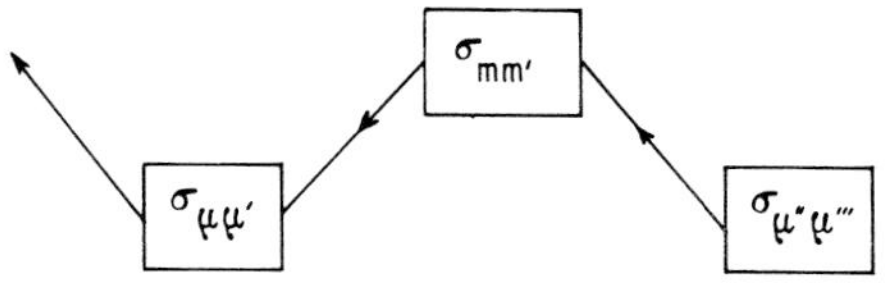

FIG. 8.

L'émission spontanée couple $\sigma_{\mu\mu'}$ à tous les $\sigma_{\mu''\mu'''}$ tels que $\mu'' - \mu''' = \mu - \mu'$ (y compris $\sigma_{\mu\mu'}$ lui-même). Ce couplage se fait par l'intermédiaire de l'état excité (fig. 8). L'excitation optique transmet le mouvement de $\sigma_{\mu''\mu'''}$ à $\sigma_{mm'}$; ce mouvement se transmet ensuite de $\sigma_{mm'}$ à $\sigma_{\mu\mu'}$ par l'émission spontanée. Les propriétés de l'émission spontanée $m - m' = \mu - \mu'$ et la condition $\mu - \mu' = \mu'' - \mu'''$ entraînent qu'on a, tout au long de la chaîne :

$$\mu'' - \mu''' = m - m' = \mu - \mu'. \qquad \text{(III, D, 4)}$$

Ce 2e type de couplage *n'est pas direct* et varie donc avec le champ. La « transmission » se fait en effet au moyen d'un circuit, $\sigma_{mm'}$, dont la fréquence propre est différente de celle des deux autres (elle n'est la même que si $m - m' = \mu - \mu' = \mu'' - \mu''' = 0$) ; le circuit $\sigma_{mm'}$ est, par ailleurs, beaucoup plus amorti $\left(\Gamma = 1/\tau \gg \frac{1}{T_p}\right)$. La transmission ne s'effectue donc que si la fréquence à passer, $(\mu - \mu')\omega_f$, tombe à l'intérieur de la bande passante de $\sigma_{mm'}$; elle s'accompagne également d'un déphasage. Ceci permet de comprendre la signification du terme $\frac{\Gamma}{\Gamma + i(\mu - \mu')(\omega_e - \omega_f)}$ qui, dans l'équation (III, D, 3), figure en plus du coefficient de couplage proprement dit $\frac{B^{\mu\mu'}_{\mu''\mu'''}}{T_p}$.

Nous voyons donc que la cohérence hertzienne $\sigma_{\mu\mu'}$, peut comme les populations, *circuler* le long du cycle de pompage optique. La cohérence hertzienne qui est arrachée à l'état fondamental lors de l'absorption n'est pas entièrement perdue pour cet état ; elle peut y retourner. On peut dire encore qu'il y a *conservation partielle de la cohérence hertzienne de l'état fondamental au cours du cycle de pompage optique.*

Contrairement à ce qui se passe pour les populations, la circulation de cohérence hertzienne est un effet qui dépend du champ magnétique. Elle n'existe plus lorsque $\omega_e - \omega_f \gg \Gamma$. Ceci est dû au fait que la cohérence hertzienne est liée à des grandeurs angulaires transversales qui ont un *mouvement propre*, la fréquence de ce mouvement étant différente dans l'état excité et dans l'état fondamental.

Plusieurs effets nouveaux relatifs à l'état fondamental découlent de la conservation de la cohérence hertzienne au cours du cycle de pompage. Avant de décrire ces effets, nous allons tout d'abord étudier l'évolution des populations et retrouver les effets habituellement décrits du pompage optique.

4° **Évolution des populations. Matrice de pompage optique. Échanges de moment angulaire longitudinal.** — Les populations des niveaux μ sont les $\sigma_{\mu\mu}$ qui satisfont à l'équation suivante qui se déduit facilement de (III, D, 3) :

$$\frac{d\sigma_{\mu\mu}}{dt} = -\frac{A_{\mu\mu}}{T_p}\sigma_{\mu\mu} + \frac{1}{T_p}\sum_{\mu'} B^{\mu\mu}_{\mu'\mu'}\sigma_{\mu'\mu'}. \qquad \text{(III, D, 5)}$$

Posons :

$$\left.\begin{aligned} P_{\mu'\to\mu} &= \frac{B^{\mu\mu}_{\mu'\mu'}}{T_p} = \frac{1}{T_p} \\ &\sum_m |\langle m|\vec{e}_{\lambda_0}\cdot\vec{D}|\mu'\rangle|^2\,|C_{11}(F, m; m-\mu, \mu)|^2 \end{aligned}\right\} \text{(III, D, 6)}$$

$\frac{1}{T_p}|\langle\mu'|\vec{e}_{\lambda_0}\vec{D}|m\rangle|^2$ est la probabilité par unité de temps de passage du niveau μ' au niveau m par absorption d'un photon $\vec{e}_{\lambda_0}$. $|C_{11}(F, m; m-\mu, \mu)|^2$ est la probabilité relative de passage d'un niveau m déterminé à l'un des niveaux μ par émission spontanée. $P_{\mu'\to\mu}$ représente donc la probabilité par unité de temps d'un passage de l'atome du niveau μ' au niveau μ par résonance optique, lorsqu'on l'excite avec la polarisation $\vec{e}_{\lambda_0}$.

D'autre part, on sait que : $\sum_\mu |C_{11}(F, m; m-\mu, \mu)|^2 = 1$ (règles de somme sur les coefficients de Clebsch-Gordan). On peut donc écrire :

$$\frac{A_{\mu\mu}}{T_p} = \frac{1}{T_p} \sum_m |\langle m | \vec{e}_{\lambda_0} \cdot \vec{D} | \mu \rangle|^2$$

$$= \frac{1}{T_p} \sum_{m\mu'} |\langle m | \vec{e}_{\lambda_0} \cdot \vec{D} | \mu \rangle|^2 \, |C_{11}(F, m; m-\mu', \mu')|^2$$

$$= \sum_{\mu'} . P_{\mu\to\mu'}.$$

De sorte que, finalement (III, D, 5) peut s'écrire :

$$\frac{d\sigma_{\mu\mu}}{dt} = -\left(\sum_{\mu'} P_{\mu\to\mu'}\right)\sigma_{\mu\mu} + \sum_{\mu'} P_{\mu'\to\mu}\sigma_{\mu'\mu'}. \quad \text{(III, D, 7)}$$

L'interprétation en est alors évidente : la variation de la population $\sigma_{\mu\mu}$ du niveau μ est égale, par unité de temps, à tout ce qui arrive des autres niveaux μ' diminué de tout ce qui part vers les autres niveaux μ'.

La matrice $P_{\mu\to\mu'}$ est appelée « matrice de pompage optique ». En général $P_{\mu\to\mu'} \neq P_{\mu'\to\mu}$. L'état d'équilibre vers lequel tendent les $\sigma_{\mu\mu}$ correspond donc à des différences de populations appréciables entre les sous-niveaux Zeeman. *C'est le principe même du pompage optique.* En particulier, on voit que si la polarisation $\vec{e}_{\lambda_0}$ est circulaire droite, les atomes ont tendance à s'accumuler dans le sous-niveau de nombre quantique magnétique le plus élevé. Le moment angulaire longitudinal transporté par les photons peut donc se transférer aux atomes.

Les valeurs propres de la matrice $P_{\mu\to\mu'}$ sont les constantes de temps avec lesquelles les populations $\sigma_{\mu\mu}$ tendent vers leurs valeurs d'équilibre. Ces constantes de temps jouent un rôle important dans l'interprétation des transitoires de pompage optique. Les valeurs d'équilibre des populations sont données par la solution stationnaire de (III, D, 7). Il y a une solution évidente, tous les $\sigma_{\mu\mu}$ égaux à zéro, qui n'a pas de sens physique. Cette solution n'est pas la seule. On peut montrer en effet que le déterminant associé au système (III, D, 7) est nul. Si l'on ajoute à une ligne de ce déterminant toutes les autres, on obtient une ligne formée uniquement de zéros. Cette même propriété entraîne d'ailleurs que :

$$\frac{d}{dt}\sum_{\mu}\sigma_{\mu\mu} = 0.$$

La somme des populations de l'état fondamental reste constante au cours du temps (le nombre d'atomes qui quittent l'état fondamental au cours du temps *dt* est égal à celui de ceux qui y retournent au cours du même instant). C'est donc uniquement la répartition des populations entre les sous-niveaux Zeeman qui est modifiée globalement par le pompage optique.

5° Évolution de la cohérence hertzienne. Cas de 2 sous-niveaux. — Dans ce cas, qui est, par exemple, celui de l'isotope ^{199}Hg (qui a un spin nucléaire $I = 1/2$), la matrice densité σ ne comporte qu'un seul élément non diagonal $\sigma_{1/2\,-1/2}$ (que nous ne distinguons pas de $\sigma_{-1/2\,\,1/2}$ qui en est complexe conjugué).

L'équation (III, D, 3) s'écrit alors :

$$\frac{d\sigma_{1/2\,-1/2}}{dt} = -\left[\frac{1}{T_2} + i(\omega_f + \varepsilon)\right]\sigma_{1/2\,-1/2} \quad \text{(III, D, 8)}$$

avec :

$$\left\{\begin{array}{l} \dfrac{1}{T_2} = \dfrac{A_{1/2\;1/2} + A_{-1/2\,-1/2}}{2T_p} - \dfrac{1}{T_p} B^{1/2\;1/2}_{1/2\,-1/2} \dfrac{\Gamma^2}{\Gamma^2 + (\omega_e - \omega_f)^2} \quad \text{(III, D, 9, } a) \\ \varepsilon = \Delta E'(A_{1/2\;1/2} - A_{-1/2\,-1/2}) + \dfrac{1}{T_p} B^{1/2\,-1/2}_{1/2\,-1/2} \dfrac{\Gamma(\omega_e - \omega_f)}{\Gamma^2 + (\omega_e - \omega_f)^2} \quad \text{(III, D, 9, } b) \end{array}\right.$$

Le pompage optique amortit donc la précession de Larmor du moment angulaire transversal dans l'état fondamental avec une constante de temps T_2. La fréquence de cette précession est également déplacée d'une quantité ε.

a) **Interprétation de T_2.** — $\frac{1}{T_2}$ comprend deux termes. Le premier :

$$\frac{1}{T'_2} = \frac{A_{1/2\;1/2} + A_{-1/2\,-1/2}}{2T_p}$$

est la demi-somme des inverses des durées de vie (dues à l'excitation optique) :

$$\frac{1}{T_{1/2}} = \frac{A_{1/2\;1/2}}{T_p} \quad \text{et} \quad \frac{1}{T_{-1/2}} = \frac{A_{-1/2\,-1/2}}{T_p}$$

des niveaux $+ 1/2$ et $- 1/2$. Ce terme représente la disparition de la cohérence hertzienne sous l'effet de l'excitation optique qui arrache les atomes à la superposition cohérente dans laquelle ils se trouvent. Il est proportionnel à l'intensité lumineuse $\left(\frac{1}{T_p}\right)$; il dépend de la polarisation ($A_{1/2\;1/2}$ et $A_{-1/2\,-1/2}$) du faisceau lumineux ; par contre, il ne dépend pas du champ magnétique.

On peut montrer que le 2e terme :

$$\frac{1}{T''_2} = \frac{1}{T_p} B^{1/2\,-1/2}_{1/2\,-1/2} \frac{\Gamma^2}{\Gamma^2 + (\omega_e - \omega_f)^2}$$

est positif et plus petit que $\frac{1}{T'_2}$ (On montre en effet dans l'appendice 2 de J — P2 que $B^{1/2\,-1/2}_{1/2\,-1/2}$ est une quantité réelle, positive et inférieure à $\frac{1}{2}(A_{1/2\;1/2} + A_{-1/2\,-1/2})$).

$\frac{1}{T''_2}$ représente donc une *restitution partielle de la cohérence hertzienne* lors du retour à l'état fondamental.

$\frac{1}{T_2''}$ est lié à la circulation de la cohérence hertzienne le long du cycle de pompage et dépend donc du champ magnétique. $\frac{1}{T_2''}$ est nul dès que $\omega_e - \omega_f \gg \Gamma$. Comme $\frac{1}{T_2'}$, $\frac{1}{T_2''}$ est proportionnel à l'intensité lumineuse $\left(\frac{1}{T_p}\right)$ et dépend de la polarisation $(B^{1/2-1/2}_{1/2-1/2})$.

L'étude de la variation de $\frac{1}{T_2}$ avec le champ magnétique permet donc de séparer $\frac{1}{T_2'}$ et $\frac{1}{T_2''}$. Nous verrons plus loin que l'expérience permet de vérifier quantitativement la formule (III, D, 9, *a*).

Lorsqu'on effectue la résonance magnétique entre les sous-niveaux $\pm 1/2$, la largeur « d'origine optique » de la raie de résonance magnétique est $\frac{1}{T_2}$. On voit donc d'après (III, D, 9, *a*) que cette largeur n'est pas égale à la demi-somme des largeurs $1/T_{1/2} = A_{1/2\ 1/2}/T_p$ et $1/T_{-1/2} = A_{-1/2-1/2}/T_p$ des deux niveaux $\pm 1/2$. Elle est *plus fine*.

Il y a là une certaine ressemblance avec l'effet de la « diffusion multiple cohérente », bien que les deux phénomènes soient entièrement différents. La conservation de la cohérence hertzienne au cours du cycle de pompage optique fait intervenir le *même atome*. Il est initialement dans un état qui est une superposition cohérente des sous-niveaux de l'état fondamental ; il absorbe un photon et disparaît de l'état fondamental, puis il y retourne, à la fin du cycle de pompage, dans une superposition cohérente qui conserve une « mémoire » de la superposition initiale. Le temps de disparition de la cohérence hertzienne est donc plus long que le temps moyen séparant l'absorption successive de deux photons par le même atome.

Dans le phénomène de diffusion multiple cohérente, un atome A qui se trouve dans une superposition cohérente des sous-niveaux de l'état excité, disparaît de l'état excité par émission spontanée. L'excitation optique se transmet par diffusion multiple à un *autre atome* B qui se trouve porté dans une superposition cohérente des sous-niveaux de l'état excité, conservant une mémoire de celle de l'atome A. Le temps de disparition de la cohérence hertzienne globale dans l'état excité est donc plus long que le temps de vie de l'état excité. C'est ce temps qui est mesuré dans une expérience de double résonance en présence de diffusion multiple.

b) **Interprétation de ε.** — ε comprend également deux termes. Le premier terme, $\varepsilon' = \Delta E'(A_{1/2\ 1/2} - A_{-1/2-1/2})$ représente la différence des déplacements, $\Delta E' A_{1/2\ 1/2}$ et $\Delta E' A_{-1/2-1/2}$, des deux niveaux $\pm 1/2$ dus aux transitions virtuelles induites par le faisceau lumineux. Nous avons analysé ce terme en détail au § III, A.

Le deuxième terme :

$$\varepsilon'' = \frac{1}{T_p} B^{1/2-1/2}_{1/2-1/2} \frac{\Gamma(\omega_e - \omega_f)}{\Gamma^2 + (\omega_e - \omega_f)^2},$$

représente une variation de la fréquence de Larmor de l'état fondamental, due à la circulation de la cohérence hertzienne le long du cycle de pompage optique.

On peut se faire une image très simple de l'origine de ce deuxième effet. Considérons deux atomes identiques, A et B, dans l'état fondamental et supposons que leurs moments angulaires sont parallèles (fig. 9). Ils précessent donc en phase autour du champ magnétique, à la fréquence de Larmor ω_f.

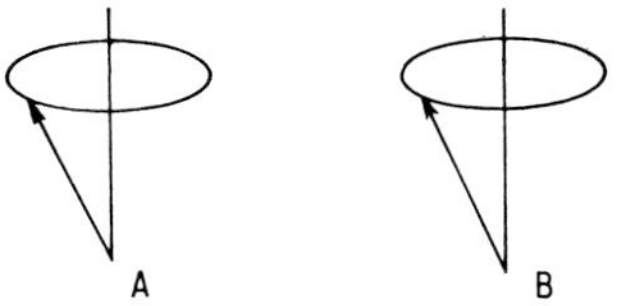

FIG. 9.

Supposons que B absorbe un photon. Pendant le temps τ passé dans l'état excité, le moment angulaire de B précesse autour du champ à la fréquence de Larmor ω_e de l'état excité. En général, $\omega_e \neq \omega_f$. Lorsque B retourne à l'état fondamental, la précession de son moment angulaire transversal n'est plus en phase avec celle de A. Elle a pris de l'avance ou du retard, suivant que $\omega_e - \omega_f$ et ω_f sont de même signe ou non. Si, à des intervalles de temps réguliers, on répète ce cycle de pompage sur B, on voit que la fréquence de Larmor moyenne de B dans l'état fondamental sera différente de celle de A. Elle sera augmentée ou diminuée suivant le signe relatif de $\omega_e - \omega_f$ et ω_f.

Nous voyons ainsi qu'il existe deux types très différents de déplacement de la raie de résonance magnétique causés par le pompage optique :

Le premier type, ε′, est dû aux transitions *virtuelles* induites par le faisceau lumineux. Il est lié directement au processus d'absorption et ne varie pas avec le champ magnétique.

Le deuxième type, ε″, est lié aux transitions *réelles* de résonance optique (il fait intervenir $\frac{1}{T_p}$ et non ΔE′). Ces transitions réelles modifient la précession de Larmor ω_f de l'état fondamental en la couplant à celle de l'état excité. ε″ est lié à la conservation de la cohérence hertzienne au cours du cycle de pompage et varie donc avec le champ magnétique. ε′ et ε″ sont proportionnels à l'intensité lumineuse $\left(\Delta E', \frac{1}{T_p}\right)$; ils dépendent également de la polarisation ($A_{1/2\ 1/2}$, $A_{-1/2-1/2}$, $B^{1/2-1/2}_{1/2-1/2}$).

Nous verrons plus loin que l'expérience a permis de vérifier quantitativement dans le cas de ^{199}Hg tous les effets nouveaux que nous venons de décrire.

6° **Évolution de la cohérence hertzienne. Cas général. Analogies avec un processus de relaxation thermique.** — Lorsque $\omega_e - \omega_f \gg \Gamma$, on peut négliger la retombée de cohérence hertzienne. La résolution de (III, D, 3) est alors très simple car ce système se réduit à :

$$\frac{d\sigma_{\mu\mu'}}{dt} = -\left[\frac{1}{T_{2\mu\mu'}} + i(\mu-\mu')\omega_f + i\varepsilon_{\mu\mu'}\right]\sigma_{\mu\mu'} \quad \text{(III, D, 10)}$$

avec :

$$\left\{\begin{array}{l} \dfrac{1}{T_{2\mu\mu'}} = \dfrac{1}{2}\left[\dfrac{A_{\mu\mu}}{T_p} + \dfrac{A_{\mu'\mu'}}{T_p}\right] \\ \varepsilon_{\mu\mu'} = \Delta E'(A_{\mu\mu} - A_{\mu'\mu'}) \end{array}\right. \quad \text{(III, D, 11)}$$

$\frac{T_p}{A_{\mu\mu}}$ et $A_{\mu\mu}\Delta E'$ s'interprètent alors comme la durée de vie et le déplacement du niveau μ, causés par l'excitation optique.

Lorsqu'on ne peut plus négliger la retombée de « cohérence hertzienne », la résolution du système (III, D, 3) est beaucoup moins simple, car les quantités $\sigma_{\mu\mu'}$, correspondant à une valeur donnée de $\mu - \mu'$ sont couplées entre elles. Il faut alors diagonaliser la matrice associée à ce système différentiel linéaire à coefficients constants. On peut montrer de façon générale que les valeurs propres de cette matrice ont leur partie réelle négative ou nulle (la démonstration mathématique correspondante est donnée dans l'appendice 2 de J — P2). Pour $\mu \neq \mu'$, on peut montrer que la seule solution stationnaire du système différentiel (III, D, 3) est $\sigma_{\mu\mu'} = 0$ (sauf dans le cas très particulier où $A_{\mu\mu} = A_{\mu'\mu'} = 0$). La cohérence hertzienne $\sigma_{\mu\mu'}$ s'amortit donc sous l'effet du pompage optique et tend vers zéro. La fréquence $(\mu - \mu')\omega_f$ est également modifiée sous l'effet des transitions réelles et virtuelles induites par le faisceau lumineux.

Il existe une grande analogie entre la forme des équations (III, D, 3) et celle des équations de relaxation de Bloch-Ayant-Kubo-Tomita (1). Ces équations de relaxation décrivent l'évolution d'un ensemble de spins soumis à une interaction aléatoire avec le réseau qui varie suffisamment vite pour que l'approximation de rétrécissement par le mouvement soit valable. L'approximation séculaire est également utilisée dans ce cas ; la condition $\omega_f T_p \gg 1$ s'écrit alors $\omega_f T \gg 1$, où T est le temps de relaxation.

L'effet du pompage optique sur l'état fondamental de l'ensemble des atomes est donc très voisin de celui d'un processus de relaxation thermique. Quel que soit l'état initial d'où l'on parte, les populations des différents sous-niveaux Zeeman, et la cohérence hertzienne qui existe entre eux tendent vers un état d'équilibre qui ne dépend pas de l'état initial (c'est la solution stationnaire du système différentiel linéaire à coefficients constants (III, D, 3)). Les constantes de temps avec lesquelles cet état d'équilibre est atteint dépendent des caractéristiques du faisceau lumineux (intensité, polarisation...).

On peut donc parler d'une *relaxation optique* longitudinale et transversale.

Remarque. — La « relaxation optique » et la relaxation thermique se différencient cependant très nettement sur un point particulier : l'état d'équilibre auquel elles conduisent en ce qui concerne les populations.

Aux températures usuelles où se font les expériences de pompage optique, $\omega_f/kT \ll 1$. Les populations sont donc égalisées par le processus de relaxation thermique $\left(\frac{W_{\mu\to\mu'}}{W_{\mu'\to\mu}} = e^{-(E_{\mu'}-E_\mu)/kT} \simeq 1\right)$; alors qu'elles peuvent être rendues très inégales par la relaxation optique ($P_{\mu\to\mu'} \neq P_{\mu'\to\mu}$; voir plus haut § III, D, 4). C'est d'ailleurs le principe même du pompage optique.

7° **Possibilités d'un échange de moment angulaire transversal entre les atomes et les photons.** — Supposons que nous partions d'un état initial où toutes les populations $\sigma_{\mu\mu}$ sont égales et où il n'y a pas de cohérence hertzienne ; $\sigma_{\mu\mu'} = 0$ pour $\mu \neq \mu'$. Le moment angulaire global, aussi bien longitudinal que transversal, de la vapeur est nul à l'instant initial.

Si la polarisation $\vec{e}_{\lambda_0}$ du faisceau lumineux est telle que $P_{\mu\to\mu'} \neq P_{\mu'\to\mu}$, le pompage optique va créer des différences de populations entre les différents sous-niveaux de l'état fondamental. Il va donc apparaître un moment angulaire longitudinal global pour la vapeur atomique. Par contre, la cohérence hertzienne reste toujours nulle au cours du temps, comme on peut le voir sur les équations (III, D, 3) et ceci, même si la polarisation $\vec{e}_{\lambda_0}$ est cohérente, c'est-à-dire même si les photons excitateurs ont un moment angulaire transversal.

En d'autres termes, dans l'état fondamental, il est impossible de transférer aux atomes le moment angulaire transversal transporté par les photons, alors que ce transfert est toujours possible pour le moment angulaire longitudinal.

Cette différence de comportement se comprend bien physiquement, à partir des idées générales développées dans le présent travail :

Le moment angulaire transversal des photons *ne précesse pas* dans un champ magnétique (*), alors que celui

(*) Cf. § I, B, 4.

des atomes *précesse* à la fréquence ω_f. Le faisceau lumineux excite donc de façon statique, à la fréquence zéro, le moment angulaire transversal atomique qui a une fréquence propre différente de zéro et qui est, par ailleurs, amorti avec une constante de temps de l'ordre de T_p. La condition $\omega_f T_p \gg 1$ signifie que la bande passante de largeur $\frac{1}{T_p}$ associée à ce mouvement propre ne contient pas la fréquence zéro. Lorsque cette condition est réalisée, le transfert de moment angulaire transversal est impossible car les fréquences propres de cette grandeur sur l'atome et sur le photon diffèrent d'une quantité supérieure à la bande passante. Le transfert n'est donc possible qu'en champ très bas ($\omega_f T_p \gtrsim 1$). Ces difficultés n'existent pas pour le moment angulaire longitudinal qui a la même fréquence propre, la fréquence zéro, sur l'atome et sur le photon.

Remarquons également que l'état excité est beaucoup plus amorti que l'état fondamental ($\tau \ll T_p$). Les bandes passantes sont beaucoup plus larges. Il doit être par suite beaucoup plus facile de transférer du moment angulaire transversal à l'état excité de l'atome. Ce transfert n'est d'ailleurs rien d'autre que l'effet Hanle qui, comme nous l'avons déjà signalé (cf. § III, C, 2), peut être considéré comme une excitation à la fréquence zéro du moment angulaire transversal de l'état excité.

L'image que nous venons de donner permet également de comprendre très facilement les récentes expériences de modulation de Bloom (7). Ces expériences consistent à éclairer une vapeur par un faisceau lumineux dont la polarisation $\vec{e}_{\lambda_0}$ est *cohérente* et dont on *module* l'intensité lumineuse à la fréquence ω. Lorsque ω est suffisamment voisin de ω_f, on constate l'existence d'une précession du moment angulaire transversal global de la vapeur à la fréquence ω et ceci en l'absence de tout champ de radiofréquence ; l'effet est maximum pour $\omega = \omega_f$. Ceci se comprend très bien : lorsqu'on module l'intensité lumineuse, on module également le moment angulaire transversal transporté par le faisceau lumineux. On introduit alors du moment angulaire transversal dans le système atomique non plus à la fréquence zéro, mais à la fréquence ω. Lorsque :

$$\omega - \omega_f \lesssim \frac{1}{T_p},$$

la fréquence d'excitation tombe à l'intérieur de la bande passante, le transfert de moment angulaire transversal est possible. Il a été également suggéré par Kastler (27) d'exciter la précession du moment angulaire transversal de l'état excité en éclairant la vapeur par un faisceau lumineux de polarisation $\vec{e}_{\lambda_0}$ cohérente et modulé à une fréquence ω voisine de ω_e.

L'idée commune à toutes ces expériences est de créer artificiellement une précession du moment angulaire transversal du champ de rayonnement à une fréquence voisine des fréquences propres du système atomique, de façon à rendre le transfert possible (Au lieu de moduler l'intensité lumineuse, on pourrait également moduler la polarisation en utilisant un polaroïd tournant à une fréquence ω voisine de ω_f ou ω_e).

8° **Cas d'une résonance magnétique dans l'état fondamental.** — On montre dans J — P2 (cf. chap. V) que, pour avoir l'évolution globale de l'état fondamental, il faut alors ajouter au 2e membre de (III, D, 3) un terme $-i[\mathcal{H}_{RF}, \sigma]_{\mu\mu'}$ décrivant l'action du champ de radiofréquence $H_1 \mathbf{e}^{i\omega t}$. Le hamiltonien $\mathcal{H}_{RF}$ s'écrit :

$$\mathcal{H}_{RF} = \frac{\gamma_f H_1}{2} [I_+ \mathbf{e}^{-i\omega t} + I_- \mathbf{e}^{i\omega t}] \quad \text{(III, D, 12)}$$

(γ_f est le rapport gyromagnétique de l'état fondamental).

Nous supposons l'amplitude H_1 suffisamment petite et la durée de vie τ de l'état excité suffisamment courte pour que $\mathcal{H}_{RF}$ n'ait aucune action sur l'état excité.

Il est très commode de se placer dans le référentiel R tournant à la fréquence ω autour du champ statique. On montre dans J — P2 que les équations (III, D, 3) restent valables, à condition :

a) De remplacer $\sigma_{\mu\mu'}$ matrice densité de l'état fondamental dans la représentation du laboratoire par $\tilde{\sigma}_{\mu\mu'}$, matrice densité dans le référentiel tournant R :

$$(\tilde{\sigma}_{\mu\mu'} = \mathbf{e}^{i(\mu-\mu')\omega t}\sigma_{\mu\mu'}).$$

b) De remplacer le terme d'évolution propre :

$$-i(\mu - \mu')\omega_f \sigma_{\mu\mu'}$$

par $-i[\tilde{\mathcal{H}}_{RF}, \tilde{\sigma}]_{\mu\mu'}$ où :

$$\tilde{\mathcal{H}}_{RF} = (\omega_f - \omega) I_z + \gamma_f H_1 I_x \quad \text{(III, D, 13)}$$

représente l'effet du champ statique et du champ H_1 dans le référentiel R.

c) De remplacer ω_f par ω dans $\frac{\Gamma}{\Gamma + i(\mu - \mu')(\omega_e - \omega_f)}$

d) Les conditions de validité énoncées dans le § III, D doivent être complétées par la condition $\Delta \gg \gamma H_1$ (la durée effective du processus d'absorption est courte devant la période de la précession autour du champ de radiofréquence). A la condition $\omega_f \gg \frac{1}{T_p}$, il faut également ajouter la condition $\omega_f \gg \gamma H_1$ (la fréquence des raies de résonance magnétique est grande devant la « largeur de radiofréquence » de ces raies).

Lorsqu'on passe dans le référentiel R, on rend le hamiltonien $\mathcal{H}_{RF}$ indépendant du temps. Tous les coefficients du 2e membre de (III, D, 3) ne dépendent plus du temps. On peut ainsi étudier plus facilement l'évolution de la matrice densité de l'état fondamental, aussi bien en régime statique que transitoire. On montre également dans J — P2 que les équations d'évolution globale de l'état excité (III, C, 1) et (III, C, 2) restent inchangées ainsi que les expressions (III, A, 1, *c*) et

(III, B, I, *c*) de L_A et L_F. Toutes les interprétations physiques données dans le présent travail demeurent valables.

Il est donc possible d'étudier quantitativement l'évolution de la matrice densité représentant le système atomique dans l'état excité et dans l'état fondamental sous l'action simultanée du pompage optique et d'un champ de radiofréquence. Si l'on sait décrire, au moins phénoménologiquement l'effet des processus de relaxation thermique, il est alors possible de déterminer complètement l'évolution de $\sigma_{\mu\mu'}$ et $\sigma_{mm'}$. Les signaux de détection optique L_A et L_F s'expriment simplement à partir de $\sigma_{\mu\mu'}$ et $\sigma_{mm'}$, ce qui permet ainsi de « calculer » entièrement une expérience de pompage optique.

CONCLUSION

En conclusion, nous voyons que la théorie quantique du cycle de pompage optique permet d'étudier de façon détaillée les processus élémentaires d'absorption et d'émission de photons de résonance optique par un ensemble d'atomes, ainsi que l'effet global de ces processus sur l'évolution dans le temps du système atomique. Dans le cas de l'isotope ^{199}Hg *(qui ne possède que deux sous-niveaux Zeeman dans l'état fondamental et dont l'étude expérimentale est présentée dans la suite de ce travail), la théorie quantique du cycle de pompage optique permet de prévoir les effets nouveaux suivants :*

I. *Les deux sous-niveaux Zeeman* $\pm 1/2$ *sont perturbés par le faisceau lumineux qui excite la résonance optique des atomes : ils sont* élargis *et* déplacés. *Ces effets apparaissent de façon quantitative dans l'expression* (III, D, 8) *qui décrit l'évolution globale de la cohérence hertzienne* $\sigma_{1/2\,-1/2}$.

$$\frac{d\sigma_{1/2\,-1/2}}{dt} = -\left[\frac{1}{T_2} + i(\omega_f + \varepsilon)\right]\sigma_{1/2\,-1/2}.$$

— *Le terme* ε *représente une modification de la séparation énergétique entre les deux sous-niveaux Zeeman (ou encore un déplacement d'origine « optique » de la raie de résonance magnétique). Il est lui-même la somme de deux termes* $\varepsilon = \varepsilon' + \varepsilon''$; *le premier,* ε', *représente l'effet des transitions* virtuelles *induites par le faisceau lumineux, qui mélangent l'état excité et l'état fondamental de l'atome et modifient par suite les énergies de ces états ; le deuxième,* ε'', *celui des transitions* réelles *qui, par suite de la conservation partielle de la cohérence hertzienne au cours du cycle de pompage, ramènent dans l'effet Zeeman de l'état fondamental une partie de l'effet Zeeman de l'état excité. Le terme* ε'' *dépend du champ magnétique alors que* ε' *n'en dépend pas.*

— *La quantité* $\frac{1}{T_2}$ *représente l'amortissement de la cohérence hertzienne causé par le faisceau lumineux (ou encore l'*élargissement *d'origine « optique » de la raie de résonance magnétique). Il comprend lui-même deux termes :* $\frac{1}{T_2} = \frac{1}{T_2'} - \frac{1}{T_2''}$. *Le 1*^{er}, $\frac{1}{T_2'}$, *représente l'effet de l'excitation optique qui détruit la cohérence hertzienne dans l'état fondamental ; le 2*^{e}, $\frac{1}{T_2''}$, *la restitution partielle de cohérence hertzienne lors du retour à l'état fondamental.* ε *et* $\frac{1}{T_2}$ *sont proportionnels à l'intensité lumineuse.*

2. *L'évolution globale du système atomique dans l'état excité est sensible à la cohérence hertzienne* $\sigma_{1/2\,-1/2}$ *de l'état* fondamental. *Le moment angulaire global, longitudinal et transversal de l'état excité effectue un mouvement* forcé *à la fréquence de Larmor de l'état fondamental, ce qui se traduit par une* modulation à cette fréquence de la lumière de fluorescence *émise par la vapeur. L'amplitude et la phase de ce mouvement forcé dépendent du champ magnétique.*

3. *Les signaux de détection optique, absorption ou fluorescence, s'expriment simplement en fonction des éléments de la matrice densité qui représente l'ensemble des atomes dans l'état excité et dans l'état fondamental. Comme on sait d'autre part décrire l'évolution dans le temps de cette matrice densité, il est possible d'interpréter quantitativement les différents signaux observés, en particulier, la modulation de la lumière absorbée par la vapeur lorsqu'elle subit la résonance magnétique.*

PARTIE EXPÉRIMENTALE

CHAPITRE IV

INTRODUCTION A LA PARTIE EXPÉRIMENTALE

1° Principe général des méthodes utilisées

Parmi les effets nouveaux prévus par la théorie précédente, le plus important est le suivant : les différents sous-niveaux d'énergie d'un atome dans l'état fondamental sont élargis et déplacés lorsqu'un faisceau lumineux excite la résonance optique de cet atome. Nous parlerons du rôle « perturbateur » de la lumière.

Comme nous l'avons déjà souligné (cf. § III, B, 7), ces effets sont petits devant la largeur naturelle Γ du niveau excité. On ne peut donc espérer les observer sur les raies optiques émises par l'atome qui ont une largeur spectrale au moins égale à Γ. Par contre, ils doivent affecter de façon sensible les transitions de radiofréquence qui relient entre eux les différents sous-niveaux de l'état *fondamental* et qui sont considérablement plus fines.

Le premier problème qui se pose est donc d'induire et de détecter ces transitions de radiofréquence dans l'état fondamental. Une fois ce problème résolu, le principe de la vérification expérimentale des effets précédents est très simple : on observe les raies de résonance magnétique entre les sous-niveaux de l'état fondamental. La position et la largeur des raies de résonance observées doivent dépendre de l'intensité de l'irradiation lumineuse de la vapeur, puisque les effets « perturbateurs » prévus dépendent linéairement de cette intensité.

Or, il se trouve que l'une des applications essentielles du pompage optique est de permettre l'observation de la résonance magnétique à la température ambiante et dans un système aussi dilué qu'une vapeur atomique, c'est-à-dire dans des conditions où les procédés de détection radioélectriques habituels de la résonance magnétique ne sont plus assez sensibles. Nous avons donc choisi d'utiliser les méthodes optiques de détection de la résonance magnétique.

Dans nos expériences, l'irradiation lumineuse utilisée peut donc ne comporter que le seul faisceau de pompage optique. Une telle méthode d'exploration présente plusieurs inconvénients. Si l'on veut, en effet, pomper optiquement une vapeur atomique (et cette condition est nécessaire pour l'observation de la résonance magnétique) les caractéristiques du faisceau lumineux (direction, polarisation, répartition spectrale...) ne peuvent être quelconques. Les conditions qui correspondent au pompage optique le plus efficace, et par suite à la précision la plus grande pour les mesures ne sont pas forcément celles pour lesquelles les effets perturbateurs associés au faisceau lumineux et prévus par la théorie précédente sont les plus grands.

Il nous a donc semblé indispensable d'utiliser une autre méthode d'étude où les deux rôles joués par le faisceau lumineux, rôle d'instrument de mesure (pompage et détection de la résonance) et rôle de « perturbation » sont séparés de façon beaucoup plus nette. Nous utilisons pour cela deux faisceaux lumineux. Le faisceau 1 est choisi de manière à pomper optiquement la vapeur atomique, de la façon la plus efficace possible. Il permet ainsi de tracer avec une bonne précision des courbes de résonance magnétique. C'est ce que nous faisons dans une première étape (fig. 10 *a*). Puis dans une deuxième étape (fig. 10 *b*), et sans modifier en quoi que ce soit les caractéristiques du faisceau 1, nous irradions les atomes avec un autre faisceau lumineux, le faisceau 2. Les caractéristiques du faisceau 2 peuvent être alors absolument quelconques puisque le pompage optique de la vapeur est toujours assuré par le faisceau 1. Nous les choisissons de façon à ce que les effets nouveaux prévus par la théorie soient les plus grands possibles. Ces effets se traduisent par un élargissement et un déplacement des raies de résonance magnétique lorsqu'on passe de (*a*) à (*b*).

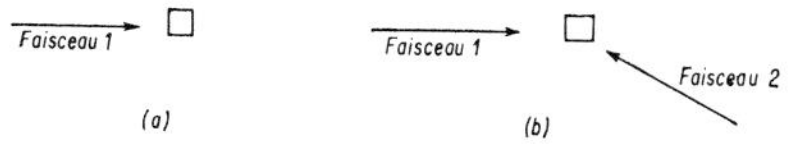

FIG. 10.

Insistons bien sur le fait que le faisceau 1 perturbe lui aussi le système atomique. Mais cette perturbation est la même dans les expériences (*a*) et (*b*) puisque les caractéristiques du faisceau 1 ne sont pas changées. Les modifications observées lorsqu'on passe de (*a*) à (*b*) proviennent donc uniquement du faisceau 2.

Cette méthode d'étude est très souple. On peut faire varier tous les paramètres du faisceau 2 : direction, polarisation, répartition spectrale... et observer la variation correspondante des différents effets prévus par la théorie.

2° Choix de l'isotope ^{199}Hg

Les expériences que nous décrirons plus loin ont toutes été réalisées sur l'isotope ^{199}Hg. Plusieurs raisons nous ont guidé dans ce choix.

a) ^{199}Hg ne possède que deux sous-niveaux Zeeman dans l'état fondamental.

Ceci simplifie beaucoup les équations du pompage optique que nous avons données dans la première partie de ce travail. La matrice densité dans l'état fondamental ne possède qu'un élément non diagonal $\sigma_{1/2\,-1/2}$ ($\sigma_{-1/2\,1/2}$ en est le complexe conjugué). Cet élément représente physiquement le moment angulaire *transversal* global de la vapeur atomique.

Les phénomènes de relaxation thermique sont également très simples à décrire lorsqu'il n'y a que deux sous-niveaux. Cette description peut se faire phénoménologiquement au moyen de deux temps de relaxation, longitudinal et transversal Θ_1 et Θ_2.

b) Le spin nucléaire de ^{199}Hg étant égal à 1/2, la raie de résonance optique $6^1S_0 \leftrightarrow 6^3P_1$ de cet élément a deux composantes hyperfines. Il se trouve que la raie de résonance de l'isotope pair ^{204}Hg coïncide presque parfaitement avec la composante 1/2 de ^{199}Hg. En utilisant une lampe remplie de ^{204}Hg, il est donc possible d'exciter sélectivement cette composante hyperfine (C'est ainsi que Cagnac (14) réalisa pour la première fois le pompage optique de ^{199}Hg).

Il est possible également d'exciter sélectivement l'autre composante hyperfine. Il suffit pour cela d'utiliser une lampe remplie de ^{199}Hg (qui émet donc les 2 composantes hyperfines), puis de supprimer la composante 1/2 au moyen d'un filtre absorbant rempli de ^{204}Hg.

c) Les processus de relaxation thermique sont très faibles. Les temps de relaxation thermique Θ_1 et Θ_2 observés et mesurés par Cagnac sont de l'ordre de la seconde.

Ceci permet d'obtenir des taux d'orientation très élevés et par suite une très bonne valeur du rapport signal sur bruit. D'autre part, les raies de résonance magnétique sont très fines, ce qui permet une *très grande précision* dans le pointé de ces raies.

d) Enfin, la structure Zeeman de l'état fondamental étant purement nucléaire, les fréquences de résonance magnétique sont très basses (760 Hz pour un champ de 1 gauss). L'observation de la modulation d'un courant photoélectrique à des fréquences aussi basses ne présente aucune difficulté technique.

3° Le montage expérimental

Nous avons utilisé les techniques expérimentales qui venaient d'être mises au point pour l'étude du pompage optique des isotopes impairs du mercure. Nous renvoyons au travail de thèse de Cagnac (14) pour la description détaillée de ces techniques.

L'une des expériences que nous décrirons plus loin a été réalisée sur le montage même de Cagnac. Pour les autres expériences, nous avons été amenés à construire un autre montage, assez semblable au précédent, mais qui présente les particularités suivantes :

a) Le champ magnétique terrestre est compensé. Pour vérifier les effets liés à la circulation de la cohérence hertzienne, nous avons été amenés à opérer dans des champs magnétiques très bas, de l'ordre du champ terrestre.

b) Nous avons développé de façon systématique la détection de la résonance magnétique utilisant la modulation de l'absorption à la fréquence du champ de radiofréquence (effet Dehmelt) (6) (21). Cette méthode s'est révélée très avantageuse, d'une part, parce qu'elle permet de détecter directement la cohérence hertzienne $\sigma_{1/2\,-1/2}$; d'autre part, parce que le rapport signal sur bruit qu'elle permet d'obtenir est très supérieur à celui de la méthode habituelle (14).

Nous reviendrons de façon plus détaillée sur cette méthode de détection lors de la description des diverses expériences.

c) Signalons enfin que nous avons utilisé les films polariseurs pour l'ultra-violet (37) qui ont été mis au point au cours des dernières années et qui sont constitués par un revêtement cristallin déposé sur lame de silice fondue. Ces polariseurs sont nettement moins absorbants à 2 537 Å que les nicols utilisés par Cagnac et dont les épaisseurs atteignaient près de 10 cm. Ils permettent d'autre part d'utiliser des faisceaux lumineux beaucoup plus ouverts. Le gain d'intensité lumineuse qui en est résulté s'est révélé très précieux pour l'observation des différents effets prévus par la théorie.

CHAPITRE V

ÉTUDE DU DÉPLACEMENT DES RAIES DE RÉSONANCE MAGNÉTIQUE

A. — Mise en évidence du déplacement ε' associé aux transitions virtuelles.

1° **Buts de l'expérience.** — Nous décrirons d'abord une expérience (16) qui prouve *qualitativement* l'existence d'un déplacement associé aux transitions *virtuelles* induites par le faisceau lumineux (terme ε').

L'expression donnant ε' est (cf. § III, D, 5) :

$$\varepsilon' = \Delta E'(A_{1/2\ 1/2} - A_{-1/2\,-1/2}) \qquad (V, A, 1)$$

(La signification physique des diverses quantités qui figurent dans cette expression a été étudiée en détail dans la partie théorique).

Dans le cas le plus général, le déplacement de la raie de résonance magnétique n'est pas ε' mais $\varepsilon = \varepsilon' + \varepsilon''$. Dans l'expérience décrite ci-dessous, nous avons cherché à nous placer dans des conditions où le terme ε' qui représente l'effet des transitions virtuelles est très grand devant le terme ε'' qui représente celui des transitions réelles. Notons, d'autre part, que ε' n'est différent de 0 que si $A_{1/2\ 1/2} \neq A_{-1/2\,-1/2}$.

Les deux conditions importantes auxquelles devra satisfaire le faisceau lumineux dont nous étudions les effets sur les niveaux d'énergie (faisceau 2) sont donc les suivantes :

1° Le faisceau 2 doit induire uniquement des transitions virtuelles $\left(\Delta E' \gg \frac{1}{T_p}\right)$ de façon que ε' soit très grand devant ε'' (nous cherchons évidemment en plus à donner à ε' la valeur la plus grande possible).

2° Sa polarisation doit être telle qu'il déplace de façon *différente* les deux sous-niveaux + 1/2 et − 1/2 ($A_{1/2\ 1/2} \neq A_{-1/2\,-1/2}$).

2° **Réalisation de l'expérience.** — *a)* **Première condition.** — Dans le § III, A, 3, *b* de la partie théorique, nous avons étudié comme $1/T_p$ et ΔE' variaient en fonction de l'écart $k_1 - k_0$ entre le centre k_1 de la raie excitatrice et le centre k_0 de la raie d'absorption atomique. Nous avons vu que ΔE' est nul lorsque $k_1 = k_0$ alors que $1/T_p$ est au contraire maximum pour cette valeur. Par contre, lorsque $k_1 - k_0$ est différent de zéro, ΔE' a une valeur non nulle qui est maximum lorsque $k_1 - k_0$ est de l'ordre de la largeur Δ de la raie excitatrice (la valeur maximum de ΔE' est du même ordre de grandeur que celle de $1/T_p$).

La méthode la plus simple consiste donc à utiliser pour le faisceau 2 une lampe remplie d'un isotope autre que l'isotope ^{199}Hg étudié. Par suite du déplacement isotopique, les fréquences optiques émises par cette source seront différentes des fréquences d'absorption de ^{199}Hg et nous aurons ainsi $k_1 \neq k_0$.

Nous avons choisi l'isotope ^{201}Hg pour remplir la lampe du faisceau 2. La figure 11 représente les positions respectives des différentes composantes hyperfines des deux isotopes ^{199}Hg et ^{201}Hg.

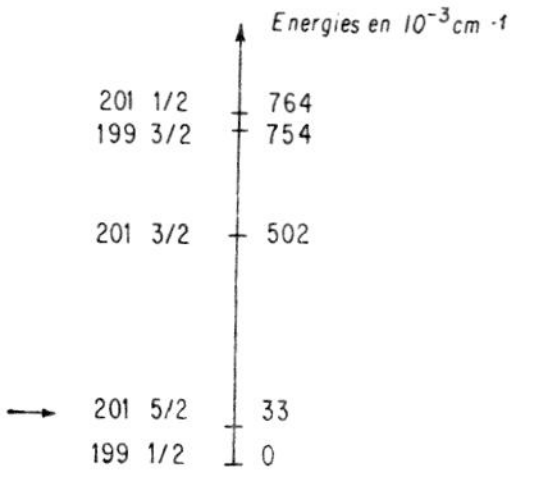

FIG. 11.

Nous voyons sur cette figure que la composante 5/2 de ^{201}Hg est distante d'environ une largeur Doppler de la composante 1/2 de ^{199}Hg (la largeur Doppler Δk_D à la température ambiante est de $34 \cdot 10^{-3}$ cm^{-1}). Si la source émettrice ^{201}Hg du faisceau 2 émet une raie ayant sensiblement la largeur Doppler Δk_D, on a $\Delta \sim \Delta k_D = 34 \cdot 10^{-3}$ cm$^{-1} \simeq k_1 - k_0$; la valeur de $k_1 - k_0$ n'est alors pas trop éloignée de celle qui donne la valeur maximum pour ΔE'. C'est la raison pour laquelle nous avons choisi ^{201}Hg pour le faisceau 2. Pour les autres isotopes du mercure, les valeurs de $k_1 - k_0$ sont ou trop faibles ($5 \cdot 10^{-3}$ cm^{-1} pour le ^{204}Hg), ou trop fortes ($178 \cdot 10^{-3}$ cm^{-1} dans le cas du ^{202}Hg qui est le plus favorable après celui du ^{201}Hg).

Il est clair que l'aile de la composante 5/2 de ^{201}Hg peut provoquer des transitions réelles relatives à la composante 1/2 de ^{199}Hg. Il en est de même (fig. 11) pour la composante 1/2 de ^{201}Hg et la composante 3/2 de ^{199}Hg. Ceci serait une cause d'élargissement optique de la raie de résonance magnétique et de déplacement dû aux transitions réelles (ε''), provoqués par le faisceau 2. Nous avons cherché à réduire cette cause au maximum. Dans ce but, et avant qu'il n'arrive sur la cellule de résonance O (fig. 13) qui contient ^{199}Hg, nous faisons traverser au faisceau 2 un filtre F en quartz, de 4 cm d'épaisseur, rempli de ^{199}Hg. Ce filtre F absorbe toutes les fréquences optiques situées dans les ailes des raies émises par le ^{201}Hg et qui seraient susceptibles d'induire des transitions réelles dans la cellule de résonance.

En résumé, nous voyons qu'on peut réaliser ainsi des conditions expérimentales où les fréquences optiques excitatrices sont *entièrement non résonnantes*, tout en restant suffisamment rapprochées de k_0 pour que la valeur de $\Delta E'$ ne soit pas trop petite (Pour qu'il puisse être observé facilement, il faut en effet que le déplacement ε' ne soit pas petit devant la largeur intrinsèque de la raie de résonance magnétique qui est due, d'une part, à la relaxation thermique, d'autre part à la « relaxation optique » (cf. § III, D, 6) introduite par le faisceau de pompage 1). La première condition imposée au faisceau 2 est ainsi remplie.

Soulignons que le faisceau 2 ne peut effectuer aucun pompage optique puisqu'il n'induit pas de transitions réelles. On ne pourrait donc pas étudier son effet sur les niveaux d'énergie atomiques et démontrer ainsi de façon très nette le rôle des transitions purement virtuelles, si l'on utilisait uniquement ce seul faisceau ; ce qui démontre bien l'avantage des méthodes utilisant deux faisceaux.

b) **Deuxième condition.** — La figure 12 représente les niveaux d'énergie de l'isotope ^{199}Hg. k_{01} et k_{02} sont les nombres d'onde des composantes hyperfines 1/2 et 3/2 respectivement.

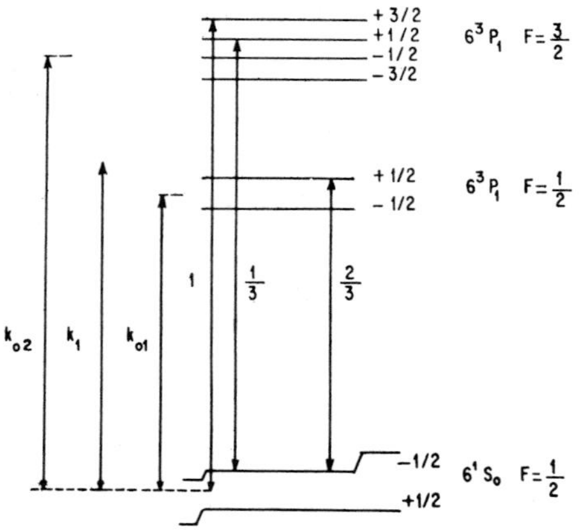

FIG. 12.

Supposons que le faisceau 2 a une *polarisation circulaire droite* (par rapport à H_0) et étudions tout d'abord l'effet des transitions virtuelles induites par la composante 5/2 du ^{201}Hg, dont le nombre d'onde k_1 est légèrement *supérieur* à k_{01} (Il est évidemment impossible de faire la figure 12 à l'échelle ; les intervalles Zeeman sont très petits devant $k_1 - k_{01}$; les valeurs de $\Delta E'$ sont donc les *mêmes* pour les deux sous-niveaux $+1/2$ et $-1/2$).

Les nombres inscrits sur la figure sont les valeurs des coefficients $A_{\mu\mu}$, c'est-à-dire les probabilités des transitions optiques en polarisation σ^+ pour chacune des deux composantes hyperfines.

Les transitions virtuelles vers le niveau 6^3P_1, $F = 1/2$ sont caractérisées par $k_1 - k_{01} > 0$. D'après (III, A, 2, *b*) $\Delta E'$ est *positif* et le déplacement, indiqué sur la partie droite de la figure 12 se fait vers le *haut*. La polarisation utilisée étant circulaire *droite*, $A_{1/2\ 1/2} = 0$ et, *seul*, le sous-niveau $-1/2$ est déplacé. La distance entre les deux sous-niveaux $\pm 1/2$ est *augmentée*.

Si, au lieu d'utiliser une polarisation circulaire droite, on utilise une polarisation circulaire gauche (pour le faisceau 2), le déplacement qui conserve la même valeur et le même signe affecte uniquement le sous-niveau $+1/2$ qui est alors déplacé vers le haut. Dans ce cas, la séparation énergétique des deux sous-niveaux dans l'état fondamental est *diminuée*.

Les transitions virtuelles vers l'autre niveau hyperfin 6^3P_1, $F = 3/2$ (k_{02}) créent un déplacement $\Delta E'$ beaucoup plus petit car $k_1 - k_{02}$ est très grand (20 largeurs Doppler). Comme $k_1 - k_{02}$ (et par suite $\Delta E'$) sont *négatifs*, le déplacement, indiqué sur la partie gauche de la figure 12 se fait vers le bas. En polarisation σ^+, il est trois fois plus grand pour le niveau $+1/2$ que pour le niveau $-1/2$ (rapport des probabilités de transition). Comme précédemment, la distance entre les deux sous-niveaux est *augmentée* en polarisation σ^+, diminuée en polarisation σ^-.

La composante 3/2 du ^{201}Hg agit dans le même sens que la composante 5/2 ($k_1 - k_{01} > 0$, $k_1 - k_{02} < 0$) (fig. 11). Quant à la composante 1/2, elle agit en sens contraire ($k_1 - k_{02} > 0$). Mais son effet est beaucoup plus faible que celui de composante 5/2 car elle est beaucoup trop proche de la composante 3/2 de ^{199}Hg (1/3 de largeur Doppler). Par surcroît, comme $k_1 - k_{02}$ est inférieur à la largeur Doppler, cette composante est beaucoup plus absorbée par le filtre F qui est placé sur le faisceau 2. Enfin, le poids statistique de la composante 1/2 est trois fois plus petit que celui de la composante 5/2 et son intensité dans la source du faisceau 2 est beaucoup plus faible.

En résumé, le signe du déplacement global est celui que l'on obtient en tenant compte uniquement de la composante 5/2, c'est-à-dire augmentation de la séparation énergétique en polarisation σ^+, diminution en polarisation σ^-.

Remarques. — Les transitions virtuelles vers les niveaux excités autres que le niveau 6^3P_1 ne modifient pas la séparation énergétique des deux sous-niveaux.

En effet, bien que ce déplacement soit très faible (par suite de l'énorme valeur de $k_1 - k_0$), on peut se demander si en sommant ces petits effets sur la totalité des niveaux excités de l'atome, on n'obtient pas finalement une valeur importante. On peut montrer cependant que ce déplacement est le *même* pour les deux sous-niveaux $\pm 1/2$. En effet, s'il s'agit d'un niveau excité autre que 6^3P_1, la variation de $k_1 - k_0$ d'une composante hyperfine de la raie spectrale envisagée à l'autre est très petite devant l'énorme valeur de $k_1 - k_0$. Les valeurs de $\Delta E'$ sont alors les mêmes pour toutes les composantes hyperfines. D'après les règles de somme sur les $A_{\mu\mu}$, on trouve alors aisément que les deux sous-niveaux $\pm 1/2$ sont déplacés de la même quantité.

En d'autres termes, nous ne mesurons pas le déplacement absolu des sous-niveaux de l'état fondamental. Nous mesurons uniquement les déplacements relatifs des différents sous-niveaux entre eux. Pour calculer ces déplacements, il est correct de tenir compte uniquement du niveau excité le plus proche de la raie excitatrice.

Remarquons enfin que l'expérience décrite ici fait appel à la polarisation de la lumière pour déplacer de façon différente deux sous-niveaux Zeeman d'un même niveau hyperfin de l'état fondamental (inégalité des $A_{\mu\mu}$). On peut imaginer d'autres expériences où il n'est pas besoin de faire appel à cette propriété et où l'écart entre les deux niveaux est suffisamment grand pour que $\Delta E'$ varie de l'un à l'autre (cas des deux niveaux hyperfins d'un atome alcalin dans l'état fondamental).

c) **Le dispositif expérimental.** — Il est représenté sur la figure 13. C'est celui utilisé par Cagnac (14).

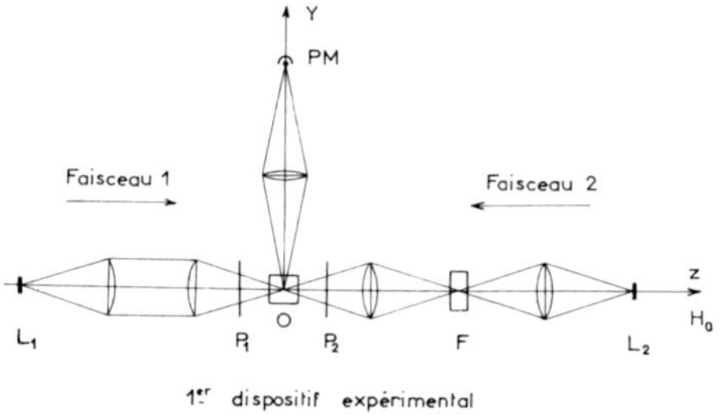

FIG. 13.

Nous n'avons pas modifié le faisceau 1 qui est le faisceau de pompage optique. La lampe L_1 de ce faisceau est remplie avec l'isotope ^{204}Hg qui excite sélectivement la composante 1/2 de ^{199}Hg. Le faisceau 1 a une polarisation σ^+ qui lui est donnée par P_1 (polaroïd plus lame quart d'onde). Il effectue donc le pompage optique des atomes et les concentre dans le sous-niveau $+ 1/2$. La lumière de fluorescence observée au moyen d'un photomultiplicateur dans la direction Oy perpendiculaire au champ magnétique H_0 est directement proportionnelle à la population $\sigma_{-1/2-1/2}$ du sous-niveau $- 1/2$. Toute variation de cette population, en particulier celle causée par le champ de radiofréquence, se détecte donc par une variation d'intensité de la lumière de fluorescence, ce qui permet le tracé des courbes de résonance magnétique. Nous avons opéré à une fréquence fixe de 5 kHz, obtenue par démultiplication à partir d'un quartz de 100 kHz. Les courbes de résonance magnétique étaient tracées en faisant varier le champ magnétique et en repérant les valeurs du courant magnétisant au moyen d'un potentiomètre de Leeds-Northrup.

Dans l'axe du champ magnétique et dans le sens opposé à celui du faisceau de pompage optique, nous avons disposé le faisceau 2. La lampe L_2 est remplie avec l'isotope ^{201}Hg. On en forme une image intermédiaire sur le filtre F qui est rempli avec l'isotope ^{199}Hg. La lumière ainsi filtrée est ensuite concentrée sur la cellule de résonance O après avoir acquis au moyen de P_2 la polarisation σ^+ ou σ^-.

3° **Résultats de l'expérience.** — La figure 14 montre un exemple des courbes expérimentales obtenues. La courbe de résonance magnétique du centre est prise avec le faisceau 2 masqué, celle de gauche (et de droite) en présence du faisceau 2 polarisé σ^+ (et σ^-).

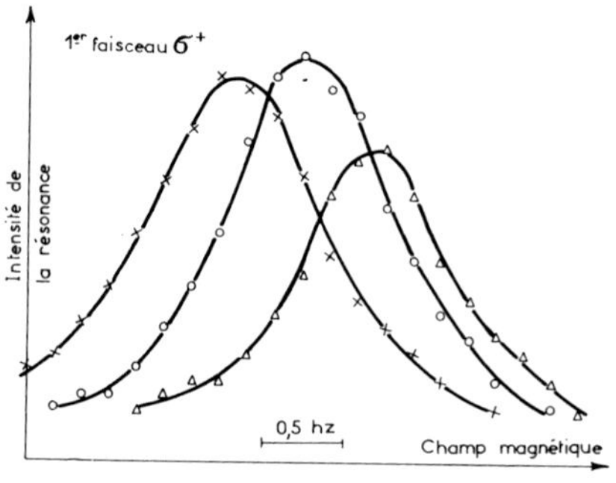

FIG. 14.

○ Sans 2e faisceau.
× 2e faisceau σ^+.
Δ 2e faisceau σ^-.

Nous voyons que le faisceau 2 produit un *déplacement* de la raie de résonance magnétique. Ce déplacement vaut environ 0,4 Hz. Il a le signe attendu. En effet, comme nous opérons à fréquence fixe, un déplacement vers les différences d'énergie plus *grandes* correspond à un déplacement vers les champs plus bas. Lorsque le faisceau 2 a la polarisation σ^+, nous avons vu plus haut que la séparation énergétique des deux sous-niveaux était augmentée. La courbe de résonance magnétique doit donc être déplacée vers les champs bas, ce qui est bien confirmé expérimentalement. Nous avons également vérifié qu'il n'y avait plus de déplacement quand on enlevait la lame quart d'onde, c'est-à-dire quand on éclairait avec un mélange de σ^+ et σ^-. Enfin, nous nous sommes assurés que le déplacement était proportionnel à l'intensité lumineuse.

Notons que les raies de résonance magnétique ne sont *pas élargies* par le faisceau 2. Ceci est dû au caractère purement virtuel des transitions qu'il induit. On remarque également sur la figure 14 que l'intensité de la résonance est un peu plus faible lorsque les deux faisceaux ont des polarisations opposées, σ^+ pour le premier, σ^- pour le deuxième. En effet, dans ce cas, les atomes sont accumulés par le faisceau 1 dans le sous-niveau $+1/2$ et la vapeur est particulièrement absorbante pour toute fraction du faisceau 2 susceptible de provoquer des transitions *réelles* et que le filtre à ^{199}Hg n'absorberait pas entièrement. D'où un affaiblissement de la détection de la résonance. L'effet observé est donc lié à une absorption imparfaite par le filtre F. Nous avons vérifié cette interprétation en opérant avec des filtres à ^{199}Hg moins absorbants, ce qui augmente la dissymétrie. D'autre part, nous avons inversé le sens de la dissymétrie en pompant avec le faisceau 1 en σ^- et non plus en σ^+.

Conclusion. — En conclusion, nous voyons que l'expérience précédente permet de prouver que les sous-niveaux de l'état fondamental peuvent être déplacés lorsque des transitions *virtuelles* de résonance optique sont induites par un faisceau lumineux.

Nous reviendrons plus loin sur la vérification quantitative des formules relatives à ε' (§ C du présent chapitre). Nous verrons qu'il est nécessaire d'améliorer la sensibilité de la détection pour y parvenir. Les méthodes correspondantes seront analysées lors de la description des expériences que nous entreprenons maintenant et qui concernent la mise en évidence du déplacement ε'' dû aux transitions réelles induites par l'excitation lumineuse.

B. — Mise en évidence du déplacement ε'' associé aux transitions réelles

1° **Buts de l'expérience** (18). — Il s'agit de prouver l'existence d'un déplacement énergétique associé aux transitions réelles (terme ε''). Rappelons l'expression de ε'' :

$$\varepsilon'' = \frac{1}{T_p} B^{1/2\,-1/2}_{1/2\,-1/2} \frac{\Gamma(\omega_e - \omega_f)}{\Gamma^2 + (\omega_e - \omega_f)^2}. \quad \text{(V, B, 1)}$$

La signification physique des différentes quantités qui figurent dans l'expression précédente a été étudiée dans la partie théorique (§ III, D, 5). Soulignons simplement qu'à l'inverse de ε', ε'' *dépend du champ magnétique* (ω_e, ω_f) (ε'' est lié en effet à la conservation de la cohérence hertzienne au cours du cycle de pompage optique).

2° **Réalisation.** — *a)* **Afin d'observer uniquement le terme ε'', nous essayons maintenant de rendre $\frac{1}{T_p}$ le plus grand possible et $\Delta E'$ le plus petit possible.** — Nous cherchons pour cela à faire coïncider au mieux la raie excitatrice k_1 et la raie d'absorption k_{01}. Nous avons utilisé pour le faisceau 2 soit une lampe à ^{204}Hg pour exciter la composante 1/2 de ^{199}Hg ($k_1 - k_{01}$ est alors égal à $5 \cdot 10^{-3}$ cm^{-1}, c'est-à-dire à 1/7 de largeur Doppler $\Delta E'$ est alors très faible), soit une lampe à ^{199}Hg suivie d'un filtre à ^{204}Hg (on excite alors uniquement la composante 3/2 et on a dans ce cas $k_1 = k_{02}$ et $\Delta E' = 0$).

Par surcroît, nous choisissons la direction du faisceau 2 *perpendiculaire* à celle de H_0. On peut voir dans ces conditions que l'on a toujours $A_{1/2\;1/2} = A_{-1/2\,-1/2}$ quelle que soit la polarisation du faisceau 2 : ε' est alors toujours nul et le déplacement observé ε provient *uniquement* de ε''.

b) **Le dispositif expérimental.** — Il est représenté sur la figure 15.

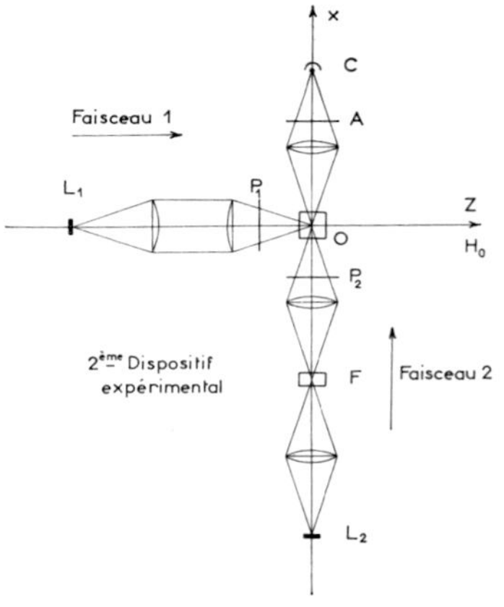

FIG. 15.

Le faisceau 1 est comme précédemment le faisceau de pompage. Il présente les mêmes caractéristiques que dans l'expérience décrite au § A. Il est dirigé suivant l'axe Oz.

Le faisceau 2 est dirigé suivant l'axe Ox. Le photomultiplicateur, non représenté sur la figure 15, est sur l'axe Oy, perpendiculaire à Ox et à Oz. Il permet de détecter la lumière de fluorescence.

Fixons pour le moment notre attention sur la partie du faisceau 2 comprise entre L_2 et O. Suivant que l'on veut exciter la composante 1/2 ou la composante 3/2 de ^{199}Hg, la lampe L_2 est une lampe à ^{204}Hg, auquel cas le filtre F est supprimé, ou une lampe à ^{199}Hg auquel cas le filtre F rempli de ^{204}Hg est utilisé. P_2 permet de donner au faisceau 2 soit une polarisation circulaire droite ou gauche par rapport à Ox, soit une polarisation linéaire (la direction de polarisation peut être choisie arbitrairement dans le plan perpendiculaire à Ox ; si elle est parallèle à Oz, c'est la polarisation π ; si elle est perpendiculaire à Oz, nous l'appelons polarisation σ).

c) **Détection de la résonance magnétique.** — L'idée la plus simple pour détecter la résonance magnétique consiste à observer, comme dans l'expérience relative aux transitions virtuelles (§ A), la lumière de fluorescence émise dans la direction Oy perpendiculaire à Oz et Ox. Cependant, nous nous heurtons ici à certaines difficultés qui n'existaient pas dans cette expérience.

Tout d'abord, le faisceau 2 diminue la différence des populations que le faisceau 1 permet d'obtenir entre les deux sous-niveaux Zeeman de l'état fondamental. En effet, par suite de sa direction, on a toujours pour le faisceau 2, $P_{1/2\to-1/2} = P_{-1/2\to1/2}$ (La définition des $P_{\mu\to\mu'}$ est donnée dans III, D, 4). La « relaxation longitudinale optique » associée au faisceau 2 est alors tout à fait semblable à une relaxation thermique puisqu'elle tend à égaliser les deux populations. L'intensité des raies de résonance magnétique, qui est proportionnelle à la différence des populations $\sigma_{1/2\ 1/2} - \sigma_{-1/2-1/2}$ est donc réduite par le faisceau 2.

Le faisceau 2 élargit d'autre part les raies de résonance magnétique puisqu'il détruit la cohérence hertzienne $\sigma_{1/2-1/2}$ $\left(\text{en effet, } \frac{1}{T_p} \text{ étant différent de zéro,}\right.$ il en est de même pour $\left.\frac{1}{T_2}\right)$. Cet élargissement entraîne une réduction supplémentaire de l'intensité des raies de résonance magnétique.

Enfin, le faisceau 2 donne naissance à une lumière de fluorescence dans la direction Oy. Le signal correspondant ne varie pas lorsqu'on effectue la résonance magnétique puisque $A_{1/2\ 1/2} = A_{-1/2-1/2}$. Il contribue uniquement à augmenter le fond continu (qui engendre son propre bruit) sur lequel se détache la courbe de résonance magnétique et à diminuer par suite la valeur du rapport signal sur bruit.

Il est clair que ces difficultés n'existaient pas dans l'expérience relative aux transitions virtuelles (§ A). $\frac{1}{T_p}$ étant nul, il n'y avait pas de relaxation optique, aussi bien longitudinale que transversale et il n'y avait pas non plus de lumière de fluorescence.

Dans l'expérience présente, nous avons alors utilisé un autre procédé de détection qui s'est révélé beaucoup plus précis. Au moyen d'une cellule photoélectrique C (en fait un photomultiplicateur RCA 1P28 monté avec 3 dynodes seulement), nous observons la lumière du faisceau 2 *transmise* par la cellule de résonance (fig. 15).

Supposons tout d'abord que la polarisation donnée par P_2 au faisceau 2 soit la polarisation circulaire droite (ou gauche) par rapport à Ox. Comme nous l'avons déjà vu (§ III, A, 5), le signal mesuré par C est alors sensible à la cohérence hertzienne $\sigma_{1/2-1/2}$, ce qui se traduit par une *modulation* du courant photoélectrique à la fréquence $\omega/2\pi$ du champ de radiofréquence (en effet, la polarisation $\vec{e}_{\lambda_0}$ du faisceau 2 est « cohérente » ; on a $A_{1/2-1/2} \neq 0$ et la lumière absorbée $L_A(\vec{e}_{\lambda_0})$ dépend de $\sigma_{1/2-1/2}$ (cf. § III, A, 5)).

Si par contre, la polarisation du faisceau 2 est une polarisation *linéaire*, on peut montrer (cf. appendice) que $A_{1/2-1/2} = 0$: le courant photoélectrique de C n'est pas modulé. Nous disposons alors devant C un *analyseur circulaire* droit A *qui permet de sélectionner la composante circulaire droite de la lumière transmise par la cellule de résonance.* Le signal mesuré par C redevient sensible à $\sigma_{1/2-1/2}$ (cf. appendice) et l'on observe une modulation du courant photoélectrique de C (avec un analyseur circulaire gauche, on observerait une modulation en opposition de phase avec la précédente). On peut enfin ne pas polariser du tout le faisceau 2 en enlevant P_2 (lumière naturelle). La lumière absorbée par la cellule de résonance n'est pas modulée ($A_{1/2-1/2} = 0$). L'emploi de l'analyseur A devant C permet là encore d'obtenir un signal proportionnel à $\sigma_{1/2-1/2}$.

En résumé, quelle que soit la polarisation du faisceau 2, il est toujours possible d'observer un signal modulé dont l'amplitude est directement proportionnelle à $\sigma_{1/2-1/2}$. Ce signal varie lorsqu'on décrit la raie de résonance magnétique (en balayant le champ H_0) et peut donc être utilisé pour la détection de la résonance.

Les avantages de ce deuxième procédé de détection sont les suivants :

α) Ce type de détection utilise la *totalité de la lumière* du faisceau 2, qui est très grande si on la compare à l'intensité de la fluorescence mesurée par PM (fig. 13). Le courant photoélectrique i_c, au voisinage de la photocathode de C est donc très grand par rapport au courant i_p du photomultiplicateur PM au voisinage de la photocathode. Le rapport signal sur bruit est égal à $\sqrt{i_c}$ dans un cas, $\sqrt{i_p}$ dans l'autre. On voit donc que si μ est le coefficient d'amplification, tel que $i_c = \mu i_p$, cette deuxième méthode permet de gagner un facteur $\sqrt{\mu}$.

β) Le spectre de bruit des sources lumineuses est

particulièrement fort vers les très basses fréquences (inférieures à 10 Hz) par suite des instabilités thermiques, des dérives lentes... L'utilisation d'un amplificateur sélectif à bande passante très étroite pour amplifier le signal de modulation à la fréquence ω permet de sortir de cette zone de bruit intense.

γ) Lorsqu'on est loin de la résonance, $\sigma_{1/2-1/2} = 0$; le signal de modulation est nul. La raie de résonance magnétique se détache donc sur « fond noir », ce qui élimine tous les ennuis dus à la variation du zéro et que l'on rencontre dans la 1re méthode.

Nous avons constaté effectivement en utilisant le présent type de détection que le rapport signal sur bruit était nettement meilleur, ce qui permet d'effectuer les mesures plus rapidement et plus facilement.

En résumé, nous voyons que dans l'expérience actuelle, le faisceau 2 joue un double rôle ; il perturbe tout d'abord les niveaux d'énergie atomiques par suite des transitions réelles qu'il induit dans la cellule de résonance ; il permet d'autre part de détecter la résonance magnétique. Ce rôle était rempli dans l'expérience décrite au § A par le faisceau 1. Le rôle essentiel du faisceau 1 est par contre toujours le même. Créer par pompage optique une différence de populations entre les deux sous-niveaux $\pm 1/2$, condition indispensable pour que l'on puisse effectuer la résonance magnétique.

Remarque. — Le faisceau 2 étant utilisé pour la détection, nous modifions donc légèrement le schéma général indiqué dans l'introduction à la partie expérimentale et représenté sur la figure 10.

Les deux étapes (*a*) et (*b*) ne correspondent plus à l'absence et à la présence du faisceau 2, mais à deux valeurs très différentes de l'intensité lumineuse du faisceau 2. Dans la deuxième partie (*b*) de l'expérience, nous utilisons l'intensité maximum I du faisceau 2 ; dans la première partie (*a*), l'intensité I/5. Les modifications observées lorsqu'on passe de (*a*) à (*b*) représentent donc les 4/5 des effets associés au faisceau 2.

3° **Résultats de l'expérience.** — La figure 16 montre un exemple des courbes expérimentales obtenues dans les conditions suivantes : la composante hyperfine excitée sélectivement est la composante 3/2 ; le faisceau 2 n'est pas polarisé. La courbe de droite correspond à l'intensité lumineuse I (la plus grande possible) pour le faisceau 2 ; la courbe de gauche à l'intensité I/5 (tous les autres paramètres physiques sont les mêmes pour les deux courbes).

Nous constatons que le faisceau 2 produit un *déplacement* de la raie de résonance magnétique. Le déplacement se fait vers les champs forts, ce qui correspond à un ralentissement de la pulsation ω_f. Le signe de ε'' est donc correct car, dans le cas de l'isotope ^{199}Hg, $\omega_e - \omega_f$ et ω_f sont de signes contraires.

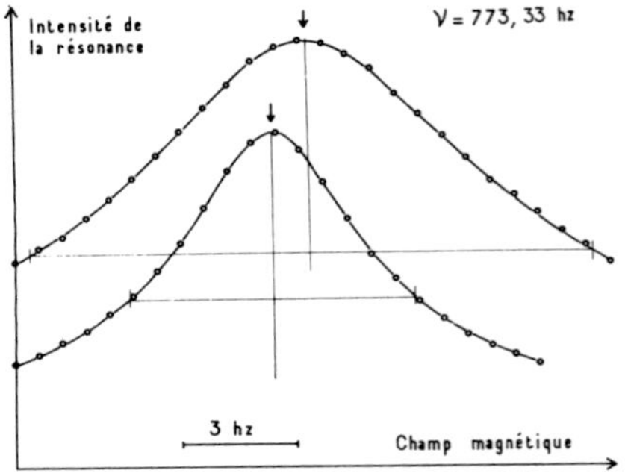

FIG. 16.

Nous constatons également que le faisceau 2 *élargit* la raie de résonance magnétique. Ceci est dû au caractère réel des transitions qu'il induit (rappelons qu'un tel élargissement n'existait pas dans l'expérience décrite au § A car le faisceau 2 induisait alors des transitions virtuelles).

Nous nous sommes assurés que ε'' était proportionnel à l'intensité lumineuse (fig. 17).

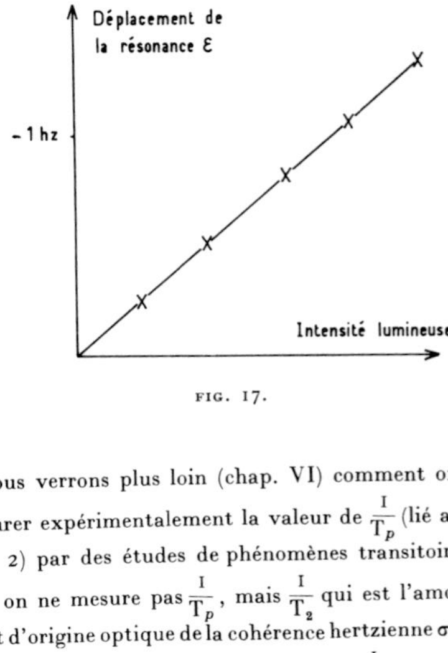

FIG. 17.

Nous verrons plus loin (chap. VI) comment on peut mesurer expérimentalement la valeur de $\frac{1}{T_p}$ (lié au faisceau 2) par des études de phénomènes transitoires (En fait, on ne mesure pas $\frac{1}{T_p}$, mais $\frac{1}{T_2}$ qui est l'amortissement d'origine optique de la cohérence hertzienne $\sigma_{1/2-1/2}$. L'expression théorique III, D, 9, *a* de $\frac{1}{T_2}$ permet d'en déduire la valeur de $\frac{1}{T_p}$). Une fois $\frac{1}{T_p}$ connu, toutes les quantités qui figurent dans l'expression (V, B, 1) de ε'' sont connues. Il est alors possible de prévoir grâce à la formule (V, B, 1) la valeur *théorique* de l'écart entre les deux courbes. Cette valeur calculée est représentée sur la figure 16 par l'écart entre les deux flèches et est en très bon accord avec la valeur observée.

La variation de ε'' avec le champ magnétique, décrite par le terme $\Gamma(\omega_e - \omega_f)/\Gamma^2 + (\omega_e - \omega_f)^2$ de l'expression (V, B, 1) a été également étudiée en mesurant la valeur du déplacement pour différentes valeurs de la fréquence de résonance magnétique $\omega_f/2\pi$ (les caractéristiques du faisceau 2, qui interviennent dans $\frac{1}{T_p}$ et $B^{1/2-1/2}_{1/2-1/2}$, demeurant constantes). La figure 18 montre les résultats de cette étude qui a été faite pour chacune des deux composantes hyperfines 1/2 et 3/2 de ^{199}Hg.

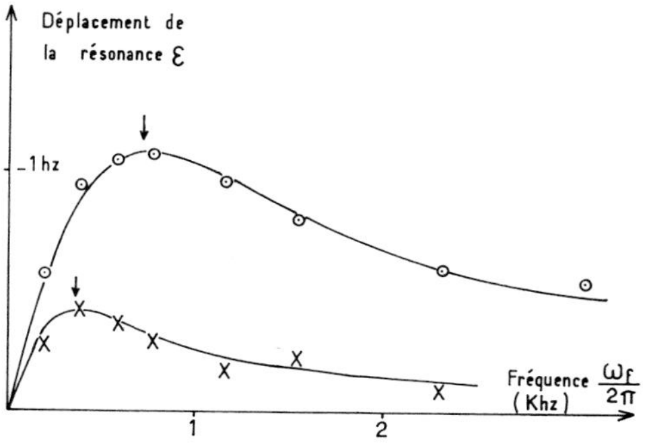

FIG. 18.

⊙ Composante $\frac{3}{2}$.
× Composante $\frac{1}{2}$.

Les prévisions théoriques sont confirmées de façon quantitative. Les courbes de la figure 18 sont calculées à partir de la formule (V, B, 1) ; les points sont les points expérimentaux. Il est à noter que les abscisses des deux maxima indiqués par des flèches sont dans un rapport 2, ce qui correspond bien au rapport 2 existant entre les facteurs de Landé des deux niveaux hyperfins de l'état excité (Le maximum de chaque courbe correspond en effet à $\Gamma = \omega_e - \omega_f$ et l'on a $\omega_e \gg \omega_f$).

Enfin, nous avons étudié l'effet de la polarisation, lié dans la formule (V, B, 1) au terme $B^{1/2-1/2}_{1/2-1/2}$. Les déplacements observés en polarisation π ou σ, ou en lumière naturelle, pour chacune des deux composantes hyperfines, sont en très bon accord avec les valeurs théoriques. En particulier, pour la composante 1/2, en polarisation σ, le déplacement est nul conformément à la théorie (Nous donnons en appendice les valeurs de $B^{1/2-1/2}_{1/2-1/2}$ pour chacune des polarisations étudiées et pour chacune des deux composantes hyperfines).

En conclusion, nous voyons que l'expérience confirme bien l'existence d'un déplacement associé aux transitions réelles de résonance optique et qu'elle permet de vérifier quantitativement l'expression théorique (V, B, 1) de ce déplacement.

C. — Étude de la variation de $\Delta E'$ et $1/T_p$ avec $k_1 - k_0$

1° **Buts de l'expérience.** — Nous avons décrit aux § A et B les expériences prouvant l'existence de déplacements associés respectivement aux termes ε' et ε''. L'emploi d'une méthode de mesure qui permet de détecter directement la cohérence hertzienne $\sigma_{1/2-1/2}$ et d'améliorer considérablement la précision et la rapidité des mesures, nous a permis de vérifier *quantitativement* l'expression théorique donnant ε''.

Il nous a semblé important alors de reprendre l'étude du terme ε' en utilisant ce procédé de détection afin notamment de déterminer la variation de $\Delta E'$ avec l'écart $k_1 - k_0$ entre la raie excitatrice et la raie d'absorption. L'étude théorique de cette variation a été donnée plus haut (cf. § III, A, 3). Nous rappellerons simplement ici que la courbe qui représente les variations de $\Delta E'$ en fonction de $k_1 - k_0$ ressemble à une courbe de dispersion, alors que celle qui représente la variation de $\frac{1}{T_p}$ ressemble à une courbe d'absorption (voir fig. 5). Il est intéressant de vérifier expérimentalement cette propriété qui nous a permis de faire un parallèle entre les effets sur les niveaux d'énergie atomiques, représentés par $\frac{1}{T_p}$ et $\Delta E'$ et les effets bien connus d'absorption et de dispersion anormale.

2° **Réalisation de l'expérience.** — *a)* **Schéma général.** — Le dispositif auquel on peut songer tout d'abord pour effectuer cette expérience est le suivant :

On utilise trois faisceaux lumineux (fig. 19). Le fais-

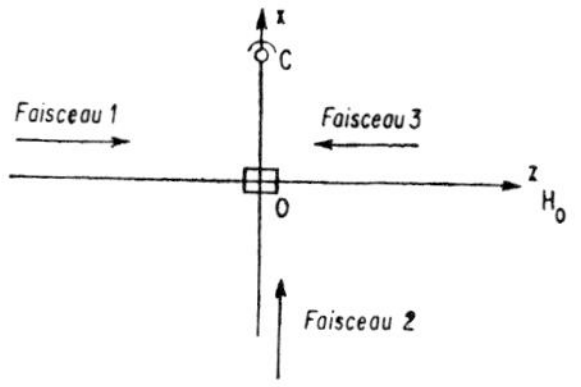

FIG. 19.

ceau 1 effectue comme précédemment le pompage optique de la vapeur. Le faisceau 2 joue uniquement un rôle de détection. La cellule photoélectrique C permet d'observer la modulation de l'absorption de ce faisceau par la cellule de résonance O ; nous avons déjà dit les avantages de ce procédé. Le faisceau 3 est celui dont on étudie les effets perturbateurs sur les niveaux d'énergie atomiques. On trace donc des courbes de résonance magnétique en l'absence et en présence du faisceau 3 sans modifier en quoi que ce soit les caractéristiques des faisceaux 1 et 2.

b) **Méthode utilisée pour faire varier k_1.** — Pour réaliser notre présent programme, il faut pouvoir également faire varier la position k_1 du centre de la raie excitatrice émise par le faisceau 3 sans modifier aucune autre de ses caractéristiques de façon à étudier la variation de $\Delta E'$ et $\frac{1}{T_p}$ relatifs à ce faisceau 3 avec $k_1 - k_0$.

— Pour faire varier k_1 on peut envisager d'utiliser les déplacements Zeeman des raies émises par une source lumineuse lorsque cette source est placée dans un champ magnétique. On peut prendre par exemple une lampe remplie avec l'isotope ^{198}Hg ou ^{202}Hg (l'effet Zeeman des isotopes pairs est beaucoup plus simple que celui des isotopes impairs).

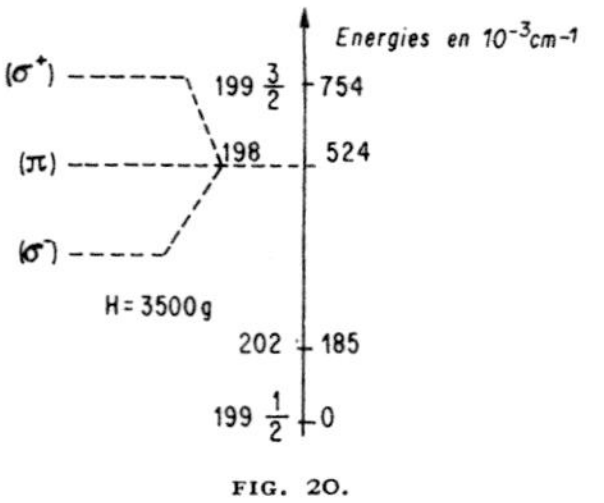

FIG. 20.

Un champ de l'ordre de 3 500 (ou 2 500) gauss permet d'amener l'une des composantes Zeeman σ de ^{198}Hg (ou ^{202}Hg) au voisinage de la composante 3/2 (ou 1/2) de ^{199}Hg, les deux autres composantes Zeeman de l'isotope pair restant suffisamment loin des composantes 1/2 et 3/2 de ^{199}Hg pour que leur effet soit négligeable.

Il se trouve cependant qu'il est très difficile de faire fonctionner correctement les sources lumineuses que nous utilisions dans des champs magnétiques aussi intenses (par suite probablement de l'effet de ce champ sur le mouvement des particules chargées, électrons et ions, au sein du plasma qui nous sert de source). Le fonctionnement de ces sources étant très sensible au champ magnétique, il est impossible de faire varier k_1 sans modifier également et de façon incontrôlable, les autres caractéristiques de la raie excitatrice (largeur, intensité...).

— Aussi, il nous a semblé préférable d'utiliser une autre méthode, qui utilise le balayage magnétique d'une raie d'*absorption* plutôt que celui d'une raie d'*émission*.

Nous utilisons pour le faisceau 3 une lampe à ^{199}Hg. La figure (21, *a*) représente la composante 3/2 émise par cette source, qui est centrée autour de k_{02} et dont nous savons qu'elle est large (quelques largeurs Doppler).

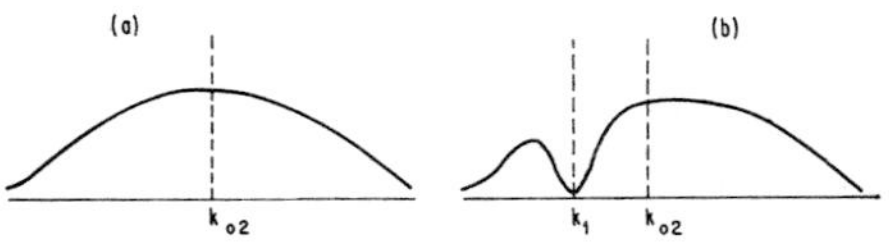

FIG. 21.

Nous faisons traverser au faisceau 3 un filtre à ^{198}Hg qui est placé dans un champ magnétique H. Par suite de l'effet Zeeman (fig 20), un tel filtre possède trois raies d'absorption. Si le centre k_1 de l'une de ces raies est suffisamment voisin de k_{02}, la répartition spectrale de la composante 3/2 est modifiée après traversée du filtre (fig. 21, *b*). En faisant varier le champ H, nous pouvons faire varier la position du creux qui est ainsi formé dans la répartition spectrale de la composante ^{199}Hg, 3/2 du faisceau 3. Notons que la composante 1/2, par contre, n'est pas altérée.

La répartition spectrale de la figure 21, *a* ne crée pas de déplacement $\Delta E'$ parce qu'elle est symétrique autour de k_{02}. Il n'en est pas de même pour la répartition spectrale 21, *b*. La relation reliant $\Delta E'$ et $u(k)$ étant linéaire (formule III, A, 2, *b*), la valeur de $\Delta E'$ associée à la répartition 21, *b* provient uniquement de la raie d'*absorption* que nous y avons produite ; de façon plus précise, la différence entre la répartition 21, *b* et 21, *a* joue le rôle de $u(k)$ dans la formule III, A, 2, *b*, ce qui permet de calculer $\Delta E'$.

Cette deuxième méthode permet d'éviter les ennuis que l'on rencontre lorsqu'on place une lampe émettrice dans un champ magnétique intense. Elle conduit à des effets entièrement calculables si l'on connaît la forme de raie excitatrice 21, *a* et les caractéristiques du filtre. Son inconvénient le plus grand est qu'elle n'est utilisable que pour les valeurs de $k_1 - k_{02}$ inférieures ou égales à la largeur de la répartition 21, *a*.

c) **Comment séparer ε' et ε''.** — Nous voyons sur la figure 21, *b* que l'intensité lumineuse excitatrice du faisceau 3 n'est, en général, pas nulle au voisinage de k_{02}. Le faisceau 3 peut donc induire des transitions réelles et il faut trouver un moyen de distinguer dans le déplacement total observé ε les contributions de ε' et de ε''.

Nous utilisons pour cela la remarque suivante : nous avons vu plus haut que ε' se transforme en $-\varepsilon'$ lorsqu'on passe de la polarisation σ^+ à la polarisation σ^- ; par contre ε'' ne change pas, les valeurs de $B_{1/2-1/2}^{1/2-1/2}$ étant égales pour ces deux polarisations (cf. appendice). Plutôt que de tracer des courbes de résonance magnétique en l'absence et en présence du faisceau 3, nous mesurons la position de la résonance pour les états de polarisation σ^+ et σ^- de ce faisceau (tous les autres paramètres demeurant inchangés). Le déplacement observé est égal à $2\varepsilon'$.

Cette méthode présente un autre avantage, celui de rendre le faisceau 1 de la figure 19 inutile. En effet, on peut utiliser la composante 1/2 émise par la lampe à ^{199}Hg du faisceau 3 pour effectuer le pompage. Il est clair que le déplacement observé lorsqu'on passe de σ^+ à σ^- provient uniquement de la composante 3/2. La composante 1/2 est beaucoup trop éloignée pour être affectée par le filtre à ^{198}Hg et demeure toujours symétrique par rapport à k_{01}. Elle ne contribue pas à la valeur de ε'.

En résumé, nous voyons que les deux rôles distincts attribués aux deux faisceaux 1 et 3 de la figure 19 peuvent être remplis par les deux composantes hyperfines émises par la lampe à ^{199}Hg du faisceau 3.

d) **Le dispositif expérimental.** — En résumé, le schéma initial représenté sur la figure 19 peut être simplifié considérablement : les faisceaux 1 et 3 sont remplacés par un seul faisceau qui est le faisceau 1 de la figure 22.

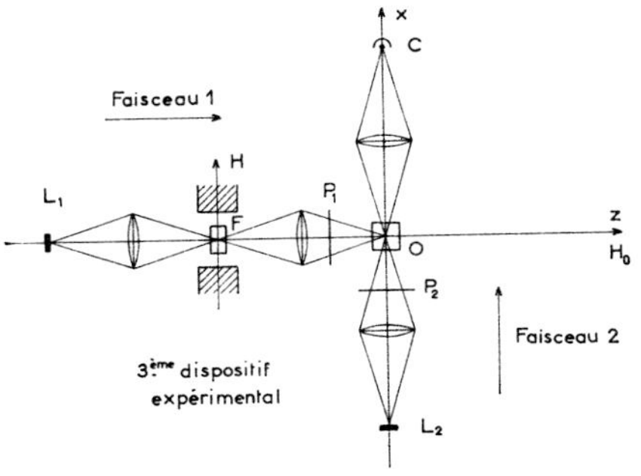

FIG. 22.

La lampe L_1 est une lampe à ^{199}Hg ; on en forme une image intermédiaire sur un filtre F rempli de ^{198}Hg, qui est placé dans l'entrefer d'un électroaimant donnant un champ de l'ordre de 4 000 gauss. La lumière transmise par F est ensuite concentrée sur la cellule de résonance O après avoir acquis au moyen de P_1 la polarisation circulaire droite ou gauche (P_1 est un polariseur circulaire constitué par un polaroïd suivi d'une lame quart d'onde. La direction du polaroïd correspondant à la transmission de lumière doit être perpendiculaire à la direction H du champ de l'électroaimant. En effet, le filtre F n'est absorbant que pour cette direction de polarisation, perpendiculaire à H, comme on peut s'en rendre aisément compte à partir des symétries de l'effet Zeeman. Pour passer de σ^+ à σ^-, il suffit de tourner la lame quart d'onde de 90°). Comme nous l'avons vu, la composante 1/2 émise par L_1 joue le rôle du faisceau 1 de la figure 19 ; le champ H est réglé de façon que l'une des raies d'absorption de ^{198}Hg tombe à l'intérieur de la composante 3/2 (fig. 21, *b*) et cette composante joue le rôle du faisceau 3 de la figure 19.

Le faisceau 2 est le faisceau de détection. La lampe L_2 est une lampe à ^{204}Hg. La polarisation donnée par P_2 est la polarisation circulaire droite par rapport à Ox. Comme le faisceau 2 sert uniquement à la détection, son intensité est prise la plus faible possible afin de réduire au maximum la relaxation « optique » associée.

On se fixe une certaine valeur de H (c'est-à-dire une certaine valeur de $k_1 - k_{02}$). On mesure le déplacement de la raie de résonance magnétique, $2\varepsilon'$, lorsque la polarisation du faisceau 1 est changée de σ^+ en σ^-.

3° **Résultats.** — La variation de $2\varepsilon'$ (donc de $\Delta E'$) avec $k_1 - k_{02}$ est représentée par la courbe en trait plein de la figure 23.

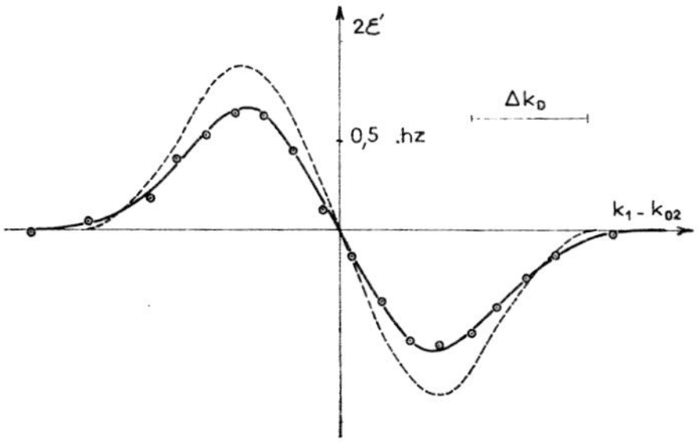

FIG. 23.

On voit que $2\varepsilon'$ change de signe lorsque $k_1 - k_{02}$ change de signe. La forme de la courbe est celle d'une courbe de dispersion (nous nous sommes assurés que le signe de $2\varepsilon'$ était correct). Les prévisions théoriques sont donc vérifiées qualitativement (la vérification quantitative sera discutée un peu plus loin).

Nous avons pu également observer la variation de $\frac{1}{T_p}$ avec $k_1 - k_{02}$. Pour cela nous mesurons (par des techniques de transitoires qui seront décrites dans le chapitre VI) la constante de temps τ_2 avec laquelle la cohérence hertzienne s'amortit. Cet amortissement est causé par la relaxation transversale « optique » (T_2) et thermique (Θ_2). Comme il n'y a aucune corrélation entre ces deux types de relaxation, on a $\frac{1}{\tau_2} = \frac{1}{T_2} + \frac{1}{\Theta_2}$. Lorsqu'on fait varier $k_1 - k_{02}$, Θ_2 ne varie pas ; la variation observée de $\frac{1}{\tau_2}$ reflète donc uniquement la variation de $\frac{1}{T_2}$ et, par suite, celle de $\frac{1}{T_p}$ puisque $\frac{1}{T_2}$ est proportionnel à $\frac{1}{T_p}$ (formule III, D, 9, *a*) et que nous opérons à une fréquence ω_f bien déterminée.

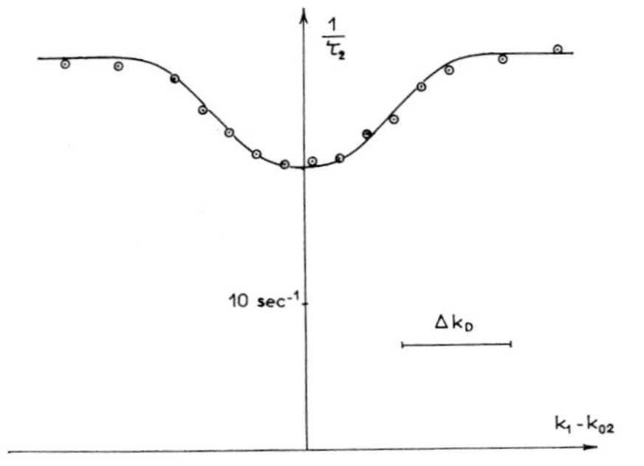

FIG. 24.

La figure 24 montre les résultats expérimentaux. Nous constatons que la courbe représentant la variation de $\frac{1}{\tau_2}$ $\left(\text{donc } \frac{1}{T_p}\right)$ a la forme d'une courbe d'*absorption*. Le signe de la variation est correct. En effet, lorsque k_1 s'approche de k_{02}, le filtre à ^{198}Hg absorbe dans la composante 3/2 les fréquences optiques qui sont les plus efficaces pour les transitions réelles ; T_p doit donc s'allonger et, par suite $\frac{1}{\tau_2}$ doit diminuer.

En résumé, nous voyons que les prévisions théoriques concernant l'allure des variations de $\Delta E'$ et de $\frac{1}{T_p}$ avec $k_1 = k_{02}$ sont bien confirmées.

4° Étude quantitative des résultats expérimentaux. — Nous avons cherché à voir dans quelle mesure il y a accord quantitatif entre les prévisions théoriques et les résultats expérimentaux représentés sur les figures 23 et 24.

Il est nécessaire pour cela de connaître la forme exacte de la raie 3/2 émise par la lampe à ^{199}Hg, L_1, ainsi que la courbe de transmission du filtre F. Afin d'éviter des calculs numériques très longs, nous avons adopté pour effectuer le calcul théorique un modèle très simple, et à coup sûr très grossier, pour représenter ces deux courbes. Nous supposons que la raie excitatrice 3/2 émise par la source a la forme d'un créneau, symétrique par rapport à k_{02}, de largeur δ_1 et d'intensité I_0 (fig. 25).

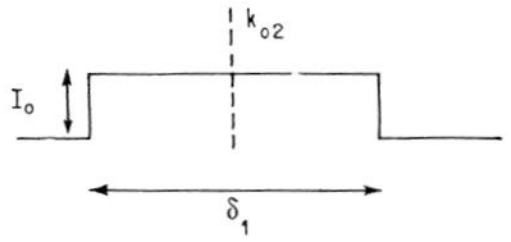

FIG. 25.

Quant au filtre F, nous supposons qu'il est totalement opaque pour les fréquences comprises dans une bande de largeur δ_2 centrée autour de k_1, parfaitement transparent à l'extérieur (fig. 26).

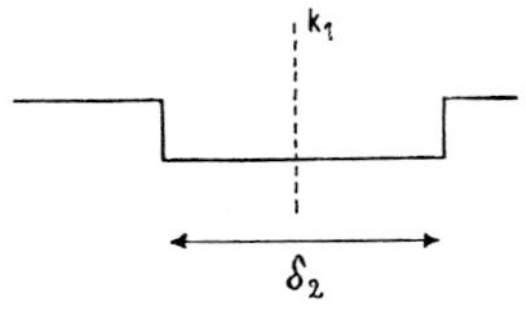

FIG. 26.

Ce modèle est très schématique. Il nous a semblé cependant que le choix d'un modèle plus près de la réalité et plus compliqué ne serait justifié que si l'on effectuait en même temps une mesure très précise de la forme de raie excitatrice au moyen d'un appareil dispersif à très haute résolution.

Nous allons expliquer maintenant comment nous déterminons les valeurs de δ_1, δ_2, I_0 qui correspondent le mieux aux conditions de l'expérience actuelle.

a) **Détermination de δ_2.** — Connaissant l'épaisseur et la température du filtre F, on peut calculer exactement la forme de sa courbe de transmission. C'est la courbe en trait plein de la figure 27. Nous remplaçons cette courbe exacte par le créneau qui s'en rapproche le plus (en pointillé sur la figure) ; ce qui nous permet de déterminer δ_2 (la largeur Doppler Δk_D à la température ordinaire est représentée pour indiquer l'échelle).

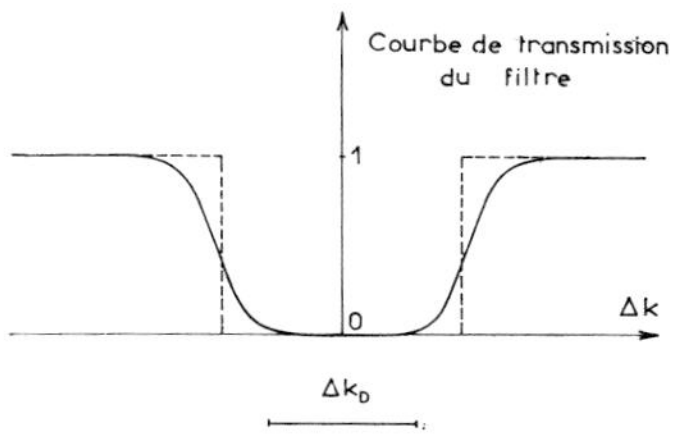

FIG. 27.

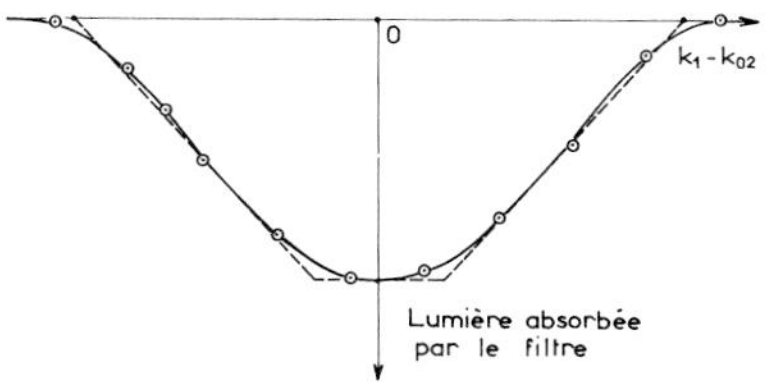

FIG. 28.

b) **Détermination de δ_1.** — Étudions maintenant comment avec le modèle choisi, la lumière émise par la source (fig. 25) et absorbée par le filtre F (fig. 26) varie avec l'écart $k_1 - k_{02}$. L'absorption est maximum et reste constante tant que le créneau d'absorption du filtre reste à l'intérieur de la raie excitatrice, c'est-à-dire tant que $|k_1 - k_{02}| \leqslant \frac{\delta_1 - \delta_2}{2}$. Puis l'absorption décroît linéairement avec $k_1 - k_{22}$ pour :

$$\frac{\delta_1 - \delta_2}{2} \leqslant |k_1 - k_{02}| \leqslant \frac{\delta_1 + \delta_2}{2}.$$

Elle est nulle pour $|k_1 - k_{02}| \geqslant \frac{\delta_1 + \delta_2}{2}$. La variation de l'absorption avec $k_1 - k_{02}$ a donc la forme d'un trapèze (courbe en trait pointillé de la figure 28). On peut comparer les conclusions de ce modèle avec ce que donne, en fait, l'expérience : la valeur de δ_1 que nous choisissons est celle qui permet de se rapprocher au mieux de la courbe expérimentale. Cette dernière est représentée en trait plein sur la figure 28. Elle a été obtenue, dans une expérience préliminaire, en observant au moyen d'une cellule photoélectrique placée immédiatement après le filtre F, la variation de la lumière transmise par ce filtre en fonction de $k_1 - k_{02}$. Nous effectuons ainsi en quelque sorte l'analyse de la raie excitatrice par balayage magnétique (il est surprenant de constater la qualité de l'accord entre les conclusions du modèle précédent et l'expérience !).

c) **Détermination de I_0.** — A ce stade, le seul paramètre qui nous manque est la constante I_0. Prenant les valeurs précédentes de δ_1 et δ_2, nous connaissons, dans le cadre du modèle précédent, pour chaque valeur de $k_1 - k_{02}$, la forme exacte de la raie excitatrice après filtrage par F. Nous pouvons donc calculer, par intégration graphique, les valeurs des intégrales qui figurent dans les expressions (III, A, 2) et déterminer par suite $\frac{1}{T_p}$ et $\Delta E'$, à une constante multiplicative près, I_0.

Il est clair qu'il suffit d'une seule valeur expérimentale supplémentaire pour déterminer I_0 ; par exemple, la valeur de la variation de $\frac{1}{T_p}$ à résonance ($k_1 = k_{02}$). La théorie permet alors de calculer tout le reste de la courbe donnant $\frac{1}{T_p}$ en fonction de $k_1 - k_{02}$ et celle donnant $\Delta E'$ en fonction de $k_1 - k_{02}$ (Il est évident que l'on pourrait au contraire déterminer I_0 à partir d'*un point* de la courbe $\Delta E'$ et en déduire, sans aucun ajustement supplémentaire, le reste de la courbe $\Delta E'(k_1 - k_{02})$ et la courbe $\frac{1}{T_p}(k_1 - k_{02})$).

Nous avons choisi de nous servir d'un point de la courbe 24 représentant la variation de $\frac{1}{\tau_2}$ avec $k_1 - k_{02}$ pour déterminer la valeur de I_0. En effet, comme nous l'avons déjà souligné plus haut, la variation de $\frac{1}{\tau_2}$ qui apparaît sur la figure 24 est due uniquement à la *variation* de $\frac{1}{T_2}$. L'expression théorique reliant $\frac{1}{T_2}$ à $\frac{1}{T_p}$ (III, D, 9, *a*) permet d'en déduire la variation correspondante de $\frac{1}{T_p}$. Pour calculer $\frac{1}{T_p}$ à partir de la raie excitatrice, nous utilisons la formule théorique (III, A, 2, *a*) (Notons qu'il est nécessaire d'effectuer en plus la moyenne par rapport aux vitesses intervenant dans l'effet Doppler $\vec{k_0}.\vec{v}$; en effet, l'expression (III, A, 2, *a*) est établie pour une valeur bien déterminée de la vitesse de l'atome $\vec{v}$. Lorsque nous moyennons sur l'ensemble des atomes de la vapeur, il faut tenir compte de la répartition maxwellienne des vitesses).

La courbe de la figure 24 est *calculée* à partir des valeurs choisies comme nous venons de l'expliquer pour δ_1, δ_2, I_0. Les points sont les points expérimentaux. L'accord est très bon.

d) **Calcul de la courbe donnant $\Delta E'$ en fonction de $k_1 - k_{02}$.** — Si nous calculons maintenant entièrement, et *sans aucun ajustement*, la courbe représentant les variations de $2\varepsilon'$ avec $k_1 - k_{02}$, nous obtenons la courbe en pointillé de la figure 23.

Le désaccord observé est de l'ordre de 35 p. 100. Étant donné le caractère schématique du modèle choisi pour représenter la forme de raie excitatrice et la courbe de transmission du filtre, nous pouvons estimer que l'expérience permet de vérifier quantitativement les expressions théoriques (III, A, 2, *a*) et (III, A, 2, *b*) de $\frac{1}{T_p}$ et $\Delta E'$.

En procédant dans l'ordre inverse (détermination de I_0 à partir d'*un point* de $\Delta E'$) on peut s'assurer que la forme de la courbe prévue pour $\Delta E'$ coïncide bien avec celle de la courbe expérimentale, sauf pour les grandes valeurs de $| k_1 - k_{02} |$. Il suffit pour s'en rendre compte de faire une affinité sur la courbe en pointillé de la figure 23. Le désaccord pour les grandes valeurs de $| k_1 - k_{02} |$ se comprend bien puisque le modèle choisi défavorise les ailes de la raie excitatrice alors que $\Delta E'$ est très sensible aux fréquences optiques contenues dans ces ailes (transitions virtuelles).

Signalons enfin que l'on peut expliquer en partie le sens du désaccord observé entre les courbes théorique et expérimentale de la figure 23. Les polariseurs pour l'ultra-violet que nous utilisons ne donnent pas en effet une polarisation totale. Au lieu d'avoir une polarisation σ^+ pure, nous avons, pour fixer les idées, un mélange renfermant 95 p. 100 de σ^+ et 5 p. 100 de σ^-. Les valeurs de $1/T_2$ provenant de ces deux polarisations s'ajoutent ; par contre, les valeurs de ε' se retranchent puisque le signe de ε' est différent en σ^+ et en σ^-. Toute imperfection du polariseur *diminue* donc la valeur mesurée pour $\Delta E'$ alors qu'elle n'affecte pas celle de $1/T_p$.

D. — Conséquences pratiques

L'étude expérimentale décrite dans ce chapitre nous a permis de vérifier en détail les prévisions théoriques concernant les déplacements ε' et ε'' : nous avons démontré l'effet perturbateur de la lumière sur la position des niveaux d'énergie atomiques.

Envisagés du point de vue de l'électrodynamique quantique, de tels effets sont intéressants car ils sont étroitement liés au problème de l'interaction entre l'atome et le champ de rayonnement. Lorsqu'on effectue, par contre, une expérience de pompage optique pour déterminer de façon précise une structure atomique dans l'état fondamental, de tels effets sont gênants car ils représentent une perturbation du système étudié, l'atome, par le faisceau lumineux qui peut être considéré en quelque sorte comme l'instrument de mesure puisqu'il permet à la fois de créer l'orientation atomique et de détecter la résonance magnétique.

Aussi, il nous semble important de résumer dans ce paragraphe les conditions pour lesquelles les déplacements ε' et ε'' sont les plus petits possibles.

1° Précautions à prendre pour réduire au maximum les déplacements ε' et ε''. — *a)* **Cas du déplacement ε'.** — Il faut éviter au maximum tout décalage entre les fréquences optiques excitatrices émises par la source, k_1, et les fréquences d'absorption atomiques, k_0, de l'élément contenu dans la cellule de résonance. Des décalages de l'ordre de la largeur Doppler sont à éviter tout particulièrement car ils correspondent à la valeur maximum de $\Delta E'$.

Les origines d'un tel décalage entre k_1 et k_0 peuvent être variées : nous ne reviendrons pas sur le déplacement isotopique des raies optiques émises par deux isotopes différents (que nous avons justement utilisé pour mettre ε' en évidence) : il faut éviter d'opérer avec des mélanges d'isotopes dans la lampe émettrice. Une autre cause importante est constituée par la présence d'un gaz étranger dans la lampe émettrice ou dans la cellule de résonance. Il est bien connu en effet que les raies optiques émises par un atome sont élargies, rendues asymétriques et *déplacées* lorsque cet atome subit des collisions contre un gaz étranger (30) (les lampes à mercure que nous avons utilisées contenaient une pression de 3 mm d'argon, ce qui, dans le cas de la raie 2 537 Å du mercure, correspond à un déplacement des raies optiques de l'ordre de $0{,}6 . 10^{-3}$ cm^{-1}. Ce déplacement est petit devant la largeur Doppler ($34 . 10^{-3}$ cm^{-1}) et n'est, par suite, pas gênant).

— Il importe de souligner que $\Delta E'$ peut être *différent de zéro même lorsque toutes les précautions* ont été prises pour éviter tout décalage entre les raies optiques excitatrices et la raie d'absorption (même isotope dans la lampe et dans la cellule de résonance ; pression de gaz étranger très faible dans la lampe).

Considérons par exemple le cas où l'atome étudié possède deux niveaux hyperfins 1 et 2 dans l'état fondamental (fig. 29) et soit *e* l'état excité (nous supposons pour simplifier que la structure hyperfine dans l'état excité est petite devant la largeur Doppler).

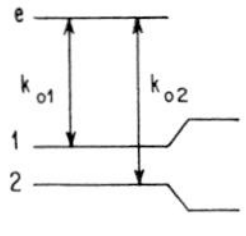

FIG. 29.

La lampe qui contient le même élément que la cellule de résonance émet les deux composantes hyperfines k_{01} et k_{02}. Les photons k_{01} font effectuer aux atomes qui se trouvent dans le niveau 1 des transitions *réelles* vers le niveau *e* ; par contre, elles font effectuer aux atomes qui se trouvent dans le niveau 2 des transitions virtuelles vers le niveau *e* à condition toutefois que la séparation hyperfine entre 1 et 2 ne soit pas petite devant la largeur Doppler. Comme $k_{01} - k_{02} < 0$, la valeur correspondante de $\Delta E'$ est négative et le déplacement du niveau 2 se fait vers le bas (partie droite de la figure 29). On verrait de même que les photons k_{02} font effectuer aux atomes qui se trouvent dans le niveau 1 des transitions virtuelles vers le niveau e. Comme $k_{02} - k_{01} > 0$, le déplacement correspondant du niveau 1 se fait vers le haut. Nous voyons ainsi que l'effet global des transitions virtuelles est d'augmenter la séparation énergétique entre les deux niveaux *hyperfins* 1 et 2.

Le cas où la structure hyperfine dans l'état excité n'est pas négligeable devant la largeur Doppler se traite évidemment de la même façon. Il faut, de façon générale, tenir compte de l'effet des transitions virtuelles induites par *chacune* des composantes hyperfines émises par la source et qui sont relatives à l'ensemble des *autres* composantes hyperfines. Ces effets sont particulièrement importants lorsque les structures hyperfines dans l'état excité ou dans l'état fondamental sont de l'ordre de grandeur de la largeur Doppler et il n'y a alors aucun moyen de les éviter.

Dans le cas de ^{199}Hg, la structure hyperfine, qui existe uniquement dans l'état excité est très grande (une vingtaine de largeurs Doppler). On peut donc négliger « l'excitation virtuelle » de la composante 1/2 par la composante 3/2 ou inversement. Par contre, il n'en est pas de même dans plusieurs autres cas, comme par exemple celui des atomes alcalins.

b) **Cas du déplacement** ε''. — Le déplacement ε'' est beaucoup plus facile à éviter. Nous avons vu en effet qu'il dépendait du champ magnétique H_0 et qu'il était maximum lorsque la largeur naturelle Γ du niveau excité était égale à $\omega_e - \omega_f$. Pour que ε'' soit le plus petit possible, il faut donc se placer, soit en champ très faible ($\Gamma \gg \omega_e - \omega_f$), soit en champ fort ($\omega_e - \omega_f \gg \Gamma$).

En tout état de cause, si l'on ne peut éliminer complètement ε' et ε'', la méthode la plus sûre pour atteindre la vraie valeur de la fréquence de résonance magnétique (en l'absence de toute perturbation d'origine optique) consiste à mesurer la position de cette résonance pour plusieurs valeurs de l'intensité lumineuse du faisceau de pompage et à extrapoler à intensité lumineuse nulle.

2° **Ordre de grandeur des erreurs que l'on peut commettre.** — Afin d'illustrer les considérations précédentes, nous avons fait l'expérience suivante :

Nous supposons que l'on veut effectuer par la méthode du pompage optique une mesure de la séparation énergétique des deux sous-niveaux Zeeman $\pm 1/2$ de l'état fondamental de ^{199}Hg. Nous ne prenons aucune des précautions énoncées plus haut : la lampe du faisceau de pompage n'est pas forcément une lampe à ^{199}Hg (nous ne cherchons pas à minimiser ε') ; la valeur du champ magnétique H_0 est telle que $\Gamma \sim \omega_e - \omega_f$ (nous ne cherchons pas à minimiser ε''). On peut, en principe, n'utiliser que le seul faisceau de pompage, comme dans les expériences de Cagnac (En fait, nous avons utilisé un deuxième faisceau à angle droit, qui joue uniquement un rôle de détection et dont l'intensité lumineuse peut, par suite, être très faible). Le dispositif expérimental est celui de la figure 22, où l'on a supprimé l'électro-aimant et le filtre F (La suppression du filtre F permet de gagner beaucoup sur l'intensité lumineuse du faisceau 1).

La lampe L_1 du faisceau de pompage est successivement une lampe à ^{201}Hg, une lampe à ^{199}Hg et une lampe à ^{204}Hg. Dans chacun de ces trois cas, nous mesurons la position de la raie de résonance magnétique, en polarisation σ^+ et en polarisation σ^-, pour diverses valeurs de l'intensité lumineuse I du faisceau de pompage (fig. 30).

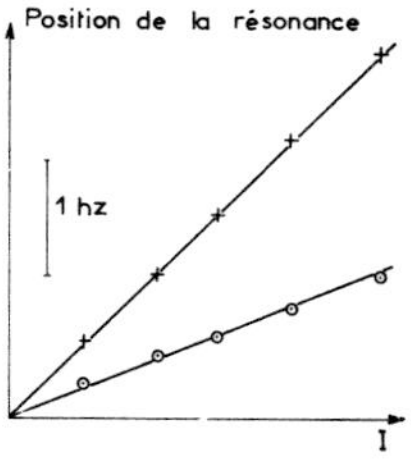

FIG. 30 *a*

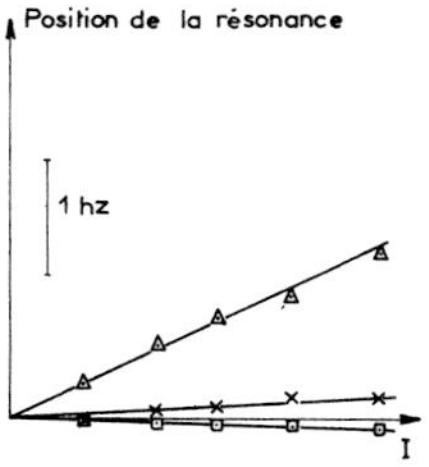

FIG. 30 *b*

a { + Lampe ^{201}Hg polarisation σ^-.
○ Lampe ^{201}Hg polarisation σ^+.

b { △ Lampe ^{199}Hg polarisation σ^+ ou σ^-.
× Lampe ^{204}Hg polarisation σ^-.
□ Lampe ^{204}Hg polarisation σ^+.

Nous voyons sur la figure 30 que la position de la raie de résonance dépend de façon très sensible de l'intensité lumineuse. Nous avons vérifié que la valeur extrapolée en intensité lumineuse nulle était la même pour chacun des trois cas étudiés. L'écart avec la position extrapolée peut atteindre 3 Hz (lampe à ^{201}Hg en polarisation σ^-). Comme nous opérons à une fréquence de 773 Hz, nous voyons que l'on peut commettre ainsi des erreurs *relatives* de l'ordre de $4 \cdot 10^{-3}$ si l'on n'effectue pas l'extrapolation à intensité lumineuse nulle (La structure Zeeman de l'état fondamental étant due au seul spin nucléaire, ω_f est très petit, ce qui explique que l'erreur relative soit si importante).

Les résultats représentés sur la figure 30 s'interprètent aisément si l'on se souvient que ε' change de signe lorsqu'on passe de la polarisation σ^+ à la polarisation σ^- alors que ε'' ne change pas. La différence entre les positions de la résonance en σ^+ et en σ^- est donc égale à $2\varepsilon'$. Par contre, la demi-somme de ces deux positions dépend uniquement du terme ε''.

Lorsque la lampe L_1 est une lampe à ^{201}Hg, $\Delta E'$ a une valeur très importante (fig. 30, *a*) : nous constatons effectivement que la position de la résonance est très différente en σ^+ et en σ^-. La composante 1/2 de ^{201}Hg, qui est très proche de la composante 3/2 de ^{199}Hg (voir fig. 11) induit également des transitions réelles, ce qui donne naissance à un déplacement du type ε'' (l'aile de la composante 5/2 de ^{201}Hg induit également des transitions réelles mais $B^{1/2-1/2}_{1/2-1/2}$ est nul pour la composante 1/2 de ^{199}Hg en polarisation σ^+ ou σ^-) : nous constatons effectivement que les deux droites d'extrapolation ne sont pas symétriques par rapport à l'axe des abscisses (la demi-somme des deux positions de la raie de résonance dépend de l'intensité lumineuse, ce qui démontre que ε'' est différent de zéro).

Lorsque la lampe L_1 est une lampe à ^{199}Hg, $\Delta E'$ est nul puisque les fréquences optiques excitatrices coïncident avec les fréquences d'absorption et que la distance des composantes hyperfines est grande par rapport à la largeur Doppler (fig. 30, *b*). Nous constatons effectivement que la position de la résonance est la même, aux erreurs d'expérience près, en σ^+ et en σ^-. Par contre, ε'' est différent de zéro et la position de la résonance (en σ^+ ou en σ^-) continue de dépendre de l'intensité lumineuse : nous opérons à une valeur du champ où le déplacement dû aux transitions réelles existe.

Enfin, lorsque la lampe L_1 est une lampe à ^{204}Hg (fig. 30, *b*) $\Delta E'$ est petit puisque $k_1 - k_{01}$ est de l'ordre de 1/7 de largeur Doppler. La précision des mesures est cependant suffisante pour détecter un tel effet puisque nous constatons une légère différence entre les positions de la résonance en σ^+ et en σ^-. Nous constatons également que la demi-somme des deux positions de la résonance dépend très peu de l'intensité lumineuse, ce qui est normal puisque $B^{1/2-1/2}_{1/2-1/2}$ est nul pour la composante 1/2 de ^{199}Hg en polarisation σ^+ ou σ^- (cf. appendice).

3° **Remarques concernant les mesures de Cagnac.** — Nous pouvons maintenant, à la lumière de ces considérations, analyser les expériences de Cagnac (14) et essayer de comprendre pourquoi il n'observa jamais d'effet de l'intensité lumineuse sur la position des raies de résonance magnétique soit de ^{199}Hg, soit de ^{201}Hg.

Cagnac opérait sur le ^{199}Hg à une fréquence de l'ordre de 160 kHz, c'est-à-dire dans des conditions où $\omega_e - \omega_f$ est près de 200 fois supérieur à Γ, ce qui excluait toute possibilité d'un déplacement ε''. Il utilisait d'autre part une lampe à ^{204}Hg. Nous voyons sur la figure 30 *b* que nous observons dans ce cas des déplacements qui sont au maximum de l'ordre de 0,2 Hz. Or, grâce aux nouveaux polariseurs dans l'ultra-violet que nous avons décrit plus haut (cf. § IV, 3), nous disposons d'intensités lumineuses près de 10 fois supérieures aux siennes. La précision des pointés étant de l'ordre de 0,05 Hz, il est par suite tout à fait naturel que Cagnac n'ait observé aucun déplacement d'origine optique.

On peut se demander par contre si de tels effets n'auraient pas dû être visibles dans le cas des expériences d'alignement (14) de ^{201}Hg (dont le spin I est, rappelons-le, égal à 3/2). En effet, dans ces expériences, il n'est pas nécessaire d'utiliser de polariseurs et les flux lumineux utilisés par Cagnac étaient au moins égaux, sinon supérieurs à ceux qui correspondent à la figure 30. D'autre part, il excitait soit la composante 5/2 de ^{201}Hg avec une lampe à ^{204}Hg, soit la composante 3/2 de ^{201}Hg avec une lampe à ^{198}Hg ; dans ces deux cas, la distance entre la raie excitatrice et la raie d'absorption est de l'ordre de la largeur Doppler. Il semble donc que l'on soit ainsi dans une situation extrêmement favorable à l'apparition d'effets du type ε'.

En fait, par suite des symétries de l'alignement, on a toujours $A_{1/2\ 1/2} = A_{-1/2-1/2}$ et $A_{3/2\ 3/2} = A_{-3/2-3/2}$. Ceci entraîne (fig. 31) que la distance entre les deux sous-niveaux $+1/2$ et $-1/2$ n'est pas modifiée ; d'autre part, les variations des deux séparations $+1/2$, $+3/2$ et $-1/2$, $-3/2$ sont égales et de signe opposé.

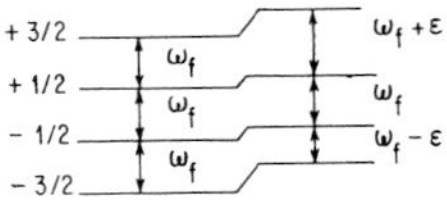

FIG. 31.

On voit ainsi que la raie de résonance magnétique est décomposée en trois raies distinctes, $\omega_f - \varepsilon$, ω_f, et $\omega_f + \varepsilon$. *La position du centre de gravité de ces trois raies ne dépend pas de l'intensité lumineuse.* Comme les phénomènes de relaxation thermique sont près de 20 fois plus efficaces (14) dans le cas du ^{201}Hg que dans celui du ^{199}Hg (relaxation de type quadrupolaire), la largeur des raies de résonance magnétique ne permet pas de résoudre cette structure et la position de la raie globale ne dépend donc pas de l'intensité lumineuse.

En résumé, nous pensons que les résultats des mesures de Cagnac ne sont entachés d'aucune erreur provenant de déplacements d'origine optique.

Signalons enfin que des déplacements d'origine optique (« light-shifts ») de raies de résonance magnétique ont été observés également par d'autres expérimentateurs. C'est ainsi qu'Arditi et Carver (34) signalent l'existence de light-shifts sur la transition hyperfine $0 \leftrightarrow 0$ de l'état fondamental des atomes alcalins (C'est cette transition qui est observée dans les horloges atomiques utilisant le pompage optique). Il en est de même de Shearer (39) dans le cas des résonances magnétiques de l'état 2^3S_1 de l'hélium. Il semble que dans les deux cas les phénomènes observés peuvent s'interpréter dans le cadre de la théorie présentée ici.

CHAPITRE VI

ÉTUDE DE L'ÉLARGISSEMENT DES RAIES DE RÉSONANCE MAGNÉTIQUE

1° Buts de l'expérience (17)

Il s'agit de prouver que la lumière de résonance optique utilisée dans toute expérience de pompage optique est une cause de relaxation transversale : comme nous l'avons vu, elle détruit le module de la cohérence hertzienne $\sigma_{1/2-1/2}$ avec une constante de temps T_2 telle que :

$$\left.\begin{aligned}\frac{1}{T_2} = \frac{1}{T_2'} - \frac{1}{T_2''} = {} & \frac{A_{1/2\ 1/2} + A_{-1/2-1/2}}{2T_p} \\ & - \frac{B^{1/2-1/2}_{1/2-1/2}}{T_p}\,\frac{\Gamma^2}{\Gamma^2 + (\omega_e - \omega_f)^2}\end{aligned}\right\} \quad \text{(VI, 1)}$$

Nous avons indiqué (cf. § III, D, 5) que $\frac{1}{T_2'}$ représente la disparition de cohérence hertzienne de l'état fondamental lors du passage dans l'état excité par absorption de photons ; $\frac{1}{T_2''}$ représente la restitution de cohérence hertzienne (partielle parce que $T_2'' > T_2'$) lors de la retombée dans l'état fondamental. C'est plus particulièrement ce second terme dont nous avons voulu vérifier l'existence. Il varie avec le champ magnétique à cause du facteur $\Gamma^2/[\Gamma^2 + (\omega_e - \omega_f)^2]$ (dont l'interprétation physique a été étudiée en détail dans la partie théorique). Rappelons qu'une telle variation avec le champ n'existe pas pour les temps de relaxation longitudinaux associés à l'excitation optique.

A la relaxation transversale *optique*, décrite par le temps T_2 de la formule (VI, 1), se superpose, sans aucune corrélation la relaxation *thermique* habituelle, décrite par le temps de relaxation transversal Θ_2, de sorte que l'amortissement global de la cohérence hertzienne se fait avec une constante de temps τ_2 telle que :

$$\frac{1}{\tau_2} = \frac{1}{T_2} + \frac{1}{\Theta_2}. \quad \text{(VI, 2)}$$

C'est évidemment la quantité $1/\tau_2$ que l'on mesure expérimentalement. $1/T_2$ étant proportionnel à l'intensité lumineuse I, la mesure de $1/\tau_2$ pour différentes valeurs de I permet d'obtenir par extrapolation la valeur de $1/\Theta_2$ et de déduire ensuite de (VI, 2), la valeur de $1/T_2$.

2° Réalisation de l'expérience

a) **Le dispositif expérimental.** — Il est en tous points identique à celui que nous avons déjà décrit dans le chapitre (V, B) à propos de l'expérience relative au déplacement ε'' dû aux transitions réelles. Le schéma de ce dispositif est donc représenté sur la figure 15.

C'est la valeur du *temps* T_2 *associé au faisceau 2* que nous désirons mesurer dans l'expérience décrite ci-dessous.

b) **Méthode « statique » et méthode « dynamique ».** — Nous avons déjà fait remarquer lors de la discussion des résultats de l'expérience décrite dans le § V, B que le faisceau 2 élargissait les raies de résonance magnétique (cf. fig. 16). On peut songer effectivement pour mesurer $1/\tau_2$, à faire une étude précise de la *largeur* des raies de résonance magnétique. En fait, la largeur d'une telle raie dépend également de l'amplitude H_1 du champ de radiofréquence. Pour mesurer la largeur intrinsèque, $1/\pi\tau_2$, il faut donc tracer un *réseau* entier de courbes de résonance correspondant à diverses valeurs de cette amplitude H_1, puis extrapoler les valeurs des largeurs observées à H_1 nul. Une telle méthode porte le nom de *méthode statique*. Elle est très longue puisque chaque mesure de $1/\tau_2$ nécessite le tracé de tout un réseau de courbes.

Aussi il nous a semblé beaucoup plus intéressant d'utiliser une autre méthode, la *méthode dynamique*, que nous décrivons maintenant.

— Nous avons vu dans le § V, B que le courant photoélectrique de C comportait une partie modulée à la fréquence $\omega/2\pi$ du champ de radiofréquence. On peut amplifier sélectivement cette modulation et obtenir ainsi un *signal directement proportionnel au module de la cohérence hertzienne* $\sigma_{1/2-1/2}$.

Supposons qu'à un certain instant, nous coupions rapidement et simultanément la radiofréquence et le faisceau de pompage 1 (qui n'interviennent donc plus par la suite et dont le rôle unique a été de préparer le système atomique dans un état initial comportant de la cohérence hertzienne). La cohérence hertzienne s'*amortit* alors sous l'effet de la relaxation thermique et de la relaxation optique associée au faisceau 2, c'est-à-dire *avec une constante de temps* τ_2. Il suffit donc pour mesurer τ_2, d'envoyer le signal de modulation fourni par C sur un oscillographe cathodique et d'en observer l'amortissement une fois que l'on a coupé simultanément la radiofréquence et le faisceau 1 (le faisceau 1 est masqué brusquement au moyen d'un obturateur photographique. La prise de flash de cet obturateur est utilisée pour court-circuiter au même instant la sortie de l'émetteur de radiofréquence).

Cette deuxième méthode est considérablement plus simple et plus rapide que la précédente.

3° Résultats de l'expérience

— La photo *a* de la figure 43 du chapitre VIII montre un exemple des phénomènes observés sur l'écran de l'oscillographe cathodique.

Nous avons vérifié que la décroissance du signal de modulation était bien exponentielle.

— La figure 32 représente la variation de $1/\tau_2$ avec

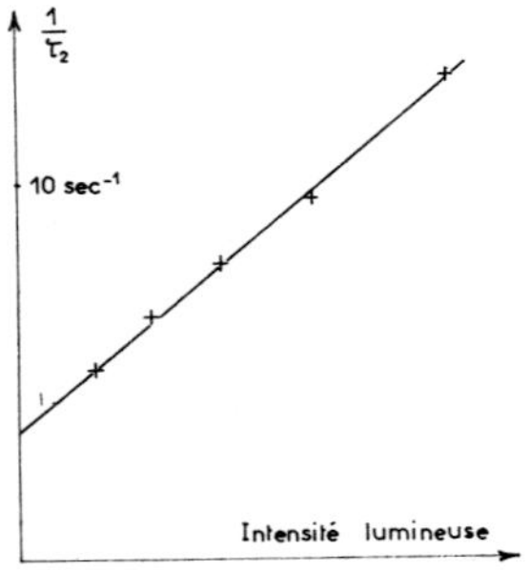

FIG. 32.

l'intensité lumineuse I du faisceau 2. Nous vérifions que cette variation est bien linéaire. La valeur extrapolée de $1/\tau_2$ à intensité lumineuse nulle, est l'inverse, $1/\Theta_2$, du temps de relaxation transversal thermique. On en déduit par soustraction la valeur de $1/T_2$ (formule VI, 2).

— Nous avons étudié la variation de $1/T_2$ avec le champ magnétique (ω_f) pour chacune des deux composantes hyperfines de ^{199}Hg et pour diverses polarisations. Nous avons dessiné sur les figures 33 et 34 les courbes *calculées* à partir de la formule (VI, 1) ; les points sont les points expérimentaux. L'accord avec la théorie est très bon. Les nombres inscrits sur l'axe des ordonnées sont les rapports théoriques entre les valeurs de $1/T_2$ en champ fort et en champ nul. Ces rapports dépendent uniquement des valeurs de $A_{1/2\ 1/2}$, $A_{-1/2\ -1/2}$, $B^{1/2\ -1/2}_{1/2\ -1/2}$, donc de la polarisation du faisceau 2 et sont bien vérifiés expérimentalement. Nous vérifions en particulier que $B^{1/2\ -1/2}_{1/2\ -1/2}$ est nul pour la composante 1/2 de ^{199}Hg en polarisation σ puisque, dans ce cas, $1/T_2$ ne varie pas avec le champ (fig. 33). Nous voyons également que l'effet de conservation partielle de la cohérence hertzienne au cours du cycle de pompage optique n'est pas un effet petit : pour la composante 3/2 de ^{199}Hg en polarisation π, nous voyons en effet sur la figure 34 que T_2 s'*allonge* par un facteur 3 lorsqu'on passe des champs forts $(\Gamma \ll \omega_e - \omega_f)$ aux champs faibles $(\Gamma \gg \omega_e - \omega_f)$.

Remarquons enfin que la largeur des courbes de

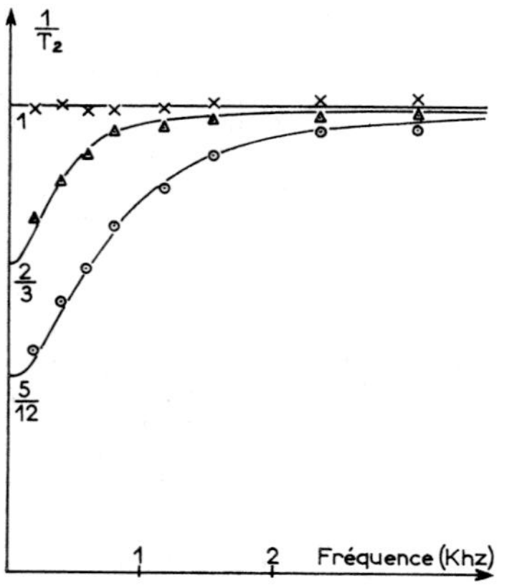

FIG. 33.

Composante $\frac{1}{2}$ { × Polarisation σ. △ Polarisation π.

Composante $\frac{3}{2}$: ⊙ Lumière naturelle.

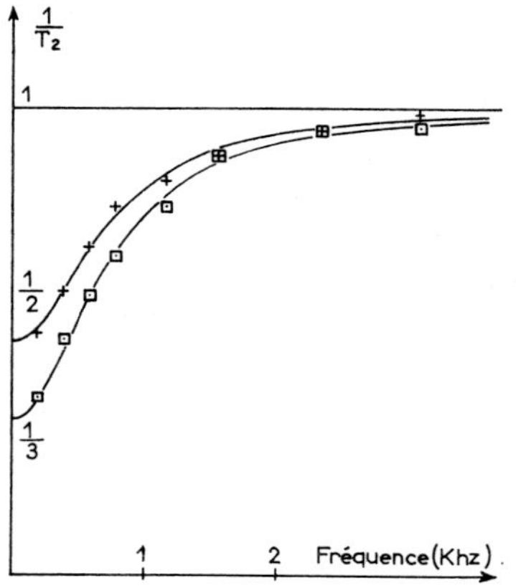

FIG. 34.

Composante $\frac{3}{2}$ { + Polarisation σ. ⊡ Polarisation π.

Lorentz (renversées) des figures 33 et 34 (qui correspond à $\Gamma = \omega_e - \omega_f$, c'est-à-dire à $\Gamma = \omega_e$ puisque $\omega_e \gg \omega_f$) est deux fois plus grande pour la composante 3/2 que pour la composante 1/2. Ceci correspond au facteur 2 qui existe entre les facteurs de Landé des deux niveaux hyperfins de l'état excité de ^{199}Hg (Nous avons déjà rencontré un effet analogue lors de l'étude de la variation de ε'' avec le champ magnétique, cf. fig. 18).

En conclusion, nous voyons que l'expérience permet de vérifier *quantitativement* toutes les prévisions théoriques relatives à l'amortissement d'origine optique de la cohérence hertzienne.

CHAPITRE VII

MODULATION DE LA LUMIÈRE DE FLUORESCENCE

1° Buts de l'expérience

— Il s'agit de prouver que le moment angulaire global, aussi bien longitudinal que transversal, de l'état *excité* exécute un mouvement forcé à la fréquence de Larmor $\frac{\omega_f + \varepsilon}{2\pi}$ de l'état *fondamental* lorsqu'il existe un moment angulaire transversal global dans l'état fondamental ($\sigma_{1/2-1/2} \neq 0$) et que les atomes sont irradiés par un faisceau lumineux (En présence d'un champ de radiofréquence qui agit sur l'état fondamental, le mouvement forcé se fait, non pas à la fréquence $\frac{\omega_f + \varepsilon}{2\pi}$ mais à la fréquence $\omega/2\pi$ du champ de radiofréquence). Notre but est de montrer également que l'*amplitude* et la *phase* de ce mouvement forcé *dépendent du champ magnétique.*

— Nous avons vu dans la partie théorique (cf. III, C) que l'existence d'un tel mouvement forcé dans l'état excité doit se traduire expérimentalement par l'apparition d'une *modulation de la lumière de fluorescence* $L_F(\vec{e}_\lambda)$, ce qui permet ainsi de le détecter. Nous avons vu qu'il est possible d'observer séparément le mouvement forcé du moment angulaire longitudinal et celui du moment angulaire transversal de l'état excité. Rappelons qu'il faut pour cela se placer dans les conditions suivantes :

Cas α (mouvement du moment angulaire longitudinal). — La polarisation $\vec{e}_{\lambda_0}$ du faisceau lumineux excitateur doit être « cohérente » ; celle, $\vec{e}_\lambda$, de la lumière de fluorescence que l'on observe doit être non cohérente. On déduit alors facilement de (III, B, 1, *c*) et (III, C, 4) que la modulation de la lumière de fluorescence $L_F(\vec{e}_\lambda)$ se met sous la forme :

$$\frac{1}{T_p} f_\alpha(\vec{e}_{\lambda_0}, \vec{e}_\lambda) \frac{\Gamma}{\Gamma - i\omega_f} \sigma_{1/2-1/2}(t) + \text{c. c.} \quad \text{(VII, 1)}$$

$f^\alpha(\vec{e}_{\lambda_0}, \vec{e}_\lambda)$ étant une constante qui ne dépend que de $\vec{e}_{\lambda_0}$ et $\vec{e}_\lambda$.

Cas β (mouvement du moment angulaire transversal). — Contrairement à ce qui est fait dans le cas α, la polarisation $\vec{e}_{\lambda_0}$ n'est pas cohérente, la polarisation $\vec{e}_\lambda$, cohérente. La modulation de la lumière de fluorescence se met alors sous la forme :

$$\frac{1}{T_p} f_\beta(\vec{e}_{\lambda_0}, \vec{e}_\lambda) \frac{\Gamma}{\Gamma + i(\omega_e - \omega_f)} \sigma_{1/2-1/2}(t) + \text{c. c.} \quad \text{(VII, 2)}$$

$f_\beta(\vec{e}_{\lambda_0}, \vec{e}_\lambda)$ étant, là encore, une constante qui ne dépend que de $\vec{e}_{\lambda_0}$ et $\vec{e}_\lambda$.

— Il est clair que l'on peut repérer l'amplitude et la phase de la modulation de $L_F(\vec{e}_\lambda)$ par rapport à celles du champ de radiofréquence utilisé pour introduire la cohérence $\sigma_{1/2-1/2}(t)$ dans le système atomique. Mais les variations de l'amplitude et de la phase de $\sigma_{1/2-1/2}(t)$ sont elles-mêmes assez complexes (elles dépendent de nombreux facteurs et entre autres de l'écart à la résonance. Nous étudierons en détail ces variations dans le chapitre VIII). Nous nous sommes bornés ici à étudier les variations de l'amplitude et de la phase de $L_F(\vec{e}_\lambda)$ *par rapport à* $\sigma_{1/2-1/2}$, afin de mettre expérimentalement en évidence les termes dépendant du champ $\frac{\Gamma}{\Gamma - i\omega_f}$ $\left(\text{ou } \frac{\Gamma}{\Gamma + i(\omega_e - \omega_f)}\right)$ dont nous avons donné l'interprétation physique dans la partie théorique (cf. § III, C, 2).

Dans le cas des isotopes impairs du mercure, $\omega_e \gg \omega_f$. L'effet du champ magnétique sur la phase et l'amplitude de la modulation de la lumière de fluorescence doit donc être très différent pour les cas (α) et (β).

2° Réalisation de l'expérience

a) **Le dispositif expérimental.** — Il est identique à celui que nous avons déjà décrit au paragraphe V, B (voir fig. 15).

Un photomultiplicateur, PM (non représenté sur la figure 15) est placé dans la direction Oy, perpendiculaire à Oz et Ox. On place avant le photomultiplicateur un polaroïd ou un analyseur circulaire, de façon à observer la lumière de fluorescence $L_F(\vec{e}_\lambda)$ émise avec un état de polarisation donné, $\vec{e}_\lambda$.

Comme précédemment, le faisceau 1 pompe optiquement la vapeur atomique. Un champ de radiofréquence permet d'effectuer la résonance magnétique et d'introduire la cohérence $\sigma_{1/2\,-1/2}$ dans le système atomique. Le faisceau 2 a pour rôle de coupler le moment angulaire (longitudinal ou transversal) de l'état excité au moment angulaire transversal de l'état fondamental ($\sigma_{1/2\,-1/2}$).

Remarquons que le faisceau 1 ne peut effectuer un tel couplage. En effet, la polarisation de ce faisceau, σ^+, n'étant pas cohérente, les éléments diagonaux σ_{mm} de la matrice densité dans l'état excité ne sont pas couplés à $\sigma_{1/2\,-1/2}$ (cf. § III, A, 6). D'autre part, ce faisceau excite sélectivement la composante 1/2 de ^{199}Hg (L_1 est une lampe à ^{204}Hg). On vérifie alors aisément (fig. 35) que la cohérence hertzienne dans l'état excité $\sigma_{mm'}$ n'est pas couplée à $\sigma_{1/2\,-1/2}$ (Par suite de la polarisation σ^+, le seul élément de matrice angulaire différent de zéro est celui qui relie $\mu = -1/2$ à $m = +1/2$).

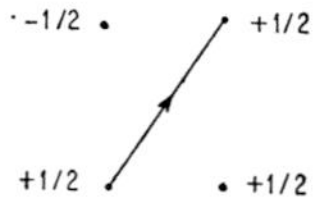

FIG. 35.

La modulation de la lumière de fluorescence $L_F(\vec{e}_\lambda)$ qui résulte du couplage entre l'état excité (σ_{mm}, $\sigma_{mm'}$) et $\sigma_{1/2\,-1/2}$ ne peut donc provenir que du faisceau 2.

a) Pour réaliser le cas α, on donne au faisceau 2 la polarisation circulaire droite par rapport à $\vec{Ox}$ ($\vec{e}_{\lambda_0}$ cohérent). On ne dispose ni polaroïd ni analyseur devant le photomultiplicateur (On peut montrer en effet dans ce cas que la lumière de fluorescence est fonction uniquement des éléments diagonaux σ_{mm} de la matrice densité dans l'état excité : tout se passe donc comme si on détectait la lumière de fluorescence $L_F(\vec{e}_\lambda)$ émise avec une polarisation $\vec{e}_\lambda$ non cohérente).

b) Pour réaliser le cas β, on donne au faisceau 2 la polarisation π ($\vec{e}_{\lambda_0}$ non cohérent) ; on place devant PM un analyseur circulaire ($\vec{e}_\lambda$ cohérent).

Dans les deux cas, nous avons constaté effectivement l'apparition d'une modulation de la lumière de fluorescence à la fréquence $\omega/2\pi$ lorsqu'on effectue la résonance magnétique *dans l'état fondamental* ($\sigma_{1/2\,-1/2} \neq 0$). Cette modulation disparaît lorsqu'on masque le faisceau 2, ce qui prouve bien que le faisceau 1 ne couple pas l'état excité à la cohérence hertzienne $\sigma_{1/2\,-1/2}$ de l'état fondamental.

Remarque. — Nous avons remarqué que, lorsque la direction du faisceau 1 ne coïncide pas exactement avec la direction Oz du champ magnétique H_0, il apparaissait une légère modulation de $L_F(\vec{e}_\lambda)$ associée au faisceau 1. Ceci est dû au fait que la polarisation de ce faisceau est alors légèrement « cohérente » puisqu'elle n'est pas rigoureusement σ^+ par rapport à H_0. Le faisceau 1 couple alors σ_{mm} à $\sigma_{1/2\,-1/2}$ et il en résulte une modulation de $L_F(\vec{e}_\lambda)$. Nous nous sommes servis de ce test très sensible pour aligner exactement le faisceau 1 suivant H_0.

***b)* Repérage de l'amplitude et de la phase de la modulation de $L_F(\vec{e}_\lambda)$.** — Comme nous l'avons dit, pour vérifier expérimentalement l'existence des effets décrits par les termes $\dfrac{\Gamma}{\Gamma - i\omega_f}$ et $\dfrac{\Gamma}{\Gamma + i(\omega_e - \omega_f)}$ qui figurent dans les expressions (VII, 1) et (VII, 2), nous devons comparer entre elles la modulation de $L_F(\vec{e}_\lambda)$ et celle de $\sigma_{1/2\,-1/2}$ (rapport des amplitudes, déphasage).

Or, nous avons déjà indiqué que le courant photoélectrique de C (fig. 15) comportait une modulation directement proportionnelle à $\sigma_{1/2\,-1/2}$ (Dans le cas β, où la polarisation $\vec{e}_{\lambda_0}$ du faisceau 2 n'est pas cohérente, il faut placer un analyseur circulaire A entre la cellule de résonance O et C). On déduit aisément de (III, A, 10) que la modulation détectée par C se met sous la forme :

$$\frac{1}{T_p} g\sigma_{1/2\,-1/2}(t) + \text{c. c.} \qquad \text{(VII, 3)}$$

g étant une constante (qui dépend de $\vec{e}_{\lambda_0}$ dans le cas α, de la polarisation détectée par l'analyseur circulaire A dans le cas β) mais qui *ne dépend pas du champ magnétique*.

Le principe de l'expérience consiste donc à comparer entre elles les modulations fournies par la cellule photoélectrique C et le photomultiplicateur PM.

— Supposons qu'on effectue la résonance magnétique dans l'état fondamental et désignons par M_C et M_P les modulations des signaux fournis par C et PM. On déduit aisément de (VII, 1), (VII, 2), (VII, 3) que le *rapport* a_P/a_C des amplitudes a_P et a_C de M_P et M_C se met sous la forme :

$$\text{Cas } \alpha : \quad \frac{a_P}{a_C} = \lambda_\alpha \frac{\Gamma}{\sqrt{\Gamma^2 + \omega_f^2}}$$
$$\text{Cas } \beta : \quad \frac{a_P}{a_C} = \lambda_\beta \frac{\Gamma}{\sqrt{\Gamma^2 + (\omega_e - \omega_f)^2}} \qquad \text{(VII, 4)}$$

λ_α et λ_β étant des coefficients sans dimensions qui ne *dépendent pas du champ magnétique* (ils dépendent uniquement de $\vec{e}_{\lambda_0}$, $\vec{e}_\lambda$ et évidemment des sensibilités de C et PM).

En ce qui concerne le déphasage $\varphi_P - \varphi_C$ entre M_P et M_C, la théorie prévoit de même que :

$$\begin{aligned} &\text{Cas } \alpha : \quad \varphi_P - \varphi_C = \varphi_\alpha + \text{Arc tg} \frac{\omega_f}{\Gamma} \\ &\text{Cas } \beta : \quad \varphi_P - \varphi_C = \varphi_\beta + \text{Arc tg} \frac{-(\omega_e - \omega_f)}{\Gamma} \end{aligned} \qquad \text{(VII, 5)}$$

φ_α et φ_β sont là encore des constantes qui ne dépendent pas du champ.

c) **Méthode de mesure de a_P/a_C et $\varphi_P - \varphi_C$.** — Il s'agit de mesurer a_P/a_C et $\varphi_P - \varphi_C$ pour plusieurs valeurs de la fréquence de résonance magnétique de façon à vérifier (VII, 4) et (VII, 5).

L'idée la plus simple consiste alors à envoyer les modulations M_P et M_C sur les deux voies A et B d'un oscillographe cathodique *bicourbe*. En fait, nous avons procédé d'une façon légèrement différente parce que les mesures ne sont possibles que si M_P et M_C sont amplifiées par des amplificateurs sélectifs à la fréquence $\omega/2\pi$ (Il faut également pouvoir changer la fréquence d'accord de façon à étudier les variations de a_P/a_C et $\varphi_P - \varphi_C$ avec la fréquence de résonance magnétique). La méthode précédente, pour être valable, requiert que M_P et M_C soient amplifiées par deux amplificateurs rigoureusement identiques. Afin d'éviter toute erreur due à l'électronique, nous avons préféré utiliser le *même* amplificateur sélectif pour amplifier M_P et M_C. C'est la *sortie* de cet amplificateur que nous envoyons sur l'une des voies, A, de l'oscillographe cathodique ; à l'*entrée* de cet amplificateur, nous envoyons dans une première étape le signal de sortie de C ; dans une deuxième étape, le signal de sortie de PM, toutes les conditions expérimentales demeurant identiques. Sur l'autre voie, B, de l'oscillographe, nous envoyons en permanence un signal prélevé sur la sortie de l'émetteur de radiofréquence et qui est, lui aussi, à la fréquence $\omega/2\pi$; ce signal nous sert de référence pour mesurer φ_P et φ_C. On obtient ainsi très facilement et très rapidement a_P/a_C et $\varphi_P - \varphi_C$.

d) **Modulation parasite due à la diffusion multiple.** — Nous nous sommes rendus compte au cours des mesures qu'une cause importante de modulation parasite était constituée par la diffusion multiple.

En effet, la lumière de fluorescence émise par un atome situé à l'intérieur de la cellule de résonance O traverse une certaine épaisseur de vapeur avant de quitter la cellule et d'être détectée par le photomultiplicateur. Comme cette couche de vapeur subit également la résonance magnétique, il s'ensuit que sa transparence varie sinusoïdalement en fonction du temps autour d'une certaine valeur moyenne. Ce phénomène introduit donc une modulation supplémentaire qui s'ajoute à la modulation *intrinsèque* de la lumière de fluorescence.

Pour vérifier cette interprétation, nous avons fait varier la température du queusot de la cellule de résonance ; nous avons constaté que la modulation parasite augmentait très rapidement avec la pression de vapeur. Les expériences décrites dans ce chapitre ont été faites sur une cellule cubique de 2 cm d'arête dont le queusot était thermostaté à une température de — 30° C, c'est-à-dire dans des conditions où la modulation parasite due à la diffusion multiple est négligeable devant la modulation intrinsèque.

3° Résultats de l'expérience

Dans le cas des isotopes impairs du mercure, $\omega_e \gg \omega_f$. La condition $\omega_f \sim \Gamma$ correspond à un champ directeur H_0 de l'ordre de 1 800 gauss. Comme le champ maximum donné par notre aimant est de l'ordre de 350 gauss, *il n'est pas possible d'observer la variation avec le champ de a_P/a_C et $\varphi_P - \varphi_C$ dans le cas α.* Par contre, dans le cas β, les effets de variation avec le champ doivent être aisément observables puisque la condition $\omega_e \sim \Gamma$ correspond à un champ de l'ordre du gauss.

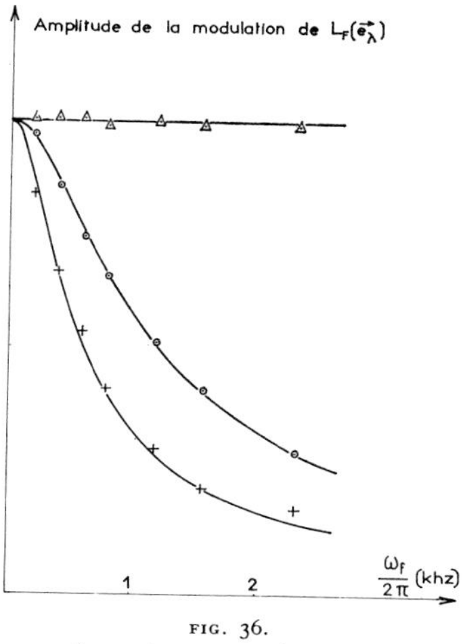

FIG. 36.

Composante $\frac{1}{2}$ { △ $\vec{e}_{\lambda_0}$ cohérent, $\vec{e}_\lambda$ non cohérent. / + $\vec{e}_{\lambda_0}$ non cohérent, $\vec{e}_\lambda$ cohérent.

Composante $\frac{3}{2}$: ⊙ $\vec{e}_{\lambda_0}$ non cohérent, $\vec{e}_\lambda$ cohérent.

La figure 36 représente la variation avec le champ (ω_f) de l'*amplitude* de la modulation de la lumière de fluorescence, plus exactement la variation avec ω_f du rapport a_P/a_C. Les points expérimentaux représentés par des triangles correspondent au cas α et à une excitation sélective de la composante $1/2$ de ^{199}Hg par le faisceau 2. Les points expérimentaux correspondant au cas β sont représentés par des cercles (composante $3/2$ excitée sélectivement) et des croix (composante $1/2$ excitée sélectivement).

Nous constatons effectivement que a_P/a_C varie avec le champ dans le cas β, alors qu'il reste constant dans le cas α. Pour comparer quantitativement les résultats expérimentaux aux prévisions théoriques, il faut déterminer les paramètres λ_α et λ_β des formules (VII, 4). Il suffit alors pour cela d'utiliser un *seul* des points expérimentaux de chaque courbe. Sur la figure 36, nous avons dessiné la courbe $\frac{\Gamma}{\sqrt{\Gamma^2+\omega_f^2}}$ (qui se réduit à une droite dans le domaine exploré pour ω_f), les deux courbes $\frac{\Gamma}{\sqrt{\Gamma^2+(\omega_e-\omega_f)^2}}$ correspondant aux deux niveaux hyperfins de l'état excité de ^{199}Hg (notons que ce ne sont pas des courbes de Lorentz) puis nous avons porté les points expérimentaux après avoir multiplié tous ceux qui sont relatifs à une même courbe par une *même* constante, $1/\lambda_\alpha$ ou $1/\lambda_\beta$, que l'on détermine à partir d'un seul d'entre eux. Nous voyons que l'accord entre la théorie et l'expérience est très bon.

La figure 37 représente la variation avec le champ (ω_f) de la phase de la modulation de $L_F(\vec{e}_\lambda)$, plus exactement la variation avec ω_f de $\varphi_P - \varphi_C$.

Nous constatons que le déphasage $\varphi_P - \varphi_C$ varie avec ω_f dans le cas β alors qu'il reste constant dans le cas α. Pour vérifier quantitativement les prévisions théoriques (VII, 5), nous avons procédé de la même façon que plus haut : les courbes de la figure 37 sont dessinées à partir des formules théoriques Arc tg $\frac{\omega_f}{\Gamma}$ et Arc tg $\frac{-(\omega_e-\omega_f)}{\Gamma}$. Nous portons ensuite les points expérimentaux relatifs à chaque courbe en leur ajoutant tous une même constante ($-\varphi_\alpha$, $-\varphi_\beta$) déterminée

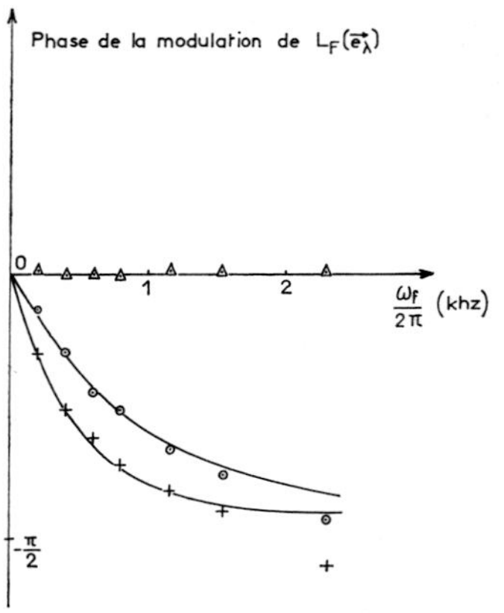

FIG. 37.

Composante $\frac{1}{2}$ { △ $\vec{e}_{\lambda_0}$ cohérent, $\vec{e}_\lambda$ non cohérent. ; + $\vec{e}_{\lambda_0}$ non cohérent, $\vec{e}_\lambda$ cohérent. }

Composante $\frac{3}{2}$: ⊙ $\vec{e}_{\lambda_0}$ non cohérent, $\vec{e}_\lambda$ cohérent.

à partir d'un seul d'entre eux. Nous constatons que l'accord entre la théorie et l'expérience est bon sauf, dans le cas β, pour les valeurs les plus élevées de ω_f. Ceci se comprend d'ailleurs aisément : le signal de modulation M_P est en effet beaucoup plus petit pour ces points puisque l'amplitude a_P a beaucoup diminué (voir fig. 36). La précision des mesures est donc moins bonne.

En conclusion, il apparaît que nous avons pu vérifier quantitativement la plupart des prévisions théoriques concernant la modulation de $L_F(\vec{e}_\lambda)$. Il serait intéressant d'opérer en champ beaucoup plus élevé de façon à vérifier la variation avec ω_f de a_P/a_C et $\varphi_P - \varphi_C$ dans le cas α, mais cela nécessiterait un équipement que nous ne possédons pas.

CHAPITRE VIII

DÉTECTION OPTIQUE DE LA RÉSONANCE MAGNÉTIQUE PAR LA MODULATION DE L'ABSORPTION

A. — Introduction

1° **Buts de cette étude.** — Dans la plupart des expériences que nous avons décrites, le signal de modulation fourni par la cellule photoélectrique C joue un rôle très important. Nous l'avons utilisé aussi bien pour tracer des courbes de résonance magnétique que pour étudier des phénomènes transitoires. Les avantages présentés par ce procédé de détection tant en ce qui concerne la précision que la rapidité des mesures ont été longuement soulignés. Rappelons que l'excitation lumineuse *ne doit pas être « broad line »* (si elle l'est, la matrice $A_{\mu\mu'}$ est un multiple de la matrice unité, et l'on ne peut utiliser le processus d'absorption pour détecter la résonance magnétique (cf. § III, A, 4)).

C'est Dehmelt (21) qui, le premier, suggéra un tel procédé de détection, utilisé par Bell et Bloom (6) sur les alcalins et connu sous le nom d'expérience de « faisceau croisé ». La théorie que nous avons présentée permet d'évaluer quantitativement la perturbation apportée par le faisceau croisé à la cohérence hertzienne qu'il permet de détecter. Nous avons montré qu'à tout faisceau lumineux était associée une « relaxation optique » très semblable à une relaxation thermique habituelle. Il est donc possible de calculer entièrement le signal de modulation fourni par C. Les calculs étant particulièrement simples dans le cas de l'isotope ^{199}Hg, il nous a semblé intéressant de procéder à une vérification quantitative des prévisions théoriques. Nous verrons par exemple dans le § B de ce chapitre qu'il est possible de prévoir exactement la *forme des raies de résonance magnétique* détectées sur le signal de modulation.

Il est possible de faire un parallèle très étroit entre le procédé de détection optique utilisant la modulation de l'absorption et le procédé de détection *radioélectrique* habituel de la résonance magnétique. En effet, *dans les deux cas, le signal est proportionnel à l'aimantation transversale globale* ($\sigma_{1/2-1/2}$) (Rappelons que le procédé de détection radioélectrique utilise la force électromotrice sinusoïdale induite dans une bobine par la rotation de l'aimantation transversale globale de l'échantillon). Ceci suggère d'étendre aux méthodes optiques toute une série de techniques mises au point à propos des méthodes radioélectriques, en particulier, les techniques utilisant les *pulses* de radiofréquence. Nous avons réalisé certaines de ces expériences et les décrivons dans le § C de ce chapitre.

Le dispositif expérimental est celui qui est représenté sur la figure 15. Le faisceau 1 est le faisceau de pompage ; le faisceau 2, le faisceau « croisé ».

2° **Rappel des résultats théoriques.** — Nous rappelons ici très brièvement les équations qui nous serviront dans la suite de ce chapitre. Les divers paramètres relatifs aux faisceaux 1 et 2 sont repérés par les indices $^{(1)}$ et $^{(2)}$.

a) **Cas où il n'y a pas de champ de radiofréquence.** — La distance énergétique entre les deux sous-niveaux n'est pas ω_f, mais $\omega_f + \varepsilon^{(1)} + \varepsilon^{(2)}$ où $\varepsilon^{(1)}$ et $\varepsilon^{(2)}$ sont les déplacements énergétiques associés aux faisceaux 1 et 2.

— Désignons par M_z l'aimantation *longitudinale* proportionnelle à la différence, $\sigma_{1/2\ 1/2}-\sigma_{-1/2-1/2}$, entre les populations des deux sous-niveaux Zeeman.

Le faisceau 1 tend à concentrer tous les atomes dans le sous-niveau $+1/2$. Il fait donc tendre M_z vers la valeur M_0 (aimantation longitudinale à saturation) avec une constante de temps $T_1^{(1)}$ qui est le temps de relaxation longitudinal « optique » associé au faisceau 1.

$$\frac{dM_z}{dt} = \frac{M_0 - M_z}{T_1^{(1)}}.$$

Par contre, le faisceau 2 et les processus de relaxation thermique détruisent M_z avec des constantes de temps $T_1^{(2)}$ et Θ_1, de sorte que l'évolution globale de M_z s'écrit :

$$\frac{dM_z}{dt} = \frac{M_0 - M_z}{T_1^{(1)}} - \frac{M_z}{T_1^{(2)}} - \frac{M_z}{\Theta_1}$$

ou encore :

$$\frac{dM_z}{dt} = \frac{M_0' - M_z}{\tau_1} \qquad \text{(VIII, 1)}$$

avec :

$$\frac{1}{\tau_1} = \frac{1}{T_1^{(1)}} + \frac{1}{T_1^{(2)}} + \frac{1}{\Theta_1}. \qquad \text{(VIII, 2)}$$

$$M_0' = M_0 \frac{\tau_1}{T_1^{(1)}}. \qquad \text{(VIII, 3)}$$

— D'un autre côté, l'évolution globale de $\sigma_{1/2-1/2}$ (aimantation transversale) est décrite par :

$$\frac{d\sigma_{1/2-1/2}}{dt} = -\left[\frac{1}{\tau_2} + i(\omega_f + \varepsilon^{(1)} + \varepsilon^{(2)})\right]\sigma_{1/2-1/2} \qquad \text{(VIII, 4)}$$

avec :

$$\frac{1}{\tau_2} = \frac{1}{T_2^{(1)}} + \frac{1}{T_2^{(2)}} + \frac{1}{\Theta_2} \qquad \text{(VIII, 5)}$$

($T_2^{(1)}$, $T_2^{(2)}$, Θ_2 sont les temps de relaxation transversaux optique et thermique).

— En résumé, les aimantations, longitudinale et transversale, tendent vers leurs valeurs d'équilibre, M_0' et O, avec des constantes de temps τ_1 et τ_2. Tout se passe donc comme si l'on avait un processus de relaxation unique décrit par les temps τ_1 et τ_2.

b) **Cas où il y a un champ de radiofréquence.** — Nous avons indiqué dans la partie théorique (cf. § III, D, 8) comment il fallait modifier les résultats précédents. Le hamiltonien de radiofréquence s'écrit :

$$\mathcal{H}_{RF} = \frac{\gamma_f H_1}{2}[I_+ e^{-i\omega t} + I_- e^{i\omega t}].$$

Il faut alors se placer dans le référentiel R tournant *à la fréquence* $\omega/2\pi$ autour de H_0. La matrice densité $\tilde{\sigma}$ dans le référentiel R est liée à σ par les relations :

$$\tilde{\sigma}_{1/2\ 1/2} = \sigma_{1/2\ 1/2} \quad \tilde{\sigma}_{-1/2-1/2} = \sigma_{-1/2-1/2} \quad \tilde{\sigma}_{1/2-1/2} = e^{i\omega t}\sigma_{1/2-1/2}$$

Si nous posons :

$$\begin{cases} \Delta\omega = \omega - \omega_f - \varepsilon^{(1)} - \varepsilon^{(2)} \\ \gamma_f H_1 = \omega_1 \\ u = \tilde{\sigma}_{1/2\ -1/2} + \tilde{\sigma}_{-1/2\ \ 1/2} \\ v = i(\tilde{\sigma}_{1/2\ -1/2} - \tilde{\sigma}_{-1/2\ \ 1/2}) \end{cases} \qquad \text{(VIII, 6)}$$

on obtient aisément par la méthode que nous avons décrite (§ III, D, 8) le système suivant d'équations d'évolution :

$$\begin{cases} \dfrac{dM_z}{dt} = \dfrac{M'_0 - M_z}{\tau_1} + \omega_1 v \\ \dfrac{du}{dt} = -\dfrac{1}{\tau_2} u + \Delta\omega v \\ \dfrac{dv}{dt} = -\omega_1 M_z - \Delta\omega u - \dfrac{1}{\tau_2} v. \end{cases} \qquad \text{(VIII, 7)}$$

Ce système est identique aux équations macroscopiques de Bloch (35). Ceci ne doit pas nous surprendre puisque les effets perturbateurs associés aux deux faisceaux 1 et 2 ressemblent aux effets d'un processus de relaxation thermique. Il est également identique à celui étudié par Cagnac dans sa thèse (14) (seules les définitions de τ_1 et τ_2 changent puisque nous utilisons deux faisceaux lumineux).

Il est possible de donner de u et v une image physique très simple : soit OXYZ le référentiel tournant R. OZ a la direction de H_0. Dans R, le champ de radiofréquence H_1 est immobile et est porté par OX (fig. 38).

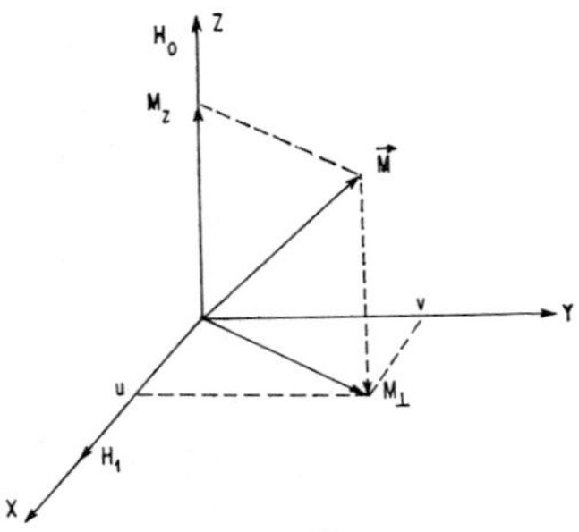

FIG. 38.

Les quantités u, v, M_z sont les projections suivant les trois axes OX, OY, OZ de l'aimantation macroscopique $\vec{M}$ de la vapeur. M_z est l'aimantation longitudinale ; la projection $M_\perp$ de $\vec{M}$ sur le plan XOY, l'aimantation transversale.

Pour avoir le mouvement complet de $\vec{M}$ dans le référentiel du laboratoire (et c'est ce mouvement que l'on observe en fait), il faut composer le mouvement lent de $\vec{M}$ dans le référentiel R, décrit par les équations (VIII, 7), et la rotation rapide de R à la fréquence $\omega/2\pi$ autour de H_0. u est donc la composante de l'aimantation transversale qui tourne *en phase* avec le champ de radiofréquence H_1, v la composante *en quadrature.*

c) **Les signaux de détection optique.** — Étant proportionnelle à $\sigma_{1/2\ -1/2}$, la modulation du courant photoélectrique de C à la fréquence $\omega/2\pi$ décrit le mouvement principal de l'aimantation transversale (rotation du référentiel R) ; la variation lente de l'amplitude de cette modulation décrit l'évolution lente de $|M_\perp|$ dans R (S'il n'y a pas de champ de radiofréquence, il faut remplacer dans les énoncés précédents ω par $\omega_f + \varepsilon^{(1)} + \varepsilon^{(2)}$, « rotation de R » par « précession de Larmor », « mouvement lent dans R » par « amortissement de la précession libre »). On peut observer soit u soit v (si l'on fait la résonance magnétique) en prenant un détecteur sensible à la phase et utilisant pour signal de référence un voltage prélevé sur la sortie de l'émetteur de radiofréquence.

— Enfin, rappelons qu'on peut, comme Cagnac, observer M_z en utilisant la composante à la fréquence zéro de la lumière de fluorescence.

En résumé, nous voyons qu'il est possible d'observer par des méthodes de détection optique l'une quelconque des quantités M_z, $M_\perp$, u, v.

3° **Régime statique. Régime dynamique.** — En l'absence de radiofréquence, l'aimantation a une certaine position d'équilibre ($M_z = M'_0$, $M_\perp = 0$).

— En présence de radiofréquence, le système (VIII, 7) qui décrit le mouvement lent de $\vec{M}$ dans R a une *solution stationnaire* $\vec{M}^{(s)}$ ($M_z^{(s)}$, $u^{(s)}$, $v^{(s)}$) qui représente la *position d'équilibre de* $\vec{M}$ *dans* R. Cette position d'équilibre dépend de l'écart à résonance $\Delta\omega$, de $\omega_1 = \gamma_f H_1$, et des temps de relaxation « globaux » τ_1 et τ_2.

Le tracé d'une courbe de résonance magnétique revient à étudier la variation avec $\Delta\omega$ de l'une quelconque des composantes de $\vec{M}^{(s)}$, tous les autres paramètres restant constants. L'ensemble des courbes de résonance qui correspondent à plusieurs valeurs de $\omega_1 = \gamma_f H_1$ constitue un *réseau.* L'étude correspondante est une étude en *régime statique.*

Nous avons tracé des réseaux en utilisant le signal de modulation fourni par C (nous observons soit $M_\perp^{(s)}$, soit $u^{(s)}$, soit $v^{(s)}$). La comparaison entre les résultats expérimentaux et les prévisions théoriques que l'on peut faire à partir des équations (VIII, 7) est présentée dans le § B de ce chapitre.

— Nous avons également fait subir à l'amplitude H_1 du champ de radiofréquence des variations brusques entre la valeur 0 et la valeur H_1. Quatre sortes de variations différentes ont été réalisées. Elles sont représentées sur la figure 39.

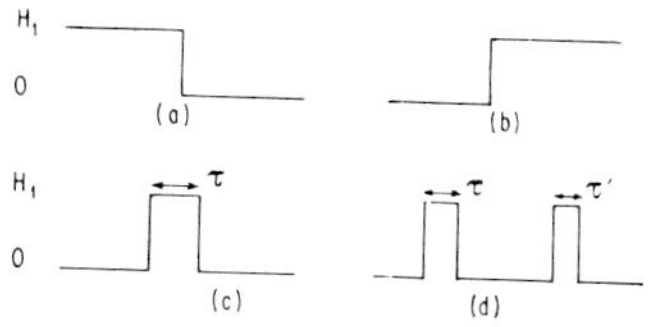

FIG. 39.

La réponse du système atomique à ces quatre sortes de variation de H_1 peut être prévue aisément à partir du système (VIII, 7). Nous l'observons expérimentalement sous forme de *transitoires* sur le signal de modulation fourni par C. L'étude correspondante, qui est une étude en *régime dynamique* est décrite dans le § C.

Indiquons enfin comment nous réalisons expérimentalement les quatre variations brusques de H_1 représentées sur la figure 39. Pour (*a*) et (*b*), nous utilisons un court-circuit sur la sortie de l'émetteur de radiofréquence qui peut être, soit établi (*a*), soit supprimé (*b*), en un temps très court. Pour (*c*), l'émetteur de radiofréquence est bloqué en permanence par une tension négative appliquée sur la grille d'une des lampes de cet émetteur. Il est débloqué au moyen d'un pulse de tension positive, qui est fourni par un générateur de pulses (Tektronix, type 161). Il est possible de faire varier de façon continue la largeur τ de ce pulse. Pour (*d*), nous utilisons deux générateurs de pulses distincts. Nous pouvons faire varier de façon continue l'intervalle de temps qui sépare ces deux pulses et leurs largeurs τ et τ'.

B. — **Étude en régime statique**

La solution stationnaire du système (VIII, 7) s'obtient sans difficultés. Posons :

$$\begin{cases} \Delta\Omega = \Delta\omega\tau_2 \\ \Omega_1 = \omega_1\sqrt{\tau_1\tau_2} \end{cases} \quad \text{(VIII, 8)}$$

Il vient :

$$\begin{cases} M_z^{(s)} = M_0'\left[1 - \dfrac{\Omega_1^2}{\Delta\Omega^2 + 1 + \Omega_1^2}\right] & \text{(VIII, 9, } a) \\ u^{(s)} = -M_0'\sqrt{\dfrac{\tau_2}{\tau_1}}\dfrac{\Omega_1\Delta\Omega}{\Delta\Omega^2 + 1 + \Omega_1^2} & \text{(VIII, 9, } b) \\ v^{(s)} = -M_0'\sqrt{\dfrac{\tau_2}{\tau_1}}\dfrac{\Omega_1}{\Delta\Omega^2 + 1 + \Omega_1^2} & \text{(VIII, 9, } c) \end{cases}$$

L'expression du module de $M_\perp^{(s)}$, $|M_\perp^{(s)}| = \sqrt{u^{(s)2} + v^{(s)2}}$, s'écrit :

$$|M_\perp^{(s)}| = M_0'\sqrt{\frac{\tau_2}{\tau_1}}\frac{\Omega_1\sqrt{1 + \Delta\Omega^2}}{\Delta\Omega^2 + 1 + \Omega_1^2} \quad \text{(VIII, 9, } d)$$

1° **Étude d'un réseau.** — La figure 40 représente un réseau de courbes de résonance magnétique prises sur la modulation de l'absorption du faisceau 2.

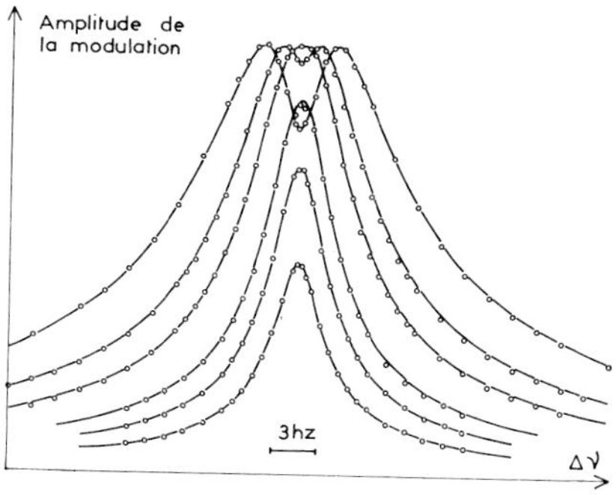

FIG. 40.

Chaque courbe correspond à une valeur bien définie de l'intensité H_1 du champ de radiofréquence (cette valeur est repérée, comme dans les expériences de Cagnac, par un voltmètre électronique placé aux bornes des bobines de radiofréquence). Les courbes les plus larges correspondent aux valeurs de H_1 les plus grandes. Nous portons, en abscisses, les indications du potentiomètre de Leeds-Northrup mesurant le courant dans les bobines de Helmholtz créant H_0 (nous opérons à fréquence fixe et faisons varier le champ magnétique statique H_0), en ordonnées, l'amplitude de la modulation du courant photoélectrique de C. Cette amplitude est mesurée en envoyant la sortie de l'amplificateur sélectif (qui amplifie le signal de modulation) aux bornes d'un millivoltmètre électronique. Nous n'utilisons pas de détection en phase avec le champ de radiofréquence. Le signal mesuré est donc proportionnel à $|M_\perp^{(s)}|$. Plusieurs faits sont à noter.

a) Nous voyons que la courbe de résonance magnétique présente un renversement pour les fortes valeurs de H_1. Il ne peut s'agir d'un renversement du type Majorana-Brossel (10), puisqu'il n'y a que deux sous-niveaux Zeeman dans l'état fondamental.

b) Lorsque la courbe de résonance présente un renversement, l'amplitude des deux maxima est indépendante de H_1.

c) L'amplitude à résonance ($\Delta\omega = 0$) dépend de H_1. Elle passe par un maximum lorsque H_1 croît. Ce phénomène est étudié plus en détail sur la figure 41, où nous portons en abscisses $\gamma_f H_1$, en ordonnées l'amplitude à résonance.

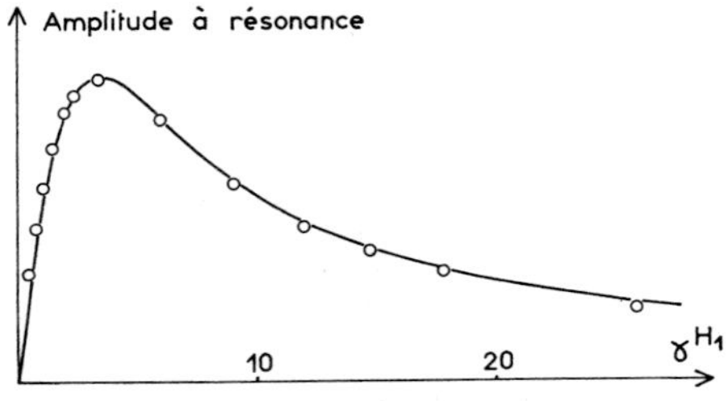

FIG. 41.

— Pour comparer les résultats précédents aux prévisions théoriques, nous utilisons (VIII, 9). Le signal détecté étant $|M_{\perp}^{(s)}|$, la forme de raie théorique est donnée par l'expression (VIII, 9, *d*). Elle dépend de $\Delta\omega$, $\omega_1 = \gamma_f H_1$, τ_1, τ_2. $\Delta\omega$ se détermine aisément à partir des indications lues sur le potentiomètre de Leeds-Northrup qui repère le courant magnétisant produisant H_0. En observant les transitoires de pompage optique et de radiofréquence (voir le § suivant), nous verrons qu'il est possible de mesurer de façon indépendante et avec précision les valeurs de τ_1, τ_2, $\gamma_f H_1$ qui correspondent au réseau de la figure 40. L'ensemble du réseau peut donc être *calculé entièrement* à une constante multiplicative près, qui est la *même pour toutes les courbes* (et qui représente en quelque sorte le coefficient de proportionnalité entre le voltage mesuré par le millivoltmètre et $|M_{\perp}^{(s)}|$). Nous déterminons cette constante à partir d'*un seul* des points expérimentaux appartenant à l'une quelconque des courbes du réseau. *Toutes les courbes* sont alors déterminées sans aucun autre ajustement.

C'est ainsi que nous avons procédé pour dessiner les courbes de la figure 40. Les points sont les points expérimentaux. Nous voyons que l'accord entre la théorie et l'expérience est excellent.

La courbe de la figure 41 est dessinée elle aussi à partir de la formule théorique :

$$M'_0 \sqrt{\frac{\tau_2}{\tau_1}} \frac{\Omega_1}{1 + \Omega_1^2}$$

qui donne la valeur de l'amplitude à résonance en fonction de $\gamma_f H_1$ (cette courbe est déterminée sans aucun ajustement puisque la constante multiplicative est déterminée à partir du réseau).

— Toutes les caractéristiques du réseau de la figure 40, que nous avons signalées plus haut, sont donc expliquées quantitativement par la théorie. La valeur de ω_1 au-dessus de laquelle se produit le renversement et qui correspond également à la valeur maximum de l'amplitude à résonance est déterminée par :

$$\Omega_1 = \omega_1 \sqrt{\tau_1 \tau_2} = 1.$$

La valeur commune à tous les maxima des courbes de résonance lorsque $\underline{\Omega_1} \geqslant 1$ est égale à $\frac{M'_0}{2}\sqrt{\frac{\tau_2}{\tau_1}}$.

L'origine du renversement est la suivante : chaque courbe de résonance est la racine carrée de la somme du carré, $v^{(s)2}$, d'une courbe d'absorption et du carré, $u^{(s)2}$, d'une courbe de dispersion. Pour les fortes valeurs de Ω_1, la courbe de dispersion l'emporte sur la courbe d'absorption, ce qui explique l'apparition du renversement.

2° **Étude de $u^{(s)}$ et $v^{(s)}$.** — Pour observer $u^{(s)}$ et $v^{(s)}$, composantes en phase et en quadrature avec le champ de radiofréquence, nous utilisons une détection synchrone en prenant comme référence un signal prélevé sur la sortie de l'émetteur de radiofréquence. Un déphaseur permet de faire varier de façon continue la phase du signal de référence. Le signal *continu* obtenu après la détection synchrone est mesuré au moyen d'un voltmètre à lampes à grande impédance (50 MΩ).

D'après l'expression (VIII, 9, *b*), $u^{(s)}$ varie avec $\Delta\Omega$ suivant une courbe de dispersion. Nous commençons par régler la phase du signal de référence de façon à observer une courbe de dispersion (lorsque nous ne sommes pas réglés tout à fait à la dispersion, les déviations maxima, positive et négative, qu'on lit sur le millivoltmètre quand $\Delta\Omega$ varie, ne sont pas égales. Nous mesurons le rapport de ces deux déviations pour plusieurs positions du potentiomètre du déphaseur et

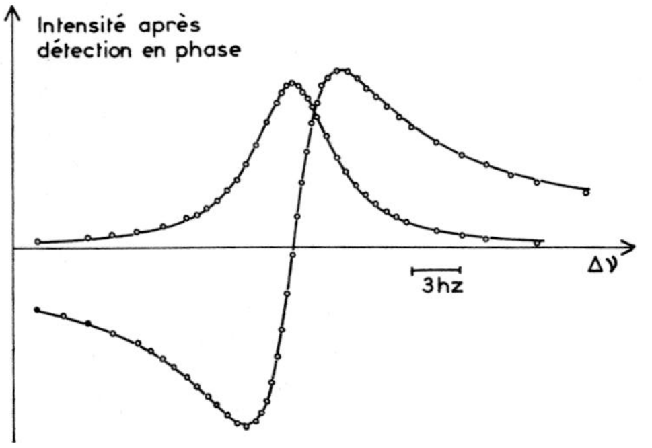

FIG. 42.

déterminons ensuite par extrapolation la position exacte qui correspond à l'égalité des déviations, c'est-à-dire à la dispersion. Ce réglage est très précis).

La figure 42 montre un exemple des résultats expérimentaux. La courbe de dispersion est obtenue après que le déphaseur ait été réglé comme nous venons de l'expliquer. Puis nous changeons la phase de $\pi/2$ (un pont formé d'une capacité et d'une résistance permet de le faire sans qu'il soit besoin de régler à nouveau le déphaseur). Nous obtenons ainsi la courbe d'absorption de la figure 42. Ces deux courbes représentent respectivement les variations de $u^{(s)}$ et $v^{(s)}$ avec $\Delta\Omega$. Les formes de raies théoriques sont données par les expressions théoriques (VIII, 9, *b*) et (VIII, 9, *c*). Comme nous savons mesurer par ailleurs (§ C) les valeurs de τ_1, τ_2, ω_1, nous pouvons calculer entièrement les deux courbes de la figure 42 à une constante multiplicative près qui est la même pour les deux courbes et que nous déterminons à partir d'un seul point expérimental. C'est ainsi que nous avons procédé pour dessiner les deux courbes de la figure 42. Les points sont les points expérimentaux. L'accord entre l'expérience et la théorie est excellent.

Le signal de dispersion est extrêmement commode pour pointer avec précision et rapidité le centre de la raie de résonance magnétique. Comme c'est un signal continu qui change de signe à la résonance, on peut songer également à l'utiliser pour stabiliser automatiquement le champ magnétique à la valeur qui correspond à la résonance. La qualité du rapport signal sur bruit et la finesse des raies permettent d'espérer une très bonne stabilisation. L'expérience est en cours de réalisation.

C. — Étude en régime dynamique

Le signal observé dans toutes les expériences décrites ci-dessous est l'amplitude de la modulation du courant photoélectrique de C. Nous n'utilisons pas de détection synchrone. La grandeur du signal est donc proportionnelle à $|M_\perp|$. La bande passante de l'amplificateur sélectif est suffisamment large pour qu'il n'y ait pas de déformation des transitoires. La sortie de l'amplificateur sélectif est envoyée sur un oscillographe cathodique sans que la modulation ne soit redressée. Nous avons donc une *porteuse* à la fréquence $\omega/2\pi$ (ou : $\frac{\omega_f + \varepsilon^{(1)} + \varepsilon^{(2)}}{2\pi}$)

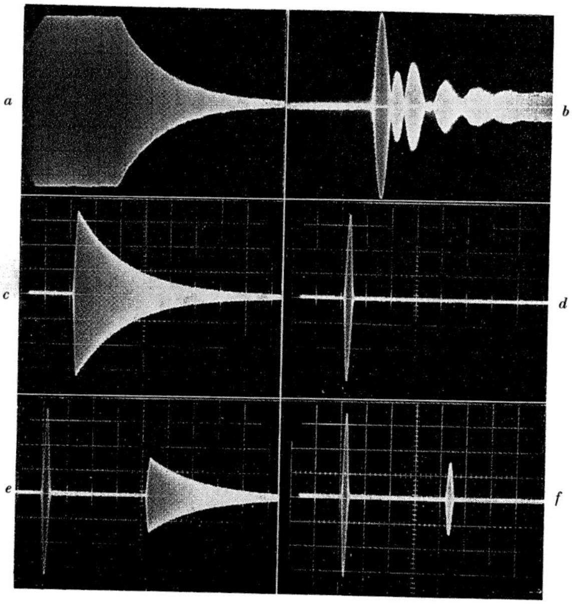

FIG. 43.

La variation de l'amplitude de cette porteuse représente la *réponse* de $|M_\perp|$ aux variations brusques de H_1, représentées sur la figure 39. Notons que le balayage de l'oscillographe est trop lent pour que l'on résolve cette porteuse.

1° **Transitoires de pompage optique.** — C'est par définition la réponse observée lorsqu'on fait subir à H_1 la variation 39, *a*. $|M_\perp|$ décroît de la valeur d'équilibre $|M_\perp^{(s)}|$ en présence de radiofréquence à zéro (valeur d'équilibre en l'absence de radiofréquence) avec une constante de temps τ_2. On peut dire encore que l'on observe la *précession libre de l'aimantation transversale*.

La figure 43, *a* est un exemple d'une telle transitoire. Nous avons déjà décrit ces expériences dans le chapitre VI (signalons toutefois que dans l'expérience décrite au chapitre VI, on coupait simultanément H_1 et le faisceau 1. Dans ce cas, la modulation tendait vers zéro avec une constante de temps $1/\tau_2$ égale à $\frac{1}{T_2^{(2)}} + \frac{1}{\Theta_2}$ au lieu de $\frac{1}{T_2^{(1)}} + \frac{1}{T_2^{(2)}} + \frac{1}{\Theta_2}\Big)$.

Pour avoir le signal de précession libre le plus grand possible, il y a intérêt à partir de la valeur de $|M_\perp^{(s)}|$ la plus grande possible. Nous avons vu dans le § précédent que cette valeur maximum était égale à $\frac{M'_0}{2}\sqrt{\frac{\tau_2}{\tau_1}}$.

Rappelons enfin que la transitoire de pompage optique observée sur la lumière de fluorescence (composante à la fréquence zéro de $L_F(\vec{e}_\lambda)$) permet d'observer la réponse de M_z à la variation 39, *a*. De telles transitoires ont été déjà observées par Cagnac (nous les observons également au moyen du photomultiplicateur PM). Elles permettent de mesurer τ_1.

Nous voyons en résumé que les transitoires de pompage optique observées sur $|M_\perp|$ et M_z permettent de mesurer avec précision τ_2 et τ_1.

2° **Transitoires de radiofréquence.** — C'est la réponse observée lorsqu'on réalise les variations 39, *b*. L'étude de ces transitoires sur M_z (observées sur L_F) est décrite en détail dans la thèse de Cagnac. A résonance ($\Delta\omega = 0$), M_z atteint sa nouvelle valeur d'équilibre après une série d'oscillations de fréquence $\omega_1/2\pi$, amorties avec une constante de temps τ_{12} telle que :

$$\frac{1}{\tau_{12}} = \frac{1}{2}\left[\frac{1}{\tau_1} + \frac{1}{\tau_2}\right].$$

Des phénomènes très analogues se produisent pour $M_\perp$ et sont observables sur la modulation du faisceau 2. *A résonance* ($\Delta\omega = 0$), on constate en effet sur le système (VIII, 7) que u reste toujours nul lorsqu'on applique H_1 ; $M_\perp$ est alors égal à v et les équations d'évolution de v sont très semblables à celles de M_z. $M_\perp$ atteint donc sa valeur d'équilibre après une série d'oscillations amorties très semblables à celles de M_z (même fréquence $\omega_1/2\pi$ et même amortissement τ_{12}).

La figure 43, *b* est un exemple d'une telle transitoire (on a l'impression que la sinusoïde amortie est irrégulière mais ceci est dû uniquement au fait que la grandeur du signal représenté en 43 *b* est $|M_\perp|$ et non $M_\perp$).

Nous nous sommes servis des transitoires de radiofréquence à résonance (observées aussi bien sur $|M_\perp|$ que sur M_z) pour mesurer $\omega_1 = \gamma_f H_1$ (rappelons que Cagnac utilisait ces transitoires (observées sur M_z), pour mesurer τ_2, à partie de τ_{12} et τ_1).

3° **Pulses de radiofréquence.** — Nous utilisons maintenant une variation de H_1 dans le temps représentée par la figure 39 *c*. La durée du « pulse » est égale à τ. Nous supposons dans tout ce qui suit que nous sommes à résonance ($\Delta\omega = 0$) et que la durée du pulse τ est très courte devant les temps de relaxation τ_1 et τ_2.

Étudions le mouvement de l'aimantation $\vec{M}$ *dans le référentiel tournant* R pendant la durée du pulse (fig. 44).

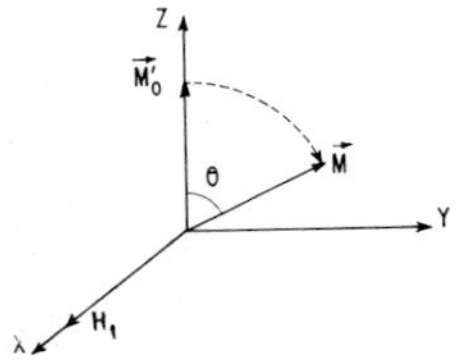

FIG. 44.

Comme nous sommes à résonance, c'est *uniquement* le champ H_1 qui agit sur $\vec{M}$ dans R. Comme $\tau \ll \tau_1, \tau_2$, nous pouvons ignorer les processus de relaxation (optique et thermique) pendant la durée du pulse τ.

Le mouvement de $\vec{M}$ est alors très simple à décrire. La position initiale de $\vec{M}$ est la position d'équilibre $\vec{M}'_0$ ($M_z = M'_0$, $M_\perp = 0$) en l'absence de radiofréquence. $\vec{M}$ tourne dans le plan ZOY autour de H_1 avec une vitesse angulaire ω_1. A la fin du pulse, l'angle de rotation, θ, est égal à $\theta = \omega_1\tau$. Les mouvements de M_z et $M_\perp$ se déduisent du mouvement de $\vec{M}$ par projection sur OZ et OY.

a) **Pulse de $\pi/2$.** — Sa durée est ajustée en sorte que $\theta = \pi/2$. La figure 43 *c* représente le phénomène transitoire observé sur $|M_\perp|$ lorsqu'on fait un pulse de $\pi/2$: $|M_\perp|$ est initialement nul ; au cours du pulse, $|M_\perp|$ croît de 0 à M'_0 ; puis, après le pulse, $|M_\perp|$

retourne à sa valeur d'équilibre 0 avec une constante de temps τ_2 (précession libre).

Les pulses de $\pi/2$ sont particulièrement intéressants lorsqu'on veut mesurer τ_2. En effet, le signal de précession libre, après la fin du pulse, part de la valeur M'_0 tandis que dans les transitoires de pompage optique décrites plus haut, il part d'une valeur qui est au plus égale à $\frac{M'_0}{2}\sqrt{\frac{\tau_2}{\tau_1}}$. On gagne donc ainsi un facteur $2\sqrt{\frac{\tau_1}{\tau_2}}$ qui peut être appréciable puisqu'on a, en général, $\tau_1 \geqslant \tau_2$ (La sensibilité de l'oscillographe n'est évidemment pas la même pour 43 *a* et 43 *c*).

b) **Pulse de π.** — Il correspond à $\theta = \pi$. La figure 43 *d* représente le phénomène transitoire observé sur $M_\perp$ lorsqu'on fait un pulse de π : $|M_\perp|$ part de 0, croît jusqu'à la valeur maximum M'_0 puis décroît jusqu'à 0

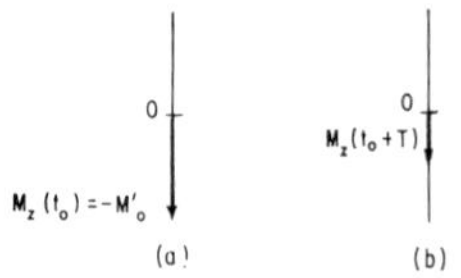

FIG. 45.

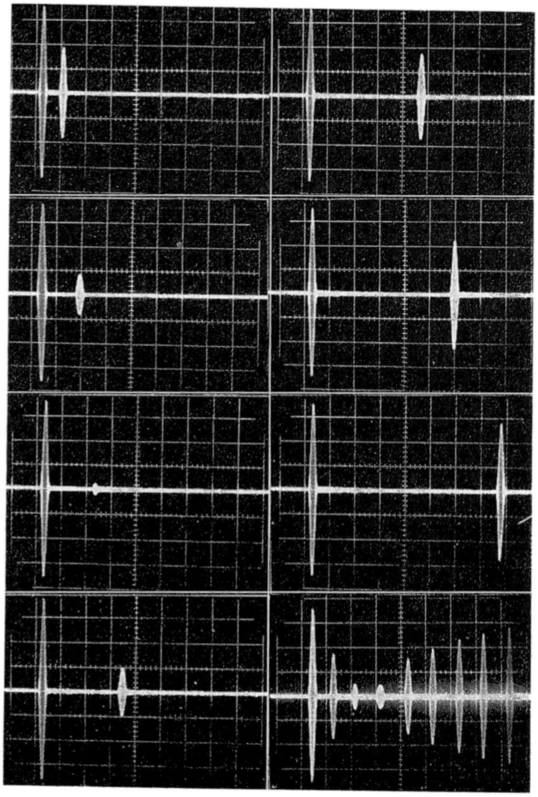

FIG. 46.

(Tout ceci se prévoit aisément à partir de la figure 44). Après le pulse | $M_\perp$ | ne varie pas puisque sa valeur est alors la valeur d'équilibre ($M_\perp = 0$).

Les pulses de π permettent ainsi de lire directement sur l'oscillographe la valeur de M'_0. Ils sont également très intéressants pour l'étude de la *relaxation longitudinale* comme nous allons le voir maintenant.

4° **Séquences de deux pulses.** — Supposons que l'on effectue un *premier pulse de* π. A la fin du pulse (instant t_0), l'aimantation $\vec{M}$ a tourné de π. Elle est portée par OZ et l'on a $M_z(t_0) = - M'_0$ (fig. 45 *a*).

Après le pulse, l'aimantation longitudinale M_z ($M_\perp$ reste toujours nul au cours du temps) tend vers sa valeur d'équilibre, $+ M'_0$, avec une constante de temps τ_1 par suite de la relaxation optique et thermique. A l'instant $t_0 + T$ (fig. 45 *b*), l'aimantation M_z a une valeur, $M_z(t_0 + T)$ qui est égale à :

$$M_z(t_0 + T) = M'_0[1 - 2e^{-T/\tau_1}] \qquad \text{(VIII, 10)}$$

(la formule précédente donne bien, en effet, $M_z(t_0) = -M'_0$ $M_z(+\infty) = M'_0$).

Si à l'instant $t_0 + T$, on fait un *deuxième pulse de* $\pi/2$ (*ou de* π), on observe des phénomènes tout à fait identiques à ceux décrits dans le paragraphe précédent et représentés sur les figures 43 *c* et 43 *d*. La seule différence est qu'il faut alors remplacer M'_0 par $M_z(t_0 + T)$.

Les figures 43 *e* (ou 43 *f*) sont des exemples des phénomènes observés lorsqu'on fait une séquence de deux pulses π, $\pi/2$ (ou π, π). Nous voyons qu'on peut ainsi lire directement sur l'oscillographe d'une part le temps T qui sépare les deux pulses (le balayage étant étalonné), d'autre part les valeurs de | M_z | aux instants t_0 et $t_0 + T$.

Il suffit alors de faire varier T pour avoir une méthode de mesure très simple de τ_1 au moyen du faisceau 2. Les photos de la figure 46 (classées dans l'ordre, de haut en bas, puis de gauche à droite) correspondent à des séquences de deux pulses π, π séparés par des intervalles T de plus en plus grands. On peut également prendre sur la même photo toutes les séquences (dernière photo en bas, à droite). Nous voyons ainsi qu'on peut suivre, point par point, le retour à l'équilibre de M_z (On constate en particulier que M_z variant de $- M'_0$ à $+ M'_0$ passe par la valeur 0 pour une certaine valeur de T qui, d'après (VIII, 10) est égale à τ_1 Log 2). Nous avons vérifié que la valeur de τ_1, mesurée par cette technique, coïncidait avec celle donnée par une transitoire de pompage optique observée sur M_z (Notons là encore que nous gagnons un facteur 2, puisque la variation totale de M_z n'est plus de zéro à M'_0, mais de $- M'_0$ à $+ M'_0$).

Il est clair que de très nombreuses variantes de ces diverses expériences peuvent être réalisées. Nous n'insisterons pas davantage sur cette question.

D. — Possibilités offertes par la méthode de détection optique utilisant la modulation de l'absorption

Nous terminerons ce chapitre par quelques considérations sur les possibilités offertes par cette méthode de détection optique.

a) Pour des raisons qui ont déjà été analysés plus haut (cf. § V, B, 2), le gain en précision et en rapport signal sur bruit par rapport aux autres méthodes de détection optique (celles utilisées par Cagnac, par exemple) est considérable. Ces avantages apparaissent de façon très frappante dans le cas du pompage optique de ^{201}Hg. Dans ce cas, en effet, les temps de relaxation thermique sont nettement plus courts que ceux de ^{199}Hg et les mesures moins faciles. L'observation des transitoires sur la modulation de l'absorption ne pose cependant pas de problèmes alors que l'observation des transitoires sur la lumière de fluorescence est très difficile (rappelons que Cagnac n'avait pu les observer). Cette méthode peut donc se révéler très utile pour l'étude de cas moins favorables que celui de ^{199}Hg.

b) Dans le cas où le spin est supérieur à 1/2, il y a plusieurs temps de relaxation transversaux et longitudinaux. Le signal de modulation de l'absorption à la fréquence $\omega/2\pi$, $L_A^{(1)}$, est alors une *combinaison linéaire des éléments non diagonaux* $\sigma_{\mu\mu'}$ ($|\mu - \mu'| = 1$) de la matrice densité (cf. § III, A, 5) (Rappelons qu'il y a également dans ce cas un signal de modulation $L_A^{(2)}$ à la fréquence $2\dfrac{\omega}{2\pi}$). Les coefficients de ces combinaisons linéaires, qui sont entièrement calculables, dépendent de la polarisation $\vec{e}_{\lambda_0}$ du faisceau croisé. En faisant varier cette polarisation, on peut donc observer plusieurs combinaisons linéaires différentes des éléments non diagonaux de la matrice densité et mettre ainsi en évidence l'existence de plusieurs temps de relaxation différents et les mesurer.

Nous avons pu appliquer cette méthode avec succès à l'étude de la relaxation thermique de l'isotope ^{201}Hg par les parois de la cellule O. Nous avons constaté effectivement que les temps de relaxation transversaux thermiques (obtenus par extrapolation à intensité lumineuse nulle) étaient différents suivant la polarisation choisie pour le faisceau croisé, c'est-à-dire suivant la combinaison linéaire d'éléments non diagonaux qui était détectée. Nous avons observé aussi les transitoires sur la modulation à la fréquence $2 . \dfrac{\omega}{2\pi}$. L'ensemble des résultats obtenus nous a permis, par comparaison avec les prévisions d'un modèle théorique simple de relaxation, de prouver le *caractère quadrupolaire* de la relaxation thermique de ^{201}Hg. Cette étude sera publiée ultérieurement.

c) Une autre application intéressante de cette méthode de détection optique est la possibilité d'observer des *échos de spin* (38) sur une vapeur orientée. Le grand intérêt de la technique des échos de spin est qu'elle permet d'éliminer l'effet des inhomogénéités du champ statique H_0 et de fournir ainsi une mesure du temps de relaxation transversal *intrinsèque*. Dans le cas d'une vapeur pure, les atomes rebondissent d'une paroi à l'autre, d'où un *moyennage par le mouvement* qui élimine en grande partie les inhomogénéités statiques ΔH_0. Par contre, si les atomes de la vapeur sont emprisonnés dans un gaz étranger, le moyennage par le mouvement des inhomogénéités statiques ΔH_0 ne joue pratiquement plus et elles peuvent être très gênantes. La technique des échos de spin détectés au moyen d'un faisceau croisé peut donc se révéler très intéressante pour l'étude de la relaxation transversale en présence de gaz étranger. Notons également que la technique des échos répétés de Purcell et Carr (36) pourrait permettre de mesurer directement le coefficient de diffusion de la vapeur orientée au sein du gaz étranger.

CONCLUSION

En conclusion, nous pouvons dire que de nombreux effets nouveaux ont été mis en évidence.

Ces effets ont été prévus théoriquement à partir d'un calcul complet du cycle de pompage optique qui permet de décrire de façon détaillée les processus d'absorption et d'émission de photons de résonance optique par un ensemble d'atomes. Nous avons dégagé les idées importantes qui sont à la base de ce calcul, précisé les conditions de validité de la théorie et présenté une interprétation physique détaillée des différents résultats obtenus, qui sont les suivants :

— *Existence d'effets radiatifs associés au processus d'absorption et relatifs à l'état fondamental de l'atome : durée de vie finie de cet état ; déplacement des niveaux d'énergie atomiques causé par des absorptions et réémissions « virtuelles » de photons de résonance optique.*

— *Existence d'un couplage entre la précession de Larmor de l'état fondamental et celle de l'état excité : modification des écarts Zeeman dans l'état fondamental causée par des transitions « réelles » de résonance optique.*

— *Conservation partielle de la « cohérence hertzienne » au cours du cycle de pompage optique.*

— *Existence d'un mouvement forcé du moment angulaire de l'état excité à la fréquence de Larmor de l'état fondamental.*

— *Possibilité de décrire entièrement l'effet global du cycle de pompage sur l'état fondamental comme une « relaxation optique » longitudinale et transversale.*

— *Interprétation quantitative des expériences de faisceaux croisés.*

Nous avons procédé à une vérification expérimentale de la théorie dans le cas du pompage optique de l'isotope ^{199}Hg. *Toutes les prévisions théoriques ont été confirmées de façon quantitative.*

Les résultats obtenus peuvent être envisagés de deux points de vue différents :

Sur le plan de l'électrodynamique quantique, ce sont des effets liés aux processus d'interaction entre l'atome et le champ de rayonnement et ils ont un intérêt intrinsèque.

En ce qui concerne les méthodes de détection optique de la résonance magnétique, les résultats obtenus prouvent que les mesures précises de structures atomiques dans l'état fondamental faites au moyen de ces méthodes peuvent être entachées d'erreurs par suite de la perturbation associée au faisceau lumineux lui-même. Le présent travail permet de tenir compte de cette perturbation et de préciser les conditions dans lesquelles il faut se placer pour minimiser de tels effets.

Nous pensons que le présent travail peut être prolongé dans les directions suivantes :

— *Étude théorique et expérimentale du pompage optique dans le cas où la source lumineuse permet d'obtenir un faisceau cohérent au sens de l'optique (cas des « lasers »). Ceci soulève le problème de la description quantique de la phase du champ de rayonnement.*

— *Étude théorique et expérimentale du pompage optique en champ nul ou très faible* ($\omega_f \ll 1/T_p$). *Nous avons vu qu'en champ nul, la dégénérescence est levée par suite du processus d'absorption. Il nous semble intéressant d'étudier les propriétés de symétrie de cette levée de dégénérescence (états propres et valeurs propres de la matrice* $A_{\mu\mu'}$*).*

— *Étude quantitative de la « circulation de cohérence hertzienne » dans le cas où l'intensité ou la polarisation du faisceau lumineux sont modulées à une fréquence voisine de* $\frac{\omega_f}{2\pi}, \frac{\omega_e}{2\pi}, \frac{\omega_e \pm \omega_f}{2\pi}$.

— *Étude des modifications apportées par un gaz étranger à la « circulation de cohérence hertzienne » le long du cycle de pompage. Cette étude doit apporter des renseignements complémentaires sur les propriétés des collisions entre atomes orientés et atomes de gaz étranger. Sur le plan expérimental, nous pensons que la technique des « échos de spin », détectés par le faisceau croisé, devrait se révéler très utile pour une telle étude.*

— *Enfin, nous avons souligné le lien qui existait entre les effets radiatifs associés au processus d'excitation optique et les phénomènes d'absorption et de dispersion anormale. Il nous semble intéressant de reprendre de façon plus approfondie cette question qui est liée au problème de la description quantique de l'indice de réfraction.*

Appendice

Nous donnons dans cet appendice les valeurs des coefficients $A_{\mu\mu'}$, $B^{1/2-1/2}_{1/2-1/2}$ pour chacune des deux composantes hyperfines de l'isotope ^{199}Hg et pour diverses polarisations $\vec{e}_{\lambda_0}$. Nous utilisons les relations de définition (III, A, 2, c) et (III, D, 2). Les valeurs des coefficients de Clebsch-Gordan sont représentées sur la figure 47.

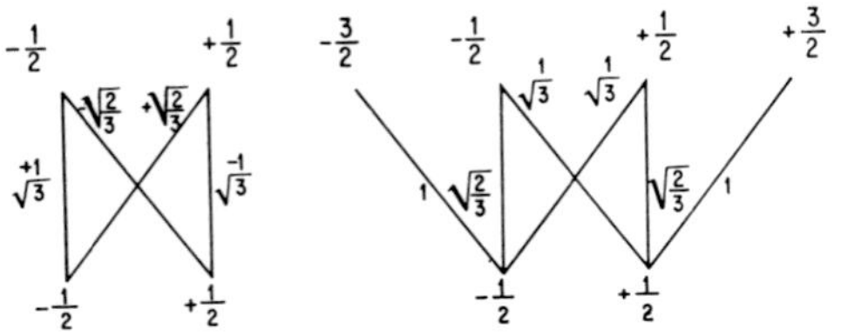

FIG. 47.

Pour les isotopes pairs (I = 0), l'opérateur dipolaire électrique $\vec{D}$ a pour éléments de matrice :

$$< 0 \,|\, \vec{D} \,|\, \pm 1 > = \mp \frac{\vec{u}_x \pm i\vec{u}_y}{\sqrt{2}}$$

$$< 0 \,|\, \vec{D} \,|\, 0 > = \vec{u}_z$$

$\vec{u}_x$, $\vec{u}_y$, $\vec{u}_z$ étant les vecteurs unitaires des trois axes Ox, Oy, Oz.

On obtient alors aisément les résultats suivants (seuls sont donnés les éléments de matrice $A_{\mu\mu'}$ non nuls ; pour simplifier, nous désignons par B la quantité $B^{1/2-1/2}_{1/2-1/2}$).

Polarisation σ^+ : $\vec{e}_{\lambda_0} = -\frac{1}{\sqrt{2}}(\vec{u}_x + i\vec{u}_y)$.

Composante $\frac{1}{2}$:

$A_{-1/2\,-1/2} = \frac{2}{3}$ $\qquad B = 0$

Composante $\frac{3}{2}$:

$A_{-1/2\,-1/2} = \frac{1}{3}$ $\qquad A_{1/2\;1/2} = 1$ $\qquad B = \frac{1}{3}$

Polarisation σ^- : $\vec{e}_{\lambda_0} = \frac{1}{\sqrt{2}}(\vec{u}_x - i\vec{u}_y)$.

Composante $\frac{1}{2}$:

$A_{1/2\;1/2} = \frac{2}{3}$ $\qquad B = 0$

Composante $\frac{3}{2}$:

$A_{-1/2\,-1/2} = 1$ $\qquad A_{1/2\;1/2} = \frac{1}{3}$ $\qquad B = \frac{1}{3}$

Polarisation π : $\vec{e}_{\lambda_0} = \vec{u}_z$.

Composante $\frac{1}{2}$:

$A_{1/2\;1/2} = A_{-1/2\,-1/2} = \frac{1}{3}$ $\qquad B = \frac{1}{9}$

Composante $\frac{3}{2}$:

$A_{1/2\;1/2} = A_{-1/2\,-1/2} = \frac{2}{3}$ $\qquad B = \frac{4}{9}$

Polarisation σ : $\vec{e}_{\lambda_0} = \vec{u}_y$.

Composante $\frac{1}{2}$:

$A_{1/2\;1/2} = A_{-1/2\,-1/2} = \frac{1}{3}$ $\qquad B = 0$

Composante $\frac{3}{2}$:

$A_{1/2\;1/2} = A_{-1/2\,-1/2} = \frac{2}{3}$ $\qquad B = \frac{1}{3}$

Polarisation σ^+ *par rapport à* Ox : $\vec{e}_{\lambda_0} = -\frac{1}{\sqrt{2}}(\vec{u}_y + i\vec{u}_z)$.

Composante $\frac{1}{2}$:

$A_{1/2\;1/2} = A_{-1/2\,-1/2} = \frac{1}{3}$.

$A_{1/2\,-1/2} = A_{-1/2\;1/2} = \frac{1}{3}$ $\qquad B = \frac{1}{18}$

Composante $\frac{3}{2}$:

$A_{1/2\;1/2} = A_{-1/2\,-1/2} = \frac{2}{3}$

$A_{1/2\,-1/2} = A_{-1/2\;1/2} = -\frac{1}{3}$. $\qquad B = \frac{7}{18}$

Polarisation σ^- *par rapport à* Ox : $\vec{e}_{\lambda_0} = \frac{1}{\sqrt{2}}(\vec{u}_y - i\vec{u}_z)$.

Composante $\frac{1}{2}$:

$$A_{1/2\ 1/2} = A_{-1/2\ -1/2} = \frac{1}{3}$$

$$A_{1/2\ -1/2} = A_{-1/2\ 1/2} = -\frac{1}{3} \qquad B = \frac{1}{18}$$

Composante $\frac{3}{2}$:

$$A_{1/2\ 1/2} = A_{-1/2\ -1/2} = \frac{2}{3}$$

$$A_{1/2\ -1/2} = A_{-1/2\ 1/2} = \frac{1}{3} \qquad B = \frac{7}{18}$$

Faisceau de lumière naturelle se propageant suivant Ox.

(Le calcul se fait en sommant indépendamment sur deux polarisations orthogonales σ et π par exemple, ou σ^+ par rapport à Ox et σ^- par rapport à Ox).

Composante $\frac{1}{2}$:

$$A_{1/2\ 1/2} = A_{-1/2\ -1/2} = \frac{1}{3} \qquad B = \frac{1}{18}$$

Composante $\frac{3}{2}$:

$$A_{1/2\ 1/2} = A_{-1/2\ -1/2} = \frac{2}{3} \qquad B = \frac{7}{18}$$

Soit $\vec{e}_{\lambda_0}$ la polarisation d'un faisceau qui se propage suivant Ox. Soient $\vec{e}_{\lambda_1}$ et $\vec{e}_{\lambda_2}$ les deux polarisations orthogonales circulaire droite et circulaire gauche par rapport à Ox. On a :

$$\vec{e}_{\lambda_0} = a_1\vec{e}_{\lambda_1} + a_2\vec{e}_{\lambda_2}.$$

On peut montrer aisément à partir des résultats précédents que dans le cas de ^{199}Hg :

$$A_{\mu\mu'}(\vec{e}_{\lambda_0}) = |a_1|^2 A_{\mu\mu'}(\vec{e}_{\lambda_1}) + |a_2|^2 A_{\mu\mu'}(\vec{e}_{\lambda_2}).$$

L'absorption, $L_A(\vec{e}_{\lambda_0}) = 1/T_P \sum_{\mu\mu'} A_{\mu\mu'}(\vec{e}_{\lambda_0})\sigma_{\mu'\mu}$ peut donc se calculer en sommant indépendamment sur les composantes circulaires droite et gauche de $\vec{e}_{\lambda_0}$. Ceci est la justification du fait qu'on peut observer une modulation sur le courant photoélectrique de C (fig. 15), même si la polarisation $\vec{e}_{\lambda_0}$ est non cohérente, à condition de placer un analyseur circulaire A devant C.

BIBLIOGRAPHIE

(1) ABRAGAM (A.). — *Principles of nuclear magnetism*, chap. 8. Oxford, at the Clarendon Press, 1961.

(2) BARRAT (J.-P.). — *Thèse Paris*, 1959 ; *J. Phys. Rad.*, 1959, **20**, 541, 633 et 657.

(3) BARRAT (J.-P.). — *Proc. Roy. Soc.*, 1961, **A263**, 371.

(4) BARRAT (J.-P.) et COHEN-TANNOUDJI (C.). — *J. Phys. Rad.*, 1961, **22**, 329.

(5) BARRAT (J.-P.) et COHEN-TANNOUDJI (C.). — *J. Phys. Rad.*, 1961, **22**, 443.

(6) BELL (W. E.) et BLOOM (A. L.). — *Phys. Rev.*, 1957, **107**, 1559.

(7) BELL (W. E.) et BLOOM (A. L.). — *Phys. Rev. Letters*, 1961, **6**, 280.

(8) BLAMONT (J.-E.). — *Thèse Paris*, 1956; *Ann. de Phys.*, 1957, **2**, 551.

(9) BROSSEL (J.) et KASTLER (A.). — *C. R. Acad. Sci.* (Fr.), 1949, **229**, 1213.

(10) BROSSEL (J.). — *Thèse Paris*, 1951 ; *Ann. de Phys.*, 1952, **7**, 622.
BROSSEL (J.) et BITTER (F.). — *Phys. Rev.*, 1952, **86**, 311.

(11) BROSSEL (J.). — *Quantum Electronics*. Édité par Ch. H. Townes, Columbia University Press, New York, 1960, p. 81.

(12) BROSSEL (J.). — *Advances in Quantum Electronics*. Columbia University Press, New York, 1961, p. 95.

(13) BROSSEL (J.). — *Year Book Phys. Soc.* (London), 1960, p. 1.

(14) CAGNAC (B.). — *Thèse Paris*, 1960; *Ann. de Phys.*, 1961, **6**, 467 ; *J. Phys. Rad.*, 1958, **19**, 863.

(15) COHEN-TANNOUDJI (C.). — Diplôme d'études supérieures, Paris, 1956 ; *C. R. Acad. Sci.* (Fr.), 1957, **244**, 1027.

(16) COHEN-TANNOUDJI (C.). — *C. R. Acad. Sci.* (Fr.), 1961, **252**, 394.

(17) COHEN-TANNOUDJI (C.). — *C. R. Acad. Sci.* (Fr.), 1961, **253**, 2662.

(18) COHEN-TANNOUDJI (C.). — *C. R. Acad. Sci.* (Fr.), 1961, **253**, 2899.

(19) COHEN-TANNOUDJI (C.). — *Rendiconti S. I. F.*, XVII Corso, p. 240.

(20) COLEGROVE (D. F.), FRANKEN (P. A.), LEVIS (R. R.), SANDS (R. H.). — *Phys. Rev. Letters*, 1959, **3**, 420.
FRANKEN (P. A.). — *Phys. Rev.*, 1961, **121**, 508.

(21) DEHMELT (H. G.). — *Phys. Rev.*, 1957, **105**, 1924.

(22) DODD (J.), FOX (W.), SERIES (G. W.) et TAYLOR (M.). — *Proc. Phys. Soc.*, 1959, **74**, 789.
SERIES (G. W.). — *The Ann Arbor Conference on Optical Pumping*. The University of Michigan, 1959, p. 149.

(23) GUIOCHON (M.-A.), BLAMONT (J.-E.) et BROSSEL (J.). — *C. R. Acad. Sci.* (Fr.), 1956, **243**, 1859 ; *J. Phys. Rad.*, 1957, **18**, 99.

(24) HANBURY BROWN (R.) et TWISS (R. Q.). — *Phil. Mag.*, 1954, **45**, 663 ; *Proc. Roy. Soc.* (London), 1958, A **248**, 199, 222.

(25) HEITLER (W.). — *The Quantum theory of radiation* (3e éd.). Oxford, at the Clarendon Press, 1954.

(26) KASTLER (A.). — *J. Phys. Rad.*, 1950, **11**, 255.

(27) KASTLER (A.). — *C. R. Acad. Sci.* (Fr.), 1961, **252**, 2396.
(28) LAMB (W. E.). — *Proc. Phys. Soc.*, 1951, A **14**, 19.
(29) MESSIAH (A.). — *Mécanique Quantique*. Dunod, Paris, 1959.
(30) MITCHELL (A. C. G.) et ZEMANSKY (M. W.). — *Resonance radiation and excited atoms*. Cambridge University Press, London, 1934.
(31) SCHAWLOW (A.) et TOWNES (C. H.). — *Phys. Rev.*, 1958, **112**, 1940.
(32) YVON (J.). — *Éléments de mécanique statistique*. Cours Polycopié, C. E. A., Saclay.
(33) YVON (J.). — *J. Phys. Rad.*, 1960, **21**, 38.
(34) ARDITI (M.) et CARVER (T. R.). — *Phys. Rev.*, 1961, **124**, 800.
(35) BLOCH (F.). — *Phys. Rev.*, 1946, **70**, 460.
(36) CARR (H. Y.) et PURCELL (E. M.). — *Phys. Rev.*, 1954, **94**, 630.
(37) McDERMOTT (M. N.) et NOVICK (R.). — *J. O. S. A.*, 1961, **51**, 1008.
(38) HAHN (E.). — *Phys. Rev.*, 1950, **80**, 580.
(39) SHEARER (L. D.). — *Phys. Rev.*, 1962, **127**, 512.

Paper 1.2

C. Cohen-Tannoudji, "Observation d'un déplacement de raie de résonance magnétique causé par l'excitation optique," *C.R. Acad. Sci.* **252**, 394–396 (1961), séance du 16/01/1961.

This paper describes an experiment performed in December 1960, demonstrating for the first time that magnetic resonance curves in atomic ground states can be shifted by virtual absorptions and re-emissions of quasiresonant optical photons. The shift is quite small ($\sim$ 0.5 Hz), but its detection is possible for the following two reasons. First, the lifetime of atomic ground states, due to the various relaxation processes (radiative, collisional, etc), can be very long, ensuring very narrow magnetic resonance curves. Second, two different ground state Zeeman sublevels undergo in general different light shifts, depending on the light polarization, which produces a light-induced change of the Zeeman splittings. This second feature of light shifts, the fact that they vary from one Zeeman sublevel to the other, and that they depend on the light polarization, turned out to play a very important role in the recent developments which have led to the discovery of new efficient laser cooling mechanisms, such as "Sisyphus cooling" (see papers 7.1 and 7.2).

Improvements of the experiment described in this paper have been performed and have led to the light shifts of the magnetic resonance curves being much larger than their widths (see, for example, paper 2.1 and Fig. 15, p. 18 of this paper).

Extrait des *Comptes rendus des séances de l'Académie des Sciences*,
t. 252, p. 394-396, séance du 16 janvier 1961.

SPECTROSCOPIE HERTZIENNE. — *Observation d'un déplacement de raie de résonance magnétique causé par l'excitation optique.* Note (*) de M. CLAUDE COHEN-TANNOUDJI, présentée par M. Gustave Ribaud.

Un déplacement de raie de résonance magnétique associé à des transitions virtuelles induites par une excitation optique a été observé expérimentalement.

Des effets de déplacement des raies de résonance magnétique causés par le pompage optique ont été étudiés théoriquement ([1]) dans deux Communications antérieures (I et II). Nous avons recherché et mis en évidence expérimentalement le déplacement associé à la différence des self-énergies de deux sous-niveaux Zeeman de l'état fondamental en présence du rayonnement excitateur; déplacement dont l'expression établie dans I et II est $\Delta E' (A_{\mu\mu} - A_{\mu'\mu'})$ où $\Delta E'$, $A_{\mu\mu}$, $A_{\mu'\mu'}$ sont définis par (I, 3) et (I, 4).

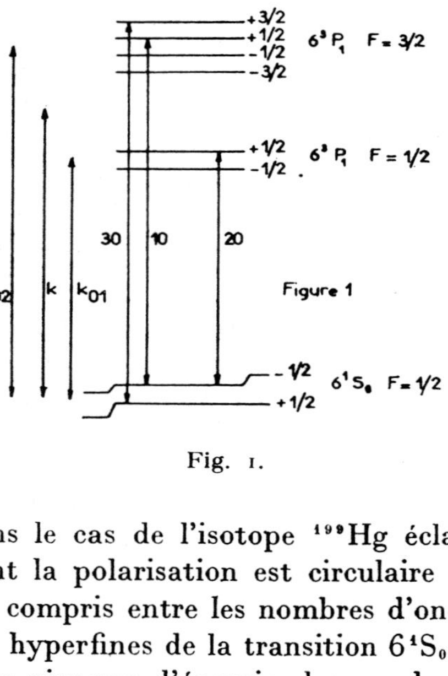

Fig. 1.

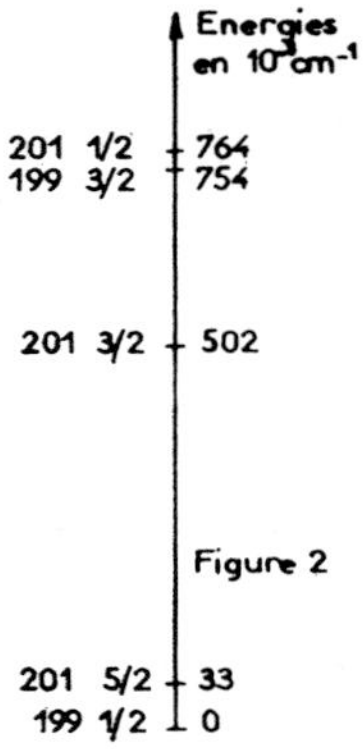

Fig. 2.

Considérons le cas de l'isotope ^{199}Hg éclairé par une source émettant une raie dont la polarisation est circulaire droite σ^+, et dont le nombre d'onde k est compris entre les nombres d'onde k_{01} et k_{02} (*fig.* 1) des deux composantes hyperfines de la transition $6\,^1S_0 - 6\,^3P_1$ de ^{199}Hg. La figure 1 représente les niveaux d'énergie; les nombres inscrits, les probabilités de transition optique qui ne sont autres que les $A_{\mu\mu}$.

Les transitions virtuelles vers le niveau $6\,^3P_1$, $F = 1/2$, sont caractérisées par $k - k_{01} > 0$. D'après (I, 3), $\Delta E'$ est positif et le déplacement, indiqué sur la partie droite de la figure 1, se fait vers le haut. Par suite de la polarisation circulaire droite, $A_{1/2,1/2} = 0$ et seul, le sous-niveau $-1/2$ est déplacé.

Pour les transitions virtuelles vers le niveau $6\,^3P_1$, $F = 3/2$, $k - k_{02}$, et par suite $\Delta E'$, sont négatifs : le déplacement, indiqué sur la partie gauche de la figure 1, se fait vers le bas et est trois fois plus grand pour le sous-niveau $+ 1/2$ que pour le sous-niveau $- 1/2$ (rapport des probabilités de transition).

Ces deux effets conduisent donc tous deux à augmenter la séparation énergétique entre les deux sous-niveaux $\pm 1/2$ de l'état fondamental. Les conclusions sont inversées si au lieu d'opérer en excitation σ^+, on opère en σ^-. Les transitions virtuelles vers les autres niveaux excités ne déplacent pas la raie de résonance magnétique car $k - k_0$ et $\Delta E'$ ne varient plus alors d'une composante hyperfine à l'autre et, d'après les règles de somme sur les $A_{\mu\mu}$, les deux sous-niveaux $\pm 1/2$ sont déplacés de la même quantité.

L'expérience a été réalisée sur le montage de Cagnac [2]. Des courbes de résonance magnétique de l'isotope ^{199}Hg pompé optiquement par une lampe à ^{204}Hg ont été tracées suivant les techniques habituelles. On opérait à une fréquence fixe de 5 kHz obtenue par démultiplication à partir d'un quartz de 100 kHz. Dans l'axe du champ magnétique et dans le sens opposé à celui du premier faisceau orientateur, nous avons disposé un deuxième faisceau : la lumière issue d'une lampe remplie de ^{201}Hg est concentrée sur la cellule de résonance après avoir traversé successivement un filtre à ^{199}Hg (constitué par une cellule cubique de 4 cm de côté remplie de cet isotope), un nicol et une lame quart-d'onde. Le rôle du filtre à ^{199}Hg est d'absorber toute fraction de la lumière du deuxième faisceau susceptible de provoquer des transitions réelles dans la cellule de résonance.

L'isotope ^{201}Hg a été choisi pour remplir la lampe du deuxième faisceau excitateur car on doit obtenir ainsi un déplacement particulièrement fort. On peut en effet, d'après (I, 3), étudier comment varie $\Delta E'$ en fonction de l'écart entre le centre k de la raie excitatrice et le centre k_0 de la raie d'absorption. En comparant $\Delta E'$ à l'élargissement $\Delta\nu_0$ que créerait la même intensité excitatrice si elle était centrée en k_0 et non plus en k, on trouve que $\Delta E'/\Delta\nu_0$, nul pour $k = k_0$, croît pour atteindre un maximum de l'ordre de 1 pour $k - k_0 \sim \Delta$ (Δ est la largeur de la raie excitatrice), puis décroît comme $\Delta/k - k_0$ pour $k - k_0 \gg \Delta$. D'après la figure 2, la composante 5/2 de ^{201}Hg est à une largeur Doppler de la composante 1/2 de ^{199}Hg, ce qui donne l'effet optimal; la composante 3/2 agit dans le même sens; la composante 1/2 dans le sens contraire, mais beaucoup plus faiblement parce qu'elle est trop proche de la composante 3/2 de ^{199}Hg et que son intensité dans la lampe est cinq fois plus faible que celle de la composante 5/2.

La figure 3 montre un exemple des courbes expérimentales obtenues. La courbe de résonance magnétique du centre est prise avec le deuxième faisceau masqué, celles de gauche (et de droite) en présence du deuxième faisceau polarisé σ^+ (et σ^-). Le déplacement vaut environ 0,4 Hz. Il a le bon signe : comme nous opérons à fréquence fixe, un déplacement vers les différences d'énergie plus grandes correspond à un déplacement vers les champs plus bas. Il change de signe quand on passe de σ^+ à σ^-. Nous avons également vérifié qu'il n'y avait plus de déplacement quand on enlevait la lame quart-d'onde, c'est-à-dire quand on éclairait avec un mélange de σ^+ et σ^-. Enfin nous nous sommes assurés que le déplacement était proportionnel à l'intensité lumineuse.

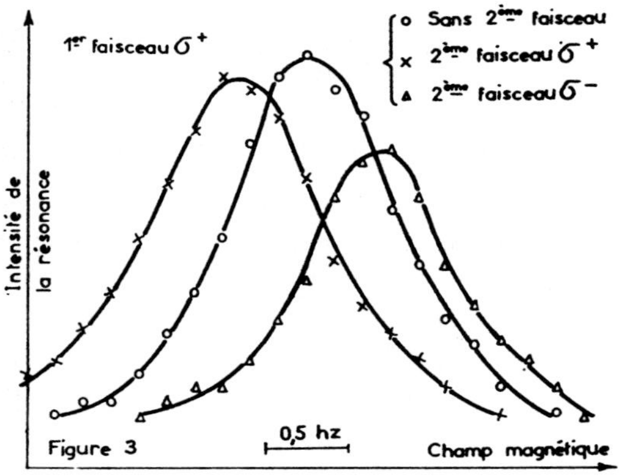

Fig. 3.

On remarque sur la figure 3 que l'intensité de la résonance est plus faible lorsque les deux faisceaux ont des polarisations opposées : σ^+ pour le premier, σ^- pour le deuxième. En effet, dans ce cas, les atomes sont accumulés par le premier faisceau dans le sous-niveau $+1/2$ et la vapeur est particulièrement absorbante pour toute fraction du deuxième faisceau susceptible de provoquer des transitions réelles et que le filtre à ^{199}Hg n'absorberait pas entièrement. D'où un affaiblissement de la détection de la résonance. Nous avons vérifié cette hypothèse en opérant avec des filtres à ^{199}Hg moins absorbants, ce qui augmente la dissymétrie. D'autre part, nous avons inversé le sens de la dissymétrie en pompant avec le premier faisceau en σ^- et non plus en σ^+.

L'expérience décrite dans cette Communication fait appel à la polarisation de la lumière pour déplacer de façon différente deux sous-niveaux Zeeman d'un même niveau hyperfin de l'état fondamental (inégalité des $A_{\mu\mu}$). On peut imaginer d'autres expériences où il n'est pas besoin de faire appel à cette propriété et où l'écart des deux niveaux est suffisamment grand pour que $\Delta E'$ varie de l'un à l'autre (cas des deux niveaux hyperfins d'un atome alcalin dans l'état fondamental).

(*) Séance du 9 janvier 1961.

(1) J.-P. Barrat et C. Cohen-Tannoudji, *Comptes rendus*, 252, 1961, p. 93 (I); 252, 1961, p. 255 (II).

(2) B. Cagnac et J. Brossel, *Comptes rendus*, 249, 1959, p. 77; J. Brossel, *Year Book of the Phys. Soc.* (London), 1960, p. 1.

(*Laboratoire de Physique de l'École Normale Supérieure*, 24, *rue Lhomond*, *Paris*, 5e.)

Paper 1.3

C. Cohen-Tannoudji and J. Dupont-Roc, "Experimental study of Zeeman light shifts in weak magnetic fields," *Phys. Rev.* **A5**, 968–984 (1972).

The effect of light shifts on the ground state manifold of an atom can be described by an effective Hamiltonian whose symmetries are determined by the polarization of the incident light. Using an appropriate expansion of this effective Hamiltonian, one can show that it can be interpreted in terms of a global shift of the ground state manifold, supplemented by differential shifts equivalent to those which would be produced by fictitious magnetic or electric fields.

This paper describes a series of experiments demonstrating the properties and symmetries of these fictitious fields. By varying the applied real static magnetic field $\mathbf{B}_0$, one can study the transition between the zero field zone ($\mathbf{B}_0 = 0$), where the Zeeman degeneracy is removed by light shifts, and the high field region where light shifts are a small perturbation to the Zeeman splittings due to $\mathbf{B}_0$.

By modulating the intensity or the polarization of the "shifting" light beam, one can produce modulated fictitious magnetic or electric fields, acting selectively on a given hyperfine level. Here also, similar effects have been found to play an important role in the new laser cooling mechanisms. See, for example, Sec. 3B of paper 7.2, where an atom, moving in a $\sigma^+ - \sigma^-$ laser configuration, "sees" a rotating fictitious electric field due to light shifts.

Experimental Study of Zeeman Light Shifts in Weak Magnetic Fields

Claude Cohen-Tannoudji and Jacques Dupont-Roc
Laboratoire de Spectroscopie Hertzienne de l'Ecole Normale Superieure, Associe au Centre National de la Recherche Scientifique, Paris, France
(Received 19 May 1971)

According to the quantum theory of the optical-pumping cycle, one can describe the effect of a nonresonant light beam on the different Zeeman sublevels of an atomic ground state by an effective Hamiltonian $\mathcal{H}_e$ which depends on the polarization and spectral profile of the incident light. In order to check the structure of $\mathcal{H}_e$, we have performed a detailed experimental study of the ground-state energy sublevels of various kinds of atoms perturbed by different types of nonresonant light beams. Attention is paid to the modification of the Zeeman structure due to $\mathcal{H}_e$. We have been able to obtain experimentally in the ground state of ^{199}Hg, ^{201}Hg, and ^{87}Rb, Zeeman light shifts that are larger than the width of the levels due to the thermal relaxation. The removal of the Zeeman degeneracy in zero external field, due to a nonresonant light irradiation, is observed by different optical-pumping techniques; the full Zeeman diagram of the perturbed atoms is also determined when a static field $\vec{H}_0$ is added. We have checked that the effect of $\mathcal{H}_e$ can be described in terms of fictitious static electric or magnetic fields. These fictitious fields can be used to act selectively on a given atomic level.

INTRODUCTION

The ground state of a two-level atom is broadened and shifted when irradiated by a light beam. The lifetime T'_P is due to the resonant photons of the light wave (the atom can actually leave the ground state by absorption of such a photon). The energy shift $\Delta E'$ can be described in terms of virtual absorptions and reemissions of the nonresonant photons, which mix the excited- and ground-state wave functions.[1] It may be also interpreted as a dynamic Stark effect in the electric field of the light wave.[2,3] If the ground state has a nonzero angular momentum F, the effect of a nonresonant irradiation ($\Delta E' \gg 1/T'_P$) on the $2F+1$ sublevels is described by an effective Hamiltonian $\mathcal{H}_e$. The energy levels of the perturbed atom are the eigenstates of $\mathcal{H}_e$. $\mathcal{H}_e$ is a function of the intensity, of the polarization, and of the spectral profile of the light.

In this paper, we report the results of an *experimental* study of the ground-state energy sublevels of various kinds of atoms perturbed by different types of nonresonant (nr) light beams.

The expression of $\mathcal{H}_e$ has been theoretically established in a quantum theory of the optical pumping cycle.[4] As in various atomic physics problems,[5,6] the use of irreducible tensor operators has greatly simplified the analysis of $\mathcal{H}_e$.[3] We emphasize the fact that the form of $\mathcal{H}_e$ (eigenstates, relative spacing of the energy sublevels) is in many cases determined only by the angular properties of the light beam, especially by its polarization. As pointed out by several authors,[7–9] one can also associate with the light beam fictitious static fields which would produce the same splitting in the ground state and which are very useful to visualize the symmetry properties of $\mathcal{H}_e$.

More precisely, the effect of the light beam is the following. First, it produces a displacement of the ground state as a whole (center-of-mass light shift); second, it removes the Zeeman degeneracy of the level. The first effect has been observed directly on an optical transition by Aleksandrov *et al.*,[10] Bradley *et al.*,[11] and Platz.[12] The difference of the center-of-mass light shifts for two different hyperfine levels of an alkali-atom results in a modification of the hyperfine frequency of the ground state, which has been observed and studied in great detail.[13–15]

Here we focus our attention on the second point, the effect of the light beam inside each ground-state multiplicity, which depends more critically on the symmetries of $\mathcal{H}_e$. With these Zeeman light shifts is associated a shift of the magnetic resonance line, which has been observed by several authors.[16–18] However, these experiments have been performed in a high magnetic field, i.e., when Zeeman splitting is large compared to the light shift. The atomic wave functions are then determined by the Zeeman Hamiltonian and the light beam only modifies slightly the energies. For our purpose, a more interesting situation is the opposite case, when the structure of the ground state is determined mainly by the light beam. For that reason much attention must be paid to the low-field region, including the zero-field case where the eigenstates of $\mathcal{H}_e$ are directly observed. The full Zeeman diagram, deeply modified by the presence of the nr light beam, also gives valuable information on the structure of $\mathcal{H}_e$.

To our knowledge, because of the smallness of the currently obtained light shifts compared to the width of the levels, the energy diagram of an atom submitted to a nr irradiation has never been experimentally investigated. Using atoms with long relaxation times and powerful discharge lamps, we have observed Zeeman light shifts larger than the width of the levels and we have been able to carry out an experimental study of the energy levels of different kinds of atoms irradiated by nr light beams in zero or nonzero magnetic field. The form of the effective Hamiltonian for various polarizations has been checked in this way and found to be in excellent agreement with the theoretical predictions.

In particular, the concept of the fictitious field appears to be very convenient for interpreting the results of the experiments. Furthermore, we demonstrate that light shifts can practically be used in some experiments to produce static or modulated fictitious fields acting specifically on a given atomic level.

The paper is divided as follows. In Sec. I, the theoretical predictions for $\mathcal{H}_e$ are briefly recalled. In Sec. II, we review the various experimental methods used to study the energy diagram of the perturbed atom. We present in Sec. III the results of experiments performed on ^{199}Hg, ^{201}Hg, and ^{87}Rb atoms. Finally, in Sec. IV some applications of oscillating fictitious fields are investigated.

I. THEORETICAL PREDICTIONS FOR $\mathcal{H}_e$

In this section, we first recall the expression for $\mathcal{H}_e$ and the form of its expansion in irreducible tensor operators (more details may be found in Refs. 3 and 5). We then discuss the consequences of the symmetries of the light beam and show how it is possible to derive in simple cases the coefficients of the expansion of $\mathcal{H}_e$ without any complicated algebra. Finally, we determine the "fictitious" static fields which describe the effect of various types of nr light beams inside the ground-state multiplicities.

A. Effective Hamiltonian $\mathcal{H}_e$

1. *Notations and Assumptions*

(a) The nr light beam B_1 is characterized by its intensity $\mathcal{I}$, its polarization vector $\vec{e}_\lambda$, and its spectral profile $u(k)$ which is centered at the frequency $\bar{k}$ and has a width Δk. We assume Δk much larger than the light shifts and magnetic splittings involved in this study. We take $\hbar = c = 1$.

(b) The interaction of the atom with the light wave is of the electric dipole type. Therefore, the polarization vector $\vec{e}_\lambda$ is the only relevant geometrical parameter of the light beam which has to be considered.

(c) We suppose that B_1 is quasiresonant: $\bar{k}$ is close to a particular absorption frequency of the atom so that we will consider only the corresponding excited state. $|\phi M\rangle$ and $|F m\rangle$ are, respectively, the hyperfine sublevels of the excited and ground states; $k_{F\Phi}$ is the energy difference between those two levels for the free atom in zero field. We assume that in our experiments, the inverse of the excited-state lifetime is always smaller than Δk.

(d) Light shifts and Zeeman splittings in the ground state will be always small compared to the hyperfine structure so that F is a "good quantum number."

2. *Expression of Effective Hamiltonian*

The effect of the light beam inside the F multiplicity[19] is described by the Hamiltonian $\mathcal{H}_e(F)$

$$\mathcal{H}_e(F) = \sum_\phi \mathcal{H}_e(F, \phi) , \tag{1.1}$$

where

$$\mathcal{H}_e(F, \phi) = \Delta E'(F, \phi) A(F, \phi) . \tag{1.2}$$

$\Delta E'(F, \phi)$ is a real number, proportional to the light intensity, and is a function of $\bar{k}$. Its complete expression may be found in Refs. 1 and 4. The shape of its variations with $\bar{k}$ is given in Fig. 1. $\Delta E'(F, \phi)$ is maximum when $\bar{k} - k_{F\Phi}$ is of the order of Δk. When $\bar{k}$ is far from $k_{F\Phi}$,

$$\Delta E'(F, \phi) \approx (\mathcal{E} d_{F\Phi})^2 / (\bar{k} - k_{F\Phi}) , \tag{1.3}$$

where $\mathcal{E}$ is the electric field of the light wave, $d_{F\Phi}$ the reduced matrix element of the electric dipole operator between the two levels F and ϕ. $\Delta E'(F, \phi)$ changes its sign with $\bar{k} - k_{F\Phi}$. $A(F, \phi)$ is an operator depending on the polarization of B_1 and acting inside the F multiplicity:

$$A(F, \phi) = P_F (\vec{e}_\lambda^{\,*} \cdot \vec{D}) P_\Phi (\vec{e}_\lambda \cdot \vec{D}) P_F , \tag{1.4}$$

where P_F and P_Φ are the projection operators onto the F and ϕ multiplicities; $\vec{D}$ is the angular part of the electric dipole operator. $A(F, \phi)$ is obviously Hermitian.

The concept of effective Hamiltonian must be used with some care when several nr beams act simultaneously on the atom. If there is no phase relation between them, $\mathcal{H}_e$ is simply the sum of the effective Hamiltonians associated with each individ-

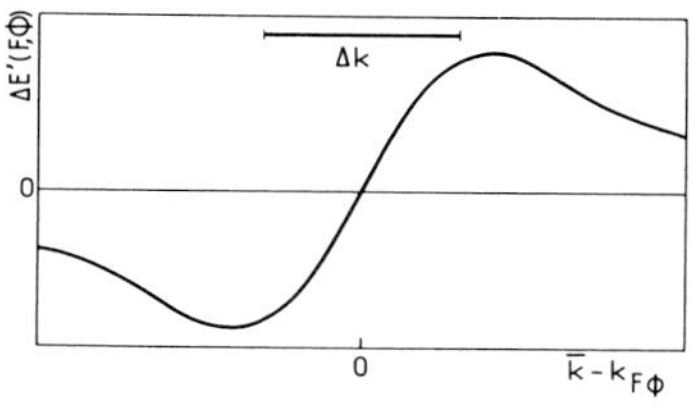

FIG. 1. Variations of $\Delta E'(F, \phi)$ with the mismatch $\bar{k} - k_{F\Phi}$ between the mean energy of the incident photons and the energy of the $F \to \phi$ atomic transition. Δk is the spectral width of the incident light.

ual beam. But if two beams are coherent, time-dependent terms may appear in the effective Hamiltonian.

3. *Expansion of $\mathcal{H}_e$ on an Operator Basis and Introduction of Fictitious Fields*

The basic idea is to develop $\mathcal{H}_e(F)$ on a basis of operators acting inside the ground-state multiplicity. Each term of this expansion may be interpreted as the interaction Hamiltonian of the ground state with a fictitious static field. To illustrate the method, let us first consider the simple case of a level $F=\frac{1}{2}$.

a. A simple case: $F=\frac{1}{2}$. There are only two sublevels in the multiplicity. $\mathcal{H}_e(F)$ is a 2×2 Hermitian matrix which can always be expanded in terms of the unit matrix and the three Pauli matrices $\sigma_i\,(i=x,y,z)$:

$$\mathcal{H}_e(F)=c_0+\textstyle\sum_i c_i\sigma_i\ . \tag{1.5}$$

We interpret $\sum_i c_i\sigma_i$ as the scalar product of the magnetic moment $\frac{1}{2}\gamma\vec{\sigma}$ of the atom (γ, gyromagnetic ratio) with a fictitious magnetic field $\vec{H}_f$ defined by

$$-\tfrac{1}{2}\gamma(H_f)_i=c_i\quad(i=x,y,z)\ . \tag{1.6}$$

Then, the effect of the light beam in the F multiplicity can be described in this case by a center-of-mass light shift c_0 and the action of a fictitious magnetic field $\vec{H}_f$.

b. General case: $F>\frac{1}{2}$. A third group of terms appears in the expansion. $\mathcal{H}_e(F)$, which is a $(2F+1)\times(2F+1)$ matrix, is developed on a complete set of irreducible tensor operators ${}^{FF}T_q^{(k)}$ $(-k\leqslant q\leqslant k,$ $k=0,1,\ldots,2F)$:

$$\mathcal{H}_e(F)=\sum_{k,q}c_q^{(k)}(F)\,{}^{FF}T_q^{(k)}\ ,$$

$$-k\leqslant q\leqslant k,\quad k=0,\ 1,\ 2,\ldots,2F\ . \tag{1.7}$$

From Eq. (1.4), it appears that $\mathcal{H}_e(F,\phi)$ is the product of two vector operators $\vec{D}$ with scalar ones (P_F and P_ϕ). The product of two vector operators can give only tensor operators of order $k=0,1,2$. As a consequence of the electric dipole character of the optical transition, $\mathcal{H}_e$ has the following form[20]:

$$\mathcal{H}_e(F)=c_0^{(0)}(F)+\sum_{q=-1}^{1}c_q^{(1)}(F)\,{}^{FF}T_q^{(1)}+\sum_{q=-2}^{2}c_q^{(2)}(F)\,{}^{FF}T_q^{(2)}\ , \tag{1.8}$$

where $c_0^{(0)}(F)$ is the c.m. light shift.

As ${}^{FF}T_0^{(1)}\propto F_z$, ${}^{FF}T_{\pm1}^{(1)}\propto\mp(1/\sqrt{2})(F_x\pm iF_y)$, the second part of $\mathcal{H}_e(F)$ can be rewritten as a linear combination of F_x, F_y, F_z. As in the $F=\frac{1}{2}$ case, its effect is equivalent to the action of a fictitious magnetic field $\vec{H}_f$. The third part involves the five operators ${}^{FF}T_q^{(2)}$, which are proportional to

$${}^{FF}T_{\pm2}^{(2)}\propto\tfrac{1}{2}(F_x\pm iF_y)^2\ ,$$

$${}^{FF}T_{\pm1}^{(2)}\propto\mp\tfrac{1}{2}[F_z(F_x\pm iF_y)+(F_x\pm iF_y)F_z]\ ,$$

$${}^{FF}T_0^{(2)}\propto(1/\sqrt{6})[3F_z^2-F(F+1)]\ . \tag{1.9}$$

This part represents the action of a fictitious electric field gradient on the quadrupole moment of the F level. But we will show later that in some cases, it can also be interpreted as describing the second-order Stark effect of a fictitious static electric field on the ground state.

Apart from the c.m. light shift, which we will ignore in the following, $\mathcal{H}_e$ is entirely determined by the eight coefficients $c_q^{(1)}(F)$ and $c_q^{(2)}(F)$.[21] They can be computed explicitly as a function of the atomic and light-beam parameters as shown in Ref. 3. But our purpose is to look at the angular aspect of $\mathcal{H}_e$. Thus, only the *relative* magnitude of the coefficients is needed. We will show that many of the results on this problem can be obtained from very simple arguments. For instance, the symmetries of the light beam often imply that most of the $c_q^{(k)}$ cancel.

B. Explicit Form of $\mathcal{H}_e$ in Some Particular Cases

1. *Consequences of the Light-Beam Symmetries*

Suppose that the light beam (more precisely, its polarization) is invariant under some geometrical transformation $\mathcal{R}$, such as a rotation or a reflection. $\mathcal{H}_e(F)$, which represents the effect of the light beam inside the F multiplicity, must also remain unchanged by $\mathcal{R}$. If $R(F)$ is the corresponding transformation operator in the F subspace, the invariance of $\mathcal{H}_e(F)$ is expressed by

$$R(F)\mathcal{H}_e(F)R^\dagger(F)=\mathcal{H}_e(F)\ , \tag{1.10}$$

which, according to (1.8), is equivalent to

$$\sum_{k,q}c_q^{(k)}(F)R(F)\,{}^{FF}T_q^{(k)}\,R^\dagger(F)=\sum_{k,q}c_q^{(k)}(F)\,{}^{FF}T_q^{(k)}\ . \tag{1.11}$$

$R(F)\,{}^{FF}T_q^{(k)}\,R^\dagger(F)$ is then reexpressed as a linear combination of the ${}^{FF}T_{q'}^{(k')}$. Identifying the coefficients of the two expansions, one obtains several relations between the $c_q^{(k)}$, which may be used to simplify the expression of $\mathcal{H}_e$.

The consequences of the light-beam symmetries may also be investigated directly on the fictitious fields. These fields, which depend only on the polarization of the light $\vec{e}_\lambda$, may be considered as rigidly fixed to $\vec{e}_\lambda$. Therefore, the fictitious fields are invariant under all the geometrical transformations which leave the polarization of the light beam unchanged.

2. *Determination of Fictitious Fields in Some Simple Cases*

a. One-half spin. Circularly polarized beam. As shown in Sec. IA 3 a, the effect of the light beam is entirely described by a fictitious magnetic field $\vec{H}_f$. The light beam is invariant under a rotation around its direction of propagation $0z$ so that $\vec{H}_f$ must be parallel to $0z$. Furthermore $\vec{H}_f$ is reversed, if the sense of circular polarization is reversed. The argument is the following. The image of a σ^+ polarized light beam in a mirror parallel to its direction of propagation is a σ^- polarized one. The same transformation changes $\vec{H}_f$, which is an axial vector, in $-\vec{H}_f$. A partially circularly polarized light beam is a superposition of two incoherent σ^+ and σ^- polarized beams, with intensities $\mathcal{I}_+$ and $\mathcal{I}_-$. Its effect is described by a fictitious magnetic field parallel to the beam and proportional to $\mathcal{I}_+ - \mathcal{I}_-$. This result holds also for an elliptically polarized light beam. As a special case, it appears that a nonpolarized beam has no effect on a one-half spin (except the c. m. light shift). The same result holds for a linearly polarized beam.

b. $F > \frac{1}{2}$. *Linearly polarized beam*. The beam B_1 is propagating along the x axis and $\vec{e}_\lambda$ is parallel to $0z$. If B_1 is rotated by an angle φ around the z axis, $\vec{e}_\lambda$ is unchanged. Consequently $\mathcal{H}_e(F)$ must be invariant under this rotation. If $R_{0z}(\varphi)$ is the corresponding rotation operator, the effective Hamiltonian $\mathcal{H}_e'(F)$ associated with the rotated beam B_1' is

$$\mathcal{H}_e'(F) = R_{0z}(\varphi)\mathcal{H}_e(F)R_{0z}^\dagger(\varphi)$$
$$= \sum_{k,q} c_q^{(k)}(F)[R_{0z}(\varphi)^{FF}T_q^{(k)}R_{0z}^\dagger(\varphi)]. \quad (1.12)$$

As in this rotation ${}^{FF}T_q^{(k)}$ is simply multiplied by $e^{-iq\varphi}$, we have

$$\mathcal{H}_e'(F) = \sum_{k,q}[c_q^{(k)}(F)e^{-iq\varphi}]\ {}^{FF}T_q^{(k)}. \quad (1.13)$$

The invariance requirement $\mathcal{H}_e(F) = \mathcal{H}_e'(F)$ implies $c_q^{(k)}(F) = c_q^{(k)}(F)e^{-iq\varphi}$ and consequently

$$c_q^{(k)}(F) = 0 \quad \text{for } q \neq 0, \quad (1.14)$$

so that

$$\mathcal{H}_e(F) = c_0^{(1)}(F)\ {}^{FF}T_0^{(1)} + c_0^{(2)}\ {}^{FF}T_0^{(2)}. \quad (1.15)$$

$\vec{e}_\lambda$, which is the direction of the electric field of the wave, is also invariant under a reflection in the $x0z$ plane. In this transformation, ${}^{FF}T_0^{(1)} \propto F_z$ changes its sign; ${}^{FF}T_0^{(2)} \propto 3F_z^2 - F(F+1)$ remains unchanged. As $\mathcal{H}_e(F)$ must have the same invariance properties as $\vec{e}_\lambda$, it follows that

$$c_0^{(1)}(F) = 0. \quad (1.16)$$

Finally, the effective Hamiltonian which describes the effect of a linearly polarized light beam consists only of the tensor part (it is zero in the $F = \frac{1}{2}$ case according to the Wigner-Eckart theorem). Its general expression is

$$\mathcal{H}_e(F) = b[3F_z^2 - F(F+1)]. \quad (1.17)$$

It looks like the Stark Hamiltonian describing the second-order effect on the ground state produced by a fictitious static field $\vec{E}_f$, parallel to the polarization vector.

$\mathcal{H}_e(F)$ removes only partially the Zeeman degeneracy. The energy shift is the same for the m and the $-m$ sublevels:

$$\omega_m = b[3m^2 - F(F+1)]. \quad (1.18)$$

This is a direct consequence of the invariance of the light beam in a plane reflection.

c. $F > \frac{1}{2}$. *Nonpolarized beam*. A nonpolarized beam (intensity $\mathcal{I}$) is a superposition of two incoherent beams of equal intensities $\frac{1}{2}\mathcal{I}$, linearly polarized at right angle to each other. If the beam propagates along the z direction, the corresponding effective Hamiltonian is

$$\mathcal{H}_e(F) = \tfrac{1}{2}b[3F_x^2 - F(F+1)] + \tfrac{1}{2}b[3F_y^2 - F(F+1)], \quad (1.19)$$

which can be expressed as

$$\mathcal{H}_e(F) = -\tfrac{1}{2}b[3F_z^2 - F(F+1)]. \quad (1.20)$$

This result can also be obtained from the invariance properties of the light beam under rotations around the z axis and $x0z$ plane reflection.

d. $F > \frac{1}{2}$. *Circularly polarized beam*. B_1 is parallel to the z axis. The rotational invariance of B_1 around $0z$ gives

$$\mathcal{H}_e(F) = c_0^{(1)}(F)\ {}^{FF}T_0^{(1)} + c_0^{(2)}(F)\ {}^{FF}T_0^{(2)}$$
$$= aF_z + b[3F_z^2 - F(F+1)]. \quad (1.21)$$

The circularly polarized light beam is not invariant any more under a plane reflection and its effect inside a level $F > \frac{1}{2}$ is described by a fictitious magnetic field $\vec{H}_f$ *and* a fictitious electric field $\vec{E}_f$, parallel to the direction of propagation. The relative magnitudes of a and b can be obtained only by explicit calculations. When the polarization is reversed, it can be shown, as in Sec. 1 B 2 a, that $\vec{H}_f$ is changed to $-\vec{H}_f$, while the fictitious Stark Hamiltonian is not affected.

e. $F > \frac{1}{2}$. *Light beam equivalent to a pure fictitious magnetic field*. In some cases, it is possible to design light beams which are equivalent only to a fictitious pure magnetic field. Even for $F > \frac{1}{2}$, the tensor part is absent. The idea was suggested by Kastler in the case of the odd isotopes of mercury. The magnetic moment in the $6\,^1S_0$ ground state is purely nuclear: $F = I$. In the $6\,^3P_1$ excited state, the hyperfine structure is so large with respect to Δk that one can consider one of the sublevels, ϕ, only. The lamp producing B_1 is filled with an even isotope, the resonance line of which coincides in zero magnetic field with the ϕ component. The lamp is placed in a magnetic field, parallel to the direction of B_1. The resonance line is split into a σ^+ and a σ^- component, located on either side of the absorption line ϕ of the vapor. An example is shown on Fig. 2. (A similar situation exists for the $\phi = \frac{5}{2}$ component of ^{201}Hg excited by ^{204}Hg and for the $\phi = \frac{3}{2}$ component of ^{201}Hg excited by ^{198}Hg.) Their two intensities are equal, so that $\Delta E'_{\sigma^+}$ and $\Delta E'_{\sigma^-}$ are opposite:

$$\mathcal{H}_{e,\sigma^+} = aI_z + b[3I_z^2 - I(I+1)], \qquad (1.22)$$

$$\mathcal{H}_{e,\sigma^-} = -\{-aI_z + b[3I_z^2 - I(I+1)]\} . \qquad (1.23)$$

In Eq. (1.23), the minus sign outside the brace comes from $\Delta E'_{\sigma^-}$, the one in front of the I_z term comes from the change of polarization. Finally,

$$\mathcal{H}_e = \mathcal{H}_{e,\sigma^+} + \mathcal{H}_{e,\sigma^-} = 2aI_z , \qquad (1.24)$$

and the effect of the light beam is entirely described by a fictitious magnetic field.

f. Alkali atoms. Light shifts in the ground state of alkali atoms have been calculated in great details by Happer *et al.*[14] We present here a simple derivation of $\mathcal{H}_e(F)$ valid only if the hyperfine structure of the excited state is negligible compared to the Doppler width. In this case, $\Delta E'(F, \phi)$ is independent of ϕ. The expression (1.1) of $\mathcal{H}_e(F)$ can be transformed in the following way:

$$\mathcal{H}_e(F) = \Delta E'(F) P_F(\vec{e}_\lambda^* \cdot \vec{D})(\textstyle\sum_\phi P_\phi)(\vec{e}_\lambda \cdot \vec{D}) P_F . \qquad (1.25)$$

We then use the relation

$$\textstyle\sum_\phi P_\phi = 1_I \otimes P_j ,$$

where 1_I is the unit matrix in the nuclear-variable space and P_j is the projector on the electronic wave function of the excited state. Furthermore, $\vec{D}$ acts only on the electronic variables, so that $\mathcal{H}_e(F)$ becomes

$$\mathcal{H}_e(F) = \Delta E'(F) P_F(1_I)(\vec{e}_\lambda^* \cdot \vec{D} P_j \vec{e}_\lambda \cdot \vec{D}) P_F . \qquad (1.26)$$

$\vec{e}_\lambda^* \vec{D} P_j \vec{e}_\lambda \vec{D}$ is a purely electronic operator acting in the ground state ($L = 0$, $S = \frac{1}{2}$). According to the results of Sec. IB2a

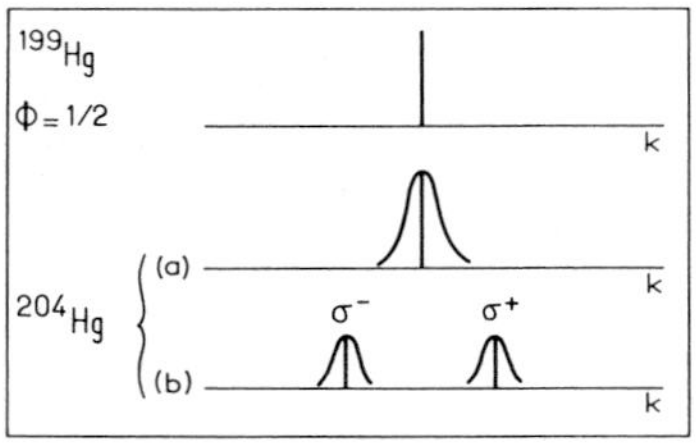

FIG. 2. (a) In zero field, the ^{204}Hg resonance line (2537 Å) coincides with the $\phi = \frac{1}{2}$ component of ^{199}Hg. (b) In an axial magnetic field, the ^{204}Hg lamp emits two components, σ^+ and σ^- polarized, located on either side of the $\phi = \frac{1}{2}$ component of ^{199}Hg.

TABLE I. Effective Hamiltonians and equivalent fictitious fields associated with different types of nonresonant light beams B_1.

B_1 polarization	Effective Hamiltonian	Equivalent fictitious fields
$\vec{u}$ (circular)	$\mathcal{H} = aF_u + b[F_u^2 - F(F+1)/3]$	$\vec{H}_f$, E_f
$\vec{e}_\lambda$	$\mathcal{H} = b[F_\lambda^2 - F(F+1)/3]$	$\vec{E}_f$ ↑
$\vec{u}$ nonpolarization	$\mathcal{H} = b[F_u^2 - F(F+1)/3]$	$\vec{E}_f$ →

$$\vec{e}_\lambda^* \cdot \vec{D} P_j \vec{e}_\lambda \cdot \vec{D} = KS_z \qquad (1.27)$$

if the light beam propagates along the z axis. $\vec{S}$ is the electronic spin and K a constant depending on J and proportional to the degree of circular polarization of B_1. Finally,

$$\mathcal{H}_e(F) = K\Delta E'(F) P_F S_z P_F . \qquad (1.28)$$

It appears that the tensor part term is absent. Furthermore $\mathcal{H}_e(F)$ has the form of a Zeeman Hamiltonian in the low-field approximation and can be written as $g_F F_z$, where g_F is the Landé factor of the F level (the g_F are of opposite sign for the two hyperfine levels). The effect of the light beam in the two ground-state multiplicities $F = I + \frac{1}{2}$ and $F' = I - \frac{1}{2}$ is described by *two* fictitious magnetic fields, proportional in magnitude and *sign* to $\Delta E'(F = I + \frac{1}{2})$ and $\Delta E'(F' = I - \frac{1}{2})$. For instance, if $k_{F\phi} < \bar{k} < k_{F'\phi}$, the two fictitious fields $\vec{H}_f(F)$ and $\vec{H}_f(F')$ are of opposite signs.

C. Limitations of Concept of Fictitious Field

We want to make clear the limitations of the concept of fictitious field. First, fictitious fields describe the effect of the light beam inside a given level. In other atomic levels, the effect of the same light beam is represented by other fictitious quantities. Second, the choice of the fictitious fields is, to some extent, arbitrary. For instance, the effect of a linearly polarized beam may be described either by a fictitious electric field gradient acting on the atomic quadrupole moment or by a second-order Stark effect produced by a fictitious electric field. One must keep in mind that the effective Hamiltonian is the only quantity with a real physical significance. Nevertheless the fictitious fields are useful for "visualizing" the effect of the light beam, especially its angular aspect. The results of this section are summarized in Table I.

II. EXPERIMENTAL METHODS

Our purpose was first to observe in zero magnetic

field the splitting of the ground state under the action of the nr light wave and secondly to check the form of the effective Hamiltonian and give experimental support to the concepts of fictitious magnetic and electric fields. The splitting in zero magnetic field is measured by resonance or transient methods. The identification of $\mathcal{H}_e$ is more difficult: The eigenstates should be determined. We use in fact another approach. The shape of the Zeeman diagram for various directions of the applied magnetic field is characteristic of the Hamiltonian in zero field. So we compare the experimentally determined Zeeman diagram to the theoretical one, computed from the expected form of $\mathcal{H}_e$. The unknown theoretical parameters introduced in $\mathcal{H}_e$ $(a, b, \ldots)$ are measured directly from the splitting in zero field. The agreement between the two diagrams in nonzero field is a good test for the theoretical expression of $\mathcal{H}_e$. We have carried out this kind of investigation on the ground state of ^{199}Hg $(I=\frac{1}{2})$ and ^{87}Rb (two hyperfine levels, $F=2$ and $F'=1$) for circularly polarized nr light beams. The effect of nonpolarized or linearly polarized light beams has been studied in the ground state of ^{201}Hg $(I=\frac{3}{2})$.

In this section we discuss the general characteristics of the experimental setup and procedures.

A. Experimental Setup

1. *Nonresonant Light Beam*

We use conventional light sources, i.e., electrodless discharge lamps. To obtain a nr light, the lamp is either placed in a magnetic field as described in Sec. IB 2e, or filled with an isotope different from the one under study in the resonance cell. In order to get $\Delta E'$ maximum, the energy mismatch $\bar{k}-k_{F\Phi}$ is not very large (a few Doppler widths). For instance, we illuminate ^{201}Hg atoms with a ^{200}Hg lamp $(\bar{k}-k_{3/2,\,3/2}=-0.13\ \text{cm}^{-1})$, and ^{199}Hg atoms with a ^{204}Hg lamp in a 2300-G axial magnetic field $(\bar{k}-k_{1/2,\,1/2}=0.16\ \text{cm}^{-1})$. The shifts on ^{87}Rb are produced by the D_2 line of a ^{85}Rb lamp. As shown in Fig. 3, the ^{85}Rb hyperfine lines lie just between the two hyperfine components of ^{87}Rb.

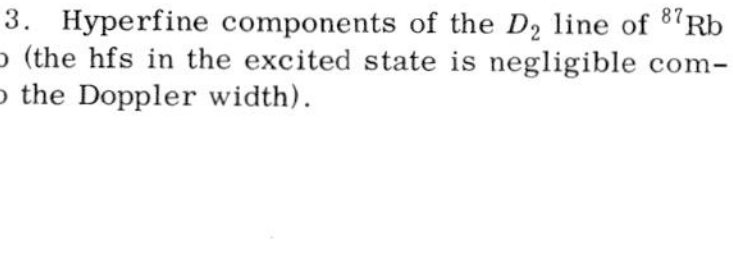

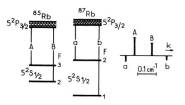

FIG. 3. Hyperfine components of the D_2 line of ^{87}Rb and ^{85}Rb (the hfs in the excited state is negligible compared to the Doppler width).

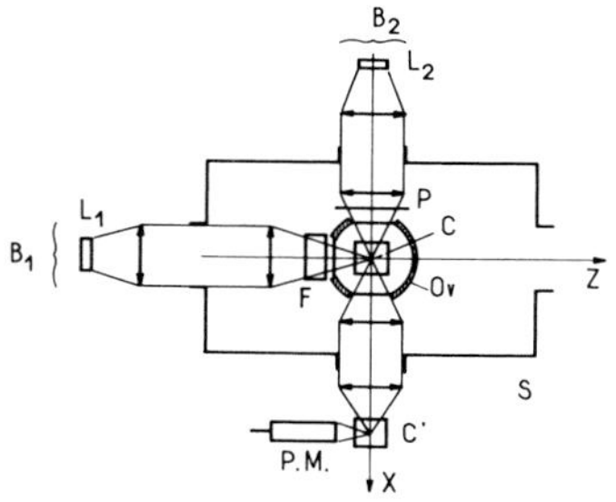

FIG. 4. Setup for experiments on Hg (not to scale). L_1: lamp of the nr light beam B_1. L_2: lamp of the pumping beam B_2. C: Resonance cell. F: filter filled with the same isotope as C. Ov: Oven. P: polarizer. S: magnetic shield. C′: Resonance cell which collects the transmitted B_2 light. P.M.: photomultiplier.

As a consequence of the small mismatch $\bar{k}-k_{F\Phi}$, the wings of the nr lines usually contain resonant wavelengths, which produce a broadening of the ground state. This resonant light is suppressed by a filter, filled with the same element as the resonance cell, and placed in front of it. The choice of the filter temperature results from a compromise: at high temperature, the filter absorbs also a fraction of the nr light and diminishes the magnitude of the shift; at a too low temperature, the resonant wavelengths are not absorbed and the ground-state sublevels are broadened. We operate near the temperature which optimizes the ratio of the shift to the width of the sublevels.

To obtain large shifts, a high intensity is required for the nr beam. The size of the discharge lamps is rather large (disks of 3 cm in diameter for mercury lamps, 5 cm for Rb lamps). They are filled with neon or argon buffer gas and excited with a powerful microwave generator (more than 150 W). Polarizers are avoided if possible. For ^{199}Hg the arrangement, described in Sec. IB 2e, is used. In the case of ^{201}Hg, fictitious electric fields are produced by nonpolarized beams instead of linearly polarized ones. We use circular polarizers only for the experiments with Rb. The magnitude of the shift is found to depend critically on the operating conditions of the lamps. From one day to another, fluctuations of the order of 10% are observed on the absolute value of the shift. But during a day, it was possible to keep its value constant within a few percent.

2. *Other Parts of Setup*

A diagram of the setup for the experiment on mercury is given in Fig. 4, and that for the experi-

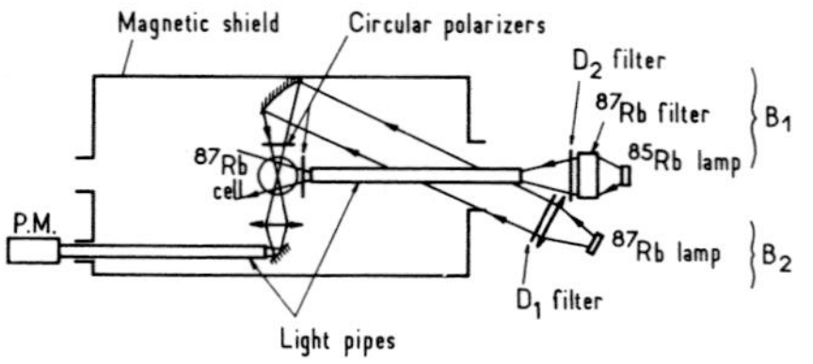

FIG. 5. Setup for experiments on Rb.

ment on rubidium in Fig. 5.

Besides the *nonresonant* shifting beam B_1, a second light beam B_2 is needed. B_2 is *resonant* and its intensity is sufficiently weak so as not to broaden the ground state. B_2 optically pumps the atoms and allows the measurement of their Bohr frequencies in the presence of B_1. The resonances are detected by monitoring the absorption of B_2 by the resonance cell. In the experiment on Hg (Fig. 4), the stray light due to the reflection of the intense B_1 light on the walls of the cell is important and produces an appreciable noise compared to the weak signal detected on B_2. We eliminate it by collecting the transmitted light on a second cell C' which absorbs only the resonant light coming from B_2 (the nr light coming from B_1 goes through). A photomultiplier PM measures the light reemitted by C' at right angles. The Hg or Rb atoms are contained in cells with long relaxation times. The width of the levels is then much smaller than the shift produced by B_1. For mercury isotopes, the fused quartz cells are heated to about 300 °C in order to increase the relaxation time.[22] Paraffin-wall-coated cells are used for ^{87}Rb.[23] The currently obtained results concerning the shifts $\delta'/2\pi$ and the widths $\Gamma'/2\pi$ are summarized in Table II.

Such long relaxation times imply a high sensitivity to the magnetic noise present in the laboratory. We remove it by using magnetic shields. For the mercury experiments, a three-layer Netic and Conetic shield, with a total dynamic shielding factor of 60 is sufficient (the gyromagnetic ratio is a nuclear one). For the experiments on Rb, a large five-layer mumetal shield provides a good protection with a dynamic shielding factor of 10^4–10^5, depending on the direction. Inside the shield, three orthogonal sets of Helmholtz coils can produce fields in all the directions and are used to compensate for the residual field.

B. Experimental Procedures

The only measurable quantities are the differences $\omega_{\alpha\beta} = \omega_\alpha - \omega_\beta$ between the Zeeman energy levels; $\omega_{\alpha\beta}/2\pi$ is a Bohr frequency of the system. When all the $\omega_{\alpha\beta}$ are known, the energy-level pattern can be reconstructed. In this section, we describe different methods for measuring the Bohr frequencies of atoms irradiated by a nr light beam. These measurements are performed in zero or nonzero external magnetic field. Various optical pumping techniques are used: transients, level crossings, different types of resonances, etc. Before describing these methods, let us briefly recall a few results concerning the evolution of the density matrix in an optical-pumping experiment.

1. *Evolution of Density Matrix*

Atoms in the ground state are described by the density matrix σ. The diagonal element $\sigma_{\alpha\alpha} = \langle \alpha | \sigma | \alpha \rangle$ is the population of the α sublevel; $\sigma_{\alpha\beta} = \langle \alpha | \sigma | \beta \rangle$ is the "coherence" between the α and β sublevels. The evolution of σ is due to three processes: effect of the ground-state Hamiltonian (including $\mathcal{H}_e$), relaxation, and optical pumping.

a. Effect of ground-state Hamiltonian. The total Hamiltonian $\mathcal{H}$ is

$$\mathcal{H} = \mathcal{H}_e + \mathcal{H}_m .$$

$\mathcal{H}_e$ is the effective Hamiltonian describing the effect of the nr light irradiation, and $\mathcal{H}_m$ is the Zeeman Hamiltonian in an applied external magnetic field. The corresponding rate of variation of σ is

$$\frac{d}{dt}^{(3)} \sigma = -i\,[\mathcal{H}, \sigma] . \tag{2.1}$$

If $|\alpha\rangle$ are the eigenstates of $\mathcal{H}$, with energy ω_α, we have

$$\frac{d}{dt}^{(3)} \sigma_{\alpha\beta} = -i\omega_{\alpha\beta}\sigma_{\alpha\beta} , \tag{2.2}$$

$$\omega_{\alpha\beta} = \omega_\alpha - \omega_\beta . \tag{2.3}$$

The populations of the $|\alpha\rangle$ states do not change; the coherence $\sigma_{\alpha\beta}$ evolves at the Bohr frequency $\omega_{\alpha\beta}/2\pi$.

b. Relaxation. The atoms are thermalized by various relaxation processes (collision on the walls, essentially). The corresponding evolution of the density matrix is described by a set of linear differential equations, which may be written formally as

TABLE II. Experimental results concerning the splitting δ' in zero field and the width Γ' of the levels.

Atom	State	$\delta'/2\pi$(Hz)	$\Gamma'/2\pi$(Hz)	δ'/Γ'
^{199}Hg	$6^1S_0(I=\frac{1}{2})$	5	0.3	16
^{201}Hg	$6^1S_0(I=\frac{3}{2})$	3	0.2	15
^{87}Rb	$5^2S_{1/2}F=2$	15	3	5
	$F=1$	10	2.3	4.5

$$\frac{d^{(2)}}{dt}\sigma = -\mathfrak{D}(\sigma) , \tag{2.4}$$

where $\mathfrak{D}$ is a linear operator in the Liouville space. We assume that $\omega_{\alpha\beta} \ll k_B\Theta$ (k_B Boltzmann constant, Θ temperature), so that the thermal equilibrium is $\sigma = 1$ [$\mathfrak{D}(1) = 0$]. In general, several relaxation time constants appear in the evolution of σ (eigenvalues of $\mathfrak{D}$). In order to simplify the following discussion, we will assume that all these time constants are equal. A more realistic calculation can be performed. The results are qualitatively the same, but the algebra is more complicated.

Thus Eq. (2.4) becomes

$$\frac{d^{(2)}}{dt}\sigma = \Gamma'(1-\sigma) , \tag{2.5}$$

where $1/\Gamma'$ is the relaxation time.

c. Optical pumping. It can be shown that the effect of optical pumping by the resonant beam B_2 on σ is also described by an equation of the same type as (2.4):

$$\frac{d^{(1)}}{dt}\sigma = \mathcal{P}(\sigma) . \tag{2.6}$$

The time constants involved in $\mathcal{P}(\sigma)$ are of the order of T_p (pumping time associated with B_2). We assume a weak pumping ($1/\Gamma' \ll T_p$). Accordingly, the broadening of the levels due to the pumping beam is small, and the orientation and alignment are weak ($\sigma - 1$ very small). We will therefore approximate (2.6) by

$$\frac{d^{(1)}}{dt}\sigma \simeq \mathcal{P}(1) = \frac{1}{T_p}\,{}^{ex}\sigma . \tag{2.7}$$

${}^{ex}\sigma$ describes the state of an initially disoriented atom after an optical pumping cycle. [The replacement of (2.6) by (2.7) implies that this atom will be thermalized before undergoing another pumping cycle.] The total population of the ground state is constant, so that

$$\mathrm{Tr}\,({}^{ex}\sigma) = 0 . \tag{2.8}$$

If ${}^{ex}\sigma$ has only diagonal matrix elements, optical pumping is said to be "longitudinal." If ${}^{ex}\sigma$ has also nondiagonal matrix elements, we have "transverse" optical pumping which introduces "coherence" between energy sublevels.

d. Master equation. It can be shown that the total rate of variation of σ is simply[1]

$$\frac{d}{dt}\sigma = \frac{d^{(1)}}{dt}\sigma + \frac{d^{(2)}}{dt}\sigma + \frac{d^{(3)}}{dt}\sigma , \tag{2.9}$$

$$= -i\,[\mathcal{H},\sigma] + \Gamma'(1-\sigma) + (1/T_p)\,{}^{ex}\sigma . \tag{2.10}$$

This gives for the evolution of $\sigma_{\alpha\beta}$

$$\frac{d}{dt}\sigma_{\alpha\beta} = -(\Gamma' + i\omega_{\alpha\beta})\sigma_{\alpha\beta} + \frac{1}{T_p}\,{}^{ex}\sigma_{\alpha\beta} + \Gamma'\delta_{\alpha\beta} . \tag{2.11}$$

The steady-state solution of this equation is

$$\sigma_{\alpha\beta} = \frac{1}{\Gamma' T_p}\,{}^{ex}\sigma_{\alpha\beta}\,\frac{\Gamma'}{\Gamma' + i\omega_{\alpha\beta}} + \delta_{\alpha\beta} . \tag{2.12}$$

Population differences appear between energy sublevels if we choose the polarization of the pumping beam B_2 so that the diagonal elements ${}^{ex}\sigma_{\alpha\alpha}$ are not equal. For transverse optical pumping, the coherences obtained in steady-state conditions depend on the relative magnitude of Γ' and $\omega_{\alpha\beta}$: They disappear if $\Gamma' \ll \omega_{\alpha\beta}$.

2. *Level-Crossing Resonances and Transients*

The energies ω_α of the $|\alpha\rangle$ states depend on the magnetic field H_0. In some cases, level crossings appear in the Zeeman diagram. For a particular value H_c of the magnetic field, the two sublevels $|\alpha\rangle$ and $|\beta\rangle$ have the same energy: $\omega_{\alpha\beta} = 0$. According to (2.12), the steady-state coherence $\sigma_{\alpha\beta}$ undergoes a resonant variation when H_0 is scanned around $H_0 = H_c$. As the amount of light L_A absorbed by the vapor depends linearly on the density matrix elements, this resonant change of $\sigma_{\alpha\beta}$ can be monitored on L_A. The resonances observed in this way are used to determine the position of the crossing points. From the position of the level-crossing resonances, the splitting in zero field is deduced with the help of the theoretical form of the Zeeman diagram. A different way to detect the same effect with a better signal to noise ratio is described in Sec. II B 3. These level-crossing resonances in the ground state are similar to the well-known "Franken resonances"[24] observed on the fluorescent light emitted from two crossing excited sublevels.

The splitting in zero field can also be determined more directly by a transient experiment. The atoms are transversely pumped in zero field, the nr beam B_1 being off. Since all the $\omega_{\alpha\beta}$ are zero, we have in steady-state conditions

$$\sigma(0) = (1/\Gamma' T_p)\,{}^{ex}\sigma + 1 . \tag{2.13}$$

At time $t = 0$, B_1 is suddenly switched on. The various coherences $\sigma_{\alpha\beta}$ ($\alpha \neq \beta$) reach their new steady-state values (in the presence of B_1)

$$\sigma_{\alpha\beta}(\infty) = \frac{1}{\Gamma' T_p}\,{}^{ex}\sigma_{\alpha\beta}\,\frac{\Gamma'}{\Gamma' + i\omega_{\alpha\beta}} \tag{2.14}$$

in the following way:

$$\sigma_{\alpha\beta}(t) = [\sigma_{\alpha\beta}(0) - \sigma_{\alpha\beta}(\infty)]\,e^{-\Gamma' t}e^{-i\omega_{\alpha\beta}t} + \sigma_{\alpha\beta}(\infty) . \tag{2.15}$$

Each coherence undergoes a damped oscillation at its Bohr frequency. If $\Gamma' \ll \omega_{\alpha\beta}$, i.e., if B_1 has a sufficient intensity to produce splittings larger than Γ' in zero field, several oscillations at the frequency $\omega_{\alpha\beta}$ can be detected on the absorbed light, with an appreciable amplitude since $\sigma_{\alpha\beta}(\infty) \simeq 0$.

3. *Resonance Methods*

They can be applied to the measurement of the zero-field splitting or to the determination of the Zeeman diagram.

a. Ordinary magnetic resonance. A population difference between the sublevels $|\alpha\rangle$ and $|\beta\rangle$ is produced by the pumping beam B_2. In order to measure the energy difference $\omega_{\alpha\beta}$, an rf field $\vec{H}_1 \cos\omega t$ is applied. The resonance condition $\omega = \omega_{\alpha\beta}$ is detected by a change in the populations of the two sublevels.

b. Modulated transverse pumping. The direction and polarization of the pumping beam B_2 are first chosen in such a way that ${}^{ex}\sigma_{\alpha\beta} \neq 0$ (transverse pumping). The polarization is then modulated by rotating the polarizer (or the quarter-wave plate in the case of a circular polarization) at the angular frequency $\frac{1}{2}\omega$. The pumping rate is modulated at the frequency $\omega/2\pi$ (the initial polarization is restored after half a turn). In Eq. (2.11), ${}^{ex}\sigma_{\alpha\beta}$ must be replaced by

$$ {}^{ex}\sigma_{\alpha\beta} = {}^{ex}\sigma_{\alpha\beta}^{(0)} + {}^{ex}\sigma_{\alpha\beta}^{(1)} e^{i\omega t} + {}^{ex}\sigma_{\alpha\beta}^{(-1)} e^{-i\omega t} \qquad (2.16) $$

and $\sigma_{\alpha\beta}$ undergoes a forced oscillation at the frequency $\omega/2\pi$.[25] The amplitude of $\sigma_{\alpha\beta}$ is large only near resonance ($\omega \approx \omega_{\alpha\beta}$). Neglecting nr terms, one gets for the solution of (2.11)

$$ \sigma_{\alpha\beta} = \frac{1}{\Gamma' T_p} \, {}^{ex}\sigma_{\alpha\beta}^{(-1)} e^{-i\omega t} \, \frac{\Gamma'}{\Gamma' + i(\omega_{\alpha\beta} - \omega)} \,. \qquad (2.17) $$

When ω is swept around $\omega_{\alpha\beta}$, $|\sigma_{\alpha\beta}|$ undergoes a resonant variation centered at $\omega = \omega_{\alpha\beta}$.

The pumping efficiency and $\sigma_{\alpha\beta}$ are both modulated at the frequency $\omega/2\pi$, so that the absorbed light, which depends on the product of these two factors, contains a modulation at the pulsation 2ω, the amplitude of which can be used to monitor the resonance. A phase-sensitive detection of the 2ω modulation gives Lorentz-shaped resonance curves with a half-width equal to the reciprocal Γ' of the relaxation time. The experiment is not difficult to perform in the 0.5–50-Hz frequency range. The rotating polarizer (diameter 5 or 10 cm) lies on an air cushion bearing, and is driven by a frequency-stabilized motor (frequency stability 10^{-2} Hz), or by an air stream.

c. Parametric resonances. Parametric resonances can be used only if the eigenstates $|\alpha\rangle$ are independent of H_0 with energies ω_α varying linearly with H_0:

$$ \omega_\alpha(H_0) = \omega_\alpha(0) + g_\alpha \omega_0 \,, \qquad (2.18) $$

g_α is a real constant, $\omega_0 = -\gamma H_0$; $\omega_\alpha(0)$ is the energy in zero field. This occurs when $\vec{H}_0$ is parallel to the fictitious fields $\vec{H}_f$ or $\vec{E}_f$. The vapor is transversely pumped by B_2 and the amplitude of $\vec{H}_0$ is modulated at a frequency $\omega/2\pi$, *large* compared to Γ' ($\omega \gg \Gamma'$), by means of an rf field $\vec{H}_1 \cos\omega t$ parallel to $\vec{H}_0$.

$$ \omega_\alpha(H_0 + H_1\cos\omega t) = \omega_\alpha(0) + g_\alpha \omega_0 + g_\alpha \omega_1 \cos\omega t = \omega_\alpha(H_0) + g_\alpha \omega_1 \cos\omega t \,, \qquad (2.20) $$

where $\omega_1 = -\gamma H_1$. Consequently, the rate of variation of $\sigma_{\alpha\beta}$ is

$$ \frac{d}{dt}\sigma_{\alpha\beta} = -[\Gamma' + i\omega_{\alpha\beta}(H_0) + i g_{\alpha\beta}\omega_1 \cos\omega t]\sigma_{\alpha\beta} + \frac{1}{T_p}\, {}^{ex}\sigma_{\alpha\beta} \,, \qquad (2.21) $$

where $g_{\alpha\beta} = g_\alpha - g_\beta$. The coherence is now frequency modulated. The steady-state solution of (2.21) is well known[26–28]:

$$ \sigma_{\alpha\beta} = \frac{1}{T_p}\, {}^{ex}\sigma_{\alpha\beta} \sum_{n,p} \times \frac{(-)^p J_n(g_{\alpha\beta}\omega_1/\omega) J_{n+p}(g_{\alpha\beta}\omega_1/\omega) e^{ip\omega t}}{\Gamma' + i(\omega_{\alpha\beta} - n\omega)} \,. \qquad (2.22) $$

$J_q(x)$ is the qth order Bessel function for the value x of the argument. $\sigma_{\alpha\beta}$ contains modulations at the angular frequencies $p\omega$, the amplitudes of which are resonant for

$$ \omega_{\alpha\beta} = n\omega \,. \qquad (2.23) $$

Phase-sensitive detection gives Lorentz-shaped curves, with a width Γ' independent of the rf field intensity. The $n = 1$ resonance, which occurs for $\omega_{\alpha\beta} = \omega$, provides a measurement of $\omega_{\alpha\beta}$. The resonance $n = 0$ is also interesting. It appears when $\omega_{\alpha\beta} = 0$, i.e., at the crossing point of the two levels $|\alpha\rangle$ and $|\beta\rangle$. "High"-frequency modulation of the static field thus provides modulated level-crossing signals ("high" frequency means $\omega \gg \Gamma'$). We always use them to detect the level crossings with a good signal to noise ratio.

d. Discussion. The resonances described in Sections II B 3 b and II B 3 c ("coherence resonances") have the following advantages: width Γ' and detection on modulated signals (the ordinary magnetic resonance is rf broadened and usually detected on static signals). The modulated transverse pumping resonances are the most versatile ones. Measurements are done at a given value of H_0. This is particularly interesting when the energy levels do not vary linearly with H_0.

III. EXPERIMENTAL EVIDENCES FOR FICTITIOUS FIELDS

A. Fictitious Magnetic Fields

We have studied the effects of circularly polarized nr light beams in the ground state of ^{199}Hg ($I = \frac{1}{2}$) and ^{87}Rb ($F = 2$, $F' = 1$).

1. *Ground State of* ^{199}Hg

In the case of ^{199}Hg (see Fig. 4), the nr shifting beam B_1 is produced by a ^{204}Hg lamp in an axial magnetic field and is propagating along $0z$. As seen in Sec. I B 2, its effect is equivalent to a

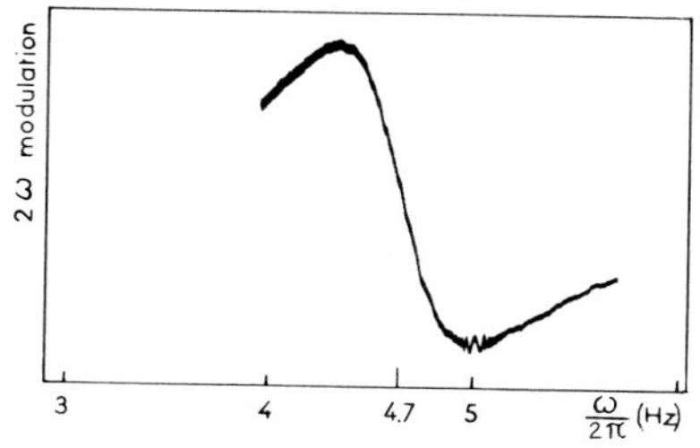

FIG. 6. Resonance observed in zero field by the transverse modulated pumping method. The circular polarization of B_2 is modulated at a frequency $\omega/2\pi$. When ω is swept, a resonance is detected on the 2ω modulation of the transmitted light, centered at $\omega/2\pi = 4.7$ Hz. This gives the splitting due to the nr beam B_1.

fictitious *magnetic* field $\vec{H}_f$, parallel to the z axis. The pumping and detecting beam B_2 is produced by a ^{204}Hg lamp L_2.

a. The removal of the Zeeman degeneracy in zero field is demonstrated by the following two experiments. First, the circular polarization of B_2 is modulated at the frequency $\omega/2\pi$ as described in Sec. II B 3. A resonance is found (Fig. 6) for $\omega/2\pi \simeq 4.7$ Hz which gives the splitting in zero field due to B_1. This resonance frequency can also be interpreted as the Larmor frequency in the fictitious field $\vec{H}_f$.

A second experiment using transients confirms this result. B_1 being off, the ^{199}Hg atoms are oriented in the x direction by B_2, circularly polarized (its polarization is no more modulated). B_1 is then suddenly introduced. The Larmor precession of the spins around $\vec{H}_f$ produces a modulation of the transmitted light at the previously determined frequency (Fig. 7). This clearly shows that

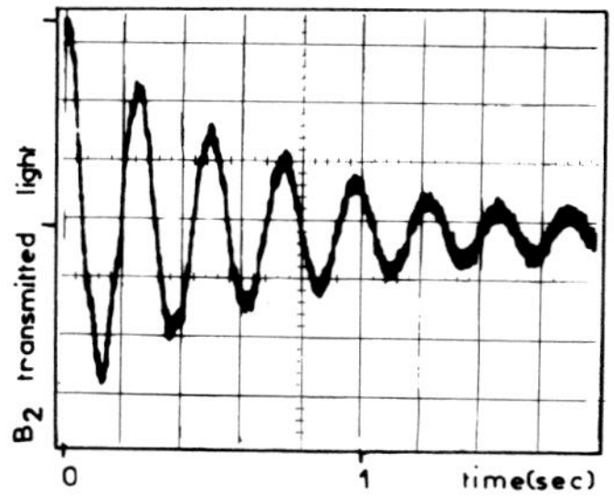

FIG. 7. Larmor precession, in zero magnetic field, of the ^{199}Hg nuclear spins in the fictitious field $\vec{H}_f$ associated with B_1.

spins do precess in fictitious magnetic fields.

b. We have also checked the shape of the Zeeman diagram of the perturbed atoms. A real magnetic field $\vec{H}_0$ is added in the x or z direction. The total field (real plus fictitious) "seen" by the atom is $\vec{H}_f + \vec{H}_0$.

If $\vec{H}_0$ is parallel to $0z$, the eigenstates are always the $|m\rangle_z$ sublevels (eigenstates of $F_z = I_z$) and the corresponding energies are $m(\omega_0 + \omega_f)$ with $\omega_f = -\gamma H_f$. The effect of B_1 is simply to displace the Zeeman diagram by a quantity $-\vec{H}_f$ [Fig. 8, curve (a)]. For different values of H_0, the energy difference between the two sublevels is measured by the parametric resonance method (see Sec. II B 3 c). The energies of the $|+\frac{1}{2}\rangle$ and $|-\frac{1}{2}\rangle$ sublevels, which are simply plus and minus one-half of the energy difference, are in good agreement with the theoretical curve (crosses on Fig. 8).

If $\vec{H}_0$ is perpendicular to $0z$, the intensity of the total field is $(H_f^2 + H_0^2)^{1/2}$ so that the Zeeman diagram is a hyperbola [Fig. 8, curve (b)]. The energy levels are the eigenstates of the component of $\vec{I}$ along the direction of $\vec{H}_f + \vec{H}_0$. They are determined in low fields by the light beam (they coincide with the $|m\rangle_z$ states); in high fields, they are determined by the external magnetic field (they coincide with the $|m\rangle_x$ states). For each value of H_0, the experimental points (circles on Fig. 8) are obtained by the transverse modulated-pumping method (see Sec. II B 3 b).

The very good agreement between the experimentally determined Zeeman diagram and the theoretical one shows that the effect of the light beam is exactly described by a fictitious magnetic field. In particular, the crossing of Fig. 8 [curve (a)] shows that the effect of the light beam can be exactly canceled by a real magnetic field $-\vec{H}_f$. Note also that the magnetic properties of the atom interacting with the light beam are strongly anisotropic as it appears from the various shapes of the Zeeman diagram, depending on the direction of the magnetic field $\vec{H}_0$.

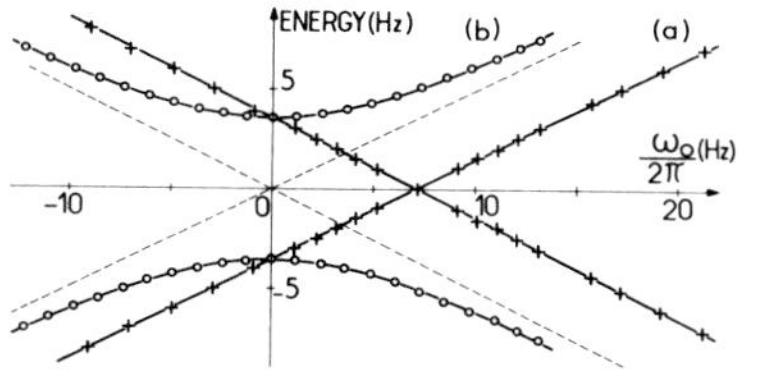

FIG. 8. Zeeman diagram of the ground state of ^{199}Hg atoms perturbed by B_1. (a) Static field $\vec{H}_0$ parallel to B_1; (b) $\vec{H}_0$ perpendicular to B_1 (experimental points, theoretical curves). Dashed lines: normal Zeeman diagram.

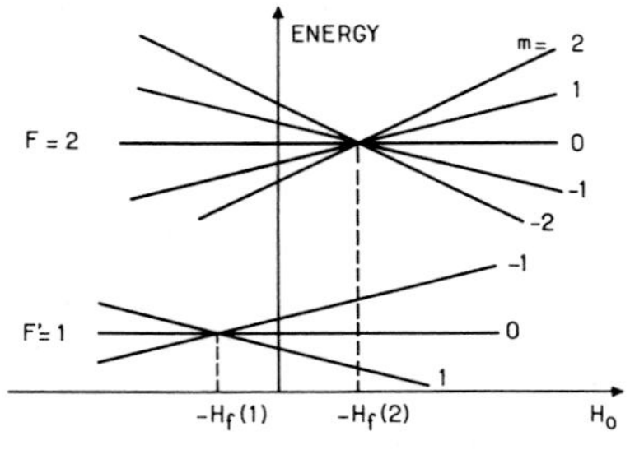

FIG. 9. Zeeman hyperfine diagram of ^{87}Rb atoms perturbed by B_1 ($\vec{H}_0$ parallel to B_1). The two fictitious fields $\vec{H}_f(1)$ and $\vec{H}_f(2)$, describing the effect of B_1 inside the $F'=1$ and $F=2$ hyperfine levels, are of opposite signs.

2. *Ground State of* ^{87}Rb

We have also studied the case of ^{87}Rb because it gives the opportunity to show that the fictitious magnetic fields which describe the effect of the same light beam in different levels may be quite different. We produce light shifts in the ground state of ^{87}Rb using the D_2 line emitted by a ^{85}Rb lamp. The light beam is circularly polarized (Fig. 5). The two ^{85}Rb hyperfine lines lie just between those of ^{87}Rb (Fig. 3). According to Sec. I B 2 f, the fictitious fields $\vec{H}_f(1)$ and $\vec{H}_f(2)$ which describe the effect of the nr beam in the $F'=1$ and $F=2$ hyperfine levels, are of opposite signs. Let us introduce a real magnetic field $\vec{H}_0$, parallel to $\vec{H}_f(1)$ and $\vec{H}_f(2)$. The $F'=1$ and $F=2$ levels "see", respectively, the magnetic field $\vec{H}_0+\vec{H}_f(1)$ and $\vec{H}_0+\vec{H}_f(2)$. The zero-field level crossings are therefore displaced, in opposite directions for the two hyperfine levels (Fig. 9). We detect these level crossings by the method described in Sec. II B 3 c: The resonant beam B_2, circularly polarized, provides a transverse optical pumping; the rf field $\vec{H}_1 \cos\omega t$ modulates $\vec{H}_0$ ($\omega/2\pi = 120$ Hz).

We monitor the 2ω modulation which gives an absorption level crossing signal. In Fig. 10, the curves (a) and (b) are the resonances observed when B_1 is, respectively, off and on. When B_1 is off, the level crossing resonances of the two levels $F'=1$ and $F=2$ coincide in zero field; when B_1 is on, we observe a splitting of the resonance. The $F=2$ resonance undergoes a displacement of 15 Hz, the $F'=1$, a displacement of -10 Hz. The relative intensity of the two resonances is related to the different efficiencies of optical pumping in the two hyperfine levels. The theoretical ratio of the intensities is 5. We detect $\langle S_x \rangle$, which is proportional to the *difference* of the average values of F_x inside the $F=2$ and $F'=1$ multiplicities; this explains the opposite sign of the two resonances.[29] We have verified that the signs of these displacements are changed when the sense of circular polarization of B_1 is reversed [$\vec{H}_f(1)$ and $\vec{H}_f(2)$ are reversed]. We have also checked that the displacements are proportional to the intensity of B_1 (Fig. 11). Finally we have also established that the two reso-

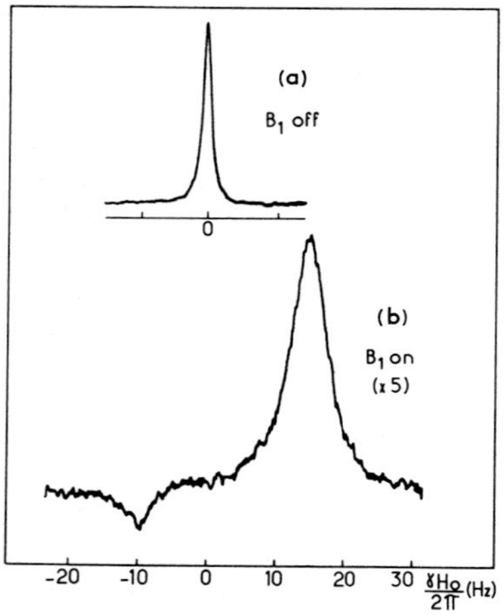

FIG. 10. (a) Zero-field level-crossing signal in the ground state of ^{87}Rb atoms. B_1 is off. (b) B_1 is on. Two resonances corresponding to the two levels crossings of Fig. 9 are now detected. Their relative intensities and their signs agree with the theoretical predictions.

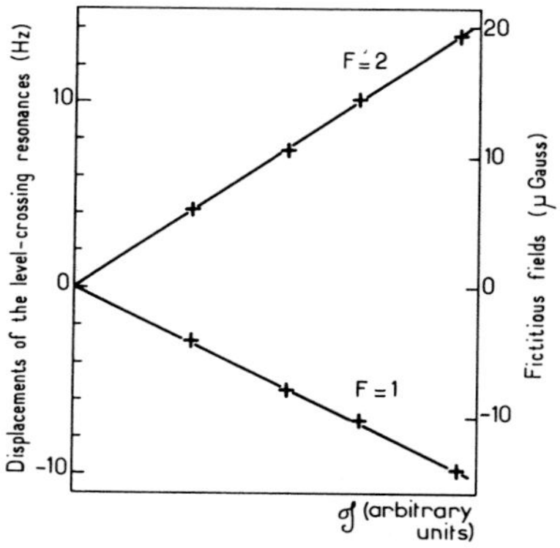

FIG. 11. Variation of the displacement of the level-crossing resonances of Fig. 10(b) with the light intensity $\mathcal{J}$ of B_1. The corresponding fictitious fields are given on the right-hand side.

nances of Fig. 10 are, respectively, associated with the two hyperfine levels. We proceed as follows. The magnetic field H_0, always parallel to B_1, is now larger ($\gamma H_0 \approx 120$ Hz). We observe the magnetic resonance line induced by a linearly polarized rf field, perpendicular to $\vec{H}_0$ [Fig. 12(a)]. When B_1 is on, we observe a splitting of the resonance with the same characteristics as before (separation and relative intensities) [Fig. 12(b)]. As the two hyperfine levels have opposite Landé factors, we can identify the two resonances by using a rotating rf field, which induces resonant transitions in only *one* of the two hyperfine levels. This appears clearly on Figs. 12(c) and 12(d). For a σ^+ rf field, only the $F = 2$ resonance appears, for a σ^- rf field, only the $F' = 1$.

The fact that only one level-crossing resonance appears for each multiplicity is a proof that there is no tensor term in the effective Hamiltonian, as expected since the hfs of the excited state is negligible. A tensor term would produce an additional splitting of each resonance as we shall see in the experiments on ^{201}Hg.

B. Fictitious Electric Fields

We have studied the effect of a nonpolarized nr

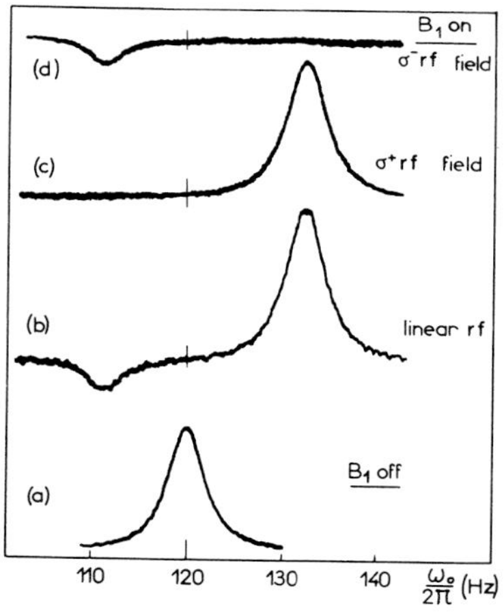

FIG. 12. Magnetic resonance curves in the ground state of ^{87}Rb. (a) B_1 is off. The resonances induced by a linear rf field in the two hyperfine levels coincide. (b) B_1 is on. The two hyperfine levels experience different fictitious fields and the magnetic resonances are separated as in Fig. 10. (c) B_1 is on and the rf field is rotating (σ^+ polarized). The $F = 2$ resonance alone is observed. (d) B_1 is on and the rf field σ^- polarized. The $F' = 1$ resonance alone is observed.

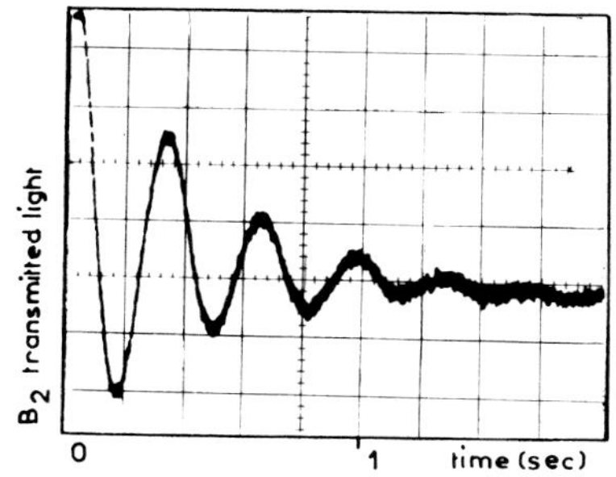

FIG. 13. Oscillation in zero magnetic field of the ^{201}Hg ground-state alignment under the action of the fictitious electric field associated with B_1.

light beam in the ground state of ^{201}Hg ($I = \frac{3}{2}$, four Zeeman sublevels). In this case, L_1 is a ^{200}Hg lamp (see Fig. 4). The nr light beam B_1 propagating along the z axis, is nonpolarized. The fictitious Stark Hamiltonian

$$\mathcal{H}_e = \tfrac{1}{3} b [3I_z^2 - I(I+1)] \qquad (3.1)$$

describes its effect in the ground state, b being a constant proportional to the light intensity. The pumping beam B_2 propagates along the x axis; it is linearly or circularly polarized. It introduces alignment or orientation in the vapor. In the first case, L_2 is a ^{199}Hg lamp, filtered by a ^{204}Hg filter; C' is filled with ^{201}Hg. In the second case, L_2 is a ^{201}Hg lamp; C' a ^{204}Hg cell.

1. *Effect of Light Beam in Zero Field*

The light beam only partially removes the Zeeman degeneracy and splits the ground state into two submultiplicities, viz., the $|+\frac{3}{2}\rangle_z$ and $|-\frac{3}{2}\rangle_z$ sublevels, on the one hand, with energy b and the $|+\frac{1}{2}\rangle_z$ and $|-\frac{1}{2}\rangle_z$ sublevels, on the other hand, with energy $-b$. The zero-field splitting is demonstrated by a transient-type experiment. B_1 being off, B_2 aligns the vapor perpendicularly to $0z$. When B_1 is suddenly introduced, one observes on the transmitted light a modulation at the frequency $2b/2\pi$, which corresponds to the separation between the two multiplicities (Fig. 13). The interpretation of this modulation is completely different from the one given in the previous section. It is not a Larmor precession of a spin orientation in a fictitious magnetic field; it corresponds to an oscillation of the alignment tensor under the action of the fictitious electric field.[30–32]

The zero-field splitting can also be deduced from the position of the crossings observed in the Zeeman diagram.

2. *Zeeman Diagram*

A real magnetic field $\vec{H}_0$ is applied in a direction parallel or perpendicular to the z axis.

a. $\vec{H}_0$ *parallel to fictitious electric field.* The total Hamiltonian is

$$\mathcal{H} = \mathcal{H}_e + \omega_0 I_z \,, \tag{3.2}$$

where $\omega_0 = -\gamma H_0$. The eigenstates of $\mathcal{H}$ are the $|m\rangle_z$ sublevels, corresponding to the eigenvalues

$$\omega_m = bm^2 + \omega_0 m - bI(I+1)/3 \,. \tag{3.3}$$

Figure 14 shows the variation of the energy levels with ω_0.

Four level crossings appear in nonzero fields We detect them by the method described in Sec. II B 3 c (parametric resonances $n = 0$, $p = 2$). B_2, propagating along the x axis, is linearly polarized at 45° of $0z$. It introduces coherence between the sublevels $\frac{3}{2}$ and $\pm\frac{1}{2}$ and between $-\frac{3}{2}$ and $\pm\frac{1}{2}$. In Fig. 15(a), B_1 is off. The Zeeman diagram is an ordinary one and only the zero-field level crossing is observed. In Fig. 15(b), B_1 is on and four level-crossing resonances do appear. (There are no resonances in the zero field corresponding to the crossings between $\frac{1}{2}$ and $-\frac{1}{2}$, or $\frac{3}{2}$ and $-\frac{3}{2}$ because the pumping introduces no coherence between these crossing sublevels.) The splitting in zero field, $2b$, can be deduced from the positions of the crossings: The $\Delta m = 1$ crossings occur for $\omega_0 = \pm 2b$, the $\Delta m = 2$, for $\omega_0 = \pm b$.

From the position of the crossings in Fig. 15(b), we get $2b = 3$ Hz. The widths of the $\Delta m = 1$ level-crossing resonances are twice as large as the widths of the $\Delta m = 2$ ones. This is due to the relative slope of the crossing levels which is smaller in the first case (by a factor of 2).

Parametric resonances ($n = 1$, $p = 1$) are used to study the Zeeman diagram. For a linear polariza-

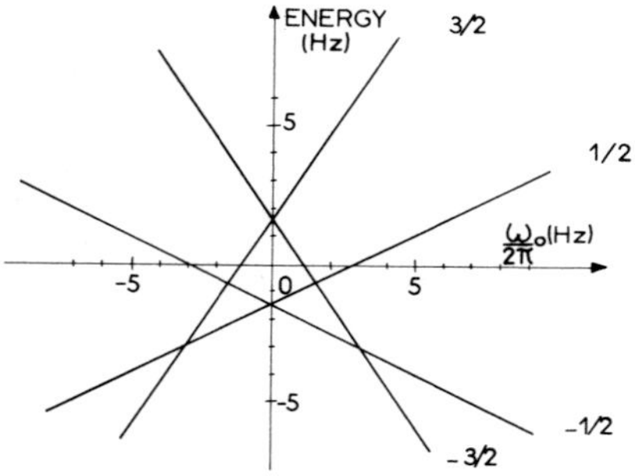

FIG. 14. Theoretical Zeeman diagram of ^{201}Hg atoms in the ground state, perturbed by a fictitious electric field parallel to the magnetic field.

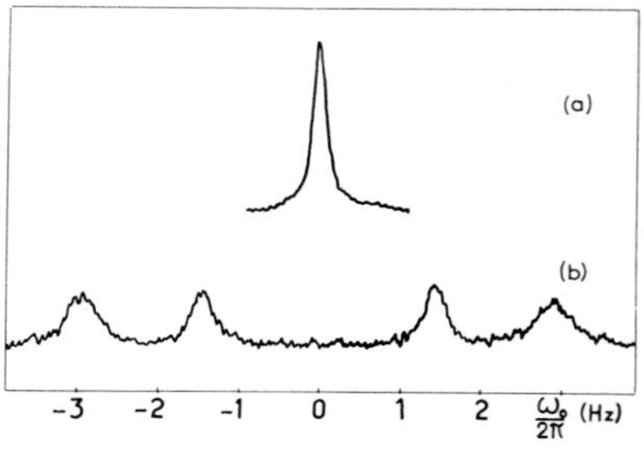

FIG. 15. Observed level-crossing resonances in the ground state of ^{201}Hg atoms. (a) B_1 is off. The single resonance corresponds to the zero-field crossing of the four Zeeman sublevels. (b) B_1 is on. Four level crossings appear in nonzero field according to the Zeeman diagram of Fig. 14.

tion of B_2, perpendicular to $\vec{H}_0$, one measures the energy differences between sublevels such that $\Delta m = \pm 2$. With a circular polarization, the $\Delta m = \pm 1$ energy differences are also observed. The curves of Fig. 16 represent the theoretical variations with ω_0 of the Zeeman frequencies. The value of $2b$ is taken from the level-crossing experiment described

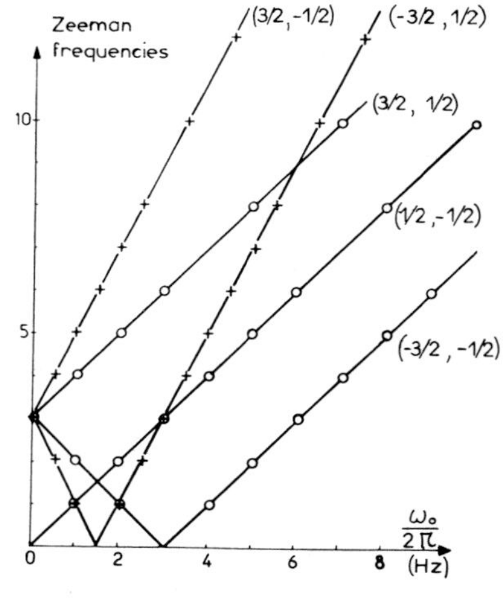

FIG. 16. Variation of the Zeeman transition frequencies with $\omega_0/2\pi$. Theoretical curves are deduced from the diagram of Fig. 14. Crosses and open circles correspond to experimental points, determined, respectively, with a linear and circular polarization of the pumping beam B_2.

above. The points correspond to the experimentally determined frequencies. The agreement is very good. It is impossible, by optical methods, to detect the $\Delta m = 3$ coherence so that it does not appear in the diagram.

In high magnetic field, for a circularly polarized light beam B_2 the magnetic resonance spectrum consists of three lines. The same effect was observed by Cagnac *et al.*[18] in much higher fields.

b. $\vec{H}_0$ *perpendicular to fictitious electric field.* We take $\vec{H}_0$ parallel to Ox. The total Hamiltonian is

$$\mathcal{H} = \mathcal{H}_e + \omega_0 I x . \qquad (3.4)$$

In weak magnetic field ($\omega_0 \ll b$), $\omega_0 I_x$ is a small perturbation compared to $\mathcal{H}_e$. In the ($\frac{3}{2}$, $-\frac{3}{2}$) submultiplicity, the matrix elements of I_x are zero. The perturbed energy levels are independent of H_0 to first order. In the ($\frac{1}{2}$, $-\frac{1}{2}$) submultiplicity, $\omega_0 I_x$ removes the degeneracy. The eigenstates are

$$(1/\sqrt{2})(|+\tfrac{1}{2}\rangle_z \pm |-\tfrac{1}{2}\rangle_z) , \qquad (3.5)$$

corresponding, respectively, to a first-order energy $\pm\omega_0$.

In high field ($\omega_0 \gg b$), the eigenstates of $\mathcal{H}$ are the eigenvectors $|m\rangle_x$ of I_x, with an energy

$$m\omega_0 - \tfrac{1}{6}b\,[3m^2 - I(I+1)] . \qquad (3.6)$$

In fact, $\mathcal{H}$ can be exactly diagonalized for all values of H_0. The energy diagram [Fig. 17(a)], symmetric with respect to $\omega_0 = 0$, consists of two hyperbolae.

We have measured by the modulated-pumping method (see Sec. II B 3) the frequencies of the six different transitions between the Zeeman sublevels as a function of ω_0. Here again the experimental points [Fig. 17(b)] fit exactly the theoretical curves ($2b$ is adjusted to give the splitting in zero field). In high field, we find the same kind of diagram as in the previous case (H_0 parallel to $0z$). Notice also that in this region, there is no experimental point for the $\alpha-\delta$ transition which becomes a $\Delta m = 3$ one.

IV. RESONANCES INDUCED BY TIME-DEPENDENT FICTITIOUS FIELDS

A. Introduction

The interaction time of the light beam with the atom is the coherence time $1/\Delta k$ of the light wave, which can be also considered as the transit time of a wave packet at a given point. If the polarization $\vec{e}_\lambda$ of the nr beam changes slowly (evolution time longer than $1/\Delta k$), the atom experiences the successive Hamiltonians corresponding to the successive polarizations. The effect of the light beam is described by a time-dependent Hamiltonian which is simply obtained by replacing in the expression of $\mathcal{H}_e$, $\vec{e}_\lambda$ by $\vec{e}_\lambda(t)$. The fictitious fields associated

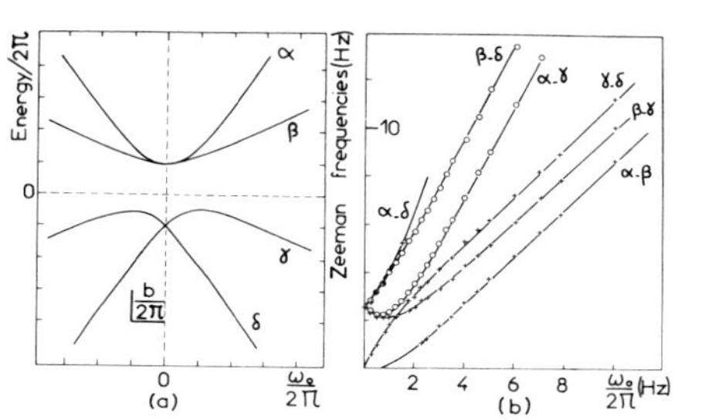

FIG. 17. [201]Hg atoms perturbed by a fictitious electric field perpendicular to the magnetic field. (a) Theoretical Zeeman diagram. (b) Variation of the Zeeman transition frequencies with $\omega_0/2\pi$. The theoretical curves are deduced from the diagram of Fig. 17(a). Crosses and open circles correspond to experimental points, determined, respectively, with a linear and circular polarization of B_2.

with the light beam are now time dependent and can induce transitions between the various Zeeman sublevels. The selection rules, the intensity and the rf broadening of the resonances are the same as those with an ordinary rf field. More generally, all kinds of resonances produced by time dependent real magnetic or electric fields can be also observed using fictitious ones[33] with the additional following advantage: Because of the quasiresonant character of the nr beam, the fictitious fields act selectively on a given atomic level of a given atomic species in a mixture. The others species are not perturbed at all.

B. Resonances Induced by Oscillating Fictitious Magnetic Field

We have observed in the ground state of ^{87}Rb various kinds of resonances induced by an oscillating fictitious magnetic field. The quarter-wave plate of the circularly polarized nr beam is rotating at the frequency $\frac{1}{2}\nu$ so that the degree of polarization is proportional to $\cos 2\pi\nu t$.

The effect of the light beam inside the $F=2$ and $F'=1$ multiplicities is therefore equivalent to the one of linearly polarized rf fields $\vec{H}_f(2)\cos 2\pi\nu t$ and $\vec{H}_f(1)\cos 2\pi\nu t$, respectively. $H_f(2)$ is, for instance of the order of 16 μG [$\omega_f = -\gamma H_f(2) = 11$ Hz].

We have observed the magnetic resonance line induced by this fictitious rf field. The static magnetic field is swept perpendicularly to B_1 in the direction of the pumping beam B_2. The value of ν is 120 Hz. The resonances are monitored on the B_2 transmitted light. We observe a superposition of the $F'=1$ and $F=2$ resonances. But as seen above (III A 2), their relative intensity is 5 so that we observe mainly the $F=2$ resonance. Figure 18(a)

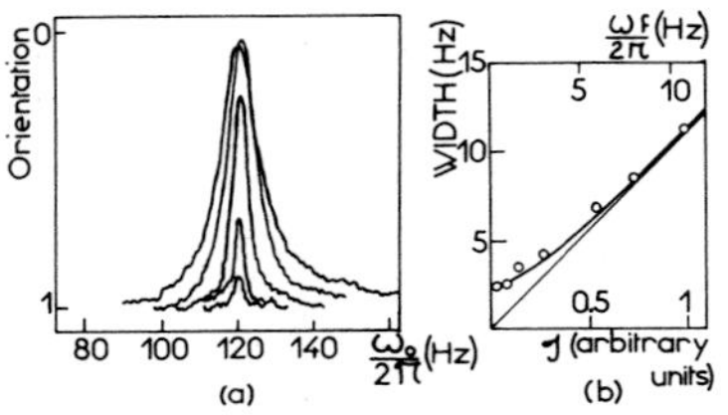

FIG. 18. (a) Magnetic resonances lines on ^{87}Rb induced by an oscillating fictitious field (frequency $\nu = 120$ Hz). The different curves correspond to increasing intensities of the nr light beam B_1 producing the fictitious field. (b) Variation of the width of the resonance with the intensity $\mathcal{I}$ of B_1. The curve is theoretical. The upper scale gives the amplitude (in Hz) of the corresponding fictitious field.

shows the resonance line for different values of the nr light intensity $\mathcal{I}$. The height and the width of the resonance vary as expected with the amplitude of the fictitious rf field $\vec{H}_f(2)$ (which is proportional to $\mathcal{I}$) [Fig. 18(b)]. Let us mention that a similar resonance has already been observed by Happer and Mathur,[9] but the fictitious rf field ($\omega_f/2\pi \approx 7.10^{-2}$ Hz) was much weaker, requiring a more elaborate detection technique. In our experiment, $\omega_f/2\pi \approx 11$ Hz is larger than the relaxation time so that we can easily saturate this transition as it appears on Fig. 18.

Parametric resonances, described in Sec. II B 3, can also be induced by fictitious rf fields. The static field $\vec{H}_0$ is parallel to the rf field (frequency ν) and a transverse pumping is provided by B_2. The modulations of the B_2 transmitted light, at the frequency $p\nu$, are monitored. Resonances appear for $\omega_0/2\pi = n\nu$. Figure 19 shows the parametric resonance spectrum induced by the fictitious rf field

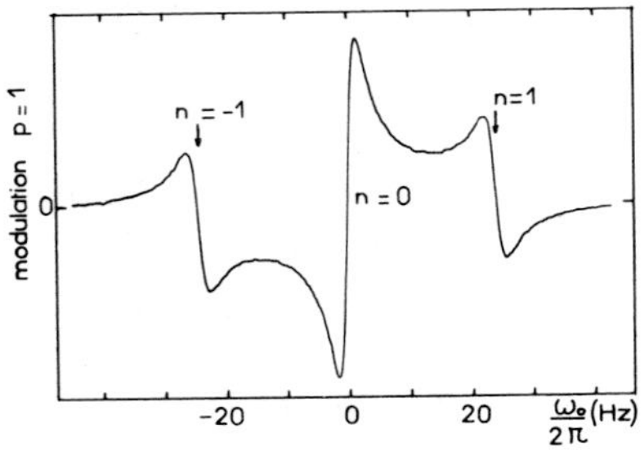

FIG. 19. Parametric resonance spectrum induced on ^{87}Rb by an oscillating fictitious field ($\nu = 24$ Hz). The resonances are detected on the $p = 1$ modulation of the B_2 transmitted light.

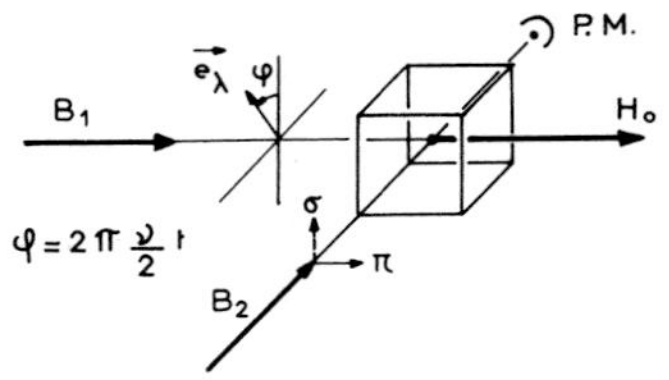

FIG. 20. Resonances induced by a rotating fictitious electric field: diagram of the experiment. The fictitious electric field, parallel to $\vec{e}_\lambda$, is rotating at the frequency $\frac{1}{2}\nu$.

($\nu = 24$ Hz), detected on the $p = 1$ modulation. The $n = 0$, ± 1 resonances appear clearly. As γH_f is not large enough, the intensities of the others ($|n| > 1$) are much weaker.

The zero-field resonance ($n = 0$), detected on the $p = 1$ modulation, is particularly interesting. Its dispersion shape, its very narrow width (1 μG), and the good signal to noise ratio make this resonance an ideal tool for detecting very small variations of the static field around zero. Variations of 10^{-9} G have been detected by this technique using a real rf field.[34] We have repeated the experiment with a fictitious one. The signal to noise ratio is not as good, but changes of 10^{-8} G can be easily detected. The advantage of fictitious rf fields is that they do not perturb the magnetic shield inside which the experiment is performed, and the sources of the very weak static field to be measured.

C. Resonances Induced by Rotating Fictitious Electric Field

In this experiment, the nr light beam B_1 is linearly polarized. Its effect on the ground state of ^{201}Hg is equivalent to the one of an electric field $\vec{E}_f$ parallel to the polarization vector $\vec{e}_\lambda$. A rotation of the polarizer at frequency $\frac{1}{2}\nu$ gives a rotating fictitious electric field at the same frequency. In the fictitious Stark Hamiltonian, terms modulated at frequency ν appear. We proceed as follows (Fig. 20): ^{201}Hg atoms are irradiated by B_1 and placed in a static field $\vec{H}_0$ perpendicular to $\vec{E}_f$ (i.e., parallel to B_1). They are optically pumped by a light beam B_2, linearly polarized in a direction parallel or perpendicular to $\vec{H}_0$ (π or σ polarization). This looks like an ordinary magnetic resonance experiment, with the only difference being that the rf is replaced by a rotating fictitious electric field. An important consequence is that the perturbation (modulated Stark Hamiltonian) obeys the selection rule $\Delta m = 2$ instead of $\Delta m = 1$. Equalization of the populations is observed when $2\omega_0 = \nu$ ($\omega_0 = -\gamma H_0$). If B_2 is σ polarized, the appearance of a transverse alignment is simultaneously detected by a modulation at the frequency ν of

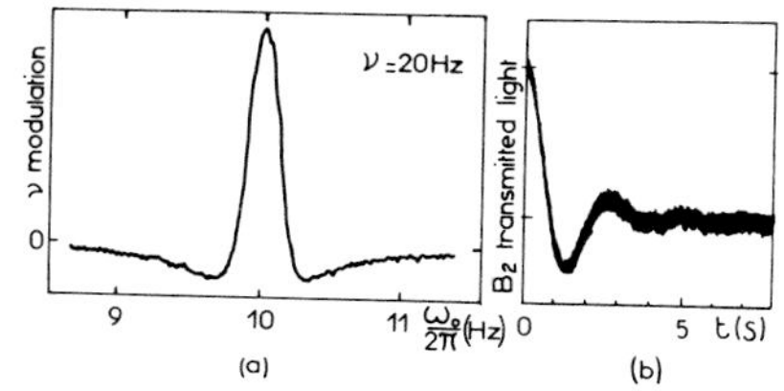

FIG. 21. (a) Shape of the resonance induced by the rotating fictitious electric field. B_2 is σ polarized. The resonance is detected on the ν modulation of the transmitted light. (b) Transient signal when B_1 is suddenly introduced at $t=0$. B_2 is π polarized.

the transmitted light. Figure 21(a) shows the resonance detected on such a modulation ($\nu = 20$ Hz). Its shape can be calculated exactly. This resonance undergoes a broadening when the intensity of the fictitious electric field is increased.[35] The Rabi precession (resonance transient) can also be observed. Figure 21(b) shows the equalization of the population when the rotating fictitious electric field is suddenly introduced.

The same resonances could have been obtained with a rotating real electric field (this has been done, for example, by Geneux[36] in the excited state of Cd). But the intensity of the real electric field required to produce the same effects in the ground state of ^{201}Hg may be evaluated to be of the order of 10^5 V/cm. The fictitious fields are so large because of the quasiresonant character of B_1. This shows clearly the advantage of nr light beams for such an experiment.

ACKNOWLEDGMENTS

We are grateful to Professor A. Kastler and Professor J. Brossel for their constant interest during the course of these experiments and to N. Polonsky-Ostrowsky who has contributed to some parts of this work.

[1]C. Cohen-Tannoudji, Ann. Phys. (Paris) 7, 423 (1962); 7, 469 (1962).

[2]S. Pancharatnam, J. Opt. Soc. Am. 56, 1636 (1966); A. M. Bonch-Bruevich and V. A. Khodovoi, Usp. Fiz. Nauk 93, 71 (1967) [Sov. Phys. Usp. 10, 637 (1967)].

[3]W. Happer and B. S. Mathur, Phys. Rev. 163, 12 (1967).

[4]J. P. Barrat and C. Cohen-Tannoudji, J. Phys. Radium 22, 329 (1961); 22, 443 (1961).

[5]U. Fano, Rev. Mod. Phys. 29, 74 (1957).

[6]A. Omont, J. Phys. (Paris) 26, 26 (1965).

[7]J. C. Lehmann and C. Cohen-Tannoudji, Compt. Rend. 258, 4463 (1964).

[8]P. S. Pershan, J. P. van der Ziel, and L. D. Malmstrom, Phys. Rev. 143, 574 (1966).

[9]W. Happer and B. S. Mathur, Phys. Rev. Letters 18, 727 (1967) and Ref. 3.

[10]E. B. Aleksandrov, A. M. Bonch-Bruevich, N. N. Kostin, and V. A. Khodovoi, Zh. Eksperim. i Teor. Fiz. Pis'ma v Redaktsiyu 3, 85 (1966) [Sov. Phys. JETP Letters 3, 53 (1966)]; Zh. Eksperim. i Teor. Fiz. 56, 144 (1969) [Sov. Phys. JETP 29, 82 (1969)].

[11]D. J. Bradley, A. J. F. Durrant, G. M. Gale, M. Moore, and P. D. Smith, IEEE J. Quantum Electron. QE-4, 707 (1968).

[12]P. Platz, Appl. Phys. Letters 14, 168 (1969); 16, 70 (1970).

[13]M. Arditi and T. R. Carver, Phys. Rev. 124, 800 (1961).

[14]B. S. Mathur, H. Tang, and W. Happer, Phys. Rev. 171, 11 (1968).

[15]P. Davidovits and R. Novick, Proc. IEEE 54, 155 (1966); F. Hartmann, Ann. Phys. 2, 329 (1967).

[16]C. Cohen-Tannoudji, Compt. Rend. 252, 394 (1961).

[17]L. D. Schearer, Phys. Rev. 127, 512 (1962); C. W. White, W. M. Hughes, G. S. Hayne, and H. G. Robinson, *ibid.* 174, 23 (1968).

[18]B. Cagnac, A. Izrael, and M. Nogaret, Compt. Rend. 267, 274 (1968).

[19]In fact, we neglect the matrix elements of the effective Hamiltonian which couples sublevels of different F. Their effects are of the order of $(\Delta E')^2$ (hyperfine splitting)$^{-1}$, and are therefore negligible according to assumption (d).

[20]A similar result exists for resonant light beams. The absorbed light depends only on the population, orientation, and alignment of the ground state.

[21]$\mathcal{H}_e$ is Hermitian so that $(c_q^{(k)})^* = (-)^q c_{-q}^{(k)}$. $\mathcal{H}_e$ depends only on eight real parameters.

[22]B. Cagnac, Ann. Phys. (Paris) 6, 467 (1961); B. Cagnac and G. Lemeigan, Compt. Rend. 264B, 1850 (1967).

[23]M. A. Bouchiat and J. Brossel, Phys. Rev. 147, 41 (1966) and references therein.

[24]P. A. Franken, Phys. Rev. 121, 508 (1961).

[25]The same result is obtained by modulating the pumping light intensity: W. E. Bell and A. L. Bloom, Phys. Rev. Letters 6, 280 (1961).

[26]E. B. Aleksandrov, O. B. Konstantinov, V. I. Perel', and V. A. Khodovoi, Zh. Eksperim. i Teor. Fiz. 45, 503 (1963) [Sov. Phys. JETP 18, 346 (1964)].

[27]C. J. Favre and E. Geneaux, Phys. Letters 8, 190 (1964).

[28]N. Polonsky and C. Cohen-Tannoudji, Compt. Rend. 260, 5231 (1965).

[29]M. A. Bouchiat, thesis, 1964 (unpublished); Publ. Sci. Tech. Min. Air, France, Technical Note No. 146, 1965 (unpublished).

[30]If the initial alignment introduced by B_2 is neither parallel nor perpendicular to the fictitious field $\vec{E}_f$, a spin orientation may appear during the evolution of the system. We have detected this orientation by measuring the circular dichroism of the vapor (Ref. 31). Further theoretical details about this effect may be found in Ref. 32.

[31]C. Cohen-Tannoudji and J. Dupont-Roc, Opt. Commun. 1, 184 (1969).

[32]M. Lombardi, J. Phys. (Paris) 30, 631 (1969).

[33]The physical mechanism of the transitions induced by modulated fictitious fields is however quite different from

an ordinary emission or absorption of a rf photon. As discussed by Happer and Mathur, Ref. (9), they can be considered as optical double transitions related to a stimulated Raman effect.

[34]J. Dupont-Roc, S. Haroche, and C. Cohen-Tannoudji, Phys. Letters 28A, 638 (1969).

[35]J. Dupont-Roc and C. Cohen-Tannoudji, Compt Rend. 267, 1275 (1968).

[36]E. Geneux, Proceedings of the Optical Pumping and Atomic Line Shape Conference, Varsovie, 1968 (unpublished).

Paper 1.4

J.-C. Lehmann and C. Cohen-Tannoudji, "Pompage optique en champ magnétique faible," *C.R. Acad. Sci.* **258**, 4463–4466 (1964), séance du 04/05/1964.

This paper presents the first experimental observation of a level crossing resonance in atomic ground states. Such a resonance appears when the static magnetic field $\mathbf{B}_0$ is scanned around the value $\mathbf{B}_0 = 0$ where all the ground state Zeeman sublevels cross, the optical pumping beam being applied along a direction Ox perpendicular to the direction Oz of $\mathbf{B}_0$. The level crossing resonances of Fig. 2 are interpreted as resulting from a competition between the effect of optical pumping which is to polarize the ground state magnetic moments along Ox and the effect of $\mathbf{B}_0$ which is to give rise to a Larmor precession of these magnetic moments around Oz in the xOy plane. The effect described in this paper can thus be considered as a generalization of the Hanle effect to atomic ground states. Another interpretation, which remains valid for other level crossings appearing in nonzero magnetic fields, can be given in terms of a resonant variation of the off-diagonal elements of the density matrix (Zeeman coherences) appearing around the crossing points.

C. R. Acad. Sc. Paris, t. 258 p. 4463-4466 (4 mai 1964). Groupe 6.

SPECTROSCOPIE ATOMIQUE. — *Pompage optique en champ magnétique faible.* Note (*) de MM. **Jean-Claude Lehmann** et **Claude Cohen-Tannoudji**, présentée par M. Alfred Kastler.

Le but de cette Note est de présenter quelques effets nouveaux qui apparaissent lorsqu'on fait le pompage optique d'une vapeur atomique en champ magnétique très faible, la direction du faisceau de pompage ne coïncidant pas avec celle du champ. Nous avons pu observer expérimentalement certains de ces effets sur les isotopes impairs du cadmium, ^{111}Cd et ^{113}Cd, tous deux de spin nucléaire $I = 1/2$.

Bien que les expériences n'aient pas été réalisées sur cet élément, nous présenterons les calculs dans le cas particulièrement simple de la transition $6\,^1S_0$, $F = 1/2 \leftrightarrow 6\,^3P_1$, $F = 1/2$ de ^{199}Hg (également de spin nucléaire $I = 1/2$). Les conclusions essentielles du calcul et leur interprétation physique demeurent inchangées dans le cas du cadmium. Le fait que, dans ce cas, la structure hyperfine dans l'état excité soit du même ordre de grandeur que la largeur naturelle complique passablement le calcul du cycle de pompage ([1]), mais n'apporte pas de modifications essentielles en ce qui concerne le problème particulier qui nous intéresse ici. Nous supposons (*fig.* 1) le faisceau lumineux polarisé circulairement et dirigé suivant l'axe Ox d'un trièdre trirectangle, le champ magnétique H_0 étant porté par Oz.

La théorique quantique du cycle de pompage permet de calculer l'évolution dans le temps de la matrice densité σ représentant l'ensemble des atomes dans l'état fondamental [([2]), form. (III), D, 1]

$$\frac{d}{dt}\sigma = \frac{d^{(1)}}{dt}\sigma + \frac{d^{(2)}}{dt}\sigma + \frac{d^{(3)}}{dt}\sigma. \qquad (1)$$

Les deux premiers termes de (1) représentent l'évolution de σ sous l'effet du pompage optique. A ces termes sont associés des temps d'évolution de l'ordre de T_p et $1/\Delta E'$ ($1/T_p$ et $\Delta E'$ sont l'élargissement et le déplacement d'origine optique de l'état fondamental; nous prenons $\hbar = 1$). $(d^{(3)}/dt)\,\sigma$ représente l'effet Zeeman caractérisé par des temps d'évolution $1/\omega_f$ (ω_f, pulsation Zeeman). Dans ([2]), l'équation (I) est écrite dans la représentation $|\mu\rangle$ (les états $|\mu\rangle$ sont les sous-niveaux Zeeman, c'est-à-dire les états propres de I_z), ce qui est particulièrement bien adapté au cas des champs forts ($\omega_f \gg 1/T_p$, $\Delta E'$), où $(d^{(3)}/dt)\sigma$ est le terme prépondérant de (1). Dans la représentation $|\mu\rangle$, le terme $[(d^{(1)}/dt) + (d^{(2)}/dt)]\sigma$ a une forme compliquée. Mais comme il est petit, on peut le remplacer par une expression approchée, beaucoup plus simple, et permettant de mener les calculs jusqu'au bout. C'est l'*approximation séculaire* qui n'est valable que lorsque $\omega_f \gg 1/T_p$, $\Delta E'$. Les expériences que nous envisageons ici correspondent à la situation inverse : $\omega_f \lesssim 1/T_p$, $\Delta E'$. L'approximation séculaire n'est plus valable. Nous devons repartir de (1) et écrire cette équation dans la représentation la mieux adaptée au terme $[(d^{(1)}/dt) + (d^{(2)}/dt)]\sigma$, c'est-à-dire la représentation $|\alpha>$ [(2), § III, A, 4). Les états $|\alpha>$ correspondent à la levée de dégénérescence introduite par le faisceau lumineux en champ nul et sont, dans le cas qui nous intéresse ici, les états propres de I_x. Posons

$$M_x = \sigma_{++} - \sigma_{--}, \qquad M_y = \sigma_{+-} + \sigma_{-+}, \qquad M_z = i(\sigma_{+-} - \sigma_{-+}), \qquad \sigma_{++} + \sigma_{--} = N_0 = \text{Cte}$$

(les indices $\pm$ sont relatifs aux états propres $|\pm 1/2>$ de I_x). M_x, M_y, M_z sont, à un facteur multiplicatif près, les projections sur Ox, Oy, Oz de l'aimantation globale $\vec{M}$ de la vapeur (*fig.* 1). Il n'y a aucune difficulté à expliciter l'équation (1) dans la représentation $|\alpha>$. Il vient

$$(2) \qquad \begin{cases} \dfrac{dM_x}{dt} = \dfrac{2}{9T_p}(N_0 - M_x) - \omega_f M_y, \\ \dfrac{dM_y}{dt} = -\dfrac{M_y}{3T_p} - \dfrac{2}{3}\Delta E' M_z + \omega_f M_x, \\ \dfrac{dM_z}{dt} = -\dfrac{M_z}{3T_p} + \dfrac{2}{3}\Delta E' M_y. \end{cases}$$

Ces équations sont écrites en supposant les écarts Zeeman dans l'état excité ω_e petits devant la largeur naturelle, Γ, de cet état. Cette condition est largement réalisée dans le domaine de champ exploré ici. La solution stationnaire de (2) est

$$(3) \qquad \begin{cases} \dfrac{M_x}{N_0} = \left(\dfrac{2}{T_p^2} + 8\Delta E'^2\right)\left(\dfrac{2}{T_p^2} + 8\Delta E'^2 + 27\,\omega_f^2\right)^{-1}, \\ \dfrac{M_y}{N_0} = \dfrac{6\omega_f}{T_p}\left(\dfrac{2}{T_p^2} + 8\Delta E'^2 + 27\,\omega_f^2\right)^{-1}, \\ \dfrac{M_z}{N_0} = 12\,\Delta E'\omega_f\left(\dfrac{2}{T_p^2} + 8\Delta E'^2 + 27\,\omega_f^2\right)^{-1}. \end{cases}$$

L'introduction de la relaxation thermique dans (2) ne présente aucune difficulté. Il suffit d'ajouter au second membre des équations, des termes d'amortissement analogues aux termes en $1/T_p$, T_p étant remplacé par le temps de relaxation thermique θ. Dans les équations (3), $1/T_p$ se trouve alors remplacé par des quantités du type $1/\tau = 1/T_p + \lambda/\theta$, λ étant un coefficient numérique.

Pour interpréter physiquement (3), nous commencerons par supposer $\Delta E' = 0$. M_z est alors nul et $\vec{M}$ reste toujours dans le plan xOy. En champ nul ($\omega_f = 0$), $\vec{M}$ est dirigé suivant Ox. Puis, au fur et à mesure que nous augmentons H_0, $\vec{M}$ tourne autour de H_0. M_x décroît et tend vers zéro. M_y croît, passe par un maximum, puis décroît et tend vers zéro. En champ fort ($\omega_f \gg 1/\tau$), $\vec{M} = 0$. Tout ceci se comprend aisément : le faisceau lumineux pompe les atomes dans la direction Ox. En champ nul, les dipôles magnétiques ainsi créés dans la direction Ox n'effectuent pas de précession de Larmor et l'effet de pompage est cumulatif. En champ fort ($\omega_f \gg 1/\tau$), les dipôles, pompés dans la direction Ox, effectuent plusieurs tours autour de Oz avant de subir un nouveau cycle de pompage ou d'être détruits par la relaxation thermique. A un instant donné, ils se répartissent donc de façon isotrope dans le plan xOy et leur résultante est nulle. En champ intermédiaire, la rotation n'est pas suffisante pour assurer une répartition isotrope. La résultante $\vec{M}$ est affaiblie et n'est plus dirigée suivant Ox. Le phénomène que nous décrivons ici est donc l'analogue pour l'état fondamental de ce qu'est l'effet Hanle ([3]) pour l'état excité (dépolarisation magnétique et rotation du plan de polarisation). ω_f joue le rôle de ω_e, $1/\tau = 1/T_p + \lambda/\theta$ celui de Γ.

Supposons maintenant $\Delta E' \neq 0$: il apparaît alors en plus une composante de $\vec{M}$ suivant Oz. Ceci est dû au fait suivant : la non-nullité de $\Delta E'$ entraîne qu'en champ nul, les deux états propres $|\pm 1/2\rangle$ de I_x n'ont pas la même énergie. Le faisceau lumineux est donc équivalent à un « champ magnétique fictif » h dirigé suivant Ox. Les dipôles pompés suivant Ox effectuent la précession de Larmor non plus autour de H_0, mais autour de la résultante de H_0 et h qui n'est plus portée par Oz; d'où l'apparition d'une composante M_z.

Il est possible d'obtenir des signaux de détection optique proportionnels à M_x, M_y, M_z. Les photomultiplicateurs P_1 et P_2 disposés suivant l'axe Oy (*fig.* 1) permettent d'observer la lumière de fluorescence pola-

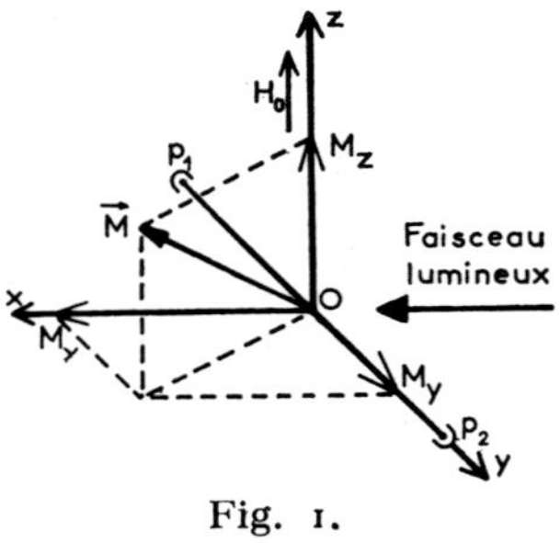

Fig. 1.

risée parallèlement à Ox, I_0, ou circulaire droite ou gauche par rapport à Oy, I_+ ou I_-. Dans le cas du cadmium (étudié expérimentalement), M_x, M_y, M_z ont des comportements avec ω_f analogues aux grandeurs du système (3); I_0 est proportionnel à $M_x - N_0$, $I_+ - I_-$ à une combinaison linéaire de M_y et M_z. Lorsqu'on balaye lentement le champ H_0 autour de la valeur 0, les variations (*fig.* 2) de $I_+ - I_-$ et I_0 sont bien celles d'une courbe de dispersion et d'une courbe d'absorption, conformément aux prévisions théoriques ([3]). La largeur des courbes de la figure 2 est de l'ordre de 35 mgauss, ce qui correspond bien à la largeur totale $1/\tau$ de l'état fondamental (due à la relaxation « optique » et thermique).

Les calculs précédents et les images physiques données pour interpréter les résultats obtenus se généralisent aisément au cas d'un *croisement de niveaux dans l'état fondamental*. Si le faisceau lumineux est toujours perpendiculaire à H_0 et si l'on désigne par a et b les deux niveaux d'énergie qui se croisent dans l'état fondamental, pour la valeur H_c de H_0, on peut montrer

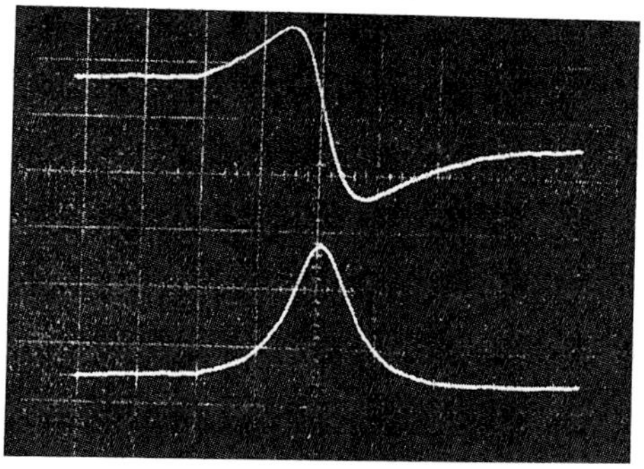

Fig. 2.

à partir de (1) que moyennant certaines conditions (excitation non « broad line » en polarisation « cohérente »), l'élément non diagonal σ_{ab} n'est différent de 0 que dans un domaine de largeur $1/\tau$ autour de la valeur H_c. H_0 étant grand, on se place dans ce cas en représentation $|\mu\rangle$ et l'on fait l'approximation séculaire. Cette approximation n'est cependant plus valable au voisinage du croisement de niveaux et c'est ce qui explique l'effet prévu. Les signaux de détection optique reflètent cette variation de σ_{ab} au voisinage de H_c et doivent permettre de détecter le point de croisement à $1/\tau$ près. Ceci est la généralisation à l'état fondamental de phénomènes bien connus qui se passent au voisinage d'un point de croisement dans l'état excité ([4]).

(*) Séance du 27 avril 1964.

([1]) J.-C. Lehmann, *J. Phys. Rad.* (sous presse).

([2]) C. Cohen-Tannoudji, *Ann. Physique*, 7, 1962, p. 423 et 469.

([3]) A. C. G. Mitchell et M. W. Zemansky, *Resonance Radiation and Excited Atoms*, Cambridge University Press, London, 1934.

([4]) F. D. Colegrove, P. A. Franken, R. R. Lewis et R. H. Sands, *Phys. Rev. Lett.*, 3, 1959, p. 420.

(*Laboratoire de Physique de l'É. N. S.,*
24, rue Lhomond, Paris, 5e.)

166521. — Imp. Gauthier-Villars & Cie, 55, Quai des Grands-Augustins, Paris (6e).
Imprimé en France.

Paper 1.5

J. Dupont-Roc, S. Haroche, C. Cohen-Tannoudji, "Detection of very weak magnetic fields (10^{-9} Gauss) by ^{87}Rb zero-field level crossing resonances," *Phys. Lett.* **A28**, 638–639 (1969).

The experiment described in paper 1.4 was performed on the odd isotopes of Cadmium, for which the paramagnetism in the atomic ground state is entirely due to the nucleus. This paper describes a similar experiment performed on Rubidium atoms having an electronic paramagnetism in the ground state, due to the spin of the valence electron. The Larmor precession is thus much faster, and the width of the ground state Hanle resonances, which corresponds to a value of the magnetic field such that the Larmor precession during the relaxation time of the ground state becomes appreciable, can be very small. This paper also reports the observation of Hanle resonances in the ground state of ^{87}Rb atoms having a width so small ($\sim 10^{-6}$ Gauss) that they can be used to detect variations of the static magnetic field on the order of $3 \cdot 10^{-10}$ Gauss (see Fig. 2). Such a sensitivity is comparable to that of the "SQUID" devices which are now being used to detect the magnetic field produced by living organs.

DETECTION OF VERY WEAK MAGNETIC FIELDS (10^{-9} GAUSS) BY ^{87}Rb ZERO-FIELD LEVEL CROSSING RESONANCES

J. DUPONT-ROC, S. HAROCHE and C. COHEN-TANNOUDJI
Faculté des Sciences, Laboratoire de Spectroscopie Hertzienne de l ENS, associé au C.N.R.S., Paris, France

Received 8 January 1969

Zero-field level crossing resonances have been observed on the ground state of ^{87}Rb. The width, a few microgauss, and the signal to noise ratio, about 2.5×10^3, allow the measurement of 10^{-9} gauss fields.

Zero field level crossing resonances in excited states of atoms are well known (Hanle [1] effect). The same effect may be observed on the ground state of optically pumped atoms [2]: if a static field H_0, perpendicular to the pumping beam F, is scanned around zero, resonant variations are observed on the absorbed or re-emitted light. The width of the resonances, $\Delta H_0 = 2/\gamma\tau$, is inversely proportional to the relaxation time, τ, and the gyromagnetic ratio, γ, of the ground state. These resonances have first been observed on the ground state of the odd isotopes of Cd and Hg [2], for which $\tau \approx 1$ sec, $\gamma \approx 2 \times 10^3$ rad/s. gauss (nuclear paramagnetism in the ground state); in this case $\Delta H_0 \approx 10^{-3}$ gauss. For alkali atoms, the paramagnetism is of electronic origin: γ is about 10^3 times larger; one can obtain $\tau \approx 1$ sec with deuterated paraffin coated cells [3], so that very narrow resonances with $\Delta H_0 \approx 10^{-6}$ gauss are expected [4].

In order to eliminate the magnetic noise present in the laboratory, and the inhomogeneities which broaden considerably the resonances [5], we have put the cell inside a magnetic shield made of 4 concentric cylinders of mu-metal (1 m long, 2 mm thick). The shielding efficiency is about 10^4-10^5. We use paraffin coated cells, without buffer gas, so that there is a motional averaging of the residual magnetic field inhomogeneities. We have effectively observed in this way Hanle resonances: width: 1.4 μG; signal to noise: 20.

In order to detect very weak magnetic fields we have also increased the signal to noise by using a new type of detection of the resonances. We apply an r.f. field $H_1 \cos \omega t$ parallel to H_0; $\omega/2\pi \approx 400$ Hz is large compared to the width of the resonances. When H_0 is scanned around 0, theory shows that modulations appear on the absorbed pumping light, at the various harmonics $p\omega$ of ω [6]. These modulations undergo a resonant variation around zero values of H_0, with a dispersion shape for p odd and an absorption shape for

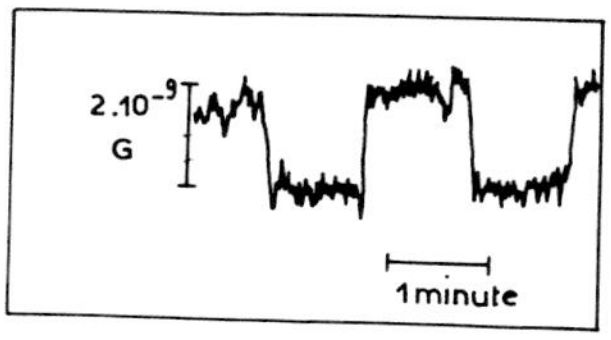

Fig. 1. Response of the signal to a square pulse of magnetic field of 2.1×10^{-9} gauss amplitude (time constant 3 s).

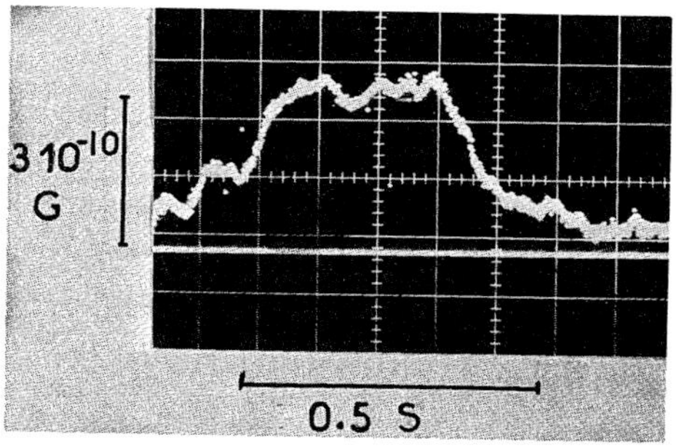

Fig. 2. Response of the signal to repetitive square pulses of magnetic field of 3×10^{-10} gauss amplitude (time constant 0.1 s; 3000 runs).

p even and the same width as the Hanle curve (strictly independent of the r.f. power). We make a selective amplification of the modulation ω ($p = 1$) and a phase sensitive detection with a time constant of 3 sec. By this way, we have got, for optimal pumping beam intensity, a signal to noise ratio of 2.5×10^3 with a width of 5 μG.

For detection of very weak magnetic fields, we fix H_0 at the zero value, corresponding to the maximum slope of the dispersion shaped resonance . We can test the sensitivity of the apparatus by sending on sweeping coils square pulses of current corresponding to a given variation, δH_0, of H_0. Fig. 1 shows the signal obtained for $\delta H_0 = 2.1 \times 10^{-9}$ gauss. This sensitivity can be still improved for repetitive signals by using noise averaging multichannel techniques. Fig. 2 shows 3×10^{-10} gauss amplitude pulses.

Such a high sensitivity, the highest to our knowledge, seems promising for several applications: measurement of the very weak interstellar fields, biomagnetism [7], measurement of the static magnetization of very dilute magnetic samples, . . .

The authors are grateful to M. A. Bouchiat and J. Brossel for their constant interest during the course of this work.

References

1. W. Hanle, Z. Phys. 30 (1924) 93.
2. J. C. Lehmann and C. Cohen-Tannoudji, Comptes Rend. 258 (1964) 4463.
3. M. A. Bouchiat and J. Brossel, Phys. Rev. 147 (1966) 41.
4. E. B. Alexandrov, A. M. Bonch-Bruevich and B. A. Khodovoi, Opt. Spectry. 23 (1967) 151.
5. T. Ito, K. Kondo and T. Hashi, Jap. J. Appl. Phys. 7 (1968) 565.
6. N. Polonsky and C. Cohen-Tannoudji, Comptes Rend. 260 (1965) 5231.
   For excited states see:
   C. J. Favre and E. Geneux, Phys. Letters 8 (1964) 190.
   E. B. Alexandrov et al., Zh. Eksp. i Teor. Fiz. 45 (1963) 503.
7. A. Kolin, Physics Today, November 1968, p. 39.

* * * * *

Paper 1.6

C. Cohen-Tannoudji, J. Dupont-Roc, S. Haroche, F. Laloë, "Detection of the static magnetic field produced by the oriented nuclei of optically pumped ^{3}He gas," *Phys. Rev. Lett.* **22**, 758–760 (1969).

This paper describes an application of the very sensitive magnetometer described in paper 1.4. Hanle resonances in the ground state of ^{87}Rb atoms are used to detect the static magnetic field produced at a macroscopic distance ($\sim$ 6 cm) by a gaseous sample of ^{3}He nuclei oriented by optical pumping.

DETECTION OF THE STATIC MAGNETIC FIELD PRODUCED BY THE ORIENTED NUCLEI OF OPTICALLY PUMPED ^{3}He GAS

C. Cohen-Tannoudji, J. DuPont-Roc, S. Haroche, and F. Laloë
Faculté des Sciences, Laboratoire de Spectroscopie hertzienne de l'Ecole Normale Supérieure, associé au Centre National de la Recherche Scentifique, Paris, France
(Received 10 March 1969)

A new type of very sensitive low-field magnetometer is used to detect the static magnetic field produced by optically pumped ^{3}He nuclei in a vapor. Various signals (pumping and relaxation transients) are obtained in this way. This magnetostatic detection allows a direct study of ^{3}He nuclear polarization without perturbing the spins.

Several methods can be used for the detection of nuclear magnetism: measurement of the induced voltage in rf detection coils in a NMR experiment,[1] detection of various optical signals in an optical pumping experiment,[2] etc. A very direct method would be the detection of the static magnetic field produced by oriented nuclei. For solid samples, the density of spins is large but the polarization at thermal equilibrium is generally very small. For gases, the low density of spins can, in some cases, be compensated by the large polarization provided by optical-pumping methods. Furthermore, in this case, the experiment can be performed at room temperature and in low external magnetic fields. Let us take for example the case of ^{3}He gas: The magnetic field outside a spherical cell containing oriented ^{3}He nuclei is the same as if all the nuclei were located at the center of the cell. If the cell contains N atoms with a polarization P, the field at a distance r from its center, in a direction parallel to the oriented spins, is radial and has a value (in mksA units)

$$\Delta H = 10^{-7}(g\mu_n/r^3)NP, \tag{1}$$

where $g\mu_n$ is the nuclear magnetic moment of ^{3}He. With a 6-cm-diam cell, a pressure of 3 Torr, and a polarization of 5% (which is currently available[3]), the field at a distance $r = 6$ cm is $\Delta H = 6\times10^{-12}$ T $= 6\times10^{-8}$ G. The order of magnitude of this static field explains why, to our knowledge, it had never been used to detect nuclear polarizations. A new type of very sensitive low-field ^{87}Rb magnetometer has recently been set up[4]; its sensitivity, 10^{-9} G with a 3-sec detection time constant, has made it possible to measure ΔH and to perform the following experiments.

The experimental setup is shown schematically in Fig. 1. A 6-cm-diam cell contains the ^{3}He nuclei; the magnetic field they produce is detected by ^{87}Rb atoms contained in the second cell. Both cells are placed in a magnetic shield which considerably reduces (by a factor 10^5) the external magnetic noise, much larger than ΔH. The shield also lessens considerably the magnetic field inhomogeneities, so that we can observe, as we will see below, very long relaxation times in zero field, no longer limited by field inhomogeneities. The residual stray static fields inside the shield (about 10^{-6} G) are compensated by sets of Helmholtz coils. The ^{3}He atoms are optically pumped by a circularly polarized light beam B_2 ($\lambda = 10\,830$ Å) to achieve the orientation of the $^1S_0$ ground state by the classical technique.[3] The nuclear spins are oriented along the direction of B_2, and as long as there is no applied field, they remain in this direction.

The ^{87}Rb magnetometer[4] makes use of a new type of detection of the zero-field level-crossing resonances appearing in the ground state of optically pumped atoms.[5] The 6-cm-diam ^{87}Rb cell (without buffer gas), with paraffin-coated wall, is the magnetic probe of the magnetometer; it is placed close to the ^{3}He cell and optically pumped by the circularly polarized light beam B_1 (D_1 component of the resonance line) perpendicular to B_2. A rf field $\vec{H}_1 \cos\omega t$ is applied in the direction of B_2 ($\omega/2\pi = 400$ Hz). The transmitted light of B_1, measured by a photomultiplier, is modulated at various harmonics $p\omega$ of ω. The modulation ($p = 1$) is proportional to the component par-

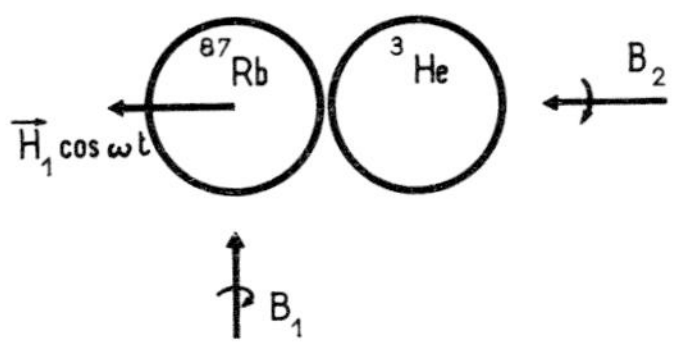

FIG. 1. Schematic diagram of the experimental arrangement.

allel to $\vec{H}_1$ of the field produced[6] (and insensitive to first order to the other components). Furthermore, the field of the ^{3}He nuclei detected by the probe is averaged by the motion of the ^{87}Rb atoms in the cell so that the magnetometer measures in fact the mean value of the field in the spherical volume of the ^{87}Rb cell (i.e., its value at the center). Figure 2 shows the variation of the detected field during the buildup of the ^{3}He polarization by optical pumping: Formula (1) (where $r = 6.3$ cm is the distance between the centers of the two cells) allows a direct measurement of the obtained polarization as a function of time.

Once the optical orientation has been obtained it is possible to cut off the discharge and the pumping beam B_2 and to record the evolution of the orientation of the ground state which is no longer coupled to the metastable state. One could get in this way a relaxation curve corresponding to the decay of the orientation of the ^{3}He ground state. The relaxation time T_r is very long (several hours). During this long time, it is very difficult to avoid the magnetic drifts due to the evolution of the magnetization of the shield. Hence we have improved the experiment in the following way: We add a very weak magnetic field $\vec{h}$ (2 μG) perpendicular to the ^{3}He pumping direction B_2.[7] The nuclear spins precess around $\vec{h}$ at a very low Larmor frequency ν ($\nu \simeq 6\times 10^{-3}$ Hz) and the radial field produced at the center of the ^{87}Rb cell varies as $\Delta H \cos 2\pi\nu t$. The field-modulation amplitude is $2\Delta H$ and can be recorded for several hours [Figs. 3(a) and 3(b)]. One can study in this way with good precision the decay of the nuclear polarization. Figure 3(c) shows the modulation signal remaining 11 h after the optical pumping has been stopped and gives an idea of the sensitivity of this procedure for the detection of low polarizations.

The magnetostatic method described above may be interesting for the study of various problems connected with polarization of ^{3}He nuclei in the zero-field region. Both radioelectric and optical detections generally perturb the measured polarization of ^{3}He (for example, energy absorption by the induction coils and field inhomogeneities in the first case, strong relaxation of the nuclear orientation due to the discharge in the second one). On the contrary, the magnetostatic detection creates no detectable perturbation of the nuclear spins: The magnetic field of the very low-density ^{87}Rb paramagnetic vapor is too weak to perturb the ^{3}He gas; the rf field $\vec{H}_1 \cos\omega t$ is nonresonant for ^{3}He atoms and it can be shown (by changing its intensity for example) that it has no effect on the nuclear polarization. The magnetostatic detection seems to be the obvious method for continuous recording of the orientation of free ^{3}He nuclei. This method provides also a direct measurement of the number NP of oriented spins and, knowing N, of the polarization P. If the pressure is large (several Torr), N is large and it becomes possible, as one measures the product NP, the detect very weak val-

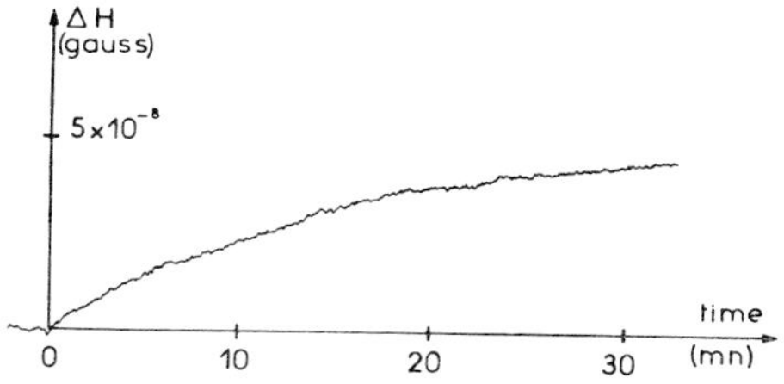

FIG. 2. Plot of the magnetic field ΔH during the optical pumping of ^{3}He (detection time constant: 3 sec). ^{3}He pressure: 3 Torr.

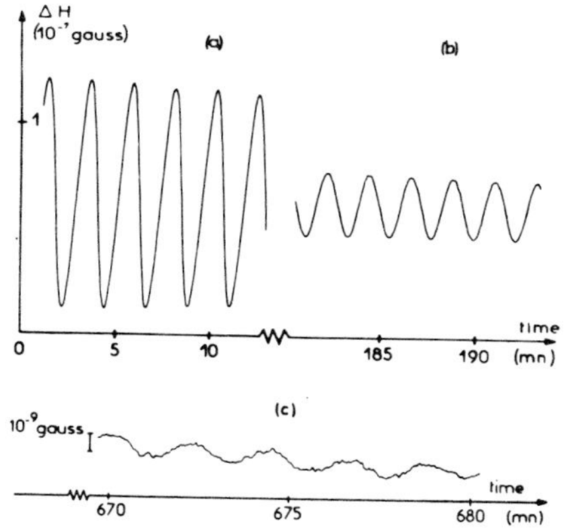

FIG. 3. Plot of the modulation of the magnetic field due to the free precession of the ^{3}He nuclear spins (^{3}He pressure: 3 Torr). (a) Just after optical pumping has been stopped (polarization $P \simeq 5\,\%$). (b) 3 h later. The measured nuclear relaxation time is 2 h, 20 min. [Detection time constant for (a) and (b): 3 sec.] (c) The free precession signal 11 h after optical pumping has been stopped. The polarization is now $P \simeq 5 \times 10^{-4}$ corresponding to 5.3×10^{13} oriented nuclei per cm^3; detection time constant: 10 sec. The scales are different from those of (a) and (b). In addition to the signal, one can see a small magnetic drift due to the imperfections of the shield.

ues of P which would be difficult to measure optically. Finally, various applications of this method might be used to set up magnetometers or gyrometers.

---

[1]See, for example, A. Abragam, The Principles of Nuclear Magnetism (Oxford University Press, London, England, 1961).

[2]See, for example, references in C. Cohen-Tannoudji and A. Kastler, Progress in Optics (North-Holland Publishing Co., Amsterdam, The Netherlands, 1966), Vol. V.

[3]F. D. Colegrove, L. D. Schearer, and G. K. Walters, Phys. Rev. 132, 2561 (1963).

[4]J. DuPont-Roc, S. Haroche, and C. Cohen-Tannoudji, Phys. Letters 28A, 638 (1969).

[5]N. Polonsky and C. Cohen-Tannoudji, Compt. Rend. 260, 5231 (1965). For excited states, see C. J. Favre and E. Geneux, Phys. Letters 8, 190 (1964), and E. B. Alexandrov, O. V. Konstantinov, V. T. Perel', and V. A. Khodovoĭ, Zh. Eksperim. i Teor. Fiz. 45, 503 (1963) [translation: Soviet Phys.—JETP 18, 346 (1964)].

[6]As long as this field is much smaller than the width (about 5 μG) of the level-crossing dispersion resonance curve.

[7]Since $\vec{h}$ is perpendicular to $\vec{H}_1 \cos\omega t$, it does not affect the signal detected by the ^{87}Rb atoms.

Section 2

Atoms in Strong Radiofrequency Fields
The Dressed Atom Approach in the Radiofrequency Domain

The possibility to polarize atoms in the ground state by optical pumping and to detect optically any change of their polarization allows one to study several resonant effects associated with the coupling of these polarized atoms with strong radiofrequency fields. This explains why multiphoton processes have first been observed in the rf domain [see, for example, the thesis work of J. M. Winter, *Ann. Phys. (Paris)* **4**, 745 (1959) and references therein]. The interpretation of these effects and, in particular, of the radiative shift (analogous to the Bloch–Siegert shift) and radiative broadening of multiphoton resonances, requires the use of high order time-dependent perturbation theory.

The papers contained in this section use a new approach to these problems, the so-called "dressed atom approach," introduced in 1964 in the thesis works of N. Polonsky and S. Haroche, which consists of quantizing the rf field and considering the energy diagram of the whole system "atom + rf photons" in interaction.

In the rf domain, quantization of the rf field is of course not necessary, and all the effects described in this section could be explained by solving the Bloch equations describing the evolution of the atoms coupled to a *c* number rf field. In fact, by quantizing the rf field, the dressed atom approach introduces a time-independent Hamiltonian with true energy levels. It is then possible to use time-independent perturbation theory to study how the energy diagram of the dressed atom changes when the atom–rf field coupling increases, which leads to much simpler calculations of the radiative shifts. Another more important advantage of the dressed atom approach is that it provides a more global view of the various resonant phenomena which can be observed in the rf spectroscopy by associating them with level anti-crossings and level crossings appearing in the dressed atom energy diagram. In particular, new "coherence resonances" (associated with the resonant variations of the Zeeman coherences around certain values of the static magnetic field) have been discovered in this way and interpreted in terms of level crossing resonances of the dressed atom, analogous to the Hanle resonance in zero field. The width of the Hanle resonance itself can be modified in a spectacular way if the atoms interact with a strong high frequency rf field. Indeed, the dressed atom approach has led to the discovery of a new effect, the modification (and even the cancellation) of the Landé factor of an atomic paramagnetic ground state due to virtual absorptions and re-emissions (or virtual induced emissions and reabsorptions) of rf photons by the atom. In the same way as light shifts can be compared with the Lamb shift, one can try to establish a connection between this modification of the Landé factor of the dressed atom and the electron spin anomaly $g - 2$, due to virtual emissions and reabsorptions of photons by the electron. Note, however, that $g - 2$ is positive, whereas the Landé factor of the dressed atom is always smaller than that of the bare atom. Trying to understand this change of sign was at the origin of the theoretical works presented in some of the papers of Sec. 5.

It is interesting to note that other theoretical approaches, closely related to the dressed atom approach, were developed independently at about the same time. A first example is the use of Floquet's theorem for investigating the properties of a time periodic Hamiltonian and the introduction of quasienergy states [see, for example, J. H. Shirley, *Phys. Rev.* **138**, B979 (1965); Ya. B. Zel'dovich, *Sov. Phys. JETP* **24**, 1006 (1967); Shih-I Chu, *Adv. At. Mol. Opt. Phys.* **21**, 197 (1985) and references therein]. In fact, the dressed atom approach provides a quantum reinterpretation of Floquet's transformation and of the corresponding quasienergy states. A second example is the Jaynes–Cummings model describing a two-level atom coupled to a single mode cavity [E. T. Jaynes and F. W. Cummings, *Proc. IEEE* **51**, 89 (1963)]. In the dressed atom approach, the field is quantized in a fictitious box, having a volume V which can be arbitrarily large. The number N of photons is not well defined. Only the energy density N/V is fixed. By contrast, and as in modern cavity QED experiments, the Jaynes–Cummings model deals with an atom put in a real cavity, having a finite volume and where the number of photons can take well-defined values.

Paper 2.1

C. Cohen-Tannoudji, "Optical pumping and interaction of atoms with the electromagnetic field," in *Cargèse Lectures in Physics*, Vol. 2, ed. M. Lévy (Gordon and Breach, 1968), pp. 347–393.

This paper consists of lecture notes taken by J. Dupont-Roc, D. Ostrowsky, and N. Polonsky during the 1967 session of the Cargese summer school.

It is presented in this section because it contains the first synthetic review of the dressed atom approach in the rf domain. Section III A briefly describes the various types of resonances which can be observed on optically pumped atoms interacting with rf fields. Section III B introduces the dressed atom energy diagram and interprets the various resonances described in Sec. III A in terms of level anticrossings or level crossings appearing in this energy diagram. The modification of the Landé factor of the dressed atom is also discussed. More detailed descriptions of the various experiments and calculations can be found in the references listed on p. 44 and in the thesis of S. Haroche [S. Haroche, *Ann. Phys. (Paris)* **6**, 189, 327 (1971); see also C. Cohen-Tannoudji, J. Dupont-Roc and G. Grynberg, Complement A_{VI} of *Atom–Photon Interactions. Basic Processes and Applications* (John Wiley, 1992)].

This paper has been selected because it introduces, in addition to the dressed atom approach, other theoretical methods which can be useful in quantum optics. The resolvent operator, which is very convenient for a nonperturbative treatment of spontaneous emission (Sec. I A), is applied here to the derivation of the effective Hamiltonian describing the effect of light shifts in the ground state manifold (Sec. I B) and to the calculation of the radiative shift of a high order level anticrossing (Sec. II B4). Section II also contains a general analysis of level crossing and level anticrossing resonances, which can appear in quite different contexts.

Finally, Sec. I B presents a synthetic description of the experimental study of light shifts, in particular of the improvements which have led to the observation of light shifts larger than the magnetic resonance widths in the ground state (see Fig. 15 and Ref. 6).

OPTICAL PUMPING AND INTERACTION OF ATOMS WITH THE ELECTROMAGNETIC FIELD

C. COHEN-TANNOUDJI(*)

Laboratoire de Spectroscopie Hertzienne de l'E.N.S., Paris, France.

Optical pumping can be briefly described as the transfer of angular momentum from polarized photons to atoms. It provides very sensitive optical detection of any change in the angular state of the atom, resulting from RF transitions between Zeeman sublevels, relaxation processes, etc...

The principal applications of optical pumping may be divided into 3 parts :

- spectroscopic measurements
- study of relaxation processes and collisions
- study of the interaction of oriented atoms with the e.m. field.

This course will describe some effects related to the third part(**).

We will study how oriented atoms are perturbed when they are irradiated by light or RF photons. When the frequency of the impinging photon is equal to the Bohr frequency of an atomic transition, the atom absorbs it. Energy is conserved during such a transition and the process is called a *real* absorption. If energy cannot be conserved during the transition, the interaction is described in terms of *virtual* absorption and reemission of photons by the atom. The purpose of these lectures is to describe some effects of these real or virtual absorptions of optical and RF photons.

The first two lectures will be devoted to the interaction with optical photons. It will be shown, first theoretically then experimentally, how atomic sublevels in the ground state are broadened and shifted by irradiation with resonant or near resonant optical photons. The last two lectures will describe the interactions with RF photons and will essentially be devoted to the study of higher order processes involving several quanta. The possibility of cancelling the Landé factor of an atom by interaction with a RF field will also be described. The understanding of all these effects requires the knowledge of crossing and anticrossing of energy levels. So this concept will be first described in the third lecture.

(*) Lecture Notes taken by J. Dupont-Roc, D. Ostrowsky and N. Polonsky.

(**) For a detailed description of the basic principles, experimental techniques and the other applications of optical pumping, see references [1].

I - Interaction of Atoms with Optical Photons

Introduction

When atoms, in the ground state, are irradiated with resonant or quasi resonant optical photons, the problems to be solved are the following :

How are the atoms excited ?

What do they do in the excited state ?

How do they fall back to the ground state ?

These problems have been studied in great detail in reference [2]. In this course we will focus our attention only on the first step (excitation process) and use a different approach based on the resolvent formalism [3,4]. As this formalism will prove to be useful also for the other chapters of this course it will be first briefly reviewed (§A). We will then apply it to the problem of the light shifts (§B). We will finally describe the experimental results some of which have been obtained very recently (§C).

A - Resolvent formalism

(1) DEFINITION. The resolvent $G(z)$ of the Hamiltonian $\mathcal{H}$ is by definition :

$$G(z) = \frac{1}{z - \mathcal{H}} \tag{I.1}$$

$G(z)$ is simply related to the evolution operator $U(t) = e^{-i\mathcal{H}t}$:

$$U(t) = \frac{1}{2\pi i} \int_c e^{-izt} G(z) dz \tag{I.2}$$

where C is the following contour of the complex plane

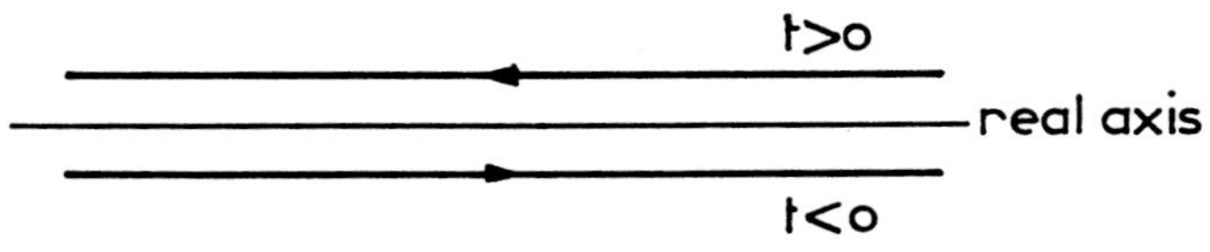

Fig. 1

It may be easily shown that $G(z)$ is an analytic function in the complex z plane except eventually on the real axis where poles and cuts corresponding to the discrete and continuous eigenvalues of $\mathcal{H}$ may be found. For $t > 0 (t < 0)$, only the part of the contour C above (below) the real axis gives a non zero contribution.

The matrix elements of $G(z)$ are often more easily evaluated than those of $U(t)$. This explains the importance of $G(z)$. If $\mathcal{H} = \mathcal{H}_0 + V$, and if $|a\rangle$ is an eigenstate of $\mathcal{H}_0$, evaluation of $\langle a|G(z)|a\rangle$ gives, by (I.2), the probability amplitude that, the system being in state $|a\rangle$ at $t = 0$, it remains in the same state at time t. This is important for decay problems. Evaluation of $\langle b|G(z)|a\rangle$ leads also to the transition amplitude from $|a\rangle$ to another state $|b\rangle$ of $\mathcal{H}_0$ under the effect of V.

It is usually not necessary to calculate all the matrix elements of G. Depending on the problem to be solved, only a few of them must be evaluated. So we will now derive an explicit expression for the projection, $\bar{G}(z)$, of $G(z)$ into a subspace, $\mathcal{E}^{(*)}$, of the Hilbert space. If P (and Q) are the projections onto (out of) $\mathcal{E}$

$$P^2 = P \qquad P + Q = 1 \qquad PQ = 0$$

$$Q^2 = Q \qquad [P, \mathcal{H}_0] = 0 \qquad [Q, \mathcal{H}_0] = 0 \tag{I.3}$$

$$\bar{G}(z) = PG(z)P$$

and in general way for any operator A :

$$\bar{A} = PAP$$

$\bar{G}$ and $\bar{A}$ operate only inside $\mathcal{E}$.

(2) Explicit expression for $\bar{G}(z)$. Using the identity :

$$\frac{1}{A} - \frac{1}{B} = \frac{1}{A}(B - A)\frac{1}{B}$$

we obtain :

$$G = G_0 + G_0 V G \tag{I.4}$$

where G_0 is the resolvent of the Hamiltonian $\mathcal{H}_0$:

$$G_0 = \frac{1}{z - \mathcal{H}_0}$$

From (I.4) it is easy to compute $\bar{G} = PGP$

$$\bar{G} = \frac{P}{z - \mathcal{H}_0} + \frac{P}{z - \mathcal{H}_0} VGP$$

Using the equality $P + Q = 1$, we have also :

$$\bar{G} = \frac{P}{z - \mathcal{H}_0} + \frac{1}{z - \mathcal{H}_0}\bar{V}\bar{G} + \frac{P}{z - \mathcal{H}_0} VQGP \tag{I.5}$$

(*) spanned by eigenstates of $\mathcal{H}_0$.

On the other hand, from the definition of G :

$$(z - \mathcal{H}_0 - V)\, G = 1$$

we get

$$Q\,(z - \mathcal{H}_0 - V)(P + Q)GP = 0$$

or

$$[z - \mathcal{H}_0 - QVQ]\, QGP = QVP\bar{G} \tag{I.6}$$

Replacing in (I.5) QGP by this new expression, we get :

$$\bar{G} = \frac{P}{z - \mathcal{H}_0} + \frac{1}{z - \mathcal{H}_0}\bar{V}\bar{G} + \frac{P}{z - \mathcal{H}_0} V \frac{Q}{z - \mathcal{H}_0 - QVQ} VP\bar{G}$$

or

$$\left[z - \mathcal{H}_0 - \bar{V} - PV \frac{Q}{z - \mathcal{H}_0 - QVQ} VP\right] \bar{G} = P$$

We finally obtain :

$$\bar{G}(z) = \frac{1}{z - \bar{\mathcal{H}}_0 - \bar{R}(z)} \tag{I.7}$$

where

$$\bar{R}(z) = PVP + PV \frac{Q}{z - \mathcal{H}_0 - QVQ} VP \tag{I.8}$$

$\bar{R}(z)$ can be expanded for small V :

$$\bar{R}(z) = PVP + PV \frac{Q}{z - \mathcal{H}_0} VP + PV \frac{Q}{z - \mathcal{H}_0} V \frac{Q}{z - \mathcal{H}_0} VP + \ldots \tag{I.9}$$

The structure of the matrix elements of $\bar{R}(z)$ is simply the product of matrix elements of V and energy denominators. But, due to the presence of Q, all the intermediate states must be outside $\mathcal{E}$. In other words, the diagrams representing $\bar{R}(z)$ must be irreducible, in the sense that internal and external lines do not correspond to the same subspace.

Equation (I.7) is rigorous. If $\bar{R}(z)$ is small compared to $\bar{\mathcal{H}}_0$, one can develop (I.7) in a power series of $\bar{R}(z)$:

$$\bar{G} = \bar{G}_0 + \bar{G}_0 \bar{R} \bar{G}_0 + \bar{G}_0 \bar{R} \bar{G}_0 \bar{R} \bar{G}_0 + \ldots \tag{I.10}$$

and represent the development so obtained by diagrams :

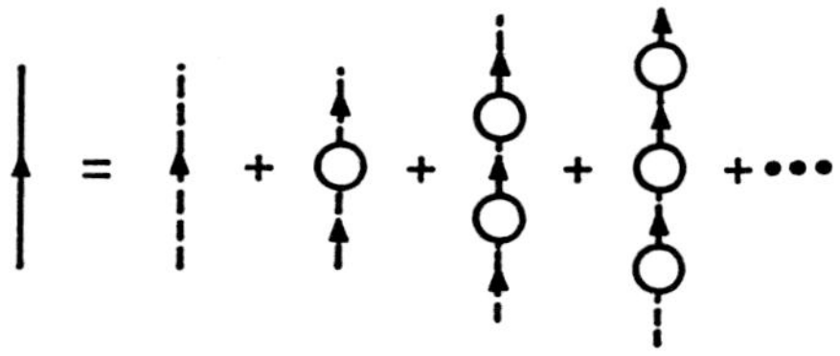 (I.11)

the full line (true propagator) being associated to $\bar{G}(z)$, the dotted line (free propagator) to $\bar{G}_0$, and the circles to $\bar{R}(z)$.

Up to now, no approximation has been made. If V is small, we can replace in (I.7) $\bar{R}(z)$ by an approximate value, $\bar{R}'(z)$, obtained for example by keeping only the first two terms of equation (I.9) :

$$\begin{aligned} \bar{G}(z) &\simeq \frac{1}{z - \mathcal{H}_0 - \bar{R}'(z)} \\ &= \bar{G}_0 + \bar{G}_0\bar{R}'\bar{G}_0 + \bar{G}_0\bar{R}'\bar{G}_0\bar{R}'\bar{G}_0 + ... \end{aligned} \qquad \text{(I.10bis)}$$

This amounts to replacing in (I.11) all the circles by the diagrams associated with the approximate $\bar{R}'(z)$ and represented by squares in (I.12).

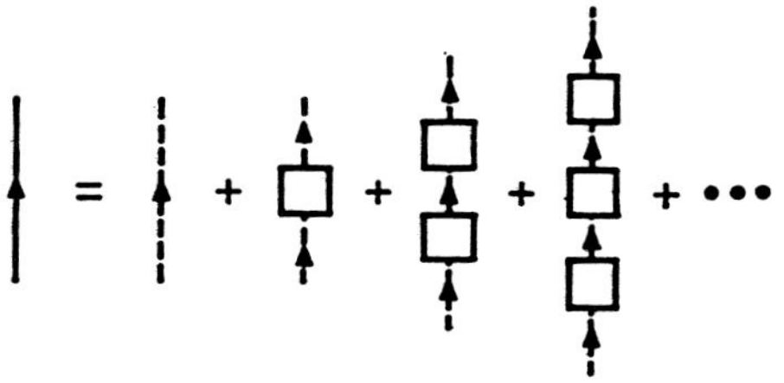
(I.12)

But it must be emphasized that this is much better than an ordinary perturbation treatment where we would have kept only a *finite* number of the diagrams of (I.11). By making an approximation only on $\bar{R}(z)$ in the expression (I.7), and so by keeping all the terms of the expression (I.10bis), we do in fact sum an entire class of diagrams which are the most important and we keep terms with arbitrarily high powers of V as it appears in (I.12). This is of great interest in many problems such as the decay of excited atomic states which we discuss in the next paragraph as an application of the resolvent formalism.

(3) DECAY OF AN ATOMIC EXCITED STATE. Consider a two-level atom (Fig. 2), coupled by the hamiltonian V to the electromagnetic field. We study the decay of the excited state. The hamiltonian for the problem is $\mathcal{H} = \mathcal{H}_0 + V$ where $\mathcal{H}_0$ represents the energy of the atom and of the free radiation field. To the first order, V couples only the two states $|e, 0\rangle$ (excited state with no photon) and $|g\mathbf{k}\boldsymbol{\varepsilon}_\lambda\rangle$ (ground state with a photon of momentum $\mathbf{k}$ and polarization $\boldsymbol{\varepsilon}_\lambda$).

The two stationary states for the problem are $|g\mathbf{k}\boldsymbol{\varepsilon}_\lambda\rangle$ and $|e, 0\rangle \equiv |a\rangle$. We have $\langle a|V|a\rangle = 0$ and $\langle a|V\,|g\mathbf{k}\boldsymbol{\varepsilon}_\lambda\rangle \neq 0$. Taking the zero of energy as the ground state, we have :

$$\mathcal{H}_0|a\rangle = k_0|a\rangle \qquad \text{(I.13)}$$

To study the decay of $|a\rangle$, we shall consider a one dimension subspace $\mathcal{E}$, subtended

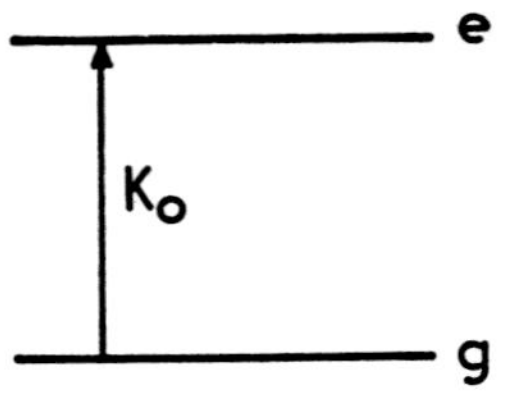

Fig. 2

by $|a\rangle$ and calculate the matrix element $\bar{G}_a(z) = \langle a|\bar{G}|a\rangle$ using (I.7) and (I.13) ; we get :

$$\bar{G}_a(z) = \frac{1}{z - k_0 - \bar{R}_a(z)} \tag{I.14}$$

We shall approximate $\bar{R}_a(z)$ by the first two terms of its expansion in powers of V :

$$\bar{R}'_a(z) = \langle a|V|a\rangle + \langle a|PV\frac{Q}{z - H_0}VP|a\rangle$$

or

$$\bar{R}'_a(z) = \sum_k \sum_\lambda \frac{|\langle a|V\,|g\mathbf{k}\boldsymbol{\varepsilon}_\lambda\rangle|^2}{z - k} \tag{I.15}$$

If $\bar{R}'_a(z)$ is small and smooth, the only values of z for which $\bar{G}_a(z)$ is important are near $z = k_0$. We approximate(*) $\bar{G}_a(z)$ in the upper half plane near the real axis by

$$\bar{G}_a(z) \simeq \frac{1}{z - k_0 - \bar{R}'_a\,(k_0 + i\varepsilon)}$$

So $\bar{R}'_a$ may be written in the following way :

$$\bar{R}'_a = \sum_{\mathbf{k}} \sum_\lambda \frac{|\langle a|V\,|g\mathbf{k}\boldsymbol{\varepsilon}_\lambda\rangle|^2}{k_0 - k + i\varepsilon}$$

or, replacing the summation over $\mathbf{k}$ by integrations over the length and the solid angle Ω of $\mathbf{k}$:

$$\bar{R}'_a = \sum_\lambda \int k^2 d\Omega dk \frac{|\langle a|V\,|g\mathbf{k}\boldsymbol{\varepsilon}_\lambda\rangle|^2}{k_0 - k + i\varepsilon} = \Delta E - i\frac{\Gamma}{2}$$

where

$$\begin{cases} \Delta E = \int \mathcal{P}\left(\frac{1}{k_0 - k}\right) k^2 dk \sum_\lambda \int d\Omega\, |\langle a|V\,|g\mathbf{k}\boldsymbol{\varepsilon}_\lambda\rangle|^2 \\ \Gamma = 2\pi \int \delta\,(k_0 - k)\, k^2 dk \sum_\lambda \int d\Omega\, |\langle a|V\,|g\mathbf{k}\boldsymbol{\varepsilon}_\lambda\rangle|^2 \end{cases}$$

(*) A more correct and rigorous treatment based on analytic continuation of $\bar{G}_a(z)$ is presented in references [4].

The final expression of $\bar{G}_a(z)$ is thus :

$$\bar{G}_a(z) = \frac{1}{z - k_0 - \Delta E + i\frac{\Gamma}{2}} \tag{I.16}$$

From (I.16), one gets easily

$$\langle a|U(t)|a\rangle = e^{-ik_0 t} e^{-i\Delta E t} e^{-(\Gamma/2)t} \tag{I.17}$$

We have then found the shift ΔE and the natural width Γ of the excited state.

In this treatment we have made a partial summation of an infinite set of diagrams :

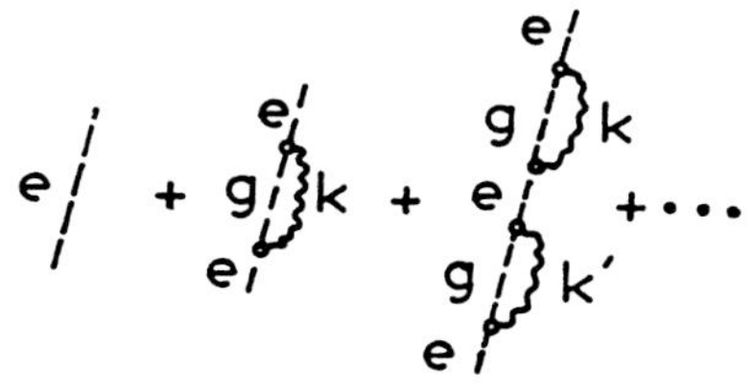

neglecting diagrams of the type :

This means we have approximated $e^{\frac{-(\Gamma)_{\text{true}}}{2}t}$ by

$$1 - \frac{\Gamma}{2}t + \frac{\left(-\frac{\Gamma}{2}\right)^2 t^2}{2!} + \frac{\left(-\frac{\Gamma}{2}\right)^3 t^3}{3!} + \ldots$$

We have done an infinite summation to find the exponential behavior, the only approximation being associated with the value of Γ which differs slightly from $(\Gamma)_{\text{true}}$.

B - Light shifts

We shall now use the resolvent formalism to study the evolution of an atom irradiated by a light beam. In a first step, we shall consider a simple atomic model with no Zeeman structure, and give a physical interpretation of the results obtained. In the second part we shall generalize the theoretical formulas to the more complicated case of an atom with a Zeeman structure. We shall then give some experimental evidence for the predicted effects.

(1) SIMPLE MODEL. NO ZEEMAN STRUCTURE. We consider an atom which has a ground state and an excited state separated by the energy k_0. It is irradiated by N optical photons $\mathbf{k}_1, ...\mathbf{k}_i, ...\mathbf{k}_N$ whose energy distribution is given by the line shape $u(k)$ (Fig. 3). We shall call $\bar{k}$ the center and Δ the width of $u(k)$.

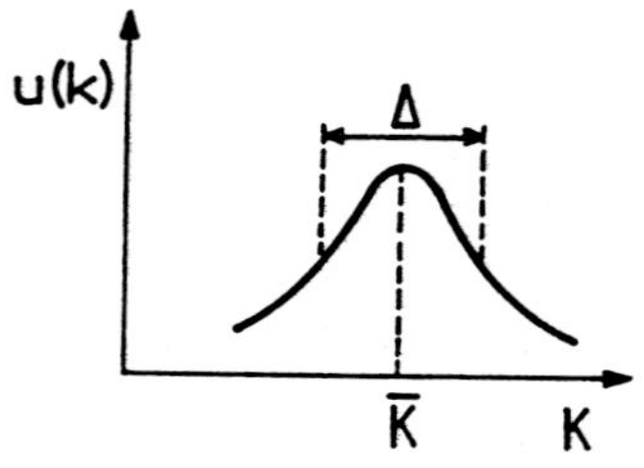

Fig. 3

All the N photons have the same polarization ε_{λ_0}.

We consider the two following states of the total system atom + radiation field :

$|g\rangle$: atom in the ground state in the presence of the N photons.

$|e, -\mathbf{k}_i\rangle$: atom in the excited state, the photon $\mathbf{k}_i$ having been absorbed.

$|g\rangle$ and $|e, -\mathbf{k}_i\rangle$ are eigenstates of the unperturbed hamiltonian $\mathcal{H}_0$ with eigenvalues E_0 and $E_0 + k_0 - k_i$ and are coupled by the interaction hamiltonian V. V couples also $|g\rangle$ to other states with $N+1$ photons : $|e, +\mathbf{k}\rangle$ (photon k emitted) but we shall neglect them because of the large energy difference between $|g\rangle$ and $|e, +\mathbf{k}\rangle$.

The system at time $t = 0$ is in the state $|g\rangle$; we look for the probability that it remains in the same state at time t. We thus have to compute

$$G_g(z) = \langle g|G(z)|g\rangle$$

As in equation (I.14), we write :

$$\bar{G}_g(z) = \frac{1}{z - E_0 - \bar{R}_g(z)} \qquad \text{(I.18)}$$

We approximate now $\bar{R}_g(z)$ by the first non-zero term in its expansion in powers of V :

$$\bar{R}'_g(z) = \sum_i \frac{|\langle g|V|e, -k_i\rangle|^2}{z - E_0 - k_0 + k_i} \qquad \text{(I.19)}$$

The basic diagram associated to $\bar{R}'_g$ is the following

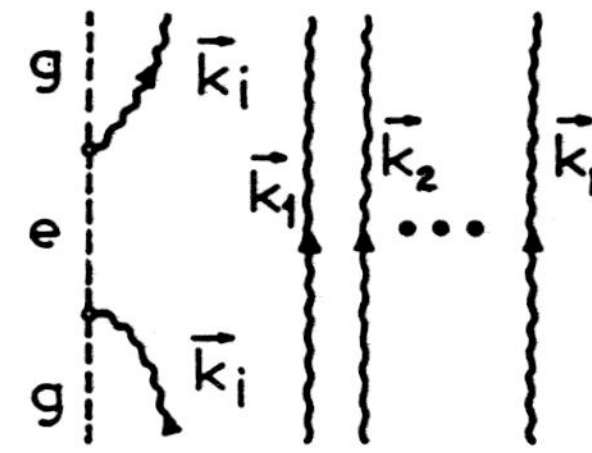

In order to improve slightly the expression (I.19), we take into account spontaneous emission during the intermediate excited state e, by replacing the free propagator $\dfrac{1}{z - E_0 - k_0 + k_i}$ of the excited state by the true propagator of this state. If the induced emission due to $\mathbf{k}_1, \mathbf{k}_2, ..., \mathbf{k}_N$ is negligible in comparison to spontaneous emission, which is the case for ordinary light sources, we can calculate this propagator as if the atom was isolated, i.e., without incident light beam : according to §I-A-3 we have to replace k_0 by $k_0 + \Delta E - i\dfrac{\Gamma}{2}$ where ΔE and Γ are the shift and the natural width of the excited state. So we get for the improved approximation of $\bar{R}'_g$

$$\bar{R}''_g(z) = \sum_i \frac{|\langle g|V\,|e, -\mathbf{k}_i\rangle|^2}{z - E_0 - \tilde{k}_0 + i\frac{\Gamma}{2} + k_i} \tag{I.20}$$

with $\tilde{k}_0 = k_0 + \Delta E$.

Diagrammatically one gets (I.20) by adding to the basic diagram associated with $\bar{R}'_g$, an infinite number of other diagrams which were omitted in the approximation (I.19)

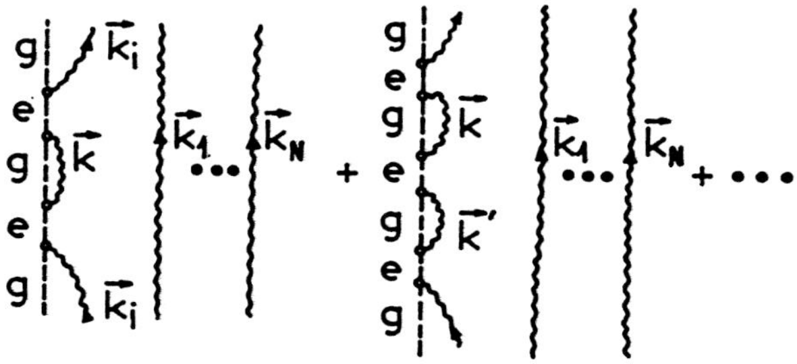

(we neglect also the possibility of coincidences between $\mathbf{k}$, $\mathbf{k}'$ and $\mathbf{k}_1 ... \mathbf{k}_N$ when we simply replace k_0 by $\tilde{k}_0 - i\dfrac{\Gamma}{2}$).

Now, as in section §I-A-3, we notice that in the expression (I.18) of $\bar{G}_g(z)$ one can neglect $\bar{R}_g(z)$ except when z is nearly equal to E_0. We shall therefore approximate $\bar{R}''(z)$ by $\bar{R}''(E_0 + i\varepsilon)$:

$$\bar{R}''_g(E_0 + i\varepsilon) = \sum_i \frac{|\langle g|V|e, -\mathbf{k}_i\rangle|^2}{k_i - \tilde{k}_0 + i\varepsilon + i\frac{\Gamma}{2}} \tag{I.20'}$$

We separate now the angular part of the matrix element of V

$$|\langle g|V|e, -\mathbf{k}_i\rangle|^2 = |A_{k_i}|^2 \, |\langle g|\boldsymbol{\varepsilon}_{\lambda_0} \cdot \mathbf{D}|e\rangle|^2$$

$\mathbf{D}$ is the angular part of the electric dipole operator. A_{k_i} contains the radial part. We replace the summation over all the photons $\mathbf{k}_i$ by an integration over k, weighted by the line shape $u(k)$ and we get

$$\bar{R}''_g(E_0 + i\varepsilon) = p\left(\Delta E' - i\frac{\Gamma'}{2}\right) \tag{I.21}$$

where

$$p = |\langle g|\boldsymbol{\varepsilon}_{\lambda_0} \cdot \mathbf{D}|e\rangle|^2 \tag{I.22}$$

$$\Delta E' = \int |A_k|^2 \, u(k) \frac{k - \tilde{k}_0}{\left(k - \tilde{k}_0\right)^2 + \frac{\Gamma^2}{4}} dk \tag{I.23}$$

$$\frac{\Gamma'}{2} = \int u(k) \, |A_k|^2 \frac{\frac{\Gamma}{2}}{\left(k - \tilde{k}_0\right)^2 + \frac{\Gamma^2}{4}} dk \tag{I.24}$$

Finally we have

$$\bar{G}_g(z) = \frac{1}{z - E_0 - p\left(\Delta E' - i\frac{\Gamma'}{2}\right)} \tag{I.25}$$

from which we deduce

$$U_g(t) = e^{-i\left(E_0 + p\Delta E'\right)t} e^{-p(\Gamma'/2)t}$$

The interpretation of $\Delta E'$ and Γ' follows immediately. Under the effect of the light irradiation, the ground state has now a finite life time $1/p\Gamma'$, and an energy which is shifted from E_0 to $E_0 + p\Delta E'$ (light shift). We see from (I.23) and (I.24) that to get $\Delta E'$ or Γ', we must multiply $u(k)$ by the atomic dispersion or absorption curve, and integrate over k from 0 to ∞ (Fig. 4).

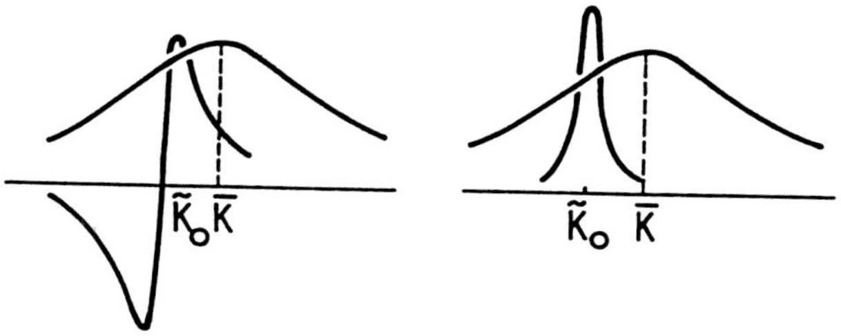

Fig. 4

Let us now study how Γ' and $\Delta E'$ vary with $\bar{k} - \tilde{k}_0$. From (I.23) and (I.24) one can plot the theoretical curves (Fig. 5). The value of $\bar{k} - \tilde{k}_0$ corresponding to the maximum of $\Delta E'$ is on the order of Δ.

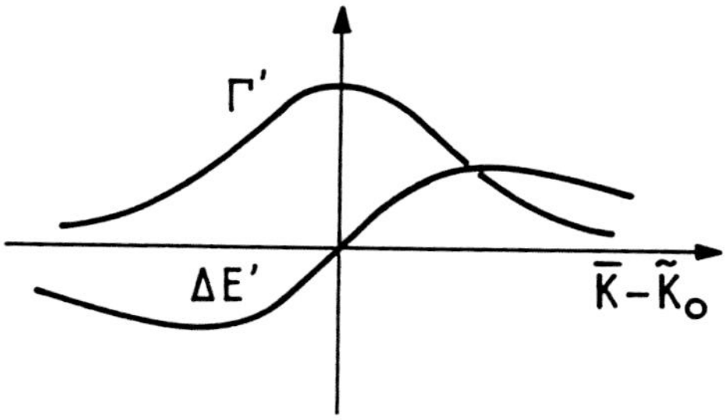

Fig. 5

Furthermore, Fig. 4 shows that Γ' depends only on resonant photons whose energy lies between $\tilde{k}_0 - \Gamma$ and $\tilde{k}_0 + \Gamma$; on the contrary, $\Delta E'$ depends only on non resonant photons which have an energy either larger than $\tilde{k}_0 + \Gamma$ or less than $\tilde{k}_0 - \Gamma$. This leads us to consider two types of transitions.

If $\bar{k} - \tilde{k}_0$ is small enough, effective absorptions of photons are possible, and those *real transitions* give a finite life time $1/p\Gamma'$ to the ground state. On the other hand, if $\bar{k} - \tilde{k}_0$ is large, the photons can only be absorbed during a very short time of the order of $\dfrac{1}{\bar{k} - \tilde{k}_0}$: through those *virtual absorptions,* the wave functions of the ground and excited states are mixed, and consequently the energy of those states is shifted.

What are the effects of these transitions on the photons ? In real transitions, photons disappear. This is absorption. In virtual transitions, during a very short time, photons are absorbed and do not propagate. This is the basis of anomalous dispersion.

This can be summarized in a short table.

Effects on the photons		Effects on the atoms
absorption	⟵ real transition ⟶	finite life time of the atomic ground state
anomalous dispersion	⟵ virtual transition ⟶	shift of the ground state energy level

We are now ready to study the more general and usual case where both the excited and the ground states have a Zeeman structure.

(2) MORE EXACT MODEL. ZEEMAN STRUCTURE. Let us call $|\mu\rangle$ and $|m\rangle$ the atomic Zeeman sublevels of the ground and excited states in a steady magnetic field H_0 (Fig. 6). If γ_e and γ_g are the gyromagnetic ratios of the excited and ground states, we call

$$\omega_e = \gamma_e H_0$$
$$\omega_g = \gamma_g H_0$$

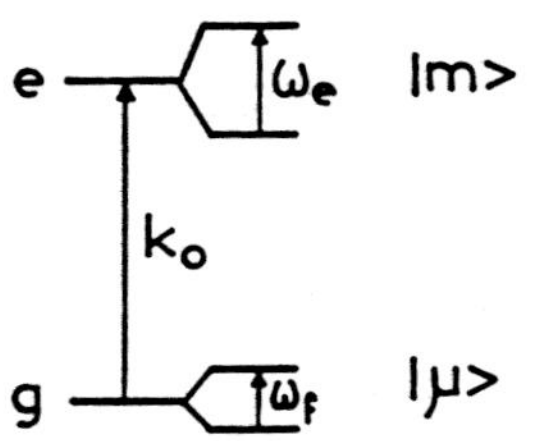

Fig. 6

We assume, as is generally the case in an optical pumping experiment, that $\omega_e, \omega_g \ll \Delta$, the width of the line shape, $u(k)$, of the incident beam.

The calculations are very similar to those of §I-B-1. For this particular problem, we consider a subspace $\mathcal{E}$ subtended by all the substates $|\mu\rangle$. The projector P on $\mathcal{E}$ is : $P = \sum_\mu |\mu\rangle\langle\mu|$ and we have to compute $\bar{G} = PGP$.
As in §I-B-1, we obtain

$$\bar{G} = \frac{1}{z - \bar{H}_0 - \bar{R}''(E_0 + i\varepsilon)} \tag{I.26}$$

where $\bar{R}''$ instead of being a number as in (I.20′) is now an operator which acts on the ground state multiplicity and which represents the effective hamiltonian $\mathcal{H}_L$ describing the effect of the light beam on the atomic ground state.

The generalization of (I.21) is

$$\bar{R}''(E_0 + i\varepsilon) = \mathcal{H}_L = \left(\Delta E' - i\frac{\Gamma'}{2}\right) A$$

where $\Delta E'$ and Γ' have been defined in (I.23) and (I.24) and where A is a matrix which generalizes (I.22)

$$\langle\mu|A|\mu'\rangle = A_{\mu\mu'} = \sum_m \langle\mu|\varepsilon^*_{\lambda_0}\cdot\mathbf{D}|m\rangle\langle m|\varepsilon_{\lambda_0}\cdot\mathbf{D}|\mu'\rangle$$

As A is hermitian, it has real eigenvalues. Let us call $|\alpha\rangle$ the eigenstate corresponding to the eigenvalue p_α :

$$A|\alpha\rangle = p_\alpha|\alpha\rangle$$

According to (I.26) the state $|\alpha\rangle$ has a width $p_\alpha\Gamma'$ and an energy shift $p_\alpha\Delta E'$. In general, the $p'_\alpha s$ are not all equal. So the various ground state sublevels are shifted differently. This is important for the experimental observation of the light shifts as we shall see later on.

Let us take, as an example, the simple case of ^{199}Hg which has only two Zeeman sublevels in the ground state. The two dimensional matrix A may be expanded as :

$$A = a_0 I + \sum_{i=k,y,z} a_i\sigma_i$$

where I is the unit matrix and the $\sigma'_i s$ are the Pauli matrices. This means that, if the incident beam contains mostly non resonant photons, $\mathcal{H}_L$ is approximately equal to $\Delta E' A$ and is similar to a Zeeman hamiltonian : the effect of the beam on the atoms is equivalent to that of a fictitious magnetic field $\mathbf{H}_f$.(*)

In a real experiment, the atom is also acted on by a real magnetic field H_0 parallel to Oz. Let us call $\mathcal{H}_z$ the real Zeeman hamiltonian. The total hamiltonian of the ground state is then :

$$\mathcal{H} = \mathcal{H}_L + \mathcal{H}_z$$

and we have the two relations :

$$\begin{cases} \mathcal{H}_L|\alpha\rangle = p_\alpha\left(\Delta E' - i\dfrac{\Gamma'}{2}\right)|\alpha\rangle \\ \mathcal{H}_z|\mu\rangle = \mu\omega_g|\mu\rangle \end{cases}$$

To study the energy diagram of the system, let us consider the two extreme cases :

a) $\mathcal{H}_L \gg \mathcal{H}_z$: the eigenstates of the system are the $|\alpha\rangle$ states which have different energies : the Zeeman degeneracy is removed. The splitting at $H_0 = 0$ is due, of course, to $\mathcal{H}_L$.

(*) By symmetry considerations, one can easily show that $\mathbf{H}_f$ is parallel to the incident beam.

b) $\mathcal{H}_L \ll \mathcal{H}_z$: the effect of the light may be treated as a small perturbation. According to perturbation theory, the eigenstates $|\mu\rangle$ of the system have an energy which differs slightly from $\mu\omega_g$ by the amount

$$\Delta E_\mu = \langle\mu|\mathcal{H}_L|\mu\rangle = \left(\Delta E' - i\frac{\Gamma'}{2}\right) A_{\mu\mu}$$

The two energy levels of the system are plotted as functions of the magnetic field H_0 in Fig. 7 (in the particular case where the light beam is perpendicular to H_0)

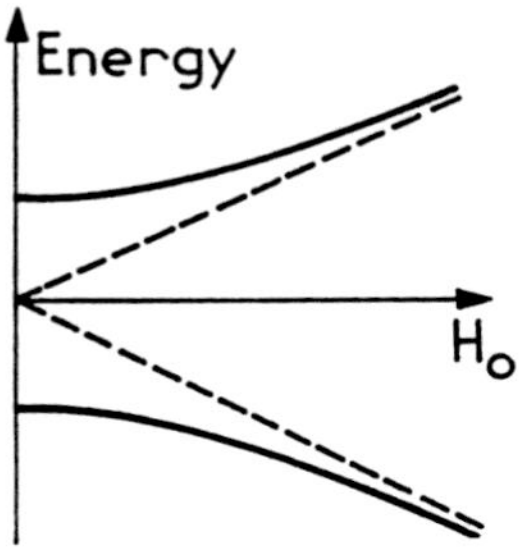

Fig. 7

C - Experimental observations on ^{199}Hg.

(1) General principles : With a first light beam B_1, we do an ordinary optical pumping experiment(*) to measure with great precision the Zeeman splitting ω_g between the two sublevels of the ground state of ^{199}Hg (Fig. 8a). We then add a second light beam B_2 (Fig. 8b) and remeasure, with the help of B_1, the energy difference between the two sublevels of the ground state. We determine in this way the perturbation of the ground state due to the B_2 irradiation. The characteristics of the two beams are completely different. B_1 is a "good" pumping beam, containing many resonant photons. B_2 is a "good" shifting beam, with mostly non resonant photons.

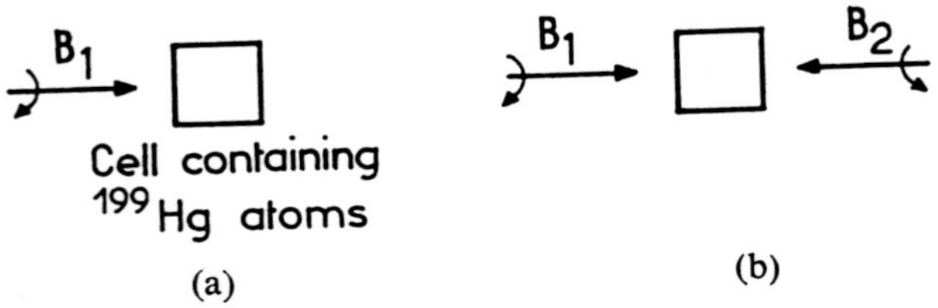

Fig. 8

(*) For a detailed description of the optical pumping of the odd isotopes of mercury see B. Cagnac thesis (Ref. [1])

We shall consider two extreme cases : the high field case where $\mathcal{H}_L \ll \mathcal{H}_z$, and the low field case where $\mathcal{H}_L \gg \mathcal{H}_z$.

(2) HIGH FIELD CASE $\mathcal{H}_L \ll \mathcal{H}_z$

a) First experiment. The pumping beam B_1, circularly polarized, comes from a lamp filled with the isotope ^{204}Hg whose line coincides with the k_0 component $F = 1/2$ of ^{199}Hg. The steady magnetic field H_0 is parallel to B_1 ; the radiofrequency field $H_1 \cos\omega t$ is perpendicular to H_0 (Fig. 9). We measure ω_g by the usual magnetic resonance technique.

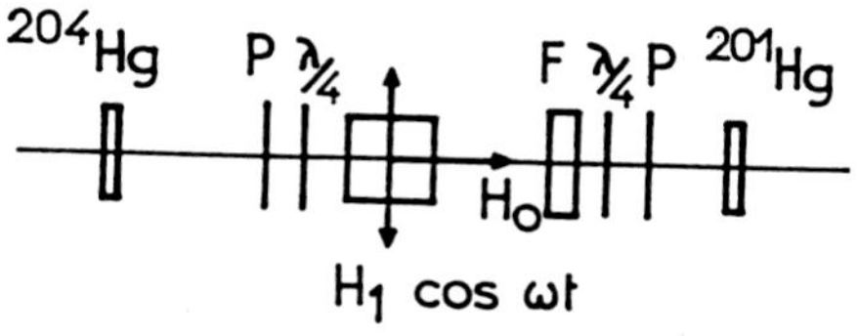

Fig. 9

The second beam B_2 is produced by a lamp filled with the isotope ^{201}Hg whose line center wave number $\bar{k}$ is larger than k_0 by approximately a Doppler width which, according to experimental(*) and theoretical (Fig. 5) results, corresponds approximately to the maximum value for $\Delta E'$. A filter F filled with ^{199}Hg is placed before the cell and suppresses all the resonant photons from the B_2 light. As $\bar{k} - k_0 > 0$, $\Delta E' > 0$: the levels are shifted towards higher energies.

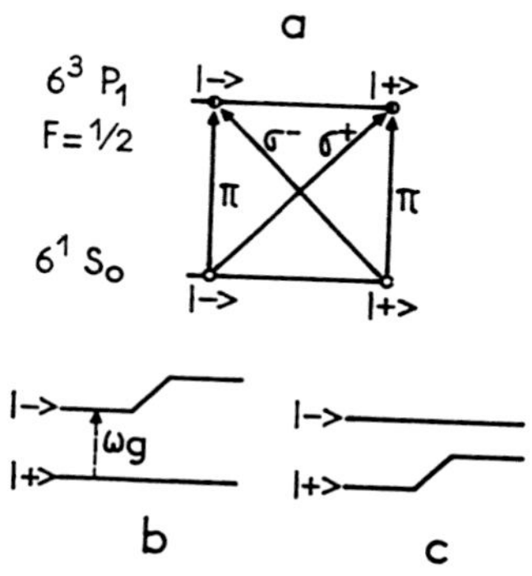

Fig. 10

From the polarization scheme (Fig. 10a) and the expression of the matrix elements of A given in §I-B-2, it appears that : if the polarization of B_2 is σ^+, the only non zero matrix element of A is $\langle -|A|- \rangle$; thus only the state $|-\rangle$ is shifted (Fig. 10b). If now the polarization of B_2 is σ^-, we have $\langle +|A|+ \rangle \neq 0$ and only the state $|+\rangle$ is shifted

(*) See later, Fig. 12.

(Fig. 10c). So the sign of the shift must change with the sense of the circular polarization. The experimental results are shown in Fig. 11 and agree with these predictions (as we operate at a fixed frequency and a variable field, an increase of the Zeeman separation corresponds to a shift towards lower field value).

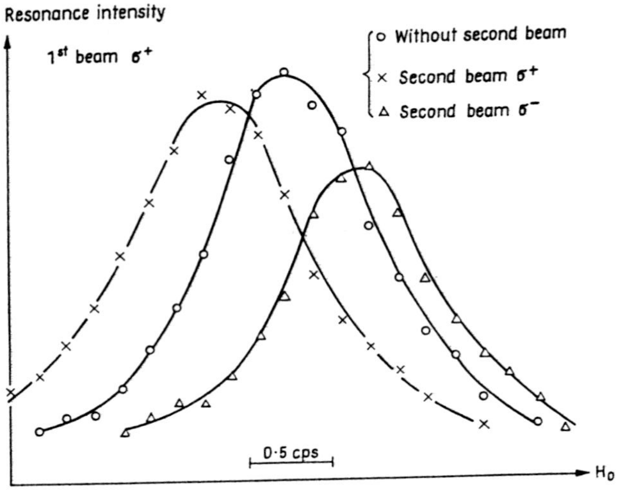

Fig. 11

By magnetic scanning, we have also changed the value of $\bar{k}$ and measured $\Delta E'$ for different $\bar{k} - k_0$. The experimental results are in agreement with the theoretical predictions (Fig. 12).

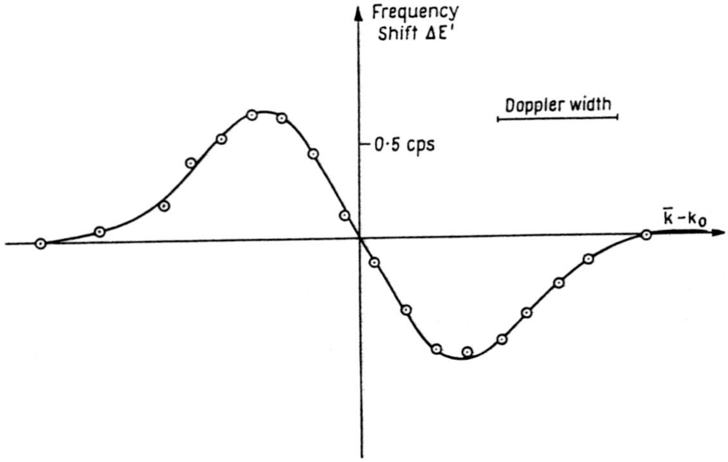

Fig. 12

b) Second experiment. We have improved the first experiment in the following ways [6] :

- The light beam B_1 (Fig. 13) is perpendicular to the magnetic fields H_0 and $H_1 \cos\omega t$ which are now parallel. Using the technique of transverse optical pumping(*), we have obtained resonance curves with no RF broadening and whose width is typically on the order of 0.3 Hz.

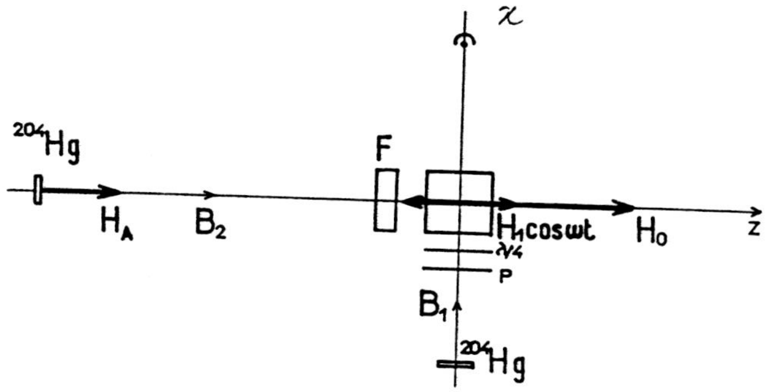

Fig. 13

- The second beam B_2, parallel to H_0, is produced by a ^{204}Hg lamp placed in an axial magnetic field H_A. The line emitted is then split into a σ^+ component which has a $\bar{k} > k_0$ and shifts the state $|-\rangle$ towards higher energies and a σ^- component which has a $\bar{k} < k_0$ and shifts the state $|+\rangle$ towards lower energies (Fig. 14a and 14b).

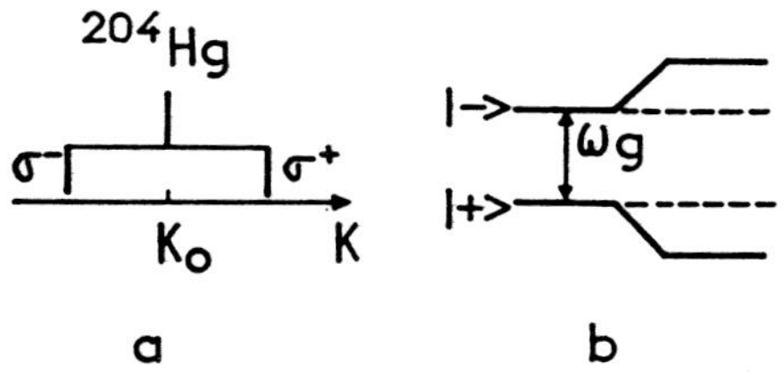

Fig. 14

As the effects of the two components add, there is no need to place, in the B_2 beam's way, a polarizer which absorbs a large part of the incident intensity. We thus get a larger shift $\Delta E'$ and double the effect as is shown in Fig. 14b.

Figure 15 is an example of the experimental results we have obtained. To avoid any broadening due to real transitions, we still have to use a filter F in the B_2 beam. However, as this filter is not perfect, the shifted curve is slightly broader than the original curve. The shift obtained is approximately equal to 20 times the linewidth of the resonance curves.

(*) in an amplitude modulated field [7]

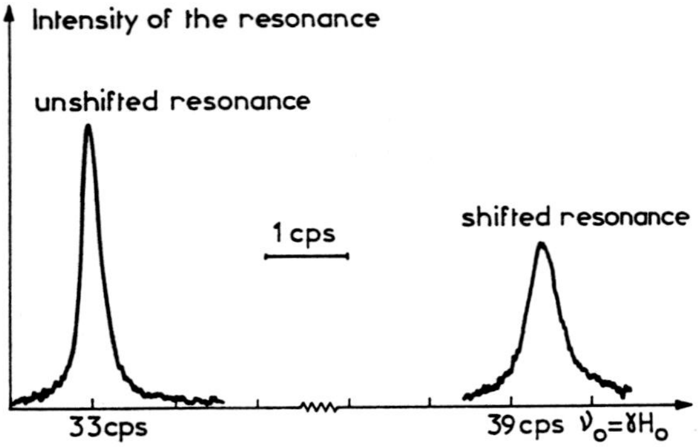

Fig. 15

(3) Low field case : $\mathcal{H}_L \gg \mathcal{H}_z$. As the shift obtained in the previous experiment is much larger than the energy level width, we have been able to study the removal of the Zeeman degeneracy in a zero magnetic field [8].

The direction of the two beams is the same as that of Fig. 13. To eliminate any stray magnetic fields we have placed the resonance cell in a triple magnetic shield. The experiment is performed in the following way : in a zero magnetic field, the magnetic dipoles are first oriented by the beam B_1 in the Ox direction (Fig. 16a). We then suddenly introduce B_2 : the dipoles start to precess around the fictitious magnetic field $\mathbf{H}_f$ which is associated with B_2 and which is parallel to Oy ; as the shift is much larger than the width of the levels, many oscillations occur during the lifetime of the ground state. This effect may be observed on the transmitted light along the Ox direction (Fig. 16b).

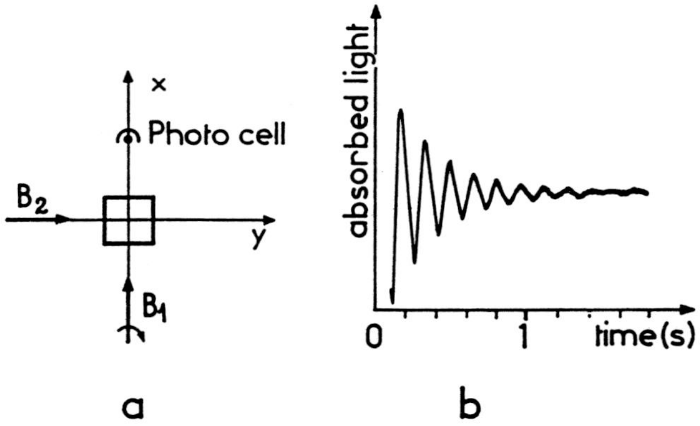

Fig. 16

We have also studied experimentally the Zeeman energy diagram in the presence of the B_2 light for two different cases : $\mathbf{H}_0$ and $\mathbf{H}_f$ parallel or perpendicular. The energy difference ω'_0 between the two Zeeman sublevels has been measured

a) by the resonances described in §I-B-2 (transverse optical pumping in an amplitude modulated field)

b) by modulating the polarization of the pumping beam B_1 at frequency ω [9] ; resonances occur when $\omega = \omega_0'$.

For $\mathbf{H}_0 \,//\, \mathbf{H}_f$, $\omega_0' = \omega_0 + \omega_f$ (ω_f is the Larmor frequency associated with the fictitious field $\mathbf{H}_f$), we get a displaced Zeeman diagram.

For $\mathbf{H}_0 \perp \mathbf{H}_f$, $\omega_0' = \sqrt{\omega^2 + \omega_f^2}$, the two levels do not cross any more. This phenomenon might be compared to the Back-Goudsmit effect, with the light beam B_2 playing the role of the hyperfine structure.

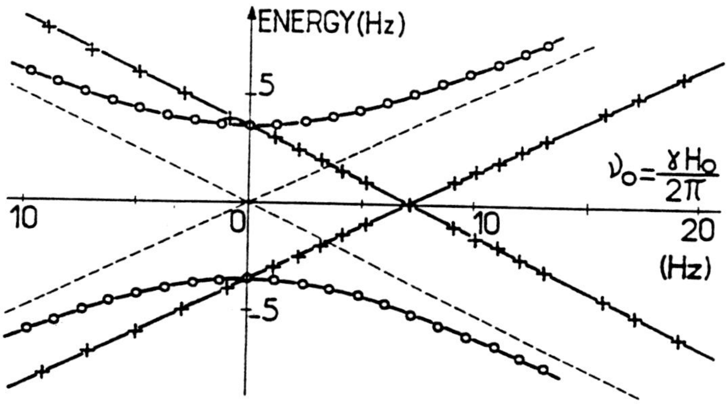

Fig. 17

$$\begin{cases} + & \mathbf{H}_0 \,//\, \mathbf{H}_f \\ \bigcirc & \mathbf{H}_0 \perp \mathbf{H}_f \end{cases}$$

II - Crossings and Anticrossings of Atomic Energy Levels

Introduction

We will show in this lecture that important variations of the resonance radiation scattered by an atom occur in the neighbourhood of what is called a "crossing" or an "anticrossing" point. We shall first give a definition of a crossing or anticrossing point. We shall then determine the scattering cross section for resonance radiation at these points.

Those effects are very important in atomic spectroscopy. They allow a simple and precise determination of atomic structures and radiative lifetimes. We will also need the concepts introduced here for the interpretation of the effects described in the two last lectures.

A - Crossing

(1) DEFINITION. Let us consider an atom which has three levels : a ground state $|g\rangle$ and two excited states $|e_1\rangle$ and $|e_2\rangle$, both having the same lifetime. Let $\mathcal{H}_0$ be the atomic hamiltonian. We have :

$$\mathcal{H}_0|g\rangle = E_g|g\rangle \qquad \mathcal{H}_0\,|e_i\rangle = E_{e_i}\,|e_i\rangle \qquad i=1,2$$

We shall call $k_i = E_{e_i} - E_g$. Let us assume that, as we plot the energy of these states as functions of the magnetic field H_0 (Fig. 1), the two excited levels cross for $H_0 = H_c$; at this crossing point, these two excited states have the same energy k_c.

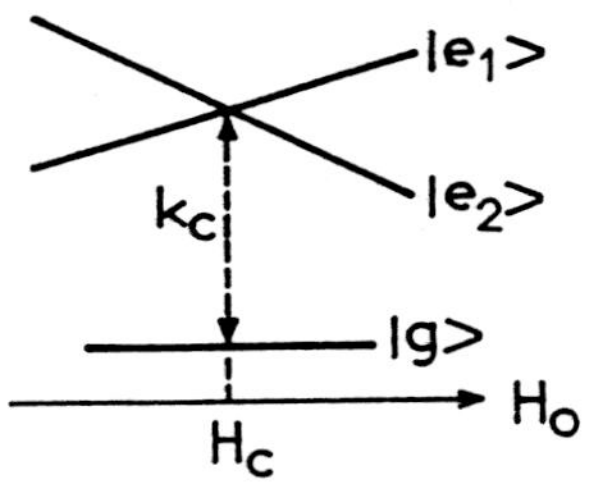

Fig. 1

We define the principal polarizations ε_1 and ε_2 in the following way : absorbing a photon of polarization ε_1 (ε_2), the atom can only jump from the ground state to the excited state $|e_1\rangle$ ($|e_2\rangle$). We have therefore the following relations :

$$\langle e_1|\,\varepsilon_1 \cdot \mathbf{D}|g\rangle \neq 0 \qquad \langle e_2|\,\varepsilon_1 \cdot \mathbf{D}|g\rangle = 0$$
$$\langle e_1|\,\varepsilon_2 \cdot \mathbf{D}|g\rangle = 0 \qquad \langle e_2|\,\varepsilon_2 \cdot \mathbf{D}|g\rangle \neq 0$$

Any linear superposition $\boldsymbol{\varepsilon}$ of $\boldsymbol{\varepsilon}_1$ and $\boldsymbol{\varepsilon}_2$ is called a "coherent polarization" :

$$\boldsymbol{\varepsilon} = \lambda_1 \boldsymbol{\varepsilon}_1 + \lambda_2 \boldsymbol{\varepsilon}_2$$

Absorbing a photon of polarization $\boldsymbol{\varepsilon}$, the atom, starting from the ground state, can go to $|e_1\rangle$ and to $|e_2\rangle$. *Both* matrix elements $\langle e_1 | \boldsymbol{\varepsilon} \cdot \mathbf{D} | g\rangle$ and $\langle e_2 | \boldsymbol{\varepsilon} \cdot \mathbf{D} | g\rangle$ are different from zero.

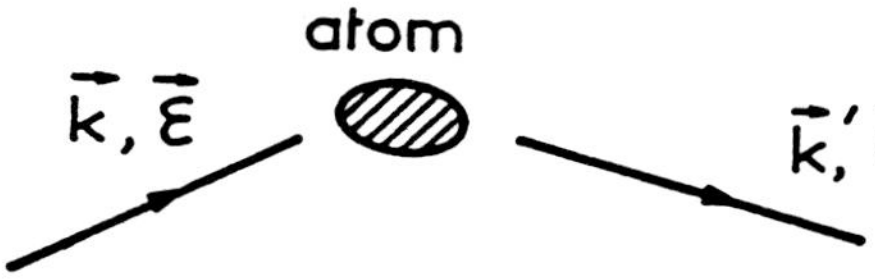

Fig. 2

(2) Resonant scattering amplitude. We deal now with the following problem : sending a photon $(\mathbf{k}, \boldsymbol{\varepsilon})$ on the atom, we look for the scattering amplitude for reemission of a photon $(\mathbf{k}', \boldsymbol{\varepsilon}')$ (Fig. 2). The two physical processes which may occur are drawn on Fig. 3.

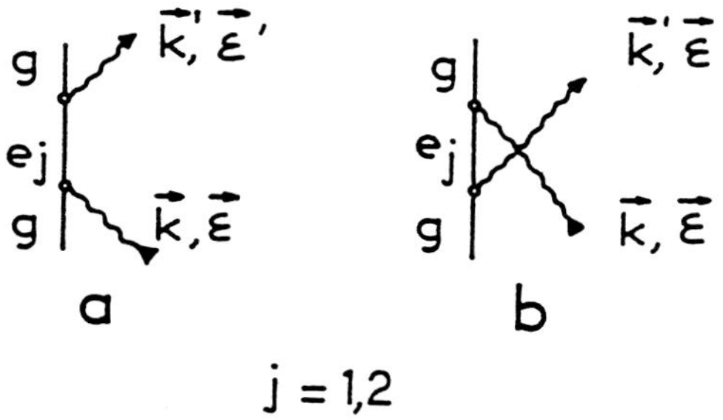

Fig. 3

We suppose that we are near resonance, so that k and k' are close to k_1 and k_2. In this case, the second process is negligible (antiresonant) and the scattering amplitude S_j corresponding to the first process may be written as [4] :

$$S_j = C^{te} \delta(k - k') \frac{\langle g\mathbf{k}'\boldsymbol{\varepsilon}' | V | e_j\rangle \langle e_j | V | g\mathbf{k}\boldsymbol{\varepsilon}\rangle}{k - k_j + i\frac{\Gamma}{2}} \tag{II.1}$$

The δ-function is nothing but the energy conservation requirement.

The resonant character of the scattering appears in the denominator ; the angular dependence of the scattering is contained in the numerator, whose explicit form is

$|A_k|^2 \langle g|\boldsymbol{\varepsilon}' \cdot \mathbf{D}\, |e_j\rangle \, \langle e_j|\, \boldsymbol{\varepsilon} \cdot \mathbf{D}|g\rangle$. There are two possible intermediate states for the scattering : $|e_1\rangle$ and $|e_2\rangle$ (Fig. 4) ; each path corresponds to a different scattering amplitude S_1 or S_2. The total scattering amplitude S is the sum of S_1 and S_2 *which are both different from zero if and only if* $\boldsymbol{\varepsilon}$ *and* $\boldsymbol{\varepsilon}'$ *are coherent polarizations.* We have then

$$S = C^{te}\delta(k-k')\,[R_1 + R_2] \tag{II.2}$$

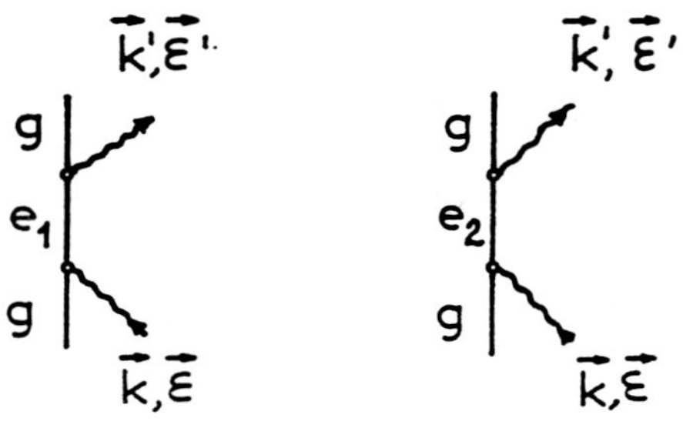

Fig. 4

with

$$R_i = \frac{B_i}{k - k_i + i\frac{\Gamma}{2}} \tag{II.3}$$

where

$$B_i = |A_k|^2 \, \langle g|\boldsymbol{\varepsilon}' \cdot \mathbf{D}\, |e_i\rangle \, \langle e_i|\, \boldsymbol{\varepsilon} \cdot \mathbf{D}|g\rangle$$

(3) Resonant scattering cross section σ. σ is proportional to $|S|^2$. Thus from §II-A-2 we have :

$$\sigma = C^{te}\left[|R_1|^2 + |R_2|^2 + 2Re\,(R_1R_2^*)\right] \tag{II.4}$$

It will appear later that the interference term $Re\,(R_1R_2^*)$ is responsible for the resonant variation of σ at the crossing point.

From (II.3), one sees immediately that $R_1\,(R_2)$ is important only for $|k-k_1| \lesssim \Gamma\left(|k-k_2| \lesssim \Gamma\right)$. Therefore the interference term which depends on $R_1R_2^*$ is important only for $|k-k_1| \lesssim \Gamma$ and $|k-k_2| \lesssim \Gamma$, i.e. for $|k_1-k_2| \lesssim \Gamma$. The effects associated with this term will appear only at the crossing point.

So far, we have considered monochromatic excitation. In a real experiment, we have a broad line excitation $u(k)$ plotted on Fig. 5. We assume that

$$\Delta \gg \Gamma \tag{II.5}$$

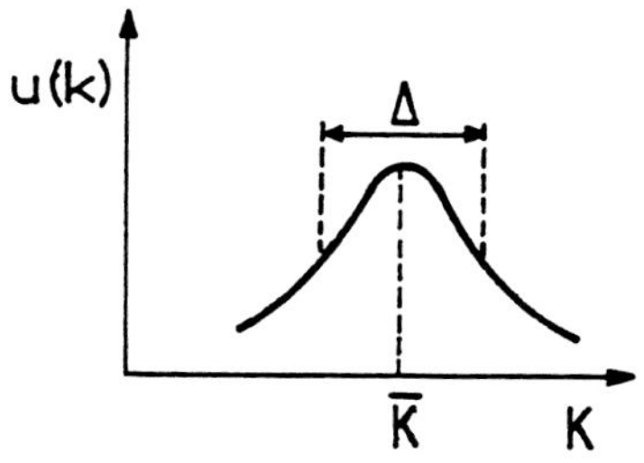

Fig. 5

and k_1, k_2, k_c are very close to $\bar{k}$, so that

$$u(k_1) \simeq u(k_2) \simeq u(k_c) \simeq u(\bar{k}) \tag{II.6}$$

So far, we have computed the cross section $\sigma(k)$ for a single incident photon k (II.4). As there is no phase relation between photons of different k, we must average the *cross section* (and not the scattering amplitude) over the wave number of the incident photons.

The cross section $\bar{\sigma}$ that we measure in a real experiment is thus :

$$\bar{\sigma} = \int u(k)\sigma(k)dk$$

Taking into account conditions (II.5) and (II.6), we get

$$\int |R_j(k)|^2 u(k)dk \simeq 2\pi \frac{|B_j|^2}{\Gamma} u(\bar{k})$$

and

$$\begin{aligned} 2\int Re\left(R_1(k)R_2^*(k)\right)u(k)dk &= 2Re\frac{B_1B_2^*}{k_1 - k_2 - i\Gamma} \times \\ &\times \left[\int \frac{u(k)dk}{k - k_1 + i\frac{\Gamma}{2}} - \int \frac{u(k)dk}{k - k_2 - i\frac{\Gamma}{2}}\right] \\ &\simeq 4\pi Re\frac{B_1B_2^*}{\Gamma + i(k_1 - k_2)} u(\bar{k}) \end{aligned}$$

We finally have

$$\bar{\sigma} = C^{te}\left[\frac{|B_1|^2}{\Gamma} + \frac{|B_2|^2}{\Gamma} + 2Re\frac{B_1B_2^*}{\Gamma + i(k_1 - k_2)}\right] \tag{II.7}$$

The interference term gives rise to a Lorentzian resonance (absorption or dispersion shaped according to $B_1B_2^*$, i.e. to ε and ε') in the scattering cross section. If we plot the scattered light as a function of H_0, we get, in the case of an absorption shape, the curve shown on Fig. 6. The width of the resonance ΔH is determined by the condition $|k_1 - k_2| = \Gamma$; it depends only on the natural width Γ and on the slopes of the crossing levels. It must also be emphasized that, apart from some very small relativistic

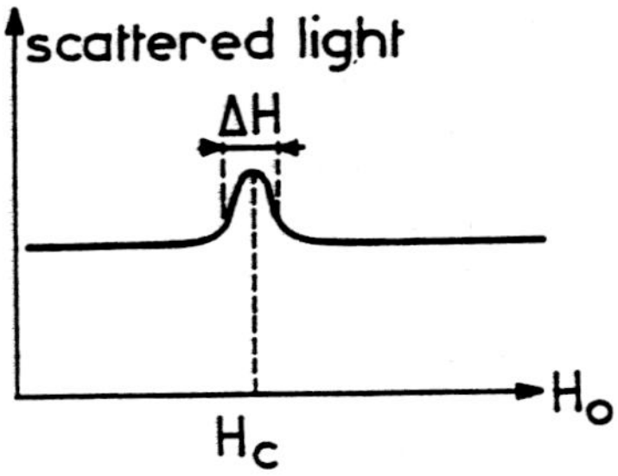

Fig. 6

corrections, the effects we have described do not depend on the velocity of the atom. So the resonance of Fig. 6 is not Doppler broadened.

Let us finally give some well known examples of crossing points.

- Zero field Zeeman crossing : the corresponding resonance is the Hanle effect or the magnetic depolarization phenomenon, discovered in 1924 [10]. It allows measurement of either Γ or the Landé factor g of the levels.
- Hyperfine or fine structure crossings : they have been discovered by Franken [11]. From the positions of the crossing points, one can deduce the zero field atomic structure.

B - Anticrossing

(1) Definition : We use the same notations as for the crossing case. We assume now that, in addition to the atomic hamiltonian $\mathcal{H}_0$, we have a perturbation h which couples the two excited states $|e_1\rangle$ and $|e_2\rangle$. The only non zero matrix element of h is

$$\delta = \langle e_1 | \, h \, | e_2 \rangle$$

The new energy levels $|\bar{e}\rangle$ and $|\bar{e}'\rangle$ of $\mathcal{H}_0 + h$ do not cross each other anymore. The minimum distance between those two levels occurs for $H_0 = H_c$ and is equal to 2δ (Fig. 7). Such a situation is called an anticrossing.

Let us take now an example where anticrossings can occur. We consider an atom which has a nuclear spin **I** and an electronic angular momentum **J** in the excited state. In a magnetic field H_0 parallel to Oz, the total hamiltonian is :

$$\mathcal{H} = \omega_e J_z + \omega_n I_z + A\mathbf{I} \cdot \mathbf{J}$$

where ω_e and ω_n are the Larmor frequencies of **J** and **I** around H_0, and A the hyperfine coupling constant. We may write $\mathcal{H}$ as the sum of two hamiltonians

$$\mathcal{H} = \mathcal{H}_0 + h$$

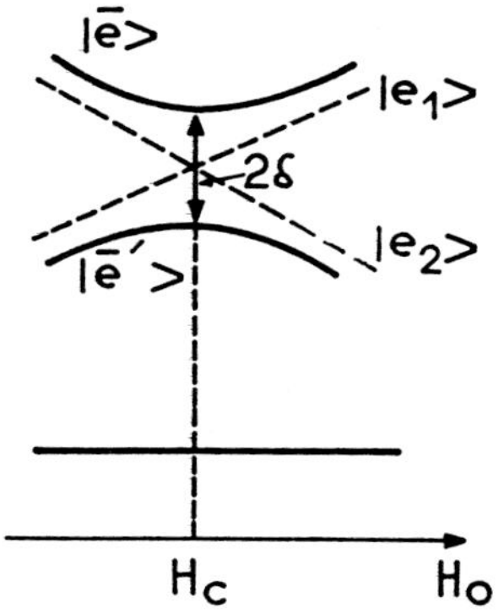

Fig. 7

with

$$\begin{cases} \mathcal{H}_0 = \omega_e J_z + \omega_n I_z + A I_z J_z \\ h = \frac{A}{2}(I_+ J_- + I_- J_+) \end{cases}$$

as usual

$$I_\pm = I_x \pm i I_y$$
$$J_\pm = J_x \pm i J_y$$

$|e_1\rangle$ and $|e_2\rangle$ are two eigenstates of $\mathcal{H}_0$, labelled $|m_I m_J\rangle$ with the same value of $m_F = m_I + m_J$: h has then a matrix element between these two states. If for some value of $\mathcal{H}_0$ the two states $|e_1\rangle$ and $|e_2\rangle$ have the same energy, we have an anticrossing situation.

(2) Problem : The problem we want to solve is the following. Suppose that at time $t = 0$ the atom is excited in the state $|e_1\rangle$ (this may be achieved by a pulse of light of polarization $\boldsymbol{\varepsilon}_1$. As the coupling between the atom and the radiation field is purely electronic, one prepares in this way eigenstates of $\mathcal{H}_0$). We ask now for the probability $P(t)$ that the atom is in the state $|e_2\rangle$ at time t (by looking for example at the light polarization $\boldsymbol{\varepsilon}_2$ emitted at that time). This physical process is diagrammatically represented as :

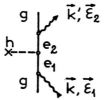

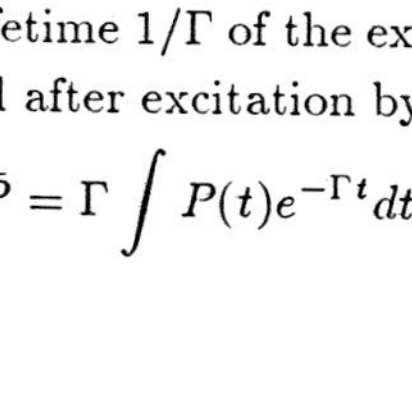

If we take into account the lifetime $1/\Gamma$ of the excited state, we get the probability $\bar{P}$ of having a photon $\boldsymbol{\varepsilon}_2$ reemitted after excitation by a photon $\boldsymbol{\varepsilon}_1$:

$$\bar{P} = \Gamma \int P(t) e^{-\Gamma t} dt \tag{II.8}$$

$\bar{P}$ is actually the quantity which is measured in an anticrossing experiment.

(3) CALCULATION OF $P(t)$ AND $\bar{P}$ IN A SIMPLE CASE. Let us consider first an atom which has no other excited states then $|e_1\rangle$ and $|e_2\rangle$; h is a non diagonal hamiltonian :

$$\begin{cases} \langle e_i| h |e_i\rangle = 0 \qquad \text{for} \qquad i = 1,2 \\ \langle e_1| h |e_2\rangle = h_{12} = \delta \end{cases}$$

$P(t)$ may be easily determined by an elementary quantum mechanical calculation. Nevertheless, we shall use the more sophisticated resolvent formalism so as to be able to generalize the results to more complicated cases.

Let us call G and G_0 the resolvents of $\mathcal{H} = \mathcal{H}_0 + h$ and $\mathcal{H}_0$:

$$G = \frac{1}{z - \mathcal{H}_0 - h} \qquad \text{and} \qquad G_0 = \frac{1}{z - \mathcal{H}_0}$$

As we have shown in a previous chapter (Eq. I.4) :

$$G = G_0 + G_0 h G$$

By iteration, we derive :

$$G = G_0 + G_0 h G_0 + G_0 h G_0 h G$$

We have to compute the matrix element $\langle e_2| G |e_1\rangle = G_{21}$. Assuming that $\mathcal{H}_0 |e_i\rangle = E_i |e_i\rangle$ $(i = 1,2)$, we get :

$$G_{21} = \frac{1}{z - E_2} h_{21} \frac{1}{z - E_1} + \frac{1}{z - E_2} h_{21} \frac{1}{z - E_1} h_{12} G_{21}$$

or

$$\left[(z - E_2)(z - E_1) - |\delta|^2\right] G_{21} = h_{21}$$

which comes to :

$$G_{21} = \frac{\delta^*}{(z - E_2)(z - E_1) - |\delta|^2} \tag{II.9}$$

G_{21} has two poles, z_+ and z_-, given by :

$$z_\pm = \frac{E_1 + E_2}{2} \pm \sqrt{|\delta|^2 + \left(\frac{E_2 - E_1}{2}\right)^2}$$

We may now compute $U_{21} = \langle e_2| U(t) |e_1\rangle$ (see relation I.2) :

$$\begin{aligned} U_{21} &= \frac{1}{2\pi i} \int_c G_{21}(z) e^{-izt} dz \\ &= \delta^* \left[\frac{e^{-iz_+ t}}{z_+ - z_-} + \frac{e^{-iz_- t}}{z_- - z_+}\right] \end{aligned}$$

One gets for $P(t)$ the Breit-Rabi formula :

$$P(t) = |U_{21}(t)|^2 = \frac{|\delta|^2}{|\delta|^2 + \left[\frac{E_2 - E_1}{2}\right]^2} \sin^2 \sqrt{|\delta|^2 + \left(\frac{E_2 - E_1}{2}\right)^2}\, t \tag{II.10}$$

If the excited levels have infinite lifetimes, the probability that the atom passes from the state $|e_1\rangle$ to the state $|e_2\rangle$ is periodical in time. It has a maximum amplitude at the anticrossing point where $E_2 = E_1$.

When we take into account the finite lifetimes of the excited states, we get from (II.8) :

$$\bar{P} = \frac{2|\delta|^2}{\Gamma^2 + 4|\delta|^2 + (E_2 - E_1)^2} \tag{II.11}$$

- $\bar{P}$ is resonant at the anticrossing point.
- When $|\delta| \ll \Gamma$, the intensity of the resonance is proportional to $|\delta|^2$. For $|\delta| \gg \Gamma$, the intensity is constant : we have a saturation of the resonance.
- The width of the resonance is $\sqrt{\Gamma^2 + 4|\delta|^2}$. Contrary to the resonance which occurs at a crossing point, this resonance has a width which depends not only on Γ but also on $|\delta|$. For $|\delta| \gg \Gamma$, the width is proportional to $|\delta|$.

(4) Calculation of $P(t)$ and $\bar{P}$ in the general case. We now consider excited states other than $|e_1\rangle$ and $|e_2\rangle$: Let us call them $|e_\alpha\rangle$. We assume that h couples $|e_1\rangle$ and $|e_2\rangle$ to the $|e_\alpha\rangle$, but not necessarily $|e_1\rangle$ to $|e_2\rangle$: we may have $\langle e_1| h |e_2\rangle = 0$. Nevertheless $|e_1\rangle$ and $|e_2\rangle$ are still coupled by higher order terms ; for instance : $\langle e_2| h |e_\alpha\rangle \langle e_\alpha| h |e_1\rangle \neq 0$.

We shall use the results of §I-A and consider a subspace $\mathcal{E}$ subtended by the two vectors $|e_1\rangle$ and $|e_2\rangle$. We have to compute $\bar{G}(z) = PG(z)P$ with $P = |e_1\rangle\langle e_1| + |e_2\rangle\langle e_2|$ and $Q = 1 - P$. We get (see I.7) :

$$\bar{G}(z) = \frac{1}{z - \bar{\mathcal{H}}_0 - \bar{R}(z)}$$

with

$$\bar{R}(z) = h + Ph\frac{Q}{z - \mathcal{H}_0}hP + ... \tag{II.12}$$

$\bar{G}(z)$ is the inverse of the two by two matrix $z - \bar{\mathcal{H}}_0 - \bar{R}(z)$:

$$\begin{pmatrix} z - E_1 - \bar{R}_{11} & -\bar{R}_{12} \\ -\bar{R}_{21} & z - E_2 - \bar{R}_{22} \end{pmatrix}$$

It is easy to invert such a matrix, and one gets for $\bar{G}_{21}(z)$:

$$\bar{G}_{21}(z) = \frac{\bar{R}_{21}(z)}{\left[z - E_1 - \bar{R}_{11}(z)\right]\left[z - E_2 - \bar{R}_{22}(z)\right] - \left|\bar{R}_{12}(z)\right|^2} \tag{II.13}$$

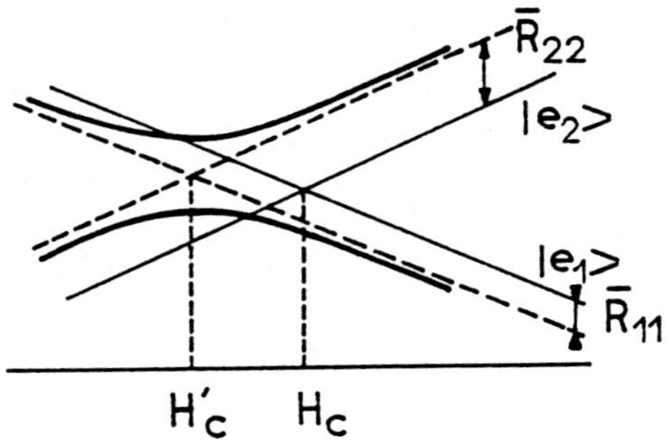

Fig. 8

So far, the formula is rigorous.

We shall now make the same approximation as in §A-I and II and replace, in $\bar{R}(z)$, z by E_c where E_c is the common value of E_1 and E_2 at the crossing point. This approximation is justified if the energies E_α of the other excited states $|e_\alpha\rangle$ are far enough from E_1 and E_2 :

$$|E_{1,2} - E_\alpha| \gg |\langle e_{1,2}|\, h\, |e_\alpha\rangle|$$

We then get :

$$G_{21}(z) \simeq \frac{\bar{R}_{21}(E_c)}{\left[z - E_1 - \bar{R}_{11}(E_c)\right]\left[z - E_2 - \bar{R}_{22}(E_c)\right] - \left|\bar{R}_{21}(E_c)\right|^2} \qquad \text{(II.14)}$$

Let us compare this formula to the result of the previous section : we see that if we replace, in Eq. (II.9), E_i by $E_i + \bar{R}_{ii}(E_c)\,(i = 1$ ou $2)$ and h_{21} by $\bar{R}_{21}(E_c)$, we get the same equation as (II.14).

Using now equation (II.11), we get directly the probability $\bar{P}$ we are looking for :

$$\bar{P} = \frac{2\left|\bar{R}_{21}\right|^2}{\Gamma^2 + 4\left|\bar{R}_{21}\right|^2 + \left[E_2 + \bar{R}_{22} - E_1 - \bar{R}_{11}\right]^2} \qquad \text{(II.15)}$$

The interpretation of this formula is the following :

- Because of the coupling with the states $|e_\alpha\rangle$, $|e_1\rangle$ and $|e_2\rangle$ are shifted by the quantity $\bar{R}_{11}$ and $\bar{R}_{22}$. This shift is at least of the second order :

$$\bar{R}_{ii} = \sum_\alpha \frac{|h_{\alpha i}|^2}{E_c - E_\alpha} \qquad i = 1,2 \qquad \alpha \neq 1,2$$

which is the well-known second order perturbation formula. The crossing point H_c is shifted to H'_c (Fig. 8).

- The coupling between $|e_1\rangle$ and $|e_2\rangle$ is more complicated. From Eq. (II.12), we see that even if $h_{21} = 0$, the two levels are coupled, for instance to second order by $\bar{R}_{12} = \sum_\alpha \frac{h_{1\alpha} h_{\alpha 2}}{E_c - E_\alpha}$; the crossing becomes an anticrossing which is centered at H'_c. Such a situation where $h_{12} = 0$ but $R_{12} \neq 0$ is called a higher order anticrossing.

III - Interaction with RF Photons

We shall report in the first part (§A) some experimental results concerning the interaction between atoms and an RF field ; we shall explain these results in the second part (§B) by using the concepts of crossing and anticrossing.

A - Description of experimental facts

We shall speak about experiments performed in the ground state of ^{199}Hg ($I = 1/2$) which has only two Zeeman sublevels $|+\rangle$ and $|-\rangle$.

1) MULTIPLE QUANTUM TRANSITIONS.(*) *Experimental set-up :* The cell containing the ^{199}Hg atoms is placed in a magnetic field H_0, parallel to Oz (Fig. 1a). The energy difference between the two levels is $\omega_0 = \gamma H_0 (\hbar = 1)$; γ is the gyromagnetic ratio of the ground state ($\gamma < 0$). The atoms are optically pumped by a σ^+ polarized light beam F parallel to H_0 : most of the atoms are then in the state $|+\rangle$ (Fig. 1b).

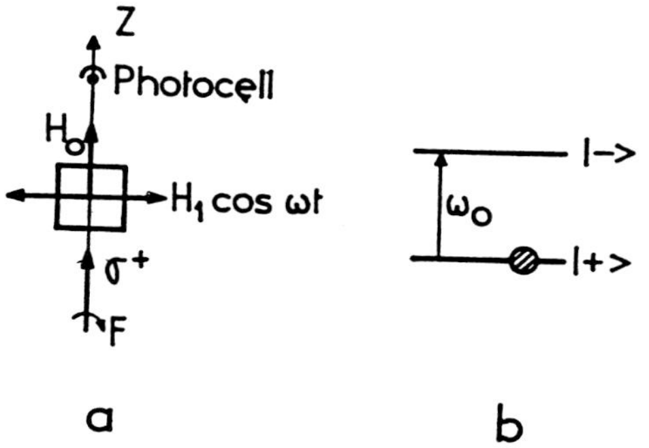

Fig. 1

Any change in the population of the two states may be detected by measuring the intensity I of the transmitted pumping light. We apply a RF field $H_1 \cos\omega t$ perpendicular to H_0. ω being fixed, we observe, as we vary ω_0, several resonant variations of I. Transitions between $|+\rangle$ and $|-\rangle$ are induced by the RF field.

Description of the resonances. We observe an *odd spectrum* of resonances : they occur for $\omega_0 = (2n+1)\omega$ (where n is an integer). They are broadened and shifted as we increase the amplitude of H_1 (Fig. 2).

(*) The first observation of multiple quantum transitions on optically pumped atoms has been performed on alkali atoms [12]. Winter's thesis contains the first theoretical explanation of this phenomenon. We will use here a different theoretical approach which also applies to the more recently discovered effects described in §III-A-2 and §III-A-3.

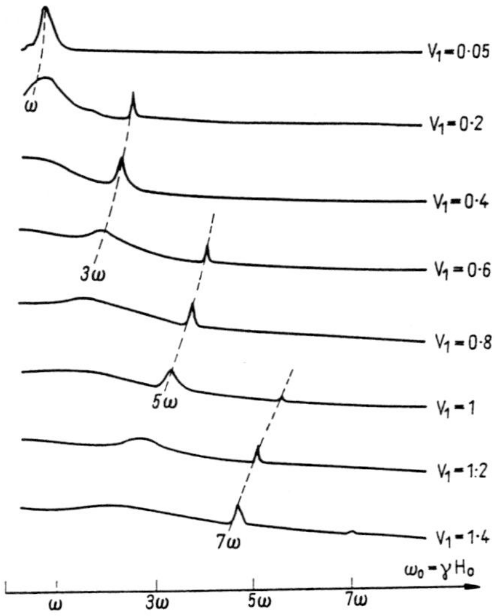

Fig. 2 (each curve corresponds to a different value of H_1 measured by the parameter V_1 (voltage at the RF coils))

Qualitative interpretation. The linear RF field can be decomposed into two rotating fields. Therefore the quantized field contains photons whose polarizations is either σ^+ or σ^- with respect to Oz. In a real RF transition, the total angular momentum and the energy have to be conserved. σ^+ and σ^- RF photons have an angular momentum $+1$ or -1, and an energy $\omega(\hbar = 1)$. Transitions between the atomic states $|+\rangle$ and $|-\rangle$ may thus occur in the following cases :

$\omega_0 = \omega$ and the atom absorbs one photon σ^- (Fig. 3a).

$\omega_0 = 3\omega$ and the atom absorbs 3 photons, one σ^+ and two σ^- (Fig. 3b).

More generally, one needs an odd number of RF photons to satisfy both angular momentum and energy conservations : $\omega_0 = (2n+1)\omega$ and the atom absorbs n photons σ^+ and $(n+1)$ photons σ^-.

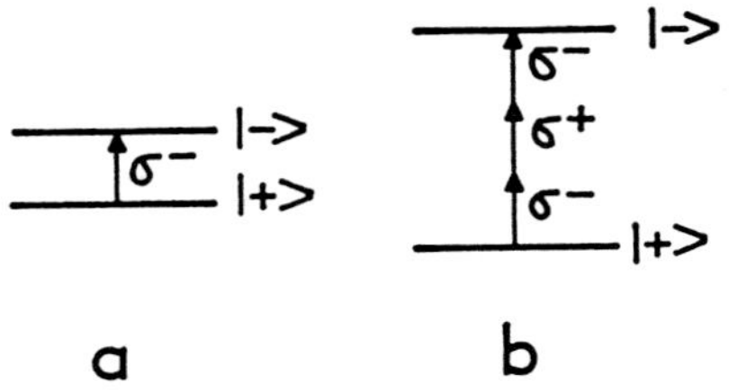

Fig. 3

As one increases the intensity of the RF field, more transitions between $|-\rangle$ and $|+\rangle$ may occur ; the lifetimes of those states are therefore reduced and the resonances are broadened. Bloch-Siegert [13] type shifts also occur : as we increase H_1, the resonances are shifted towards the low field region.

(2) TRANSVERSE OPTICAL PUMPING. HAROCHE'S RESONANCES [14]. The *experimental set-up* is very similar to that of the previous section (§III-A-1) except for the direction of F which is now perpendicular to H_0 (Fig. 4). This is a case of transverse optical pumping. Let us recall briefly some of its features [1] :

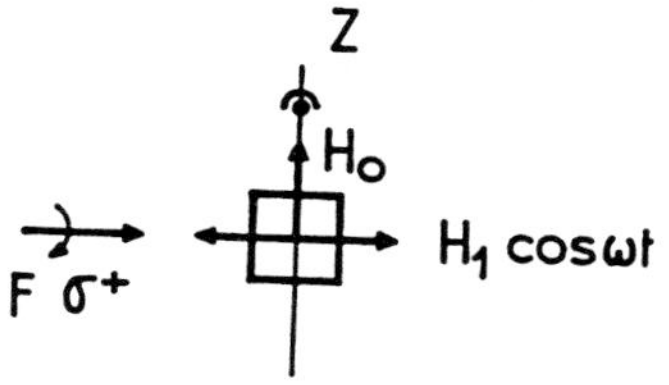

Fig. 4

Transverse optical pumping ($H_1 = 0$). No population difference is produced between the two states $|+\rangle$ and $|-\rangle$; in other words, no longitudinal magnetization is introduced by the pumping. If $H_0 = 0$, F orients the vapor's magnetic dipoles **M** in its own direction (Fig. 5a). In mathematical terms, the density matrix which describes the atoms in the ground state, has non-zero off diagonal elements (in the Oz representation). If $H_0 \neq 0$, as soon as the dipoles are oriented, they start to precess around H_0. They are damped at a rate $1/T$ because of the relaxation (Fig. 5b. H_0 is perpendicular to the figure). The resulting orientation at time $t = 0$ is the vectorial sum of all the dipoles created at time $-t$ (t goes from 0 to $+\infty$). They have an amplitude proportional to $e^{-t/T}$ and make an angle $\omega_0 t$ with their initial direction.

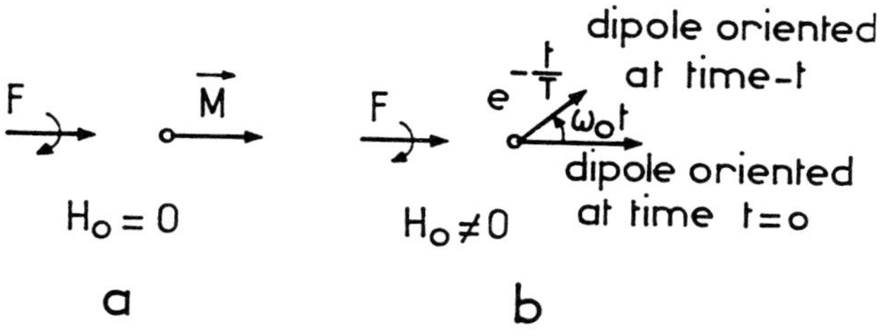

Fig. 5

Let us make this summation for two extreme cases (Fig. 6a and 6b) : Hence the transverse pumping creates a magnetization in the vapor only for small fields. This is the Hanle effect [10], or the zero field level crossing.

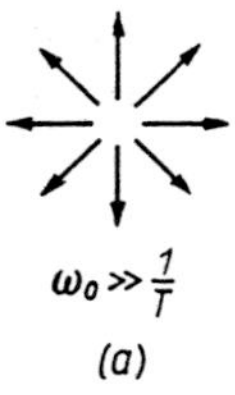

The net resultant is zero

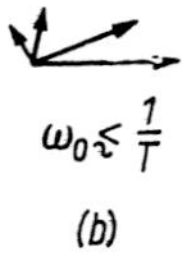

The net resultant is not equal to zero

Fig. 6

The experimental facts we shall describe now occur for $\omega_0 \gg 1/T$, so that there is no orientation (longitudinal or transverse) introduced by the beam F. We apply a RF field $H_1 \cos\omega t$ parallel to F (Fig. 4). Keeping ω fixed, we vary ω_0 and look at the absorbed light of the pumping beam.

Description of Haroche's resonances. No resonance appears for $\omega_0 = (2n+1)\omega$. Multiple quantum transitions actually occur, but they are no longer detectable, because the two levels $|-\rangle$ and $|+\rangle$ are equally populated.

New resonances appear for $\omega_0 = 2n\omega$. They form an *even spectrum,* and may be detected on the various even harmonics $2p\omega$ of the signal. As the intensity H_1 increases, the resonances *are shifted* but *not broadened* as is shown on the next 2 figures. Each resonance corresponds to a different value of H_1, measured by the parameter V_1.

One can show that the shift and the intensity (at the harmonic 2ω) of the resonance $\omega_0 = 2\omega$ are proportional to H_1^2 ; all the peaks of the curves of Figure 7 are thus on a straight line.

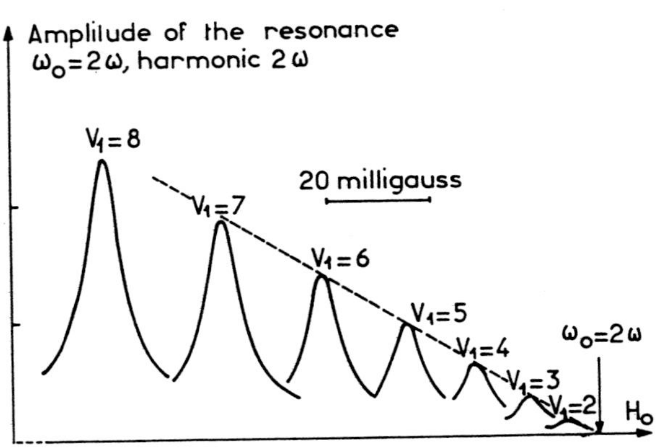

Fig. 7 : Intensity of the resonance $\omega_0 = 2\omega$, harmonic 2ω

For $\omega_0 = 4\omega$, the shift of the resonance can be shown to be proportional to H_1^2, the intensity (at the harmonic 4ω) to H_1^4 : the peaks of the curves of Figure 8 must therefore be on a parabola (plotted with dotted line).

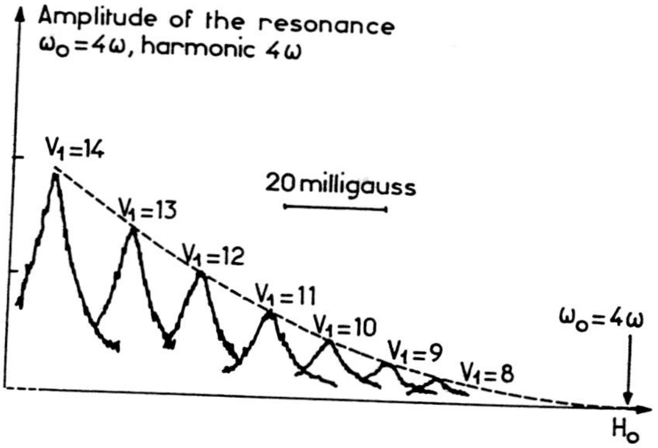

Fig. 8 : Intensity of the resonance $\omega_0 = 4\omega$, *harmonic* 4ω

It is impossible to attribute these resonances to the absorption of an even number of RF photons : although energy may be conserved in such a process, the angular momentum carried by an even number of photons σ^+ or σ^- cannot be equal to $+1$ or -1 which is the condition to make the atom jump from $|-\rangle$ to $|+\rangle$ or vice versa.

Before giving a theoretical explanation of these resonances, let us mention another type of resonance which leads to similar difficulties.

(3) TRANSVERSE OPTICAL PUMPING. RESONANCE OF GENEUX, ALEXANDROV, POLONSKY [7,15].

Experimental set-up : The beam F is still perpendicular to H_0, but $H_1 \cos\omega t$ is now parallel to H_0 (Fig. 9) :

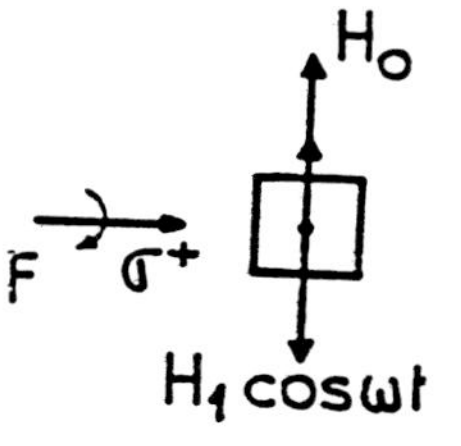

Fig. 9

As the RF field contains only π photons, it is impossible to have any transition from one Zeeman sublevel to the other. Furthermore, the experiment is performed for $\omega_0 \gg \Gamma$, so that there is no transverse pumping. Nevertheless, as we vary H_0, ω being fixed, and observe the absorption of the pumping light, we get a *full spectrum* of resonances.

Description of the resonances : They occur for $\omega_0 = n\omega$. As the intensity of the RF field is increased, we observe *no shift* and *no broadening* of the resonance curves.

In Figure 10, we have plotted the width of the resonances as a function of $\omega_1/2\pi$ which would be the real value of the resonance's width in an ordinary magnetic resonance :

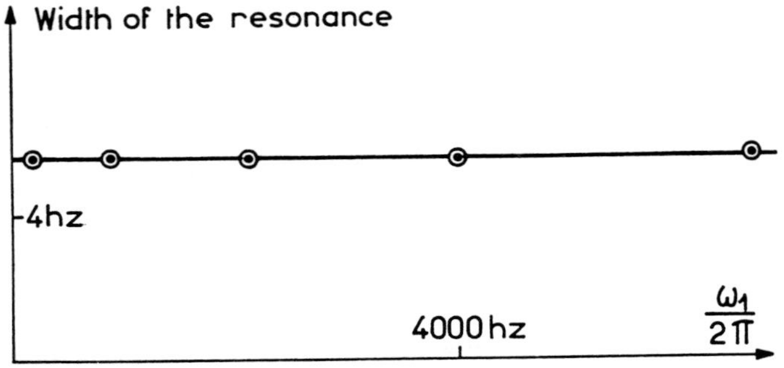

Fig. 10

These resonances may be detected at the various harmonics $p\omega$ of the signal. Their intensity as a function of ω_1/ω has been theoretically predicted and experimentally measured (Fig. 11) :

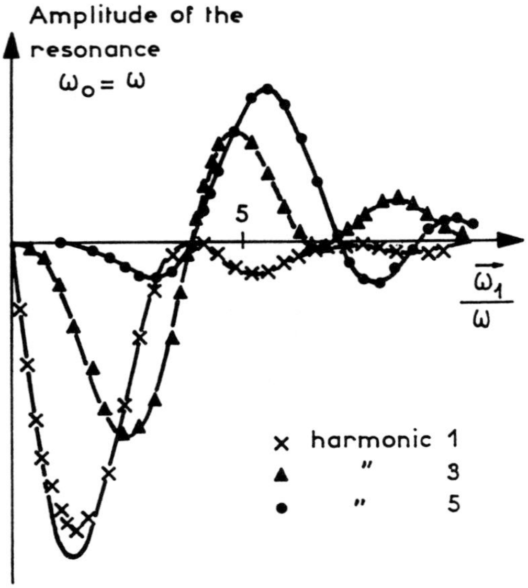

Fig. 11

B - Theoretical interpretation

(1) INTRODUCTION. We shall give a single theoretical treatment which applies to the three preceding types of resonances.

Let us first define some simplifications we have made in this treatment :

a) Although the experimental observations have been done on a ground state we shall deal in the theoretical part with an excited state. The physical effects are similar in both cases but the theory is simpler for an excited state because :

(i) The sublevels $|+\rangle$ and $|-\rangle$ of an excited state have the same lifetime (which is not true in general for a ground state).

(ii) There are no complications due to the falling back of atoms after an optical excitation.

b) We also assume that the atoms and the RF field interact only in the excited state. This amounts to assuming that the resonance conditions do not occur simultaneously in both states.

Let us now explain the general idea of this treatment. We shall deal with the total system (S) which includes the atom plus the RF photons. We shall assume that light is not scattered by the "bare" atom, but by (S) which is something like a "dressed atom". Studying the energy levels of (S), we shall find a lot of crossing and anticrossing points. We shall thus interpret the resonances described in the previous section (§III-A) by using the results of chapter II. It will also be shown that these resonances may be understood in terms of real and virtual multiple quantum transitions.

This study will suggest to us a new effect ; the modification of the Landé $g-$factor of an atom by an RF field :

$$g_{\text{dressed atom}} \neq g_{\text{bare atom}}$$

We shall present a simple calculation of this effect, and some experimental results.

(2) GENERAL FORM OF THE HAMILTONIAN OF (S) : ATOM + RF FIELD. It may be written as the sum of two hamiltonians :

$$\mathcal{H} = \mathcal{H}_0 + h$$

$\mathcal{H}_0$ represents the sum of the energies of the atom and of the RF photons, of frequency ω :

$$\mathcal{H}_0 = \omega_0 J_z + \omega a^\dagger a \qquad \text{(III.1)}$$

We assume that the static field H_0 is in the Oz direction, $\omega_0 = \gamma H_0, \gamma$ and J being the gyromagnetic ratio and the angular momentum of the excited state, $a^\dagger$ and a being the creation and annihilation operators of a photon ω.

h is the hamiltonian which couples the atom to the RF field. In the quantized theory of fields, the RF field $H_1 \cos\omega t$ is represented by :

$$H_1 = \frac{\beta}{\sqrt{q}} \left[a^+ e^{iqx} + a^+ e^{-iqx}\right]$$

β is a constant, q the wave number of the RF field.

In the dipole approximation, e^{iqx} is approximately equal to 1 and H_1 is proportional to $(a + a^\dagger)$. Thus the full quantized version of the classical interaction hamiltonian $h_{cl} = -\gamma H_1 J_i \cos\omega t$ is :

$$h_{qu} = \lambda J_i \left(a + a^\dagger\right) \tag{III.2}$$

where λ is a coupling constant, J_i is the component of angular momentum in the direction of $\mathbf{H}_1$.

Let us evaluate the constant λ. The quantum state which easily describes the RF field is a coherent state $|\alpha\rangle$ [16]. The properties of such a state are well-known : $|\alpha\rangle$ is an eigenstate of a :

$$a|\alpha\rangle = \alpha|\alpha\rangle$$

The parameter α is simply related to the average number $\bar{N}$ of RF photons :

$$\bar{N} = \langle\alpha|a^\dagger a|\alpha\rangle = \alpha^2$$

(we take α real). The condition which determines λ is the following :

$$\langle\alpha|h_{qu}|\alpha\rangle = h_{cl}$$

From (III.2) it follows :

$$\lambda\langle\alpha|a + a^\dagger|\alpha\rangle = \gamma H_1 = \omega_1$$

or

$$2\lambda\alpha = \omega_1$$

We finally have :

$$\lambda = \frac{\omega_1}{2\sqrt{\bar{N}}} \tag{III.3}$$

Actually, λ may be computed from the first principles. If we consider a coherent state corresponding to a known value of $\bar{N}$, we may deduce from (III.3) the value ω_1 of the classical field described by the coherent state.

We shall study in the following sections two different cases corresponding to $\mathbf{H}_1$ and $\mathbf{H}_0$ perpendicular or parallel.

(3) $\mathbf{H}_1$ PERPENDICULAR TO $\mathbf{H}_0$

a) Hamiltonian : The geometrical arrangement of $\mathbf{H}_0$ and $\mathbf{H}_1$ is plotted in Figure 12 :

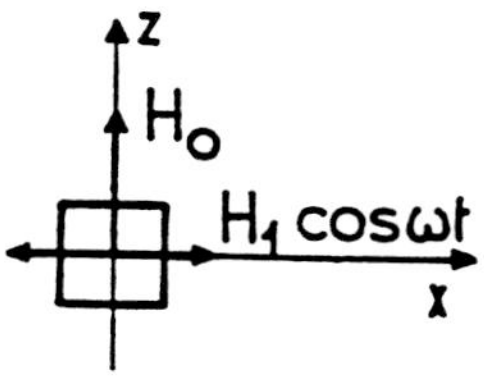

Fig. 12

Using (III.1) and (III.2) we have

$$\mathcal{H} = \underbrace{\omega_0 J_z + \omega a^\dagger a}_{\mathcal{H}_0} \quad \underbrace{+\lambda J_x \left(a + a^\dagger\right)}_{h} \tag{III.4}$$

As the RF field interacts only with the excited atoms, the eigenstates of $\mathcal{H}$ in the ground state are very simple :

$$\mathcal{H}|g,n\rangle = (E_g + n\omega)\,|g,n\rangle$$

The problem is more complicated in the excited state. We shall begin to study the eigenstates of $\mathcal{H}_0$.

b) Energy levels of $\mathcal{H}_0$

Let us call $|n,\pm\rangle$ the eigenstates of $\mathcal{H}_0$:

$$\mathcal{H}_0|n,\pm\rangle = \left(n\omega \pm \frac{\omega_0}{2}\right)|n,\pm\rangle$$

We have plotted in Figure 13 the energy levels of $\mathcal{H}_0$ as a function of ω_0 (we suppose here that ω_0 is > 0). This energy diagram shows an infinite number of crossing points : The level $|n,-\rangle$ crosses the level $|n',+\rangle$ for $\omega_0 = (n-n')\omega$. We shall call this point an odd (even) crossing if $(n-n')$ is odd (even) ; it is important to study the effect of h in the neighborhood of those points.

We consider in this paragraph (B-3) that h is a small perturbation, and more precisely that $\omega_1 \ll \omega_0, \omega$.

c) Effect of h at an odd crossing

Let us first study the crossing which occurs for $\omega_0 = \omega$ between the two levels $|n+1,-\rangle = |e_1\rangle$ and $|n,+\rangle = |e_2\rangle$. Since J_x has a matrix element between $|+\rangle$ and $|-\rangle$ and a and $a^\dagger$ have matrix elements between the states $|n\rangle$ and $|n+1\rangle$, the perturbation h couples the two levels $|e_1\rangle$ and $|e_2\rangle$: we are in an *anticrossing* situation. We notice that $|e_1\rangle$ and $|e_2\rangle$ are also coupled to other states, for instance $|n-1,-\rangle$, $|n+2,+\rangle$ etc. Using the results of §II-B-4, we see that under the effect of h, the crossing becomes a shifted anticrossing.

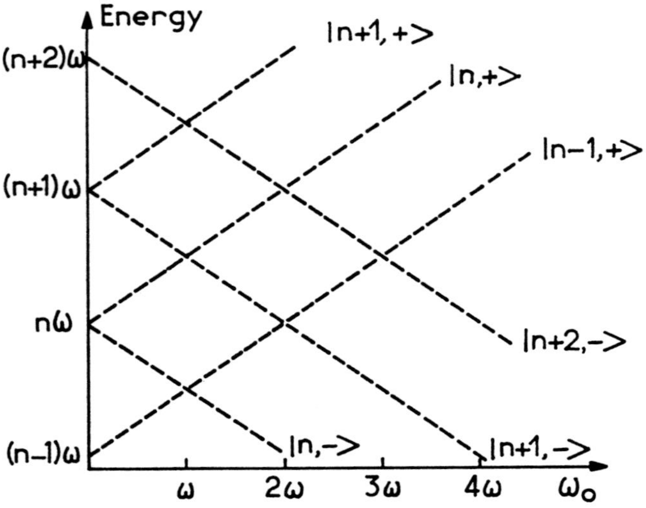

Fig. 13

If initially the system is in the state $|n+1,g\rangle$ and if one sends in the atom light with a principal polarization $\boldsymbol{\varepsilon}_1$ corresponding to the transition $|g\rangle \longleftrightarrow |-\rangle$, one prepares the system in the state $|n+1,-\rangle$ of $\mathcal{H}_0$ (the electric dipole operator and the RF operators commute so that $\Delta n = 0$ is an optical transition). Similarly, by looking at the light reemitted with a principal polarization $\boldsymbol{\varepsilon}_2$ (corresponding to the transition $|g\rangle \longleftrightarrow |+\rangle$) one measures the probability of the transition $|n+1,-\rangle \longrightarrow |n,+\rangle$ under the effect of h, i.e. the probability that the atom has absorbed one RF quantum, jumping from $|-\rangle$ to $|+\rangle$. To summarize, by sending $\boldsymbol{\varepsilon}_1$ light and by looking at $\boldsymbol{\varepsilon}_2$ light, one measures the quantity $\bar{P}$ defined in §II-B-4 (see Eq. II.15) :

$$\bar{P} = \frac{2\left|\bar{R}_{21}\right|^2}{\Gamma^2 + 4\left|\bar{R}_{21}\right|^2 + \left[E_2 + \bar{R}_{22} - E_1 - \bar{R}_{11}\right]^2}$$

Let us calculate the matrix elements of R. In the lowest non-zero order, they are :

$$\bar{R}_{21} \simeq h_{21} = \lambda < n,+\left|J_x\left(a+a^\dagger\right)\right| |n+1,-\rangle$$
$$= \frac{\lambda}{2}\sqrt{n+1}$$

Using (III.3), we get $\bar{R}_{21} = \omega_1/4$. Similarly one finds

$$\bar{R}_{11} = \frac{|\langle n+2,+|h|n+1,-\rangle|^2}{E_{(n+1,-)} - E_{(n+2,+)}} = -\frac{\omega_1^2}{32\omega} = -\bar{R}_{22}$$

and finally we get for $\bar{P}$

$$\bar{P} = \frac{\frac{\omega_1^2}{8}}{\Gamma^2 + \frac{\omega_1^2}{4} + \left[\omega_0 - \omega + \frac{\omega_1^2}{16}\right]^2}$$

With the ε_2 light the one RF quantum absorption appears as a Lorentzian resonance centered at $\omega_0 = \omega - (\omega_1^2/16\omega)$ with an intensity proportional to ω_1^2 (for $\omega_1 \ll \Gamma$), a width proportional to $\omega_1 \gg \Gamma$.

We shall now study a slightly more complicated case : the crossing between $|e_1\rangle = |n+3,-\rangle$ and $|e_2\rangle = |n,+\rangle$ which occurs for $\omega_0 = 3\omega$. There is only a third order coupling between $|e_1\rangle$ and $|e_2\rangle$. We get a *higher order anticrossing* situation. The two levels are connected by the real absorption of three RF photons.

Let us calculate the matrix elements of R :

$$\bar{R}_{12} = \frac{\langle n,+|h|n+1,-\rangle\langle n+1,-|h|n+2,+\rangle\langle n+2,+|h|n+3,-\rangle}{(E_{n,+}-E_{n+1,-})(E_{n,+}-E_{n+2,+})}$$
$$= \frac{\lambda^3}{8}\sqrt{n+3}\sqrt{n+2}\sqrt{n+1}\frac{1}{2\omega}\frac{1}{-2\omega}$$

Finally

$$\bar{R}_{12} = -\frac{\omega_1^3}{256\omega^2}$$

In the same way

$$\bar{R}_{11} = \frac{|\langle n+2,+|h|n+3,-\rangle|^2}{E_{n+3,-}-E_{n+2,+}} + \frac{|\langle n+4,+|h|n+3,-\rangle|^2}{E_{n+3,-}-E_{n+4,+}}$$
$$= -\frac{3\omega_1^2}{64\omega} = -R_{22}$$

so that :

$$\bar{P}_{21} = \frac{2\left(\frac{1}{256}\right)^2\frac{\omega_1^6}{\omega^4}}{\Gamma^2 + 4\left(\frac{1}{256}\right)^2\frac{\omega_1^6}{\omega^4} + \left[\omega_0 - 3\omega + \frac{3}{32}\frac{\omega_1^2}{\omega}\right]^2}$$

We get a resonance centered at $\omega_0 = 3\omega - \frac{3}{32}\frac{\omega_1^2}{\omega}$ whose intensity is proportional to ω_1^6 and whose width varies as ω_1^3 (for $\omega_1 \gg \Gamma$).

More generally, it can be shown that any odd crossing becomes an anticrossing. The corresponding resonance is related to the real absorption of an odd number of RF quanta. This resonance is shifted and broadened as the intensity of the RF field increases. Principal polarizations have to be used for the incoming and outgoing light.

All the experimental features described in §III-A-1 are quantitatively understood.

d) Effect of h at an even crossing

For $\omega_0 = 2\omega$, the two levels $|e_1\rangle = |n,+\rangle$ and $|e_2\rangle = |n+2,-\rangle$ cross each other. When h is applied, $|n,+\rangle$ is coupled to $|n+1,-\rangle$ which is coupled to $|n+2,+\rangle$ etc. There is therefore no coupling at any order between $|e_1\rangle$ and $|e_2\rangle$. This is a consequence of the conservation of angular momentum. But, as $|e_1\rangle$ and $|e_2\rangle$ are coupled to other states, the crossing point is shifted (see Figure 14).

It is now possible to give an explanation of Haroche's resonances [17]. They correspond to the level crossing resonances of the "dressed" atom. One sees in Figure 14 that the resonances are shifted when H_1 increases ; but as we have shown in §II-A, the width of a level crossing resonance depends only on the width and the slopes of the two levels which cross and that explains why one does not observe any RF broadening. One understands also why these resonances appear in transverse optical pumping : a necessary condition for the observation of level crossing resonances is that the polarization of the light must be coherent as we have seen in §II-A ; and it can be shown that in transverse optical pumping, this condition is fulfilled.

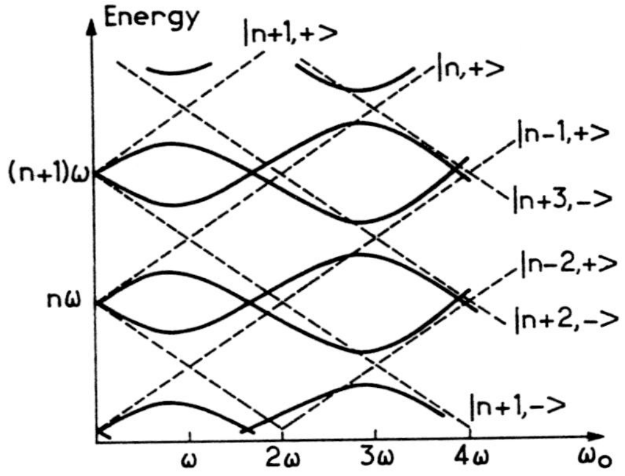

Fig. 14

According to (II.4), the crossing signal is proportional to :

$$\langle \bar{e}_2 | \boldsymbol{\varepsilon} \cdot \mathbf{D} | g, n \rangle \langle g, n | \boldsymbol{\varepsilon} \cdot \mathbf{D} \, | \bar{e}_1 \rangle \tag{III.5}$$

where $\boldsymbol{\varepsilon}$ is the polarization of the incoming light and $|\bar{e}_1\rangle$, $|\bar{e}_2\rangle$ are the two (perturbed) states which cross. If instead of $|\bar{e}_1\rangle$ and $|\bar{e}_2\rangle$, we had $|e_1\rangle$ and $|e_2\rangle$, i.e. the two unperturbed states, the matrix elements would be 0 because the matrix element of $\boldsymbol{\varepsilon} \cdot \mathbf{D}$ must fulfill the condition $\Delta n = 0$, so that $\langle n+2, - | \boldsymbol{\varepsilon} \cdot \mathbf{D} | g, n \rangle = 0$. In fact, we must use the perturbation expansion of $|\bar{e}_1\rangle$ and $|\bar{e}_2\rangle$. For example we have

$$|\bar{e}_2\rangle = |n+2, -\rangle + \eta |n+1, +\rangle + (\eta')^2 |n, -\rangle + ...$$

where η and η' are proportional to the perturbation, that is to say, to ω_1. In the state $|\bar{e}_2\rangle$ appears now, to the second order, the state $|n, -\rangle$. We say that the state $|n+2, -\rangle$ is "contaminated" to the second order by $|n, -\rangle$ through "*virtual absorption and reemission of two quanta*". As a consequence of these virtual processes, the matrix elements of formula (III.5) are no longer zero. We have : $\langle \bar{e}_2 | \boldsymbol{\varepsilon} \cdot \mathbf{D} | g, n \rangle = (\eta')^2 \langle n, - | \boldsymbol{\varepsilon} \cdot \mathbf{D} | g, n \rangle$.

A similar treatment can be applied to other crossing points, where $\omega_0 = 2n\omega$. We find shifted but not broadened resonances, which can be interpreted as being due to virtual absorption and reemission of $2n$ quanta.

(4) $\mathbf{H}_1$ PARALLEL TO $\mathbf{H}_0$. The hamiltonian of the problem is :

$$\mathcal{H} = \underbrace{\omega_0 J_z + \omega a^\dagger a}_{\mathcal{H}_0} \underbrace{+\lambda J_x \left(a + a^\dagger\right)}_{h}$$

The energy levels of $\mathcal{H}_0$ are plotted in Figure 13. Since J_z has no matrix element between $|+\rangle$ and $|-\rangle$, there is no coupling at any order between two crossing levels $|n, +\rangle$ and $|n', -\rangle$. There is no anticrossing at all in the energy diagram of $\mathcal{H}$.

There is no need , in this particular case, to consider h as a small perturbation. It is possible to find the exact eigenvalues and eigenstates of $\mathcal{H}$ [18]. We write $\mathcal{H}$ in the following way :

$$\mathcal{H} = \frac{\varepsilon}{2}\omega_0 + V_\varepsilon \qquad \varepsilon = + \text{ or } -$$

with

$$V_\varepsilon = \omega a^\dagger a + \frac{\varepsilon\lambda}{2}\left(a + a^\dagger\right)$$

or

$$V_\varepsilon = \omega\left(a^\dagger + \frac{\varepsilon\lambda}{2\omega}\right)\left(a + \frac{\varepsilon\lambda}{2\omega}\right) - \frac{\lambda^2}{4\omega} \tag{III.6}$$

Using the property of the displacement operator [16] $D(\rho)$

$$\begin{cases} DaD^\dagger = a - \rho \\ Da^\dagger D^\dagger = a^\dagger - \rho \end{cases}$$

We find :

$$V_\varepsilon = D\left(-\frac{\varepsilon\lambda}{2\omega}\right)\left[\omega a^\dagger a - \frac{\lambda^2}{4\omega}\right] D^\dagger\left(-\frac{\varepsilon\lambda}{2\omega}\right)$$

We then easily get the eigenstates $|\bar{n}_\varepsilon\rangle$ of V_ε :

$$|\bar{n}_\varepsilon\rangle = D\left(-\frac{\varepsilon\lambda}{2\omega}\right)|n\rangle \tag{III.7}$$

The eigenstates and eigenvalues of $\mathcal{H}$ are :

$$\mathcal{H}|\varepsilon\rangle\,|\bar{n}_\varepsilon\rangle = \left(\frac{\varepsilon}{2}\omega_0 + n\omega - \frac{\lambda^2}{4\omega}\right)|\varepsilon\rangle\,|\bar{n}_\varepsilon\rangle \tag{III.8}$$

Each energy level of $\mathcal{H}_0$ is shifted by the same quantity $-\dfrac{\lambda^2}{4\omega}$ so that all the crossing points of the energy diagram of $\mathcal{H}$ remain at $\omega_0 = n\omega$.

We understand now the main features of the resonances described in §III-A-3. We observe in transverse optical pumping a full spectrum of resonances which are not shifted and not broadened by the RF field.

A useful identity may be derived for very large n [18] :

$$\langle \bar{n}_+ \left| \overline{(n-q)}_- \right\rangle = J_q\left(\frac{\omega_1}{\omega}\right) \tag{III.9}$$

(J_q is the Bessel function of order q). By using this identity it is possible to compute exactly the intensity of the resonances as a function of ω_1/ω. Some experimental verifications of these calculations have been shown in Figure 11.

(5) Modification of an atomic Landé g–factor by the coupling with a RF field [19]. We return to the situation where $\mathbf{H}_1$ and $\mathbf{H}_0$ are perpendicular and we now focus our attention on the limit $H_1 \gg H_0$. We want to study the energy diagram of $\mathcal{H}$ (Fig. 14) around the zero magnetic field value and determine the slopes of the crossing energy levels as a function of n (or ω_1).

We now consider $\omega_0 J_z$ as a small perturbation of the main hamiltonian

$$\mathcal{H}_0 = \omega a^\dagger a + \lambda J_x\left(a + a^\dagger\right)$$

Using the results of §III-B-4, the eigenstates and eigenvalues of $\mathcal{H}_0$ can be easily determined. One finds

$$\mathcal{H}_0 |\varepsilon\rangle_x |\bar{n}_\varepsilon\rangle = \left(n\omega - \frac{\lambda^2}{4\omega}\right) |\varepsilon\rangle_x |\bar{n}_\varepsilon\rangle$$

where $|\varepsilon\rangle_x$ are the eigenstates of J_x and $|\bar{n}_\varepsilon\rangle$ is given by (III.7). For each value of n, the states $|+\rangle_x |\bar{n}_+\rangle$ and $|-\rangle_x |\bar{n}_-\rangle$ have the same energy. We have a two-fold degeneracy, which is removed by the perturbation $\omega_0 J_z$. The new energies are the eigenvalues of the matrix $\omega_0 J_z$ in this 2×2 multiplicity

$$\begin{pmatrix} 0 & \dfrac{\omega_0}{2}\langle \bar{n}_- | \bar{n}_+\rangle \\ \dfrac{\omega_0}{2}\langle \bar{n}_+ | \bar{n}_-\rangle & 0 \end{pmatrix}$$

Using the relation (III.9), we easily find the two eigenvalues

$$\pm\frac{\omega_0}{2} J_0\left(\frac{\omega_1}{\omega}\right)$$

The slopes of the two energy levels (i.e. the g – factor of the "dressed" atom) are thus different from those of the free atom by the factor $J_0\left(\omega_1/\omega\right)$:

$$\frac{g_{(\text{atom+RF field})}}{g_{(\text{free atom})}} = \frac{g_i}{g_0} = J_0\left(\frac{\omega_1}{\omega}\right)$$

We have observed this effect experimentally. As we make a zero field crossing experiment (Hanle effect), we get a resonance whose width is inversely proportional to the slope of the crossing levels. As we increase H_1 (measured by the parameter V_1), the width of the resonance curve increases, becomes infinite for a certain value of H_1, decreases again and so on (Fig. 15).

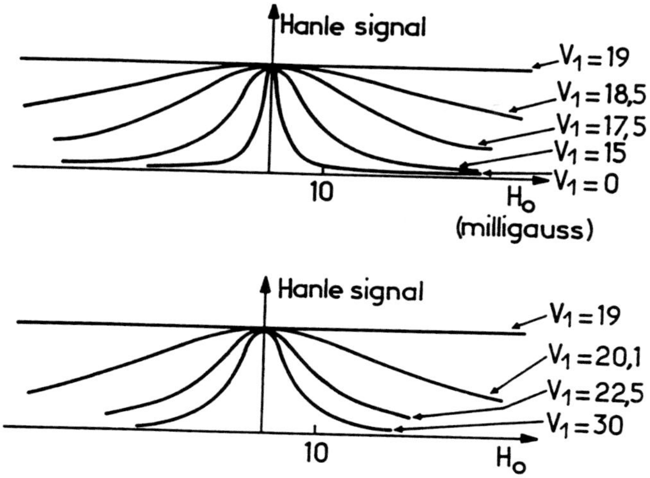

Fig. 15

By measuring the variation of the inverse of the resonance width as a function of ω_1/ω, one can obtain g_i/g_0 as a function of the same variable. The results obtained are in good agreement with the theoretical prediction represented by the full curve of Figure 16.

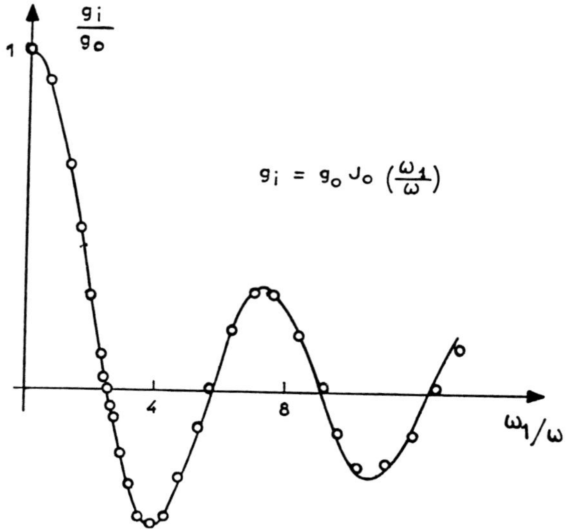

Fig. 16

Finally, all the experiments described in Chapter III have been explained within the same theoretical framework. Considering the atom dressed by the RF photons as a whole quantum system (S) has been very useful.

Conclusion

We will conclude with the following remark. Several other courses of this session have been devoted to the study of the Lamb-shift and of $g - 2$. These two basic effects of Q.E.D. may be visualized as due to virtual emissions and reabsorptions of photons. We hope that we have shown in this course that similar effects exist when the atom absorbs first and reemits impinging quanta : atomic levels can be shifted (light-shifts) ; atomic g – factors can be considerably modified.

References

[1] A. Kastler, *J. Phys. Rad.* **11**, (1950), 255,

J. Brossel, "Pompage optique", *Optique et Electronique quantiques*, Les Houches (1964), Gordon and Breach.

C. Cohen-Tannoudji, A. Kastler, "Optical Pumping", *Progress in Optics* (Volume V), 1966, North Holland Publishing Company.

B. Cagnac, Thèse, Paris (1960) (*Ann. de Phys.* **6** (1961), 467).

[2] J.P. Barrat et C. Cohen-Tannoudji, *J. Phys. Rad.* **22**, (1961), 329 et 443.

[3] A. Messiah, "*Mécanique quantique*", Volume II, Ed. Dunod (1964).

N.M. Kroll, "Quantum Theory of Radiation", *Optique et Electronique Quantiques*, Les Houches (1964), Gordon and Breach.

[4] M.L. Goldberger, K.M. Watson, "*Collision Theory*" (John Wiley and Sons Inc.).

C. Cohen-Tannoudji, "*Compléments de Mécanique Quantique*" (cours de 3ème cycle, Polycopié, Paris 1966).

[5] C. Cohen-Tannoudji, Thèse, Paris (1962) (*Ann. de Phys.* **7**, (1962), 423 et 469).

[6] J. Dupont-Roc, N. Polonsky, C. Cohen-Tannoudji, A. Kastler, *Comptes Rendus* **264**, (1967), 1811.

[7] N. Polonsky, C. Cohen-Tannoudji, *Comptes Rendus* **260**, (1965), 5231.

[8] J. Dupont-Roc, N. Polonsky, C. Cohen-Tannoudji, A. Kastler, *Phys. Letters*, Vol. **25A**, no.2 (1967), 87.

[9] E.B. Aleksandrov, *Opt. Spectroscopy*, **19** (1965), 252.

J. Dupont-Roc, Thèse 3ème cycle, Paris (1967).

[10] W. Hanle, *Z. Phys.* **30** (1924), 93.

[11] F.D. Colegrove, P.A. Franken, R.R. Lewis, R.H. Sands, *Phys. Rev. Lett.* **3** (1959), 420.

[12] J. Brossel, B. Cagnac, A. Kastler, *J. Phys. Rad.* **15** (1954), 6.

J.M. Winter, Thèse, Paris (1958) (*Ann. de Phys.* **4** (1959), 745).

J.M. Winter, *Comptes Rendus* **241** (1955), 375 et 600.

J. Margerie et J. Brossel, *Comptes Rendus* **241** (1955), 373.

[13] F. Bloch et A. Siegert, *Phys. Rev.* **57** (1940) 522.

[14] C. Cohen-Tannoudji et S. Haroche, *Comptes Rendus* **261** (1965) 5400.

[15] C.J. Favre et E. Geneux, *Phys. Letters* **8**, no.3 (1964), 190.

E.B. Aleksandrov, O.B. Constantinov, B.I. Pereli et B.A. Khodovoy, *J. Exp. Theor. Phys.* USSR **45** (1963) 503, N. Polonsky, Thèse de 3ème cycle, Paris (1965) and also reference [7].

[16] R.J. Glauber, *Phys. Rev.* **131**, no.6 (1963), 2766-2788.

[17] C. Cohen-Tannoudji, S. Haroche, *Comptes Rendus* **262** (1966), 37.

[18] N. Polonsky et C. Cohen-Tannoudji, *J. Phys.* **26** (1965), 409.

[19] C. Cohen-Tannoudji, S. Haroche, *Comptes Rendus* **262** (1966) 268.

Paper 2.2

S. Haroche, C. Cohen-Tannoudji, C. Audoin, and J. P. Schermann, "Modified Zeeman hyperfine spectra observed in H^1 and Rb^{87} ground states interacting with a nonresonant rf field," *Phys. Rev. Lett.* **24**, 861–864 (1970).

This paper describes experiments performed on ^{87}Rb and ^1H atoms, where the modification of the Landé factor of the various ground state hyperfine levels due to the coupling with a nonresonant rf field is detected, not by a broadening of the Hanle resonances, but by a modification of the Zeeman hyperfine spectra. For certain values of the amplitude of the rf field, the Landé factors vanish and all the Zeeman lines coalesce.

PHYSICAL REVIEW LETTERS

VOLUME 24 | 20 APRIL 1970 | NUMBER 16

MODIFIED ZEEMAN HYPERFINE SPECTRA OBSERVED IN H^1 AND Rb^{87} GROUND STATES INTERACTING WITH A NONRESONANT rf FIELD

S. Haroche and C. Cohen-Tannoudji
Faculté des Sciences, Laboratoire de Spectroscopie Hertzienne de l'Ecole Normale Supérieure, associé au Centre National de la Recherche Scientifique, 24 rue Lhomond, Paris, France

and

C. Audoin and J. P. Schermann
Section d'Orsay du Laboratoire de l'Horloge Atomique, Institut d'Electronique Fondamentale, Faculté des Sciences, 91 Orsay, France
(Received 2 February 1970)

We have observed new effects in the Zeeman hyperfine spectra of H^1 and Rb^{87} when a nonresonant linear radiofrequency field is applied perpendicular to the static field: The Zeeman lines coalesce in some cases; new sideband resonances also appear. A theoretical explanation is given for these effects. Some possible applications for atomic clocks and masers are considered.

The Zeeman hyperfine spectrum of an atomic ground state is drastically modified when a linear radiofrequency field, $\vec{H}_1 \cos\omega t$, is applied perpendicular to the static field $\vec{H}_0$: A decrease in the splitting between the Zeeman lines, which in some cases coalesce, has been observed; new sideband resonances have also been detected. The rf field which produces these effects is nonresonant either for the Zeeman or for the hyperfine transitions: ω is small compared with the hyperfine separation, but much larger than the Larmor precession frequency $\omega_0 = \gamma H_0$ (γ is the gyromagnetic ratio of the ground-state levels). We have studied these phenomena in optically pumped Rb^{87} atoms and state-selected H^1 atoms in a hydrogen maser.

The Rb^{87} experimental setup is a classical one [Fig. 1(a)]. The sample is a 3-cm-diam paraffin-coated cell without buffer gas; it is protected from magnetic noise by a large five-layer cylindrical Mumetal shield.[1] The Rb^{87} atoms are optically pumped by the D_2 component of a nonpolarized light beam B emitted by a Rb^{87} lamp and passing through a Rb^{85} filter in order to achieve hyperfine pumping.[2] The microwave field, $\vec{h}_1 \cos\Omega t$, is delivered by a horn and comes, through several stages of frequency multiplication, from a 5-MHz quartz crystal oscillator; $\vec{h}_1$ is perpendicular to the static field $\vec{H}_0$. The frequency $\Omega/2\pi$ can be swept over a range of a few kHz around the frequency $\Omega_0/2\pi$ of the ($F = 2$, $M_F = 0$) $\to$ ($F = 1$, $M_F = 0$) field-independent transition ($\Omega_0/2\pi = 6834.683$ MHz). The variation of the hyperfine-level populations is monitored by the intensity of the transmitted light measured by a photomultiplier. Due to the polarization of $\vec{h}_1$, only the transitions $\Delta m_F = \pm 1$ [arrows on Fig. 1(b)] are induced. The two Landé factors of the $F = 1$ and $F = 2$ levels are of opposite sign but have the same absolute value, so that only four equidistant resonances can be observed on Fig. 1(c) (β_1 and β_2 have the same frequency, as do γ_1 and

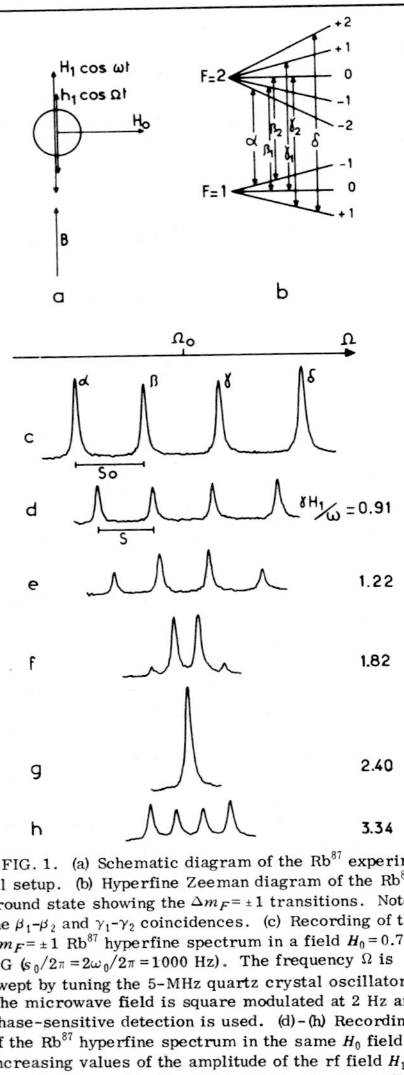

FIG. 1. (a) Schematic diagram of the Rb^{87} experimental setup. (b) Hyperfine Zeeman diagram of the Rb^{87} ground state showing the $\Delta m_F = \pm 1$ transitions. Note the β_1-β_2 and γ_1-γ_2 coincidences. (c) Recording of the $\Delta m_F = \pm 1$ Rb^{87} hyperfine spectrum in a field $H_0 = 0.71$ mG ($s_0/2\pi = 2\omega_0/2\pi = 1000$ Hz). The frequency Ω is swept by tuning the 5-MHz quartz crystal oscillator. The microwave field is square modulated at 2 Hz and phase-sensitive detection is used. (d)-(h) Recordings of the Rb^{87} hyperfine spectrum in the same H_0 field for increasing values of the amplitude of the rf field $H_1 \times \cos\omega t$ measured by the dimensionless quantity $\gamma H_1/\omega$ ($\omega/2\pi = 2700$ Hz).

γ_2), the separation between two consecutive lines being $s_0 = 2\omega_0$. When an rf field $\vec{H}_1 \cos\omega t$ perpendicular to H_0 and parallel to $\vec{h}_1$ is applied, the hyperfine spectrum is strongly modified, as may be seen on Figs. 1(d)-1(h), corresponding to increasing values of H_1. There are always four equidistant resonances, but their splitting s decreases continuously, cancels for a certain value of H_1 [Fig. 1(g)], and then increases (in fact, the sign of s changes as we will see later on).

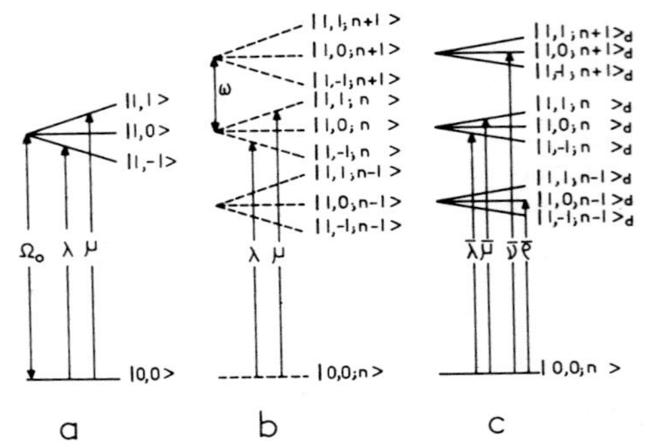

FIG. 2. (a) Hyperfine Zeeman diagram of the H ground state. (b) Energy levels $|F, m_F; n\rangle$ of the "ground state + rf field" system, neglecting the coupling with the rf field. (c) Energy levels $|F, m_F; n\rangle_d$ of the "dressed" hydrogen ground state. Note the change in the slope of the energy levels.

The same experiment has been done with a hydrogen maser.[3] The hyperfine spectrum of H is shown on Fig. 2(a). A magnetic state selector provides a difference of populations between the hyperfine states $F = 1$, $m_F = 0, 1$ and $F = 0$, $m_F = 0$. The oriented atoms are stored in a Teflon-coated 16-cm-diam bulb placed in a five-layer magnetic shield. The arrangement of the fields $\vec{H}_0$, $\vec{h}_1$, and $\vec{H}_1$ is the same as for the Rb^{87} experiment (the direction of $\vec{h}_1$ is determined by the cavity mode of the maser). Because of the polarization of $\vec{h}_1$, only the two field-dependent transitions (λ, μ) can be induced. The self-oscillation of the maser which produces the $\vec{h}_1$ field ($\Omega_0/2\pi = 1420.405$ MHz) is observed only in the μ transition (there is no population iversion for the λ transition). We have measured the frequency of oscillation in a given static field $H_0 = 14$ μG as a function of the rf field amplitude H_1 ($\omega/2\pi = 110$ Hz). We have seen, as in the previous experiment, that the separation $\frac{1}{2}s$ between this oscillation frequency and the one corresponding to the field-independent transition is no longer $\omega_0 = \frac{1}{2}s_0$, but becomes smaller and smaller as the rf field amplitude H_1 increases. This separation exhibits the same behavior when H_1 is varied as described in the Rb^{87} case. On Fig. 3, we have plotted for

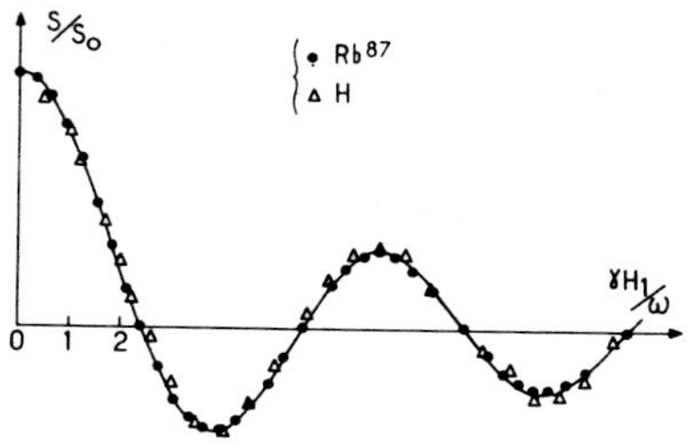

FIG. 3. Plot of the ratio s/s_0 as a function of $\gamma H_1/\omega$. The experimental points for Rb^{87} and H fit into the same theoretical curve.

both experiments the ratio s/s_0 as a function of the dimensionless quantity $\gamma H_1/\omega$, proportional to the rf field amplitude. It can be seen that the experimental results for H^1 and Rb^{87} fit into the same curve.

These results can be understood if one considers that the microwave field $\vec{h}_1 \cos\Omega t$ is a probe which explores the energy diagram of the compound system "atom + rf field" which we call the atom "dressed" by the rf photons. We have already studied in great detail the effect of such a "dressing" on the magnetic properties of an atomic level.[4,5] Let us recall briefly the results of the theory in the simple case of hydrogen. The energy diagram of the free-hydrogen ground state in the field H_0 is given on Fig. 2(a). In the presence of an rf field $\vec{H}_1 \cos\omega t$ perpendicular to $\vec{H}_0$, these energy levels are modified. First, suppose that H_1 is very small so that the coupling between the atomic system and the rf photons can be neglected. Then the energy levels of the compound system will merely be the states $|F, m_F; n\rangle$ representing the atom in the state $|F, m_F\rangle$ $(F=1, 0)$ with n rf photons present; the energy of these states is (with $\hbar=1$) $n\omega$ if $F=0$, and $\Omega_0 + m_F\omega_0 + n\omega$ if $F=1$. In the $F=1$ states, the energy diagram of the compound system will consist of manifolds separated from each other by the energy ω; each manifold corresponds to a given value of n and is split into three magnetic levels corresponding to the three possible m_F values [dashed lines on Fig. 2(b)]. A microwave field can induce only $\Delta F = 1$, $\Delta n = 0$ transitions [for example when $\vec{h}_1$ is perpendicular to $\vec{H}_0$, only the transitions λ and μ of Fig. 2(b) are possible]. The selection rule $\Delta n = 0$ results from the commutation of microwave and rf variables. The coupling with the rf field which we now take into account occurs only in the $F=1$ states and leads to a kind of "renormalization" of the "unperturbed" system described above. It has two effects[5]: First, it changes the slope of the energy levels [full lines on Fig. 2(c)]; this corresponds to a modification of the Landé factor g_F of the hyperfine level F, which becomes now

$$\bar{g}_F = g_F J_0(\gamma_F H_1/\omega), \quad \gamma_F = g_F \mu_B, \tag{1}$$

where J_0 is the zero-order Bessel function and μ_B the Bohr magneton. Second, the coupling modifies the energy eigenstates: The "renormalized" states $|F, m_F; n\rangle_d$ are now admixtures of the unperturbed states $|F, m_F'; n'\rangle$ due to virtual absorptions and emissions of rf quanta and no longer correspond to a definite n value.

The modification of the Landé factor explains our experimental observations. In the H-maser experiment, we detect the maser oscillation on the transition $\bar{\mu}$ $(|F=0; n\rangle \to |F=1, m_F=+1; n\rangle_d)$ [Fig. 2(c)] of the "dressed" atom which corresponds, for $H_1 = 0$, to the field-dependent transition μ of the free atom [Fig. 2(a)]. The case of Rb^{87} is more complicated because both hyperfine levels $F=2$, $F'=1$ are coupled to the rf field. But relation (1) holds for both hyperfine levels and since $\gamma_F = -\gamma_{F'}$, and J_0 is an even function, $\bar{g}_F$ and $\bar{g}_{F'}$ are modified in the same way and in particular cancel for the same values of H_1. For this reason, the splitting s between the field-dependent resonances must vary exactly as in the hydrogen case. On Fig. 3 we have plotted in solid lines the theoretical curve $J_0(\gamma_F H_1/\omega)$ which fits very well with the experimental points. We have observed several oscillations of s. Let us mention that the variations of $\bar{g}_F$ are responsible for other physical effects such as the modification of the width of the zero-field level-crossing resonances (Hanle effect).[6]

As can be seen on Fig. 1 in the case of Rb^{87}, the coupling with the rf field affects not only the splitting s but also the intensity of the lines. This is due to the modification of the magnetic dipole matrix elements between the corresponding perturbed eigenstates. Moreover, new transitions can now be induced between two eigenstates $|F, m_F; n\rangle_d$ and $|F', m_{F'}'; n'\rangle_d$ with different n values (as n is no longer a good quantum number, the selection rule $\Delta n = 0$ is no longer valid). Thus, new sideband resonances at the frequencies

$$\Omega = \Omega_0 + (n-n')\omega + (\bar{g}_F m_F - \bar{g}_{F'} m_{F'}')\mu_B H_0 \tag{2}$$

must appear. They can be understood in terms

of simultaneous absorption of one microwave and $n-n'$ rf photons. The position of the observable lines on each sideband may thus be deduced from angular momentum conservation requirements during these absorption processes and obey the following rule, valid for hydrogen as well as for Rb^{87} ($\vec{H}_1$ being always perpendicular to $\vec{H}_0$): If $\vec{h}_1$ is perpendicular to $\vec{H}_0$, the only observable lines correspond to $n-n'$ and $\Delta m_F = m_F - m_{F'}'$ having opposite parities in relation (2) (if $n-n'$ is even, Δm_F is odd, and reciprocally). If $\vec{h}_1$ is parallel to $\vec{H}_0$, $n-n'$ and Δm_F must have the same parity.[7] We have verified these selection rules for Rb^{87} when $\vec{h}_1$ is perpendicular to $\vec{H}_0$: For $|n-n'| = 0$ and 2, the Zeeman pattern consists of four Δm_F-odd lines as on Fig. 1; for $|n-n'| = 1$, we have observed only three Δm_F-even lines (with the same separation s as in the previous case). In the case of hydrogen, when $\vec{h}_1$ and $\vec{H}_1$ are parallel, it turns out that the intensity of all the side bands ($n-n' \neq 0$) vanishes[5] so that only the central resonances ($n-n' = 0$) can be observed. We have verified this point. The side bands could however be observed if $\vec{h}_1$ and $\vec{H}_1$ had two different directions in the plane perpendicular to $\vec{H}_0$. For example, on the first side bands $|n-n'| = 1$; only the two field-independent $\Delta m_F = 0$ transitions $\bar{\nu}$ and $\bar{\rho}$ should appear [see Fig. 2(c)].

A few applications of the previous effects might be considered. For instance, by canceling the Landé factor in both hyperfine levels in alkali metals, one can make all the lines contribute to the field-independent transition and thus increase its intensity. This would be useful for atomic clocks, especially if no efficient pumping between the two $m_F = 0$ states is available. The effect of the magnetic field inhomogeneities on the atomic system might also be reduced by canceling the Landé factor of the "dressed atom." One could also make a maser oscillate on a sideband, field-independent transition; this would provide (by varying ω) a simple way for sweeping a field-insensitive oscillation frequency.

---

[1]For a description of the magnetic shield, see J. Dupont-Roc, S. Haroche, and C. Cohen-Tannoudji, Phys. Letters 28A, 638 (1969).

[2]P. L. Bender, E. C. Beaty, and A. R. Chi, Phys. Rev. Letters 1, 311 (1958).

[3]D. Kleppner, H. M. Goldenberg, and N. F. Ramsey, Phys. Rev. 126, 603 (1962).

[4]C. Cohen-Tannoudji and S. Haroche, Compt. Rend. 262, 37 (1966). See, also, C. Cohen-Tannoudji and S. Haroche, in *Polarisation, Matière et Rayonnement, Alfred Kastler's Jubilee Book*, edited by the French Physical Society (Presses Universitaires de France, Paris, 1969).

[5]C. Cohen-Tannoudji and S. Haroche, J. Phys. (Paris) 30, 153 (1969).

[6]C. Cohen-Tannoudji and S. Haroche, Compt. Rend. 262, 268 (1966).

[7]For a demonstration of these results in the hydrogen case, see Ref. 5.

Paper 2.3

S. Haroche and C. Cohen-Tannoudji, "Resonant transfer of coherence in nonzero magnetic field between atomic levels of different g factors," *Phys. Rev. Lett.* **24**, 974–978 (1970).

This letter describes another application of the possibility of changing the Landé factor of an atomic state by interaction with a nonresonant rf field. For certain values of the amplitude of the rf field, the Larmor frequencies of two different alkali atoms, ^{87}Rb and ^{133}Cs, can become equal. Zeeman coherences, introduced in one alkali atom, can then be resonantly transferred to the other alkali atom through spin exchange collisions.

RESONANT TRANSFER OF COHERENCE IN NONZERO MAGNETIC FIELD BETWEEN ATOMIC LEVELS OF DIFFERENT g FACTORS

S. Haroche and C. Cohen-Tannoudji
Faculté des Sciences, Laboratoire de Spectroscopie Hertzienne de l'Ecole Normale Supérieure, associé au Centre National de la Recherche Scientifique, 24 rue Lhomond, Paris, France
(Received 26 March 1970)

Coherence transfer between atomic levels requires the matching of the Larmor frequencies. For levels with different g factors this occurs only in zero magnetic field. By changing the g factors through coupling with a nonresonant rf field, one can match the Larmor frequencies and make the transfer possible in nonzero magnetic fields. Resonances in the transfer appear, depending on the rf field amplitude. Rb^{87}-Cs^{133} spin-exchange experiments are reported which provide an illustration of the theory.

Many atomic collision experiments involve an exchange of angular momentum between two atomic states A and B: spin-[1] or metastability-[2] exchange collisions, various kinds of excitation transfer processes in resonant[3] or nonresonant[4] collisions, and so on. When a static magnetic field H_0 is applied to the interacting atoms, the exchange efficiency becomes quite different for the angular momentum components parallel and perpendicular to H_0. One can ignore the magnetic field in the exchange process itself which lasts a very short "collision" time, τ_c, during which the Larmor precessions around H_0 are negligible; however, between two consecutive collisions, which are separated from each other by a relatively long mean "exchange" time T_{AB} ($T_{AB} \gg \tau_c$),[5] the transverse (perpendicular to H_0) angular momenta of both systems, also called "Zeeman coherences," precess around H_0 at their own Larmor frequencies $\omega_A = \gamma_A H_0$ and $\omega_B = \gamma_B H_0$ (γ_A and γ_B are the respective gyromagnetic ratios of A and B). If B has initially a transverse orientation and if the resonance condition

$$|\omega_A - \omega_B| T_{AB} \lesssim 1 \tag{1}$$

is not fulfilled, the transverse angular momenta transferred from B to A in successive collisions are not in phase so that the net amount of coherence exchanged between the two systems is reduced by a factor, increasing with the mismatch frequency $\omega_A - \omega_B$, which rapidly becomes very important.[6] In nonzero magnetic field,[7] the exchange of transverse angular momentum between two systems of different g factors ($\gamma_A \neq \gamma_B$) is considerably less efficient than the transfer of longitudinal (parallel to H_0) orientation which remains at rest between two collisions and may thus be easily transferred from one system to the other.

In this paper we show, however, that Zeeman coherence can flow in a resonant way between two atomic levels in <u>nonzero magnetic field</u>, even if their g factors are <u>different</u>, provided they are submitted to a nonresonant rf field of convenient direction and amplitude.

Let us consider spin-exchange collisions between two alkali metals of different nuclear spins I: Rb^{87} ($I = \frac{3}{2}$) and Cs^{133} ($I = \frac{7}{2}$). Due to the coupling between electronic and nuclear spins, each alkali metal ground state has two hyperfine levels (let us call the upper and lower ones F and F', respectively) of opposite Landé factors ($g_F = -g_{F'}$). The spin-exchange collision itself involves only the electronic spins $\vec{S}$ of both alkalis and the nuclear spins are not affected. After the collision, however, the hyperfine interaction $a\vec{I}\cdot\vec{S}$ again couples $\vec{I}$ and $\vec{S}$ in each atomic species and, as a result, spin exchange couples together the projections ${}^F\vec{S}$(Rb), ${}^{F'}\vec{S}$(Rb), ${}^F\vec{S}$(Cs), ${}^{F'}\vec{S}$(Cs) of the electronic spin in each hyperfine level of both alkalis.[8] For the sake of simplicity, we shall disregard at first the existence of the lower F' hyperfine levels and only take into account the coupling between the F upper levels on each atom. As the two Landé factors are different for the two species [$g_F(\mathrm{Rb}) = 2g_F(\mathrm{Cs})$], the transverse circular components of the spins ${}^FS_+$(Rb) and ${}^FS_+$(Cs) (${}^FS_+ = {}^FS_x + i\,{}^FS_y$) precess at different frequencies so that it seems impossible to transfer Zeeman coherence between Rb^{87} and Cs^{133}. As is shown however by Haroche <u>et al.</u>,[9] the coupling of an atomic state (of total angular momentum F) with a nonresonant rf field $\vec{H}_1\cos\omega t$ perpendicular to the static field H_0, with ω large compared with the Larmor frequency, leads to a kind of "dressing" of the atomic system by the rf photons and changes the Landé factor of the free atom, g_F, which becomes

$$\bar{g}_F = g_F J_0(\gamma_F H_1/\omega); \quad \gamma_F = g_F \mu_B \tag{2}$$

(J_0 is the zero-order Bessel function and μ_B the Bohr magneton; $\hbar = 1$). We have plotted as solid

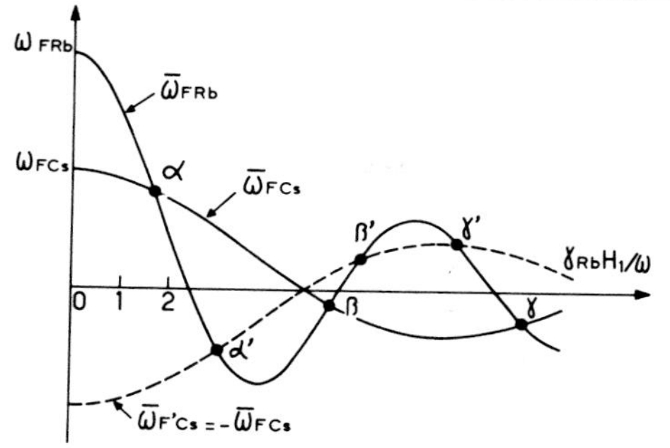

FIG. 1. Plot of Rb^{87} and Cs^{133} Larmor frequencies in a given static field H_0 as a function of the rf field amplitude measured by the dimensionless quantity $\gamma_{Rb}H_1/\omega$ (γ_{Rb} is the Rb gyromagnetic ratio). The solid-line curves give the frequencies $\bar{\omega}_{F\,Rb}$ and $\bar{\omega}_{F\,Cs}$ of upper hyperfine levels in both alkalis. The dashed-line curve represents the frequency $\bar{\omega}_{F'\,Cs} = -\bar{\omega}_{F\,Cs}$ of the lower F' level of Cs.

lines in Fig. 1 the corresponding Larmor frequencies in a given static field H_0, $\bar{\omega}_{F\,Rb} = \bar{g}_F(Rb) \times \mu_B H_0$ and $\bar{\omega}_{F\,Cs} = \bar{g}_F(Cs)\mu_B H_0$ for the Rb^{87} and Cs^{133} upper hyperfine F levels, as a function of the rf-field amplitude H_1. It can be seen that for several values of H_1 (points $\alpha, \beta, \gamma \cdots$), components at the same frequency appear in the precession of the two "dressed" alkali metal orientations ${}^F\bar{S}_+(Rb)$ and ${}^F\bar{S}_+(Cs)$, and therefore exchange of transverse angular momentum becomes possible between the two "dressed" atomic levels.

The experimental setup is shown in Fig. 2(a): A 6 cm diam paraffin-coated cell contains the Rb^{87} and Cs^{133} atoms. The Cs density is about ten times the Rb density. The sample temperature is regulated to about 45 °C; at this temperature, the spin-exchange collision processes are predominant over other relaxation mechanisms since the exchange time (~0.02 sec) is short compared with the wall relaxation times of both species (~0.2 sec). A circularly polarized light beam B_1, produced by a Cs lamp, achieves the orientation of the Cs atoms along the $0z$ direction of the static field H_0. By exchange collisions the Rb atoms get oriented in the same direction.

In order to get orientation on Cs only, a saturating rf field tuned to the Rb Larmor frequency is applied perpendicular to H_0; this field destroys the longitudinal Rb orientation and is strong enough to introduce no appreciable Rb transverse orientation. At time $t=0$, the Rb resonant rf field is removed, the light beam B_1 is switched off by a shutter, and, just after, an rf $\pi/2$ pulse is applied to the Cs atoms in order to tilt their orientation in the $0x$ direction [see the sequence of events on Fig. 2(b)]. Thus, just af-

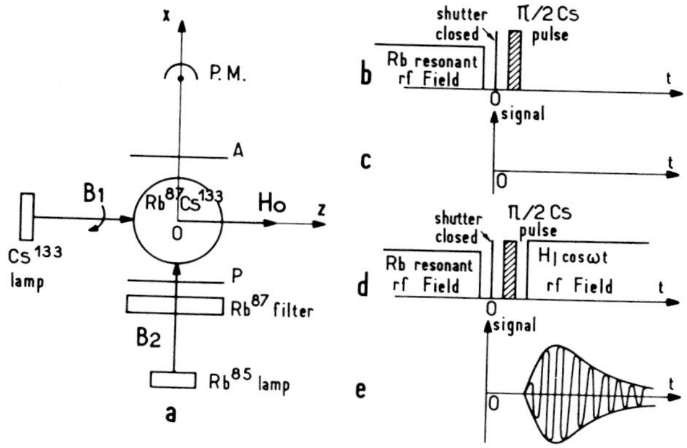

FIG. 2. (a) Schematic diagram of the experimental setup for the Rb^{87}-Cs^{133} spin-exchange experiment. (b) Schematic diagram of the sequence of operations performed in order to introduce transverse angular momentum in Cs. (c) Output of the photomultiplier (P.M.) during and after the sequence of events of (b): There is no coherence transfer at all and no signal is expected to appear. (d) Sequence of operations performed in order to get coherence transfer: One applies just after the $\pi/2$ Cs pulse an rf "dressing" field which matches the atomic g factors. (e) Theoretical shape of the transfer ac signal obtained during the sequence of (d). Note that the signal starts just when the rf "dressing" field is applied.

ter this pulse, we have prepared a transverse orientation in the Cs atoms only $[{}^FS_+(\mathrm{Cs}) \neq 0, {}^F\vec{S}(\mathrm{Rb}) = 0]$. In order to study how this orientation can leak from Cs to Rb, we use a nonresonant linearly polarized light beam B_2, produced by a Rb^{85} lamp filtered by a Rb^{87} cell, which allows the detection by Faraday rotation[10] of the Rb^{87} transverse angular momentum ${}^FS_x(\mathrm{Rb})$ along the $0x$ direction. The cell is placed between a polarizer P and an analyzer A at 45°; the photomultiplier P.M. monitors the variations of the transmitted light which are proportional to those of ${}^FS_x(\mathrm{Rb})$. Note that this nonresonant detection beam does not disturb the Rb spins.

The transverse orientation introduced at time $t=0$ in Cs will precess around H_0 at the Cs Larmor frequency and decay as a consequence of spin exchange and wall-collision relaxation processes (as the light beam B_1 is switched off, there is no longer optical pumping or optical relaxation). The Larmor precessions being different for both alkali metals, this orientation will not be appreciably transferred to Rb and no signal is expected to appear at the output of the photomultiplier [Fig. 2(c)]. (We have verified this result which checks that there is no Rb coherence introduced during the sequence of operation before time $t=0$.) Let us now resume the same experiment, but just after the $\pi/2$ Cs pulse [see the sequence of operations in Fig. 2(d)], we apply along the $0x$ direction an rf field $\vec{H}_1 \cos\omega t$ whose amplitude $H_{1\alpha}$ corresponds exactly to the first crossing point α of the two solid-line Bessel curves of Fig. 1. The Larmor precession frequencies of both systems are now matched at the same value; we observe then at the output of the photomultiplier an ac signal whose frequency, $\bar{\omega}_{F\mathrm{Rb}} = \bar{\omega}_{F\mathrm{Cs}}$, is precisely the Larmor frequency common to both alkali metals at the point α; as there was no Rb orientation at all before the rf "dressing" field was applied, this signal is necessarily due to a coherence transfer from Cs. Figure 2(e) represents the theoretical shape of the signal thus obtained at the output of the photomultiplier: The Rb signal starts from zero just when the rf field $\vec{H}_1 \cos\omega t$ is switched on, increases to a maximum value, and then decreases. It can be understood as resulting from a competition between the resonant dissipative spin-exchange coupling which makes coherence flow from Cs to Rb and the relaxation which causes the decay of both atomic orientations. Figures 3(a)-3(g) show the oscilloscope recordings of the experimental signal for different values of the

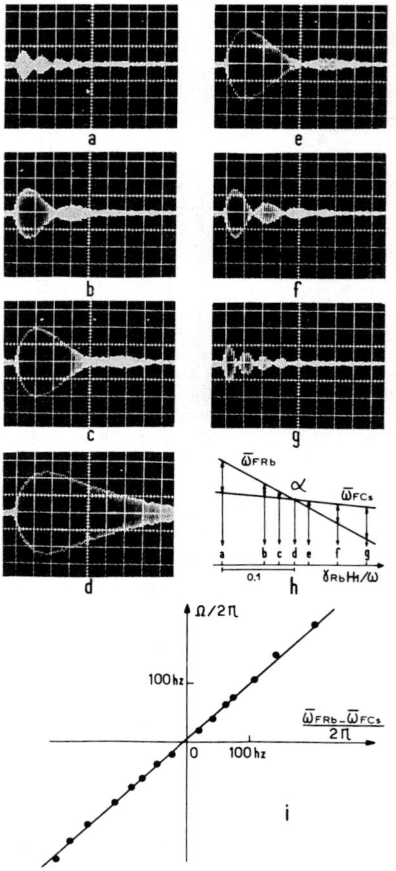

FIG. 3. (a)-(g): Oscilloscope recordings of the transfer signal for values of the field amplitude H_1 around the first crossing point α of Fig. 1. The H_1 values corresponding to each picture are indicated in (h). The time scale of the recordings is 10 msec/division. In this experiment $H_0 = 3.35$ mG ($\omega_{F\mathrm{Rb}}/2\pi = 2350$ Hz); $\omega/2\pi = 6400$ Hz. (d) corresponds to the resonant case. (h) Magnified drawing of the first crossing point α in which the values of H_1 corresponding to the pictures of (a)-(g) are indicated by arrows. (i) Plot of the beat note Ω versus the mismatch frequency. $\bar{\omega}_{F\mathrm{Rb}} - \bar{\omega}_{F\mathrm{Cs}}$ is calculated from the theoretical formula (2) giving the g factors of the "dressed" atoms.

field amplitude H_1 around $H_{1\alpha}$ [the H_1 values corresponding to the different pictures are indicated by arrows on Fig. 3(h) which represents the first crossing point α of Fig. 1 magnified; Fig. 3(d) corresponds to the resonant case considered above]: One sees that the transverse angular momentum flows from Cs to Rb even if the "dressed" Larmor frequencies are slightly different, but the ac signal is now modulated at a frequency Ω, which is to good approximation equal to the mismatch frequency as may be seen in Fig. 3(i) where we have plotted Ω vs $\bar{\omega}_{F\mathrm{Rb}}-\bar{\omega}_{F\mathrm{Cs}}$. The modulation Ω of the transient signal results from a beating between the coupled transverse angular momenta ${}^F\bar{S}_+(\mathrm{Rb})$ and ${}^F\bar{S}_+(\mathrm{Cs})$. Ω is equal to $\bar{\omega}_{F\mathrm{Rb}}-\bar{\omega}_{F\mathrm{Cs}}$ because there are many more Cs atoms than Rb atoms in the sample so that the "feedback" of the Rb orientation on Cs is negligible. Otherwise, the correspondence between Ω and $\bar{\omega}_{F\mathrm{Rb}}-\bar{\omega}_{F\mathrm{Cs}}$ is more complicated and would also involve the various coupling constants and relaxation times. One can also notice in Figs. 3(a)-3(g) that the amplitude of the signal decreases as the mismatch frequency increases, the maximum transfer occurring at resonance [Fig. 3(d)].

All the experimental results described above may be qualitatively explained by a simple theoretical model, assuming only that the transverse angular momenta ${}^F\bar{S}_+(\mathrm{Rb})$ and ${}^F\bar{S}_+(\mathrm{Cs})$ on both alkali metals behave as two kinds of damped "oscillators" coupled together, whose eigenfrequencies $\bar{\omega}_{F\mathrm{Rb}}$ and $\bar{\omega}_{F\mathrm{Cs}}$ can be continuously varied by sweeping the rf field amplitude (see Fig. 1). The actual experimental situation is however somewhat more complicated for two different reasons: First, as we have already seen before, each alkali ground state has two hyperfine levels F, F' of opposite Landé factors which are also coupled together via spin-exchange and wall-collision processes: B_1 orients in fact both Cs hyperfine levels and B_2 detects a linear superposition of the orientations in both Rb^{87} levels, all these levels being coupled two by two with each other. One must thus take into account not only the coupling between upper F hyperfine levels, which is resonant for the crossing points α, β, γ, $\cdots$ of the solid-line curves of Fig. 1, but also the coupling between the upper F level of Rb^{87} and the lower F' level of Cs^{133}, for example, which must be resonant for the crossing points α', β', γ', $\cdots$ of the dashed line $\bar{\omega}_{F'\mathrm{Cs}}$ curve with the solid-line $\bar{\omega}_{F\mathrm{Rb}}$ curve. Thus the number of resonant values of H_1 is doubled. Second, the interaction with the rf field does not only change the Landé factors of the levels but, as seen in Ref. 9, also modifies their eigenfunctions. Consequently, one can show[11] that the Larmor precession of the different spins becomes anisotropic: Because of the preferential direction introduced by H_1, the motion of the spins is now elliptical in the plane perpendicular to H_0. ${}^F\bar{S}_+(\mathrm{Rb})$ $[{}^F\bar{S}_+(\mathrm{Cs})]$ can be decomposed into two counter-rotating circular components evolving at frequencies $\bar{\omega}_{F\mathrm{Rb}}$ and $-\bar{\omega}_{F\mathrm{Rb}}$ ($\bar{\omega}_{F\mathrm{Cs}}$ and $-\bar{\omega}_{F\mathrm{Cs}}$). Moreover, the spin-exchange process becomes also anisotropic, the coupling being different for the spin components parallel and perpendicular to $\vec{H}_1$, so that all the clockwise and counterclockwise components of the spins are now coupled with each other in the different hyperfine levels. Therefore, when $\bar{\omega}_{F\mathrm{Rb}}=-\bar{\omega}_{F\mathrm{Cs}}$, resonances in the transfer must also occur between the $\bar{\omega}_{F\mathrm{Rb}}$ circular component of the F level of Rb^{87} and the $-\bar{\omega}_{F\mathrm{Cs}}$ one of the F level of Cs; as $\bar{\omega}_{F'\mathrm{Cs}}=-\bar{\omega}_{F\mathrm{Cs}}$, this process must also contribute to the α', β', γ' resonances quoted above. All the resonances α, β, γ, α', β', γ' have been experimentally observed. Their position as a function of H_1 and the frequency of the corresponding transient signals are in good agreement with the theoretical values.

We will conclude with the following remark: For free atomic levels of different g factors, the transfer of coherence by collisions, which requires the equality of the atomic frequencies, exhibits a resonant variation when the static field H_0 is swept around zero.[7] In the experiments described above, the coupling with a nonresonant rf field $\vec{H}_1 \cos \omega t$ introduces for certain values of H_1, and whatever H_0 is, equal Larmor frequencies in both atomic systems: The coherence transfer becomes independent of H_0, but exhibits sharp resonances when the amplitude of the rf field is varied, which is a quite unusual effect.

[1]H. G. Dehmelt, Phys. Rev. 109, 381 (1958).

[2]F. D. Colegrove, L. D. Schearer, and G. K. Walters, Phys. Rev. 132, 2561 (1963).

[3]A. Omont and J. Meunier, Phys. Rev. 169, 92 (1968).

[4]J. P. Faroux and J. Brossel, Compt. Rend. 262, 41 (1966).

[5]We suppose in this discussion that the exchange time T_{AB} is of the order of, or shorter than, other relaxation times of the atomic systems, which is a necessary condition for an important transfer to be possible.

[6]For the study of nonresonant spin exchange of coherence between atomic hydrogen and sodium in a steady-state experiment, see G. A. Ruff and T. R. Carver, Phys. Rev. Letters 15, 282 (1965).

The transfer of coherence as a function of the magnetic field has been studied in the following references: R. B. Partridge and G. W. Series, Proc. Phys. Soc.

(London) 88, 983 (1966); G. W. Series, *ibid.* 90, 1179 (1967).

[8]F. Grossetête, J. Phys. (Paris) 25, 383 (1964).

[9]S. Haroche, C. Cohen-Tannoudji, C. Audoin, and J. P. Schermann, Phys. Rev. Letters 24, 816 (1970) and references therein. For a simple study of the physical properties of an atom interacting with an rf field, one can also see C. Cohen-Tannoudji, in *Cargese Lectures in Physics*, edited by M. Jean (Gordon and Breach, New York, 1968), Vol. 2, p. 347.

[10]A. Gozzini, Compt. Rend. 255, 1905 (1962); J. Manuel and C. Cohen-Tannoudji, *ibid.* 257, 413 (1963); W. Happer and B. S. Mathur, Phys. Rev. Letters 18, 577 (1967).

[11]C. Landré, thèse de 3e cycle, Paris, 1970 (unpublished).

Paper 2.4

C. Cohen-Tannoudji, "Transverse optical pumping and level crossings in free and "dressed" atoms," in *Fundamental and Applied Laser Physics: Proc. Esfahan Symposium*, 1971, eds. M. S. Feld, A. Javan, and N. Kurnit (John Wiley, 1973), pp. 791–815.

This paper presents a synthetic review of the various types of resonances associated with level crossings of free and dressed atoms: Hanle resonances in atomic ground states are explained with a simple model using Bloch equations. This paper also contains the experimental results, not described in paper 2.1, which have been observed on atoms dressed by a circularly polarized rf field (see Sec. II A).

TRANSVERSE OPTICAL PUMPING AND LEVEL CROSSINGS IN FREE AND "DRESSED" ATOMS

C. Cohen-Tannoudji
Laboratoire de Physique de l'Ecole Normale Supérieure,
Université de Paris, Paris, France

I. INTRODUCTION

One of the important characteristics of optical pumping is to provide the possibility of preparing an atomic system in a coherent superposition of Zeeman sublevels [1]. For a $J = 1/2$ angular momentum state, it is equivalent to say that the magnetization $\vec{M}_0$ introduced by the pumping light is not necessarily parallel to the static magnetic field $\vec{B}_0$ (as is usually the case when $\vec{M}_0$ is determined only by the Boltzmann factor in $\vec{B}_0$).

Using such a "transverse" pumping, one can observe level crossing signals in atomic ground states. The width of the observed level crossing resonances may be extremely small as I will show in the first part of this paper. Some possible applications to the detection of very weak magnetic fields will be described.

I will then study the modifications which appear on optical pumping signals when the atoms are no longer free but interacting with nonresonant radio-frequency (rf) photons. These interactions may be visualized in terms of virtual absorptions and reemissions of rf quanta, leading to some sort of "dressing" of the atom by the surrounding quanta. The Zeeman diagram of the "dressed atom" is more complex than the one of the corresponding free atom. The level crossings which were present on the free atom are considerably modified. New level crossings appear. All these effects can be studied by optical pumping techniques as I will show in the second part of this paper.

It may appear surprising to quantize a rf field which is essentially classical and, effectively, all the effects I will describe could be understood in a classical way. I think however that the quantization of the rf field introduces a great simplification in the theory as it leads to a time-independent Hamiltonian for the whole isolated system atom + rf field, much easier to deal with than the time-dependent Hamiltonian of the classical theory. In particular, all the higher-order effects such as multiple quanta transitions, Bloch-Siegert type shifts, Autler-Townes splitting, etc., appear clearly on the Zeeman diagram of the dressed atom. Consequently, this approach could perhaps be generalized to the study of some of the nonlinear phenomena observable with intense laser light.

II. LEVEL CROSSING RESONANCES IN ATOMIC GROUND STATES AND DETECTION OF VERY WEAK MAGNETIC FIELDS

It is well known that the resonance radiation scattered by an atomic vapor exhibits resonant variations when the static field is scanned around values corresponding to a crossing between two Zeeman sublevels of the excited state (Hanle effect - Franken effect) [2]. The width of these resonances is the natural width of the excited state, not the Doppler width. They give useful informations about this state, such as lifetimes, g factors, hyperfine structure [3], etc.

Similar resonances, with a considerably smaller width, can be observed in atomic ground states [4]. To simplify, we will consider a $J = 1/2$ angular momentum state (the calculations could be easily generalized to higher J's). The pumping beam is circularly polarized and propagates along the Ox direction, perpendicularly to the static field $\vec{B}_0$, which is parallel to Oz (Fig. 1).

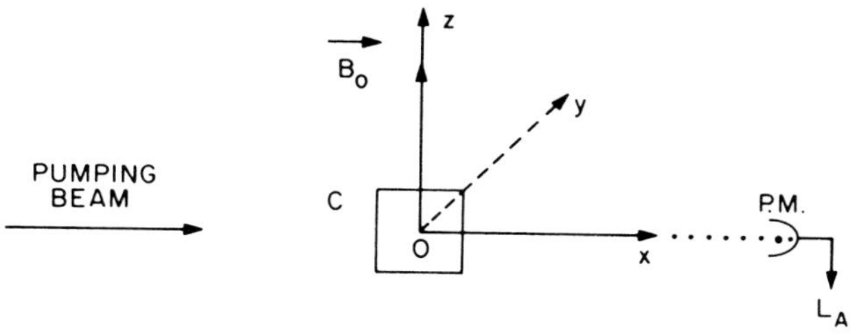

Figure 1. Schematic diagram of the experimental arrangement for the observation of level crossing resonances in atomic ground states. $\vec{B}_0$: static field; P.M.: photomultiplier measuring the absorbed light L_A; C: resonance cell.

As a result of the optical pumping cycle, angular momentum is transferred from the incident quanta to the atoms contained in the resonance cell C. Let $\vec{M}$ be the total magnetization of the vapor. It is easy to derive the following equation of evolution for $\vec{M}$:

$$\frac{d}{dt}\vec{M} = \frac{\vec{M}_o - \vec{M}}{T_P} - \frac{\vec{M}}{T_R} + \gamma\vec{M} \times \vec{B}_o \tag{1}$$

The first term represents the effect of optical pumping: if this process was the only one, after a certain amount of time T_P (pumping time), all the spins would be pointing in the Ox direction, producing a saturation magnetization $\vec{M}_o$ parallel to Ox; the second term describes the thermal relaxation process (T_R: relaxation time) due to the collisions against the walls of the cell; the third term, the Larmor precession around $\vec{B}_o$ (γ is the gyromagnetic ratio of the ground state).

Equation (1) looks like the well-known Bloch's equation. But here, $\vec{M}_o$ is not along $\vec{B}_o$ and its direction is imposed by the characteristics of the pumping beam.

Defining

$$M_{\pm} = M_x \pm iM_y \tag{2}$$

$$\frac{1}{\tau} = \frac{1}{T_P} + \frac{1}{T_R} \qquad M'_o = M_o \frac{\tau}{T_P} \tag{3}$$

one gets from (1)

$$\frac{d}{dt} M_z = 0 \tag{4a}$$

$$\frac{d}{dt} M_{\pm} = \frac{M'_o}{\tau} - \frac{M_{\pm}}{\tau} \mp i\gamma B_o M_{\pm} \tag{4b}$$

Note that the source term, M'_o/τ, proportional to M_o, appears only in Eq. (4b) relative to the transverse components of the magnetization (transverse pumping).

The steady-state solution of (4) is readily obtained and can be written as

$$M_z = 0 \tag{5a}$$

$$M_{\pm} = \frac{M'_o}{1 \pm i\gamma\tau B_o} \tag{5b}$$

which gives

$$M_z = 0 \tag{6a}$$

$$\frac{M_x}{M_o'} = \frac{1}{1 + (\gamma \tau B_o)^2} \tag{6b}$$

$$\frac{M_y}{M_o'} = \frac{-\gamma \tau B_o}{1 + (\gamma \tau B_o)^2} \tag{6c}$$

It follows that M_x and M_y undergo resonant variations when B_o is scanned around 0 (Fig. 2).

These variations result from the competition between optical pumping which tends to orient the spins along the Ox axis and the Larmor precession around $\vec{B}_o$. The critical value of the field, ΔB_o, for which the two processes have the same importance is given by

$$\Delta B_o = 1/\gamma \tau \tag{7}$$

ΔB_o is the half-width of the resonances of Fig. 2, which can be detected by monitoring the absorbed or reemitted light, the characteristics of which (intensity, degree of polarization) depend on M_x, M_y, M_z. For example, the photomultiplier P.M. of Fig. 1 detects the absorbed light L_A which is proportional to M_x.

It is possible to get modulated signals by adding a high-frequency rf field $\vec{B}_1 \cos\omega t$ parallel to $\vec{B}_o$ (high frequency means nonadiabatic modulation: $\omega >> 1/\tau$). The rate equations in the presence of $\vec{B}_1 \cos\omega t$ can be exactly solved [5]. One finds that the zero-field level crossing resonances appear

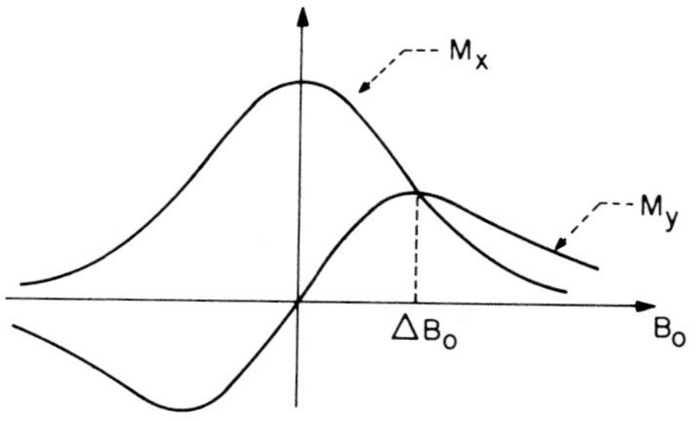

Figure 2. Variations of the steady-state values of M_x and M_y with B_o. ΔB_o: half-width of the resonances.

also on modulations at the various harmonics $p\omega$ of ω ($p = 1, 2, 3 \ldots$). For example, the ω component of M_x is given around $B_o = 0$ by

$$M_x(\omega) = M'_o J_0\left(\frac{\gamma B_1}{\omega}\right) J_1\left(\frac{\gamma B_1}{\omega}\right) \frac{\gamma\tau B_o}{1+(\gamma\tau B_o)^2} \sin\omega t \tag{8}$$

where J_0 and J_1 are the Bessel functions of order 0 and 1. It varies with B_o as a dispersion curve. The possibility of using selective amplification and lock-in detection techniques with such a signal, increases considerably the signal-to-noise ratio.

Let us calculate the order of magnitude of ΔB_o for ^{87}Rb which has been experimentally studied [5]. In paraffin-coated cells [6] without buffer gas, T_R (and consequently τ) is of the order of 1 sec; γ is equal to 4.4×10^6 rad sec^{-1} G^{-1}, so that $\Delta B_o \simeq 10^{-6}$G. Clearly, with such a small width, one has to operate inside a magnetic shield in order to eliminate the erratic fields present in the laboratory (of the order of 10^{-3}G). Five concentric layers of mu-metal (1 m long, 50 cm in diameter, 2 mm thick) have been used for that purpose, providing sufficient protection.

Figure 3 shows an example of the level crossing resonance observed on the modulation at ω of the absorbed light, i.e., on the signal corresponding to theoretical expression (8) ($\omega/2\pi = 400$ Hz). The time constant of the detection is 3 sec. We get a 2-μG width and a signal-to-noise ratio of the order of 3000. It is therefore possible to detect very weak magnetic fields (less than 10^{-9}G) as it appears in Fig. 4 which shows the response of the signal to square pulses of 2×10^{-9} G amplitude around $B_o = 0$.

Such a high sensitivity is sufficient to measure the static magnetization of very dilute substances. Suppose one places near the ^{87}Rb cell another cell (6 cm in diameter) containing ^{3}He gas at a pressure of 3 Torr (Fig. 5).

The ^{3}He nuclei are optically pumped [7] by a ^{3}He beam B_2, to a 5% polarization. One calculates easily that the oriented ^{3}He nuclei produce at the center of the ^{87}Rb cell (6 cm away) a macroscopic field of the order of 6×10^{-8} G. This field is sufficiently large to be detected on the ^{87}Rb level crossing signal obtained on the B_1 beam.

The experiment has been done [8] and Fig. 6 shows the modulation of the ^{87}Rb signal due to the free precession of the ^{3}He nuclear spins around a small magnetic field applied only on the ^{3}He cell, perpendicular to the directions of B_1 and B_2 (the Larmor period is of the order of 2 min). One sees that one can follow the free decay of the ^{3}He magnetization during hours and hours until it corresponds to only 5×10^{13} oriented nuclei per cm^3. This magnetostatic detection presents many advantages compared to the other optical or radioelectric methods. It could be generalized to other cases (for example to optically pumped centers in solids or to weakly magnetized geological samples). Other spatial or biological applications

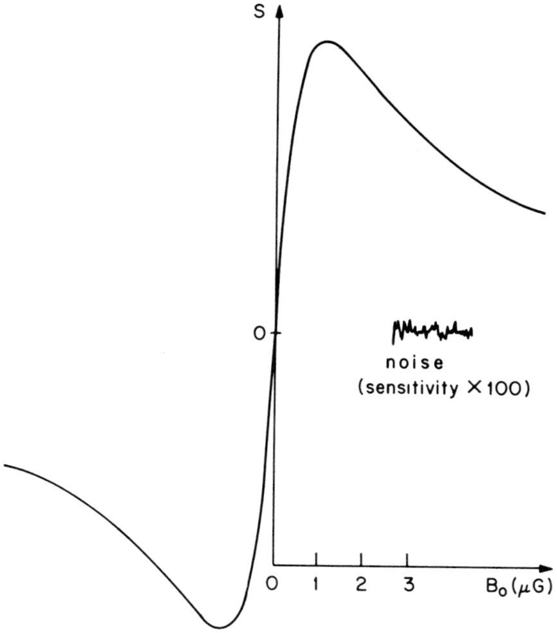

Figure 3. Zero-field level crossing resonance in the ground state of ^{87}Rb observed on the modulation at $\omega/2\pi$ of the absorbed light L_A ($\omega/2\pi = 400$ Hz). The time constant of the detection is 3 sec. For measuring the noise, the sensitivity is multiplied by a factor 100.

could be considered as it is now possible, by recent improvements [9], to record simultaneously the three components of the small magnetic field to be measured.

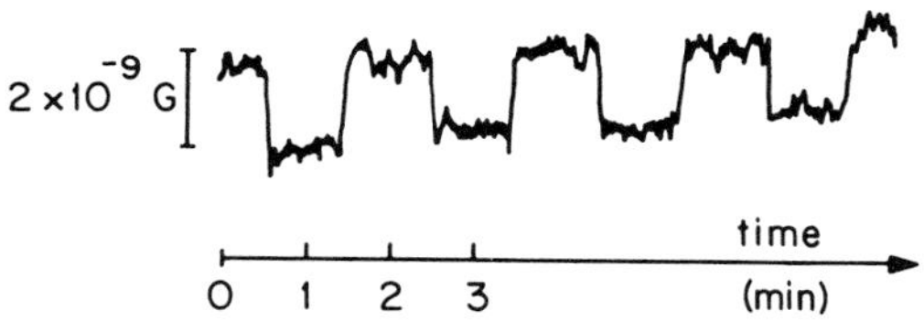

Figure 4. Test of the sensitivity of the magnetometer: variations of the signal when square pulses of 2×10^{-9} G are applied to the resonance cell.

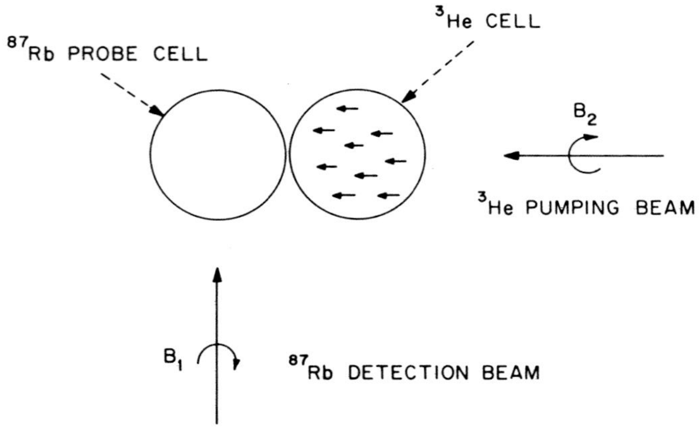

Figure 5. Detection by the ^{87}Rb level crossing resonance of the magnetic field produced at a macroscopic distance (6 cm) by optically pumped ^{3}He nuclei. Schematic diagram of the experimental arrangement.

III. OPTICAL PUMPING OF "DRESSED" ATOMS

To interpret the various resonances which appear in optical pumping experiments performed on atoms interacting with strong resonant or nonresonant rf fields, we will try to develop the following general idea [10, 11]: the light of the pumping beam is scattered, not by the free atom, but by the whole system--atom + rf field in interaction--which we will call the atom "dressed" by rf quanta. Plotted as a function of the static field B_0, the Zeeman diagram of this dressed atom exhibits a lot of crossing and anticrossing points; as for a free atom, the light scattered by such a system undergoes resonant variations when B_0 is scanned around these points. It is therefore possible to understand the various resonances appearing in optical pumping experiments in a very synthetic way. Furthermore, the higher-order effects of the coupling between the atom and the rf field may be handled in a simple way, by time-independent perturbation theory. In some cases (as for example for the modification of the g factor of the dressed atom), the effect of the coupling may be calculated to all orders.

In the absence of coupling, the energy levels of the whole system are labelled by two quantum numbers, one for the atom (we will take a two-level system, J = 1/2), and the other for the field. We will call $|\pm\rangle$ the Zeeman sublevels of the J = 1/2 atomic state; their energy in the presence of a

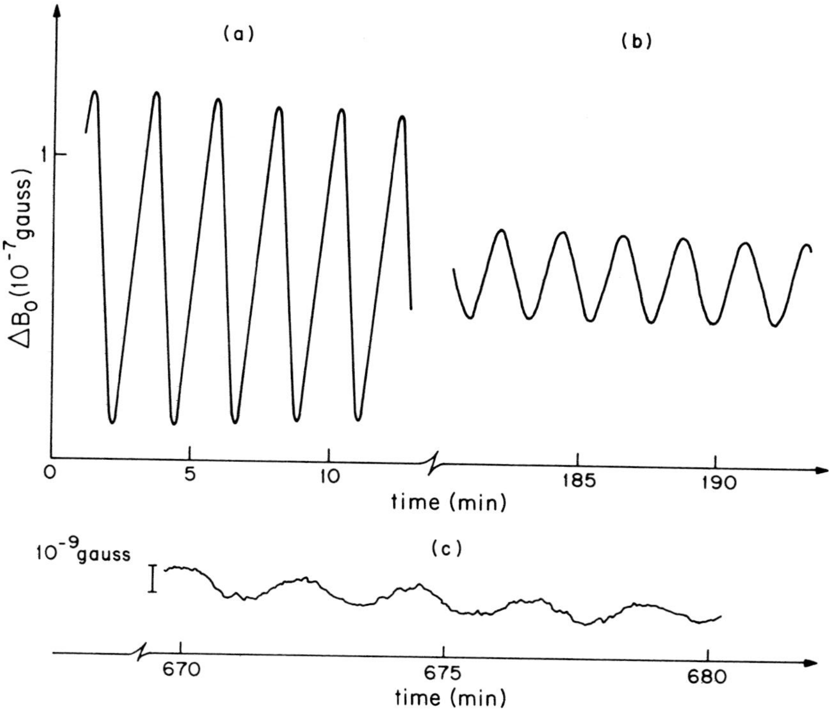

Figure 6. Magnetostatic detection of the Larmor precession of ^{3}He nuclei: (a) just after optical pumping has been stopped; (b) 3 h later; (c) 11 h later (the polarization is now $P \simeq 5 \times 10^{-4}$ and corresponds to 5.3×10^{13} oriented nuclei per cm^3).

static field B_0 parallel to Oz is $\pm \omega_0/2$ ($\omega_0 = -\gamma B_0$; we take $\hbar = 1$). Let $|n\rangle$ be the states of the rf field corresponding to the presence of n quanta and consequently to an energy $n\omega$ (ω is the pulsation of the rf field). The states of the combined system atom + field (without coupling) are the $|\pm, n\rangle$ states with an energy $\pm\omega_0/2 + n\omega$. They are plotted on Fig. 7 versus ω_0. One sees that a lot of crossing points appear for $\omega_0 = 0, \omega, 2\omega, 3\omega, \ldots$. The effect of the coupling V between the atom and the rf field is important at these points. We will first study this coupling in a simple and exactly soluble case, the one of a rotating rf field, perpendicular to $\vec{B}_0$ (this situation leads also to exact solutions in the classical theory).

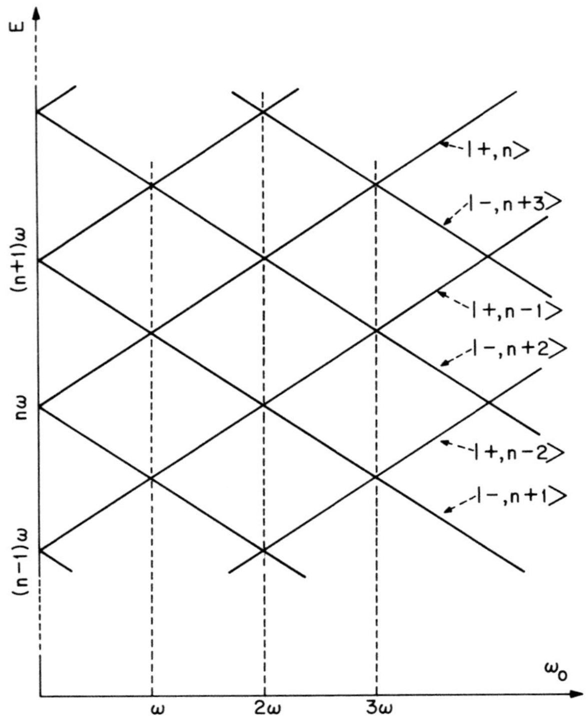

Figure 7. Energy levels of the combined system "atom + rf field" in the absence of coupling.

A. Rotating rf Field Perpendicular to $\vec{B}_0$

The unperturbed states are coupled two by two by V. For example, the $|-, n+1\rangle$ state is coupled only to $|+, n\rangle$ and the other way

$$|-, n+1\rangle \longleftrightarrow |+, n\rangle$$

The physical meaning of such a selection rule is very clear. Each circularly polarized rf quantum carries an angular momentum +1 with respect to Oz (σ^+ photons; we suppose a right circular polarization) and the two states coupled by V must have the same total angular momentum: $-1/2 + (n+1) = +1/2 + n$.

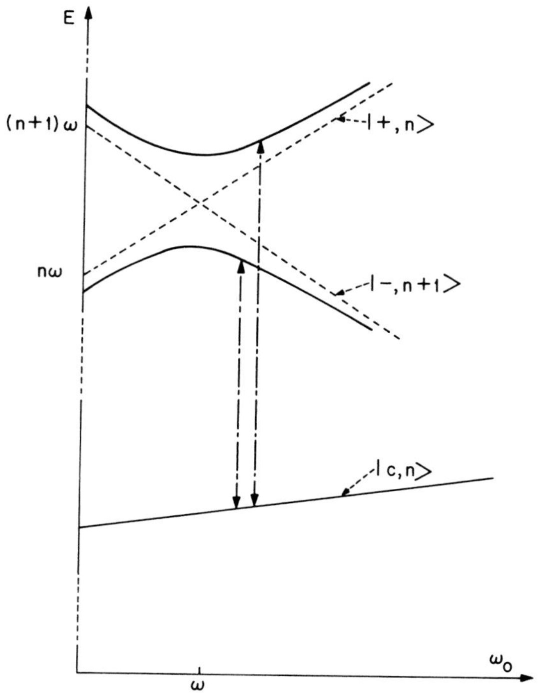

Figure 8. "Anticrossing" resulting from the coupling between the two states $|+,n\rangle$ and $|-,n+1\rangle$. The dotted arrows represent transitions between the two anticrossing levels and a third level (Autler-Townes splitting).

Because of this coupling, the two unperturbed states which cross for $\omega_0 = \omega$ (dotted lines of Fig. 8) repel each other and form what is called an "anticrossing" (full lines of Fig. 8). The minimum distance between the two branches of the hyperbola is obtained for $\omega_0 = \omega$ and is proportional to the matrix element of V between the two unperturbed states. It is possible to show that this matrix element v is proportional to $\sqrt{n+1}$ and may be related to the amplitude B_1 of the classical rf field (more precisely, v is proportional to $\omega_1 = -\gamma B_1$). As n is very large, this matrix element does not change appreciably when n is varied inside the width Δn of the distribution p(n) corresponding to the rf field (for a coherent state [12], $\Delta n \ll n$). Therefore, the anticrossings corresponding to the couples of unperturbed states, $(|-,n+2\rangle, |+,n+1\rangle)$, $(|-,n\rangle, |+,n-1\rangle)$,..., have the same characteristics

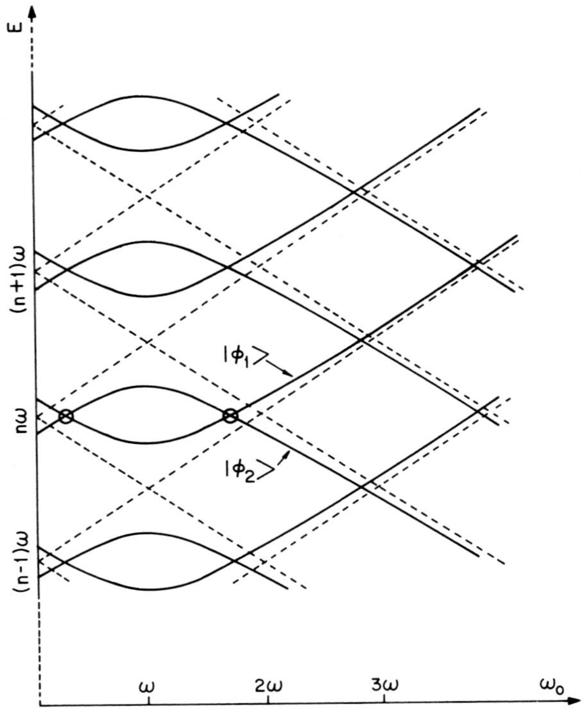

Figure 9. Energy levels of the combined system "atom + rf field" in the presence of coupling. The rf field is circularly polarized and perpendicular to the static field $\vec{B}_0$.

as the one of Fig. 8 (they are deduced from it by a simple vertical translation) and we obtain finally the Zeeman diagram of Fig. 9.

What kind of information can be extracted from this diagram? First, the anticrossings of Fig. 9 reveal the existence of the magnetic resonance occuring for $\omega_0 = \omega$. If one starts from the state $|-,n+1\rangle$, the system is transferred by the coupling V to the other state $|+,n\rangle$ (transition $|-\rangle \rightarrow |+\rangle$ by absorption of one rf quantum). More precisely, the system oscillates between these two states with an efficiency maximum at the center of the anticrossing (where the mixing between the two unperturbed states is maximum) and at a frequency corresponding to the distance between the two branches of the hyperbola (this is nothing but the well-known Rabi precession). If one looks at the frequencies of the transitions joining the two anticrossing levels of Fig. 8 to a different atomic level $|c,n\rangle$ (not resonantly coupled to the rf field), one finds a doublet (Autler-Townes effect) [13]; the distance between the two components of the doublet and their relative intensities are very simply related to the energies and wave functions of the two anticrossing levels.

A lot of crossing points appear also on the energy diagram of Fig. 9. Let us focus on the two crossings indicated by circles on this figure. The zero-field level crossing of the free atom is shifted by the coupling V; a new level crossing appears near $\omega_o = 2\omega$ and can be optically detected in transverse optical pumping experiments. The argument is the following: let $|\varphi_1\rangle$ and $|\varphi_2\rangle$ be the two perturbed crossing levels; we have

$$\begin{aligned} |\varphi_1\rangle &= -\sin(\theta/2)|+,n-1\rangle + \cos(\theta/2)|-,n\rangle \\ |\varphi_2\rangle &= \sin(\theta/2)|-,n+1\rangle + \cos(\theta/2)|+,n\rangle \end{aligned} \tag{10}$$

where

$$\tan\theta = \frac{-\gamma B_1}{\omega_o - \omega} \tag{11}$$

$|\varphi_1\rangle$ and $|\varphi_2\rangle$ contain admixtures of the $|+,n\rangle$ and $|-,n\rangle$ states which correspond to the same value of n so that they can be connected by J_x

$$\begin{aligned} \langle\varphi_2|J_x|\varphi_1\rangle &= \cos^2(\theta/2)\,\langle n|n\rangle\,\langle +|J_x|-\rangle \\ &= (1/2)\cos^2(\theta/2) \neq 0 \end{aligned} \tag{12}$$

It is therefore possible to introduce by optical pumping a transverse static magnetization at this crossing point and to get a level crossing signal of the same type as the one described in the first part of this paper (for the other crossings of Fig. 9: $\omega_o = 3\omega, 4\omega, 5\omega, \ldots$, J_x has no matrix elements between the two crossing perturbed levels, and the level crossings are not detectable).

When the intensity of the rf field (i.e., n) is increased, the distance between the two branches of the hyperbola of Fig. 8 increases and the two crossings of Fig. 9 (indicated by circles) shift towards $\omega_o = \omega$. These effects appear clearly on Fig. 10 which represents the two corresponding level crossing resonances observed on ^{199}Hg (J = 1/2) [14]. Each curve of figure 10 corresponds to a different value of the amplitude of the rf field (measured by the dimensionless parameter $\omega_1/\omega = -\gamma B_1/\omega$).

Finally, it can be seen in Fig. 9 that, for $\omega_o = 0$, the Zeeman degener-

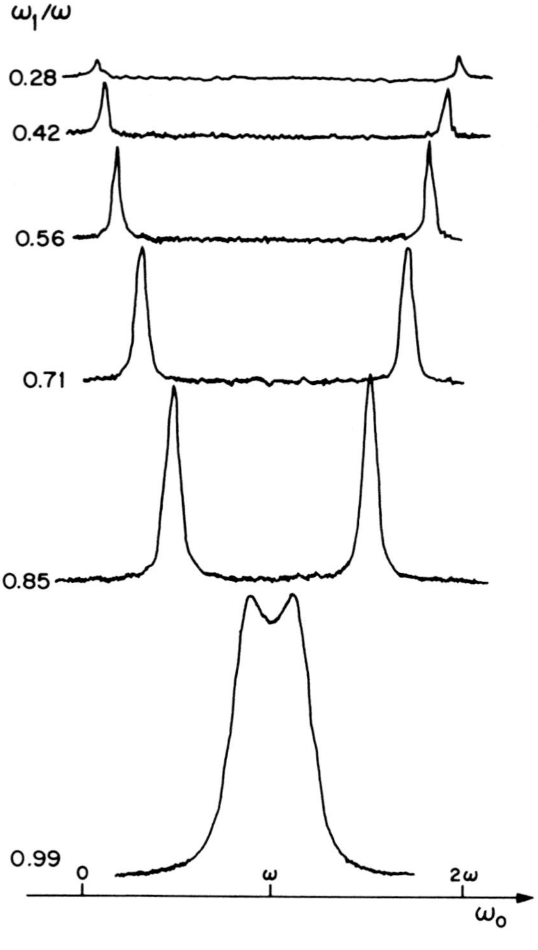

Figure 10. Level crossing resonances observed on ^{199}Hg and corresponding to the two-level crossings indicated by circles on Fig. 9. Each curve corresponds to a different value of the dimensionless parameter ω_1/ω.

acy of the free atom is removed by the coupling with the nonresonant circularly polarized rf field. One can show [15] that, for $\omega_1/\omega \ll 1$, the effect of this coupling is equivalent to that of a fictitious static field $\vec{B}_f$ perpendicular to the plane of the rf field and proportional to $\omega_1{}^2/\gamma\omega$

$$B_f = \omega_1^2/\gamma\omega \tag{13}$$

In the case of an alkali atom such as ^{87}Rb which has two hyperfine levels in the ground state, F = 2 and F = 1, with two opposite g factors ($\gamma_2 = -\gamma_1$), it follows from (13) that the two fictitious fields B_{f_2} and B_{f_1} corresponding to F = 2 and F = 1 are opposite. Therefore, the position of the Zeeman sublevels in the presence of rf irradiation (and in zero static field) is the one shown on Fig. 11(b); it may be compared to the position of the Zeeman sublevels in a true static field producing the same Zeeman separation [Fig. 11(a)]. It follows immediately that the hyperfine spectrum is completely different in a true static field and in the fictitious fields B_{f_1} and B_{f_2} associated with the rf field: we obtain experimentally [15] three $\Delta m_F = 0$ and four $\Delta m_F = \pm 1$ different lines in the first case [Figs. 12(a) and 13(a)]; one $\Delta m_F = 0$ and two $\Delta m_F = \pm 1$ different lines in the second case, as for hydrogen [Figs. 12(b) and 13(b)].

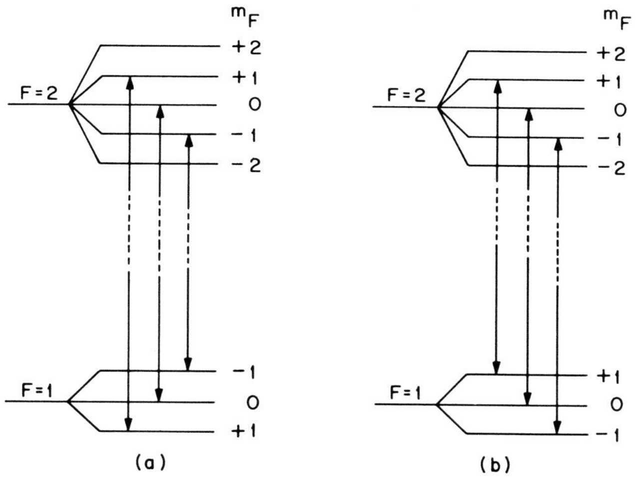

Figure 11. Zeeman sublevels in the ground state of ^{87}Rb atoms, (a) in the presence of a true static field $\vec{B}_0$, (b) in the presence of a circularly polarized rf field with $\vec{B}_0 = 0$; the two fictitious static fields $\vec{B}_{f_1}$ and $\vec{B}_{f_2}$ describing the effect of this rf field inside the F = 1 and F = 2 hyperfine levels are opposite. The arrows represent the three $\Delta m_F = 0$ hyperfine lines which have different frequencies in case (a) and which coincide in case (b).

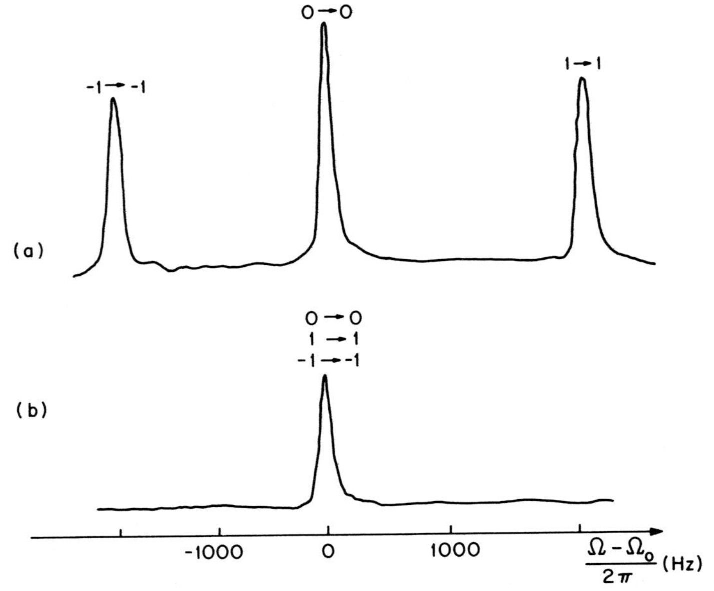

Figure 12. $\Delta m_F = 0$ hyperfine transitions observed on ^{87}Rb atoms, (a) in a true static field $\vec{B}_0$ [see Fig. 11(a)], (b) in the presence of a circularly polarized rf field with $\vec{B}_0 = 0$ [see Fig. 11(b)].

B. Linear rf Field Perpendicular to $\vec{B}_0$

We suppose now that the rf field has a linear polarization, perpendicular to $\vec{B}_0$ (Fig. 14). Such a linear field can be decomposed into two σ^+ and σ^- rotating components. It is equivalent to say that each of the rf quanta has no definite angular momentum with respect to Oz : this angular momentum may be either +1 (σ^+ component) or −1 (σ^- component).

Consequently, the unperturbed $|-, n+1\rangle$ state is now coupled, not only to $|+, n\rangle$ (absorption of a σ^+ photon), but also to $|-, n+2\rangle$ (stimulated emission of a σ^- photon); similarly, the $|+, n\rangle$ state is coupled not only to $|-, n+1\rangle$, but also to $|-, n-1\rangle$

$$\begin{array}{ccc} |+, n\rangle & \overset{\sigma^+}{\longleftrightarrow} & |-, n+1\rangle \\ \sigma^- \updownarrow & & \updownarrow \sigma^- \\ |-, n-1\rangle & & |+, n+2\rangle \end{array} \tag{14}$$

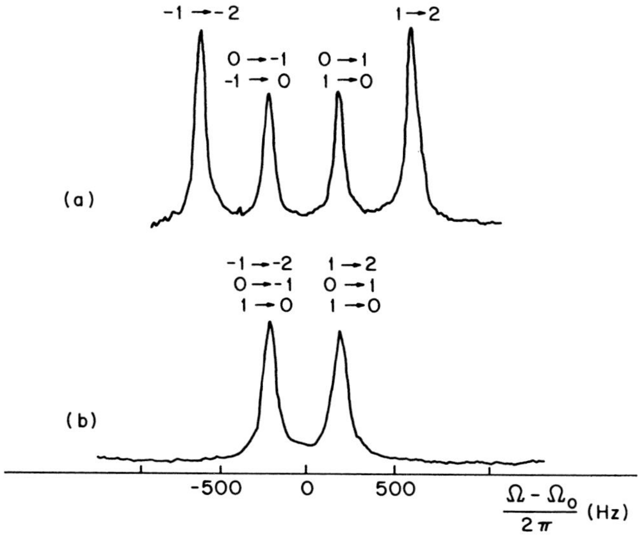

Figure 13. $\Delta m_F = \pm 1$ hyperfine transitions observed on ^{87}Rb atoms, (a) in a true static field $\vec{B}_0$, (b) in the presence of a circularly polarized rf field with $\vec{B}_0 = 0$.

These additional couplings which were not present in the previous case (pure σ^+ rf field) are nonresonant for $\omega_0 = \omega$ (the two $|-, n-1\rangle$ and $|+, n+2\rangle$ states do not have the same energy as the two crossing unperturbed levels). They displace however these two crossing levels (from the position indicated by dotted lines in Fig. 15 to the one indicated by interrupted lines) so that the center of the anticrossing $\omega_0 = \omega$ (full lines of Fig. 15) is now shifted by a quantity δ towards $\omega_0 = 0$. This shift δ is nothing but the well-known Bloch-Siegert shift which is immediately evaluated in this formalism by elementary second-order perturbation theory (the derivation of this shift is much more

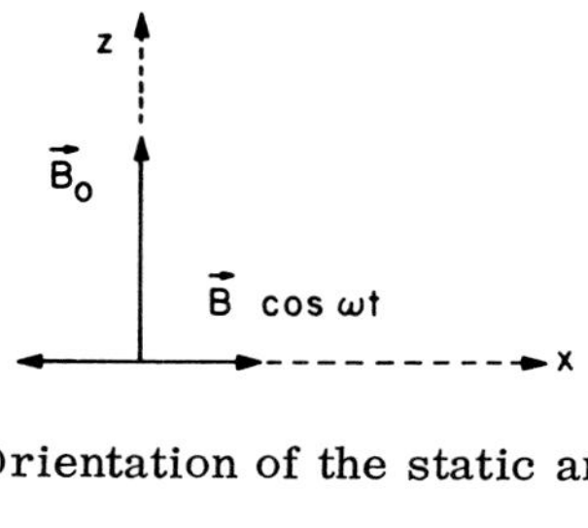

Figure 14. Orientation of the static and rf fields.

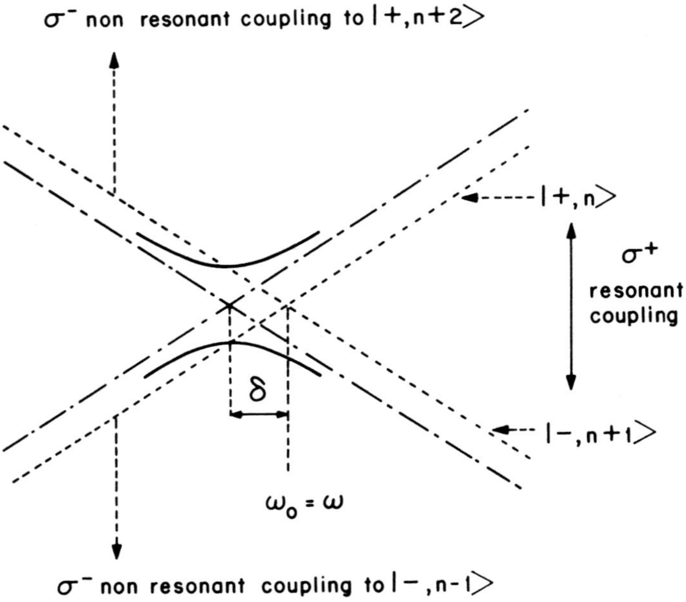

Figure 15. Origin of the Bloch-Siegert shift observed when the rf field has a linear polarization : nonresonant couplings (dotted arrows) are induced by the σ^- component of the rf field and displace the two anticrossing levels.

elaborate in classical theory) [16]. We must also notice that the two unperturbed levels which cross for $\omega_0 = -\omega$ (for example $|-,n+1\rangle$ and $|+,n+2\rangle$) are now coupled by the σ^- component of the rf field. This gives rise to a new anticrossing near $\omega_0 = -\omega$ (symmetrical to the first one with respect to $\omega_0 = 0$).

Moreover, one can easily show that each "odd" crossing $\omega_0 = (2p+1)\omega$ (with $p = +1, +2, \ldots$) appearing in Fig. 7 becomes now anticrossing. Let us consider for example the case of the two levels $|-,n+2>$ and $|+,n-1>$ which cross for $\omega_0 = 3\omega$

$$\begin{array}{ccccccc} |+,n-1\rangle & \overset{\sigma^+}{\longleftrightarrow} & |-,n\rangle & \overset{\sigma^-}{\leftarrow\text{-}\text{-}\rightarrow} & |+,n+1\rangle & \overset{\sigma^+}{\longleftrightarrow} & |-,n+2\rangle \\ \sigma^- \updownarrow & & & & & & \updownarrow \sigma^- \\ |-,n-2\rangle & & & & & & |+,n+3\rangle \end{array} \qquad (15)$$

As shown in (15), they are coupled by V, not directly, but through two intermediate states. It follows that the crossing $\omega_0 = 3\omega$ becomes a "third-order anticrossing" (which is also shifted towards $\omega_0 = 0$, as the $\omega_0 = \omega$ anticrossing, as a consequence of nonresonant couplings).

The even crossings $\omega_0 = 2p\omega$ ($p = 0, 1, 2, \ldots$) of Fig. 7 remain however true crossings (which are also shifted for the same reason as before towards $\omega_0 = 0$). The argument is the following: for $\omega_0 = 2p\omega$, the two crossing levels (for example, $|+, n\rangle$ and $|-, n+2p\rangle$) differ by 2p quanta. The absorption of an even number of quanta (σ^+ or σ^-) cannot provide the angular moment +1 necessary for the atomic transition $|-\rangle \to |+\rangle$. This excludes any direct or indirect coupling between the two crossing levels.

Finally, through these simple arguments, we get the shape of the Zeeman diagram represented in full lines in Fig. 16 and which is symmetrical with respect to $\omega_0 = 0$ (the crossing $\omega_0 = 0$ is not shifted as in the previous case). All the various resonances observable in optical pumping experiments appear in a synthetic way in this diagram.

To the various anticrossings of Fig. 16 are associated the magnetic resonances involving one or several rf quanta [17]. For example, near $\omega_0 = 3\omega$, we have a resonant oscillation of the system between the two states $|-, n+2\rangle$ and $|+, n-1\rangle$ which correspond to resonant transitions between $|-\rangle$ and $|+\rangle$ with absorption of three rf quanta. The shift and the rf broadening of the resonances are simply related to the position of the center

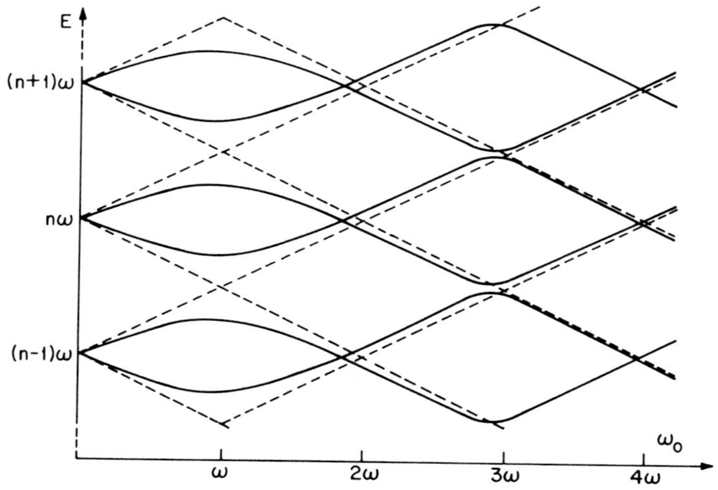

Figure 16. Energy levels of the combined system "atom + rf field" in the presence of coupling. The rf field is linearly polarized and perpendicular to the static field $\vec{B}_0$.

of the anticrossing and to the minimum distance between the two branches of the hyperbola. It is also clear that an Autler-Townes splitting must appear near these higher-order anticrossings.

All the even crossings of Fig. 16 can be detected in transverse optical pumping experiments : in the perturbation expansion of the two crossing perturbed levels, one can find unperturbed states with the same value of n so that J_x can connect the two crossing levels. Figure 17 shows for example the $\omega_o = 4\omega$ level crossing resonance observed on ^{199}Hg atoms [18]. (This resonance does not appear with a pure σ^+ rf field). Each curve corresponds to an increasing value of the rf amplitude. The Bloch-Siegert type shift appears very clearly. Such resonances are sometimes called "parametric" resonances or "coherence" resonances as they do not correspond to real absorptions of one or several rf quanta by the atomic system.

So far, we have explicitly treated the effect of the coupling V as a perturbation. It is possible to follow qualitatively what happens in the neighborhood of $\omega_o = 0$ when the amplitude of the rf field is increased. The first crossings $\omega_o = +2\omega$ and $\omega_o = -2\omega$ shift more and more towards $\omega_o = 0$. The separation between the two branches of the anticrossing $\omega_o = \omega$ increases more and more. It follows that the slope of the two levels which cross for $\omega_o = 0$, i.e., the g factor of the dressed atom, gets smaller and smaller.

More precisely, it is possible to find exactly the eigenstates of the Hamiltonian $\mathcal{H}_{rf} + V$ which represents the energy of the system in zero static field [19] ($\mathcal{H}_{rf}$ is the energy of the free rf field) and to treat the Zeeman term $\mathcal{H}_{at} = \omega_o J_z$ as a perturbation. This treatment, which takes into account the effect of the coupling to all orders, gives the slope of the levels as a function of the dimensionless parameter ω_1/ω. One finds [20]

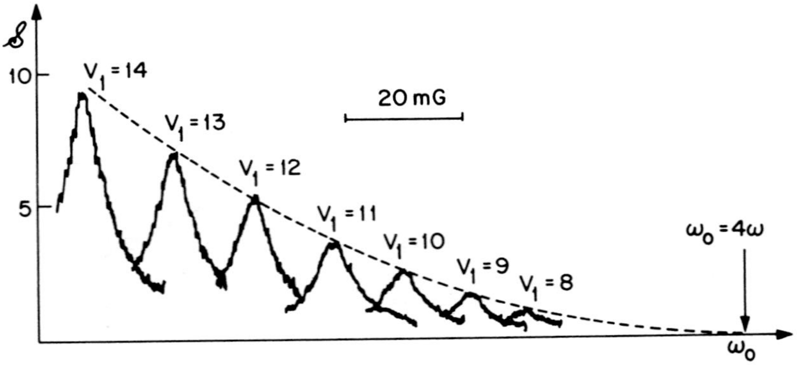

Figure 17. Level crossing resonances observed on ^{199}Hg atoms and corresponding to the level crossing occuring near $\omega_o = 4\omega$ in Fig. 16 (V_1 is the rf voltage, proportional to ω_1).

that the g factor of the dressed atom, g_d, is related to the g factor of the free atom, g, by the expression

$$g_d = gJ_0(\omega_1/\omega) \tag{16}$$

where J_0 is the zeroth-order Bessel function. This effect can be important. For example, for all the values of ω_1/ω corresponding to the zero's of J_0, the dressed atom has no magnetic moment. This modification of g due to the nonresonant coupling with a filled mode of the electromagnetic field may be compared to the well-known g-2 effect (anomalous spin moment of the electron) due to the coupling with the vacuum electromagnetic fluctuations.

If the slope of the levels near $\omega_0 = 0$ is reduced, the width of the zero-field level crossing resonance discussed in the first part of this paper must increase. We have observed such a broadening on ^{199}Hg atoms (Fig. 18).

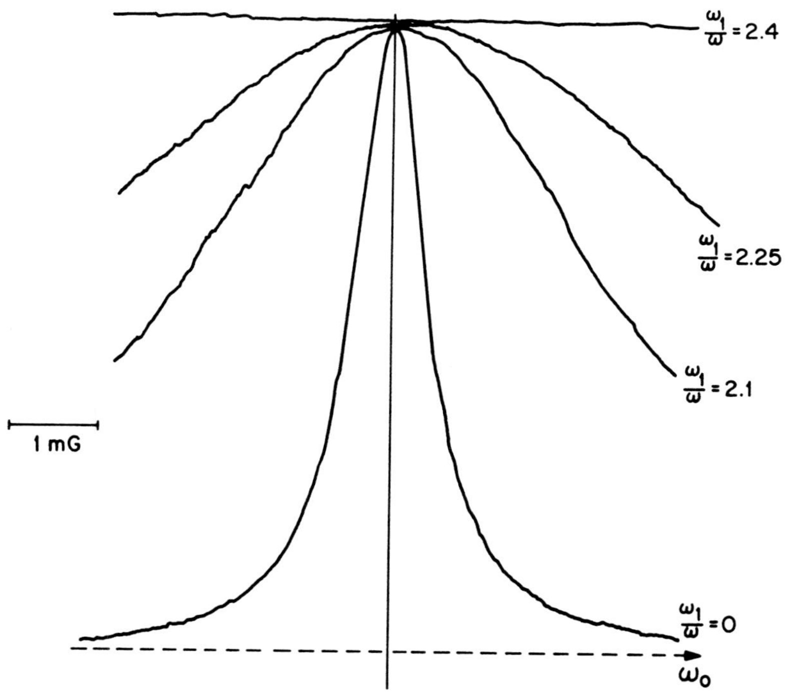

Figure 18. Zero-field level crossing of ^{199}Hg "dressed" atoms. The rf field is linearly polarized. The width of the curves is inversely proportional to g_d; it becomes infinite for the value of ω_1/ω corresponding to the first zero of J_0 [see Eq. (16)].

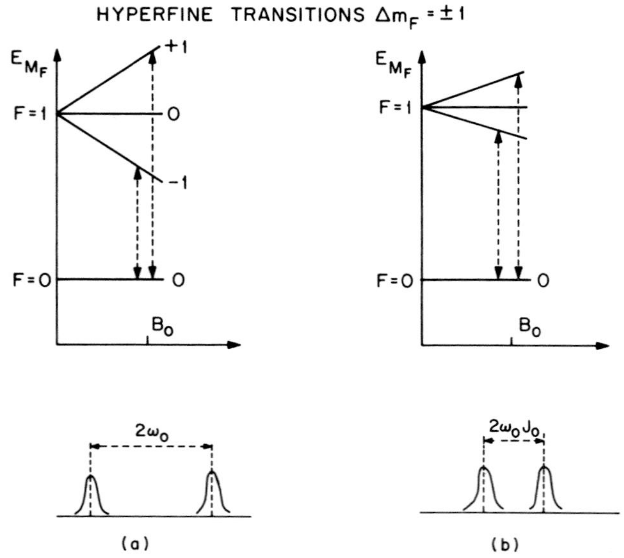

Figure 19. $\Delta m_F = \pm 1$ hyperfine transitions of hydrogen atoms. (a) Free H atoms in a static field B_0; (b) "dressed" H atoms in the same static field B_0. The splitting between the 2 lines is reduced by a factor J_0.

Each curve of Fig. 18 corresponds to a given value of ω_1/ω. One sees that for $\omega_1/\omega = 2.4$ (first zero of J_0), the width of the level crossing resonance becomes infinite. This modification of the g factor has also important consequences on the hyperfine spectrum of hydrogen and alkali atoms. Figure 19 shows the splitting S_0 between the two hyperfine $\Delta m_F = \pm 1$ transitions of H; S_0 is proportional to ω_0 [in weak magnetic fields; See Fig. 19(a)]. If we "dress" the atom by a nonresonant linear rf field, the slope of the F = 1 sublevels decreases and the splitting S between the two $\Delta m_F = \pm 1$ transitions is reduced by a factor $J_0(\omega_1/\omega)$ [see Fig. 19(b)]. The same effect exists also for alkali atoms. We have already mentioned that the two g factors of the F = 2 and F = 1 hyperfine levels are opposite. As J_0 is an even function, the reduction of the slope of the sublevels is the same in both hyperfine levels. It follows that the splitting between the four $\Delta m_F = \pm 1$ hyperfine transitions is reduced as in the hydrogen case. The four lines coalesce for all the zero's of J_0. This appears clearly in Fig. 20 which represents the evolution of the observed hyperfine spectrum of ^{87}Rb atoms interacting with a nonresonant linear rf field of increasing amplitude [21].

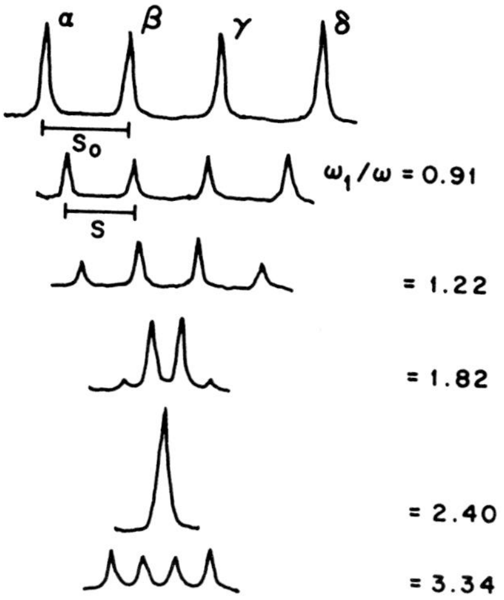

Figure 20. Evolution of the four $\Delta m_F = \pm 1$ hyperfine transitions of ^{87}Rb atoms "dressed" by a nonresonant linear rf field of increasing amplitude. Experimental results. For $\omega_1/\omega = 2.4$ (first zero of J_0), the four lines coalesce.

Figure 21 shows the comparison between the experimentally determined ratios S/S_0 measured on H and ^{87}Rb atoms, and the theoretical variations of the Bessel function J_0.

This possibility of changing continuously the g factor of an atom may provide interesting applications. It has been used, for example, to reduce the effect of static field inhomogeneities on the width of the hyperfine lines. Figure 22(a) shows the hyperfine line $F = 2$, $m_F = 0 \longleftrightarrow F = 1$, $m_F = 0$ of ^{87}Rb broadened by an applied static field gradient. One observes [10] a narrowing of the line [Fig. 22(b)] when the magnetic moment of the ^{87}Rb atoms is reduced when interacting with a nonresonant linear rf field.

Another application [22] is to allow a coherence transfer between two atomic levels with different g factors: by changing the two g factors through the coupling with a nonresonant linear rf field, one can match the Larmor frequencies in the two atoms and make the coherence transfer possible in nonzero magnetic fields.

I hope that these few example will have proven the versatility of optical pumping techniques and the usefulness of concepts such as the one of dressed atoms. It would be interesting to see if they could be generalized to other fields of research.

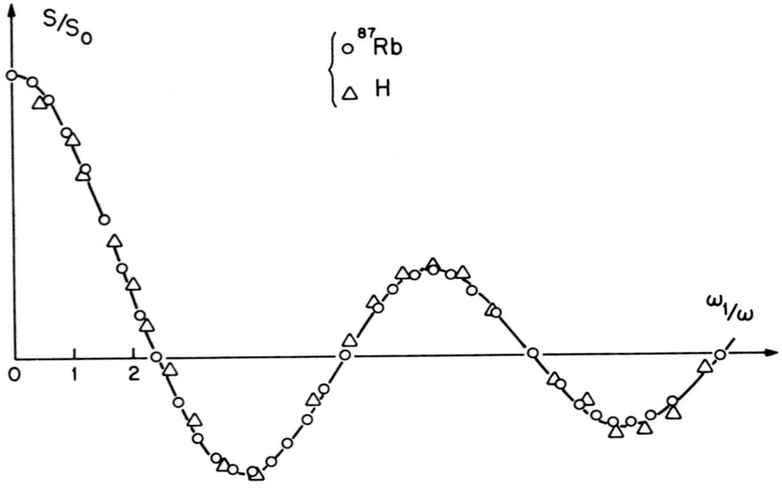

Figure 21. Plot of the ratio S/S_0 versus ω_1/ω. The experimental points for ^{87}Rb and H fit into the same theoretical curve.

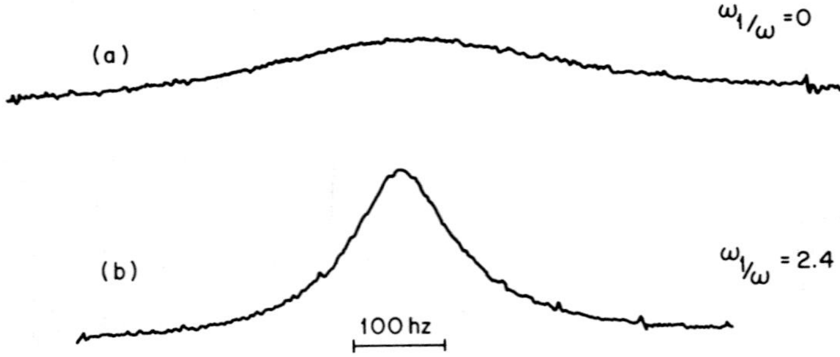

Figure 22. (a) Recording of the $F = 2$, $m_F = 0 \longleftrightarrow F = 1$, $m_F = 0$ hyperfine line of ^{87}Rb atoms broadened by an applied static field gradient. (b) Narrowing of the line when the atoms are "dressed" by a nonresonant linear rf field which cancels the g factor in both hyperfine levels.

REFERENCES

1. For a review article on Optical Pumping, see J. Brossel, in Quantum Optics and Electronics, Les Houches, 1964, (Gordon and Breach, New York, 1965). A. Kastler and C. Cohen-Tannoudji, Progress in Optics, edited by E. Wolf (North-Holland, Amsterdam, 1966), Vol. 5, p. 1.
2. W. Hanle, Z. Phys. 30, 93 (1924); F. D. Colegrove, P. A. Franken, R. R. Lewis, and R. H. Sands, Phys. Rev. Letters 3, 420 (1959).
3. See the review article by Zu Putlitz in Atomic Physics, Proceedings of the First International Conference on Atomic Physics (Plenum Press, New York, 1969), p. 227.
4. Level crossing resonances in atomic ground states have first been observed on ^{111}Cd and ^{113}Cd. J. C. Lehmann and C. Cohen-Tannoudji, Compt. Rend. 258, 4463 (1964).
5. J. Dupont-Roc, S. Haroche, and C. Cohen-Tannoudji, Phys. Letters 28A, 638 (1969); C. Cohen-Tannoudji, J. Dupont-Roc, S. Haroche, and F. Laloe, Revue Phys. Appliquee 5, 95 (1970); 5, 102 (1970).
6. M. A. Bouchiat and J. Brossel, Phys. Rev. 147, 41 (1966).
7. For optical pumping of ^{3}He see F. D. Colegrove, L. D. Schearer, and G. K. Walters, Phys. Rev. 132, 2567 (1963).
8. C. Cohen-Tannoudji, J. Dupont-Roc, S. Haroche, and F. Laloe, Phys. Rev. Letters 22, 758 (1969).
9. J. Dupont-Roc, Revue Phys. Appliquée 5, 853 (1970); J. Phys. (Paris) 32, 135 (1971).
10. For a general and detailed review on the properties of "dressed" atoms, see S. Haroche, thesis (Paris, 1971) [Ann. Phys. (Paris) 6, 189 (1971); 6, 327 (1971).
11. C. Cohen-Tannoudji and S. Haroche, Compt. Rend. 262, 37 (1966); J. Phys. (Paris) 30, 125 (1969); 30, 153 (1969). See also the article in Polarisation, Matiere et Rayonnement, edited by the French Physical Society (Presses Universitaires de France, Paris, 1969). C. Cohen-Tannoudji, Cargese Lectures in Physics, Vol. 2, edited by M. Lévy (Gordon and Breach, New York, 1967).
12. R. J. Glauber, Phys. Rev. 131, 2766 (1963); 131, 2788 (1963).
13. S. H. Autler and C. H. Townes, Phys. Rev. 100, 703 (1955); C. H. Townes and A. L. Schawlow, Microwave Spectroscopy (McGraw-Hill, New York, 1955), p. 279.
14. M. Ledourneuf, These de troisieme cycle (Universite de Paris, 1971).
15. M. Ledourneuf, C. Cohen-Tannoudji, J. Dupont-Roc and S. Haroche, Compt. Rend. 272, 1048 (1971); 272, 1131 (1971). Let us mention that the effect of a nonresonant circularly polarized optical irradiation can also be described in terms of fictitious static fields. See C. Cohen-Tannoudji and J. Dupont-Roc, Phys. Rev. 5, 968 (1972).

16. F. Bloch and A. Siegert, Phys. Rev. 57, 522 (1940).
17. J. M. Winter, thesis (Paris, 1958); Ann. Phys. (Paris), 4, 745 (1959).
18. C. Cohen-Tannoudji and S. Haroche, Compt. Rend. 261, 5400 (1965).
19. N. Polonsky and C. Cohen-Tannoudji, J. Phys. (Paris) 26, 409 (1965).
20. C. Cohen-Tannoudji and S. Haroche, Compt. Rend. 262, 268 (1966). See also Ref. 10
21. S. Haroche, C. Cohen-Tannoudji, C. Audoin, and J. P. Schermann, Phys. Rev. Letters 24, 861 (1970).
22. S. Haroche and C. Cohen-Tannoudji, Phys. Rev. Letters 24, 974 (1970).

Section 3

Atoms in Intense Resonant Laser Beams
The Dressed Atom Approach in the Optical Domain

The spectacular development of tunable laser sources in the early seventies stimulated several experimental and theoretical studies dealing with the behavior of atoms submitted to intense resonant monochromatic fields. The papers contained in this section address a few of these questions and try to develop new methods for understanding the properties of the light emitted or absorbed by such atoms.

Contrary to the weak broadband sources considered in Sec. 1, laser sources can have a coherence time much longer than all the characteristic times appearing in the atomic evolution. Furthermore, their intensity can be high enough to saturate the atomic transition, and stimulated emission processes can then become more frequent than spontaneous ones. In such conditions, it is no longer possible to describe the transitions between the ground state g and the excited state e of the atom by rate equations. Optical coherences, i.e. off-diagonal elements of the atomic density matrix between e and g, play an important role and the coherent oscillation of the atom between e and g looks like the Rabi nutation of a spin 1/2 submitted to a resonant rf field. There is, however, an important difference between the two situations. Spontaneous emission, which is negligible in the rf case, plays an essential role in the optical domain. First, it is a damping process for the atom, the only one for a free atom, and is sufficiently simple to provide some insight into the quantum theory of dissipative processes. Second, it gives rise to the fluorescence light which is frequently used to study the atomic dynamics.

This double role of spontaneous emission also appears in the dressed atom approach to resonance fluorescence. As in the rf domain, one can introduce a ladder of dressed states describing the energy levels of the coupled "atom + laser photons" system. Due to the coupling of such a system to the "reservoir" formed by the empty modes of the radiation field, spontaneous radiative transitions occur between these dressed states and the first central problem of the dressed atom approach to resonance fluorescence is to establish the master equation describing the damping of the dressed atom density matrix due to spontaneous emission. The second problem is to interpret the properties of the spontaneously emitted photons in terms of these spontaneous radiative transitions between the dressed states. The papers contained in this section focus on the spectral distribution of the fluorescence light. The absorption spectrum of a weak probe beam is also considered. The time correlations between the sequence of photons spontaneously emitted by the atom are analyzed in the papers of Sec. 4 and interpreted in terms of a radiative cascade of the dressed atoms down its energy diagram.

More details concerning this field can be found in the Ph.D. thesis of S. Reynaud [*Ann. Phys.* (*Paris*) **8**, 315, 371 (1983)]. See also Chap. VI of C. Cohen-Tannoudji, J. Dupont-Roc, and G. Grynberg, *Atom–Photon Interactions. Basic Processes and Applications* (John Wiley, 1992).

Paper 3.1

C. Cohen-Tannoudji, "Atoms in strong resonant fields," in *Frontiers in Laser Spectroscopy*, eds. R. Balian, S. Haroche, and S. Liberman (North-Holland, 1977), pp. 1–104.

This paper consists of lecture notes written for a course given at the Les Houches summer school in July 1975. The emphasis is put on the derivation of the master equation describing the evolution of an ensemble of atoms coupled to different types of optical fields.

The damping due to spontaneous emission is considered as a simple example of relaxation of a small system, the atom, coupled to a large reservoir, the vacuum field (Sec. 4). The physical meaning of the various approximations used in the calculations is discussed in detail and the explicit form of the master equation describing spontaneous emission is given for a few systems (two-level atom, harmonic oscillator, dressed atom, multilevel atoms, etc.). The importance of the secular couplings which appear between the off-diagonal elements of the density matrix evolving at the same frequency is pointed out. Such a situation occurs for systems having a periodic energy diagram (such as the harmonic oscillator or the dressed atom). It must be analyzed carefully because the secular couplings between the atomic coherences can change the spectral width of the fluorescence light in a significant way (Secs. 4.3.2 and 4.3.3).

Two types of driving optical fields are considered. First, the evolution of an ensemble of atoms coupled to coherent monochromatic fields is described by the optical Bloch equations where optical coherences play an important role. Next, the analysis of the coupling with broadband fields follows a semiclassical approach, different from the quantum approach presented in paper 1.1. The incident optical field is treated as a c number fluctuating field, characterized by its correlation function. The evolution of the atom appears as a random sequence of quantum jumps associated with the absorption, spontaneous and stimulated emission processes (see Fig. 31, p. 72).

In order to interpret the properties of the fluorescence light, the signals recorded by the photodetectors are first related to the one-time and two-time averages of the emitting dipole moment Heisenberg operator (Secs. 2 and 7.4). One-time averages are easily calculated from the master equation. Examples of applications are given in Sec. 6, concerning level crossing resonances observable with intense broadband sources or monochromatic laser sources.

Two-time averages can also be calculated from the master equation, using the so-called quantum regression theorem. Two examples are analyzed in detail: the spectrum of the fluorescence light (Mollow triplet) and the photon correlation signal in single atom resonance fluorescence. Section 7.4 presents one of the first calculations of such a photon correlation signal. It is shown that the probability of detecting one photon at time $t + \tau$, after a first detection at time t, vanishes when $\tau \longrightarrow 0$. This is what is now known as the "antibunching effect." At the time, I did not recognize the nonclassical nature of this effect. Instead, I put the emphasis on the reduction of the wave packet associated with the first detection. After such a detection, the atom is projected onto the ground state g and it cannot, immediately after this projection, emit a second photon. The atom must be re-excited and this takes some time.

COURSE 1

ATOMS IN STRONG RESONANT FIELDS

Claude COHEN-TANNOUDJI

Ecole Normale Supérieure
and
Collège de France
Paris

Contents

Balian et al., ed. Les Houches, Session XXVII, 1975 – Aux frontières de la spectroscopie laser / Frontiers in laser spectroscopy

1. General introduction

1.1. What questions do we try to answer in this course?

How do atoms behave in strong resonant (or quasi-resonant) light beams? What kind of light do they emit? (intensity, polarization, spectral distribution ...).

1.2. Why do we study these problems?

Spectroscopic interest. A lot of spectroscopic information (g factors, fine or hyperfine structures, radiative lifetimes ...) is obtained by looking at the fluorescence light reemitted by free atoms irradiated by a resonant light beam. It is important to have a quantitative theory connecting the detection signals to the atomic parameters, and giving in particular the perturbation associated with the light beam (radiative broadenings, light-shifts ...).

Theoretical interest. How are the lowest order QED predictions modified at high intensities? Comparison between various theoretical approaches providing a better understanding of the interaction processes between atoms and photons.

1.3. Concrete examples of experiments we are dealing with

Fig. 1a: Atoms in a resonance cell are irradiated by a polarized laser beam. One measures with a photomultiplier the total intensity L_F of the fluorescence light reemitted with a given polarization in a given direction. One slowly sweeps a static magnetic field $\boldsymbol{B}_0$ applied to the atoms and one records the variations of L_F with $\boldsymbol{B}_0$ (level crossing resonances).

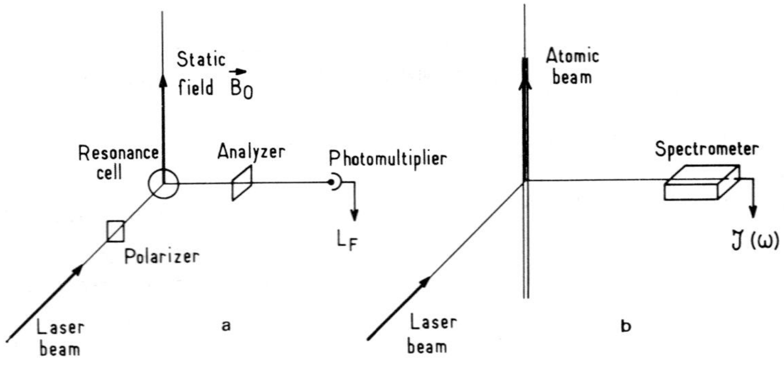

Fig. 1.

What kind of variations do we get? How does the shape of the curve change when we increase the laser intensity? What kind of information can we extract from these curves?

Possible variants: Double resonance, quantum beats, ...

Fig. 1b: An atomic beam is irradiated at right angle by a laser beam (no Doppler effect). In the third perpendicular direction, a spectrometer records the spectral distribution $\mathcal{G}(\omega)$ of the fluorescence light.

Is the scattering elastic or inelastic? What are the changes observed on $\mathcal{G}(\omega)$ when the laser intensity increases?

1.4. What effects do we neglect? Why?

We neglect interferences between light waves scattered by different atoms.

These atoms are randomly distributed, separated by distances large compared to λ, and we look at the fluorescence light reemitted *not in the forward but in a lateral direction.* Consequently the relative phases of the light waves scattered by different atoms are random and the coherence area of the scattered light is negligible.

We neglect any coupling between atoms due to collisions or to a common coupling to the radiation field (superradiance, multiple scattering ...). We only consider very dilute vapors or atomic beams.

We neglect the reaction of atoms on the incident beam (for the same reason).

To summarize, we calculate the light scattered by each atom from a *given* incident light beam, and we add the *intensities* corresponding to the various atoms.

1.5. Brief survey of the course

We start with a simple problem: spectral distribution $\mathcal{G}(\omega)$ of the fluorescence light emitted by a two-level atom, and we try two approaches for dealing with this problem.

(i) We recall lowest order QED predictions and we try to calculate some higher order corrections.

(ii) We treat to all orders the coupling between the atoms and the incident light, and we consider only one single spontaneous emission process calculated by Fermi's golden rule. We discuss the difficulties encountered in these two approaches.

Because of these difficulties, we change our philosophy. Instead of calculating the detailed temporal development of the whole system atom + radiation field, we try to relate the detection signals ($L_F(t)$, $\mathcal{I}(\omega)$) to some simple quantities characterizing the radiating atoms. We find that $L_F(t)$ is related to the average of some atomic observables evaluated at time t (one-time averages), whereas $\mathcal{I}(\omega)$ is related to some correlation functions of the atomic dipole moment (two-time averages).

One-time averages of atomic observables are easily calculated if one knows the master equation describing the evolution of the reduced atomic density matrix. We first derive the terms of such a master equation which describe the effect of spontaneous emission and we discuss their physical meaning.

Then, we establish the terms of the master equation which describe the effect of the coupling with the incident light beam in two cases:

(i) Pure monochromatic field with well-defined phase and amplitude.

(ii) Broad-line excitation (spectral lamps or free-running multimode lasers which have a spectral width $\Delta\nu$ much larger than the frequency ω_1 characterizing the coupling of atoms to the light beam).

We solve the master equation for simple atomic transitions ($J = 0 \leftrightarrow J = 1$, $J = \frac{1}{2} \leftrightarrow J = \frac{1}{2}$) and we discuss some important physical effects: optical pumping, level crossing resonances radiative broadenings, saturation resonances, Zeeman detuning ... .

We show from a Langevin equation approach how two-time averages may be calculated from the master equation giving one-time averages (quantum regression theorem). This gives the possibility of calculating the spectral distribution of the fluorescence light for the two types of incident light beams considered above. We discuss the importance of the fluctuations of the atomic dipole moment.

Finally, we discuss briefly what happens with other types of light beams and intensity and photon correlations.

A lot of papers, both theoretical and experimental, have been devoted to the interaction of atoms with resonant fields. It is obviously impossible, in these lectures, to present a detailed review of all this work. We have preferred to focus on some particular topics and to discuss in detail some difficult points. We apologize for the inadequacies of this presentation and for the non-exhaustive character of our bibliography.

2. Discussion of a simple problem. Presentation of several theoretical approaches

We discuss the experiment of fig. 1b, assuming that atoms have only two levels g (ground) and e (excited). We will come back to this problem in sect. 7 where several references are given.

2.1. *Very low intensity limit – lowest order QED predictions [1,2]*

2.1.1. *Basic lowest order diagram for resonance fluorescence*

Absorption of one impinging photon ω_L. Propagation of the intermediate excited state e. Spontaneous emission of the fluorescence photon ω.

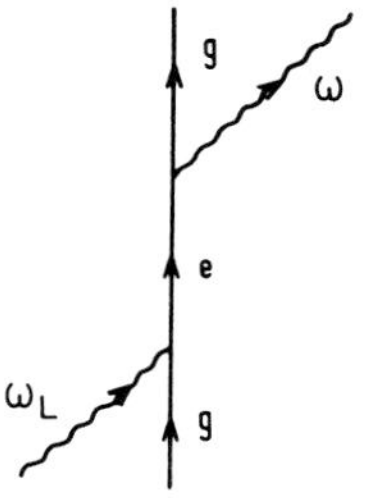

Fig. 2.

What is neglected? Processes where several interactions with the incident light beam occur. Induced emission processes. This is valid for very low intensities of the light beam.

Scattering amplitude. Contains two important factors.

$\delta(\omega - \omega_L)$: conservation of energy ,

$\dfrac{1}{\omega_L - \omega_0 + \frac{1}{2} i\Gamma}$: resonant behaviour of the scattering amplitude ,

with

$\omega_0 = E_e - E_g$: atomic frequency ,

Γ : natural width of the excited state .

2.1.2. *Predicted shape of the fluorescence spectrum*

(a) Monochromatic excitation. Because of $\delta(\omega - \omega_L)$, the fluorescence is also monochromatic with the same frequency as the excitation (fig. 3)

$$\mathcal{I}(\omega) = \delta(\omega - \omega_L) . \tag{2.1}$$

(b) Broad-line excitation. The incident light beam contains photons with all frequencies forming a white continuous spectrum. Each individual photon ω is scattered elastically with an efficiency given by

$$\left|\frac{1}{\omega-\omega_0+\frac{1}{2}i\Gamma}\right|^2=\frac{1}{(\omega-\omega_0)^2+(\frac{1}{2}\Gamma)^2}\,.$$

Consequently, the fluorescence spectrum $\mathcal{G}(\omega)$ is a Lorentzian curve, centred on $\omega=\omega_0$ (atomic frequency), with a half-width $\frac{1}{2}\Gamma$ (fig. 4)

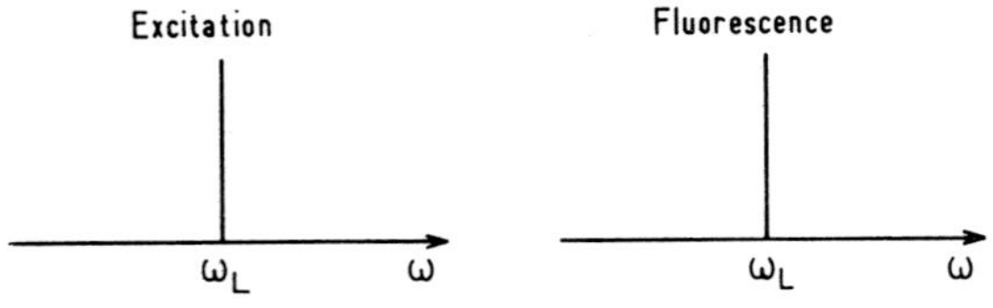

Fig. 3.

$$\mathcal{G}(\omega)\sim\frac{1}{(\omega-\omega_0)^2+(\frac{1}{2}\Gamma)^2}\,. \tag{2.2}$$

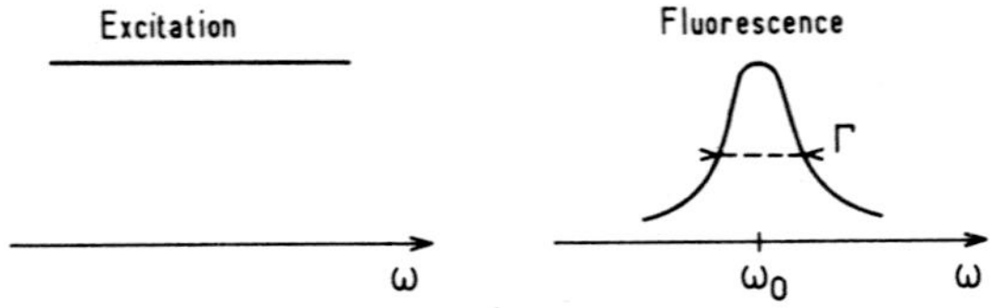

Fig. 4.

2.1.3. Scattering of a wave packet

As we know the scattering amplitude for each energy ω, we can study the scattering of an incident wave packet,

$$\phi_{\text{inc}}(s)=\int g(\omega)\mathrm{e}^{-i\omega s}\,\mathrm{d}\omega \qquad \text{with} \qquad s=t-r/c\,, \tag{2.3}$$

which becomes after the scattering

$$\phi_{\text{sc}}(s)=\int g(\omega)\frac{\mathrm{e}^{-i\omega s}}{\omega-\omega_0+\frac{1}{2}i\Gamma}\,\mathrm{d}\omega \tag{2.4}$$

(we do not write any angular or polarization dependence). We find that $\phi_{\text{sc}}(s)$ is given by the convolution of $\phi_{\text{inc}}(s)$ by $\mathrm{e}^{-i\omega_0 s}\mathrm{e}^{-\Gamma s/2}\,\theta(s)$ (θ: heaviside function), which is the Fourier transform of $1/(\omega - \omega_0 + \frac{1}{2}i\Gamma)$. This gives the possibility of studying a lot of time-dependent problems.

(i) Time dependence of the counting rate of a photomultiplier detecting the fluorescence light emitted by an atom excited by a short pulse of resonant or quasi-resonant light. From (2.4) one deduces that, if $g(\omega)$ has a large width and contains ω_0 (short resonant pulse), $\phi_{sc}(s)$ has a long tail varying as $e^{-i\omega_0 s} e^{-\Gamma s/2}$ (fig. 5). This clearly shows the exponential decay of an excited atomic state prepared by a short pulse of resonant light.

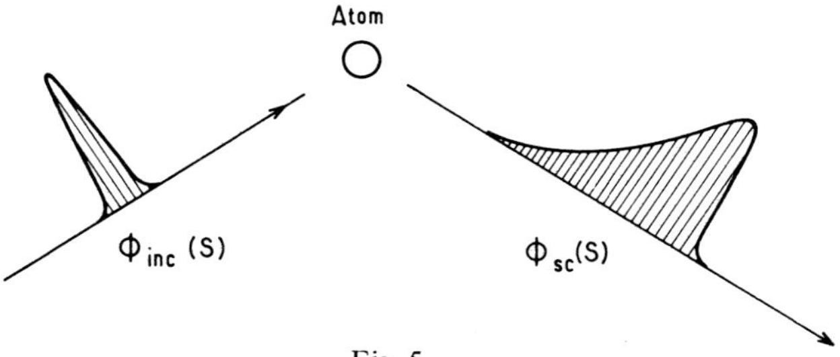

Fig. 5.

(ii) Quantum beats [3] appearing where there is a structure in e, for example two sublevels e_1 and e_2, separated from g by ω_{01} and ω_{02}.

The incident wave packet gives rise to two scattered wave packets corresponding to intermediate excitation of the atom to e_1 or e_2. The quantum beat signal, at frequency $\omega_{01} - \omega_{02}$, is associated with the interference between the tails of these two wave packets (fig. 6).

$$|A_1 e^{-i\omega_{01}s} e^{-\Gamma s/2} + A_2 e^{-i\omega_{02}s} e^{-\Gamma s/2}|^2$$

$$= |A_1|^2 e^{-\Gamma s} + |A_2|^2 e^{-\Gamma s} + 2 \,\mathrm{Re}\, A_1 A_2^* e^{-i(\omega_{01}-\omega_{02})s} e^{-\Gamma s} . \quad (2.5)$$

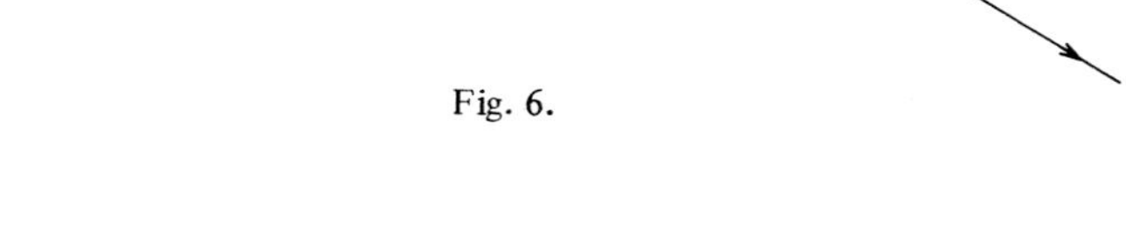

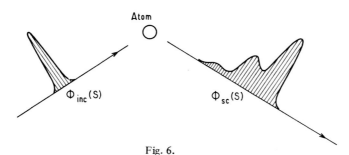

Fig. 6.

2.1.4. Higher order corrections – perturbative approach

We come back to a monochromatic excitation (at frequency ω_L) and we study higher order diagrams involving two interactions with the light beam (instead of only one). Diagrams 7a and 7b represent the scattering of two impinging photons ω_L, ω_L into two scattered photons ω_A, ω_B. They differ by the order of emission of ω_A and ω_B.

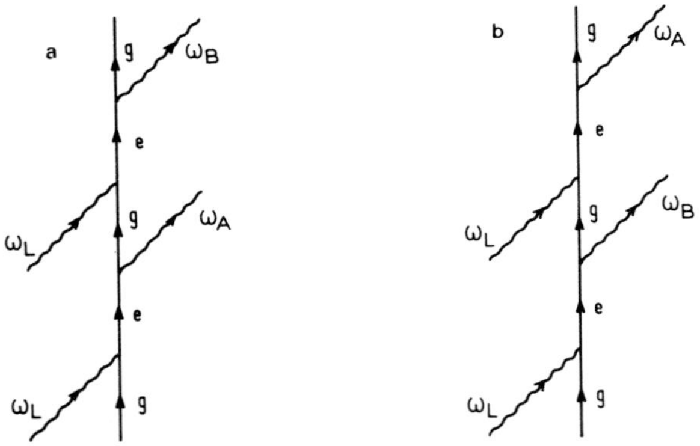

Fig. 7.

What does conservation of energy imply?

$$\omega_L + \omega_L = \omega_A + \omega_B \,, \tag{2.6}$$

and *not* necessarily $\omega_L = \omega_A = \omega_B$. Only the lowest order diagram (fig. 2) predicts *elastic scattering.* At high intensities, non-linear scattering processes involving several photons of the incident light beam give rise to *inelastic scattering.*

How are ω_A and ω_B distributed? Let us write down the energy denominators associated with the three intermediate states of diagrams 5a and 5b. (The numerators are the same for 5a and 5b, and proportional to the incident light intensity as they involve two ω_L interactions.) Adding to the energy ω_0 of e an imaginary term $-\frac{1}{2}i\Gamma$ which describes the radiative damping of e, we get

$$\text{diagram 7a:} \quad \frac{1}{2\omega_L-\omega_A-\omega_0+\frac{1}{2}i\Gamma}\,\frac{1}{\omega_L-\omega_A+i\epsilon}\,\frac{1}{\omega_L-\omega_0+\frac{1}{2}i\Gamma}\,, \tag{2.7a}$$

$$\text{diagram 7b:} \quad \frac{1}{2\omega_L-\omega_B-\omega_0+\frac{1}{2}i\Gamma}\,\frac{1}{\omega_L-\omega_B+i\epsilon}\,\frac{1}{\omega_L-\omega_0+\frac{1}{2}i\Gamma}\,, \tag{2.7b}$$

where ϵ is an infinitesimal positive quantity. Adding (2.7a) and (2.7b), and using $2\omega_L = \omega_A + \omega_B$, one gets for the total amplitude of the non-linear process $\omega_L + \omega_L \to \omega_A + \omega_B$,

$$\frac{1}{(\omega_L - \omega_0 + \frac{1}{2}i\Gamma)(\omega_A - \omega_0 + \frac{1}{2}i\Gamma)(\omega_A - 2\omega_L + \omega_0 - \frac{1}{2}i\Gamma)} . \tag{2.8}$$

One of the two photons is distributed over an interval $\frac{1}{2}\Gamma$ around $\omega = \omega_0$. As $\omega_B = 2\omega_L - \omega_A$, the second photon is symmetrically distributed over an interval $\frac{1}{2}\Gamma$ around $2\omega_L - \omega_0$.

Shape of the fluorescence spectrum (for $\omega_L \neq \omega_0$).

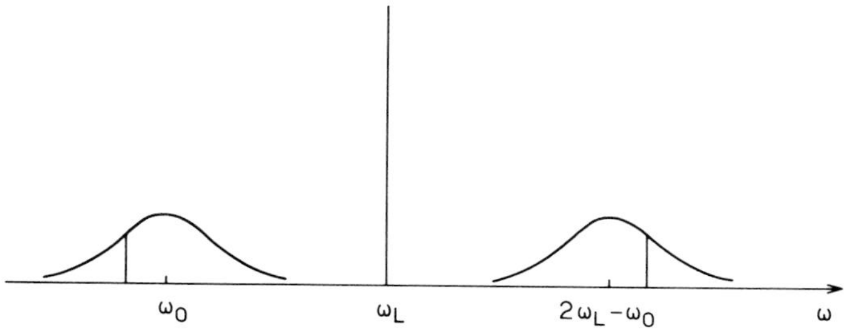

Fig. 8.

The δ function at $\omega = \omega_L$ is the elastic component given by the lowest order QED diagram. It is proportional to the light intensity I. The two Lorentz curves centred at ω_0 and $2\omega_L - \omega_0$ are the inelastic components. The total area below these curves is proportional to I^2 (non-linear scattering processes). The two photons are distributed over finite intervals but are strongly correlated ($\omega_A + \omega_B = 2\omega_L$).

It would not be a good idea to consider higher and higher order diagrams for understanding the behaviour of atoms in strong resonant fields. The perturbation series would not converge and the situation would be the more difficult, the nearer ω_L is to ω_0. So we are tempted to try another approach where the coupling of the atom to the laser beam is treated to all orders.

2.2. Very high intensity limit – the "dressed atom" approach

We now try to treat to all orders the coupling between the atom and the laser beam, using either a classical or a quantum treatment of this laser beam.

2.2.1. Classical treatment of the laser field

Atomic Hamiltonian ($\hbar = c = 1$)H_a,

$$H_a = \begin{pmatrix} \omega_0 & 0 \\ 0 & 0 \end{pmatrix}. \tag{2.9}$$

Coupling with the laser:

$$V = -D\mathcal{E} \cos \omega_L t \,, \tag{2.10}$$

where D is the atomic electric dipole operator (odd) and $\mathcal{E}$ is the amplitude of the light wave,

$$D = \begin{pmatrix} 0 & d \\ d & 0 \end{pmatrix}. \tag{2.11}$$

We assume $d = \langle e|D|g\rangle$ real. Let us put

$$\boxed{\omega_1 = -d\mathcal{E}}\,, \tag{2.12}$$

where ω_1 is a frequency characterizing the strength of the coupling

$$V = \omega_1 \cos \omega_L t \begin{pmatrix} 0 & 1 \\ 1 & 0 \end{pmatrix} = \underbrace{\tfrac{1}{2}\omega_1 \begin{pmatrix} 0 & e^{-i\omega_L t} \\ e^{i\omega_L t} & 0 \end{pmatrix}}_{V_1} + \underbrace{\tfrac{1}{2}\omega_1 \begin{pmatrix} 0 & e^{i\omega_L t} \\ e^{-i\omega_L t} & 0 \end{pmatrix}}_{V_2}. \tag{2.13}$$

Interaction representation:

$$V \to \widetilde{V} = \underbrace{\tfrac{1}{2}\omega_1 \begin{pmatrix} 0 & e^{i(\omega_0-\omega_L)t} \\ e^{-i(\omega_0-\omega_L)t} & 0 \end{pmatrix}}_{\widetilde{V}_1} + \underbrace{\tfrac{1}{2}\omega_1 \begin{pmatrix} 0 & e^{i(\omega_0+\omega_L)t} \\ e^{-i(\omega_0+\omega_L)t} & 0 \end{pmatrix}}_{\widetilde{V}_2}. \tag{2.14}$$

Spin-$\frac{1}{2}$ representation: A fictitious spin-$\frac{1}{2}$ $\mathcal{S}$ can be associated with any two-level system,

$$|e\rangle \to |+\rangle\,, \quad |g\rangle \to |-\rangle\,, \quad H_a - \tfrac{1}{2}\omega_0 \to \omega_0 \mathcal{S}_z\,, \quad V \to 2\omega_1 \cos \omega_L t\, \mathcal{S}_x\,. \tag{2.15}$$

$H_a \to$ Larmor precession of $\mathcal{S}$ around a magnetic field $\mathcal{B}_0$ parallel to $0z$ and such that $\omega_0 = -\gamma \mathcal{B}_0$ (γ: gyromagnetic ratio). $V \to$ Larmor precession of $\mathcal{S}$ around a magnetic field $\mathcal{B}_1 \cos \omega_L t$ parallel to $0x$ and such that $2\omega_1 = -\gamma \mathcal{B}_1$.

Rotating wave approximation (r.w.a.). $\mathcal{B}_1 \cos \omega_L t$ may be decomposed into two right and left circular components of amplitude $B_1 = \frac{1}{2}\mathcal{B}_1$ (decomposition of V into V_1, and V_2 in (2.13)). r.w.a. amounts to keep only the component rotating around $\mathcal{B}_0$ in the same sense as $\mathcal{S}$. Mathematically, we keep only V_1 since V_2 is rapidly oscillating in interaction representation (see (2.14)). When doing r.w.a., we neglect Bloch-Siegert type shifts (which are very small in optical range) and which are due to V_2. Note that we do not exclude "light shifts" produced by V_1 when the irradiation is quasi-resonant: $\Gamma < |\omega_L - \omega_0| \ll \omega_0$ (see next paragraph).

Reference frame $0XYZ$ rotating at ω_L around $0z = 0Z$ (fig. 9). In $0XYZ$, $\boldsymbol{B}_1$ becomes static and parallel to $0X$. The Larmor precession around $0Z$ is reduced from ω_0 to $\omega_0 - \omega_L$. Finally, the spin $\boldsymbol{S}$ in this new reference frame only sees two static fields: $\boldsymbol{B}_0$ parallel to $0Z$ and proportional to $\omega_0 - \omega_L$, and $\boldsymbol{B}_1$ parallel to $0X$ and proportional to ω_1. Physical interpretation of ω_1: Rabi nutation frequency of the spin at resonance ($B_0 = 0$).

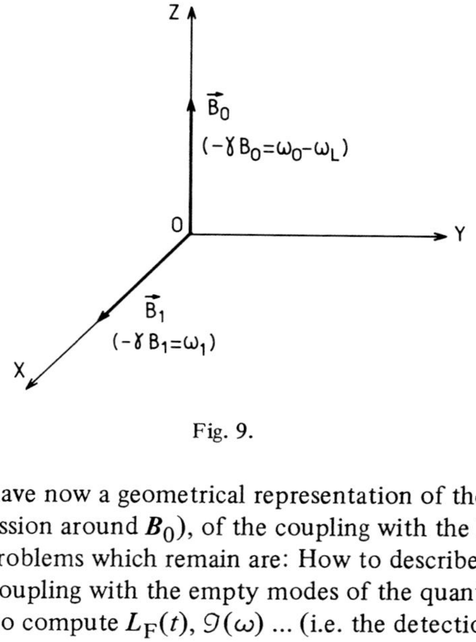

Fig. 9.

Summary. We have now a geometrical representation of the internal energy of the atom (precession around $\boldsymbol{B}_0$), of the coupling with the laser (precession around $\boldsymbol{B}_1$). The problems which remain are: How to describe spontaneous emission (i.e. the coupling with the empty modes of the quantized electromagnetic field)? How to compute $L_F(t)$, $\mathcal{G}(\omega)$ ... (i.e. the detection signals)?

2.2.2. Quantum treatment of the laser field – "dressed atom" approach [5–8]

(i) Definition of the "dressed atom". Total isolated system atom + impinging photons interacting together. (Physical picture of an atom surrounded by photons and interacting with them.)

(ii) Hamiltonian of the dressed atom. (We replace the two-level atom by the equivalent fictitious spin $\frac{1}{2}$.)

$$H = H_{\mathrm{a}} + H_{\mathrm{laser}} + V \,,$$

$$H_{\mathrm{a}} = \omega_0 S_z \,, \qquad H_{\mathrm{laser}} = \omega_{\mathrm{L}} a^+ a \,, \qquad V = \lambda S_x (a + a^+) \,, \tag{2.16}$$

where a^+, a are the creation and annihilation operators of a ω_{L} photon; λ is the coupling constant; $a + a^+$ is the electric field operator (in the dipole approximation).

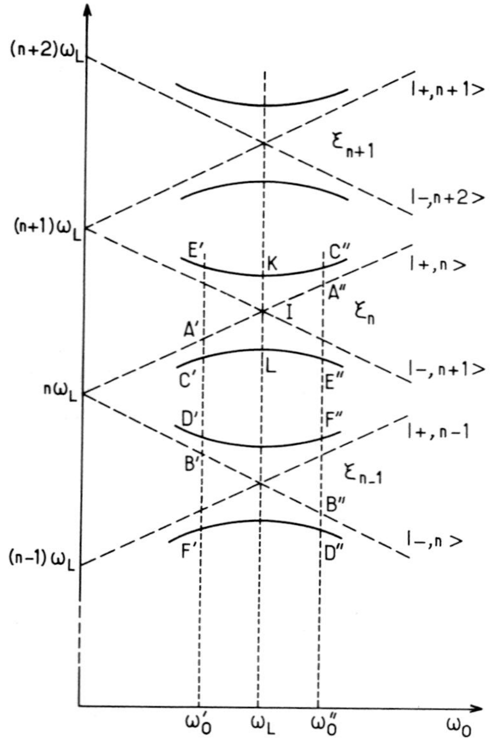

Fig. 10.

(iii) Energy levels of the uncoupled Hamiltonian $\mathcal{H}_0 = \mathcal{H}_a + \mathcal{H}_{laser}$,

$$\mathcal{H}_0 |\pm, n\rangle = (\pm\tfrac{1}{2}\omega_0 + n\omega_L)|\pm, n\rangle , \tag{2.17}$$

where $|\pm, n\rangle$ is the atom in the + or − state in the presence of $n\omega_L$ photons. The unperturbed energy levels are represented by the dotted lines of fig. 10 which give their variation with ω_0, ω_L being fixed. At resonance ($\omega_0 = \omega_L$) degeneracy between pair of levels. For example at point I, the two levels $|+, n\rangle$ and $|-, n+1\rangle$ are degenerate.

(iv) Coupling V,

$$V = \underbrace{\tfrac{1}{2}\lambda(S_+ a + S_- a^+)}_{V_1} + \underbrace{\tfrac{1}{2}\lambda(S_+ a^+ + S_- a)}_{V_2} , \tag{2.18}$$

where V_1 couples $|+, n\rangle$ and $|-, n+1\rangle$ which are degenerate at resonance. The r.w.a. amounts to neglect V_2 which does not couple together these two degenerate levels. V_2 couples them to very far levels,

$$\begin{array}{ccc} \boxed{|+, n\rangle} & \overset{V_1}{\longleftrightarrow} & \boxed{|-, n+1\rangle} \\ V_2 \updownarrow & & \updownarrow V_2 \\ |-, n-1\rangle & & |+, n+2\rangle \end{array} . \tag{2.19}$$

Multiplicities $\mathcal{E}_{n+1}$, $\mathcal{E}_n$, $\mathcal{E}_{n-1}$ ... . The unperturbed levels group into two-dimensional multiplicities $\mathcal{E}_{n+1} = \{|+, n+1\rangle, |-, n+2\rangle\}$, $\mathcal{E}_n = \{|+, n\rangle, |-, n+1\rangle\}$, $\mathcal{E}_{n-1} = \{|+, n-1\rangle, |-, n\rangle\}$... , each of them being degenerate at resonance ($\omega_0 = \omega_L$). The only non-zero matrix elements of V_1 are between the two states of such a multiplicity. So we are led to a series of two-level problems.

(v) Energy levels of the dressed atom. The two unperturbed levels $|+, n\rangle$ and $|-, n+1\rangle$ which cross in I repel each other when V is taken into account and form an hyperbola (full lines of fig. 10). Such a hyperbola is sometimes called "anticrossing". The minimum distance between the two branches of the hyperbola is obtained for $\omega_0 = \omega_L$,

$$KL = 2\langle +, n|V_1|-, n+1\rangle = \tfrac{1}{2}\lambda\langle +|S_+|-\rangle\langle n|a|n+1\rangle$$

$$= \tfrac{1}{2}\lambda\sqrt{n+1} \sim \tfrac{1}{2}\lambda\sqrt{n} \quad \text{as} \quad n \gg 1 . \tag{2.20}$$

Physical interpretation of $\frac{1}{2}\lambda\sqrt{n}$: If at resonance ($\omega_0 = \omega_L$) one starts at $t = 0$ from $|-, n + 1\rangle$, the probability of finding, at a later time, the system in $|+, n\rangle$ is modulated at the Bohr frequency $\frac{1}{2}\lambda\sqrt{n}$ of the dressed atom. This frequency is nothing but the Rabi nutation frequency of the classical approach, Finally, we get the relation

$$\omega_1 = \tfrac{1}{2}\lambda\sqrt{n} \tag{2.21}$$

between the parameters ω_1, λ, n of the classical and quantum approaches.

(vi) Periodical structure of the energy diagram. As $n \gg 1$, the shape of the various hyperbolas corresponding to $\mathcal{E}_{n+1}$, $\mathcal{E}_n$, $\mathcal{E}_{n-1}$ ... is the same. There is a periodicity in the energy diagram when n is varied within a range $\Delta n \ll n$. For a coherent state,

$$\langle \Delta n \rangle = \sqrt{\langle n \rangle} \gg 1 \,,$$

$$\frac{\langle \Delta n \rangle}{\langle n \rangle} = \frac{1}{\sqrt{\langle n \rangle}} \ll 1 \,. \tag{2.22}$$

The dispersion of n is large in absolute value, but very small in relative value. Therefore, when the field is in a coherent state we can consider the energy diagram of the dressed atom as periodical.

(vii) Light shifts [9–12]. They appear clearly in fig. 10. (a) Non-resonant irradiation $\omega_0' < \omega_L$: Unperturbed atomic frequency $\omega_0' = A'B'$. Perturbed atomic frequency $\overline{\omega_0'} = C'D' < \omega_0'$. (b) Non-resonant irradiation $\omega_0'' > \omega_L$: Unperturbed atomic frequency $\omega_0'' = A''B''$. Perturbed atomic frequency $\overline{\omega_0''} = C''D'' > \omega_0''$.

Conclusion: Atomic frequencies are perturbed when atoms are irradiated by a non-resonant light beam. The light shift is proportional to the light intensity I (near the asymptotes, $A'C'$, $B'D'$, $A''C''$, $B''D''$ are proportional to the square of the matrix element of V, i.e. to n, i.e. to I), provided that ω_1 is not too large ($\omega_1 < |\omega_0 - \omega_L|$) so that the hyperbola is near its asymptotes. The sign of the light shifts is the same as the sign of $\omega_0 - \omega_L$. Note that this light shift can be observed only if one irradiates the spin-$\frac{1}{2}$ system with a *second* probing RF field.

(viii) Bloch-Siegert shifts [13,14]. We take V_2 into account by perturbation theory. Due to the non-resonant V_2 coupling of $|+, n\rangle$ to $|-, n - 1\rangle$ which is far below $|+, n\rangle$, the $|+, n\rangle$ level (dotted line in fig. 11) is shifted upward to a new position (interrupted line). Due to the non-resonant V_2 coupling of $|-, n + 1\rangle$ to $|+, n + 2\rangle$ which is far above $|-, n + 1\rangle$, the $|-, n + 1\rangle$ state (dotted line) is shifted downward to a new position (inter-

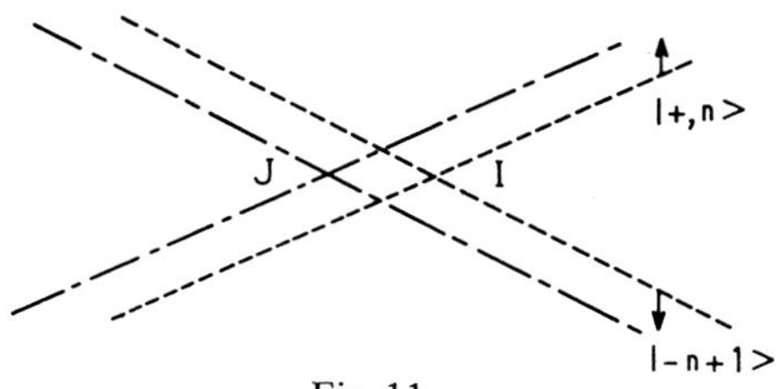

Fig. 11.

rupted line). It follows that the crossing point I between $|+, n\rangle$ and $|-, n+1\rangle$ is shifted from I to J. J is the centre of the anticrossing which appears when the coupling induced by V_1 between the two displaced levels is introduced.

IJ is the Bloch-Siegert shift, of the order of ω_1^2/ω_0, which is very simply calculated in the dressed atom approach by elementary second order time-independent perturbation theory. Strictly speaking, we have also to take into account the contribution of atomic levels others than e and g since the two-level approximations break down when one considers such non-resonant processes.

2.2.3. How to treat spontaneous emission in the dressed atom approach?

2.2.3.1. Fermi's golden rule treatment. The dressed atom jumps from a stationary state $|\psi_\alpha\rangle$ with energy E_α to a lower state $|\psi_\beta\rangle$ with energy E_β, emitting a photon $\omega = E_\alpha - E_\beta$ with a probability per unit time given by $|\langle\psi_\alpha|D|\psi_\beta\rangle|^2$ where D is the atomic electric dipole operator.

Conclusion: The frequencies of the various components of the fluorescence spectrum are the *Bohr frequencies* $E_\alpha - E_\beta$ of the dressed atom corresponding to *allowed transitions* ($\langle\psi_\alpha|D|\psi_\beta\rangle \neq 0$).

2.2.3.2. Application: Predicted fluorescence spectrum at resonance. In fig. 13, we have represented in the left part the multiplicities $\mathcal{E}_{n+1}$, $\mathcal{E}_n$ of unperturbed

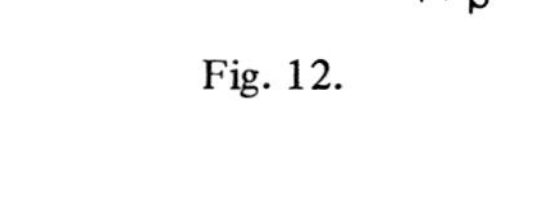

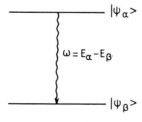

Fig. 12.

levels, in the right part the perturbed levels $|\psi_{n+1}^{\pm}\rangle$, $|\psi_n^{\pm}\rangle$ which appear when V_1 is taken into account. We suppose $\omega_L = \omega_0$ and $\omega_1 \gg \Gamma$. The allowed transitions starting from $|\psi_{n+1}^{\pm}\rangle$ are represented by the wavy vertical lines in fig. 13. The numbers indicated near each of these lines are the Bohr frequency of the transition and the matrix element of D between the two levels of the transition (we have put $\langle +|D|-\rangle = d$). All other transitions to lower levels belonging to $\mathcal{E}_{n-1}$, $\mathcal{E}_{n-2}$ are forbidden when r.w.a. is done. For the free atom the transition probability Γ is proportional to $|\langle +|D|-\rangle|^2 = d^2$. For the dressed atom, we see in fig. 13 that all allowed transitions have the same transition probability, $\frac{1}{4}\Gamma$ (all the matrix elements of D have the same absolute value, $\frac{1}{2}d$). It follows that the total probability of emission of a photon (of any frequency) from any level of the dressed atom is the same and equal to $\frac{1}{4}\Gamma + \frac{1}{4}\Gamma = \frac{1}{2}\Gamma$. All levels of the dressed atom have the same natural width $\frac{1}{2}\Gamma$.

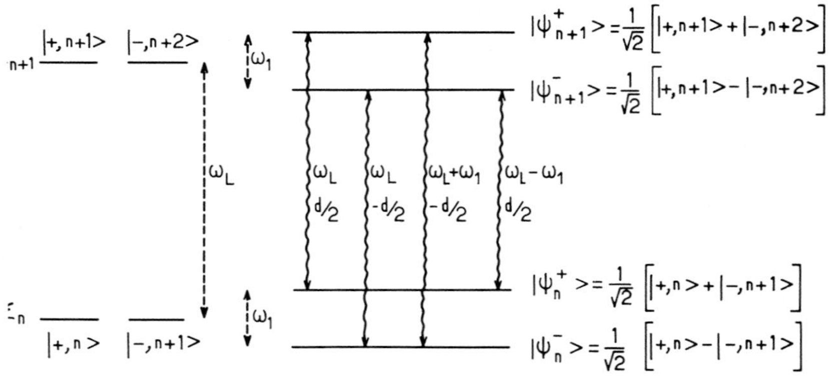

Fig. 13.

Conclusion: One predicts three lines in the fluorescence spectrum. For ω_L, the total probability is $\frac{1}{4}\Gamma + \frac{1}{4}\Gamma = \frac{1}{2}\Gamma$. The transitions connect two levels of natural width $\frac{1}{2}\Gamma$. It follows that the half-width of the component ω_L is $\frac{1}{2}(\frac{1}{2}\Gamma + \frac{1}{2}\Gamma) = \frac{1}{2}\Gamma$. For $\omega_L \pm \omega_1$, the total probability is $\frac{1}{4}\Gamma$. Same half-width as the ω_L component since all levels have the same natural width $\frac{1}{2}\Gamma$.

We have represented in fig. 14 the three lines at ω_L, $\omega_L + \omega_1$, $\omega_L - \omega_1$ with the same half-width $\frac{1}{2}\Gamma$, the height of the central component being two times greater than the one of the two sidebands. Although qualitatively correct, this prediction is not quantitatively exact as we will show later.

Remark: What happens for $\omega_L \neq \omega_0$? From fig. 10 one predicts one component at ω_L (transitions $E'D'$ and $C'F'$), one component at $\overline{\omega_0'}$ (transition

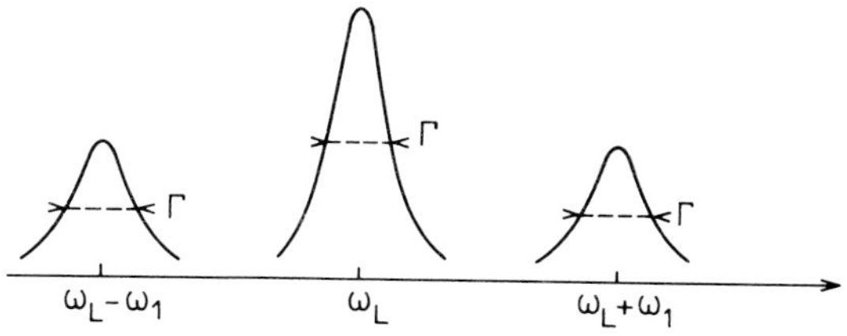

Fig. 14.

$C'D'$), one component at $2\omega_L - \overline{\omega_0'}$ (transition $E'F'$). We get qualitatively the results predicted from perturbation theory (see fig. 8), except that the atomic frequency ω_0' is corrected by the light shift. We do not calculate here the height and the width of these three components as Fermi's golden rule approach to this problem is not sufficient as shown in the next paragraph.

2.2.3.3. The difficulty of cascades. We cannot consider only a single spontaneous emission process. Let us give some orders of magnitude.

Atomic velocity $\sim 10^3$ m/sec.

Laser beam diameter $\sim 10^{-3}$ m.

Transit time through the laser beam $T \sim 10^{-6}$ sec.

Lifetime of excited state $\tau \sim 10^{-8}$ sec.

It follows that the average number of spontaneous emission processes for an atom flying through the laser beam and saturated by this laser beam (spending half of its time in e) is

$$N \sim \frac{1}{2}\frac{T}{\tau} \sim 50 \gg 1 .$$

The situation is more exactly described by fig. 15 than by fig. 12. To simplify, we have considered only $N = 3$ spontaneous emission processes. In fig. 15a, the dressed atom is cascading downwards the energy diagram, from ψ_{n+1}^- to ψ_n^+, then from ψ_n^+ to ψ_{n-1}^-, finally from ψ_{n-1}^- to ψ_{n-2}^- successively emitting photons $\omega_A \sim \omega_L - \omega_1$, $\omega_B \sim \omega_L + \omega_1$, $\omega_C \sim \omega_L$. Other possibilities exist, differing by the order of emission of the three photons ω_A, ω_B, ω_C (figs. 15b, 15c) and we can make the following remarks:

(i) The three cascades represented in fig. 15 start from the same initial level ψ_{n+1}^- and end at the same final level ψ_{n-2}^-.

(ii) We cannot decide which is the quantum path followed by the system. Being interested in a precise measurement of the frequencies ω_A, ω_B, ω_C, we cannot simultaneously determine their time of emission and, consequently, their order of emission (time and frequency are complementary quantities).

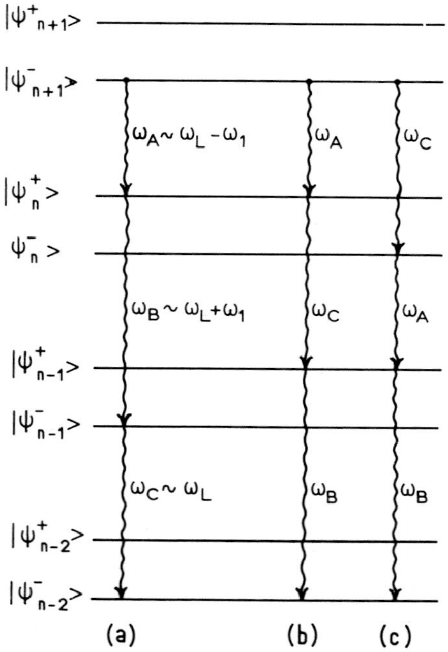

Fig. 15.

(iii) The three amplitudes are simultaneously large. This is due to the periodical structure of the energy diagram. We can find intermediate states which approximately satisfy the conservation of energy.

Conclusion: The quantum amplitudes associated to different cascades interfere and this modifies the height and the width of the various components of the fluorescence spectrum. (Similar difficulties are encountered when one studies spontaneous emission from a harmonic oscillator which has also a periodical energy diagram. See ref. [2] p. 47.)

Correct way of pursuing the calculations. For all values of N, calculate the $N!$ cascading amplitudes. Deduce from them the N-fold probability distribution $\mathcal{P}^{(N)}\,(\omega_A\,\omega_B \ldots \omega_N)$ for having N emitted photons with frequencies $\omega_A, \omega_B \ldots \omega_N$. After several integrations, deduce from the $\mathcal{P}^{(N)}$, a reduced one-photon probability distribution $\mathcal{G}(\omega)$ giving the probability for any individual photon to have the frequency ω, which is the measured spectral distribution.

Criticisms: This method is correct but too ambitious and too indirect. We do not measure the $\mathcal{P}^{(N)}$ but $\mathcal{G}(\omega)$. Would it not be possible to calculate directly $\mathcal{G}(\omega)$ without passing through the $\mathcal{P}^{(N)}$? This leads us to the problem of detection signals.

3. Detection signals

3.1. Method of calculation [14,15]

We put a detecting atom in the field radiated by the resonance cell or by the atomic beam of fig. 1. This detecting atom has a ground state a and an excited state b, separated by an energy ω which can be tuned (by a magnetic field for example). The natural width Γ' of b is supposed very small so that we can neglect spontaneous emission from b during the time θ of observation ($\tau' = 1/\Gamma' \gg \theta$). The precision in frequency measurement is $1/\theta$ and is supposed much smaller than the frequencies characterizing the radiating atoms: ω_0, Γ, $\omega_1 \gg 1/\theta$.

What we measure is the probability $\mathcal{P}(\omega, \theta)$ that the detecting atom is excited from a to b after a time θ. (For example, we measure a photocurrent produced by the ionisation of the atom from its upper state b.) We repeat the experiment for different values of ω by tuning the energy difference between a and b. $\mathcal{P}(\omega, \theta)$ is proportional to the spectral distribution $\mathcal{G}(\omega)$ of the fluorescence light. We will use perturbation theory for calculating $\mathcal{P}(\omega, \theta)$. We can always put a neutral filter before the detecting atom in order to reduce the incident light intensity to a sufficiently low value (we avoid any saturation of the detector). We also neglect the reaction of the detecting atoms or the radiating atoms (they are far from each other).

3.2. Hamiltonian

$$H = H_R + H_D + W\,, \tag{3.1}$$

where H_R is the Hamiltonian of radiating atoms + radiation field coupled together; H_D is the Hamiltonian of the detecting atom; W is the $-\mathcal{D}E$ interaction between the detecting atom and the radiation field ($\mathcal{D}$ is the electric dipole of the detecting atom).

Let us use interaction representation with respect to $H_R + H_D$. In this representation, the electric field operator $E(r, t)$ is just the Heisenberg electric field operator of the radiating atoms + radiation field system (without detecting atoms). In this representation, W becomes

$$\tilde{W}(t) = -[\mathcal{D}^{(+)} e^{i\omega t} E^{(+)}(r, t) + \mathcal{D}^{(-)} e^{-i\omega t} E^{(-)}(r, t)] , \tag{3.2}$$

where $\mathcal{D}^{(+)} = \delta\, |b\rangle\langle a|$ and $\mathcal{D}^{(-)} = \delta\, |a\rangle\langle b|$ are the raising and lowering parts of $\mathcal{D}$ ($\delta = \langle a|\mathcal{D}|b\rangle$ is assumed to be real) and $E^{(+)}$ and $E^{(-)}$ are the positive and negative frequency parts of the electric field operator $E(r, t)$.

3.3. Calculation of $\mathcal{P}(\omega, \theta)$

At $t = 0$, the density matrix $\rho(0)$ of the total system in interaction representation is

$$\rho(0) = |a\rangle\langle a| \otimes \rho_R , \tag{3.3}$$

where ρ_R is the density matrix of the radiating atoms + radiation field system.

As

$$\frac{d\rho}{dt} = -i\,[\tilde{W}(t), \rho] , \tag{3.4}$$

we obtain from perturbation theory

$$\rho(\theta) = \rho(0) - i \int_0^\theta dt\, [\tilde{W}(t), \rho] - \int_0^\theta dt \int_0^t dt' [\tilde{W}(t), [\tilde{W}(t'), \rho(0)]] . \tag{3.5}$$

We are interested in

$$\mathcal{P}(\omega, \theta) = \mathrm{Tr}_{R,D} |b\rangle\langle b|\rho(\theta) , \tag{3.6}$$

where Tr_R is trace over radiating atoms + radiation field variables and Tr_D is trace over detecting atom variables.

From (3.2), (3.3) and (3.5) the first non-zero term of (3.6) is

$$\mathcal{P}(\omega, \theta) = \mathrm{Tr}_{R,D} \int_0^\theta dt \int_0^t dt' |b\rangle\langle b| [\tilde{W}(t)\rho(0)\tilde{W}(t') + \tilde{W}(t')\rho(0)\tilde{W}(t)]$$

$$= \delta^2\, \mathrm{Tr}_R \int_0^\theta dt \int_0^t dt' \{ e^{i\omega(t-t')} E^{(+)}(r, t) \rho_R E^{(-)}(r, t')$$

$$+ e^{+i\omega(t'-t)} E^{(+)}(r, t') \rho_R E^{(-)}(r, t) \} . \tag{3.7}$$

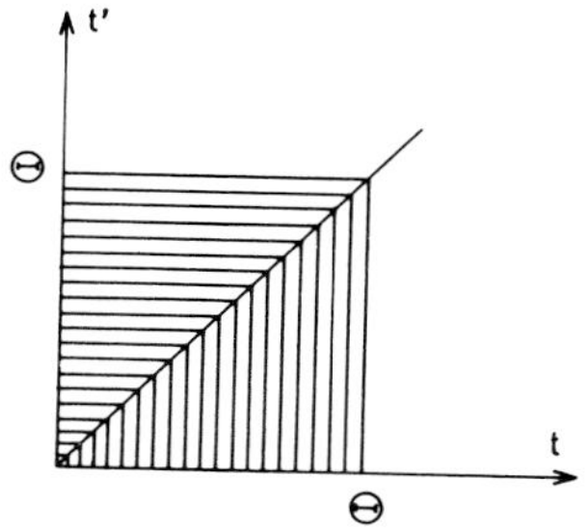

Fig. 16.

Changing, in the last term of (3.7), t into t' and t' into t and using (see fig. 16)

$$\int_0^\theta \mathrm{d}t \int_0^t \mathrm{d}t' + \int_0^\theta \mathrm{d}t' \int_0^{t'} \mathrm{d}t = \int_0^\theta \mathrm{d}t \int_0^\theta \mathrm{d}t' , \qquad (3.8)$$

we get after a circular permutation of the three operators to be traced

$$\mathcal{P}(\omega, \theta) \sim \int_0^\theta \mathrm{d}t \int_0^\theta \mathrm{d}t' \langle E^{(-)}(\boldsymbol{r}, t) E^{(+)}(\boldsymbol{r}, t') \rangle \mathrm{e}^{-i\omega(t-t')} . \qquad (3.9)$$

We recognize the Fourier transform of the correlation function of the positive frequency part of the electric field operator at the position $\boldsymbol{r}$ where the detector is. In (3.9), $E^{(+)}(\boldsymbol{r}, t)$ and $E^{(-)}(\boldsymbol{r}, t')$ are Heisenberg operators of the radiating atoms + radiation field system. The average value is taken within the whole quantum state of this system.

Remark: If we take into account the vectorial character of the electric field and if we detect the light reemitted with a polarization $\hat{\epsilon}_d$, we must replace in (3.9) $\langle E^{(-)}(\boldsymbol{r}, t) E^{(+)}(\boldsymbol{r}, t') \rangle$ by

$$\langle (\hat{\boldsymbol{\varepsilon}}_d \cdot \boldsymbol{E}^{(-)}(\boldsymbol{r}, t))(\hat{\boldsymbol{\varepsilon}}_d \cdot \boldsymbol{E}^{(+)}(\boldsymbol{r}, t')) \rangle . \qquad (3.10)$$

3.4. Calculation of the total intensity of the fluorescence light

Suppose we have atoms with all frequencies ω in the detector. Integrating (3.9) with respect to ω gives a $\delta(t - t')$ function, so that the total photocurrent recorded by the detector from 0 to θ is

$$\int \mathrm{d}\omega \mathcal{P}(\omega, \theta) = \int_0^\theta \mathrm{d}t \langle E^{(-)}(\boldsymbol{r}, t) E^{(+)}(\boldsymbol{r}, t) \rangle . \qquad (3.11)$$

The counting rate at time t, $L_F(t)$, is

$$L_F(t) \sim \langle E^{(-)}(\boldsymbol{r}, t) E^{(+)}(\boldsymbol{r}, t)\rangle . \tag{3.12}$$

When polarization is taken into account, we use (3.10) with $t' = t$,

$$L_F(t) \sim \langle (\hat{\boldsymbol{\varepsilon}}_d \cdot \boldsymbol{E}^{(-)}(\boldsymbol{r}, t))(\hat{\boldsymbol{\varepsilon}}_d \cdot \boldsymbol{E}^{(+)}(\boldsymbol{r}, t))\rangle . \tag{3.13}$$

Conclusion: $L_F(t)$ is given by one-time averages; $\mathcal{G}(\omega)$ is given by two-time averages (more difficult).

Remark: For calculating $L_F(t)$, we can also take an atom with a continuum of excited states (photoelectric effect) rather than an ensemble of atoms with a discrete excited state b having all possible atomic frequencies ω (see ref. [14]).

3.5. Expression of the signals in terms of atomic observables [16]

In Heisenberg representation, the quantum operator $E(\boldsymbol{r}, t)$ satisfies Maxwell's equation: As $E(\boldsymbol{r}, t)$ is radiated by the atomic dipole moment (we suppose the detector outside the incident laser beam), we have the following relation between operators (which may be derived from Maxwell's equation in the same way as in classical theory):

$$E^{(\pm)}(\boldsymbol{r}, t) \sim \frac{\omega_0^2}{r} D^{(\mp)}\left(t - \frac{r}{c}\right), \tag{3.14}$$

where r is the distance between the radiating atoms and the detector, and $D^{(+)} = d|e\rangle\langle g|$ and $D^{(-)} = d|g\rangle\langle e|$ (with $d = \langle e|D|g\rangle$) are the raising and lowering parts of D. Neglecting the propagation time r/c, we get

$$\mathcal{G}(\omega) \sim \int_0 \mathrm{d}t \int_0 \mathrm{d}t' \langle D^{(+)}(t) D^{(-)}(t')\rangle \mathrm{e}^{-i\omega(t-t')} , \tag{3.15}$$

$$L_F(t) \sim \langle D^{(+)}(t) D^{(-)}(t)\rangle , \tag{3.16}$$

$$\langle (\hat{\boldsymbol{\varepsilon}}_d \cdot \boldsymbol{D}^{(+)}(t))(\hat{\boldsymbol{\varepsilon}}_d \cdot \boldsymbol{D}^{(-)}(t'))\rangle$$

when we take into account polarization effects.

In terms of the fictitious spin-$\frac{1}{2}$ $\boldsymbol{S}$ in the rotating reference frame we can make the substitution

$$\langle D^{(+)}(t)D^{(-)}(t')\rangle \to \langle S^+(t)S^-(t')\rangle \mathrm{e}^{i\omega_\mathrm{L}(t-t')} , \tag{3.17}$$

where

$$S^{\pm} = S_x \pm iS_y . \tag{3.18}$$

4. Master equation treatment of spontaneous emission

4.1. General problem of the evolution of a small system coupled to a large reservoir [4,15,17–21]

4.1.1. Formulation of the problem

A small system A, of Hamiltonian H_A, is coupled by V to a large "reservoir" R, of Hamiltonian H_R. Our problem is to describe the evolution of A.

Hamiltonian:

$$H = H_A + H_R + V . \tag{4.1}$$

All system variables commute with reservoir variables.

Density operator ρ of the total system:

$$\frac{\mathrm{d}\rho}{\mathrm{d}t} = \frac{1}{i\hbar} [H, \rho] , \tag{4.2}$$

$$\langle G\rangle = \mathrm{Tr}_{A,R}\, G\rho = \sum_{m,\alpha} \langle m,\alpha | G\rho | m,\alpha\rangle . \tag{4.3}$$

where $\mathrm{Tr}_A(\mathrm{Tr}_R)$ is the trace over $A(R)$ variables; $\{|m\rangle\}$ is an orthonormal basis in the space of A states $\mathcal{E}_A$ (Latin indices for A); $\{|\alpha\rangle\}$ is an orthonormal basis in the space of R states $\mathcal{E}_R$ (Greek indices for R).

Suppose we are interested only in system A variables: G_A,

$$\langle G_A\rangle = \mathrm{Tr}_{A,R}\, G_A\, \rho = \sum_{\substack{m,\alpha \\ m',\alpha'}} \underbrace{\langle m,\alpha | G_A | m'\alpha'\rangle}_{\langle m | G_A | m'\rangle \delta_{\alpha\alpha'}} \langle m',\alpha' | \rho | m,\alpha\rangle$$

$$= \sum_{m,m'} \langle m | G_A | m'\rangle \sum_{\alpha} \langle m',\alpha | \rho | m,\alpha\rangle . \tag{4.4}$$

From ρ, operator of $\mathcal{E}_A \otimes \mathcal{E}_R$, we can deduce an operator of $\mathcal{E}_A$, σ_A, given by

$$\langle m'|\sigma_A|m\rangle = \sum_\alpha \langle m'\alpha|\rho|m\alpha\rangle\,. \tag{4.5}$$

Here, σ_A is called the "*reduced density operator*" of A, obtained by "*tracing ρ over R*"

$$\rho \Rightarrow \sigma_A = \mathrm{Tr}_R\,\rho\,. \tag{4.6}$$

From (4.5) and (4.4), one deduces

$$\langle G_A\rangle = \sum_{m,m'} \langle m|G_A|m'\rangle\langle m'|\sigma_A|m\rangle = \mathrm{Tr}_A\,G_A\,\sigma_A\,. \tag{4.7}$$

All system averages can be done with the reduced operator σ_A in the $\mathcal{E}_A$ space. If we are interested only in A variables, it is better to try to derive an equation of evolution of σ_A from (4.2), rather than solving (4.2) which is much more complicated (as it gives also information on R),

$$\frac{\mathrm{d}\rho}{\mathrm{d}t} = \frac{1}{i\hbar}\,[H,\rho] \Rightarrow \frac{\mathrm{d}\sigma_A}{\mathrm{d}t} = \frac{\mathrm{d}}{\mathrm{d}t}\,\mathrm{Tr}_R\,\rho = ? \tag{4.8}$$

The equation giving $\mathrm{d}\sigma_A/\mathrm{d}t$ is called "*master equation of A*" and describes the evolution of A due to its coupling with R.

It is important to realize that, although the evolution of ρ can be described by a Hamiltonian H, this is not in general true for σ_A. In other words, it is impossible to find an hermitian operator $\mathcal{H}_A$ of $\mathcal{E}_A$ such that $(\mathrm{d}/\mathrm{d}t)\sigma_A = (1/i\hbar)\,[\mathcal{H}_A, \sigma_A]$. This is due to the fact that V depends on both A and R variables: when tracing over R the right member of (4.2), one gets a difficult term $\mathrm{Tr}_R\,[V,\rho]$ which cannot be expressed simply in terms of σ_A. This non-Hamiltonian character of the evolution of σ_A introduces some irreversibility in the behaviour of A.

In this paragraph, we try to derive a master equation for σ_A in conditions where a perturbation treatment of V is possible. More precisely, we will show that, when the correlation time τ_C of the force exerted by R upon A is sufficiently short, it is possible to consider only one interaction process between A and R during this time τ_C.

These general considerations will then be applied in subsects. 4.2 and 4.3 to spontaneous emission.

4.1.2. Derivation of the master equation

Here we give the main steps of the derivation of the master equation giving $\mathrm{d}\sigma_A/\mathrm{d}t$. A certain number of approximations will be done which will be then discussed in § 4.1.3. The results will be interpreted in § 4.1.4.

Interaction representation (all quantities in IR are labelled by a tilde).

$$\rho(t) \rightarrow \tilde{\rho}(t) = \mathrm{e}^{i(H_A+H_R)t/\hbar}\,\rho(t)\,\mathrm{e}^{-i(H_A+H_R)t/\hbar}\,, \tag{4.9a}$$

$$\sigma_A(t) \rightarrow \tilde{\sigma}_A(t) = \mathrm{e}^{iH_A t/\hbar}\,\sigma_A(t)\,\mathrm{e}^{-iH_A t/\hbar}\,, \tag{4.9b}$$

$$V \rightarrow \tilde{V}(t) = \mathrm{e}^{i(H_A+H_R)t/\hbar}\,V\,\mathrm{e}^{-i(H_A+H_R)t/\hbar}\,. \tag{4.9c}$$

One can easily show from (4.9) that

$$\sigma_A(t) = \mathrm{Tr}_R\,\rho(t) \Rightarrow \tilde{\sigma}_A(t) = \mathrm{Tr}_R\,\tilde{\rho}(t)\,. \tag{4.10}$$

Equation of evolution of $\tilde{\rho}(t)$:

$$\frac{\mathrm{d}}{\mathrm{d}t}\tilde{\rho}(t) = \frac{1}{i\hbar}\,[\tilde{V}(t), \tilde{\rho}(t)]\,. \tag{4.11}$$

Two hypotheses concerning the initial density operator $\rho(0)$ at $t = 0$.

(i) $\rho(0)$ factorizes

$$\rho(0) = \tilde{\rho}(0) = \sigma_A(0) \otimes \sigma_R(0)\,. \tag{4.12}$$

(ii) $\sigma_R(0)$ commutes with H_R,

$$[\sigma_R(0), H_R] = 0\,. \tag{4.13}$$

It follows that $\sigma_R(0)$ and H_R can be simultaneously diagonalized. An important example is a reservoir in thermodynamical equilibrium, in which case $\sigma_R(0) \sim \exp\{-H_R/kT\}$.

We will see in § 4.1.3 that the factorization of $\rho(0)$ is not a very restrictive hypothesis.

Iterative solution of the equation of evolution of ρ. Integrating (4.11), we get

$$\tilde{\rho}(t) = \tilde{\rho}(0) + \frac{1}{i\hbar}\int_0^t \mathrm{d}t'\,[\tilde{V}(t'), \tilde{\rho}(t')]\,. \tag{4.14}$$

Introducing (4.14) in the right member of (4.11) gives the *exact* equation

$$\frac{\mathrm{d}}{\mathrm{d}t}\,\tilde{\rho} = \frac{1}{i\hbar}\,[\tilde{V}(t), \tilde{\rho}(0)] + \frac{1}{(i\hbar)^2}\int_0^t \mathrm{d}t'\,[\tilde{V}(t), [\tilde{V}(t'), \tilde{\rho}(t')]]\,. \tag{4.15}$$

A first hypothesis concerning V. We assume that V has no diagonal elements in the basis where H_R is diagonal. As $\sigma_R(0)$ has only diagonal elements in this basis [see (4.13)], it follows that

$$\mathrm{Tr}_R\,[\sigma_R(0)\,\tilde{V}(t)] = 0\,. \tag{4.16}$$

Consequently, if we trace over R the right member of (4.15), the first term gives (with (4.12))

$$\mathrm{Tr}_R\,[\tilde{V}(t), \tilde{\rho}(0)] = [\mathrm{Tr}_R(\sigma_R(0)\,\tilde{V}(t)), \sigma_A(0)] = 0\,. \tag{4.17}$$

Physical interpretation: $\mathrm{Tr}_R(\sigma_R(0)\,\tilde{V}(t))$ is an operator of $\mathcal{E}_A$ which represents the energy of A in the average potential exerted by R upon A when R is in the state $\sigma_R(0)$ (some sort of "Hartree potential"). So, we assume this average potential is 0. If this were not the case, it would be easy to add, in the master equation, a commutator describing the effect of this "Hartree potential".

Finally, by tracing (4.15) over R, we get

$$\frac{\mathrm{d}}{\mathrm{d}t}\,\tilde{\sigma}_A(t) = -\frac{1}{\hbar^2}\int_0^t \mathrm{d}t'\,\mathrm{Tr}_R\,[\tilde{V}(t), [\tilde{V}(t'), \tilde{\rho}(t')]]\,. \tag{4.18}$$

Approximation 1: Factorization of $\tilde{\rho}(t)$. Introducing $\tilde{\sigma}_A(t') = \mathrm{Tr}_R\,\tilde{\rho}(t')$, we can always write

$$\tilde{\rho}(t') = \tilde{\sigma}_A(t')\,\sigma_R(0) + \Delta\tilde{\rho}(t')\,. \tag{4.19}$$

We insert (4.19) in (4.18) and neglect the contribution of $\Delta\tilde{\rho}(t')$, so that the exact equation (4.18) is replaced by the approximate equation

$$\frac{\mathrm{d}}{\mathrm{d}t}\,\tilde{\sigma}_A(t) = -\frac{1}{\hbar^2}\int_0^t \mathrm{d}t'\,\mathrm{Tr}_R\,[\tilde{V}(t), [\tilde{V}(t'), \tilde{\sigma}_A(t')\,\sigma_R(0)]]\,. \tag{4.20}$$

The error we have made is given by

$$-\frac{1}{\hbar^2}\int_0^t \mathrm{Tr}_R\,[\tilde{V}(t),[\tilde{V}(t'),\Delta\tilde{\rho}(t')]]\,, \tag{4.21}$$

and will be estimated in § 4.1.3.

Explicit form of V. We will assume that V is a product (or a sum of products) of reservoir and system operators,

$$V = AR\,, \quad (\text{or } V = \sum_p A^p R^p)\,, \tag{4.22}$$

where A is an hermitian operator of $\mathcal{E}_A$, R an hermitian operator of $\mathcal{E}_R$,

$$\tilde{V}(t) = \tilde{A}(t)\tilde{R}(t)\,, \tag{4.23}$$

$$\tilde{A}(t) = \mathrm{e}^{iH_A t/\hbar} A\, \mathrm{e}^{-iH_A t/\hbar}\,,$$

$$\tilde{R}(t) = \mathrm{e}^{iH_R t/\hbar} R\, \mathrm{e}^{-iH_R t/\hbar}\,. \tag{4.24}$$

Let us insert (4.23) in (4.20), change from the variable t' to the variable $\tau = t - t'$, expand the double commutator, use the invariance of a trace in a circular permutation. We get

$$\frac{\mathrm{d}}{\mathrm{d}t}\tilde{\sigma}_A(t) = -\frac{1}{\hbar^2}\int_0^t \mathrm{d}\tau\{\mathrm{Tr}_R\,\tilde{\sigma}_R(0)\tilde{R}(t)\tilde{R}(t-\tau)\}$$

$$\times\ \{\tilde{A}(t)\tilde{A}(t-\tau)\tilde{\sigma}_A(t-\tau) - \tilde{A}(t-\tau)\tilde{\sigma}_A(t-\tau)\tilde{A}(t)\}$$

$$+\ \text{hermit. conjug.} \tag{4.25}$$

The reservoir only appears in the number

$$G(\tau) = \mathrm{Tr}_R\,\sigma_R(0)\tilde{R}(t)\tilde{R}(t-\tau)\,, \tag{4.26}$$

which is a *correlation function* of the reservoir. $G(\tau)$ only depends on τ because $\sigma_R(0)$ commutes with H_R. All other quantities appearing in the second bracket of (4.25) are system operators. Eq. (4.25) is an *integro-differential equation.* The rate of variation of $\tilde{\sigma}_A$ at time t depends on the whole previous story of A i.e. on $\tilde{\sigma}_A(t-\tau)$ with $0 \leqslant \tau \leqslant t$.

Approximation 2: Short memory of the reservoir. We will see that $G(\tau) \to 0$

if $\tau \gg \tau_C$, where τ_C is the *correlation time* of the reservoir. We will assume that τ_C is much shorter than the characteristic time T of the system, i.e. of $\tilde{\sigma}_A$. In the interval of time $0 \leqslant \tau \lesssim \tau_C$ where $G(\tau)$ is not zero, $\tilde{\sigma}_A(t-\tau)$ does not vary appreciably, so that we can replace $\tilde{\sigma}_A(t-\tau)$ by $\tilde{\sigma}_A(t)$ in (4.25). If $t \gg \tau_C$, we can also replace the upper limit of the integral by $+\infty$.

If we come back from the interaction representation to the Schrödinger representation, we finally get

$$\frac{d\sigma_A}{dt} = \frac{1}{i\hbar}[H_A, \sigma_A] - \frac{1}{\hbar^2}\int_0^\infty d\tau G(\tau)$$

$$\times [A\, e^{-iH_A\tau/\hbar} A\, e^{iH_A\tau/\hbar}\sigma_A(t) - e^{-iH_A\tau/\hbar} A\, e^{iH_A\tau/\hbar}\sigma_A(t)A]$$

$$+ \text{hermit. conjug. of the second line.} \tag{4.27}$$

For the matrix elements of σ_A, we get a set of coupled linear first-order differential equations with time-independent coefficients.

If we skip the index A for σ_A, and if we take the basis of eigenstates of H_A, (4.27) may be written as

$$\frac{d}{dt}\sigma_{ij} = -i\omega_{ij}\sigma_{ij} + \sum_{lm} R_{ijlm}\sigma_{lm}, \tag{4.28}$$

where $\omega_{ij} = (E_i - E_j)/\hbar$ is a Bohr frequency of A, and the R_{ijlm} are time-independent coefficients which can be calculated from (4.27) and which will be explicited and discussed in § 4.1.4.

Approximation 3: Secular approximation. In absence of damping σ_{ij} and σ_{lm} evolve at frequencies ω_{ij} and ω_{lm}. Let Γ be the order of magnitude of the coupling coefficients R_{ijlm}. If $\Gamma \ll |\omega_{ij} - \omega_{lm}|$, we can neglect the coupling between σ_{ij} and σ_{lm}, the error being of the order of $|\Gamma/(\omega_{ij} - \omega_{lm})| \ll 1$. The argument for proving this point is the same as in perturbation theory: the coupling V_{ab} induced by V between two states $|a\rangle$ and $|b\rangle$ of energies E_a and E_b has a small effect if $|V_{ab}| \ll |E_a - E_b|$. Finally, with the secular approximation, (4.28) may be written as

$$\frac{d}{dt}\sigma_{ij} = -i\omega_{ij}\sigma_{ij} + \sum_{lm} R_{ijlm}\sigma_{lm}, \tag{4.29}$$

with $|\omega_{lm} - \omega_{ij}| < \Gamma$.

4.1.3. Discussion of the approximations

Correlation time of the reservoir. Let us explicit the correlation function $G(\tau)$ given in (4.26). Introducing an orthonormal basis $\{|\alpha\rangle\}$ of eigenstates of H_R [in which σ_R is diagonal according to (4.13)], and putting

$$P_\alpha = \langle\alpha|\sigma_R(0)|\alpha\rangle \tag{4.30}$$

(probability for the reservoir R to be in state α),

$$\omega_{\alpha\beta} = (E_\alpha - E_\beta)/\hbar \tag{4.31}$$

(Bohr frequency of the reservoir), we get

$$G(\tau) = \sum_{\alpha\beta} p(\alpha)|\langle\alpha|R|\beta\rangle|^2 \mathrm{e}^{i\omega_{\alpha\beta}\tau}$$

$$= \int \mathrm{d}\omega\, g(\omega)\mathrm{e}^{i\omega\tau}\,, \tag{4.32}$$

where

$$g(\omega) = \sum_{\alpha\beta} p(\alpha)|\langle\alpha|R|\beta\rangle|^2\,\delta(\omega - \omega_{\alpha\beta})\,. \tag{4.33}$$

We see therefore that $G(\tau) \to 0$ if $\tau \gg \tau_C$ where τ_C is the inverse of the width of $g(\omega)$; τ_C is the *correlation time* of the reservoir. The force exerted by R upon A is a random force with a *memory* characterized by τ_C.

The larger the width of $g(\omega)$, the shorter the correlation time τ_C.

Parameter v characterizing the strength of the coupling between A and R. To characterize this coupling, we can first take the average of V in the initial state $\rho(0)$,

$$\mathrm{Tr}_A\, \rho(0)\, V = \mathrm{Tr}_A(\sigma_A(0)\mathrm{Tr}_R\, \sigma_R(0)\, V)\,, \tag{4.34}$$

which is equal to 0 according to (4.16). So we take the average of V^2 and we put, using (4.22),

$$v^2 = \mathrm{Tr}_{AR}\, \rho(0)\, V^2 = (\mathrm{Tr}_A\, \sigma_A(0)A^2)(\mathrm{Tr}_R\, \sigma_R(0)R^2)\,. \tag{4.35}$$

Order of magnitude of the damping time T. Suppose the condition of validity of (4.27) is fulfilled. What is the order of magnitude of the coefficient Γ of $\sigma_A(t)$? ($\Gamma = 1/T$.) We can take

$$G(\tau) \simeq G(0)\mathrm{e}^{-\tau/\tau_C} \simeq (\mathrm{Tr}\,\sigma_R(0)R^2)\mathrm{e}^{-\tau/\tau_C}\,. \tag{4.36}$$

On the other hand,

$$A\,\mathrm{e}^{-iH_A\tau/\hbar}A\,\mathrm{e}^{iH_A\tau/\hbar} \simeq (\mathrm{Tr}\,\sigma_A(0)A^2)\mathrm{e}^{i\omega_0\tau}\,, \tag{4.37}$$

where ω_0 is a typical Bohr frequency of A, so that we finally have

$$\Gamma \sim \frac{1}{\hbar^2}\int_0^\infty \mathrm{d}\tau \underbrace{(\mathrm{Tr}\,\sigma_R(0)R^2)(\mathrm{Tr}\,\sigma_A(0)A^2)}_{v^2}\mathrm{e}^{-\tau/\tau_C}\,\mathrm{e}^{i\omega_0\tau}$$

$$\simeq \frac{1}{\hbar^2}\,\frac{v^2\tau_C}{1+\omega_0^2\tau_C^2}\,. \tag{4.38}$$

Neglecting $\omega_0\tau_C$ in the denominator gives an upper value of Γ,

$$\Gamma \lesssim \frac{v^2\tau_C}{\hbar^2}\,. \tag{4.39}$$

Condition of validity of approximation 2. This condition is, as we have mentioned above, that the characteristic time of evolution of $\tilde{\sigma}_A$, i.e. $T = 1/\Gamma$, must be much longer than τ_C,

$$T = 1/\Gamma \gg \tau_C\,. \tag{4.40}$$

Using (4.39), we see that we must have

$$\frac{v^2\tau_C^2}{\hbar^2} \ll 1\,. \tag{4.41}$$

The condition $v\tau_C/\hbar \ll 1$ means that the effect of the coupling between A and R during the correlation time τ_C of R is very small.

Condition of validity of approximation 1. Taking the time derivative of (4.19) and using (4.15) and (4.18) we get the following equation of evolution for $\Delta\tilde{\rho}(t)$:

$$\frac{\mathrm{d}}{\mathrm{d}t}\Delta\tilde{\rho}=\frac{1}{i\hbar}[\tilde{V}(t),\tilde{\rho}(0)]-\frac{1}{\hbar^2}\int_0^t \mathrm{d}t'[\tilde{V}(t),[\tilde{V}(t'),\tilde{\rho}(t')]]$$

$$-\frac{1}{\hbar^2}\sigma_R(0)\mathrm{Tr}_R\int_0^t \mathrm{d}t'[\tilde{V}(t),[\tilde{V}(t'),\tilde{\rho}(t')]]\,. \qquad (4.42)$$

We can integrate (4.42) and introduce the value so obtained for $\Delta\tilde{\rho}$ into eq. (4.21) which gives the error introduced by approximation 1. As we expect this correction to be small, we only need an approximate expression $\Delta\tilde{\rho}$, so that we will replace in the right member of (4.42) $\tilde{\rho}(t')$ by $\tilde{\sigma}_A(t')\tilde{\sigma}_R(0)$. We assume that the average value of an odd number of operators R is zero [generalization of (4.16)], so that the first term of the right member of (4.42) does not contribute. We will not explicit the contribution of the last two terms of (4.42). But it is easy to see that they will lead to corrections of the damping coefficients Γ given by triple integrals of four $\tilde{V}$ operators. The order of magnitude of these triple integrals is

$$\frac{v^4\tau_C^3}{\hbar^4}=\frac{v^2\tau_C}{\hbar^2}\,\frac{v^2\tau_C^2}{\hbar^2}\sim\Gamma\frac{v^2\tau_C^2}{\hbar^2}\ll\Gamma \qquad (4.43)$$

according to (4.41). These corrections represent the effect of more than one interaction occuring during the correlation time τ_C. So, if approximation 2 is justified, approximation 1 is also justified.

We see also that we can forget $\Delta\tilde{\rho}(t')$ in (4.19) since keeping this term in (4.18) does not appreciably change the master equation. So, it is a good approximation to consider that the density matrix factorizes at each time in $\tilde{\sigma}_A(t)\tilde{\sigma}_R(0)$, so that hypothesis 1 assuming such a factorization at $t = 0$ is not very restrictive. We must not forget however that, even when replacing $\tilde{\rho}(t')$ by $\tilde{\sigma}_A(t')\tilde{\sigma}_R(0)$ in (4.18), we take into account the correlations which appear between A and R in the interval (t', t). Because of the correlation function $G(\tau)$ of R, this interval is in fact limited to $(t-\tau_C, t)$, so that the master equation derived above includes the effect of the correlations appearing between A and R during a time τ_C. A and R cannot remain correlated during a time longer than τ_C.

To summarize, the condition of validity of the master equation (4.27) is (4.41) which means that the correlation time τ_C of the reservoir is so small that the effect of the coupling between A and R during τ_C is very small and can be treated by perturbation theory. Eq. (4.27) describes the effect on A of a *single* interaction process with R occurring during the correlation time τ_C. From (4.42) we can, by iteration, calculate the effect of multiple interaction processes occurring during τ_C, an effect which is smaller by a factor $v^2\tau_C^2/\hbar^2$. We finally note that the order of magnitude of Γ is not $v/\hbar$, but $v^2\tau_C/\hbar^2 = (v/\hbar)v\tau_C/\hbar$, which is smaller than $v/\hbar$ by a factor $v\tau_C/\hbar$. This means that the fluctuations of R are so fast, that their effect on A is reduced by a "*motional narrowing*" factor which is precisely $v\tau_C/\hbar$.

4.1.4. Explicit form of the master equation. Physical interpretation

4.1.4.1. Simplification. To simplify, we will assume that A has discrete non-degenerate energy levels and that the distance between any two pairs of levels is large compared to the damping coefficients Γ,

$$|\omega_{ij}| \gg \Gamma \quad \text{when } i \neq j\,. \tag{4.44}$$

In this case, because of the secular approximation, the diagonal elements σ_{ii}, i.e. the populations of energy levels of A, are only coupled to themselves, and not to the off-diagonal elements of σ,

$$\frac{\mathrm{d}}{\mathrm{d}t}\sigma_{ii} = \sum_j R_{iijj}\,\sigma_{jj}\,. \tag{4.45}$$

An off-diagonal element σ_{ij} which corresponds to a non-degenerate Bohr frequency ω_{ij} of A (i.e. no other Bohr frequency ω_{kl} exists with $|\omega_{ij} - \omega_{kl}| \lesssim \Gamma$) is only coupled to itself. Only off-diagonal elements corresponding to the same Bohr frequency (within Γ) are coupled together.

4.1.4.2. Rate equations for the populations. Pauli equations. Let us first calculate the coefficient R_{iiii} (coupling of σ_{ii} to itself). Starting from the second line of (4.27), taking the matrix element of the two operators between $|i\rangle$ and $\langle i|$, keeping only the contribution of σ_{ii}, and using expression (4.32) of $G(\tau)$, we get

$$\begin{aligned} R_{iiii} &= -\frac{1}{\hbar^2}\int_0^\infty \mathrm{d}\tau\, G(\tau)\Big(\sum_l A_{il}A_{li}\,\mathrm{e}^{i\omega_{il}\tau} - A_{ii}A_{ii}\Big) + \text{hermit. conjug.} \\ &= -\frac{1}{\hbar^2}\sum_\alpha\sum_\beta\sum_{l\neq i} p(\alpha)\,|R_{\alpha\beta}|^2\,|A_{il}|^2 \int_0^\infty \mathrm{e}^{i(\omega_{\alpha\beta}+\omega_{il})\tau}\,\mathrm{d}\tau \\ &\quad + \text{hermit. conjug.} \end{aligned} \tag{4.46}$$

(Note that the term $l = i$ disappears.) Now we use

$$\int_0^\infty e^{i\omega\tau}\,d\tau = \lim_{\epsilon\to 0+}\int_0^\infty e^{i(\omega+i\epsilon)\tau}\,d\tau = \lim_{\epsilon\to 0+}\frac{i}{\omega+i\epsilon} = i\mathcal{P}\frac{1}{\omega} + \pi\delta(\omega)\,. \tag{4.47}$$

As all other quantities are real, the contribution of the principal part $i\mathcal{P}[1/(\omega_{\alpha\beta}+\omega_{il})]$ vanishes when we add the hermitian conjugate and we get

$$R_{iiii} = -\sum_{l\neq i}\Gamma_{i\to l}\,,$$

with

$$\Gamma_{i\to l} = \frac{2\pi}{\hbar}\sum_\alpha p(\alpha)\sum_\beta |\langle\alpha i|V|\beta l\rangle|^2\,\delta(E_{\alpha i}-E_{\beta l})\,, \tag{4.48}$$

where $E_{\alpha i}$ ($E_{\beta l}$) is the unperturbed energy of the combined state $|\alpha i\rangle$ ($|\beta l\rangle$) of the total system $A+R$ and where we have used (4.22).

$\Gamma_{i\to l}$ has a very simple interpretation. It represents the transition rate (given by Fermi's golden rule) of the total system $A+R$ from the initial state $|\alpha, i\rangle$, weighted by the probability $p(\alpha)$ of finding the reservoir R in the state $|\alpha\rangle$, to any final state $|\beta, l\rangle$ where A is in the state l, the δ function expressing the energy conservation for the total system $A+R$. In other words, $\Gamma_{i\to l}$ is the probability per unit time that A makes a transition from $|i\rangle$ to $|l\rangle$ under the effect of the coupling with R.

Let us now calculate R_{iijj} (coupling of σ_{ii} to σ_{jj}) A calculation similar to the previous one gives

$$R_{iijj} = \Gamma_{j\to i}\,. \tag{4.49}$$

Finally we get for $\dot{\sigma}_{ii}$ (Pauli's equations)

$$\dot{\sigma}_{ii} = -\Big(\sum_{l\neq i}\Gamma_{i\to l}\Big)\sigma_{ii} + \sum_{j\neq i}\Gamma_{j\to i}\,\sigma_{jj}\,. \tag{4.50}$$

Physical interpretation: the population of level $|i\rangle$ decreases because of transitions from $|i\rangle$ to other levels $|l\rangle$, and increases because of transitions from other levels $|j\rangle$ to $|i\rangle$.

In steady state, the populations of two levels N_i and N_j usually satisfy

$$N_i\Gamma_{i\to j} = N_j\Gamma_{j\to i}\,. \tag{4.51}$$

The number of transitions from $|i\rangle$ to $|j\rangle$ must compensate the number of transitions from $|j\rangle$ to $|i\rangle$.

Particular case of a reservoir R in thermodynamic equilibrium at T. In this case, we have

$$\frac{p(\alpha)}{p(\beta)} = \mathrm{e}^{-(E_\alpha - E_\beta)/kT} . \tag{4.52}$$

Let us write (4.48) in the following way

$$\Gamma_{i\to l} = \frac{2\pi}{\hbar} \sum_\alpha \sum_\beta p(\beta) \frac{p(\alpha)}{p(\beta)} |\langle \alpha i|V|\beta l\rangle|^2 \delta(E_{\alpha i} - E_{\beta l}) . \tag{4.53}$$

But, because of the δ function which expresses that $E_\alpha + E_i = E_\beta + E_l$, i.e. that $E_\alpha - E_\beta = E_l - E_i$, we have

$$\frac{p(\alpha)}{p(\beta)} = \mathrm{e}^{-(E_\alpha - E_\beta)/kT} = \mathrm{e}^{-(E_l - E_i)/kT} . \tag{4.54}$$

We can therefore take $p(\alpha)/p(\beta)$ out of $\Sigma_\alpha \Sigma_\beta$ and obtain, after some rearrangements,

$$\Gamma_{i\to l} = \mathrm{e}^{-(E_l - E_i)/kT} \frac{2\pi}{\hbar} \sum_\beta p(\beta) \sum_\alpha |\langle \beta l|V|\alpha i\rangle|^2 \delta(E_{\beta l} - E_{\alpha i})$$

$$= \mathrm{e}^{-(E_l - E_i)/kT} \Gamma_{l\to i} . \tag{4.55}$$

In other words,

$$\mathrm{e}^{-E_i/kT} \Gamma_{i\to l} = \mathrm{e}^{-E_l/kT} \Gamma_{l\to i} . \tag{4.56}$$

Comparing (4.56) and (4.51), we see that when the system A reaches a steady state, the population of any level i is proportional to $\exp(-E_i/kT)$. By interacting with a reservoir R in thermodynamic equilibrium at temperature T, the small system A itself reaches the thermodynamic equilibrium.

4.1.4.3. Evolution of an off-diagonal element of σ corresponding to a non-degenerate Bohr frequency. We have only to calculate R_{ijij}. The calculations are similar to the previous ones and give

$$\dot{\sigma}_{ij} = -i\omega_{ij}\sigma_{ij} - \left(\Gamma_{ij} + i\frac{\Delta_{ij}}{\hbar}\right)\sigma_{ij} , \tag{4.57}$$

where Γ_{ij} is the damping rate of σ_{ij}; Δ_{ij} is a shift of the energy separation between $|i\rangle$ and $|j\rangle$. Let us first give the expressions of Γ_{ij}. One finds that Γ_{ij} is the sum of a "non-adiabatic" and of an "adiabatic" contribution,

$$\Gamma_{ij} = \Gamma_{ij}^{\text{non-adiab}} + \Gamma_{ij}^{\text{adiab}}\,, \tag{4.58}$$

where

$$\Gamma_{ij}^{\text{non-adiab}} = \frac{1}{2}\left[\sum_{l\neq i}\Gamma_{i\to l} + \sum_{m\neq j}\Gamma_{j\to m}\right]. \tag{4.59}$$

$\Gamma_{ij}^{\text{non-adiab}}$ is half of the sum of the total transition rates from i to levels l other than i, and from j to levels m other than j. $\Gamma_{ij}^{\text{adiab}}$ is given by

$$\Gamma_{ij}^{\text{adiab}} = \frac{2\pi}{\hbar}\sum_{\alpha} p(\alpha)\sum_{\beta}\delta(E_\beta - E_\alpha)$$

$$\times\ \{\tfrac{1}{2}|\langle\alpha i|V|\beta i\rangle|^2 + \tfrac{1}{2}|\langle\alpha j|V|\beta j\rangle|^2 - \langle\alpha i|V|\beta i\rangle\langle\beta j|V|\alpha j\rangle\}\,. \tag{4.60}$$

The first term of the bracket of (4.60) represents the destruction of "coherence" between i and j due to an "elastic collision" with R during which $A+R$ transits from $|\alpha i\rangle$ to $|\beta i\rangle$ (this "collision" is "elastic" because $E_\alpha = E_\beta$) (see fig. 17a). Similarly, the second term of the bracket of (4.60) represents the effect of elastic collisions $|\alpha j\rangle \to |\beta j\rangle$ (fig. 17b). The last term represents a "restitution of coherence" due to elastic collisions which transfer a linear superposition of $|\alpha i\rangle$ and $|\alpha j\rangle$ to a linear superposition of $|\beta i\rangle$ and $|\beta j\rangle$ (fig. 17c).

The transitions which appear in $\Gamma_{ij}^{\text{non-adiab}}$ are such that $E_\beta \neq E_\alpha$ contrary to the transitions which appear in $\Gamma_{ij}^{\text{adiab}}$ for which $E_\alpha = E_\beta$. This is the origin

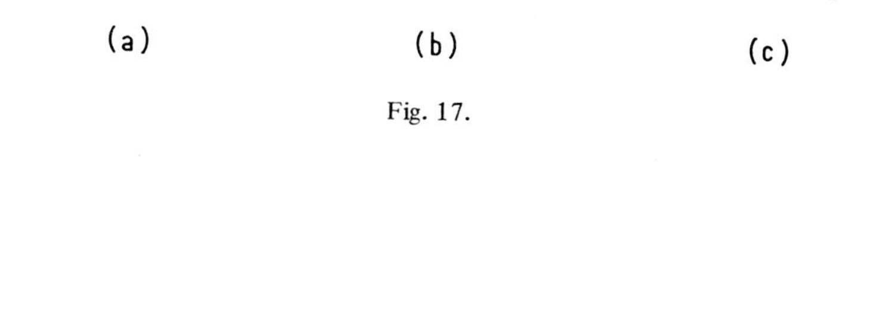

Fig. 17.

of the denominations adiabatic and non-adiabatic. When the diagonal elements of the A operator appearing in $V = AR$ are zero, $\Gamma_{ij}^{\text{adiab}} = 0$.

Let us now come to Δ_{ij}. We find

$$\Delta_{ij} = \Delta_i - \Delta_j \,, \tag{4.61}$$

with

$$\Delta_i = \mathcal{P} \sum_l \sum_\alpha \sum_\beta p(\alpha) \frac{|\langle \alpha i | V | \beta l \rangle|^2}{E_{\alpha i} - E_{\beta l}} \,. \tag{4.62}$$

Here Δ_i is a second order shift due to virtual transitions of the total system $A + R$ from state $|\alpha, i\rangle$ (weighted by $p(\alpha)$) to *all* other states $|\beta, l\rangle$. The singularity of the energy denominator for $E_{\alpha i} = E_{\beta l}$ is eliminated by the principal part.

4.1.4.4. Evolution of a set of off-diagonal elements of σ corresponding to a degenerate Bohr frequency. We find

$$\dot{\sigma}_{ij} = -i\omega_{ij}\,\sigma_{ij} - \left(\Gamma_{ij} + i\frac{\Delta_{ij}}{\hbar}\right)\sigma_{ij} + \sum_{k,l} \Gamma_{kl\to ij}\,\sigma_{kl} \,, \tag{4.63}$$

with $|\omega_{kl} - \omega_{ij}| \lesssim \Gamma$. We have already given Γ_{ij} and Δ_{ij}. We have for $\Gamma_{kl \to ij}$

$$\Gamma_{kl\to ij} = \frac{2\pi}{\hbar} \sum_\alpha \sum_\beta p(\alpha) \langle \beta i | V | \alpha k \rangle \langle \alpha l | V | \beta j \rangle \delta(E_{\alpha k} - E_{\beta i}) \,. \tag{4.64}$$

Here $\Gamma_{kl\to ij}$ corresponds to "collisions" with R (not elastic as $E_\alpha - E_\beta \neq 0$) which transfer a coherent superposition of $|\alpha k\rangle$ and $|\alpha l\rangle$ to a coherent superposition of $|\beta i\rangle$ and $|\beta j\rangle$ (fig. 18).

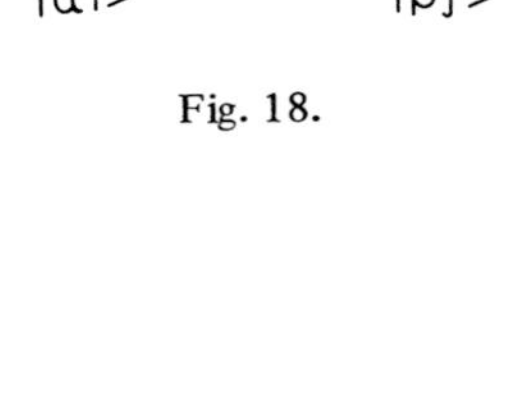

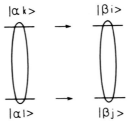

Fig. 18.

4.2. Application to spontaneous emission. General considerations [20]

4.2.1. What is A? What is R?

A is an atom. R is the quantized electromagnetic field which has an infinite number of degrees of freedom (infinite number of "modes").

4.2.2. What is V?

$$V = -\boldsymbol{D}\cdot\boldsymbol{E} = \sum_{a=x,y,z} D_a E_a \,, \tag{4.65}$$

where $\boldsymbol{D}$ is the atomic dipole moment operator; $\boldsymbol{E}$ is the electric field operator evaluated at the position $\boldsymbol{r}$ of the atom (taken at the origin $\boldsymbol{r} = \boldsymbol{0}$);

$$\widetilde{E}_a(t) = \widetilde{E}_a^{(+)}(t) + \widetilde{E}_a^{(-)}(t) \,,$$

where $\widetilde{E}_a^{(+)}$ is the positive frequency part of E_a in interaction representation $\widetilde{E}_a^{(-)} = (\widetilde{E}_a^{(+)})^+$,

$$\widetilde{E}_a^{(+)}(t) = \sum_{\boldsymbol{k}} \sum_{\boldsymbol{\varepsilon},\boldsymbol{\varepsilon}'\perp\boldsymbol{k}} \epsilon_a \mathcal{E}_k a_{\boldsymbol{k}\boldsymbol{\varepsilon}} \mathrm{e}^{-i\omega t} \,, \tag{4.66}$$

where $\boldsymbol{\varepsilon}$ is one of two unit vectors $\boldsymbol{\varepsilon}$, $\boldsymbol{\varepsilon}'$ perpendicular to $\boldsymbol{k}$ ($\boldsymbol{\varepsilon}\cdot\boldsymbol{\varepsilon}' = 0$), $\boldsymbol{k}$ being the wave vector.

$$\mathcal{E}_k = i\sqrt{\frac{\hbar\omega}{2\epsilon_0 L^3}} \qquad (L^3 = \text{quantization volume}) \,, \tag{4.67}$$

$a_{\boldsymbol{k}\boldsymbol{\varepsilon}}$ ($a_{\boldsymbol{k}\boldsymbol{\varepsilon}}^+$) is the annihilation (creation) operator of one photon $\boldsymbol{k}\boldsymbol{\varepsilon}$,

$$[a_{\boldsymbol{k}\boldsymbol{\varepsilon}}, a_{\boldsymbol{k}'\boldsymbol{\varepsilon}'}^+] = \delta_{\boldsymbol{k}\boldsymbol{k}'}\delta_{\boldsymbol{\varepsilon}\boldsymbol{\varepsilon}'} \,. \tag{4.68}$$

4.2.3. What is $\sigma_R(0)$?

$$\sigma_R(0) = |0\rangle\langle 0| \qquad \text{where } |0\rangle = \text{vacuum state} \,. \tag{4.69}$$

In the vacuum, there is no photon present. All modes are empty. In this state, the reservoir R, i.e. the quantized electromagnetic field, can be considered as in thermodynamic equilibrium at temperature $T = 0$.

As $|0\rangle$ is an eigenstate of H_R, condition (4.13) is fulfilled.

As Tr $a_{k\varepsilon}\,\sigma_R(0) = \langle 0|a_{k\varepsilon}|0\rangle = 0 = \langle 0|a^+_{k\varepsilon}|0\rangle$, we have $\mathrm{Tr}_R(V\sigma_R(0)) = 0$ and condition (4.16) is fulfilled.

4.2.4. Correlation time of the reservoir

Let us calculate

$$G_{ab}(\tau) = \mathrm{Tr}\ \sigma_R(0)\tilde{E}_a(t)\tilde{E}_b(t-\tau) = \langle 0|\tilde{E}_a(t)\tilde{E}_b(t-\tau)|0\rangle\,. \tag{4.70}$$

Using (4.65), (4.66) and (4.68), we immediately get

$$G_{ab}(\tau) = \sum_{k;\varepsilon,\varepsilon' k} \epsilon_a \epsilon_b\,|\mathcal{E}_k|^2\,\mathrm{e}^{-i\omega\tau}\,.$$

Summation over the two unit vectors ε, ε': Using the completeness relation for the three orthonormal vectors $\varepsilon, \varepsilon', \kappa = k/k$, we get

$$\epsilon_a\epsilon_b + \epsilon'_a\epsilon'_b + \kappa_a\kappa_b = \delta_{ab}\,,$$

so that

$$\sum_{\varepsilon,\varepsilon' \perp k} \epsilon_a\epsilon_b = \epsilon_a\epsilon_b + \epsilon'_a\epsilon'_b = \delta_{ab} - \kappa_a\kappa_b = \delta_{ab} - \frac{\kappa_a\kappa_b}{k^2}\,. \tag{4.71}$$

Transformation from a discrete sum to an integral:

$$\sum_k = \frac{L^3}{(2\pi)^3}\int \mathrm{d}^3k = \frac{L^3}{(2\pi)^3}\int \mathrm{d}\Omega\, k^2\, \mathrm{d}k\,. \tag{4.72}$$

Summation over angles:

$$\int \mathrm{d}\Omega \left(\delta_{ab} - \frac{\kappa_a\kappa_b}{k^2}\right) = \tfrac{2}{3}\delta_{ab}\,. \tag{4.73}$$

Finally, we get

$$G_{ab}(\tau) = \frac{\hbar c}{3\epsilon_0}\,\frac{1}{(2\pi)^3}\,\delta_{ab}\int \mathrm{d}\omega\,\frac{\omega^3}{c^4}\,\mathrm{e}^{-i\omega\tau}\,. \tag{4.74}$$

We see that the correlation time of the "vacuum fluctuations" is extremely short, certainly shorter than the optical period $1/\omega_0$ of the atom A,

$$\tau_C < 1/\omega_0 \,. \tag{4.75}$$

4.2.5. Order of magnitude of the damping coefficient Γ. *Validity of the master equation*

Calculating Γ by Fermi's golden rule, we find that

$$\Gamma/\omega_0 \sim \alpha^3 \,, \tag{4.76}$$

where ω_0 is the optical frequency and $\alpha = e^2/4\pi\epsilon_0\hbar c = 1/137$ is the fine structure constant. Comparing (4.75) and (4.76), we see that the damping time $T = 1/\Gamma$ satisfies

$$T = 1/\Gamma \gg 1/\omega_0 > \tau_C \,. \tag{4.77}$$

As the damping time is much longer than the correlation time, this shows that the master equation can be used for describing spontaneous emission.

4.2.6. Some important relations satisfied by the $\Gamma_{i\to l}$

As R is in the ground state $|\alpha\rangle = |0\rangle$, all other states $|\beta\rangle$ which are connected to $|\alpha\rangle$ by V have a higher energy. These states correspond to one photon in a given mode $|\beta\rangle = |\boldsymbol{k}\boldsymbol{\varepsilon}\rangle$,

$$E_\beta - E_\alpha > 0 \,. \tag{4.78}$$

Consequently, the atom A can only go from a state $|i\rangle$ to another state $|l\rangle$ such that

$$E_l - E_i = E_\alpha - E_\beta < 0 \,. \tag{4.79}$$

Therefore

$$\Gamma_{i\to l} = 0 \quad \text{if} \quad E_l - E_i > 0 \,. \tag{4.80}$$

By spontaneous emission, an atom can only decay to lower states. The steady state corresponds to the atom in the ground state (thermodynamic equilibrium at $T = 0$). For the same reason [see expression (4.64)]

$$\Gamma_{kl\to ij} = 0 \quad \text{if} \quad E_i - E_k = E_j - E_l > 0 \,. \tag{4.81}$$

As D is an odd operator, it has no diagonal elements in the atomic basis and

$$\Gamma_{ij}^{\text{adiab}} = 0 \,. \tag{4.82}$$

4.2.7. Signification of the Δ_i

Δ_i is the "Lamb shift" of level i due to the coupling of the atom to the electromagnetic field. We will not consider here the problem of the renormalization of the Δ_i's, and will suppose that the Δ_i's are incorporated in the atomic Hamiltonian. Let us just remark that we have not used r.w.a. and that the master equation approach gives simultaneously the Lamb shifts of the two states e and g of an atomic transition. This is not the case in the Wigner-Weisskopf approach where the Lamb shift of the final state is more difficult to derive.

4.3. Explicit form of the master equation describing spontaneous emission in some particular cases

4.3.1. Two-level atom. $E_e - E_g = \hbar\omega_0$

Let us put: $\Gamma_{e\to g} = \Gamma$. We have seen that $\Gamma_{g\to e} = 0$ and that $\Gamma_{eg}^{\text{adiab}} = 0$, so that the master equation can be written

$$\dot{\sigma}_{ee} = -\Gamma\sigma_{ee}\,, \qquad \dot{\sigma}_{eg} = -i\omega_0\,\sigma_{eg} - \tfrac{1}{2}\Gamma\sigma_{eg}\,,$$

$$\dot{\sigma}_{gg} = \Gamma\sigma_{ee}\,, \qquad \dot{\sigma}_{ge} = (\dot{\sigma}_{eg})^* = i\omega_0\sigma_{ge} - \tfrac{1}{2}\Gamma\sigma_{ge}\,. \tag{4.83}$$

Spontaneous emission is sometimes described by a "non-hermitian Hamiltonian" obtained by just adding an imaginary term, $-\frac{1}{2}i\Gamma$, to the unperturbed energy of e. Let us remark that it is impossible, with such an approach, to derive the second equation (4.83) which describes the transfer of atoms from e to g.

If we consider the fictitious spin $\frac{1}{2}\boldsymbol{S}$ associated with this two-level problem, we have

$$\langle S_z\rangle = \tfrac{1}{2}(\sigma_{ee} - \sigma_{gg})\,, \quad \langle S_+\rangle = \sigma_{ge}\,, \quad \langle S_-\rangle = \sigma_{eg}\,, \tag{4.84}$$

so that the master equation can also be written as

$$\langle \dot{S}_z\rangle = -\Gamma(\langle S_z\rangle + \tfrac{1}{2})\,, \quad \langle \dot{S}_\pm\rangle = -\tfrac{1}{2}\Gamma\langle S_\pm\rangle \pm i\omega_0\langle S_\pm\rangle\,. \tag{4.85}$$

We have used $\sigma_{ee} + \sigma_{gg} = 1$ for the first equation. This equation means that $\langle S_z\rangle$ reaches its steady state value, $-\frac{1}{2}$, corresponding to the spin in the $|-\rangle$ state, with a rate Γ. The second equation means that $\langle S_\pm\rangle$ are damped to zero with a rate $\frac{1}{2}\Gamma$.

4.3.2. Harmonic oscillator

As the matrix elements of $D = eX$ are non-zero only between two adjacent states $|n\rangle$ and $|n-1\rangle$ and are proportional to $\sqrt{n}$, we have

$$\Gamma_{n\to m} = n\Gamma\delta_{m,n-1}\,, \tag{4.86}$$

where

$$\Gamma = \Gamma_{1\to 0}\,.$$

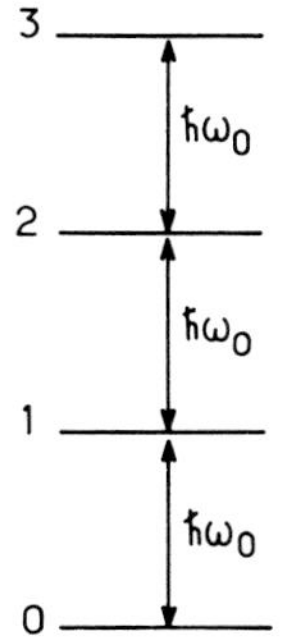

Fig. 19.

As the levels are equidistant, we have a coupling between σ_{pq} and σ_{mn} when $p - q = m - n$. Using (4.64), we immediately find that $\Gamma_{pq\to mn}$ is proportional to the product of the matrix elements of X between p and m, and between q and n. Furthermore, as m must be lower than p, we have

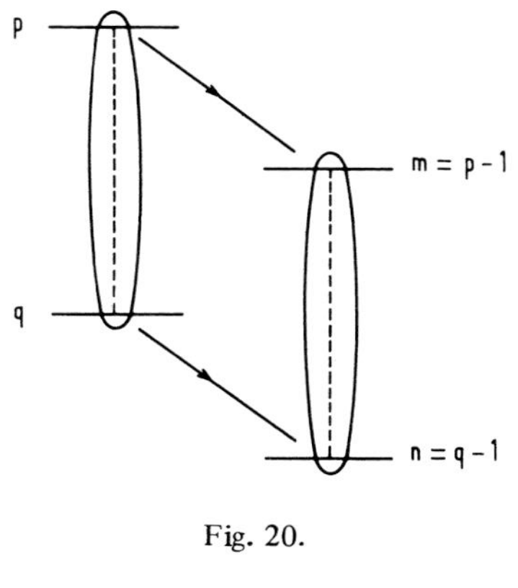

Fig. 20.

$$\Gamma_{pq\to mn} = \sqrt{pq}\,\Gamma\,\delta_{m,p-1}\,\delta_{n,q-1}\,. \tag{4.87}$$

Finally, we get the following master equation:

$$\begin{aligned}\dot{\sigma}_{n,n} &= -n\Gamma\sigma_{n,n} + (n+1)\Gamma\sigma_{n+1,n+1}\,,\\ \dot{\sigma}_{m,n} &= -i(m-n)\omega_0\sigma_{m,n}\\ &\quad -\tfrac{1}{2}(m+n)\Gamma\sigma_{m,n} + \sqrt{(m+1)(n+1)}\,\Gamma\sigma_{m+1,n+1}\,.\end{aligned} \tag{4.88}$$

We now show from (4.88) that the mean energy $\langle H\rangle - \frac{1}{2}\hbar\omega$, $\langle a\rangle$, $\langle a^+\rangle$ are damped with rates equal to Γ, $\frac{1}{2}\Gamma$, $\frac{1}{2}\Gamma$, respectively.

Evolution of $\langle H\rangle - \frac{1}{2}\hbar\omega = \hbar\omega\Sigma_{n=0}^{\infty}\, n\sigma_{n,n}$. Using (4.88), we get

$$\sum_{n=0}^{\infty} n\dot{\sigma}_{nn} = \Gamma\left[-\sum_{n=0}^{\infty} n^2\sigma_{nn} + \sum_{n=0}^{\infty} n(n+1)\sigma_{n+1,n+1}\right]. \tag{4.89}$$

But

$$\begin{aligned}\sum_{n=0}^{\infty} n(n+1)\sigma_{n+1,n+1} &= \sum_{n=0}^{\infty} [(n+1)^2 - (n+1)]\sigma_{n+1,n+1}\\ &= \sum_{n=1}^{\infty} (n^2-n)\sigma_{nn} = \sum_{n=0}^{\infty} (n^2-n)\sigma_{nn}\,,\end{aligned}$$

so that

$$\sum_{n=0}^{\infty} n\dot{\sigma}_{nn} = -\Gamma\sum_{n=0}^{\infty} n\sigma_{nn}\,,$$

which may be written as

$$\frac{\mathrm{d}}{\mathrm{d}t}(\langle H\rangle - \tfrac{1}{2}\hbar\omega) = -\Gamma(\langle H\rangle - \tfrac{1}{2}\hbar\omega)\,. \tag{4.90}$$

Evolution of $\langle a^+\rangle = \Sigma_{n=1}^{\infty}\sqrt{n}\,\sigma_{n-1,n}$. Using (4.88), we get

$$\sum_{n=1}^{\infty} \sqrt{n}\,\dot{\sigma}_{n-1,n} = i\omega_0\left(\sum_{n=1}^{\infty} \sqrt{n}\,\sigma_{n-1,n}\right)$$

$$+\,\Gamma\left[-\sum_{n=1}^{\infty} \tfrac{1}{2}(2n-1)\sqrt{n}\,\sigma_{n-1,n} + \sum_{n=1}^{\infty} n\sqrt{n+1}\,\sigma_{n,n+1}\right]. \qquad (4.91)$$

But,

$$\sum_{n=1}^{\infty} n\sqrt{n+1}\,\sigma_{n,n+1} = \sum_{n=0}^{\infty} n\sqrt{n+1}\,\sigma_{n,n+1} = \sum_{n=1}^{\infty} (n-1)\sqrt{n}\,\sigma_{n-1,n}\,.$$

The second line of (4.91) can therefore be written as

$$-\Gamma \sum_{n=1}^{\infty} \sqrt{n}\,\sigma_{n-1,n}\,\underbrace{[\tfrac{1}{2}(2n-1)-(n-1)]}_{\frac{1}{2}} = -\tfrac{1}{2}\Gamma \sum_{n=1}^{\infty} \sqrt{n}\,\sigma_{n-1,n}\,.$$

Finally, we have

$$\frac{\mathrm{d}}{\mathrm{d}t}\langle a^+\rangle = (i\omega_0 - \tfrac{1}{2}\Gamma)\langle a^+\rangle\,, \qquad (4.92a)$$

and consequently

$$\frac{\mathrm{d}}{\mathrm{d}t}\langle a\rangle = (-i\omega_0 - \tfrac{1}{2}\Gamma)\langle a\rangle\,. \qquad (4.92b)$$

As $\langle X\rangle$ and $\langle P\rangle$ are linear combinations of $\langle a\rangle$ and $\langle a^+\rangle$, we also conclude that $\langle X\rangle$ and $\langle P\rangle$ are damped by spontaneous emission to zero with a rate $\frac{1}{2}\Gamma$. These results clearly show the importance of the coupling coefficients $\Gamma_{m+1\ n+1\to m,n}$. If we forget these terms in (4.88), we are tempted to consider that σ_{mn} is damped with a rate $\frac{1}{2}(m+n)\Gamma$. Such a mistake would lead us to the prediction that, the higher the initial excitation of the oscillator, the faster is the damping of $\langle X\rangle$. In fact the coherence which leaves the couple of states $m+1, n+1$ is not lost; it is transferred partially to m, n and this explains why the damping of $\langle X\rangle$ is independent of the initial excitation, and consequently why the spectral distribution of the light emitted by the oscillator has a width Γ independent of the initial state.

4.3.3. Dressed atom of § 2.2.3

We come back to the dressed atom studied in § 2.2.3, and we study what happens for a strong resonant irradiation ($\omega_L = \omega_0, \omega_1 \gg \Gamma$). What we have neglected in § 2.2.3.2 is the transfer of coherence from one pair of levels to another one corresponding to the same Bohr frequency, $\omega_0 + \omega_1$, ω_0, $\omega_0 - \omega_1$. As we suppose $\omega_1 \gg \Gamma$ we can, because of the secular approximation, neglect any coupling between ω_0 and $\omega_0 \pm \omega_1$, $\omega_0 + \omega_1$ and $\omega_0 - \omega_1$. The important transfers are represented below (fig. 21). The numbers near the arrows are the matrix elements of D between the two connected levels which may be calculated from the wave functions given in fig. 13. Remember that $\Gamma = [\langle g|D|e\rangle]^2 \sim d^2$.

Let us recall that we have established that the total transition rate from any level is the same and equal to $\frac{1}{2}\Gamma$. So the rate of disparition of any coherence is $\frac{1}{2}(\frac{1}{2}\Gamma + \frac{1}{2}\Gamma) = \frac{1}{2}\Gamma$. Let us now calculate the transfer of coherence corresponding to figs. 21a, b, c, d, and which were neglected above in § 2.2.3. We have just to multiply the two numbers shown near the arrows for a given transfer and use $d^2 \sim \Gamma$.

If we put

$$\langle \psi_n^{\epsilon} | \sigma | \psi_{n'}^{\epsilon'} \rangle = \sigma_{nn'}^{\epsilon\epsilon'} , \tag{4.93}$$

we get

$$\text{fig. a} \rightarrow \frac{\mathrm{d}}{\mathrm{d}t} \sigma_{n,n-1}^{+-} = -i(\omega_0 + \omega_1)\sigma_{n,n-1}^{+-} - \tfrac{1}{2}\Gamma\sigma_{n,n-1}^{+-} - \tfrac{1}{4}\Gamma\sigma_{n+1,n}^{+-} ,$$

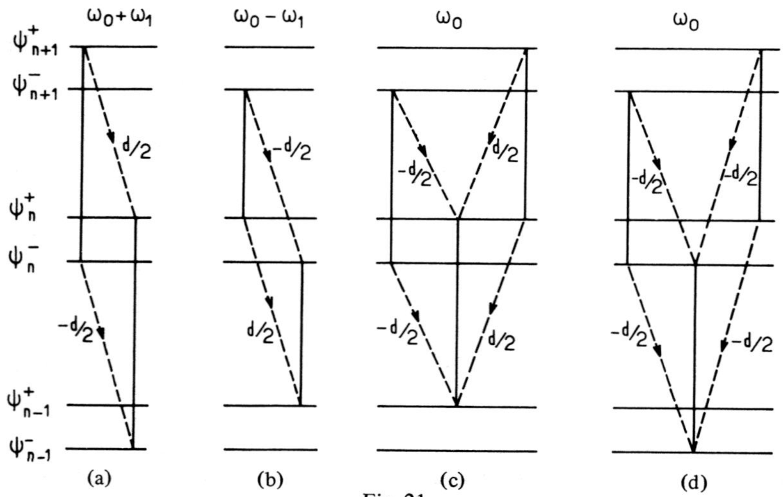

Fig. 21.

$$\text{fig. b} \rightarrow \frac{\mathrm{d}}{\mathrm{d}t}\sigma^{-+}_{n,n-1} = -i(\omega_0-\omega_1)\sigma^{-+}_{n,n-1} - \tfrac{1}{2}\Gamma\sigma^{-+}_{n,n-1} - \tfrac{1}{4}\Gamma\sigma^{-+}_{n+1,n},$$

$$\text{fig. c} \rightarrow \frac{\mathrm{d}}{\mathrm{d}t}\sigma^{++}_{n,n-1} = -i\omega_0\sigma^{++}_{n,n-1} - \tfrac{1}{2}\Gamma\sigma^{++}_{n,n-1} + \tfrac{1}{4}\Gamma\sigma^{++}_{n+1,n} + \tfrac{1}{4}\Gamma\sigma^{--}_{n+1,n},$$

$$\text{fig. d} \rightarrow \frac{\mathrm{d}}{\mathrm{d}t}\sigma^{--}_{n,n-1} = -i\omega_0\sigma^{--}_{n,n-1} - \tfrac{1}{2}\Gamma\sigma^{--}_{n,n-1} + \tfrac{1}{4}\Gamma\sigma^{++}_{n+1,n} + \tfrac{1}{4}\Gamma\sigma^{--}_{n+1,n}. \tag{4.94}$$

Subtracting the two last equations, we get

$$\frac{\mathrm{d}}{\mathrm{d}t}(\sigma^{++}_{n,n-1} - \sigma^{--}_{n,n-1}) = (-i\omega_0 - \tfrac{1}{2}\Gamma)(\sigma^{++}_{n,n-1} - \sigma^{--}_{n,n-1}). \tag{4.95}$$

Let us now use eqs. (4.94) and (4.95) for determining the damping rates of the components of $\langle D\rangle$ oscillating at $\omega_0+\omega_1$, $\omega_0-\omega_1$, ω. We get for the negative frequency parts

$$\langle D(\omega_0+\omega_1)\rangle = -\tfrac{1}{2}d\sum_n \sigma^{+-}_{n,n-1},$$

$$\langle D(\omega_0-\omega_1)\rangle = -\tfrac{1}{2}d\sum_n \sigma^{-+}_{n,n-1},$$

$$\langle D(\omega_0)\rangle = \tfrac{1}{2}d\sum_n (\sigma^{++}_{n,n-1} - \sigma^{--}_{n,n-1}). \tag{4.96}$$

Using (4.94), we immediately find for the damping

$$\frac{\mathrm{d}}{\mathrm{d}t}\sum_n \sigma^{+-}_{n,n-1} = -\tfrac{1}{2}\Gamma\sum_n \sigma^{+-}_{n,n-1} \underbrace{-\tfrac{1}{4}\Gamma\sum_n \sigma^{+-}_{n+1,n}}_{\simeq -\frac{1}{4}\Gamma\sum_n \sigma^{+-}_{n,n-1}} = -\tfrac{3}{4}\Gamma\sum_n \sigma^{+-}_{n,n-1}, \tag{4.97}$$

and in the same way

$$\frac{\mathrm{d}}{\mathrm{d}t}\sum_n \sigma^{-+}_{n,n-1} = -\tfrac{3}{4}\Gamma\sum_n \sigma^{-+}_{n,n-1}. \tag{4.98}$$

From (4.97), (4.98), (4.95) and (4.96) we conclude that the damping rate of $\langle D(\omega_0+\omega_1)\rangle$ is $\frac{3}{4}\Gamma$; that of $\langle D(\omega_0-\omega_1)\rangle$ is $\frac{3}{4}\Gamma$, and that of $\langle D(\omega_0)\rangle$ is $\frac{1}{2}\Gamma$.

We see now that the spectrum given in fig. 14 is not quantitatively correct: the two sidebands have a width which is not equal to $2 \times \frac{1}{2}\Gamma = \Gamma$ but to $2 \times \frac{3}{4}\Gamma = \frac{3}{2}\Gamma$. As the height is inversely proportional to the width, we see that the height must be reduced by a factor $(\frac{1}{2}\Gamma)/(\frac{3}{4}\Gamma) = \frac{2}{3}$. So the two sidebands have a half-width $\frac{3}{4}\Gamma$ and a height three times smaller than the height of the central component.

We will derive again this result in a next section by calculating the correlation function of the dipole. But we see how the transfer of coherences in the master equation approach can describe the effect of interferences between cascades discussed in § 2.2.3.

4.3.4. Atomic transition between two states e and g of angular momentum J_e and J_g [9,10,22]

The atomic density matrix has the following form:

σ_{ee}	σ_{eg}
σ_{ge}	σ_{gg}

Fig. 22.

The Zeeman sublevels of a are called $|J_e, m_e\rangle$ $(-J_e \leqslant m_e \leqslant J_e)$, those of g are called $|J_g, m_g\rangle$ $(-J_g \leqslant m_g \leqslant J_g)$; σ_g is a $(2J_g + 1) \times (2J_g + 1)$ matrix, σ_e a $(2J_e + 1) \times (2J_e + 1)$ matrix; σ_{eg} has $2J_e + 1$ rows and $2J_g + 1$ columns; $\sigma_{ge} = \sigma_{eg}^+$. The diagonal elements $\sigma_{m_e m_e}$ and $\sigma_{m_g m_g}$ of σ_e and σ_g are the populations of the Zeeman sublevels of e and g. The off-diagonal elements $\sigma_{m_e m_e'}$ and $\sigma_{m_g m_g'}$ of σ_e and σ_g are called "Zeeman coherences".

σ_{eg} consists only of off-diagonal elements $\sigma_{m_e m_g}$ which are called "*optical coherences*". Because of the secular approximation $(\omega_0 \gg \Gamma)$, σ_e is only coupled to σ_e and not to σ_{eg} (σ_e is not coupled to σ_g because $\Gamma_{g \to e} = 0$; see (4.80)); σ_g is coupled to σ_e, σ_{eg} is coupled to σ_{eg}.

Because V is a sum of products of atomic and field operators (see (4.65)) we must replace in (4.27) $G(\tau)$ by $G_{ab}(\tau)$ and the two A operators by D_a and D_b and sum over a and b. But as G_{ab} contains δ_{ab} (see (4.74)), we have just to add a subscript a to the two D operators and to sum over a.

(i) Damping of σ_e. From the previous remark and eq. (4.27), we get for the damping term of σ_e

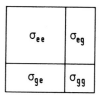

$$\frac{d\sigma_e}{dt} = -\frac{1}{\hbar^2}\sum_a \int_0^\infty G_{aa}(\tau) P_e D_a P_g \, e^{-iH_A\tau/\hbar} D_a \, e^{iH_A\tau/\hbar} P_e \sigma_e \, d\tau$$

$$+ \text{hermit. conj.}\,, \qquad (4.99)$$

where P_e and P_g are the projectors into e and g. Using

$$P_g \, e^{-iH_A\tau/\hbar} D_a \, e^{iH_A\tau/\hbar} P_e = e^{i\omega_0\tau} P_g D_a P_e \,,$$

$$P_e \, e^{-iH_A\tau/\hbar} D_a \, e^{+iH_A\tau/\hbar} P_e = e^{-i\omega_0\tau} P_e D_a P_g \,, \qquad (4.100)$$

(we suppose that e and g are degenerate, i.e. that there is no magnetic field), we get

$$\frac{d}{dt}\sigma_e = -\frac{1}{\hbar^2}\sum_a \int_0^\infty G_{aa}(\tau) P_e D_a P_g D_a P_e \, \sigma_e(t) e^{i\omega_0\tau} \, d\tau$$

$$+ \text{hermit. conjug.} \qquad (4.101)$$

$G_{aa}(\tau)$ does not depend on a (see (4.74)). The operator $\Sigma_a P_e D_a P_g D_a P_e$ is obviously scalar in the e space (the scalar product $\Sigma_a D_a D_a$ is scalar and P_g is also scalar). One easily finds

$$\sum_a P_e D_a P_g D_a P_e = \frac{1}{2J_e + 1} |\langle e \| D \| g \rangle|^2 P_e \,, \qquad (4.102)$$

where $\langle e \| D \| g \rangle$ is the reduced matrix element of $\boldsymbol{D}$ between e and g.

Using expression (4.74) of $G_{aa}(\tau)$, integrating over τ, we get

$$\frac{d\sigma_e}{dt} = -\Gamma_{e\to g}\,\sigma_e \,, \qquad (4.103)$$

where Γ is a number given by (q is the charge of the electron: $\boldsymbol{D} = q\boldsymbol{r}$),

$$\Gamma_{e\to g} = \frac{2\pi}{\hbar}\frac{q^2}{\epsilon_0}\left(\frac{1}{2J_e + 1}\right)^2 |\langle e \| r \| g \rangle|^2 \frac{\omega_0^3}{(2\pi c)^3} \,. \qquad (4.104)$$

We note that all matrix elements of σ_e are damped at the same rate. This is due to the *isotropy of spontaneous emission.* The atom interacts with all modes of the electromagnetic field, having all wave vectors and all polarizations.

(ii) Damping of σ_{eg}. We always start from (4.27) and get

$$\frac{\mathrm{d}\sigma_{eg}}{\mathrm{d}t} = -i\omega_0\sigma_{eg} - \frac{1}{\hbar^2}\sum_a \int_0^\infty P_e D_a P_g D_a P_e \sigma_{eg} G_{aa}(\tau) \mathrm{e}^{i\omega_0\tau} \mathrm{d}\tau$$

$$-\frac{1}{\hbar^2}\sum_a \int_0^\infty \sigma_{eg} P_g D_a P_e D_a P_g G^*_{aa}(\tau) \mathrm{e}^{-i\omega_0\tau} \mathrm{d}\tau \,, \tag{4.105}$$

from which we derive, using (4.74), (4.102) and (4.104),

$$\frac{\mathrm{d}}{\mathrm{d}t}\sigma_{eg} = (-i\omega_0 - \tfrac{1}{2}\Gamma_{e\to g})\sigma_{eg} \tag{4.106}$$

(remember we have included the Lamb shift in H_A).

(iii) Evolution of σ_g. The same calculations give

$$\frac{\mathrm{d}}{\mathrm{d}t}\sigma_g = \frac{1}{\hbar^2}\int_0^\infty \mathrm{d}\tau \sum_a G_{aa}(\tau) P_g D_a P_e \sigma_e(t) P_e D_a P_g \,\mathrm{e}^{i\omega_0\tau}$$

$$+ \text{hermit. conjug.} \,, \tag{4.107}$$

which can be transformed into

$$\frac{\mathrm{d}}{\mathrm{d}t}\sigma_g = \frac{2}{\hbar^2}\left(\mathcal{R}e \int_0^\infty G(\tau)\mathrm{e}^{i\omega_0\tau}\mathrm{d}\tau\right) \sum_a P_g D_a P_e \sigma_e(t) P_e D_a P_g \,. \tag{4.108}$$

If we introduce the standard components of $\boldsymbol{D}$,

$$D_{+1} = -\sqrt{\tfrac{1}{2}}(D_x + iD_y), \quad D_0 = D_z \,, \quad D_{-1} = \sqrt{\tfrac{1}{2}}(D_x - iD_y) \,, \tag{4.109}$$

we can write

$$\sum_{a=x,y,z} P_g D_a P_e \sigma_e P_e D_a P_g$$

$$= \sum_{q=-1,0,+1} (-1)^q P_g D_q P_e \sigma_e P_e D_{-q} P_g \,. \tag{4.110}$$

Using the Wigner-Eckart theorem,

$$\langle J_e, m_e | D_q | J_g, m_g \rangle = \frac{1}{\sqrt{2J_e+1}} \langle e \| D \| g \rangle \langle J_e, m_e | J_g, 1, m_g, q \rangle, \quad (4.111)$$

where

$$\langle J_e, m_e | J_g, 1, m, q \rangle$$

is a Clebsch-Gordan coefficient, we get after simple calculations

$$\frac{\mathrm{d}}{\mathrm{d}t} \sigma_{m_g m_g'} = \Gamma_{e\to g} \sum_{q=-1,0,+1} \sigma_{m_e=m_g+q, m_e'=m_g'+q}$$

$$\times \langle J_e, m_{g+q} | J_g, 1, m_g, q \rangle \langle J_e, m_g' + q | J_g, 1, m_g', q \rangle . \quad (4.112)$$

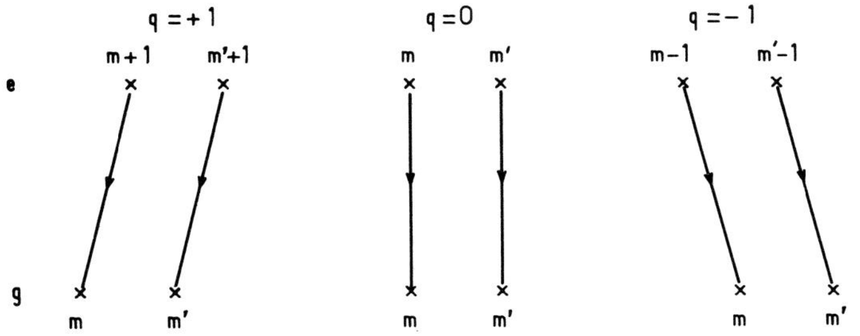

Fig. 23.

The different arrows represent Clebsch-Gordan coefficients, the product of which appears in the transfer coefficients.

Examples. (i) $J_e = 1 \to J_g = 0$ transition (we put $\Gamma = \Gamma_{e\to g}$)

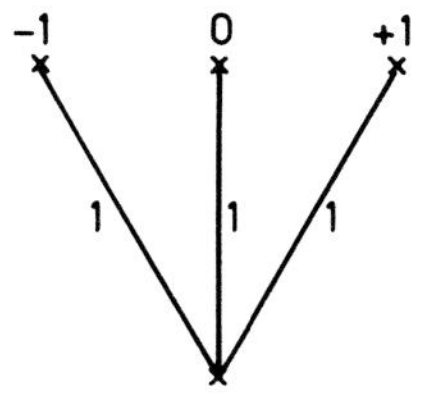

Fig. 24.

$$\frac{d\sigma_e}{dt} = -\Gamma\sigma_e \,, \qquad \frac{d\sigma_{eg}}{dt} = -\tfrac{1}{2}\Gamma\sigma_{eg} \,,$$

$$\frac{d}{dt}\,\sigma^g_{00} = \Gamma(\sigma^e_{+1,+1} + \sigma^e_{00} + \sigma^e_{-1,-1}) \,. \tag{4.113}$$

(ii) $J_e = \frac{1}{2} \to J_g = \frac{1}{2}$ transition

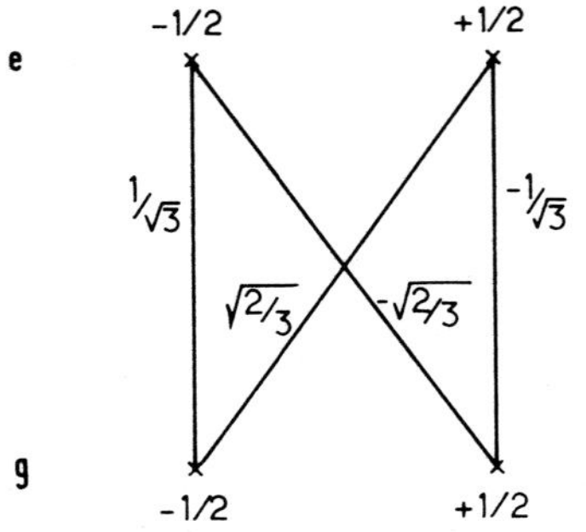

Fig. 25.

$$\frac{d\sigma_e}{dt} = -\Gamma\sigma_e \,, \qquad \frac{d}{dt}\,\sigma_{eg} = -\tfrac{1}{2}\Gamma\sigma_{eg} \,,$$

$$\frac{d}{dt}\,\sigma^g_{++} = \Gamma(\tfrac{1}{3}\sigma^e_{++} + \tfrac{2}{3}\sigma^e_{--}) \,,$$

$$\frac{d}{dt}\,\sigma^g_{--} = \Gamma(\tfrac{1}{3}\sigma^e_{--} + \tfrac{2}{3}\sigma^e_{++}) \,,$$

$$\frac{d}{dt}\,\sigma^g_{+-} = -\Gamma\,\tfrac{1}{3}\sigma^e_{+-} \,. \tag{4.114}$$

Here again, note the isotropy of spontaneous emission. Populations of σ_g are only coupled to populations of σ_e, Zeeman coherence of σ_g is only coupled to Zeeman coherence of σ_e.

Remarks. (i) If g is not the ground state, the transfer from e to g described by eq. (4.112) remains unchanged. In (4.103), $\Gamma_{e\to g}$ must be replaced by $\Gamma_e = \Sigma_j \Gamma_{e\to j}$, and in (4.106) by $\frac{1}{2}(\Gamma_e + \Gamma_g)$ where $\Gamma_g = \Sigma_l \Gamma_{g\to l}$.

(ii) The master equation describing spontaneous emission can be expanded on a set of irreducible tensor operators [22].

4.3.5. Angular momentum. Connection with superradiance [20]

Let us consider an ensemble of $2N$ identical atoms. If $\boldsymbol{S}_i$ is the fictitious spin-$\frac{1}{2}$ associated with atom i, the atomic Hamiltonian H_a may be written as

$$H_\mathrm{a} = \sum_{i=1} \omega_0 S_z^i = \omega_0 S_z \,, \tag{4.115}$$

with

$$\boldsymbol{S} = \sum_{i=1}^{2N} \boldsymbol{S}_i \,. \tag{4.116}$$

It looks like the Hamiltonian of angular momentum $\boldsymbol{S}$ in a static magnetic field parallel to $0z$. Suppose now that the $2N$ atoms are in a volume small compared to the cube of the wavelength. As we can neglect the variations of $\exp(i\boldsymbol{k} \cdot \boldsymbol{R}_i)$ from one atom to another the interaction Hamiltonian of these $2N$ atoms with a mode of the electromagnetic field may be rewritten as

$$V \sim \sum_i (S_+^i a + S_-^i a^+) = S_+ a + S_- a^+ \,. \tag{4.117}$$

It looks like the interaction Hamiltonian of angular momentum $\boldsymbol{S}$ with the same electromagnetic field. Suppose that we start with all atoms in the upper state. The initial state is the completely symmetric vector

$$|\underbrace{+\,+, \,\ldots\, +}_{2N}\rangle = |J = 2N, M = J\rangle \,. \tag{4.118}$$

As H_a and V are symmetric, the state vector remains completely symmetric at any later time, i.e. remains in the $J = 2N$ subspace. We have therefore the following simple result: Spontaneous emission from a system of $2N$ identical atoms, initially excited and contained in a volume small compared to λ^3 is a problem mathematically equivalent to the spontaneous emission of an angular momentum $J = 2N$ starting from its upper level $|J, M = J\rangle$. Applying the general expressions (4.48) and (4.64) we get for an angular momentum $J = 2N$

$$\Gamma_{M \to N} = \Gamma \delta_{N,M-1} \,[J(J+1) - M(M-1)] \,, \tag{4.119}$$

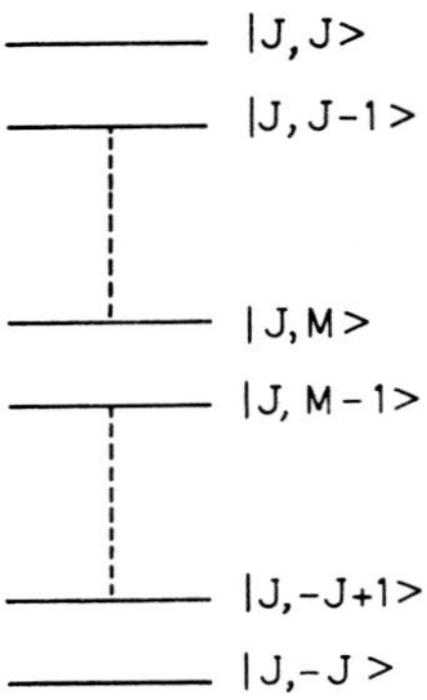

Fig. 26.

$$\Gamma_{PQ\to MN} = \Gamma\,\delta_{M,P-1}\,\delta_{N,Q-1}$$

$$\times \sqrt{[J(J+1) - P(P-1)]\,[J(J+1) - Q(Q-1)]}\,, \tag{4.120}$$

where Γ is a constant. We will not write down the master equation in such a case (let us just mention that $\langle J_z \rangle$ and $\langle J_\pm \rangle$ are not eigenvectors of this equation), but we will restrict ourselves to a qualitative discussion. According to (4.119), we see that, when $M \sim J = 2N$,

$$\Gamma_{M\to M-1} \sim \Gamma J \sim 2N\Gamma\,. \tag{4.121}$$

At the beginning of the decay of the $2N$ atoms, the decay rate is proportional to $2N$. When $M \sim 0$, i.e. when half of the initial excitation has been radiated, we see from (4.119) that

$$\Gamma_{M\to M-1} \sim \Gamma J^2 \sim 4N^2\Gamma\,. \tag{4.122}$$

The radiation rate is considerably higher. Finally, when $M = -J$, all atoms are in the lower state and the system does not radiate any longer.

We expect therefore that, as a function of time, the radiation is not emitted at a constant rate, but as a short burst.

The total area under the curve of fig. 27 is of course proportional to N (initial total energy). As the height of the maximum is proportional to N^2, we expect that the width of the superradiant pulse is proportional to $1/N$.

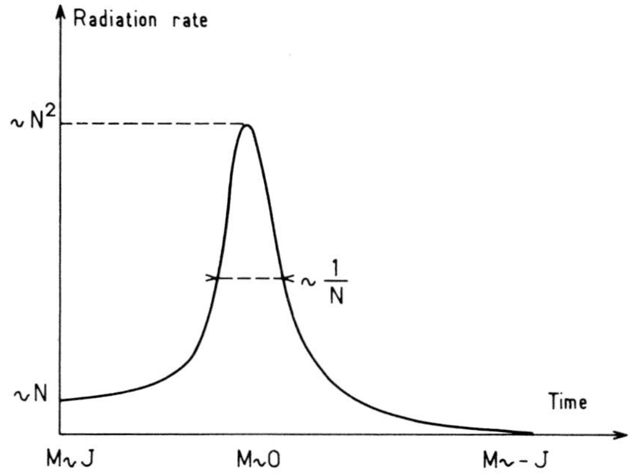

Fig. 27.

5. Master equation describing the interaction with a light beam in two particular cases

5.1. Coherent monochromatic light beam

5.1.1. How to describe spontaneous emission in presence of a light beam

Let us come back to figs. 13 and 21. If $\omega_1 \ll \omega_0$, we can, when we calculate the transition rate between two levels of the dressed atom, consider that the density of final states of the spontaneously emitted photons is the same for the three frequencies ω_0, $\omega_0 + \omega_1$, $\omega_0 - \omega_1$. From (4.74), we see that this density is proportional to ω^3, so that this approximation is equivalent to

$$\omega^3 \sim (\omega_0 + \omega_1)^3 \sim (\omega_0 - \omega_1)^3 , \qquad \text{when } \omega_1 \ll \omega_0 . \tag{5.1}$$

This means that, when studying spontaneous emission, we can neglect the splittings which appear as a consequence of the coupling with the light beam, if these splittings are sufficiently small compared to the optical frequency. In other words, we can add independently in the master equation the terms describing spontaneous emission (which have been calculated in sect. 4) and those which describe the coupling with the light beam.

Physically, condition $\omega_1 \ll \omega_0$ means that $1/\omega_1 \gg 1/\omega_0 > \tau_C$, i.e. that the correlation time of the vacuum fluctuations is much shorter than the characteristic time $1/\omega_1$ of the coupling between the atoms and the laser beam.

During the correlation time τ_C of an elementary spontaneous emission process, we can therefore neglect this coupling. Between two spontaneous emission processes, separated by times of the order of $1/\Gamma$, this coupling plays an important role and we must, of course, take it into account by adding the corresponding terms in the master equation.

The same argument shows that, if there is a magnetic field giving rise to a Zeeman splitting ω_Z, and if $\omega_Z \ll \omega_0$, we have just to add the terms $(1/i\hbar)[H_Z, \sigma_e]$, $(1/i\hbar)[H_Z, \sigma_g]$, $(1/i\hbar)[H_Z, \sigma_{eg}]$ to the three equations (4.103), (4.112), (4.106) (H_Z being the Zeeman Hamiltonian).

5.1.2. Classical treatment of the light beam

To simplify, we will adopt a classical treatment of the incident light beam. It can be shown that this leads to the same results as a quantum treatment. We will call $\mathcal{E}\,\hat{\epsilon}_0 \cos \omega_L t$ the incident electric field of frequency ω_L, polarization $\hat{\epsilon}_0$, amplitude $\mathcal{E}$. In the rotating wave approximation, the coupling with the atom is described by the following interaction Hamiltonian:

$$2V = -\mathcal{E}\,\hat{\boldsymbol{\varepsilon}}_0 \cdot \boldsymbol{D}_{eg}\, \mathrm{e}^{-i\omega_L t} - \mathcal{E}^*\hat{\boldsymbol{\varepsilon}}_0^* \cdot \boldsymbol{D}_{ge}\, \mathrm{e}^{i\omega_L t} . \tag{5.2}$$

We suppose that the light beam is in resonance (or quasi-resonance) with an atomic transition $e \to g$ connecting two levels of angular momentum J_e and $J_g \cdot \boldsymbol{D}_{eg}$ represents $P_e \boldsymbol{D} P_g$ where $\boldsymbol{D}$ is the atomic dipole operator and P_e and P_g are the projectors into e and g.

5.1.3. Generalized Bloch equations [23,24]

$(\mathrm{d}/\mathrm{d}t)\sigma$ is given by a sum of three terms describing

(i) Free evolution due to the atomic (H_a) and Zeeman (H_Z) Hamiltonians

$$-\frac{i}{\hbar}\,[H_a, \sigma] - \frac{i}{\hbar}\,[H_Z, \sigma] .$$

(ii) Spontaneous emission. Terms calculated in § 4.3.4. To simplify, we will call $\mathcal{T}(\sigma_e)$ the terms appearing in σ_g and describing the transfer from e to g (see eqs. (4.112)).

(iii) Coupling with the light beam, $(-i/\hbar)[V, \sigma]$. We will put

$$\sigma_{eg} = \rho_{eg}\, \mathrm{e}^{-i\omega_L t} , \tag{5.3}$$

(equivalent to the transformation to the rotating reference frame). This eliminates all time dependences in the coefficients of the equations. Finally, we get

$$\frac{d}{dt}\sigma_e = -\frac{i}{\hbar}[H_Z,\sigma_e] \quad -\Gamma\sigma_e \quad +\frac{i}{\hbar}[\mathcal{E}\,\hat{\boldsymbol{\varepsilon}}_0\cdot\boldsymbol{D}_{eg}\rho_{ge} - \mathcal{E}^*\rho_{eg}\,\hat{\boldsymbol{\varepsilon}}_0^*\cdot\boldsymbol{D}_{ge}]\,,$$

$$\frac{d}{dt}\sigma_g = -\frac{i}{\hbar}[H_Z,\sigma_g] \quad +\mathcal{T}(\sigma_e) \quad +\frac{i}{\hbar}[\mathcal{E}^*\hat{\boldsymbol{\varepsilon}}_0^*\cdot\boldsymbol{D}_{ge}\rho_{eg} - \mathcal{E}\rho_{ge}\,\hat{\boldsymbol{\varepsilon}}_0\cdot\boldsymbol{D}_{eg}]\,,$$

$$\frac{d}{dt}\rho_{eg} = i(\omega_L-\omega_0)\rho_{eg} - \frac{i}{\hbar}[H_Z,\rho_{eg}] \quad -\tfrac{1}{2}\Gamma\rho_{eg} \quad +\frac{i}{\hbar}\mathcal{E}[\hat{\boldsymbol{\varepsilon}}_0\cdot\boldsymbol{D}_{eg}\sigma_g - \sigma_e\hat{\boldsymbol{\varepsilon}}_0\cdot\boldsymbol{D}_{eg}]\,. \tag{5.4}$$

free evolution	spontaneous emission	coupling with the light beam

5.1.4. Explicit form of Bloch equations in some particular cases

(i) Two-level atom. We have just to add to eqs. (4.85) the terms describing the coupling with the laser, i.e. the terms describing the Larmor precession around the field $\boldsymbol{B}_1$ of fig. 9 (we also use the transformation to the rotating reference frame, which amounts to change in eq. (4.85) ω_0 by $\omega_0 - \omega_L$). Finally, we get

$$\langle \dot{S}_Z\rangle = \quad -\Gamma(\langle S_Z\rangle + \tfrac{1}{2}) \quad +\tfrac{1}{2}i\omega_1(\langle S_-\rangle - \langle S_+\rangle)\,,$$

$$\langle \dot{S}_\pm\rangle = \pm i(\omega_0-\omega_L)\langle S_\pm\rangle \quad -\tfrac{1}{2}\Gamma\langle S_\pm\rangle \quad \mp i\omega_1\langle S_Z\rangle\,. \tag{5.5}$$

free evolution	spontaneous emission	coupling with the laser

(ii) $J_g = 0 \leftrightarrow J_e = 1$ transition with a σ-polarized excitation. We suppose $\hat{e}_0 = \hat{e}_x$, $0Z$ being the axis of quantization along which the static magnetic

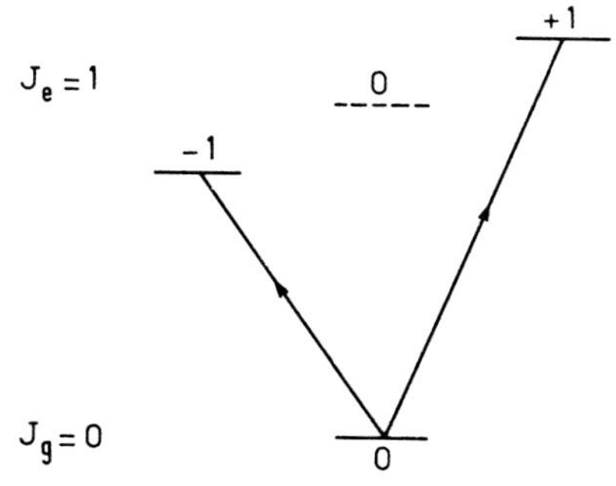

Fig. 28.

field $\boldsymbol{B}_0$ is applied. With this polarization, only sublevels $m = \pm 1$ of the $J_e = 1$ upper state are excited and we can forget the $m = 0$ excited sublevel so that σ takes the following form:

$$\left[\begin{array}{c|c} \sigma_e & \sigma_{eg} \\ \hline \sigma_{ge} & \sigma_g \end{array}\right] = \left[\begin{array}{cc|c} \sigma_{++} & \sigma_{+-} & \sigma_{+0} \\ \sigma_{-+} & \sigma_{--} & \sigma_{-0} \\ \hline \sigma_{0+} & \sigma_{0-} & \sigma_{00} \end{array}\right] \tag{5.6}$$

When explicited, eqs. (5.4) become

$$\begin{array}{lll|l|l}
\dot{\sigma}_{++} & = & & -\Gamma\sigma_{++} & -iv(\rho_{0+}-\rho_{+0})\,, \\
\dot{\sigma}_{--} & = & & -\Gamma\sigma_{--} & +iv(\rho_{0-}-\rho_{-0})\,, \\
\dot{\sigma}_{-+} & = & 2i\Omega_e\sigma_{-+} & -\Gamma\sigma_{-+} & +iv(\rho_{0+}+\rho_{-0})\,, \\
\dot{\sigma}_{00} & = & & +\Gamma(\sigma_{++}+\sigma_{--}) & +iv(\rho_{-0}-\rho_{+0}+\rho_{0+}-\rho_{0-})\,, \\
\dot{\rho}_{0+} & = & i(\omega_0-\omega_\mathrm{L}+\Omega_e)\rho_{0+} & -\frac{1}{2}\Gamma\rho_{0+} & -iv(\sigma_{++}-\sigma_{-+}-\sigma_{00})\,, \\
\dot{\rho}_{0-} & = & i(\omega_0-\omega_\mathrm{L}-\Omega_e)\rho_{0-} & -\frac{1}{2}\Gamma\rho_{0-} & +iv(\sigma_{--}-\sigma_{+-}-\sigma_{00})\,. \\
 & & \text{free evolution} & \text{spontaneous emission} & \text{coupling with the light beam}
\end{array} \tag{5.7}$$

Here Ω_e is the Zeeman frequency in e (the energies of sublevels +1 and −1 are $\omega_0 + \Omega_e$ and $\omega_0 - \Omega_e$); v is a coupling parameter proportional to the product of the atomic dipole moment by the amplitude $\mathcal{E}$ of the light wave. More precisely,

$$v^2 = 3\,\mathcal{E}^2 e^2 f_{ge}/16 m\hbar\omega_0\,, \tag{5.8}$$

where f_{ge} is the oscillator strength of the transition g–e, while e, m are the charge and mass of the electron.

5.2. Broad line excitation [9,10,23,25,26]

As in subsect. 5.1, we add independently in the master equation the terms describing spontaneous emission and the other ones. We also treat classically the incident light beam.

5.2.1. Description of the light beam

The light beam is supposed to result from the superposition of parallel plane waves having all the same polarization $\hat{e}_0$ but different (complex) amplitudes $\mathcal{E}_\mu$ and frequencies ω_μ. The positive frequency part $\boldsymbol{\mathcal{E}}^{(+)}(t)$ of the electric field is given by

$$\hat{e}_0\, \mathcal{E}^{(+)}(t) = \hat{e}_0 \sum_\mu \mathcal{E}_\mu\, \mathrm{e}^{-i\omega_\mu t}\,.$$

Fig. 29 shows the intensities $|\mathcal{E}_\mu|^2$ of the various waves forming the light beam. In the case of a spectral lamp, the frequencies ω_μ of these waves form a continuum. If we have a laser beam, we suppose that the laser oscillates on a great number of modes. In both cases, we will assume that the width Δ of the spectral interval covered by the frequencies ω_μ (see fig. 29) is very large compared to the Doppler width $\Delta\nu_\mathrm{D}$ and the natural width Γ of the atomic line, and that the spacing $\delta\omega$ between modes is small compared to Γ,

$$\Delta \gg \Delta\nu_\mathrm{D}, \Gamma\,, \qquad \delta\omega < \Gamma\,. \tag{5.10}$$

In this case, the different "Bennett holes" burnt by the various modes in the Doppler profile overlap, and it is easy to understand that the response of an atom does not depend on its velocity, so that σ refers to internal variables only.

The relative phases of the various modes are assumed to be random: we have a "free-running" multimode laser and not a "phase locked" one. The instantaneous electric field $\mathcal{E}(t)$ of the light wave (see eq. (5.9)) may be con-

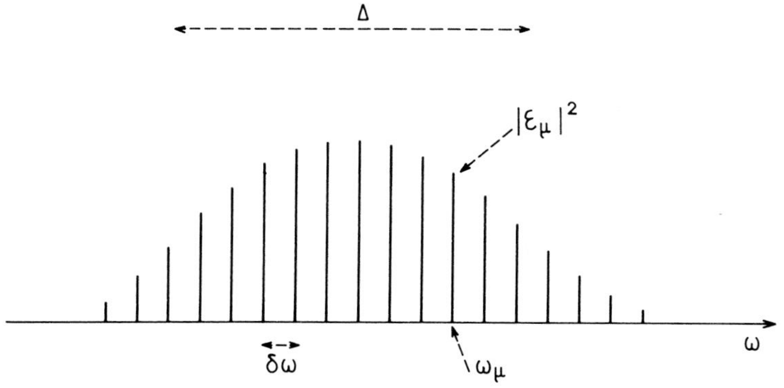

Fig. 29.

sidered as a stationary random function. The correlation function $\overline{\mathcal{E}^{(-)}(t)\,\mathcal{E}^{(+)}(t-\tau)}$ of $\mathcal{E}(t)$ only depends on τ and tends to zero when τ is larger than the correlation time τ_C' of the light wave which is of the order of $1/\Delta$ [27].

Relation between the correlation function of $\mathcal{E}$ and the spectral distribution $I(\omega)$ of the incident light. Putting $\mathcal{E}_\mu = |\mathcal{E}_\mu| e^{i\phi_\mu}$ and assuming that the ϕ_μ's are random, we easily calculate the correlation function of $\mathcal{E}^{(+)}$, $\overline{\mathcal{E}^{(-)}(t)\,\mathcal{E}^{(+)}(t-\tau)}$, and show that it is proportional to the Fourier transform of $I(\omega)$ (Wiener-Khintchine relations; see ref. [19])

$$\overline{\mathcal{E}^{(-)}(t)\,\mathcal{E}^{(+)}(t-\tau)} = \sum_{\mu,\mu'} |\mathcal{E}_\mu||\mathcal{E}_{\mu'}| \overline{e^{i(\phi_{\mu'}-\phi_\mu)}}$$

$$\times\, e^{i\omega_\mu t}\, e^{-i\omega_{\mu'}(t-\tau)} \,. \tag{5.11}$$

But

$$\overline{e^{i(\phi_{\mu'}-\phi_\mu)}} = \delta_{\mu\mu'}$$

so that (5.11) may be written as

$$\overline{\mathcal{E}^{(-)}(t)\,\mathcal{E}^{(+)}(t-\tau)} = \sum_\mu |\mathcal{E}_\mu|^2\, e^{i\omega_\mu\tau} \simeq \int_{-\infty}^{+\infty} d\omega\, I(\omega) e^{i\omega\tau} \,, \tag{5.12}$$

and consequently

$$I(\omega) \simeq \int_{-\infty}^{+\infty} d\tau\, e^{-i\omega\tau}\, \overline{\mathcal{E}^{(-)}(t)\,\mathcal{E}^{(+)}(t-\tau)} \,. \tag{5.13}$$

The strength of the coupling between the atom and the light wave may be characterized by a parameter v which is the product of the atomic electric dipole moment d by an electric field amplitude and which gives an order of magnitude of the evolution frequency of $\tilde{\sigma}$,

$$v = d \cdot [\overline{|\mathcal{E}(t)|^2}]^{1/2} = d \cdot \left[\sum_\mu |\mathcal{E}_\mu|^2 \right]^{1/2} \,. \tag{5.14}$$

5.2.2. "Coarse grained" rate of variation of σ

Let T_p be the time characterizing the evolution of σ under the effect of the coupling with the light beam. We will assume in the following that the intensity is sufficiently low so that T_p is much longer than the correlation time $\tau'_C = 1/\Delta$ of the light wave,

$$T_p \gg \tau'_C = 1/\Delta \,. \tag{5.15}$$

Let us consider a time interval Δt such that

$$T_p \gg \Delta t \gg \tau'_C \,. \tag{5.16}$$

As $\Delta t \ll T_p$, $\tilde{\sigma}(t+\Delta t) - \tilde{\sigma}(t)$ is very small and can be calculated by perturbation theory. We show in this paragraph that the average variation of $\tilde{\sigma}$, $\overline{\tilde{\sigma}(t+\Delta t) - \tilde{\sigma}(t)}$ (the average is taken over all possible values of the random function $\mathcal{E}(t)$) is proportional to Δt and only depends on $\tilde{\sigma}(t)$,

$$\frac{\overline{\tilde{\sigma}(t+\Delta t) - \tilde{\sigma}(t)}}{\Delta t} = \frac{\Delta\tilde{\sigma}(t)}{\Delta t} = \mathcal{F}[\tilde{\sigma}(t)] \,, \tag{5.17}$$

where $\Delta\tilde{\sigma}(t)/\Delta t$ is a "coarse grained" rate of variation of $\tilde{\sigma}$ since we consider the variation of $\tilde{\sigma}$ over an interval Δt longer than the correlation time of the light wave which drives the atoms.

In interaction representation and with the rotating wave approximation, the interaction Hamiltonian $\tilde{V}(t)$ may be written as

$$\tilde{V}(t) = -\mathcal{E}^{(+)}(t)\,\mathrm{e}^{i\omega_0 t}\,\hat{\boldsymbol{\varepsilon}}_0 \cdot \boldsymbol{D}_{eg} - \mathcal{E}^{(-)}(t)\,\mathrm{e}^{-i\omega_0 t}\,\hat{\boldsymbol{\varepsilon}}_0^* \cdot \boldsymbol{D}_{ge} \,. \tag{5.18}$$

Applying perturbation theory, we get

$$\tilde{\sigma}(t+\Delta t) - \tilde{\sigma}(t) = \text{spont. emission terms} \tag{5.19}$$

$$+ \frac{1}{i\hbar}\int_t^{t+\Delta t} \mathrm{d}t'\,[\tilde{V}(t'), \tilde{\sigma}(t)] - \frac{1}{\hbar^2}\int_t^{t+\Delta t} \mathrm{d}t' \int_t^{t'} \mathrm{d}t''\,[\tilde{V}(t'), [\tilde{V}(t''), \tilde{\sigma}(t)]] \,.$$

Let us now take the average over the random function $\mathcal{E}(t)$. As $\tilde{\sigma}(t)$ is driven by $\tilde{V}(t)$, $\tilde{V}(t')$ and $\tilde{\sigma}(t)$ are correlated and we cannot in general consider that

$$\overline{\tilde{V}(t')\,\tilde{\sigma}(t)} = \overline{\tilde{V}(t')}\;\overline{\tilde{\sigma}(t)} \,,$$

$$\overline{\tilde{V}(t')\,\tilde{V}(t'')\,\tilde{\sigma}(t)} = \overline{\tilde{V}(t')\,\tilde{V}(t'')}\;\overline{\tilde{\sigma}(t)} \,, \tag{5.20}$$

except if

$$t' - t \gtrsim \tau_C \,, \qquad t'' - t \gtrsim \tau_C \,. \tag{5.21}$$

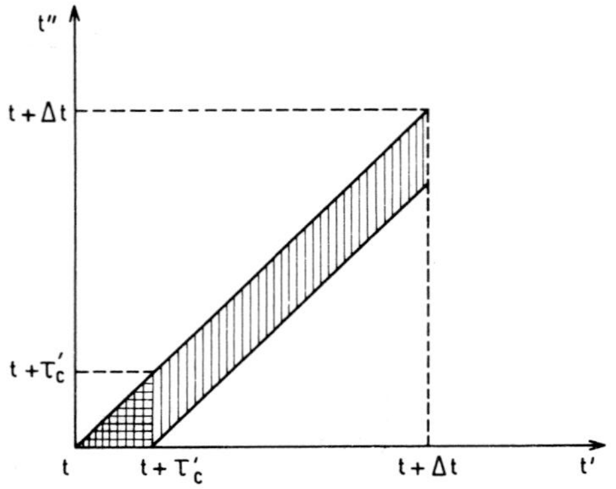

Fig. 30.

But the intervals of variation of t' and t'' in expression (5.19) are $[t, t+\Delta t]$, much longer than τ_C since $\Delta t \gg \tau_C$, so that the error made in writing (5.20) is negligible, of the order of $\tau'_C/\Delta t \ll 1$ according to (5.16) (see fig. 30). It follows that the first term of the second line of (5.19) is zero since $\overline{\tilde{V}(t')} \sim \overline{\mathcal{E}(t')} = 0$.

For evaluating the double integral, we note that $\overline{\tilde{V}(t')\,\tilde{V}(t'')}$ only depends on $\tau = t' - t''$. If we change from the variables $\{t', t''\}$ to the variables $\{\tau = t' - t'', t'\}$, the integral over t' is trivial since the integrand does not depend on t' and gives a multiplicative factor Δt which shows that $\overline{\tilde{\sigma}(t+\Delta t) - \tilde{\sigma}(t)}$ is proportional to Δt. After doing the integral over τ (the upper limit of the integral, Δt, can be extended to $+\infty$ since $\Delta t \gg \tau'_C$), we get a rate equation coupling $\Delta\tilde{\sigma}(t)/\Delta t$ to $\tilde{\sigma}(t)$ [to simplify, we do not write $\overline{\tilde{\sigma}(t)}$ but simply $\tilde{\sigma}(t)$] which we now calculate in detail.

Calculation of $\Delta\tilde{\sigma}_e/\Delta t$. Writing $\boldsymbol{D} = e\boldsymbol{r}$, separating the angular and the radial part of $\boldsymbol{r}$, and putting $\hat{\boldsymbol{r}} = \boldsymbol{r}/r$, $r_{ge} = \langle g \| r \| e \rangle$, we get

$$\frac{\Delta\tilde{\sigma}_e}{\Delta t} = \text{spont. em. terms} - \frac{e^2|r_{eg}|^2}{\hbar^2}$$

$$\times \int_0^{+\infty} \overline{\mathcal{E}^{(+)}(t')\,\mathcal{E}^{(-)}(t'-\tau)}\,\mathrm{e}^{i\omega_0\tau}\,\mathrm{d}\tau\,[(\hat{\boldsymbol{\varepsilon}}_0\cdot\hat{\boldsymbol{r}}_{eg})(\hat{\boldsymbol{\varepsilon}}_0^*\cdot\hat{\boldsymbol{r}}_{ge})\tilde{\sigma}_e(t)$$

$$-(\hat{\boldsymbol{\varepsilon}}_0\cdot\hat{\boldsymbol{r}}_{eg})\tilde{\sigma}_g(t)(\hat{\boldsymbol{\varepsilon}}_0^*\cdot\hat{\boldsymbol{r}}_{ge})] + \text{hermit. conjug.} \qquad (5.22)$$

Using (5.12) and (4.47), we transform the integral over τ into

$$\int_0^{\infty} \mathrm{d}\tau \int_{-\infty}^{+\infty} \mathrm{d}\omega\, I(\omega) \mathrm{e}^{-i(\omega-\omega_0)\tau} = \pi\, I(\omega_0) - i\mathcal{P}\int \frac{I(\omega)\,\mathrm{d}\omega}{\omega - \omega_0}. \tag{5.23}$$

Introducing the two parameters

$$\frac{1}{2T_\mathrm{p}} = \frac{1}{\hbar^2}\,\pi\, I(\omega_0) e^2 |r_{eg}|^2 ,$$

$$\Delta E'/\hbar = \frac{1}{\hbar^2}\,\mathcal{P}\int \frac{I(\omega) e^2 |r_{eg}|^2}{\omega - \omega_0}\,\mathrm{d}\omega , \tag{5.24}$$

and the operator B_e acting inside the e multiplicity,

$$B_e = (\hat{\boldsymbol{\varepsilon}}_0 \cdot \hat{r}_{eg})(\hat{\boldsymbol{\varepsilon}}_0^* \cdot \hat{r}_{ge}) , \tag{5.25}$$

we finally get for $\Delta\tilde{\sigma}_e/\Delta t$,

$$\frac{\Delta\tilde{\sigma}_e}{\Delta t} = \text{spont. em. terms} - \frac{1}{2T_\mathrm{p}}\, \{B_e, \tilde{\sigma}_e(t)\}_+ + i\frac{\Delta E'}{\hbar}\, [B_e, \tilde{\sigma}_e(t)]$$

$$+ \frac{1}{T_\mathrm{p}} (\hat{\boldsymbol{\varepsilon}}_0 \cdot \hat{r}_{eg}) \tilde{\sigma}_g(t) (\hat{\boldsymbol{\varepsilon}}_0^* \cdot \hat{r}_{ge}) , \tag{5.26}$$

where $\{U, V\}_+ = UV + VU$ is the anticommutator of U and V.

Calculation of $\Delta\tilde{\sigma}_g/\Delta t$. Similar calculations give

$$\frac{\Delta\tilde{\sigma}_g}{\Delta t} = \text{spont. em. terms} - \frac{1}{2T_\mathrm{p}}\, \{B_g, \tilde{\sigma}_g(t)\}_+ - \frac{i\Delta E'}{\hbar}\, [B_g, \tilde{\sigma}_g(t)]$$

$$+ \frac{1}{T_\mathrm{p}} (\hat{\boldsymbol{\varepsilon}}_0^* \cdot \hat{r}_{ge}) \tilde{\sigma}_e(t) (\hat{\boldsymbol{\varepsilon}}_0 \cdot \hat{r}_{eg}) , \tag{5.27}$$

where B_g is an operator acting inside g and is given by

$$B_g = (\hat{\boldsymbol{\varepsilon}}_0^* \cdot \hat{r}_{ge})(\hat{\boldsymbol{\varepsilon}}_0 \cdot \hat{r}_{eg}) . \tag{5.28}$$

(Note the change of sign of the $\Delta E'$ term from (5.26) to (5.27).)

Calculation of $\Delta\tilde{\sigma}_{eg}/\Delta t$. Because of the secular approximation, we neglect the coupling between $\tilde{\sigma}_{eg}$ and $\tilde{\sigma}_{ge}$ and we get

$$\frac{\Delta\tilde{\sigma}_{eg}}{\Delta t} = \text{spont. em. terms} - \left(\frac{1}{2T_\mathrm{p}} - i\Delta E'\right) B_e \tilde{\sigma}_{eg}(t)$$

$$- \left(\frac{1}{2T_\mathrm{p}} - i\Delta E'\right) \tilde{\sigma}_{eg}(t) B_g \,. \tag{5.29}$$

Collecting all the above results, coming back to the Schrödinger picture and writing $\mathrm{d}\sigma/\mathrm{d}t$ instead of $\Delta\sigma/\Delta t$, we finally get

	free evolution	spontaneous emission
$\frac{\mathrm{d}\sigma_e}{\mathrm{d}t} =$	$-\frac{i}{\hbar}[H_Z, \sigma_e]$	$-\Gamma\sigma_e$
	$+\frac{1}{T_\mathrm{p}}(\hat{\varepsilon}_0 \cdot \hat{r}_{eg})\sigma_g(\hat{\varepsilon}_0^* \cdot \hat{r}_{ge})$	$-\frac{1}{2T_\mathrm{p}}\{B_e, \sigma_e\}_+ + \frac{i\Delta E'}{\hbar}[B_e, \sigma_e]\,,$ (5.30a)
$\frac{\mathrm{d}}{\mathrm{d}t}\sigma_g =$	$-\frac{i}{\hbar}[H_Z, \sigma_g]$	$+\Gamma(\sigma_e)$
	$-\frac{1}{2T_\mathrm{p}}\{B_g, \sigma_g\}_+ - i\frac{\Delta E'}{\hbar}[B_g, \sigma_g]$	$+\frac{1}{T_\mathrm{p}}(\hat{\varepsilon}_0^* \cdot \hat{r}_{ge})\sigma_e(\hat{\varepsilon}_0 \cdot \hat{r}_{eg})\,,$ (5.30b)
$\frac{\mathrm{d}}{\mathrm{d}t}\sigma_{eg} =$	$-i\omega_0\sigma_{eg} - \frac{i}{\hbar}[H_Z, \sigma_{eg}]$	$-\frac{1}{2}\Gamma\sigma_{eg}$
	$-\left(\frac{1}{2T_\mathrm{p}} - i\frac{\Delta E'}{\hbar}\right)\sigma_{eg}B_g$	$-\left(\frac{1}{2T_\mathrm{p}} - i\frac{\Delta E'}{\hbar}\right)B_e\sigma_{eg}\,.$ (5.30c)
	absorption	stimulated emission

We have added the Zeeman terms $(-i/\hbar)[H_Z, \sigma]$, assuming that the Zeeman splittings Ω_e and Ω_g in e and g are small compared to the spectral width Δ of the incident light so that $1/2T_\mathrm{p}$ and $\Delta E'$ do not depend on Ω_e and Ω_g.

5.2.3. Explicit form of the master equation in some particular cases

(i) Two-level atom. We take $B_e = B_g = |(\hat{\varepsilon}_0 \cdot \hat{r}_{eg})|^2 = 1$,

$$\frac{\mathrm{d}}{\mathrm{d}t}\sigma_e = -\Gamma\sigma_e - \frac{1}{T_\mathrm{p}}(\sigma_e - \sigma_g) ,$$

$$\frac{\mathrm{d}}{\mathrm{d}t}\sigma_g = \Gamma\sigma_e - \frac{1}{T_\mathrm{p}}(\sigma_g - \sigma_e) ,$$

$$\frac{\mathrm{d}}{\mathrm{d}t}\sigma_{eg} = -i\left(\omega_0 - \frac{2\Delta E'}{\hbar}\right)\sigma_{eg} - \left(\tfrac{1}{2}\Gamma + \frac{1}{T_\mathrm{p}}\right)\sigma_{eg} . \tag{5.31}$$

In terms of $\langle \boldsymbol{S}\rangle$, (5.31) may be written as

$$\frac{\mathrm{d}}{\mathrm{d}t}\langle S_z\rangle = -\Gamma(\langle S_z\rangle + \tfrac{1}{2}) - \frac{2}{T_\mathrm{p}}\langle S_z\rangle ,$$

$$\frac{\mathrm{d}}{\mathrm{d}t}\langle S_\pm\rangle = -\left(\tfrac{1}{2}\Gamma + \frac{1}{T_\mathrm{p}}\right)\langle S_\pm\rangle \pm i\left(\omega_0 - \frac{2\Delta E'}{\hbar}\right)\langle S_\pm\rangle . \tag{5.32}$$

(ii) $J_g = 0 \leftrightarrow J_e = 1$ transition with a σ polarization ($\hat{\boldsymbol{\varepsilon}}_0 = \boldsymbol{e}_x$). We will suppose that $\Delta E' = 0$ and we will put $1/T_\mathrm{p} = \gamma$. We get for the elements of σ_e and σ_g (see eqs. (5.6)),

free evolution	spontaneous emission	absorption	stimulated emission
$\dot{\sigma}_{++} =$	$-\Gamma\sigma_{++}$	$+\gamma\sigma_{00}$	$-\frac{1}{2}\gamma(\sigma_{++}+\sigma_{++}-\sigma_{-+}-\sigma_{+-})$,
$\dot{\sigma}_{--} =$	$-\Gamma\sigma_{--}$	$+\gamma\sigma_{00}$	$-\frac{1}{2}\gamma(\sigma_{--}+\sigma_{--}-\sigma_{-+}-\sigma_{+-})$,
$\dot{\sigma}_{-+} = 2i\omega_e\sigma_{-+}$	$-\Gamma\sigma_{-+}$	$-\gamma\sigma_{00}$	$+\frac{1}{2}\gamma(\sigma_{++}+\sigma_{--}-2\sigma_{-+})$,
$\dot{\sigma}_{00} =$	$+\Gamma(\sigma_{++}+\sigma_{--})$	$-2\gamma\sigma_{00}$	$+\gamma(\sigma_{++}+\sigma_{--}-\sigma_{-+}-\sigma_{+-})$.

(5.33)

We do not write the evolution of optical coherences. ω_e is the Zeeman splitting in e.

(iii) $J_g = \frac{1}{2} \leftrightarrow J_e = \frac{1}{2}$ transition. We would now like to give an idea of what happens when Zeeman coherences exist in both levels e and g, and, for that purpose, we take the simplest possible example of such a situation, the case of a transition $J_g = \frac{1}{2} \leftrightarrow J_e = \frac{1}{2}$.

We restrict ourselves to a broad-line excitation. The light beam is supposed to be σ^+ polarized and to propagate along $0z$, the magnetic field being applied along $0x$. The relaxation of the ground state (which was absent in the previous case as $J_g = 0$) is supposed to be produced by the leakage of atoms from the cell through a small hole (the probability per unit time of escaping from the cell is $1/T$). A balance is provided by an entering flux of n_0 atoms per unit time, all in the ground state and completely unpolarized. If the collisions with the inner walls of the cell are not disorienting, the relaxation time is simply T.

As in the previous example, we suppose $\Delta E' = 0$ and we put $1/T_{\mathrm{p}} = \gamma$. We do not write the evolution of optical coherences. ω_e and ω_g are the Zeeman splittings in e and g.

For the spontaneous emission terms, we use eqs. (4.114).

$$
\begin{array}{llllll}
 & & \overbrace{\quad\text{relaxation}\quad} & \overbrace{\quad\text{Larmor precession}\quad} & & \\
\dot{\sigma}^e_{++} & = & -\sigma^e_{++}/T & +\frac{1}{2}i\omega_e(\sigma^e_{+-}-\sigma^e_{-+}) & & \\
 & & & -\Gamma\sigma^e_{++} & +\frac{2}{3}\gamma\sigma^g_{--} & -\frac{2}{3}\gamma\sigma^e_{++}\,, \\
\dot{\sigma}^e_{--} & = & -\sigma^e_{--}/T & -\frac{1}{2}i\omega_e(\sigma^e_{+-}-\sigma^e_{-+}) & & \\
 & & & -\Gamma\sigma^e_{--}\,, & & \\
\dot{\sigma}^e_{-+} & = & -\sigma^e_{-+}/T & -\frac{1}{2}i\omega_e(\sigma^e_{++}-\sigma^e_{--}) & & \\
 & & & -\Gamma\sigma^e_{-+} & & -\frac{1}{3}\gamma\sigma^e_{-+}\,, \\
\dot{\sigma}^g_{++} & = & \frac{1}{2}n_0-\sigma^g_{++}/T & +\frac{1}{2}i\omega_g(\sigma^g_{+-}-\sigma^g_{-+}) & & \\
 & & & +\frac{1}{3}\Gamma\sigma^e_{++}+\frac{2}{3}\Gamma\sigma^e\,, & & \\
\dot{\sigma}^g_{--} & = & \frac{1}{2}n_0-\sigma^g_{--}/T & -\frac{1}{2}i\omega_g(\sigma^g_{+-}-\sigma^g_{-+}) & & \\
 & & & +\frac{1}{3}\Gamma\sigma^e_{--}+\frac{2}{3}\Gamma\sigma^e_{++} & -\frac{2}{3}\gamma\sigma^g_{--} & +\frac{2}{3}\gamma\sigma^e_{++}\,, \\
\dot{\sigma}^g_{-+} & = & -\sigma^g_{-+}/T & -\frac{1}{2}i\omega_g(\sigma^g_{++}-\sigma^g_{--}) & & \\
 & & & -\frac{1}{3}\Gamma\sigma^e_{-+} & -\frac{1}{3}\gamma\sigma^g_{-+}\,. & \\
 & & & \underbrace{\qquad\qquad\qquad\qquad}_{\text{spontaneous emission}} & \underbrace{\qquad\qquad}_{\text{absorption}} & \underbrace{\qquad\qquad}_{\text{stimulated emission}}
\end{array}
\qquad (5.34)
$$

5.2.4. Physical discussion

(i) Rate equations. Let us discuss the third and fourth term of each equa-

tion (5.30) (written on the second line of each equation). The third term of eqs. (5.30a) and (5.30b) couples $\dot{\sigma}_e$ to σ_g and $\dot{\sigma}_g$ to σ_g. It describes the effect of *absorption processes* which take atoms from g and transfer them to e. The fourth term of these equations couples $\dot{\sigma}_e$ to σ_e and $\dot{\sigma}_g$ to σ_e. It describes the effect of *stimulated emission processes* which take atoms from e and transfer them to g. These processes also affect σ_{eg} (third term and fourth term of (5.30c)).

Eqs. (5.30) are *rate equations*. They do not couple σ_e and σ_g to optical coherences σ_{eg}. This important difference with the generalized Bloch equations derived in subsect. 5.1 for a monochromatic excitation will be discussed later on.

(ii) Physical interpretation of $1/T_p$ and $\Delta E'$. $1/T_{\mathrm{p}}$ is the probability per unit time of an absorption or stimulated emission process, and is proportional to the incident light intensity at frequency ω_0 (see (5.24)). $\Delta E'$ describes the *light shifts* produced by the light irradiation. For example, for a two-level atom, the last equation (5.31) shows that the atomic frequency is changed from ω_0 to $\omega_0 - 2\Delta E'/\hbar$ in presence of the light irradiation. $\Delta E'$ is $\neq 0$ even for a non-resonant irradiation (see (5.24)). This shows that $\Delta E'$ is due to virtual absorptions and reemissions (or stimulated emissions and reabsorptions) of photons by the atom. (For a detailed discussion of light shifts and optical pumping, see refs. [9,10,28,29].)

(iii) Angular aspect. As the atom interacts with a light beam having a definite polarization and a definite direction of propagation, absorption and stimulated emission processes do not have the spherical symmetry of spontaneous emission (which is due to the interaction of atoms with a spherically symmetric set of empty modes).

Let us compare for example the second and the fourth columns of eqs. (5.33). One sees on the last equation that spontaneous emission does not couple $\dot{\sigma}_{00}$ to the Zeeman coherence σ_{+-}. This is due to the fact that σ_{00} and σ_{+-} do not have the same transformation properties in a rotation around $0Z$ so that they cannot be coupled by a spherically symmetric process. But such a coupling exists for stimulated emission and is at the origin of "saturated resonances" which will be discussed in the next section.

More generally, the effect of absorption inside the g multiplicity and the effect of stimulated emission inside the e multiplicity are described by the two hermitian operators B_g and B_e given by (5.28) and (5.25). In general, B_e and B_g are not scalar. The eigenvectors $|g_i\rangle$ of B_g, corresponding to eigenvalues r_i, are the sublevels of g which have a well defined light broadening r_i/T_{p} and a well defined light shift $r_i\Delta E'$. $\Delta E'B_g$ can be considered as an effective Hamiltonian describing the light shifts induced by the light beam inside the g multiplicity. Similar considerations can be developed for B_e and stimulated emission processes.

(iv) Condition of validity of eqs. (5.30). Let us recall (see eq. (5.15)) that the "pumping time" T_p must be much longer than the correlation time $\tau'_C = 1/\Delta$ of the light beam. Using the equation of definition of $1/T_p$ (5.24), and eq. (5.14) which defines the parameter v characterizing the coupling between the atoms and the light beam, one easily finds that

$$\frac{1}{T_p} \sim \frac{v^2}{\hbar^2} \frac{1}{\Delta} , \tag{5.34}$$

so that eq. (5.15) may be written as

$$\frac{v^2}{\hbar^2 \Delta^2} = \frac{v^2 \tau'^2_C}{\hbar^2} \ll 1 , \tag{5.35}$$

which means that the effect of the coupling with the light beam during the correlation time τ'_C of this beam is extremely small. This condition is very similar to the one used in sect. 4 for deriving the master equation of a small system coupled to a large reservoir.

In the present case, we can consider that the light beam is a large reservoir, so large that one can consider only a single absorption or stimulated emission process during τ'_C. Eqs. (5.30) describe the effect on σ_e and σ_g of an indefinite number of uncorrelated one-photon processes.

Let us finally note that, according to (5.34),

$$\frac{1}{T_p} \sim \frac{v}{\hbar} \frac{v}{\hbar \Delta} = \frac{v}{\hbar} \frac{v \tau'_C}{\hbar} . \tag{5.36}$$

$1/T_p$ is smaller than $v/\hbar$ by the motional narrowing factor $v\tau'_C/\hbar$.

Remark: Eqs. (5.30) may still be used if $1/T_p$ and $\Delta E'$ are functions of time (excitation by a light pulse) provided that the time characterizing the evolution of $1/T_p$ and $\Delta E'$ is much longer than τ'_C [30].

(v) Existence of two regimes.

$$\boxed{\frac{1}{T_p} \ll \Gamma} \quad \text{or according to (5.34): } v \ll \hbar\sqrt{\Gamma\Delta} .$$

One can drop the stimulated emission terms of eqs. (5.30a) and (5.30b) which are negligible compared to the spontaneous emission ones (note that

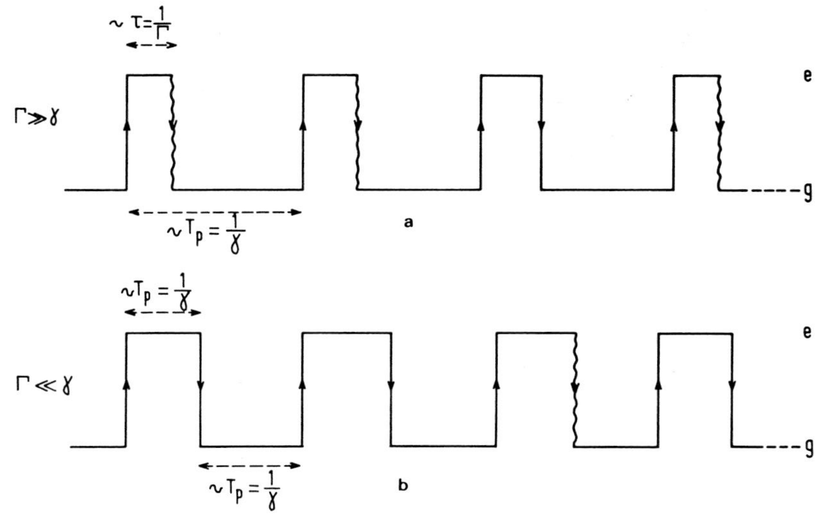

Fig. 31.

we must keep the absorption terms since they involve σ_g which may be much greater than σ_e). We get in this way the usual optical pumping equations which have been first derived for thermal sources

$$\boxed{\Gamma \lesssim \frac{1}{T_\mathrm{p}} \ll \frac{1}{\tau'_\mathrm{C}}} \quad \text{or according to (5.34):} \ \sqrt{\Gamma\Delta} \lesssim v/\hbar \ll \Delta \,.$$

Suppose now that $1/T_\mathrm{p}$ is of the order of Γ, or larger than Γ, the condition of validity (5.15) being maintained. In this case, we must keep the terms contained in the last column of (5.30) which are at the origin of some new effects which are observed in optical pumping experiments performed with intense laser sources [25]. We will discuss some of these effects in the next section.

Figs. 31a and 31b visualize the evolution of the atom in these two regimes. The ascending and descending straight lines represent absorption and stimulated emission processes, the descending wavy lines spontaneous emission processes. The mean time spent by the atom in the ground state is $T_\mathrm{p} = 1/\gamma$. The mean time spent in e is $\tau = 1/\Gamma$ when $\Gamma \gg \gamma$ (in this case, the deexcitation of the atom is mainly due to spontaneous emission) or $T_\mathrm{p} = 1/\gamma$ when $\Gamma \ll \gamma$ (in this case, the deexcitation is mainly due to stimulated emission).

(vi) Comparison with the monochromatic excitation. The correlation time

of the perturbation is, for a monochromatic excitation, very long and it becomes impossible to neglect the correlations between successive interactions of the atom with the light wave. We cannot consider that the atom undergoes, from time to time and without any phase memory, transitions from g to e or from e to g as this is visualized in fig. 31. For a monochromatic excitation, we have a coherent oscillation between e and g, analogous to the Rabi nutation in magnetic resonance. Furthermore, the optical coherence σ_{eg} becomes significant and oscillates at the same Rabi frequency, in quadrature with the populations of e and g. In the broad line case, σ_{eg} is negligible as the coherence time $\tau'_C = 1/\Delta$ is too short for permitting σ_{eg} to build up appreciably.

At the end of these lectures, we will say a few words on the case $v/\hbar \gg \Delta > \Gamma$ which cannot be described either by Bloch equations like (5.4) or by rate equations like (5.30).

6. Application to the interpretation of some level crossing experiments

6.1. $J_g = 0 \leftrightarrow J_e = 1$ transition

In order to discuss some of the new effects which appear in optical pumping experiments performed with laser sources, we will consider the simplest possible transition $J_g = 0 \leftrightarrow J_e = 1$, and a resonance which does not require the use of any RF field, the Hanle zero-field level crossing resonance. We will suppose that the light beam, propagating along $0z$, is linearly polarized along $0x$, and that a magnetic field $\boldsymbol{B}_0$ is applied along $0z$ (situation considered for eqs. (5.7) and (5.33)).

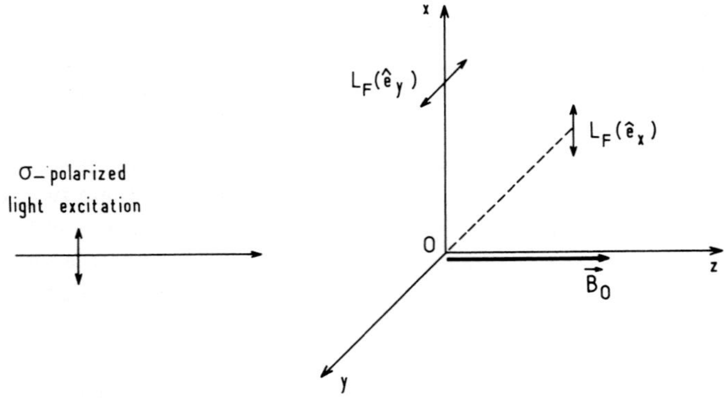

Fig. 32.

6.1.1. Detection signals

One measures the variations with B_0 of several types of fluorescence light:

$L_F(\hat{e}_x)$: Total fluorescence light reemitted along $0y$ with a polarization $\hat{e}_x$;

$L_F(\hat{e}_y)$: Total fluorescence light reemitted along $0x$ with a polarization $\hat{e}_y$;

$L_F(\hat{e}_y) - L_F(\hat{e}_x)$: Difference between these two signals.

According to (3.13) and (3.14), $L_F(\hat{e}_x)$ and $L_F(\hat{e}_y)$ are given by the one-time averages

$$L_F(\hat{e}_x) \simeq \langle D_x^{(+)}(t) D_x^{(-)}(t) \rangle = \mathrm{Tr}\, \sigma_e(t) P_e D_x P_g D_x P_e \,, \tag{6.1}$$

$$L_F(\hat{e}_y) \simeq \langle D_y^{(+)}(t) D_y^{(-)}(t) \rangle = \mathrm{Tr}\, \sigma_e(t) P_e D_y P_g D_y P_e \,. \tag{6.2}$$

The matrix elements of D_x and D_y are given below (up to a multiplicative factor). (To calculate these matrix elements, we use the standard components of $\boldsymbol{D}$

$$D_+ = -\sqrt{\tfrac{1}{2}}(D_x + iD_y) \,, \qquad D_0 = D_z \,, \qquad D_- = \sqrt{\tfrac{1}{2}}(D_x - iD_y) \,,$$

so that

$$D_x = -\sqrt{\tfrac{1}{2}}(D_+ - D_-) \,, \qquad D_y = i\sqrt{\tfrac{1}{2}}(D_+ + D_-) \,,$$

and we apply Wigner-Eckart's theorem.) We get in this way

$$L_F(\hat{e}_x) \sim \sigma_{++} + \sigma_{--} - 2\mathcal{R}e\, \sigma_{-+} \,, \tag{6.3}$$

$$L_F(\hat{e}_y) \sim \sigma_{++} + \sigma_{--} + 2\mathcal{R}e\, \sigma_{-+} \,, \tag{6.4}$$

$$L_F(\hat{e}_y) - L_F(e_x) \sim 2\mathcal{R}e\, \sigma_{-+} \,. \tag{6.5}$$

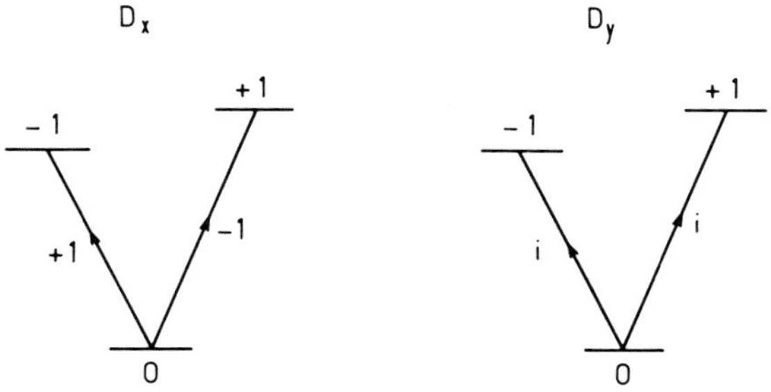

Fig. 33.

We see that the detection signals are sensitive, not only to the populations σ_{++} and σ_{--} of the two Zeeman sublevels of e, but also to the *Zeeman coherence* σ_{-+} between these two sublevels. This is very important for level crossing resonance experiments. In some experiments, where g is not the ground state, but the lower level of a pair of excited levels, the observation of the fluorescence light emitted from g, with for example a π polarization, gives a signal I_π proportional to the population σ_{00} of g

$$I_\pi \sim \sigma_{00} \, . \tag{6.6}$$

(In this case, eqs. (5.7) and (5.33) have to be slightly modified to introduce the rate of preparation of atoms in levels e and g, the spontaneous decay of g, the spontaneous decay of e to levels other than g. But this does not modify the physical results.)

The principle of the calculation is now straightforward. We have to solve eqs. (5.7) or (5.33) according to the type of irradiation which is used (narrow line + atomic beam, or broad line + resonance cell). The steady state solution of these equations gives us a quantitative interpretation for the four signals (6.3)–(6.6).

6.1.2. Broad line excitation (spectral lamp or free running multimode laser)

We will use eqs. (5.33). Let us first briefly recall what the situation is when an ordinary thermal source is used (broad line excitation with $\gamma \ll \Gamma$). Neglecting the terms in the last column of (5.33), we readily get the steady state solution of these equations. To lowest order in γ, this solution is

$$\sigma_{++} = \sigma_{--} = \tfrac{1}{2}(N_0 - \sigma_{00}) = \gamma N_0/\Gamma \, , \tag{6.7}$$

$$\sigma_{-+} = -\frac{\gamma N_0}{\Gamma - 2i\omega_e} \, , \tag{6.8}$$

where $N_0 = \sigma_{++} + \sigma_{--} + \sigma_{00}$ is the total number of atoms (N_0 is a constant of motion, as can be seen by adding the first two equations (5.33) to the last one).

We see that the *Zeeman coherence* σ_{-+} exhibits a resonant behaviour when the Larmor frequency ω_e is varied around 0, by sweeping the magnetic field B_0. This is the origin of the *Hanle zero-field level crossing resonance* appearing on the fluorescence light (for example $L_F(\hat{e}_x)$),

$$L_F(\hat{e}_x) = \frac{2\gamma N_0}{\Gamma}\left(1 + \frac{\Gamma^2}{\Gamma^2 + 4\omega_e^2}\right) \, , \tag{6.9}$$

and which has a Lorentzian shape and a width Γ independent of γ, i.e. of the light intensity. On the other hand, no resonances appear on the populations σ_{++}, σ_{--}, σ_{00} which are independent of ω_e.

What are the modifications which appear when we use a much more intense broad-line source (for example, a free running multimode laser)? We now have to keep the last column of eqs. (5.33). The calculations are a little more difficult, but it remains possible to get analytical expressions for the steady state solution of these equations.

We find for the populations

$$\sigma_{++} = \sigma_{--} = \tfrac{1}{2}(N_0 - \sigma_{00}) = \frac{\gamma N_0}{\Gamma + 3\gamma}\left[1 - S\,\frac{\Gamma'^2}{\Gamma'^2 + 4\omega_e^2}\right], \tag{6.10}$$

$$S = \frac{\gamma}{\Gamma + 4\gamma}, \qquad \Gamma' = \left[\frac{\Gamma(\Gamma+\gamma)(\Gamma+4\gamma)}{(\Gamma+3\gamma)}\right]^{1/2} \tag{6.11}$$

The populations now exhibit a resonant behaviour near $\omega_e = 0$. The corresponding resonances are called "*saturation resonances*". They have a Lorentzian shape, a contrast S, and a width Γ'.

The saturation resonance appearing on σ_{00} may be interpreted in the following way. A first interaction with the laser (absorption process) removes the atom from the ground state and puts it in a coherent superposition of the -1 and $+1$ sublevels of e (fig. 34a). The combined effect of Larmor precession and spontaneous emission gives rise to the well known resonant behaviour of the Zeeman coherence σ_{-+}. A second interaction with the laser (induced emission process) brings back the atom to the ground state (fig. 34b) and partially confers to the population σ_{00} of this state the resonant behaviour of σ_{-+}. Such a process cannot occur for spontaneous emission which is an isotropic process and which, on the average, does not couple σ_{-+} to σ_{00}.

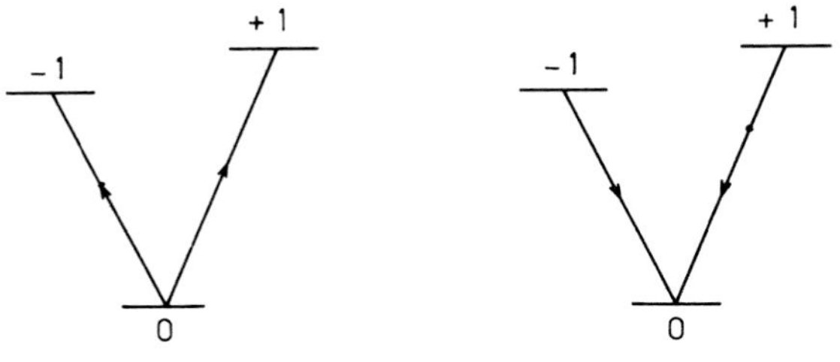

Fig. 34.

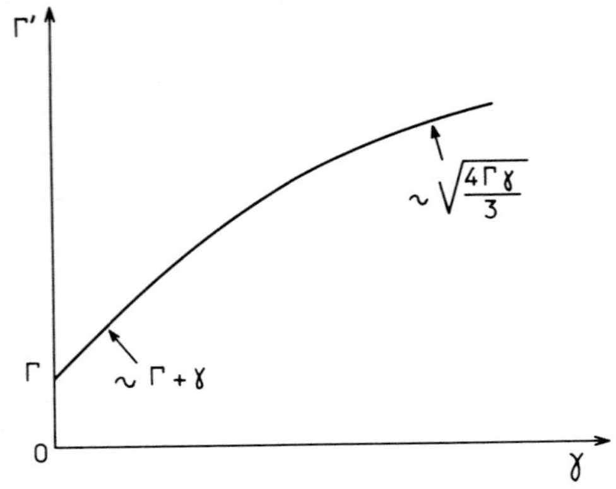

Fig. 35.

Eq. (6.11) gives the variations of Γ' with γ, i.e. with the light intensity (see fig. 35). Γ' is equal to Γ for $\gamma = 0$ and increases linearly with γ for $\gamma \ll \Gamma$. This may be interpreted as a radiative broadening proportional to the laser intensity. For $\gamma \gg \Gamma$, Γ' increases only as $\sqrt{\frac{4}{3}\gamma\Gamma}$, i.e. as the amplitude of the light wave. This shows that some care must be taken when extracting atomic data from experimental results. Plotting the width Γ' of a saturation (or Hanle) resonance as a function of the laser intensity, and extrapolating linearly to zero light intensity, may lead to wrong results if the majority of experimental points do not fall in the linear range of fig. 35.

When $\gamma \gg \Gamma$, i.e. at very high intensities, σ_{++} and σ_{--} tend to $\frac{1}{4}N_0$, σ_{00} to $\frac{1}{2}N_0$. The contrast S of the saturation resonance reaches the limiting value $\frac{1}{4}$.

The steady state solution for σ_{-+} may also be calculated from eqs. (5.33) and included with (6.10) in the expression (6.3) of $L_F(\hat{e}_x)$. We get for $L_F(\hat{e}_x)$,

$$L_F(\hat{e}_x) = \frac{2\gamma N_0}{\Gamma + 3\gamma} + \frac{2\gamma N_0(\Gamma + 2\gamma)}{(\Gamma + 3\gamma)(\Gamma + 4\gamma)} \frac{\Gamma'^2}{\Gamma'^2 + 4\omega_e^2}, \tag{6.12}$$

i.e. the sum of a constant and of a Lorentzian curve having the same width Γ' as the saturation resonance. It follows that the Hanle resonances undergo the same radiative broadening as the saturation resonances. For large values of γ/Γ, the shape of the resonance does not change when γ increases, provided that the scale of the horizontal axis is contracted proportionally to $\sqrt{\gamma}$.

Let us summarize these new results which appear when the light source is a free running multimode laser: saturation resonances observable on the populations of the Zeeman sublevels, radiative broadening of these resonances (and also of the Hanle resonances), which is not a simple linear function of the laser intensity.

A detailed experimental verification of all the above results has been done on the $2s_2 \leftrightarrow 2p_1$ transition of Ne ($\lambda = 1.52\ \mu$m). See refs. [31,32].

6.1.3. Monochromatic excitation (single mode laser + atomic beam)

We now consider the case of an atomic beam irradiated perpendicularly by a single mode laser. We have therefore to use eqs. (5.7). We suppose that the illuminated portion of the beam is sufficiently long so that each atom reaches a steady state regime when passing through this zone. As before, $\sigma_{++} + \sigma_{--} + \sigma_{00} = N_0$ is a constant of motion and represents the total number of atoms in the illuminated zone. To simplify the discussion, we will suppose that $\omega = \omega_0$, i.e. that the laser frequency ω is tuned at the center of the atomic line (the general case $\omega \neq \omega_0$ is studied in ref. [24]).

The steady state solution of eqs. (5.7) may be found in an analytical form after some simple algebra, and we get for the Hanle signal,

$$L_F(\hat{e}_x) = 16v^2 N_0(\Gamma^2 + 4v^2)/D\ , \tag{6.13}$$

where

$$D = 16\omega_e^4 + (8\Gamma^2 + 16v^2)\omega_e^2 + (\Gamma^2 + 4v^2)(\Gamma^2 + 16v^2)\ . \tag{6.14}$$

The theoretical curves computed from (6.13) (and represented in ref. [24]) exhibit a radiative broadening when the laser intensity, i.e. v^2, increases. The shape is no more Lorentzian and, when ω_e is very large, the signal does not tend to a non-zero value (as is the case for the Hanle resonances obtained with a broad-line excitation – see expression (6.12)). This is due to the fact that, when ω_e increases, the frequencies $\omega_0 \pm \omega_e$ of the two optical lines $0 \leftrightarrow +1$ and $0 \leftrightarrow -1$ are out of resonance with the laser frequency ω.

When $v \to 0$, expression (6.14) takes the simple form

$$L_F = 16v^2 N_0 \frac{\Gamma^2}{(4\omega_e^2 + \Gamma^2)^2}\ . \tag{6.15}$$

We find the square of a Lorentz curve which is easy to understand: a first Lorentz denominator describes, as in the previous case, the decrease of the Zeeman coherence due to the Larmor precession, the second one comes from the Zeeman detuning of the two components of the optical line with respect to the laser frequency.

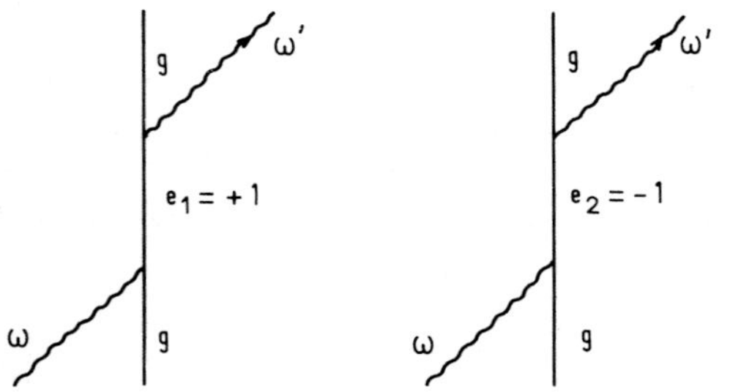

Fig. 36.

Expression (6.15) may also be obtained from the Born amplitude for the resonant scattering (fig. 36) [33]. The initial state corresponds to the atom in the ground state in the presence of an impinging ω photon. The atom can absorb this photon and jump to one of the two excited sublevels ±1 of energies $\omega_0 \pm \omega_e$, and then fall back to the ground state by emitting the fluorescence photon. As there are two intermediate states for the scattering process, the scattering amplitude A is the sum of two terms which are respectively proportional to $1/(\omega - \omega_0 - \omega_e + \frac{1}{2}i\Gamma)$ and to $1/(\omega - \omega_0 + \omega_e + \frac{1}{2}i\Gamma)$. As we assume $\omega = \omega_0$, we get

$$A = \frac{1}{-\omega_e + \frac{1}{2}i\Gamma} + \frac{1}{\omega_e + \frac{1}{2}i\Gamma} = -\frac{4i\Gamma}{4\omega_e^2 + \Gamma^2}. \tag{6.16}$$

The cross section is proportional to $|A|^2$ and has the same ω_e and Γ dependence as expression (6.15). For $v^2 \gg \Gamma$, the shape of the curve giving L_F does not change any more when v increases, provided that the scale of the horizontal axis is contracted proportionally to v. The variations of the other detection signals: $L_\mathrm{F}(\hat{e}_y)$, $L_\mathrm{F}(\hat{e}_x) - L_\mathrm{F}(\hat{e}_y)$ are studied in ref. [24].

To summarize, we see that the essentially new results obtained in the absence of the Doppler effect (single mode laser and atomic beam) come from the Zeeman detuning of the atomic lines. The zero-field level crossing resonances have more complicated shapes (non-Lorentzian), but they still have a width which is of the order of Γ at low laser intensity and which increases with the laser intensity.

Hanle resonances with a monochromatic excitation have been observed by several experimental groups (see refs. [34–36]). The agreement with the above theoretical predictions seems quite good.

6.2. More complicated situations

In the examples studied above, no structure was existing in level g. There was only one Zeeman coherence in level e, and the Hanle effect was only observable in this level. We now give a few examples of what happens when both levels e and g have a Zeeman structure. We restrict ourselves to a broad line excitation.

6.2.1. $J_g = \frac{1}{2} \leftrightarrow J_e = \frac{1}{2}$ *transition*

We will use eqs. (5.34) which are the rate equations for the various matrix elements σ^e_{++}, σ^e_{--}, σ^e_{-+} and σ^g_{++}, σ^g_{--}, σ^g_{-+} of σ_e and σ_g. ω_g is the Larmor precession in g. As before, γ is the reciprocal of the pumping time. We note that the absorption and stimulated emission terms are simpler than in (5.33), whereas the Larmor precession terms are a little more complicated. This is due to the choice of the axis of quantization $0z$ which is parallel not to the magnetic field, but to the direction of propagation of the σ^+ polarized laser beam.

In a Hanle experiment performed on a $J = \frac{1}{2}$ level, one detects components of the atomic orientation J perpendicular to the magnetic field $\boldsymbol{B}_0$. As $\boldsymbol{B}_0$ is along $0x$, we are interested here in J^e_z (z component of the orientation of level e), i.e. in $\sigma^e_{++} - \sigma^e_{--}$ (one can for example measure the difference between the σ^+ and σ^- fluorescence light reemitted along $0z$). To study these Hanle signals, we have to find the steady state solution of (5.34). Putting

$$\Gamma_e = \Gamma + \frac{1}{T}, \qquad \Gamma_g = \frac{1}{T},$$

$$\Gamma'_e = \Gamma_e + \tfrac{1}{3}\gamma, \qquad \Gamma'_g = \Gamma_g + \tfrac{1}{3}\gamma, \tag{6.17}$$

we get for $\sigma^e_{++} - \sigma^e_{--}$,

$$\sigma^e_{++} - \sigma^e_{--} = \tfrac{1}{2} n_0 T \frac{\Gamma_e \Gamma'_e}{\omega_e^2 + \Gamma_e \Gamma'_e} \frac{1}{D}, \tag{6.18}$$

where

$$D = 1 + \frac{3\Gamma_e}{2\gamma} + \frac{1}{2} \frac{\Gamma_e \Gamma'_e}{\omega_e^2 + \Gamma_e \Gamma'_e} + \frac{1}{2} \frac{\Gamma_e}{\Gamma_g} \frac{\Gamma_g \Gamma'_g}{\omega_e^2 + \Gamma_g \Gamma'_g}$$

$$+ \frac{1}{3} \frac{\Gamma}{\Gamma_g} \frac{(\omega_e \omega_g - \Gamma'_e \Gamma'_g)\Gamma_e \Gamma_g}{(\omega_e^2 + \Gamma_e \Gamma'_e)(\omega_g^2 + \Gamma_g \Gamma'_g)}. \tag{6.19}$$

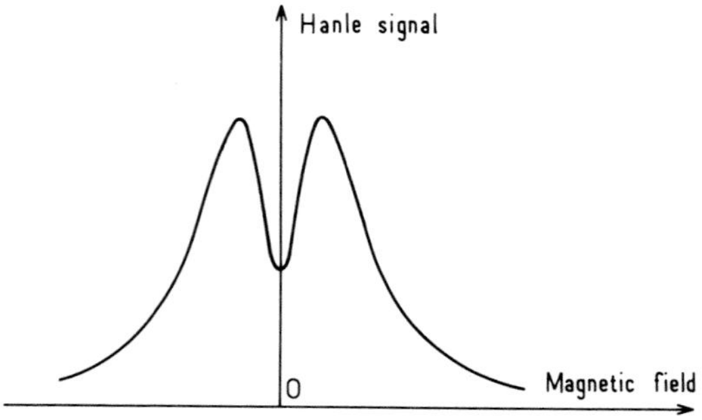

Fig. 37.

Fig. 37 gives an idea of the variations with the magnetic field of the Hanle signal computed from (6.18) and (6.19). (Precise theoretical curves corresponding to different values of the light intensity, i.e. of γ, are given in ref. [23].)

One clearly sees in fig. 37 that the Hanle signal observed on the fluorescence light emitted from e exhibits a structure. The dip observed in the centre of the curve is associated with the Hanle effect of g: at very low intensities, this dip has a width determined by the relaxation time T of the ground state, whereas the broad resonance has a width Γ.

When the light intensity increases, one finds that the widths of both resonances increase. At very high intensities, the two Hanle effects of e and g are completely mixed in a time short compared to $1/\Gamma$ and T, but this mixing does not smooth out the structure apparent in fig. 37: we always get the superposition of two resonances with different widths and opposite signs giving rise to a curve with two maxima.

6.2.2. $J_g = 2 \leftrightarrow J_e = 1$ transition

More complicated structures may be observed if the values of the angular momenta J_e and J_g are higher than $\frac{1}{2}$. For example, in the case of a $J_e = 1 \leftrightarrow J_g = 2$ transition, and for a σ linearly polarized excitation, one can observe Hanle signals with three maxima. As in the previous example, the coupling between the two transverse alignments of e and g (perpendicular to the magnetic field) gives rise to a structure similar to that of fig. 37. But as $J_g > 1$, there is also in the ground state g a "hexadecapole" moment (Hertzian coherence $\sigma^g_{-2,+2}$) which can be induced in this case after two interactions with the laser, one absorption and one induced emission processes (see fig. 38a). A third interaction with the laser (absorption) can couple this hexadecapole mo-

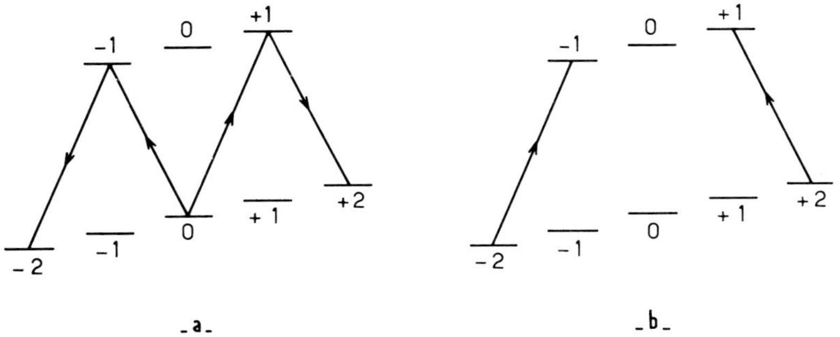

Fig. 38.

ment to the transverse alignment of e ($\sigma^e_{-1,+1}$) (see fig. 38b). As the Hanle resonance associated with $\sigma^g_{-2,+2}$ has a smaller width (the resonant denominator is $\Gamma_g^2 + 16\omega_e^2$), the total result of these various couplings is to give for some values of γ a structure with three maxima. This effect has been observed on the $3s_2 \leftrightarrow 2p_4$ transition of Ne (λ = 6328 Å) and interpreted quantitatively [25,32,37]. For another manifestation of hexadecapole moment, see also ref. [38].

Optical pumping of molecules also provides several examples of Hanle resonances observed in levels having very high angular momentum [39]. Some efforts have been made to write the optical pumping equations in a basis of quasiclassical states well adapted to the high values of J [40].

To summarize the results of this paragraph, we see that one can observe, on the fluorescence light emitted from e, level crossing resonances having a width much smaller than the natural width of e. This is not related to the broad-line or narrow-line character of the pumping light (as it appears already on the results of the previous paragraph). These narrow resonances must be attributed to the other state g of the optical line which has a longer lifetime or a higher J value.

7. Spectral distribution of the fluorescence light emitted by a two-level atom

After having calculated some one-time averages in order to interpret the various characteristics of level crossing resonances, we now come back to the problem of the spectral distribution of the fluorescence light emitted by a two-level atom which is more difficult as it requires the evaluation of two-time averages.

7.1. Monochromatic excitation

Let us first recall the master equation written in terms of the equivalent fictitious spin $\frac{1}{2}$: Bloch's equations (5.5) for the average value of the spin $\langle \boldsymbol{S} \rangle$:

$$
\begin{array}{l|l|l|l}
\langle \dot{S}_z \rangle = & & -\Gamma(\langle S_z \rangle + \frac{1}{2}) & +\frac{1}{2} i\omega_1(\langle S_- \rangle - \langle S_+ \rangle)\,, \\
\langle \dot{S}_\pm \rangle = & \pm i(\omega_0 - \omega_L)\langle S_\pm \rangle & -\frac{1}{2}\Gamma\langle S_\pm \rangle & \mp i\omega_1 \langle S_z \rangle\,. \\
 & \text{free evolution} & \text{spontaneous emission} & \text{coupling with the laser}
\end{array}
\tag{7.1}
$$

According to (3.15) and (3.17), the spectral distribution $\mathcal{I}(\omega)$ of the fluorescence light is given by

$$\mathcal{I}(\omega) \sim \int_0^\theta \mathrm{d}t \int_0^\theta \mathrm{d}t' \langle S_+(t) S_-(t') \rangle \mathrm{e}^{-i(\omega - \omega_L)(t-t')}\,. \tag{7.2}$$

In (7.2), θ is the measurement time of the detector. In fact, we are limited by the time T during which the atoms radiate: $\theta > T$. T is approximately the time spent by an atom inside the laser beam. Therefore, in (7.2) we can replace θ by T.

7.1.1. "Naive" approach of the problem based on Bloch's equations

Before evaluating the two-time average contained in (7.2), let us first give a naive approach of the problem, strongly suggested by the analogy with a magnetic resonance experiment, but which, in the present case, is incorrect. Then, in trying to understand where the mistake is, we will get some physical insight into the problem [41].

What is the solution of eqs. (7.1) for an atom flying through the laser beam? After a transient regime which starts when the atom enters the laser beam at $t = 0$, and which lasts for a time of the order of $\tau = \Gamma^{-1}$ (damping time of the transient solutions of eqs. (7.1)), $\langle \boldsymbol{S}(t) \rangle$ reaches a stationary value $\langle \boldsymbol{S} \rangle_{\mathrm{st}}$, independent of t, and corresponding to the steady state solution of (7.1). This situation lasts during all the transit time T through the laser beam (remember that $T \gg \tau$). After that, the atom leaves the laser beam at time $t = T$, and $\langle \boldsymbol{S} \rangle$ damps to zero in a short time, of the order of τ. This behaviour is schematically represented in fig. 39.

At this stage, one is very tempted to consider that the light radiated by the atom corresponds to this evolution of $\langle \boldsymbol{S}(t) \rangle$ (we have to return from the ro-

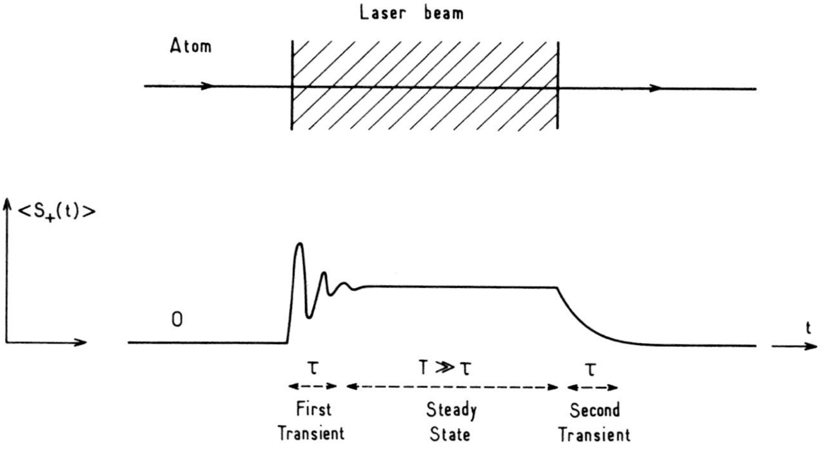

Fig. 39.

tating to the laboratory reference frame) and, consequently, that its spectrum is given by the squared modulus of the FT of $\langle S_+(t)\rangle e^{i\omega_L t}$. If such a conclusion were correct, one would get first an elastic component, at frequency ω_L, representing the contribution of the forced steady state motion $\langle S_+\rangle_{st}\, e^{i\omega_L t}$ of the dipole moment driven by the laser field and which, as we have seen above, is the main part of the motion of the dipole. Strictly speaking, this elastic component would have a non-zero width $1/T$ (corresponding to the finite transit time T), much smaller however than Γ (as $T \gg \tau$). In addition, one would get a small inelastic component, associated with the two small transient regimes appearing at the two small regions where the atom enters or leaves the laser beam. This suggests that one could suppress these inelastic components just by eliminating the light coming from these two regions, which is wrong as we shall see later on.

7.1.2. What is missing in this approach? Importance of the fluctuations

The method we have just outlined is not correct. A mathematical argument for showing it is that, when we calculate the squared modulus of the FT of $\langle S_+(t)\rangle$, we find an expression analogous to (7.2), but where $\langle S_+(t)S_-(t')\rangle$ is replaced by $\langle S_+(t)\rangle\langle S_-(t')\rangle$, and these two quantities are not equal.

It is perhaps more interesting to try to understand physically where the mistake is. The important point is that the light emitted by the atom is not radiated by its average dipole moment represented by $\langle S_\pm(t)\rangle$, but by its instantaneous dipole moment $S_{\pm}(t)$, and, even though the effect of spontaneous emission on $\langle \boldsymbol{S}(t) \rangle$ may be shown to be correctly described by the damping terms of eqs. (7.1), such a description is incorrect for $\boldsymbol{S}(t)$.

Let us try to visualize the evolution of $\boldsymbol{S}(t)$. We can consider the atom as being constantly "shaken" by the "vacuum fluctuations" of the quantized electromagnetic field [42]. These random fluctuations, which have an extremely short correlation time, have a cumulative effect on the atom in the sense that they damp $\langle \boldsymbol{S}(t) \rangle$, but we must not forget that they make the instantaneous dipole moment $S_{\pm}(t)$ fluctuate permanently around its mean value. The light which comes out is radiated not only by the mean motion of the dipole, but also by its fluctuations around the mean motion.

When we consider the effect of atoms on the incident electromagnetic wave which drives them, i.e. when we study how they absorb or amplify this wave, the average motion $\langle \boldsymbol{S}(t) \rangle$ is very important since it has definite phase relations with the driving field. The fluctuations of $\boldsymbol{S}(t)$ act only as a source of noise and can be ignored in a first step. In the problem we are studying here, we cannot ignore the fluctuations since they play an essential role: we are interested in spontaneous emission, not in absorption or induced emission, and the fluctuations of $S_{\pm}(t)$ cannot be neglected.

7.1.3. Elastic and inelastic parts of the fluorescence spectrum

Let us write

$$S_{\pm}(t) = \langle S_{\pm}(t) \rangle + \delta S_{\pm}(t) \,, \tag{7.3}$$

where $\delta S_{\pm}(t)$ is the deviation from the average value and obviously satisfies

$$\langle \delta S_{\pm}(t) \rangle = 0 \,. \tag{7.4}$$

Inserting (7.3) into (7.2), and using (7.4), one immediately gets

$$\langle S_{+}(t) S_{-}(t') \rangle = \langle S_{+}(t) \rangle \langle S_{-}(t') \rangle + \langle \delta S_{+}(t) \delta S_{-}(t') \rangle \,. \tag{7.5}$$

One clearly sees from (7.5) that, in the spectrum of the fluorescence light, there is an elastic component corresponding to the first term of (7.5) and which is the light radiated by the average motion of the dipole. In addition, we get an inelastic component corresponding to the last term of (7.5) and which is the light radiated by the fluctuations. The spectrum of this inelastic part is determined by the temporal dependence of these fluctuations, i.e. by their dynamics.

Before studying this problem, let us show how it is possible to derive simple expressions for the total intensity radiated elastically and inelastically, I_{el} and I_{inel}. Integrating (7.2) over ω, one gets a $\delta(t-t')$ function which gives, when using (7.5),

$$I_{el} \sim \int_0^T dt\, |\langle S_+(t)\rangle|^2 \,,$$

$$I_{inel} \sim \int_0^T dt \langle \delta S_+(t) \delta S_-(t)\rangle = \int_0^T dt [\langle S_+(t) S_-(t)\rangle - |\langle S_+(t)\rangle|^2]$$

$$= \int_0^T dt [\tfrac{1}{2} + \langle S_z(t)\rangle - |\langle S_+(t)\rangle|^2] \,. \tag{7.6}$$

(We have used the relation $S_+S_- = \boldsymbol{S}^2 - S_z^2 + S_z$ and the identities $\boldsymbol{S}^2 = \frac{3}{4}$, $S_z^2 = \frac{1}{4}$ valid for a spin $\frac{1}{2}$.)

As the two small transient regimes near $t = 0$ and $t = T$ have a very small relative contribution (of the order of τ/T), we can replace in (7.6), $\langle S_+(t)\rangle$ and $\langle S_z(t)\rangle$ by the steady state solution $\langle S_+\rangle_{st}$ and $\langle S_z\rangle_{st}$ of Bloch's equations. We get in this way

$$I_{el} \sim T|\langle S_+\rangle_{st}|^2 \,,$$

$$I_{inel} \sim T[\tfrac{1}{2} + \langle S_z\rangle_{st} - |\langle S_+\rangle_{st}|^2] \,. \tag{7.7}$$

This clearly shows that I_{el} and I_{inel} are proportional to T and that the inelastic part of the fluorescence is radiated uniformly throughout the whole period of time spent by the atom in the laser beam, and not only at the beginning or at the end of this period, as suggested by the naive approach described above. The calculation of $\langle \boldsymbol{S}\rangle_{st}$ is straightforward and one gets

$$\langle S_x\rangle_{st} = \frac{2\omega_1 \Delta\omega}{\Gamma^2 + 2\omega_1^2 + 4(\Delta\omega)^2} \,, \qquad \langle S_y\rangle_{st} = \frac{\Gamma\omega_1}{\Gamma^2 + 2\omega_1^2 + 4(\Delta\omega)^2} \,,$$

$$\langle S_z\rangle_{st} = -\frac{1}{2} \frac{\Gamma^2 + 4\Delta\omega^2}{\Gamma^2 + 2\omega_1^2 + 4(\Delta\omega)^2} \,, \quad \text{where } \Delta\omega = \omega_L - \omega_0 \,. \tag{7.8}$$

From (7.7) and (7.8), one deduces

$$\frac{I_{\mathrm{el}}}{T} \sim \frac{\omega_1^2[\Gamma^2 + 4(\omega_0 - \omega_{\mathrm{L}})^2]}{[\Gamma^2 + 4(\omega_0 - \omega_{\mathrm{L}})^2 + 2\omega_1^2]^2},$$

$$\frac{I_{\mathrm{inel}}}{T} \sim \frac{2\omega_1^4}{[\Gamma^2 + 4(\omega_0 - \omega_{\mathrm{L}})^2 + 2\omega_1^2]^2}. \tag{7.9}$$

Similar results are derived in ref. [16] where I_{el} and I_{inel} are called coherent and incoherent scattering.

For very low intensities of the light beam ($\omega_1 \ll \Gamma$, $|\omega_{\mathrm{L}} - \omega_0|$), we see that I_{el} varies as ω_1^2, i.e. as the light intensity I, whereas I_{inel} varies as ω_1^4, i.e. as I^2 (see fig. 40). Most of the light is scattered elastically and we can define a cross section for such a process which is well described by fig. 2. I_{inel} is much smaller and can be considered as due to non-linear scattering processes of the type shown in fig. 7.

For very high intensities ($\omega_1 \gg \Gamma$, $|\omega_{\mathrm{L}} - \omega_0|$), we see on the contrary that I_{el} tends to 0 (fig. 40). This is due to the fact that the atomic transition is completely saturated: the two populations are equalized ($\langle S_z \rangle_{\mathrm{st}} = 0$) and the dipole moment is reduced to 0 ($\langle S_\pm \rangle_{\mathrm{st}} = 0$). On the other hand, I_{inel} is very large and independent of the light intensity I (this appears clearly in the bracket of the last equation (7.7) which reduces to $\frac{1}{2}$ as $\langle S_z \rangle_{\mathrm{st}} = \langle S_+ \rangle_{\mathrm{st}} = 0$). This means that the atom spends half of its time in e and cannot therefore

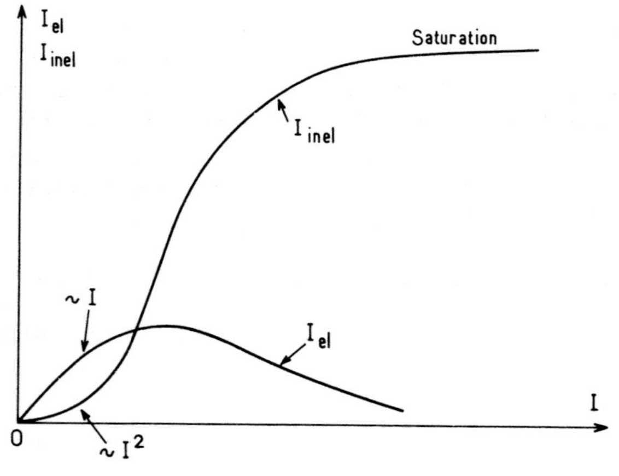

Fig. 40.

emit more than $\frac{1}{2}T/\tau$ photons. Increasing the incident light intensity cannot change this number.

One therefore concludes that inelastic scattering, which is due to the fluctuations of S_+, is predominant in strong resonant fields. If we ignore these fluctuations, we miss all the physics. One can finally try to understand why these fluctuations are so effective at high intensities ($I_{\text{inel}} \gg I_{\text{el}}$) whereas they have little influence at low intensities ($I_{\text{inel}} \ll I_{\text{el}}$). I think this is due to the fact that the greater the probability to find an atom in the excited state e is, the more sensitive is this atom to the vacuum fluctuations. Some components of the vacuum fluctuations are resonant for the atom in e as they can induce it to emit spontaneously a photon whereas they can only produce a level shift of g. At low intensities, most of the atoms are in g and are not very sensitive to the vacuum fluctuations whereas at high intensities half of the atoms are in e and fluctuate appreciably.

7.1.4. How to study the dynamics of the fluctuations? Quantum regression theorem

Let us now discuss the temporal dependence of $\langle \delta S_+(t) \delta S_-(t') \rangle$. Considering the physical discussion given above, it seems that a good idea would be to try to write down an equation of motion for $\boldsymbol{S}(t)$ (and not for $\langle \boldsymbol{S}(t) \rangle$) including the random character of the force exerted by vacuum fluctuations. These fluctuations have a cumulative effect on $\boldsymbol{S}(t)$ which can be described by damping terms analogous to those appearing in (7.1). In addition, $\boldsymbol{S}(t)$ fluctuates around its mean value in a way which can be considered as resulting from the action of a random "*Langevin force*" $\boldsymbol{F}(t)$, having an extremely short correlation time and a zero average value [43]. It is clear that some relations must exist between the damping coefficients Γ and the statistical properties of $\boldsymbol{F}(t)$ (relations between dissipation and fluctuations) but we will not consider this problem here since, hereafter, we will only use the ultra short memory character of $\boldsymbol{F}(t)$.

So, we will write the following equations of motion (which can be derived from the Heisenberg equations of motion after some manipulations):

$$\frac{\mathrm{d}}{\mathrm{d}t} S_z(t) = -\tfrac{1}{2} i\omega_1 S_+(t) - \Gamma S_z(t) + \tfrac{1}{2} i\omega_1 S_-(t) - \tfrac{1}{2}\Gamma + F_z(t) \,,$$

$$\frac{\mathrm{d}}{\mathrm{d}t} S_\pm(t) = [\pm i(\omega_0 - \omega_\mathrm{L}) - \tfrac{1}{2}\Gamma] S_\pm(t) \mp i\omega_1 S_z(t) + F_\pm(t) \,, \tag{7.10}$$

with

$$\langle F_z \rangle = \langle F_\pm \rangle = 0 \,,$$

$$\langle F_i(t) F_j(t') \rangle = 0 \quad \text{if } |t - t'| \gtrsim \tau_C \,. \tag{7.11}$$

When averaged, (7.10) reduces to Bloch's equations (7.1) since $\langle \boldsymbol{F} \rangle = 0$.

Subtracting (7.1) from (7.10), one gets the equations of motion for $\delta \boldsymbol{S} = \boldsymbol{S} - \langle \boldsymbol{S} \rangle$ which look like eq. (7.10) except for the inhomogeneous term $-\frac{1}{2}\Gamma$ which disappears in the subtraction. We will write these equations in the form

$$\frac{\mathrm{d}}{\mathrm{d}t} \delta S_i(t) = \sum_j \mathcal{B}_{ij} \delta S_j(t) + F_i(t) \,, \tag{7.12}$$

where $i, j = +, z, -$ and where the $\mathcal{B}_{ij}$ are the coefficients of the homogeneous Bloch equation, forming the following 3×3 matrix:

$$\|\mathcal{B}\| = \begin{array}{c} \\ + \\ z \\ - \end{array} \begin{array}{ccc} + & z & - \\ \end{array} \begin{bmatrix} -(\frac{1}{2}\Gamma + i\Delta\omega) & -i\omega_1 & 0 \\ -\frac{1}{2}i\omega_1 & -\Gamma & \frac{1}{2}i\omega_1 \\ 0 & i\omega_1 & -(\frac{1}{2}\Gamma - i\Delta\omega) \end{bmatrix} . \tag{7.13}$$

We have put $\Delta\omega = \omega_L - \omega_0$.

From now, we will suppose that $t > t'$. To calculate the correlation function $\langle \delta S_+(t) \delta S_-(t') \rangle$ when $t < t'$, we will use the following relation:

$$\langle \delta S_+(t) \delta S_-(t') \rangle = (\langle \delta S_+(t') \delta S_-(t) \rangle)^* \,, \tag{7.14}$$

which is a consequence of the adjoint character of S_+ and S_-: $S_+ = (S_-)^+$.

Consider now the product $\delta S_+(t) \delta S_-(t')$ with $t > t'$, and let us try to understand how it varies with t. When calculating $\mathrm{d}\langle \delta S_+(t) \delta S_-(t') \rangle / \mathrm{d}t$ and using (7.12) for $\mathrm{d}\delta S_+(t)/\mathrm{d}t$, the only difficulty which appears comes from the Langevin term $F_+(t) \delta S_-(t')$, since we have not explicited $F_+(t)$. But we only need to calculate $\mathrm{d}\langle \delta S_+(t) \delta S_-(t') \rangle / \mathrm{d}t$, so that we only need to calculate the average $\langle F_+(t) \delta S_-(t') \rangle$. And it is easy to understand that such an average gives 0 since the motion of the dipole at t', $S_-(t')$ cannot be correlated with the Langevin force $F_+(t)$ at a later time t, as a consequence of the ultra short correlation time of $F_+(t)$. It follows that the rate of the t-variation of the three correlation functions $\langle \delta S_i(t) \delta S_-(t') \rangle$ (with $t > t'$, and $i = +, z, -$) is described by a set of three first order differential equations with the same coefficients as the ones appearing in the homogeneous Bloch equations giving the rate of variation of $\langle S_i(t)\rangle$. More precisely, we have, for $t > t'$,

$$\frac{\mathrm{d}}{\mathrm{d}t}\langle \delta S_i(t)\delta S_-(t')\rangle = \sum_j \mathcal{B}_{ij}\langle \delta S_j(t)\delta S_-(t')\rangle . \qquad (7.15)$$

This important result is a particular case of the "*quantum regression theorem*" [44]. In the present case, it means that, when the dipole undergoes a fluctuation and is removed from its steady state, the subsequent evolution and the damping of this fluctuation are the same as the transient behaviour of the mean dipole moment starting from a non-steady state initial condition.

7.1.5. Quantitative calculation of the correlation function

Mathematically, the quantum regression theorem gives the possibility of calculating two time averages once the $\mathcal{B}_{ij}$'s are known (see eqs. (7.15)), i.e. once the master equation giving the evolution of one-time averages is known.

We give in this section two different methods for calculating $\langle \delta S_+(t)\delta S_-(t')\rangle$, and, consequently, the spectral distribution of the inelastic part of the fluorescence spectrum which, according to (7.2), (7.5) and (7.14) is given by

$$\mathcal{I}_{\mathrm{inel}}(\omega) \sim 2\mathcal{R}e \int_0^T \mathrm{d}t \int_0^t \mathrm{d}t' \langle \delta S_+(t)\delta S_-(t')\rangle \mathrm{e}^{-i(\omega-\omega_{\mathrm{L}})(t-t')} . \qquad (7.16)$$

The elastic part of the fluorescence light is not strictly speaking a $\delta(\omega-\omega_{\mathrm{L}})$ function. It has a finite width which is the larger of the two following quantities: width $\Delta\nu$ of the laser, inverse $1/T$ of the transit time of atoms through the laser beam. We have already calculated in § 7.1.3 the ratio between the integrals over ω of the elastic and inelastic parts of the fluorescence spectrum.

(i) First method. Let V_α ($\alpha = 1,2,3$) be the three eigenvectors of the matrix (7.13) corresponding to eigenvalues E_α. As (7.13) is not hermitian, these eigenvalues E_α are not real and may be written as

$$E_\alpha = i\delta_\alpha - \gamma_\alpha , \qquad (7.17)$$

where δ_α and γ_α are real.

Therefore, we have for $t > t'$

$$V_\alpha(t) = V_\alpha(t')\mathrm{e}^{E_\alpha(t-t')} . \qquad (7.18)$$

Let us expand $\delta S_+(t)$ on the $V_\alpha(t)$,

$$\delta S_+(t) = \sum_\alpha C_\alpha V_\alpha(t) . \tag{7.19}$$

Inserting (7.19) into the correlation function $\langle \delta S_+(t) \delta S_-(t') \rangle$, using the quantum regression theorem and (7.18) and (7.17), we get

$$\langle \delta S_+(t) \delta S_-(t') \rangle = \sum_\alpha C_\alpha \langle V_\alpha(t') \delta S_-(t') \rangle e^{i\delta_\alpha(t-t')} e^{-\gamma_\alpha(t-t')} , \tag{7.20}$$

so that (7.16) may be rewritten as

$$\mathcal{G}_{\text{inel}}(\omega) \sim 2\mathcal{R}e \int_0^T d(t-t') \int_0^T dt' \sum_\alpha C_\alpha \langle V_\alpha(t') \delta S_-(t') \rangle$$

$$\times\, e^{-i(\omega - \omega_L - \delta_\alpha)(t-t')} e^{-\gamma_\alpha(t-t')} . \tag{7.21}$$

As γ_α is of the order of $\Gamma = 1/\tau$ (τ is radiative lifetime of e) and as $T \gg \tau$, we can replace the upper limit T of the integral over $t - t'$ by $+\infty$. Neglecting the two small transient regimes near $t = 0$ and $t = T$, we can also in the integral over t' replace $\langle V_\alpha(t') \delta S_-(t') \rangle$ by the steady state value $\langle V_\alpha \delta S_- \rangle_{\text{st}}$, so that we finally have

$$\frac{1}{T} \mathcal{G}_{\text{inel}}(\omega) \sim 2\mathcal{R}e \sum_\alpha C_\alpha \langle V_\alpha \delta S_- \rangle_{\text{st}} \int_0^\infty e^{-[i(\omega - \omega_L - \delta_\alpha) + \gamma_\alpha]\tau} d\tau . \tag{7.22}$$

We get a very simple result: the inelastic spectrum consists of three components having a Lorentzian shape (more precisely, when we take the real part, we find a mixture of absorption and dispersion shapes). Each of these components α has:

a mean position $\omega_L + \delta_\alpha$;
a half-width γ_α;
a weight $C_\alpha \langle V_\alpha \delta S_- \rangle_{\text{st}}$.

(ii) Application. Shape of the inelastic spectrum at resonance ($\Delta\omega = \omega_L - \omega_0 = 0$) and in strong resonant fields ($\omega_1 \gg \Gamma$). Let us come back to eq. (7.12) and change from the three quantities $\delta S_i \{\delta S_x + i\delta S_y, \delta S_z, \delta S_x - i\delta S_y\}$ to the three quantities $\{\delta S_\alpha = \delta S_y + i\delta S_z, \delta S_\beta = \delta S_x, \delta S_\gamma = \delta S_y - i\delta S_z\}$. We find that the matrix $\mathcal{B}$ given in (7.13) transforms into

$$\begin{array}{c|ccc|}
 & \alpha & \beta & \gamma \\
\alpha & i\omega_1 - \frac{3}{4}\Gamma & 0 & \frac{1}{4}\Gamma \\
\beta & 0 & -\frac{1}{2}\Gamma & 0 \\
\gamma & \frac{1}{4}\Gamma & 0 & -i\omega_1 - \frac{3}{4}\Gamma
\end{array} . \tag{7.23}$$

As $\omega_1 \gg \Gamma$, the two off-diagonal elements of (7.23) are much smaller than the differences between any pair of diagonal elements, and we can, to a very good approximation, consider that (7.23) is diagonal. We know therefore the eigenvectors and eigenvalues of (7.13):

$$\begin{aligned}
V_\alpha &= \delta S_y + i\delta S_z , & E_\alpha &= i\omega_1 - \tfrac{3}{4}\Gamma , \\
V_\beta &= \delta S_x , & E_\beta &= -\tfrac{1}{2}\Gamma , \\
V_\gamma &= \delta S_y - i\delta S_z , & E_\gamma &= -i\omega_1 - \tfrac{3}{4}\Gamma .
\end{aligned} \tag{7.24}$$

Let us now calculate C_α, C_β, C_γ. From

$$\delta S_x + i\delta S_y = V_\beta + \tfrac{1}{2}i(V_\alpha + V_\gamma) \tag{7.25}$$

we deduce

$$C_\alpha = \tfrac{1}{2}i , \qquad C_\beta = 1 , \qquad C_\gamma = \tfrac{1}{2}i . \tag{7.26}$$

We still have to calculate the $\langle V_\alpha \delta S_- \rangle_{\rm st}$. As $\omega_1 \gg \Gamma$, we will take for the steady state value of the atomic density matrix the completely depolarized matrix

$$\sigma_{\rm st} = \frac{1}{2}\begin{pmatrix} 1 & 0 \\ 0 & 1 \end{pmatrix} , \tag{7.27}$$

corresponding to a complete saturation of the atomic transition (two equal populations and no dipole moment). Using elementary properties of Pauli matrices, we get

$$\begin{aligned}
\langle V_\alpha \delta S_- \rangle_{\rm st} &= \langle (\delta S_y + i\delta S_z)(\delta S_x - i\delta S_y) \rangle_{\rm st} \\
&= \langle (S_y + iS_z)(S_x - iS_y) \rangle_{\rm st} - \underbrace{\langle S_y + iS_z \rangle_{\rm st} \langle S_x - iS_y \rangle_{\rm st}}_{= 0 \ \text{since} \ \langle \boldsymbol{S} \rangle_{\rm st} = 0} ,
\end{aligned}$$

$$\tfrac{1}{2}\mathrm{Tr}(S_y + iS_z)(S_x - iS_y) = -\tfrac{1}{2}i\,\mathrm{Tr}\,S_y^2 = -\tfrac{1}{4}i\,, \tag{7.28}$$

and similarly

$$\langle V_\beta \delta S_- \rangle_{\mathrm{st}} = \tfrac{1}{2}\mathrm{Tr}\,S_x(S_x - iS_y) = \tfrac{1}{2}\mathrm{Tr}\,S_x^2 = \tfrac{1}{4}\,, \tag{7.29}$$

$$\langle V_\gamma \delta S_- \rangle_{\mathrm{st}} = \tfrac{1}{2}\mathrm{Tr}(S_y - iS_z)(S_x - iS_y) = -\tfrac{1}{2}i\,\mathrm{Tr}\,S_y^2 = -\tfrac{1}{4}i\,. \tag{7.30}$$

Finally, inserting all these quantities in (7.22), we get

$$\frac{1}{T}\,\mathcal{G}_{\mathrm{inel}}(\omega) = \frac{1}{4}\left[\frac{\tfrac{3}{4}\Gamma}{(\omega-\omega_{\mathrm{L}}-\omega_1)^2+(\tfrac{3}{4}\Gamma)^2} + 2\,\frac{\tfrac{1}{2}\Gamma}{(\omega-\omega_{\mathrm{L}})^2+(\tfrac{1}{2}\Gamma)^2} + \frac{\tfrac{3}{4}\Gamma}{(\omega-\omega_{\mathrm{L}}+\omega_1)^2+(\tfrac{3}{4}\Gamma)^2}\right]. \tag{7.31}$$

We find that $\mathcal{G}_{\mathrm{inel}}$ consists of three Lorentz curves (with an absorption shape), centred on $\omega_{\mathrm{L}}+\omega_1$, ω_{L}, $\omega_{\mathrm{L}}-\omega_1$ with half widths $\tfrac{3}{4}\Gamma$, $\tfrac{1}{2}\Gamma$, $\tfrac{3}{4}\Gamma$, respectively (see fig. 41). The total area under the central component is two times larger than the total area under each sideband. As the central component is narrower by a factor $\tfrac{2}{3}$, its height is three times larger than the one of each sideband.

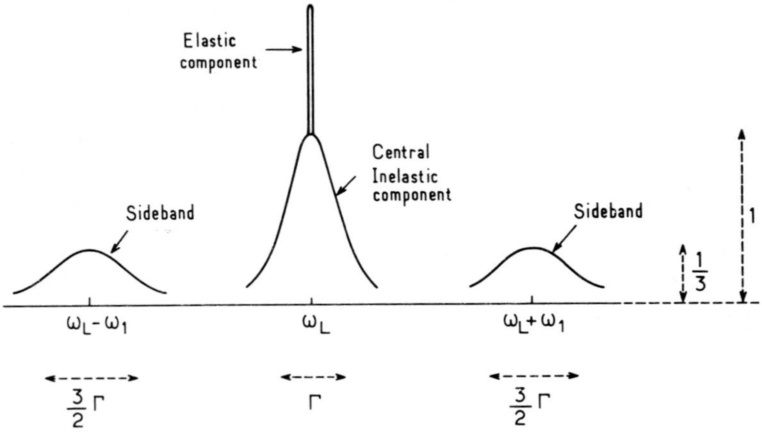

Fig. 41.

We have also represented the elastic component which still exists when ω_1/Γ is not infinite. This elastic component must not be confused with the central component of the inelastic component. It has a much smaller width (which is the width $\Delta\nu$ of the laser or $1/T$). I_{el} is spread over $\Delta\nu$ (or $1/T$) whereas the central component of $\mathcal{I}_{\text{inel}}(\omega)$, corresponding to an intensity $\frac{1}{2}I_{\text{inel}}$, is spread over Γ. It follows that the ratio between the heights of the elastic component and the central inelastic component is of the order of

$$2\frac{I_{\text{el}}}{I_{\text{inel}}}\frac{\Gamma}{\Delta\nu} \quad \text{or} \quad 2\frac{I_{\text{el}}}{I_{\text{inel}}}\Gamma T\,, \tag{7.32}$$

i.e. much larger than $I_{\text{el}}/I_{\text{inel}}$ which is given by (7.9). We must therefore have $\omega_1 \gg \Gamma$ in order to be allowed to neglect the elastic component.

Such a structure is simple to understand. The two sidebands correspond to the modulation of δS_y due to the transient precession of the fluctuating part of $\boldsymbol{S}$ around $\boldsymbol{B}_1$ at frequency ω_1 (see fig. 9; as we are at resonance, $B_0 = 0$). As the projection of $\boldsymbol{S}$ in the plane YOZ perpendicular to $\boldsymbol{B}_1$ is alternatively parallel to OY and OZ, and as the two damping coefficients associated to S_z and S_y are respectively Γ and $\frac{1}{2}\Gamma$ (see eqs. (7.1)), one understands why, when $\omega_1 \gg \Gamma$, the damping of the precession around $\boldsymbol{B}_1$ is given by $\frac{1}{2}[\Gamma + \frac{1}{2}\Gamma] = \frac{3}{4}\Gamma$ and this explains the width $\frac{3}{4}\Gamma$ of the two sidebands. The central component is associated with the transient behaviour of δS_x, which is not modulated by the precession around $\boldsymbol{B}_1$ and which has a damping coefficient $\frac{1}{2}\Gamma$. This explains the position and the width of the central component.

We see also that the classical treatment of the laser field, combined with the quantum regression theorem, leads to the same results as a correct quantum treatment taking into account the transfer of coherence between pairs of levels of the "dressed atom" having the same Bohr frequency (§ 4.3.3).

(iii) Second method. We now present a second method which gives directly an analytical expression for $\mathcal{I}_{\text{inel}}(\omega)$ and which does not require the diagonalization of the matrix (7.13). Let us introduce the quantity $\mathcal{S}_{ij}(t, t')$ given by

$$\mathcal{S}_{ij}(t, t') = \langle \delta S_i(t)\delta S_j(t')\rangle\theta(t - t')\,, \tag{7.33}$$

where $(t - t')$ is the Heaviside function.

As $T \gg \tau$, we can write

$$\mathcal{I}_{\text{inel}}(\omega)/T = 2\mathcal{R}e\int_{-\infty}^{+\infty} \mathrm{d}\tau\, \mathrm{e}^{-i(\omega-\omega_{\text{L}})\tau}\, \mathcal{S}_{+-}(\tau)\,. \tag{7.34}$$

Note that because of the $\theta(t-t')=\theta(\tau)$ function, the integral over τ can be extended to $-\infty$. It follows that $\mathcal{G}_{\text{inel}}(\omega)$ is proportional to the real part of the FT of $\mathcal{S}_{+-}(\tau)$. If we put

$$g_{+-}(\omega)=\int_{-\infty}^{+\infty} \mathrm{d}\tau\, \mathrm{e}^{-i\omega\tau}\, \mathcal{S}_{+-}(\tau)\,, \tag{7.35a}$$

$$\mathcal{S}_{+-}(\tau)=\frac{1}{2\pi}\int_{-\infty}^{+\infty} \mathrm{d}\omega\, \mathrm{e}^{i\omega\tau}\, g_{+-}(\omega)\,, \tag{7.35b}$$

we get

$$\mathcal{G}_{\text{inel}}(\omega)/T \sim 2\mathcal{R}e\, g_{+-}(\omega-\omega_{\mathrm{L}})\,. \tag{7.36}$$

Let us now take the derivative of (7.33) with respect to t. Using (7.15) and

$$\frac{\mathrm{d}}{\mathrm{d}t}\theta(t-t')=\frac{\mathrm{d}}{\mathrm{d}\tau}\theta(\tau)=\delta(\tau) \tag{7.37}$$

we get

$$\frac{\mathrm{d}}{\mathrm{d}\tau}\mathcal{S}_{i-}(\tau)=\sum_j \mathcal{B}_{ij}\,\mathcal{S}_{j-}(\tau)+\mathcal{S}_{i-}(0)\delta(\tau)\,. \tag{7.38}$$

By this method, we introduce the initial conditions in the differential equation. We have

$$\mathcal{S}_{i-}(0)=\mathcal{R}_{i-}=\langle\delta S_i\delta S_-\rangle_{\text{st}}=\langle S_iS_-\rangle_{\text{st}}-\langle S_i\rangle\langle S_-\rangle_{\text{st}}\,. \tag{7.39}$$

The $\mathcal{R}_{i-}$ can immediately be calculated from the steady state solution (7.8) of Bloch's equation. We find

$$\mathcal{R}_{+-}=\frac{2\omega_1^4}{(\Gamma^2+2\omega_1^2+4\Delta^2)^2}\,,\qquad \mathcal{R}_{0-}=\frac{-\omega_1^3(2\Delta-i\Gamma)}{(\Gamma^2+2\omega_1^2+4\Delta^2)^2}\,,$$

$$\mathcal{R}_{--}=\frac{-\omega_1^2(2\Delta-i\Gamma)^2}{(\Gamma^2+2\omega_1^2+4\Delta^2)^2}\,. \tag{7.40}$$

Let us finally take the Fourier transform of (7.38). Using (7.35a), we get

$$i\omega g_{i-}(\omega) = \sum_j \mathcal{B}_{ij} g_{j-}(\omega) + \mathcal{R}_{i-} \,. \tag{7.41}$$

Eqs. (7.41) are a set of three linear equations between the three unknown quantities $g_{+-}(\omega)$, $g_{0-}(\omega)$, $g_{--}(\omega)$ with inhomogeneous terms given by (7.40). From these equations, we can immediately determine $g_{+-}(\omega)$, which is given by a ratio of two determinants. This analytical expression for $g_{+-}(\omega)$, combined with (7.36), gives $\mathcal{G}_{\mathrm{inel}}(\omega)$ for any values of ω, ω_1/Γ, $\Delta\omega = \omega_{\mathrm{L}} - \omega_0$.

7.1.6. Comparison with other calculations and with experimental results

A lot of theoretical papers have been published on the spectral distribution of resonance fluorescence [1,16,45–56].

The first paper predicting the spectrum represented in fig. 41, with the correct values for the heights and widths of the various components is Mollow's paper [11], which uses a classical description of the laser field and where analytical expressions are also given for the non-resonant case ($\omega_{\mathrm{L}} \neq \omega_0$). Subsequent papers, using a quantum description of the laser field, obtain the same results (see for example refs. [51,55], and also ref. [57] where the problem of the equivalence between classical and quantum descriptions of the laser field is discussed). Other calculations predict different values for the heights and widths of the sidebands of the spectrum represented in fig. 41. I think they are based upon too crude approximations, as the one which neglects the interference between different cascading amplitudes in the dressed atom approach described in § 2.2.3.

Concerning the experimental situation, the first experimental observation of the fluorescence spectrum of an atomic beam irradiated at right angle by a laser beam was published last year by Schuda, Stroud and Hercher [59]. The precision is perhaps not yet sufficient to allow a quantitative comparison between theory and experiment. Similar experiments are being done in other laboratories [35,60]. A three-peak structure has been observed at resonance.

Such an experiment is difficult to perform. A first difficulty is the spatial inhomogeneity of the laser intensity. As the interval travelled by the atom during its radiative lifetime is short compared to the diameter of the laser beam, each part of the illuminated portion of the atomic beam radiates a three-peak spectrum with a splitting ω_1 corresponding to the local amplitude of the laser field. A too large spreading of this amplitude would wash out the structure. We must also not forget the elastic component which is not completely negligible when ω_1 is not very large compared to Γ.

7.2. Broad line excitation with $T_p \gg 1/\Delta$

The spectral distribution of the fluorescence light reemitted by an atomic beam irradiated by an intense broad line spectrum does not seem to have been investigated.

If the pumping time T_{p} is longer than the correlation time $\tau_{\mathrm{C}}' = 1/\Delta$ of the light wave, we can use the master equation (5.32) and extend the quantum regression theorem to the Langevin equation associated with (5.32). We find immediately

$$\frac{\mathrm{d}}{\mathrm{d}t}\langle \delta S_+(t)\delta S_-(t')\rangle$$

$$= \left[i\left(\omega_0 - \frac{2\Delta E'}{\hbar}\right) - \left(\tfrac{1}{2}\Gamma + \frac{1}{T_{\mathrm{p}}}\right)\right]\langle \delta S_+(t)\delta S_-(t')\rangle\,. \tag{7.42}$$

At vanishing light intensities, we can neglect $\Delta E'/\hbar$ compared to ω_0 and $1/T_{\mathrm{p}}$ compared to $\frac{1}{2}\Gamma$. We find the result obtained in § 2.1.2 from lowest order QED: a Lorentz curve centred on ω_0 with a half-width $\frac{1}{2}\Gamma$ (see fig. 4).

At higher light intensities, we find that this Lorentz curve is shifted by an amount $-2\Delta E'/\hbar$, and broadened by an amount $1/T_{\mathrm{p}}$, these two quantities $\Delta E'/\hbar$ and $1/T_{\mathrm{p}}$ being proportional to the light intensity.

7.3. What happens with a real non-ideal laser beam?

Let us consider a realistic laser light, having a non-zero spectral width $\Delta\nu$ and a very large intensity. More precisely, we suppose $\sqrt{\overline{\omega_1^2}} \gg \Gamma, \Delta\nu$ where $\sqrt{\overline{\omega_1^2}}$ is the mean Rabi nutation frequency associated with the probability distribution of the amplitude of the laser. As $\sqrt{\overline{\omega_1^2}}\,\tau_{\mathrm{C}}' = \sqrt{\overline{\omega_1^2}}/\Delta\nu$ is not small, the motional narrowing condition is not satisfied and we cannot introduce rate equations like (5.32). When $\Delta\nu \gtrsim \Gamma$, the light wave does not appear monochromatic for the atom and we cannot introduce Bloch's equations like (5.5).

A first important remark is that the knowledge of $\Delta\nu$ is not sufficient for characterizing the light beam. One can imagine different light beams having all the same spectral width $\Delta\nu$, i.e. the same first order correlation function, but completely different microscopic behaviour, corresponding to different higher order correlation functions [14]. One can for example consider a light beam emitted by a laser well above threshold, which has a very well defined amplitude undergoing very small fluctuations, and a phase $\phi(t)$ which, in addition to short time fluctuations, slowly diffuses in the complex plane with a characteristic time $1/\Delta\nu$. At the opposite, we can consider a quasi-monochromatic Gaussian field, or a laser just above threshold, for which both phase and amplitude fluctuate appreciably with the same characteristic time $1/\Delta\nu$.

We have done, in collaboration with Paul Avan, calculations of the fluorescence spectrum corresponding to different models of light beams [58]. The general idea of these calculations is the following. We consider a light wave which has two types of fluctuations: *short-time* fluctuations (for example, erratic motion of the phase) and *long-time* fluctuations (for example, slow phase diffusion or slow amplitude variations). We assume that the correlation time of the short-time fluctuations is sufficiently short to allow a perturbative treatment of these fluctuations. Their effect is therefore analogous to the one of a relaxation process. We treat to all orders the coupling with the slowly varying light wave assuming that the long-time fluctuations are sufficiently slow to be *adiabatically* followed by the atom. Finally, we make statistical averages over the long-time fluctuations. These calculations show that the shape of the spectrum is very sensitive to the microstructure of the light beam. The three-peak structure described above is only maintained when the fluctuations of the amplitude are sufficiently small. The three components are broadened differently in a way which depends not only on the phase diffusion, but also on the short-time fluctuations of this phase $\phi(t)$ (more precisely of $d\phi/dt$). When the fluctuations of the amplitudes are too large, only the central component survives, superposed on a broad background having a width of the order of $\sqrt{\overline{\omega_1^2}}$. This is easy to understand: there is a destructive interference of the various Rabi nutations around $\boldsymbol{B}_1$, as a consequence of the too large spreading of the possible values of B_1.

We are also investigating the sensitivity of level crossing signals to the fluctuations of the laser beam. The only calculations which have been performed up to now (see sect. 5) suppose either a pure coherent field or a very broad line excitation ($\Delta\nu \gg \Gamma, \sqrt{\overline{\omega_1^2}}$) so that, within the correlation time of the light wave, at most one interaction between the atom and the light can occur: in such a case, only the first order correlation function plays a role. It would be interesting to try to fill the gap between these two extreme situations.

7.4. *Intensity and photon correlations*

Instead of looking at the spectrum $\mathcal{G}(\omega)$ of the fluorescence light, one could try to measure the intensity correlations of this light, which are characterized by the correlation function

$$\langle I(t')I(t = t' + \tau)\rangle\,, \tag{7.43}$$

$I(t)$ being the current of the photomultiplier.

As the fluorescence light is in general very weak, it is better to use photon correlation techniques, and to measure the probability

$$P(t', t = t' + \tau) \tag{7.44}$$

for detecting one photon at time t' *and* another one at a later time $t = t' + \tau$. In this last paragraph, we try to calculate $P(t', t)$.

$P(t', t)$ is related to higher order correlation functions of the electric field. It is shown in ref. [14], p. 84, that

$$P(t', t) \sim \langle E^{(-)}(t')E^{(-)}(t)E^{(+)}(t)E^{(+)}(t')\rangle\,. \tag{7.45}$$

We will restrict ourselves to the case where there is at most one atom inside the laser beam at any time, so that the two detected photons are emitted by the same atom (very low densities for the atomic beam). In this case, the positive and negative frequency parts of the scattered electric field are proportional to $S_-(t - r/c)$ and $S_+(t - r/c)$, respectively, so that we have to calculate the correlation function

$$\langle S_+(t')S_+(t)S_-(t)S_-(t')\rangle \tag{7.46}$$

which can also be written as

$$\langle S_+(t')[\tfrac{1}{2} + S_z(t)]S_-(t')\rangle$$
$$= \tfrac{1}{2}\langle S_+(t')S_-(t')\rangle + \langle S_+(t')S_z(t)S_-(t')\rangle\,. \tag{7.47}$$

(For a spin-$\tfrac{1}{2}$, $S_+S_- = \tfrac{1}{2} + S_z$.)

As above, we consider only steady state conditions, so that $\langle S_+(t')S_-(t')\rangle$ does not depend on t' and $\langle S_+(t')S_z(t)S_-(t')\rangle$ only depends on $t - t'$. We will put

$$p = \langle S_+(t')S_-(t')\rangle\,, \tag{7.48}$$

where p is the steady state probability for finding the atom in its upper state ($S_+S_- = \tfrac{1}{2} + S_z$ is the projector into this upper state). Finally we have

$$P(t', t) \sim \tfrac{1}{2}p + \langle S_+(t')S_z(t)S_-(t')\rangle\,. \tag{7.49}$$

For calculating the correlation function appearing in (7.49), we will use a method very similar to the one of § 7.1.4. We start from the Heisenberg equations of motion (7.10), multiply them at right by $S_-(t')$, at left by $S_+(t')$, and take the average. As the motion of the dipole at time t' cannot be correlated with the Langevin force at a later time t, we get

$$\frac{\mathrm{d}}{\mathrm{d}t}\langle S_+(t')S_i(t)S_-(t')\rangle$$

$$= \sum_j \mathcal{B}_{ij}\langle S_+(t')S_j(t)S_-(t')\rangle + C_i\langle S_+(t')S_-(t')\rangle\,, \tag{7.50}$$

with

$$t > t'\,, \qquad i = z, +, -\,.$$

Here $\mathcal{B}_{ij}$ and C_i are the homogeneous and inhomogeneous coefficients appearing in Bloch's equations (only C_z is different from zero and equal to $-\frac{1}{2}\Gamma$; see first eq. (7.10)).

Using (7.48), and introducing the reduced correlation functions $\Gamma_i(t, t')$ given by

$$\langle S_+(t')S_i(t)S_-(t')\rangle = p\Gamma_i(t, t')\,, \tag{7.51}$$

we easily transform (7.50) into

$$\frac{\mathrm{d}}{\mathrm{d}t}\Gamma_i(t, t') = \sum_j \mathcal{B}_{ij}\,\Gamma_j(t, t') + C_i\,. \tag{7.52}$$

We get a very simple result: the t dependence of the three correlation functions $\Gamma_i(t, t')$ is given by Bloch's equations. According to (7.49) and (7.51), the photon correlation signal $p(t, t')$ is given by

$$P(t', t) \sim p[\tfrac{1}{2} + \Gamma_z(t, t']\,. \tag{7.53}$$

We have already mentioned that $\frac{1}{2} + S_z$ is the projector into the upper state. As Γ_+, Γ_-, Γ_z satisfy Bloch's equations, $\frac{1}{2} + \Gamma_z(t, t')$ may be interpreted as the probability, computed from Bloch's equations, for finding the atom in its upper state at time t. It remains to find the initial conditions, i.e. the values of the Γ_i for $t = t'$.

For a spin-$\frac{1}{2}$, we have

$$(S_+)^2 = (S_-)^2 = 0\,, \qquad S_+S_zS_- = -\tfrac{1}{2}S_+S_-\,. \tag{7.54}$$

It follows that

$$\langle S_+(t')S_+(t')S_-(t')\rangle = \langle S_+(t')S_-(t')S_-(t')\rangle = 0\,,$$

$$\langle S_+(t')\,S_z(t')S_-(t')\rangle = -\tfrac{1}{2}\langle S_+(t')S_-(t')\rangle = -\tfrac{1}{2}p\,. \tag{7.55}$$

Consequently, we get from (7.51) and (7.55)

$$\Gamma_+(t=t') = \Gamma_-(t=t') = 0\,, \qquad \Gamma_z(t=t') = -\tfrac{1}{2}\,. \tag{7.56}$$

This result shows that the initial conditions for the Γ_i correspond to an atom in its lower state.

Finally, we have obtained in (7.53) a very simple result: the probability of detecting one photon at time t' and another one at time t is given by a product of two factors: p, which is the probability for detecting one photon, and $\frac{1}{2} + \Gamma_z(t, t')$ which is the probability, computed from Bloch's equation, that the atom, starting from its lower state at time t' is found in its upper state at the later time t. The physical interpretation of this result is clear: the probability of detecting the first photon is p. The detection of this first photon "reduces the wave packet". Immediately after this detection, the atom is certainly in its lower state. Then, it evolves and, in order to be able to emit a second photon, it must be raised in its upper state during the time interval $t - t'$.

Fig. 42 shows for example the variations of $P(t', t)$ with $t - t'$, at resonance ($\omega_L = \omega_0$), and for very high intensities of the laser beam ($\omega_1 \gg \Gamma$). One finds in this case from Bloch's equations that $p = \frac{1}{2}$ and that

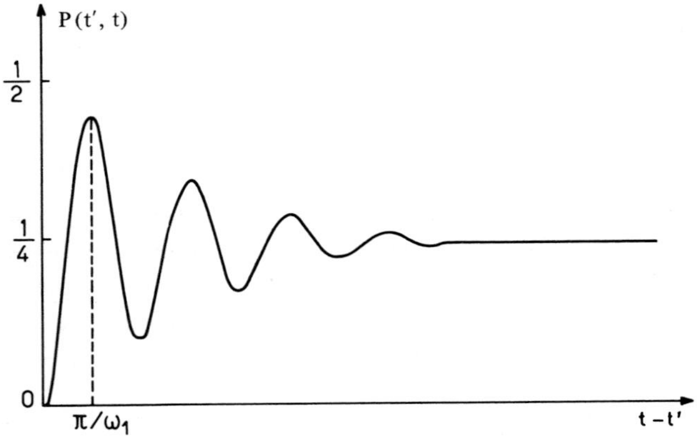

Fig. 42.

$$P(t', t) \sim \tfrac{1}{4}\,[1 - \mathrm{e}^{-3\Gamma t/4} \cos \omega_1 (t - t')] \,. \qquad (7.57)$$

When $t = t'$, $P(t', t) = 0$: at time t', the atom is in its lower state and cannot emit a second photon. $P(t', t)$ is maximum when $t - t' = \pi/\omega_1$. This time interval corresponds to a "π pulse" which transfers the atom from g to e. When $t - t' \gg 1/\Gamma$, the two emission processes are independent and $P(t', t)$ reduces to $p^2 = \frac{1}{4}$.

The very simple interpretation given above raises the following questions: Is it possible to consider such an experiment as a possible test of the postulate of the reduction of the wave packet? What would be the predictions of other quantum theories of measurement (such as "hidden variables")? We just ask these questions here without entering further into these problems.

Let us finally give some orders of magnitude concerning the feasibility of such an experiment. We have mentioned above that each atom remains about 10^{-6} sec in the laser beam. If we want to have at most one atom in the laser beam at any time, one could not send more than 10^6 atoms per second. As each atom emits about 50 photons, this would correspond to a number of emitted photons less than 5×10^7 per second (in 4π solid angle). It does not seem hopeless to make photon correlation experiments with such intensities.

Note added after the course

The suggestion of photon correlation experiments for studying the fluorescence light emitted by atoms irradiated with strong resonant fields has been made independently by Carmichael and Walls (D.F. Walls, private communication; H.J. Carmichael and D.F. Walls, refs. [63,66]).

References

[1] W. Heitler, Quantum theory of radiation, 3rd ed. (Oxford University Press, London, 1954).

[2] N. Kroll, Quantum theory of radiation, in Les Houches 1964, Quantum optics and electronics, ed. C. De Witt, A. Blandin and C. Cohen-Tannoudji (Gordon and Breach, 1965).

[3] S. Stenholm, Time resolved spectroscopy, Lecture Notes in this volume and references therein.

[4] A. Abragam, The principles of nuclear magnetism (Oxford University Press, London, 1961).

[5] C. Cohen-Tannoudji, Optical pumping and interaction of atoms with the electromagnetic field, in Cargese lectures in physics, vol. 2, ed. M. Levy (Gordon and Breach, 1968).

[6] C. Cohen-Tannoudji and S. Haroche, J. de Phys. 30 (1969) 125, 153.
[7] S. Haroche, Ann. de Phys. 6 (1971) 189, 327.
[8] C. Cohen-Tannoudji, Transverse optical pumping and level crossings in free and dressed atoms, in Proc. Esfahan Symp. on laser physics, ed. M. Feld, A. Javan and N. Kurnit (Wiley, 1973).
[9] J.P. Barrat and C. Cohen-Tannoudji, J. Phys. Rad. 22 (1961) 329, 443.
[10] C. Cohen-Tannoudji, Ann. de Phys. 7 (1962) 423, 469.
[11] W. Happer and B.S. Mathur, Phys. Rev. 163 (1967) 12.
[12] A.M. Bonch-Bruevich and V.A. Khodovoi, Sov. Phys. Usp. 10 (1967) 637.
[13] F. Bloch and A. Siegert, Phys. Rev. 57 (1940) 522.
[14] R.J. Glauber, Optical coherence and photon statistics, in Les Houches 1964, as ref. [2].
[15] M. Sargent, M.O. Scully and W.E. Lamb, Laser physics (Addison Wesley, 1974) ch. XVIII.
[16] B.R. Mollow, Phys. Rev. 188 (1969) 1969.
[17] R.K. Wangsness and F. Bloch, Phys. Rev. 89 (1956) 728.
[18] F. Haake, in Quantum statistics in optics and solid state physics, Springer tracts in modern physics 1973, vol. 66.
[19] W.H. Louisell, Quantum statistical properties of radiation (Wiley, New York, 1973).
[20] G.S. Agarwal, Quantum statistical theories of spontaneous emission and their relation to other approaches, Springer tracts in modern physics, vol. 70, 1974, and references therein.
[21] M. Lax, Fluctuation and coherence phenomena in classical and quantum physics, in Brandeis University Summer Institute Lectures, vol. II, ed. M. Chretien, E.P. Gross and S. Deser (Gordon and Breach, 1966).
[22] M. Ducloy and M. Dumont, J. de Phys. 31 (1970) 419.
[23] C. Cohen-Tannoudji, Optical pumping with lasers, in Atomic Physics 4, ed. G. Zu Putlitz, E.W. Weber and A. Winnacker (Plenum Press, New York, 1975) p. 589.
[24] P. Avan and C. Cohen-Tannoudji, J. de Phys. Lettres 36 (1975) L85.
[25] M. Ducloy, Phys. Rev. A8 (1973) 1844; A9 (1974) 1319.
[26] M. Dumont, Thesis, Univ. of Paris, 1971 (CNRS AO 5608), ch. III.
[27] J.N. Dodd and G.W. Series, Proc. Roy. Soc. 263A (1961) 353. See also supplementary note published in the above paper reprinted in: Bernheim, Optical pumping (later treatment: A.V. Durrant, J. de Phys. B5 (1972) 133.
[28] J. Brossel, Pompage optique, in Les Houches 1964, as ref. [2].
[29] W. Happer, Rev. Mod. Phys. 44 (1972) 169.
[30] M. Gross, Thèse de 3ème cycle, Paris, 1975.
[31] M. Ducloy, Opt. Comm. 3 (1971) 205.
[32] M. Ducloy, Ann. de Phys. 8 (1973–74) 403.
[33] G.W. Series, Proc. Phys. Soc. 89 (1966) 1017.
[34] W. Rasmussen, R. Schieder and H. Walther, Opt. Comm. 12 (1974) 315.
[35] H. Walther, Atomic fluorescence under monochromatic excitation, Proc. 2nd Int. laser spectroscopy Conf. ed. S. Haroche, J.C. Pebay-Peyroula, T.W. Hansch and S.H. Harris (Springer, Berlin, 1975) p. 358.
[36] H. Brand, W. Lange, J. Luther, B. Nottbeck and H.W. Schröder, Opt. Comm. 13 (1975) 286.
[37] M. Ducloy, M-P. Gorza and B. Decomps, Opt. Comm. 8 (1973) 21.

[38] W. Gawlik, J. Kowalski, R. Neumann and F. Trager, Opt. Comm. 12 (1974) 400.
[39] J.C. Lehmann, Probing small molecules with lasers, Lecture Notes in this volume and references therein.
[40] M. Ducloy, J. de Phys. 36 (1975) 927.
[41] C. Cohen-Tannoudji, Atoms in strong resonant fields: spectral distribution of the fluorescence light, Proc. 2nd Int. laser spectroscopy Conf. ed. S. Haroche, J.C. Pebay-Peyroula, T.W. Hansch and S.H. Harris (Springer, Berlin, 1975) p. 324.
[42] In the Heisenberg picture, spontaneous emission can be described either by radiation reaction or by vacuum field effects.
J.R. Senitzky, Phys. Rev. Letters 31 (1973) 955;
P.W. Milonni, J.R. Ackerhalt and W.A. Smith, Phys. Rev. Letters 31 (1973) 958.
[43] A description of Langevin equation approach to damping phenomena may be found in refs. [19,21].
[44] M. Lax, Phys. Rev. 172 (1968) 350;
see also ref. [21].
[45] P.A. Apanasevich, Optics and spectroscopy 16 (1964) 387.
[46] S.M. Bergmann, J. Math. Phys. 8 (1967) 159.
[47] M.C. Newstein, Phys. Rev. 167 (1968) 89.
[48] V.A. Morozov, Optics and Spectroscopy 26 (1969) 62.
[49] M.L. Ter-Mikaelyan and A.O. Melikyan, JETP (Sov. Phys.) 31 (1970) 153.
[50] C.R. Stroud Jr., Phys. Rev. A3 (1971) 1044; Coherence and quantum optics, ed. L. Mandel and E. Wolf (Plenum Press, New York, 1972) p. 537.
[51] G. Oliver, E. Ressayre and A. Tallet, Lettere al Nuovo Cimento 2 (1971) 777.
[52] R. Gush and H.P. Gush, Phys. Rev. A6 (1972) 129.
[53] G.S. Agarwal, Quantum optics, Springer tracts in modern physics, vol. 70, 1974, p. 108.
[54] M.E. Smithers and H.S. Freedhoff, J. of Phys. B7 (1974) L432.
[55] H.J. Carmichael and D.F. Walls, J. of Phys. B8 (1975) L77.
[56] H.J. Kimble and L. Mandel, Phys. Rev. Letters 34 (1975) 1485.
[57] B.R. Mollow, Phys. Rev. A12 (1975) 1919.
[58] P. Avan and C. Cohen-Tannoudji, to be published.
[59] F. Schuda, C.R. Stroud and M. Hercher, J. of Phys. B7 (1974) L198.
[60] F.Y. Wu, R.E. Grove and S. Ezekiel, Phys. Rev. Letters 35 (1975) 1426.
Some other references published during the printing of this book:
[61] S.S. Hassan and R.K. Bullough, J. of Phys. B8 (1975) L147.
[62] S. Swain, J. of Phys. B8 (1975) L437.
[63] H.J. Carmichael and D.F. Walls, J. of Phys. B9 (1976) L43.
[64] B. Renaud, R.M. Whitley and C.R. Stroud, J. of Phys. B9 (1976) L19.
[65] H.J. Kimble and L. Mandel, Phys. Rev. A13 (1976) 2123.
[66] H.J. Carmichael and D.F. Walls, J. of Phys. B9 (1976) 1199.

Paper 3.2

C. Cohen-Tannoudji and S. Reynaud, "Dressed-atom approach to resonance fluorescence," in *Proc. Int. Conf. on Multiphoton Processes*, Univ. Rochester, US, 1977, eds. J. H. Eberly and P. Lambropoulos (John Wiley, 1978), pp. 103–118.

This paper has been written for the proceedings of the International Conference on Multiphoton Processes held in Rochester, US, in 1977. It presents a general review of the dressed atom approach in the optical domain in the simple case of a two-level atom. This is why it has been selected here, rather than more detailed papers dealing with multilevel atoms [see, for example, C. Cohen-Tannoudji and S. Reynaud, *J. Phys.* **B10**, 345 (1977)].

For a two-level atom, the dressed atom energy diagram consists of a ladder of doublets separated by the laser frequency (see Figs. 2 and 3). Determining the pairs of dressed states between which the electric dipole moment has a nonzero matrix element [Fig. 2(b)] gives the frequencies of the allowed spontaneous radiative transitions. This provides a straightforward interpretation of the Mollow fluorescence triplet.

The master equation describing the spontaneous emission of the dressed atom has a simple structure in the secular limit where the splitting between dressed states is large compared to their widths. The steady state values of the populations of the dressed states can be easily determined. The damping rates of the off-diagonal elements of the dressed atom density matrix can also be calculated, taking into account the secular couplings between coherences evolving at the same frequency. These damping rates give the widths of the various components of the Mollow triplet. As for the weights of these components, a very simple physical expression can be derived for them. They are proportional to the steady state population of the upper dressed state and to the spontaneous transition rate towards the lower dressed state of the corresponding transition [Eq. (20)].

Another advantage of the dressed atom approach, pointed out in this paper, is that it provides a straightforward interpretation of the absorption spectrum of a weak probe beam. Such a beam probes the transitions between pairs of states dressed by the intense field. The weights of the components of the absorption spectrum are thus determined by the differences of populations between the dressed states. Even though there is no population inversion between the two bare states, population inversions can appear between the dressed states and this simply explains how the probe beam can be amplified at certain frequencies (Fig. 5).

Dressed-Atom Approach to Resonance Fluorescence

C. COHEN-TANNOUDJI AND S. REYNAUD
Ecole Normale Supérieure et Collège de France
75231 Paris Cedex 05 - France

I. INTRODUCTION

Resonance fluorescence, which is the subject of this session, has been studied for a long time. The first quantum treatment of the scattering of resonance radiation by free atoms was given by Weisskopf and Wigner, in the early days of quantum mechanics [*1*].

The importance of this process in various fields such as spectroscopy, optical pumping, lasers,... is obvious and does not require further discussion. In the last few years, the interest in the problem of resonance fluorescence has been renewed by the development of tunable laser sources which made it possible to irradiate atomic beams with intense monochromatic laser waves and to study the characteristics of the fluorescence light. For example, the fluorescence spectrum, which is monochromatic at very low laser intensities, as predicted by lowest order QED for elastic Rayleigh scattering, exhibits more complex structures at higher intensities when absorption and induced emission predominate over spontaneous emission. Some of these experiments, which have been initiated by the work of Schuda, Stroud and Hercher [*2*], here in Rochester, will be discussed in subsequent papers [*3*].

From the theoretical point of view, a lot of papers have been devoted to this problem, and it would be impossible here to review all of them [*4*]. Let's just mention the publication of Mollow [*5*], who, in 1969, presented a complete and correct treatment of the problem, starting from the Bloch equations for the atomic density matrix driven by a c-number applied field, and using the quantum regression theorem for evaluating the correlation function of the atomic dipole moment. Perhaps the theoretical activity in this field can be interpreted as an attempt to build some simple physical pictures of resonance fluoresecence at high intensities in terms of photons. Actually this problem is not so simple and, before entering into any calculations, it seems interesting to point out some of these difficulties.

Let us first introduce some important physical parameters. It's well known that an atom, irradiated by a resonant monochromatic wave, oscillates between the ground state g and the excited state e with a frequency ω_1, which is the Rabi nutation frequency, and which is equal to the product of the atomic dipole moment d and the electric field amplitude E. ω_1 characterizes the strength of absorption and stimulated emission processes.

Γ, the natural width of the excited state, is the spontaneous emission rate. In intense fields, when $\omega_1 \gg \Gamma$, each atom can oscillate back and forth between e and g several times before spontaneously emitting a fluorescence photon.

T is the transit time of atoms through the laser beam and is usually much longer than the radiative lifetime Γ^{-1} of the excited state e.

From the preceding considerations, it appears first that one cannot analyze the situation in terms of a single fluorescence process. In intense fields, when each atom spends half of its time in e, there is on the average, for each atom, a *sequence* of several ($\sim \Gamma T/2 \gg 1$) fluorescence processes, which cannot be considered as independent, as a consequence of the coherent character of the laser driving field.

Secondly, we have clearly a *non equilibrium* situation. Any "steady-state" which can be eventually reached by the system is actually a dynamical equilibrium: photons are constantly transferred, through fluorescence processes, from the laser mode to the empty modes of the electromagnetic field.

Finally, and this is perhaps the most difficult point, one must not forget that, in quantum theory, the corpuscular and wave aspects of light are *complementary*. There is not a unique physical description of the sequence of fluoresecence processes which can be applied to all possible experiments.

Suppose for example we are interested in the *time aspect* of the problem, more precisely in the probability $p(\theta)$ for having 2 successive fluorescence photons emitted by the same atom separated by a time interval θ. This can be achieved by measuring, with a broad-band photomultiplier, the intesity correlations of the fluorescence light emitted by a very dilute atomic beam (for a theoretical analysis of this problem, see references 6 and 7). Note also that, throughout this paper, we restrict ourselves to very dilute atomic systems so that we can ignore any cooperative effects such as those discussed in reference 8. Once we have detected one fluorescence photon, the atom is certainly in the ground state because of the "reduction of the wave packet". In order to be able to emit a second photon, it must be reexcited in the upper state by the laser light. It is therefore not surprising that $p(\theta)$ is given by the Rabi transient describing the excitation of the atom from the ground state. Note in particular that $p(\theta) \to 0$ when $\theta \to 0$, showing an "antibunching" of the fluorescence photons emitted by a single atom.

One can also be interested in the *frequency distribution* of the fluorescence light, and from now we will only consider this type of problem. In such experiments, the fluorescence photons are sent into an interferometric device, such as a high finesse Fabry-Perot etalon, inside which they are kept for such a long time that we lose all information concerning their order of emission. This clearly shows the complementarity between time and frequency which cannot be simultaneously determined. This means also that, for each ensemble of fluorescence photons with frequencies ω_A, ω_B, ..., ω_N, we have several indistinguishable sequences of fluorescence processes, differing by the order of emission of photons, and that we *must* take into account possible interferences between the corresponding quantum amplitudes. There is another example of such a difficulty which is well known in atomic physics: the paradox of spontaneous emission from an harmonic oscillator [*9*]. It is well known that the linewidth of the spontaneously emitted radiation is independent of the initial excitation of the oscillator. Such a result can be derived quantum mechanically only if one takes into account the interferences between the N! possible cascades through which the oscillator decays from its initial excited state N to the ground state 0.

II. THE DRESSED ATOM APPROACH

In this paper, we would like to present a dressed-atom approach to resonance fluorescence, discussed in detail in reference 10, and which, in our opinion, solves the previous difficulties and leads to simple interpretations for the fluorescence and absorption spectra of atoms irradiated by intense resonant laser beams.

Let's emphasize that such an approach does not lead to new results which could not be derived from a c-number description of the laser field. Actually, the c-number description may be shown to be strictly equivalent to the quantum description provided that the initial state of the field is a coherent one [*11*]. What we would like to show here is that introducing from the beginning the energy levels of the combined system [atom + laser mode] leads, in the limit of high intensities, to simpler mathematical calculations and more transparent physical discussions.

We give now the general idea of this method. In a first step, one neglects spontaneous emission and one considers only the total isolated system "atom + laser mode interacting together". We call such a system the dressed-atom or the atom dressed by laser photons. One easily determines the energy diagram of such a system, which exhibits a quasiperiodicity associated with the quantization of the radiation field.

Then, we introduce the coupling with the empty modes, responsible for the transfer of photons from the laser mode to the empty modes (Fig. 1). Resonance fluorescence can therefore be considered as spontaneous emission from the dressed atom. Similarly, a sequence of fluorescence processes corresponds to a radiative cascade of the dressed atom downwards its energy diagram.

Due to the very broad frequency spectrum of the empty modes, it is always possible to describe the spontaneous decay of the dressed atom by a master equation. In the limit of high intensities, more precisely in the limit of well resolved spectral lines, we will see that this equation takes a much simpler form.

Finally, it would be in principle necessary to introduce the coupling of the laser mode with the lasing atoms and with the cavity losses, in order to describe the injection of photons into the laser mode and the fluctuations of the laser light.

We will suppose here that the laser fluctuations are negligible and we will forget this coupling. We will describe the laser beam as a free propagating wave corresponding to a single mode of the radiation field, initially excited in a coherent state, with a Poisson distribution $p_o(n)$ for the photon number. The width, Δn, of this distribution is very large in absolute value, but very small compared to the mean number of photons $\bar{n}$ (quasi classical state):

$$1 \ll \Delta n \simeq \sqrt{\bar{n}} \ll \bar{n} \qquad (1)$$

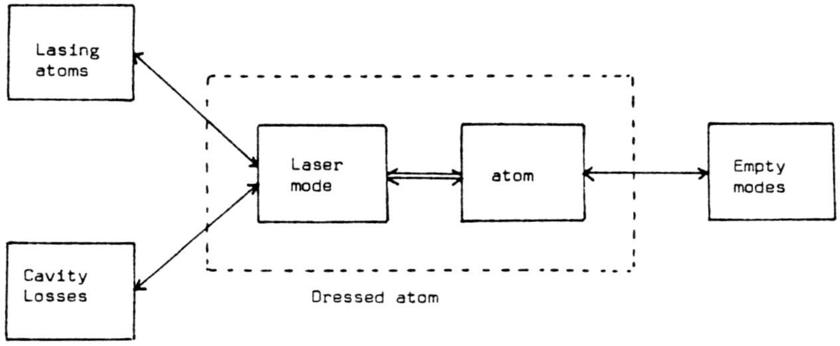

FIGURE 1. Various couplings appearing in the dressed atom approach.

Furthermore, $\bar{n}$ has no real physical meaning: we can always let $\bar{n}$ and the quantization volume V tend to ∞, the ratio $\bar{n}/V$ remaining constant and related to the electromagnetic energy density experienced by the atom. This is why it will be justified to consider the dressed atom energy diagram as periodic over a very large range Δn, and to neglect the variation with n of any matrix element when n varies within Δn.

III. APPLICATION TO A TWO-LEVEL ATOM

We now show how this method works in the simple case of a two-level atom.

A. Energy Diagram

The unperturbed states of the dressed atom are labelled by two quantum numbers: e, g for the atom; n for the number of photons in the laser mode. They are bunched in two-dimensional multiplicities $\mathcal{E}_n$, $\mathcal{E}_{n-1}$ separated by ω_L (laser frequency)(Fig.2a). The splitting between the two states $|g,n+1\rangle$ and $|e,n\rangle$ of $\mathcal{E}_n$ is the detuning δ between the atomic and laser frequencies ω_o and ω_L:

$$\delta = \omega_o - \omega_L \tag{2}$$

An atom in g can absorb one laser photon and jump to e. This means that the two states $|g,n+1\rangle$ and $|e,n\rangle$ are coupled by the laser mode-atom interaction Hamiltonian V, the corresponding matrix element being

$$\langle e,n|V|g, n + 1\rangle = \frac{\omega_1}{2} \tag{3}$$

Since δ and ω_1 are small compared to ω_L, one can neglect all other couplings between different multiplicities, which is equivalent to making the rotating wave approximation. Thus, one is led to a series of independent two-level problems. One immediately finds that the two perturbed states associated with $\mathcal{E}_n$ (Fig. 2b) are separated by a splitting

$$\omega_{12} = \sqrt{\omega_1^2 + \delta^2} \tag{4}$$

and are given by

$$\begin{aligned} |1,n\rangle &= \cos\phi|e,n\rangle + \sin\phi|g, n + 1\rangle \\ |2,n\rangle &= -\sin\phi|e,n\rangle + \cos\phi|g, n + 1\rangle \end{aligned} \tag{5}$$

where the angle ϕ is defined by

$$\mathrm{tg}\ 2\phi = \omega_1/\delta \qquad (6)$$

For the following discussion, it will be useful to know the matrix elements of the atomic dipole operator D. This operator does not act on the number n of laser photons and therefore the only non-zero matrix elements of D in the unperturbed basis are

$$\langle g,n|D|e,n\rangle = \langle g|D|e\rangle = d \qquad (7)$$

From the expansion (5) of the dressed atom states, one deduces that D only couples states belonging to two adjacent multiplicities. We will call d_{ji} these matrix elements

$$d_{ji} = \langle j,\ n-1|D|i,n\rangle \qquad (8)$$

One finds immediately the matrix elements corresponding to the various allowed Bohr frequencies (arrows of Fig. 2b):

$$\begin{aligned} d_{21} &= d\cos^2\phi && (\text{frequency } \omega_L + \omega_{12}) \\ d_{12} &= -d\sin^2\phi && (\text{frequency } \omega_L - \omega_{12}) \qquad (9) \\ d_{11} &= -d_{22} = d\sin\phi\cos\phi && (\text{frequency } \omega_L) \end{aligned}$$

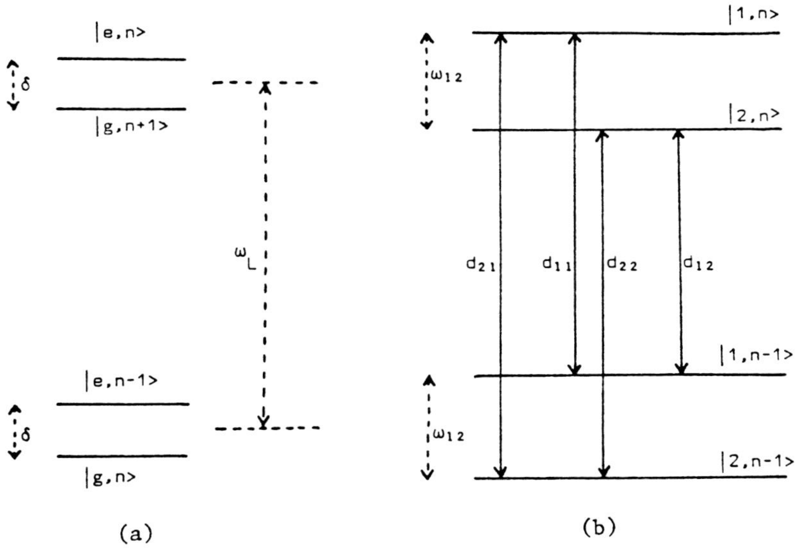

FIGURE 2. (a) Unperturbed states of the total system "atom + laser mode";(b) perturbed states of the same system.

B. Secular Approximation

Let us introduce now spontaneous emission, characterized by Γ. We will not discuss the general case, but restrict ourselves to the limit of well resolved lines:

$$\omega_{12} >> \Gamma \tag{10}$$

From Eq. (4), this condition means either intense fields ($\omega_1 >> \Gamma$) or large detunings ($|\delta| >> \Gamma$) or both.

In such a case, the master equation describing spontaneous emission can be considerably simplified. Any coupling, which is of the order of Γ, between two density matrix elements evolving at different frequencies, differing at least by ω_{12}, can be neglected. This is the so called secular approximation which is the starting point of an expansion in powers of Γ/ω_{12} and which leads to independent sets of equations only coupling the elements of the dressed atom density matrix σ evolving at the same Bohr frequency.

C. Evolution of the Populations

As a first illustration of this discussion, let us consider the set of equations coupling the elements of σ evolving at frequency 0, i.e. the diagonal elements of σ which represent the populations $\Pi_{i,n}$ of the dressed atom energy levels:

$$\Pi_{i,n} = \langle i,n|\sigma|i,n\rangle \tag{11}$$

In these equations, important parameters appear which are the transition rates Γ_{ji} (Γ_{ji} is the transition rate from $|i,n\rangle$ to $|j,n-1\rangle$) and which are simply related to the dipole matrix elements introduced above:

$$\Gamma_{ji} = |\langle j,n-1|D|i,n\rangle|^2 = d_{ji}^2 \tag{12}$$

The evolution equations of the populations $\Pi_{i,n}$ can then be written

$$\begin{aligned} \dot{\Pi}_{1,n} &= -(\Gamma_{11}+\Gamma_{21})\Pi_{1,n} + \Gamma_{11}\Pi_{1,n+1} + \Gamma_{12}\Pi_{2,n+1} \\ \dot{\Pi}_{2,n} &= -(\Gamma_{12}+\Gamma_{22})\Pi_{2,n} + \Gamma_{21}\Pi_{1,n+1} + \Gamma_{22}\Pi_{2,n+1} \end{aligned} \tag{13}$$

These equations have an obvious physical meaning in terms of transition rates: for example, the population $\Pi_{1,n}$ decreases because of transitions from $|1,n\rangle$ to the lower levels with a total rate

$$\Gamma_1 = \Gamma_{11} + \Gamma_{21} \tag{14}$$

and increases because of transitions from upper levels $|1,n+1>$ (transition rate Γ_{11}) and $|2,n+1>$ (transition rate Γ_{12})(Fig. 3):

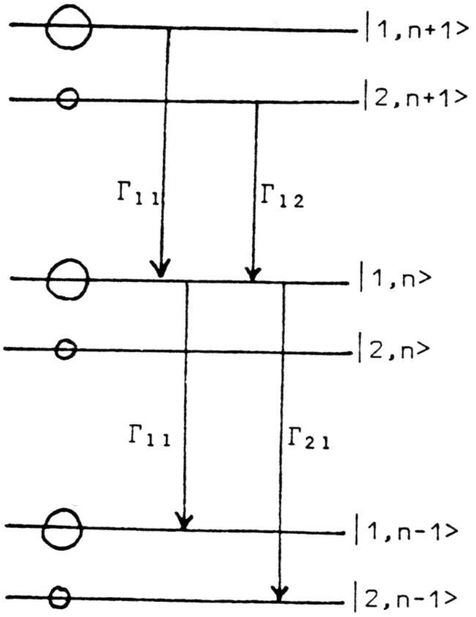

FIGURE 3. Evolution of the population $\Pi_{1,n}$.

Because of the quasi-classical character of the laser mode state (condition 1), all matrix elements can be considered as periodic within the width Δn of the photon distribution $p_o(n)$. Thus $\Pi_{i,n+1}$ and $\Pi_{i,n}$ are practically equal and they can be written as

$$\Pi_{i,n+1} \simeq \Pi_{i,n} \simeq p_o(n)\ \Pi_i \tag{15}$$

where Π_i is a reduced population.

One deduces from Eqs. (13) and (15) that the reduced populations Π_i obey the simple equations

$$\dot{\Pi}_1 = -\Gamma_{21}\ \Pi_1 + \Gamma_{12}\ \Pi_2$$
$$\dot{\Pi}_2 = -\Gamma_{12}\ \Pi_2 + \Gamma_{21}\ \Pi_1 \tag{16}$$

One easily derives the following results for the evolution of the populations Π_i. Starting from the initial values $\Pi_i(o)$ obtained by expanding on the dressed atom states the initial state of the laser mode-atom system, the populations exhibit a transient behavior, on a time scale of the order of Γ^{-1}, and then reach a steady state $\Pi_i(\infty)$, or more precisely a dynamical equilibrium, where they do not vary any more.

The populations $\Pi_i(\infty)$ are determined by the two equations

$$\Pi_1(\infty) + \Pi_2(\infty) = 1 \tag{17}$$

$$\Gamma_{21}\, \Pi_1(\infty) = \Gamma_{12}\, \Pi_2(\infty) \tag{18}$$

The first one is the normalization condition. The second is the detailed balance condition, obtained from Eq. (16), and expressing that the number of transitions from $|2,n+1\rangle$ to $|1,n\rangle$ compensates the number of transitions from $|1,n\rangle$ to $|2,n-1\rangle$.

Solving these two equations leads to

$$\begin{aligned} \Pi_1(\infty) &= \frac{\Gamma_{12}}{\Gamma_{12}+\Gamma_{21}} = \frac{\sin^4\phi}{\sin^4\phi + \cos^4\phi} \\ \Pi_2(\infty) &= \frac{\Gamma_{21}}{\Gamma_{12}+\Gamma_{21}} = \frac{\cos^4\phi}{\sin^4\phi + \cos^4\phi} \end{aligned} \tag{19}$$

D. Positions and Weights of the Various Components of the Fluorescence Spectrum

The positions of these components are given by the allowed Bohr frequencies of the atomic dipole moment which, according to the previous discussion, are $\omega_L - \omega_{12}$, $\omega_L, \omega_L + \omega_{12}$. So, we have a triplet of three well resolved lines since $\omega_{12} \gg \Gamma$.

It is clear that the total number of photons emitted on the component $\omega_L + \omega_{ij}$ is equal to the total number of transitions $|i,n\rangle \rightarrow |j,n-1\rangle$, corresponding to this frequency, and occurring during the transit time T of atoms through the laser beam. Since T is larger than Γ^{-1}, one can consider only the dynamical equilibrium regime. It follows that the weight $G_F(\omega_L + \omega_{ij})$ of the $\omega_L + \omega_{ij}$ component is given by:

$$G_F(\omega_L + \omega_{ij}) = T\, \Gamma_{ji}\, \Pi_i(\infty) \tag{20}$$

From the detailed balance condition (18), one deduces

$$G_F(\omega_L + \omega_{12}) = G_F(\omega_L - \omega_{12}) \tag{21}$$

We have therefore a close connection between the detailed balance and the symmetry of the spectrum.

Since we know the Γ_{ji} and the Π_i, we can easily write analytical expressions for the weights of the two sidebands and for the weight $G_F(\omega_L)$ of the central component:

$$G_F(\omega_L + \omega_{12}) = G_F(\omega_L - \omega_{12}) = \Gamma T \frac{\sin^4\phi \cos^4\phi}{\sin^4\phi + \cos^4\phi} \tag{22}$$

$$G_F(\omega_L) = T(\Gamma_{11}\ \Pi_1(\infty) + \Gamma_{22}\ \Pi_2(\infty)) = \Gamma T \sin^2\phi \cos^2\phi$$

They coincide with the now well known results concerning two level atoms at the limit of well resolved spectral lines.

E. Widths of the Components

In order to obtain the width of the lateral components at $\omega_L \pm \omega_{12}$, we consider now the evolution of the off diagonal element of the density matrix connecting $|1,n\rangle$ and $|2,n-1\rangle$ and which we note σ^+_{12n}

$$\sigma^+_{12n} = \langle 1,n|\sigma|2,n-1\rangle \tag{23}$$

The evolution equation of σ^+_{12n} can be written:

$$\dot{\sigma}^+_{12n} = -i(\omega_L + \omega_{12})\sigma^+_{12n} - \frac{1}{2}(\Gamma_1 + \Gamma_2)\sigma^+_{12n} + d_{11}d_{22}\ \sigma^+_{12\ n+1} \tag{24}$$

Three terms appear in this equation: the first one describes the free evolution of σ^+_{12n} at the Bohr frequency $\omega_L + \omega_{12}$; the second one describes the damping of σ^+_{12n} by spontaneous emission with a rate equal to the half sum of the total decay rates Γ_1 and Γ_2 from the two levels $|1,n\rangle$ and $|2,n-1\rangle$. Finally, one must not forget the coupling of σ^+_{12n} with another off diagonal element of σ, $\sigma^+_{12\ n+1}$, which connects $|1,n+1\rangle$ and $|2,n\rangle$ and evolves at the same Bohr frequency, the coupling coefficient being the product of the two dipole matrix elements d_{11} and d_{22} (Fig. 4).

As above, we can use the periodicity property for replacing $\sigma^+_{12\ n+1}$ by σ^+_{12n} in Eq. (24), which gives the damping rate L_{12} of σ^+_{12n}

$$L_{12} = \frac{1}{2}(\Gamma_1 + \Gamma_2) - d_{11}d_{22} \tag{25}$$

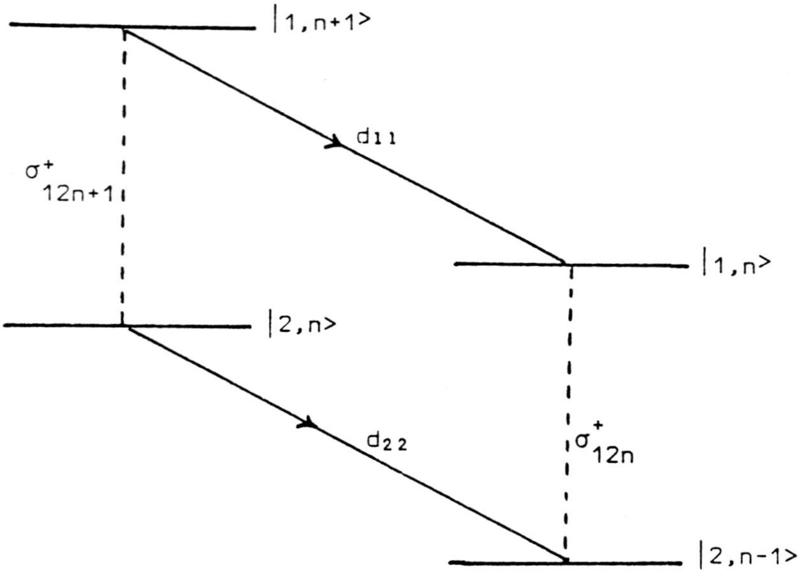

FIGURE 4. Coupling of off-diagonal density matrix elements evolving at the same Bohr frequency.

This rate is also the damping rate of the component of the mean dipole moment oscillating at frequency $\omega_L + \omega_{12}$, so that L_{12} is also the width of the lateral components. One therefore concludes that the width of the line emitted on the transition $|1,n\rangle \rightarrow |2,n-1\rangle$ is not simply given by the half sum of the natural widths Γ_1 and Γ_2 of the two involved levels. Because of the periodicity of the energy diagram, there is a phase transfer in the radiative cascade which is responsible for a correction equal to $-d_{11}d_{22}$. The explicit expression of L_{12} in terms of Γ and ϕ is:

$$L_{12} = \Gamma(\frac{1}{2} + \cos^2\phi \, \sin^2\phi) \tag{26}$$

The problem of the central component is a little more complicated. There are now two off diagonal elements

$$\sigma^+_{iin} = \langle i,n|\sigma|i,n-1\rangle \qquad \text{with } i = 1,2 \tag{27}$$

which connect the same multiplicities $\mathcal{E}_n$ and $\mathcal{E}_{n-1}$ and which evolve at the same frequency ω_L. One can show that, except for the free evolution terms, the σ^+_{iin} and the populations $\Pi_{i,n}$

obey the same equations. But the time evolution of the populations is given by the superposition of a transient regime and of a steady state one. It follows that the central component is actually the superposition of two lines: a δ-function corresponding to the coherent scattering due to the undamped oscillation of the mean dipole moment driven at ω_L by the laser wave and an inelastic central component. Simple calculations (10) give the weights G_{el} and $G_{inel}(\omega_L)$ of the elastic and inelastic central components and the width L_c of the inelastic one:

$$G_{el} = T(d_{11}\,\Pi_1(\infty) + d_{22}\,\Pi_2(\infty))^2$$

$$= \Gamma T \cos^2\phi \sin^2\phi \left[\frac{\cos^4\phi - \sin^4\phi}{\cos^4\phi + \sin^4\phi}\right] \tag{28}$$

$$G_{inel}(\omega_L) = G_F(\omega_L) - G_{el}$$

$$= \Gamma T \frac{4\cos^6\phi \sin^6\phi}{(\cos^4\phi + \sin^4\phi)^2} \tag{29}$$

$$L_c = \Gamma_{12} + \Gamma_{21} = \Gamma(\sin^4\phi + \cos^4\phi) \tag{30}$$

F. Absorption Spectrum

We now show how this dressed atom approach provides a straightforward interpretation of very recent experimental results [*12*].

Atoms are always irradiated by an intense laser beam at ω_L. Instead of looking at the fluorescence light emitted by these atoms, one measures the absorption of a second weak probe beam ω. ω_L is fixed and ω is varied. One can say that, in this experiment, one measures the absorption spectrum of the dressed atom.

Since the perturbation introduced by the weak probe beam can be neglected, the energy levels $|i,n\rangle$ $|j,n-1\rangle\ldots$ of the dressed atom and their populations Π_i $\Pi_j\ldots$ are the same as before. To the transition $|i,n\rangle \to |j,n-1\rangle$ of the dressed atom corresponds, in the absorption spectrum, a component centered at $\omega_L + \omega_{ij}$, with a width L_{ij}, and a weight $(\Pi_j - \Pi_i)\,\Gamma_{ji}T$ determined by the difference between absorption and stimulated emission processes.

This is the main difference between fluorescence and absorption spectra. An absorption signal is proportional to the *difference of populations* between the two involved levels; a spontaneous emission signal only depends on the population of the upper state.

We therefore arrive at the following conclusions:

(i) Because of the periodicity property, the two levels $|i,n\rangle$ and $|i,n-1\rangle$ (with $i=1,2$) have the same populations. So, the central component at ω_L disappears since it corresponds to transitions between two equally populated levels.

(ii) If Π_2 is larger than Π_1, the lateral component at $\omega_L+\omega_{12}$ (transition $|i,n\rangle \to |2,n-1\rangle$) is absorbing since the lower level $|2,n-1\rangle$ is the most populated (Fig. 5). But, then, the second lateral component at $\omega_L-\omega_{12}$ (transition $|2,n\rangle \to |1,n-1\rangle$ is *amplifying* since it is now the upper level $|2,n\rangle$ which is the most populated.

(iii) Finally, at resonance, one easily finds that $\Pi_1=\Pi_2$ so that all levels are equally populated and all components disappear in the absorption spectrum.

Let's recall that all these results are only valid to 0th order in Γ/ω_{12}. Higher order corrections to the secular approximation, which is used here, would introduce smaller signals, which do not vanish at resonance or near ω_L.

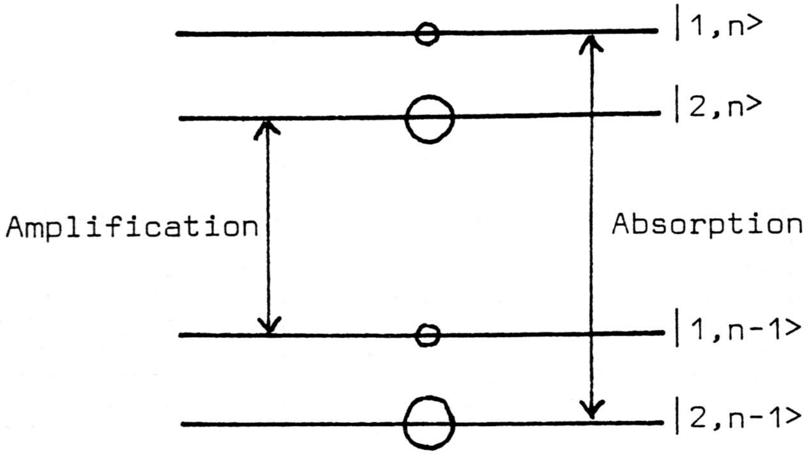

FIGURE 5. If $\Pi_2 > \Pi_1$, the $\omega_L + \omega_{12}$ component is absorbing, whereas the $\omega_L - \omega_{12}$ component is amplifying.

It appears clearly from the previous discussion that good amplification requires a detuning between the laser and atomic frequencies ω_L and ω_o. One can easily compute the optimum conditions for such an amplification.

The maximum of the amplifying line is obtained by dividing the weight of this line by its width. Let us call G the ratio of this maximum amplification to the maximum absorption of free atoms. One obtains

$$G = \frac{(\Pi_2 - \Pi_1)\, \Gamma_{12}\, T}{L_{12}} \; \frac{\Gamma/2}{\Gamma T}$$

$$= \frac{\sin^4\phi\, (\cos^2\phi - \sin^2\phi)}{(\cos^4\phi + \sin^4\phi)(1 + 2\sin^2\phi\, \cos^2\phi)} \tag{31}$$

The value of the detuning which maximizes this amplification is given by

$$\frac{|\omega_L - \omega_o|}{\omega_1} = 0.334 \tag{32}$$

and it corresponds to a maximum amplification

$$G_{max} = 4.64\% \; . \tag{33}$$

IV. CONCLUSION

To conclude, let us mention some further applications of the dressed atom approach.

First, this method can be directly applied to multilevel systems. Similar mathematical expressions having the same physical meaning can be derived for the characteristics of the various components of fluorescence and absorption spectra. We have already used it to study several problems such as the modification of the Raman effect at very high intensities [*13*]; the simultaneous saturation of two atomic transitions sharing a common level [*14*], a situation which occurs frequently in stepwise excitation experiments (in that case, we have to consider atoms dressed by two types of photons); polarization effects related to Zeeman degeneracy and which could be observed by exciting atoms with a given polarization and by observing the fluorescence spectrum with a different one [*15*].

Second, this method is very well suited to the study of the effect of collisions in the presence of resonant fields [*16,17, 18*]. One has to add in the master equation new terms describing the transition rates induced by collisions. The detailed balance condition, giving the dynamical equilibrium, depends now on both radiative and collisional rates. But. on the other hand, the weights of the lines only depend on radiative rates. This provides very simple interpretations for the asymmetries which appear in the fluorescence spectrum and which are due to collisions.

Finally, one can easily introduce the Doppler effect in the theory by plotting energy diagrams giving the dressed atom energy levels versus the atomic velocity. We have shown that these diagrams can provide very simple interpretations for the various saturation signals observed in laser spectroscopy. We are presently investigating some new effects suggested by such an approach [*18*].

REFERENCES

1. V. Weisskopf and E. Wigner, Z. Phys. 63, 54 (1930).
2. F. Schuda, C. R. Stroud Jr. and M. Hercher, J. Phys. B7, L198 (1974).
3. See subsequent papers of H. Walther and S. Ezekiel, including: H. Walther, Proc. of the 2nd Laser Spectroscopy Conf., June 75, ed. S. Haroche, J. C. Pebay-Peyroula, T. W. Hansch and S. H. Harris, 358-69 (Springer-Verlag, Berlin 1975); F. Y. Wu, R. E. Grove and S. Ezekiel, Phys. Rev. Lett. 35, 1426 (1975); W. Hartig, W. Rasmussen, R. Schieder and H. Walther, Z. Phys. A278, 205 (1976); R. E. Grove, F. Y. Wu and S. Ezekiel, Phys. Rev.A 15, 227-33 (1977).
4. See subsequent papers of L. Mandel and H. J. Kimble, B. R. Mollow, C. R. Stroud, Jr. and H. R. Gray, D. F. Walls, W. A. McClean and S. Swain. See also references given in 10.
5. B. R. Mollow, Phys. Rev. 188, 1969 (1969).
6. H. J. Carmichael and D. F. Walls, J. Phys. B9, L43 (1976); J. Phys. B9, 1199 (1976).
7. C. Cohen-Tannoudji, Frontiers in Laser Spectroscopy, Les Houches 1975, Session XXVII, ed. R. Balian, S. Haroche and S. Liberman (North Holland, Amsterdam, 1977).
8. R. Bonifacio and L. A. Lugiato, Opt. Com. 19, 172 (1976).

9. N. Kroll, in Quantum Optics and Electronics, Les Houches 1964, ed. C. De Witt, A. Blandin and C. Cohen-Tannoudji (Gordon and Breach, 1965).

10. C. Cohen-Tannoudji and S. Reynaud, J. Phys. B10, 345 (1977); S. Reynaud, Thèse de 3ème cycle (Paris, 1977).

11. B. R. Mollow, Phys. Rev. A 12, 1919 (1975).

12. F. Y. Wu and S. Ezekiel, M. Ducloy, B. R. Mollow, Phys. Rev. Lett. 38, 1077 (1977). See also, A. M. Bonch-Breuvich, V. A. Khodovoi and N. A. Chiger', Zh. Eksp. Teor. Fiz. 67, 2069 (1974) [Sov. Phys. JETP 40, 1027 (1975)]; S. L. McCall, Phys. Rev. A 9, 1515 (1974); H. M. Gibbs, S. L. McCall and T. N. C. Venkatesan, Phys. Rev. Lett. 36, 1135 (1976).

13. C. Cohen-Tannoudji and S. Reynaud, J. Phys. B10, 365 (1977).

14. C. Cohen-Tannoudji and S. Reynaud to be published in J. Phys. B10 (1977).

15. C. Cohen-Tannoudji and S. Reynaud, J. de Phys. Lettres, 38, L173 (1977).

16. J. L. Carlsten, A. Szöke and M. G. Raymer, Phys. Rev. A 15, 1029 (1977); E. Courtens and A. Szöke, Phys. Rev. A 15, 1588 (1977).

17. B. R. Mollow, Phys. Rev. A 15, 1023 (1977).

18. C. Cohen-Tannoudji, F. Hoffbeck and S. Reynaud, to be published.

Paper 3.3

C. Cohen-Tannoudji and P. Avan, "Discrete state coupled to a continuum. Continuous transition between the Weisskopf–Wigner exponential decay and the Rabi oscillation," in *Etats Atomiques et Moléculaires Couplés a un Continuum — Atomes et Molécules Hautement Excités*, Colloques Internationaux du Centre National de la Recherche Scientifique, N^0 273 (1977), pp. 93–106.

In the two extreme situations considered in Sec. 5 of paper 3.1, where the incident light field has either a very narrow or a very broad spectral width, the behavior of a two-level atom interacting with such a light field is very simple. It can be described by a damped Rabi oscillation in the first case, and by a departure from the ground state with a constant rate in the second case. It was thus interesting to try to work out simple models for understanding the transition between these two regimes. It was soon realized that the knowledge of the spectral width $\Delta\nu$ of the light beam is not sufficient for characterizing the light field. Higher order correlation functions can play an important role. See, for example, P. Avan and C. Cohen-Tannoudji, *J. Phys.* **B10**, 155 (1977). In this paper, the fluorescence spectrum of a two-level atom is calculated for two types of fluctuating incident light fields having the same spectral width $\Delta\nu$. For the first one, the field amplitude is well defined and $\Delta\nu$ is due to phase diffusion. The second one corresponds to a Gaussian field where both the amplitude and the phase fluctuate. The results obtained in these two cases for the fluorescence spectrum are quite different.

During the development of this work, we were led to consider simplified models, which are too crude to be applied to laser–atom interactions, but which can have a pedagogical interest in the context of the general problem of discrete states coupled to continua. This paper presents an example of such a model which is sufficiently simple to allow an exact solution to be obtained. A single discrete state is coupled to a single continuum by a coupling whose strength can be varied continuously. Using graphic constructions, one can then understand how the behavior of the system changes continuously from a Weisskopf–Wigner decay to a Rabi oscillation. This model is also presented in C. Cohen-Tannoudji, J. Dupont-Roc, and G. Grynberg, Complement C_{III} of *Atom–Photon Interactions. Basic Processes and Applications* (John Wiley, 1992).

Colloques Internationaux du C.N.R.S.
N° 273 - ETATS ATOMIQUES ET MOLÉCULAIRES COUPLÉS A UN CONTINUUM
ATOMES ET MOLÉCULES HAUTEMENT EXCITÉS

DISCRETE STATE COUPLED TO A CONTINUUM. CONTINUOUS TRANSITION BETWEEN THE WEISSKOPF-WIGNER EXPONENTIAL DECAY AND THE RABI OSCILLATION.

Claude COHEN-TANNOUDJI and Paul AVAN
Ecole Normale Supérieure and Collège de France
24 rue Lhomond, 75231 PARIS CEDEX 05 - France

1. Introduction

WEISSKOPF and WIGNER have shown a long time ago that when a discrete state $|\phi_i>$ is weakly coupled to a broad continuum, the probability that the system remains in $|\phi_i>$ decreases exponentially, in an irreversible way. One can then ask the following question : How does this behaviour change when the width W_o of the continuum is decreased, or when, W_o remaining constant, the coupling V between the discrete state and the continuum is increased ? One knows of course another extreme case, the one where the width of the continuum is so small that it can be considered as a discrete state $|\phi_j>$. Then, the coupling V between $|\phi_i>$ and $|\phi_j>$ induces reversible oscillations between $|\phi_i>$ and $|\phi_j>$, with a frequency proportional to $<\phi_i|V|\phi_j>$ and which is the well known Rabi nutation frequency.

In this paper, we show how it is possible, with a very simple model and with elementary graphic constructions, to understand the continuous transition between the Weisskopf-Wigner exponential decay and the Rabi oscillation.

So many publications have been devoted to the problem of the coupling between discrete states and continuums that it seems extremely difficult to try to present an exhaustive review on this subject. We therefore apologize for not giving any bibliography at the end of this paper.

2. Presentation of a simple model

2.1. Notations

We consider an unperturbed hamiltonian H_o having only one non-degenerate discrete state $|\phi_i>$, with an energy E_i, and one continuum of states $|\beta, E>$, labelled by their energy E, which varies from 0 to $+\infty$, and some other quantum numbers β. The density of states in the continuum will be noted $\rho(\beta, E)$.

$$\begin{cases} H_o\,|\phi_i> = E_i\,|\phi_i> & \\ H_o\,|\beta, E> = E\,|\beta, E> & 0 \leqslant E < \infty \end{cases} \qquad (1)$$

One adds to H_o a coupling λV proportional to a dimensionless parameter λ. When $\lambda \gg 1$, the coupling is strong, when $\lambda \ll 1$ it is weak. The operator V is assumed to have non zero matrix elements only between the discrete state and the continuum, and they are noted $v(\beta, E)$,

$$< \phi_i | V | \beta, E > = v(\beta, E) \tag{2}$$

All other matrix elements of V are equal to zero

$$< \phi_i | V | \phi_i > = < \beta, E | V | \beta', E' > = 0 \tag{3}$$

2.2. Decay amplitude $U_i(t)$ and Fourier transform $b_i(E)$ of the decay amplitude

What we have to calculate is the matrix element of the evolution operator between $|\phi_i >$ and $< \phi_i|$,

$$U_i(t) = < \phi_i | e^{-i(H_0+\lambda V)t} | \phi_i > , \tag{4}$$

which represents the decay amplitude, i.e. the probability amplitude that the system, starting at t = 0 in $|\phi_i >$, remains in this state after a time t. One can easily show from Schrödinger equation that $U_i(t)$ satisfies an integro-differential equation which is not easy to solve.

It is much simpler to take a different approach and to calculate the Fourier transform $b_i(E)$ of $U_i(t)$, rather than $U_i(t)$ itself

$$U_i(t) = \int_{-\infty}^{+\infty} dE \; e^{-iEt} \; b_i(E) \tag{5}$$

The first step in this direction is to compute the matrix element of the resolvent operator $G(Z) = \left[Z - H \right]^{-1}$ between $|\phi_i >$ and $< \phi_i|$

$$G_i(Z) = < \phi_i \; | \; \frac{1}{Z - H} \; | \; \phi_i > \tag{6}$$

where Z is the complex variable and $H = H_0 + \lambda V$ the total hamiltonian. One can easily show that $G_i(Z)$ satisfies an algebraic equation (much simpler than an integro-differential equation) which can be exactly solved for the simple model considered here. The corresponding calculations are sketched in the appendix. In the same appendix, we give the connection between $G_i(Z)$ and $b_i(E)$, displayed by the equation

$$b_i(E) = \frac{1}{2\pi i} \lim_{\varepsilon \to 0_+} \left[G_i(E-i\varepsilon) - G_i(E+i\varepsilon) \right] \tag{7}$$

and from which it is possible to derive an explicit expression for $b_i(E)$. Before giving this expression, it will be useful to introduce and to discuss 2 functions of E which play an important role in the problem.

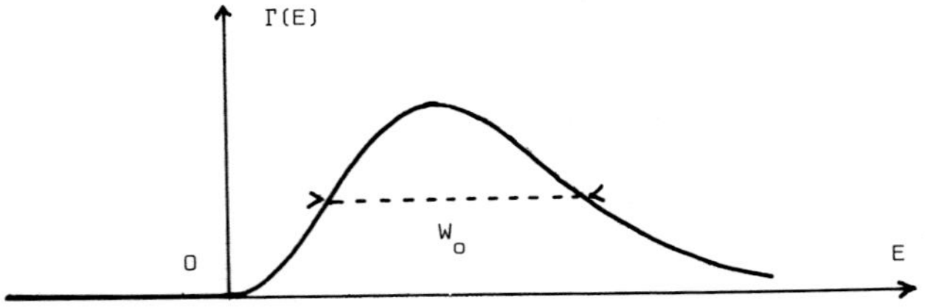

Figure 1 : Γ(E) function

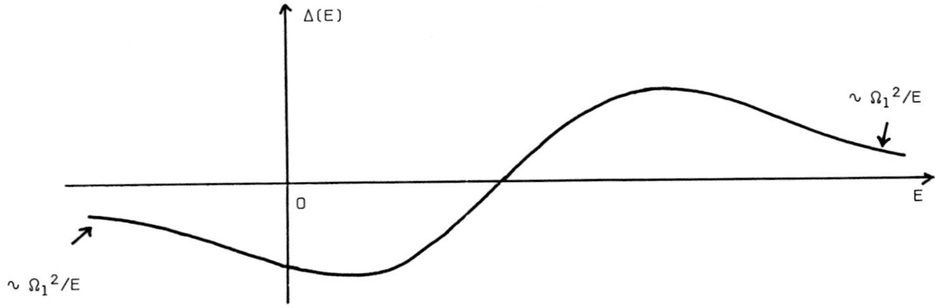

Figure 2 : Δ(E) function

2.3. Energy dependence of the coupling between the discrete state and the continuum

(i) Γ(E) function

The first function, Γ(E), is defined by :

$$\Gamma(E) = 2\pi \int d\beta \; \rho(\beta, E) |v(\beta, E)|^2 \tag{8}$$

Physically, Γ(E) represents the strength of the coupling between the discrete state $|\phi_i\rangle$ and the shell of states in the continuum having the energy E. The variations with E of Γ(E) are represented on Fig. 1.

From the definition (8), it follows that :

$$\Gamma(E) \geqslant 0 \tag{9}$$

Since, the continuum is supposed to start from E = 0, ρ(β, E) = 0 for E < 0, and, consequently :

$$\Gamma(E) = 0 \quad \text{for} \quad E < 0 \tag{10}$$

Finally, $\rho(\beta, E)$ is generally an increasing function of E whereas $|v(\beta, E)|^2$ tends to zero when $E \to \infty$. We will suppose here that $|v(\beta, E)|^2$ tends to zero sufficiently rapidly so that :

$$\Gamma(E) \to 0 \qquad \text{when } E \to \infty \tag{11}$$

This explains the shape of $\Gamma(E)$ represented on Fig. 1. The width W_o of $\Gamma(E)$ can be considered as the "width of the continuum".

Let's also note that $\lambda^2\Gamma(E_i)$ is the decay rate of $|\phi_i>$, given by Fermi's golden rule.

(ii) Parameter Ω_1

From $\Gamma(E)$, it is possible to define the parameter Ω_1 by :

$$\Omega_1^2 = \frac{1}{2\pi}\int dE\ \Gamma(E) = \iint d\beta\ dE\ \rho(\beta, E)\ |v(\beta, E)|^2 \tag{12}$$

Ω_1 characterizes the coupling between the discrete state $|\phi_i>$ and the whole continuum (rather than the shell of energy E). We will see later on that $\lambda\Omega_1$ coincides with the Rabi frequency for very high couplings.

(iii) $\Delta(E)$ function

$\Delta(E)$ is defined by :

$$\Delta(E) = \frac{1}{2\pi}\ \mathcal{P}\int dE'\ \frac{\Gamma(E')}{E - E'} \tag{13}$$

where $\mathcal{P}$ means principal part.

It is easy to see that the variations with E of $\Delta(E)$, represented on Fig. 2, are those of a dispersion like curve. For the following discussion , it will be useful to determine the asymptotic behaviour of $\Delta(E)$ for $|E|$ very large. For $|E| \gg W_o$, one can replace in (13) E-E' by E so that, using (12), one gets :

$$\text{for } |E| \gg W_o : \qquad \Delta(E) \simeq \frac{1}{2\pi E}\int dE'\ \Gamma(E') = \frac{\Omega_1^2}{E} \tag{14}$$

Finally, it can be noted that $\lambda^2\Delta(E_i)$ is the Weisskopf-Wigner's result for the shift of the discrete state $|\phi_i>$ due to its coupling with the continuum.

2.4. Explicit expression for $b_i(E)$

We can now give the explicit expression of $b_i(E)$ (see the appendix for the details of the calculations) which only depends on $\Gamma(E)$ and $\Delta(E)$:

$$b_i(E) = \frac{1}{\pi}\lim_{\varepsilon \to 0_+} \frac{\varepsilon + \lambda^2\dfrac{\Gamma(E)}{2}}{\left[E - E_i - \lambda^2\Delta(E)\right]^2 + \left[\varepsilon + \lambda^2\dfrac{\Gamma(E)}{2}\right]^2} \tag{15}$$

It must be emphasized that this expression is exact and does not involve any approximation (within the simple model considered here).

One must not forget however that $\Gamma(E)$ and $\Delta(E)$ both depend on E, so that $b_i(E)$ is not a lorentzian, and consequently $U_i(t)$ does not correspond to a pure exponential decay.

Actually, one expects that the deviations of $b_i(E)$ from a lorentzian are very small for $\lambda << 1$, since Weisskopf-Wigner's results are valid for a weak coupling. On the other hand, for $\lambda >> 1$, one expects to find 2 sharp maxima for $b_i(E)$ since the Fourier transform of the Rabi sinusoïd, which must appear at very strong coupling, is formed by 2 delta functions.

It is precisely for understanding the deformations of $b_i(E)$ when λ increases that we introduce now some simple graphic constructions.

3. Some simple graphic constructions

3.1. Construction of $b_i(E)$

In Fig. 3, we have represented 3 functions of E : $\lambda^2\Gamma(E)$, $\lambda^2\Delta(E)$, $E-E_i$ (straight line of slope 1 intersecting the E axis at E_i). Let's consider now, for each value of E, a vertical line of abscissa E, and let's call A, B, C, D the intersections of this vertical line with respectively the E axis, $\lambda^2\Gamma(E)$, $\lambda^2\Delta(E)$, $E-E_i$. We have :

$$AB = \lambda^2\Gamma(E) \qquad\qquad CD = E - E_i - \lambda^2\Delta(E) \tag{16}$$

so that the expression (15) of $b_i(E)$ can be rewritten as :

$$b_i(E) = \frac{1}{\pi} \lim_{\varepsilon \to 0_+} \frac{\varepsilon + \frac{AB}{2}}{(CD)^2 + \left(\varepsilon + \frac{AB}{2}\right)^2} \tag{17}$$

which gives the possibility of determining $b_i(E)$ graphically for each value of E.

Since everything is positive in the denominator of (17), one expects to find a maximum of $b_i(E)$ when E is such that $CD = E - E_i - \lambda^2\Delta(E) = 0$. Thus, the abscissas, E_m, of the maximums of $b_i(E)$ are given by :

$$E_m - E_i - \lambda^2\Delta(E_m) = 0 . \tag{18}$$

3.2. Positions of the maximums of $b_i(E)$

According to (18), the positions of the maximums of $b_i(E)$ can be obtained by studying the intersections of $(E-E_i) / \lambda^2$ with $\Delta(E)$. The corresponding graphic construction is represented on Fig. 4.

For a weak coupling ($\lambda << 1$), $(E-E_i) / \lambda^2$ is practically a vertical line, so that there is only one solution to equation (18), $E_m \simeq E_i$. A better approximation of E_m is obtained by replacing in the small term $\lambda^2\Delta(E_m)$ of (18) E_m by E_i, which gives :

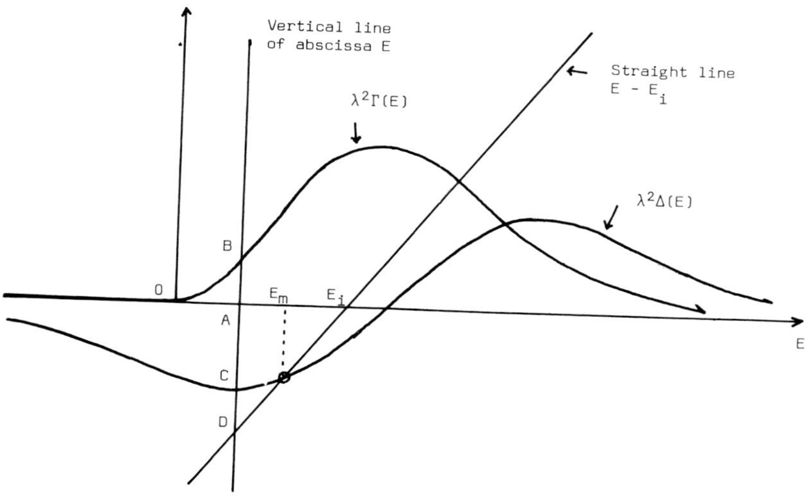

Fig. 3 : *Graphic construction of $b_i(E)$*

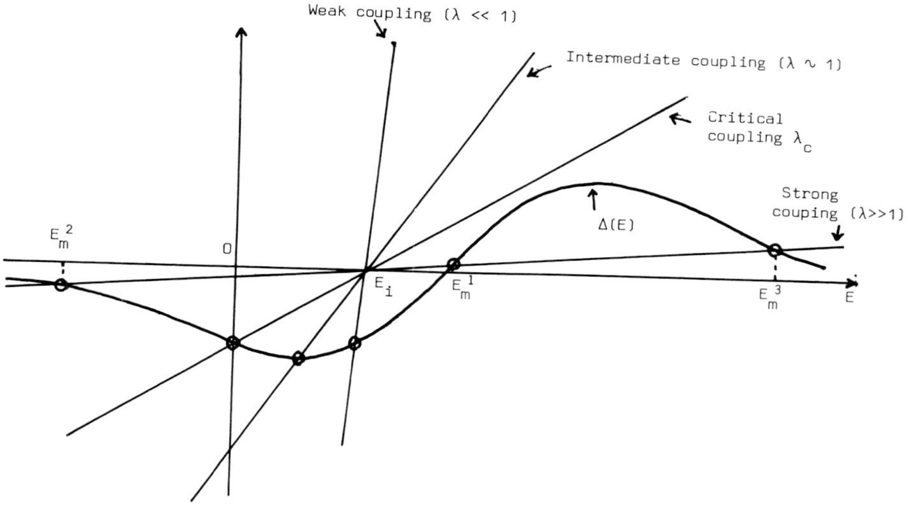

Fig. 4 : *Graphic determination of the positions of the maximums of $b_i(E)$*

$$E_m \simeq E_i + \lambda^2 \Delta(E_i) \; . \tag{19}$$

When the coupling λ increases, one sees on Fig. 4 that the abscissa E_m of the intersection of $\Delta(E)$ with $(E-E_i) / \lambda^2$ decreases until λ reaches a critical value λ_c above which E_m takes a negative value. (New intersections of the 2 curves can also appear.) . The value of λ_c is obtained by putting $E_m = 0$ in (18) :

$$\lambda_c^2 = - \frac{E_i}{\Delta(0)} = \frac{2\pi \, E_i}{\displaystyle\int_0^\infty dE' \, \frac{\Gamma(E')}{E'}} \tag{20}$$

We will come back in § 4 on the physical meaning of this critical coupling.

At very strong couplings ($\lambda >> 1$), the slope of $(E-E_i) / \lambda^2$ becomes very small and one sees on Fig. 4 that $\Delta(E)$ and $(E-E_i) / \lambda^2$ intersect in general in 3 points with abscissas E_m^1, E_m^2, E_m^3. E_m^1 is approximately equal to the abscissa of the zero of $\Delta(E)$. E_m^2 and E_m^3 correspond to the points far in the wings of $\Delta(E)$, where the asymptotic expression (14) can be used. It is therefore possible, for evaluating E_m^2 and E_m^3 to transform (18) into :

$$E_m - E_i - \frac{\lambda^2 \, \Omega_1^2}{E_m} = 0 \; . \tag{21}$$

Neglecting E_i in comparison to E_m, one gets :

$$(E_m)^2 - \lambda^2 \, \Omega_1^2 = 0 \tag{22}$$

which finally gives :

$$E_m^2 \simeq - \lambda\Omega_1 \; , \qquad\qquad E_m^3 \simeq + \lambda \, \Omega_1 \tag{23}$$

4. Discussion of the various regimes

4.1. Weak coupling limit. Corrections to the Weisskopf-Wigner's result

When $\lambda << 1$, the $[\, E-E_i-\lambda^2\Delta(E) \,]^2$ term in the denominator of (15) is much larger than all other ones, except around $E = E_i$ where it vanishes. It is therefore a good approximation to replace, in the small terms $\lambda^2\Gamma(E)$ and $\lambda^2\Delta(E)$, E by E_i, since it is only around $E = E_i$ that these small terms are not negligible compared to $[\, E-E_i-\lambda^2\Delta(E) \,]^2$. One gets in this way :

$$b_i(E) = \frac{1}{\pi} \; \frac{\lambda^2 \frac{\Gamma_i}{2}}{[\, E-E_i-\lambda^2\Delta_i \,]^2 + \left(\lambda^2 \frac{\Gamma_i}{2} \right)^2} \tag{24}$$

where : $\Gamma_i = \Gamma(E_i) \qquad \Delta_i = \Delta(E_i)$. (25)

The Fourier transform of (24) is :

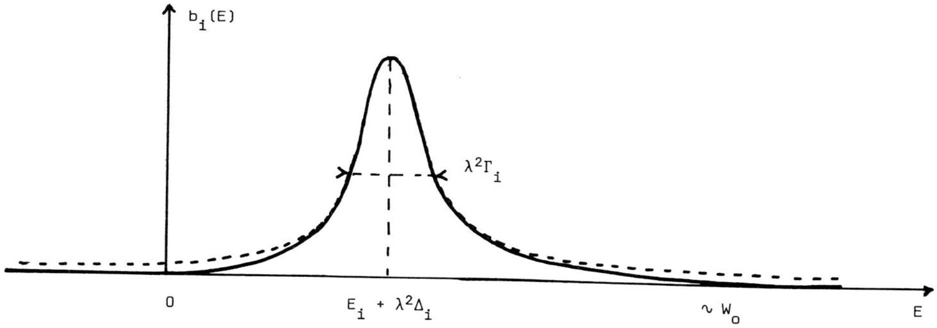

Fig. 5 : *Shape of $b_i(E)$ for a weak coupling. In dotted lines, lorentzian corresponding to the Weisskopf-Wigner's result. In full lines, better approximation for $b_i(E)$*

$$U_i(t) = e^{-i\left[E_i+\lambda^2\Delta_i\right]t}\ e^{-\lambda^2\Gamma_i\ t/2} \tag{26}$$

This is the well known Weisskopf-Wigner's result : the energy of the discrete state is shifted by an amount $\lambda^2\Delta_i$ and the population of this state decays with a rate $\lambda^2\Gamma_i$.

A better approximation would be to replace $\Gamma(E)$ and $\Delta(E)$ by Γ_i and Δ_i in the denominator of (15) where the E dependence is essentially determined by the $\left[E-E_i-\lambda^2\Delta(E)\right]^2$ term, but to keep $\Gamma(E)$ in the numerator :

$$b_i(E) = \frac{1}{\pi}\ \frac{\lambda^2\ \frac{\Gamma(E)}{2}}{\left[E-E_i-\lambda^2\Delta_i\right]^2 + \left[\frac{\lambda^2\ \Gamma_i}{2}\right]^2} \tag{27}$$

One gets in this way corrections to the Weisskopf-Wigner's result due to the E dependence of the coupling with the continuum.

We have represented on Fig. 5, in dotted lines, the lorentzian associated with equation (24), in full lines, the better approximation (27). Since $\Gamma(E)$ vanishes for $E < 0$ and tends to zero for $E \gg W_o$, one sees first that the wings of the curve in full lines tend to zero more rapidly than for a lorentzian and that the domain of existence of this curve is an interval of width W_o. It follows that, at very short times ($t \ll \frac{1}{W_o}$), the decay amplitude $U_i(t)$ may be shown to vary not linearly in t, as $1-\lambda^2(\frac{\Gamma_i}{2} + i\Delta_i)\ t$, but quadratically as $1 - \frac{\lambda^2\Omega_1^2\ t^2}{2}$. Another correction comes from the fact that $\Gamma(E) \equiv 0$ for $E < 0$ and consequently $b_i(E) \equiv 0$ for $E < 0$. The long time behaviour of the decay amplitude is determined by the E dependence of $b_i(E)$ around $E = 0$. If one assumes for $\Gamma(E)$ a power law dependence, $\Gamma(E) \simeq E^n$ for E small, one finds that, at very long times ($t \gg 1/\Gamma_i$), the decay amplitude does not decrease exponentially but as $1/t^{n+1}$.

When λ increases, more important deviations from the exponential decay law occur, due to the appearance of broad structures in the wings of $b_i(E)$. New zeros of $E-E_i-\lambda^2\Delta(E)$ can appear, giving rise to new maximums for $b_i(E)$. It is therefore useful to understand the shape of $b_i(E)$ near these maximums.

4.2. Expansion of $b_i(E)$ near a maximum

Around a zero E_m of equation (18), one can write :

$$\begin{cases} \Gamma(E) \simeq \Gamma(E_m) = \Gamma_m \\ \Delta(E) \simeq \Delta(E_m) + (E-E_m)\,\Delta'(E_m) = \Delta_m + (E-E_m)\,\Delta'_m \end{cases} \tag{28}$$

$$\begin{aligned} E-E_i-\lambda^2\Delta(E) &= \underbrace{E_m-E_i-\lambda^2\Delta(E_m)}_{=\,0} + E-E_m-\lambda^2\left[\Delta(E)-\Delta(E_m)\right] \\ &\simeq (E-E_m)\,(1-\lambda^2\Delta'_m) \end{aligned} \tag{29}$$

so that we get :

$$b_i(E) \simeq \frac{1}{1-\lambda^2\Delta'_m}\;\frac{1}{\pi}\lim_{\varepsilon\to 0_+}\frac{\frac{\gamma_m}{2}}{(E-E_m)^2 + \left(\frac{\gamma_m}{2}\right)^2} \tag{30}$$

with :

$$\gamma_m = \frac{\varepsilon + \lambda^2\Gamma_m}{1-\lambda^2\Delta'_m}\quad . \tag{31}$$

We therefore conclude that, around $E = E_m$, $b_i(E)$ has the shape of a lorentzian, centered at $E = E_m$, having a width γ_m and a weight $1 / (1-\lambda^2\Delta'_m)$.

Of course, these results are only valid if $\Gamma(E)$ and $\Delta(E)$ do not vary rapidly with E in an interval γ_m around $E = E_m$.

4.3. Physical meaning of the critical coupling

When $\lambda > \lambda_c$, one zero E_m of equation (18) becomes negative. Since $\Gamma(E) = 0$ for $E < 0$, it follows that $\Gamma(E_m) = \Gamma_m = 0$, and consequently, according to (31) :

$$\gamma_m = \frac{\varepsilon}{1-\lambda^2\Delta'_m} = \varepsilon' \to 0 \tag{32}$$

The expansion (30) of $b_i(E)$ around $E = E_m$ becomes (this expansion is certainly valid since $\gamma_m = 0$)

$$\begin{aligned} b_i(E) &= \frac{1}{1-\lambda^2\Delta'_m}\;\frac{1}{\pi}\lim_{\varepsilon'\to 0}\frac{\varepsilon'/2}{(E-E_m)^2 + (\varepsilon'/2)^2} \\ &= \frac{1}{1-\lambda^2\Delta'_m}\,\delta(E-E_m) \end{aligned} \tag{33}$$

We therefore conclude that, above the critical coupling, a δ function appears in $b_i(E)$ in the negative region of the E axis, i.e. below the continuum, giving rise to an undamped oscillation

$$\frac{1}{1-\lambda^2\Delta'_m}\, e^{-iE_m t} \tag{34}$$

in the decay amplitude. This means that, above the critical coupling, a new discrete state appears below the continuum.

It will be useful for the following to determine the position E_m and the weight $1/(1-\lambda^2\Delta'_m)$ of this discrete state when λ still increases and becomes verylarge. We have already seen in § 3.2 that E_m tends to $E_m^2 = -\lambda\Omega_1$ (see equation 23). Replacing $\Delta(E)$ by its asymptotic expression (14), one easily finds $\Delta'(E) = -\Omega_1{}^2/E^2$ and $\Delta'_m = \Delta'(-\lambda\Omega_1) = -1/\lambda^2$ so that :

$$\frac{1}{1-\lambda^2\Delta'_m} \rightarrow \frac{1}{2} \quad \text{if} \quad \lambda \rightarrow \infty \tag{35}$$

It follows that, for very strong couplings, the new discrete state has an energy $-\lambda\Omega_1$ and a weight 1/2.

4.4. Strong coupling limit. Corrections to the Rabi oscillation

We have already mentioned in § 3.2 that, when $\lambda \gg 1$, $b_i(E)$ exhibits 3 maximums located at E_m^1, $E_m^2 \simeq -\lambda\Omega_1$, $E_m^3 \simeq \lambda\Omega_1$

From the results of the previous section, a delta function with a weight 1/2, $\frac{1}{2}\,\delta(E+\lambda\Omega_1)$, is associated with E_m^2.

The expansion (30) of $b_i(E)$ shows that, around $E_m^3 = \lambda\Omega_1$, $b_i(E)$ has the shape of a lorentzian, with a weight $1/(1-\lambda^2\Delta'_m)$ which can be shown, as in § 4.3, to tend to 1/2 when $\lambda \rightarrow \infty$, and with a width which, according to (31), is equal to :

$$\gamma_m \simeq \frac{\lambda^2\,\Gamma(\lambda\Omega_1)}{1-\lambda^2\,\Delta'(\lambda\Omega_1)} \simeq \frac{1}{2}\,\lambda^2\,\Gamma\,(\lambda\Omega_1)\ . \tag{36}$$

If $\Gamma(E)$ decreases asymptotically more rapidly than $1/E^2$, it follows from (36) that γ_m tends to zero when $\lambda \rightarrow \infty$ (γ_m tends to a constant value if $\Gamma(E)$ behaves asymptotically as $1/E^2$ and diverges if $\Gamma(E)$ decreases more slowly than $1/E^2$).

It remains to understand the contribution of E_m^1 which is close to the zero of $\Delta(E)$ (see Fig. 4). Coming back to the expression (15) of $b_i(E)$, one sees that, in the interval $0 \lesssim E \lesssim W_o$, $E-E_i$ can be neglected in comparison to $\lambda^2\Gamma(E)$ and $\lambda^2\Delta(E)$ since $\lambda \gg 1$, so that :

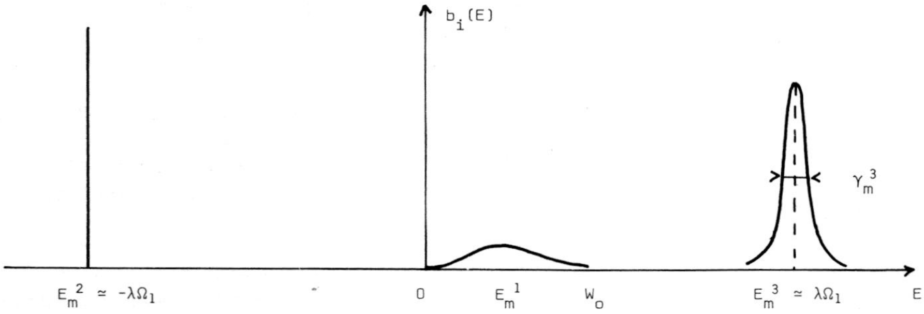

Fig. 6 : *Shape of $b_i(E)$ for a strong coupling*

$$b_i(E) \simeq \frac{1}{\pi}\frac{1}{\lambda^2}\frac{\Gamma(E)/2}{\left(\Delta(E)\right)^2 + \left(\Gamma(E)/2\right)^2} \tag{37}$$

In the interval $0 \lesssim E \lesssim W_o$, $b_i(E)$ behaves as a curve having a width of the order of W_o and a weight tending to zero as $1/\lambda^2$ when $\lambda \to \infty$ (we don't use the expansion (30) since $\Gamma(E)$ and $\Delta(E)$ vary rapidly in the interval $0 \lesssim E \lesssim W_o$).

All these results are summarized in Fig. 6. One deduces the following conclusions for the Fourier transform $U_i(t)$ of $b_i(E)$.

Since the weight of the central curve of Fig. 6 tends to zero when $\lambda \to \infty$, whereas the weights of the two other narrow curves tend to 1/2, we have essentially for $U_i(t)$ an oscillation of the form $\frac{1}{2}\left[e^{i\lambda\Omega_1 t} + e^{-i\lambda\Omega_1 t}\right] = \cos\lambda\Omega_1 t$ due to the beat between the Fourier transforms of the two narrow curves. This is precisely the Rabi oscillation. There are however corrections to this oscillation :

(i) At very short times ($t \ll 1/W_o$), small corrections in $1/\lambda^2$ appear, associated with the central curve of Fig. 6 and damped with a time constant of the order of $1/W_o$.

(ii) The contribution to $U_i(t)$ of the narrow curve located at $E_m^3 = \lambda\Omega$ is damped with a time constant of the order of $1/\gamma_m$, so that, at very long times ($t \gg 1/\gamma_m$), only survives the contribution $e^{i\lambda\Omega_1 t}/2$ of the delta function.

This last point clearly shows that we can never get an undamped Rabi oscillation. The coupling with the continuum introduces a fundamental irreversibility in the problem, which cannot completely disappear, even at very strong couplings.

Remark

So far, we have considered a true continuum, with a density of states starting at $E = 0$, and equal to zero below this value. In some simple models, one can also consider a continuum extending over the whole E axis, and giving rise to a $\Gamma(E)$ function having a lorentzian shape with a width W_o, and centered at $E = E_o$:

$$\Gamma(E) = 2\Omega_1{}^2 \frac{W_o/2}{(E-E_o)^2 + (W_o/2)^2} \tag{38}$$

[The coefficient $2\Omega_1{}^2$ is put in (38) in order to maintain the relation (12)]. In such a case, the delta function of Fig. 6 has to be replaced by a lorentzian as the one centered at $E = E_m^3$, both curves having a width tending to a constant when $\lambda \to \infty$ (since $\Gamma(E)$ behaves asymptotically as $1/E^2$) :

$$\gamma_m = \frac{1}{2} \lambda^2 \Gamma(\pm\lambda\Omega_1) \to \frac{W_o}{2} \tag{39}$$

One therefore finds that, in the limit of strong coupling, the Rabi oscillation is completely damped to zero with a time constant $4/W_o$.

This simple result can be obtained more easily by considering the continuum as an unstable state with a complex energy $E_o - iW_o/2$ and by describing the coupling between the discrete state and the continuum by a "non hermitian hamiltonian",

$$\begin{pmatrix} E_i & \lambda\Omega_1 \\ \lambda\Omega_1 & E_o - i\frac{W_o}{2} \end{pmatrix} \tag{40}$$

5. Conclusion

In this paper, we have presented a model of a discrete state coupled to a continuum, sufficiently simple for allowing an exact solution. Using graphic constructions we have shown how the Weisskopf-Wigner's exponential decay is progressively changed into a Rabi type damped oscillation when the coupling constant increases from very small to very high values.

It would be interesting to investigate possible applications of this model. Suppose that one excites with a monochromatic light a transition connecting a discrete bound state to a narrow autoiònizing level near the ionization limit. The atom in the bound state in presence of N photons can be associated with the discrete state $|\phi_i\rangle$ of this model whereas the autoionizing continuum with N-1 photons can be associated with the states $|\beta,E\rangle$. Varying N, i.e. the light intensity, amounts to vary the coupling which is proportional to $\sqrt{N}$. At very low intensities, one can of course define a probability of ionization per unit time. At very high intensities, one expects to find some ringings in the photocurrent associated with a Rabi type oscillation. Of course, other atomic states exist and a simple $\Gamma(E)$ function of the type of Fig. 1 is not realistic so that it would be necessary to complicate the model. Another possible application would be to extend this formalism to Liouville space in order to study the transition between Markovian and non-Markovian regimes in quantum statistical problems.

APPENDIX

Calculation of $G_i(Z)$

Let $G(Z) = (Z - H_o - \lambda V)^{-1}$ and $G_o(Z) = (Z - H_o)^{-1}$ be the perturbed and unperturbed resolvent operators. Using the identity :

$$\frac{1}{A} = \frac{1}{B} + \frac{1}{B}(B-A)\frac{1}{A} \qquad \text{(A-1)}$$

one gets the equation :

$$G(Z) = G_o(Z) + G_o(Z)\,\lambda V\, G(Z) \qquad \text{(A-2)}$$

which can be iterated to give :

$$G(Z) = G_o(Z) + \lambda\, G_o(Z)\, V\, G_o(Z) + \lambda^2\, G_o(Z)\, V\, G_o(Z)\, V\, G(Z) \qquad \text{(A-3)}$$

Taking the matrix element of (A-3) between $|\phi_i>$ and $<\phi_i|$ and using the properties (2) and (3) of V, one gets :

$$G_i(Z) = \frac{1}{Z-E_i} + 0 + \frac{\lambda}{Z-E_i}\iint d\beta'\, dE'\, \frac{\rho(\beta',E')\,|v(\beta',E')|^2}{Z-E'}\, G_i(Z) \qquad \text{(A-4)}$$

from which one deduces, using (8) :

$$G_i(Z) = \frac{1}{Z-E_i - \dfrac{\lambda^2}{2\pi}\displaystyle\int dE'\,\frac{\Gamma(E')}{Z-E'}} \qquad \text{(A-5)}$$

If one is only interested in the values $G_i(E \pm i\varepsilon)$ of $G_i(Z)$ near the real axis, one gets from (A-5) :

$$G_i(E\pm i\varepsilon) = \frac{1}{E-E_i \pm i\varepsilon - \dfrac{\lambda^2}{2\pi}\displaystyle\int dE'\,\frac{\Gamma(E')}{E-E'\pm i\varepsilon}} \qquad \text{(A-6)}$$

Since

$$\lim_{\varepsilon\to 0_+} \frac{1}{E-E'\pm i\varepsilon} = \mathcal{P}\,\frac{1}{E-E'} \mp i\pi\,\delta(E-E') \qquad \text{(A-7)}$$

we finally have, according to (13) :

$$\lim_{\varepsilon\to 0_+} G_i(E\pm i\varepsilon) = \lim_{\varepsilon\to 0_+} \frac{1}{\left[E-E_i-\lambda^2\Delta(E)\right] \pm i\left[\varepsilon + \lambda^2\,\dfrac{\Gamma(E)}{2}\right]} \qquad \text{(A-8)}$$

This shows that $G_i(Z)$ has a cut along the real axis (The limits of $G_i(Z)$ are not the same according as Z tends to the real axis from below and from above).

Connection between $b_i(E)$ and $G_i(E\pm i\varepsilon)$

From the evolution operator $U(t) = e^{-iHt}$, one can introduce the 2 operators :

$$K_\pm(t) = \pm\,\theta(\pm t)\,U(t) \qquad \text{(A-9)}$$

where $\theta(x)$ is the Heaviside function $[\theta(x) = 1 \text{ for } x > 0,\ \theta(x) = 0 \text{ for } x < 0]$.

Let us now define the Fourier transforms of $K_\pm(t)$ by :

$$K_\pm(t) = -\frac{1}{2\pi i}\int_{-\infty}^{+\infty} dE\, e^{-iEt}\, G_\pm(E) \qquad \text{(A-10)}$$

Inverting (A-10), one gets :

$$G_+(E) = \frac{1}{i}\int_{-\infty}^{+\infty} dE\, e^{iEt}\, K_+(t) = \frac{1}{i}\int_{0}^{\infty} dE\, e^{iEt}\, U(t)$$

$$= \frac{1}{i}\lim_{\varepsilon\to 0_+}\int_{0}^{\infty} dE\, e^{i(E-H+i\varepsilon)t} = \lim_{\varepsilon\to 0_+}\frac{1}{E+i\varepsilon-H} \qquad \text{(A-11)}$$

and similarly :

$$G_-(E) = \lim_{\varepsilon\to 0_+}\frac{1}{E-i\varepsilon-H} \qquad \text{(A-12)}$$

Now, since $\theta(x) + \theta(-x) = 1$, we have from (A-9) :

$$U(t) = K_+(t) - K_-(t) \qquad \text{(A-13)}$$

Inserting (A-11) and (A-12) into (A-10) and then into (A-13), we finally get :

$$U_i(t) = \int_{-\infty}^{+\infty} dE\, e^{-iEt}\, b_i(E) \qquad \text{(A-14)}$$

where :

$$b_i(E) = \frac{1}{2\pi i}\lim_{\varepsilon\to 0_+}\left\{ <\phi_i\,|\,\frac{1}{E-i\varepsilon-H}\,|\phi_i> - <\phi_i|\,\frac{1}{E+i\varepsilon-H}\,|\,\phi_i> \right\}$$

$$= \frac{1}{2\pi i}\lim_{\varepsilon\to 0_+}\left[G_i(E-i\varepsilon) - G_i(E+i\varepsilon) \right] \qquad \text{(A-15)}$$

which proves equation (7). Inserting (A-8) into (A-15) gives equation (15).

Paper 3.4

C. Cohen-Tannoudji, "Effect of a non-resonant irradiation on atomic energy levels — Application to light-shifts in two-photon spectroscopy and to perturbation of Rydberg states," *Metrologia* **13**, 161–166 (1977).

The content of this paper was presented at the Symposium on Frequency Standards and Metrology held in Copper Mountain, Colorado, in July 1976.

In addition to a review of light shifts produced by different types of light beams, this paper presents diagrams of dressed state energy plotted versus the laser frequency ω_L (Fig. 5). These diagrams turn out to be very convenient for determining, by simple graphic constructions, the Doppler shifted frequencies emitted or absorbed by a moving atom interacting with an intense laser beam (Fig. 6). This paper has been selected here because, using such diagrams, it suggests a new scheme for compensating the Doppler effect by velocity-dependent light shifts. Light shifts indeed depend on the detuning $\delta = \omega_L - \omega_0$ between the laser and atomic frequencies, which itself depends on the atomic velocity through the Doppler effect. For certain values of the parameters, this velocity-dependent correction to the atomic energy can compensate the Doppler shift of the light absorbed or emitted on another transition sharing a common level with the transition driven by the intense laser beam. A more detailed study of this scheme is given in C. Cohen-Tannoudji, F. Hoffbeck, and S. Reynaud, *Opt. Commun.* **27**, 71 (1978).

Metrologia 13, 161–166 (1977)

metrologia

Effect of a Non-Resonant Irradiation on Atomic Energy Levels — Application to Light-Shifts in Two-Photon Spectroscopy and to Perturbation of Rydberg States

Claude Cohen-Tannoudji
Ecole Normale Supérieure and Collège de France, 24 rue Lhomond, F-75231 Paris-Cedex 05, France

Received: August 3, 1976

Abstract

Atomic or molecular energy levels are shifted by a non-resonant electromagnetic irradiation. These so-called "light-shifts" must be carefully taken into account in high resolution spectroscopy experiments since they perturb the atomic Bohr frequencies which one wants to measure or to use as frequency standards.

In this paper, we present a brief survey of various types of light-shifts corresponding to different physical situations. We use a dressed atom approach allowing simple physical discussions and simple calculations. Some new suggestions are made.

1. Light Shifts Corresponding to a Very Weak Light Intensity or to a Very Broad Spectral Width

Consider first an atom irradiated by a monochromatic laser light of frequency ω_L. Let g and e be the ground and excited state of the atom, $\omega_0 = E_e - E_g$ the unperturbed atomic frequency, Γ the natural width of e (see Fig. 1).

The parameter characterizing the coupling atom-laser is the Rabi nutation frequency $\omega_1 = dE$ proportional to the product of the atomic dipole moment d by the amplitude E of the laser electric field (we take $\hbar = c = 1$).

$$\omega_1 = dE \tag{1.1}$$

The weak intensity limit corresponds to

$$\omega_1 \ll \Gamma \tag{1.2}$$

In such a case, it is justified to treat first the effect of spontaneous emission, which is equivalent to replacing the energy ω_0 of e by the complex energy

$$\omega_0 \to \omega_0 - i\frac{\Gamma}{2} \tag{1.3}$$

(We suppose the Lamb-shifts of e and g reincluded in ω_0), and then consider the effect of the coupling with the laser mode. One is therefore led to a two-level problem: state $|g, 1\rangle$ corresponding to the atom in g with one laser photon (total energy ω_L) coupled to state $|e, 0\rangle$, i.e. atom in e with no laser photon (total complex energy $\omega_0 - i(\Gamma/2)$), the coupling between the two states being $\omega_1/2$ (see Fig. 2). This means that one has to diagonalize the following 2 x 2 non-hermitian matrix:

$$\begin{pmatrix} \omega_L & \omega_1/2 \\ \omega_1/2 & \omega_0 - i\frac{\Gamma}{2} \end{pmatrix} \tag{1.4}$$

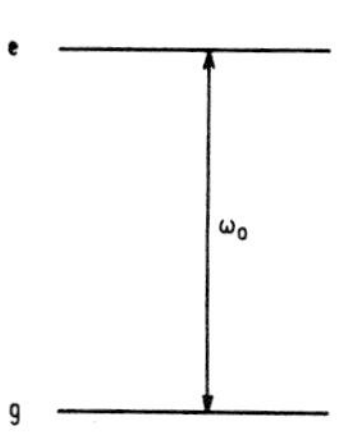

Fig. 1. Two-level atom e–g

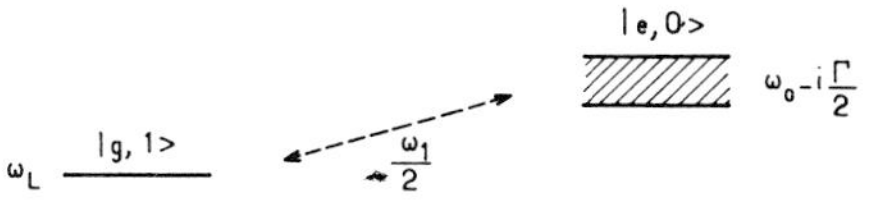

Fig. 2. Two-level problem corresponding to a weak intensity irradiation. One of the two levels, $|e, 0\rangle$, has a finite width $\Gamma/2$. The coupling is proportional to the Rabi frequency ω_1

Let $\omega_L + \Delta E' - i(\Gamma'/2)$ be the eigenvalue of (1-4) tending to ω_L when $\omega_1 \to 0$. $\Delta E'$ and Γ' represent the shift and the broadening of the ground state due to the light irradiation.

For a resonant irradiation ($\omega_L = \omega_0$), one easily finds from (1-4)

$$\omega_L = \omega_0 \Rightarrow \begin{cases} \Delta E' = 0 \\ \Gamma' = \Gamma \left(\frac{\omega_1}{\Gamma}\right)^2 \ll \Gamma \end{cases} \tag{1.5}$$

There is no light-shift at resonance. A small part of the instability of the excited state is transferred to the ground state. On the other hand, for a non-resonant irradiation ($|\omega_L - \omega_0| \gg \Gamma$), one gets

$$|\omega_L - \omega_0| \gg \Gamma \Rightarrow \begin{cases} \Delta E' = \dfrac{(\omega_1/2)^2}{\omega_L - \omega_0} \\ \Gamma' = \Gamma \left(\dfrac{\omega_1/2}{\omega_L - \omega_0}\right)^2 \end{cases} \tag{1.6}$$

Both $\Delta E'$ and Γ' are different from 0, but

$$\left|\frac{\Delta E'}{\Gamma'}\right| = \frac{|\omega_L - \omega_0|}{\Gamma} \gg 1 \tag{1.7}$$

Off resonance, the shift is much larger than the broadening and has the same sign as the detuning $\omega_L - \omega_0$.

These results are summarized in Figure 3 where the unperturbed energies of $|g, 1\rangle$ and $|e, 0\rangle$ are represented in dotted lines as a function of ω_L ($|e, 0\rangle$ has a width $\Gamma/2$). The perturbed level associated with $|g, 1\rangle$ is represented in full lines. The shift from the unperturbed position varies as a dispersion curve with $\omega_L - \omega_0$. The broadening of the level, suggested by the thickness of the line, is maximum for $\omega_L = \omega_0$ and varies as an absorption curve with $\omega_L - \omega_0$. The width of these absorption and dispersion curves is of the order of Γ. The level $|e, 0\rangle$ is also perturbed, but by an amount much smaller than Γ (the perturbed $|e, 0\rangle$ state is not represented).

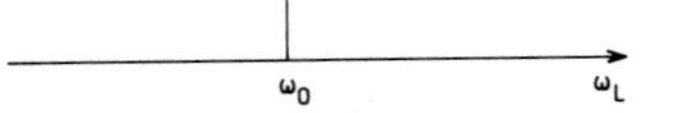

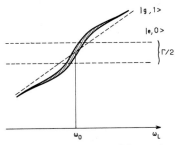

Fig. 3. Variations with ω_L of the energies of the unperturbed states $|e, 0\rangle$ and $|g, 1\rangle$ (dotted lines) and of the perturbed state corresponding to $|g, 1\rangle$ (full lines; the thickness of the line corresponds to the width of the perturbed state)

Similar results are found when, instead of a monochromatic excitation, one uses a broad line excitation with a spectral width $\Delta\nu \gg \Gamma$, provided that the mean Rabi nutation frequency

$$[\overline{\omega_1^2}]^{1/2} = [d^2 \int d\nu E^2(\nu)]^{1/2}$$

proportional to the square root of the total light intensity is small compared to $\Delta\nu$. The shift and the broadening of the ground state vary with $\bar{\omega}_L - \omega_0$ as dispersion and absorption curves with a width $\Delta\nu$ instead of Γ (see Refs. [1] and [2]). Expressions (1.5) and (1.6) remain valid provided ω_1^2 is replaced by $\overline{\omega_1^2}$ and Γ by $\Delta\nu$.

Such a situation occurs with ordinary thermal light sources which have a broad spectral width and a weak intensity. The shift of the ground state is generally much smaller than Γ, of the order of a few Hz to a few kHz. Such light-shifts have, however, been observed before the advent of lasers and have been studied in great detail (see Refs. [2] to [7]). They were measured not on optical transitions but on RF or microwave transitions connecting two ground-state sub-levels having a very small width. If the two sub-levels undergo different light-shifts, which can be achieved by a convenient choice of the light polarization, the corresponding RF or microwave transition is shifted by an amount which can be larger than the linewidth. Let us also mention a recent study of the light-shift of the 0–0 microwave transition of the ground state of ^{133}Cs induced by a CW tunable GaAs laser [8].

2. Light-Shifts Corresponding to a High Intensity

From now on we will consider a monochromatic laser excitation at frequency ω_L.

This laser light interacts with a 3-level atom a, b, c with energies E_a, E_b, E_c and two allowed electric dipole transitions ω_0, ω_0' (see Fig. 4).

The laser frequency ω_L is supposed close to ω_0, so that mainly levels a and b are perturbed. To study this perturbation, one looks at the modification of the absorption of a second weak probe laser beam with a frequency close to ω_0' (the perturbation associated with the probe will be neglected).

The intensity at ω_L is supposed sufficiently large so that the Rabi nutation frequencies

$$\omega_1 = dE \quad \omega_1' = d'E \tag{2.1}$$

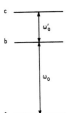

Fig. 4. Three-level atom a–b–c

162

where d and d' are the dipole moments of transitions ab and bc and E the ω_L laser electric field, are large compared to the natural widths of a, b, c

$$\omega_1, \omega_1' \gg \Gamma_a, \Gamma_b, \Gamma_c \tag{2.2}$$

We will first consider motionless atoms and then take into account the Doppler effect.

It will be useful to introduce energy diagrams analogous to that of Figure 3. The dotted lines of Figure 5 represent some unperturbed levels of the total system atom + ω_L photons as a function of ω_L. Only energy differences are important so that one can take as a zero of energy the energy of any of these states, $|a, n\rangle$ for example (atom in a in presence of n photons ω_L). Levels $|b, n\rangle$ and $|c, n\rangle$ are parallel to $|a, n\rangle$ and separated from $|a, n\rangle$ by distances ω_0 and $\omega_0 + \omega_0'$. Level $|a, n+1\rangle$, which contains one ω_L photon more than $|a, n\rangle$, has a slope + 1 and intersects $|a, n\rangle$ for $\omega_L = 0$.

When the coupling is neglected, the absorption frequencies of the probe are the Bohr frequencies of the diagram of Figure 5 which correspond to pairs of unperturbed levels between which the atomic dipole moment operator D has a non-zero matrix element. Since D cannot change n, one gets only the frequency ω_0' corresponding to the transition $|b, n\rangle \to |c, n\rangle$ (segment B′C′ of Fig. 5).

Levels $|a, n+1\rangle$ and $|b, n\rangle$ cross at point I for $\omega_L = \omega_0$. Since the atom in a can absorb a photon and jump to b, these two states are coupled. The coupling between them is characterized by the Rabi frequency ω_1 (see (2.1)). Since we suppose $\omega_1 \gg \Gamma_a, \Gamma_b$, the two perturbed states originating from $|a, n+1\rangle$ and $|b, n\rangle$ will not cross as in Figure 3, but will repel each

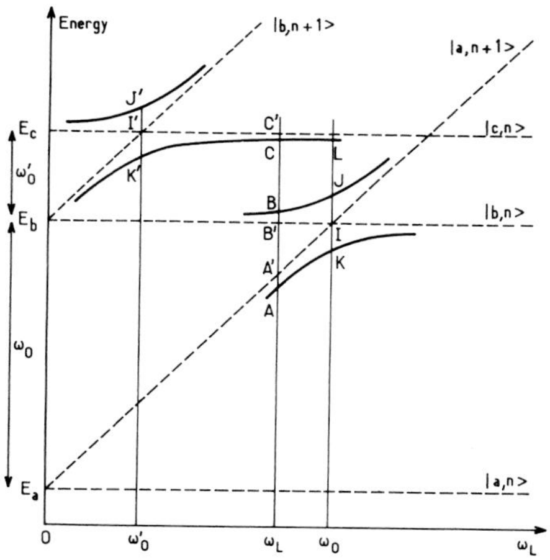

Fig. 5. Variations with ω_L of the energies of some unperturbed states of the total system atom + laser mode (dotted lines) and of some perturbed states of this system (full lines)

other and form an "anticrossing" (full lines of Fig. 5). The minimum distance KJ between the two branches of the hyperbola is nothing but ω_1 (we have not represented the width of the levels which is smaller than ω_1, according to (2.2)). Similarly, the perturbed levels originating from $|b, n+1\rangle$ and $|c, n\rangle$, which cross in I′ for $\omega_L = \omega_0'$, form an anticrossing with a minimum distance K′J′ equal to ω_1'.

The absorption frequencies of the probe laser beam now clearly appear on Figure 5.

Because of the perturbation associated with the irradiation at ω_L, one first sees that the absorption frequency B′C′ = ω_0' is changed into BC. B′B and C′C are the light-shifts of b and c produced by the laser ω_L. Suppose ω_L near from ω_0 but $|\omega_L - \omega_0| \gg \omega_1$. The shift B′B can be easily calculated by perturbation theory and is found to be equal to

$$B'B = \frac{(\omega_1/2)^2}{\omega_0 - \omega_L} \tag{2.3}$$

The light-shift of b is proportional to the light intensity ($\sim\omega_1^2$) and has the same sign as $\omega_0 - \omega_L$. Similarly, one finds

$$C'C = \frac{(\omega_1'/2)^2}{\omega_0' - \omega_L} \tag{2.4}$$

which is much smaller than B′B since ω_L is nearer from ω_0 than from ω_0'. Strictly speaking, one should also take into account the coupling between $|b, n\rangle$ and $|c, n-1\rangle$ ($|c, n-1\rangle$ is not represented on Fig. 5), which slightly modifies (2.3) into

$$B'B = \frac{(\omega_1/2)^2}{\omega_0 - \omega_L} - \frac{(\omega_1'/2)^2}{\omega_0' - \omega_L} \tag{2.5}$$

Finally, the irradiation at ω_L changes the absorption frequency of the probe from ω_0' to ω_p where:

$$\omega_p = \omega_0' - \frac{(\omega_1/2)^2}{\omega_0 - \omega_L} + 2\,\frac{(\omega_1'/2)^2}{\omega_0' - \omega_L} \tag{2.6}$$

Several experiments, using high power lasers, have demonstrated the existence of light-shifts of optical transitions (Refs. 9 to 11).

One also sees on Figure 5 that a second absorption frequency appears, equal to AC. The perturbed level $|a, n+1\rangle$ contains a small admixture of $|b, n\rangle$, which allows a non-zero value of the dipole moment matrix element between $|a, n+1\rangle$ and $|c, n\rangle$. This new absorption frequency $\tilde{\omega}_p$, given by

$$\tilde{\omega}_p = \omega_0 + \omega_0' - \omega_L + \frac{(\omega_1/2)^2}{\omega_0 - \omega_L} + \frac{(\omega_1'/2)^2}{\omega_0' - \omega_L} \tag{2.7}$$

is close to $\omega_0 + \omega_0' - \omega_L$ and corresponds to a physical process where two photons, one from the laser ω_L, the other from the probe, are absorbed by the atom which jumps from a to c. The last two terms of (2.7) represent light-shift corrections to these two photon processes.

When ω_L approaches ω_0, one sees on Figure 5 that ω_p and $\tilde{\omega}_p$ transform continuously into JL and KL which are close to $\omega_0' - \omega_1/2$ and $\omega_0' + \omega_1/2$. This is the well-known Autler–Townes splitting [12] of the b–c transition due to the saturation of the a–b transition. There is therefore a close relation between light-shifts and Autler–Townes splittings [13–14]. If, $\omega_0 - \omega_L$ being fixed, one increases ω_1, the light-shift, which varies as ω_1^2 (proportional to the light intensity I) when $\omega_1 \ll |\omega_0 - \omega_L|$, varies as ω_1 (proportional to $\sqrt{I}$) when $\omega_1 \gg |\omega_0 - \omega_L|$. Such an effect has recently been observed experimentally [15].

Let us now introduce the Doppler effect. We will suppose in this section that $|\omega_0 - \omega_L| \gg \omega_1$, so that the slopes of the perturbed levels near C, B, A are respectively 0, 0, + 1. Consider an atom moving with velocity v towards the laser ω_L. In the rest frame of this atom, the laser appears to have the frequency $\omega_L + \omega_L(v/c)$ so that we have to make a translation $\omega_L(v/c)$ towards the right on Figure 5 (see also Fig. 6). The absorption frequencies of the atom in its rest frame are therefore given by the lengths of the segments B_1C_1 and A_1C_1 of Figure 6. Now, in order to calculate the absorption frequencies of the probe wave in the laboratory frame, we must correct B_1C_1 and A_1C_1 by the Doppler shifts which are, respectively, equal to $\pm v/c$ BC and $\pm v/c$ AC (the + sign must be taken if the probe and the ω_L laser are propagating in opposite directions, the − sign if they are propagating in the same direction).

From the previous discussion, one deduces the following geometrical construction. From B_1 and A_1 one draws two straight lines with slopes respectively equal to $\pm$ BC/ω_L and $\pm$ AC/ω_L (+ : counterpropagating waves, − : copropagating waves). The absorption frequencies of the probe in the laboratory frame are B_2C and A_2C (counterpropagating waves) or B_3C and A_3C (copropagating waves). This construction must be done for every value of v (we suppose the Doppler width $\Delta\nu_D$ much smaller than $\omega_L - \omega_0$, so that the slope of the perturbed levels of Figures 5 and 6 remain constant over an interval $\Delta\nu_D$ around ω_L).

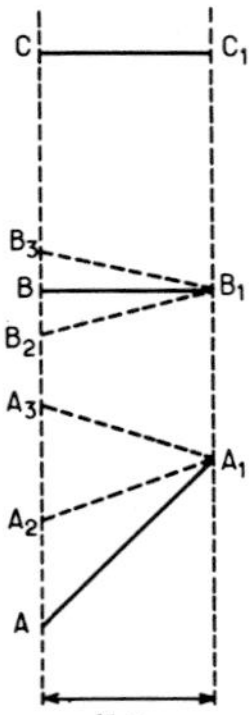

Fig. 6. Geometrical construction of the absorption frequencies of the probe wave for a given atomic velocity v

One sees on Figure 6 that the absorption frequency BC is always Doppler broadened. On the other hand, the absorption frequency A_2C (counterpropagating waves) can be Doppler free if the slope of A_2A_1 is equal to 1, in which case A_2 always coincides with A whatever v is. Since the slope of A_2A_1 is AC/ω_L, this is realized when the probe has the same frequency ω_L as the saturating laser, where ω_L is given, according to (2.7), by

$$2\omega_L = \omega_0 + \omega_0' + \frac{(\omega_1/2)^2}{\omega_0 - \omega_L} + \frac{(\omega_1'/2)^2}{\omega_0' - \omega_L} \tag{2.8}$$

In this way we obtain the well-known principle of the Doppler-free two-photon spectroscopy [16, 17] which has recently received a great deal of attention [18]. The last two terms of (2.8) represent the light-shift corrections to the resonance frequency. These light-shifts have been studied experimentally by letting the saturating and probe frequencies be slightly different in order to make ω_L closer to ω_0 [19]. As mentioned in Ref. [17], the power broadening of the two-photon resonance is $\omega_1\omega_1'/4|\omega_0 - \omega_L|$, i.e. of the order of the light-shifts appearing in (2.8), unless one of the two Rabi frequencies ω_1 or ω_1', is much smaller than the other one. Therefore, when the two-photon resonance is not power broadened, one generally expects the light-shifts to be smaller than the width of the resonance.

We will not study the case where a, b, c are equidistant or nearly equidistant although the use of diagrams of the type of Figure 5 could be quite helpful for such a problem.

3. New Possibility of Suppressing Doppler Effect Using Ultra High Intensity Light-Shifts

For the geometrical construction of Figure 6 we have supposed that $|\omega_L - \omega_0| \gg \omega_1$, so that the slope in B is practically zero.

If $|\omega_L - \omega_0|$ is decreased, or if, $|\omega_L - \omega_0|$ being fixed, ω_1 is increased, the slope at the point B of Figure 5 is no longer zero and gets any value between 0 and 1. (Note, however, that since ω_L remains very far from ω_0', the slope in C is always zero.) Suppose now that the slope in B is adjusted to the value BC/$\omega_L \simeq \omega_0'/\omega_0$. This means that, on Figure 6, the slope of BB_1 is just equal to the slope of B_2B_1. The Doppler effect disappears on the transition bc probed by a weak laser beam counterpropagating with the laser ω_L. In physical terms, the variation of the light-shift of level b, due to the variation by Doppler effect of the detuning $\omega_L - \omega_0$. exactly cancels the Doppler effect on the probe beam.

Such a scheme supposes that one can neglect the curvature of the energy level near B over an interval of variation of ω_L of the order of the Doppler width $\Delta\nu_D$. It may be easily shown that such a condition implies for ω_1 to be of the order of, or larger than, $\Delta\nu_D$. Consequently, such a method would require ultra high light intensities which seem quite difficult to obtain at present.

Let us finally describe a slight modification of the previous idea which gives the possibility of suppressing the net light-shift BB′ at point B while multiplying by 2 the slope in B. Suppose that one uses two intense laser beams, with the same intensity, the same direction of propagation and with frequencies $\omega_L^+ = \omega_0 + \delta$ and $\omega_L^- = \omega_0 - \delta$ symmetrically distributed with respect to ω_0. The energy diagram in the neighbourhood of B has the shape represented on Figure 7. The two dotted lines with slope +1 represent states where the atom in a is in the presence of $(n+1)$ photons ω_L^+ and n photons ω_L^- or n photons ω_L^+ and $(n+1)$ photons ω_L^-. The horizontal dotted line corresponds to the atom in b in the presence of n photons ω_L^+ and n photons ω_L^-. The perturbed energy levels are represented in full lines. Symmetry considerations show that B′ is on the intermediate energy level. This means that for an atom with zero velocity, the two light-shifts produced by ω_L^+ and ω_L^- cancel. But, as soon as $v \neq 0$, one of the two frequencies gets closer to ω_0, whereas the second one moves away, so that the two light-shifts do not cancel any longer, producing a modification of the atomic energy proportional to v, which can exactly compensate the Doppler effect on the probe transition b–c. Since the curvature of the energy level is 0 in B′ (the second-order derivative is zero by symmetry), the energy level remains closer to its tangent in B′ over a larger interval and one expects to get a symmetric narrow absorption line around ω_0' on the probe beam even if ω_1 is small compared to $\Delta\nu_D$. (If $\omega_1 < \Delta\nu_D$ two other narrow lines, symmetric with respect to ω_0' and corresponding to the two other points P and Q of the energy diagram of Figure 7 where the slope is equal to ω_0'/ω_0, would appear in the absorption spectrum.)

Note that the atoms do not need to be excited in b by the lasers ω_L^+ or ω_L^-. Any other excitation process, for example a discharge, would be convenient.

The slope s at point B′ is a function of ω_1 and of the detuning $\delta = \omega_L^+ - \omega_0$. By equating s to ω_0'/ω_0, one gets the condition between ω_1 and δ which must be fulfilled in order to suppress the Doppler effect on bc. When $\omega_1 < \delta$, one finds

$$s \simeq \frac{\omega_1^2}{2\delta^2} \tag{3.1}$$

When $\omega_1 > \delta$, it is necessary to take into account other states of the system, such as b, $(n+1)\omega_L^+$, $(n-1)\omega_L^- \ldots$ but it is still possible to derive analytical expressions for s which will be given in forthcoming publications.

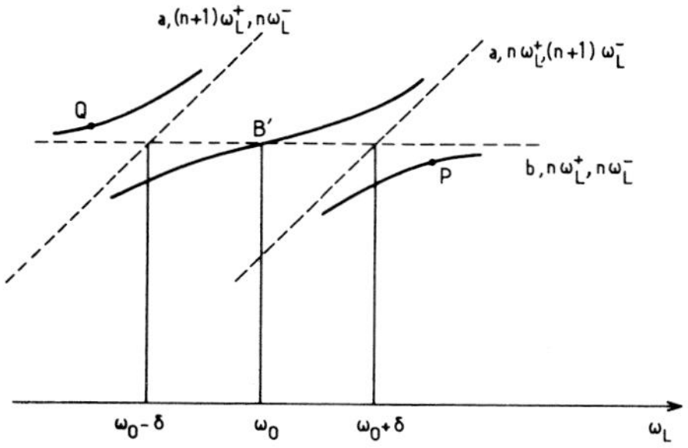

Fig. 7. Variations with ω_L of the energies of some unperturbed states of the total system atom + 2 laser modes ω_L^+, ω_L^- (dotted lines), and of the corresponding perturbed states (full lines)

4. Light Shifts of Rydberg States Produced by a High Frequency Irradiation

In the previous sections we have supposed ω_L to be close to an atomic frequency ω_0, so that it was justified to keep only a finite number of atomic levels in the calculations. This is no longer possible when ω_L is quite different from any atomic frequency, for example when atoms in highly excited states (Rydberg states) interact with an intense laser beam having a frequency much higher than the spacing and the ionization energy of these states. The light-shift of the Rydberg states is, in this case, given by an infinite series of terms representing the contribution of virtual transitions to all other atomic states including the continuum.

In Ref. [20], an approximate method is used to evaluate this series and leads to simple compact expressions for the light-shift. We would now like to discuss the physical meaning of some of the corresponding corrections which could be easily observed with the presently available laser intensities.

One first finds that all Rydberg states (including the continuum) are moved by an amount $\mathcal{E}_v$ given by

$$\mathcal{E}_v = \frac{e^2E^2}{2m\omega_L^2} \tag{4.1}$$

where e and m are the electron charge and mass, E and ω_L the amplitude and frequency of the laser electric field.

The physical meaning of $\mathcal{E}_v$ is very simple. $\mathcal{E}_v$ represents the kinetic energy of the electron vibrating

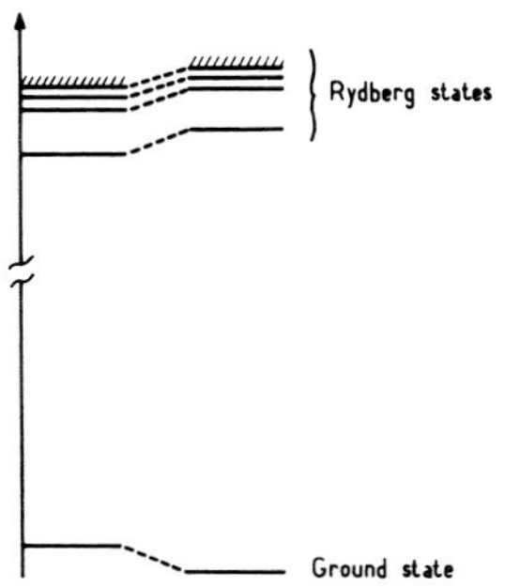

Fig. 8. Shift of the Rydberg states of an atom induced by a high frequency irradiation. The ground state is shifted by a different amount

165

at frequency ω_L in the laser wave. Note that such a picture of a vibrating electron is only valid for the Rydberg states for which the electron orbits around the nucleus with a frequency much lower than ω_L, so that it can be considered as quasi-free. For the ground state, this is no longer true since ω_L can be smaller than the resonance frequency, in which case the laser field polarizes the electron orbit and produces a negative light-shift (see Fig. 8).

The order of magnitude of $\mathcal{E}_v$ for focused N_2 laser delivering a flux of 1 Gw/cm^2 or for a focused CO_2 laser delivering a flux of 1 MW/cm^2 is 0.1 cm^{-1} or 3 GHz. Two-photon spectroscopy between the ground state and the Rydberg states could be used to measure the shift of the Rydberg states produced by such a laser irradiation, since $\mathcal{E}_v$ is expected to be much larger than the two-photon resonance linewidth.

The next correction given by the calculation may be written as:

$$\frac{\mathcal{E}_v}{3m\omega_L^2}\left[\frac{d^2v}{dr^2}+\frac{2}{r}\frac{dv}{dr}\right]+\frac{\mathcal{E}_v}{3m\omega_L^2}\left[\frac{d^2v}{dr^2}-\frac{1}{r}\frac{dv}{dr}\right] \times\left[\frac{3(\vec{\epsilon}\cdot\vec{r})(\vec{\epsilon}^*\cdot\vec{r})}{r^2}-1\right] \tag{4.2}$$

where v is the electrostatic potential which binds the electron, $\vec{\epsilon}$ the polarization of the laser. This term has also a simple interpretation. The electron vibrates in the laser field with an amplitude $eE/m\omega_L^2$ so that is averages the electrostatic potential in a region with linear dimensions $eE/m\omega_L^2$. This explains the appearance of interaction terms proportional to the various derivatives of $v(r)$. The correction (4.2), which is split into its isotropic and anisotropic parts, can affect the relative position of the Rydberg states (different shifts for the n, l states) and remove the Zeeman degeneracy inside a given fine structure level. The order of magnitude of this correction for the laser intensities mentioned above is 40 MHz for the 10d state of Na.

Many other corrections (some of them being spin dependent) are derived in Ref. [20]. These we will not discuss but rather give the conditions of validity of the calculation.

(i) The binding energy of the Rydberg state must be much smaller than ω_L

$$|\mathcal{E}_{nl}| \ll \omega_L \tag{4.3}$$

(ii) Since ω_L is large compared to $|\mathcal{E}_{nl}|$, some photoionization processes can occur and broaden the Rydberg states. Such processes can be neglected if

$$l \gtrsim \sqrt{\frac{Ry}{\omega_L}} \tag{4.4}$$

References

1. Barrat, J.P., Cohen-Tannoudji, C.: J. Phys. Rad. *22*, 329 and 443 (1961)
2. Cohen-Tannoudji, C.: Ann. de Phys. *7*, 423 and 469 (1962)
3. Happer, W., Mathur, B.S.: Phys. Rev. *163*, 12 (1967)
4. Cohen-Tannoudji, C.: in Cargese Lectures in Physics. Ed. M. Levy. Vol. 2. New York: Gordon and Breach 1968
5. Dupont-Roc, J.: Thesis, Paris (1971)
6. Happer, W.: Progress in Quantum Electronics. Vol. 1. New York: Pergamon Press 1971
7. Cohen-Tannoudji, C., Dupont-Roc, J.: Phys. Rev. *A5*, 968 (1972)
8. Arditi, M., Picque, J.-L.: J. Phys. *B8*, L331 (1975)
9. Aleksandrov, E.B., Bonch-Bruevich, A.M., Kostin, N.N., Khodovoi, V.A.: JETP Lett. *3*, 53 (1966). Bonch-Bruevich, A.M., Kostin, N.N., Khodovoi, V.A., Khromov, V.V.: Sov. Phys. JETP *29*, 82 (1969)
10. Platz, P.: Appl. Phys. Lett. *14*, 168 (1969); *16*, 70 (1970)
11. Dubreuil, R., Ranson, P., Chapelle, J.: Phys. Lett. *42A*, 323 (1972).
12. Autler, S.H., Townes, C.H.: Phys. Rev. *100*, 703 (1955). Recent experimental observation of Autler-Townes effect in optical range: Schabert, A., Keil, R., Toschek, P.E.: Appl. Phys. *6*, 181 (1975). Picque, J.L., Pinard, J.: J. Phys. *B9*, L77 (1976). Delsart, C., Keller, J.C.: Optics. Comm. *16*, 388 (1976)
13. Bonch-Bruevich, A.M., Khodovoi, V.A.: Sov. Phys. Usp. *10*, 637 (1968)
14. Cohen-Tannoudji, C., Haroche, S.: in Polarisation, Matière et Rayonnement. Edited by the French Physical Society. Paris: Presses Universitaires de France 1969
15. Liao, P.F., Bjorkholm, J.E.: Optics Comm. *16*, 392 (1976)
16. Vasilenko, L.S., Chebotaev, V.P., Shishaev, A.V.: JETP Lett. *12*, 161 (1970)
17. Cagnac, B., Grynberg, G., Biraben, F.: J. Phys. *34*, 845 (1973)
18. See review article by Cagnac, B.: In Laser Spectroscopy Proceedings of the 2nd International Conference, Megeve 1975. Eds. S. Haroche, J.-C. Pebay-Peyroula, T.W. Hansch and S.E. Harris. Berlin, Heidelberg, New York: Springer 1975
19. Liao, P.F., Bjorkholm, J.E.: Phys. Rev. Lett. *34*, 1, 1540 (1975)
20. Avan, P., Cohen-Tannoudji, C., Dupont-Roc, J., Fabre, C.: J. Phys. *37*, 993 (1976)

Paper 3.5

S. Reynaud, M. Himbert, J. Dupont-Roc, H. H. Stroke, and C. Cohen-Tannoudji, "Experimental evidence for compensation of Doppler broadening by light shifts," *Phys. Rev. Lett.* **42**, 756–759 (1979).
Reprinted by permission of the American Physical Society.

This paper presents experimental results obtained on ^{20}Ne atoms, which demonstrate the existence of the effect suggested in paper 3.4. Some possible applications of such an effect, using its high anisotropy, are also discussed.

Experimental Evidence for Compensation of Doppler Broadening by Light Shifts

S. Reynaud, M. Himbert, J. Dupont-Roc, H. H. Stroke,[a] and C. Cohen-Tannoudji
Ecole Normale Supérieure and Collège de France, 75231 Paris Cedex 05, France
(Received 7 December 1978)

Velocity-dependent light shifts may be used to suppress the Doppler broadening of an atomic spectral line observed along a given direction. We present emission spectra of ^{20}Ne demonstrating the existence of such an effect for an appreciable portion of the atoms. Various possible applications taking advantage of the high anisotropy of this effect are suggested.

The possibility of compensating Doppler broadening of spectral lines by velocity-dependent light shifts[1-3] is illustrated with the following example of a three-level system a-b-c [Fig. 1(a)]. Suppose that one analyzes the spectral profile of the light emitted by atoms excited in level c (for example, by a discharge) around the frequency ω_0' of the transition c-a. Simultaneously, the atomic vapor is irradiated by an intense single-mode laser beam, with frequency ω_L close to the frequency ω_0 of the transition b-a. For an atom moving with velocity v in the laboratory frame [Fig. 1(b)], the laser frequency in its rest frame [Fig. 1(c)] is Doppler shifted from ω_L to $\tilde{\omega}_L = \omega_L(1+v/c)$. The laser radiation perturbs the energy levels of such an atom, inducing "light shifts"[4] which depend not only on the laser intensity, but also on the detuning of the apparent laser frequency $\tilde{\omega}_L$, seen by the atom in its rest frame, from the atomic frequency. Since $\tilde{\omega}_L$ is v dependent, it follows that the light shifts, and consequently the frequency $\tilde{\Omega}$ emitted by the atom in its rest frame [Fig. 1(c)], are also v dependent. Coming back to the laboratory frame [Fig. 1(b)], we get for the frequency Ω_{fw} of the light emitted in the forward direction $\Omega_{fw}(v) = \tilde{\Omega}(v)(1-v/c)$. One can then try to choose the experimental parameters in such a way that the v dependence of $\tilde{\Omega}(v)$ compensates the emission Doppler factor.

The most interesting feature of this effect is its high anisotropy. An observation of the light emitted in the backward direction would lead to $\Omega_{bw}(v) = \tilde{\Omega}(v)(1+v/c)$. If the v dependence of $\tilde{\Omega}(v)$ compensates the emission Doppler shift in the forward direction, it doubles it in the backward one.[5] It should also be emphasized that the emitting level c is not coupled to the laser (ω_L is not in resonance with ω_0') and that the perturbed levels a and b could even be empty. The narrowing

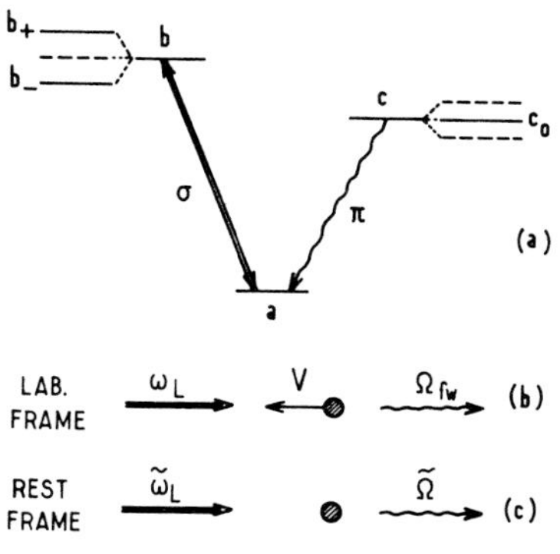

FIG. 1. (a) Energy level scheme for Doppler-broadening compensation by light shifts. The splittings in levels b and c are produced by a magnetic field B. A σ-polarized laser excites the a-b_+ and a-b_- transitions. One detects the π-polarized emission from c_0 to a. (b) Laser frequency ω_L and forward emission frequency Ω_{fw} in the laboratory frame. v is the velocity of the atom. (c) The same frequencies seen in the atom rest frame.

mechanism is not due to a population effect but to a velocity-dependent shift of the final state a. An important consequence is the absence of power broadening of the narrow line.[6] Other mechanisms for producing velocity-dependent internal frequencies, which could lead to a compensation of the Doppler broadening, have been suggested recently. They use quadratic Stark shifts in crossed static electric and magnetic fields[7] or motional interaction of spins with static electric fields in polar crystals.[8]

In the experiment described here, the atomic levels a, b, and c are, respectively, the levels $1s_3$ ($J=0$), $2p_2$, and $2p_{10}$ ($J=1$) of ^{20}Ne (Paschen notation). A static magnetic field produces Zeeman splittings δ and δ' in b and c, and the π-polarized emission from c_0 to a is detected. The laser light is σ polarized, coupling a to b_+ and b_- with a strength characterized by the Rabi nutation frequency $\omega_1 = \mathfrak{D}\mathcal{E}_L$ ($\mathfrak{D}$ dipole moment of a-b_+ and a-b_-; $\mathcal{E}_L$ laser electric field). The laser frequency is tuned to $\omega_L = \omega_0$ so that, for an atom at rest ($v=0$), the detuning of the apparent laser frequency $\tilde{\omega}_L$ from the frequencies $\omega_0 \pm \delta$ of the two Zeeman components is equal and opposite; the two light shifts of a associated with the transitions a-b_+ and a-b_- therefore balance. For a moving atom, the two detunings now differ, leading to a velocity-dependent net shift of a. From symmetry considerations, this dependence only contains odd powers of v. The compensation of the Doppler shift by the linear term of $\tilde{\Omega}(v)$ requires laser intensities so high that the previous perturbative analysis is not sufficient. A nonperturbative treatment[2,3] (in ω_1/δ) using a dressed-atom approach and frequency diagrams[9] provides the compensation condition

$$\omega_1^2/(\omega_1^2 + 2\delta^2) = \omega_0'/\omega_0. \qquad (1)$$

The range of velocities over which the emission Doppler shift is compensated (within the homogeneous width γ) is limited by the cubic term of $\tilde{\Omega}(v)$ to $|v| < v_{\max}$, where $v_{\max} = v_D(\gamma\omega_1^2/\Delta^3)^{1/3}$ [v_D is the width of the Maxwell velocity distribution and Δ the Doppler width]. If $v_{\max} > v_D$, all atoms will emit at the same frequency (complete compensation of Doppler broadening). If $v_{\max} < v_D$, the compensation will occur only for a fraction of them (partial compensation): A part of the emission Doppler profile is concentrated in a narrow peak.

The experimental setup is simple. The beam of a single mode dye laser[10] operating at 6163 Å is focused onto a ^{20}Ne cell (length 10 cm, internal diameter 3 mm, pressure 1.5 Torr, dc discharge current 16 mA). The power at the entrance of the cell is 140 mW, the waist of the beam 0.4 mm (which leads to $\omega_1 \sim 250$ MHz). Two coils produce an homogeneous static field perpendicular to the light beam. The spectral profile of the light emitted at 7439 Å in the forward direction by a volume of the discharge (length 10 cm, diameter 0.4 mm) within the irradiation volume is analyzed by a piezoelectrically scanned confocal Fabry-Perot interferometer (length 10 cm, finesse 50). The detection device comprises a low-noise photomultiplier[11] and standard photon-counting electronics. Filters eliminate the laser light. The photocounting rate is 10^4 per second which corresponds to about 10^8 atoms per cubic centimeter excited in the level c by the discharge.

The experimental curves, represented on the left-hand side of Fig. 2, give the recorded emission spectral profile for increasing values of the static magnetic field B. They are in good agreement with the corresponding computed curves,[12] represented on the right-hand side of Fig. 2. For zero magnetic field, one gets the well-known Autler-Townes doublet which has been recently extensively studied in the optical range either with atomic beams[13] or in vapors.[14] When the magnetic field is increased, a narrow structure

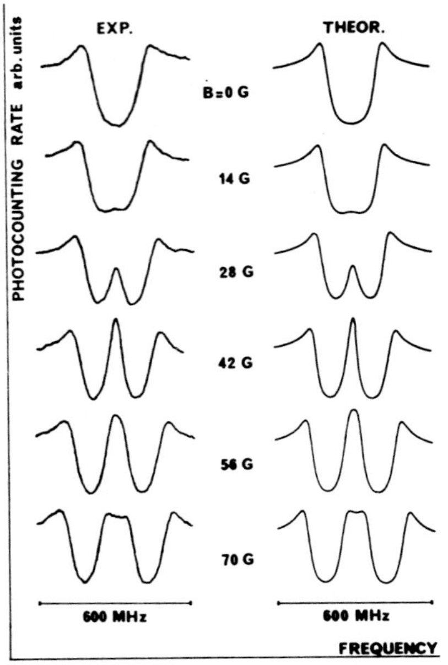

FIG. 2. Experimental and theoretical emission spectral profiles for the c-a transition (^{20}Ne, $\lambda = 7439$ Å), for a fixed laser intensity and various magnetic fields B. The compensation of the Doppler effect occurs for $B = 42$ G. The Doppler width is 1100 MHz.

appears in the center of the spectrum, reaches a maximum (around $B = 42$ G), and then broadens.[15] For the optimum value ($B = 42$ G), ω_1 and δ satisfy the compensation condition (1), and one gets the Doppler-free line $c_0 \to a$ discussed above, exhibiting a homogeneous width (50 MHz).[16] The Doppler width is 1100 MHz.

Since, in our experiment, the Rabi frequency ω_1 (250 MHz) is smaller than the Doppler width, one gets only a partial compensation of the Doppler broadening.[17] By using more intense and more focused laser beams, and eventually by putting the cell inside a ring cavity, one could achieve nearly complete compensation of Doppler broadening ($\omega_1/\Delta \sim 10$). In such a situation, one would have a very interesting medium. First, all atoms contribute to the central narrow line (homogeneous width), well separated from the two sidebands which can be interpreted as caused by inverse Raman processes and which remain Doppler broadened.[2,3] Second, the peak of the narrow line can be much higher than that of the original Doppler line so that the absorption or the amplification of a weak probe beam can be considerably enhanced. Finally, the forward-backward asymmetry for such a probe beam becomes spectacular (of the order of Δ/γ). This opens the way to various interesting applications: reduction of the threshold for laser media, ring laser, directed Doppler-free superradiance, Doppler-free coherent transients, and enhancement of Faraday rotation in one direction.

We thank C. Delsart, J. C. Keller, and F. Laloë for helpful discussions and Professor J. Brossel for his help and encouragement. This work was supported by the Centre National de la Recherche Scientifique, Université Pierre et Marie Curie, and in part under National Science Foundation Grant No. PHY 76-21099A01.

[(a)] On sabbatical leave 1977–1978 from Department of Physics, New York University, 4 Washington Place, New York, N. Y. 10003.

[1] C. Cohen-Tannoudji, Metrologia 13, 161 (1977).

[2] C. Cohen-Tannoudji, F. Hoffbeck, and S. Reynaud, Opt. Commun. 27, 71 (1978).

[3] F. Hoffbeck, thèse de 3ème cycle, Ecole Normale Supérieure, Paris, 1978 (unpublished).

[4] C. Cohen-Tannoudji, Ann. Phys. (Paris) 7, 423, 469 (1962). Other references may be found in W. Happer, *Progress in Quantum Electronics* (Pergamon, New York, 1971), Vol. 1, and C. Cohen-Tannoudji and J. Dupont-Roc, Phys. Rev. A 5, 968 (1972). The connection between light shifts and narrow structures appearing in high-resolution laser spectroscopy of three-level systems is discussed by P. E. Toschek, in *Frontiers in Laser Spectroscopy, Proceedings Les Houches Session XXVII*, edited by R. Balian, S. Haroche, and S. Liberman (North-Holland, Amsterdam, 1977).

[5] If level b is lower than a, the Doppler effect is compensated backwards and doubled forwards.

[6] These properties clearly distinguish this effect from others that also give rise to sub-Doppler structures, such as "fluorescen^ line narrowing": T. W. Ducas, M. S. Feld, L. W. Ryan, N. Skribanowitz, and A. Javan, Phys. Rev. A 5, 1036 (1972); M. S. Feld, in *Fundamental and Applied Laser Physics, Proceedings of the Esfahan Symposium*, edited by M. S. Feld, A. Javan, and N. A. Kurnit (Wiley, New York, 1971), p. 369.

[7] D. M. Larsen, Phys. Rev. Lett. 39, 878 (1977).

[8] R. Romestain, S. Geschwind, and G. E. Devlin, Phys. Rev. Lett. 39, 1583 (1977).

[9] J. N. Dodd and G. W. Series, Proc. Roy. Soc. London, Ser. A 263, 353 (1961).

[10] Coherent Radiation 599 dye laser pumped by a Spectra Physics 171 argon-ion laser.

[11] RCA 31034 A photomultiplier.

[12]The spatial variation of the laser electric field within the detection volume is taken into account for the computation.

[13]J. L. Picqué and J. Pinard, J. Phys. B 9, L77 (1976); J. E. Bjorkholm and P. F. Liao, Opt. Commun. 21, 132 (1977).

[14]P. Cahuzac and R. Vetter, Phys. Rev. A 14, 270 (1976); A. Shabert, R. Keil, and P. E. Toschek, Appl. Phys. 6, 181 (1975), and Opt. Commun. 13, 265 (1975); C. Delsart and J. C. Keller, Opt. Commun. 16, 388 (1976), and J. Phys. B 9, 2769 (1976).

[15]As it can be inferred from the previous theoretical discussion, it is impossible to reproduce the spectra of Fig. 2 by superposing two Autler-Townes doublets.

[16]This homogeneous width is due to spontaneous emission (10 MHz) and collisions (~ 30 MHz) and is increased by the Fabry-Perot spectral width (~ 15 MHz).

[17]One can show that about 50% of the atoms contribute to the central narrow line, and each of these contributes 20% of its total emission rate to the central peak.

Paper 3.6

M. M. Salour and C. Cohen-Tannoudji, "Observation of Ramsey's interference fringes in the profile of Doppler-free two-photon resonances," *Phys. Rev. Lett.* **38**, 757–760 (1977).

The small size of optical wavelengths makes it difficult to observe Ramsey fringes in the optical domain. Such fringes could be observed on an atom with a perfectly well-defined velocity, but they generally wash out if there is a velocity spread. In the mid seventies, V. P. Chebotayev and his colleagues suggested circumventing this difficulty by using various types of nonlinear effects.

This paper reports a study, done in collaboration with M. M. Salour during a sabbatical stay at Harvard, demonstrating that optical Ramsey fringes can be observed in Doppler-free two-photon spectroscopy by exciting the atoms with two coherent time-delayed short pulses.

Observation of Ramsey's Interference Fringes in the Profile of Doppler-Free Two-Photon Resonances*

M. M. Salour and C. Cohen-Tannoudji†
Department of Physics and Gordon McKay Laboratory, Harvard University, Cambridge, Massachusetts 02138
(Received 13 January 1977)

Using two coherent time-delayed short pulses, we have demonstrated that one can obtain, in the profile of Doppler-free two-photon resonances, interference fringes with a splitting $1/2T$ (T, delay time between the two pulses) much smaller than the spectral width $1/\tau$ of each pulse (τ, duration of each pulse). This method should lead to a number of important improvements in the presently available techniques of ultrahigh-resolution laser spectroscopy of atoms and molecules.

In this Letter we report an experiment which demonstrates that, in the same way that the diffraction pattern through two spatially separated slits exhibits interference fringes within the diffraction profile corresponding to a single slit, by exciting atoms with two time-delayed coherent laser pulses one can obtain, in the profile of the Doppler-free two-photon resonances, interference fringes with a splitting $1/2T$ (T, delay between the two pulses) much smaller than the spectral width $1/\tau$ (τ, duration of each pulse).

For two very sharp levels such as ground states or metastable states (an important example being the $1S_{1/2}$-$2S_{1/2}$ transition of H), the use of a single laser beam leads to linewidths which are generally limited by the inverse of the transit time of atoms through the laser beam. Rather than increasing this time by expanding the laser beam diameter (with a subsequent loss of intensity), Baklanov, Dubetskii, and Chebotayev[1] have proposed the use of two spatially separated beams leading to structures in the profile of the resonance having a width determined by the time of flight between the two beams. The experiment described below, however, deals with short-lived atomic states (lifetime $\sim 5\times10^{-8}$ sec), and very short pulses (duration $\sim 5\times10^{-9}$ sec), so that the transit time through the laser beam ($\sim 10^{-7}$ sec) plays no role in the problem. This explains why, instead of two spatially separated beams, we use two time-delayed short pulses. These experiments can be considered as optical analogs of the Ramsey method of using two separated rf or microwave fields in atomic-beam experiments.[2]

In order to obtain interference fringes in the profile of a two-photon resonance, two important requirements must be fulfilled. First, each pulse must be reflected against a mirror placed near the atomic cell in order to submit the atoms to a pulsed standing wave and to suppress in this way any dephasing factor due to the motion of the atoms: The probability amplitude for absorbing two counterpropagating photons is proportional to $e^{i(\omega t-kz)}e^{i(\omega t+kz)}=e^{2i\omega t}$ and does not depend on the spatial position z of the atoms. Second, the phase difference between the two pulses must remain constant during the whole experiment: Important phase fluctuations between the two pulses will wash out the interference fringes, since any phase variation produces a shift of the whole interference structure within the diffraction background. This means that the experiment must be done not with two independent pulses, but with two time-delayed pulses having a constant phase difference during the entire experiment. Furthermore, these two pulses have to be Fourier-limited; that is, their coherence time should be longer than their duration.

A first possible method for obtaining such a sequence of two phase-locked and Fourier-limited pulses is to start with a cw-dye-laser wave (with a very long coherence time) and to amplify it with two time-delayed pulsed amplifiers. Even if the cw laser delivers a very weak intensity in the spectral range under study, one can, with a sufficient number of synchronized pulsed amplifiers, get enough power eventually to observe the two-photon resonance. The time dependence of the amplified wave has the shape represented by the solid lines of Fig. 1(a). The two pulses are two different portions of the same sinusoid (represented in dotted lines), and they obviously have the same phase, which is that of the cw carrier wave. In such a case, a very simple calculation[3] shows that the Doppler-free probability $|b_2|^2$ for having the atom excited in the upper state after the second pulse is related to the probability $|b_1|^2$ of excitation after the first pulse by

$$|b_2|^2=4|b_1|^2[\cos(\omega_0-2\omega)T/2]^2,$$

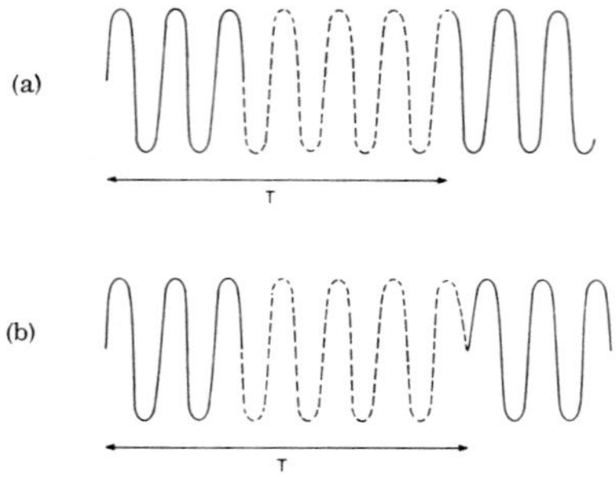

FIG. 1. (a) Two Fourier-limited time-delayed pulses generated by amplifying the same cw wave by two time-delayed independent pulsed amplifiers. They clearly have the same phase which is that of the cw carrier. (b) Two pulses originated from the same Fourier-limited pulse by using a delay line. The second one is just the time translation of the first one by an amount T. The phase difference between the two pulses clearly depends on ωT.

where ω_0 is the Bohr frequency of the atomic transition, ω the laser frequency, and T the time delay between the two pulses. If one varies ω, with ω_0 and T fixed, one gets within the diffraction profile (associated with $|b_1|^2$) interference fringes described by the last oscillatory term, with a splitting in ω determined by $1/T_{\rm eff}$, where $T_{\rm eff}=2T$. The important point is that the central fringe is exactly centered at half the Bohr frequency ($\omega=\frac{1}{2}\omega_0$). As long as the two pulses are phase-locked, any small variation of T is not important since it does not change the position of the central fringe.

A second method, which is experimentally simpler and which we have used,[4] is to start with a Fourier-limited pulse (obtained by amplifying a cw wave) and then to generate from it two pulses in an optical delay line. The time dependence of the resulting wave has the shape represented by the solid lines of Fig. 1(b). The second pulse is just the time translation of the first one by an amount T ($T>\tau$). However, the sinusoid extrapolated from the first pulse (dotted lines) does not generally overlap the second pulse, which means that the two pulses do not generally have the same phase, unless T is an integral number of optical periods $2\pi/\omega$ (i.e., $e^{i\omega T}=1$). The important point is that the phase difference between the two pulses is ω-dependent in such a way that the interference fringes would disappear if ω is varied, with T being fixed.[5] One possible scheme (which will be described later) for locking the phases of the two pulses, and consequently for having the interference fringes reappear (centered exactly at $\omega=\frac{1}{2}\omega_0$), is to vary T simultaneously (as ω is varied) in such a way that $e^{i\omega T}$ remains equal to 1.

Figure 2 shows the experimental setup. We utilize a single-mode cw dye laser (Spectra Physics 580A, frequency-stabilized to a pressure-tuned reference etalon, and pumped by a Spectra Physics 164 Ar^+ laser), which is tuned to the 3^2S-4^2D two-photon transition in sodium (5787.3 Å). (Lifetime of 4^2D is $\sim 5\times10^{-8}$ sec.) The output of this cw dye laser (40 mW, 2 MHz) is then amplified

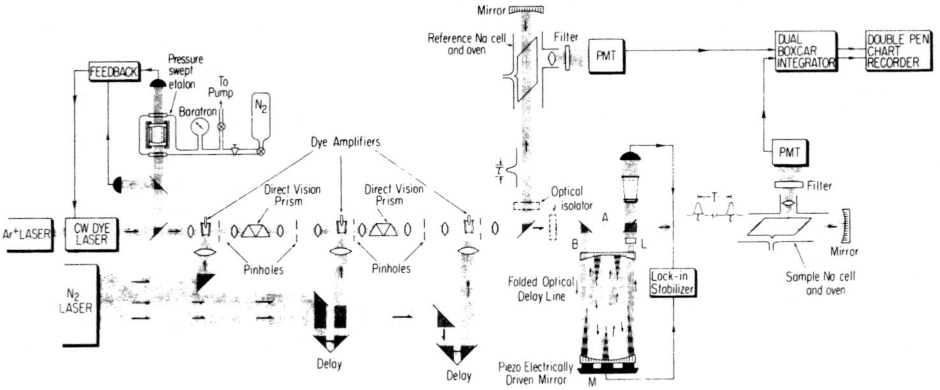

FIG. 2. The experimental setup.

in three synchronized stages of dye amplifiers pumped by a 1-MW nitrogen laser. Three stages of amplification are necessary to boost the peak output power to an acceptable level for this experiment. The pump light for the amplifiers is geometrically divided between the amplifiers and optically delayed in order to arrive slightly later than the input from the evolving pulse building up from the cw dye laser, maximizing the length of the output pulse. To avoid the undesirable amplified spontaneous emission from the amplifiers, suitable spectral and spatial filters are inserted between stages. (A more detailed description of this oscillator-amplifier dye-laser system will appear elsewhere.[3]) The 75-kW output of the third-stage amplifier is split into two parts. The first part goes into a reference sodium cell; and the second part is further split into another two parts—part A goes directly into a sample sodium cell, and part B is optically delayed in a delay line by a time T ($2T = 17$, 25, and 33 nsec) and is subsequently recombined with part A and focused into the sample sodium cell. We have stabilized the delay line by locking the center fringe of the two cw carrier beams (which is at maximum when the direct and the delayed cw carrier beams are in phase, i.e., when $e^{i\omega T} = 1$) to the motion of the mirror M which is mounted on a piezoelectric ceramic. In this way, the two time-delayed and Fourier-limited pulses are phase-locked during the entire experiment. Furthermore, the delayed beam, with its longer optical path, has wave fronts with a larger radius of curvature than those of the direct beam, so a high-quality lens (L) is used to match the curvature of the two wave fronts. Both sodium cells were kept at 130°C (2×10^{-6} Torr of vapor pressure); they were made of Corning 1720 calcium alumino-silicate glass with optically flat windows and were baked at high temperature and later filled with sodium under very high vacuum to avoid any foreign gas contamination. Note also that to generate the laser standing waves with short pulses, one needs to adjust the back-reflecting mirror so that the time delay between the original pulse and the back-reflected pulse is significantly shorter than the pulse duration τ. The outputs of the two photomultipliers (EMI 9635QB) monitoring the fluorescence from $4P$ to $3S$ at 3303 Å are simultaneously processed by a dual-channel boxcar integrator, and the result is recorded simultaneously by a dual-pen chart recorder.

Figure 3(a) shows the four well-known two-photon resonances of the 3^2S-4^2D transition of Na,

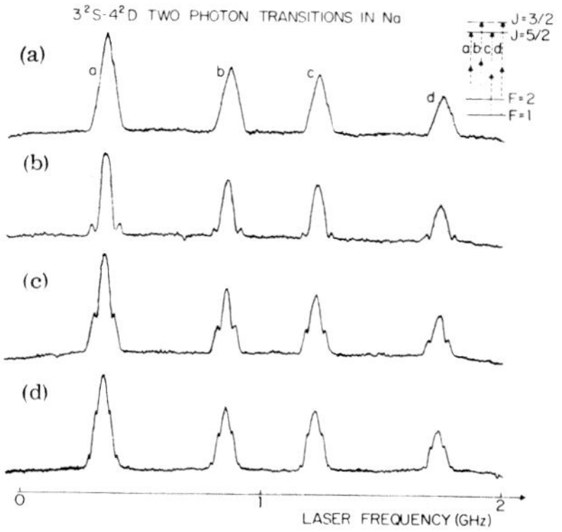

FIG. 3. (a) Recording of the four Doppler-free 3^2S-4^2D two-photon resonances of Na observed in the reference cell excited with a single pulse. (b)–(d) Same resonances observed in the sample cell excited with two time-delayed coherent pulses. Width of each pulse, $\tau = 8$ nsec; effective delay between two pulses, $\tau_{\rm eff} = 2T = 17$, 25, and 33 nsec, respectively. The spacing between the fringes, $\Delta\nu \approx 60$, 40, and 30 MHz, respectively, is in good agreement with the theoretical prediction $1/2T$.

observed in the reference cell with a single pulse. Figure 3(b) shows the same four resonances observed in the sample cell which is excited by the two time-delayed coherent pulses with $2T \simeq 17$ nsec. An interference structure clearly appears on each resonance. We have verified that the splitting between the fringes is inversely proportional to the effective delay time $T_{\rm eff}$ ($T_{\rm eff} = 2T$) between the two coherent pulses. Clearly it is possible to choose T longer than the radiative lifetime of the excited state, in which case the resolution would be better than the natural linewidth. One must not forget, however, that in such a case only atoms living a time at least equal to T would contribute to the interference effect, which means that the fringes would have a very poor contrast. This is verified in Figs. 3(c) and 3(d), which show the same experimental traces as those of Fig. 3(b). Note, however, that in these cases [Figs. 3(c) and 3(d)] the contrast of the fringes is progressively less than that of Fig. 3(b), where a shorter delay is used. We have also verified that, with the delay line unlocked, the interference fringes disappear (as ω is varied).

In order to eliminate the diffraction background appearing in each of the four resonances of Figs.

3(b), 3(c), and 3(d), one could induce a 90° (i.e., 180° for two-photon) phase shift between every other pair of coherent pulses into the sample cell. By subtracting the resulting fluorescence from pairs of coherent pulses with and without the phase shift, one could eliminate the diffraction background and thus automatically double the interference signal. A detailed study of this scheme will appear elsewhere.[3]

To conclude, we mention a possible variant of the previous method. Instead of two pulses, one could use a sequence of N equally spaced pulses obtained, for example, by sending the initial pulse into a confocal resonator.[6] The optical analog of such a system would be a grating with N lines. One should expect in that case that the frequency spectrum experienced by the atom would be a series of peaks (N times narrower in width), separated by the frequency interval $1/T_{eff}$.

We are grateful to our colleagues at Ecole Normale Supérieure (Paris), Joint Institute for Laboratory Astrophysics, and to Professor N. Bloembergen, Professor V. P. Chebotayev, Professor T. W. Hänsch, Professor F. M. Pipkin, Professor N. F. Ramsey, Mr. J. Eckstein, and Mr. R. Teets for many stimulating discussions. One of us (C.C.-T.) thanks Harvard University and Massachusetts Institute of Technology for their warm hospitality during his stay in Cambridge.

*Supported in part by the Joint Services Electronics Program.

†Permanent address: Laboratoire de Spectroscopie Hertzienne de l'Ecole Normale Supérieure, associé au Centre National de la Recherche Scientifique et Collège de France, 75231 Paris Cedex 05, France.

[1]Ye. V. Baklanov, B. Ya. Dubetskii and V. P. Chebotayev, Appl. Phys. 9, 171 (1976); Ye. V. Baklanov, B. Ya. Dubetskii, and V. P. Chebotayev, Appl. Phys. 11, 201 (1976); B. Ya. Dubetskii, Kvantovaya Elektron. (Moscow) 3, 1258 (1976) [Sov. J. Quantum Electron. 6, 682 (1976)]. Note that the method of using spatially separated laser fields has very recently been applied to saturated absorption spectroscopy by J. C. Bergquist, S. A. Lee, and J. L. Hall, Phys. Rev. Lett. 38, 159 (1977).

[2]N. F. Ramsey, *Molecular Beams* (Oxford Univ. Press, New York, 1956); also, C. O. Alley, in *Quantum Electronics, A Symposium* (Columbia Univ. Press, New York, 1960), p. 146; M. Arditi and T. R. Carver, IEEE Trans. Instrum. IM-13, 146 (1964).

[3]M. M. Salour, to be published.

[4]M. M. Salour, Bull. Am. Phys. Soc. 21, 1245 (1976).

[5]For the two pulses of Fig. 1(b), the result of the calculation is $|b_2|^2=4|b_2|^2[\cos\omega_0 T/2]^2$, so that $|b_2|^2$ does not depend on ω, with ω_0 and T fixed. Note, however, that the interference fringes reappear when T alone (or ω_0 alone) is varied.

[6]R. Teets, J. Eckstein, and T. W. Hänsch, this issue [Phys. Rev. Lett. 38, 760 (1977)].

Section 4

Photon Correlations and Quantum Jumps
The Radiative Cascade of the Dressed Atom

Instead of measuring, with a high resolution spectrometer, the spectral distribution of the fluorescence light emitted by an atom driven by an intense resonant laser beam, one can use a broadband photodetector and try to analyze the statistical properties of the random sequence of pulses appearing in the photocurrent.

The papers presented in this section show that the dressed atom approach provides a convenient framework for analyzing such statistical properties. Simple physical pictures can also be obtained by associating with the sequence of fluorescence photons a radiative cascade of the dressed atom falling down its ladder of dressed states.

New types of photon correlations signals have been suggested in this way and they have been observed experimentally. The dressed atom approach also allows a simple calculation of the "delay function" which gives the distribution of the time intervals between two successive spontaneous emissions. Using such a delay function, one can interpret in a simple way the intermittent fluorescence which can be observed on a single trapped ion with a long-lived metastable level (Dehmelt's "shelving method").

Paper 4.1

C. Cohen-Tannoudji and S. Reynaud, "Atoms in strong light-fields: Photon antibunching in single atom fluorescence," *Phil. Trans. R. Soc. Lond.* **A293**, 223–237 (1979).

This paper has been written for the proceedings of a colloquium, organized by the Royal Society, on Light Scattering in Physics, Chemistry, and Biology held in London in February 1978.

It has been selected here because it introduces the dressed atom approach to photon correlation signals. With a photodetector having a bandwidth larger than the splittings between the three components of the Mollow fluorescence triplet, the detection of the first photon projects the system onto the lowest (bare) atomic state, which is a linear superposition of two dressed states. The modulation of the probability to detect a second photon then appears as "quantum beats" associated with these coherences between the dressed states. If on the other hand the bandwidth of the photodetector is smaller than the splittings between the dressed states, but larger than the natural width of these dressed states, then the detection of the first photon projects the system onto a well-defined dressed state. This suggests the study of new types of time correlation signals between frequency filtered photons, more precisely between photons emitted in the various components of the fluorescence spectrum. For example, one can show in this way that, for large detunings, the photons emitted in the two sidebands of the Mollow triplet are emitted with a well-defined time order.

Phil. Trans. R. Soc. Lond. A **293**, 223–237 (1979)
Printed in Great Britain

Atoms in strong light-fields: photon antibunching in single atom fluorescence

By C. Cohen-Tannoudji and S. Reynaud
École Normale Supérieure and Collège de France, 24, *rue Lhomond*, 75231 *Paris Cedex* 05

Some general remarks and suggestions concerning photon antibunching in single atom fluorescence are presented. The close connection between this antibunching effect and the 'reduction of the wave packet' due to the detection process is made explicit. It is pointed out that polarization effects could considerably change the shape of the signals. A dressed atom approach to these problems reveals analogies with quantum beats and suggests the use of frequency filters at the detection, selecting one component of the fluorescence spectrum and leading to new types of photon correlation signals.

1. Introduction

In the last few years, the interest in resonance light scattering has been renewed by the development of high intensity tunable laser sources which allowed irradiation of atoms with strong light-fields in conditions such that absorption and stimulated emission predominate over spontaneous emission.

Several experimental groups have studied the fluorescence light emitted by a sodium atomic beam irradiated by a c.w. dye laser beam (the two beams and the direction of observation are mutually perpendicular so that the Doppler effect is removed). Different types of measurements have been made, including spectral distribution of the fluorescence light (Schuda *et al.* 1974; Walther 1975; Wu *et al.* 1975; Hartig *et al.* 1976; Grove *et al.* 1977) and photon correlations, more precisely the probability for detecting two photon arrivals separated by an interval τ (Kimble *et al.* 1977; Walther 1977, personal communication).

In this short theoretical paper, we will focus on the problem of 'antibunching' in single atom fluorescence, a subject which has recently attracted a lot of attention. Antibunching means a tendency of the photons to stay away from each other, in contrast with the well known bunching effect discovered by Hanbury Brown & Twiss (1956, 1957). Several theoretical papers have considered the problem of antibunching (Glauber 1963, 1964; Stoler 1974; Carmichael & Walls 1976; Kimble & Mandel 1976; Cohen-Tannoudji 1977). Here, we will not enter into any detailed calculations, but will just make a few remarks and some new suggestions based on a straightforward interpretation of the antibunching effect in terms of 'reduction of the wave packet'.

2. Interpretation of the antibunching effect

In a photon correlation experiment, the fluorescence light is monitored by two photomultipliers, and the probability $P(\boldsymbol{\varepsilon}_b, t+\tau; \boldsymbol{\varepsilon}_a, t)$ for detecting one photon with polarization $\boldsymbol{\varepsilon}_a$ at time t and another one with polarization $\boldsymbol{\varepsilon}_b$ a time τ later is measured. Such a probability is proportional (Glauber 1964) to the higher order correlation function $\langle E_a^-(t)\, E_b^-(t+\tau)\, E_b^+(t+\tau)\, E_a^+(t)\rangle$, where E_a^+, E_a^-, E_b^+, E_b^- are respectively the positive and negative frequency parts of the $\boldsymbol{\varepsilon}_a$ and $\boldsymbol{\varepsilon}_b$ polarization components of the Heisenberg electric field operator.

[13]

In experimental conditions such that the detected light is emitted by a single atom (single atom fluorescence), the electric field is proportional to the atomic dipole operator D, so that the signal reduces to

$$P(\boldsymbol{\varepsilon}_b, t+\tau; \boldsymbol{\varepsilon}_a, t) \approx tr[D_a^+(t)\, D_b^+(t+\tau)\, D_b^-(t+\tau)\, D_a^-(t)\, \sigma], \tag{1}$$

where σ is the density matrix of the total system, and D^+ and D^- the raising and lowering parts of D.

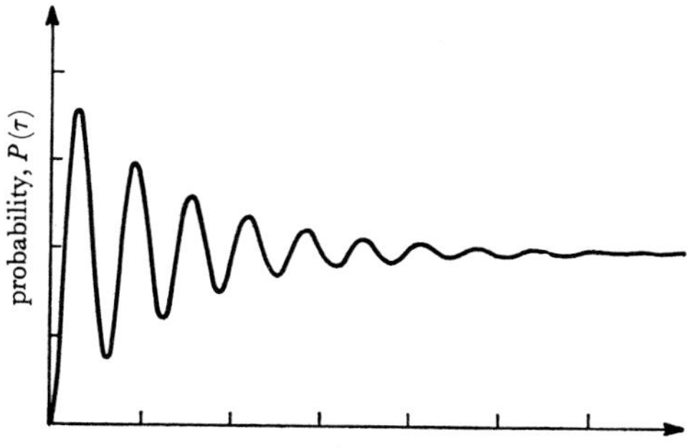

FIGURE 1. Variations with τ of the probability $P(\tau)$ of detecting two photons separated by an interval τ (two-level atom; resonant irradiation $\omega_L = \omega_0$; $\omega_1 = 10\,\Gamma$).

When the Heisenberg operators are expressed in terms of the evolution operators U, by using the invariance of a trace in a circular permutation, the above expression is transformed into

$$tr[D_b^-\, U(t+\tau, t)\, D_a^- \sigma(t)\, D_a^+ U^+(t+\tau, t)\, D_b^+] = q(\boldsymbol{\varepsilon}_b, t+\tau \,|\, \boldsymbol{\varepsilon}_a, t)\, p(\boldsymbol{\varepsilon}_a, t), \tag{2}$$

where

$$p(\boldsymbol{\varepsilon}_a, t) = tr[D_a^-\, \sigma(t)\, D_a^+], \tag{3}$$

$$q(\boldsymbol{\varepsilon}_b, t+\tau \,|\, \boldsymbol{\varepsilon}_a, t) = tr[D_b^-\, U(t+\tau, t)\, \Sigma_a(t)\, U^+(t+\tau, t)\, D_b^+], \tag{4}$$

$$\Sigma_a(t) = (D_a^-\, \sigma(t)\, D_a^+)/tr[D_a^-\, \sigma(t)\, D_a^+]. \tag{5}$$

The interpretation of this result is straightforward. The term $p(\boldsymbol{\varepsilon}_a, t)$ is simply the probability of detecting one $\boldsymbol{\varepsilon}_a$ photon at time t. Immediately after this detection process, there is a 'reduction of the wave packet' and the state of the system is described by the (normalized) reduced density matrix $\Sigma_a(t)$. Starting from this new state $\Sigma_a(t)$ at time t, the system then evolves and the probability for detecting one $\boldsymbol{\varepsilon}_b$ photon at time $t+\tau$ is simply given by $q(\boldsymbol{\varepsilon}_b, t+\tau \,|\, \boldsymbol{\varepsilon}_a, t)$.

Since $\sigma(t)$ appears in (5) between the lowering component D_a^- at left and the raising component D_a^+ at right, the reduced density matrix $\Sigma_a(t)$ is restricted to the atomic ground level g. Such a result expresses the well known picture of an atom undergoing a 'quantum jump' from the excited level e to the ground level g when emitting the detected photon. In order to be able to emit a second photon, the atom must be re-excited by the laser light which requires a certain amount of time. This is why $q(\boldsymbol{\varepsilon}_b, t+\tau \,|\, \boldsymbol{\varepsilon}_a, t)$ starts from 0 for $\tau = 0$ (antibunching effect).

Let us illustrate these general considerations with the simple case of a two-level atom saturated by an intense resonant single mode laser beam. One finds in this case (omitting the polarizations $\boldsymbol{\varepsilon}_a$ and $\boldsymbol{\varepsilon}_b$ which play no role) that

$$\left.\begin{aligned} p(t) &= \tfrac{1}{2}\Gamma, \\ q(t+\tau \,|\, t) &= \tfrac{1}{2}\Gamma\,[1-\exp(-\tfrac{3}{4}\Gamma\tau)\cos\omega_1 \tau], \end{aligned}\right\} \tag{6}$$

where Γ is the natural width of e and ω_1 is the product of the atomic dipole moment by the laser electric field. In deriving (6), we have assumed $\omega_1 \gg \Gamma$ (intense field limit). The oscillatory behaviour of $P(\tau) = pq(\tau)$ (figure 1) reflects the well-known damped Rabi oscillation of a two-level system starting from the lower level and reaching a steady state where both levels are equally populated. The characteristic time of the antibunching effect (width of the 'antibunching hole') is of the order of the Rabi period, $1/\omega_1$, which is much smaller than the radiative lifetime Γ^{-1} of e.

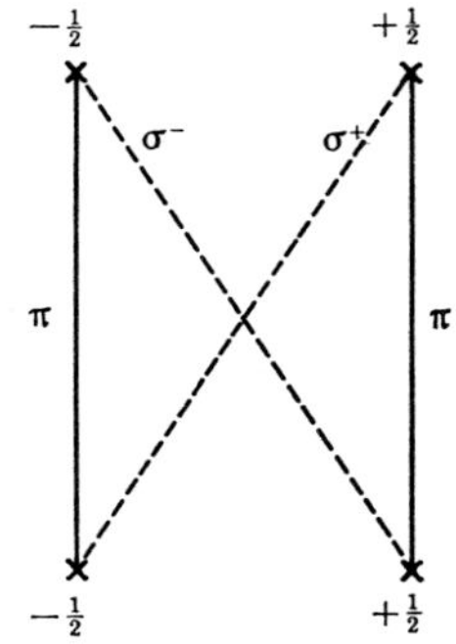

FIGURE 2. $J_g = \frac{1}{2} \leftrightarrow J_e = \frac{1}{2}$ transition.

3. How to change antibunching signals with polarization effects

In this section, we suppose that the upper and lower atomic states have a Zeeman degeneracy, which leads to the possibility of detecting fluorescence photons with different polarizations. Such a degree of freedom could be used for obtaining quite different antibunching signals.

Consider for example a $J_g = \frac{1}{2} \leftrightarrow J_e = \frac{1}{2}$ transition (figure 2) saturated by π-polarized laser light, and suppose that circular analysers are put in front of the two photodetectors. One can, for example, be interested in the probability $P(\sigma_+, \tau|\sigma_+)$ of detecting two σ^+ photons separated by an interval τ or in the probability $P(\sigma_-, \tau|\sigma_+)$ for detecting a σ^+ photon followed, a time τ later, by a σ^- one (we have suppressed the t-dependence of P which does not appear in steady state as for the two-level case: see equation (6)).

These two probabilities are calculated as explained in § 2 and one obtains

$$\left.\begin{aligned} P(\sigma_\pm, \tau; \sigma_+) &= p(\sigma_+)\, q(\sigma_\pm, \tau|\sigma_+), \\ p(\sigma_+) &= \tfrac{1}{6}\Gamma, \\ q(\sigma_\pm, \tau|\sigma_+) &= \tfrac{1}{6}\Gamma\,[(1 \mp \exp(-\tfrac{2}{3}\Gamma\tau)) - (\exp(-\tfrac{3}{4}\Gamma\tau) \mp \exp(-\tfrac{5}{12}\Gamma\tau))\cos\omega_1\tau]. \end{aligned}\right\} \quad (7)$$

The striking difference between these two results, represented in figure 3, can be simply interpreted as follows. The 'reduction of the wave packet' following the detection of the first σ^+ photon puts the atom in the $-\frac{1}{2}$ ground sublevel. Then, the π-polarized laser excitation induces a Rabi oscillation between the two $-\frac{1}{2}$ sublevels of e and g. After half a Rabi period, the atom has a great probability (of the order of 1 if $\omega_1 \gg \Gamma$) of being in the upper $-\frac{1}{2}$ sublevel, and, consequently, the probability of spontaneously emitting a σ^- (or a π) photon is large (about 4 times larger than in the steady state where all the populations have the same value $\frac{1}{4}$). This explains the rapid growth of $P(\sigma^-, \tau|\sigma^+)$ and the ratio between its maximum and asymptotic values. On the other hand, for emitting a second σ^+ photon, the atom must necessarily be re-excited during the time τ from the $-\frac{1}{2}$ sublevel of g to the $+\frac{1}{2}$ sublevel of e. However, such a re-excitation requires spontaneous transitions since the π-polarized laser excitation only couples sublevels with the same magnetic quantum number m. This explains the slower growth of $P(\sigma^+, \tau|\sigma^+)$ which is determined mainly by the characteristic time Γ^{-1} of spontaneous emission, even if the Rabi oscillation (which is also visible on such a signal) has a much shorter period.

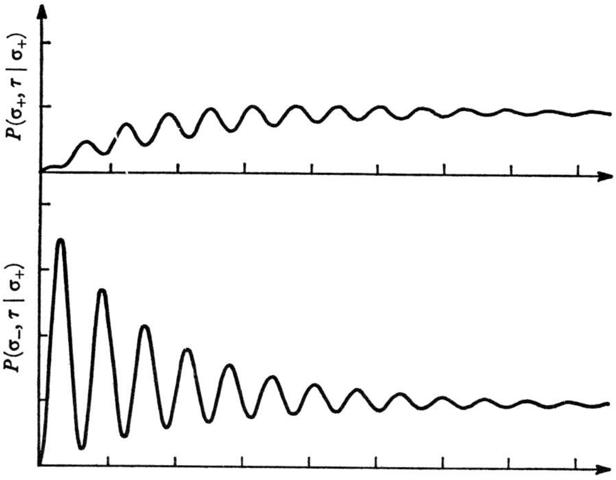

FIGURE 3. Variations with τ of the probabilities $P(\sigma_\pm, \tau\,|\,\sigma_+)$ for detecting one σ^+ photon followed, a time τ later, by a $\sigma^\pm$ photon ($J_g = \frac{1}{2} \leftrightarrow J_e = \frac{1}{2}$ transition; resonant irradiation $\omega_L = \omega_0$; $\omega_1 = 10\,\Gamma$).

Similar calculations could be made for higher J values. The existence of different Rabi frequencies associated with different Zeeman components, which leads to more complex fluorescence spectra than for the two level case (Cohen-Tannoudji & Reynaud 1977*a*), would give rise to beats in the photon correlation signals.

4. Photon correlation signals in the dressed atom picture

The dressed atom approach provides a simple interpretation of fluorescence and absorption spectra in intense laser fields (Cohen-Tannoudji & Reynaud 1977*b*, *c*, *d*). We show in this section how it can also be applied to photon correlation signals, leading to an interpretation of their modulation as quantum beat effects appearing in radiative cascades.

In the dressed atom picture, one first considers the system formed by the atom and the laser photons. Figure 4(*a*) shows some unperturbed states of such a system in the simple case of a two-level atom: the two states $|e, n\rangle$ and $|g, n+1\rangle$ (atom in e or g in the presence of n or $n+1$ laser photons) are separated by the detuning $\delta = \omega_0 - \omega_L$ between the atomic and laser frequencies. The atom–laser interaction introduces between these two states a coupling $\frac{1}{2}\omega_1$ which leads to the dressed atom energy levels of figure 4(*b*). The two states $|1, n\rangle$ and $|2, n\rangle$, which are some linear combinations of $|e, n\rangle$ and $|g, n+1\rangle$, are separated by a splitting:

$$\bar{\omega} = (\omega_1^2 + \delta^2)^{\frac{1}{2}}. \tag{8}$$

Similar considerations apply to $|e, n-1\rangle$, $|g, n\rangle$, $|1, n-1\rangle$ and $|2, n-1\rangle$ which are at distance ω_L below, and to all other multiplicities (not represented on figure 4).

The coupling of the atom with the empty modes of the electromagnetic field is described by a master equation, which can be written in the dressed atom basis $\{|i, n\rangle\}$. Such a basis is particularly convenient when the dressed atom levels are well separated ($\bar{\omega} \gg \Gamma$), which implies either intense fields ($\omega_1 \gg \Gamma$) or large detunings ($|\delta| \gg \Gamma$). Resonance fluorescence can then be described as being due to spontaneous transitions between the dressed atom levels. The allowed transitions, which correspond to the non-zero matrix elements of the atomic dipole moment D, connect adjacent multiplicities and are represented by the wavy arrows of figure 4 (*b*). This provides a straightforward interpretation of the triplet structure of the fluorescence spectrum, first predicted by Mollow from a different approach (Mollow 1969): the frequencies $\omega_L + \bar{\omega}$, $\omega_L - \bar{\omega}$, ω_L are associated respectively with the transitions $|1, n\rangle \rightarrow |2, n-1\rangle$; $|2, n\rangle \rightarrow |1, n-1\rangle$, $|i, n\rangle \rightarrow |i, n-1\rangle$ ($i = 1, 2$).

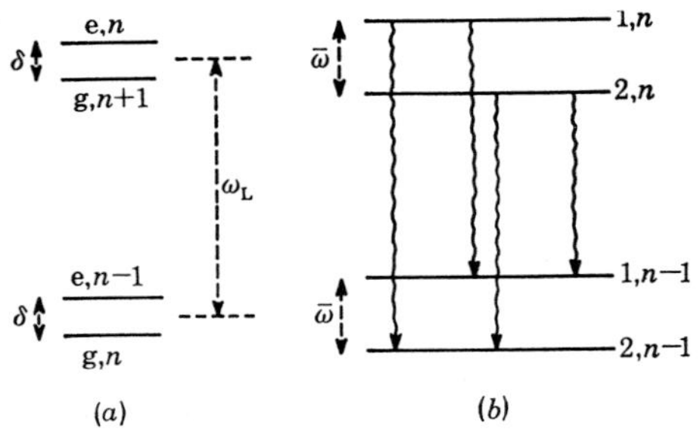

FIGURE 4. (*a*) Some unperturbed states of the system atom–laser photons. (*b*) Corresponding dressed atom states. The wavy arrows represent the allowed spontaneous transitions between these states.

To return to the photon correlation signal given in (1), this can now be expressed in the dressed atom basis rather than in the bare atom one. The corresponding calculations are given in the appendix. Here we will just outline some simple physical pictures emerging from these calculations.

The photon correlation signal appears (in the steady state régime and for $\bar{\omega} \gg \Gamma$) as a product of three terms which are associated with the processes represented on figure 5. The first process (figure 5 (*a*)) corresponds to the detection of the first photon which puts the atom in g: the dressed atom, starting from one of its energy levels, is projected into a linear superposition of the two sublevels of the adjacent lower multiplicity ($|g, n\rangle$ is a linear superposition of $|1, n-1\rangle$ and $|2, n-1\rangle$) described by a projected density matrix having diagonal as well as off-diagonal elements (respectively left and right parts of figure 5 (*a*)). Then, the dressed atom evolves during the time τ, which corresponds to a spontaneous radiative cascade (figure 5 (*b*)). During such a cascade, a redistribution of the populations π_1 and π_2 occurs as well as a damped oscillation of the off-diagonal elements. Finally, we have the second detection process, represented in figure 5 (*c*). Since the density matrix before this detection process has diagonal as well as off-diagonal elements, the signal now contains static and modulated components (respectively left and right parts of figure 5 (*c*)). Note the difference from the first detection process, where we start from the purely diagonal steady state density matrix.

The previous analysis clearly shows that the modulation of the photon correlation signal is due to the 'coherence' between the two sublevels, $|1, n-1\rangle$ and $|2, n-1\rangle$, introduced by the first detection process. Such a process plays the same role as the percussional excitation which, in a quantum beat experiment, prepares the atom in a coherent superposition of two excited sublevels. Note however that the situation represented in figure 5 corresponds to a radiative cascade so that it would be more judicious to compare it with perturbed correlations in atomic or nuclear radiative cascades (Steffen & Frauenfelder 1964).

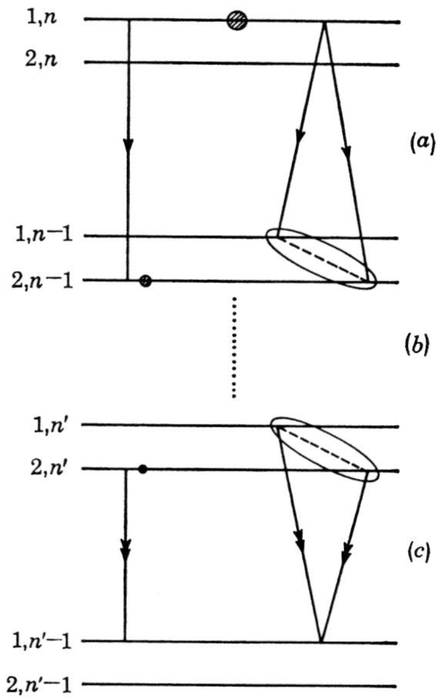

FIGURE 5. (*a*) Detection of the first photon in the dressed atom picture. (*b*) Evolution of the system during the time τ. (*c*) Detection of the second photon.

5. PHOTON CORRELATION SIGNALS WITH FREQUENCY SELECTION

Up to now, we have implicitly supposed that the photodetectors are broad band detectors with extremely short response time. The discussion of the previous section shows that the two detection processes can be considered as instantaneous as soon as the bandwidth $\Delta\nu$ of the photomultipliers is large in comparison with the beat frequency $\bar{\omega}$. Note the analogy with quantum beat experiments where the spectral width of the exciting pulse must be larger than the atomic structure giving rise to the beats (broad band condition).

This leads us to investigate the modification of the photon correlation signals which would result from the insertion of frequency filters in front of the photodetectors. More precisely, we will suppose that these filters, centred on one of the three components of the fluorescence spectrum ($\omega_L + \bar{\omega}$, $\omega_L - \bar{\omega}$ or ω_L), have a bandwidth $\Delta\nu$ that is small compared to $\bar{\omega}$ (only one component is selected) but large compared to Γ (the filtered component is not distorted):

$$\Gamma \ll \Delta\nu \ll \bar{\omega}. \tag{9}$$

The analogy with quantum beats discussed above suggests that the modulation at $\bar{\omega}$ in the photon correlation signal should disappear in such a case. This is what actually occurs: each frequency filter selects one particular frequency component of the dipole moment D so that the modulated terms sketched on the right part of figure 5 vanish, since two different frequency components of D simultaneously appear in every detection process.

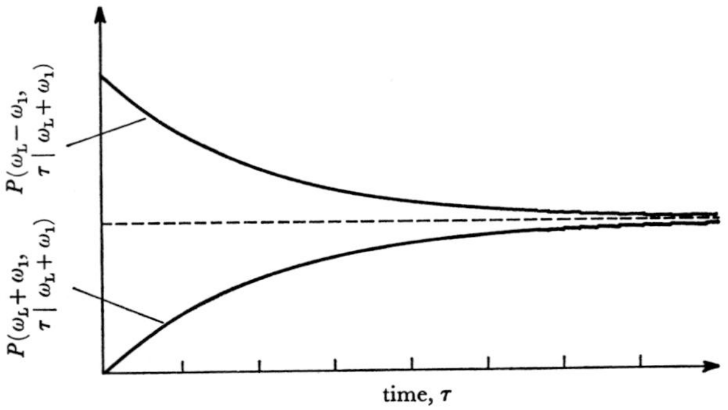

FIGURE 6. Variations with τ of the probabilities $P(\omega_L \mp \omega_1, \tau \mid \omega_L + \omega_1)$ for detecting one $\omega_L + \omega_1$ photon followed, a time τ later, by a $\omega_L \mp \omega_1$ photon (two-level atom; resonant irradiation $\omega_L = \omega_0$; $\omega_1 \gg \Gamma$).

The signal can now be entirely described in terms of populations (as shown in the left part of figure 5). Suppose, for example, that the first filter is centred at $\omega_L + \bar{\omega}$. The first detector is then only sensitive to transitions of the type $|1, n+1\rangle \rightarrow |2, n\rangle$. After this first detection, the dressed atom state is projected into $|2, n\rangle$. Consequently, it cannot emit a second $\omega_L + \bar{\omega}$ photon immediately afterwards since no $\omega_L + \bar{\omega}$ transition starts from this level $|2, n\rangle$ (figure 4(*b*)). The probability $P(\omega_L + \bar{\omega}, \tau \mid \omega_L + \bar{\omega})$ for detecting two $\omega_L + \bar{\omega}$ photons separated by a time τ exhibits therefore an antibunching behaviour. On the other hand, one $\omega_L - \bar{\omega}$ photon can be emitted from the $|2, n\rangle$ state (figure 4(*b*)). Immediately after the detection of the first $\omega_L + \bar{\omega}$ photon, the population π_2 of level $|2, n\rangle$ has a value 1, larger than the steady state value (reached for large values of τ), so that $P(\omega_L - \bar{\omega}, \tau \mid \omega_L + \bar{\omega})$ exhibits a bunching behaviour (the apparent contradiction with the general discussion of § 2 which excludes bunching effects in single atom fluorescence is removed by noting that the filtering devices store the emitted photons during a time $(\Delta\nu)^{-1}$ much larger than $(\bar{\omega})^{-1}$). We have illustrated these considerations in figure 6, which gives the two probabilities $P(\omega_L \pm \omega_1, \tau \mid \omega_L + \omega_1)$ calculated in the simple case of a resonant irradiation ($\delta = 0$; $\bar{\omega} = \omega_1$).

In the off-resonant case ($|\delta| \gg \omega_1$; $\bar{\omega} \approx |\omega_0 - \omega_L|$), the fluorescence spectrum can be interpreted perturbatively: the central component ω_L corresponds to the Rayleigh process of figure 7(*a*) while the two sidebands at frequencies $\omega_A = 2\omega_L - \omega_0$ and $\omega_B = \omega_0$ are associated with the second order nonlinear scattering process of figure 7(*b*). We have represented on figure 8 the two frequency filtered correlation signals that appear at lowest order (i.e. $(\omega_1/\delta)^4$, all others being of higher order). The variation of these two signals can be analysed from the same perturbative approach. The probability $P(\omega_L, \tau \mid \omega_L)$ for detecting two Rayleigh photons separated by an interval τ does not vary with τ. This is due to the fact that the two corresponding Rayleigh scattering events are uncorrelated. Although the diagram of figure 7(*b*) is of higher order than the one of figure 7(*a*), it can give rise to a photon correlation signal of the same order. After the absorption of two laser photons and the emission of the ω_A one, the atom reaches level e (figure 7(*b*)) from which it has a great probability for emitting one ω_B photon. This explains also the exponential decrease of $P(\omega_B, \tau | \omega_A)$ with the radiative lifetime Γ^{-1}. If one calculates the probability $P(\omega_A, \tau | \omega_B)$ of emission of the two photons ω_A and ω_B in the reverse order, one finds a much smaller quantity (in $(\omega_1/\delta)^8$) independent of τ. This shows that, for each nonlinear scattering process, the two photons ω_A and ω_B appear in a certain order with a delay of the order of Γ^{-1} and that, for detecting them in the reverse order, one requires two independent scattering processes.

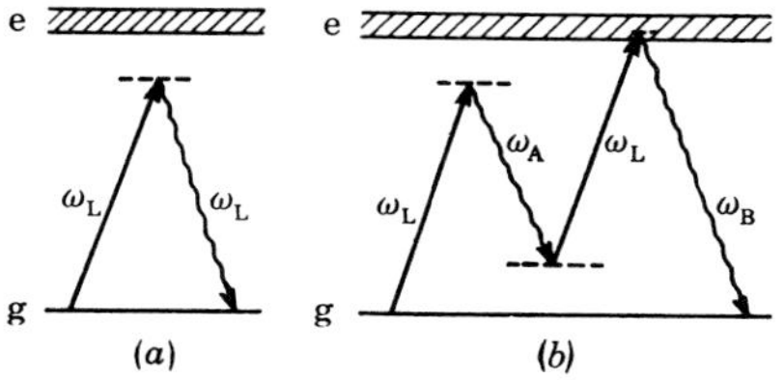

FIGURE 7. Perturbative interpretation of the three components of the fluorescence spectrum for large detunings: (*a*) Rayleigh component. (*b*) Sidebands $\omega_A = 2\omega_L - \omega_0$ and $\omega_B = \omega_0$.

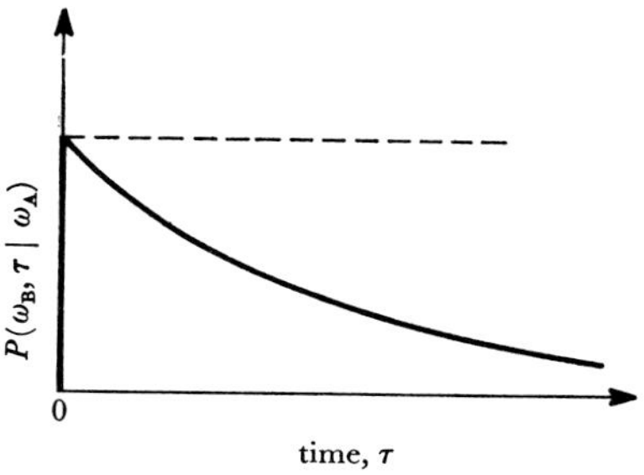

FIGURE 8. Variations with τ of the probability $P(\omega_B, \tau | \omega_A)$ for detecting one photon ω_A followed, a time τ later, by a ω_B photon. The probability $P(\omega_L, \tau | \omega_L)$, denoted by the broken line, for detecting two Rayleigh photons ω_L does not depend on the interval τ.

APPENDIX

In this appendix, we find explicitly the photon correlation signal in the dressed atom basis $|i, n\rangle$. The notation is the same as in Cohen-Tannoudji & Reynaud (1977*b*).

Because of the quasi-classical character of the laser field, the various elements of the density matrix $\sigma(t)$ may be written as

$$\langle i, n|\sigma(t)|j, n-p\rangle = \rho_{ij}^{p}(t)\, p_0(n), \tag{A 1}$$

where $p_0(n)$ is the normalized distribution of the number of photons in the laser and the $\rho_{ij}^{p}(t)$ are some reduced density matrix elements. We will omit the symbol p for the elements corresponding to $p = 0$: i.e., for the populations $\pi_i = \rho_{ii}^{0}$ of the dressed atom states and for the coherences' $\rho_{ij} = \rho_{ij}^{0}$ between states of the same multiplicity.

The only non-zero matrix elements of the dipole moment D between the dressed atom states are

$$\left.\begin{aligned} d_{ij}^{-} &= \langle i, n-1\,|D|\, j, n\rangle, \\ d_{ij}^{+} &= \langle i, n+1\,|D|\, j, n\rangle = (d_{ji}^{-})^{*} \end{aligned}\right\} \tag{A 2}$$

[20]

(we therefore ignore the vectorial character of D). In order to get a simple expression for the correlation signal, we decompose the lowering and raising parts of D in their frequency components:

$$D^- = \sum_{ij} D^-_{ij}; \quad D^+ = \sum_{ij} D^+_{ij}, \tag{A 3}$$

$$\left.\begin{aligned} D^-_{ij} &= d^-_{ij} \sum_n |i, n-1\rangle \langle j, n| \\ D^+_{ij} &= d^+_{ij} \sum_n |i, n+1\rangle \langle j, n| \end{aligned}\right\}. \tag{A 4}$$

By introducing this decomposition (A 3) of D into the expression (1) of the photon correlation signal, one obtains:

$$P(t+\tau|t) = \sum_{ij}\sum_{kl}\sum_{pq}\sum_{rs} P_{ij\,kl\,pq\,rs}(t+\tau|t), \tag{A 5}$$

where

$$P_{ij\,kl\,pq\,rs}(t+\tau|t) = \langle D^+_{ij}(t)\, D^+_{kl}(t+\tau)\, D^-_{pq}(t+\tau)\, D^-_{rs}(t)\rangle. \tag{A 6}$$

By using the quantum regression theorem (Lax 1968), this expression is transformed into

$$P_{ij\,kl\,pq\,rs}(t+\tau|t) = [\delta_{lp}\, d^+_{kl}\, d^-_{pq}\, \rho(qk, \tau|rj)]\, [d^+_{ij}\, d^-_{rs}\, \rho_{si}(t)], \tag{A 7}$$

where $\rho(qk, \tau|rj)$ is a Green function of the master equation; $\rho(qk, \tau|rj)$ is the value of $\rho_{qk}(\tau)$ corresponding to an initial state where only $\rho_{rj}(0)$ is non-zero ($\rho_{rj}(0) = 1$). Because of the secular approximation, the elements $\rho_{ij}(t)$ evolving at different frequencies are not coupled; the off-diagonal elements ($i \neq j$) are only coupled to themselves and they tend to zero after a transient damped oscillation. The populations are coupled together and they reach a steady state régime after a time of the order of Γ^{-1}. This allows some important simplifications of expression (A 7): first, if we neglect the transient contribution of atoms entering the laser beam, only the steady state populations contribute to the second factor of (A 7) (which implies $s = i$); then the only non-zero Green functions correspond either to the damped oscillation of a 'coherence' ($q = r$, $k = j$, $r \neq j$), or to the redistribution of the populations ($r = j$, $q = k$). The corresponding contributions to $P(t+\tau|t)$ can be written (respectively for the two types of terms):

$$\delta_{lp}\,\delta_{si}\,\delta_{qr}\,\delta_{kj}\,[d^+_{jl}d^-_{lr}]\,\rho(rj, \tau|rj)\,[d^+_{ij}\,d^-_{ri}\,\Pi_i(\infty)] \tag{A 8}$$

with

$$r \neq j$$

$$\delta_{lp}\,\delta_{si}\,\delta_{qk}\,\delta_{rj}\,\Gamma_{lk}\,\Pi(k, \tau|j)\,[\Gamma_{ji}\Pi_i(\infty)], \tag{A 9}$$

where Γ_{ji} is the transition rate from level $|i, n\rangle$ to level $|j, n-1\rangle$ ($\Gamma_{ji} = d^+_{ij}d^-_{ji} = |d^-_{ji}|^2$) and $\Pi(k, \tau|j)$ is the population $\Pi_k(\tau)$ corresponding to an initial state where only $\Pi_j(0)$ is different from 0 and equal to 1. Note that $\rho(rj, \tau|rj)$ is simply equal to $\exp(-L_{rj}\tau)\exp(-\mathrm{i}\omega_{rj}\tau)$ where ω_{rj} is the energy difference between levels $|r, n\rangle$ and $|j, n\rangle$ and L_{rj} the width of the $\omega_L + \omega_{rj}$ component of the fluorescence spectrum. The right and left parts of figures 5(*a*), 5(*b*) and 5(*c*) correspond respectively in the algebraic expressions (A 8) and (A 9) to the terms $d^+_{ij}d^-_{ri}\Pi_i(\infty)$ and $\Gamma_{ji}\Pi_i(\infty)$, $\rho(rj, \tau|rj)$ and $\Pi(k, \tau|j)$, $d^+_{jl}d^-_{lr}$ and Γ_{lk}.

If one uses frequency filters satisfying condition (9), only certain terms of the type (A 9) contribute to the signal. These are the ones for which Γ_{ji} and Γ_{lk} correspond to the mean frequencies of the two filters. For example, the various signals represented on figures 6 and 8 are easily found to be

$$P(\omega_L \pm \omega_1, \tau; \omega_L + \omega_1) = (\tfrac{1}{4}\Gamma)^2\, \tfrac{1}{2}(1 \mp \exp(-\Gamma\tau/2)), \tag{A 10}$$

$$P(\omega_L, \tau; \omega_L) = (\Gamma\omega_1^2/4\delta^2)^2, \tag{A 11}$$

$$P(\omega_B, \tau; \omega_A) = (\Gamma\omega_1^2/4\delta^2)^2 \exp(-\Gamma\tau). \tag{A 12}$$

REFERENCES (Cohen-Tannoudji & Reynaud)

Carmichael, H. J. & Walls, D. F. 1976 *J. Phys.* B **9** L43 and 1199.
Cohen-Tannoudji, C. 1977 In *Frontiers in laser spectroscopy* (ed. R. Balian, S. Haroche & S. Liberman). (Les Houches Summer School, July 1975.) Amsterdam: North Holland.
Cohen-Tannoudji, C. & Reynaud, S. 1977*a* *J. de Phys.*, Paris **38** L173.
Cohen-Tannoudji, C. & Reynaud, S. 1977*b* *J. Phys.* B **10**, 345 and 365.
Cohen-Tannoudji, C. & Reynaud, S. 1977*c* *Proceedings of the fourth Rochester Conference on Multiphoton processes* (ed. J. H. Eberly & P. Lambropoulos). New York: John Wiley & Sons (1978).
Cohen-Tannoudji, C. & Reynaud, S. 1977*d* *Proceedings of the third International Conference on laser spectroscopy.* Berlin: Springer Verlag.
Glauber, R. J. 1963 *Phys. Rev. Lett.* **10**, 84; *Phys. Rev.* **130**, 2529 and **131**, 2766.
Glauber, R. J. 1964 In *Quantum optics and electronics* (ed. C. de Witt, A. Blandin & C. Cohen-Tannoudji). New York: Gordon & Breach.
Grove, R. E., Wu, F. Y. & Ezekiel, S. 1977 *Phys. Rev.* **15**, 227.
Hanbury Brown, R. & Twiss, R. Q. 1956 *Nature, Lond.* **177**, 27.
Hanbury Brown, R. & Twiss, R. Q. 1957 *Proc. R. Soc. Lond.* A **242**, 300 and A **243**, 291.
Hartig, W., Rasmussen, W., Schieder, R. & Walther, H. 1976 *Z. Phys.* A **278**, 205.
Kimble, H. J. & Mandel, L. 1976 *Phys. Rev.* A **13**, 2123.
Kimble, H. J., Dagenais, M. & Mandel, L. 1977 *Phys. Rev. Lett.* **39**, 691.
Lax, M. 1968 *Phys. Rev.* **172**, 350.
Mollow, B. R. 1969 *Phys. Rev.* **188**, 1969.
Schuda, F., Stroud, C. R. & Hercher, M. 1974 *J. Phys.* B **7**, L198.
Steffen, R. M. & Frauenfelder, H. 1964 In *Perturbed angular correlations* (ed. E. Karlsson, E. Matthias & K. Siegbahn). Amsterdam: North Holland.
Stoler, D. 1974 *Phys. Rev. Lett.* **33**, 1397.
Walther, H. 1975 *Proceedings of the second laser spectroscopy conference* (ed. S. Haroche, J. C. Pébay-Peyroula, T. W. Hänsch & S. K. Harris). Berlin: Springer Verlag.
Wu, F. Y., Grove, R. E. & Ezekiel, S. 1975 *Phys. Rev. Lett.* **35**, 1426.

Discussion

R. K. BULLOUGH (*Department of Mathematics, U.M.I.S.T., P.O. Box* 88, *Manchester M*60 1*QD, U.K.*). I should like to raise the question of how far the antibunching of photons in resonance fluorescence is concerned with photons at all. It is fair to say that the argument for considering the intensity–intensity correlation function $G^{(2)}(\tau)$ in the form $G^{(2)}(\tau) \equiv \langle D^+(t)\,D^+(t+\tau)\,D^-(t+\tau)\,D^-(t)\rangle$ considered by Dr Cohen-Tannoudji goes most easily in terms of quantized field operators. But, given this form of the correlation function, the antibunching becomes solely a property of the atom rather than the field. For a 2-level atom at $\tau = 0$ and $t = 0$, as Cohen-Tannoudji has mentioned, D^- cannot lower the atom twice – in photon language, it cannot emit a photon and then another (correlated) photon without the atom first returning to its excited state before emitting the second photon. However, it is the transitions of the atom we are concerned with in this description and not the photons. In the steady state $t = \infty$, and all finite t, one also has the operator property for 2-level atoms $(D^+(t))^2(D^-(t))^2 = 0$ for $\tau = 0$. Again this is strictly a property of the atom.

My colleague Dr S. S. Hassan and I have calculated the value of $G^{(2)}(\tau)$ for a 2-level atom driven by a single mode coherent state field and bathed in a multimode broad band chaotic field. I shall quote the results in a number of limiting cases in one moment, and they certainly indicate the significance of the atom to this sort of antibunching. First of all I would like to make a comment on the corresponding resonance fluorescence spectrum.

We have calculated this exactly (Hassan & Bullough 1977)†. Its general features are a light-

† Our 'exact solution' assumes rotating wave approximation for the coherent field but not for the chaotic, but involves a decorrelation of the chaotic field from the atomic inversion. The result is then obtained in closed form as a closed expression for the Laplace transform on τ.

shifted asymmetric (even on resonance) spectrum consisting of three peaks in the case when the Rabi frequency $2|A| \gg n_{k'_i}\Gamma_0$ ($n_{k'_i}$ is the mean occupation number of the chaotic mode on resonance with the vacuum shifted atomic frequency; Γ_0 is the A-coefficient). In the weak coherent field case, $2|A| \ll \Gamma_0$, $n_{k'_i}\Gamma_0$, the inelastic spectrum is essentially a light-shifted Lorentzian characteristic of the broad band chaotic field and the Einstein rate equation régime. Superimposed on this are two Lorentzians, neither being light-shifted at resonance, but having relative order $|A|^2\Gamma_0^{-2}$. Then there is the elastic scattering δ-function of strength $\langle D^+(\infty)\rangle\langle D^-(\infty)\rangle$. This classical result obtained from the exact quantum theory is the reason for believing that atoms scatter through the electric dipole moment induced in them by the incident electric field. It is the source of Professor Buckingham's analysis (paper 4 following) and indeed of all the work presented at this meeting for discussion! Far enough off resonance it will always dominate the single atom scattering process in $S(\boldsymbol{k}, \omega)$ but for resonance scattering with incident fields of about 1 mW cm^{-2} or above it is necessary to consider dynamical Stark effects of this kind as well as the classical dipole scattering. No many-body theory as comprehensive as this has yet been constructed.

We have also calculated $G^{(2)}(\tau)$ exactly. Our method of calculation differs from the dressed atom method of Dr Cohen-Tannoudji and involves the use of operator reaction field theory. I have been particularly delighted by his demonstration both here and on previous occasions, that a driven atom problem can, by changing to the dressed atom basis, be treated as a spontaneous emission problem in which the dressed atom cascades down its own sequence of Bohr energy levels emitting fluorescence photons as it does so. The method is particularly effective in yielding positions, weights and widths of peaks in the strong single mode coherent field limit for quite complicated multilevel atoms. We have indeed been so delighted by the dressed atom picture that my colleague Mr E. Abraham has derived the master equation Dr Cohen-Tannoudji quotes from reaction field theory by transforming to the dressed atom basis. It can be derived exactly.

Outside the strong field single mode régime, however, we find the dressed atom picture somewhat less effective. In our opinion this very elegant transformation is not well adapted to the *exact* solution of the atom–mixed coherent–chaotic field problem. (Dr Cohen-Tannoudji may not agree however?)

I quote our results for $G^{(2)}(\tau)$. Notice that each result takes the form $p(t)\Pi(\tau)$ quoted by Dr Cohen-Tannoudji. Furthermore $p(t) \equiv \frac{1}{2}(1+\bar{R}_3(t))$, and $\bar{R}_3(t)$ is the atomic inversion so that $p(t)$ is indeed the probability of the atom being in its upper state. The general form is an aspect of an extended form of the quantum regression theorem, although we nowhere appeal to this theorem. If the field is quantized it amounts to commuting free field and matter operators but there are arguments why this can be done even in this quantized case and so there may be no evidence of photons here either.

The results for $G^{(2)}(\tau)$ are:

(i) Exact resonance, strong coherent field ($2|A| \gg n_{k'_i}\Gamma_0$):

$$G^{(2)}(\tau) = \tfrac{1}{4}(1+\bar{R}_3(t))\,[1-\exp\{-(\tfrac{3}{4}+n_{k'_i})\Gamma_0\tau\}\{\cos(2|A|\tau)+3(\tfrac{1}{4}+n_{k'_i})(\Gamma_0/2|A|)\sin(2|A|\tau\}].$$

The result is that quoted by Dr Cohen-Tannoudji except that the A-coefficient is power broadened by the chaotic field (but not in the $(1+2n_{k'_i})\Gamma_0$ Einstein rate equation form) and we include Rabi oscillations of order $\Gamma_0|A|^{-1}$ in phase quadrature as the leading correction from our exact solution.

This solution both bunches and antibunches but $G^{(2)}(0) = 0$.

(ii) Exact resonance, weak coherent field, ($n_{k'_s}\Gamma_0$, $\Gamma_0 \gg 2|A|$ or $\frac{1}{2}\Gamma_0 + 2\Gamma_0 n_{k'_s} > 4|A|$):

$$G^{(2)}(\tau) = \tfrac{1}{4}(1+\bar{R}_3(t))\,[g_1 - g_2 \exp(-\tfrac{1}{2}\Gamma_0\tau) - g_3 \exp\{-\Gamma_0(1+2k_s)\tau\}],$$

$$g_1 = \frac{2(\Gamma_0^2 n_{k'_s} + 4|A|^2)}{\Gamma_0^2(1+2n_{k'_s})}, \quad g_2 = \frac{8|A|^2}{\Gamma_0^2(\frac{1}{2}+2n_{k'_s})},$$

$$g_3 = \frac{2\Gamma_0^2 n_{k'_s}(2n_{k'_s}+\frac{1}{2}) - 4|A|^2}{\Gamma_0^2(1+2n_{k'_s})\,(2n_{k'_s}+\frac{1}{2})}.$$

This result only antibunches and $G^{(2)}(0) = 0$. This weak coherent field case contains three further cases of interest within it.

(iii) Weak coherent field, no chaotic field ($n_{k'_s} = 0$):

$$G^{(2)}(\tau) = 2|A|^2\Gamma_0^{-2}(1+\bar{R}_3(t))\,[1-\exp(-\tfrac{1}{2}\Gamma_0\tau)]^2.$$

This result agrees with that of Carmichael & Walls (1976).† It only antibunches, and $G^{(2)}(0) = 0$.

(iv) Pure chaotic field ($|A| = 0$):

$$G^{(2)}(\tau) = \tfrac{1}{2}(1+\bar{R}_3(t))\,n_{k'_s}(2n_{k'_s}+1)^{-1}[1-\exp\{-\Gamma_0(1+2n_{k'_s})\tau\}]$$
$$= [n_{k'_s}(2n_{k'_s}+1)^{-1}]^2[1-\exp\{-\Gamma_0(1+2n_{k'_s})\tau\}],$$

for $t = \infty$. This $G^{(2)}(\tau)$ only antibunches, and $G^{(2)}(0) = 0$.

(v) Pure spontaneous emission ($n_{k'_s} = |A| = 0$ – our initial condition is that the atom starts in its upper state at $t = 0$):

$$G^{(2)}(\tau) = 0 \text{ for all } \tau > 0.$$

It is obvious that the spontaneously emitting atom is the best of all antibunchers; once it has emitted its photon (fallen to its ground state) it cannot emit a second one and so it remains in that ground state).

The case (iv) illustrates the key role of the atom, since the $G^{(2)}(\tau)$ for the pure chaotic field without the atom is bunched with $G^{(2)}(0) = 2 \times$ intensity squared (so that $G^{(2)}(0) = 2$: the Hanbury Brown–Twiss situation). Indeed, all five results illustrate the point that the antibunching feature is particularly associated with the atom. Thus the photons must at best be associated with the measuring process for it is this which suggests we calculate $G^{(2)}(\tau)$ in the form Dr Cohen-Tannoudji assumed.

In final comment it might be helpful actually to show the form of the spectrum for a 2-level atom in the mixed coherent–chaotic field. The chaotic field can be characterized for present purposes by two numbers, $n_{k'_s}$ and n_3. In the absence of the coherent field the light shift $\Delta_1 \equiv n_3\Gamma_0\pi^{-1}$. In an additional strong resonant coherent field the central peak of the three-peaked spectrum shifts $\frac{1}{2}\Delta_1$: the side bands each shift $\frac{1}{4}\Delta_1$. The number n_3 can be about 5 for a broad band chaotic field of 5 mW cm^{-2} per MHz and for sodium D_2 transitions ($\Gamma_0 \approx$ 50 MHz) $\Delta_1 \approx 80$ MHz. Figure 1 shows the resonant spectrum for $|A| = 5\Gamma_0$, $n_{k'_s} = 1$ and $n_3 = 0, 1, 2, 5$ and 10. The different curves may be identified by the movement of their central peaks as n_3 increases. The abscissa is $(\omega - \omega_k)\Gamma_0^{-1}$: ω_k is the laser frequency on exact resonance

† Result (i) for $n_{k'_s} = 0$ was also first reported by Carmichael & Walls. We reported results (i) (for $n_{k'_s} = 0$) and (iii) at the one-day International Conference on resonant light scattering, at M.I.T. (30 April 1976), and I believe Dr Cohen-Tannoudji had similar results then.

with the vacuum shifted atomic frequency ck'_s. As the laser is detuned from resonance a single Lorentzian centred near the vacuum shifted frequency, but still Stark shifted, emerges, so that off resonance the light shifted asymmetry is crushed by the asymmetry due to the chaotic field

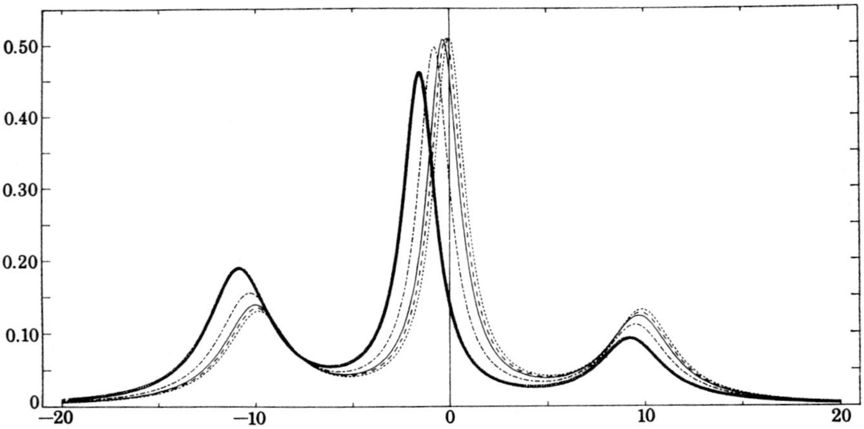

FIGURE 1. Asymmetrically light shifted three peaked resonance fluorescence spectrum. Exact resonance.

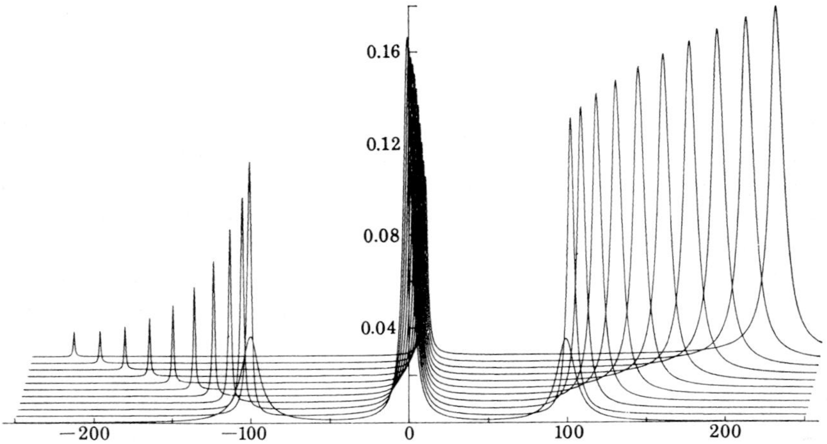

FIGURE 2. Strong opposite asymmetry developed by increasing detuning of the laser.

spectrum. Figure 2 shows the spectrum for $|A| = 50\Gamma_0$, $n_{k'_s} = n_3 = 5$ and detuning $0, -20, \ldots, -200$ in units of Γ_0. The emergence of the chaotic field peak associated with the Einstein rate equation régime is quite spectacular and shows how this régime dominates the non-resonant scattering process. The classical elastic scattering δ-function is not plotted on the Figures but is of course present in each case though is relatively weak on resonance.

References

Carmichael, H. J. & Walls, D. F. 1976 *J. Phys.* B **9**, 1199 and references therein.
Hassan, S. S. & Bullough, R. K. 1977 *Abstracts from the International Conference on multiphoton processes*, pp. 112–113. University of Rochester, New York.

C. Cohen-Tannoudji. For a fermion field, the second order correlation function $\langle\phi^-(\boldsymbol{r}, t)\, \phi^-(\boldsymbol{r}, t+\tau)\, \phi^+(\boldsymbol{r}, t+\tau)\, \phi^+(\boldsymbol{r}, t)\rangle$ always vanishes for $\tau = 0$. This antibunching effect is certainly a property of the fermion field. On the other hand, for a photon field, Glauber has shown that, depending on the state of the field, the second order correlation function $\langle E^-(\boldsymbol{r}, t)\, E^-(\boldsymbol{r}, t+\tau)\, E^+(\boldsymbol{r}, t+\tau)\, E^+(\boldsymbol{r}, t)\rangle$, may exhibit either bunching or antibunching behaviour. For a field emitted by a source, such behaviour obviously depends on the atomic properties of the source. One predicts a continuous transition between antibunching (single atom source) and bunching (ensemble of many independent atoms). Coming back to the single atom case, it is clear that the emitted field is related to the atomic dipole. Since this atomic operator has a quantum nature [$D(t)$ and $D(t')$ do not commute when $t \neq t'$] one cannot ignore the quantum nature of the field, and this explains why one cannot construct a classical random field leading to the same result as the full quantum theory. On the other hand, for a many-atom source, crossed terms between the fields emitted by different atoms become predominant. Since different dipole moment operators generally commute (uncorrelated atoms), it becomes possible in this case to simulate the results with a classical chaotic field.

Mathematically, the dressed atom approach consists in choosing a particular basis of states (the eigenstates of the atom-laser mode subsystem) for writing equations of motion including the effect of the coupling with the empty modes. Such a basis is particularly convenient in the strong field régime since, in such a case, the non-secular terms associated with spontaneous emission (coupling with the empty modes) have a negligible contribution in comparison with the secular ones. Neglecting these non-secular terms leads to simple equations having a simple physical interpretation. However, if one keeps the non-secular terms, one gets exact equations which are also valid in the weak field regime and which can be shown to be strictly equivalent with the semiclassical equations.

We think that the dressed atom approach can be easily extended to the situation of an atom + mixed coherent chaotic field. One has to introduce first the energy levels of the single mode laser-atom system (dressed atom). The effect of the broad band chaotic field can then be described in this basis by a master equation quite analogous to the one describing spontaneous emission. One obtains new terms describing absorption and stimulated emission processes induced by the chaotic field between the dressed atom energy levels. Such an approach may be shown to lead to simple physical interpretation for the asymmetry of the fluorescence spectrum (analogy with collision induced fluorescence).

J. M. Vaughan (*Royal Signals and Radar Establishment (S), Great Malvern, Worcs., U.K.*). After the interesting paper of Dr Cohen-Tannoudji I think it is worth commenting on the difficulty that is likely to be experienced in observing true photon antibunching. We have been interested in this problem at R.S.R.E. and in a recent letter due to Jakeman *et al.* (1977) we point to the problem when a randomly fluctuating number of atoms is observed. We comment that in the recent experiment of Kimble *et al.* (1977) antibunching, with a non-classical intercept of the intensity correlation function less than unity, is attained only after making a heterodyne correction.

This correction factor may not be physically realistic, and if it is neglected the experimental intercept is in fact unity within experimental error. Our calculation derives the expected intercept when the source contains a fluctuating number of atoms each emitting antibunched radiation. In the case of a Poisson distribution of atoms, the extra degree of randomness leads to a predicted value of the intercept of exactly unity. According to this view, in present experiments the antibunched character of radiation from a single atom may be inferred but has not been observed.

Similar considerations are likely to apply to the ingenious possibilities outlined by Dr Cohen-Tannoudji, and it would seem that antibunching will only be observed when a fixed, small number of atoms or molecules, preferably only one, is examined.

References

Jakeman, E., Pike, E. R., Pusey, P. N. & Vaughan, J. M. 1977 *J. Phys.* A **10**, L257.
Kimble, H. J., Dagenais, M. & Mandel, L. 1977 *Phys. Rev. Lett.* **39**, 691.

C. Cohen-Tannoudji. In the present paper we are interested in the fact that, in single atom fluorescence, the distribution of relative arrival times of photons, $P(\tau)$, is an increasing function of τ around $\tau = 0$, contrary to what is observed in Hanbury Brown & Twiss's experiment (where it is a decreasing function). Such a behaviour is not destroyed by fluctuations in the number of atoms, provided that the mean number of atoms in the observation volume is sufficiently small: $P(\tau)$ remains an increasing function of τ around $\tau = 0$, even if $P(0)$ is no longer equal to zero. Similarly, the different schemes proposed here for increasing the width of the 'hole' of $P(\tau)$ around $\tau = 0$ remain valid in presence of fluctuations of the number of atoms.

Paper 4.2

A. Aspect, G. Roger, S. Reynaud, J. Dalibard, and C. Cohen-Tannoudji, "Time correlations between the two sidebands of the resonance fluorescence triplet," *Phys. Rev. Lett.* **45**, 617–620 (1980). Reprinted by permission of the American Physical Society.

This letter presents experiments performed on strontium atoms, which demonstrate the existence of time correlations between photons emitted in the two sidebands of the fluorescence triplet, an effect predicted in paper 4.1.

Time Correlations between the Two Sidebands of the Resonance Fluorescence Triplet

A. Aspect and G. Roger
Institut d'Optique, Université Paris-Sud, F-91406 Orsay, France

and

S. Reynaud, J. Dalibard, and C. Cohen-Tannoudji
Ecole Normale Supérieure and Collège de France, F-75231 Paris, France

(Received 30 May 1980)

A new type of time correlation analysis of resonance fluorescence is presented. A strontium atomic beam is excited by a 28-Å-off-resonance laser. The photons of the two sidebands of the fluorescence triplet are shown to be emitted in a well-defined time order. A simple interpretation of this effect is given which implies a quantum jump of the atom from the lower to the upper state through a multiphoton process.

PACS numbers: 32.80.Kf, 32.50.+d, 42.50.+q

Resonance fluorescence (i.e., scattering of radiation by free atoms irradiated by a resonant or quasiresonant laser beam) has been extensively studied during the last few years. First, it has been predicted[1] and observed[2] that, for two-level atoms and at high laser intensities, the fluorescence spectrum consists of three components (fluorescence triplet). More recently, the distribution of time intervals between photoelectric counts recorded on the scattered light has been measured, giving evidence for an antibunching of the fluorescence photons originating from a single atom.[3]

These two types of experiments emphasize, respectively, the frequency or time features of resonance fluorescence. One can also consider the possibility of a mixed analysis dealing with the time correlations between fluorescence photons previously selected through frequency filters[4] (the frequency resolution $\Delta\nu$ introduces, of course, an uncertainty $\Delta t = (\Delta\nu)^{-1}$ in the determination of the emission time). If, for example, the three components of the fluorescence triplet are well separated (their splitting Ω being much larger than their widths γ), one can use filters centered on any one of these components and having a width $\Delta\nu$ such that $\gamma \ll \Delta\nu \ll \Omega$. With such filters, it is possible to determine which components of the triplet the detected photons are coming from and, simultaneously, to study the statistics of the emission times with a resolution Δt better than the atomic relaxation time γ^{-1}.

In this Letter, we report the first experimental investigation of time correlations between frequency-filtered fluorescence photons. In this experiment, the detuning $\delta = \omega_L - \omega_0$ between the laser and atomic frequencies ω_L and ω_0 is much larger than the Rabi nutation frequency ω_1 (off-resonance excitation) so that the splitting $\Omega = (\omega_1^2 + \delta^2)^{1/2}$ is simply equal to the detuning δ. The three components of the triplet are therefore located at ω_L for the central component (Rayleigh scattering) and $\omega_A = \omega_L + \Omega \simeq 2\omega_L - \omega_0$ and $\omega_B = \omega_L - \Omega \simeq \omega_0$ for the two sidebands. The experiment hereafter described shows that the photons of these two sidebands, selected by two filters centered at ω_A and ω_B, are correlated and emitted in a well-defined order (ω_A before ω_B).

We use a strontium atomic beam ($^1S_0$-$^1P_1$ resonance line; $\lambda_0 = 460.7$ nm) irradiated by the 28-Å-off-resonance blue line of an argon-ion laser ($\lambda_L = 457.9$ nm). The multimode-laser light (1 W power) is focused onto the atomic beam (laser-beam waist less than 10 μm) and focused back by a spherical mirror in order to double the laser intensity in the interaction region. In these conditions, the Rabi nutation frequency ω_1 is much smaller than the detuning δ ($\omega_1/2\pi = 80$ GHz and $\delta/2\pi = 4000$ GHz) and the central line of the fluorescence triplet is about 10^4 (i.e., $4\delta^2/\omega_1^2$) times more intense than the two sidebands (the wavelengths of which are $\lambda_A = 455.1$ nm and $\lambda_B = \lambda_0$).

The experimental setup (described in more detail elsewhere[4]) is sketched in Fig. 1. The density of the atomic beam can reach 10^{12} atoms per cubic centimeter. The fluorescence light is collected by wide-aperture aspherical lenses ($f/0.8$). Bicone-shaped baffles have been found appropriate to reduce the detected stray light to a level smaller than the Rayleigh fluorescence light. The two sidebands are selected in the two detection channels, respectively, by a grating monochromator tuned on λ_A and an interference filter designed for λ_B. The stray light and the Rayleigh fluorescence light (both at the laser wavelength) are well rejected by the two filters (the transmission at the laser wavelength compared to the maximum transmission is 3×10^{-4} for the monochromator and 10^{-3} for the interference filter). The photomultiplier dark rate is small enough to be ignored. The overall detection efficiency (including collection solid angle, filter transmission, and photomultiplier quantum efficiency) is of one count per 500 emitted photons. The pulses from the two detection channels are amplified and shaped. They then drive a time-to-amplitude converter (TAC) connected to a pulse-height analyzer (PHA) which accumulates the number of detected pairs as a function of the detection separation time. The cable delays are adjusted so that a null separation time yields a point in the middle range of the spectrum which therefore exhibits negative as well as positive values for the delay τ between the emission of the two ω_A and ω_B photons.

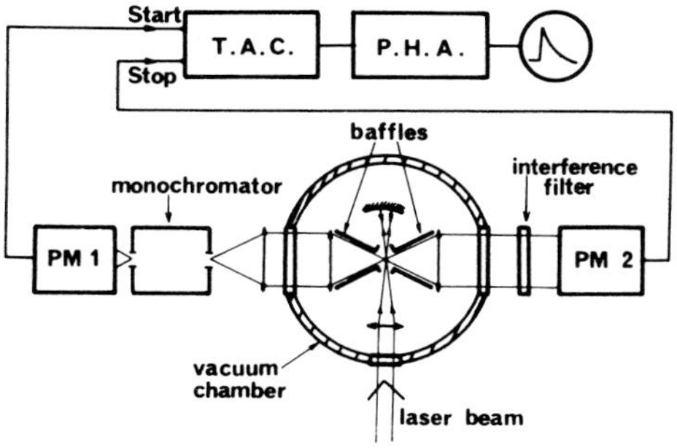

FIG. 1. Experimental setup. The strontium atomic beam is along the axis of the vacuum chamber (PM, photomultipliers; TAC, time-to-amplitude converter; PHA, pulse-height analyzer).

A typical result is shown in Fig. 2(a). The large signal which stands out above an accidental coincidence background indicates that the emissions in the two sidebands are strongly correlated. In addition, the abrupt rising of the signal across the null delay $\tau = 0$ means that the two correlated photons are emitted in a given time order: the photon in the sideband ω_A before the photon in the sideband ω_B. Then, the correlation signal decreases exponentially with the delay τ. The measured time constant (4.7 ± 0.2 ns) coincides with the radiative lifetime of the upper level $^1P_1$ of strontium.[6] The background is mainly due to accidental coincidences between photons at the laser frequency not rejected by the frequency filters.

In order to check the importance of the frequency selection at the sideband wavelength, we have varied the wavelength of the monochromator [Fig. 2(b)]. Shifting it towards the laser wavelength increases the background because of a poorer rejection of the Rayleigh and stray light. The signal exhibits a maximum at the expected wavelength λ_A proving that the signal is due to the sidebands of the triplet. We thus get experimental evidence for the sidebands of the fluorescence triplet in conditions where they are 10^4 times weaker than the central component. The excellent signal to background ratio emphasizes the interest of correlation methods since the sidebands could not be easily detected in the frequen-

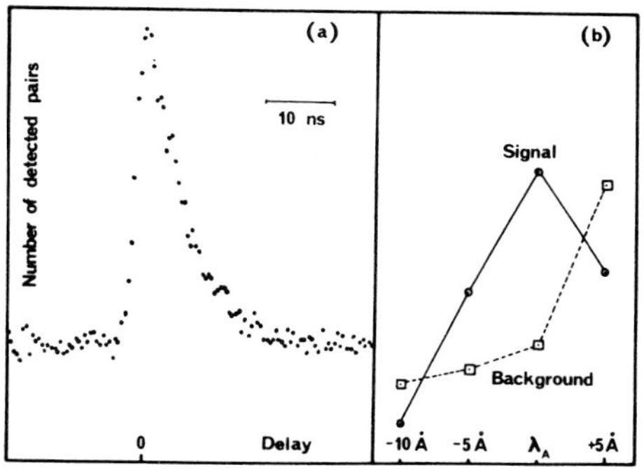

FIG. 2. (a) Typical experimental curve giving the number of detected pairs of photons (ω_A, ω_B) as a function of the emission delay. The maximum channel height is 1000 counts for an accumulation time of 6 h. The channel width is 0.4 ns. (b) Variation of the signal and background heights when the monochromator wavelength is varied around $\lambda_A = 4551$ Å.

cy spectrum even with our high-rejection monochromator.

We interpret now these results with a perturbative approach which is valid since the laser is far enough from resonance (the expansion parameter $\epsilon = \omega_1/2\delta$ is equal to 10^{-2} in our experiment).[7] At the lowest order, we have the elastic-Rayleigh-scattering process [Fig. 3(a)] giving rise to the central component of the triplet at ω_L (energy conservation). The rate of this process is $\Gamma\epsilon^2$ per atom where Γ is the natural width of the upper level e. It is proportional to the laser intensity I_L. The two sidebands are explained by a nonlinear scattering process [Fig. 3(b)] involving the absorption of two laser photons and the emission of two fluorescence photons having frequencies ω_α and ω_β linked by the energy conservation relation $2\omega_L = \omega_\alpha + \omega_\beta$. An intermediate resonance occurs when the atom reaches the upper state e after the absorption of the second laser photon. This explains why ω_α and ω_β are distributed in two sharp lines (width Γ), respectively, centered on $\omega_A = 2\omega_L - \omega_0$ and $\omega_B = \omega_0$. The rate of the whole process is $\Gamma\epsilon^4$ per atom which means that the weight of each sideband is proportional to I_L^2. The diagram of Fig. 3(b) suggests to divide the scattering process in two steps. First, the atom jumps from g to e by a three-photon process (absorption of ω_L, emission of ω_α, absorption of ω_L) which takes place during a very short time, smaller than 10^{-12} s in our experiment (inverse of the energy defect δ in the nonresonant intermediate states). Then, the atom spontaneously emits ω_β with a mean lifetime Γ^{-1}.[8]

This picture provides a simple interpretation of

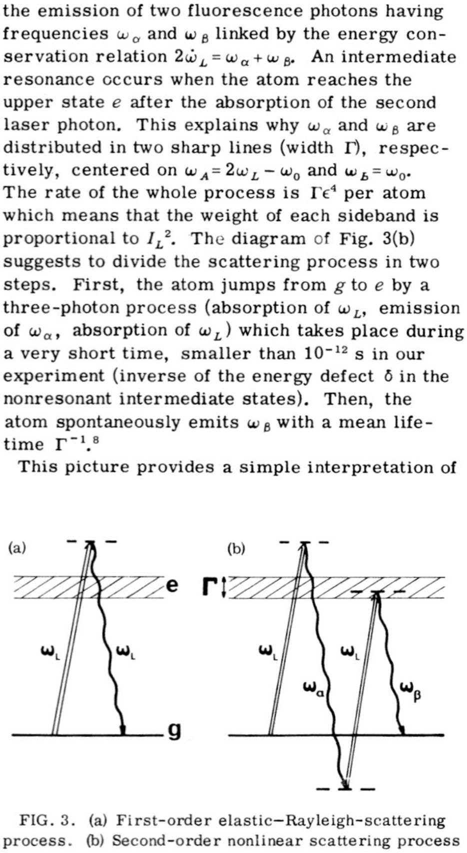

FIG. 3. (a) First-order elastic–Rayleigh-scattering process. (b) Second-order nonlinear scattering process giving rise to the two sidebands of the fluorescence triplet.

all experimental features such as the strong correlation between the photons of the two sidebands (they are emitted by pairs), the time ordering between them, and the exponential decay with a time constant Γ^{-1}. The "percussional" character of the excitation of e suggests that, if a structure exists in the upper level, the exponential decay of the correlation signal may be modulated at a frequency equal to the spacing between the sublevels, as in perturbed correlations in atomic or nuclear cascades.[9] Finally, two important features of the experiment can be made clear. First, it is not necessary to use a single-mode laser. The intensity fluctuations do not destroy the correlation signal since their correlation time (inverse of the laser bandwith) is long compared to the characteristic time of the excitation process δ^{-1}.[10] Second, as in the antibunching experiment, the observed correlation signal is due to pairs of photons emitted by the same atom (single-atom effect). Nevertheless, it has been observed with a great number N of atoms in the field of view ($N = 2\times10^4$). As a matter of fact, multiatom effects (mainly Rayleigh-Rayleigh coincidences giving rise to the background and proportional to $N^2\epsilon^4$) could overcome the signal (proportional to $N\epsilon^4$) but they are reduced to a sufficiently low level by the filters which reject the Rayleigh frequency ω_L.

As a conclusion for this perturbative discussion we can emphasize the unusual fact that the detection of the first filtered photon is a signature of a quantum jump of the atom from the lower to the upper state through a multiphoton process. Note the difference with the situation where no filters are used (antibunching experiment[3]) and where the detection of one photon is associated with a quantum jump from the upper to the lower state.

Finally, it seems interesting to point out some similarities between the correlation signal described above and those observed in atomic or nuclear cascades $a \to b \to c$. In such a cascade, a pair of photons at different frequencies is also emitted with a given order (the photon associated with transition $a \to b$ before the one associated with $b \to c$) and the correlation signal decreases exponentially (with the radiative lifetime of b). Actually, the analogy between these two situations is not fortuitous. Resonance fluorescence photons may indeed be considered as photons spontaneously emitted by the combined system of atom plus laser photons interacting together, the so called "dressed atom" which, as a consequence of the quantization of the laser field, has an infinite number of energy levels forming a quasi-periodic array.[11] A sequence of fluorescence photons therefore appears as a cascade of the dressed atom downwards its energy diagram. Such a picture allows us to interpret the signal here investigated as a radiative cascade signal,[12] where the cascading system is not the bare atom but the dressed one.

[1]B. R. Mollow, Phys. Rev. 188, 1969 (1969).

[2]F. Schuda, C. R. Stroud, and M. Hercher, J. Phys. B 7, L198 (1974); F. Y. Wu, R. E. Grove, and S. Ezekiel, Phys. Rev. Lett. 35, 1426 (1975); W. Hartig, W. Rasmussen, R. Schieder and H. Walther, Z. Phys. A 278, 205 (1976).

[3]H. J. Kimble, M. Dagenais, and L. Mandel, Phys. Rev. Lett. 39, 691 (1977).

[4]C. Cohen-Tannoudji and S. Reynaud, Philos. Trans. Roy. Soc. London, Ser. A 293, 223 (1979).

[5]A. Aspect, C. Imbert, and G. Roger, to be published.

[6]D. W. Fahey, W. F. Parks, and L. D. Schearer, Phys. Lett. 74A, 405 (1979), and references cited therein.

[7]A detailed calculation confirming all the following results will be published elsewhere.

[8]These experimental features might also result from a hyper Raman process bringing the atom from *g* to *e* through a virtual excitation in a Rydberg state (by the absorption of two laser photons) and the emission of a $2\omega_L - \omega_0$ fluorescence photon. But the rate of such a process, evaluated from the corresponding energy defects and oscillator strengths, is shown to be 6000 times smaller than the rate of the process studied in this paper. Moreover, we have experimentally verified that the ω_A photons are linearly polarized along the laser polarization, as expected from the diagram in Fig. 3(b). This would not be the case for the hyper Raman process which can bring the atom from *g* to any sublevel of *e*.

[9]A. M. Dumont, C. Camhy-Val, M. Dreux, and R. Vitry, C. R. Acad. Sci. 271B, 1021 (1970); M. Popp, G. Schäfer, and E. Bodenstedt, Z. Phys. 240, 71 (1970); R. M. Steffen and H. Frauenfelder, in *Perturbed Angular Correlations*, edited by E. Karlsson, E. Matthias, and K. Siegbahn (North-Holland, Amsterdam, 1964).

[10]Furthermore, for the nonlinear process studied here, a multimode laser is more efficient than a single-mode laser with the same intensity by a factor $\langle I^2\rangle / \langle I\rangle^2$, which is equal to 2 for Gaussian fluctuations.

[11]C. Cohen-Tannoudji and S. Reynaud, in *Multiphoton Processes*, edited by J. H. Eberly and P. Lambropoulos (Wiley, New York, 1978), p. 103.

[12]The picture of the dressed-atom cascade remains valid at resonance where a perturbative treatment would no longer be possible at high laser intensities. As shown in Ref. 4, the emissions in the sidebands remain strongly correlated. It must be noted, however, that the correlation signal becomes symmetric.

Paper 4.3

C. Cohen-Tannoudji and J. Dalibard, "Single-atom laser spectroscopy. Looking for dark periods in fluorescence light," *Europhys. Lett.* **1**, 441–448 (1986).
Reprinted by permission of les Editions de Physique.

In 1975, Dehmelt suggested the "shelving method" for performing high resolution spectroscopy on a single trapped ion [*Bull. Am. Phys. Soc.* **20**, 60 (1975)]. If the ion has two transitions starting from the ground state, one very weak and the other very intense, and if these transitions are driven by two lasers, the absorption of a single photon on the weak transition puts the atom in the upper (metastable) state of the weak transition where it remains "shelved" for a long time. During that time, the fluorescence on the intense transition stops, so that it is possible to detect the absorption of a single photon on a very weak transition by the absence of a very great number of photons on an intense transition.

In the original suggestion of Dehmelt, the two laser excitations were alternated in time in order to avoid light shifts of the ground state (due to the excitation of the intense transition) during the probing of the weak transition. In 1985, R. J. Cook and H. J. Kimble suggested that, by applying the two lasers simultaneously, one could observe "quantum jumps" between the ground and metastable states by sudden changes, on and off, of the fluorescence light emitted on the strong transition [*Phys. Rev. Lett.* **54**, 1023 (1985)]. The paper of Cook and Kimble stimulated a lot of interesting discussions. Considering that the solution of the optical Bloch equations is a continuous function of time, a few physicists questioned the occurrence of dark periods in the fluorescence light.

The calculations presented in this paper were performed during a symposium held in Copenhagen in November 1985, after a seminar of J. Javanainen. His seminar, proving the existence of dark periods for a configuration different from Dehmelt's, was followed by a general discussion on the existence of such dark periods for more general situations. The idea of this paper is to consider the first step of the radiative cascade of the dressed atom and to calculate the distribution of the time intervals between two successively emitted photons. One then finds that such a delay function has a long tail. This means that after one photon detection, it may happen that one has to wait a very long time before detecting the next photon. This proves the existence of dark periods in the fluorescence and allows a simple calculation of their properties.

Shortly after, such an intermittent fluorescence was experimentally observed by various groups, in Seattle, Heidelberg, and Boulder. One year later, a theoretical method, similar to the one presented here, was developed independently by P. Zoller, M. Marte, and D. F. Walls [*Phys. Rev.* **A35**, 198 (1987)]. These authors used the delay function to make Monte Carlo simulations of the sequence of fluorescence photons.

EUROPHYSICS LETTERS 1 May 1986
Europhys. Lett., **1** (9), pp. 441-448 (1986)

Single-Atom Laser Spectroscopy. Looking for Dark Periods in Fluorescence Light.

C. COHEN-TANNOUDJI and J. DALIBARD
Collège de France
and Laboratoire de Spectroscopie Hertzienne de l'Ecole Normale Supérieure (*)
24, *rue Lhomond* F 75231 *Paris Cedex* 05, *France*

(received 23 January 1986; accepted 6 March 1986)

PACS. 32.80. – Photon interactions with atoms.
PACS. 35.80. – Atomic and molecular measurements and tecniques.
PACS. 42.50. – Quantum optics.

Abstract. – The random sequence of pulses given by a photodetector recording the fluorescence light emitted by a single atom can exhibit periods of darkness if two transitions, one weak and one strong, are simultaneously driven (Dehmelt's electron shelving scheme). We introduce new statistical functions for characterizing these periods of darkness (average length, repetition rate) and we show how to extract spectroscopic information from this type of signals.

Recent developments in methods of laser spectroscopy make it possible now to observe the fluorescence light emitted by a single atom or a single ion. Several experiments of this type have been performed on very dilute atomic beams [1] or laser cooled trapped ions [2].

The signal given by a broadband photodetector recording the fluorescence light looks like a random sequence of pulses. One interesting property of this sequence of pulses, in the case of a single atomic emitter, is the so-called photon anti-bunching. The probability per unit time $g_2(t, t+\tau) = g_2(\tau)$ (1), if one has detected one photon at time t, to detect another one at time $t+\tau$, tends to zero when τ tends to zero [1]. The interpretation of this effect is that the detection of one photon projects the atom into the ground state, so that we have to wait that the laser re-excites the atom, before we can detect a second photon [3-5].

Another interesting example of single-atom effect is the phenomenon of «electron shelving» proposed by DEHMELT as a very sensitive double-resonance scheme for detecting very weak transitions on a single trapped ion [6]. Consider for example the 3-level atom of fig. 1*a*), with two transitions starting from the ground state g, one very weak $g \leftrightarrow e_R$, one

(*) Laboratoire Associé au CNRS (LA 18) et à l'Université Paris VI.
(1) We only consider in this letter stationary random processes, so that all correlation functions such as g_2 only depend on τ.

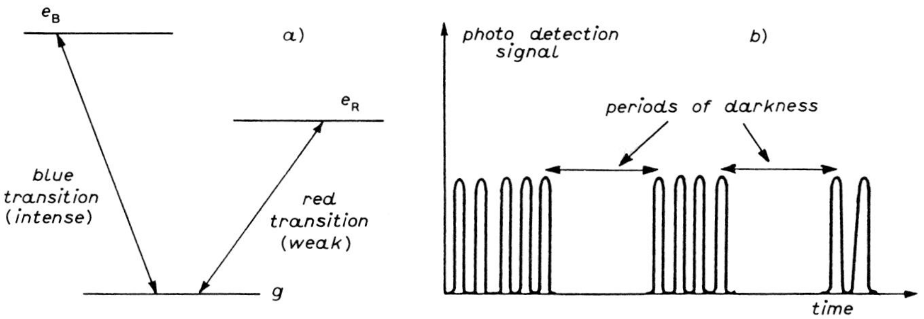

Fig. 1. – *a*) 3-level atom with two transitions starting from the gound state g. *b*) Random sequence of pulses given by a photodetector recording the fluorescence of a single atom. The periods of darkness correspond to the shelving of the electron on the metastable level e_R.

very intense $g \leftrightarrow e_B$ (which we will call for convenience the «red» and the «blue» transitions), and the suppose that two lasers drive these two transitions. When the atom absorbs a red photon, it is «shelved» on e_R, and this switches off the intense blue fluorescence for a time of the order of Γ_R^{-1}. We expect, therefore, in this case that the sequence of pulses given by the broadband photodetector recording the fluorescence light should exhibit «periods of brightness», with closely spaced pulses, corresponding to the intense blue resonance fluorescence, alternated with «periods of darkness» corresponding to the periods of shelving in r_R (fig. 1*b*)). The absorption of one red photon could thus be detected by the *absence* of a large number of blue fluorescence photons [7]. It has been recently pointed out [8] that such a fluorescence signal could provide a direct observation of «quantum jumps» between g and e_R, and several theoretical models have been presented for this effect, using rate equations and random telegraph signal theory [8], or optical Bloch equations and second (and higher) order correlation functions such as g_2 [9-12].

The purpose of this letter is to introduce another statistical function which we will call the delay function w_2 and which, in our opinion, is more suitable than g_2 for the analysis of signals such as the one of fig. 1*b*). We define $w_2(\tau)$ as the probability, if one has detected one photon at time t, to detect *the next one* at time $t+\tau$ (and not *any other one*, as it is the case for g_2) [13]. We suppose for the moment that the detection efficiency is equal to 1, so that w_2 and g_2 refer also to emission processes. The delay function $w_2(\tau)$ is directly related to the repartition of delays τ between two *successive* pulses and thus provides simple evidence for the possible existence of periods of darkness. We would like also to show in this letter that $w_2(\tau)$ is very simple to calculate and is a very convenient tool for extracting all the spectroscopic information contained in the sequence of pulses of fig. 1*b*).

We first introduce, in parallel with $w_2(\tau)$, a related function $P(\tau)$ defined by

$$P(\tau) = 1 - \int_0^\tau d\tau'\, w_2(\tau') \,. \tag{1}$$

From the definition of w_2, it is clear that $P(\tau)$ is the probability for not having any emission of photons between t and $t+\tau$, after the emission of a photon at time t. $P(\tau)$ starts from 1 at $\tau = 0$ and decreases to zero as τ tends to infinity. We now make the hypothesis that P and w_2 evolve in time with at least two very different time constants. More precisely, we suppose that $P(\tau)$ can be written as

$$P(\tau) = P_{\text{short}}(\tau) + P_{\text{long}}(\tau) \,, \tag{2}$$

where

$$P_{\text{long}}(\tau) = p \exp[-\tau/\tau_{\text{long}}] , \tag{3}$$

and where $P_{\text{short}}(\tau)$ tends to zero very rapidly, *i.e.* with one (or several) time constant(s) τ_{short} much shorter than τ_{long}. We shall see later on that this splitting effectively occurs for the three-level system described above.

Our main point is that this form for $P(\tau)$ proves the existence of bright and dark periods in the photodetection signal, and furthermore allows the calculations of all their characteristics (average duration, repetition rate, ...). Our analysis directly follows the experimental procedure that one would use in order to exhibit such dark and light periods in the signal. We introduce a time delay θ such as

$$\tau_{\text{short}} \ll \theta \ll \tau_{\text{long}} \tag{4}$$

and we «store» the intervals Δt between successive pulses in two «channels»: the interval Δt is considered as short, if $\Delta t < \theta$, as long, if $\Delta t > \theta$. We now evaluate quantities such as the probability Π for having a long interval after a given pulse and the average durations T_{long} and T_{short} of long and short intervals. If none of these three quantities depends (in first approximation) on θ, this clearly demonstrates the existence of bright periods (*i.e.* succession of short intervals) and of dark ones (*i.e.* occurence of a long interval).

The probability Π for having an interval Δt larger than θ is directly obtained from the function $P: \Pi = P(\theta)$. Using the double inequality (4), we get $P_{\text{short}}(\theta) \simeq 0$ and $P_{\text{long}}(\theta) \simeq P_{\text{long}}(0) = p$, so that

$$\Pi = p . \tag{5}$$

The average durations T_{long} and T_{short} of long and short intervals are given by

$$\begin{cases} T_{\text{long}} = \dfrac{1}{\Pi} \displaystyle\int_\theta^\infty \mathrm{d}\tau\, \tau w_2(\tau) , \\ T_{\text{short}} = \dfrac{1}{1-\Pi} \displaystyle\int_0^\theta \mathrm{d}\tau\, \tau w_2(\tau) . \end{cases} \tag{6}$$

After an integration by parts, and using again the double inequality (4), this becomes

$$\begin{cases} T_{\text{long}} = \tau_{\text{long}} , \\ T_{\text{short}} = \dfrac{1}{1-p} \displaystyle\int_0^\infty \mathrm{d}\tau\, P_{\text{short}}(\tau) . \end{cases} \tag{7}$$

We see that the average length of long intervals is just the long-time constant of $P(\tau)$, while the average length of short intervals is related to the rapidly decreasing part of $P(\tau)$. None of the three quantities obtained in (5) and (7) depends on θ, which indicates the intrinsic existence of dark periods and of bright ones. The average duration of a dark period $\mathscr{T}_{\text{D}}$ is just τ_{long}, while the average duration of a bright period $\mathscr{T}_{\text{B}}$ is the product of the duration of a short interval T_{short} by the average number $\bar{N}$ of consecutive short intervals ([2]):

$$\mathcal{T}_{\text{D}} = \tau_{\text{long}}\,, \tag{8a}$$

$$\mathcal{T}_{\text{B}} = T_{\text{short}}\bar{N}\,. \tag{8b}$$

This average number $\bar{N}$ can be written $\sum_N NP_N$, where $P_N = (1-p)^N p$ is the probability for having N short intervals followed by a long one. Actually, the notion of «brightness» for a period has a sense only if it contains many pulses. We are then led to suppose $p \ll 1$, so that

$$\bar{N} = \frac{1-p}{p} \simeq \frac{1}{p} \gg 1\,. \tag{9}$$

Using (7) and (8b), the length of a bright period can finally be written as

$$\mathcal{T}_{\text{B}} = \frac{1}{p}\int_0^\infty \mathrm{d}\tau\, P_{\text{short}}(\tau)\,. \tag{10}$$

Note that if the efficiency of the detection ε is not 100%, results (8a) and (10) are still valid, provided certain conditions hold. Remark first that in a bright period, the mean number of pulses is multiplied by ε, and that the interval between two successive pulses is divided by ε. In order to still observe dark and bright periods, one has to detect many pulses in a given bright period, and the average delay between two detected pulses must be much shorter than the length of a dark period:

$$\begin{cases} 1 \ll \varepsilon N\,, \\ T_{\text{short}}/\varepsilon \ll T_{\text{long}}\,. \end{cases} \tag{11}$$

Provided these two inequalities are satisfied, it is still possible to detect dark and bright periods, whose lengths are again given by (8a) and (10).

We now tackle the problem of the calculation of w_2 and P for the 3-level atom described above, for which we shall use a dressed-atom approach. Immediately after the detection of a first fluorescence photon at time t, the system is in the state $|\varphi_0\rangle = |g, N_{\text{B}}, N_{\text{R}}\rangle$, *i.e.* atom in the ground state in the presence of N_{B} blue photons and N_{R} red photons. Neglecting antiresonant terms, we see that this state is only coupled by the laser-atom interactions to the two other states $|\varphi_1\rangle = |e_{\text{B}}, N_{\text{B}}-1, N_{\text{R}}\rangle$ and $|\varphi_2\rangle = |e_{\text{R}}, N_{\text{B}}, N_{\text{R}}-1\rangle$ (the atom absorbs a blue or a red photon and jumps from g to e_{B} or e_{R}). These three states form a nearly degenerate 3-dimensional manifold $\mathcal{E}\,(N_{\text{B}}, N_{\text{R}})$ from which the atom can escape only by emitting a second fluorescence photon. The detection of this photon then projects the atom in a lower manifold. Consequently, the probability $P(\tau)$ for not having any emission of photon between t and $t+\tau$ after the detection of a photon at time t is simply equal to the population of the manifold $\mathcal{E}\,(N_{\text{B}}, N_{\text{R}})$ at time $t+\tau$ knowing that the system starts from the state $|\varphi_0\rangle$ at time t.

([2]) We treat here durations of intervals between pulses as independent variables. This is correct, since two successive intervals are uncorrelated. At the end of a given interval, the detection of a photon projects the atom in the ground state, so that any information concerning the length of this interval is lost. This is to be contrasted with the fact that two successive pulses are correlated (antibunching effect for example).

In order to calculate this population, we look for a solution for the total wave function of the form

$$|\psi(t+\tau)\rangle = \sum_{i=0,1,2} a_i(\tau)|\varphi_i\rangle \times |0 \text{ fluorescence photon}\rangle + \\ + \sum_j b_j(\tau)\ |j\text{: states involving fluorescence photons}\rangle \tag{12}$$

with $a_0(0)=1$, all other coefficients being equal to zero at time t. From (12), we then extract P:

$$P(\tau) = \sum_i |a_i(\tau)|^2 . \tag{13}$$

The equations of motion for the a_i's read

$$\begin{cases} i\dot{a}_0 = \dfrac{\Omega_\mathrm{B}}{2}\, a_1 + \dfrac{\Omega_\mathrm{R}}{2}\, a_2 \,, \\ i\dot{a}_1 = \dfrac{\Omega_\mathrm{B}}{2}\, a_0 - \left(\Delta_\mathrm{B} + \dfrac{i\Gamma_\mathrm{B}}{2}\right) a_1 \,, \\ i\dot{a}_2 = \dfrac{\Omega_\mathrm{R}}{2}\, a_0 - \left(\Delta_\mathrm{R} + \dfrac{i\Gamma_\mathrm{R}}{2}\right) a_2 \,, \end{cases} \tag{14}$$

where Ω_B and Ω_R represent the blue and red Rabi frequencies, $\Delta_\mathrm{B}(\Delta_\mathrm{R})$ the detuning between the blue (red) laser and the blue (red) atomic transition, and where Γ_B and Γ_R are the natural widths of levels e_B and e_R. This differential system is easily solved by Laplace transform, and each $a_i(\tau)$ appears as a superposition of 3 (eventually complex) exponentials. The main result is then that, provided Γ_R and Ω_R are small enough compared to Γ_B and Ω_B, $P(\tau)$ can be written as in (2)-(3): this proves the existence of periods of darkness in the photodetection signal.

We shall not give here the details of the general calculations, and we shall only investigate the two limiting cases of weak and strong blue excitations.

We begin by the low intensity limit ($\Omega_\mathrm{B} \ll \Gamma_\mathrm{B}$, blue transition not saturated). We suppose the blue laser tuned at resonance ($\Delta_\mathrm{B}=0$) and we consider first $\Delta_\mathrm{R}=0$. The system (14) has 3 time constants, 2 short ones τ_1 and τ_2, and a long one τ_3:

$$\frac{1}{\tau_1} = \frac{\Gamma_\mathrm{B}}{2} , \tag{15a}$$

$$\frac{1}{\tau_2} = \frac{\Omega_\mathrm{B}^2}{2\Gamma_\mathrm{B}} , \tag{15b}$$

$$\frac{1}{\tau_3} = \frac{\Gamma_\mathrm{R}}{2} + \frac{\Gamma_\mathrm{B}}{2}\frac{\Omega_\mathrm{R}^2}{\Omega_\mathrm{B}^2} . \tag{15c}$$

The weight of τ_2 is predominant in $P_\mathrm{short}(\tau)$ and we find

$$T_\mathrm{short} = \tau_2/2 . \tag{16}$$

Physically, $2/\tau_2$ represents the absorption rate of a blue photon from g to e_B. It can be interpreted as the transition rate given by the Fermi golden rule, with a matrix element

$\Omega_B/2$ and a density of final state $2/\pi\Gamma_B$, and corresponds to the width of the ground state induced by the blue laser. On the other hand, the long time constant in $P(\tau)$ is proportional to τ_3:

$$T_{\text{long}} = \tau_3/2 . \tag{17}$$

Physically, $2/\tau_3$ represents the departure rate from e_R, due to both spontaneous (first term of (15*c*)) and stimulated (second term of (15*c*)) transitions. The second term of (15*c*) can be written $(\Omega_R/2)^2\tau_2$ and then appears as a Fermi golden rule expression. It gives the stimulated emission rate of a red photon from e_R (matrix element $\Omega_R/2$) to the ground state g broadened by the blue laser (density of states τ_2/π). Note that the condition $T_{\text{long}} \gg T_{\text{short}}$ implies

$$\Gamma_R , \Omega_R \ll \frac{\Omega_B^2}{\Gamma_B} \cdot \tag{18}$$

From now on, we choose Ω_R such that the two spontaneous and stimulated rates of (15*c*) are equal, and we calculate from (8*a*) and (10) the variation with the red detuning Δ_R of the ratio $\mathcal{T}_D/\mathcal{T}_B$. We find that this ratio exhibits a resonant variation with Δ_R (fig. 2*a*))

$$\frac{\mathcal{T}_D}{\mathcal{T}_B} = \frac{1}{2 + (\tau_2\Delta_R)^2} . \tag{19}$$

This shows that it is possible to detect the $g - e_R$ resonance by studying the ratio between the lengths of dark and bright periods. Note that this ratio can be as large as $\frac{1}{2}$ (for $\Delta_R = 0$) and that the width of the resonance is determined by the width of the ground state induced by the laser. We have supposed here that $\Delta_B = 0$; if this were not the case, one would get a shift of the resonance given in (19) due to the light shift of g.

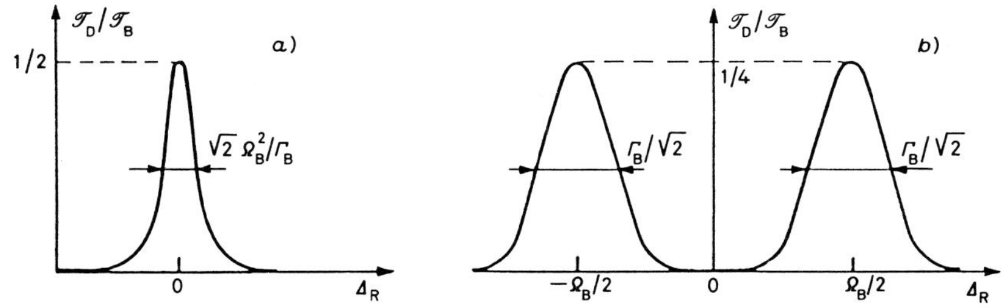

Fig. 2. – Variation with the red laser detuning Δ_R of the ratio $\mathcal{T}_D/\mathcal{T}_B$ between the average lengths of dark and bright periods. *a*) Weak-intensity limit, *b*) high-intensity limit.

Consider now the high-intensity limit ($\Omega_B \gg \Gamma_B$, blue transition saturated). We still suppose $\Delta_B = 0$. The two short time constants τ_1 and τ_2 of (14) are now equal to $4/\Gamma_B$, so that $T_{\text{short}} = 2/\Gamma_B$. The corresponding two roots r_1 and r_2 of the characteristic equation of (14)

$$r_1 = -\frac{\Gamma_B}{4} - i\frac{\Omega_B}{2} , \tag{20a}$$

$$r_2 = -\frac{\Gamma_B}{4} + i\frac{\Omega_B}{2} , \tag{20b}$$

have now an imaginary part $\pm i\Omega_B/2$, which describes a removal of degeneracy induced in the manifold $\mathcal{E}$ (N_B, N_R) by the atom blue laser coupling: the two unperturbed states $|\varphi_0\rangle$ and $|\varphi_1\rangle$ of $\mathcal{E}$ (N_B, N_R), which are degenerate for $\Delta_B = 0$, are transformed by this coupling into two perturbed dressed states

$$|\psi_\pm\rangle = \frac{1}{\sqrt{2}}\left(|\varphi_0\rangle \pm |\varphi_1\rangle\right), \tag{21}$$

having a width $\Gamma_B/4$ and separated by the well-known dynamical Stark splitting Ω_B [14]. The interaction with the red laser couples the third level $|\varphi_2\rangle$ to $|\psi_\pm\rangle$ with matrix elements $\pm\Omega_R/2\sqrt{2}$. This coupling is resonant when $|\varphi_2\rangle$ is degenerate with $|\psi_+\rangle$ or $|\psi_-\rangle$, *i.e.* when $\Delta_R = \pm\Omega_B/2$. Such a resonant behaviour appears on the general expression of the slow-time constant τ_3 of (14)

$$\frac{1}{\tau_3} = \frac{\Gamma_R}{2} + \frac{\Omega_R^2}{32}\,\frac{\Omega_B^2\Gamma_B}{(\Omega_B^2/4 - \Delta_R^2)^2 + \Delta_R^2\Gamma_B^2/4}, \tag{22}$$

which reaches its maximum value

$$\frac{1}{\tau_3} = \frac{\Gamma_R}{2} + \frac{\Omega_R^2}{2\Gamma_B} \tag{23}$$

for $\Delta_R = \pm\Omega_B/2$. As in (15*c*), the first term of (22) or (23) represents the effect of spontaneous transitions from e_R. The second term of (23) can be written as $(\Omega_R/2\sqrt{2})^2\cdot$ $\cdot(4/\Gamma_B)$ and appears as a stimulated emission rate of a red photon from e_R to the broad $|\psi_+\rangle$ or $|\psi_-\rangle$ states. If, as above, we choose Ω_R such that the 2 rates of (23) are equal, we get for $\mathcal{T}_D/\mathcal{T}_B$ the double-peaked structure of fig. 2*b*). The two peaks have a maximum value of $\frac{1}{4}$ and a width $\Gamma_B/\sqrt{2}$ (for $\Delta_R =$ $\mathcal{T}_D/\mathcal{T}_B = \Gamma_B^4/2\Omega_B^4 \ll 1$, so that the weight of the dark periods becomes very small). This shows that measuring in this case the ratio between the lengths of dark and bright periods gives the possibility to detect, on a single atom, the Autler-Townes effect induced on the weak red transition by the intense blue laser excitation.

In conclusion, we have introduced in this paper new statistical functions which allow a simple analysis of the electron shelving scheme proposed by DEHMELT for detecting very weak transitions on a single trapped ion. We have shown that there exist, in the sequence of pulses given by the photodetector recording the fluorescence light, periods of darkness. The average length $\mathcal{T}_D$ of such dark periods, which is determined by the spontaneous and stimulated lifetimes of the shelving state, can reach values of the order of the average length $\mathcal{T}_B$ of the bright periods. They should then be clearly visible on the recording of the fluorescence signal. We have also shown that it is possible to get spectroscopic information by plotting the ratio $\mathcal{T}_D/\mathcal{T}_B$ *vs.* the detuning of the laser driving the weak transition. The smallest width obtained in this way is the width of the ground state due to the intense laser. Note that this width is still large compared to the natural width of the shelving state. It is clear that, in order to get resonances as narrow as possible, the two lasers should be alternated in time.

REFERENCES

[1] H. J. KIMBLE, M. DAGENAIS and L. MANDEL: *Phys. Rev. Lett.*, **39**, 691 (1977).

[2] P. E. TOSCHEK: Ecole d'été des Houches 1982, in *New Trends in Atomic Physics*, edited by G. GRYNBERG and R. STORA (North-Holland, Amsterdam, 1984), p. 381.

[3] C. COHEN-TONNOUDJI: Ecole d'été des Houches 1975, in *Frontiers in Laser Spectroscopy*, edited by R. BALIAN, S. HAROCHE and S. LIBERMAN (North-Holland, Amsterdam, 1977), p. 1.
[4] H. J. CARMICAHEL and D. F. WALLS: *J. Phys. B*, 8, L-77 (1975); **9**, L-43 and 1199 (1976).
[5] H. J. KIMBLE and L. MANDEL: *Phys. Rev. A*, **13**, 2123 (1976).
[6] H. G. DEHMELT: *IEEE Trans. Instrum. Meas.*, **2**, 83 (1982); *Bull. Amer. Phys. Soc.*, **20**, 60 (1975).
[7] A similar amplification scheme has recently been used in microwave optical double-resonance experiment: D. J. WINELAND, J. C. BERGQUIST, W. M. ITANO and R. E. DRULLINGER: *Opt. Lett.*, **5**, 245 (1980).
[8] R. J. COOK and H. J. KIMBLE: *Phys. Rev. Lett.*, **54**, 1023 (1985).
[9] J. JAVANAINEN: to be published.
[10] D. T. PEGG, R. LOUDON and P. L. KNIGHT: to be published.
[11] F. T. ARECCHI, A. SCHENZLE, R. G. DE VOE, K. JUNGMANN and R. G. BREWER: to be published.
[12] A. SCHENZLE, R. G. DE VOE and R. G. BREWER: to be published.
[13] Similar functions have been introduced in S. REYNAUD: *Ann. Phys.* (*Paris*), 8, 315 (1983).
[14] For a detailed analysis, see [13] and C. COHEN-TANNOUDJI and S. REYNAUD: in *Multiphoton Processes*, edited by J. H. EBERLY and P. LAMBROUPOULOS (Wiley, New York, N. Y., 1978), p. 103.

Paper 4.4

S. Reynaud, J. Dalibard, and C. Cohen-Tannoudji, "Photon statistics and quantum jumps: The picture of the dressed atom radiative cascade," *IEEE J. Quantum Electron.* **24**, 1395–1402 (1988).

This paper has been written for a special issue of the *IEEE J. Quantum Electron.* on the quantum and nonlinear optics of single electrons, atoms, and ions (Vol. 24, July 1988).

It contains a general review of the results which can be obtained by applying the dressed atom approach to the statistics of spontaneous emission times in single atom resonance fluorescence. It extends the results derived in earlier papers for two-level or three-level atoms by considering coherent as well as incoherent laser excitations.

Photon Statistics and Quantum Jumps: The Picture of the Dressed Atom Radiative Cascade

SERGE REYNAUD, JEAN DALIBARD, AND CLAUDE COHEN-TANNOUDJI

Abstract—The statistics of spontaneous photons emission times in single atom resonance fluorescence are investigated through the radiative cascade of the dressed atom. We calculate the delay function which gives the distribution of the delays between two successive emissions for a coherent as well as an incoherent laser excitation. For a two-level atom, we review in this way various signals concerning the fluorescence intensity (average value, photon counting, fluctuations spectrum, etc.). For a three-level atom, this approach is applied to the analysis of the recently observed phenomenon of intermittent fluorescence and quantum jumps.

I. Introduction

RESONANCE fluorescence, i.e., resonant absorption and emission of photons by an atom, has been studied for a long time [1]–[3]. Novel phenomena occur when the atomic transition is saturated with an intense, quasi-resonant laser beam: triplet structure of the fluorescence spectrum [4]–[6], temporal antibunching of the fluorescence photons [6]–[7], sub-Poissonian statistics [8], etc. The possibility of trapping a single ion has recently opened the way to new developments. For example, the effect of "intermittent fluorescence" has been observed [9]–[11], giving for the first time a direct evidence at the macroscopic level for the "quantum jumps" of an atom reaching or leaving one of its eigenstates.

The statistical properties of the fluorescence light have been the subject of several theoretical works. In most of these works, the atomic dynamics are described by "optical Bloch equations" [12]–[13]. In spite of its remarkable efficiency for the computation of most signals, this method does not always provide a simple understanding of the statistical properties of the fluorescence light. Since the laser field is treated as a classical field, absorption and emission do not appear explicitly as elementary processes in the equations. A solution to this problem is to treat the laser field as a quantum field. The dynamical equation of the compound system—atom "dressed" by the laser photons—thus directly describes the elementary absorption and emission processes. Statistical properties of the fluorescence light are thus simply understood by considering the "dressed atom radiative cascade," i.e., the dressed atom cascading downwards its energy diagram while emitting fluorescence photons [14]–[16].

Manuscript received October 5, 1987; revised December 5, 1987.

The authors are with the Ecole Normale Supérieure et Collège de France, 24, rue Lhomond—F 75231 Paris Cedex 05, France.

IEEE Log Number 8821245.

The purpose of this paper is to analyze in detail such a picture, and to show that it can provide a quantitative understanding of the statistical properties of the spontaneous emission times of a single atom interacting with a resonant laser beam. Starting from the master equation describing the evolution of the dressed atom density matrix, we will show that several photon statistics signals can be calculated in terms of a single function, the "delay function," which is the probability distribution of the delay between two *successive* spontaneous emission times. Such a function already has been used for analyzing various effects such as resonance fluorescence [16] or quantum jumps [17]–[19]. It has close connections with the so-called "exclusive" two-time probability density of the general photodetection theory [39], [40]. In this paper, we review various types of signals which can be expressed in terms of this function and we extend previous calculations in order to include the case of an incoherent excitation.

We consider first the simplest case of a two-level atom and we calculate the delay function for a coherent (Section II) and an incoherent excitation (Section III). We then show (Section IV) how various photon statistics signals are related to this function. Finally, we extend the previous analysis to three-level atoms (Section V) and discuss intermittent fluorescence and quantum jumps.

II. Coherent Excitation of a Two-Level Atom

The states of the compound system—atom + laser photons (the "dressed" atom)—are labeled by two quantum numbers: an atomic one (g for the ground state and e for the excited state) and the number n of laser photons. For a quasi-resonant excitation, the two states $| g, n \rangle$ and $| e, n-1 \rangle$ form a nearly degenerate manifold (that we denote $\mathcal{E}_n$) since their splitting is just the detuning $\delta = \omega_L - \omega_A$ between the laser frequency ω_L and the atomic one ω_A. These two levels are coupled by absorption and stimulated emission processes: the atom can go from g to e (respectively, from e to g) while absorbing (respectively, emitting) a laser photon. On the other hand, spontaneous emission is associated with the coupling of the atom with the vacuum field reservoir and corresponds to transitions between two adjacent manifolds: the atom goes from e to g while emitting a fluorescence photon and the number n of laser photons is conserved.

Fluorescence thus appears as a succession of elemen-

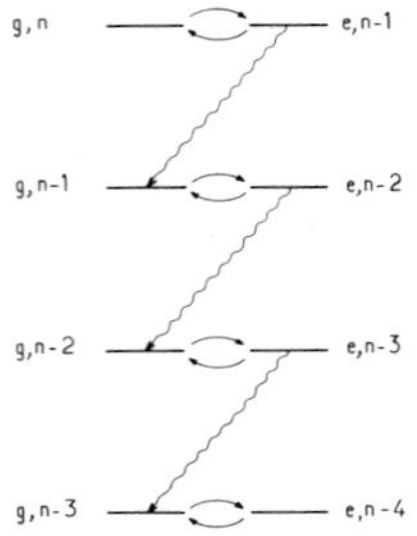

Fig. 1. Energy levels of the system atom + laser photons. The horizontal arrows describe reversible absorption and stimulated emission processes. The wavy arrows describe irreversible spontaneous emission processes.

tary processes (see Fig. 1): starting, for example, from $|g, n\rangle$, the dressed atom can go to $|e, n-1\rangle$ (absorption process), then jump down to $|g, n-1\rangle$ (spontaneous emission), etc. This phenomenon is called the "dressed atom radiative cascade" because of the analogy with atomic or nuclear radiative cascades.

This radiative cascade can be described quantitatively by a "master equation" derived from general relaxation theory. Such an equation can be written as follows [12], [20]:

$$\frac{d}{dt}\sigma = -\frac{i}{\hbar}[H, \sigma] - \frac{\Gamma}{2}(S^+S^-\sigma + \sigma S^+S^-) + \Gamma S^-\sigma S^+ \quad (2.1)$$

where σ is the density operator of the dressed atom, H is the Hamiltonian describing atom and laser photons interacting together (thus including absorption and stimulated emission), Γ is the Einstein coefficient associated with spontaneous emission, and S^+ and S^- are the raising and lowering atomic operators ($S^+ = |e\rangle\langle g|$; $S^- = |g\rangle\langle e|$). Let us consider now the restriction σ_n of the density matrix σ inside the manifold $\mathcal{E}_n$. Its evolution equation can be written from (2.1) as [16], [18]

$$\frac{d}{dt}\sigma_n = -\frac{i}{\hbar}[H_n, \sigma_n] - \frac{\Gamma}{2}(S^+S^-\sigma_n + \sigma_n S^+S^-) + \Gamma S^-\sigma_{n+1}S^+. \quad (2.2)$$

H_n is the restriction of the Hamiltonian inside the manifold ϵ_n:

$$H_n = n\hbar\omega_L|g, n\rangle\langle g, n| + (n\hbar\omega_L - \hbar\delta)|e, n-1\rangle\langle e, n-1| + \frac{\hbar\Omega}{2}(|g, n\rangle\langle e, n-1| + |e, n-1\rangle\langle g, n|) \quad (2.3)$$

where Ω is the so-called Rabi nutation frequency. The first term of (2.2) describes the atom–laser coupling and includes absorption and stimulated emission (terms proportional to Ω in H_n). The second term describes the damping of σ_n due to spontaneous emission. The evolution associated with these two terms is restricted inside the manifold $\mathcal{E}_n$, while the third term describes the transfer to $\mathcal{E}_n$ due to the damping of $\mathcal{E}_{n+1}$. This transfer term can be written as

$$\Gamma S^-\sigma_{n+1}S^+ = \Gamma\pi(e, n)|g, n\rangle\langle g, n| \quad (2.4)$$

where $\pi(e, n)$ is the population of the state $|e, n\rangle$ belonging to the manifold $\mathcal{E}_{n+1}$.

The solution σ_n of (2.2) obeys the integral equation

$$\sigma_n(t) = \int_0^\infty d\tau\mu_n(\tau)\,\Gamma\pi(e, n, t-\tau) \quad (2.5)$$

where $\mu_n(\tau)$ is defined by

$$\frac{d}{d\tau}\mu_n(\tau) = -\frac{i}{\hbar}[H_n, \mu_n] - \frac{\Gamma}{2}(S^+S^-\mu_n + \mu_n S^+S^-) \quad (2.6)$$

$$\mu_n(\tau = 0) = |g, n\rangle\langle g, n| \quad (2.7)$$

(evolution inside the manifold $\mathcal{E}_n$—without transfer term—starting from the initial state $|g, n\rangle$). It appears in (2.5) that the knowledge of the populations $\pi(e, n)$ is sufficient for the determination of the matrices $\sigma_n(t)$. Now, the populations of these states $|e, n\rangle$, $|e, n-1\rangle \cdots$ are given by integral equations derived by taking the average value of (2.5) in the state $|e, n-1\rangle$:

$$\pi(e, n-1, t) = \int_0^\infty d\tau W_n(\tau)\,\pi(e, n, t-\tau) \quad (2.8)$$

with

$$W_n(\tau) = \Gamma\langle e, n-1|\mu_n(\tau)|e, n-1\rangle. \quad (2.9)$$

Finally, it appears that the problem of the evolution of $\pi(e, n)$ and therefore of σ_n, reduces to the evaluation from (2.6) and (2.7) of the function $W_n(\tau)$.

The previous equations are the formal expression of the qualitative picture of the radiative cascade: for the set of experiments analyzed in this paper (intensity measurements with broad-band photodetectors), absorption and stimulated emission processes correspond to reversible evolutions inside the various manifolds, while spontaneous processes can be considered as irreversible "quantum jumps" from one manifold to another one. The reversible evolution, for example, inside $\mathcal{E}_n$, can be switched off by an irreversible process which "projects" the system into the state $|g, n-1\rangle$: after such a "jump," a new reversible evolution begins inside the manifold $\mathcal{E}_{n-1}$, and so on. It follows that time intervals between successive fluorescence photon emissions are statistically independent random variables. Any photon statistics signal can therefore be deduced from the knowledge of the delay functions $W_n(\tau)$ which are just the probability distributions of these time intervals. Strictly speaking, the function $W_n(\tau)$ depends on n since the Rabi nutation frequency Ω varies as $\sqrt{n}$. But this dependence can be ignored when the distribution of the values of n is a quasi-classical distribution (i.e., when $1 \ll \Delta n \ll \bar{n}$ where $\bar{n}$ and Δn are the mean value and width of the distribution), which is the case for a laser excitation. Therefore, all the delays have the same probability distribution $W(\tau)$.

We now switch to the explicit calculation of $W(\tau)$ from (2.6), (2.7), and (2.9). We first note that the structure of (2.6), involving only a commutator and an anticommutator with the operator μ_n, allows an important simplification: one can reduce (2.6)–(2.7) to equations bearing only on probability amplitudes, instead of working with density matrix equations as usual in relaxation theory. More precisely, we can rewrite (2.9) as

$$W_n(\tau) = \Gamma \left| \langle e, n-1 | \psi_n(\tau) \rangle \right|^2 \qquad (2.10)$$

where $| \psi_n(\tau) \rangle$ is the ket solution of

$$\begin{cases} \dfrac{d}{dt} | \psi_n(\tau) \rangle = \left(-\dfrac{i}{\hbar} H_n - \dfrac{\Gamma}{2} S^+ S^- \right) | \psi_n(\tau) \rangle \\ | \psi_n(0) \rangle = | g, n \rangle . \end{cases} \qquad (2.11)$$

It thus appears from (2.10) that $W_n(\tau)$ is equal to the decay rate from the level $| e, n-1 \rangle$ at time τ, knowing that the dressed atom is in level $| g, n \rangle$ at time 0. Now, we note that $| \psi_n(\tau) \rangle$ evolves only in the manifold $\mathcal{E}_n$, so that it can be written

$$| \psi_n(\tau) \rangle = a_0(\tau) | g, n \rangle + a_1(\tau) | e, n-1 \rangle \qquad (2.12)$$

where the evolution of a_0 and a_1 is obtained from (2.11):

$$\begin{cases} i\dot{a}_0 = \dfrac{\Omega}{2} a_1 \\ i\dot{a}_1 = \dfrac{\Omega}{2} a_0 - i \left(\dfrac{\Gamma}{2} - i\delta \right) a_1 . \end{cases} \qquad (2.13)$$

Solving these equations, one finds in the simple case of an exactly resonant excitation ($\delta = 0$)

$$W(\tau) = \Gamma \frac{\Omega^2}{\lambda^2} \sin^2 \left(\frac{\lambda \tau}{2} \right) \exp \left(-\frac{\Gamma \tau}{2} \right) \qquad (2.14)$$

with

$$\lambda^2 = \Omega^2 - \frac{\Gamma^2}{4} \qquad (2.15)$$

(these expressions correspond to the case $\lambda^2 > 0$; otherwise, one has to change λ^2 into $-\lambda^2$ and the sine function into the hyperbolic sine). It is worth giving also the Laplace transform $\tilde{W}(p)$ of $W(\tau)$:

$$\tilde{W}(p) = \frac{\Gamma \Omega^2}{(2p + \Gamma) \left[p(p + \Gamma) + \Omega^2 \right]} . \qquad (2.16)$$

Before discussing how the photon statistics signals can be deduced from these expressions, we now turn to the case of an incoherent excitation.

III. Incoherent Excitation of a Two-Level Atom

In this section, we suppose that the atom is irradiated by a resonant *broad-band* laser. If the spectral distribution of the laser light is large enough, relaxation theory can be used to describe not only the atom–vacuum field interaction, but also the atom–laser interaction. We obtain in this manner the following rate equations for the populations of the "dressed" states $| g, n \rangle$ and $| e, n-1 \rangle$ where n is the *total* number of laser photons (summed over all frequencies):

$$\frac{d}{dt} \pi(g, n) = \Gamma' (\pi(e, n-1) - \pi(g, n)) + \Gamma \pi(e, n) \qquad (3.1a)$$

$$\frac{d}{dt} \pi(e, n-1) = \Gamma' (\pi(g, n) - \pi(e, n-1)) - \Gamma \pi(e, n-1) . \qquad (3.1b)$$

Absorption and stimulated emission processes are described by transitions inside a given manifold $\mathcal{E}_n$ (term proportional to Γ'), while spontaneous emission processes are described by transitions between adjacent manifolds (terms proportional to Γ). The absorption and stimulated emission rate Γ' is the product of the Einstein B coefficient by the power spectrum of the laser at the atomic frequency, while the spontaneous emission rate Γ is the Einstein A coefficient. As we study the case of a broad-band laser, we will consider that the distribution of n is a quasi-classical distribution ($1 \ll \Delta n \ll \bar{n}$) and we will therefore ignore the variation of Γ' with n.

Equations (3.1) describe the radiative cascade in the case of an incoherent excitation. Since the spontaneous emission terms have the same formal structure as for coherent excitation, one can solve this equations in the same manner. In particular, their solutions obey the integral equation

$$\pi(g, n, t) = \int_0^\infty d\tau \dot{\rho}(g, n, \tau) \Gamma \pi(e, n, t - \tau) \qquad (3.2a)$$

$$\pi(e, n-1, t) = \int_0^\infty d\tau \rho(e, n-1, \tau) \Gamma \pi(e, n, t - \tau) \qquad (3.2b)$$

where the populations ρ are defined by

$$\frac{d}{d\tau} \rho(g, n, \tau) = \Gamma' (\rho(e, n-1) - \rho(g, n)) \qquad (3.3a)$$

$$\frac{d}{d\tau} \rho(e, n-1, \tau) = \Gamma' (\rho(g, n) - \rho(e, n-1)) - \Gamma \rho(e, n-1) \qquad (3.3b)$$

$$\rho(g, n, 0) = 1; \rho(e, n-1, 0) = 0. \quad (3.4)$$

This equation describes the evolution inside the manifold $\mathcal{E}_n$, without a transfer term from the upper one, starting from the initial state $|g, n\rangle$ [compare to eqs. (2.6), (2.7)]. Finally, the populations of the states $|e, n\rangle$, $|e, n-1\rangle$, $\cdots$ obey the integral equations deduced from (3.2b):

$$\pi(e, n-1, t) = \int_0^\infty d\tau W(\tau)\, \pi(e, n, t-\tau) \quad (3.5)$$

with

$$W(\tau) = \Gamma\rho(e, n-1, \tau). \quad (3.6)$$

An important difference with the case of a coherent excitation is that these equations can no longer be reduced to amplitude equations. This is associated with the fact that absorption and stimulated emission are now irreversible processes. Solving these equations, one finds the following expressions for the delay function $W(\tau)$ and its Laplace transform $\tilde{W}(p)$:

$$W(\tau) = \Gamma \frac{\Gamma'}{\kappa} \operatorname{sh}\left(\frac{\kappa\tau}{2}\right) \exp\left(-\frac{\Gamma + 2\Gamma'}{2}\tau\right) \quad (3.7)$$

with

$$\kappa = \sqrt{\Gamma^2 + 4\Gamma'^2} \quad (3.8)$$

and

$$\tilde{W}(p) = \frac{\Gamma\Gamma'}{p(p+\Gamma) + \Gamma'(2p+\Gamma)}. \quad (3.9)$$

IV. Photon Statistics Signals

We have shown in the previous sections that the succession of spontaneous emission times is a stochastic point process characterized by the delays between successive emissions. These delays are statistically independent random variables and all have the same probability distribution $W(\tau)$. It follows that any photon statistics signal, i.e., a signal in which only the intensity of the fluorescence field is measured, can be calculated from this "delay function" $W(\tau)$.

As a first example, we want to deduce the mean value and the fluctuations of the number m of photons emitted during a given time t. We first study a slightly different problem: what is the distribution for the variable t which is the sum of m successive delays (time between the emission of some photon m_0 and the emission of the photon $m_0 + m$)? As successive delays are independent variables, one obtains

$$\bar{t} = m\bar{\tau}; \Delta t^2 = m\Delta\tau^2 \quad (4.1)$$

where $\bar{\tau}$ and $\Delta\tau$ are the mean value and dispersion of one delay τ [which can be calculated from the distribution $W(\tau)$]. When m is a large number, one also knows that the distribution $p_m(t)$ of t is a Gaussian distribution (central limit theorem):

$$p_m(t) \sim \exp\left[-(t - m\bar{\tau})^2/(2m\Delta\tau^2)\right]. \quad (4.2)$$

Coming back to the original problem, one can obtain the distribution $q_t(m)$ of the number m of photons emitted during a fixed time t by inferring that it is also a Gaussian distribution at the limit $t >> \bar{\tau}$ and by identifying the arguments of the exponential functions. From

$$\frac{(t - m\bar{\tau})^2}{2m\Delta\tau^2} = \frac{(m - t/\bar{\tau})^2}{2m\Delta\tau^2/\bar{\tau}^2} \quad (4.3)$$

one deduces the mean value and the dispersion of the distribution $q_t(m)$:

$$\bar{m} = t/\bar{\tau} \quad (4.4)$$

$$\Delta m^2 = \bar{m}\Delta\tau^2/\bar{\tau}^2. \quad (4.5)$$

Equation (4.4) means that the mean value $\bar{I}$ of the intensity is just the inverse of the mean delay:

$$\bar{I} = \bar{m}/t = 1/\bar{\tau}. \quad (4.6)$$

One can calculate $\bar{\tau}$ from the expression of $W(\tau)$ or, in a simpler manner, from the expression of $\tilde{W}(p)$ which can be considered as the characteristic function of the distribution $W(\tau)$:

$$\bar{\tau} = \left[-\frac{d}{dp}\tilde{W}(p)\right]_{(p=0)}. \quad (4.7)$$

One thus recovers the usual result in the coherent case:

$$\bar{I} = \Gamma\Omega^2/(\Gamma^2 + 2\Omega^2) \quad (4.8a)$$

and in the incoherent case:

$$\bar{I} = \Gamma\Gamma'/(\Gamma + 2\Gamma'). \quad (4.8b)$$

Equation (4.5) shows that the variance Δm^2 is proportional to the mean value $\bar{m}$. The Poisson statistics correspond to the particular case where the delay dispersion is equal to the mean delay. This would occur, for example, if the delay function had an exponential form. But it clearly appears that the statistics can be sub-Poissonian or super-Poissonian depending on the ratio $\Delta\tau/\bar{\tau}$. The statistics are usually characterized by the Q factor [21] defined through

$$\Delta m^2/\bar{m} = 1 + Q = \Delta\tau^2/\bar{\tau}^2. \quad (4.9)$$

Computing the delay variance from

$$\Delta\tau^2 = \left[\frac{d^2}{dp^2}\log \tilde{W}(p)\right]_{(p=0)} \quad (4.10)$$

one recovers the well-known result for the Q factor in the coherent case [21]. For example, for $\delta = 0$, we get

$$Q = -6\Gamma^2\Omega^2/(\Gamma^2 + 2\Omega^2)^2. \quad (4.11a)$$

This corresponds to a photon noise reduction which can reach the value $1 + Q = 1/4$ for $\Gamma^2 = 2\Omega^2$. A less known result is that photon noise reduction also occurs in the case of an incoherent excitation where one finds

$$Q = -2\Gamma\Gamma'/(\Gamma + 2\Gamma')^2 \quad (4.11b)$$

reaching $1 + Q = 3/4$ for $\Gamma = 2\Gamma'$. As usual, these factors correspond to the statistics of photon emissions.

The Q factors associated with the statistics of photon detections are often much smaller since they have to be multiplied by the probability for an emitted photon to be effectively detected.

There exist other signals characterizing the fluctuations of the fluorescence intensity. The photon correlation signal has been studied in great detail, experimentally [6], [7] as well as theoretically [12], [22], [23] since it reveals the effect of photon antibunching. It is interesting to see how this signal is related to the picture of the dressed atom radiative cascade.

The correlation signal $C(t, t+\tau)$ is associated with the detection of a first photon at time t and of a second one at time $t+\tau$. As discussed previously, the emission of the first fluorescence photon "projects" the atom–laser photons system into some state $|g, n-1\rangle$. One thus expects that the correlation signal is given by

$$C(t, t+\tau) = \bar{I} J(\tau) \tag{4.12}$$

where $\bar{I}$ is the mean intensity (associated with the first emission) and $J(\tau)$ is the transient intensity emitted by the system starting at $\tau = 0$ from this state $|g, n-1\rangle$. The function $J(\tau)$ is thus different from $W(\tau)$: $W(\tau)$ corresponds to the emission of the *next* photon at time τ, while $J(\tau)$ corresponds to the emission of any photon (not necessarily the next one) at time τ. So, $W(\tau)$ is proportional to the population of the state $|e, n\rangle$ at time τ, knowing that the system is projected into $|g, n+1\rangle$ at time 0 [see (2.9)], while $J(\tau)$ is proportional to the sum of all the populations of the states $|e, n'\rangle$ (with $n' \leq n$) with the same conditions. One can therefore deduce from (2.8) the following relation between J and W [16], [19]:

$$J = W + W \otimes W + W \otimes W \otimes W + \cdots \tag{4.13}$$

(the symbol $\otimes$ represents the convolution product) which has a very simple meaning since W corresponds to the first emission, $W \otimes W$ to the second one, and so on. This equation leads to an algebraic relation between the Laplace transforms $\tilde{J}$ and $\tilde{W}$ [16], [19]:

$$\tilde{J} = \tilde{W} + (\tilde{W})^2 + (\tilde{W})^3 + \cdots = \frac{\tilde{W}}{1 - \tilde{W}}. \tag{4.14}$$

One can check that these results are identical to those already known for the correlation signal.

We will conclude this section by studying the noise spectrum of the fluorescence intensity $S_I(\omega)$ which could, in principle, be measured by entering into a spectrum analyzer the fluctuations of the fluorescence intensity.

One can show that this signal is directly related to the Fourier transform of $J(\tau)$:

$$S_I(\omega) = S_0(1 + Q(\omega)) \tag{4.15}$$

with

$$Q(\omega) = \tilde{J}(i\omega) + \tilde{J}(-i\omega) \tag{4.16}$$

where S_0 is the standard photon noise and is proportional to the mean intensity $\bar{I}$. The limit $\omega \to 0$ gives the results already discussed for the usual Q factor since counting photons during a long time is equivalent to analyzing at zero frequency the fluorescence intensity. But it is also possible to reduce photon noise at frequencies different from zero. A particularly interesting case corresponds to a coherent excitation at the high-intensity limit:

$$W(\tau) = \Gamma \sin^2\left(\frac{\Omega\tau}{2}\right) \exp\left(-\frac{\Gamma\tau}{2}\right) \tag{4.17}$$

(see (2.13) and (2.14) with $\Omega >> \Gamma$). The delay function $W(\tau)$ exhibits a damped oscillation at frequency Ω, the so-called "optical Rabi nutation." As a consequence, the factor $Q(\omega)$ presents a peak structure around Ω. From (4.14)–(4.17), one finds that this peak corresponds to a photon noise reduction which can reach the value $1 + Q(\omega) = 1/3$ (for $\omega = \Omega$; $\Omega >> \Gamma$). Note that, as for zero frequency, Q has to be multiplied by the photon detection efficiency in order to get the factor corresponding to the experimental effect.

V. Intermittent Fluorescence of a Three-Level Atom: The Quantum Jumps

The picture of the radiative cascade of the dressed atom is, of course, not limited to two-level systems. For example, this picture is very convenient for studying the phenomenon of intermittent fluorescence recently observed on a three-level system. Such an effect occurs when a system with three levels g, e_B, e_R in a V configuration [see Fig. 2(a)] is simultaneously excited by two laser waves respectively resonant with the "blue" transition $g - e_B$ and the "red" transition $g - e_R$, the red transition being much weaker than the blue one. The fluorescence signal, represented in Fig. 2(b), then exhibits bright periods, with many fluorescence photons, alternating with long dark periods during which no photon is emitted.

The existence of this effect has been initially suggested by Dehmelt [24] who used the following picture: the atom excited by the "blue" laser emits many fluorescence photons on the $g - e_B$ transition, with a rate $\simeq \Gamma_B/2$ if the transition is saturated (Γ_B^{-1} is the radiative lifetime of e_B). However, when the "red" laser is resonant with the $g - e_R$ transition, the atom can also absorb a red photon and jump into level e_R. This "shelving" interrupts the blue fluorescence (dark period) until the atom jumps back from e_R to g either by spontaneous emission (time constant Γ_R^{-1}) or by stimulated emission. Consequently, the resonance of the red laser and the absorption of a single red photon results in the absence of a very large number of blue photons. This scheme therefore allows a very sensitive detection of the weak resonance, with an amplification factor Γ_B/Γ_R which reaches 10^8 in the recent experimental results.

This scheme also leads to a unique feature as pointed out by Cook and Kimble [25]: one can observe "by eye" the quantum jumps of a microscopic device. In absence of the red laser, it is indeed possible to observe by eye the blue fluorescence of a single trapped ion [9]–[11]. When the red laser is applied, one can then look "in real time"

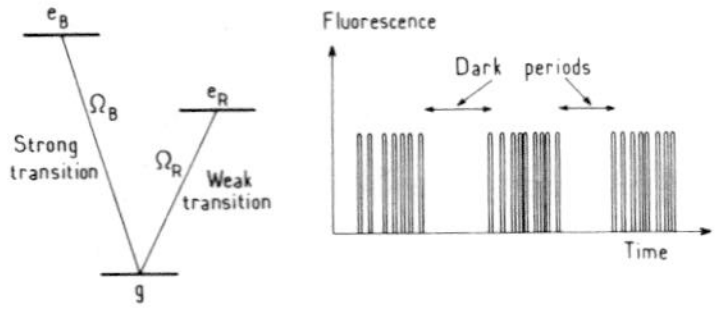

(a) (b)

Fig. 2. (a) Three-level atom with two transitions starting from the ground state, one strong ($g - e_B$) and one weak ($g - e_R$). (b) Random sequence of pulses given by a photodetector recording the fluorescence of a single atom. The dark periods correspond to the shelving of the atom on the metastable level e_R.

at the atom jumping from g to e_R (beginning of a dark period) or from e_R to g (beginning of a bright period).

After the proposal of Cook and Kimble, several theoretical treatments have been proposed for this effect [17]–[18], [26]–[31]. Among them, the dressed atom approach appears as a simple and efficient way to predict the various characteristics of the signal [17], [18]. In this approach, fluorescence is interpreted as a radiative cascade of the dressed atom, and dark periods are due to random interruptions of this cascade. All the information concerning these dark periods can therefore be deduced from the delay function $W(\tau)$ characterizing the probability distribution of the time interval between two successive fluorescence photons [17]–[18]. In the two next subsections, we will outline the calculation of $W(\tau)$ for both coherent and incoherent laser excitation, and we will discuss the main physical results.

Coherent Laser Excitation

For a coherent excitation, the calculation of the delay function is done in a way very similar to the procedure presented in Section II. Here, the states of the dressed atom are bunched in three-dimensional manifolds $\epsilon(n_B, n_R)$ and can be written in the absence of atom–laser fields coupling

$$\begin{cases} |\varphi_0\rangle = |g, n_B, n_R\rangle \\ |\varphi_1\rangle = |e_B, n_B - 1, n_R\rangle \\ |\varphi_2\rangle = |e_R, n_B, n_R - 1\rangle \end{cases} \tag{5.1}$$

where n_B and n_R are the numbers of blue and red laser photons. The delay function $W(\tau)$ is then given [cf. (2.10), (2.12)]

$$W(\tau) = \Gamma_B \left| \langle e_B, n_B - 1, n_R | \psi(\tau) \rangle \right|^2 + \Gamma_R \left| \langle e_R, n_B, n_R - 1 | \psi(\tau) \rangle \right|^2 \tag{5.2}$$

where $|\psi(\tau)\rangle$ is the ket solution of

$$\begin{cases} \dfrac{d}{dt} |\psi(\tau)\rangle = \left(-\dfrac{i}{\hbar} H_{n_B n_R} - \dfrac{\Gamma_B}{2} S_B^+ S_B^- - \dfrac{\Gamma_R}{2} S_R^+ S_R^- \right) |\psi(\tau)\rangle \\ |\psi(0)\rangle = |g, n_B, n_R\rangle. \end{cases} \tag{5.3}$$

The Hamiltonian $H_{n_B n_R}$ is the restriction, inside the manifold $\mathcal{E}(n_B, n_R)$ of the atom–laser fields Hamiltonian, generalizing (2.3), and $S_{B(R)}^+$ and $S_{B(R)}^-$ are the raising and lowering operators:

$$\begin{cases} S_{B(R)}^- = |g\rangle\langle e_{B(R)}| \\ S_{B(R)}^+ = |e_{B(R)}\rangle\langle g|. \end{cases} \tag{5.4}$$

When $|\psi(\tau)\rangle$ is written in the form

$$|\psi(\tau)\rangle = \sum_{i=0}^{2} a_i(\tau) |\varphi_i\rangle \tag{5.5}$$

the equations of motion for the a_i coefficients read

$$\begin{cases} i\dot{a}_0 = \dfrac{\Omega_B}{2} a_1 + \dfrac{\Omega_R}{2} a_2 \\ i\dot{a}_1 = \dfrac{\Omega_B}{2} a_0 - \dfrac{i\Gamma_B}{2} a_1 \\ i\dot{a}_2 = \dfrac{\Omega_R}{2} a_0 - \dfrac{i\Gamma_R}{2} a_2 \end{cases} \tag{5.6}$$

where Ω_B and Ω_R represent the blue and red Rabi frequencies. Both blue and red lasers are here supposed to be resonant. A straightforward calculation then leads to the delay function

$$W(\tau) = \Gamma_B |a_1(\tau)|^2 + \Gamma_R |a_2(\tau)|^2 \tag{5.7a}$$

which can be written, as soon as Γ_R and Ω_R are much smaller than Γ_B and Ω_B, as

$$W(\tau) = W_{\text{short}}(\tau) + W_{\text{long}}(\tau). \tag{5.7b}$$

$W_{\text{short}}(\tau)$ is equal to the delay function found if only the blue laser is present (2.13), while $W_{\text{long}}(\tau)$ is an additional term, evolving with a time constant τ_{long} much longer than the time constants of W_{short}. This evolution with two time constants is a clear signature for the existence of dark and bright periods: in a bright period, successive photons are separated by an average time τ_{short} deduced from W_{short} (4.8a). In the limit of a weak blue laser excitation ($\Omega_B << \Gamma_B$), we get from (4.8a)

$$\tau_{\text{short}}^{-1} = \Omega_B^2 / \Gamma_B. \tag{5.8}$$

On the other hand, the long time constant τ_{long}, characterizing the length of dark periods, is given by

$$\tau_{\text{long}}^{-1} = \Gamma_R + \Gamma_B \Omega_R^2 / \Omega_B^2. \tag{5.9}$$

As expected, τ_{long}^{-1} represents the departure rate from e_R to g induced by spontaneous emission [first term of (5.9)] and by stimulated emission [second term of (5.9)]. These results are then in perfect agreement with the picture given by Dehmelt: the atom cycles on the $g - e_B$ transition during bright periods, and randomly jumps on the shelf e_R (dark period) before falling back on g either by spontaneous emission or by stimulated emission.

Incoherent Laser Excitation

For an incoherent excitation, the procedure of Section III can be duplicated in a straightforward way. The delay function writes

$$W(\tau) = \Gamma_B \rho_B(\tau) + \Gamma_R \rho_R(\tau) \quad (5.10)$$

where we have put [cf. (3.6)]

$$\begin{cases} \rho_B(\tau) = \rho(e_B, n_B - 1, n_R, \tau) \\ \rho_R(\tau) = \rho(e_R, n_B, n_R - 1, \tau) \\ \rho_g(\tau) = \rho(g, n_B, n_R, \tau). \end{cases} \quad (5.11)$$

The populations ρ_B, ρ_R, ρ_g obey the differential system

$$\begin{cases} \dot{\rho}_B = \Gamma'_B(\rho_g - \rho_B) - \Gamma_B \rho_B \\ \dot{\rho}_R = \Gamma'_R(\rho_g - \rho_R) - \Gamma_R \rho_R \\ \dot{\rho}_g = \Gamma'_B(\rho_B - \rho_g) + \Gamma'_R(\rho_R - \rho_g) \end{cases}$$

$$\rho_g(0) = 1 \qquad \rho_B(0) = \rho_R(0) = 0. \quad (5.12)$$

Γ'_B and Γ'_R are the rates for absorption and stimulated emission on the blue and red transitions (Γ_R, $\Gamma'_R << \Gamma_B$, Γ'_B). The delay function $W(\tau)$, calculated from (5.10), can again be written

$$W(\tau) = W_{\text{short}}(\tau) + W_{\text{long}}(\tau) \quad (5.12)$$

where $W_{\text{short}}(\tau)$ is just equal to the delay function calculated for the two-level system $g - e_B$ alone in Section III [cf. (3.7)]. The additional term W_{long}, with a long time constant τ_{long}, is the signature of the existence of dark periods. The average length of these dark periods is equal to

$$\tau_{\text{long}}^{-1} = \Gamma_R + \Gamma'_R. \quad (5.14)$$

Here, again, Dehmelt's picture for quantum jumps is fully confirmed by these analytical results.

VI. Conclusion

We have shown in this paper how a single function, the delay function $W(\tau)$, can provide a quantitative understanding of various photon statistics signals. It must be noted, however, that such a simplification does not necessarily apply to all situations. All the experiments analyzed in this paper are characterized by the fact that the emission of a photon "projects" the atom in a well-defined state, the ground state g. Therefore, after each emission, the dressed atom starts from a well-defined state of a given manifold $\mathcal{E}_n$, and the study of its subsequent evolution in $\mathcal{E}_n$ gives unambiguously the distribution of the delay between this first emission and the next one. One could, however, consider situations where the emission of a photon does not necessarily project the atom in a well-defined state. This occurs, for example, when the atom can decay to several lower states. It is then clear that the statistics of emission times cannot be analyzed with a single delay function. Another example is the study of temporal correlations between the photons emitted in the various components of the fluorescence triplet of a two-level atom. The dressed state in which the system is projected depends on the line in which the photon is emitted.

For all these more complex situations, the picture of the radiative cascade of the dressed atom appears to still be quite useful. For example, the study of the radiative cascade on the basis of dressed states allows a quantitative understanding of the temporal correlations between the photons emitted in the two sidebands of the fluorescence triplet [15], [16], [32], [33]. We can also mention the "black resonances" of Gozzini [34]–[36] which appear in three-level systems with a Λ configuration (one excited level and two ground state levels). In the dressed atom approach, these resonances are interpreted as being due to a stopping of the radiative cascade occurring when the dressed atom decays in a stable trapping level [37]–[38].

References

[1] A. Einstein, "Zur Quanten-theorie der Strahlung," *Physikal Zeitschrift*, vol. 18, pp. 121–128, 1917.

[2] P. A. M. Dirac, "The quantum theory of the emission and absorption of radiation," *Proc. Roy. Soc.*, vol. 114, pp. 243–265, 1927.

[3] V. Weisskopf and E. Wigner, "Berechnung der natürlichen Linenbreite auf Grund der Diracschen Lichttheorie," *Zeitschrift Phys.*, vol. 63, pp. 54–73, 1930.

[4] F. Schuda, C. R. Stroud, and M. Hercher, "Observation of the resonant Stark effect at optical frequencies," *J. Phys.*, vol. B7, pp. L 198–L 202, 1974.

[5] R. E. Grove, F. Y. Wu, and S. Ezekiel, "Measurement of the spectrum of resonance fluorescence from a two-level atom in an intense monochromatic field," *Phys. Rev.*, vol. A15, pp. 227–233, 1977.

[6] J. D. Cresser, J. Hager, G. Leuchs, M. Rateike, and H. Walther, "Resonance fluorescence of atoms in strong monochromatic laser fields," in *Dissipative Systems in Quantum Optics, Topics in Current Physics*, Vol. 27, R. Bonifacio, Ed. Berlin: Springer-Verlag, 1982, pp. 21–59.

[7] M. Dagenais and L. Mandel, "Investigation of two-time correlations in photon emissions from a single atom," *Phys. Rev.*, vol. A18, pp. 2217–2228, 1978.

[8] R. Short and L. Mandel, "Observation of sub-Poissonian photon statistics," *Phys. Rev. Lett.*, vol. 51, pp. 384–387, 1983.

[9] W. Nagourney, J. Sandberg, and H. Dehmelt, "Shelved optical electron amplifier: Observation of quantum jumps," *Phys. Rev. Lett.*, vol. 56, pp. 2797–2799, 1986.

[10] Th. Sauter, W. Neuhauser, R. Blatt, and P. E. Toschek, "Observation of quantum jumps," *Phys. Rev. Lett.*, vol. 57, pp. 1696–1698, 1986.

[11] J. C. Bergquist, R. B. Hulet, W. M. Itano, and D. J. Wineland, "Observation of quantum jumps in a single atom," *Phys. Rev. Lett.*, vol. 57, pp. 1699–1702, 1986.

[12] C. Cohen-Tannoudji, "Atoms in strong resonant fields," *Frontiers in Laser Spectroscopy*, Les Houches, session XXVII, 1975, R. Balian, S. Haroche, and S. Liberman, Eds. Amsterdam: North-Holland, 1977, pp. 3–104.

[13] B. R. Mollow, "Theory of intensity dependent resonance light scattering and fluorescence," in *Progress in Optics XIX*, E. Wolf, Ed. Amsterdam: North-Holland, 1981, pp. 1–43.

[14] C. Cohen-Tannoudji and S. Reynaud, "Dressed-atom description of resonance fluorescence and absorption spectra of a multi-level atom in an intense laser beam," *J. Phys.*, vol. B10, pp. 345–363, 1977. See also same authors, "Dressed atom approach to resonance fluorescence," in *Multiphoton Processes*, J. Eberly and P. Lambropoulos, Eds. New York: Wiley, 1978, pp. 103–118.

[15] ——, "Atoms in strong light-fields: Photon antibunching in single atom fluorescence," *Phil. Trans. Roy. Soc. London*, vol. A293, pp. 223–237, 1979.

[16] S. Reynaud, "La fluorescence de résonance: Étude par la méthode de l'atome habillé," *Annales de Physique*, vol. 8, pp. 315–370, 1983.

[17] C. Cohen-Tannoudji and J. Dalibard, "Single-atom laser spectroscopy. Looking for dark periods in fluorescence light," *Europhys. Lett.*, vol. 1, pp. 441–448, 1986.

[18] P. Zoller, M. Marte, and D. F. Walls, "Quantum jumps in atomic systems," *Phys. Rev.*, vol. A35, pp. 198–207, 1987.

[19] M. S. Kim, P. L. Knight, and K. Wodkiewicz, "Correlations be-

tween successively emitted photons in resonance fluorescence," *Opt. Commun.*, vol. 62, pp. 385–388, 1987.
[20] G. S. Agarwal, "Quantum statistical theories of spontaneous emission and their relation to other approaches," in *Springer Tracts in Modern Physics, Vol. 70*, 1974.
[21] L. Mandel, "Sub-Poissonian photon statistics in resonance fluorescence," *Opt. Lett.*, vol. 4, pp. 205–207, 1979.
[22] H. Carmichael and D. F. Walls, "Proposal for the measurement of the resonant Stark effect by photon correlation techniques," *J. Phys.*, vol. B9, pp. L 43–L 46, 1976, and "A quantum-mechanical master equation treatment of the dynamical Stark effect," *J. Phys.*, vol. B9, pp. 1199–1219, 1976.
[23] H. J. Kimble and L. Mandel, "Theory of resonance fluorescence," *Phys. Rev.*, vol. A13, pp. 2123–2144, 1976.
[24] H. G. Dehmelt, "Mono-ion oscillator as potential ultimate laser frequency standard," *IEEE Trans. Instrum. Meas.*, vol. IM-31, pp. 83–87, 1982; "Proposed 10^{14} $\Delta\nu > \nu$ laser fluorescence spectroscopy on Tl^+ mono-ion oscillator II," *Bull. Amer. Phys. Soc.*, vol. 20, p. 60, 1975.
[25] R. J. Cook and H. J. Kimble, "Possibility of direct observation of quantum jumps," *Phys. Rev. Lett.*, vol. 54, pp. 1023–1026, 1985.
[26] J. Javanainen, "Possibility of quantum jumps in a three-level system," *Phys. Rev.*, vol. A33, pp. 2121–2123, 1986.
[27] D. T. Pegg, R. Loudon, and P. L. Knight, "Correlations in light emitted by three-level atoms," *Phys. Rev.*, vol. A33, pp. 4085–4091, 1986.
[28] F. T. Arecchi, A. Schenzle, R. G. De Voe, K. Jungman, and R. G. Brewer, "Comment on the ultimate single-ion laser frequency standard," *Phys. Rev.*, vol. A33, pp. 2124–2126, 1986.
[29] A. Schenzle, R. G. De Voe, and R. G. Brewer, "Possibility of quantum jumps," *Phys. Rev.*, vol. A33, pp. 2127–2130, 1986.
[30] A. Schenzle and R. G. Brewer, "Macroscopic quantum jumps in a single atom," *Phys. Rev.*, vol. A34, pp. 3127–3142, 1986.
[31] H. J. Kimble, R. J. Cook, and A. L. Wells, "Intermittent atomic fluorescence," *Phys. Rev.*, vol. A34, pp. 3190–3195, 1986.
[32] P. A. Apanasevich and S. J. Kilin, "Photon bunching and antibunching in resonance fluorescence," *J. Phys.*, vol. B12, pp. L 83–L 86, 1979.
[33] A. Aspect, G. Roger, S. Reynaud, J. Dalibard, and C. Cohen-Tannoudji, "Time correlations between the two sidebands of the resonance fluorescence triplet," *Phys. Rev. Lett.*, vol. 45, pp. 617–620, 1980.
[34] G. Alzetta, A. Gozzini, L. Moi, and G. Orriols, "An experimental method for the observation of R.F. transitions and laser beat resonances in oriented Na vapour," *Il Nuovo Cimento*, vol. 36B, pp. 5–20, 1976.
[35] J. E. Thomas, P. R. Hemmer, S. Ezekiel, C. C. Leiby, R. H. Picard, and C. R. Willis, "Observation of Ramsey fringes using a stimulated resonance Raman transition in a sodium atomic beam," *Phys. Rev. Lett.*, vol. 48, pp. 867–870, 1982.
[36] G. Janik, W. Nagourney, and H. G. Dehmelt, "Doppler-free optical spectroscopy on the Ba^+ mono-ion oscillator," *J. Opt. Soc. Amer.*, vol. B2, pp. 1251–1257, 1985.
[37] P. M. Radmore and P. L. Knight, "Population trapping and dispersion in a three-level system," *J. Phys.*, vol. B15, pp. 561–573, 1982.
[38] J. Dalibard, S. Reynaud, and C. Cohen-Tannoudji, "La cascade radiative de l'atome habillé," in *Interaction of Radiation with Matter*, a volume in honor of Adriano Gozzini, Scuola Normale Superiore, Pisa, Italy, 1987, pp. 29–48.
[39] P. L. Kelley and W. H. Kleiner, "Theory of electromagnetic field measurement and photoelectron counting," *Phys. Rev.*, vol. 136, pp. A 316–A 334, 1964.
[40] F. Davidson and L. Mandel, "Photoelectric correlation measurements with time to amplitude converter," *J. Appl. Phys.*, vol. 39, pp. 62–66, 1968.

Serge Reynaud, photograph and biography not available at the time of publication.

Jean Dalibard, photograph and biography not available at the time of publication.

Claude Cohen-Tannoudji, photograph and biography not available at the time of publication.

Section 5

Atoms in High Frequency Fields or in the Vacuum Field
Simple Physical Pictures for Radiative Corrections

An atomic electron in the vacuum field can emit and reabsorb photons of any frequency. Such virtual processes give rise to well-known radiative corrections (Lamb shift, $g-2$ spin anomaly). We have also seen in Secs. 1 and 2 that similar effects can be induced by the interaction of the electron with an applied electromagnetic field (light shifts, modification of the Landé factor by interaction with a high frequency rf field). The papers presented in this section try to get new physical insight into radiative processes by comparing these two types of "spontaneous" and "stimulated" effects.

These are a few examples of questions which are addressed here:

– Is it possible to understand radiative corrections as being only "induced" by vacuum fluctuations, i.e. by a fluctuating field having a spectral power density equal to $\hbar\omega/2$ per mode ω?
– On the contrary, can one attribute them only to the interaction of the electron with its self-field?
– If these two effects (vacuum fluctuations and radiation reaction) are simultaneously acting, is it possible to separate their respective contributions?
– Why is the electron spin moment enhanced by radiative corrections ($g-2$ is positive), whereas the magnetic moment of a neutral moment is always reduced by interaction with a high frequency rf field?

Paper 5.1

P. Avan, C. Cohen-Tannoudji, J. Dupont-Roc, and C. Fabre, "Effect of high frequency irradiation on the dynamical properties of weakly bound electrons," *J. Phys.* (*Paris*) **37**, 993–1009 (1976).
Reprinted by permission of les Editions de Physique.

The "stimulated" corrections studied in Secs. 1 and 2 correspond to two extreme situations for the incident field, leading to simple calculations. The first one corresponds to a resonant or quasiresonant excitation, so that only a single atomic transition needs to be considered. Nonperturbative treatments (such as the dressed atom approach) can then be given, which include the effect of the atom–field coupling to all orders. The second situation corresponds to a radiofrequency field interacting with the magnetic moment of a given atomic level. Even if the frequency ω of the rf field is large compared to the Larmor frequency of the spin, $\hbar\omega$ remains very small compared with the optical splittings between the level studied and the other atomic levels. It is then possible to include only a finite number of atomic sublevels in the calculations.

This paper deals with another situation leading to simple calculations. The frequency ω of the incident field is large compared with the binding frequencies ω_b of the atomic electron. It is then possible to make expansions in powers of ω_b/ω and to derive an effective Hamiltonian, which acts only on electronic variables, and which describes how the high frequency vibration of the electron in the incident field modifies its slow motion in the binding potential.

The mode ω corresponding to the incident field is treated quantum mechanically and the coupling "electron mode ω" is taken into account up to order two in the coupling constant. Relativistic corrections up to order two in $(v/c)^2$ are also included. This paper focuses on stimulated corrections, i.e. on the terms of the effective Hamiltonian which are proportional to the number N of incident photons. As expected, these terms can all be interpreted semiclassically. For example, the vibrating electron gets an extra kinetic energy; it averages the binding potential over a finite volume; the angular oscillation of the electron spin reduces the effective magnetic moment. The reason for a quantum treatment of the "electron mode ω" coupling is that the same calculation also gives N-independent terms which exist even if $N = 0$ and which represent the contribution of the mode ω to spontaneous radiative corrections (up to order one in the fine structure constant α). By comparing, for each mode ω, the structure of the N-dependent and N-independent terms, one can then hope to get some physical insight into radiative corrections. This is the subject of the next paper 5.2.

Tome 37 N° 9 Septembre 1976

LE JOURNAL DE PHYSIQUE

Classification
Physics Abstracts
2.600 — 3.340

EFFECT OF HIGH FREQUENCY IRRADIATION ON THE DYNAMICAL PROPERTIES OF WEAKLY BOUND ELECTRONS

P. AVAN, C. COHEN-TANNOUDJI, J. DUPONT-ROC and C. FABRE

Laboratoire de Spectroscopie Hertzienne de l'E.N.S. (*) et Collège de France,
24, rue Lhomond, 75231 Paris Cedex 05, France

(*Reçu le 18 mars 1976, accepté le 23 avril 1976*)

Résumé. — On étudie comment le comportement d'un électron dans des champs statiques électrique ou magnétique est modifié lorsque cet électron interagit également avec une onde électromagnétique haute fréquence. Les nouvelles propriétés dynamiques de l'électron sont décrites par un hamiltonien effectif dont l'expression est établie en utilisant une description quantique du champ électromagnétique et en tenant compte des corrections relativistes jusqu'à l'ordre $1/c^2$. Outre une correction de masse bien connue, on trouve que les nouvelles propriétés dynamiques de l'électron peuvent être comprises en termes de facteurs de forme électrique et magnétique qui ont une interprétation physique simple. Ces résultats généraux sont enfin appliqués à 2 cas simples : perturbation des niveaux de Rydberg d'un atome et modification des fréquences cyclotron et de précession de spin d'un électron dans un champ magnétique uniforme.

Abstract. — We study how the behaviour of an electron in d.c. electric or magnetic fields changes when this electron is simultaneously interacting with a high frequency electromagnetic wave. The new dynamical properties of the electron are described by an effective hamiltonian that we derive using a quantum description of the electromagnetic field and including relativistic corrections up to order $1/c^2$. Besides a well-known mass-shift correction, one finds that the new dynamical properties of the electron can be described in terms of electric and magnetic form factors which have a simple physical interpretation. Finally, these general results are applied to 2 simple cases : perturbation of atomic Rydberg states and modification of the cyclotron and spin precession frequencies of an electron in a static homogeneous magnetic field.

1. **Introduction.** — 1.1 MOTIVATIONS FOR THIS WORK. — The initial motivation of this work was to extend some previous calculations dealing with the effect of a non-resonant irradiation on a neutral atomic system.

It is well known for example that atomic energy levels are shifted when atoms are interacting with a non-resonant light beam. These so called *light-shifts* have been mainly studied in cases where the main part of the effect is due to virtual transitions to a quasi-resonant state [1, 2, 3, 4, 5] or to a few excited states [6, 7, 8]. But such an approximation is not always possible. For example, when atoms in highly excited states (Rydberg states) interact with an intense light beam having a frequency much higher than the spacing and the ionization energy of these states, it is necessary to consider the effect of virtual transitions to all atomic states including the continuum. One can ask if it would not be possible in this case to make a convenient approximate evaluation of the infinite sum appearing in the second order term of the perturbation series, which would not require the knowledge of all atomic oscillator strengths.

Another example of a problem which motivated this work is the modification of the g factor of an atomic state under the influence of non-resonant RF irradiation (having a frequency ω much higher than the spin precession frequency ω_0) [9, 10, 11]. The important point is that one always finds a reduction of the g factor, never an enhancement. But it is well known that the g factor of a free electron is increased above the value 2 predicted by the Dirac equation when one takes into account the coupling with the

(*) Associé au C.N.R.S.

quantized electromagnetic field vacuum : the $g - 2$ anomaly [12] is positive. What is the origin of this difference of sign ? Is it due to the fact that one considers in the first case a neutral atomic system, in the second one a charged particle ? Or to the fact that the system is coupled in the first case to a filled mode of the electromagnetic field, in the second one, to the vacuum ? A first step to answer these questions is to determine precisely how the cyclotron and the spin precession frequencies are modified by high frequency irradiation.

We present in this paper a simple approach to these various problems. We consider an electron weakly bound in a d.c. electric field (for example, an electron in a Rydberg state), or orbiting in a d.c. magnetic field, and we try to understand the perturbation of the energy levels of such an electron, when irradiated by a high frequency electromagnetic wave, in terms of corrections to its dynamical properties (corrections to its mass, appearance of electric and magnetic form factors, ...). In other words, we try to understand how the high frequency vibration of the electron (in the incident wave) changes the slow motion of this electron (in the applied d.c. fields).

1.2 CONNECTIONS WITH PREVIOUS WORKS. — The possibility of irradiating electrons with intense laser beams has already stimulated a lot of theoretical works. Most of these treatments consider essentially free electrons. Their purpose is to investigate some non-linear effects appearing in the scattering by the electron of the high intensity incident radiation : harmonic production, intensity dependent frequency shift in Compton scattering, ... or to study some associated effects on the electron itself : mass-shift of an electron in a plane wave, deviation by a high intensity standing wave (Kapitza-Dirac effect), reflection and refraction of free electrons in spatially inhomogeneous laser beams, ... (An important list of references may be found in reference [13] which is a review paper on the subject.)

We will not consider here such scattering problems. Our interest lies in the modifications induced by the light irradiation on the dynamical properties of an electron which is supposed to be weakly bound in a d.c. external field (the electron wave function is confined to a sufficiently small region of space so that one can neglect any spatial variation of the laser intensity within this region and all the corresponding intensity gradient forces). We will show that the electron moves in the static fields as if it had an effective mass greater than m by an amount which is nothing other than the mass shift derived previously for a free electron interacting with a strong electromagnetic wave ([1]). But we will also derive a lot of other corrections, which are not related to such a mass shift, and which may be interpreted in terms of electric and magnetic form factors induced by the incident wave and modifying the coupling of the electron to the static fields. We will discuss in detail these corrections, their physical interpretation and their possible observation.

Most of the previous theoretical treatments mentioned above make use of the exact solutions of the Dirac equation for an electron in a classical plane electromagnetic wave (Volkov's states, see ref. [14]), or of the Green function associated with such a wave equation [15]. Some progress has recently been made in finding exact solutions of the Dirac equation for an electron in a quantized plane wave [16, 17], or in a quantized plane wave and in a constant magnetic field [18]; the motivation of these calculations being essentially to calculate the radiation absorbed or emitted by such an electron.

In the present paper, we do not start from Volkov's solutions, although it would be possible to study the perturbation of such solutions by the external static fields in order to get the modified response of the electron to these static fields (such an approach is suggested in reference [19] but we have not found in the litterature any further progress in this direction). We have preferred to work in the non-relativistic limit and use the Foldy-Wouthuysen hamiltonian for describing (up to order v^2/c^2) the coupling of the electron with the static fields and the incident wave. We then derive an effective hamiltonian giving the new perturbed Bohr frequencies associated with the slow motion of the electron in the static fields. We have chosen such an approach for three reasons : (i) It gives the modifications of the dynamical properties of the electron as correction terms to a non-relativistic hamiltonian and the physical interpretation is straightforward. Furthermore, the corrections can be readily evaluated using non-relativistic (2-components) wave functions. (ii) From an experimental point of view, the higher order terms appear to be completely negligible. (iii) It may seem questionable to compute higher order terms from exact solutions of Dirac equation and not from the Q.E.D. formalism.

Let us finally explain why we have chosen a quantum description of the incident wave, rather than a classical one. A quantum treatment of the electromagnetic field gives simultaneously the effect of the coupling with the photons of the mode (stimulated effects) and the effect of the coupling with the empty mode (spontaneous effects). In this paper, we will focus on the stimulated effects. But we will come back later on to the spontaneous effects in connection with the $g - 2$ anomaly. Such an approach will give us the possibility of comparing the 2 types of effects and to get some physical insight into the $g - 2$ problem which has received a lot of attention [20].

1.3 OUTLINE OF THE PAPER. — In section 2, we present the effective hamiltonian method and we discuss the classification and the order of magnitude

([1]) Let us emphasize however that such a mass shift correction is only valid for a weakly bound electron (see discussion of section 3.1 i).

of the various terms of this hamiltonian. These terms are explicitly given in section 3, and one shows how they can be classically interpreted. Finally, in section 4, we apply our results concerning the effect of high frequency irradiation to 2 cases : the perturbation of Rydberg states and the modification of the cyclotron and spin precession frequencies in a static homogeneous magnetic field.

2. **General method.** — 2.1 HAMILTONIAN OF THE SYSTEM. — Consider an electron of charge e, rest mass m, which is irradiated by an intense and monochromatic plane wave of pulsation ω, wave vector $\mathbf{k}$ (with $\boldsymbol{\kappa} = \mathbf{k}/|\mathbf{k}|$), polarization $\boldsymbol{\varepsilon}$ (linear or circular), and submitted to d.c. electric and magnetic fields, described by the fields $\mathbf{E}_0$, $\mathbf{B}_0$ or the potentials $\mathbf{A}_0$, φ_0.

As mentioned above, we will treat quantum-mechanically the interaction with the electromagnetic fields. For the sake of simplicity, we will describe the incident electromagnetic wave (i.e.w.) by a state vector with N photons in the mode $(\mathbf{k}, \boldsymbol{\varepsilon})$ and 0 in all other modes, represented by the ket $|N\rangle$. We call a and $a^\dagger$ the annihilation and creation operators operating in this mode.

In order to describe the interaction between the electron and the different fields, we can of course use the Pauli hamiltonian. But we thus neglect several interesting relativistic effects, which may be not negligible in some cases. To take into account such effects, we will use the non-relativistic limit of the Dirac equation, computed up to 2nd order in powers of v/c : all relativistic effects up to $1/c^2$ will then be described.

It is possible, by the method of Foldy and Wouthuysen, to derive from the Dirac equation the relativistic corrections to the Pauli hamiltonian. In our special case, we must slightly modify this technique, because the fields we deal with are quantized, and the corresponding operators do not commute. The final result is the same if we ignore a constant term. In the Coulomb gauge this non-relativistic hamiltonian can be written as :

$$\mathcal{H}_{FW} = \hbar\omega a^\dagger a + \frac{\pi^2}{2m} + e\varphi_0 - \frac{e\hbar}{2m}\boldsymbol{\sigma}.\mathbf{B}_t - \frac{e\hbar^2}{8m^2c^2}\nabla.\mathbf{E}_t - \frac{e\hbar}{8m^2c^2}\boldsymbol{\sigma}.(\mathbf{E}_t \times \boldsymbol{\pi} - \boldsymbol{\pi} \times \mathbf{E}_t) - \frac{1}{2mc^2}\left(\frac{\pi^2}{2m} - \frac{e\hbar}{2m}\boldsymbol{\sigma}.\mathbf{B}_t\right)^2 . \quad (2.1)$$

In this expression, $\mathbf{E}_t$ and $\mathbf{B}_t$ are the total fields (static + plane wave),

$$\boldsymbol{\pi} = \mathbf{p} - e\mathbf{A}_0 - e\mathbf{A}_r \quad (2.2)$$

$$= \boldsymbol{\pi}_0 - e\mathbf{A}_r \quad (2.3)$$

is the electron linear momentum. The radiation field vector potential $\mathbf{A}_r$ has the following expression :

$$\mathbf{A}_r = \sqrt{\frac{\hbar}{2\varepsilon_0\omega L^3}}\,(a\boldsymbol{\varepsilon}\, e^{i\mathbf{k}.\mathbf{r}} + a^\dagger \boldsymbol{\varepsilon}^* e^{-i\mathbf{k}.\mathbf{r}}) \quad (2.4)$$

(L^3 : quantization volume). We will also use the r.m.s. value E of the radiation electric field $\mathbf{E}_r$, which is related to the number N of photons by the equation :

$$N\hbar\omega = \tfrac{1}{2}\varepsilon_0 E^2 L^3 . \quad (2.5)$$

This equation expresses the equality between the two expressions (quantum-mechanical and classical) of the i.e.w. energy within the volume L^3.

In the expression (2.1), the first line gives the free radiation hamiltonian and the electronic Pauli hamiltonian. In the second line the following terms appear successively : the Darwin term, the spin-orbit term, the relativistic mass correction.

Let us now separate the contributions of the different fields. $\mathcal{H}_{FW}$ is then a sum of three terms :

- The free field hamiltonian $\mathcal{H}_f$:

$$\mathcal{H}_f = \hbar\omega a^\dagger a . \quad (2.6)$$

- The electronic hamiltonian $\mathcal{H}_e$, describing the electron in presence of the static fields only :

$$\mathcal{H}_e = \frac{\pi_0^2}{2m} + e\varphi_0 - \frac{e\hbar}{2m}\boldsymbol{\sigma}.\mathbf{B}_0 + \frac{e\hbar^2}{8m^2c^2}\Delta\varphi_0 + \frac{e\hbar}{4m^2c^2}\boldsymbol{\sigma}.(\nabla\varphi_0 \times \boldsymbol{\pi}_0) - \frac{1}{2mc^2}\left(\frac{\pi_0^2}{2m} - \frac{e\hbar}{2m}\boldsymbol{\sigma}.\mathbf{B}_0\right)^2 . \quad (2.7)$$

- The interaction hamiltonian $\mathcal{H}_I$, describing the interaction between the electron and the i.e.w. splits into two terms : $\mathcal{H}_{I_1}$, linear in a and $a^\dagger$, $\mathcal{H}_{I_2}$ containing all higher order terms in a and $a^\dagger$, which are respectively given, when one takes into account only terms up to $\frac{1}{c^2}$ $\left(\text{with } |\mathbf{B}_r| = \frac{\omega}{c}|\mathbf{A}_r|\right)$, by the following expressions :

$$\mathcal{H}_{I_1} = -\frac{e}{m}\mathbf{A}_r.\boldsymbol{\pi}_0 - \frac{e\hbar}{2m}\boldsymbol{\sigma}.\mathbf{B}_r + \frac{e^2\hbar}{4m^2c^2}\boldsymbol{\sigma}.(\mathbf{E}_0 \times \mathbf{A}_r) - \frac{e\hbar}{4m^2c^2}\boldsymbol{\sigma}.(\mathbf{E}_r \times \boldsymbol{\pi}_0) + \frac{e}{2m^2c^2} \times \left\{\mathbf{A}_r.\boldsymbol{\pi}_0\left(\frac{\pi_0^2}{2m} - \frac{e\hbar}{2m}\boldsymbol{\sigma}.\mathbf{B}_0\right) + \text{herm. conj.}\right\} \quad (2.8)$$

$$\mathcal{H}_{I_2} = \frac{1}{2m}e^2\mathbf{A}_r^2 + \frac{e^2\hbar}{4m^2c^2}\boldsymbol{\sigma}.(\mathbf{E}_r \times \mathbf{A}_r) - \frac{e^2\mathbf{A}_r^2}{2m^2c^2}\left(\frac{\pi_0^2}{2m} - \frac{e\hbar}{2m}\boldsymbol{\sigma}.\mathbf{B}_0\right) - \frac{e^2}{8m^3c^2}(2\mathbf{A}_r.\boldsymbol{\pi}_0 - e\mathbf{A}_r^2)^2 . \quad (2.9)$$

2.2 EFFECTIVE HAMILTONIAN METHOD. — We first consider the energies of the system electron + photons without any mutual interaction. Let $\mathcal{E}_\alpha$, $\mathcal{E}_\beta$, ..., be the eigenvalues of the electronic hamiltonian $\mathcal{H}_e$, corresponding to eigenstates $| \alpha \rangle$, $| \beta \rangle$ ... The hypothesis of a high frequency, non-resonant field can be specified in the following way :

For every pair α, β :

$$| \mathcal{E}_\alpha - \mathcal{E}_\beta | \ll \hbar\omega . \qquad (2.10)$$

The energy diagram is represented on figure 1. As we will see later, the relevant states bunch into well separated multiplicities $\mathcal{E}_N$, corresponding to tensorial product states $| N \rangle \otimes | \alpha \rangle$.

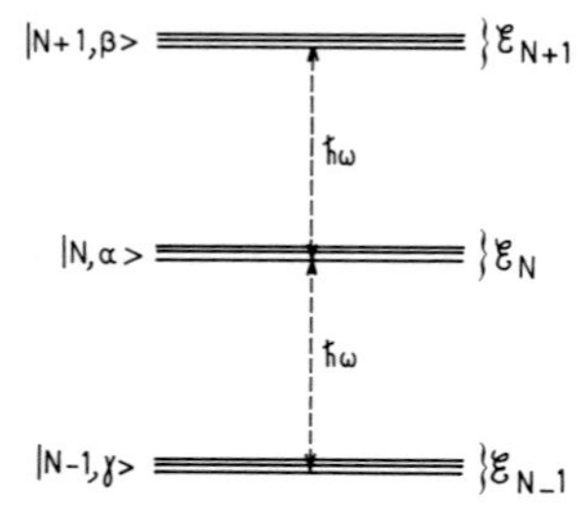

FIG. 1. — Energy diagram of the system electron + photons without interaction (N : number of photons, $\alpha\beta\gamma$: electron states). The high frequency condition ensures that the multiplicities... $\mathcal{E}_{N-1}$, $\mathcal{E}_N$, $\mathcal{E}_{N+1}$, ... are well separated.

The hamiltonian $\mathcal{H}_I$, describing the interaction between the electron and the photon field, can be divided into two parts :

- an *off-diagonal* part, coupling multiplicities $\mathcal{E}_N$ and $\mathcal{E}_{N'}$ corresponding to different photon numbers ;
- a *diagonal* part, only operating inside the multiplicity $\mathcal{E}_N$.

We now suppose that the off-diagonal part of the coupling is small compared to the splitting between two multiplicities, i.e. :

$$| \langle N, \alpha | \mathcal{H}_I | N', \beta \rangle | \ll \hbar\omega \quad \text{if} \quad N \neq N' . \qquad (2.11)$$

It is therefore possible to apply perturbation theory to obtain the eigenfrequencies and the eigenstates of the total hamiltonian. Due to the coupling $\mathcal{H}_I$, these eigenstates do not correspond to a well-defined value of N; in the evolution of the electronic variables, some frequencies close to ω and its multiples appear, corresponding to the classical picture of an electron vibrating in the electric field of the i.e.w. Moreover, the energy splittings inside a given multiplicity, and consequently the slow motion of the electron, are modified. This modification of the dynamical electronic properties in the static fields is precisely what we call *dressing* of the electron, and can be interpreted in two different ways :

- In quantum language, the virtual absorption and reemission of incident photons (and the reverse process) influence the electronic behaviour in an applied static field.
- In classical language, the slow motion of the electron due to the applied fields is affected by the high frequency vibration induced by the i.e.w.

As we are mainly interested in this modification of the electron's dynamical properties, we only need the low Bohr frequencies of the system. We will now show that these frequencies can be obtained by a purely operator method, called the effective hamiltonian method. The idea is to apply a unitary transformation U to the total hamiltonian in such a way that it eliminates the off-diagonal part of the coupling to a given order of perturbation. The transformed hamiltonian $\mathcal{H}_{\text{eff}}$, called effective hamiltonian, has thus the same eigenvalues as the total hamiltonian, but it only acts within a given multiplicity, i.e. operates only on electronic variables.

Before giving the explicit form of the effective hamiltonian, let us make two important remarks :

(i) The energy spectrum of any electron has not, in fact, an upperbound : rigorously speaking, it is not correct to consider that the multiplicities $\mathcal{E}_N$ are well separated since some states of $\mathcal{E}_N$ are degenerate with some states of $\mathcal{E}_{N'}$ ($N' \neq N$) ; this simply expresses the fact that real transitions are possible between electronic states under the influence of the i.e.w. We can ignore the coupling between these degenerate states provided that the corresponding matrix elements are sufficiently small. More precisely, we will suppose that the time constants associated with the resonant (or quasi-resonant) couplings are much longer than the characteristic evolution times in the applied static fields $\left(\text{of the order of } \dfrac{2\pi}{\mathcal{E}_\alpha - \mathcal{E}_\beta}\right)$. This condition must be checked in each particular case.

(ii) The effective hamiltonian method yields the eigenvalues of the total hamiltonian, but not its eigenstates. If they are needed, we must perform the inverse unitary transformation $U^\dagger$ on the eigenstates of $\mathcal{H}_{\text{eff}}$.

We show in appendix A (see also [21]) that the matrix elements of $\mathcal{H}_{\text{eff}}$, up to 2nd order of perturbation, can be expressed as :

$$\begin{aligned} \langle N, \alpha | \mathcal{H}_{\text{eff}} | N, \beta \rangle &= \langle \alpha | \mathcal{H}_e | \beta \rangle + \\ &+ N\hbar\omega + \langle N, \alpha | \mathcal{H}_I | N, \beta \rangle + \\ &+ \frac{1}{2} \sum_{\substack{\gamma N' \\ (N' \neq N)}} \left(\frac{1}{\mathcal{E}_{N,\alpha} - \mathcal{E}_{N',\gamma}} + \frac{1}{\mathcal{E}_{N,\beta} - \mathcal{E}_{N',\gamma}} \right) \\ &\times \langle N, \alpha | \mathcal{H}_I | N', \gamma \rangle \langle N', \gamma | \mathcal{H}_I | N, \beta \rangle . \qquad (2.12) \end{aligned}$$

This expression reduces to the usual perturbation development for the diagonal elements

$\langle N, \alpha \mid \mathcal{H}_{\text{eff}} \mid N, \alpha \rangle$. It is different for the off-diagonal elements inside $\mathcal{E}_N$: instead of taking the usual energy fraction $\frac{1}{\mathcal{E}_{N,\alpha} - \mathcal{E}_{N',\gamma}}$, we take the mean value of the 2 possible fractions.

The energy denominators are more precisely written as

$$\mathcal{E}_\alpha - \mathcal{E}_\gamma + (N - N')\,\hbar\omega\,.$$

We can thus take into account the inequality (2.10) and expand the energy fractions in powers of $\frac{\mathcal{E}_\alpha - \mathcal{E}_\gamma}{\hbar\omega}$, so that the electronic energies do not appear any more in the denominator.

So far, $\mathcal{H}_{\text{eff}}$ is only defined by its matrix elements. We now show that we can obtain a pure operator form of $\mathcal{H}_{\text{eff}}$, only acting on electronic variables.

2.3 Operator form of the electronic effective Hamiltonian. — Let us disentangle in $\mathcal{H}_{I_1}$ and in $\mathcal{H}_{I_2}$ the electronic and field operators :

$$\left.\begin{aligned} \mathcal{H}_{I_1} &= V^+ a^\dagger + V^- a \\ \mathcal{H}_{I_2} &= V^{++}(a^\dagger)^2 + V^{+-} a^\dagger a + \\ &\quad + V^{-+} a a^\dagger + V^{--}(a)^2 + V_3 \end{aligned}\right\} \quad (2.13)$$

V_3 contains the terms of (2.9) which are proportional to e^3 and e^4, whereas the four first terms of $\mathcal{H}_I$ are proportional to e^2. The electronic operators have the following expressions :

$$V^- = \sqrt{\frac{\hbar}{2\,\varepsilon_0\,\omega L^3}}\left[-\frac{e}{m}\,e^{i\mathbf{k}.\mathbf{r}}\,\boldsymbol{\varepsilon}.\boldsymbol{\pi}_0 - \frac{ie\hbar}{2\,m}\,e^{i\mathbf{k}.\mathbf{r}}\,\boldsymbol{\sigma}.(\mathbf{k}\times\boldsymbol{\varepsilon}) + \frac{e^2\,\hbar}{4\,m^2\,c^2}\,e^{i\mathbf{k}.\mathbf{r}}\,\boldsymbol{\sigma}.(\mathbf{E}_0\times\boldsymbol{\varepsilon}) - \right.$$
$$\left. - \frac{ie\hbar\omega}{4\,m^2\,c^2}\,e^{i\mathbf{k}.\mathbf{r}}\,\boldsymbol{\sigma}.(\boldsymbol{\varepsilon}\times\boldsymbol{\pi}_0) + \frac{e}{4\,m^2\,c^2}\left\{(2\,e^{i\mathbf{k}.\mathbf{r}}\,\boldsymbol{\varepsilon}.\boldsymbol{\pi}_0 + i\hbar\,e^{i\mathbf{k}.\mathbf{r}}\,\mathbf{k}\times\boldsymbol{\varepsilon})\left(\frac{\boldsymbol{\pi}_0^2}{2\,m} - \frac{e\hbar}{2\,m}\,\boldsymbol{\sigma}.\mathbf{B}_0\right) + \text{herm. conj.}\right\}\right] \quad (2.14)$$

$$V^+ = (V^-)^\dagger$$

$$V^{-+} = \frac{\hbar}{2\,\varepsilon_0\,\omega L^3}\left[\frac{e^2}{2\,m} + \frac{ie^2\,\hbar\omega}{4\,m^2\,c^2}\,\boldsymbol{\sigma}.(\boldsymbol{\varepsilon}\times\boldsymbol{\varepsilon}^*) - \frac{e^2}{2\,m^2\,c^2}\left(\frac{\boldsymbol{\pi}_0^2}{2\,m} - \frac{e\hbar}{2\,m}\,\boldsymbol{\sigma}.\mathbf{B}_0\right) - \right.$$
$$\left. - \frac{e^2}{8\,m^3\,c^2}\,(2\,\boldsymbol{\varepsilon}.\boldsymbol{\pi}_0 + i\hbar\boldsymbol{\sigma}.(\mathbf{k}\times\boldsymbol{\varepsilon}))\,(2\,\boldsymbol{\varepsilon}^*.\boldsymbol{\pi}_0 - i\hbar\boldsymbol{\sigma}.(k\times\boldsymbol{\varepsilon}^*))\right] \quad (2.15)$$

V^{+-} is obtained from V^{-+} be changing $\boldsymbol{\varepsilon}$ to $\boldsymbol{\varepsilon}^*$ and i to $-i$.

The $V^{--}\,a^2$ and $V^{++}(a^\dagger)^2$ terms, which couple the $\mathcal{E}_N$ and $\mathcal{E}_{N\pm2}$ multiplicities, give rise to 4-photon processes (2 absorptions, 2 emissions). These terms have the same order of magnitude as 4th order perturbation terms, and we can therefore neglect them. For the same reason, taking into account the V_3 term in $\mathcal{H}_{I_2}$ is inconsistent with a second order perturbation treatment, and we will therefore neglect V_3.

Now, if we develop the energy fractions up to 2nd order in powers of $\left(\frac{\mathcal{E}_\alpha - \mathcal{E}_\gamma}{\hbar\omega}\right)$, we obtain the following expression of the effective hamiltonian, where all field operators have disappeared :

$$\begin{aligned} \mathcal{H}_{\text{eff}} = \mathcal{H}_e &+ NV^{+-} + (N+1)\,V^{-+} - \frac{N}{\hbar\omega}[V^-, V^+] - \frac{1}{\hbar\omega}V^- V^+ - \\ &- \frac{N}{2\,\hbar^2\,\omega^2}([V^-,[V^+,\mathcal{H}_e]] + [V^+,[V^-,\mathcal{H}_e]]) - \frac{1}{2\,\hbar^2\,\omega^2}([\mathcal{H}_e, V^-]\,V^+ - V^-\,[\mathcal{H}_e, V^+]) \\ &- \frac{N}{2\,\hbar^3\,\omega^3}([V^-,[[V^+,\mathcal{H}_e],\mathcal{H}_e]] - [V^+,[[V^-,\mathcal{H}_e],\mathcal{H}_e]]) \\ &- \frac{1}{2\,\hbar^3\,\omega^3}(\mathcal{H}_e[\mathcal{H}_e, V^-]\,V^+ - V^-[\mathcal{H}_e, V^+]\,\mathcal{H}_e + V^-\,\mathcal{H}_e[\mathcal{H}_e, V^+] - [\mathcal{H}_e, V^-]\,\mathcal{H}_e\,V^+)\,. \end{aligned} \quad (2.16)$$

The effective hamiltonian (2.16) exhibits two kinds of terms :

(i) N-independent terms, which describe the contribution of the considered ($\mathbf{k}$, $\boldsymbol{\varepsilon}$) mode to *spontaneous* effects, due to the coupling of the electron with the vacuum. We will focus on the physical interpretation of these terms in a subsequent paper.

(ii) Terms proportional to N, which are proportional to the light intensity and describe effects *stimulated* by the i.e.w. As mentioned in the introduction, in the present paper we will only consider these terms (we ignore all spontaneous effects) ([2]).

([2]) Strictly speaking, all modes contribute to spontaneous effects and should be considered. The corresponding effects can be accounted for by introducing the usual radiative corrections in the electronic hamiltonian (see for example ref. [22]). Such a procedure renormalizes the unperturbed hamiltonian and also slightly modifies the stimulated terms of the effective hamiltonian. To simplify, we will discard these radiative corrections to the stimulated terms.

The expression (2.16) of $\mathcal{H}_{\text{eff}}$ contains terms like : $V^+ \mathcal{H}_e V^-/(\hbar\omega)^2$: such terms take into account not only the effect of a virtual transition via $\mathcal{E}_{N\pm1}$, but also the effect of an intermediate evolution inside $\mathcal{E}_{N\pm1}$ due to $\mathcal{H}_e$, i.e. due to the applied static fields : these terms describe the dressed electron polarization under the effect of the applied static fields.

The expressions (2.14) and (2.15) of V^+ and V^- contain a lot of propagation factors $e^{\pm i\mathbf{k}\mathbf{r}}$. These factors are important and we cannot make the dipole approximation $e^{i\mathbf{k}.\mathbf{r}} = 1$, because the development of these factors gives powers of $ikr = i\omega r/c$, proportional to $1/c$, $1/c^2$, ... : we must keep such terms since we want to make a consistent calculation up to 2nd order in powers of $1/c$. As a matter of fact, this factor can be exactly accounted for, because it is nothing else than a translation operator in momentum space.

To summarize, we can say that the final expression of $\mathcal{H}_{\text{eff}}$ is obtained by making several developments :

(i) Development in powers of $1/c$ up to $1/c^2$ in the Foldy-Wouthuysen hamiltonian and in the calculation of the effective hamiltonian.

(ii) Perturbation development up to 2nd order in E (r.m.s. electric field of the i.e.w.) in the expression (2.12) of $\mathcal{H}_{\text{eff}}$.

(iii) Development of the energy fraction $\dfrac{1}{\mathcal{E}_\alpha - \mathcal{E}_\gamma \pm \hbar\omega}$ in powers of $\mathcal{H}_e/\hbar\omega$.

A great number of terms therefore appear in $\mathcal{H}_{\text{eff}}$: we then need a precise determination of their order of magnitude (in terms of the characteristic parameters of the problem) in order to keep in the hamiltonian all the terms up to a well defined order of magnitude, and only these ones.

2.4 CLASSIFICATION OF THE DIFFERENT TERMS. — The problem we deal with depends on a small number of independent characteristic energies :

— The coupling between the electron and the plane wave can be specified by the vibrational kinetic energy $\mathcal{E}_v$ of the electron in the classical electric field of the i.e.w. (see eq. (B.7) of appendix B) :

$$\mathcal{E}_v = \frac{e^2 E^2}{2 m\omega^2} . \tag{2.17}$$

— The coupling between the electron and the applied static fields is characterized by the energy $\mathcal{E}_b$; the expression of $\mathcal{E}_b$ depends on the particular problem we are interested in : it can be for example $\hbar\omega_c$ (ω_c : cyclotron frequency) in the case of a static magnetic field, or $\alpha^2 mc^2/2 n^2$ in the case of a Coulomb field, etc...

— The free photon field and the free electron are characterized by the energies $\hbar\omega$ and mc^2.

It is easy to see that the order of magnitude of each term in V^- or V^+, and hence in the effective hamiltonian can be expressed as a function of these four characteristic energies. For example, the second term in NV^{-+} (eq. (2.15)) has the following order of magnitude :

$$\frac{ie^2 \hbar^2 N}{8 \varepsilon_0 L^3 m^2 c^2} \boldsymbol{\sigma}.(\boldsymbol{\varepsilon} \times \boldsymbol{\varepsilon}^*) \approx \frac{e^2 \hbar^2 N}{\varepsilon_0 m^2 c^2 L^3} = $$

$$= \frac{e^2 \hbar E^2}{m^2 c^2 \omega} \approx \mathcal{E}_v \frac{\hbar\omega}{mc^2} . \tag{2.18}$$

In order to be sure of the convergence of the different developments which appear in the calculation of the effective hamiltonian, we will suppose that the following conditions are fulfilled :

(i) High frequency condition :

— well separated multiplicities i.e. :

$$\mathcal{E}_b \ll \hbar\omega , \tag{2.19}$$

— negligible real transitions.

(ii) Weak coupling condition :

$$\mathcal{E}_v \ll \hbar\omega . \tag{2.20}$$

(iii) Non-relativistic condition for the photon energy :

$$\hbar\omega \ll mc^2 \tag{2.21}$$

which implies, according to (2.19) and (2.20), that all the energies involved in the problem are also small compared to mc^2.

With the help of these inequalities, we are now able to classify the different terms in $\mathcal{H}_{\text{eff}}$. We need now some criteria to stop the different developments in the final expression of $\mathcal{H}_{\text{eff}}$. In this paper :

— we compute all terms in $1/c$ up to $1/c^2$,

— we keep linear terms with respect to $\mathcal{E}_v$,

— we keep linear terms with respect to $\mathcal{E}_b$ (linear response to the applied fields), but also the major quadratic terms, of the order of $\mathcal{E}_b^2/mc^2$, $\mathcal{E}_v \mathcal{E}_b^2/(\hbar\omega)^2$. We will neglect the smallest ones, of the order of $\mathcal{E}_v \mathcal{E}_b^2/\hbar\omega mc^2$.

3. **Explicit form of the effective hamiltonian-physical interpretation of the results.** — In this section, we give the explicit form of the effective hamiltonian, more precisely of the *stimulated* terms of this hamiltonian. As the general method for calculating and classifying these terms has been explained in detail in the previous section, we don't give here the details of the calculation. We prefer to focus on physical discussions and to show how each term of this effective hamiltonian can be classically interpreted as a result of the vibration of the electron and of its spin in the i.e.w. Some results concerning the classical motion of an electron in a plane wave, and which are referred to in the following discussion, are recalled in appendix B.

We will consider separately the spin independent and the spin dependent terms of $\mathcal{H}_{\text{eff}}$.

3.1 SPIN INDEPENDENT PART OF $\mathcal{H}_{\text{eff}}$: $\mathcal{H}^{\text{I}}_{\text{eff}}$. — We find for $\mathcal{H}^{\text{I}}_{\text{eff}}$ the following expression :

$$\begin{aligned}\mathcal{H}^{\text{I}}_{\text{eff}} = mc^2 + \frac{\pi_0^2}{2m} + e\varphi_0 + \frac{e\hbar^2\,\Delta\varphi_0}{8\,m^2\,c^2} - \frac{\pi_0^4}{8\,m^3\,c^2} + \\ + \mathcal{E}_{\text{v}} - \frac{\mathcal{E}_{\text{v}}}{mc^2}\frac{\pi_0^2}{2\,m} + \\ + e\varphi_0' - \frac{e}{2\,m}(\mathbf{A}_0'.\pi_0 + \pi_0.\mathbf{A}_0') + \\ + W_{\text{p}} + W_{\text{d}} + W_{\text{p}}' .\end{aligned} \tag{3.1}$$

Where φ_0', $\mathbf{A}_0'$, W_{p}, W_{d}, W_{p}' are defined and discussed below (see eq. (3.3), (3.4), (3.6), (3.7), (3.8), (3.11)).

The first line of (3.1) does not depend on the i.e.w. It represents the well known spin independent hamiltonian of an electron interacting with the static potentials $\mathbf{A}_0$, φ_0 (we have discarded a small term proportional to $\mathbf{B}_0^2$). The three last lines of (3.1) represent corrections due to the vibration of the electron in the i.e.w. and can be associated with three different physical processes.

(i) *The vibrating electron has an effective mass greater than m.* — The two terms of the second line of (3.1) represent corrections (to mc^2 and $\boldsymbol{\pi}_0^2/2\,m$) which are easily interpreted as resulting from a change of the electron mass :

$$m \to m_{\text{eff}} = m + \frac{\mathcal{E}_{\text{v}}}{c^2} \tag{3.2}$$

where $\mathcal{E}_{\text{v}}$ is the vibrational kinetic energy given in (2.17).

The mass shift $\mathcal{E}_{\text{v}}/c^2 = e^2\,E^2/2\,m\omega^2\,c^2$ can be considered as due to the high frequency vibration of the electron which is induced by the i.e.w. and which is superimposed on its slow motion in the static fields. This physical picture clearly shows that such a mass shift does not exist for low frequency irradiation ($\hbar\omega \ll \mathcal{E}_{\text{b}}$) since, in that case, the i.e.w. appears to the electron as a quasi-static electric field which polarizes the electronic orbit and produces a Stark-shift independent of ω.

(ii) *The vibrating electron averages the applied static fields in a small region around its mean position.* — The quantities φ_0' and $\mathbf{A}_0'$ appearing in the third line of (3.1) satisfy :

$$\varphi_0' = \frac{e^2\,E^2}{2\,m^2\,\omega^4}(\boldsymbol{\varepsilon}.\boldsymbol{\nabla})(\boldsymbol{\varepsilon}^*.\boldsymbol{\nabla})\,\varphi_0 \tag{3.3}$$

$$\boldsymbol{\nabla}\times\mathbf{A}_0' = \frac{e^2\,E^2}{2\,m^2\,\omega^4}(\boldsymbol{\varepsilon}.\boldsymbol{\nabla})(\boldsymbol{\varepsilon}^*.\boldsymbol{\nabla})\,\mathbf{B}_0\,. \tag{3.4}$$

The interpretation of the corresponding terms of (3.1) is quite simple. In the electric field of the i.e.w., the electron vibrates around its mean position $\mathbf{r}_0$ with a frequency ω and an amplitude of the order of $eE/m\omega^2$. Consequently, it averages the applied static fields in a small region around $\mathbf{r}_0$ having linear dimensions of the order of $eE/m\omega^2$.

More precisely, consider for example the electrostatic energy of the electron which can be written as $e\varphi_0(\mathbf{r}_0 + \boldsymbol{\rho})$ where $\boldsymbol{\rho}$ is the deviation from the average position $\mathbf{r}_0$. A Taylor expansion of $e\varphi_0(\mathbf{r}_0 + \boldsymbol{\rho})$ gives :

$$\begin{aligned}e\varphi_0(\mathbf{r}_0 + \boldsymbol{\rho}) = e\varphi_0(\mathbf{r}_0) + e(\boldsymbol{\rho}.\boldsymbol{\nabla})\,\varphi_0(\mathbf{r}_0) + \\ + \tfrac{1}{2}\,e(\boldsymbol{\rho}.\boldsymbol{\nabla})(\boldsymbol{\rho}.\boldsymbol{\nabla})\,\varphi_0(\mathbf{r}_0) + \cdots\end{aligned} \tag{3.5}$$

Using the expression of $\boldsymbol{\rho}$ calculated in appendix B (see eq. (B.6)), and averaging over one period $2\,\pi/\omega$ of the i.e.w., one finds that the first order correction vanishes ($\overline{\boldsymbol{\rho}} = 0$) and that the second order one reduces to $e\varphi_0'$ where φ_0' is given by (3.3).

A similar calculation shows that the electron *sees* an average magnetic field which is

$$\mathbf{B}_0 + \frac{e^2\,E^2}{2\,m^2\,\omega^4}(\boldsymbol{\varepsilon}.\boldsymbol{\nabla})(\boldsymbol{\varepsilon}^*.\boldsymbol{\nabla})\,\mathbf{B}_0\,.$$

Such a correction in $\mathbf{B}_0$ is obtained by replacing $\mathbf{A}_0$ by $\mathbf{A}_0 + \mathbf{A}_0'$, where $\boldsymbol{\nabla}\times\mathbf{A}_0'$ satisfies (3.4), so that the kinetic energy term becomes

$$(\mathbf{p} - e\mathbf{A}_0 - e\mathbf{A}_0')^2/2\,m = (\boldsymbol{\pi}_0 - e\mathbf{A}_0')^2/2\,m\,.$$

The lowest order correction in $\mathbf{A}_0'$ is

$$-\,e(\boldsymbol{\pi}_0\,\mathbf{A}_0' + \mathbf{A}_0'\,\boldsymbol{\pi}_0)/2\,m\,,$$

i.e. the last term of the fourth line of (3.1) (the $\mathbf{A}_0'^2$ term does not appear in $\mathcal{H}^{\text{I}}_{\text{eff}}$ since it is fourth order in E).

(iii) *The vibration of the electronic charge gives rise to a small orbital magnetic moment which is coupled to the static fields.* — The 2 terms W_{p} and W_{d} of the last line of (3.1) are given by :

$$W_{\text{p}} = -\,\boldsymbol{\mu}.\mathbf{B}_0 \tag{3.6}$$

where :

$$\boldsymbol{\mu} = i\boldsymbol{\varepsilon}\times\boldsymbol{\varepsilon}^*\,\frac{e^3\,E^2}{2\,m^2\,\omega^3} \tag{3.7}$$

and

$$W_{\text{d}} = \frac{e^4\,E^2}{2\,m^3\,\omega^4}\left[\mathbf{B}_0^2 - (\boldsymbol{\varepsilon}.\mathbf{B}_0)(\boldsymbol{\varepsilon}^*.\mathbf{B}_0)\right] \tag{3.8}$$

W_{p} is proportional to B_0 (paramagnetic term), W_{d} to B_0^2 (diamagnetic term). They can be interpreted in the following way :

The vibrating charge has an orbital magnetic moment :

$$\mathcal{M}_{\text{v}} = \frac{e}{2\,m}(\boldsymbol{\rho}\times m\mathbf{v}) = \frac{e}{2}(\boldsymbol{\rho}\times\mathbf{v}) \tag{3.9}$$

which can be calculated from the expressions of $\boldsymbol{\rho}$ and $\mathbf{v}$ given in appendix B (eq. (B.8) and (B.9)). When averaging $\mathcal{M}_{\text{v}}$ over one period $2\,\pi/\omega$ of the i.e.w. one gets (neglecting terms in B_0^2) :

$$\begin{aligned}\overline{\mathcal{M}_{\text{v}}} = i\boldsymbol{\varepsilon}\times\boldsymbol{\varepsilon}^*\,\frac{e^3\,E^2}{2\,m^2\,\omega^3} + \frac{e^4\,E^2}{2\,m^3\,\omega^4}\times \\ \times\left[(\boldsymbol{\varepsilon}.\mathbf{B}_0)\,\boldsymbol{\varepsilon}^* + (\boldsymbol{\varepsilon}^*.\mathbf{B}_0)\,\boldsymbol{\varepsilon} - 2\,\mathbf{B}_0\right].\end{aligned} \tag{3.10}$$

The first term of (3.10) coincides with (3.7) and represents the B_0-independent part of $\mathcal{M}_v$. Its coupling with $\mathbf{B}_0$ gives just the W_p term of (3.1) : $\boldsymbol{\mu}$ is parallel to $\boldsymbol{\kappa}$ ($\boldsymbol{\varepsilon} \times \boldsymbol{\varepsilon}^*$ is proportional to $\boldsymbol{\kappa}$) and vanishes for linear polarization ($\boldsymbol{\varepsilon} \times \boldsymbol{\varepsilon}^* = 0$ when $\boldsymbol{\varepsilon} = \boldsymbol{\varepsilon}^*$). This is obvious since in that case the electron vibrates along a straight line and $\boldsymbol{\rho}$ and $\mathbf{v}$ are parallel (see appendix B). For elliptical polarization of the i.e.w., the electron moves along an ellipse in a plane perpendicular to $\boldsymbol{\kappa}$ and $\boldsymbol{\mu}$ gets a non-zero value, proportional to the area of the ellipse. One can easily show that $\boldsymbol{\mu}$ is maximum for a circular polarization of the i.e.w. in which case the electron moves along a circle.

The second term of (3.10) represents the corrections to $\boldsymbol{\mu}$ associated with the modifications of the electronic motion induced by $\mathbf{B}_0$. This term is different from zero even for linear polarization. This is due to the fact that the magnetic force $e\mathbf{v} \times \mathbf{B}_0$ transforms the rectilinear motion of the electron into an elliptical one (see appendix B), giving rise to a magnetic moment proportional to B_0. The coupling of the last term of (3.10) to the static magnetic field (integrated from 0 to B_0, which gives rise to a factor 1/2) reproduces the W_d term of (3.1).

The last term W'_p of (3.1) may be written as :

$$W'_p = \boldsymbol{\mu}.\boldsymbol{\kappa}\left[\mathbf{B}_0 \cdot \frac{\boldsymbol{\pi}_0}{mc} - (\boldsymbol{\kappa}.\mathbf{B}_0)\left(\boldsymbol{\kappa} \cdot \frac{\boldsymbol{\pi}_0}{mc}\right) - \left(\boldsymbol{\kappa} \cdot \frac{\boldsymbol{\pi}_0}{mc}\right)(\boldsymbol{\kappa}.\mathbf{B}_0)\right] \quad (3.11)$$

W'_p, which is smaller than W_p by a factor of the order of $\sqrt{\mathcal{E}_b/mc^2} \sim v/c$, represents kinematic relativistic corrections to W_p. These corrections can be computed classically when one takes into account the Doppler effect, the aberration, and the variation of the electric field intensity experienced by the electron moving with the (slow) velocity $\boldsymbol{\pi}_0/m$.

3.2 Spin dependent part of $\mathcal{H}_{\text{eff}}$: $\mathcal{H}^{\text{II}}_{\text{eff}}$. — We find for $\mathcal{H}^{\text{II}}_{\text{eff}}$ the following expression :

$$\begin{aligned}\mathcal{H}^{\text{II}}_{\text{eff}} = & -\frac{e\hbar}{2m}\boldsymbol{\sigma}.\mathbf{B}_0 - \frac{e\hbar}{4m^2c^2}\boldsymbol{\sigma}.(\mathbf{E}_0 \times \boldsymbol{\pi}_0) + \frac{e\hbar}{4m^2c^2}\left(\frac{\pi_0^2}{2m}\boldsymbol{\sigma}.\mathbf{B}_0 + \boldsymbol{\sigma}.\mathbf{B}_0\frac{\pi_0^2}{2m}\right) + \\ & + \frac{\mathcal{E}_v}{2mc^2}\frac{e\hbar}{2m}\{ 2(\boldsymbol{\kappa}.\mathbf{B}_0)(\boldsymbol{\kappa}.\boldsymbol{\sigma}) + (\boldsymbol{\varepsilon}^*.\mathbf{B}_0)(\boldsymbol{\varepsilon}.\boldsymbol{\sigma}) + (\boldsymbol{\varepsilon}.\mathbf{B}_0)(\boldsymbol{\varepsilon}^*.\boldsymbol{\sigma}) + \\ & + 2\boldsymbol{\sigma}.\mathbf{B}_0 - \\ & - 2\boldsymbol{\sigma}.\mathbf{B}_0 + (\boldsymbol{\varepsilon}^*.\mathbf{B}_0)(\boldsymbol{\varepsilon}.\boldsymbol{\sigma}) + (\boldsymbol{\varepsilon}.\mathbf{B}_0)(\boldsymbol{\varepsilon}^*.\boldsymbol{\sigma}) + \\ & + 2[(\boldsymbol{\kappa} \times \boldsymbol{\varepsilon}^*).\mathbf{B}_0][(\boldsymbol{\kappa} \times \boldsymbol{\varepsilon}).\boldsymbol{\sigma}] + 2[(\boldsymbol{\kappa} \times \boldsymbol{\varepsilon}).\mathbf{B}_0][(\boldsymbol{\kappa} \times \boldsymbol{\varepsilon}^*).\boldsymbol{\sigma}]\}. \end{aligned} \quad (3.12)$$

The terms of the first line of (3.12) do not depend on $\mathcal{E}_v$. They represent the coupling of the spin magnetic moment $\frac{e\hbar}{2m}\boldsymbol{\sigma}$ to $\mathbf{B}_0$, the spin orbit interaction and velocity dependent mass corrections. The last four lines represent corrections due to the coupling with the i.e.w. Before discussing them, let us note that they can be rewritten simply as :

$$-\frac{e}{2m}\sum_{ij}\delta g_{ij}\,\sigma_i\,B_{0j} \quad (3.13)$$

where δg_{ij} appears as an anisotropic Landé factor correction. This tensor is particularly simple for linear or circular polarization. In both cases, it is given by :

$$\delta g_{ij} = \frac{\mathcal{E}_v}{mc^2}(\kappa_i\,\kappa_j - 2\,\delta_{ij}). \quad (3.14)$$

The physical interpretation of the last 4 lines of (3.12) can be given in terms of 4 different physical processes :

(i) *The spin magnetic moment is reduced as a consequence of its coupling with the magnetic field* $\mathbf{B}_r$ *of the i.e.w.* — The correction associated with the second line of (3.12) is due to the vibration of the spin magnetic moment $\frac{e\hbar}{2m}\boldsymbol{\sigma}$ which is driven by the magnetic field $\mathbf{B}_r$ of the i.e.w. (this correction is obtained when replacing V by $-\frac{e\hbar}{2m}\boldsymbol{\sigma}.\mathbf{B}_r$ in the third line of (2.16)).

This explains why the terms contained in the second line of (3.12) have the same structure as the ones which describe the modification of the magnetic moment of a neutral atom interacting with a non-resonant RF field (having a frequency ω higher than the atomic Larmor frequency ω_0). Their physical meaning is the same. The spin magnetic moment oscillates at frequency ω around a mean direction (see Fig. 2). The length of

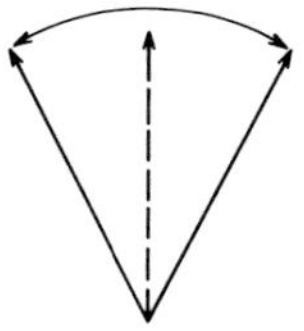

FIG. 2. — The oscillation of the spin magnetic moment in the incident wave leads to a smaller effective moment (dashed arrow).

the magnetic moment does not change during this oscillation but, as its direction is smeared out over a finite angle, its average value over a period $2\pi/\omega$ is reduced and this reduces the coupling of the spin with an applied static field $\mathbf{B}_0$. The effect is of course anisotropic since it depends on the relative directions of $\mathbf{B}_0$ and $\mathbf{B}_r$.

Remark : When the polarization is circular or elliptical, the magnetic coupling $-\frac{e\hbar}{2m}\boldsymbol{\sigma}.\mathbf{B}_r$, gives rise to another term in $\mathcal{H}_{\text{eff}}^{\text{II}}$ which can be written for right circular polarization as :

$$-\frac{e^2\hbar E^2}{4m^2c^2\omega}\boldsymbol{\sigma}.\boldsymbol{\kappa} \quad (3.15)$$

This term is well known for neutral atoms and corresponds to the coupling of the spin with the fictitious d.c. magnetic field associated with the rotating magnetic field $\mathbf{B}_r$ [23]. A simple classical derivation of this effect is given in appendix C.

We have not written (3.15) in (3.12), since this term is exactly cancelled by another one which will be discussed later on (and which does not exist for neutral atoms).

The three last lines of (3.12) represent spin-dependent interactions which do not exist for a neutral particle since they are direct consequences of the vibration of the charged particle in the i.e.w.

(ii) *The vibrating electron has a greater mass and, consequently, a smaller g factor.* — The third line of (3.12) may be interpreted as a correction resulting from the substitution of

$$m_{\text{eff}} = m + \frac{\mathcal{E}_v}{c^2}$$

to m in the electron g factor e/m appearing in the first term of $\mathcal{H}_{\text{eff}}^{\text{II}}$.

(iii) *The electron, vibrating in* $\mathbf{E}_r$, *sees a moving magnetic field which interacts with its spin magnetic moment.* — The moving magnetic field seen by the electron vibrating in $\mathbf{E}_r$ may be written as :

$$\mathbf{B}_{\text{mot}} = -\frac{1}{c^2}\mathbf{v}\times\mathbf{E}_r \,. \quad (3.16)$$

As $\mathbf{v}$ oscillates at the same frequency as $\mathbf{E}_r$, $\mathbf{B}_{\text{mot}}$ has a d.c. component which can be calculated by replacing in (3.16) $\mathbf{v}$ and $\mathbf{E}_r$ by the expressions (B.8) and (B.3) of appendix B and by averaging over a period $2\pi/\omega$ of the i.e.w. One gets in this way :

$$\overline{\mathbf{B}_{\text{mot}}} = -i\boldsymbol{\varepsilon}\times\boldsymbol{\varepsilon}^*\frac{eE^2}{2mc^2\omega} - \frac{e^2E^2}{4m^2c^2\omega^2}\times \left[(\boldsymbol{\varepsilon}^*.\mathbf{B}_0)\,\boldsymbol{\varepsilon} + (\boldsymbol{\varepsilon}.\mathbf{B}_0)\,\boldsymbol{\varepsilon}^* - 2\,\mathbf{B}_0\right]. \quad (3.17)$$

The spin magnetic moment couples to $\overline{\mathbf{B}_{\text{mot}}}$ giving rise to an interaction :

$$-\frac{1}{2}\frac{e\hbar}{2m}\boldsymbol{\sigma}.\overline{\mathbf{B}_{\text{mot}}} \,. \quad (3.18)$$

We have added a factor $\frac{1}{2}$ because of the Thomas precession.

The first term of (3.17) gives a B_0-independent interaction which only exists for circular or elliptical polarization and which can be written as

$$\frac{e^2\hbar E^2}{4m^2c^2\omega}\boldsymbol{\sigma}.\boldsymbol{\kappa} \quad (3.19)$$

in the case of right circular polarization (for which $i\boldsymbol{\varepsilon}\times\boldsymbol{\varepsilon}^* = \boldsymbol{\kappa}$). As mentioned above, we see that this term exactly cancels (3.15). It can be seen however that such a cancellation only occurs because we have taken the electron g factor exactly equal to 2 and also as a consequence of the relation $|\mathbf{E}_r| = c\,|\mathbf{B}_r|$ between $|\mathbf{E}_r|$ and $|\mathbf{B}_r|$ (the term (3.15) comes from the coupling with $\mathbf{B}_r$ whereas (3.19) involves $\mathbf{E}_r$). With other configurations of the electromagnetic field (such as those existing in cavities), one expects that a net effect should remain when one adds the expressions corresponding to (3.15) and (3.19).

The second term of (3.17) represents the consequences on $\overline{\mathbf{B}_{\text{mot}}}$ of the modifications of the electronic vibration induced by the static field $\mathbf{B}_0$. For example, for linear polarization, the first term of (3.17) vanishes ($\mathbf{E}_r$ and $\mathbf{v}$ are parallel for $\mathbf{B}_0 = 0$), but the effect of $\mathbf{B}_0$ is to transform the rectilinear motion of the electron into an elliptical one (see appendix B), and $\mathbf{v}\times\mathbf{E}_r$ gets a non-zero value. When inserted into (3.18), the last term of (3.17) gives exactly the fourth line of (3.12).

(iv) *The vibrating electron can* rectify *the magnetic field* $\mathbf{B}_r$ *of the i.e.w.* — The modulation of $\mathbf{B}_r(\mathbf{r}, t)$ due to the sinusoidal variation of the position $\mathbf{r}$ of the electron can combine with the temporal dependence of $\mathbf{B}_r(\mathbf{r}, t)$ ($e^{\pm i\omega t}$ factors) to give a d.c. term.

In the expansion of $\mathbf{B}_r(\mathbf{r}, t)$ in powers of $(\boldsymbol{\kappa}.\mathbf{r})$, the lowest order term depending on $\mathbf{r}$ is (see equation (B.2) of appendix B) :

$$-\frac{E\omega}{c^2\sqrt{2}}(\boldsymbol{\kappa}.\mathbf{r})\left[e^{-i\omega t}\,\boldsymbol{\kappa}\times\boldsymbol{\varepsilon} + e^{i\omega t}\,\boldsymbol{\kappa}\times\boldsymbol{\varepsilon}^*\right]. \quad (3.20)$$

Let us replace $\mathbf{r}$ in (3.20) by its oscillating component $\boldsymbol{\rho}$ computed in appendix B (expression (B.9)). After averaging over a period $2\pi/\omega$, one gets for the *rectified* magnetic field $(\mathbf{B}_r)_{\text{rect}}$:

$$(\mathbf{B}_r)_{\text{rect}} = -\frac{e^2E^2}{2m^2c^2\omega^2}\times \left\{(\boldsymbol{\kappa}\times\boldsymbol{\varepsilon}^*)\,[(\boldsymbol{\kappa}\times\boldsymbol{\varepsilon}).\mathbf{B}_0] + (\boldsymbol{\kappa}\times\boldsymbol{\varepsilon})\,[(\boldsymbol{\kappa}\times\boldsymbol{\varepsilon}^*).\mathbf{B}_0]\right\}. \quad (3.21)$$

It is clear from (3.20) that such a field only exists when $\boldsymbol{\kappa}.\mathbf{r} \neq 0$, i.e. when the vibration of the electron has a component along $\boldsymbol{\kappa}$. This explains why $(\mathbf{B}_r)_{\text{rect}}$ vanishes when $B_0 = 0$ since in that case the electron vibrates in a plane perpendicular to $\boldsymbol{\kappa}$.

$(\mathbf{B}_r)_{\text{rect}}$ couples to the spin magnetic moment, giving rise to an interaction $-\frac{e\hbar}{2m}\boldsymbol{\sigma}.(\mathbf{B}_r)_{\text{rect}}$ which exactly coincides with the last line of (3.12).

To summarize the results of this section, we see that all the terms of the effective hamiltonian have a very simple physical meaning and can be quantitatively interpreted in classical terms. Let's emphasize that the spin dependent terms have a completely different structure according to whether the particle which carries the magnetic moment is charged or not. A lot of new magnetic couplings appear as a consequence of the spatial vibration of the charge and cannot be simply interpreted through a change of the electron mass. Let us explain why, at this order of the calculation ($\mathcal{E}_v\,\mathcal{E}_b/mc^2$), no spin dependent terms appear which involve the static electric field $\mathbf{E}_0$. This is due to the fact that the electric force $e\mathbf{E}_0$ is static and does not affect the characteristics of the electron vibration. This is to be contrasted with the magnetic force $e\mathbf{v} \times \mathbf{B}_0$ which, through the sinusoidal variation of $\mathbf{v}$, can combine with $e\mathbf{E}_r$ to change appreciably the vibration of the charge, and, consequently, the magnetic coupling of the spin.

4. **Application to two simple problems.** — In this section, we apply the previous general results to two particular questions :

— how atomic Rydberg states are perturbed by a high frequency non-resonant light beam ?

— how the electron cyclotron motion and its spin precession are modified by an intense electromagnetic wave ?

We have seen that $\mathcal{E}_v$ is the important parameter of the problem ; let us give an order of magnitude for two experimental conditions ; a focused nitrogen laser delivering a flux of 1 GW/cm^2 or a focused CO_2 laser of 1 MW/cm^2 gives the same value 0.1 cm^{-1} (or 3 GHz) for $\mathcal{E}_v$. We will take these orders of magnitude as typical in the following.

4.1 PERTURBATION OF ATOMIC RYDBERG STATES. — It is well known that atomic energy levels are shifted by irradiation with non-resonant light (references are given in section 1). The calculation of those shifts requires the computation of the dipole matrix elements between the considered level and all the others, and a numerical summation of all their contributions. The effective hamiltonian, the eigenvalues of which are the perturbed energies, gives directly the result of this infinite summation. In counterpart of this great simplification, we are limited to states (n, l) which fulfill the high frequency condition :

$$-\hbar\omega \ll \mathcal{E}_{nl} < 0 . \qquad (4.1)$$

If we exclude the case of far UV light ($\hbar\omega > \text{Ry}$), only weakly bound states satisfy the condition (4.1). For these states, one can then make the Rydberg state approximation, i.e. consider the unperturbed energy levels as those of a single electron moving in a core potential $\mathcal{V}(r)$, which is central and coulombic at long range. The unperturbed Hamiltonian is then

$$\mathcal{H}_e = \frac{p^2}{2m} + \mathcal{V}(r) + \mathcal{H}_{\text{f.s.}} \qquad (4.2)$$

where $\mathcal{H}_{\text{f.s.}}$ is the fine structure hamiltonian. The perturbed energy levels then appear as those of a *dressed* electron moving in the same potential $\mathcal{V}(r)$.

In fact the condition (4.1) is not sufficient to ensure that the coupling of the initial state with energy levels far from it (at a distance $\hbar\omega$ or more) has negligible effects and thus that the complete high frequency condition (i) of section (2.4) is fulfilled. Photoionization or virtual transitions to deep bound states may occur. But, in such processes the velocity of the electron undergoes a large change, which implies that the electron be close to the nucleus in order to give it the recoil necessary to the momentum conservation. We thus expect the high frequency condition to be fulfilled when the electron remains far from the nucleus, that is for states with large angular momentum ($l \gg 1$). In the following, we essentially consider such states. We will precise later the exact validity conditions of the high frequency approximation.

4.1.1 *Effective hamiltonian.* — The effective hamiltonian in the presence of the light wave is deduced from (2.1). One finds :

$$\mathcal{H}_{\text{eff}} = \mathcal{H}_e + \mathcal{E}_v - \frac{\mathcal{E}_v}{mc^2}\frac{p^2}{2m} + \frac{\mathcal{E}_v}{3m\omega^2}\left(\frac{d^2\mathcal{V}}{dr^2} + \frac{2}{r}\frac{d\mathcal{V}}{dr}\right) + $$
$$+ \frac{\mathcal{E}_v}{3m\omega^2}\left(\frac{d^2\mathcal{V}}{dr^2} - \frac{1}{r}\frac{d\mathcal{V}}{dr}\right)\left(3\frac{(\boldsymbol{\varepsilon}.\mathbf{r})(\boldsymbol{\varepsilon}^*.\mathbf{r})}{r^2} - 1\right). \qquad (4.3)$$

The effect of the light beam is thus accounted for by adding four terms to the atomic hamiltonian :

i) The first term $\mathcal{E}_v$ is positive and represents the oscillatory kinetic energy of the electron in the light wave ; it appears as a mass shift of the dressed electron.

ii) The second term which is much smaller gives the corresponding correction to the electron kinetic energy.

iii) The third and the fourth terms arise from the electrostatic potential averaging by the vibrating electron (apparition of an electric form factor). We have split the corresponding corrective potential into its isotropic and anisotropic parts.

None of these terms concerns the electron spin. Corrections to the spin orbit coupling indeed exist, but are smaller than the terms considered here at least by a factor $\mathcal{E}_{nl}/\hbar\omega$.

4.1.2 *Perturbed energy diagram.* — Consider now the perturbation of the atomic energy levels brought by these four new terms in the electron hamiltonian.

The first term $\mathcal{E}_v$ shifts upwards all the Rydberg levels by the same quantity and cannot be detected on a transition between these states. Nevertheless in the cases considered here, the high frequency approximation cannot be applied also to the ground state and its energy shift is different from the one of the Rydberg states. For instance, if the perturbing light has a frequency lower than the atomic resonance line, the ground state is shifted downwards (see Fig. 3). Two-photon spectroscopy between the ground state and the Rydberg states [24, 25] could be used to measure the energy shift difference. In the typical examples described above, the 0.1 cm^{-1} expected shift is huge compared to the two-photon line width and could be easily detected.

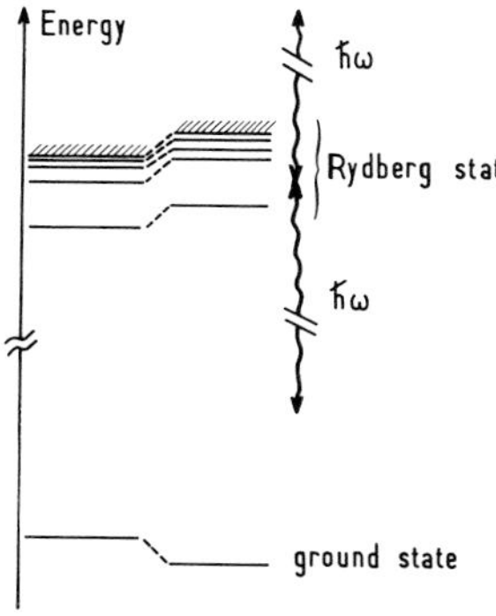

FIG. 3. — Effect of the first term of the effective hamiltonian : all the Rydberg states are shifted by the same amount with respect to the ground state which generally undergoes a different shift.

The second term changes the level energies by about 10^{-10} in the considered experimental examples, without perturbing the Zeeman degeneracy or the fine structure. We therefore neglect it in the following.

Only the third and fourth terms affect the relative positions of the Rydberg states. The third term commutes with the orbital angular momentum and only produces a shift of all the sublevels of a (n, l) configuration by the same quantity. This shift strongly depends on the atomic pseudo-potential $\mathcal{V}(r)$ seen by the outer electron. If $\mathcal{V}(r)$ is simply the mean potential due to the other atomic electrons, the shift can be written as

$$\mathcal{E}_v \frac{16\,\pi a_0^3}{3} \langle -\rho(r) + Z\delta(r) \rangle_{nl} \left(\frac{\text{Ry}}{\hbar\omega}\right)^2 \qquad (4.4)$$

where $\rho(r)$ is the core electron density. For $l \gg 1$, the mean value of the δ-function corresponding to the nucleus charge is zero, and the shift appears to be negative, proportional to the probability of finding the outer electron in the core.

The fourth term is an anisotropic zero mean value potential. For Rydberg states of many electron atoms, the fine structure is generally larger than this term and it can be treated as a perturbation in each fine structure sublevel. In each of these states, it is proportional to $\frac{3}{2}(\boldsymbol{\varepsilon}\mathbf{J})\,(\boldsymbol{\varepsilon}^*\,\mathbf{J}) + \frac{3}{2}(\boldsymbol{\varepsilon}^*\,\mathbf{J})\,(\boldsymbol{\varepsilon}\mathbf{J}) - J(J+1)$, and removes the Zeeman degeneracy of the atomic level in a way similar to the Stark effect. The splitting is about 40 MHz for $n = 10$ D state of sodium irradiated by the N_2 laser.

Hydrogen is a special case, because of the properties of Coulomb potential. The third term reduces to a δ-function (see formula (4.4)) and only shifts the (n, s) states. The other states $(l > 1)$ are unaffected. The fourth term of (4.3) has to be diagonalized within the whole set of (n, l) states (n fixed, and $0 < l < n - 1$), since they are degenerate. Fortunately, selection rules on both the angular and the radial parts of the matrix elements [26] make the fourth term of the effective hamiltonian diagonal in l. For a (n, l) level, it is equal to :

$$\frac{16}{n^3(2\,l-1)\,(2\,l+1)\,(2\,l+3)}\,\mathcal{E}_v \left(\frac{\text{Ry}}{\hbar\omega}\right)^2 \times$$
$$\times \frac{3(\boldsymbol{\varepsilon}.\mathbf{L})\,(\boldsymbol{\varepsilon}^*.\mathbf{L}) - l(l+1)\,\hbar^2 + \text{c.c.}}{2\,l(l+1)\,\hbar^2}\,. \qquad (4.5)$$

The ratio of this term to the (n, l) level fine structure is approximately $\mathcal{E}_v\,mc^2/l(\hbar\omega)^2$ and can be either smaller than 1 (it splits each fine structure state in a Stark-line pattern), or larger than 1 (the fine structure is then decoupled by the perturbation into separate spin doublets).

4.1.3 *Discussion.* — We have considered so far that the excited electron moves in the unperturbed core potential $\mathcal{V}(r)$. In fact, the atomic core is also subjected to the light wave and becomes polarized : this oscillating dipole interacts with the oscillating electron and creates another effective interaction potential between the core and the dressed electron. Quantum mechanically, this phenomenon is accounted for by the coupling of the one electron spectrum with the many excited electron spectra. If no particular resonance occurs, the corresponding effects are smaller than the fourth term of (4.3) by a factor $(\hbar\omega)^2/\text{Ry}\;\hbar\omega_e$ ($\hbar\omega_e$ being the core excitation energy).

We have already seen that the validity of the high frequency approximation seems questionable for low values of l. We have to discuss the magnitude of the matrix elements of $\mathcal{H}_{I_1}$ (formula (2.8)) between the Rydberg state (n, l) and other energy levels $\mathcal{E}'$, either in the discrete spectrum or in the continuum, which do not satisfy the condition $|\,\mathcal{E}_{nl} - \mathcal{E}'\,| \ll \hbar\omega$, and we have to verify under what conditions their effects are smaller than those studied so far which are of the order of $\mathcal{E}_v\left(\frac{\mathcal{E}_{nl}}{\hbar\omega}\right)^2$. The leading term of $\mathcal{H}_{I_1}$ is $\frac{e}{m}\,\mathbf{A}_r\,\mathbf{p}$ and its matrix elements are more easily evaluated in momentum space. We separate the angular part of the matrix element which obeys the selection rule $\Delta l = \pm 1$ and the radial part. Apart from the propagation factors in $\mathbf{A}_r$, which account for the photon momentum and which are negligible (the photon momentum is much smaller than that of the atomic electron), the radial matrix element is diagonal in p. Thus, if the wave functions of two atomic states do not overlap in the momentum space, they are not coupled by the interaction with the light wave. The radial momentum wave function of the Rydberg state (n, l) is centered at $p \approx \sqrt{2\,m\,|\,\mathcal{E}_{nl}\,|}$ (see ref. [27]). Its extension around this mean value is weak for $l \approx n$ (classically, the electron is orbiting at a nearly constant speed) and is much broader for low l (large speeds are reached by the electron near the nucleus).

Consider first the coupling of the Rydberg state with deep bound states ($\mathcal{E}_{n'l'} \lesssim -\hbar\omega$). The extension of such deep bound states in the momentum space is roughly $\sqrt{2\,m\hbar\omega}$ and the two wave functions clearly overlap. Hence, the radial matrix elements are generally not small. For instance, one can easily find that in hydrogen the coupling with the ground state produces a shift of the $(n, l = 1)$ state of the order of $\mathcal{E}_v(\mathcal{E}_{nl}/\hbar\omega)^{3/2}$, larger than the effects considered here. But if we restrict ourselves to Rydberg states such that $l \gg \sqrt{\mathrm{Ry}/\hbar\omega}$, they are coupled only to states (n', l') such that $l' = l \pm 1$, and hence $n' \gg \sqrt{\mathrm{Ry}/\hbar\omega}$; the energy of such states verifies $-\hbar\omega \ll -\mathrm{Ry}/n'^2 < 0$, so that all the bound states, to which the Rydberg state is coupled, fill the high frequency condition $|\,\mathcal{E}_{nl} - \mathcal{E}_{n'l'}\,| \ll \hbar\omega$.

The Rydberg state (n, l) is also coupled to continuum states whose energy is equal to or larger than $\mathcal{E}_{nl} + \hbar\omega \simeq \hbar\omega$. In momentum space, the wave function of a continuum state with energy $\mathcal{E}$ has a very small value for $0 < p < \sqrt{2\,m\mathcal{E}}$ (the probability to find the electron with a velocity smaller than its velocity at infinity is very small). The momentum distribution is mainly centered around $\sqrt{2\,m\mathcal{E}}$, and decreases at infinity as a power of $1/p$ which increases with l. Thus for $\mathcal{E} \gtrsim \hbar\omega$, the continuum wave function overlaps only the large p tail of the Rydberg state, for which analytical forms for hydrogenic wave-functions are easily found [27]. Starting from those considerations, the level shift and the broadening due to the coupling with the continuum can be roughly evaluated. They appear to be smaller than the terms considered here, provided that $l \gg \sqrt{\mathrm{Ry}/\hbar\omega}$. This condition has a simple semi-classical interpretation : the maximum electron momentum in the Rydberg state is reached when the electron is at its closest distance from the nucleus and is equal to $\hbar/la_0$; if it is smaller than the minimum momentum $\sqrt{2\,m\hbar\omega}$ for the continuum state, the two wave functions do not overlap and matrix elements are very small. Finally for Rydberg states, the high frequency condition is fulfilled if

$$-\hbar\omega \ll \mathcal{E}_{nl} < 0 \tag{4.6}$$

and

$$\sqrt{\frac{\mathrm{Ry}}{\hbar\omega}} \ll l\,. \tag{4.7}$$

One must also mention that, for very high n Rydberg states, energy shifts become smaller than the width of the levels due to Raman and Compton scattering (these processes are roughly independent of n and are characterized by a cross-section of the order of r_0^2, where r_0 is the electron classical radius). A simple calculation shows that n is thus restricted by :

$$n < (\alpha^{-1}\,\mathrm{Ry}/\hbar\omega)^{3/4} \tag{4.8}$$

which is about $n \approx 100$ for N_2 laser light, $n \approx 1\,000$ for CO_2 laser.

To conclude, Rydberg states are not in general dramatically affected by powerful optical irradiation. But observable changes of the level energies are nevertheless expected, which can be described by a simple effective hamiltonian. It would be interesting to investigate in more detail the case of low angular momentum states, for which the high frequency approximation made in the present theory is not appropriate.

4.2 Modification of the cyclotron and spin precession frequencies in a static magnetic field.

— We investigate now how the cyclotron and spin precession frequencies of an electron are modified by high frequency irradiation. We consider an electron orbiting in a constant uniform magnetic field $\mathbf{B}_0$ with a non-relativistic energy. As explained in section (2.3), we neglect in this paper the radiative corrections to the electron g-factor so that the cyclotron and the spin precession frequencies are equal :

$$\omega_0 = \omega_S = \frac{eB_0}{m}\,. \tag{4.9}$$

The uniform magnetic field is described by the usual vector potential :

$$\mathbf{A} = \tfrac{1}{2}\,\mathbf{B}_0 \times \mathbf{r}\,. \tag{4.10}$$

The non-relativistic limit of the unperturbed hamiltonian $\mathcal{H}_e$ is sufficient for our purpose (the electron is orbiting with a non-relativistic energy) :

$$\mathcal{H}_e = \frac{\pi_0^2}{2\,m} + \frac{-\,e\hbar}{2\,m}\,\boldsymbol{\sigma}.\mathbf{B}_0 \tag{4.11}$$

$$\boldsymbol{\pi}_0 = \mathbf{p} - e\mathbf{A}_0\,. \tag{4.12}$$

For a given value of the velocity along $\mathbf{B}_0$, the eigenvalues of the kinetic energy $\pi_0^2/2m$ are the Landau level energies $q\hbar\omega_0$ ($q = 0, 1, 2, \ldots$); the spin magnetic energy is $\pm \frac{1}{2}\hbar\omega_S$, so that one gets the energy diagram represented on figure 4a. As $\omega_0 = \omega_S$, there is a degeneracy between the two levels $(q, +)$ and $(q+1, -)$. Using the matrix elements of $\mathbf{r}$, $\boldsymbol{\pi}_0$ and $\boldsymbol{\sigma}$ between these energy levels, it is easy to show that the interaction of the electron with the i.e.w. only couples adjacent energy levels in the non-relativistic limit,

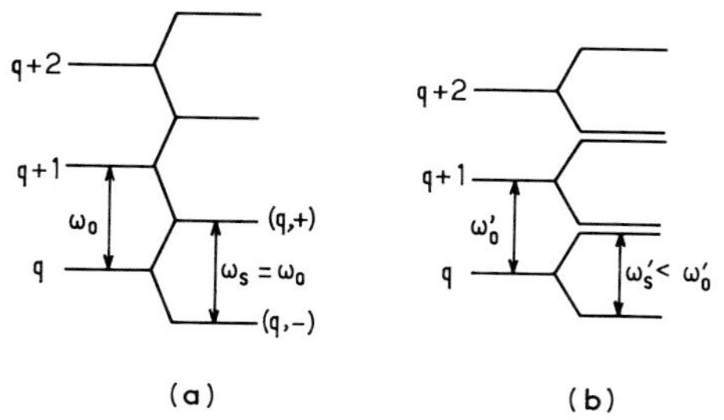

FIG. 4. — *a*) Unperturbed energy diagram of an electron in a magnetic field (radiative corrections to the electron g factor have been neglected). *b*) Energy diagram in an intense electromagnetic wave.

and obeys the selection rule $\Delta q \leqslant 3$ if the $1/c^2$ corrections are included. Thus if $\omega_0, \omega_S \ll \omega$, the high frequency condition is very well fulfilled. The motion in presence of the i.e.w. is described by the effective hamiltonian deduced from expressions (3.1) and (3.12) :

$$\begin{aligned}\mathcal{H}_{\text{eff}} &= \frac{\pi_0^2}{2m} - \frac{\mathcal{E}_v}{mc^2}\frac{\pi_0^2}{2m} + \\ &+ (\boldsymbol{\mu}.\boldsymbol{\kappa})\left(\frac{\mathbf{B}_0.\boldsymbol{\pi}_0}{mc} - 2\frac{(\boldsymbol{\kappa}.\mathbf{B}_0)(\boldsymbol{\kappa}.\boldsymbol{\pi}_0)}{mc}\right) + \\ &+ \left(\frac{-e\hbar}{2m}\right)\boldsymbol{\sigma}.\mathbf{B}_0 - \frac{\mathcal{E}_v}{mc^2}\left(\frac{-e\hbar}{2m}\right)\left[\frac{(\boldsymbol{\kappa}.\mathbf{B}_0)(\boldsymbol{\kappa}.\boldsymbol{\sigma})}{2} + \right. \\ &\left. + (\boldsymbol{\varepsilon}.\boldsymbol{\sigma})(\boldsymbol{\varepsilon}^*.\mathbf{B}_0) + ((\boldsymbol{\kappa}\times\boldsymbol{\varepsilon}).\boldsymbol{\sigma})((\boldsymbol{\kappa}\times\boldsymbol{\varepsilon}^*).\mathbf{B}_0) + \text{c.c.}\right].\end{aligned} \tag{4.13}$$

In this expression of $\mathcal{H}_{\text{eff}}$, constant terms independent of the electron variables have been discarded; $\boldsymbol{\mu}$ is defined by formula (3.7).

The effective hamiltonian is the sum of an orbital hamiltonian (first two lines) and a spin hamiltonian (last two lines). The cyclotron motion and the spin precession remain decoupled and can be studied separately. The new terms displayed by $\mathcal{H}_{\text{eff}}$ represent the dressing of the electron by the i.e.w. and have the following consequences :

i) *The cyclotron motion is slowed down.* — Let us suppose first that the i.e.w. is linearly polarized; $\boldsymbol{\mu} = 0$ and the term of the second line vanishes. The orbital hamiltonian reduces to $\pi_0^2/2m_{\text{eff}}$, taking into account the increased effective mass of the dressed electron defined by (3.2). The cyclotron frequency is proportional to m^{-1} so that the new cyclotron pulsation ω_0' is smaller than ω_0 :

$$\omega_0' = \omega_0\left(1 - \frac{\mathcal{E}_v}{mc^2}\right) \tag{4.14}$$

For an arbitrary polarization, the third term is non-zero, but does not change the previous result. It is linear in $\boldsymbol{\pi}_0$ and can be written as $-\mathbf{P}.\boldsymbol{\pi}_0$, where $\mathbf{P}$ is a vector proportional to $\mathcal{E}_v$. Neglecting terms in $\mathcal{E}_v^2$, we can express the whole first line of (4.13) as $(\boldsymbol{\pi}_0 - \mathbf{P})^2/2m_{\text{eff}}$. The components of $\mathbf{P}$ are c-numbers; the commutation rules of the components of $\boldsymbol{\pi}_0 - \mathbf{P}$ are identical to those of $\boldsymbol{\pi}_0$ so that the hamiltonian $(\boldsymbol{\pi}_0 - \mathbf{P})^2/2m_{\text{eff}}$ has the same Bohr frequencies than $\boldsymbol{\pi}_0^2/2m_{\text{eff}}$. It can be shown that the only physical consequence of this third term is a very slow drift velocity $\mathbf{P}/m$ added to the cyclotron motion.

Remark : One must remember that the evolution of the expectation values of the electronic observables cannot be computed simply by putting $\mathcal{H}_{\text{eff}}$ in the Ehrenfest (or Heisenberg) equations. The observables must be transformed first by U^+ as mentioned in paragraph 2.2 (remark ii).

ii) *The spin precession is slowed down more than the cyclotron motion.* — The second line of (4.13) may be interpreted as a Zeeman spin hamiltonian in a magnetic field $\mathbf{B}_0'$ slightly different from $\mathbf{B}_0$. For circular or linear polarization, this apparent magnetic field $\mathbf{B}_0'$ *seen* by the spin has a simple expression which can be easily calculated from (3.14) :

$$\mathbf{B}_0' = \mathbf{B}_0 - \frac{\mathcal{E}_v}{mc^2}(2\,\mathbf{B}_0 - \boldsymbol{\kappa}(\boldsymbol{\kappa}.\mathbf{B}_0)). \tag{4.15}$$

The component of $\mathbf{B}_0$ along the wave vector is reduced by $(1 - \mathcal{E}_v/mc^2)$, the other ones by $(1 - 2\mathcal{E}_v/mc^2)$. The perturbed spin precession is $\omega_S' = (-e\hbar/2m)B_0'$. According to (4.15), it depends on the direction of $\mathbf{B}_0$, but lies clearly between two limits :

$$\omega_S\left(1 - 2\frac{\mathcal{E}_v}{mc^2}\right) \leqslant \omega_S' \leqslant \omega_S\left(1 - \frac{\mathcal{E}_v}{mc^2}\right). \tag{4.16}$$

It can be easily shown that this result holds also for all the possible polarizations of the i.e.w. Therefore the spin precession frequency is always reduced by the interaction with the i.e.w. A more careful investigation of the contribution of the 4 different physical processes described in section (3.2) shows that : (i) The first two processes (smearing of the spin magnetic moment over a finite angle and increase of the electron mass) always reduce ω_S; (ii) The corrections associated with the last two processes (motional fields and rectification effects) may have both signs, but cannot change the sign of the overall correction which is always negative. Comparing (4.16) to (4.14), it appears that the spin precession frequency is reduced more than the cyclotron frequency. It follows that the energy diagram of figure 4*a* is perturbed as shown in figure 4*b*. To realize experimentally such an energy diagram, stimulated corrections are required to be at least 10^{-2} (at least larger than the spontaneous radiative corrections which are known to be 10^{-3} and that we have neglected so far). To achieve this, one finds that a light flux of about 10^{15} W/cm^2 would be necessary. Such a light intensity is for the moment beyond the experimental possibilities. With the available fluxes given in the introduction of section 4, the corrections to the cyclotron and spin precession frequencies are expected to be of the order of 10^{-9}.

The results discussed in this section are nevertheless interesting from a theoretical point of view, in connection with the questions raised in the introduction. Many attempts have been made to derive simply the $g - 2$ correction of the electron magnetic moment [28, 20]. Following Welton [28] some of these derivations try to interpret $g - 2$ as resulting from the vibration of the electron spin induced by the electromagnetic field vacuum fluctuations, considered as an applied field. From the results obtained in the present paper, we think that we can put forward the following points :

(i) A consistent calculation must start from an electronic hamiltonian which includes relativistic corrections to the interaction between the electron and the electromagnetic field (mass correction, spin-orbit coupling, retardation effects). Taking into account only the coupling of the spin magnetic moment with the magnetic field of the i.e.w. leads to incomplete results.

(ii) Even a consistent calculation, which includes relativistic corrections, fails to produce an enhancement of the electron magnetic moment. If one averages over the polarization and the direction of the wave, the electron g-factor is in fact more reduced than a neutral particle g-factor. This fact can be clearly attributed to the existence of the electron charge, which causes supplementary couplings between the spin and the fields. Thus, one cannot invoke the electron charge nor *the relativistic nature of the spin* to explain the failure of a Welton type calculation.

(iii) Finally, even if one considers that only the relative magnitude of the spin precession frequency to the cyclotron frequency has a physical significance, one always finds a negative correction. This seems to indicate that spontaneous renormalization of the electron properties is qualitatively different from the stimulated one. A term to term comparison between spontaneous and stimulated effects associated to a given mode of the e.m. field would be interesting to understand this difference. The effective hamiltonian formalism developed here appears to be very well suited for such a comparison, since stimulated and spontaneous terms are given in the same way by a unique calculation (see formula (2.16)). We will consider such a problem elsewhere.

Appendix A : Calculation of the effective Hamiltonian matrix elements. — Let us rename $| a \rangle, | a' \rangle \ldots$ the eigenstates of the unperturbed Hamiltonian $\mathcal{H}_e + \mathcal{H}_f$ belonging to the multiplicity $\mathcal{E}_N$, $| b \rangle, | b' \rangle \cdots$ those belonging to all other multiplicities $\mathcal{E}_{N'}$ $(N' \neq N)$, and $\lambda\mathcal{H}_I$ the perturbation which couples the states $| a \rangle$ and $| b \rangle$.

We want to find a unitary transformation $U = e^{iS}$ (S : hermitian operator) which eliminates up to λ^2, the *off-diagonal* part of the coupling i.e. : For each $| a \rangle$ and $| b \rangle$:

$$\langle a | e^{iS}(\mathcal{H}_e + \mathcal{H}_f + \lambda\mathcal{H}_I) e^{-iS} | b \rangle = \mathcal{O}(\lambda^2) . \quad (A.1)$$

As a matter of fact, this condition does not completely specify the transformation e^{iS} : if a given operator e^{iS} satisfies (A.1), the whole set of operators of the form $A\, e^{iS}$ also satisfies (2.1), if A is a *diagonal* unitary operator (i.e. only acting inside each multiplicity $\mathcal{E}_N$). We therefore require S to be completely *off-diagonal*, more precisely : For each $| a \rangle$, $| a' \rangle$, $| b \rangle$, $| b' \rangle$:

$$\langle a | S | a' \rangle = \langle b | S | b' \rangle = 0 . \quad (A.2)$$

Let us now expand S in powers of λ :

$$S = S_0 + \lambda S_1 + \lambda^2 S_2 + \cdots \quad (A.3)$$

If we use the identity :

$$e^{iS} A\, e^{-iS} = A + i[S, A] - \tfrac{1}{2}[S, [S, A]] + \cdots \quad (A.4)$$

we are now able to expand the left side of eq. (A.1) in powers of λ. The $(\lambda)^0$ coefficient is 0 if we take $S_0 = 0$. Equating the $(\lambda)^1$ coefficient to 0, we obtain the following equation for S_1 :

$$\langle a | \mathcal{H}_I | b \rangle + i \langle a | [S_1, \mathcal{H}_e + \mathcal{H}_f] | b \rangle = 0 \quad (A.5)$$

which gives for the *off-diagonal* matrix elements of S_1 :

$$\langle a | S_1 | b \rangle = i \frac{\langle a | \mathcal{H}_I | b \rangle}{\mathcal{E}_b - \mathcal{E}_a} \quad (A.6)$$

(all other matrix elements of S_1 are 0).

We can now use expression (A.6) to calculate the matrix elements of $\mathcal{H}_{\text{eff}}$ inside the multiplicity $\mathcal{E}_N$:

$$\begin{aligned} \langle a | \mathcal{H}_{\text{eff}} | a' \rangle &= \langle a | e^{iS}(\mathcal{H}_e + \mathcal{H}_f + \lambda\mathcal{H}_I) e^{-iS} | a' \rangle = \\ &= \langle a | \mathcal{H}_e + \mathcal{H}_f | a' \rangle + i\lambda^2 \langle a | [S_1, \mathcal{H}_I] | a' \rangle - \\ &- \tfrac{1}{2} \lambda^2 \langle a | [S_1, [S_1, \mathcal{H}_0 + \mathcal{H}_e]] | a' \rangle + \cdots \quad (A.7) \end{aligned}$$

We have used eq. (A.4) and condition (A.2). S_2 only contributes to higher order terms in λ. So, we only need the expression (A.6) of S_1 in order to compute $\mathcal{H}_{\text{eff}}$ up to second order in λ. After a few calculations, we obtain the final expression of the matrix elements of $\mathcal{H}_{\text{eff}}$ inside the multiplicity $\mathcal{E}_N$:

$$\langle a \mid \mathcal{H}_{\text{eff}} \mid a' \rangle = \langle a \mid \mathcal{H}_{\text{e}} + \mathcal{H}_{\text{f}} \mid a' \rangle + + \frac{1}{2} \lambda^2 \sum_b \left(\frac{1}{\mathcal{E}_a - \mathcal{E}_b} + \frac{1}{\mathcal{E}_{a'} - \mathcal{E}_b} \right) \times \times \langle a \mid \mathcal{H}_{\text{I}} \mid b \rangle \langle b \mid \mathcal{H}_{\text{I}} \mid a' \rangle . \quad (\text{A}.8)$$

If we come back to the notations of paragraph 2.2, we are led to the expression of eq. (2.12).

Appendix B : Classical vibration of an electron in a plane electromagnetic wave. — • ELECTRIC AND MAGNETIC FIELDS OF THE PLANE WAVE. — The expressions of $\mathbf{E}_r(\mathbf{r}, t)$ and $\mathbf{B}_r(\mathbf{r}, t)$ are obtained by replacing the corresponding quantum operators a and a^+ by $\sqrt{N}\, \text{e}^{-i\omega t}$ and $\sqrt{N}\, \text{e}^{i\omega t}$

$$\mathbf{E}_r(\mathbf{r}, t) = \frac{iE}{\sqrt{2}} (\text{e}^{i\mathbf{k}.\mathbf{r}}\, \text{e}^{-i\omega t}\, \boldsymbol{\varepsilon} - \text{e}^{-i\mathbf{k}.\mathbf{r}} \text{e}^{i\omega t}\, \boldsymbol{\varepsilon}^*) \quad (\text{B}.1)$$

$$\mathbf{B}_r(\mathbf{r}, t) = \frac{iE}{c\sqrt{2}} (\text{e}^{i\mathbf{k}.\mathbf{r}}\, \text{e}^{-i\omega t}\, \boldsymbol{\kappa} \times \boldsymbol{\varepsilon} - \text{e}^{-i\mathbf{k}.\mathbf{r}} \text{e}^{i\omega t}\, \boldsymbol{\varepsilon}^*) . \quad (\text{B}.2)$$

• VIBRATION OF THE ELECTRON. — Since we are interested in small corrections due to the vibration of the electron, one can show that it is sufficient to calculate this vibration to zeroth order in v/c. So, we will neglect the effect of the magnetic force $e\mathbf{v} \times \mathbf{B}_r$, which is v/c times smaller than the electric force $e\mathbf{E}_r$, and we will replace $\text{e}^{\pm i\mathbf{kr}}$ by 1, which gives for $\mathbf{E}_r$:

$$\mathbf{E}_r(t) = \frac{iE}{\sqrt{2}} (\text{e}^{-i\omega t}\, \boldsymbol{\varepsilon} - \text{e}^{i\omega t}\, \boldsymbol{\varepsilon}^*) . \quad (\text{B}.3)$$

The equation of motion of the electron is :

$$m \frac{\text{d}\mathbf{v}}{\text{d}t} = \frac{ieE}{\sqrt{2}} (\text{e}^{-i\omega t}\, \boldsymbol{\varepsilon} - \text{e}^{i\omega t}\, \boldsymbol{\varepsilon}^*) + e\mathbf{E}_0 + e\mathbf{v} \times \mathbf{B}_0 \quad (\text{B}.4)$$

where $\mathbf{E}_0$ and $\mathbf{B}_0$ are the static electric and magnetic fields which are eventually applied.

(i) *Vibration in absence of external static fields* ($\mathbf{E}_0 = \mathbf{B}_0 = 0$). — Let us call $\boldsymbol{\rho}$ the deviation of the electron from its average position. When $\mathbf{E}_0 = \mathbf{B}_0 = 0$, eq. (B.4) is readily integrated to give :

$$\mathbf{v} = - \frac{eE}{m\omega\sqrt{2}} (\text{e}^{-i\omega t}\, \boldsymbol{\varepsilon} + \text{e}^{i\omega t}\, \boldsymbol{\varepsilon}^*) \quad (\text{B}.5)$$

$$\boldsymbol{\rho} = - i \frac{eE}{m\omega^2\sqrt{2}} (\text{e}^{-i\omega t}\, \boldsymbol{\varepsilon} - \text{e}^{i\omega t}\, \boldsymbol{\varepsilon}^*) = - \frac{e}{m\omega} \mathbf{E}_r(t) . \quad (\text{B}.6)$$

The electron vibrates in phase with $\mathbf{E}_r$ ($e < 0$).

For a linear polarization ($\boldsymbol{\varepsilon} = \boldsymbol{\varepsilon}^*$), the electron vibrates along $\boldsymbol{\varepsilon}$ with an amplitude $eE\sqrt{2}/m\omega^2$ (Fig. 5*a*).

For a circular polarization, it moves at frequency ω on a small circle of radius $eE/m\omega^2$, in a plane perpendicular to $\boldsymbol{\kappa}$ (Fig. 5*b*).

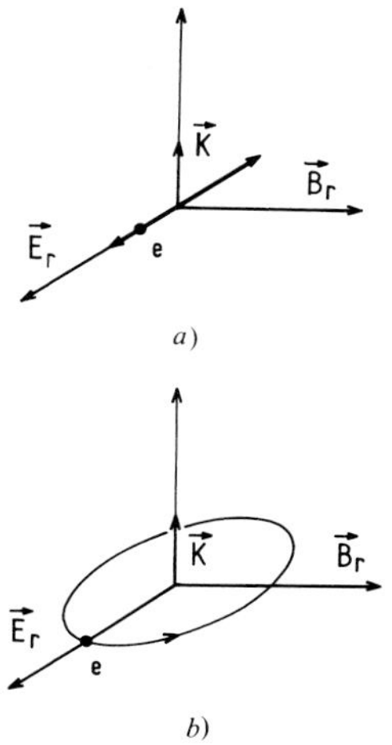

FIG. 5. — Classical motion of an electron : *a*) in a linearly polarized plane wave, *b*) in a circularly polarized plane wave ($\mathbf{E}_r$, $\mathbf{B}_r$ electric and magnetic fields of the plane wave).

In all cases, the mean kinetic energy (averaged over a period $2\pi/\omega$ of the i.e.w.) is :

$$\mathcal{E}_v = \overline{\frac{1}{2} mv^2} = \frac{1}{4} \frac{e^2 E^2}{m\omega^2} (\boldsymbol{\varepsilon}.\boldsymbol{\varepsilon}^* + \boldsymbol{\varepsilon}^*.\boldsymbol{\varepsilon}) = \frac{e^2 E^2}{2\, m\omega^2} . \quad (\text{B}.7)$$

(ii) *Vibration in presence of external static fields.* — The electric force $e\mathbf{E}_0$ is static and cannot affect the high frequency vibration of the electron. This is not the case for the magnetic force $e\mathbf{v} \times \mathbf{B}_0$ which oscillates at frequency ω as a consequence of the modulation of $\mathbf{v}$. So, we will completely ignore $\mathbf{E}_0$ in the following.

We are interested in corrections to the electronic vibration to first order in B_0. So, we can replace in the magnetic force $e\mathbf{v} \times \mathbf{B}_0$ of eq. (B.4) $\mathbf{v}$ by the zeroth order solution (B.5), independent of $\mathbf{B}_0$. The equation of motion so obtained is readily integrated to give :

$$\mathbf{v} = - \frac{eE}{m\omega\sqrt{2}} (\text{e}^{-i\omega t}\, \boldsymbol{\varepsilon} + \text{e}^{i\omega t}\, \boldsymbol{\varepsilon}^*) - i \frac{e^2 E}{m^2\, \omega^2\sqrt{2}} \times \times (\text{e}^{-i\omega t}\, \boldsymbol{\varepsilon} \times \mathbf{B}_0 - \text{e}^{i\omega t}\, \boldsymbol{\varepsilon}^* \times \mathbf{B}_0) \quad (\text{B}.8)$$

$$\boldsymbol{\rho} = - i \frac{eE}{m\omega^2\sqrt{2}} (\text{e}^{-i\omega t}\, \boldsymbol{\varepsilon} - \text{e}^{i\omega t}\, \boldsymbol{\varepsilon}^*) + \frac{e^2 E}{m^2\, \omega^3\sqrt{2}} \times \times (\text{e}^{-i\omega t}\, \boldsymbol{\varepsilon} \times \mathbf{B}_0 + \text{e}^{i\omega t}\, \boldsymbol{\varepsilon}^* \times \mathbf{B}_0) . \quad (\text{B}.9)$$

The last terms of eq. (B.8) and (B.9) give the modification introduced by $\mathbf{B}_0$.

For a linear polarization ($\boldsymbol{\varepsilon} = \boldsymbol{\varepsilon}^*$), the electronic vibration which was rectilinear in the absence of $\mathbf{B}_0$ becomes elliptical. The large axis of the ellipse is along $\boldsymbol{\varepsilon}$ and has a length $eE\sqrt{2}/m\omega^2$. The small axis is along $\boldsymbol{\varepsilon} \times \mathbf{B}_0$ with a length $\frac{eE\sqrt{2}}{m\omega^2}\frac{eB_0}{m\omega}$. As $\boldsymbol{\varepsilon} \times \mathbf{B}_0$ is not in general perpendicular to $\boldsymbol{\kappa}$, the vibration of the electron gets a small component along $\boldsymbol{\kappa}$.

For circular polarization, one can show from (B.9) that the motion of the electron consists of a circular motion at frequency ω in the plane perpendicular to $\boldsymbol{\kappa}$ with a radius

$$\left(1 - \frac{e}{m\omega}\mathbf{B}_0.\boldsymbol{\kappa}\right)\frac{eE}{m\omega^2},$$

and of a vibration along $\boldsymbol{\kappa}$ which depends on the projection of $\mathbf{B}_0$ in the plane perpendicular to $\boldsymbol{\kappa}$. So, the effect of $\mathbf{B}_0$ is to change slightly the radius of the circle of figure 5*a* and to introduce a component of the vibration along $\boldsymbol{\kappa}$.

Appendix C : Fictitious d.c. magnetic field associated with a circularly polarized plane wave. — We have represented on figure 6, the electric and magnetic fields $\mathbf{E}_r$ and $\mathbf{B}_r$ of the circularly polarized plane wave. Let us consider the reference frame Σ_r rotating with $\mathbf{B}_r$ around $\boldsymbol{\kappa}$ (we suppose a right circular polarization).

In Σ_r, $\mathbf{B}_r$ is static, but the spin *sees* another static field $-\frac{\omega}{\gamma}\boldsymbol{\kappa}$ (where $\gamma = \frac{e}{m}$ is the gyromagnetic ratio), much larger than $\mathbf{B}_r$ (Larmor's theorem). The Larmor frequency around the total field $\mathbf{B}_e = \mathbf{B}_r - \frac{\omega}{\gamma}\boldsymbol{\kappa}$ is :

$$\gamma\left(B_r^2 + \frac{\omega^2}{\gamma^2}\right)^{1/2} = \omega\left(1 + \frac{e^2 B_r^2}{m^2\omega^2}\right)^{1/2} \approx \omega + \frac{e^2 B_r^2}{2m^2\omega}.$$

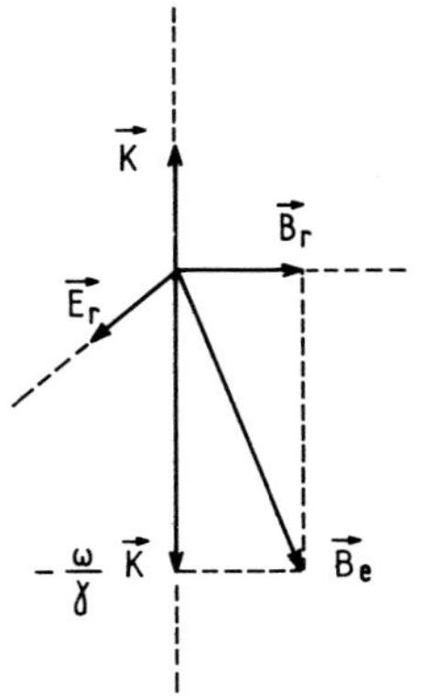

FIG. 6. — Various fields acting on the spin in the reference frame Σ_r rotating with $\mathbf{B}_r$ around $\boldsymbol{\kappa}$.

When coming back to the laboratory frame, we see that the main motion of the spin is a precession around $\boldsymbol{\kappa}$ with a frequency

$$\omega - \left(\omega + \frac{e^2 B_r^2}{2m^2\omega}\right) = -\frac{e^2 B_r^2}{2m^2\omega}.$$

This precession can be considered as due to a *fictitious* magnetic field

$$\mathbf{B}_f = \frac{e}{2m}\frac{B_r^2}{\omega}\boldsymbol{\kappa}$$

giving rise to a magnetic energy $-\frac{\hbar}{2m}\boldsymbol{\sigma}.\mathbf{B}_f$ which exactly coincides with (3.15) when we use the relation

$$|\mathbf{B}_r| = \frac{|\mathbf{E}_r|}{c} = \frac{E}{c} \qquad \text{(C.1)}$$

between the magnetic and electric fields of a circularly polarized plane wave.

References

[1] BARRAT, J. P., COHEN-TANNOUDJI, C., *J. Phys. Radium* **22** (1961) 329 and 443.
[2] COHEN-TANNOUDJI, C., *Annls. Phys.* **7** (1962) 423 and 469.
[3] COHEN-TANNOUDJI, C., DUPONT-ROC, J., *Phys. Rev. A* **5** (1972) 968.
[4] HAPPER, W., *Rev. Mod. Phys.* **44** (1972) 169.
[5] BJORKHOLM, J. E., LIAO, P. F., *Phys. Rev. Lett.* **34** (1975) 1.
[6] ALEKSANDROV, E. B., BONCH-BRUEVICH, A. M., KOSTIN, N. N., KHODOVOI, V. A., *Sov. Phys. JETP* **29** (1969) 82.
[7] PLATZ, P., *Appl. Phys. Lett.* **16** (1970) 70.
[8] DUBREUIL, B., RANSON, P., CHAPELLE, J., *Phys. Lett.* **42A** (1972) 323.
[9] COHEN-TANNOUDJI, C., Cargèse Lectures in Physics, Edited by M. Levy, Vol. 2 (Gordon and Breach) 1968.
[10] HAROCHE, S., COHEN-TANNOUDJI, C., AUDOUIN, C., SCHERMANN, J. P., *Phys. Rev. Lett.* **24** (1970) 861.
[11] HAROCHE, S., *Annls. Phys.* **6** (1971) 189 and 327 and refs in •
[12] SCHWINGER, J. S., *Phys. Rev.* **73** (1947) 416.
[13] EBERLY, J. H., *Progress in Optics* VII, E. Wolf editor (North Holland) 1969, p. 361.
[14] LANDAU, L. D., LIFCHITZ, E. M., Vol. 4, Part I : *Relativistic Quantum Theory* (Pergamon Press) 1971.
[15] REISS, H. R., EBERLY, J. H., *Phys. Rev.* **151** (1966) 1058.
[16] BERSON, I., *Sov. Phys. JETP* **29** (1969) 871.
[17] BAGROV, V. G., BOSRIKOV, P. V., GITMAN, D. M., *Izv. Vyssh. Uchebn. Zaved Radiofiz.* **16** (1973) 129.
[18] FEDOROV, M. V., KAZAKOV, A. E., *Z. Phys.* **261** (1973) 191.
[19] JANNER, A., JANSSEN, T., *Physica* **60** (1972) 292.
[20] LAI, S. A., KNIGHT, P. L., EBERLY, J. H., *Phys. Rev. Lett.* **32** (1974) 494 and ref. in •
See for instance :
ARUNASALAM, V., *Phys. Rev. Lett.* **28** (1972) 1499 ;
SENITZKY, I. R., *Phys. Rev. Lett.* **31** (1973) 955 ;
BOURRET, R., *Lett. Nuovo Cimento* **7** (1973) 801 ;

ITZYKSON, C., *Commun. Math. Phys.* **36** (1974) 19 ;
LAI, S. B., KNIGHT, P. L., EBERLY, J. H., *Phys. Rev. Lett.* **32** (1974) 494 and **35** (1975) 124 ;
BABIKER, M., *Phys. Rev. A* **12** (1975) 1911.

[21] FABRE, C., Thèse de 3e cycle, Paris (1974).

[22] HEGSTROM, A., *Phys. Rev. A* **7** (1973) 451.

[23] LE DOURNEUF, M., COHEN-TANNOUDJI, C., DUPONT-ROC, J., HAROCHE, S., *C. R. Hebd. Séan. Acad. Sci.* **272** (1971) 1048.

[24] LEVENSON, M. D., HARPER, C. D., EISLEY, G. L., in *Laser Spectroscopy Proceedings of the 2nd International Conference*, Haroche S. *et al.* editors (Springer Verlag) (1975) p. 452.

[25] KATO, Y., STOICHEFF, B. B., *J. Opt. Soc. Am.* **66** (1976) 490.

[26] PASTERNAK, S., STERNHEIMER, R. M., *J. Math. Phys.* **3** (1962) 1280.

[27] BETHE, H. A., SALPETER, E. E., *Quantum Mechanics of one- and two-electron atoms* (Springer Verlag) 1957.

[28] WELTON, T. A., *Phys. Rev.* **74** (1948) 1157.

Paper 5.2

J. Dupont-Roc, C. Fabre, and C. Cohen-Tannoudji, "Physical interpretations for radiative corrections in the nonrelativistic limit," *J. Phys.* **B11**, 563–579 (1978).

As shown in paper 5.1, the modifications of the dynamical properties of a weakly bound electron due to its coupling with a high frequency mode ω of the radiation field can be described by an effective Hamiltonian. This Hamiltonian contains N-dependent terms, where N is the number of photons in the mode ω, as well as N-independent terms. N-dependent terms are calculated in paper 5.1. This paper focuses on N-independent terms and tries to interpret them by comparison with the N-dependent ones.

The general idea followed here is to write the N-independent terms as a sum of two expressions, the first one having the same structure as the N-dependent terms, except that N is replaced by 1/2. This first expression describes the radiative corrections due to the vibration of the electron in vacuum fluctuations which have a spectral power density equal to $\hbar\omega/2$ per mode. The remaining terms are interpreted as being due to the interaction of the electron with the field that it creates itself in the mode ω. They can thus be considered as the contribution of the mode ω to the radiative corrections due to radiation reaction. Such an interpretation was confirmed a few years later by a Heisenberg equations approach (see paper 5.3).

These general considerations can be applied to two basic radiative corrections, the Lamb shift and the spin anomaly. One finds that, in the nonrelativistic domain considered here, the Lamb shift is due to vacuum fluctuations, which confirms the physical picture given by T. A. Welton in 1948 (*Phys. Rev.* **74**, 1157) of an electron vibrating in the vacuum field and averaging the Coulomb potential of the nucleus over a finite volume. As for the g – factor, it can be written as $2\omega_L/\omega_C$, where ω_L is the Larmor frequency of the electron spin in a weak static field and ω_C the cyclotron frequency of the electron charge in the same field. In the absence of radiative corrections, $\omega_L = \omega_C$ and $g = 2$. The main conclusion of this paper is that both ω_L and

ω_C are reduced by radiative corrections, ω_C being more reduced than ω_L because of radiation reaction (in the nonrelativistic domain, a charge is more coupled to its self-field than a magnetic moment). This explains why $g = 2\omega_L/\omega_C$ increases. This calculation was extended a few years later into the relativistic domain, to all orders in $1/c$ but to first order in the fine structure constant α [see J. Dupont-Roc and C. Cohen-Tannoudji, in *New Trends in Atomic Physics, Les Houches XXXVIII*, 1982, eds. G. Grynberg and R. Stora (Elsevier, 1984), Vol. I, p. 157]. The previous physical interpretation remains valid since the contribution of nonrelativistic modes ($\hbar\omega < mc^2$) is predominant in the integral giving $g - 2$ [see also Eq. (72) and Fig. 2 of the review paper 5.4].

J. Phys. B: Atom. Molec. Phys., Vol. 11, No. 4, 1978. Printed in Great Britain. © 1978

Physical interpretations for radiative corrections in the non-relativistic limit

J Dupont-Roc, C Fabre and C Cohen-Tannoudji
Laboratoire de Spectroscopie Hertzienne† de l'ENS et Collège de France, 24 rue Lhomond, 75231 Paris Cedex 05, France

Received 26 July 1977

Abstract. We present a detailed physical discussion of the contribution of non-relativistic modes of the radiation field to electron radiative corrections (Lamb shift, $g-2$). We show that these corrections can be described by a simple effective Hamiltonian, derived from a single-particle theory, and that two main physical effects are involved: the vibration of the electron charge and spin moment due to vacuum fluctuations, and the radiation reaction of the charge. We find that the positive sign of $g-2$ is entirely due to the radiation reaction which slows down the cyclotron motion, whereas the Lamb shift results from the averaging of the Coulomb potential by the vibrating electron (Welton's picture). We discuss briefly many-particle effects and the contributions of relativistic modes. They do not seem to alter these conclusions.

1. Introduction

When an electron interacts with an electromagnetic wave, its position and the direction of its spin vibrate at the frequency ω of the incident wave. If, in addition, this electron is submitted to weak static electric or magnetic fields, a slow motion due to the static fields is superimposed on the high-frequency vibration. These two motions are actually not independent: the high-frequency vibration modifies the dynamical response of the electron to the static fields and perturbs its slow motion.

In a previous publication (Avan *et al* 1976) we have investigated this 'renormalisation' of the electron properties induced by the interaction with an electromagnetic wave. The new dynamical properties of the electron are described by an effective Hamiltonian $\mathscr{H}_{\mathrm{eff}}$ valid at the high-frequency limit (ω large compared to the frequencies characterising the slow motion) and including all relativistic corrections up to $1/c^2$. The incident wave is described quantum mechanically (for reasons which will be explained later). If one only keeps the terms of $\mathscr{H}_{\mathrm{eff}}$ proportional to the number N of photons (stimulated terms), the quantum aspects of the electromagnetic field do not play any role. An identical expression for $\mathscr{H}_{\mathrm{eff}}$ would be derived from a semiclassical approach. Therefore, the semiclassical pictures given above to describe the electron motion are quite appropriate.

In this paper we try to describe, by such simple physical pictures, the modifications of the electron dynamical properties due to its interaction with the vacuum

† Associé au CNRS.

('spontaneous renormalisation'). The problem of the physical interpretation of radiative corrections has already received a lot of attention (Welton 1948, Koba 1949, Feynman 1962, Bourret 1973, Itzykson 1974, Senitzky 1973, Lai *et al* 1974, 1975, Weisskopf 1974, Grotch and Kazes 1975, 1977, Baier and Mil'Shtein 1976), but some points remain unclear (for instance, is there a simple explanation for the electron spin magnetic moment anomaly?)

We present here an approach to these problems based on a comparison between the N-dependent and N-independent terms of the effective Hamiltonian describing the effect of a given mode of the electromagnetic field. In more physical terms, we try to understand the spontaneous renormalisation of the electron properties by comparing it with the stimulated one, which can be described by simple physical pictures. This is the reason why we have previously used a quantum description of the electromagnetic field although it was not essential for discussing the stimulated terms: the same calculation gives simultaneously the stimulated and spontaneous corrections and allows a term to term comparison. As in the previous paper, we consider only a non-relativistic mode ($\hbar\omega \ll mc^2$), with a frequency much higher than the characteristic frequencies of the electron (high-frequency limit) and we keep all relativistic corrections up to order $1/c^2$.

Of course, it could be objected that this approach to the electron radiative corrections is too naive. The covariant QED calculations of these corrections are well established and it seems more appropriate to try to extract directly some physical pictures from this theory. Actually, one cannot progress very far in this direction (Feynman 1962). It seems that there are fundamental reasons for that: the boundary conditions of the Feynman propagator which simplify considerably the algebraic computations imply in counterpart that several distinct physical processes are described by the same diagram (emission and reabsorption of photons, virtual creation and annihilation of an electron–positron pair...). Furthermore, the explicit covariance of the theory does not allow an easy separation in a given reference frame between electric and magnetic effects (a given vertex describes the interaction of the electron charge and that of the spin magnetic moment as well). It is therefore not surprising that these covariant expressions can be discussed only in very general terms like emission and absorption of photons and that the connection with our naive daily image of the electron is difficult.

In order to derive more elementary but more precise physical pictures, one is led to give up the explicit covariance of the theory and to analyse the radiative corrections in a given reference frame, generally chosen such that the electron is not relativistic†. Along these lines, one can mention the first evaluation of the Lamb shift by Bethe (1947) and its physical interpretation by Welton (1948), and the calculation and interpretation of the electron self-energy by Weisskopf (1939).

In this paper we adopt this point of view and we introduce one more restriction by considering only, in a first step, the effect of non-relativistic modes ($\hbar\omega \ll mc^2$). It is therefore clear that the interpretations which will be proposed are only valid in this limited domain and do not cover *a priori* the whole physics of radiative corrections. On the other hand, all the involved physical processes can be easily identified. In a second step, which will be considered in a subsequent paper, we will get rid of the restriction of non-relativistic modes and show that the contribution of the relativistic mode does not change the physical conclusions derived here drastically.

† This does not imply that in the virtual intermediate states the electron remains non-relativistic.

This paper is divided into four parts. After a brief outline of the effective Hamiltonian method (§2), the spontaneous terms of this Hamiltonian are displayed and their physical content analysed (§3). Taking advantage of these results, we investigate in §4 the physical interpretation of two well known radiative corrections: the Lamb shift and the electron anomalous g factor. We compare our conclusions with those of various authors interested in these problems. Finally, we analyse in §5 the limitations of the present approach, and the improvements to be effected in the effective Hamiltonian method in order to establish closer connections with QED covariant calculations.

2. The effective Hamiltonian method

We present here a general outline of the theory. We give just the principle of the calculation and its physical basis rather than detailed expressions which are quite lengthy. More details can be found in Avan *et al* (1976).

2.1. Notation and the basic Hamiltonian

We consider an electron (mass m, charge e), subjected to static electric and magnetic fields ($\boldsymbol{E}_0$ and $\boldsymbol{B}_0$) deriving from the potentials ϕ_0 and $\boldsymbol{A}_0$ in the Coulomb gauge. The electron interacts with a mode of the electromagnetic field, quantised in the Coulomb gauge in a box of volume L^3. The mode is characterised by its wavevector $\boldsymbol{k}$, and its polarisation $\boldsymbol{\epsilon}$, supposed to be real. We shall also use $\omega = ck$ and $\boldsymbol{\kappa} = \boldsymbol{k}/k$. Annihilation and creation operators in the mode are a and $a^\dagger$. Since we want to include relativistic corrections, the Pauli Hamiltonian is not sufficient to describe the electron and its interaction with the static and radiation fields. Using the Foldy–Wouthuysen transformation along the line discussed by Bjorken and Drell (1964) (also Feynman 1961), it is possible to derive from the Dirac Hamiltonian a Hamiltonian which acts only on two components spinors and includes all relativistic corrections up to $1/c^2$. Since here the radiation field is quantised, some care must be taken when commuting the field operators. One finds that a constant term V^0 (given in appendix 1) appears as well as the usual Hamiltonian (Pauli Hamiltonian + Darwin, spin–orbit and relativistic mass corrections) so that the total Hamiltonian $\mathscr{H}$ is:

$$\mathscr{H} = \hbar\omega a^\dagger a + mc^2 + V^0 + \frac{\pi^2}{2m} + e\phi_0 - \frac{e\hbar}{2m}\boldsymbol{\sigma}\cdot\boldsymbol{B}_\mathrm{t} - \frac{e\hbar^2}{8m^2c^2}\nabla\cdot\boldsymbol{E}_\mathrm{t} - \frac{e\hbar}{8m^2c^2}\boldsymbol{\sigma}\cdot(\boldsymbol{E}_\mathrm{t}\times\boldsymbol{\pi} - \boldsymbol{\pi}\times\boldsymbol{E}_\mathrm{t}) - \frac{1}{2mc^2}\left(\frac{\pi^2}{2m} - \frac{e\hbar}{2m}\boldsymbol{\sigma}\cdot\boldsymbol{B}_\mathrm{t}\right)^2 \tag{2.1}$$

where

$$\boldsymbol{\pi} = \boldsymbol{p} - e\boldsymbol{A}_\mathrm{t}. \tag{2.2}$$

The subscript 't' refers to the total field (static fields + radiation).

2.2. The effective Hamiltonian

The total Hamiltonian $\mathscr{H}$ can be split into three parts: the radiation field Hamiltonian $\hbar\omega a^\dagger a$, the electronic Hamiltonian in the external static fields $\mathscr{H}_\mathrm{e}$, and the coupling $\mathscr{H}_I$ between the electron and the radiation

$$\mathscr{H} = \hbar\omega a^\dagger a + \mathscr{H}_e + \mathscr{H}_I. \tag{2.3}$$

If $\mathscr{H}_I$ is neglected the energy levels of the total system are bunched in well defined multiplicities $\mathscr{E}_N$ corresponding to a definite number of photons N. $\mathscr{H}_I$ has a diagonal part, operating inside each multiplicity $\mathscr{E}_N$, and an off-diagonal part, coupling multiplicities with a different number of photons. When $\mathscr{H}_I$ is taken into account, the eigenstates of the total Hamiltonian no longer correspond to a well defined value of N. In the evolution of the electronic variables, some frequencies close to ω and its multiples appear, corresponding to the classical picture of an electron vibrating at the field frequency. The energy levels in each multiplicity are also modified and this corresponds to a modification of the slow motion of the electron. This is precisely what we are interested in. It is certainly possible to determine the perturbed energy levels by ordinary second-order perturbation theory. However, it is more convenient to choose another method (Primas 1963) similar to the one used in solid-state physics to remove inter-band coupling or to describe multi-particle effects (Blount 1962, Nozieres and Pines 1958, see also Kittel 1963). The idea is to construct a unitary transformation which eliminates the off-diagonal parts of the total Hamiltonian, at least to a given order. The transformed Hamiltonian $\mathscr{H}'$ has the same eigenvalues as the initial Hamiltonian and has the following structure:

$$\mathscr{H}' = \hbar\omega a^\dagger a + \mathscr{H}_{\text{eff}} \tag{2.4}$$

where $\mathscr{H}_{\text{eff}}$, called the effective Hamiltonian, acts only within a given multiplicity, i.e. operates on electronic variables, and depends on field variables only through $a^\dagger a$ and $aa^\dagger$. If we restrict ourselves to a second-order calculation with respect to the radiation field, $\mathscr{H}_{\text{eff}}$ takes the following form in the multiplicity $\mathscr{E}_N$:

$$\mathscr{H}_{\text{eff}} = \mathscr{H}_e + (N+1)R + NS \tag{2.5}$$

where R and S are pure electronic operators, given in appendix 1. The last two terms of (2.5) describe the modification of the electron dynamical properties due to the coupling with the mode $(\boldsymbol{k}, \boldsymbol{\epsilon})$. They include, in particular, the effects of virtual transitions to upper and lower multiplicities.

3. Explicit form of the spontaneous terms: physical interpretation

3.1. General structure

In addition to the unperturbed Hamiltonian $\mathscr{H}_e$, the effective Hamiltonian (2.5) contains a term proportional to N:

$$N(R+S) \tag{3.1}$$

which represents the 'stimulated' corrections induced by the incident photons and discussed in detail in Avan *et al* (1976).

The same calculation yields a N-independent term, R, describing the effect of the coupling with the empty mode, i.e. the contribution of the $(\boldsymbol{k}, \boldsymbol{\epsilon})$ mode to the spontaneous corrections which we intend to study in this paper.

In order to make a connection with the physical pictures worked out for the stimulated corrections, it is appropriate to write the spontaneous corrections as:

$$R = \tfrac{1}{2}(R + S) + \tfrac{1}{2}(R - S). \tag{3.2}$$

The first term of (3.2), that we will call

$$\mathscr{H}_{\mathrm{fl}} = \tfrac{1}{2}(R + S), \tag{3.3}$$

has the same structure as (3.1), N being replaced by $\frac{1}{2}$. Its physical content is the same as the one of the stimulated terms (3.1), except that the energy $N\hbar\omega$ of the incident N photons is replaced by the zero point energy $\frac{1}{2}\hbar\omega$ of the mode. All the semiclassical pictures developed for the stimulated terms can therefore be transposed to $\mathscr{H}_{\mathrm{fl}}$ by just replacing the incident wave by the vacuum fluctuations†.

The second term

$$\mathscr{H}_{\mathrm{r}} = \tfrac{1}{2}(R - S) \tag{3.4}$$

is new and its physical interpretation will be given below. Finally, the effective Hamiltonian of the electron interacting with the empty $(\boldsymbol{k}, \boldsymbol{\epsilon})$ mode can be written as:

$$\mathscr{H}_{\mathrm{eff}} = \mathscr{H}_{\mathrm{e}} + \mathscr{H}_{\mathrm{fl}} + \mathscr{H}_{\mathrm{r}}. \tag{3.5}$$

3.2. *Characteristic energies*

The expressions giving R and S are quite complicated. In order to characterise the magnitude of the various terms appearing in these expressions, it is useful to introduce the characteristic energies of the problem which are: the rest energy of the electron mc^2, the photon energy $\hbar\omega$, an energy $\mathscr{E}_{\mathrm{b}}$ characterising the coupling of the electron to the static fields, and finally

$$\mathscr{E}_{\mathrm{v}}^{0} = \frac{e^2}{2m}\,\frac{\hbar}{2\epsilon_0\omega L^3} \tag{3.6}$$

representing the kinetic energy associated with the electron vibration in the vacuum fluctuations of the mode $(\boldsymbol{k}, \boldsymbol{\epsilon})$.

The high-frequency, weak-coupling and non-relativistic approximations which have been made in the derivation of $\mathscr{H}_{\mathrm{eff}}$ are valid if

$$mc^2 \gg \hbar\omega \gg \mathscr{E}_{\mathrm{v}}^{0}, \mathscr{E}_{\mathrm{b}}. \tag{3.7}$$

In the various calculations, we keep:

(i) all terms in $1/c$ and $1/c^2$;

(ii) all terms linear in $\mathscr{E}_{\mathrm{v}}^{0}$ (second-order calculation with respect to the radiation field);

(iii) all terms linear in $\mathscr{E}_{\mathrm{b}}$, and the major quadratic terms such as $\mathscr{E}_{\mathrm{b}}^2/mc^2$, $\mathscr{E}_{\mathrm{v}}^{0}\mathscr{E}_{\mathrm{b}}^2/(\hbar\omega)^2$ (we neglect smaller terms of the order of $\mathscr{E}_{\mathrm{v}}^{0}\mathscr{E}_{\mathrm{b}}^2/\hbar\omega mc^2$).

† Working in the Heisenberg picture, Senitzky (1973) and Milonni *et al* (1973) have shown that there are some ambiguities when one tries to isolate vacuum fluctuation effects from those related to the radiation reaction. The effective Hamiltonian approach presented here seems to allow a clear separation: vacuum fluctuation terms are identified by comparison with the stimulated ones; the remaining terms will be shown to coincide with those describing radiation reaction effects in classical electrodynamics (see § 3.4). The connection between these two different points of view will be considered elsewhere.

3.3. Terms analogous to stimulated terms: $\mathscr{H}_{fl}$

From the previous discussion, one can bypass the calculation of $\mathscr{H}_{fl}$ and simply replace $\mathscr{E}_v$ by $\mathscr{E}_v^0$ in the expression of the stimulated corrections. One gets†:

$$\mathscr{H}_{fl} = \mathscr{E}_v^0 - \frac{\mathscr{E}_v^0}{mc^2}\frac{\pi_0^2}{2m} + e\phi'_0 - \frac{e}{2m}(A'_0 \cdot \pi_0 + \pi_0 \cdot A'_0)$$

$$+ W_d + \frac{\mathscr{E}_v^0}{mc^2}\frac{e\hbar}{2m}[2\sigma \cdot B_0 - (\kappa \cdot \sigma)(\kappa \cdot B_0)] \qquad (3.8)$$

where

$$\pi_0 = p - eA_0 \qquad (3.9)$$

$$\phi'_0 = \frac{\mathscr{E}_v^0}{m\omega^2}(\epsilon \cdot \nabla)^2\phi_0 \qquad (3.10a)$$

$$\nabla \times A'_0 = \frac{\mathscr{E}_v^0}{m\omega^2}(\epsilon \cdot \nabla)^2 B_0 \qquad (3.10b)$$

$$W_d = \frac{\mathscr{E}_v^0 e^2}{m^2\omega^2}[B_0^2 - (\epsilon \cdot B_0)^2]. \qquad (3.11)$$

The physical interpretation of these various terms is straightforward (see §3 of Avan *et al* (1976)). The vibration kinetic energy in the vacuum fluctuations, $\mathscr{E}_v^0$, adds to the electron rest mass mc^2 and corresponds to a mass increase:

$$\delta_1 m = \mathscr{E}_v^0/c^2. \qquad (3.12)$$

The second term of (3.8) is the correction of the kinetic energy associated with $\delta_1 m$. Due to its vibration, the electron averages the static electric and magnetic fields over a finite extension. This introduces the corrections ϕ'_0 and A'_0 to the static potentials ϕ_0 and A_0. W_d is the diamagnetic energy associated with the electron vibration. The last term represents a modification to the spin magnetic energy. It shows that the electron g factor is reduced by the vacuum fluctuations and becomes anisotropic. This results from the combined effect of four different processes. First there is an oscillation and consequently a spreading of the spin magnetic moment due to its coupling with the magnetic vacuum fluctuations. An additional reduction of the g factor results from the mass increase $\delta_1 m$ which also affects the Bohr magneton $e\hbar/2m$. Furthermore, as the electron vibrates in the electric field of the mode, it 'sees' a motional magnetic field which is found not to average to 0 in the presence of the static field B_0; similarly, it explores the magnetic field of the mode over a finite extension (the dipole approximation is not made!), and this can give rise to a 'rectification' of the magnetic fluctuations which is also proportional to B_0. These motional and rectified magnetic fields are coupled to the spin and contribute to the spin magnetic energy.

† Since we have supposed the polarisation ϵ to be real, several terms derived in Avan *et al* (1976) vanish in (3.8). Let us recall that, when ϵ is complex, the electron vibration is circular or elliptical, giving rise to a magnetic moment μ which is responsible for additional magnetic couplings.

3.4. The new terms

Under the approximations given in §3.2, there are four new terms:

$$\mathcal{H}_\mathrm{r} = \mathscr{E}_\mathrm{v}^0 \frac{\hbar\omega}{2mc^2} - \mathscr{E}_\mathrm{v}^0 \frac{2(\boldsymbol{\epsilon}\cdot\boldsymbol{\pi}_0)^2}{m\hbar\omega} - \mathscr{E}_\mathrm{v}^0 \frac{\hbar\omega}{2mc^2} - \mathscr{E}_\mathrm{v}^0 \frac{2(\boldsymbol{\epsilon}\cdot\boldsymbol{\pi}_0)(\boldsymbol{\kappa}\cdot\boldsymbol{\pi}_0)(\boldsymbol{\epsilon}\cdot\boldsymbol{\pi}_0)}{\hbar\omega m^2 c}. \tag{3.13}$$

The first term comes directly from the Foldy–Wouthuysen transformation used to derive the basic non-relativistic Hamiltonian (2.1). Let us recall that it originates from the non-commutation of the field operators. It is a constant and has no dynamical consequences. Furthermore, it represents a small correction to the rest mass energy of relative order $\mathscr{E}_\mathrm{v}^0\hbar\omega/(mc^2)^2$, so that it will be neglected in the following.

The second term is the most interesting one. Let us remark that since $\mathscr{E}_\mathrm{v}^0$ is proportional to $\hbar$ (see (3.6)), this term is actually independent of $\hbar$, so that it may have a classical interpretation. We claim that it represents the radiation reaction of the electron charge, more precisely, the contribution of the mode $(\boldsymbol{k}, \boldsymbol{\epsilon})$ to this effect. The current associated with the electron (velocity $\boldsymbol{\pi}_0/m$) acts as a source term for the mode $(\boldsymbol{k}, \boldsymbol{\epsilon})$; it gives rise to a vector potential, proportional to $\boldsymbol{\epsilon}(\boldsymbol{\epsilon}\cdot\boldsymbol{\pi}_0)$. The correction to the total energy of the system, i.e. the energy of the generated field, plus its interaction energy with the electron, coincides exactly with the second term of (3.13). A complete classical derivation of this result is given in appendix 2. As a consequence of this effect, the electron inertia is increased along the $\boldsymbol{\epsilon}$ direction. There is a close connection between this extra inertia and the electromagnetic mass associated with the static Coulomb energy in the electron rest frame. We will come back to this point later.

The third term appears, in the calculation, in the following form:

$$-\frac{1}{\hbar\omega}\left[\left(\frac{\hbar}{2\epsilon_0\omega L}\right)^{1/2}\right]^2 \left(\frac{e\hbar}{2m}\boldsymbol{\sigma}(\boldsymbol{k}\times\boldsymbol{\epsilon})\right)^2 \tag{3.14}$$

which suggests one can interpret it as the radiation reaction of the spin magnetic moment: this moment acts as a source term for the mode. When one takes into account the energy of the field so created, plus the interaction of this field with the spin moment, one finds (3.14) exactly (see appendix 2). This expression reduces to the third term of (3.13) if one remembers that for a one-half spin σ_x^2 is unity. Actually, from now on we will neglect this third term, for the same reasons as for the first one.

The last term is a correction to the radiation reaction of the electron charge due to the Doppler effect: the mode frequency appears to be $\omega[1 - (\boldsymbol{\kappa}\cdot\boldsymbol{\pi}_0/mc)]$ when the electron moves with the velocity $\boldsymbol{\pi}_0/m$.

Remark. The ω dependence of the radiation reaction is not the same for the charge and for the spin. The charge is coupled to the potential vector, whereas the spin is coupled to the magnetic field which has one extra ω factor. Thus, the radiation reaction of the charge predominates at low frequencies, while that of the spin grows as ω increases. Furthermore, the spin radiation reaction is a relativistic effect in $1/c^2$ and vanishes in the non-relativistic limit.

4. Application to the interpretation of two radiative corrections: Lamb shift and $g - 2$

Up to now we have considered the contribution of a single mode to the radiative corrections. The next step would be an integration over all modes which involves an angular averaging and a summation over ω weighted by the mode density $8\pi k^2\,\mathrm{d}k(2\pi/L)^{-3}$. Since our calculations are not valid for relativistic frequencies, we will restrict ourselves to the angular averaging, which amounts to evaluating the mean contribution of a mode in the 'shell' of frequency ω. Thus one keeps only the isotropic parts of $\mathscr{H}_{\mathrm{eff}}$ and one gets in this way the electron effective Hamiltonian:

$$\mathscr{H}_{\mathrm{eff}} = mc^2 + \mathscr{E}_{\mathrm{v}}^0 + \frac{\pi_0^2}{2m}\left(1 - \frac{\mathscr{E}_{\mathrm{v}}^0}{mc^2} - \frac{4}{3}\frac{\mathscr{E}_{\mathrm{v}}^0}{\hbar\omega}\right) + e\phi_0 + e\frac{\mathscr{E}_{\mathrm{v}}^0}{3m\omega^2}\Delta\phi_0$$
$$- \frac{e}{2m}(\boldsymbol{A}'_0 \cdot \boldsymbol{\pi}_0 + \boldsymbol{\pi}_0 \cdot \boldsymbol{A}'_0) - \frac{e\hbar}{2m}\boldsymbol{\sigma}\cdot\boldsymbol{B}_0\left(1 - \frac{5}{3}\frac{\mathscr{E}_{\mathrm{v}}^0}{mc^2}\right) + W_{\mathrm{d}} + \mathscr{H}_{\mathrm{fs}} \qquad (4.1)$$

where

$$\mathrm{rot}\,\boldsymbol{A}'_0 = \frac{\mathscr{E}_{\mathrm{v}}^0}{3m\omega^2}\Delta\boldsymbol{B}_0 \qquad (4.2)$$

$$W_{\mathrm{d}} = \frac{2\mathscr{E}_{\mathrm{v}}^0}{3m^2\omega^2}e^2B_0^2. \qquad (4.3)$$

$\mathscr{H}_{\mathrm{fs}}$ is the well known fine-structure Hamiltonian (independent of $\mathscr{E}_{\mathrm{v}}^0$):

$$\mathscr{H}_{\mathrm{fs}} = \frac{e\hbar^2}{8m^2c^2}\Delta\phi_0 - \frac{e\hbar}{4m^2c^2}\boldsymbol{\sigma}\cdot(\boldsymbol{E}_0 \times \boldsymbol{\pi}_0) - \frac{1}{2mc^2}\left(\frac{\pi_0^2}{2m} - \frac{e\hbar}{2m}\boldsymbol{\sigma}\cdot\boldsymbol{B}_0\right)^2. \qquad (4.4)$$

The various corrections appearing in (4.1) are of two types:

(i) Modification of the electron mass, due either to the electron vibration in the vacuum fluctuations, or to the radiation reaction. The spin g factor is sensitive to the first effect (the kinetic and spin magnetic energies both contain corrections in $\mathscr{E}_{\mathrm{v}}^0/mc^2$), but not to the second one (corrections in $\mathscr{E}_{\mathrm{v}}^0/\hbar\omega$ only appear in the kinetic energy).

(ii) Electric and magnetic form factors due to the vibration of the charge and of the spin magnetic moment.

Let us now apply these general results to the interpretation of two important radiative corrections.

4.1. Electron in a Coulomb static field: Lamb shift

Omitting the constant terms $(mc^2 + \mathscr{E}_{\mathrm{v}}^0)$, using the fact that $\boldsymbol{A}_0 = \boldsymbol{B}_0 = 0$, one gets for $\mathscr{H}_{\mathrm{eff}}$:

$$\mathscr{H}_{\mathrm{eff}} = \frac{p^2}{2m}\left(1 - \frac{\mathscr{E}_{\mathrm{v}}^0}{mc^2} - \frac{4}{3}\frac{\mathscr{E}_{\mathrm{v}}^0}{\hbar\omega}\right) + e\phi_0 + e\frac{\mathscr{E}_{\mathrm{v}}^0}{3m\omega^2}\Delta\phi_0 + \mathscr{H}_{\mathrm{fs}}. \qquad (4.5)$$

The correction to the kinetic energy term is the contribution of the modes ω to the mass renormalisation. It does not change the relative position of the energy levels and, in particular, does not remove the degeneracy between the $2S_{1/2}$ and $2P_{1/2}$ states. The only remaining radiative correction is the third term, which we have interpreted as due to the averaging of the electrostatic potential by the electron vibrating in the vacuum fluctuations. We arrive in this way at the well known interpretation of the Lamb shift (Welton 1948). Let us remark that the high-frequency condition (3.7) implies here that $\hbar\omega$ is larger than one rydberg.

4.2. Electron in a static magnetic field: g − 2 anomaly

Keeping only the significant terms, we get for the effective Hamiltonian of an electron in a uniform static magnetic field $\boldsymbol{B}_0$:

$$\mathscr{H}_{\text{eff}} = \frac{\pi_0^2}{2m}\left(1 - \frac{\mathscr{E}_{\text{v}}^0}{mc^2} - \frac{4}{3}\frac{\mathscr{E}_{\text{v}}^0}{\hbar\omega}\right) - \frac{e\hbar}{2m}\boldsymbol{\sigma}\cdot\boldsymbol{B}_0\left(1 - \frac{5}{3}\frac{\mathscr{E}_{\text{v}}^0}{mc^2}\right). \tag{4.6}$$

The first term describes the cyclotron motion of the electric charge. Radiative corrections reduce the cyclotron frequency by a factor

$$\left(1 - \frac{\mathscr{E}_{\text{v}}^0}{2mc^2} - \frac{4}{3}\frac{\mathscr{E}_{\text{v}}^0}{\hbar\omega}\right).$$

The second term describes the spin Larmor precession, the frequency of which is also reduced by a factor

$$\left(1 - \frac{5}{3}\frac{\mathscr{E}_{\text{v}}^0}{mc^2}\right).$$

Going through the calculations, one easily identifies the $\mathscr{E}_{\text{v}}^0/mc^2$ terms as due to vacuum fluctuations, and the $\mathscr{E}_{\text{v}}^0/\hbar\omega$ terms as due to the radiation reaction of the charge (see equations (3.8) and (3.13)).

It is clear that neglecting the radiation reaction would lead to a Larmor frequency less than the cyclotron frequency ($\frac{5}{3}$ is larger than 1) and consequently to $g - 2 < 0$. Therefore, any attempt to understand the $g - 2$ anomaly as resulting from the vibration of the electric charge and of the spin moment in the vacuum fluctuations is doomed to failure.

The important point to realise is that the radiation reaction further reduces the cyclotron frequency and does not affect the Larmor frequency. In addition, in the non-relativistic limit where $\hbar\omega$ is much smaller than mc^2, this effect is by far the most important. Thus, when the radiation reaction is included, the net effect of non-relativistic modes is to reduce the cyclotron frequency more than the Larmor one, and consequently their contribution to $g - 2$ is positive.

To summarise, the positive sign of $g - 2$ appears in the non-relativistic limit as due to the fact that a charge is a source more efficiently coupled to the radiation field than a magnetic moment; this explains why the radiation reaction slows down the cyclotron motion more than the spin precession.

4.3. Discussion about some previous interpretations of g − 2

Numerous attempts have been made to give a simple explanation of $g - 2$, at least of its sign. Without pretending to give an account of all of them, we discuss here some of the physical ideas which have been put forward.

After the success of the Welton's picture for the Lamb shift, models only taking into account the magnetic coupling of the spin moment with the radiation field have been considered (Welton 1948, Senitzky 1973). As mentioned above, one finds in this case a negative $g - 2$, unless unrealistic frequency spectra are introduced for the magnetic vacuum fluctuations (Bourret 1973, Itzykson 1974).

This failure led to the idea that the positive sign of $g - 2$ has something to do with the complex dynamics of the Dirac electron, requiring the introduction of negative energy or multi-particle states. This point of view, suggested by Welton (1948), has been investigated by Koba (1949), and later on by Weisskopf (1974), Lai *et al* (1974), Grotch and Kazes (1976). The physical idea developed by Koba is that the electron spin magnetic moment is related to the Zitterbewegung (see also Huang 1952), which can be visualised as a small ring current. Under the effect of vacuum fluctuations, this ring current not only rolls and pitches, which reduces its magnetic moment, but also vibrates in its own plane, increasing its surface, and consequently its magnetic moment. The second effect is expected to predominate, which explains the positive sign of $g - 2$. Actually, Koba does not calculate precisely the perturbed magnetic moment, but something like the 'delocalisation' of the electron, which is, of course, increased. In our opinion, this delocalisation does not imply necessarily an enhancement of the magnetic moment: if, for instance, the fluctuations of the electron position and velocity are in quadrature, the mean magnetic moment remains unchanged. Furthermore, this model seems questionable for frequencies smaller than mc^2: in this case, the electromagnetic field appears as constant both in space and time on the Zitterbewegung scale and one would rather expect the ring current to be displaced as a whole, without change of its internal structure†.

To summarise, we do not think that it has been really demonstrated that the positive sign of $g - 2$ is related to a modification of the Zitterbewegung by the vacuum fluctuations. This picture is certainly wrong for non-relativistic modes and its validity at higher frequencies is not obvious.

In fact, these various treatments overlook an important point. It is not sufficient to consider the modification of the spin magnetic moment. The perturbed Larmor frequency has to be compared to the perturbed cyclotron frequency, as was done in Avan *et al* (1976) and in this paper. In other words, the mass renormalisation has to be performed as has been emphasised by Grotch and Kazes (1975). With such a point of view, we have shown in this paper that the positive sign of $g - 2$ arises quite naturally, even for non-relativistic modes. Using a slightly different method, Grotch and Kazes (1977) arrive at the same conclusion.

5. Some critical remarks

As mentioned in the introduction, the approach followed in this paper has its own imperfections and limitations. In this section, we analyse them and discuss some possible improvements.

† In this matter we are actually following Weisskopf (1974) who considers that only high-frequency modes ($\hbar\omega > mc^2$) could change the Zitterbewegung.

Another argument for the non-enhancement of the spin magnetic moment can be derived from the calculations of Avan *et al* (1976), which are in the non-relativistic limit strictly equivalent to the ones in the Dirac representation, and which do not predict any effect of this type.

5.1. Lack of covariance

The first anomaly to be noted is the absence in (4.1) of a correction to the rest mass energy of the order of $mc^2\mathscr{E}_v^0/\hbar\omega$. Since the radiation reaction increases the electron inertia by a $4m\mathscr{E}_v^0/3\hbar\omega$ term, a similar correction should also be present for the rest mass energy. It is easy to understand that such a correction does not appear in the theory because we have discarded from the beginning the electron Coulomb self-energy. Radiation reaction and Coulomb self-energy are in fact closely related: radiation reaction only expresses that, for accelerating the electron, one must also push the Coulomb field associated with it, and this results in an extra inertia. However, in the Coulomb gauge, the Coulomb self-energy is infinite and cannot be incorporated in our point of view where the contribution of each mode is isolated. The solution to this difficulty would be to leave the Coulomb gauge and to introduce longitudinal and temporal modes to describe the total field associated with the electron. The mean correction to the electron energy due to the ω longitudinal and temporal modes can be worked out without great difficulty. This additional correction results in a single term:

$$mc^2 \frac{\mathscr{E}_v^0}{\hbar\omega} \tag{5.1}$$

which must be added to the effective Hamiltonian (4.1). Thus we get a term with the correct order of magnitude, but not with the $\frac{4}{3}$ factor expected. Actually, one must not be surprised by this lack of covariance of the effective Hamiltonian. We have only considered the effect of a shell of modes with frequency ω, and this is obviously not a Lorentz invariant object. The covariance can be restored only when the contribution of all modes is taken into account (i.e. when the integration over ω is performed), and this cannot be done here as a consequence of our non-relativistic approximations.

5.2. Many-particle effects

A single-particle theory has been used throughout this paper. It seems generally accepted that for smoothly varying external fields (i.e. when the electron energy spectrum can be split in two well separated positive and negative energy multiplicities), the single-particle Dirac theory gives sensible results. However, when the interaction with the quantised radiation field is considered, as we do here, negative energy states cannot be so easily discarded. They have to be occupied in order to avoid radiative decays from positive to negative energy states. It is also well known that many-particle effects are essential to get an electron self-energy which diverges only logarithmically (Weisskopf 1939). Since we have included, in our single-particle theory, dynamical relativistic corrections up to $1/c^2$, it is not obvious that many-particle effects do not introduce in the contribution of low-frequency modes additional corrections of the same order of magnitude as those already considered. Thus, starting from a single-particle Dirac equation for dealing with electron radiative corrections has to be justified.

This can be done in the following way. Working in the second quantisation picture, one concentrates on states where all negative energy levels are occupied and where one extra electron has a positive non-relativistic energy. Such states are coupled by the radiation field to other ones in which electron–positron pairs and photons have been created. In the non-relativistic limit used here, all these states have an energy quite different from the initial one. Thus one can take into account these non-resonant couplings by introducing an effective Hamiltonian for the original electron. In this way, the one-particle states are decoupled from many-particle ones, the effect of virtual transitions to these states being described by an effective Hamiltonian which is an ordinary one-particle non-relativistic Hamiltonian.

We have done such a calculation and we have found that the effective Hamiltonian describing the dynamics of the extra positive-energy electron is actually almost identical to the one used in this paper (2.1) (when the same non-relativistic approximations are made). This result is not too surprising: when mc^2 is much larger than any other energy involved in the problem, the coupling with negative-energy states simulates quite well the coupling with many-particle states. There are, however, two differences. First, the correct theory contains the photon renormalisation and vacuum polarisation effects† which are absent here. Secondly, the V^0 term in (2.1), which arises from the quantum Foldy–Wouthuysen transformation, appears in the many-particle theory with a negative sign. This last point is consistent with the fact that many-particle effects reduce the electron self-energy. Let us recall that the V^0 term has finally been neglected (see §3.4).

In conclusion, the results of the calculations presented here appear to coincide with those derived from a consistent QED approach and hence are quite reliable. This would not have been the case for terms of higher order in $\mathscr{E}_{\text{v}}^0$ or $1/c^2$.

5.3. *Effect of relativistic modes*

We have repeatedly emphasised that our conclusions only concern the effect of modes with a frequency much smaller than mc^2. If it happened that the main contribution to $g-2$ comes from relativistic or ultra-relativistic modes, then the physical pictures developed here would be of little interest, since they are not relevant for them. Hence it seems very desirable to extend the previous calculations, particularly the effective Hamiltonian method, to all frequencies, within a many-particle theory. It is clear that such calculations would be less elegant than those of covariant QED. One can hope, however, that they would provide more physical insight into electron radiative corrections. We will consider such a generalisation in subsequent publications.

Preliminary results concerning $g-2$ have already been obtained. The contribution of each shell of modes to $g-2$ has been calculated. It appears that the main contribution comes from frequencies smaller than mc^2. The integration over ω gives the correct result $\alpha/2\pi$. Thus the physical pictures given here are not invalidated by the contribution of relativistic modes.

6. Summary

(i) The contribution to radiative corrections of the non-relativistic modes of the radiation field has been determined. The corresponding modifications of the electron dynamics are detailed explicitly in the form of a simple effective Hamiltonian derived from a single-particle theory in the non-relativistic limit.

† Let us recall that vacuum polarisation effects represent only 3% of the Lamb shift and do not contribute to $g-2$.

(ii) A term to term comparison between the effective Hamiltonians describing stimulated and spontaneous corrections provides a clue to the physical interpretation of radiative corrections. Two main physical effects are involved: the vibration of the electron charge and spin moment due to vacuum fluctuations and the radiation reaction of the charge.

(iii) It is shown that non-relativistic modes of the radiation field contribute with a positive sign to $g - 2$. The radiation reaction is found to play an essential role in the explanation of $g - 2$ whereas the Lamb shift is simply interpreted by the averaging of the Coulomb potential by the vibrating charge (Welton's picture).

(iv) Many-particle effects and contributions of relativistic modes do not alter these conclusions significantly.

Acknowledgments

We thank C Itzykson and V Weisskopf for interesting discussions on this subject, and H Grotch and E Kazes for sending us their latest paper prior to publication.

Appendix 1

We give here some intermediate steps in the calculations which lead from the basic Hamiltonian (2.1) to the effective Hamiltonian (3.8) and (3.12). Further details may be found in Avan *et al* (1976).

In the basic Hamiltonian (2.1), one isolates the unperturbed electronic Hamiltonian

$$\mathscr{H}_e = mc^2 + \frac{\pi_0^2}{2m} + e\phi_0 - \frac{e\hbar}{2m}\boldsymbol{\sigma}.\boldsymbol{B}_0 + \frac{e\hbar^2}{8m^2c^2}\Delta\phi_0 + \frac{e\hbar}{4m^2c^2}\boldsymbol{\sigma}.(\nabla\phi_0 \times \boldsymbol{\pi}_0)$$
$$- \frac{1}{2mc^2}\left(\frac{\pi_0^2}{2m} - \frac{e\hbar}{2m}\boldsymbol{\sigma}.\boldsymbol{B}_0\right)^2 \qquad \text{(A.1.1)}$$

where

$$\boldsymbol{\pi}_0 = \boldsymbol{p} - e\boldsymbol{A}_0 \qquad \text{(A.1.2)}$$

and the coupling $\mathscr{H}_I$ between the electron and the radiation field is written in the following form:

$$\mathscr{H}_I = V^0 + V^- a + V^+ a^\dagger + V^{-+} aa^\dagger + V^{+-} a^\dagger a + \dots . \qquad \text{(A.1.3)}$$

Terms in a^2, $a^{\dagger 2}$ and of higher order in a and $a^\dagger$ are neglected. One finds:

$$V^0 = \mathscr{E}_v^0 \frac{\hbar\omega}{2mc^2} \qquad \text{(A.1.4)}$$

$$V^- = (V^+)^\dagger = \left(\frac{2\mathscr{E}_{\rm v}^0}{m}\right)^{1/2}\left\{-\boldsymbol{\epsilon}\cdot\boldsymbol{\pi}_0\exp(\mathrm{i}\boldsymbol{k}\cdot\boldsymbol{r}) - \frac{\mathrm{i}\hbar}{2}\boldsymbol{\sigma}\cdot(\boldsymbol{k}\times\boldsymbol{\epsilon})\exp(\mathrm{i}\boldsymbol{k}\cdot\boldsymbol{r})\right.$$

$$+\frac{e\hbar}{4mc^2}\boldsymbol{\sigma}\cdot(\boldsymbol{E}_0\times\boldsymbol{\epsilon})\exp(\mathrm{i}\boldsymbol{k}\cdot\boldsymbol{r}) - \frac{\mathrm{i}\hbar\omega}{4mc^2}\boldsymbol{\sigma}\cdot(\boldsymbol{\epsilon}\times\boldsymbol{\pi}_0)\exp(\mathrm{i}\boldsymbol{k}\cdot\boldsymbol{r})$$

$$+\frac{1}{4mc^2}\left[[2\boldsymbol{\epsilon}\cdot\boldsymbol{\pi}_0\exp(\mathrm{i}\boldsymbol{k}\cdot\boldsymbol{r}) + \mathrm{i}\hbar\boldsymbol{\sigma}\cdot(\boldsymbol{k}\times\boldsymbol{\epsilon})\exp(\mathrm{i}\boldsymbol{k}\cdot\boldsymbol{r})]\right.$$

$$\left.\left.\times\left(\frac{\pi_0^2}{2m} - \frac{e\hbar}{2m}\boldsymbol{\sigma}\cdot\boldsymbol{B}_0\right) + \mathrm{sym}\right]\right\} \tag{A.1.5}$$

$$V^{-+} = (V^{+-})^\dagger = \mathscr{E}_{\rm v}^0 - \frac{\mathscr{E}_{\rm v}^0}{mc^2}\left(\frac{\pi_0^2}{2m} - \frac{e\hbar}{2m}\boldsymbol{\sigma}\cdot\boldsymbol{B}_0\right) - \frac{\mathscr{E}_{\rm v}^0}{mc^2}\left(\frac{(\boldsymbol{\epsilon}\cdot\boldsymbol{\pi}_0)^2}{m} + \frac{\hbar^2\omega^2}{4mc^2}\right) + \ldots \tag{A.1.6}$$

$\mathscr{E}_{\rm v}^0$ is defined by formula (3.6). When the 'off-diagonal' elements of $\mathscr{H}_{\rm I}$ are removed by a unitary transformation, one gets (2.4) and (2.5), where

$$R = V^0 + V^{-+} - \frac{1}{\hbar\omega}V^-V^+ - \frac{1}{2\hbar^2\omega^2}([\mathscr{H}_{\rm e}, V^-]V^+ - V^-[\mathscr{H}_{\rm e}, V^+])$$

$$-\frac{1}{2\hbar^3\omega^3}(\mathscr{H}_{\rm e}[\mathscr{H}_{\rm e}, V^-]V^+ - V^-[\mathscr{H}_{\rm e}, V^+]\mathscr{H}_{\rm e} + V^-\mathscr{H}_{\rm e}[\mathscr{H}_{\rm e}, V^+]$$

$$-[\mathscr{H}_{\rm e}, V^-]\mathscr{H}_{\rm e}V^+) + \ldots. \tag{A.1.7}$$

S is identical to R with the exchange of + and − superscripts, and the change of the sign of ω and V^0.

Appendix 2

In this appendix we derive the radiation reaction of a particle with charge e and magnetic moment $\boldsymbol{\mu}$ interacting with the mode $(\boldsymbol{k}, \boldsymbol{\epsilon})$ of the electromagnetic field. The particle, as well as the radiation field, are treated *classically*. In order to make the parallel with the quantum calculation, we use the Hamiltonian formalism and we develop the electromagnetic field on the same plane-wave basis as in the quantum theory. However, the operators a and $a^\dagger$ are here classical variables α and α^*. Despite the presence of $\hbar$ in the intermediate calculations, due to the particular choice of the basis functions, it should not be overlooked that our point of view here is entirely classical.

The development of the electromagnetic field on the plane waves is the following:

$$\boldsymbol{A}(\boldsymbol{\rho}, t) = \sum_{\boldsymbol{k},\boldsymbol{\epsilon}}\alpha_{\boldsymbol{k},\boldsymbol{\epsilon}}(t)\mathscr{A}_{\boldsymbol{k},\boldsymbol{\epsilon}}(\boldsymbol{\rho}) + \mathrm{cc} \tag{A.2.1a}$$

$$\boldsymbol{E}(\boldsymbol{\rho}, t) = \sum_{\boldsymbol{k},\boldsymbol{\epsilon}}\alpha_{\boldsymbol{k},\boldsymbol{\epsilon}}(t)\mathscr{E}_{\boldsymbol{k},\boldsymbol{\epsilon}}(\boldsymbol{\rho}) + \mathrm{cc} \tag{A.2.1b}$$

$$\boldsymbol{B}(\boldsymbol{\rho}, t) = \sum_{\boldsymbol{k},\boldsymbol{\epsilon}}\alpha_{\boldsymbol{k},\boldsymbol{\epsilon}}(t)\mathscr{B}_{\boldsymbol{k},\boldsymbol{\epsilon}}(\boldsymbol{\rho}) + \mathrm{cc} \tag{A.2.1c}$$

where

$$\mathscr{A}_{\boldsymbol{k},\boldsymbol{\epsilon}} = \left(\frac{\hbar}{2\epsilon_0 \omega L^3}\right)^{1/2} \boldsymbol{\epsilon} \exp(\mathrm{i}\boldsymbol{k}.\boldsymbol{\rho})$$

$$\mathscr{B}_{\boldsymbol{k},\boldsymbol{\epsilon}} = \mathrm{i}\boldsymbol{k} \times \mathscr{A}_{\boldsymbol{k},\boldsymbol{\epsilon}} \tag{A.2.2}$$

$$\mathscr{E}_{\boldsymbol{k},\boldsymbol{\epsilon}} = \mathrm{i}\omega \mathscr{A}_{\boldsymbol{k},\boldsymbol{\epsilon}}.$$

The current density associated with the electron is the source of the field. It contains two terms, $\boldsymbol{J}^{(1)}$ associated with the charge and $\boldsymbol{J}^{(2)}$ associated with the magnetic moment: $\boldsymbol{r}$ being the electron position and π_0/m its velocity in the external fields, $\boldsymbol{J}^{(1)}$ and $\boldsymbol{J}^{(2)}$ are given by (see for instance Jackson 1971):

$$\boldsymbol{J}^{(1)}(\boldsymbol{\rho}) = e\frac{\pi_0}{m}\delta(\boldsymbol{r} - \boldsymbol{\rho}) \tag{A.2.3}$$

$$\boldsymbol{J}^{(2)}(\boldsymbol{\rho}) = \boldsymbol{\nabla}_{\rho} \times [\boldsymbol{\mu}\,\delta(\boldsymbol{r} - \boldsymbol{\rho})]. \tag{A.2.4}$$

We need essentially the projections of these currents onto the mode $(\boldsymbol{k},\boldsymbol{\epsilon})$, defined by

$$\mathscr{J}_{\boldsymbol{k},\boldsymbol{\epsilon}} = \int \mathrm{d}^3\rho\, \mathscr{A}_{\boldsymbol{k},\boldsymbol{\epsilon}}(\boldsymbol{\rho}).\boldsymbol{J}(\boldsymbol{\rho}). \tag{A.2.5}$$

We find

$$\mathscr{J}^{(1)}_{\boldsymbol{k},\boldsymbol{\epsilon}} = e\frac{\pi_0}{m}.\mathscr{A}^*_{\boldsymbol{k},\boldsymbol{\epsilon}}(\boldsymbol{r}) \tag{A.2.6}$$

$$\mathscr{J}^{(2)}_{\boldsymbol{k},\boldsymbol{\epsilon}} = \boldsymbol{\mu}.\mathscr{B}^*_{\boldsymbol{k},\boldsymbol{\epsilon}}(\boldsymbol{r}). \tag{A.2.7}$$

With these notations, the Maxwell equations reduce to:

$$\frac{\mathrm{d}}{\mathrm{d}t}\alpha_{\boldsymbol{k},\boldsymbol{\epsilon}} = -\mathrm{i}\omega\,\alpha_{\boldsymbol{k},\boldsymbol{\epsilon}} + \frac{\mathrm{i}}{\hbar}\mathscr{J}_{\boldsymbol{k},\boldsymbol{\epsilon}}. \tag{A.2.8}$$

Since we assume that the frequencies associated with the motion of the electron in the static fields are low compared to ω, an approximate solution of (A.2.8) is

$$\alpha_{\boldsymbol{k},\boldsymbol{\epsilon}} \simeq \frac{1}{\hbar\omega}\mathscr{J}_{\boldsymbol{k},\boldsymbol{\epsilon}} = \frac{1}{\hbar\omega}\left(e\frac{\pi_0}{m}.\mathscr{A}^*_{\boldsymbol{k},\boldsymbol{\epsilon}} + \boldsymbol{\mu}.\mathscr{B}^*_{\boldsymbol{k},\boldsymbol{\epsilon}}\right). \tag{A.2.9}$$

From this equation, using (A.2.1a, b, c), one gets the radiation field associated with the electron.

The energy of the total system is given by

$$\mathscr{H} = \frac{1}{2m}[\pi_0 - e\boldsymbol{A}(\boldsymbol{r})]^2 - \boldsymbol{\mu}.\boldsymbol{B}_0 - \boldsymbol{\mu}.\boldsymbol{B}(\boldsymbol{r}) + \sum_{\boldsymbol{k},\boldsymbol{\epsilon}}\hbar\omega\,\alpha^*_{\boldsymbol{k},\boldsymbol{\epsilon}}\alpha_{\boldsymbol{k},\boldsymbol{\epsilon}} \tag{A.2.10}$$

where $\boldsymbol{A}(\boldsymbol{r})$, $\boldsymbol{B}(\boldsymbol{r})$ and $\hbar\omega\,\alpha^*_{\boldsymbol{k},\boldsymbol{\epsilon}}\alpha_{\boldsymbol{k},\boldsymbol{\epsilon}}$ are calculated from (A.2.9), (A.2.7), (A.2.6), (A.2.1a, b, c) and (A.2.2).

The energy correction $\delta\mathscr{H}$ due to the radiation reaction is defined by

$$\delta\mathscr{H} = \mathscr{H} - \left(\frac{\pi_0^2}{2m} - \frac{e\hbar}{2m}\boldsymbol{\sigma}.\boldsymbol{B}_0\right). \tag{A.2.11}$$

Keeping only terms of second order with respect to the coupling between the electron and the radiation field, one gets for $\delta\mathscr{H}$:

$$\delta\mathscr{H} = -\frac{e}{m}\pi_0 \cdot A(r) - \boldsymbol{\mu} \cdot B(r) + \sum_{k,\epsilon} \hbar\omega\, \alpha_{k,\epsilon}^* \alpha_{k,\epsilon} \tag{A.2.12}$$

$$= \sum_{k,\epsilon} - \left[\left(\frac{e}{m}\pi_0 \mathscr{A}_{k,\epsilon} + \boldsymbol{\mu}\mathscr{B}_{k,\epsilon}\right)\alpha_{k,\epsilon} + \text{cc}\right] + \hbar\omega\alpha_{k,\epsilon}^* \alpha_{k,\epsilon}. \tag{A.2.13}$$

$\delta\mathscr{H}$ is simply interpreted as the interaction energy of the charge and magnetic moment with the field which they have created, plus the energy of this field. From (A.2.9), the coefficient of $\alpha_{k,\epsilon}$ in the bracket is simply $\hbar\omega\alpha_{k,\epsilon}^*$, so that $\delta\mathscr{H}$ appears to be negative and equal to

$$\delta\mathscr{H} = -\sum_{k,\epsilon} \hbar\omega\, \alpha_{k,\epsilon}^* \alpha_{k,\epsilon}. \tag{A.2.14}$$

Replacing $\alpha_{k,\epsilon}$ by its expression (A.2.9) as a function of the electronic variables, one gets

$$\delta\mathscr{H} = \sum_{k,\epsilon} - \left(\frac{\hbar}{2\epsilon_0 \omega L^3}\right)\frac{1}{\hbar\omega}\left[e^2\left(\frac{\epsilon\pi_0}{m}\right)^2 + (k \times \epsilon \cdot \boldsymbol{\mu})^2\right]. \tag{A.2.15}$$

The first term is the correction to the kinetic energy due to the radiation reaction of the charge. Introducing $\mathscr{E}_{\text{v}}^0$ (see formula (3.6)), one finds the corresponding term of (2.7) exactly:

$$-\frac{\mathscr{E}_{\text{v}}^0}{\hbar\omega}\frac{2(\epsilon\pi_0)^2}{m}. \tag{A.2.16}$$

The second term of (A.2.15) represents the radiation reaction of the magnetic moment. For the electron, we have

$$\mu_x^2 = \left(\frac{e\hbar}{2m}\right)^2 \tag{A.2.17}$$

so that we find again the third term of (2.7):

$$-\mathscr{E}_{\text{v}}^0 \hbar\omega/(2mc^2). \tag{A.2.18}$$

It is worth noting that there is no cross term between the charge radiation reaction and the spin one.

References

Avan P, Cohen-Tannoudji C, Dupont-Roc J and Fabre C 1976 *J. Physique* **37** 993
Baier V N and Mil'Shtein A I 1976 *Sov. Phys.–Dokl.* **21** 83
Bethe H A 1947 *Phys. Rev.* **72** 339
Bjorken J D and Drell S D 1964 *Relativistic Quantum Mechanics* (New York: McGraw-Hill) p 48
Blount E I 1962 *Solid State Physics* vol 13, ed F Seitz and D Turnbull (New York: Academic Press)
Bourret R 1973 *Lett. Nuovo Cim.* **7** 801
Feynman R P 1961 *Frontiers in Physics, Quantum Electrodynamics* (New York: Benjamin) p 50
——1962 *Théorie Quantique des Champs* (New York: Interscience)
Grotch H and Kazes E 1975 *Phys. Rev. Lett.* **35** 124
——1976 *Phys. Rev.* D **13** 2851, erratum D **15** 1184
——1977 *Am. J. Phys.* **45** 618

Huang K 1952 *Am. J. Phys.* **20** 479
Itzykson C 1974 *Commun. Math. Phys.* **36** 19
Jackson J D 1971 *Classical Electrodynamics* 2nd ed (New York: Wiley) pp 188, 233, 672
Kittel C 1963 *Quantum Theory of Solids* (New York: Wiley) problem 6, p 148
Koba Z 1949 *Prog. Theor. Phys.* **4** 319
Lai S B, Knight P L and Eberly J H 1974 *Phys. Rev. Lett.* **32** 494
——1975 *Phys. Rev. Lett.* **35** 126
Milonni P W, Ackerhalt J R and Smith W A 1973 *Phys. Rev. Lett.* **31** 958
Nozieres P and Pines D 1958 *Nuovo Cim.* **9** 470
Primas H 1963 *Rev. Mod. Phys.* **35** 710
Senitzky I R 1973 *Phys. Rev. Lett.* **31** 955
Weisskopf V 1939 *Phys. Rev.* **56** 72
——1974 *Lepton and Hadron Structures, Subnuclear Physics Series* vol 12 ed A Zichichi (New York: Academic Press)
Welton T A 1948 *Phys. Rev.* **74** 1157

Paper 5.3

J. Dalibard, J. Dupont-Roc, and C. Cohen-Tannoudji, "Vacuum fluctuations and radiation reaction: Identification of their respective contributions," *J. Phys. (Paris)* **43**, 1617–1638 (1982).

This paper presents another possible approach to radiative processes, which is not restricted to the high frequency modes of the radiation field (as in papers 5.1 and 5.2), but which can also include the effect of resonant modes. It is thus possible to investigate dissipative processes such as the damping due to spontaneous emission of radiation.

The general idea followed here is to start from the Heisenberg equations of motion of the coupled atom–field system. Integrating the field equation, one can write the total field as a sum of two terms, the vacuum free field which would exist in the absence of the atom and the source field which is produced by the atom itself. Using such a decomposition of the total field in the atom equation, one gets a dynamical equation for the atom with two types of terms describing the effect of vacuum fluctuations and radiation reaction, respectively. In fact, there is an ambiguity associated with such an approach, which was pointed out by several authors. The atomic observables commute with the total field, but not with the vacuum field and the source field separately. So, depending on the initial order which is chosen in the atomic equation between the commuting atomic and (total) field observables, the respective contributions of vacuum fluctuations and radiation reaction can be changed arbitrarily, the total effect of both processes remaining of course the same. The purpose of this paper was to show that such an ambiguity can be removed by physical arguments. If one imposes that the two rates of variation due to vacuum fluctuations and radiation reaction be physical, i.e. be separately Hermitian and contain only Hermitian operators, then the completely symmetrical order between the atom and field observables is the only physically acceptable choice. For reactive effects, i.e. energy shifts, one obtains in this way the same results as those derived in papers 5.1 and 5.2 from an effective Hamiltonian approach. For dissipative effects, i.e. damping rates due to spontaneous emission, one gets results in complete agreement with the transition rates induced between atomic levels by fluctuating fields (for the contribution of vacuum fluctuations) and for the emission of radiation by an accelerated charge (for the contribution of radiation reaction).

Another interest of this paper is to show that all physical quantities, such as the energy shifts or damping rates, can be written in terms of simple statistical functions of the two interacting systems: symmetric correlation functions C and linear susceptibilities χ. In fact, such a result can be extended to any small system S interacting with a reservoir R [See J. Dalibard, J. Dupont-Roc, and C. Cohen-Tannoudji, *J. Phys. (Paris)* **45**, 637 (1984)]. One finds that all the effects associated with the "reservoir fluctuations" have the structure $C_R\ \chi_S$ (R fluctuates and polarizes S), whereas all the effects associated with the "self-reaction" have the structure $C_S\ \chi_R$ (S fluctuates and polarizes R). Reactive and dissipative effects are associated with the real and imaginary parts of the susceptibilities, respectively.

J. Physique **43** (1982) 1617-1638 NOVEMBRE **1982**, PAGE 1617

Classification
Physics Abstracts
03.00 — 12.20 — 32.80

Vacuum fluctuations and radiation reaction : identification of their respective contributions

J. Dalibard, J. Dupont-Roc and C. Cohen-Tannoudji

Laboratoire de Spectroscopie Hertzienne de l'Ecole Normale Supérieure, et Collège de France
24, rue Lhomond, 75231 Paris Cedex 05, France

(*Reçu le 8 juin 1982, accepté le 5 juillet 1982*)

Résumé. — Il semble généralement admis qu'il existe, en théorie quantique du rayonnement, une indétermination dans la séparation des effets respectifs des fluctuations du vide et de la réaction de rayonnement. Nous montrons ici que cette indétermination est levée si l'on impose aux vitesses de variation correspondantes d'être hermitiques (condition nécessaire pour qu'elles soient interprétables physiquement). Cette procédure est généralisée au cas d'un petit système $\mathcal{S}$ interagissant avec un grand réservoir $\mathcal{R}$, et permet de séparer deux types de processus physiques, ceux où $\mathcal{R}$ fluctue et polarise $\mathcal{S}$ (effets des fluctuations du réservoir), ceux où c'est $\mathcal{S}$ qui polarise $\mathcal{R}$ (effets de la réaction de $\mathcal{R}$ sur $\mathcal{S}$). Nous appliquons cette procédure au cas d'un électron atomique interagissant avec le champ de rayonnement et identifions ainsi les contributions des fluctuations du vide et de la réaction de rayonnement aux corrections radiatives et à l'émission spontanée. L'analyse des résultats obtenus nous permet de préciser les images physiques qui doivent être associées aux divers processus radiatifs.

Abstract. — It is generally considered that there exists in quantum radiation theory an indetermination in the separation of the respective effects of vacuum fluctuations and radiation reaction. We show in this paper that such an indetermination can be removed by imposing to the corresponding rates of variation to be Hermitian (this is necessary if we want them to have a physical meaning). Such a procedure is generalized to the case of a small system $\mathcal{S}$ interacting with a large reservoir $\mathcal{R}$ and allows the separation of two types of physical processes, those where $\mathcal{R}$ fluctuates and polarizes $\mathcal{S}$ (effects of reservoir fluctuations), those where it is $\mathcal{S}$ which polarizes $\mathcal{R}$ (effects of self reaction). We apply this procedure to an atomic electron interacting with the radiation field and we then identify the contribution of vacuum fluctuations and self reaction to radiative corrections and spontaneous emission of radiation. The analysis of the results obtained in this way allows us to specify the physical pictures which must be associated with the various radiative processes.

1. **Introduction.** — Understanding the physical mechanisms responsible for spontaneous emission of radiation by an excited atom, or for radiative corrections such as radiative line shifts, electron's self energy or magnetic moment... is a very stimulating problem which has received a lot of attention [1, 2].

The quantitative results for these corrections are of course well established. The physical interpretations remain however more controversial. Two extreme points of view have been investigated. In the first one, the interaction of the electron with the quantum fluctuations of the vacuum field, the so-called « vacuum fluctuations », is considered as playing the central role. One tries to interpret spontaneous emission as an emission « triggered » by vacuum fluctuations. The most famous example of such an approach is the interpretation of the Lamb shift as being due to the averaging of the Coulomb potential of the nucleus by the electron vibrating in vacuum fluctuations [3]. One must not forget however that such a picture leads to the wrong sign for the electron's spin anomaly $g - 2$: the vibration of the electron's spin in vacuum fluctuations does not increase the effective magnetic moment but reduces it [3, 4]. In the second point of view, the basic physical mechanism is identified as the interaction of the electron with its own field, the so called « radiation reaction » although it would be proper to call it the electromagnetic self interaction since it includes the interaction of the electron with its Coulomb field as well as with its radiation field [5-8]. We will use in the following the shorter denomination « self reaction » for this process. In such an approach, one tries to interpret Q.E.D. radiative corrections along the same lines as the radiative damping and the radiative shift of an oscillating classical dipole moment. We should note however that the vacuum field cannot be completely forgotten in the interpretation of finer details of spontaneous emission, such as fluorescence spectrum or intensity correlations, which are related to higher order correlation functions [9, 10].

Actually, it is now generally accepted that vacuum fluctuations and self reaction are « two sides of the same quantum mechanical coin » [11], and that their respective contributions to each physical process cannot be unambiguously determined [11-14]. Such an opinion is based on the following analysis, carried out in the Heisenberg picture which provides a very convenient theoretical framework since it leads, for the relevant dynamical variables, to equations of motion very similar to the corresponding classical ones. The calculations [11-14] can be summarized by the general scheme of figure 1.

Heisenberg's equations of motion for field and atomic variables are derived from the Hamiltonian of the combined atom + field system. The equation for the field looks like the equation of motion of an harmonic oscillator driven by an atomic source term and is readily integrated. This leads to an expression for the total field E which is a sum of two terms :

$$E = E_{\mathrm{f}} + E_{\mathrm{s}} . \qquad (1.1)$$

The « free field » E_{f} corresponds to the solution of the homogeneous field equation (without atomic source term), and coincides with the « vacuum field » when no photons are initially present. The « source field » E_{s} is the field generated by the atomic source (solution of the inhomogeneous field equation). Consider now the atomic equation. The rate of variation, $\mathrm{d}G(t)/\mathrm{d}t$, of a given atomic observable $G(t)$ appears to be proportional to the product of atomic and field operators, $N(t)$ and $E(t)$, taken at the same time :

$$\frac{\mathrm{d}G(t)}{\mathrm{d}t} \sim N(t)\, E(t) . \qquad (1.2)$$

The final step of the calculation consists in inserting in (1.2) the solution (1.1) obtained for $E(t)$, which leads to a dynamical equation for the atomic system (Fig. 1). The contributions of E_{f} and E_{s} to $\mathrm{d}G/\mathrm{d}t$ can be interpreted as rates of variation :

$$\left(\frac{\mathrm{d}G}{\mathrm{d}t}\right)_{\mathrm{vf}} \sim N(t)\, E_{\mathrm{f}}(t) \qquad (1.3a)$$

$$\left(\frac{\mathrm{d}G}{\mathrm{d}t}\right)_{\mathrm{sr}} \sim N(t)\, E_{\mathrm{s}}(t) \qquad (1.3b)$$

respectively due to vacuum fluctuations and self reaction. This interpretation directly follows from the physical origin of E_{f} and E_{s}. The ambiguity mentioned above for this separation comes from the fact that the two atomic and field operators $N(t)$ and $E(t)$ appearing in (1.2) commute [they commute at the initial time $t = t_0$, when they act in different spaces, and the Hamiltonian evolution between t_0 and t preserves this commutation]. They can therefore be taken in any order, $N(t)\, E(t)$ as in (1.2), or $E(t)\, N(t)$. However, $E_{\mathrm{f}}(t)$ and $E_{\mathrm{s}}(t)$ do not commute separately with $N(t)$, as their sum does. Consequently, $N(t)\, E_{\mathrm{f}}(t)$ and $E_{\mathrm{f}}(t)\, N(t)$ generally differ. The two rates of variation (1.3a) and (1.3b) therefore depend on the initial order between the two commuting operators $N(t)$ and $E(t)$, the total rate (1.2) being of course independent of this order. In particular, if the normal order has been chosen in (1.2) [with all field annihilation operators at right, all field creation operators at left], the contribution of vacuum fluctuations vanishes when the average is taken over the vacuum state of the field, and all radiative corrections appear to come from self reaction. Different orders taken in (1.2) would lead to different conclusions. Thus, it seems that the relative contributions of vacuum fluctuations and self reaction cannot be unambiguously identified.

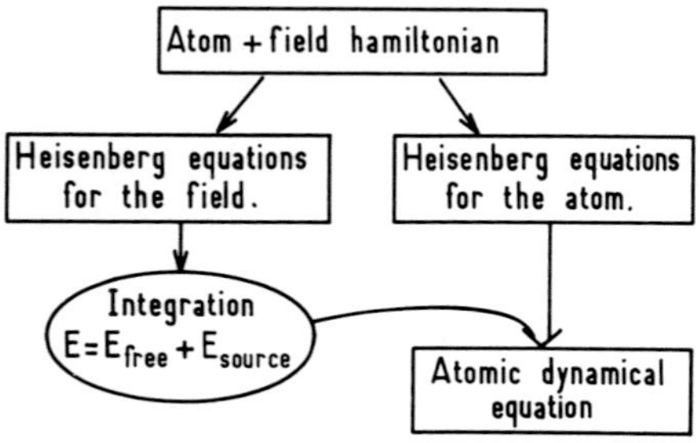

Fig. 1. — Principle of the derivation of the atomic dynamical equation.

MOTIVATIONS OF THIS PAPER. — In this paper, we would like to present some arguments supporting the choice of a particular order in (1.2) leading, in our opinion, to a physically well defined separation between the contributions of vacuum fluctuations and self reaction. We don't question of course the mathematical equivalence of all possible initial orders in (1.2). Our argument rather concerns the physical interpretation of the two rates of variation appearing when (1.1) is inserted in (1.2). If G is an atomic observable (Hermitian operator), the two rates of variation contributing to $\frac{\mathrm{d}}{\mathrm{d}t} G(t)$, which is also Hermitian, must be separately Hermitian, if we want them to have a physical meaning. Furthermore, the field and atomic operators appearing in the different rates of variation must also be Hermitian if we want to be able to analyse these rates in terms of well defined physical quantities. We show in this paper that these hermiticity requirements restrict the possible initial orders in (1.2) to only one, the completely symmetrical order.

A second motivation of this paper is to point out that, with such a symmetrical order, a clear connection can be made with a statistical mechanics point of view which appears to be in complete agreement with the usual physical pictures associated with vacuum fluctuations and self reaction. For example, the radiative corrections can be expressed as products of correlation functions by linear susceptibilities. For the vacuum fluctuations part of these corrections, one gets the correlation function of the field multiplied by the linear susceptibility of the atom, which supports the picture of a fluctuating vacuum field polarizing the atomic system and interacting with this induced polarization, whereas for the self reaction part, the reverse result is obtained : product of the correlation function of the atomic system by the linear « susceptibility » of the field which corresponds to the picture of a fluctuating dipole moment « polarizing » the field, i.e. producing a field, and interacting with this field.

ORGANIZATION OF THE PAPER. — In section 2 we introduce our notations and the basic concepts (vacuum field, source field, radiation reaction...) by applying the general theoretical scheme of figure 1 to the derivation of the quantum generalization of the Abraham-Lorentz equation [17] describing the dynamics of an atomic electron interacting with a static potential and with the quantized radiation field. We discuss the physical content of this equation and the difficulties associated with the quantum nature of field variables. We explain also why it is necessary to extend the calculations of section 2 (dealing with the position **r** and the momentum **p** of the electron) to more general atomic observables G.

The calculation of $\mathrm{d}G/\mathrm{d}t$, which is presented in section 3, raises the problem of the order between commuting observables, mentioned above in connection with equation (1.2) (such a difficulty does not appear for **r** and **p**). We show how it is possible, by the physical considerations mentioned above, to single out the completely symmetrical order in (1.2). We then extend in section 4 the discussion to the more general case of a « small system » $\mathcal{S}$ (playing the role of the atomic system) interacting with a « large reservoir » $\mathcal{R}$ (playing the role of the electromagnetic field with its infinite number of degrees of freedom). The advantage of such a generalization is to provide a deeper insight in the problem. We point out in particular that the expressions giving $\left\langle \left(\frac{\mathrm{d}G}{\mathrm{d}t}\right)_{\mathrm{vf}} \right\rangle$ and $\left\langle \left(\frac{\mathrm{d}G}{\mathrm{d}t}\right)_{\mathrm{sr}} \right\rangle$, averaged in the vacuum state of the field and calculated to the first order in the fine structure constant α, can be expressed in terms of simple statistical functions of the two interacting systems (correlation functions and linear susceptibilities). We discuss the mathematical structure of these expressions and their physical content.

Finally, the general results of sections 3 and 4 are applied in section 5 to the physical discussion of the relative contributions of vacuum fluctuations and self reaction to the dynamics of an atomic electron. Two types of effects are considered : the shift of atomic energy levels, described by the Hamiltonian part of $\left\langle \left(\frac{\mathrm{d}G}{\mathrm{d}t}\right)_{\mathrm{vf}} \right\rangle$ and $\left\langle \left(\frac{\mathrm{d}G}{\mathrm{d}t}\right)_{\mathrm{sr}} \right\rangle$, and the dissipative effects associated with the exchange of energy between the electron and the radiation field.

2. The quantum form of the Abraham-Lorentz equation.

— A few basic concepts are introduced in this section, by considering a very simple system formed by an electron bound near the origin by an external potential and interacting with the electromagnetic field.

We first introduce the Hamiltonian of the combined system « bound electron + electromagnetic field » (§ 2.1). We then establish, in the Heisenberg representation, the quantum dynamical equation for the electron (§ 2.2). This equation appears to be very similar to the corresponding classical one, known as the Abraham-Lorentz equation. This close analogy is however misleading and we will try to explain the difficulties hidden in the quantum equation (§ 2.3).

2.1 BASIC HAMILTONIAN IN COULOMB GAUGE.

— 2.1.1 *Field variables.* — The electric field is divided into two parts : the longitudinal field $\mathbf{E}_{\parallel}$ and the transverse field $\mathbf{E}_{\perp}$. The longitudinal field at point **R** is the instantaneous Coulomb field created by the electron at this point. It is expressed as a function of the electron position operator **r**.

$$\mathbf{E}_{\parallel}(\mathbf{R}) = - \nabla_{\mathbf{R}} \frac{e}{4\pi\varepsilon_0 \,|\, \mathbf{R} - \mathbf{r} \,|} . \tag{2.1}$$

The transverse field $\mathbf{E}_{\perp}(\mathbf{R})$, the vector potential $\mathbf{A}(\mathbf{R})$ and the magnetic field $\mathbf{B}(\mathbf{R})$ are expanded in a set of transverse plane waves, normalized in a cube of volume L^3 :

$$\mathbf{E}_{\perp}(\mathbf{R}) = \sum_{\mathbf{k}\varepsilon} (\mathcal{E}_k \, \boldsymbol{\varepsilon} e^{i\mathbf{k}\mathbf{R}}) \, a_{\mathbf{k}\varepsilon} + hc \tag{2.2a}$$

$$\mathbf{A}(\mathbf{R}) = \sum_{\mathbf{k}\varepsilon} (\mathcal{A}_k \, \boldsymbol{\varepsilon} e^{i\mathbf{k}\mathbf{R}}) \, a_{\mathbf{k}\varepsilon} + hc \tag{2.2b}$$

$$\mathbf{B}(\mathbf{R}) = \sum_{\mathbf{k}\varepsilon} (\mathcal{B}_k \, \boldsymbol{\kappa} \times \boldsymbol{\varepsilon} e^{i\mathbf{k}\mathbf{R}}) \, a_{\mathbf{k}\varepsilon} + hc \tag{2.2c}$$

with :

$$\mathcal{E}_k = i \sqrt{\frac{\hbar\omega}{2\,\varepsilon_0\,L^3}}, \quad \mathcal{A}_k = \sqrt{\frac{\hbar}{2\,\varepsilon_0\,L^3\,\omega}}, \quad \mathcal{B}_k = i\frac{\omega\mathcal{A}_k}{c}, \tag{2.3}$$

$$\boldsymbol{\kappa} = \frac{\mathbf{k}}{k} \tag{2.4}$$

$a_{\mathbf{k}\varepsilon}$ and $a_{\mathbf{k}\varepsilon}^+$ are the annihilation and creation operators for a photon with wave vector $\mathbf{k}$ and polarization $\boldsymbol{\varepsilon}$. The summation concerns all the wave vectors $\mathbf{k}$ with components multiple of $2\pi/L$ and, for a given $\mathbf{k}$, two transverse orthogonal polarizations $\boldsymbol{\varepsilon}_1$ and $\boldsymbol{\varepsilon}_2$.

In classical theory, expansions similar to (2.2) can be written, the operators $a_{\mathbf{k}\varepsilon}$ and $a_{\mathbf{k}\varepsilon}^+$ being replaced by c-numbers $\alpha_{\mathbf{k}\varepsilon}(t)$ and $\alpha_{\mathbf{k}\varepsilon}^*(t)$ which are actually « normal » variables for the field.

In order to calculate the energy of the Coulomb field of the particle, it is also convenient to take the Fourier transform of the longitudinal field (2.1) (for a given value of $\mathbf{r}$) :

$$\mathbf{E}_{\parallel}(\mathbf{R}) = \sum_{\mathbf{k}} - i \frac{e}{2\,\varepsilon_0\,L^3\,k}\,\boldsymbol{\kappa}\,e^{i\mathbf{k}.(\mathbf{R}-\mathbf{r})} + hc\,. \quad (2.5)$$

2.1.2 *Electron variables.* — The electron motion is described by the position operator $\mathbf{r}$ and the conjugate momentum $\mathbf{p}$:

$$\mathbf{p} = \frac{\hbar}{i}\,\boldsymbol{\nabla}_{\mathbf{r}}\,. \quad (2.6)$$

The velocity operator, $\mathbf{v}$, is given by :

$$m\mathbf{v} = \mathbf{p} - e\mathbf{A}(\mathbf{r}) \quad (2.7)$$

where m is the electron mass. Note that $\mathbf{v}$ is not an electronic operator since it includes field variables through $\mathbf{A}(\mathbf{r})$. The electron is bound near the origin by an external static potential $V_0(\mathbf{R})$. If spin is taken into account, the electron variables are supplemented by the spin operator $\mathbf{S}$. Magnetic and spin effects will be briefly discussed in § 5.2.5. They are neglected elsewhere.

2.1.3 *The Hamiltonian.* — In the non relativistic approximation, the Hamiltonian is the sum of five terms : the rest mass energy of the electron, its kinetic energy, its potential energy in $V_0(\mathbf{R})$, the energy of the longitudinal field and the energy of the transverse fields :

$$H = mc^2 + \frac{1}{2\,m}(\mathbf{p} - e\mathbf{A}(\mathbf{r}))^2 + + V_0(\mathbf{r}) + \frac{\varepsilon_0}{2}\int \mathrm{d}^3 R\,\mathbf{E}_{\parallel}^2(\mathbf{R}) + \sum_{\mathbf{k}\varepsilon} \frac{\hbar\omega}{2}(a_{\mathbf{k}\varepsilon}^+\,a_{\mathbf{k}\varepsilon} + a_{\mathbf{k}\varepsilon}\,a_{\mathbf{k}\varepsilon}^+)\,. \quad (2.8)$$

The energy of the longitudinal field appears to be a constant, representing the energy of the electrostatic field associated with the charge. This constant can be written as

$$\frac{\varepsilon_0}{2}\int \mathrm{d}^3 R\,\mathbf{E}_{\parallel}^2(\mathbf{R}) = \delta m_1\,c^2 \quad (2.9)$$

δm_1 can be considered as a correction to the mechanical rest mass m of the electron. The same correction appears in classical theory.

2.1.4 *Introduction of a cut-off.* — It is well known that divergences appear in the computation of various physical quantities (such as energy, momentum...) associated with a charged point particle interacting with the electromagnetic field. These divergences are due to the contribution of the modes with large wave vectors. In order to deal with finite expressions, we will consider only the coupling of the electron with modes $\mathbf{k}$ such that

$$|\,\mathbf{k}\,| < k_{\mathrm{M}}\,. \quad (2.10)$$

This cut-off k_{M} is chosen not too large so that the non relativistic approximation is correct for all the modes which are taken into account ($\hbar\omega_{\mathrm{M}} \ll mc^2$ with $\omega_{\mathrm{M}} = ck_{\mathrm{M}}$). On the other hand, ω_{M} must be large compared to the characteristic resonance frequencies ω_0 of the bound electron. This gives two bounds for k_{M} :

$$\frac{\omega_0}{c} \ll k_{\mathrm{M}} \ll \frac{mc}{\hbar}\,. \quad (2.11)$$

It is well known that theories using such a cut-off are no longer relativistic invariant [15]. The modes selected by condition (2.10) are not the same in two different reference frames, because of the Doppler effect. It is possible to restore relativistic invariance, by using some more sophisticated cut-off procedures [16]. However, we are not concerned here with the relativistic aspects of radiative problems and we will ignore these difficulties. To summarize, all the sums over $\mathbf{k}$ appearing here after must be understood as limited by condition (2.10). The same restriction also applies to the expansion (2.5) of the longitudinal field. The energy of the longitudinal field is then finite and equal to

$$\delta m_1\,c^2 = \sum_{\mathbf{k}} \frac{e^2}{2\,\varepsilon_0\,L^3\,k^2} = \frac{e^2\,k_{\mathrm{M}}}{4\,\pi^2\,\varepsilon_0} \quad (2.12)$$

which can be written as $\frac{\alpha}{\pi}\hbar\omega_{\mathrm{M}}$, where α is the fine structure constant.

2.1.5 *Electric dipole approximation.* — We also suppose in this paper that the binding potential localizes the electron in a volume centred on the origin, with a linear dimension a much smaller than the wave-length of the modes interacting with the particle. (The cut-off k_{M} introduced above is supposed to satisfy $k_{\mathrm{M}}\,a \ll 1$.) Such an assumption which is justified for an atomic electron, allows us to neglect the spatial variation of the fields interacting with the electron. We will then replace the fields at the electron position $\mathbf{E}(\mathbf{r})$, $\mathbf{A}(\mathbf{r})$ by the fields at the origin $\mathbf{E}(\mathbf{0})$, $\mathbf{A}(\mathbf{0})$.

The electric dipole approximation is not essential for the derivation of the results presented in this paper. But the calculations are much simpler and the physical conclusions remain unchanged [1].

[1] Corrections to the electric dipole approximation are of higher order in $1/c$. They have to be considered when relativistic corrections are included in the Hamiltonian (see for example [4]).

To summarize the previous discussion, we will use hereafter the following Hamiltonian :

$$H_{ED} = (m + \delta m_1)\, c^2 + \frac{1}{2\,m}(\mathbf{p} - e\mathbf{A}(\mathbf{0}))^2 + V_0(\mathbf{r}) + \sum_{\substack{\mathbf{k}\varepsilon \\ |\mathbf{k}| < k_M}} \frac{\hbar\omega}{2}\,(a^+_{\mathbf{k}\varepsilon}\, a_{\mathbf{k}\varepsilon} + a_{\mathbf{k}\varepsilon}\, a^+_{\mathbf{k}\varepsilon}) \tag{2.13}$$

with

$$\mathbf{A}(0) = \sum_{\substack{\mathbf{k}\varepsilon \\ |\mathbf{k}| < k_M}} \mathcal{A}_k\, \boldsymbol{\varepsilon}\, a_{\mathbf{k}\varepsilon} + hc\,. \tag{2.14}$$

2.2 Dynamics of the electron interacting with the electromagnetic field. — 2.2.1 *Principle of the calculation.* — The rate of variation of electron and field variables can be determined from the Hamiltonian (2.13). The corresponding two sets of equations are of course coupled; the field evolution depends on the charge motion and, conversely, the electron experiences a force due to the field.

The derivation of a dynamical equation for the electron from these two sets of coupled equations is well known [8, 13, 14] and follows the general scheme of figure 1. One first integrates the field equations in presence of the particle. The solution obtained for the field is then inserted in the electron equation. This leads to a quantum dynamical equation describing the motion of the electron interacting with the free field as well as with its own field.

2.2.2 *The electromagnetic field in presence of the particle.* — Since all field operators are expressed in terms of $a_{\mathbf{k}\varepsilon}$ and $a^+_{\mathbf{k}\varepsilon}$, we start with the Heisenberg equation for $a_{\mathbf{k}\varepsilon}(t)$:

$$\dot{a}_{\mathbf{k}\varepsilon}(t) = \frac{i}{\hbar}\,[H(t), a_{\mathbf{k}\varepsilon}(t)] = -\, i\omega a_{\mathbf{k}\varepsilon}(t) + \frac{ie}{m\hbar}\,\mathcal{A}_k\, \boldsymbol{\varepsilon}^*.\boldsymbol{\pi}(t) \tag{2.15}$$

where

$$\boldsymbol{\pi}(t) = m\mathbf{v}(t) = \mathbf{p}(t) - e\mathbf{A}(\mathbf{0}, t)\,. \tag{2.16}$$

Equation (2.15) is then formally integrated and gives :

$$a_{\mathbf{k}\varepsilon}(t) = a_{\mathbf{k}\varepsilon}(t_0)\, e^{-i\omega(t-t_0)} + \frac{ie}{m\hbar}\,\mathcal{A}_k \int_{t_0}^{t} \mathrm{d}t'\, \mathrm{e}^{-i\omega(t-t')}\, \boldsymbol{\varepsilon}^*.\boldsymbol{\pi}(t')\,. \tag{2.17}$$

The evolution of $a_{\mathbf{k}\varepsilon}(t)$ appears to be the superposition of a free evolution [first term of (2.17)] and a « forced » evolution driven by the motion of the charge [second term of (2.17)]. We finally insert (2.17) in the expansions (2.2) of the transverse field. The contributions of the two terms of (2.17) correspond respectively to the free fields ($\mathbf{A}_f$, $\mathbf{E}_{\perp f}$) and to the source fields ($\mathbf{A}_s$, $\mathbf{E}_{\perp s}$). Actually, we need only for the following to know the fields for $\mathbf{R} = \mathbf{0}$ (because of the electric dipole approximation). From (2.2) and (2.17), one easily derives (see appendix A for the details of the calculation) :

$$\mathbf{A}(\mathbf{0}, t) = \mathbf{A}_f(\mathbf{0}, t) + \mathbf{A}_s(\mathbf{0}, t) \tag{2.18}$$

with

$$\mathbf{A}_f(\mathbf{0}, t) = \sum_{\mathbf{k}\varepsilon} (\mathcal{A}_k\, \boldsymbol{\varepsilon}\, \mathrm{e}^{-i\omega(t-t_0)})\, a_{\mathbf{k}\varepsilon}(t_0) + hc \tag{2.19a}$$

$$\mathbf{A}_s(\mathbf{0}, t) = \frac{4}{3}\,\frac{\delta m_1}{me}\,\boldsymbol{\pi}(t) - \frac{2}{3}\,\frac{e}{4\,\pi\varepsilon_0\, mc^3}\,\dot{\boldsymbol{\pi}}(t) \tag{2.19b}$$

similarly

$$\mathbf{E}_\perp(\mathbf{0}, t) = \mathbf{E}_{\perp f}(\mathbf{0}, t) + \mathbf{E}_{\perp s}(\mathbf{0}, t) \tag{2.20}$$

with

$$\mathbf{E}_{\perp f}(\mathbf{0}, t) = \sum_{\mathbf{k}\varepsilon} (\mathcal{E}_k\, \boldsymbol{\varepsilon}\, \mathrm{e}^{-i\omega(t-t_0)})\, a_{\mathbf{k}\varepsilon}(t_0) + hc \tag{2.21a}$$

$$\mathbf{E}_{\perp s}(\mathbf{0}, t) = -\,\frac{4}{3}\,\frac{\delta m_1}{me}\,\dot{\boldsymbol{\pi}}(t) + \frac{2}{3}\,\frac{e}{4\,\pi\varepsilon_0\, mc^3}\,\ddot{\boldsymbol{\pi}}(t)\,. \tag{2.21b}$$

2.2.3 *The quantum Abraham-Lorentz equation.* — The Heisenberg equations for the electron operators **r** and $\boldsymbol{\pi}$ are

$$m\dot{\mathbf{r}}(t) = \frac{im}{\hbar}[H, \mathbf{r}] = \boldsymbol{\pi}(t) \tag{2.22}$$

$$\dot{\boldsymbol{\pi}}(t) = \frac{i}{\hbar}[\mathbf{H}, \boldsymbol{\pi}] = -\nabla V_0(\mathbf{r}) + e\mathbf{E}_{\perp}(\mathbf{0}, t) + \frac{e}{2m}(\boldsymbol{\pi} \times \mathbf{B}(\mathbf{0}, t) - \mathbf{B}(\mathbf{0}, t) \times \boldsymbol{\pi}). \tag{2.23}$$

The last term of the right member of equation (2.23) is smaller than the second one by a factor v/c [see Eq. (2.3)]. It will be neglected hereafter. On the other hand, we notice that $\mathbf{E}_{\perp}(\mathbf{0}, t)$ is not multiplied by any electronic operator so that the problem of order raised in the introduction does not appear here. Replacing in (2.23) the total transverse electric field by the sum (2.20) of the free field and the source field and using (2.22) to eliminate $\boldsymbol{\pi}$, one gets :

$$\begin{aligned} m\ddot{\mathbf{r}}(t) &= -\nabla V_0(\mathbf{r}) + e\mathbf{E}_{\perp s}(\mathbf{0}, t) + e\mathbf{E}_{\perp f}(\mathbf{0}, t) \\ &= -\nabla V_0(\mathbf{r}) - \frac{4}{3}\delta m_1\,\ddot{\mathbf{r}}(t) + \frac{2}{3}\frac{e^2}{4\pi\varepsilon_0 c^3}\dddot{\mathbf{r}}(t) + e\mathbf{E}_{\perp f}(\mathbf{0}, t). \end{aligned} \tag{2.24}$$

This equation is very similar to the classical Abraham-Lorentz equation [17]. This is not surprising since the classical Hamiltonian is similar to (2.13). The general scheme of figure 1 is valid for both quantum and classical theories, and the Hamilton-Jacobi equations have the same structure as the quantum Heisenberg ones. Since there is no problem of order, the physical interpretation of this equation is clear. Apart from the external potential $V_0(\mathbf{r})$, two fields act on the electron : its own field and the free field. The coupling of the electron with its own field is described by two terms : the first one, proportional to $\ddot{\mathbf{r}}$, correspond to a mass renormalization from m to $m + \frac{4}{3}\delta m_1$ (²). The second one proportional to $\dddot{\mathbf{r}}$, is the quantum analogue of the force which produces the radiative damping of the classical particle. The last term of (2.24) describes the coupling of the electron with the free field, i.e. the field which would exist if the particle was not there. This free field may include an incident radiation field. Classically, the description of the electron free motion is obtained by taking $\mathbf{E}_{\perp f}(\mathbf{0}, t) = \mathbf{0}$. In quantum mechanics on the contrary, $\mathbf{E}_{\perp f}$ is an operator. Although its average value can be zero (in the vacuum state for example), its quadratic average value is always strictly positive. The modifications of the electron dynamics originating from this term correspond to the effect of vacuum fluctuations.

To summarize, it is possible to derive a quantum form of the Abraham-Lorentz equation. The self reaction terms appear in a natural and unambiguous way and are formally identical in quantum and classical theories. In the quantum equation, the term describing the interaction of the particle with the free field operator cannot be considered as a c-number equal to zero in the vacuum. We discuss now some consequences of the quantum nature of this last term.

2.3 The difficulties of the quantum dynamical equation. — In its traditional form, the classical Abraham-Lorentz equation suffers from a well known defect : the existence of preacceleration and self accelerated solutions. The discussion of the same problem in quantum theory is undoubtly interesting [18]. We prefer here to focus on some more fundamental difficulties inherent in the quantum formalism and which are hidden behind the formal analogy between the classical and the quantum dynamical equations.

First, it is worth noting that equation (2.24) relates non commuting operators. This of course complicates the resolution of the equation, but is unavoidable in a quantum theory of the electron dynamics.

Another difficulty lies in the fact that such an equation includes both particle and field operators, respectively **r**, **p** and $\mathbf{E}_f$. This problem does not appear in the classical treatment where the free field, taken equal to zero, does not contribute to the Abraham-Lorentz equation. In quantum mechanics, $\mathbf{E}_f$ cannot be cancelled in the same way : physically, this means that the electron cannot escape the vacuum fluctuations. To estimate the two contributions of vacuum fluctuations and self reaction, we then have to integrate the quantum Abraham-Lorentz equation with a source term; this introduces further complications. To avoid this problem, one may try to deal only with electron operators averaged over the state of the field. Suppose that the radiation field is in the vacuum state at the initial time t_0 : Let $\langle S(t) \rangle_R$ be the average in this radiation state of the particle operator $S(t)$. $\langle S(t) \rangle_R$ is still an operator, acting

(²) As in classical theory, the fact that the mass correction in the Abraham-Lorentz equation and the mass correction in the rest mass energy (2.9) differ by a factor $\frac{4}{3}$ is due to the lack of covariance of the cut-off procedure.

only in the electron Hilbert space. The average of equation (2.24) gives :

$$m \langle \ddot{\mathbf{r}} \rangle_R = - \langle \nabla V_0(\mathbf{r}) \rangle_R - \frac{4}{3} \delta m_1 \langle \ddot{\mathbf{r}} \rangle_R + + \frac{2}{3} \frac{e^2}{4 \pi \varepsilon_0 c^3} \langle \dddot{\mathbf{r}} \rangle_R . \quad (2.25)$$

We have used the fact that the average value of $\mathbf{E}_f$ is zero in the vacuum state. It seems in this last equation that vacuum fluctuations have disappeared and do not play any role in the evolution of $\langle \mathbf{r} \rangle_R$. Actually, the simplicity of equation (2.25) is misleading; the averaged operators $\langle \mathbf{r} \rangle_R$, $\langle \mathbf{p} \rangle_R$ do not have the same properties as the original operators $\mathbf{r}$, $\mathbf{p}$. For example, their commutation relations are not the canonical ones ($[\langle \mathbf{r} \rangle_R, \langle \mathbf{p} \rangle_R] \neq i\hbar$) and their evolution is not unitary. So, we are no longer able to draw a parallel between the classical Abraham-Lorentz equation and the evolution of $\langle \mathbf{r} \rangle_R$ given by (2.25).

Furthermore, all the dynamical aspects of the electron motion cannot be described only by the two operators $\langle \mathbf{r} \rangle_R$ and $\langle \mathbf{p} \rangle_R$. The value of the product $\langle \mathbf{r}.\mathbf{p} \rangle_R$, for example, cannot be calculated as a function of $\langle \mathbf{r} \rangle_R$ and $\langle \mathbf{p} \rangle_R$. Similarly, equation (2.25) is not a true differential equation since $\langle \nabla V_0(\mathbf{r}) \rangle_R$ cannot be expressed in terms of $\langle \mathbf{r} \rangle_R$ and $\langle \mathbf{p} \rangle_R$. This equation is then not « closed » : it links $\langle \mathbf{r} \rangle_R$ and its derivatives to another operator $\langle \nabla V_0(\mathbf{r}) \rangle_R$ for which we have to find the evolution equation (the vacuum fluctuations will probably contribute to this equation, which proves that their disappearance in (2.25) was only superficial).

The previous discussion clearly shows that we cannot avoid to study now the evolution of electron observables other than $\mathbf{r}$ and $\mathbf{p}$ and to ask about their rate of variation the same type of questions concerning the respective contributions of vacuum fluctuations and self reaction. This problem will be be dealt with in the next section. Note that the simplifications which occurred above for the evolution of $\mathbf{r}$ (no order problem in (2.24) and nullity of the vacuum average of $\mathbf{E}_f$ in (2.25)) will not occur for the evolution of a general particle observable.

There is a supplementary reason for studying the evolution of operators other than $\mathbf{r}$ and $\mathbf{p}$. Very few experiments are dealing with the position or the momentum of an atomic electron. One rather measures the population of an energy level, the frequency or the damping of some atomic oscillations associated with off-diagonal elements of the density matrix. This suggests that operators such as $| i \rangle \langle i |$ or $| i \rangle \langle j |$ (where $| i \rangle$ and $| j \rangle$ are eigenstates of the electron in the potential V_0) are more directly connected to experiment than $\mathbf{r}$ and $\mathbf{p}$.

3. **Identification of the contributions of vacuum fluctuations and self reaction to the rate of variation of an arbitrary atomic observable.** — In this section, we first evaluate the contributions of the various terms of the interaction Hamiltonian to the rate of variation, $\mathrm{d}G/\mathrm{d}t$, of an arbitrary atomic observable G (§ 3.1). We then discuss the problem of order which arises when the total field appearing in this rate is split into its free part and its source part (§ 3.2). We solve this problem by introducing hermiticity conditions associated with the requirement of physical meaning (§§ 3.3 and 3.4). Finally, we discuss the problem of the vacuum average of the various rates which requires a perturbative calculation (§ 3.5).

3.1 CONTRIBUTION OF THE VARIOUS TERMS OF THE INTERACTION HAMILTONIAN. — It will be convenient to divide the total Hamiltonian (2.13) into three parts, the Hamiltonian

$$H_s = \frac{\mathbf{p}^2}{2m} + V_0(\mathbf{r}) \quad (3.1)$$

of the electron in the static potential $V_0(\mathbf{r})$, the Hamiltonian

$$H_R = \sum_{\mathbf{k}\varepsilon} \hbar\omega \left(a^+_{\mathbf{k}\varepsilon} a_{\mathbf{k}\varepsilon} + \frac{1}{2} \right) \quad (3.2)$$

of the transverse radiation field, and the Hamiltonian

$$V = - \frac{e}{m} \mathbf{p}.\mathbf{A}(\mathbf{0}) + \frac{e^2}{2m} \mathbf{A}^2(\mathbf{0}) + \frac{e^2}{4 \pi \varepsilon_0} \frac{k_M}{\pi} \quad (3.3)$$

of the electron-field coupling, characterized by the electric charge e and including the energy of the longitudinal field of the electron (2.12).

The rate of variation of an atomic observable G can then be written as

$$\frac{\mathrm{d}}{\mathrm{d}t} G = \frac{i}{\hbar} [H_s, G] + \frac{i}{\hbar} [V, G] . \quad (3.4)$$

We discuss now the contributions of the three terms of V to the second commutator (to order 2 in e).

(i) The last term of V is a c-number which commutes with G and which therefore does not produce any dynamical evolution. This term corresponds to an overall displacement of electronic energy levels which we have already interpreted in section 2 as due to the contribution $\delta m_1 c^2$ of the Coulomb field of the electron to the electron rest mass energy. This effect must obviously be associated with self reaction since it originates from the longitudinal field created by the electron itself. The same situation exists in classical theory.

(ii) The second term of V does not depend on atomic variables and thus commutes with G. It has no dynamical consequences. It nevertheless contributes to the total energy. Let us calculate its average value. Since we limit the calculation to order 2 in e, we can replace $\mathbf{A}(\mathbf{0})$ by the free field $\mathbf{A}_f(\mathbf{0})$. The term then becomes independent of the atomic state and can be interpreted as an overall shift of the electron energy levels. The value of this shift for the vacuum state of the field is given by

$$\left\langle 0 \left| \frac{e^2}{2m} \mathbf{A}_f^2(\mathbf{0}) \right| 0 \right\rangle = \sum_{\mathbf{k}\varepsilon} \frac{e^2 \mathcal{A}_{k^2}}{2m} = \frac{e^2 \hbar k_M^2}{8\pi^2 \varepsilon_0 mc} = = \delta m_2 c^2 . \quad (3.5)$$

This shift can be interpreted as a new contribution, $\delta m_2 c^2$, to the electron rest mass energy. It is proportional to the vacuum average of the square of the free field and thus is clearly a vacuum fluctuation effect, the interpretation of which is well known [19] : it is the kinetic energy associated with the electron vibrations produced by the vacuum fluctuations of the electric field.

(iii) Finally, only the first term of (3.3) contributes to the dynamical evolution of G. The corresponding term of (3.4) can be written as

$$\left(\frac{dG}{dt}\right)_{\text{coupling}} = -\frac{ie}{\hbar m}[\mathbf{p}.\mathbf{A}(\mathbf{0}), G] = e\mathbf{N}.\mathbf{A}(\mathbf{0}) \quad (3.6)$$

where $\mathbf{N}$ is an atomic operator given by

$$\mathbf{N} = -\frac{i}{\hbar m}[\mathbf{p}, G] . \quad (3.7)$$

If G coincides with $\mathbf{p}$ or $\mathbf{r}$, $\mathbf{N}$ is equal to $\mathbf{0}$ or to a constant and (3.6) reduces to $\mathbf{0}$ or to $\mathbf{A}(\mathbf{0})$. We find again that the evolution of $\mathbf{r}$ and $\mathbf{p}$ is very simple.

Finally, combining (3.4) and (3.6) and reintroducing the time explicitly in the operators, we get

$$\frac{d}{dt} G(t) = \frac{i}{\hbar}[H_s(t), G(t)] + e\mathbf{N}(t).\mathbf{A}(\mathbf{0}, t) . \quad (3.8)$$

3.2 The problem of order. — In expression (3.8), we split, as in section 2, the field $\mathbf{A}(\mathbf{0}, t)$ in two parts, $\mathbf{A}_f(\mathbf{0}, t)$ representing the free field and $\mathbf{A}_s(\mathbf{0}, t)$ representing the source field. If the atomic operator $\mathbf{N}(t)$ does not reduce to $\mathbf{0}$ or to a constant (as it is the case for $\mathbf{r}$ and $\mathbf{p}$), we are immediately faced with the problem of order mentioned in the introduction. Since $\mathbf{N}(t)$ and $\mathbf{A}(\mathbf{0}, t)$ commute, we can start in equation (3.8) with any order

$$\mathbf{N}(t).\mathbf{A}(\mathbf{0}, t) \quad \text{or} \quad \mathbf{A}(\mathbf{0}, t).\mathbf{N}(t) .$$

More generally, we can write the last term of (3.8) as

$$e\lambda\mathbf{N}(t).\mathbf{A}(\mathbf{0}, t) + e(1 - \lambda)\mathbf{A}(\mathbf{0}, t).\mathbf{N}(t) \quad (3.9)$$

with λ arbitrary. Replacing $\mathbf{A}$ by $\mathbf{A}_f + \mathbf{A}_s$ leads to

$$\left(\frac{dG}{dt}\right)_{\text{coupling}} = \left(\frac{dG}{dt}\right)_{\text{vf}} + \left(\frac{dG}{dt}\right)_{\text{sr}} \quad (3.10)$$

where the two rates

$$\left(\frac{dG}{dt}\right)_{\text{vf}} = e\lambda\mathbf{N}(t).\mathbf{A}_f(\mathbf{0}, t) + e(1 - \lambda)\mathbf{A}_f(\mathbf{0}, t).\mathbf{N}(t) \quad (3.11)$$

$$\left(\frac{dG}{dt}\right)_{\text{sr}} = e\lambda\mathbf{N}(t).\mathbf{A}_s(\mathbf{0}, t) + e(1 - \lambda)\mathbf{A}_s(\mathbf{0}, t).\mathbf{N}(t) \quad (3.12)$$

depend on λ since $\mathbf{A}_f$ and $\mathbf{A}_s$ do not commute separately with $\mathbf{N}(t)$.

λ being arbitrary, the splitting (3.10) of the total rate is not uniquely defined [11-13].

3.3 Physical interpretation and hermiticity conditions. — In order to remove this indetermination, we introduce now some simple physical considerations.

Suppose that G is a physical observable, represented by a Hermitian operator. The rate of variation of G due to the coupling is also a Hermitian operator [this clearly appears on (3.8) since $\mathbf{N}(t)$ and $\mathbf{A}(\mathbf{0}, t)$ are commuting Hermitian operators]. Our purpose is to split this rate of variation in two rates, involving $\mathbf{A}_f$ and $\mathbf{A}_s$ respectively, and having separately a well defined physical interpretation in terms of vacuum fluctuations and self reaction. This interpretation requires that (3.11) and (3.12) should have separately a physical meaning, and consequently should be separately Hermitian. This condition determines λ which must be equal to 1/2. Thus, the splitting of dG/dt is unique and given by

$$\left(\frac{dG}{dt}\right)_{\text{vf}} = e\frac{1}{2}[\mathbf{N}(t).\mathbf{A}_f(\mathbf{0}, t) + \mathbf{A}_f(\mathbf{0}, t).\mathbf{N}(t)] \quad (3.13)$$

$$\left(\frac{dG}{dt}\right)_{\text{sr}} = e\frac{1}{2}[\mathbf{N}(t).\mathbf{A}_s(\mathbf{0}, t) + \mathbf{A}_s(\mathbf{0}, t).\mathbf{N}(t)] . \quad (3.14)$$

This could have been obtained by choosing the completely symmetrical order in (3.9).

3.4 Generalization to more complicated situations. — It may happen that the total rate of variation of G does not appear as simple as in (3.6), i.e. as the product of an atomic observable by a field observable. For example, if we had not made the electric dipole approximation, the electron position operator $\mathbf{r}$ would appear in $\mathbf{A}$. Another example is the appearance of non Hermitian operators in (3.6) when the total field $\mathbf{A}$ is decomposed into its positive and negative frequency components which are not Hermitian. We extend now the previous treatment to these more complex situations.

We first note that, in the most general case, the total rate of variation of a physical observable G

(due to the coupling with the field) can always be written as

$$\left(\frac{dG}{dt}\right)_{\text{coupling}} = \sum_i e(A_i N_i + A_i^+ N_i^+) \quad (3.15)$$

where the A_i are field operators and the N_i atomic operators which commute, but which are not necessarily Hermitian. For example, in simple models dealing with two-level atoms and using the « rotating wave approximation », the coupling Hamiltonian is taken of the form

$$V = -(E^{(+)} D^+ + E^{(-)} D^-) \quad (3.16)$$

where D^+ and D^- are the raising and lowering components of the dipole moment operator, and $E^{(+)}$ and $E^{(-)}$ the positive and negative frequency components of the field [20].

In such a case, we get

$$\left(\frac{dG}{dt}\right)_{\text{coupling}} = E^{(+)} F^+ + E^{(-)} F^- \quad (3.17)$$

with

$$F^+ = \frac{i}{\hbar}[G, D^+] \quad (3.18)$$

(3.17) has a structure similar to (3.15).

G being Hermitian, the right side of (3.15) is of course also Hermitian, but since the atomic and field operators commute, it could be written as well as

$$\sum_i (N_i A_i + N_i^+ A_i^+) \quad \text{or} \quad \sum_i (N_i A_i + A_i^+ N_i^+)$$

or

$$\sum_i (A_i N_i + N_i^+ A_i^+)$$

or any combination of these forms. When A_i is replaced by $A_{if} + A_{is}$, it is easy to see that the hermiticity condition imposed on $\left(\frac{dG}{dt}\right)_{vf}$ and $\left(\frac{dG}{dt}\right)_{sr}$ is no longer sufficient for removing the indetermination. For example,

$$\sum_i (A_{if} N_i + N_i^+ A_{if}^+) \quad \text{and} \quad \sum_i (N_i A_{if} + A_{if}^+ N_i^+)$$

are two Hermitian rates of variation which could be attributed to vacuum fluctuations and which generally do not coincide since A_{if} and A_{if}^+ do not commute with N_i and N_i^+. For the simple model considered above [see (3.16) and (3.17)] these two rates respectively correspond to the anti normal and normal orders. So, when the A_i and the N_i are not Hermitian, we must introduce a new requirement.

Coming back to the expression (3.15) of the total rate, we first re-express this rate in terms of physically well defined atomic and field quantities, i.e. in terms of Hermitian operators. The physical justification for such a transformation is that we want to be able to analyse the total physical rate in terms of physical quantities. For example, it would be difficult to elaborate a physical picture from an expression involving only the positive frequency part of the field which is not observable. Introducing the real and the imaginary part of the various operators appearing in (3.15), and using the fact that field and atomic operators commute, we transform (3.15) into the strictly equivalent expression

$$\left(\frac{dG}{dt}\right)_{\text{coupling}} = e\sum_i \left(\frac{A_i + A_i^+}{2}\right)(N_i + N_i^+) + e\sum_i \left(\frac{A_i - A_i^+}{2i}\right)\left(\frac{N_i - N_i^+}{-i}\right). \quad (3.19)$$

But now the total rate appears as a sum of products of observables of the field by observables of the particle as in (3.6) and the procedure of the previous section can be applied to each of these products and singles out the completely symmetric order

$$\left(\frac{dG}{dt}\right)_{\text{coupling}} = e\frac{1}{2}\sum_i \left[\left(\frac{A_i + A_i^+}{2}\right)(N_i + N_i^+) + (N_i + N_i^+)\left(\frac{A_i + A_i^+}{2}\right)\right] + e\frac{1}{2}\sum_i \left[\left(\frac{A_i - A_i^+}{2i}\right)\left(\frac{N_i - N_i^+}{-i}\right) + \left(\frac{N_i - N_i^+}{-i}\right)\left(\frac{A_i - A_i^+}{2i}\right)\right] \quad (3.20)$$

when A_i is replaced by $A_{if} + A_{is}$ in (3.19).

To summarize the previous discussion, a unique well defined order is singled out by the following two conditions.

(i) The two rates $\left(\frac{dG}{dt}\right)_{vf}$ and $\left(\frac{dG}{dt}\right)_{sr}$ must have separately a physical meaning.

(ii) Before replacing A_i by $A_{if} + A_{is}$, the total rate must be expressed in terms of physical field and particle quantities.

3.5 Vacuum average of the various rates. — To progress further, we must now take the average of the two rates (3.13) and (3.14) over the vacuum state of the field. The calculation of such an average is not trivial (as it was the case in the previous section for **r** and **p**). This is due to the presence of products of field and atomic operators in the right side of the equations. For example, when we average the product $e\mathbf{A}_f(\mathbf{0}, t).\mathbf{N}(t)$, we must not forget that these two operators are correlated since the atomic operator $\mathbf{N}(t)$ depends on the free field which has perturbed its evolution from the initial time t_0 to t. Consequently, before taking the vacuum average, we have first to calculate, to a given order in e, $\mathbf{N}(t)$ as a function of unperturbed (free) atomic and field operators. Since we limit our calculation to order 2 in e (i.e. to order 1 in the fine structure constant α), we must solve the Heisenberg equation for $\mathbf{N}(t)$ up to order e [e already appears in (3.13) and $\mathbf{A}_f$ is of order e^0]. When we insert the perturbative expansion of $\mathbf{N}(t)$, which contains zero or one field operator taken at a time t' such that $t_0 < t' < t$, in the product $\mathbf{A}_f(\mathbf{0}, t).\mathbf{N}(t)$, and when we take the vacuum average, we get « one-time averages » $\langle 0 \mid \mathbf{A}_f(t) \mid 0 \rangle$ which are equal to zero, and « two-time averages » such as

$$\langle 0 \mid A_{fi}(\mathbf{0}, t)\, A_{fj}(\mathbf{0}, t') \mid 0 \rangle$$

(with $i, j = x, y, z$), i.e. vacuum averages of products of two components of free field operators taken at two different times. Similar considerations can be made about the other products of (3.13) and (3.14).

Actually, such perturbative calculations are not specific of our choice of the symmetrical order in (3.9) and they can be found in other papers where other choices are investigated [11, 13]. Rather than duplicating these calculations, we prefer in the next section to reconsider our problem of the separation between vacuum fluctuations and self reaction from a more general point of view where one asks the same type of questions for a small system $\mathcal{S}$ (generalizing the atom) interacting with a large reservoir $\mathcal{R}$ (generalizing the field). The extension of the previous treatment to this more general situation is straightforward. It leads to mathematical expressions which, because of their generality, have a more transparent structure. In particular, since we don't use, in the intermediate steps of the calculation, simplifications specific to a particular choice of $\mathcal{S}$ and $\mathcal{R}$, we find that some important statistical functions of $\mathcal{S}$ and $\mathcal{R}$ appear explicitly in the final expressions and this provides a deeper physical insight in the problem.

4. **Extension of the previous treatment to a system $\mathcal{S}$ interacting with a large reservoir $\mathcal{R}$.** — 4.1 INTRODUCTION-OUTLINE OF THE CALCULATION. — It is well known that spontaneous emission, and all associated effects such as radiative corrections or radiative damping, can be considered as a problem which can be studied in the general framework of the quantum theory of relaxation in the motional narrowing limit [21, 22]. Such a theory deals with the damping and energy shifts of a small system $\mathcal{S}$ coupled to a large reservoir $\mathcal{R}$. Large means that $\mathcal{R}$ has many degrees of freedom so that the correlation time τ_c of the observables of $\mathcal{R}$ is very short, allowing a perturbative treatment of the effect of the $\mathcal{S}$-$\mathcal{R}$ coupling during a time τ_c. For spontaneous emission, the atom plays the role of $\mathcal{S}$, the vacuum field, with its infinite number of modes, plays the role of $\mathcal{R}$, and the correlation time of vacuum fluctuations is short enough for having the motional narrowing condition well fulfilled.

This point of view suggests that we can extend to any $\mathcal{S}$-$\mathcal{R}$ system the same type of questions we have asked about the atom-field system. Is it possible to undestand the evolution of $\mathcal{S}$ as being due to the effect of the reservoir fluctuations acting upon $\mathcal{S}$, or should we invoke a kind of self reaction, $\mathcal{S}$ perturbing $\mathcal{R}$ which reacts back on $\mathcal{S}$? Is it possible to make a clear and unambiguous separation between the contributions of these two effects ?

The extension of the treatment of section 3 to this more general case is straightforward. We first note that, although most presentations of the quantum theory of relaxation use the Schrödinger picture (one derives a master equation for the reduced density operator of $\mathcal{S}$), we have to work here in the Heisenberg picture. Actually, the Heisenberg picture is also used in the derivation of the « Langevin-Mori » equations describing the evolution of the observables of $\mathcal{S}$ as being driven by a « Langevin force » (having a zero reservoir average) and a « friction force » (producing not only a damping but also a shift of energy levels) [21, 23, 24]. Our problem here is to identify in the « friction force » the contribution of reservoir fluctuations and self reaction. Following the general scheme of figure 1, we start with the Hamiltonian of the $\mathcal{S}$-$\mathcal{R}$ system

$$H = H_s + H_R + V \tag{4.1}$$

where

$$V = -\sum_i R_i\, S_i \tag{4.2}$$

is the interaction Hamiltonian, and R_i and S_i are Hermitian observables of $\mathcal{R}$ and $\mathcal{S}$ [we can always suppose that V has been put in this form, eventually after a transformation analogous to the one changing (3.15) into (3.19)]. We then write the Heisenberg equation for the reservoir observable R_i appearing in (4.2). The solution of this equation can be written as the sum of a free unperturbed part R_{if} (solution to order 0 in V), and of a « source part » R_{is} due to the presence of $\mathcal{S}$ (solution to order 1 and higher in V)

$$R_i = R_{if} + R_{is}\,. \tag{4.3}$$

Expression (4.3) is finally inserted in the last term of the Heisenberg equation for an arbitrary system observable G

$$\frac{\mathrm{d}G}{\mathrm{d}t} = \frac{1}{i\hbar}[G, H_s] + \frac{1}{i\hbar}\left[G, -\sum_i R_i\, S_i\right] \tag{4.4}$$

in order to indentify the contribution of reservoir fluctuations and self reaction. The problem of order between the commuting observables R_i and

$$N_i = \frac{-1}{i\hbar}[G, S_i] \tag{4.5}$$

in the last term of (4.4) arises in the same way as in section 3 and is solved by the same physical considerations which impose the completely symmetric order. We thus get

$$\begin{cases} \left(\frac{\mathrm{d}G}{\mathrm{d}t}\right)_{\mathrm{rf}} = \frac{1}{2}\sum_i (N_i\, R_{i\mathrm{f}} + R_{i\mathrm{f}}\, N_i) & (4.6a) \\ \left(\frac{\mathrm{d}G}{\mathrm{d}t}\right)_{\mathrm{sr}} = \frac{1}{2}\sum_i (N_i\, R_{i\mathrm{s}} + R_{i\mathrm{s}}\, N_i)\,. & (4.6b) \end{cases}$$

It remains to perform the average of $\left(\frac{\mathrm{d}G}{\mathrm{d}t}\right)_{\mathrm{rf}}$ and $\left(\frac{\mathrm{d}G}{\mathrm{d}t}\right)_{\mathrm{sr}}$ in the reservoir state (reservoir average). As explained in § 3.5, this requires a perturbative calculation leading, to order 2 in V, to two time operator averages which can be expressed in terms of correlation functions and linear susceptibilities. This is precisely where the advantage of working with a general $\mathcal{S}$-$\mathcal{R}$ system appears. As already explained in § 3.5, the intermediate steps of the calculation remain general. For example, when we solve perturbatively the Heisenberg equation for R_i, we get for the source part, R_{is}, a perturbative expansion where, at the lowest order, the linear susceptibility of the reservoir appears. In the particular case of the atom field system, the calculation of the source field has been done exactly and the result expressed in terms of atomic operators and time derivatives of these operators (see equation (2.21)). In such an intermediate calculation, the fact that the susceptibility of the electromagnetic field is involved remains hidden, and, thus this important function does not appear explicitly in the final result for $\left\langle\left(\frac{\mathrm{d}G}{\mathrm{d}t}\right)_{\mathrm{sr}}\right\rangle$.

In order not to increase too much the length of this paper, we will not give here the detailed calculations of $\left\langle\left(\frac{\mathrm{d}G}{\mathrm{d}t}\right)_{\mathrm{rf}}\right\rangle$ and $\left\langle\left(\frac{\mathrm{d}G}{\mathrm{d}t}\right)_{\mathrm{sr}}\right\rangle$ following the general scheme outlined above. These calculations will be presented in a forthcoming paper [25], together with a discussion of the various approximations used in the derivation. We just give in this section the results of these calculations which will be useful for the discussion of section 5. We first give (§ 4.2) the expression of the correlation functions and linear susceptibilities in terms of which we then discuss the structure of the terms describing the effect of reservoir fluctuations (§ 4.3) and self reaction (§ 4.4).

4.2 CORRELATION FUNCTIONS AND LINEAR SUSCEPTIBILITIES [26]. — When the reservoir average is calculated up to order 2 in V, the reservoir only appears in the final result through two statistical functions.

The first one

$$C_{ij}^{(\mathrm{R})}(\tau) = \frac{1}{2}\langle \{ R_{i\mathrm{f}}(t)\, R_{j\mathrm{f}}(t-\tau) + R_{j\mathrm{f}}(t-\tau)\, R_{i\mathrm{f}}(t) \} \rangle_{\mathrm{R}} \tag{4.7}$$

is the symmetric correlation function of the two free reservoir observables $R_{i\mathrm{f}}$ and $R_{j\mathrm{f}}$. The average is taken over the initial state of the reservoir which is supposed to be stationary, so that $C_{ij}^{(\mathrm{R})}$ only depends on τ. $C_{ij}^{(\mathrm{R})}(\tau)$ is a real function of τ which describes the dynamics of the fluctuations of $R_{i\mathrm{f}}$ and $R_{j\mathrm{f}}$ in the reservoir state.

The second statistical function,

$$\chi_{ij}^{(\mathrm{R})}(\tau) = \frac{i}{\hbar}\langle [R_{i\mathrm{f}}(t), R_{j\mathrm{f}}(t-\tau)] \rangle_{\mathrm{R}}\, \theta(\tau)\,, \tag{4.8}$$

where $\theta(\tau)$ is the Heaviside function, is the linear susceptibility of the reservoir. It generally depends on the reservoir state. $\chi_{ij}^{(\mathrm{R})}(\tau)$ is also a real function of τ, which describes the linear response of the averaged observable $\langle R_{i\mathrm{f}}(t) \rangle_{\mathrm{R}}$ when the reservoir is acted upon by a perturbation proportional to $R_{j\mathrm{f}}$. Note that both C and χ have a classical limit (if it the case for $\mathcal{R}$) : this is obvious for C, and for χ, the commutator divided by $i\hbar$ becomes the Poisson bracket.

Similar functions can of course be introduced for the small system $\mathcal{S}$ in an energy level $| a \rangle$, with energy E_a. We will note them

$$C_{ij}^{(\mathrm{S},a)}(\tau) = \frac{1}{2}\langle a \mid S_{i\mathrm{f}}(t)\, S_{j\mathrm{f}}(t-\tau) + S_{j\mathrm{f}}(t-\tau)\, S_{i\mathrm{f}}(t) \mid a \rangle \tag{4.9}$$

$$\chi_{ij}^{(\mathrm{S},a)}(\tau) = \frac{i}{\hbar}\langle a \mid [S_{i\mathrm{f}}(t), S_{j\mathrm{f}}(t-\tau)] \mid a \rangle\, \theta(\tau) \tag{4.10}$$

where the upper indices (S, a) mean that $\mathcal{S}$ is in $| a \rangle$, and where the lower index f on $S_{i\mathrm{f}}$ and $S_{j\mathrm{f}}$ means that these operators are unperturbed system operators evolving only under the effect of H_{s} (as for $R_{i\mathrm{f}}$ and $R_{j\mathrm{f}}$ which evolve only under the effect of H_{R}).

Finally, we will note $\hat{C}_{ij}^{(\mathrm{R})}(\omega)$, $\hat{\chi}_{ij}^{(\mathrm{R})}(\omega)$, $\hat{C}_{ij}^{(\mathrm{S},a)}(\omega)$, $\hat{\chi}_{ij}^{(\mathrm{S},a)}(\omega)$ the Fourier transforms of (4.7), (4.8), (4.9), (4.10), the Fourier transform $\hat{f}(\omega)$ of $f(\tau)$ being defined by

$$\hat{f}(\omega) = \frac{1}{2\pi}\int_{-\infty}^{+\infty} f(\tau)\, \mathrm{e}^{-i\omega\tau}\, \mathrm{d}\tau\,. \tag{4.11}$$

4.3 STRUCTURE OF THE RESULTS DESCRIBING THE EFFECT OF RESERVOIR FLUCTUATIONS. — The first important result concerning the reservoir averaged rate of variation $\left\langle\left(\frac{\mathrm{d}G}{\mathrm{d}t}\right)_{\mathrm{rf}}\right\rangle_{\mathrm{R}}$ is that only $C_{ij}^{(\mathrm{R})}(\tau)$

appears in its expression, and not $\chi_{ij}^{(R)}(\tau)$. Furthermore, the corresponding relaxation equations have exactly the same structure as the ones which would be obtained if the reservoir observables R_i were replaced in the interaction Hamiltonian (4.2) by fluctuating c-numbers $r_i(t)$ having the same correlation functions $C_{ij}^{(R)}(\tau)$

$$\overline{r_i(t)\, r_j(t-\tau)} = C_{ij}^{(R)}(\tau)\,. \qquad (4.12)$$

We conclude that, with our choice of the symmetric order in (4.6), the effect of reservoir fluctuations is the same as the one of a classical random field having the same symmetric correlation function as the quantum one.

We show also in reference [25] that the average rate of variation $\left\langle \left(\frac{dG}{dt}\right)_{rf} \right\rangle_R$, and also $\left\langle \left(\frac{dG}{dt}\right)_{sr} \right\rangle_R$, can be decomposed into a Hamiltonian part and a non Hamiltonian part. The Hamiltonian part describes (in the so-called secular approximation) a shift of the energy levels of $\mathcal{S}$ due to the $\mathcal{S}$-$\mathcal{R}$ coupling. The non Hamiltonian part describes, among other things, the exchange of energy between $\mathcal{S}$ and $\mathcal{R}$.

The shift, $(\delta E_a)_{rf}$, of the level $| a \rangle$ of $\mathcal{S}$ due to reservoir fluctuations is found to be

$$(\delta E_a)_{rf} = -\frac{1}{2} \sum_{ij} \int_{-\infty}^{+\infty} d\tau\, C_{ij}^{(R)}(\tau)\, \chi_{ij}^{(S,a)}(\tau)\,. \quad (4.13)$$

Such a result has a very simple structure and a very clear physical meaning (Fig. 2*a*). One can consider that the fluctuations of $\mathcal{R}$, characterized by $C_{ij}^{(R)}(\tau)$, polarize $\mathcal{S}$ which responds to this perturbation in a way characterized by $\chi_{ij}^{(S,a)}(\tau)$. The interaction of the fluctuations of $\mathcal{R}$ with the polarization to which they give rise in $\mathcal{S}$ has a non zero value because of the correlations which exist between the fluctuations of $\mathcal{R}$ and the induced polarization in $\mathcal{S}$. The factor 1/2 in (4.13) is even somewhat similar to the factor 1/2 appearing in the polarization energy of a dielectric. Finally, it is shown in [25] (by parity arguments) that only the reactive part of $\chi_{ij}^{(S,a)}(\tau)$ contributes to the

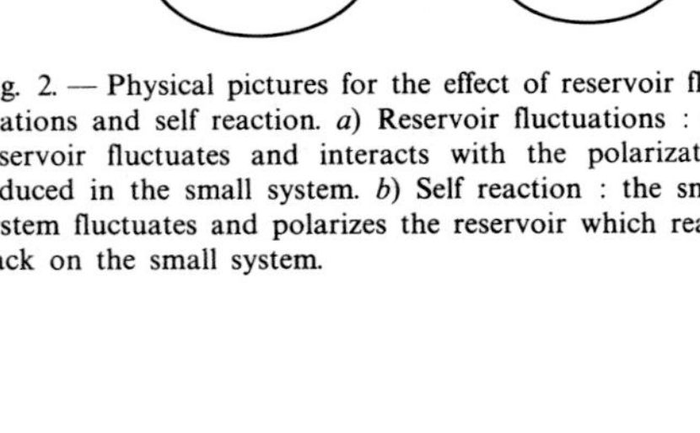

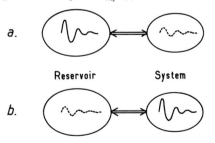

Fig. 2. — Physical pictures for the effect of reservoir fluctuations and self reaction. *a*) Reservoir fluctuations : the reservoir fluctuates and interacts with the polarization induced in the small system. *b*) Self reaction : the small system fluctuates and polarizes the reservoir which reacts back on the small system.

integral (4.13). To summarize this discussion, we can say that the energy shift $(\delta E_a)_{rf}$ can be interpreted as resulting from the polarization of $\mathcal{S}$ by the fluctuations of $\mathcal{R}$.

We now turn to the discussion of the non Hamiltonian part of $\left\langle \left(\frac{dG}{dt}\right)_{rf} \right\rangle_R$. A very suggestive result concerns the absorption of energy by $\mathcal{S}$ when $\mathcal{S}$ is in $| a \rangle$. The effect is described by $\left\langle \left(\frac{dH_s}{dt}\right)_{rf} \right\rangle_{R,a}$ (G is replaced by H_s and the average is taken over both the state of the reservoir and the state $| a \rangle$ of $\mathcal{S}$). One finds

$$\left\langle \left(\frac{dH_s}{dt}\right)_{rf} \right\rangle_{R,a} =$$

$$= -\pi \sum_{ij} \int_{-\infty}^{+\infty} d\omega\, \hat{C}_{ij}^{(R)}(\omega)\, i\omega[\hat{\chi}_{ij}^{(S,a)*}(\omega) - \hat{\chi}_{ji}^{(S,a)}(\omega)]\,. \qquad (4.14)$$

This result is identical with the one which would be obtained if a classical random perturbation with a spectral power density $\hat{C}_{ij}^{(R)}(\omega)$ was acting upon $\mathcal{S}$ (see reference [27], § 124; see also [28]). The term inside the brackets is actually the dissipative part of the susceptibility of $\mathcal{S}$ at frequency ω. This dissipative part is multiplied by the spectral power density of the perturbation produced by $\mathcal{R}$. Here again we get a result in agreement with the picture of $\mathcal{S}$ responding to the fluctuations of $\mathcal{R}$.

4.4 STRUCTURE OF THE TERMS DESCRIBING THE EFFECT OF SELF REACTION. — As expected, the reservoir appears in $\left\langle \left(\frac{dG}{dt}\right)_{sr} \right\rangle_R$ only through the linear susceptibility $\chi_{ij}^{(R)}(\tau)$. Thus, it appears that $\mathcal{R}$ is now polarized by $\mathcal{S}$. We can interpret the rate of variation $\left\langle \left(\frac{dG}{dt}\right)_{sr} \right\rangle_R$ as being due to the reaction back on $\mathcal{S}$ of the polarization of $\mathcal{R}$ by $\mathcal{S}$ (Fig. 2*b*).

As in the previous section (4.3), it will be interesting now to discuss the shift $(\delta E_a)_{sr}$ of $| a \rangle$ due to self reaction. This shift is found to be

$$(\delta E_a)_{sr} = -\frac{1}{2} \sum_{ij} \int_{-\infty}^{+\infty} d\tau\, \chi_{ij}^{(R)}(\tau)\, C_{ij}^{(S,a)}(\tau)\,. \quad (4.15)$$

The same comments can be made as for (4.13), the roles of $\mathcal{S}$ and $\mathcal{R}$ being interchanged. Here also, only the reactive part of $\chi_{ij}^{(R)}(\tau)$ contributes to (4.15).

Finally, we can study the equation corresponding to (4.14) for self reaction

$$\left\langle \left(\frac{dH_s}{dt}\right)_{sr} \right\rangle_{R,a} =$$

$$= \pi \sum_{ij} \int_{-\infty}^{+\infty} d\omega\, \hat{C}_{ij}^{(S,a)}(\omega)\, i\omega[\hat{\chi}_{ij}^{(R)*}(\omega) - \hat{\chi}_{ji}^{(R)}(\omega)]\,. \qquad (4.16)$$

Here also the same comments can be made, the roles of $\mathcal{S}$ and $\mathcal{R}$ being interchanged. Note however the difference of sign between (4.14) and (4.16). This is due to the fact that (4.14) describes a transfer of energy from $\mathcal{R}$ to $\mathcal{S}$ (gain for $\mathcal{S}$), whereas (4.16) describes a transfer from $\mathcal{S}$ to $\mathcal{R}$ (loss for $\mathcal{S}$). Actually (4.14) can also describe a loss for $\mathcal{S}$, and (4.16) a gain, if there are adequate population inversions in $\mathcal{S}$ for (4.14), in $\mathcal{R}$ for (4.16), responsible for an amplifying behaviour of the susceptibility (instead of a dissipative one).

It must be emphasized that all the results derived in this section follow from the choice of the symmetric order in the total rate $\mathrm{d}G/\mathrm{d}t$ before replacing R_i by $R_{if} + R_{is}$. They can be all interpreted in terms of two simple physical pictures : $\mathcal{R}$ fluctuates and polarizes $\mathcal{S}$, $\mathcal{S}$ fluctuates and polarizes $\mathcal{R}$. The clear physical structure of the results which have been obtained in this way, and the coherence of the physical interpretation can be considered as a confirmation *a posteriori* of the pertinence of the method of separation we propose in this paper. The priviliged character of the symmetric order for physical interpretation is thus confirmed.

Remark. — The previous treatment allows an easy and clear discussion of the consequences of the fluctuation dissipation theorem [26]. Note first that this theorem holds only for systems in thermal equilibrium (populations of the various levels varying according to the Boltzmann factor corresponding to a given temperature). The above treatment is more general, and is valid for an arbitrary stationary state of the reservoir (the energy levels may have any population). For a reservoir at thermal equilibrium which is the case of the electromagnetic field vacuum, the fluctuation dissipation theorem states that the correlation function $\hat{C}_{ij}^{(\mathrm{R})}(\omega)$ is proportional to the dissipative part of the corresponding reservoir susceptibility. Thus, in this case, one could formally replace in (4.13) and (4.14) the correlation function of the reservoir by the dissipative part of the reservoir susceptibility and make the reservoir fluctuations to apparently disappear from formulae (4.13) and (4.14). But it is also clear that, after such a formal transformation, these two expressions have lost their physical meaning since they appear as the product of two susceptibilities.

5. **Physical discussion. Contributions of vacuum fluctuations and self reaction to the radiative corrections and radiative damping of an atomic electron.** — We now come back to our initial problem concerning the respective contributions of vacuum fluctuations and self reaction for an atomic electron.

We have given in the previous section very simple and general expressions for important physical effects such as the shifts of the energy levels of $\mathcal{S}$, or the energy exchanges between $\mathcal{S}$ and $\mathcal{R}$, these expressions involving only correlation functions or linear susceptibilities of $\mathcal{S}$ and $\mathcal{R}$.

What we have to do now is to calculate first these correlation functions and linear susceptibilities in the case where $\mathcal{S}$ is an atom and $\mathcal{R}$ the vacuum electromagnetic field (§ 5.1). We will then be able, using (4.13), (4.14), (4.15), (4.16), to discuss the respective contributions of vacuum fluctuations and self reaction to the radiative corrections for an atomic electron (§ 5.2) and the rate of exchange of energy between the atom and the field (§ 5.3).

5.1 CORRELATION FUNCTIONS AND LINEAR SUSCEPTIBILITIES FOR THE VACUUM FIELD AND FOR AN ATOMIC ELECTRON. — Comparing (4.2) and the first term of (3.3) (which is the only one to produce a dynamical evolution of atomic observables, see § 3.1), we get, for the atom field problem

$$\left\{\begin{aligned} R_i(t) &= A_i(\mathbf{0}, t) \\ S_i(t) &= \frac{e}{m} p_i(t) \end{aligned}\right. \tag{5.1}$$

with $i = x, y, z$.

According to (4.7) and (4.8), the relevant statistical functions for the field are :

$$\left\{\begin{aligned} C_{ij}^{(\mathrm{R})}(\tau) &= \frac{1}{2}\langle 0 \mid A_{if}(\mathbf{0}, t)\, A_{jf}(\mathbf{0}, t-\tau) + A_{jf}(\mathbf{0}, t-\tau)\, A_{if}(\mathbf{0}, t) \mid 0 \rangle & (5.2) \\ \chi_{ij}^{(\mathrm{R})}(\tau) &= \frac{i}{\hbar}\langle 0 \mid [A_{if}(\mathbf{0}, t), A_{jf}(\mathbf{0}, t-\tau)] \mid 0 \rangle\, \theta(\tau) & (5.3) \end{aligned}\right.$$

where $\mid 0 \rangle$ is the vacuum state of the field and the index f means a free evolution for the operators. The calculation of these two functions is straightforward and given in the Appendix B. One gets :

$$C_{ij}^{(\mathrm{R})}(\tau) = \frac{\hbar \delta_{ij}}{12\,\pi^2\,\varepsilon_0\,c^3}\int_{-\omega_{\mathrm{M}}}^{\omega_{\mathrm{M}}} \mid \omega \mid \mathrm{e}^{i\omega\tau}\,\mathrm{d}\omega \tag{5.4}$$

$$\chi_{ij}^{(\mathrm{R})}(\tau) = \frac{\delta_{ij}}{3\,\pi^2\,\varepsilon_0\,c^3}\left(\omega_{\mathrm{M}}\,\delta(\tau) - \frac{\pi}{2}\,\delta'(\tau)\right). \tag{5.5}$$

The Fourier transforms of (5.4) and (5.5) are also useful :

$$\hat{C}_{ij}^{(R)}(\omega) = \frac{\hbar \delta_{ij}}{12\,\pi^2\,\varepsilon_0\,c^3} \mid \omega \mid \tag{5.6}$$

$$\hat{\chi}_{ij}^{(R)}(\omega) = \frac{\delta_{ij}}{6\,\pi^3\,\varepsilon_0\,c^3}\left(\omega_M - i\frac{\pi}{2}\omega\right). \tag{5.7}$$

Because of the cut-off (2.10) expressions (5.6) and (5.7) hold only for $\mid \omega \mid < \omega_M$, $\hat{C}$ and $\hat{\chi}$ being equal to zero elsewhere. It follows that the δ and δ' functions in (5.5) have actually a width $1/\omega_M$.

Remarks : (i) The linear susceptibility of the field relates the linear response of the field, at point **0** and at time t, to the perturbation associated with the motion of the electron at earlier times. This response is nothing but the source field produced by the electron (and calculated to lowest order in e). Going back to the precise definition of χ [26], and using (5.5), we get for the « linear response » $\langle 0 \mid A_i(t) \mid 0 \rangle$:

$$\begin{aligned}\langle 0 \mid A_i(t) \mid 0 \rangle &= \sum_j \int_{-\infty}^{+\infty} \mathrm{d}\tau \left\langle 0 \middle| \chi_{ij}^{(R)}(\tau)\left(\frac{e}{m}\right) p_j(t-\tau) \middle| 0 \right\rangle \\ &= \frac{e\omega_M}{3\,\pi^2\,\varepsilon_0\,c^3\,m}\langle 0 \mid p_i(t) \mid 0 \rangle - \frac{e}{6\,\pi\varepsilon_0\,c^3\,m}\langle 0 \mid \dot{p}_i(t) \mid 0 \rangle \end{aligned} \tag{5.8}$$

which coincides, to order 1 in e, with the expression given in (2.19*b*) for the source field. This clearly shows that, in the derivation of (2.19*b*), we have implicitly calculated the susceptibility of the field. Rather than using this intermediate result, we have preferred in sections 4 and 5 to keep general expressions such as (4.13), (4.14), (4.15), (4.16), which have a clear physical meaning, and to specify the values of C and χ for the field only in these final expressions.

(ii) The free field commutator of (5.3) is a c-number ($[a, a^+] = 1$), proportional to $\hbar$ [see expression (2.3) of $\mathcal{A}_k$]. It follows that the linear susceptibility $\chi^{(R)}$ of the field is independent of the state of the field, and independent of $\hbar$. Therefore the classical and quantum linear susceptibilities coincide. Since the source field is directly related to $\chi^{(R)}$ (see previous remark), it has the same expression in both classical and quantum theories, and this explains why self reaction forces are formally identical in classical and quantum Abraham-Lorentz equations.

We consider now the atomic statistical functions. Their calculation is also straightforward. Using (5.1) in (4.9) and (4.10), replacing $p_{if}(t)$ by $e^{iH_{st}/\hbar}\,p_i\,e^{-iH_{st}/\hbar}$ and introducing some closure relations, we get :

$$\left\{\begin{aligned} C_{ij}^{(S,a)}(\tau) &= \frac{1}{2}\frac{e^2}{m^2}\sum_b \{ \langle a \mid p_i \mid b \rangle \langle b \mid p_j \mid a \rangle e^{i\omega_{ab}\tau} + \langle a \mid p_j \mid b \rangle \langle b \mid p_i \mid a \rangle e^{-i\omega_{ab}\tau} \} && (5.9) \\ \chi_{ij}^{(S,a)}(\tau) &= \frac{i}{\hbar}\frac{e^2}{m^2}\theta(\tau)\sum_b \{ \langle a \mid p_i \mid b \rangle \langle b \mid p_j \mid a \rangle e^{i\omega_{ab}\tau} - \langle a \mid p_j \mid b \rangle \langle b \mid p_i \mid a \rangle e^{-i\omega_{ab}\tau} \} && (5.10) \end{aligned}\right.$$

where $\hbar\omega_{ab} = E_a - E_b$.

The Fourier transforms of (5.9) and (5.10) are :

$$\left\{\begin{aligned} \hat{C}_{ij}^{(S,a)}(\omega) &= \frac{1}{2}\frac{e^2}{m^2}\sum_b \{ \langle a \mid p_i \mid b \rangle \langle b \mid p_j \mid a \rangle \delta(\omega - \omega_{ab}) + \langle a \mid p_j \mid b \rangle \langle b \mid p_i \mid a \rangle \delta(\omega + \omega_{ab}) \} && (5.11) \\ \hat{\chi}_{ij}^{(S,a)}(\omega) &= -\frac{e^2}{2\,\pi\hbar m^2}\sum_b \left\{ \langle a \mid p_j \mid b \rangle \langle b \mid p_i \mid a \rangle \mathcal{P}\left(\frac{1}{\omega + \omega_{ab}}\right) - \langle a \mid p_i \mid b \rangle \langle b \mid p_j \mid a \rangle \mathcal{P}\left(\frac{1}{\omega - \omega_{ab}}\right)\right\} \\ &\quad - i\frac{e^2}{2\,\hbar m^2}\sum_b \{ \langle a \mid p_j \mid b \rangle \langle b \mid p_i \mid a \rangle \delta(\omega + \omega_{ab}) - \langle a \mid p_i \mid b \rangle \langle b \mid p_j \mid a \rangle \delta(\omega - \omega_{ab}) \} && (5.12) \end{aligned}\right.$$

where $\mathcal{P}$ means principal part.

The first line of (5.12), which contains only principal parts, is the reactive part χ' of the susceptibility, whereas the second line, which contains only δ-functions, is the dissipative part $i\chi''$ [26-27].

5.2 RADIATIVE CORRECTIONS FOR AN ATOMIC ELECTRON. — 5.2.1 *Calculations of* $(\delta E_a)_{vf}$ *and* $(\delta E_a)_{sr}$. — We can now use the results of the previous section (5.1) for evaluating the two integrals appearing in the expressions (4.13) and (4.15) giving the energy shifts of the atomic level a respectively due to vacuum fluctuations and self reaction. We must not forget to add $\delta m_2\,c^2$ to $(\delta E_a)_{vf}$ and $\delta m_1\,c^2$ to $(\delta E_a)_{sr}$ where $\delta m_2\,c^2$ and $\delta m_1\,c^2$

are given by (3.5) and (2.12) and represent overall energy shifts respectively due to vacuum fluctuations and self reaction (see § 3.1).

Using (4.15), (5.5) and (5.9), we first calculate :

$$-\frac{1}{2}\sum_{ij}\int_{-\infty}^{+\infty} \mathrm{d}\tau\, \chi_{ij}^{(\mathrm{R})}(\tau)\, C_{ij}^{(\mathrm{S},a)}(\tau) = -\frac{\omega_{\mathrm{M}}}{6\,\pi^2\,\varepsilon_0\,c^3}\sum_{ij}\delta_{ij}\,C_{ij}^{(\mathrm{S},a)}(0)$$

$$= -\frac{\omega_{\mathrm{M}}}{6\,\pi^2\,\varepsilon_0\,c^3}\,\frac{e^2}{m^2}\langle a\,|\,\mathbf{p}^2\,|\,a\rangle \tag{5.13}$$

which gives :

$$(\delta E_a)_{\mathrm{sr}} = \delta m_1\,c^2 - \frac{4}{3}\,\frac{\delta m_1}{m}\left\langle a\left|\frac{\mathbf{p}^2}{2\,m}\right|a\right\rangle. \tag{5.14}$$

For $(\delta E_a)_{\mathrm{vf}}$, we first use the Parseval-Plancherel identity

$$-\frac{1}{2}\int_{-\infty}^{+\infty}\mathrm{d}\tau\, C_{ij}^{(\mathrm{R})}(\tau)\,\chi_{ij}^{(\mathrm{S},a)}(\tau) = -\pi\int_{-\infty}^{+\infty}\mathrm{d}\omega\,\hat{C}_{ij}^{(\mathrm{R})*}(\omega)\,\hat{\chi}_{ij}^{(\mathrm{S},a)}(\omega)\,. \tag{5.15}$$

The integral over ω is then performed. Using (5.6) and (5.12), we get for (5.15) :

$$-\frac{1}{2}\int_{-\infty}^{+\infty}\mathrm{d}\tau\, C_{ij}^{(\mathrm{R})}(\tau)\,\chi_{ij}^{(\mathrm{S},a)}(\tau) = \frac{e^2}{24\,\pi^2\,\varepsilon_0\,m^2\,c^3}\sum_b|\langle a\,|\,\mathbf{p}\,|\,b\rangle|^2\int_{-\omega_{\mathrm{M}}}^{\omega_{\mathrm{M}}}\mathrm{d}\omega\,|\,\omega\,|\left\{\mathcal{T}\left(\frac{1}{\omega+\omega_{ab}}\right)-\mathcal{T}\left(\frac{1}{\omega-\omega_{ab}}\right)\right\}$$

$$= -\frac{e^2}{6\,\pi^2\,\varepsilon_0\,m^2\,c^3}\sum_b\omega_{ab}\,|\langle a\,|\,\mathbf{p}\,|\,b\rangle|^2\,\mathrm{Log}\,\frac{\omega_{\mathrm{M}}}{|\,\omega_{ab}\,|}\,. \tag{5.16}$$

(Terms in $1/\omega_{\mathrm{M}}$ have been neglected in (5.16).)

As in similar calculations [29], we introduce an average atomic frequency $\bar{\bar{\omega}}$ defined by :

$$\sum_b\omega_{ab}\,|\langle a\,|\,\mathbf{p}\,|\,b\rangle|^2\,\mathrm{Log}\frac{\omega_{\mathrm{M}}}{|\,\omega_{ab}\,|} = \sum_b\omega_{ab}\,|\langle a\,|\,\mathbf{p}\,|\,b\rangle|^2\,\mathrm{Log}\,\frac{\omega_{\mathrm{M}}}{\bar{\bar{\omega}}}\,. \tag{5.17}$$

The summation over b in (5.17) can then be easily done :

$$\sum_b\omega_{ab}\,|\langle a\,|\,\mathbf{p}\,|\,b\rangle|^2 = \frac{1}{2\,\hbar}\langle a\,|\,[[H_s,\mathbf{p}],\mathbf{p}]\,|\,a\rangle$$

$$= -\frac{\hbar}{2}\langle a\,|\,\Delta V_0(\mathbf{r})\,|\,a\rangle\,. \tag{5.18}$$

Finally, one gets for $(\delta E_a)_{\mathrm{vf}}$:

$$(\delta E_a)_{\mathrm{vf}} = \frac{e^2\,\hbar}{12\,\pi^2\,\varepsilon_0\,m^2\,c^3}\,\mathrm{Log}\,\frac{\omega_{\mathrm{M}}}{\bar{\bar{\omega}}}\langle a\,|\,\Delta V_0(\mathbf{r})\,|\,a\rangle + \delta m_2\,c^2\,. \tag{5.19}$$

It is important to note that, in the derivation of (5.14) and (5.19), we have not used approximations such as the two-level approximation, or the rotating wave approximation. The energy level shifts are due to virtual transitions involving non resonant couplings. Consequently, a correct derivation of these shifts must take into account all atomic states and both positive and negative frequency components of the field.

5.2.2 *Main effect of self reaction : modification of kinetic energy due to a mass renormalization.* — The first term of (5.14) has already been interpreted as the increase of the rest mass energy of the electron due to its Coulomb field. The last term can be considered as the first order correction to the average kinetic energy of the electron when m is replaced by $m + 4\,\delta m_1/3$:

$$\left\langle a\left|\frac{\mathbf{p}^2}{2(m+\frac{4}{3}\,\delta m_1)}\right|a\right\rangle = \left\langle a\left|\frac{\mathbf{p}^2}{2\,m}\right|a\right\rangle \times \left(1-\frac{4}{3}\,\frac{\delta m_1}{m}+\cdots\right). \tag{5.20}$$

The electron is surrounded by its Coulomb field, and when one pushes the electron, one has also to push its Coulomb field (electromagnetic mass).

The mass corrections appearing in the two terms of (5.14) are not the same. This discrepancy is due to the non covariant cut-off (see discussion of § 2.1.4), and also exists in classical theory.

Finally, it must be noted that, since the $2s_{1/2}$ and $2p_{1/2}$ states of hydrogen have the same average kinetic energy, a mass correction produces equal shifts for the two levels and cannot remove their degeneracy. Self reaction alone cannot therefore explain the Lamb-shift.

5.2.3 *Main effect of vacuum fluctuations : modification of potential energy.* — The first term of (5.19) coincides with the standard non relativistic expression for the Lamb-shift [29]. It appears as a correction to the potential $V_0(\mathbf{r})$ which becomes $V_0(\mathbf{r}) + \delta V_0(\mathbf{r})$ where

$$\delta V_0(\mathbf{r}) = \frac{e^2 \hbar}{12 \pi^2 \varepsilon_0 m^2 c^3} \operatorname{Log} \frac{\omega_M}{\overline{\omega}} \Delta V_0(\mathbf{r}) . \qquad (5.21)$$

If $V_0(\mathbf{r})$ is the Coulomb potential of a nucleus located at the origin, $\Delta V_0(\mathbf{r})$ is proportional to $\delta(\mathbf{r})$, and therefore only s states are shifted by such a correction, which explains in particular how the degeneracy between $2s_{1/2}$ and $2p_{1/2}$ can be removed.

Welton has pointed out [3] that a correction of the same type as (5.21) would be obtained, if the electron was submitted to a fluctuating classical field, with frequencies large compared to the atomic frequencies. The electron, vibrating in such a fluctuating field, averages the external static potential over a finite volume. If the spectral density of this random perturbation is identified with the one of vacuum fluctuations, one gets for the coefficient of $\Delta V_0(\mathbf{r})$ the same value as in (5.21), $\overline{\omega}$ being simply replaced by a low frequency cut-off. Welton's analysis establishes a connection between Lamb-shifts of atomic levels and vacuum fluctuations and provides a clear and simple physical picture.

Our choice of the symmetric order in (3.9) ascribes corrections such as (5.21) to vacuum fluctuations and entirely legitimates Welton's interpretation for the Lamb-shift.

We have already seen (§ 3.1.ii) that vacuum fluctuations are also responsible for a correction δm_2 to the electron mass (last term of (5.19)).

Remarks : (i) It may appear surprising that our calculation doesn't give any correction to the kinetic energy associated with the mass correction δm_2 due to vacuum fluctuations. One would expect to find, as in the previous section, a term of the order of

$$-\frac{\delta m_2}{m} \left\langle a \left| \frac{\mathbf{p}^2}{2m} \right| a \right\rangle . \qquad (5.22)$$

Actually, coming back to the expressions (2.12) and (3.5) of δm_1 and δm_2, and introducing the fine structure constant $\alpha = e^2/4 \pi\varepsilon_0 \hbar c$, one can write

$$\begin{cases} \dfrac{\delta m_1}{m} = \dfrac{\alpha}{\pi} \dfrac{\hbar\omega_M}{mc^2} & (5.23a) \\ \dfrac{\delta m_2}{m} = \dfrac{\alpha}{2\pi} \left(\dfrac{\hbar\omega_M}{mc^2}\right)^2 . & (5.23b) \end{cases}$$

Therefore, it clearly appears that $\delta m_2/m$ is of higher order in $1/c$ than $\delta m_1/m$. This explains why the correction to the kinetic energy associated with δm_2 is not given by our calculation which is limited to the lowest order in $1/c$. The basic Hamiltonian (2.13) does not contain any relativistic correction. A more precise calculation including in the Hamiltonian relativistic corrections up to order $1/c^2$ [4] (and using an effective Hamiltonian method for evaluating radiative corrections) actually gives the expected correction (5.22).

(ii) The present calculation (as well as the one of reference [4]) does not include of course any multi-particle effect (virtual pair creation). It is well known [19] that many particle effects reduce the divergence of the electron self-energy $(\delta m_1 + \delta m_2) c^2$, with respect to the cut-off ω_M. Instead of having a linear and quadratic divergence (see (5.23)), one gets a logarithmic one. Also, new correction terms, associated with vacuum polarization effects, appear.

5.2.4 *Classical versus quantum effects.* — A striking difference can be pointed out between the contributions of self reaction and vacuum fluctuations to radiative corrections : $\hbar$ does not appear in $(\delta E_a)_{sr}$ [see (5.14) and the expression (2.12) of δm_1], whereas $\hbar$ does appear in both terms of $(\delta E_a)_{vf}$ [see (5.19) and the expression (3.5) of δm_2].

The fact that self reaction corrections are purely classical (independent of $\hbar$) is not surprising. We have already explained (see remark (ii) of section 5.1) why self reaction terms are identical in both classical and quantum theories.

On the other hand, vacuum fluctuation corrections have an essentially quantum nature since they are due to the non zero mean square value of the fields in the vacuum, which is a pure quantum effect. It must be noted however that, once the correlation function of vacuum fluctuations is computed from the quantum theory of radiation, their effect on the atom (to the lowest order in α) may be evaluated semi-classically, since we have shown in § 4.3 that reservoir fluctuations have the same effect (to the lowest order) as a classical random field having the same correlation function. This explains why pure quantum effects, such as those produced by the vacuum fluctuations of the quantized radiation field, can be calculated as if a classical random field, with a power spectral density equal to $\hbar\omega/2$ per mode, was acting upon the atom [30].

To summarize, our choice of the symmetric order in (3.9) leads to self reaction corrections which are strictly equivalent to the corresponding classical ones, whereas vacuum fluctuations appear to be responsible for pure quantum effects which can be however computed semi-classically, once the correlation function of vacuum fluctuations is given.

5.2.5 *Spin and magnetic effects. Interpretation of the spin anomaly* $g - 2$. — In this section, we take into account the spin $\mathbf{S}$ of the electron and the corresponding magnetic moment

$$\mathbf{M}_s = \frac{e}{m}\mathbf{S}. \tag{5.24}$$

Even in the absence of any external static magnetic field $\mathbf{B}_0$, $\mathbf{M}_s$ interacts with the magnetic field $\mathbf{B}$ of the transverse radiation field. We should add to the interaction Hamiltonian V given in (3.3) a term

$$-\mathbf{M}_s.\mathbf{B}(\mathbf{0}) = -\frac{e}{m}\mathbf{S}.\mathbf{B}(\mathbf{0}) \tag{5.25}$$

describing such a coupling. This would introduce in the final expressions of radiative corrections new correlation functions and new linear susceptibilities involving two components of $\mathbf{B}$, or one component of $\mathbf{B}$ and one component of $\mathbf{A}$. Since an extra $1/c$ factor appears in the expansion of $\mathbf{B}$ in plane waves [see expression (2.3)], we conclude that the new radiative corrections associated with (5.25) would be at least one order in $1/c$ higher than those calculated previously, and which, according to (5.13) and (5.19) are in e^2/c^3 (or α/mc^2). If we restrict our calculations to the lowest order in $1/c$, as we do in the non relativistic approach used in this paper, we can therefore ignore the magnetic couplings of the spin with the radiation field and neglect (5.25) ([3]).

The same argument does not apply of course to the interaction of $\mathbf{S}$ with an external static magnetic field $\mathbf{B}_0$ deriving from the static vector potential $\mathbf{A}_0$:

$$\mathbf{B}_0(\mathbf{R}) = \nabla \times \mathbf{A}_0(\mathbf{R}). \tag{5.26}$$

We must add to the atomic Hamiltonian H_s a new term describing the interaction of $\mathbf{M}_s$ with the static magnetic field $\mathbf{B}_0$ at the electron position

$$-\mathbf{M}_s.\mathbf{B}_0(\mathbf{r}) = -\frac{e}{m}\mathbf{S}.\mathbf{B}_0(\mathbf{r}). \tag{5.27}$$

We must also replace the electron momentum $\mathbf{p}$ by :

$$\boldsymbol{\pi}_0 = \mathbf{p} - e\mathbf{A}_0(\mathbf{r}). \tag{5.28}$$

To summarize, if, at the lowest order in $1/c$, i.e. at order e^2/c^3, we want to include spin and magnetic effects, we must use :

$$H_s = \frac{\boldsymbol{\pi}_0^2}{2m} + V_0(\mathbf{r}) - \frac{e}{m}\mathbf{S}.\mathbf{B}_0(\mathbf{r}) \tag{5.29}$$

instead of (3.1), and replace $\mathbf{p}$ by $\boldsymbol{\pi}_0$ in the first term of (3.3) :

$$-\frac{e}{m}\mathbf{p}.\mathbf{A}(\mathbf{0}) \to -\frac{e}{m}\boldsymbol{\pi}_0.\mathbf{A}(\mathbf{0}). \tag{5.30}$$

What are the corresponding changes in $(\delta E_a)_{sr}$ and $(\delta E_a)_{vf}$? Since the field operators remain unchanged in (5.30), we still use (5.4) and (5.5) for $C^{(R)}$ and $\chi^{(R)}$. On the other hand, we must change $\mathbf{p}$ into $\boldsymbol{\pi}_0$ in the expressions (5.9) and (5.10) of $C^{(S)}$ and $\chi^{(S)}$.

Consider first the modifications occurring for $(\delta E_a)_{sr}$. The only change in (5.14) is that we have $\boldsymbol{\pi}_0^2/2m$ instead of $\mathbf{p}^2/2m$. Since $\boldsymbol{\pi}_0^2/2m$ has the physical meaning of a kinetic energy in presence of the static vector potential $\mathbf{A}_0$, we conclude that the main effect of self reaction is, as before, to change the mass appearing in the kinetic energy

$$\frac{\boldsymbol{\pi}_0^2}{2m} \to \frac{\boldsymbol{\pi}_0^2}{2(m + \frac{4}{3}\delta m_1)}. \tag{5.31}$$

It must be emphasized that, at this order in $1/c$, the mass renormalization due to self reaction does not affect the last term of (5.29). The mass m which appears in the spin magnetic moment $e\mathbf{S}/m$ remains unchanged. We don't get any term of the form

$$+\frac{\delta m_1}{m}\frac{e}{m}\mathbf{S}.\mathbf{B}_0. \tag{5.32}$$

We will come back later on this important point, when discussing the origin of the spin anomaly $g-2$.

We now discuss the modifications for $(\delta E_a)_{vf}$. The calculations are very similar to those of § 5.2.1, the only difference being that, in the double commutator of (5.18), we must use the new expression (5.29) of H_s and replace $\mathbf{p}$ by $\boldsymbol{\pi}_0$. We have therefore to calculate :

$$\frac{1}{2\hbar}\left\langle a \left| \left[\left[\frac{\boldsymbol{\pi}_0^2}{2m} + V_0(\mathbf{r}) - \frac{e}{m}\mathbf{S}.\mathbf{B}_0(\mathbf{r}), \boldsymbol{\pi}_0\right], \boldsymbol{\pi}_0\right] \right| a \right\rangle \tag{5.33}$$

If we suppose that $\mathbf{B}_0(\mathbf{r})$ is homogeneous (independent of $\mathbf{r}$) and if we keep only terms linear in $\mathbf{B}_0$, expression (5.33) reduces to (5.18). Thus, for homogeneous weak static magnetic fields, vacuum fluctuations do not introduce any new radiative correction related to spin and magnetic effects.

We have now at our disposal all what is needed for discussing the contribution of self reaction and vacuum fluctuations to the electron dynamics in presence of a weak homogeneous static magnetic

([3]) If we would like to go to higher orders in $1/c$, we should include relativistic corrections in the Hamiltonian and retardation effects.

field. Combining the previous results, the corrected atomic Hamiltonian (including radiative corrections) can be written :

$$\frac{\pi_0^2}{2(m + \frac{4}{3}\delta m_1)} + V_0(\mathbf{r}) + \delta V_0(\mathbf{r}) - \frac{e}{m}\mathbf{S}.\mathbf{B}_0(\mathbf{r}) \tag{5.34}$$

where corrections including δm_1 are due to self reaction and $\delta V_0(\mathbf{r})$ to vacuum fluctuations.

The spin magnetic moment appearing in the last term of (5.34) can be written as :

$$\mathbf{M}_s = \frac{e}{m}\mathbf{S} = 2\frac{e}{2m}\mathbf{S}. \tag{5.35}$$

In terms of the « bare » (uncorrected) mass, the g factor of the electron spin is 2. But, the mass which is measured experimentally, in deflection experiments, is the renormalized mass, i.e. the mass which appears in the corrected kinetic energy

$$\overline{m} = m + \frac{4}{3}\delta m_1 \tag{5.36}$$

so that, if we reexpress $\mathbf{M}_s$ in terms of $\overline{m}$, we have from (5.35)

$$\mathbf{M}_s = \frac{e}{m}\mathbf{S} = g\frac{e}{2\overline{m}}\mathbf{S} \tag{5.37}$$

with

$$g = 2\frac{\overline{m}}{m} = 2\left(1 + \frac{4}{3}\frac{\delta m_1}{m}\right) > 2. \tag{5.38}$$

So, it clearly appears that the positive sign of $g-2$ is due to the fact that self reaction corrects only to lowest order the kinetic energy and not the magnetic coupling between $\mathbf{S}$ and $\mathbf{B}_0$. The motion of the charge is slowed down but not the precession of the spin. This is easy to understand. In the non relativistic limit we are considering in this paper, electric effects predominate over magnetic ones and self reaction is stronger for a charge than for a magnetic moment. We therefore arrive at the same conclusions as other treatments [4, 31].

If the calculation was pushed to higher orders in $1/c$, as in [4], we would get corrections to the spin magnetic moment, especially those due to the vacuum fluctuations of the magnetic field $\mathbf{B}(\mathbf{0})$ of the radiation field which exert a fluctuating torque on $\mathbf{M}_s$, producing an angular vibration of the spin and, consequently, a decrease of the effective magnetic moment. This is the equivalent of Welton's picture for $g - 2$ which would produce a negative spin anomaly if this was the only mechanism. We understand now the failure of such a picture. For $g - 2$, the predominant physical mechanism is self reaction which slows down the motion of the electric charge.

5.3 Rate of exchange of energy between the electron and the radiation field. — 5.3.1 *Contribution of self reaction.* — We start from (4.16) and we use the expressions (5.7) of χ^R and (5.11) of C^S. Because of the δ function appearing in (5.11), the integral over ω is readily done, and we get for the rate of energy loss due to self reaction by the electron in state a

$$\left\langle 0, a \left| \left(\frac{d}{dt}H_s\right)_{sr} \right| 0, a \right\rangle = - \frac{e^2}{6\pi m^2 \varepsilon_0 c^3}\sum_b \sum_i |\langle a | p_i | b \rangle|^2 \omega_{ab}^2. \tag{5.39}$$

Now, we write ([4])

$$\begin{aligned}\frac{1}{m}\langle a | p_i | b \rangle \omega_{ab} &= \frac{1}{m\hbar}\langle a | [H_s, p_i] | b \rangle \\ &= -\frac{i}{m}\langle a | \dot{p}_i | b \rangle \\ &= -i\langle a | \ddot{r}_i | b \rangle. \end{aligned}\tag{5.40}$$

Finally, by using (5.40) and the closure relation over b, we transform (5.39) into :

$$\left\langle 0, a \left| \left(\frac{d}{dt}H_s\right)_{sr} \right| 0, a \right\rangle = -\frac{2}{3}\frac{e^2}{4\pi\varepsilon_0 c^3}\langle a | (\ddot{\mathbf{r}})^2 | a \rangle. \tag{5.41}$$

Such a result is extremely simple and exactly coincides with what is found in classical radiation theory. The rate of radiation of electromagnetic energy is proportional to the square of the acceleration of the radiating charge, the proportionality coefficient being just the one appearing in (5.41). We note also that, if self reaction was alone, the atomic ground state would not be stable, since the square of the acceleration has a non zero average value in such a state.

5.3.2 *Contribution of vacuum fluctuations.* — We now use (4.14) and the expressions (5.6) of $C^{(R)}$ and (5.12) of $\chi^{(S)}$. This gives

$$\left\langle 0, a \left| \left(\frac{d}{dt}H_s\right)_{vf} \right| 0, a \right\rangle = \frac{e^2}{12\pi\varepsilon_0 m^2 c^3}\int_{-\infty}^{+\infty} d\omega\, \omega\, |\omega| \sum_b \sum_i |\langle a | p_i | b \rangle|^2 (\delta(\omega + \omega_{ab}) - \delta(\omega - \omega_{ab}))$$

([4]) The atomic operators appearing in $\chi^{(S)}$ are free atomic operators. This is why their time derivative is given by the commutator with H_s (and not with the total Hamiltonian H).

$$= - \frac{e^2}{6\,\pi\varepsilon_0\, m^2\, c^3} \sum_b \sum_i |\langle a \,|\, p_i \,|\, b \rangle|^2\, \omega_{ab}\, |\,\omega_{ab}\,| . \tag{5.42}$$

Using (5.40), and distinguishing the terms $\omega_{ab} > 0$ $(E_a > E_b)$ and the terms $\omega_{ab} < 0$ $(E_a < E_b)$, we get :

$$\left\langle 0, a \left| \left(\frac{\mathrm{d}H_s}{\mathrm{d}t}\right)_{\mathrm{vf}} \right| 0, a \right\rangle = \frac{2}{3}\, \frac{e^2}{4\,\pi\varepsilon_0\, c^3} \left\{ \sum_{\substack{b \\ E_b > E_a}} \langle a \,|\, \ddot{\mathbf{r}} \,|\, b \rangle . \langle b \,|\, \ddot{\mathbf{r}} \,|\, a \rangle - \sum_{\substack{b \\ E_b < E_a}} \langle a \,|\, \ddot{\mathbf{r}} \,|\, b \rangle . \langle b \,|\, \ddot{\mathbf{r}} \,|\, a \rangle \right\} . \tag{5.43}$$

The first line describes an absorption of energy by the electron which jumps from a to a higher state b, whereas the second line describes an emission of energy by jumps to lower states. This is in agreement with the picture of a random field inducing in the atomic system both downwards and upwards transitions.

Now, coming back to (5.41), we can reintroduce the closure relation over b between $\ddot{\mathbf{r}}$ and $\ddot{\mathbf{r}}$, which gives :

$$\begin{aligned} \left\langle 0, a \left| \left(\frac{\mathrm{d}}{\mathrm{d}t} H_s\right)_{\mathrm{sr}} \right| 0, a \right\rangle &= - \frac{2}{3}\, \frac{e^2}{4\,\pi\varepsilon_0\, c^3} \sum_b \langle a \,|\, \ddot{\mathbf{r}} \,|\, b \rangle . \langle b \,|\, \ddot{\mathbf{r}} \,|\, a \rangle \\ &= - \frac{2}{3}\, \frac{e^2}{4\,\pi\varepsilon_0\, c^3} \left\{ \sum_{\substack{b \\ E_b > E_a}} \langle a \,|\, \ddot{\mathbf{r}} \,|\, b \rangle . \langle b \,|\, \ddot{\mathbf{r}} \,|\, a \rangle + \sum_{\substack{b \\ E_b < E_a}} \langle a \,|\, \ddot{\mathbf{r}} \,|\, b \rangle . \langle b \,|\, \ddot{\mathbf{r}} \,|\, a \rangle \right\} . \end{aligned} \tag{5.44}$$

Adding (5.43) and (5.44), we get for the total rate of energy loss by the electron in state a

$$\left\langle 0, a \left| \frac{\mathrm{d}}{\mathrm{d}t} H_s \right| 0, a \right\rangle = - \frac{4}{3}\, \frac{e^2}{4\,\pi\varepsilon_0\, c^3} \sum_{\substack{b \\ E_b < E_a}} \langle a \,|\, \ddot{\mathbf{r}} \,|\, b \rangle . \langle b \,|\, \ddot{\mathbf{r}} \,|\, a \rangle . \tag{5.45}$$

This satisfactory result means that the electron in the vacuum can only loose energy by cascading downwards to lower energy levels. In particular, the ground state is stable since it is the lowest state.

The previous discussion clearly shows that the ground state cannot be stable in absence of vacuum fluctuations which exactly balance the energy loss due to self reaction [28]. In other words, if self reaction was alone, the ground state would collapse and the atomic commutation relation $[x, p] = i\hbar$ would not hold. Such a collapse is prevented by vacuum fluctuations which actually originate from the quantum nature of the field, i.e. from the commutation relation $[a, a^+] = 1$. We have here an illustration of a very general principle of quantum mechanics. When two isolated systems interact (here the atom and the field), treating one of them quantum mechanically and the other one semi-classically leads to inconsistencies [32]. The fieid commutation relations are necessary for preserving the atomic ones and *vice versa*.

6. **Conclusion.** — We have removed the apparent indetermination in the separation of vacuum fluctuations and self reaction by imposing to the corresponding rates of variation to have a well defined physical meaning (hermiticity requirements).

Such a procedure is very general and can be extended to the case of a small system $\mathcal{S}$ interacting with a large reservoir $\mathcal{R}$. The results of the calculation can be expressed ([5]) in terms of simple statistical functions of the two interacting systems, leading to simple physical pictures : $\mathcal{R}$ fluctuates and polarizes $\mathcal{S}$ (reservoir fluctuations effects) ; $\mathcal{S}$ fluctuates and polarizes $\mathcal{R}$ (self reaction effects).

When applied to the case of an atomic electron interacting with the vacuum field, such a procedure gives results in complete agreement with the usual pictures associated with vacuum fluctuations and self reaction. All self reaction effects, which are independent of $\hbar$, are strictly identical to those derived from classical radiation theory. All vacuum fluctuation effects, which are proportional to $\hbar$, can be interpreted by considering the vibration of the electron induced by a random field having a spectral power density equal to $\hbar\omega/2$ per mode.

([5]) It must be kept in mind that all the calculations have been limited to order 2 in the coupling constant. At higher orders, cross terms would appear between reservoir fluctuations and self reaction.

Appendix A : Calculation of the source fields $\mathbf{A}_s(\mathbf{0}, t)$ and $\mathbf{E}_{\perp s}(\mathbf{0}, t)$. — Equations (2.2*a*) and (2.2*b*) give the expressions of $\mathbf{A}$ and $\mathbf{E}_\perp$ in terms of the creation and annihilation operators :

$$\mathbf{A}(\mathbf{0}, t) = \sum_{\substack{\mathbf{k}\varepsilon \\ |\mathbf{k}| < k_M}} \mathcal{A}_k \, \boldsymbol{\varepsilon} a_{\mathbf{k}\varepsilon}(t) + hc \tag{A.1a}$$

$$\mathbf{E}_\perp(\mathbf{0}, t) = \sum_{\substack{\mathbf{k}\varepsilon \\ |\mathbf{k}| < k_M}} \mathcal{E}_k \, \boldsymbol{\varepsilon} a_{\mathbf{k}\varepsilon}(t) + hc \,. \tag{A.1b}$$

Inserting (2.17) into these two equations, one gets the expression of $\mathbf{A}_s(\mathbf{0}, t)$ and $\mathbf{E}_{\perp s}(\mathbf{0}, t)$:

$$\mathbf{A}_s(\mathbf{0}, t) = \sum_{\substack{\mathbf{k}\varepsilon \\ |\mathbf{k}| < k_M}} i \frac{e\mathcal{A}_k^2}{m\hbar} \int_{t_0}^{t} \mathrm{d}t' \, \mathrm{e}^{-i\omega(t-t')} \, \boldsymbol{\varepsilon}(\boldsymbol{\varepsilon}^* . \boldsymbol{\pi}(t')) + hc \tag{A.2a}$$

$$\mathbf{E}_{\perp s}(\mathbf{0}, t) = \sum_{\substack{\mathbf{k}\varepsilon \\ |\mathbf{k}| < k_M}} i \frac{e\mathcal{A}_k \, \mathcal{E}_k}{m\hbar} \int_{t_0}^{t} \mathrm{d}t' \, \mathrm{e}^{-i\omega(t-t')} \, \boldsymbol{\varepsilon}(\boldsymbol{\varepsilon}^* . \boldsymbol{\pi}(t')) + hc \,. \tag{A.2b}$$

We now permute the summation over $\mathbf{k}$, $\boldsymbol{\varepsilon}$ and the integration on t', the angular summation is easily performed and we get :

$$\mathbf{A}_s(\mathbf{0}, t) = - \frac{e}{3 \pi \varepsilon_0 c^3 m} \int_{t_0}^{t} \mathrm{d}t' \, \boldsymbol{\pi}(t') \, \delta'_M(t - t') \tag{A.3a}$$

$$\mathbf{E}_{\perp s}(\mathbf{0}, t) = \frac{e}{3 \pi \varepsilon_0 c^3 m} \int_{t_0}^{t} \mathrm{d}t' \, \boldsymbol{\pi}(t') \, \delta''_M(t - t') \tag{A.3b}$$

where the function $\delta_M(\tau)$ is given by

$$\delta_M(\tau) = \frac{1}{2\pi} \int_{-\omega_M}^{+\omega_M} \mathrm{d}\omega \, \mathrm{e}^{-i\omega\tau} \,. \tag{A.4}$$

This function $\delta_M(\tau)$ is symmetric, centred on $\tau = 0$, has a width equal to $1/\omega_M$ and satisfies the equation

$$\int_{-\infty}^{+\infty} \mathrm{d}\tau \, \delta_M(\tau) = 1 \,. \tag{A.5}$$

Equations (A.3*a*) and (A.3*b*) can be written, by putting $\tau = t - t'$ and taking t_0 equal to $-\infty$:

$$\mathbf{A}_s(\mathbf{0}, t) = - \frac{e}{3 \pi \varepsilon_0 c^3 m} \int_{0}^{+\infty} \mathrm{d}\tau \, \boldsymbol{\pi}(t - \tau) \, \delta'_M(\tau) \tag{A.6a}$$

$$\mathbf{E}_{\perp s}(\mathbf{0}, t) = \frac{e}{3 \pi \varepsilon_0 c^3 m} \int_{0}^{+\infty} \mathrm{d}\tau \, \boldsymbol{\pi}(t - \tau) \, \delta''_M(\tau) \,. \tag{A.6b}$$

Using an integration by parts, one gets

$$\mathbf{A}_s(\mathbf{0}, t) = \frac{e}{3 \pi \varepsilon_0 c^3 m} \delta_M(0) \, \boldsymbol{\pi}(t) - \frac{e}{3 \pi \varepsilon_0 c^3 m} \int_{0}^{+\infty} \mathrm{d}\tau \, \dot{\boldsymbol{\pi}}(t - \tau) \, \delta_M(\tau) \tag{A.7a}$$

$$\mathbf{E}_{\perp s}(\mathbf{0}, t) = - \frac{e}{3 \pi \varepsilon_0 c^3 m} \delta_M(0) \, \dot{\boldsymbol{\pi}}(t) + \frac{e}{3 \pi \varepsilon_0 c^3 m} \int_{0}^{+\infty} \mathrm{d}\tau \, \ddot{\boldsymbol{\pi}}(t - \tau) \, \delta_M(\tau) \,. \tag{A.7b}$$

The characteristic times for the evolution of $\boldsymbol{\pi}(t)$ are very long compared to the width $1/\omega_M$ of $\delta_M(\tau)$ [see Eq. (2.11)]. We can therefore replace in (A.7*a*) and (A.7*b*) $\dot{\boldsymbol{\pi}}(t - \tau)$ and $\ddot{\boldsymbol{\pi}}(t - \tau)$ by $\dot{\boldsymbol{\pi}}(t)$ and $\ddot{\boldsymbol{\pi}}(t)$. The remaining integral of $\delta_M(\tau)$ from $\tau = 0$ to $\tau = \infty$ is equal to 1/2, as a consequence of the symmetry of $\delta_M(\tau)$. One finally gets

$$\mathbf{A}_s(\mathbf{0}, t) = \frac{e\omega_M}{3\pi^2 \varepsilon_0 c^3 m} \boldsymbol{\pi}(t) - \frac{e}{6\pi\varepsilon_0 c^3 m} \dot{\boldsymbol{\pi}}(t) \tag{A.8a}$$

$$\mathbf{E}_{\perp s}(\mathbf{0}, t) = -\frac{e\omega_M}{3\pi^2 \varepsilon_0 c^3 m} \dot{\boldsymbol{\pi}}(t) + \frac{e}{6\pi\varepsilon_0 c^3 m} \ddot{\boldsymbol{\pi}}(t) \tag{A.8b}$$

(A.8*a*) and (A.8*b*) are nothing but (2.19*b*) and (2.21*b*) using the expression of δm_1 given in equation (2.12).

Appendix B : Correlation function and linear susceptibility of the field. — The correlation function of the field is given [cf. Eq. (5.2)] :

$$C_{ij}^{(R)}(\tau) = \frac{1}{2} \langle 0 \mid A_{if}(\mathbf{0}, t)\, A_{jf}(\mathbf{0}, t-\tau) + A_{jf}(\mathbf{0}, t-\tau)\, A_{if}(\mathbf{0}, t) \mid 0 \rangle \tag{B.1}$$

where the operator $\mathbf{A}_f(\mathbf{0}, t)$ is the free vector potential. Using its expansion in plane waves, one gets

$$\begin{aligned} C_{ij}^{(R)}(\tau) &= \frac{1}{2} \sum_{\mathbf{k}\varepsilon} \mathcal{A}_k^2\, \varepsilon_i\, \varepsilon_j \langle 0 \mid a_{\mathbf{k}\varepsilon f}(t)\, a_{\mathbf{k}\varepsilon f}^+(t-\tau) + a_{\mathbf{k}\varepsilon f}(t-\tau)\, a_{\mathbf{k}\varepsilon f}^+(t) \mid 0 \rangle \\ &= \frac{1}{2} \sum_{\mathbf{k}\varepsilon} \mathcal{A}_k^2\, \varepsilon_i\, \varepsilon_j (\mathrm{e}^{-i\omega\tau} + \mathrm{e}^{i\omega\tau}) . \end{aligned} \tag{B.2}$$

Replacing the sum by an integral and using the expression (2.3) of $\mathcal{A}_k$, one gets

$$C_{ij}^{(R)}(\tau) = \delta_{ij} \frac{\hbar}{12\pi^2 \varepsilon_0 c^3} \int_0^{\omega_M} \mathrm{d}\omega\, \omega (\mathrm{e}^{i\omega\tau} + \mathrm{e}^{-i\omega\tau}) . \tag{B.3}$$

This can also be written :

$$C_{ij}^{(R)}(\tau) = \delta_{ij} \frac{\hbar}{12\pi^2 \varepsilon_0 c^3} \int_{-\omega_M}^{\omega_M} \mathrm{d}\omega \mid \omega \mid \mathrm{e}^{i\omega\tau} . \tag{B.4}$$

The linear susceptibility is calculated in the same way. Starting from

$$\chi_{ij}^{(R)}(\tau) = \frac{i}{\hbar} \langle 0 \mid [A_{if}(\mathbf{0}, t), A_{jf}(\mathbf{0}, t-\tau)] \mid 0 \rangle\, \theta(\tau) \tag{B.5}$$

one gets

$$\begin{aligned} \chi_{ij}^{(R)}(\tau) &= \frac{i}{\hbar} \delta_{ij} \frac{\hbar}{6\pi^2 \varepsilon_0 c^3} \int_0^{\omega_M} \mathrm{d}\omega\, \omega (\mathrm{e}^{-i\omega\tau} - \mathrm{e}^{+i\omega\tau})\, \theta(\tau) \\ &= -\frac{\delta_{ij}}{3\pi\varepsilon_0 c^3} \delta'_M(\tau)\, \theta(\tau) . \end{aligned} \tag{B.6}$$

In this paper, the susceptibility of the field always appears in expressions such as

$$\int_{-\infty}^{+\infty} \chi_{ij}^{(R)}(\tau)\, f_{ij}^{(s)}(\tau)\, \mathrm{d}\tau \tag{B.7}$$

where $f_{ij}^{(s)}(\tau)$ is a function concerning the small system $\mathcal{S}$. The characteristic times of evolution of $f_{ij}^{(s)}$ are then much larger than $1/\omega_M$ so that one can proceed in the same way as for (A.6*a*). Using an integration by parts, one finds that

$$\chi_{ij}^{(R)}(\tau) = \frac{\delta_{ij}}{3\pi^2 \varepsilon_0 c^3} \left[\omega_M\, \delta(\tau) - \frac{\pi}{2} \delta'(\tau) \right] \tag{B.8}$$

where δ here acts on the slowly varying functions $f_{ij}^{(s)}(\tau)$ as a true delta function.

References

[1] A discussion of early works on Q.E.D. can be found in, WEISSKOPF, V. F., *Physics in the Twentieth Century-Selected essays* (The M.I.T. Press, Cambridge) 1972, p. 96 to 129.

[2] *Fundations of Radiation Theory and Quantum Electrodynamics*, edited by A. O. Barut (Plenum Press, New York) 1980. This book contains several papers reviewing recent contributions to these problems.

[3] WELTON, T. A., *Phys. Rev.* **74** (1948) 1157.

[4] DUPONT-ROC, J., FABRE, C. and COHEN-TANNOUDJI, C., *J. Phys. B* **11** (1978) 563.

[5] SERIES, G. W., in *Optical Pumping and Atomic Line Shapes*, edited by T. Skalinski (Panstwowe Wdawnictwo Naukowe, Warszawa) 1969, p. 25.

[6] BULLOUGH, R. K., in *Coherence and Quantum Optics*, edited by L. Mandel and E. Wolf (Plenum Press, New York) 1973, p. 121.

[7] ACKERHALT, J. R., KNIGHT, P. L. and EBERLY, J. H., *Phys. Rev. Lett.* **30** (1973) 456.

[8] ACKERHALT, J. R. and EBERLY, J. H., *Phys. Rev.* **D 10** (1974) 3350.

[9] KIMBLE, H. J. and MANDEL, L., *Phys. Rev. Lett.* **34** (1975) 1485.

[10] KIMBLE, H. J. and MANDEL, L., *Phys. Rev.* **A 13** (1976) 2123.

[11] SENITZKY, I. R., *Phys. Rev. Lett.* **31** (1973) 955.

[12] MILONNI, P. W., ACKERHALT, J. R. and SMITH, W. A., *Phys. Rev. Lett.* **31** (1973) 958.

[13] MILONNI, P. W. and SMITH, W. A., *Phys. Rev.* **A 11** (1975) 814.

[14] MILONNI, P. W., *Phys. Rep.* **25** (1976) 1.

[15] FRENCH, J. B., WEISSKOPF, V. F., *Phys. Rev.* **75** (1949) 1240.

[16] FEYNMAN, R. P., *Phys. Rev.* **74** (1948) 1430.

[17] JACKSON, J. D., *Classical Electrodynamics*, 2nd edition (John Wiley and Sons, New York) 1975, section 17.

[18] MONIZ, E. J. and SHARP, D. H., *Phys. Rev.* **D 10** (1974) 1133; *Phys. Rev.* **D 15** (1977) 2850 and their contribution in reference [2].

[19] WEISSKOPF, V. F., *Phys. Rev.* **56** (1939) 81.

[20] ALLEN, L. and EBERLY, J. H., *Optical Resonance and Two-Level Atoms* (John Wiley and Sons, New York) 1975.

[21] AGARWAL, G. S., *Springer Tracts in Modern Physics*, Volume **70** (Springer Verlag, Berlin) 1974.

[22] COHEN-TANNOUDJI, C., in *Frontiers in Laser Spectroscopy*, Volume **1**, Les Houches 1975 Session XXVII, edited by Balian R., Haroche S. and Liberman S. (North Holland, Amsterdam) 1977, p. 3.

[23] LOUISELL, W. H., *Quantum Statistical Properties of Radiation* (John Wiley and Sons, New York) 1973.

[24] GRABERT, H., *Z. Phys.* **B 26** (1977) 79.

[25] DALIBARD, J., DUPONT-ROC, J. and COHEN-TANNOUDJI, C., *J. Physique*, to be published.

[26] MARTIN, P. in *Many Body Physics*, Les Houches 1967, edited by De Witt C. and Balian R. (Gordon and Breach, New York) 1968, p. 39.

[27] LANDAU, L. and LIFCHITZ, E. M., *Statistical Physics* (Pergamon Press) 1958, section 124.

[28] FAIN, V. M., *Sov. Phys. J.E.T.P.* **23** (1966) 882.
FAIN, V. M. and KHANIN, Y. I., *Quantum Electronics* (M.I.T. Press, Cambridge) 1969.
FAIN, B., *Il Nuovo Cimento* **68B** (1982) 73.

[29] BETHE, H. A. and SALPETER, E. E., *Quantum Mechanics of One and Two-Electron Atoms* (Plenum Press, New York) 1977.

[30] See contribution of BOYER, T. H. in reference [2] and references quoted in.

[31] GROTCH, H. and KAZES, E., *Am. J. Phys.* **45** (1977) 618 + their contribution in reference [2].

[32] SENITZKY, I. R., *Phys. Rev. Lett.* **20** (1968) 1062.

Paper 5.4

C. Cohen-Tannoudji, "Fluctuations in radiative processes," *Physica Scripta* **T12**, 19–27 (1986).
Reprinted by permission of the Royal Swedish Academy of Sciences.

The content of this paper was presented in two lectures given at a symposium on "What can be Learned from Modern Laser Spectroscopy?" held in Copenhagen in November 1985. It gives a synthetic review of the approaches described in the previous papers of this section. An outline of a completely relativistic calculation is also presented in Sec. 5.4 (for more details, see Ref. 22).

Physica Scripta. Vol. T12, 19–27, 1986.

Fluctuations in Radiative Processes

Claude Cohen-Tannoudji

Collège de France et Laboratoire de Spectroscopie Hertzienne de l'Ecole Normale Supérieure,* 24, rue Lhomond – F 75231, Paris Cedex 05, France

Received February 26, 1986; accepted March 2, 1986

Abstract

The purpose of these two lectures is to present a brief review of theoretical works done at Ecole Normale Superieure in collaboration with Jean Dalibard, Jacques Dupont-Roc and Claude Fabre. The motivation of these works is to try to understand the dynamics of an atomic system coupled to the radiation field and to get some physical insight in radiative processes in terms of fluctuations of the two interacting systems. By radiative processes, we mean spontaneous emission of radiation by an excited atom and radiative corrections such as the Lamb-shift or $g - 2$. We will focus here on "spontaneous" effects which are not induced by an incident field, so that the two interacting systems are the atom and the vacuum field.

The calculations presented in these lectures are based on the quantum theory of radiation and are limited to order 1 in the fine structure constant $\alpha = q^2/4\pi\varepsilon_0\hbar c$, and to the non relativistic domain (electron velocity $\ll c$). Our motivation is *not* to present a new method for calculating radiative processes (the covariant Q.E.D. formalism is well established), but rather to try to understand the physical mechanisms. We would like also to establish some connections with the quantum theory of damping and to discuss radiative processes in terms of master equations, Heisenberg–Langevin equations and linear response functions.

There are usually two extreme points of view for interpreting radiative processes. The first one considers the interaction of the electron with "vacuum fluctuations" as the basic process which, for example, triggers the spontaneous emission of radiation by an excited atom or produces a vibration of the atomic electron which is responsible for an averaging of the Coulomb potential of the nucleus (Welton's picture for the Lamb-shift) [1]. One must not forget however that the picture of the electron spin vibrating in vacuum fluctuations leads to the wrong sign for $g - 2$ (see Section 5.2 below). The second point of view tries to understand all radiative processes in terms of interaction of the electron with its self field, which gives rise to the well known "radiation reaction" [2–5]. It must be kept in mind however that the vacuum field and the field commutation relations cannot be discarded [6]. This raises the following question. Are these two pictures "two sides of the same quantum mechanical coin", as mentioned by Senitzky [7], or is it possible to identify their respective contributions?

Actually, the same question can be asked for a small system $\mathscr{S}$ (generalizing the atom) coupled to a large reservoir $\mathscr{R}$ (generalizing the field). Is the evolution of $\mathscr{S}$ due to the "reservoir fluctuations" of $\mathscr{R}$ acting upon $\mathscr{S}$, or should we invoke a "self-reaction", $\mathscr{S}$ perturbing $\mathscr{R}$ which reacts back on $\mathscr{S}$? It turns out that such a generalization of the problem is useful since it leads to theoretical expressions, with a more transparent structure, which is not overlooked by simplifications specific to a particular choice of $\mathscr{S}$ and $\mathscr{R}$. This is why lecture I will deal with the dynamics of a small systems $\mathscr{S}$ coupled to a large reservoir $\mathscr{R}$. The energy shifts and damping rates of $\mathscr{S}$ will be calculated to order 2 in the coupling constant and interpreted in terms of two important statistical functions of the two interacting systems, which are the symmetric correlation functions and the linear susceptibilities [8]. These general results will then be applied in lecture II to the particular case where $\mathscr{R}$ is the vacuum field and $\mathscr{S}$ an atomic electron [9].

LECTURE I – DYNAMICS OF A SMALL SYSTEM COUPLED TO A LARGE RESERVOIR

1. Hamiltonian – Assumptions concerning the reservoir

The Hamiltonian of the total system can be written:

$$H = H_R + H_S + V \tag{1}$$

where H_R (H_S) is the Hamiltonian of $\mathscr{R}$ ($\mathscr{S}$), and:

$$V = -gRS \tag{2}$$

is the coupling between both systems. In eq. (2), g is a coupling constant, R and S are *Hermitian* reservoir and system operators. The following calculations could be easily generalized for more complicated forms of V, such as $-g\,\Sigma_i\,R_iS_i$.

We make two assumptions concerning $\mathscr{R}$. (i) $\mathscr{R}$ is a reservoir, which means that the modification of the state of $\mathscr{R}$ due to the coupling V is negligible. If $\varrho(t)$ is the density operator of the total system, we have for the reduced density operator of $\mathscr{R}$:

$$\sigma_R(t) = \mathrm{Tr}_R\,\varrho(t) \simeq \sigma_R(0) = \sigma_R. \tag{3}$$

In writing eq. (3), we have implicitly supposed that $\sigma_R(0)$ is a stationary state with respect to H_R,

$$[H_R, \sigma_R(0)] = 0 \tag{4}$$

which does not evolve under the effect of H_R. (ii) The fluctuations of $\mathscr{R}$ are fast. More precisely, we suppose:

$$v\tau_c/\hbar \ll 1 \tag{5}$$

* Laboratoire associé au C.N.R.S. (LA 18) et à l Université Paris VI.

where v gives the order of magnitude of V and τ_c is the correlation time of the observable R of $\mathcal{R}$ appearing in eq. (2). Condition (5) means that, during the correlation time of R, the effect of the coupling between $\mathcal{S}$ and $\mathcal{R}$ is negligible. Such a condition reminds the one appearing in the theory of brownian motion and expressing that, during a collision time τ_c, the velocity change of the heavy particle is very small.

A first consequence of these assumptions is the existence of two time scales, the correlation time τ_c and the relaxation time T_R such that:

$$\tau_c \ll T_R. \tag{6}$$

We will see later on that the damping rate, $1/T_R$, of $\mathcal{S}$, due to the coupling with $\mathcal{R}$, is of the order of:

$$\frac{1}{T_R} \sim \frac{v^2\tau_c}{\hbar^2} = \frac{1}{\tau_c}\frac{v^2\tau_c^2}{\hbar^2}. \tag{7}$$

Equation (6) is a consequence of eqs. (5) and (7).

The existence of two time scales gives the possibility to compute "coarse-grained" rates of variation for $\mathcal{S}$, by averaging the instantaneous rates over an interval $[t, t + \Delta t]$ such that:

$$\tau_c \ll \Delta t \ll T_R. \tag{8}$$

Condition (8) allows two simplifications. First, since $\Delta t \ll T_R$, a perturbative calculation of the evolution of $\mathcal{S}$ between t and $t + \Delta t$ is possible. Then, since $\Delta t \gg \tau_c$, one can neglect the correlations between $\mathcal{S}$ and $\mathcal{R}$ which exist at the initial time t of the interval $[t, t + \Delta t]$, and which last for a time $\tau_c \ll \Delta t$. These correlations are described by the difference between the density operator $\varrho(t)$ of the total $\mathcal{R} + \mathcal{S}$ system and the tensor product of the reduced operators of $\mathcal{R}$ and $\mathcal{S}$:

$$\varrho_{\text{correl}}(t) = \varrho(t) - [\text{Tr}_R\,\varrho(t)] \otimes [\text{Tr}_S\,\varrho(t)]. \tag{9}$$

A detailed discussion of the conditions of validity of this second approximation is outside the scope of this paper. Neglecting $\varrho_{\text{correl}}(t)$ transforms a reversible equation of motion for $\varrho(t)$ into a master equation for $\text{Tr}_R\,\varrho(t)$, which, as we will see later on, is irreversible. We have to suppose that the initial state of the $\mathcal{R} + \mathcal{S}$ system is such that the correlations which appear between $\mathcal{S}$ and $\mathcal{R}$ are not "pathological" and can be neglected in the coarse grained rate of variation. Such an assumption is implicit in most quantum theories of damping. Sometimes, one explicitly supposes that the initial state of the total $\mathcal{R} + \mathcal{S}$ system, at $t = t_0$, is factorized. By introducing in this way a privileged time t_0 in the past of t, one breaks the symmetry between the two arrows of time starting from t.

2. Master equation for the small system

2.1. *Structure of the master equation* [10]

In interaction representation with respect to $H_S + H_R$ (where the operators are noted $\tilde{\varrho}(t)$, $\tilde{V}(t)$, . . .), the coarse grained rate of variation of $\tilde{\varrho}(t)$ is given by:

$$\frac{\Delta\tilde{\varrho}(t)}{\Delta t} = \frac{\tilde{\varrho}(t+\Delta t) - \tilde{\varrho}(t)}{\Delta t} = \frac{1}{i\hbar}\frac{1}{\Delta t}\int_t^{t+\Delta t} dt'\,[\tilde{V}(t'), \tilde{\varrho}(t)]$$
$$+ \frac{1}{(i\hbar)^2}\frac{1}{\Delta t}\int_t^{t+\Delta t} dt' \int_t^{t'} dt''\,[\tilde{V}(t'), [\tilde{V}(t''), \tilde{\varrho}(t'')]]. \tag{10}$$

Equation (10) is exact. We now introduce two approximations:

(i) In the last term of eq. (10), we replace $\tilde{\varrho}(t'')$ by $\tilde{\varrho}(t)$. This means that we limit the calculation of $\Delta\tilde{\varrho}/\Delta t$ to order 2 in V (such a perturbative calculation is valid since $\Delta t \ll T_R$).

(ii) In both terms of eq. (10), we neglect the initial correlations between $\mathcal{S}$ and $\mathcal{R}$ at time t, and we take:

$$\tilde{\varrho}(t) \simeq [\text{Tr}_R\,\tilde{\varrho}(t)] \otimes [\text{Tr}_S\,\tilde{\varrho}(t)] \simeq \tilde{\sigma}_S(t)\sigma_R \tag{11}$$

where we have used eq. (3) and where:

$$\tilde{\sigma}_S(t) = \text{Tr}_R\,\tilde{\varrho}(t) \tag{12}$$

is the reduced density operator of $\mathcal{S}$.

If, in addition we assume that:

$$\text{Tr}_R\,\sigma_R\tilde{V} = 0 \tag{13}$$

which expresses that the "mean field" of $\mathcal{R}$ "seen" by $\mathcal{S}$ vanishes (if this was not the case, it could be reincluded in H_R), we get, by taking the trace of eq. (10) with respect to $\mathcal{R}$:

$$\frac{\Delta\tilde{\sigma}_S}{\Delta t} = \frac{1}{(i\hbar)^2}\frac{1}{\Delta t}\int_t^{t+\Delta t} dt' \int_t^{t'} dt''\,\text{Tr}_R\,[\tilde{V}(t'), [\tilde{V}(t''), \tilde{\sigma}_S(t)\sigma_R]] \tag{14}$$

with:

$$\tilde{V}(t') = -g\tilde{R}(t')\tilde{S}(t') \tag{15}$$

and a similar equation for $\tilde{V}(t'')$.

The double commutator of eq. (14) is a product of reservoir and system operators, in interaction representation, i.e., evolving freely, under the effect of H_R or H_S. When the trace is taken over R, one sees that the reservoir appears in eq. (10), only through two time averages such as $\text{Tr}_R\,[\sigma_R\tilde{R}(t')\tilde{R}(t'')]$ which depend only on $t' - t''$, because of the stationary character of σ_R (see eq. (4)), and which vanish if $t' - t'' \gg \tau_c$, by definition of the correlation time τ_c. This shows that the domain of integration of eq. (14), in the t', t'' plane, reduces to a narrow strip, along the diagonal $t' = t''$, with a width τ_c and an area of the order of $\tau_c\Delta t$. The right side of eq. (14) is consequently of the order of:

$$\frac{1}{\hbar^2}\frac{1}{\Delta t}\tau_c\Delta t\, v^2\tilde{\sigma} \sim \frac{v^2\tau_c}{\hbar^2}\tilde{\sigma}. \tag{16}$$

This shows that the master equation is a linear differential equation coupling $\Delta\tilde{\sigma}(t)/\Delta t$ to $\tilde{\sigma}(t)$, with coefficients of the order of the damping rate $1/T_R$ introduced above in eq. (7). We will not give here the explicit expression of the coefficients of the master equation and refer the reader to [10] for more details. We prefer to focus here on the physical meaning of the two time averages of $\mathcal{R}$ appearing in eq. (14).

2.2. *Statistical functions of $\mathcal{R}$ and $\mathcal{S}$ appearing in the master equation*

The real and imaginary parts of the two time average $\text{Tr}_R\,[\sigma_R\tilde{R}(t)\tilde{R}(t-\tau)]$ have a clear physical meaning [8, 11].

The real part,

$$C_R(\tau) = \tfrac{1}{2}\,\text{Tr}_R\,\{\sigma_R[\tilde{R}(t)\tilde{R}(t-\tau) + \tilde{R}(t-\tau)\tilde{R}(t)]\} \tag{17}$$

is a *symmetric correlation function* which describes the dynamics of the fluctuations of R in the state σ_R.

The imaginary part,

$$\chi_R(\tau) = \frac{i}{\hbar}\,\text{Tr}_R\,\{\sigma_R[\tilde{R}(t), \tilde{R}(t-\tau)]\}\theta(\tau), \tag{18}$$

which we have multiplied by the Heaviside functions $\theta(\tau)$, equal to 1 for $\tau > 0$ and to 0 for $\tau < 0$, is a *linear susceptibility* which describes the linear response of $\langle R \rangle$ to a perturbation, $-\lambda(t)R$ proportional to R, the initial state of $\mathscr{R}$ being σ_R

$$\langle R(t) \rangle = \int_{-\infty}^{+\infty} \chi_R(t - t')\lambda(t')\,dt' \tag{19}$$

Our procedure for extracting the physical content of the master equation is to express every result in terms of $C_R(\tau)$ and $\chi_R(\tau)$ (or of their Fourier transforms $\hat{C}_R(\omega)$ and $\hat{\chi}_R(\omega)$), and also in terms of similar functions introduced for the observable S of $\mathscr{S}$ appearing in the expression (2) of V

$$C_S^a(\tau) = \tfrac{1}{2}\langle a|\tilde{S}(t)\tilde{S}(t-\tau) + \tilde{S}(t-\tau)\tilde{S}(t)|a\rangle \tag{20a}$$

$$\chi_S^a(\tau) = \frac{1}{i\hbar}\langle a|[\tilde{S}(t), \tilde{S}(t-\tau)]|a\rangle\theta(\tau). \tag{20b}$$

The averages in (20) are taken in an energy level $|a\rangle$ of H_S, which is a stationary state of $\mathscr{S}$.

2.3. *Structure of the results concerning the energy shifts of* $\mathscr{S}$ [8]

A first category of terms appearing in the master equation (14) correspond to a reversible evolution of an hamiltonian type. They describe shifts of the energy levels $|a\rangle$ of $\mathscr{S}$ produced by the coupling with $\mathscr{R}$. When expressed in terms of C_R, χ_R, C_S^a, χ_S^a, the energy shift δE_a appears as

$$\delta E_a = -\frac{g^2}{2}\int_0^{\infty} d\tau\, C_R(\tau)\chi_S^a(\tau) - \frac{g^2}{2}\int_0^{\infty} d\tau\, C_S^a(\tau)\chi_R(\tau). \tag{21}$$

The important point in (21) is that C_R is associated with χ_S^a, and C_S^a with χ_R. This leads to very simple and clear physical pictures. The first term of eq. (21) described processes in which $\mathscr{R}$ fluctuates (in a way characterized by C_R), polarizes $\mathscr{S}$ (which corresponds with its linear susceptibility χ_S^a), and interacts with this induced polarization. This is the usual picture one would expect for the effect of reservoir fluctuations. The second term of eq. (21) is associated with a different type of process. The small system in level $|a\rangle$ fluctuates (in a way characterized by C_S^a), polarizes $\mathscr{R}$, i.e., produces a "field" (proportional to the linear response χ_R of $\mathscr{R}$) which reacts back on $\mathscr{S}$. This second effect is a kind of "self reaction".

2.4. *Structure of the results for the energy damping rates of* $\mathscr{S}$ [8]

The non hamiltonian terms of the master equation (14) describe an irreversible damping due to the $\mathscr{R}$–$\mathscr{S}$ coupling. For example, $\langle a|\,dH_S/dt|a\rangle$ is the rate of energy loss (or gain) by $\mathscr{S}$ in level $|a\rangle$. We get for such a term a structure similar to the one of eq. (21)

$$\langle a|\,dH_S/dt|a\rangle = -g^2\pi\int_{-\infty}^{+\infty} d\omega\, \hat{C}_R(\omega)\, i\omega[\hat{\chi}_S^{a*}(\omega) - \hat{\chi}_S^a(\omega)] + g^2\pi\int_{-\infty}^{+\infty} d\omega\, \hat{C}_S^a(\omega)\, i\omega[\hat{\chi}_R^*(\omega) - \hat{\chi}_R(\omega)] \tag{22}$$

and, consequently, a similar physical interpretation.

It must be noted that we get in eq. (22) the *dissipative* parts ($\hat{\chi}''$) of $\hat{\chi}_R$ and $\hat{\chi}_S$, whereas it can be shown that the energy shifts δE_a given in (21) only depend on the *reactive* parts ($\hat{\chi}'$). This is in agreement with the reversible or irreversible nature of the processes described by eqs. (21) and (22).

Finally, we can note that, if $\mathscr{R}$ in thermal equilibrium, $\hat{C}_R$ and $\hat{\chi}_R''$ are proportional. This is the well known fluctuation dissipation theorem [11]. It is clear however that the previous considerations are still valid in more general situations where $\mathscr{R}$ is in a stationary non thermal state.

2.5. *Quasiclassical limit*

When $\mathscr{S}$ is a quasiclassical system, with closely spaced, locally equidistant energy levels, the set of populations of the various energy levels of $\mathscr{S}$ can be approximated by an energy distribution function $\mathscr{P}(E, t)$. We have shown in Ref. [8] that $\mathscr{P}(E, t)$ obeys a Fokker–Planck equation and that the drift and diffusion terms are respectively associated with self reaction and reservoir fluctuations. The drift term only depends on χ_R (and not on C_R) and describes the mean energy loss of $\mathscr{S}$ per unit time due to self reaction. On the other hand, the diffusion term, which only depends on C_R, describes a random walk in the ladder of energy levels of $\mathscr{S}$ induced by reservoir fluctuations. These general results can be applied to the problem of the spontaneous emission of a large angular momentum and give some physical insight in Dicke's superradiance [12].

3. Heisenberg–Langevin equations for the observables of $\mathscr{S}$

In Section 2, we have used the Schrödinger picture and studied the evolution of the density operator of $\mathscr{S}$. We switch now to the Heisenberg picture and consider the rate of variation of the observables G_S of $\mathscr{S}$.

3.1. *Principle of the calculation*

We start from the Heisenberg equation for the observable R of $\mathscr{R}$ appearing in the expression (2) of V. The solution of this equation can be written

$$R(t) = R_f(t) + R_S(t) \tag{23}$$

where

$$R_f(t) = R_{\text{free}}(t) = e^{iH_R(t-t_0)/\hbar}R(t_0)\,e^{-iH_R(t-t_0)/\hbar} \tag{24}$$

is the "free reservoir field" calculated to order 0 in V, and where $R_S(t) = R_{\text{source}}(t)$ represents the terms of order 1 and higher in V in eq. (23), which describe the "source field" due to the coupling with $\mathscr{S}$.

We then insert eq. (23) into the equation of motion of a general observable G_S of $\mathscr{S}$, more precisely in the term describing the effect of the coupling V on dG_S/dt:

$$\left(\frac{dG_S(t)}{dt}\right)_{\text{coupling}} = -\frac{g}{i\hbar}[G_S(t), R(t)S(t)] = gN(t)R(t) \tag{25}$$

where

$$N(t) = \frac{i}{\hbar}[G_S(t), S(t)] \tag{26}$$

is another observable of $\mathscr{S}$.

It is tempting now to consider that the contribution of $R_f(t)$ in eq. (25) represents the effect of reservoir fluctuations, whereas the one of R_S is associated with self reaction. But we are immediately faced with a problem of order between commuting observables [7, 13–15].

3.2. *Indetermination in the order of commuting observables*

The observables $N(t)$ and $R(t)$ appearing in eq. (25) commute at any time since they are respectively associated with $\mathscr{S}$ and $\mathscr{R}$. Equation (25) can therefore be written

$$\left(\frac{\mathrm{d}G_S(t)}{\mathrm{d}t}\right)_{\text{coupl}} = \lambda g N(t) R(t) + (1 - \lambda) g R(t) N(t) \qquad (27)$$

with λ arbitrary. The rate (27) does not depend on λ.

When we insert eq. (23) into eq. (27) we get

$$\begin{cases} \left(\frac{\mathrm{d}G_S}{\mathrm{d}t}\right)_{\text{res. fluct.}} = \lambda g N(t) R_f(t) + (1 - \lambda) g R_f(t) N(t) & (28a) \\ \left(\frac{\mathrm{d}G_S}{\mathrm{d}t}\right)_{\text{self react.}} = \lambda g N(t) R_S(t) + (1 - \lambda) g R_S(t) N(t). & (28b) \end{cases}$$

The problem is that $R_f(t)$ and $R_S(t)$ do not commute separately with $N(t)$ as their sum (23) does. It seems therefore that the respective contributions of reservoir fluctuations and self reaction depend on λ and can be arbitrarily changed.

3.3. *Physical argument removing this indetermination*

This argument, introduced in references [8, 9], is the following. All orders are of course *mathematically* equivalent in eq. (27), but there is only *one* order having a physical meaning. We first note that, if G_S represents a physical quantity, it must be *hermitian*, as well as its rate $\mathrm{d}G_S/\mathrm{d}t$. Now, if the total rate $(\mathrm{d}G_S/\mathrm{d}t)$ is split into two rates, eqs. (28a) and (28b) representing two distinct physical processes, these two rates must be *separately hermitian* if we want them to have a physical meaning. This imposes $\lambda = 1 - \lambda$, i.e., $\lambda = 1/2$, which corresponds to be *completely symmetrical order*.

3.4. *Structure of the results obtained with the completely symmetrical order*

We just give here the results of the calculations presented in Ref. [8].

Starting from eq. (28), with $\lambda = 1/2$, we integrate these equations (in interaction representation) between t and $t + \Delta t$, and, as in the previous Section 2, we calculate to order 2 in V coarse grained rates of variation for $G_S(t)$. The equation obtained in this way for $\Delta G_S(t)/\Delta t$ has the structure of a Langevin equation, with a Langevin force and a "friction force" describing not only damping processes but also energy shifts. The Langevin force has a zero reservoir average, is of first order in V, and comes from reservoir fluctuations. The "friction force" has a non zero reservoir average, is of second order in V and comes from both reservoir fluctuations and self-reaction.

The important point is that, when one takes the reservoir average of these rates

$$(\Delta G_S/\Delta t)_R = \mathrm{Tr}_R\,(\sigma_R \Delta G_S/\Delta t) \qquad (29)$$

one finds that the terms coming from reservoir fluctuations (self reaction) have the structure of integrals of products of $C_R \chi_S$ ($C_S \chi_R$), as in eqs. (21) and (22). This shows that the symmetrical order, imposed by physical arguments, leads, in the Heisenberg picture, to results in complete agreement with those derived in the previous section from the Schrödinger picture.

Finally, to conclude this lecture I, we can say that, by two different methods, we have identified, in the equations of motion of $\mathscr{S}$, two types of terms corresponding to two different physical processes:

(i) $\mathscr{R}$ fluctuates and polarizes $\mathscr{S}$.

(ii) $\mathscr{S}$ fluctuates and polarizes $\mathscr{R}$.

We have obtained for the energy shifts and damping rates of $\mathscr{S}$ simple and general expressions in terms of correlation functions and linear susceptibilities of the two interacting systems. We can apply now these general results to the discussion of spontaneous emission and radiative corrections.

LECTURE II — APPLICATION TO SPONTANEOUS EMISSION AND RADIATIVE CORRECTIONS

We consider now the particular case where $\mathscr{S}$ is an atomic electron and $\mathscr{R}$ is the vacuum field. It is clear that the energy shifts of $\mathscr{S}$ represent in this case radiative corrections (such as the Lamb-shift or $g - 2$), whereas expressions such as eq. (22) describe damping rates due to spontaneous emission. We must note also that, because of the continuum nature of the frequency spectrum of the field modes, the correlation time τ_c of vacuum fluctuations is very short so that condition (5) is fulfilled.

Section 4 is devoted to a spinless electron coupled to the vacuum field. Spin and magnetic effects will then be discussed in Section 5.

4. Spinless electron coupled to the vacuum field

4.1. *Nonrelativistic hamiltonian in Coulomb gauge and long wavelength approximation*

We consider an electron with charge q, mass m, position $\boldsymbol{r}$, momentum $\boldsymbol{p}$. The hamiltonian of the electron-field system can be written (in Coulomb gauge)

$$H = \frac{1}{2m}[\boldsymbol{p} - q\boldsymbol{A}(\boldsymbol{r})]^2 + V(\boldsymbol{r}) + \varepsilon_{\text{Coul}} + H_R, \qquad (30)$$

where $V(\boldsymbol{r})$ is a static potential, binding the electron near the origin, $\boldsymbol{A}(\boldsymbol{r})$ is the vector potential of the quantized radiation field, with the following usual mode expansion.

$$\boldsymbol{A}(\boldsymbol{r}) = \sum_{k\varepsilon} \sqrt{\frac{\hbar}{2\varepsilon_0 \omega L^3}}\,[a_{k\varepsilon}\boldsymbol{\varepsilon}\,\mathrm{e}^{\mathrm{i}\boldsymbol{k}\cdot\boldsymbol{r}} + a_{k\varepsilon}^{+}\boldsymbol{\varepsilon}\,\mathrm{e}^{-\mathrm{i}\boldsymbol{k}\cdot\boldsymbol{r}}]. \qquad (31)$$

H_R is the energy of the free radiation field

$$H_R = \sum_{k\varepsilon} \hbar\omega[a_{k\varepsilon}^{+}a_{k\varepsilon} + \tfrac{1}{2}] \qquad (32)$$

$a_{k\varepsilon}^{+}$ and $a_{k\varepsilon}$ being the creation and annihilation operators for a photon of wave vector $\boldsymbol{k}$, polarization $\boldsymbol{\varepsilon}$, energy $\hbar\omega$ (L^3 is the quantization volume). Finally, $\varepsilon_{\text{Coul}}$ is the energy of the Coulomb field of the electron.

The long wavelength approximation consists in replacing $\boldsymbol{A}(\boldsymbol{r})$ by $A(\boldsymbol{0})$ in eq. (30) and is valid if the variations of the field are negligible over the spatial extension of the electron wave function (of the order of the Bohr radius a_0). We will introduce a cut off in the mode expansion of the fields at $k_M = \omega_M/c$ with

$$\begin{cases} \text{Rydberg} \ll \hbar\omega_M \ll mc^2 & (33a) \\ k_M a_0 \ll 1 & (33b) \end{cases}$$

so that we can make the non relativistic and long wavelength approximations (the effect of relativistic modes will be discussed at the end of Section 5). Condition Rydberg $\ll \hbar\omega_M$ means that we keep a frequency spectrum much wider than the characteristic electron frequency. With the same cut off for the longitudinal field, ε_{Coul} becomes finite and equal to

$$\varepsilon_{Coul} = \frac{q^2 k_M}{4\pi\varepsilon_0} = \delta m_l c^2 \tag{34}$$

where δm_l is a mass correction associated with the Coulomb field.

Finally, the Hamiltonian (30) can be rewritten

$$H = H_e + \delta m_l c^2 + q^2 \frac{\boldsymbol{A}^2(\boldsymbol{0})}{2m} + H_R - q \sum_{i=x,y,z} \frac{p_i}{m} A_i(\boldsymbol{0}) \tag{35}$$

where

$$H_e = \frac{\boldsymbol{p}^2}{2m} + V(\boldsymbol{r}) \tag{36}$$

is a pure electronic Hamiltonian. The third term of eq. (36) is a pure field operator which will be interpreted later on (see Section 4.3.3). The last term of eq. (35) is a coupling between the electron and the field which can be written, as in eq. (2)

$$V = -q \sum_i R_i S_i \tag{37}$$

with

$$\begin{cases} R_i = A_i(\boldsymbol{0}) & (38a) \\ S_i = p_i/m & (38b) \end{cases}$$

4.2. *Correlation functions and linear susceptibilities for the vacuum field and for the electron* [9]

In order to apply the general results of Lecture I (Section 2), we need the correlation functions and linear susceptibilities for the operators $A_i(\boldsymbol{0})$ and p_i/m appearing in the electron field coupling (37).

Replacing in eqs. (17) and (18), $\tilde{R}(t)$ by $\tilde{A}_i(0, t)$ and $\tilde{R}(t-\tau)$ by $\tilde{A}_j(\boldsymbol{0}, t-\tau)$, using the expansions of $\tilde{A}_i(\boldsymbol{0}, t)$ and $\tilde{A}_j(0, t-\tau)$ in $a_{k\varepsilon}$ and $a^+_{k\varepsilon}$ and the well known commutation relations and matrix elements of $a_{k\varepsilon}$ and $a^+_{k\varepsilon}$, we get

$$\begin{cases} C^R_{ij}(\tau) = \dfrac{\hbar\delta_{ij}}{12\pi^2\varepsilon_0 c^3} \displaystyle\int_{-\omega_M}^{+\omega_M} |\omega|\, e^{i\omega\tau}\, d\omega & (39a) \\ \chi^R_{ij}(t) = \dfrac{\delta_{ij}}{3\pi^2\varepsilon_0 c^3}\left[\omega_M \delta(\tau) - \dfrac{\Gamma}{2}\delta'(\tau)\right]\theta(\tau) & (39b) \end{cases}$$

and the corresponding expressions for the Fourier transforms

$$\begin{cases} \hat{C}^R_{ij}(\omega) = \dfrac{\hbar\delta_{ij}}{12\pi^2\varepsilon_0 c^3}|\omega| \quad \text{for } -\omega_M \leqslant \omega \leqslant \omega_M & (40a) \\ \qquad = 0 \qquad \text{elsewhere} & \\ \hat{\chi}^R_{ij}(\omega) = \dfrac{\delta_{ij}}{6\pi^3\varepsilon_0 c^3}\left[\omega_M - i\dfrac{\Gamma}{2}\omega\right]. & (40b) \end{cases}$$

We study now the $\hbar$ dependence of C_R and χ_S. This allows a simple discussion of classical versus quantum effects as far as the field is concerned. Radiation reaction effects are proportional to $C_S\chi_R$. It appears on eqs. (39b) and (40b) that χ_R is independent of $\hbar$ and has the same value as in classical field theory. Such a result is easy to understand. It comes from the fact that the field is a set of harmonic oscillators, and it is well known that the linear susceptibility of an harmonic oscillator is independent of $\hbar$ and independent of the state of the oscillator. We expect therefore that all radiation reaction effects, coming from $C_S\chi_R$, will have the same form in quantum and classical radiation theories. On the other hand, C_R is proportional to $\hbar$, as it appears on eqs. (39a) and (40a). This means that quantum theory of radiation is essential for explaining the correlation function of vacuum fluctuations. It follows that all vacuum fluctuation effects, coming from $C_R\chi_S$, have a quantum nature. It must be noted however that, to second order in q, the contribution of the vacuum field to these effects appears only through C_R. Once C_R is given by the quantum theory of radiation, the effect of vacuum fluctuations can be calculated semiclassically. It is the same as the effect of a classical random field having the same correlation function, i.e., a spectral power density equal to $\hbar\omega/2$ per mode.

For the sake of completeness, we give also the Fourier transforms of the correlation functions and linear susceptibilities, in the electronic energy level $|a\rangle$ (eigenstate of the hamiltonian H_e given in eq. (36)), of the electronic observables $\tilde{p}_i(t)/m$ and $\tilde{p}_j(t-\tau)/m$

$$\hat{C}^a_{S_{ij}}(\omega) = \frac{1}{2m^2}\sum_b \{(p_i)_{ab}(p_j)_{ba}\delta(\omega-\omega_{ab}) + (p_j)_{ab}(p_i)_{ba}\delta(\omega+\omega_{ab})\} \tag{41}$$

$$\begin{aligned} \hat{\chi}^a_{S_{ij}}(\omega) = {} & \frac{1}{2\pi\hbar m^2}\sum_b \left\{(p_i)_{ab}(p_j)_{ba}\mathscr{P}\frac{1}{\omega-\omega_{ab}} - (p_j)_{ab}(p_i)_{ba}\mathscr{P}\frac{1}{\omega+\omega_{ab}}\right\} \\ & + \frac{i}{2\hbar m^2}\sum_b \{(p_i)_{ab}(p_j)_{ba}\delta(\omega-\omega_{ab}) - (p_j)_{ab}(p_i)_{ba}\delta(\omega+\omega_{ab})\}, \end{aligned} \tag{42}$$

where Σ_b means of sum over a complete set of eigenstates of H_e, $\hbar\omega_{ab} = E_a - E_b$, and $\mathscr{P}$ means principal part. The first two lines of eq. (42) give the reactive part of $\hat{\chi}_S$, the last two the dissipative one.

4.3. *Energy shifts of electronic energy levels*

4.3.1. *Contribution of radiation reaction.* From the expressions of C_S and χ_R given above, we get for the second term of eq. (21), which describes the contribution of radiation reaction to δE_a

$$(\delta E_a)_{\text{rad. react.}} = -\frac{4}{3}\frac{\delta m_l}{m}\langle a|\frac{\boldsymbol{p}^2}{2m}|a\rangle \tag{43}$$

where $\delta m_l c^2$ is the Coulomb self energy given in eq. (34).

Combining eq. (43) with the unperturbed kinetic energy $\langle a|\boldsymbol{p}^2/2m|a\rangle$ gives

$$\left(1 - \frac{4}{3}\frac{\delta m_l}{m}\right)\langle a|\frac{\boldsymbol{p}^2}{2m}|a\rangle \simeq \langle a|\frac{\boldsymbol{p}^2}{2(m+\frac{4}{3}\delta m_l)}|a\rangle. \tag{44}$$

It appears therefore that radiation reaction changes the mass appearing in the kinetic energy from m to $m + \frac{4}{3}\delta m_l$

$$m \to m + \tfrac{4}{3}\delta m_l. \tag{45}$$

The mass corrections appearing in the kinetic energy term (44), and in eq. (34), which can be interpreted as a correction to the rest mass energy, differ by a factor 4/3. This discrepancy is due to the non-covariant cut off (33) and also exists in classical theory.

4.3.2. *Contribution of vacuum fluctuations.* From the expressions of C_R and χ_S given above, we get for the first term of eq. (21), which describes the contribution of vacuum fluctuations to δE_a

$$(\delta E_a)_{\text{vac. fluct.}} = \frac{-q^2}{6\pi^2\varepsilon_0 m^2 c^3} \sum_b \omega_{ab} |(\boldsymbol{p})_{ab}|^2 \log \frac{\omega_M}{|\omega_{ab}|}. \quad (46)$$

Introducing an average atomic frequency $\bar{\omega}$ defined by

$$\sum_b \omega_{ab} |(\boldsymbol{p})_{ab}|^2 \log \frac{\mu_M}{|\omega_{ab}|} = \log \frac{\omega_M}{\bar{\omega}} \sum_b \omega_{ab} |(\boldsymbol{p})_{ab}|^2 \quad (47)$$

and using

$$\sum_b \omega_{ab} |(\boldsymbol{p})_{ab}|^2 = \frac{1}{2\hbar} \langle a|[[H_e, \boldsymbol{p}], \boldsymbol{p}]|a\rangle$$
$$= -\frac{\hbar}{2} \langle a|\Delta V(\boldsymbol{r})|a\rangle \quad (48)$$

we get

$$(\delta E_a)_{\text{vac. fluct.}} = \langle a|\delta V(\boldsymbol{r})|a\rangle \quad (49a)$$

where

$$\delta V(\boldsymbol{r}) = \frac{q^2\hbar}{12\pi^2\varepsilon_0 m^2 c^3} \log \frac{\omega_M}{\bar{\omega}} \Delta V(\boldsymbol{r}) \quad (49b)$$

is a correction to the potential energy $V(\boldsymbol{r})$ appearing in eq. (36), proportional to $\Delta V(\boldsymbol{r})$, and associated with vacuum fluctuations.

The physical interpretation of the energy correction (49), which coincides with the standard non relativistic expression for the Lamb-shift [16] is well known [1]. The electron, vibrating in vacuum fluctuations, averages the binding static potential $V(\boldsymbol{r})$ over a finite spherical volume, and this explains the correction to $V(\boldsymbol{r})$, proportional to $\Delta V(\boldsymbol{r})$. For a Coulomb potential, $V(r)$ is proportional to $1/r$, and $\Delta V(r)$ to $\delta(\boldsymbol{r})$. It follows that only s-states are shifted. Since the two states $2s_{1/2}$ and $2p_{1/2}$ in hydrogen have the same average kinetic energy, the energy correction (43) due to radiation reaction cannot remove the degeneracy between the two states, and we conclude that the Lamb shift is essentially due to the correction (49) to the potential energy, i.e. to vacuum fluctuations.

4.3.3. *Interpretation of the $q^2 A^2(\mathbf{0})/2m$ term.* We interpret now the third term of eq. (35), which is a pure field operator. Taking the vacuum average value of this operator gives, to order 2 in q

$$\langle 0| \frac{q^2}{2m} \boldsymbol{A}^2(\mathbf{0})|0\rangle = \sum_{\omega \leqslant \omega_M} \frac{q^2 \mathscr{E}_\omega^2}{2m\omega^2} \quad (50)$$

where $\mathscr{E}_\omega$ is the vacuum field in mode ω. Physically, such an energy represents the mean kinetic of vibration, $\mathscr{E}_{\text{vibr}}$, of the electron in vacuum fluctuations. It can be written

$$\mathscr{E}_{\text{vibr}} = \delta m_2 c^2 \quad (51)$$

and appears as a correction to the rest mass energy of the electron, associated with vacuum fluctuations, in the same way as $\varepsilon_{\text{Coul}}$, in eq. (34), appears as a correction to the rest mass energy due to self reaction, since it comes from the Coulomb self field of the electron.

It may appear surprising that our calculation doesn't give any correction to the kinetic energy associated with the mass correction δm_2 due to vacuum fluctuations. One would expect to find, as in Section 4.3.1, a term of the order of

$$-\frac{\delta m_2}{m} \langle a| \frac{\boldsymbol{p}^2}{2m} |a\rangle. \quad (52)$$

Actually, this comes from the fact that δm_2 is of a higher order in $1/c$ than δm_1, as it appears when we express eqs. (34) and (50) in terms of the fine structure constant α and of $\hbar\omega_M/mc^2$

$$\frac{\delta m_1}{m} = \frac{\alpha}{\pi} \frac{\hbar\omega_M}{mc^2} \quad (53a)$$

$$\frac{\delta m_2}{m} = \frac{\alpha}{2\pi} \left(\frac{\hbar\omega_M}{mc^2}\right)^2. \quad (53b)$$

Pushing our non relativistic calculation to higher orders in $1/c$ actually gives extra terms such as eq. (52) [17].

To conclude our discussion of energy shifts, we can say that, to lowest order in $1/c$, radiation reaction changes the kinetic energy by increasing the mass of the electron by $4\delta m_1/3$, whereas vacuum fluctuations change the potential energy by producing a vibration of the electron.

4.4. *Rate of electronic energy loss*

As in the previous section, we insert the values of C_R, C_S, χ_R, χ_S, given in Section 4.2, in the two terms of eq. (22) which represent respectively the contributions of vacuum fluctuations and radiation reaction to the rate of variation of the electron energy in level a.

4.4.1. *Contribution of radiation reaction.* The last term of eq. (22) becomes here

$$\left(\langle 0, a| \frac{\mathrm{d}H_e}{\mathrm{d}t} |0, a\rangle\right)_{\text{rad. react.}} = -\frac{q^2}{6\pi m^2\varepsilon_0 c^3} \sum_b \sum_i |(p_i)_{ab}|^2 \omega_{ba}^2. \quad (54)$$

Using

$$\frac{1}{m}(p_i)_{ab}\omega_{ab} = \frac{1}{m\hbar} \langle a|[H_e, p_i]|a\rangle$$
$$= -\frac{\mathrm{i}}{m}(\dot{p}_i)_{ab} = -\mathrm{i}(\ddot{r}_i)_{ab} \quad (55)$$

we can transform eq. (54) into

$$\left(\langle 0, a| \frac{\mathrm{d}H_e}{\mathrm{d}t} |0, a\rangle\right)_{\text{rad. react.}} = -\frac{2}{3}\frac{q^2}{4\pi\varepsilon_0 c^3} \langle a|\ddot{\boldsymbol{r}}^2|a\rangle. \quad (56)$$

We find that the rate of energy loss is proportional to the square of the acceleration of the radiating charge, which is a purely classical result. We note also that, if radiation reaction was alone, the ground state would be unstable since the average value of $\ddot{\boldsymbol{r}}^2$ does not vanish in the ground state.

4.4.2. *Contribution of vacuum fluctuations.* We find for the first term of eq. (22)

$$\left(\langle 0, a| \frac{\mathrm{d}H_e}{\mathrm{d}t} |0, a\rangle\right)_{\text{vac. fluct.}} = -\frac{q^2}{6\pi m^2\varepsilon_0 c^3} \times \sum_b \sum_i |(p_i)_{ab}|^2 \omega_{ab} |\omega_{ab}|. \quad (57)$$

Distinguishing the terms $\omega_{ab} > 0$ ($E_a > E_b$) and the terms

$\omega_{ab} < 0$ ($E_a < E_b$), we can transform eq. (57) into

$$\left(\langle 0, a| \frac{dH_e}{dt} |0, a\rangle\right)_{\text{vac. fluct.}} = +\frac{2}{3}\frac{q^2}{4\pi\varepsilon_0 c^3} \times \left\{ \sum_{\substack{b \\ E_b > E_a}} (\ddot{r})_{ab} \cdot (\ddot{r})_{ba} - \sum_{\substack{b \\ E_b < E_a}} (\ddot{r})_{ab} \cdot (\ddot{r})_{ba} \right\}. \tag{58}$$

We have mentioned above (in Section 4.2) that the effect of vacuum fluctuations is equivalent to the one of a fluctuating field having a spectral power density $\hbar\omega/2$ per mode. Such a fluctuating field can induce transitions from level a to higher levels b, which corresponds to an energy gain for the atom (first term of the bracket of eq. (58)), as well as transitions from level a to lower levels b, which corresponds to an energy loss for the atoms (second term of the bracket of eq. (58)).

If we write $\langle a|\dot{r}^2|a\rangle$ in eq. (56) as $\langle a|\dot{r}^2|a\rangle = \Sigma_b(\dot{r})_{ab} \cdot (\dot{r})_{ba}$ and if we add eqs. (56) and (58), we find of course that spontaneous transitions can occur only from level a to lower levels, under the combined effect of vacuum fluctuations and radiation reaction (the first term of eq. (58) is cancelled by a similar term of eq. (56) and the second term of eq. (58) is doubled).

4.4.3. *Application to a 2-level atom.* When applied to a 2-level atom (ground state g and excited state e), the previous results take a very simple form.

First, we find that vacuum fluctuations stabilize the ground state, as already mentioned by Fain [18], since the energy gain due to vacuum fluctuations exactly compensates the energy loss due to radiation reaction.

Then, we find that vacuum fluctuations and radiation reaction contribute equally to the spontaneous emission rate from the upper level e. The two rates are equal. This explains the factor 2 missing in elementary calculations of the spontaneous emission rate from e and considering only one physical process, emission by an accelerated charge or transition induced by a fluctuating field with a spectral density equal to $\hbar\omega/2$ per mode.

5. Spin and magnetic effects

In this last section, we try to understand the electron spin anomaly, $g - 2$, and in particular its positive sign. So, we introduce the spin degrees of freedom and the magnetic couplings.

5.1. *New terms in the Hamiltonian*

To keep the calculations as simple as possible we consider a single electron in a uniform magnetic field $\boldsymbol{B}_0$ parallel to the $0z$ axis.

The electronic hamiltonian H_e (which replaces eq. (36)) is now

$$H_e = \frac{\boldsymbol{\pi}_0^2}{2m} - \frac{q}{m}\boldsymbol{S}\cdot\boldsymbol{B}_0 \tag{59}$$

where

$$\boldsymbol{\pi}_0 = \boldsymbol{p} - q\boldsymbol{A}_0(\boldsymbol{r}) \tag{60}$$

$\boldsymbol{A}_0$ being the static vector potential associated with $\boldsymbol{B}_0$. The first term of eq. (60) is the kinetic energy of the electron, since $\boldsymbol{\pi}_0/m$ is the electron velocity. The second term of eq. (59) is the coupling of the spin magnetic moment of the electron, $2(q/2m)\boldsymbol{S}$, where $\boldsymbol{S}$ is the spin operator, with the magnetic field $\boldsymbol{B}_0$ (in absence of radiative corrections, the g factor of the electron is equal to 2).

The interaction of the electron with the quantized radiation field is now

$$V = -\frac{q}{m}\boldsymbol{\pi}_0\cdot\boldsymbol{A}(\boldsymbol{r}) - \frac{q}{m}\boldsymbol{S}\cdot\boldsymbol{B}(\boldsymbol{r}) + \frac{q^2}{2m}\boldsymbol{A}^2(\boldsymbol{r}). \tag{61}$$

In the long wavelength approximation, the first and last terms of eq. (60) are the same as for the spinless electron (see eq. (35)), except that $\boldsymbol{p}$ is replaced by $\boldsymbol{\pi}_0$, given in eq. (60). The second term of eq. (61) is new and represents the coupling of the spin with the quantized radiation field $\boldsymbol{B}$.

5.2. *Failure of Welton's picture applied to the spin magnetic moment*

It has been known for a long time [1, 19] that the picture of an electron spin oscillating in vacuum fluctuations leads to the wrong sign for $g - 2$. The fact that such a picture leads to a decrease of g, and, consequently, to a negative sign for $g - 2$, is easy to understand. The angular oscillation of the spin driven by the vacuum fluctuations of $\boldsymbol{B}$ produces an angular spreading of the spin, and, consequently, a *decrease* of the effective coupling of the spin with the static field $\boldsymbol{B}_0$.

What is missing in the previous description is the coupling of the electron velocity with the vector potential of the quantized radiation field. More precisely, we must consider the whole dynamics of the electron coupled to the vacuum field and study how the energy levels of the electron in the static field $\boldsymbol{B}_0$ are shifted by radiation reaction and vacuum fluctuations [17].

5.3. *Corrections to cyclotron and Larmor frequencies. Why is g − 2 positive*

Before considering the energy shifts produced by radiation reaction and vacuum fluctuations, we have first to give the unperturbed eigenvalues of H_e, which can be written

$$(n + \tfrac{1}{2})\hbar\omega_c + m_S\hbar\omega_L. \tag{62}$$

In the first term of eq. (62), n is an integer ($n = 0, 1, 2, \ldots$) and ω_c is the *cyclotron frequency of the charge* given by

$$\omega_c = -\frac{qB_0}{m}. \tag{63}$$

The corresponding energy levels are the well known Landau levels of a charged particle in a uniform static field (we have supposed here that the electron velocity along the direction $0z$ of $\boldsymbol{B}_0$ is zero). In the second term of (62), $m_S = +1/2$ or $-1/2$ labels the eigenvalue $m_S\hbar$ of S_z and ω_L is the *Larmor frequency of the spin* which can be written

$$\omega_L = -g\frac{q}{2m}B_0 \tag{64}$$

with $g = 2$.

When we introduce the coupling (61) with the quantized radiation field, the energy levels given in eq. (62) are shifted, and the cyclotron and Larmor frequencies are changed to $\tilde{\omega}_c$ and $\tilde{\omega}_L$

$$\omega_c \to \tilde{\omega}_c, \qquad \omega_L \to \tilde{\omega}_L. \tag{65}$$

The g factor of the electron in the presence of radiative

corrections is defined by

$$\frac{\tilde{g}}{2} = \frac{\tilde{\omega}_L}{\tilde{\omega}_c}. \tag{66}$$

To understand eq. (66), we note that, if $\tilde{m}$ is the renormalized mass appearing in the perturbed cyclotron frequency

$$\tilde{\omega}_c = -q\frac{B_0}{\tilde{m}}, \tag{67}$$

then, the Larmor frequency $\tilde{\omega}_L$ is expressed by eq. (66) as

$$\tilde{\omega}_L = -\tilde{g}\frac{q}{2m}B_0, \tag{68}$$

i.e., in terms of $\tilde{g}$ and of the renormalized Bohr magneton. Furthermore, we must emphasize that the more precise determinations of $\tilde{g}$ are given by a ratio of two measured frequencies, as in eq. (66) [20].

In absence of radiative corrections, $\omega_L = \omega_c$ and $g = 2$. To understand why $\tilde{g} - 2$ is positive, we have to understand why $\tilde{\omega}_L$ is larger than $\tilde{\omega}_c$ in eq. (66). We give now the conclusions of a non relativistic calculation of $\tilde{\omega}_L$ and $\tilde{\omega}_c$ [9, 17].

Consider first the contributions of radiation reaction. We find that, to lowest order in $1/c$, radiation reaction *slows down* ω_c, but *not* ω_L. The interpretation of this result is that, in the non relativistic domain, a charge is more coupled to its self field than a magnetic moment. The cyclotron precession of the charge is more perturbed than the Larmor precession of the spin.

The contribution of vacuum fluctuations appears only to the next order in $1/c$ and describes relativistic and magnetic effects (including the angular oscillation of the spin driven by vacuum fluctuations) which, as a whole, reduce both ω_c and ω_L (at this order in $1/c$, new terms such as spin orbit couplings must be added to H_e and V, see [17]).

The conclusion of this calculation is that, in the non relativistic domain, the main effect (to lowest order in $1/c$) is *a slowing down of $\tilde{\omega}_c$ by radiation reaction*, and this explains why $\tilde{g} = 2\tilde{\omega}_L/\tilde{\omega}_c$ becomes larger than 2. Similar conclusions have been obtained by Grotch and Kazes [21].

5.4. *Outline of a completely relativistic calculation*

Because of the cut off introduced at ω_M (see eq. (33)), the previous calculation considers only the coupling of the electron with non relativistic modes of the radiation field.

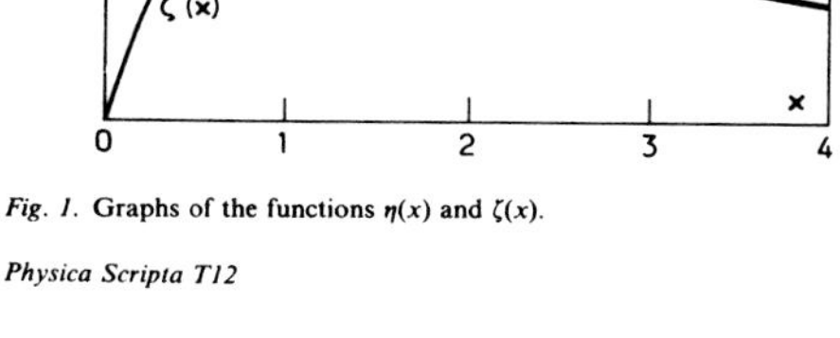

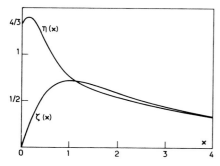

Fig. 1. Graphs of the functions $\eta(x)$ and $\zeta(x)$.

We have tried to evaluate the contribution of relativistic modes, for which $\hbar\omega_M$ can be of the order or larger than mc^2. Starting from the full relativistic Hamiltonian, for coupled quantized Dirac and Maxwell fields, we have derived an effective Hamiltonian giving the energy levels of a non relativistic electron (i.e. in a frame where this electron is moving slowly), and including the contribution of virtual emissions and reabsorptions of photons of any frequency ω. (In the virtual intermediate state, the electron can be relativistic and electron–positron pairs can be created). We just give here the main results of such a calculation which is presented in Ref. [22].

To order 1 in α, we find that the effective Hamiltonian H_{eff} has the following form

$$H_{eff} = \frac{\boldsymbol{\pi}_0^2}{2m}\left[1 - \frac{\alpha}{\pi}\int_0^{x_M}\eta(x)\,dx\right] - \frac{q}{m}\boldsymbol{S}\cdot\boldsymbol{B}_0\left[1 - \frac{\alpha}{\pi}\int_0^{x_M}\zeta(x)\,dx\right] \tag{69}$$

where $x = \hbar\omega/mc^2$ is related to the frequency ω of the photon which is virtually emitted and reabsorbed, x_M is cut off, which is much stronger than 1 (so that the effect of relativistic modes is taken into account), $\boldsymbol{\pi}_0$ is the same as in eq. (60).

The two functions $\eta(x)$ and $\zeta(x)$, which describe how the various modes of the radiation field contribute to the modification of the cyclotron frequency (first term of eq. (69)), and of the Larmor frequency (second term of eq. (69)), are given by

$$\eta(x) = x\left[1 - \frac{x}{(1+x^2)^{1/2}} + \frac{4}{3x(1+x^2)^{1/2}} - \frac{x}{3(1+x^2)^{3/2}} - \frac{2x}{(1+x^2)^{5/2}}\right] \tag{70b}$$

$$\zeta(x) = x\left[\frac{5}{3}\left(1 - \frac{x}{(1+x^2)^{1/2}}\right) + \frac{2}{3}\frac{x}{(1+x^2)^{3/2}}\right] \tag{70a}$$

and are represented on Fig. 1. For $x \ll 1$ (non-relativistic domain), the main correction comes from $\eta(x)$ and produces a decrease of the cyclotron frequency (because of the minus sign in the first term of eq. (69)). This confirms the previous calculation discussed in Section 5.3. For $x \gg 1$, $\eta(x)$ and $\zeta(x)$ are both equivalent to $3/2x$, leading to the same logarithmic divergence for the coefficients of $\boldsymbol{\pi}_0^2/2m$ and $-(q/m)\boldsymbol{S}\cdot\boldsymbol{B}_0$.

To see how this divergence can be reabsorbed in the mass normalization, we come back now to the definition (66) of $\tilde{g}$. Since the correction factors for $\tilde{\omega}_c$ and $\tilde{\omega}_L$ are the two brackets of eq. (69), we get

$$\frac{\tilde{g}}{2} = \frac{\tilde{\omega}_L}{\tilde{\omega}_c} = \frac{1 - \frac{\alpha}{\pi}\int_0^{x_M}\zeta(x)\,dx}{1 - \frac{\alpha}{\pi}\int_0^{x_M}\eta(x)\,dx} \tag{71}$$

The two integrals of eq. (71) are of the order of $\log x_M$. Since $e^{\pi/\alpha} \gg 1$, we can choose $1 \ll x_M \ll e^{\pi/\alpha}$, i.e. take a very high cut off and simultaneously have the two terms in α very small compared to 1, so that eq. (71) can be written

$$\frac{\tilde{g}}{2} \simeq 1 + \frac{\alpha}{\pi}\int_0^{x_M}[\eta(x) - \zeta(x)]\,dx. \tag{72}$$

The function $\eta(x) - \zeta(x)$ is represented in Fig. 2 and the integral of eq. (72), which is no longer divergent, is equal to

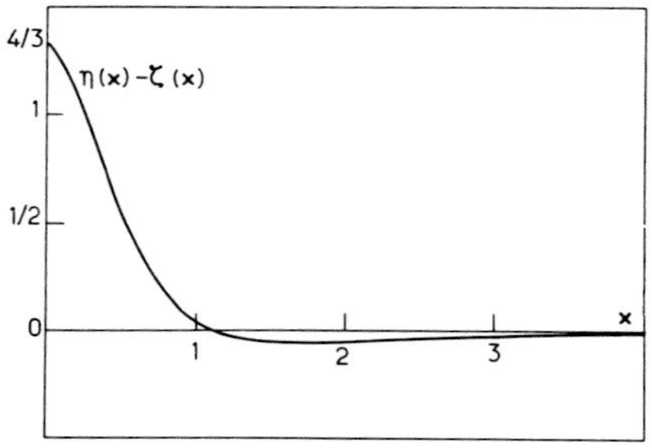

Fig. 2. Graph of the function $\eta(x) - \zeta(x)$.

1/2, if x_M is large enough. We get therefore the correct result (to order 1 in α) for the spin anomaly

$$\frac{\tilde{g}}{2} = 1 + \frac{\alpha}{2\pi}. \tag{73}$$

The curve of Fig. 2 shows how the various modes of the field contribute to $\tilde{g} - 2$. It clearly appears on this curve that the main contribution comes from $x < 1$ and that it is not necessary to invoke ultra high relativistic modes for explaining the sign of $g - 2$ (actually the contribution of the domain $x > 1$ to the integral is negative!). The physical interpretation derived from the non relativistic calculation is therefore confirmed.

To conclude this Lecture II, we can summarize the main results which have been obtained:

(i) It is possible to make a clear separation between the effects of radiation reaction and those of vacuum fluctuations (to order 1 in α).

(ii) Radiation reaction effects are exactly the same in classical and quantum theories of radiation. Vacuum fluctuation effects appear as induced by a fluctuating field having a spectral power density equal to $\hbar\omega/2$ per mode.

(iii) Radiative corrections can be interpreted in terms of simple physical pictures: vibration of the charge and spin in vacuum fluctuations, electromagnetic inertia slowing down the motion of the charge.

(iv) The Lamb shift is mainly due to vacuum fluctuations. The spin anomaly $g - 2$ is mainly due to radiation reaction.

References

1. Welton, T. A., Phys. Rev. **74**, 1157 (1948).
2. Series, G. W., in Optical Pumping and Atomic Line Shapes (Edited by T. Skalinski), p. 25. Panstwowe Wdawnictwo Naukowe, Warszawa (1969).
3. Bullough, R. K., in Coherence and Quantum Optics (Edited by L. Mandel and E. Wolf), p. 121. Plenum Press, New York (1973).
4. Ackerhalt, J. R., Knight, P. L. and Eberly, J. H., Phys. Rev. Lett. **30**, 456 (1973).
5. Ackerhalt, J. R. and Eberly, J. H., Phys. Rev. **D10**, 3350 (1974).
6. Kimble, H. J. and Mandel, L., Phys. Rev. Lett. **34**, 1485 (1975); Phys. Rev. **A13**, 2123 (1976).
7. Senitzky, I. R., Phys. Rev. Lett. **31**, 955 (1973).
8. Dalibard, J., Dupont-Roc, J. and Cohen-Tannoudji, C., J. Physique **45**, 637 (1984).
9. Dalibard, J., Dupont-Roc, J. and Cohen-Tannoudji, C., J. Physique **43**, 1617 (1982).
10. Cohen-Tannoudji, C., in Fontiers in Laser Spectroscopy, Volume 1, Les Houches 1975, Session XXVII (Edited by R. Balian, S. Haroche and S. Liberman), p. 3. North Holland, Amsterdam (1977) (and references therein).
11. Martin, P., in Many Body Physics, Les Houches 1967 (Edited by C. de Witt and R. Balian), p. 39. Gordon and Breach, New York (1968).
12. Gross, M. and Haroche, S., Phys. Rep. **93**, 301 (1982) (and references therein).
13. Milonni, P. W., Ackerhalt, J. R. and Smith, W. A., Phys. Rev. Lett. **31**, 958 (1973).
14. Milonni, P. W. and Smith, W. A., Phys. Rev. **A11**, 814 (1975).
15. Milonni, P. W., Phys. Rep. **25**, 1 (1976).
16. Bethe, H. A. and Salpeter, E. E., Quantum Mechanics of One and Two-Electron Atoms. Plenum Press, New York (1977).
17. Dupont-Doc, J., Fabre, C. and Cohen-Tannoudji, C., J. Phys. **B11**, 563 (1978).
18. Fain, V. M., Sov. Phys. J.E.T.P. **23**, 882 (1966); Fain, V. M. and Khanin, Y. L., Quantum Electronics, M.I.T. Press, Cambridge (1969); Fain, B., Il Nuovo Cimento **68B**, 73 (1982).
19. Avan, P., Cohen-Tannoudji, C., Dupont-Roc, J. and Fabre, C., J. Physique **37**, 993 (1976).
20. Dehmelt, H. G., in Atomic Physics 7 (Edited by D. Kleppner and F. Pipkin), p. 337. Plenum Press, New York (1981).
21. Grotch, H. and Kazes, E., Phys. Rev. Lett. **35**, 124 (1975); Phys. Rev. **D13**, 2851 (1976); erratum **D15**, 1184; Am. J. Phys. **45**, 618 (1977).
22. Dupont-Roc, J. and Cohen-Tannoudji, C., in New Trends in Atomic Physics, Les Houches, Session XXXVIII 1982 (Edited by G. Grynberg and R. Stora), p. 156. Elsevier Science Publishers B.V. (1984).

Section 6

Atomic Motion in Laser Light

The papers contained in the previous sections dealt essentially with the internal degrees of freedom of an atom and with the manipulation and perturbation of these degrees of freedom by atom–photon interactions. Atom–photon interactions can also be used to manipulate the external (or translational) degrees of freedom of an atom, i.e. the position and momentum of its center of mass. By using resonant exchanges of linear momentum between atoms and photons in absorption-spontaneous emission cycles or in absorption-induced emission cycles, one can exert radiative forces on atoms and cool them or trap them. A new research field, called laser cooling and trapping of atoms, has appeared and is expanding very rapidly. For a review of the early developments of this field, see the paper of S. Stenholm in *Rev. Mod. Phys.* **58**, 699–739 (1986).

The papers contained in this section try to answer a few basic questions concerning the description of atomic motion in laser light, and the physical interpretation of the various features of radiative forces, such as their mean value, their fluctuations, and their velocity dependence. It turns out that the dressed atom approach, which was developed for a better understanding of the internal dynamics of an atom, is also very useful for interpreting the motion of its center of mass. Several papers of this section are devoted to a dressed atom interpretation of dipole forces, in the high intensity limit, and to the experimental observations of new effects suggested by such an approach.

Paper 6.1

C. Tanguy, S. Reynaud, and C. Cohen-Tannoudji, "Deflection of an atomic beam by a laser wave: Transition between diffractive and diffusive regimes," *J. Phys.* **B17**, 4623–4641 (1984).

This paper summarizes the results obtained during the "thèse de troisième cycle" of Christian Tanguy. The purpose of this work, done in 1982, was to try to understand how atomic motion is modified when the amount of dissipation associated with spontaneous emission is progressively increased by varying the interaction time T from very small to very large values.

When $T \ll \tau_R$, τ_R being the radiative lifetime of the upper state, spontaneous emission can be neglected. Atomic motion can then be described in terms of a pure Hamiltonian evolution in an internal state-dependent potential. When $T \gg \tau_R$, several spontaneous emission processes occur during T and the atomic motion looks like a Brownian motion. This paper considers a specific problem, the deflection of an atomic beam by a running or standing laser wave, in the limit where the displacement of the atom along the laser wave during the interaction time is small compared to the laser wavelength (a regime which is now called the "Raman–Nath regime"). It is then possible to derive, from the quantum optical Bloch equations in the position representation, exact analytical expressions allowing one to study the continuous transition from the diffractive regime ($T \ll \tau_R$) to the diffusive one ($T \gg \tau_R$). Several important physical effects or quantities can be discussed within the same theoretical framework: resonant Kapitza–Dirac effect, optical Stern–Gerlach effect, mean force and momentum diffusion coefficient, and statistics of the number of fluorescence photons emitted during T. The results derived here can thus be useful for the analysis of experimental work. See, for example, P. L. Gould, P. J. Martin, G. A. Ruff, R. E. Stoner, J. L. Picqué, and D. E. Pritchard, *Phys. Rev.* **A43**, 585 (1991) and references therein for the resonant Kapitza–Dirac effect, and T. Sleator, T. Pfau, V. Balykin, O. Carnal, and J. Mlynek, *Phys. Rev. Lett.* **68**, 1996 (1992) for the optical Stern–Gerlach effect.

Note finally that a numerical solution of the equations derived in this paper is given in S. M. Tan and D. F. Walls, *Appl. Phys.* **B54**, 434 (1992) and that the influence of dissipation on the "Bragg regime" (where the displacement of the atom along the laser wave can no longer be ignored during the interaction time) has been recently theoretically investigated in E. Schumaker, M. Wilkens, P. Meystre, and S. Glasgow, *Appl. Phys.* **B54**, 451 (1992).

J. Phys. B: At. Mol. Phys. **17** (1984) 4623–4641. Printed in Great Britain

Deflection of an atomic beam by a laser wave: transition between diffractive and diffusive regimes

C Tanguy†, S Reynaud and C Cohen-Tannoudji

Laboratoire de Spectroscopie Hertzienne de l'Ecole Normale Supérieure et Collège de France, 24 rue Lhomond, F 75231 Paris Cedex 05, France

Received 21 June 1984

Abstract. The exchange of momentum between atoms and photons in a deflection experiment is usually described by different formalisms depending on whether the interaction time T is short or long compared with the radiative lifetime τ_R. We present here a new approach to this problem leading to a single theoretical expression valid in both limits and therefore allowing the transition between them to be studied. We interpret in this way the resonant Kapitza–Dirac effect and the optical Stern and Gerlach effect appearing in the short-time limit ($T \ll \tau_R$) as well as the deflection profiles usually deduced from a Fokker–Planck equation in the long-time limit ($T \gg \tau_R$). The transition between these two regimes is interpreted in terms of momentum transfer due to absorption and stimulated emission of laser photons, convoluted by the distribution of recoil due to spontaneously emitted photons.

1. Introduction

We present in this paper a theoretical treatment of the deflection of an atomic beam by a laser wave, allowing the study of the transition between regimes corresponding to short and long interaction times (as compared with the atomic radiative lifetime).

More precisely, we consider a monoenergetic atomic beam propagating along the $0z$ axis, crossing at right angles a monochromatic laser wave propagating along $0x$, which can be a progressive or a standing wave. One measures the final distribution of the atomic momentum along $0x$. All atoms are supposed to have the same velocity $v_z = v_0$ along $0z$, and the time of flight $T = l/v_0$ through the width l of the interaction zone is the *interaction time*. All subsequent calculations will be done in the initial atomic rest frame moving with the velocity v_0 along $0z$. Another important time is the *radiative* lifetime $\tau_R = \Gamma^{-1}$ of the atomic excited state e (Γ is the natural width of e).

We shall call $v_\perp$ the root-mean-square velocity of the atoms along $0x$, due to an imperfect collimation of the atomic beam and to the transfer of momentum from the laser beam. We suppose in this paper that

$$kv_\perp \ll \Gamma \tag{1.1}$$

i.e. that the Doppler effect in the laser–atom interaction is negligible compared with

† Present address: Groupe de Physique des Solides de l'Ecole Normale Supérieure, 24 rue Lhomond, F 75231 Paris Cedex 05, France.

the natural width of e. We also suppose that

$$kv_{\perp} \ll T^{-1}. \tag{1.2}$$

Condition (1.2), which can be also written $v_{\perp}T \ll \lambda$, where λ is the laser wavelength, means that the atom does not move appreciably along $0x$ during the interaction time, so that it will be possible to neglect the perpendicular displacement of the atoms during T. Since $v_{\perp}$ is at least equal to the recoil velocity $\hbar k/M$ associated with the absorption or emission of a photon of energy $\hbar\omega = \hbar ck$ (M is the atomic mass), conditions (1.1) and (1.2) imply that

$$E_{\text{rec}} \ll \hbar\Gamma, \hbar T^{-1} \tag{1.3}$$

where $E_{\text{rec}} = \hbar^2k^2/2M$ is the recoil energy.

Conditions (1.1) and (1.2) are the basic assumptions considered in this paper. Note that we do not introduce any restriction on T/τ_{R} which can be small or large compared with one. The main motivation of this paper is actually to try to present a unified treatment of the various physical effects which can be observed in the domain $T \ll (kv_{\perp})^{-1}$ and which are usually described by different formalisms depending on whether T is very small or very large compared with τ_{R}. In particular, we would like to study the transition between the regime $T \ll \tau_{\text{R}}$, which we will call the 'diffractive regime' (for reasons which will become clear later on), and which is usually described by a Schrödinger equation (Cook and Bernhardt 1978, Bernhardt and Shore 1981, Arimondo *et al* 1981, Compagno *et al* 1982) and the regime $T \gg \tau_{\text{R}}$, which we will call the 'diffusive regime' and which is usually described by a Fokker–Planck equation (Javanainen and Stenholm 1980, Cook 1980a, Letokhov and Minogin 1981, Minogin 1981, Kazantsev *et al* 1981).

The paper is organised in the following way. In § 2 we introduce the theoretical framework. We start from the 'generalised optical Bloch equations' in position representation, which describe the coupled evolution of both internal and translational atomic degrees of freedom during the interaction time. The possibility of neglecting the free flight along $0x$ (condition (1.2)) introduces great simplifications and allows us to derive a simple relation between the incoming and outgoing Wigner functions, which can be interpreted in terms of a 'quasi-probability' $G(x, q, T)$ for a momentum transfer q to an atom crossing the laser in x. The basic problem is then to understand how $G(x, q, T)$ changes when T/τ_{R} increases from very small to very great values. The short-time limit ($T \ll \tau_{\text{R}}$) is considered in § 3. We show that $G(x, q, T)$ reduces in this limit to a comb of δ functions of q, describing discrete exchanges of momentum between the atom and the laser wave and we interpret in this way two important physical effects, the resonant Kapitza–Dirac effect (Delone *et al* 1980) and the optical Stern–Gerlach effect (Kazantsev 1978, Cook 1978). The long-time limit ($T \gg \tau_{\text{R}}$) is then considered in § 4. We show that $G(x, q, T)$ can be, in such a case, approximated by a Gaussian function of q. The connection with the Fokker–Planck equation approach is made by noting that $G(x, q, T)$ is nothing but the Green's function of such an equation. We show how the $G(x, q, T)$ function can be used for interpreting the shape and the width of the deflection profile. Finally, we consider in § 6 the domain of intermediate times ($T \sim \tau_{\text{R}}$), and we analyse $G(x, q, T)$ in terms of momentum transfer due to the absorption of laser photons 'convoluted' by the distribution of recoil due to the spontaneously emitted photons. This will allow us to show how the approach followed in this paper can be related to the problem of photon statistics in resonance fluorescence (Mandel 1979, Cook 1980b, Cook 1981, Stenholm 1983, Reynaud 1983 and references therein).

2. Theoretical framework

2.1. Representations of the atomic density operator

We consider in this paper two-level atoms. We denote: g the ground state, e the excited state, $\hbar\omega_0$ the energy separation between e and g, $\boldsymbol{D}$ the atomic dipole moment operator, $\boldsymbol{d} = \langle e|\boldsymbol{D}|g\rangle$ the matrix element of $\boldsymbol{D}$ between e and g, $\boldsymbol{R}$ and $\boldsymbol{P}$ the position and momentum of the centre of mass.

In the position representation (basis of eigenstates $|\boldsymbol{r}'\rangle$ of $\boldsymbol{R}$ with eigenvalues $\boldsymbol{r}'$), the density operator σ is represented by the matrix

$$\sigma_{ab}(\boldsymbol{r}', \boldsymbol{r}'') = \langle a, \boldsymbol{r}'|\sigma|b, \boldsymbol{r}''\rangle \tag{2.1}$$

with $a, b = e$ or g. It will be convenient, for the following, to introduce the following change of variable

$$\begin{aligned} \boldsymbol{r} &= \tfrac{1}{2}(\boldsymbol{r}' + \boldsymbol{r}'') \\ \boldsymbol{u} &= \boldsymbol{r}' - \boldsymbol{r}'' \end{aligned} \tag{2.2}$$

and to define the density matrix in the '$\{\boldsymbol{r}, \boldsymbol{u}\}$ representation' by

$$\sigma_{ab}(\boldsymbol{r}, \boldsymbol{u}) = \langle a, \boldsymbol{r} + \tfrac{1}{2}\boldsymbol{u}|\sigma|b, \boldsymbol{r} - \tfrac{1}{2}\boldsymbol{u}\rangle. \tag{2.3}$$

By Fourier transform with respect to $\boldsymbol{u}$, one gets the well known 'Wigner representation' of σ (Wigner 1932, Takabayasi 1954, De Groot and Suttorp 1972)

$$w_{ab}(\boldsymbol{r}, \boldsymbol{p}) = \frac{1}{h^3}\int \mathrm{d}^3u\, \sigma_{ab}(\boldsymbol{r}, \boldsymbol{u}) \exp(-\mathrm{i}\boldsymbol{p}\cdot\boldsymbol{u}/\hbar). \tag{2.4}$$

The Wigner representation is more generally used than the $\{\boldsymbol{r}, \boldsymbol{u}\}$ one. However, for the situation considered in this paper, calculations are simpler in the $\{\boldsymbol{r}, \boldsymbol{u}\}$ representation. A similar representation is actually used by Stenholm (1983), and $\boldsymbol{u}$ (which is denoted $\boldsymbol{x}$) is considered as representing the 'amount of off-diagonality of the density matrix in the position representation' (this clearly appears in the second equation (2.2)). Note however that the $\boldsymbol{r}$ dependence of $\sigma_{ab}(\boldsymbol{r}, \boldsymbol{u})$ is not introduced by Stenholm (1983), whereas it will play an important role in the following calculations, when the laser amplitude is $\boldsymbol{r}$ dependent (for example, for a standing wave).

2.2. Description of the laser field

We denote

$$\boldsymbol{\mathscr{E}}(\boldsymbol{r}, t) = \boldsymbol{\varepsilon}\mathscr{E}_0(\boldsymbol{r}) \cos(\omega t + \phi(\boldsymbol{r})) \tag{2.5}$$

the monochromatic laser field with frequency ω, amplitude $\mathscr{E}_0(\boldsymbol{r})$, phase $\phi(\boldsymbol{r})$ and polarisation $\boldsymbol{\varepsilon}$ ($\mathscr{E}_0$ and ϕ are real functions of $\boldsymbol{r}$, $\boldsymbol{\varepsilon}$ is supposed to be independent of $\boldsymbol{r}$ and linear). A plane progressive wave corresponds to

$$\boldsymbol{\mathscr{E}}(\boldsymbol{r}, t) = \boldsymbol{\varepsilon}\mathscr{E}_0 \cos(\omega t - \boldsymbol{k}\cdot\boldsymbol{r}) \tag{2.6}$$

i.e., to a uniform amplitude $\mathscr{E}_0$ and to a phase $\phi(\boldsymbol{r}) = -\boldsymbol{k}\cdot\boldsymbol{r}$, whereas a plane standing wave

$$\boldsymbol{\mathscr{E}}(\boldsymbol{r}, t) = \boldsymbol{\varepsilon}\mathscr{E}_0 \cos \boldsymbol{k}\cdot\boldsymbol{r} \cos \omega t \tag{2.7}$$

has a zero uniform phase and a sinusoidal amplitude $\mathscr{E}_0(\boldsymbol{r}) = \mathscr{E}_0 \cos \boldsymbol{k}\cdot\boldsymbol{r}$.

It is convenient to introduce the positive ($\mathscr{E}^+$) and negative ($\mathscr{E}^-$) frequency components of $\boldsymbol{\mathscr{E}}$ defined by

$$\boldsymbol{\mathscr{E}}(\boldsymbol{r}, t) = \boldsymbol{\varepsilon}\mathscr{E}^+(\boldsymbol{r}) \exp(-\mathrm{i}\omega t) + \boldsymbol{\varepsilon}\mathscr{E}^-(\boldsymbol{r}) \exp(\mathrm{i}\omega t). \tag{2.8}$$

From (2.5) and (2.8), it follows that

$$\mathscr{E}^\pm(\boldsymbol{r}) = \tfrac{1}{2}\mathscr{E}_0(\boldsymbol{r}) \exp(\mp\mathrm{i}\phi(\boldsymbol{r})). \tag{2.9}$$

The laser–atom coupling is characterised by the $\boldsymbol{r}$-dependent Rabi frequency

$$\omega_1(\boldsymbol{r}) = -(\boldsymbol{\varepsilon}\cdot\boldsymbol{d})\mathscr{E}_0(\boldsymbol{r})/\hbar. \tag{2.10}$$

We will also use the following coupling parameter

$$\kappa(\boldsymbol{r}) = -(\boldsymbol{\varepsilon}\cdot\boldsymbol{d})\mathscr{E}^+(\boldsymbol{r})/\hbar \tag{2.11}$$

related to $\omega_1(\boldsymbol{r})$ by

$$\kappa(\boldsymbol{r}) = \tfrac{1}{2}\omega_1(\boldsymbol{r}) \exp(-\mathrm{i}\phi(\boldsymbol{r})). \tag{2.12}$$

2.3. Generalised optical Bloch equations

The equations of motion of the $\sigma_{ab}(\boldsymbol{r}, \boldsymbol{u})$ will be called the 'generalised optical Bloch equations' (GOBE), since they generalise the well known optical Bloch equations by including both internal (a, b) and external $(\boldsymbol{r}, \boldsymbol{u})$ quantum numbers. They can be written

$$\left(\frac{\partial}{\partial t} - \frac{\mathrm{i}\hbar}{M}\frac{\partial^2}{\partial r\,\partial u}\right)\sigma_{ee}(\boldsymbol{r}, \boldsymbol{u}) = -\Gamma\sigma_{ee}(\boldsymbol{r}, \boldsymbol{u}) - \mathrm{i}[\kappa(\boldsymbol{r}+\tfrac{1}{2}\boldsymbol{u})\sigma_{ge}(\boldsymbol{r}, \boldsymbol{u}) - \kappa^*(\boldsymbol{r}-\tfrac{1}{2}\boldsymbol{u})\sigma_{eg}(\boldsymbol{r}, \boldsymbol{u})] \tag{2.13a}$$

$$\left(\frac{\partial}{\partial t} - \frac{\mathrm{i}\hbar}{M}\frac{\partial^2}{\partial r\,\partial u}\right)\sigma_{gg}(\boldsymbol{r}, \boldsymbol{u}) = +\Gamma\chi(\boldsymbol{u})\sigma_{ee}(\boldsymbol{r}, \boldsymbol{u}) - \mathrm{i}[\kappa^*(\boldsymbol{r}+\tfrac{1}{2}\boldsymbol{u})\sigma_{eg}(\boldsymbol{r}, \boldsymbol{u}) - \kappa(\boldsymbol{r}-\tfrac{1}{2}\boldsymbol{u})\sigma_{ge}(\boldsymbol{r}, \boldsymbol{u})] \tag{2.13b}$$

$$\left(\frac{\partial}{\partial t} - \frac{\mathrm{i}\hbar}{M}\frac{\partial^2}{\partial r\,\partial u}\right)\sigma_{eg}(\boldsymbol{r}, \boldsymbol{u}) = [\mathrm{i}(\omega-\omega_0) - \tfrac{1}{2}\Gamma]\sigma_{eg}(\boldsymbol{r}, \boldsymbol{u}) - \mathrm{i}[\kappa(\boldsymbol{r}+\tfrac{1}{2}\boldsymbol{u})\sigma_{gg}(\boldsymbol{r}, \boldsymbol{u}) - \kappa(\boldsymbol{r}-\tfrac{1}{2}\boldsymbol{u})\sigma_{ee}(\boldsymbol{r}, \boldsymbol{u})] \tag{2.13c}$$

$$\left(\frac{\partial}{\partial t} - \frac{\mathrm{i}\hbar}{M}\frac{\partial^2}{\partial r\,\partial u}\right)\sigma_{ge}(\boldsymbol{r}, \boldsymbol{u}) = [-\mathrm{i}(\omega-\omega_0) - \tfrac{1}{2}\Gamma]\sigma_{ge}(\boldsymbol{r}, \boldsymbol{u}) - \mathrm{i}[\kappa^*(\boldsymbol{r}+\tfrac{1}{2}\boldsymbol{u})\sigma_{ee}(\boldsymbol{r}, \boldsymbol{u}) - \kappa^*(\boldsymbol{r}-\tfrac{1}{2}\boldsymbol{u})\sigma_{gg}(\boldsymbol{r}, \boldsymbol{u})]. \tag{2.13d}$$

In these equations, the terms in $(-\mathrm{i}\hbar/M)\partial^2/\partial r\,\partial u$ describe the effect of free flight (they come from the commutator of σ with the kinetic energy operator $\boldsymbol{P}^2/2M$). The terms proportional to the natural width Γ of e describe the relaxation due to spontaneous emission. The population σ_{ee} of e and the 'optical coherences' σ_{eg} (or σ_{ge}) are damped with rates respectively equal to Γ and $\frac{1}{2}\Gamma$. The term in $\Gamma\chi(\boldsymbol{u})$ in (2.13*b*) describes the transfer of atoms from e to g by spontaneous emission. $\chi(\boldsymbol{u})$ is equal to

$$\chi(\boldsymbol{u}) = \int \mathrm{d}^2 n\, \phi(\boldsymbol{n}) \exp(-\mathrm{i}\omega_0 \boldsymbol{n}\cdot\boldsymbol{u}/c) \tag{2.14}$$

where $\phi(\boldsymbol{n})$ is the normalised angular distribution of spontaneous emission in the direction $\boldsymbol{n} = \boldsymbol{k}/k$. From the normalisation condition $\int \mathrm{d}^2 n\, \phi(\boldsymbol{n}) = 1$, it follows that

$$\chi(\boldsymbol{0}) = 1. \tag{2.15}$$

Finally, the terms in κ and κ^* describe the interaction with the laser field. They come from the commutator of σ with the interaction Hamiltonian $-\boldsymbol{D}\cdot\boldsymbol{\mathscr{E}}(\boldsymbol{R}, t)$ (in the rotating-wave approximation). Actually, equations (2.13) are written in a 'rotating frame' representation, which eliminates any explicit time dependence in $\exp(\pm\mathrm{i}\omega t)$.

By Fourier transform with respect to $\boldsymbol{u}$, equations (2.13) become the GOBE in the Wigner representation (Vorobev *et al* 1969, Baklanov and Dubetskii 1976, Javanainen and Stenholm 1980, Cook 1980a, Letokhov and Minogin 1981). Since the operator $-\mathrm{i}\hbar\partial/\partial\boldsymbol{u}$ is changed into $\boldsymbol{p}$ in such a transformation, the left-hand side of equations (2.13) becomes the 'hydrodynamic derivative' $\partial/\partial t + (\boldsymbol{p}/M)\cdot\partial/\partial\boldsymbol{r}$. The ordinary products of functions of $\boldsymbol{u}$ in the right-hand side become convolution products of functions of $\boldsymbol{k}$ expressing the momentum conservation in photon–atom interactions.

Suppose finally that we put $\boldsymbol{u} = \boldsymbol{0}$ in the right hand side of equations (2.13). Then, only $\kappa(\boldsymbol{r})$ and $\kappa^*(\boldsymbol{r})$ appear in the equations, and $\chi(\boldsymbol{u})$ is, according to (2.15), replaced by one, so that one gets the ordinary optical Bloch equations (Allen and Eberly 1975) (dealing only with internal variables, the atom being considered at rest in $\boldsymbol{r}$).

2.4. Simplifications appearing when free flight is neglected

Condition (1.2) means that one can neglect the spatial displacement of the atom along $0x$ during the interaction time T, even if it gets some momentum by absorbing and emitting photons. The same argument holds for the displacements along $0x$ and $0z$ (we recall that we are in the initial rest frame moving with velocity v_0 along $0z$). It is therefore possible to neglect the free-flight terms of equations (2.13) which describe the effect on σ of the spatial displacement of the atom. Such an approximation introduces great simplifications in the calculations (Tanguy 1983). Equations (2.13) become then *strictly local* in $\boldsymbol{r}$ and $\boldsymbol{u}$, i.e. they can be solved for each set $\{\boldsymbol{r}, \boldsymbol{u}\}$.

If we suppose the detection signal insensitive to the atomic internal state, it is convenient to introduce the trace of the density matrix over internal variables

$$F(\boldsymbol{r}, \boldsymbol{u}) = \sigma_{gg}(\boldsymbol{r}, \boldsymbol{u}) + \sigma_{ee}(\boldsymbol{r}, \boldsymbol{u}). \tag{2.16}$$

From the linearity and locality (in $\boldsymbol{r}$ and $\boldsymbol{u}$) of equations (2.13) (without free flight), it follows that the outgoing F function, $F_{\text{out}}(\boldsymbol{r}, \boldsymbol{u})$, depends linearly on the incoming one, $F_{\text{in}}(\boldsymbol{r}, \boldsymbol{u})$, for each set $\boldsymbol{r}, \boldsymbol{u}$

$$F_{\text{out}}(\boldsymbol{r}, \boldsymbol{u}) = L(\boldsymbol{r}, \boldsymbol{u}, T) F_{\text{in}}(\boldsymbol{r}, \boldsymbol{u}) \tag{2.17}$$

The 'linear filter' amplitude $L(\boldsymbol{r}, \boldsymbol{u}, T)$ depends of course on the interaction time T.

The explicit expression of L can be obtained by taking the Laplace transform of equations (2.13) (without free flight), which are transformed into algebraic equations. If

$$\tilde{L}(\boldsymbol{r}, \boldsymbol{u}, s) = \int_0^\infty \mathrm{d}t \exp(-st) L(\boldsymbol{r}, \boldsymbol{u}, t) \tag{2.18}$$

is the Laplace transform of $L(\boldsymbol{r}, \boldsymbol{u}, t)$, one finds that $\tilde{L}(\boldsymbol{r}, \boldsymbol{u}, s)$ can be written

$$\tilde{L}(\boldsymbol{r}, \boldsymbol{u}, s) = P_3(s)/P_4(s) \tag{2.19}$$

where P_3 and P_4 are polynomials of degree three and four in s with coefficients depending on $\boldsymbol{r}$ and $\boldsymbol{u}$:

$$\begin{aligned}
P_3(s) = {} & 2(s+\tfrac{1}{2}\Gamma)\kappa(\boldsymbol{r}+\tfrac{1}{2}\boldsymbol{u})\kappa^*(\boldsymbol{r}-\tfrac{1}{2}\boldsymbol{u}) \\
& +(s+\Gamma)[(s+\tfrac{1}{2}\Gamma)^2+(\omega-\omega_0)^2]+(s+\tfrac{1}{2}\Gamma)[|\kappa(\boldsymbol{r}+\tfrac{1}{2}\boldsymbol{u})|^2+|\kappa(\boldsymbol{r}-\tfrac{1}{2}\boldsymbol{u})|^2] \\
& -\mathrm{i}(\omega-\omega_0)[|\kappa(\boldsymbol{r}+\tfrac{1}{2}\boldsymbol{u})|^2-|\kappa(\boldsymbol{r}-\tfrac{1}{2}\boldsymbol{u})|^2]
\end{aligned} \tag{2.20}$$

$$\begin{aligned}
P_4(s) = {} & s(s+\Gamma)[(s+\tfrac{1}{2}\Gamma)^2+(\omega-\omega_0)^2]+[|\kappa(\boldsymbol{r}+\tfrac{1}{2}\boldsymbol{u})|^2-|\kappa(\boldsymbol{r}-\tfrac{1}{2}\boldsymbol{u})|^2]^2 \\
& -2\Gamma(s+\tfrac{1}{2}\Gamma)\chi(\boldsymbol{u})\kappa(\boldsymbol{r}+\tfrac{1}{2}\boldsymbol{u})\kappa^*(\boldsymbol{r}-\tfrac{1}{2}\boldsymbol{u}) \\
& +2(s+\tfrac{1}{2}\Gamma)^2[|\kappa(\boldsymbol{r}+\tfrac{1}{2}\boldsymbol{u})|^2+|\kappa(\boldsymbol{r}-\tfrac{1}{2}\boldsymbol{u})|^2] \\
& +\mathrm{i}\Gamma(\omega-\omega_0)[|\kappa(\boldsymbol{r}+\tfrac{1}{2}\boldsymbol{u})|^2-|\kappa(\boldsymbol{r}-\tfrac{1}{2}\boldsymbol{u})|^2].
\end{aligned} \tag{2.21}$$

(We have supposed that the initial internal atomic state is the ground state.)

A few important particular cases will be considered later on. We just point out here that the $\boldsymbol{u}$ dependence of $L(\boldsymbol{r}, \boldsymbol{u}, s)$ has two physical origins. First, the spatial dependence of the laser field, through the functions $\kappa(\boldsymbol{r}\pm\tfrac{1}{2}\boldsymbol{u})$ and $\kappa^*(\boldsymbol{r}\pm\tfrac{1}{2}\boldsymbol{u})$. Secondly, the angular properties of spontaneous emission through the function $\chi(\boldsymbol{u})$, which actually only appears in $P_4(s)$.

Finally, since equations (2.13), without free flight and with $\boldsymbol{u}=\boldsymbol{0}$, reduce to the ordinary Bloch equations for an atom at rest in $\boldsymbol{r}$, and since the trace of σ is a constant of motion for these equations, it follows that $F_{\mathrm{out}}(\boldsymbol{r}, \boldsymbol{0}) = F_{\mathrm{in}}(\boldsymbol{r}, \boldsymbol{0})$, and, consequently, according to (2.17)

$$L(\boldsymbol{r}, \boldsymbol{0}, T) = 1. \tag{2.22}$$

Actually, it can be directly checked in (2.20) and (2.21) that $\tilde{L}(\boldsymbol{r}, \boldsymbol{0}, s) = 1/s$, which is the Laplace transform of 1.

2.5. Propagator $G(\boldsymbol{r}, \boldsymbol{q}, T)$ of the Wigner function

The Fourier transforms of $F_{\mathrm{in}}(\boldsymbol{r}, \boldsymbol{u})$ and $F_{\mathrm{out}}(\boldsymbol{r}, \boldsymbol{u})$ with respect to $\boldsymbol{u}$ are the Wigner functions $w_{\mathrm{in}}(\boldsymbol{r}, \boldsymbol{p})$ and $w_{\mathrm{out}}(\boldsymbol{r}, \boldsymbol{p})$ describing the incoming and outgoing external states. From equation (2.17), it follows that

$$w_{\mathrm{out}}(\boldsymbol{r}, \boldsymbol{p}) = \int \mathrm{d}^3 q\, G(\boldsymbol{r}, \boldsymbol{q}, T) w_{\mathrm{in}}(\boldsymbol{r}, \boldsymbol{p}-\boldsymbol{q}) \tag{2.23}$$

where

$$G(\boldsymbol{r}, \boldsymbol{q}, T) = \frac{1}{h^3} \int \mathrm{d}^3 u\, L(\boldsymbol{r}, \boldsymbol{u}, T) \exp(-\mathrm{i}\boldsymbol{q}\cdot\boldsymbol{u}/\hbar). \tag{2.24}$$

$G(\boldsymbol{r}, \boldsymbol{q}, T)$ therefore appears as the propagator, or the Green's function, of the equation of motion of the Wigner function.

From the hermiticity of σ and from (2.16) and (2.3), one can show that $F(\boldsymbol{r}, \boldsymbol{u}) = F^*(\boldsymbol{r}, -\boldsymbol{u})$, and consequently, from (2.17), that $L(\boldsymbol{r}, \boldsymbol{u}, T) = L^*(\boldsymbol{r}, -\boldsymbol{u}, T)$. It then follows from (2.24) that $G(\boldsymbol{r}, \boldsymbol{q}, T)$ is a real function, which is, in addition, normalised in q

$$\int \mathrm{d}^3 q\, G(\boldsymbol{r}, \boldsymbol{q}, T) = 1 \tag{2.25}$$

as a consequence of (2.22). This suggests interpreting equation (2.23) by considering that 'an atom in $\boldsymbol{r}$ has a probability $G(\boldsymbol{r}, \boldsymbol{q}, T)$ to receive a momentum $\boldsymbol{q}$ during T' from the laser beam, and to have its momentum changed from $\boldsymbol{p} - \boldsymbol{q}$ to $\boldsymbol{p}$. Actually, G is not a true probability, since it can take negative values, but rather a 'quasi-probability'. It may also appear surprising to consider a momentum transfer in a given point, since such a picture seems to violate Heisenberg relations. Actually, $G(\boldsymbol{r}, \boldsymbol{q}, T)$ is a propagator and not a representation of a physical state, so that Heisenberg relations do not apply in principle to such a function. The physical initial and final states are described by $w_{\mathrm{in}}(\boldsymbol{r}, \boldsymbol{p})$ and $w_{\mathrm{out}}(\boldsymbol{r}, \boldsymbol{p})$ and one can show that the reduced distributions in $\boldsymbol{r}$ and $\boldsymbol{p}$

$$\mathscr{R}_{\substack{\mathrm{in}\\ \mathrm{out}}}(\boldsymbol{r}) = \int \mathrm{d}^3 p\, w_{\substack{\mathrm{in}\\ \mathrm{out}}}(\boldsymbol{r}, \boldsymbol{p}) \tag{2.26a}$$

$$\mathscr{P}_{\substack{\mathrm{in}\\ \mathrm{out}}}(\boldsymbol{p}) = \int \mathrm{d}^3 r\, w_{\substack{\mathrm{in}\\ \mathrm{out}}}(\boldsymbol{r}, \boldsymbol{p}) \tag{2.26b}$$

satisfy of course $\Delta r \Delta p > \hbar/2$.

The propagator $G(\boldsymbol{r}, \boldsymbol{q}, T)$ will be the basic tool used in this paper. We shall determine in the following sections the structure of G in the limit of short ($T \ll \tau_{\mathrm{R}}$) and long ($T \gg \tau_{\mathrm{R}}$) interaction times, and we try to understand the evolution of G between these two regimes. We first relate the experimental signal measured by the detector to $G(\boldsymbol{r}, \boldsymbol{q}, T)$ for two extreme types of initial states.

2.6. *Expression of the detection signal for two extreme types of initial states*

Suppose first that the incoming atomic wavepacket has a width Δx along x much larger than the laser wavelength, and also a width Δp_x in p_x much smaller than the photon momentum $\hbar k$

$$\Delta x \gg \lambda \qquad \Delta p_x \ll \hbar k \tag{2.27}$$

(see however the remark at the end of this section). From now on, we will write only the components x and $p = p_x$ of $\boldsymbol{r}$ and $\boldsymbol{p}$ in w_{in} and w_{out}, since these components are those which are relevant for the deflection experiment. Condition (2.27) means that the width of $w_{\mathrm{in}}(x, p)$ in p around $p = 0$ is much smaller than the characteristic width of the q dependence of $G(x, q, T)$, which is of the order of $\hbar k$. It follows that, for an initial state satisfying (2.27), (2.23) can be approximated by

$$\begin{aligned} w_{\mathrm{out}}(x, p) &\simeq G(x, p, T) \int \mathrm{d}q\, w_{\mathrm{in}}(x, p - q) \\ &= G(x, p, T) X_{\mathrm{in}}(x) \end{aligned} \tag{2.28}$$

where $X_{in}(x)$ is the initial distribution in x (see 2.26a). The detector measures the final momentum distribution $\mathcal{P}_{out}(p)$, which is obtained by integrating $w_{out}(x, p)$ over x (see 2.26b). We thus get from (2.28)

$$\mathcal{P}_{out}(p) = \int dx\, G(x, p, T) X_{in}(x). \tag{2.29}$$

The second type of initial state which we will consider in the following corresponds to a width Δx much smaller than λ and, also, to a width Δp_x much larger than $\hbar k$

$$\Delta x \ll \lambda \qquad \Delta p_x \gg \hbar k. \tag{2.30}$$

These conditions correspond to a small incoming wavepacket crossing the laser wave in a well defined abscissa x_0. One can then show that

$$\mathcal{P}_{out}(p) = \int dq\, G(x_0, q, T) \mathcal{P}_{in}(p-q). \tag{2.31}$$

Since $F_{in}(x, u)$ is the Fourier transform of $w_{in}(x, p)$ with respect to p, $F_{in}(x, u)$ has a width in u around $u = 0$ much smaller than $1/k$. The presence of $F_{in}(x, u)$ in the right hand side of (2.17) suppresses in this case the contributions of the values of u which do not satisfy $ku \ll 1$. For the second type of initial state (2.30), it will therefore be possible to use an approximate value of $L(x, u, T)$ corresponding to the limit $ku \ll 1$.

Remark. We could also consider atomic beams for which $\Delta x\, \Delta p_x \gg \hbar$. Suppose for example that the incoming atomic state is a statistical mixture of small wavepackets of the type (2.30), with the centres of the wavepackets distributed along 0x. The deflection profile of such a beam is just the statistical average of the deflection profiles corresponding to all the individual wavepackets. We could equivalently describe the atomic state as a statistical mixture of large wavepackets of the type (2.27), having different values of $\langle p_x \rangle$, i.e. crossing the laser beam with different angles.

3. Short-time limit

3.1. Structure of the propagator in the limit $T \ll \tau_R$

We suppose in this section that the interaction time T is very short compared with the radiative lifetime τ_R, so that spontaneous emission can be neglected during the time of flight of atoms through the laser beam. It follows that we can neglect the terms proportional to Γ in the polynomials $P_3(s)$ and $P_4(s)$ appearing in the expression of $\tilde{L}(x, u, s)$ (see expressions (2.19) to (2.21)). In particular, $\chi(u)$, which is multiplied by Γ (see (2.21)), vanishes. This means that the u dependence of $\tilde{L}$ is only due to the spatial dependence of the laser field, through the functions κ and κ^* appearing in (2.20) and (2.21). In order to interpret the physical content of $\tilde{L}(x, u, s)$ and then of the propagator $G(x, q, T)$, in the limit $T \ll \tau_R$, we consider now two important particular cases.

For a resonant ($\omega = \omega_0$) laser progressive wave, propagating along 0x, we have, according to (2.12), (2.10) and (2.6):

$$\kappa(x) = \tfrac{1}{2}\omega_1 \exp(ikx) \tag{3.1}$$

where

$$\omega_1 = -(\boldsymbol{\varepsilon} \cdot \boldsymbol{d}) \mathscr{E}_0 / \hbar \tag{3.2}$$

is independent of x. Inserting (3.1) into (2.20) and (2.21), neglecting the terms in Γ and using $\omega = \omega_0$, one gets

$$\tilde{L}(x, u, s) = \frac{s^2 + \frac{1}{2}\omega_1^2[1+\exp(iku)]}{s(s^2+\omega_1^2)} = \frac{1+\exp(iku)}{2s} + \frac{1-\exp(iku)}{4(s+\mathrm{i}\omega_1)} + \frac{1-\exp(iku)}{4(s-\mathrm{i}\omega_1)}. \tag{3.3}$$

The inverse Laplace transform of (3.3) is

$$L(x, u, T) = \tfrac{1}{2}[1+\exp(iku)] + \tfrac{1}{2}[1-\exp(iku)] \cos \omega_1 T \tag{3.4}$$

so that the propagator $G(x, q, T)$, which is the Fourier transform of $L(x, u, T)$ with respect to u, appears to be equal to

$$G(x, q, T) = \cos^2 \tfrac{1}{2}\omega_1 T\, \delta(q) + \sin^2 \tfrac{1}{2}\omega_1 T\, \delta(q - \hbar k). \tag{3.5}$$

The physical meaning of (3.5) is very clear. The atom initially in the ground state g and crossing the laser beam has a probability $\cos^2 \frac{1}{2}\omega_1 T$ of staying in the same state without absorbing a laser photon, and a probability $\sin^2 \frac{1}{2}\omega_1 T$ of absorbing a laser photon and to get in this way a momentum $\hbar k$ along $0x$ (since spontaneous emission is neglected during T, only induced emission processes can take place after the atom has been excited, bringing back the laser–atom system in its initial state). Equation (3.5) describes a resonant Rabi precession between e and g, including momentum exchange (Luzgin 1980). For a non-resonant excitation ($\omega \neq \omega_0$), the structure of (3.5) remains the same, the coefficients of the two delta functions $\delta(q)$ and $\delta(q - \hbar k)$ corresponding to a non-resonant Rabi precession.

For a resonant laser standing-wave propagating along $0x$, we have, from (2.12), (2.10) and (2.7)

$$\kappa(x) = \tfrac{1}{2}\Omega \cos kx \tag{3.6}$$

where Ω is still given by (3.2) and independent of x. The same calculations as above lead to the following expression of $\tilde{L}$

$$\begin{aligned}\tilde{L}(x, u, s) &= \frac{s}{s^2 + \Omega^2 \sin^2 kx \sin^2 \frac{1}{2}ku} \\ &= \frac{1}{2}\left(\frac{1}{s + \mathrm{i}\Omega \sin kx \sin \frac{1}{2}ku} + \frac{1}{s - \mathrm{i}\Omega \sin kx \sin \frac{1}{2}ku}\right)\end{aligned} \tag{3.7}$$

from which one deduces

$$L(x, u, T) = \cos(\Omega T \sin kx \sin \tfrac{1}{2}ku) \tag{3.8}$$

and

$$G(x, q, T) = \sum_{m=-\infty}^{+\infty} J_{2m}(\Omega T \sin kx) \delta(q - m\hbar k) \tag{3.9}$$

where J_{2m} are the Bessel functions of order $2m$. In the derivation of (3.9) from (3.8), we have used

$$\exp(\mathrm{i}\alpha \sin \theta) = \sum_{n=-\infty}^{+\infty} J_n(\alpha) \exp(\mathrm{i}n\theta) \tag{3.10}$$

and

$$J_n(\alpha)=(-1)^n J_n(-\alpha)=(-1)^n J_{-n}(\alpha). \tag{3.11}$$

For a resonant standing wave, the propagator $G(x, q, T)$ is therefore a comb of delta functions with a spacing $\hbar k$. Mathematically, this comes from the fact that the laser amplitude is a sinusoidal function of x, so that $\tilde{L}(x, u, s)$ and $L(x, u, T)$, which depend on $\kappa(x\pm\frac{1}{2}u)$ and $\kappa^*(x\pm\frac{1}{2}u)$ are periodic functions of u, which can be expanded in a Fourier series of u, and which become by Fourier transform a comb of delta functions. Physically, such a structure is associated with the redistribution of photons between the two counterpropagating waves forming the standing wave. An atom initially in the ground state can absorb a photon from the wave propagating along the positive (or negative) direction of $0x$ and get in this way a momentum $+\hbar k$ (or $-\hbar k$) along $0x$. Then, by a stimulated emission process induced by the counterpropagating wave, it can emit a photon in the opposite direction and return to the ground state with a momentum $+2\hbar k$ (or $-2\hbar k$) along $0x$. One understands in this way how all integer multiples of $\hbar k$, $\pm n\hbar k$, can be found in the transfer of momentum from the laser beam to the atom. Such a result can be also understood from a wave point of view, as being due to a 'Bragg scattering' of the incoming atomic de Broglie wave by a 'grating of light' associated with the laser standing wave, as in the Kapitza–Dirac effect (see § 3.2 below).

Note finally that $G(x, q, T)$ given in (3.9) can take negative values (the Bessel functions J_{2m} are real but not always positive). This clearly shows that $G(x, q, T)$ is a quasi-probability of momentum transfer and not a probability. We use now the expression (3.9) for $G(x, q, T)$ for calculating the physical signal $\mathscr{P}_{\text{out}}(p)$ corresponding to the two extreme types of initial states considered in § 2.6. This will show how the approach used in this paper can be applied to the discussion of two important physical effects observable on the deflection profile of a monoenergetic atomic beam crossing at right angles a resonant laser standing wave (in the limit $T \ll \tau_{\text{R}}$).

3.2. Resonant Kapitza–Dirac effect

We suppose first that the incoming atomic wavepacket has a width Δx along $0x$ much larger than the laser wavelength λ (condition (2.27)). The final momentum distribution is then given by (2.29). Actually, the incoming atomic spatial distribution $X_{\text{in}}(x)$ along $0x$ varies very slowly with x, and $G(x, q, T)$ is a periodic function of x, so that (2.29) can be rewritten

$$\mathscr{P}_{\text{out}}(p)=\frac{1}{\lambda}\int_{-\lambda/2}^{+\lambda/2} \mathrm{d}x\, G(x, p, T). \tag{3.12}$$

Inserting the expression (3.9) of G into (3.12), one finally gets

$$\mathscr{P}_{\text{out}}(p)=\sum_{m=-\infty}^{+\infty} J_m^2(\tfrac{1}{2}\Omega T)\delta(p-m\hbar k) \tag{3.13}$$

which exactly coincides with the result derived by other methods (Bernhardt and Shore 1981, Arimondo *et al* 1981) for the deflection profile. Note that J_m^2 is always positive, so that $\mathscr{P}_{\text{out}}(p)$ is, as expected, a true probability. The structure of $\mathscr{P}_{\text{out}}(p)$, which appears as a series of equally spaced discrete peaks, is similar to the structure of the deflection profile of a monoenergetic electron beam crossing at right angles a standing wave (Kapitza and Dirac 1933). In the electron case, such a structure comes from stimulated Compton scattering processes induced by the two counterpropagating waves forming the standing wave whereas, in the atomic case, the physical processes are, as we have seen above, resonant absorption and stimulated emission processes. This is why the effect described by (3.13) is called the *resonant* Kapitza–Dirac effect. It has been recently experimentally observed on sodium atoms (Moskowitz *et al* 1983).

Remark. If the detection zone is far from the interaction one, it is necessary to take into account the recoil due to spontaneous emission for those atoms which leave the interaction zone in the excited state *e*. The odd teeth of the comb, which correspond to such a situation, are therefore broadened and reduced.

3.3. Optical Stern and Gerlach effect

We consider now the opposite limit ($\Delta x \ll \lambda$) for the incoming wavepacket (condition (2.30)), so that we have now to use the expression (2.31) of $\mathcal{P}_{\text{out}}(p)$, where x_0 is the abscissa of the point at which the small incoming wavepacket crosses the laser standing wave.

As explained above (see end of § 2.6), it is possible, when condition (2.30) is fulfilled, to use $ku \ll 1$ in the expression of $L(x_0, u, T)$, i.e. replace $\sin \frac{1}{2}ku$ by $\frac{1}{2}ku$ in (3.8). This gives

$$L(x_0, u, T) = \tfrac{1}{2}\exp(\mathrm{i}u\delta k) + \tfrac{1}{2}\exp(-\mathrm{i}u\delta k) \tag{3.14}$$

with

$$\delta k = \tfrac{1}{2}\Omega kT \sin kx_0 \tag{3.15}$$

and consequently

$$G(x_0, q, T) = \tfrac{1}{2}[\delta(q - \hbar\delta k) + \delta(q + \hbar\delta k)]. \tag{3.16}$$

Inserting (3.16) in the expression (2.31) of $\mathcal{P}_{\text{out}}(p)$, we finally get

$$\mathcal{P}_{\text{out}}(p) = \tfrac{1}{2}\mathcal{P}_{\text{in}}(p - \hbar\delta k) + \tfrac{1}{2}\mathcal{P}_{\text{in}}(p + \hbar\delta k). \tag{3.17}$$

We therefore predict that the incoming wavepacket is split in two parts respectively translated by $+\hbar\delta k$ and $-\hbar\delta k$. The amount $\hbar\delta k$ of the translation is, according to (3.15), proportional to the interaction time T, and to the gradient in x_0 of the coupling parameter $\kappa(x)$ defined in (3.6). The effect described by (3.17) is the optical Stern and Gerlach effect and does not seem to have yet been observed.

Remark. It might be interesting to discuss the shape of $\mathcal{P}_{\text{out}}(p)$ for an incoming atomic state which is a statistical mixture of wavepackets of the type (2.30) (see remark at the end of § 2). Each wavepacket (2.30) gives rise to two wavepackets with a splitting in p, $2\hbar\delta k$, depending on the abscissa x_0 at which the wavepacket crosses the standing wave (see equation (3.15)). We have to calculate $\mathcal{P}_{\text{out}}(p)$ for each incoming wavepacket x_0 and then to average over x_0. We get in this way a smooth curve, symmetric with respect to $p = 0$, and with two maxima at the extremal deviations $\pm\hbar\delta k_{\text{M}} = \pm\hbar\Omega kT/2$, occurring for the values of x_0 such that $\sin kx_0 = \pm 1$. Such a curve is somewhat similar to the 'quasi-classical' continuous curve represented in figure 2 of Arimondo *et al* (1981). We could also reproduce such a curve by taking a statistical mixture of wavepackets (2.27). Each individual wavepacket gives a comb of δ functions centred around $\langle p_x \rangle$. Since the dispersion of the different values of $\langle p_x \rangle$ is much larger than $\hbar k$, the average of the various displaced combs gives rise again to a smooth curve.

4. Long-time limit ($T \gg \tau_R$)

We now show that the Green function $G(x, q, T)$ tends to an asymptotic Gaussian limit when the interaction time T is greater than the radiative lifetime τ_R. We then connect our approach with the Fokker–Planck equation often used in this situation. We finally obtain the shape of the deflection profile and particularly the variation of its width plotted against the interaction time T.

4.1. Gaussian limit of the Green's function

The expression (2.19) of the Laplace transform $\tilde{L}(x, u, s)$ of the linear filter amplitude $L(x, u, T)$ has a rational form and can be split up in elementary fractions of the variable s

$$\tilde{L}(x, u, s) = \sum_{i=1}^{4} \frac{a_i(x, u)}{s - s_i(x, u)}. \tag{4.1}$$

The four roots s_i of the polynomial P_4 have been supposed distinct for the sake of simplicity. It follows that

$$L(x, u, T) = \sum_{i=1}^{4} a_i(x, u) \exp(Ts_i(x, u)). \tag{4.2}$$

The real parts of the roots s_i are all negative. If s_1 is the root associated with the smallest damping, one gets in the long-time limit

$$T \gg \tau_R \qquad L(x, u, T) \simeq a_1(x, u) \exp(Ts_1(x, u)). \tag{4.3}$$

Now, the Green's function $G(x, q, T)$ is the Fourier transform of $L(x, u, T)$. In other words, $L(x, u, T)$ is the first characteristic function of $G(x, q, T)$ considered as a distribution (more properly a quasi-distribution) of the variable q. We will rather consider the second characteristic function, $\ln L(x, u, T)$, which is a linear function of T in the long time limit as a consequence of equation (4.3)

$$T \gg \tau_R \qquad \ln L(x, u, T) \simeq Ts_1(x, u). \tag{4.4}$$

It follows that the cumulants $\kappa_n(x, T)$ associated with the distribution G

$$\kappa_n(x, T) = \left[\left(\frac{\hbar}{\mathrm{i}} \frac{\partial}{\partial u}\right)^n \ln L(x, u, T)\right]_{u=0} \tag{4.5}$$

are linear functions of T. Such a result is easy to understand: since the correlation time of the radiative forces is of the order of τ_R, the amounts of momentum transferred during different time intervals larger than τ_R can be considered as independent random variables. It is therefore not surprising to find the cumulants $\kappa_n(x, T)$ increasing linearly with T (cumulants are additive in the superposition of independent random variables).

We can now go further by applying the central limit theorem: in the limit $T \gg \tau_R$, the momentum transferred during T is the sum of many independent variables and becomes a Gaussian ('normal') variable characterised by two non-zero cumulants κ_1 and κ_2. Mathematically, such a theorem means that the cumulants κ_n of order greater than two (and which are proportional to T) can be neglected when scaled to the dispersion of the distribution $(\kappa_2)^{1/2}$

$$\kappa_n/(\kappa_2)^{n/2} \sim (\tau_R/T)^{(n/2)-1} \ll 1 \qquad \text{for } n \geq 3. \tag{4.6}$$

The Green's function can therefore be approximated by a Gaussian function of q

$$G(x, q, T) \sim \frac{1}{(2\pi\kappa_2)^{1/2}} \exp\left(-\frac{(q-\kappa_1)^2}{2\kappa_2}\right) \tag{4.7}$$

where κ_1 and κ_2, proportional to T, are the mean value and the variance of the momentum transfer for an atom located in x (as G is a quasiprobability, it might be more appropriate to call κ_1 and κ_2 a quasi mean value and a quasivariance).

4.2. Connection with a Fokker–Planck equation

Let us introduce the following notations

$$\begin{aligned} \kappa_1(x, T) &= F(x)T \\ \kappa_2(x, T) &= 2D(x)T. \end{aligned} \tag{4.8}$$

Expression (4.7) thus appears as the Green's function of the following Fokker–Planck equation

$$\left(\frac{\partial}{\partial t} + F(x)\frac{\partial}{\partial p} - D(x)\frac{\partial^2}{\partial p^2}\right) w(x, p, t) = 0 \tag{4.9}$$

(the free-flight term is omitted in (4.9); see § 1). Our approach, based on the solution of the generalised optical Bloch equations (see § 2.3), is therefore equivalent in the long-time limit to the description by a Fokker–Planck equation. At this stage, we want to emphasise that the expressions obtained in our approach for κ_1 and κ_2 are in complete agreement with the expressions obtained by Gordon and Ashkin (1980) for the mean force $F(x)$ and the momentum diffusion coefficient $D(x)$ (Tanguy 1983).

The connection between the generalised optical Bloch equations and the Fokker–Planck one can be derived in a more formal manner. As a matter of fact, one deduces from equation (2.17)

$$\frac{\partial}{\partial T} F_{\text{out}}(x, u, T) = \left(\frac{\partial}{\partial T} \ln L(x, u, T)\right) F_{\text{out}}(x, u, T) \tag{4.10}$$

and from (4.5)

$$\frac{\partial}{\partial T} F_{\text{out}}(x, u, T) = \sum_{n=1}^{\infty} \frac{1}{n!}\left(\frac{\partial \kappa_n}{\partial T}\right)\left(\frac{\mathrm{i}u}{\hbar}\right)^n F_{\text{out}}(x, u, T). \tag{4.11}$$

A Fourier transform with respect to u gives the evolution of the Wigner distribution

$$\frac{\partial}{\partial T} w(x, q, T) = \sum_{n=1}^{\infty} \frac{1}{n!}\left(\frac{\partial \kappa_n}{\partial T}\right)\left(-\frac{\partial}{\partial q}\right)^n w(x, q, T). \tag{4.12}$$

This equation is correct for short as well as long interaction times (in so far as free flight can be ignored). For long interaction times, simplifications can be introduced as a consequence of the central limit theorem (see discussion above). First, the coefficients $(\partial\kappa_n/\partial T)$ can be considered as constant (κ_n is proportional to T). Second, the equation can be truncated at the second order in $(\partial/\partial q)$ (the cumulants of order greater than two can be ignored).

4.3. *Application to deflection profiles for* $\Delta x \gg \lambda$

Applying the preceding results to deflection profiles, we shall limit ourselves to the case of a monoenergetic atomic beam (i.e. $\Delta x \gg \lambda$) crossing a laser beam, the latter being a running or a standing plane wave. $G(x, q, T)$ does not depend on x in the first case, and has a period of $\lambda/2$ (due to the $\omega_1^2(x)$ terms) in the second one. We can write

$$\mathcal{P}_{\text{out}}(p) = \frac{2}{\lambda} \int_{-\lambda/4}^{\lambda/4} \mathrm{d}x\, G(x, p, T). \tag{4.13}$$

It is now clear that the deflection profile can be obtained by a superposition of Gaussian curves corresponding to equally spaced values of x each of which is centred on $\bar{p}(x)$ $(=TF(x))$ and has a width $(2TD(x))^{1/2}$ (see also Kazantsev *et al* 1981).

In the case of a running plane wave, $F(x)$ does not depend on x, so that all curves are centred on the same value. We thus expect a bell-shaped deflection profile.

The case of a standing plane wave is more interesting as it gives very different results according as the detuning $\omega - \omega_0$ is zero or not. The expression of $F(x)$ is

$$F(x) = \hbar k(\omega - \omega_0) \frac{\Omega^2 \sin 2kx}{\Gamma^2 + 4(\omega - \omega_0)^2 + 2\Omega^2 \cos^2 kx} \tag{4.14}$$

with

$$\Omega = -\mathrm{d}\mathscr{E}_0/\hbar. \tag{4.15}$$

It appears that $F(x) = 0$ for $\omega = \omega_0$. The deflection profile will thus be, in the same way as above, a bell-shaped curve centred on $p = 0$. For $\omega \neq \omega_0$ however, $F(x)$ varies with x and we must add the contributions of Gaussian distributions centred on *different* points.

We have sketched in figure 1 $\bar{p}(x)$ $(=TF(x))$ as a function of x. The distribution of the $\bar{p}(x_i)$ corresponding to equally spaced values x_i of x is obviously denser in the neighbourhood of $\pm p_{\mathrm{M}}$, corresponding to the extrema of $\bar{p}(x)$. Consequently, in the

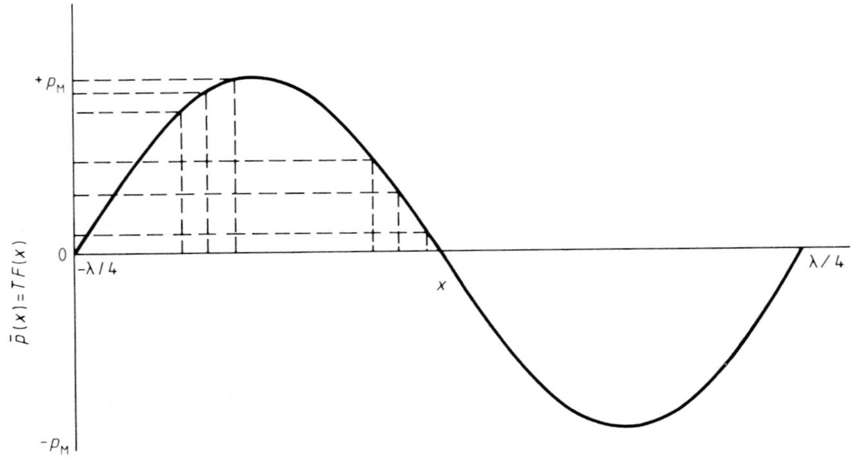

Figure 1. The distribution of the $\overline{p(x_i)}$ corresponding to equally spaced values of x_i is denser near the values $\pm p_{\mathrm{M}}$ corresponding to the extrema of $\bar{p}(x)$.

construction of the deflection profile, there will be more Gaussian curves centred on $\pm p_M$ than on any other value of p. We thus predict that for $\omega \neq \omega_0$, $\mathcal{P}_{out}(p)$ should exhibit a structure with two peaks near $p = \pm p_M$ (which we call a 'rainbow structure'), provided that p_M is greater than the widths of the Gaussian distributions we are summing. Such structures are studied in more details by Tanguy *et al* (1983).

4.4. Width of the profile versus the interaction time

The variance $\Delta p^2(T)$ of the momentum p in the final momentum distribution $\mathcal{P}_{out}(p)$ can be evaluated from (4.13), (4.7) and (4.8). One finds

$$\Delta p^2(T) = 2\bar{D}T + \Delta F^2 T^2. \tag{4.16}$$

The first term $2\bar{D}T$ is the average value of the variances $\kappa_2 = 2D(x)T$ of the Gaussian contributions associated with each value of x

$$\bar{D} = \frac{2}{\lambda}\int_{-\lambda/4}^{+\lambda/4} \mathrm{d}x\, D(x). \tag{4.17}$$

The second term $\Delta F^2 T^2$ is the variance of the mean values $\kappa_1 = F(x)T$ of the same Gaussian contributions

$$\Delta F^2 = \left(\frac{2}{\lambda}\int_{-\lambda/4}^{+\lambda/4} \mathrm{d}x\, F^2(x)\right) - \left(\frac{2}{\lambda}\int_{-\lambda/4}^{+\lambda/4} \mathrm{d}x\, F(x)\right)^2. \tag{4.18}$$

When $F(x)$ is independent of x, i.e. for a running wave or a resonant standing one, this second term vanishes and the dispersion Δp of the deflection profile varies as $\sqrt{T}$. On the contrary, for a non-resonant standing wave, ΔF^2 is non-zero (and equal to the first term of (4.18)) and Δp varies as T.

Remark. Equation (4.16) could also be used for discussing the laser power dependence of the dispersion Δp of the deflection profile, which has been actually experimentally measured on a sodium beam (Arimondo *et al* 1979, Viala 1982). For a resonant excitation, F and ΔF^2 are equal to zero, and according to (4.16), Δp should vary as $(2\bar{D}T)^{1/2}$, i.e. as the square root of the laser power P_L, since $\bar{D}$ is proportional to P_L at high intensities. Such a result seems to be in good agreement with experimental observations (see also Minogin 1981 and Kazantsev *et al* 1981).

5. Intermediate times ($T \sim \tau_R$)

We finally come to the domain of intermediate times ($T \sim \tau_R$) where the Green function $G(x, q, T)$ can no longer be considered as a comb of δ functions or as a Gaussian function. We want to show that it has nevertheless a simple interpretation in terms of momentum conservation in absorption and emission processes.

5.1. Structure of the propagator for a laser running wave

The expression (2.19) of $\tilde{L}(x, u, s)$ can be written in the case of a laser running wave as

$$\tilde{L}(x, u, s) = \frac{a + a' \exp(iku)}{b[1 - c\chi(u)\exp(iku)]} \tag{5.1}$$

where a, a', b and c are functions of s only

$$a=(s+\Gamma)[(s+\tfrac{1}{2}\Gamma)^2+(\omega-\omega_0)^2]+(s+\tfrac{1}{2}\Gamma)\tfrac{1}{2}\omega_1^2$$
$$a'=(s+\tfrac{1}{2}\Gamma)\tfrac{1}{2}\omega_1^2$$
$$b=s(s+\Gamma)[(s+\tfrac{1}{2}\Gamma)^2+(\omega-\omega_0)^2]+(s+\tfrac{1}{2}\Gamma)^2\omega_1^2$$
$$bc=\Gamma(s+\tfrac{1}{2}\Gamma)\tfrac{1}{2}\omega_1^2. \tag{5.2}$$

Equation (5.1) can then be expanded into

$$\tilde{L}(x,u,s)=\frac{a+a'\exp(iku)}{b}\sum_{m=0}^{\infty}c^m(\chi(u))^m\exp(imku). \tag{5.3}$$

A Fourier transform with respect to u gives the corresponding expansion of $\tilde{G}(x,q,s)$

$$\tilde{G}(x,q,s)=\sum_{m=0}^{\infty}\frac{ac^m}{b}\delta(q-m\hbar k)\otimes\phi^{(m)}(q)$$
$$+\sum_{m=0}^{\infty}\frac{a'c^m}{b}\delta[q-(m+1)\hbar k]\otimes\phi^{(m)}(q) \tag{5.4}$$

where the symbol $\otimes$ represents the convolution product of two functions of q and $\phi^{(m)}(q)$ the Fourier transform of $(\chi(u))^m$. As the Fourier transform of $\chi(u)$ is just the normalised distribution $\phi(q)$ of the momentum transfer during a spontaneous emission process (see equation (2.14)), $\phi^{(m)}(q)$ is the autoconvolution product of $\phi(q)$ of order m

$$\phi^{(m)}(q)=\underbrace{\phi(q)\otimes\phi(q)\ldots\otimes\phi(q)}_{m\ \text{times}}. \tag{5.5}$$

In other terms, $\phi^{(m)}(q)$ is the distribution of the recoil momentum given by m spontaneous emission processes.

The expression (5.4) of the propagator has thus a very clear interpretation if (ac^m/b) is associated with the probability for the atom starting from g to end in g after m spontaneous emissions (distribution of recoil $\phi^{(m)}(q)$), the number of absorbed laser photons being also m (momentum transfer $m\hbar k$). In a similar way, $(a'c^m/b)$ has to be associated with the probability for the atom to end in e after m spontaneous emissions (distribution of recoil $\phi^{(m)}(q)$), the number of absorbed laser photons being $(m+1)$ (momentum transfer $(m+1)\hbar k$). Using resonance fluorescence theory (Smirnov and Troshin 1981, Reynaud 1983 and references therein), one can actually calculate the statistics of the number of emitted photons; the results thus obtained entirely agree with this interpretation.

As the convolution product by a δ function is only a translation, equation (5.4) can be written in a simpler manner

$$\tilde{G}(x,q,s)=\sum_{m=0}^{\infty}\left(\frac{ac^m}{b}\phi^{(m)}(q-m\hbar k)+\frac{a'c^m}{b}\phi^{(m)}[q-(m+1)\hbar k]\right). \tag{5.6}$$

Remarks. (i) In the case of a laser running wave, the propagator $G(x,q,T)$ is actually independent of x, as it appears on equations (5.4) and (5.2). This is why it can be interpreted as a true probability distribution.

(ii) It is very simple to modify the expressions obtained in this section in order to take into account the emission of a last fluorescence photon by the atom during its free flight from the interaction zone to the detector. The momentum transfer due to this spontaneous emission can actually be described by one more function $\phi(q)$ when the atom leaves the interaction zone in the excited state. More precisely, equation (5.6) becomes

$$\tilde{G}(x, q, s) = \sum_{m=0}^{\infty} \left(\frac{ac^m}{b} \phi^{(m)}(q - m\hbar k) + \frac{a'c^m}{b} \phi^{(m+1)}[q - (m+1)\hbar k] \right). \tag{5.7}$$

5.2. Structure of the propagator for a laser standing wave

In the case of a laser standing wave, the expression (2.19) of $\tilde{L}(x, u, s)$ can be written

$$\tilde{L}(x, u, s) = \frac{a}{b(1 - c\chi(u))} = \sum_{m=0}^{\infty} \frac{ac^m}{b} (\chi(u))^m \tag{5.8}$$

where a, b and c are functions of x, u and s

$$\begin{aligned} a = P_3(s) &= (s + \Gamma)[(s + \tfrac{1}{2}\Gamma)^2 + (\omega - \omega_0)^2] \\ &\quad + \tfrac{1}{4}\Omega^2[(s + \tfrac{1}{2}\Gamma)(1 + \cos 2kx)(1 + \cos ku) + \mathrm{i}(\omega - \omega_0) \sin 2kx \sin ku] \\ b &= s(s + \Gamma)[(s + \tfrac{1}{2}\Gamma)^2 + (\omega - \omega_0)^2] + \tfrac{1}{16}\Omega^4 \sin^2 2kx \sin^2 ku \\ &\quad + \tfrac{1}{4}\Omega^2[2(s + \tfrac{1}{2}\Gamma)^2(1 + \cos 2kx \cos ku) - \mathrm{i}\Gamma(\omega - \omega_0) \sin 2kx \sin ku] \\ bc &= \Gamma(s + \tfrac{1}{2}\Gamma)\tfrac{1}{4}\Omega^2(\cos 2kx + \cos ku). \end{aligned} \tag{5.9}$$

It is worth noting that a, b and c are periodic functions of u, which is not the case for $\chi(u)$. The Fourier transform of (ac^m/b) with respect to u is therefore a comb of δ functions and the expansion of $\tilde{G}(x, q, s)$ corresponding to (5.8) can be written

$$\tilde{G}(x, q, s) = \sum_{m=0}^{+\infty} \left(\sum_{n=-\infty}^{+\infty} \tilde{R}_m^n(x, s)\delta(q - n\hbar k) \right) \otimes \phi^{(m)}(q). \tag{5.10}$$

As in the preceding section, the function $\phi^{(m)}(q)$ (Fourier transform of $(\chi(u))^m$) is the distribution of the recoil momentum given by m spontaneous processes. Now, the parenthesis (Fourier transform of ac^m/b) represents the momentum transfer associated with the absorption or the stimulated emission of laser photons. The quantity $R_m^n(x, T)$ (inverse Laplace transform of $\tilde{R}_m^n(x, s)$) thus appears as the probability for an atom at point x to emit m fluorescence photons during the interaction time T and to redistribute photons between the two waves $+k$ and $-k$ in such a way that the momentum transferred in this redistribution is $n\hbar k$. More properly, $R_m^n(x, T)$ has to be considered as a quasi-probability since it may be negative. When the incoming atomic wavepacket can be considered as a plane wave (condition (2.27)), the final momentum distribution $\mathcal{P}_{\text{out}}(q)$ can be written (from 2.29 and 5.10)

$$\mathcal{P}_{\text{out}}(q) = \sum_{m=0}^{+\infty} \sum_{n=-\infty}^{+\infty} \Pi_m^n(T)\phi^{(m)}(q - n\hbar k) \tag{5.11}$$

with

$$\Pi_m^n(T) = \frac{1}{\lambda} \int_{-\lambda/2}^{+\lambda/2} \mathrm{d}x\, R_m^n(x, T). \tag{5.12}$$

$\Pi_m^n(T)$ is a true probability (as $\mathcal{P}_{\text{out}}(q)$) and can be interpreted in a dressed-atom approach. The energy diagram of the atom dressed by the two types of laser photons

$\hbar k$ and $-\hbar k$ is sketched in figure 2. The initial state of the dressed atom is $|g, n_1, n_2\rangle$ (atom in g in presence of n_1 photons $\hbar k$ and n_2 photons $-\hbar k$). The states located on the same horizontal line can be populated through redistribution of photons between the two waves (the number of atomic plus laser excitations being conserved). Spontaneous emission allows states located lower than the initial state in the energy diagram to be populated (through the emission of fluorescence photons represented by wavy arrows in figure 2). Each state of the energy diagram is labelled by two quantum numbers m and n (m for the horizontal lines, n for the vertical columns). The quantity $\Pi_m^n(T)$ is simply the probability for the atom starting from $m=0$, $n=0$ (labels of $|g, n_1, n_2\rangle$) to be in the state m, n after an interaction time T. The equation (5.11) has thus a very clear interpretation since it expresses the conservation of the total momentum during the evolution of the dressed atom.

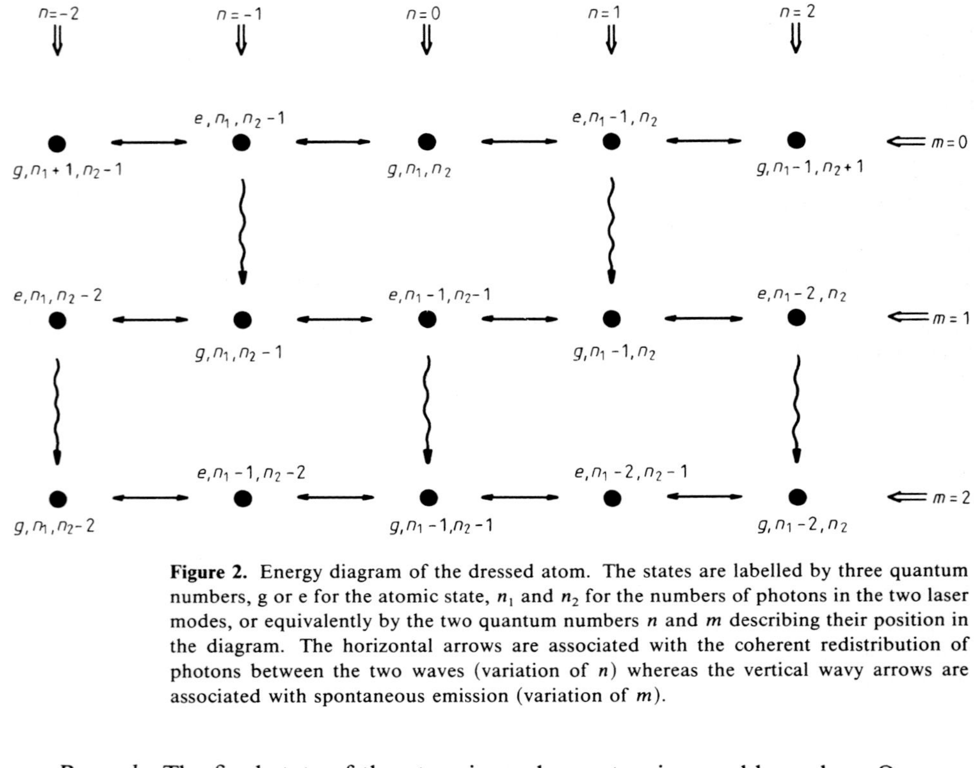

Figure 2. Energy diagram of the dressed atom. The states are labelled by three quantum numbers, g or e for the atomic state, n_1 and n_2 for the numbers of photons in the two laser modes, or equivalently by the two quantum numbers n and m describing their position in the diagram. The horizontal arrows are associated with the coherent redistribution of photons between the two waves (variation of n) whereas the vertical wavy arrows are associated with spontaneous emission (variation of m).

Remark. The final state of the atom is e when $n+m$ is an odd number. One can therefore take into account the free flight of the atom from the interaction zone to the detector by adding one function $\phi(q)$ in the terms of (5.10) or (5.11) for which $n+m$ is odd.

References

Allen L and Eberly J H 1975 *Optical Resonance and Two Level Atoms* (New York: Wiley)
Arimondo E, Bambini A and Stenholm S 1981 *Phys. Rev.* A **24** 898–909

Arimondo E, Lew H and Oka T 1979 *Phys. Rev. Lett.* **43** 753–7
Baklanov E V and Dubetskii B Ya 1976 *Opt. Spectrosc.* **41** 1–4
Bernhardt A F and Shore B W 1981 *Phys. Rev.* A **23** 1290–301
Compagno G, Peng J S and Persico F 1982 *Phys. Lett.* **88A** 285–8
Cook R J 1978 *Phys. Rev. Lett.* **41** 1788–91
—— 1980a *Phys. Rev.* A **22** 1078–98
—— 1980b *Opt. Commun.* **35** 347–50
—— 1981 *Phys. Rev.* A **23** 1243–50
Cook R J and Bernhardt A F 1978 *Phys. Rev.* A **18** 2533–7
De Groot S R and Suttorp L G 1972 *Foundations of Electrodynamics* (Amsterdam: North-Holland)
Delone G A, Grinchuk V A, Kuzmichev S D, Nagaeva M L, Kazantsev A P and Surdutovich G I 1980 *Opt. Commun.* **33** 149–52
Gordon J P and Ashkin A 1980 *Phys. Rev.* A **21** 1606–17
Javanainen J and Stenholm S 1980 *Appl. Phys.* **21** 35–45, 163–7
Kapitza P L and Dirac P A M 1933 *Proc. Camb. Phil. Soc.* **29** 297
Kazantsev A P 1978 *Sov. Phys.–Usp.* **21** 58–76
Kazantsev A P, Surdutovich G I and Yakovlev V P 1981 *J. Physique* **42** 1231–7
Letokhov V S and Minogin V G 1981 *Phys. Rep.* **73** 1–65
Luzgin S N 1980 *Theor. Math. Phys.* **43** 372–3
Mandel L 1979 *J. Opt.* **10** 51
Minogin V G 1981 *Opt. Commun.* **37** 442–6
Moskowitz P E, Gould P L, Atlas S R and Pritchard D E 1983 *Phys. Rev. Lett.* **51** 370
Reynaud S 1983 *Ann. Phys., Paris* **8** 315–70
Smirnov D F and Troshin A S 1981 *Sov. Phys.–JETP* **54** 848–51
Stenholm S 1983 *Phys. Rev.* A **27** 2513–22
Takabayasi T 1954 *Prog. Theor. Phys.* **11** 341–73
Tanguy C 1983 *Thèse de 3ème cycle* Paris VI
Tanguy C, Reynaud S, Matsuoka M and Cohen-Tannoudji C 1983 *Opt. Commun.* **44** 249–53
Viala F 1982 *Thèse de 3ème cycle* Paris XI
Vołobev F A, Rautian S G and Sokolovskii R I 1969 *Opt. Spectrosc.* **27** 398–401
Wigner E P 1932 *Phys. Rev.* **40** 749–59

Paper 6.2

J. Dalibard, S. Reynaud, and C. Cohen-Tannoudji, "Proposals of stable optical traps for neutral atoms," *Opt. Commun.* **47**, 395–399 (1983).
Reprinted by permission of Elsevier Science Publishers B.V.

The dipole force, which appears in a laser intensity gradient and which can be interpreted in terms of absorption-stimulated emission cycles, is derived from a potential. For a red detuning (laser frequency ω_L smaller than the atomic frequency ω_0), one gets a potential well at the focus of a laser beam, which could be used to trap atoms. For example, one can get a potential well on the order of 1 K by focusing a laser beam with a power of 1 W to a waist of 10 μm. Such dipole force traps are unstable, however, because of the heating due to the large fluctuations of the dipole forces. One could imagine using two laser beams, one for trapping and the other for cooling, but the efficiency of the cooling beam would be reduced by the light shifts induced by the trapping beam. Therefore, it was not clear in the early 1980's if a laser trap for atoms could actually be achieved.

This paper presents possible solutions to this problem. One of the ideas consists of alternating in time the trapping and cooling beams. It is then possible to optimize separately the two beams and to avoid their mutual perturbation. Such a scheme was actually used at Bell Labs to achieve the first laser trap for neutral atoms [S. Chu, J. Bjorkholm, and A. Ashkin, *Phys. Rev. Lett.* **57**, 314 (1986)].

PROPOSALS OF STABLE OPTICAL TRAPS FOR NEUTRAL ATOMS

J. DALIBARD, S. REYNAUD and C. COHEN-TANNOUDJI
Laboratoire de Spectroscopie Hertzienne, Ecole Normale Supérieure and Collège de France, F 75231 Paris Cedex 05, France

Received 21 July 1983

Proposals of three dimensional stable optical traps for neutral atoms are presented. Two different laser beam configurations, separately optimized for trapping and cooling, act alternately on the same atomic transition, or simultaneously on two different transitions. Large values are predicted for the ratio optical potential depths over residual kinetic energy.

1. Introduction

This paper presents new proposals of three dimensional optical traps for neutral atoms. Special attention is given to the discussion of the stability of these optical traps in terms of two important parameters (fig. 1), the depth U_0 of the potential well associated with radiative dipole forces [1–4], and the residual total energy E resulting from the competition between diffusion heating and radiative cooling:

$$E = D\tau/M = 3k_B T\,, \qquad (1)$$

where D is the atomic momentum diffusion coefficient [actually the trace of the diffusion tensor] due to the fluctuations of radiative forces [1–4], M the atomic mass, τ the damping time of the atomic velocity due to the cooling force (T is the effective temperature associated with E).

An optical trap can be considered as stable if

$$U_0 \gg k_B T\,, \qquad (2)$$

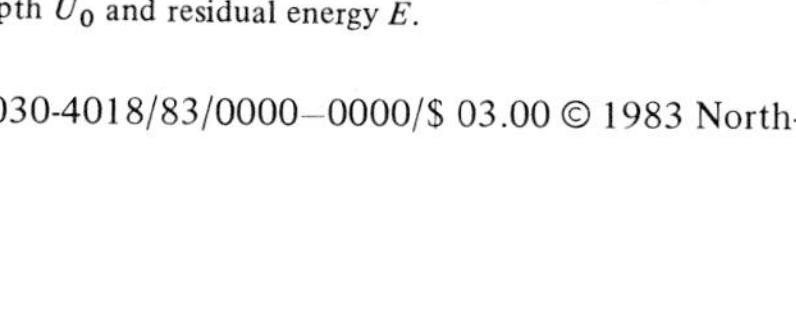

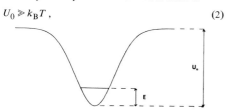

Fig. 1. Important characteristics of an optical trap: potential depth U_0 and residual energy E.

since the escape probability [5] contains the factor $\exp(-U_0/k_B T)$. The problem is therefore to reduce $k_B T$ to the lowest possible value, which is practically of the order of $\hbar\Gamma$ (Γ natural width of the atomic excited state) [6], while achieving the largest possible potential depth U_0, i.e. U_0 much larger than $\hbar\Gamma$.

It is now generally admitted [1] that using a single laser wave does not allow to achieve stable traps, since U_0 and $k_B T$ are at best of the same order. This results from the difficulty of optimizing simultaneously the trapping and cooling efficiencies of a single laser wave. It has been proposed to use two separate waves for cooling and trapping on the same transition [7]. But, in that case, the light-shifts produced by the intense trapping beam strongly perturb the cooling efficiency by introducing a position dependent detuning. The question of the three dimensional stability of such a trap seems to remain open [1,8].

The main idea of the present paper is to decouple the two trapping and cooling functions, either temporally (sect. 4), i.e. by using alternated trapping and cooling phases, or by use of two different atomic transitions sharing no common level (sect. 5). It is then possible to optimize *separately* the two trapping and cooling beams. We discuss in particular in sect. 2 a new laser configuration for trapping which uses two counterpropagating σ^+ and σ^- polarized beams and leads to a deep potential well with a reasonably small diffusion coefficient. The cooling design is discussed in sect. 3.

0 030-4018/83/0000–0000/$ 03.00

2. Trapping design

The simplest possible idea is to take a focused travelling gaussian beam tuned below resonance. Dipole forces attract the atom towards the focal zone, but radiation pressure pushes it along the beam. Dipole forces can be predominant, but only in situations leading to a too large momentum diffusion [condition (2) not fulfilled].

The next idea is then to eliminate radiation pressure ‡ by using two counterpropagating waves forming a standing wave [10,11]. But the intensity gradients along the beam are huge (variations over a wavelength λ) and lead to a prohibitive diffusion coefficient D [12], which does not saturate at high intensities or large detunings (i.e. for $U_0 \gg \hbar\Gamma$). Physically, this large value of D is due to the coherent redistribution of photons between the two counterpropagating waves [coherent processes involving absorption in one wave and stimulated emission in the other one [13]]. Such a momentum diffusion can be also interpreted as being due to spontaneous emission which introduces random jumps between two "dressed states" with opposite energy gradients [1,2,14].

Our proposal here is rather to use two counterpropagating σ^+ and σ^- polarized gaussian beams with coincident foci (fig. 2a). The resulting wave has a linear polarization which rotates along the direction of the beam. But the intensity along this direction varies smoothly over a wavelength. The possibility of trapping the atom in the focal zone is the same as for a standing wave, but with a much smaller diffusion coefficient. Because of conservation of angular momentum, redistribution cannot indeed occur between the two waves: absorption of a σ^+ photon cannot be followed by the stimulated emission of a σ^- one (fig. 2b). The redistribution can only occur inside the same wave, so that the contribution of dipole forces to the diffusion coefficient is much smaller than for a standing wave, by a factor of the order of $(1/kw_0)^2$, where w_0 is the beam waist and $k = 2\pi/\lambda$.

‡ Some proposals of optical traps using only radiation pressure [9] are criticized in ref. [8].

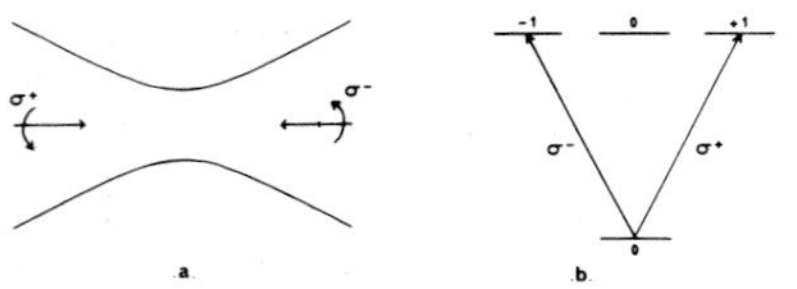

Fig. 2. (a) Trapping configuration: superposition of two focused σ^+ and σ^- counterpropagating waves. (b) Zeeman optical components (for a $J = 0$ to $J = 1$ transition) excited by the σ^+ and σ^- waves.

All the previous qualitative predictions have been confirmed by a quantitative calculation of the potential well and diffusion coefficient for a $J = 0$ to $J = 1$ atomic transition (resolution of the corresponding optical Bloch equations). For a detuning $\delta = \omega_L - \omega_0$ between the laser (ω_L) and atomic (ω_0) frequencies equal to $-100\ \Gamma$, for a saturation parameter

$$s = \frac{\omega_1^2/2}{\delta^2 + (\Gamma^2/4)}, \tag{3}$$

(where ω_1 is the Rabi frequency) equal to 4, and for a beam waist w_0 equal to 50 λ, one gets a diffusion coefficient due to dipole forces equal to $0.1\ \hbar^2k^2\Gamma$, and a potential depth U_0 equal to $80\ \hbar\Gamma$.

3. Cooling design

In the quasiadiabatic regime $v\tau_R \ll \lambda$ (where v is the velocity and τ_R the radiative lifetime), or equivalently $kv \ll \Gamma$ (Doppler effect small compared to the natural width), the velocity dependence of radiative forces is mainly linear [1] and can be used for damping the atomic motion.

As for trapping, radiation pressure prevents us from using a plane running wave for cooling.

The case of a plane standing wave has been studied in detail [1,15]. For small values of the detuning ($|\delta| < \Gamma/\sqrt{3}$), radiative cooling occurs for $\delta < 0$ as for a travelling wave. For larger detunings, the sign of the velocity dependent force, spatially averaged over a wavelength, changes when the saturation parameter increases. This behaviour remains valid when one takes three perpendicular standing waves with three orthogonal polarizations. A quantitative calculation gives for example for a $J = 0$ to $J = 1$ transition the three dimensional cooling $\boldsymbol{F} = -M\boldsymbol{v}/\tau$ with $\tau = 5M/\hbar k^2$ for $\delta = +4\Gamma$ and $s = 3$. Note that δ has been chosen much smaller than for the trapping configuration in order to avoid large momentum diffusion (here $D = 3.7\ \hbar^2k^2\Gamma$).

Another interesting new possibility is to use the $\sigma^+ - \sigma^-$ configuration of fig. 2a (with a larger beam waist). As for a running wave, cooling (in the direction of the beam) always occurs for $\delta < 0$. The optimum cooling force is found to be $F = -Mv/\tau$ with $\tau = 3M/\hbar k^2$ for $\delta = -\Gamma/2$ and $s = 1$ (the corresponding value of D being $0.25\ \hbar^2 k^2 \Gamma$). It is however impossible to generalize these results to three orthogonal directions, since one would then reintroduce intensity gradients over a wavelength as in the standing wave case. A simple solution for achieving three dimensional cooling with a single $\sigma^+ - \sigma^-$ laser configuration is to apply it to an asymmetrical trap with three different oscillation frequencies (such a trap can be produced for example by focusing the $\sigma^+ - \sigma^-$ trapping beams with cylindrical lenses). If the cooling beam has equal projections along the three axis of the trap, it damps equally the three components of the atomic velocity (with a three times smaller efficiency) [16–18].

4. Alternating cooling and trapping phases for a $J = 0$ to a $J = 1$ atomic transition

As mentioned in the introduction, our first proposal for achieving the stability condition (2) is to alternate in time cooling and trapping phases, each with a duration T. It is then possible to optimize separately the two functions (as this is done in sections 2 and 3) and to avoid their mutual perturbation ‡.

If the duration T of each phase is large compared to the radiative lifetime τ_R, but small compared to the cooling time τ and to the oscillation period in the potential well, the coefficients appearing in the Fokker-Planck equation describing the atomic motion are the average of the same coefficients corresponding to the cooling and trapping phases:

$$D = \tfrac{1}{2}\,[D_{\rm cool} + D_{\rm trap}]\ ,$$

$$1/\tau = \tfrac{1}{2}\,[1/\tau_{\rm cool} + 1/\tau_{\rm trap}]\ ,$$

$$U = \tfrac{1}{2}\,[U_{\rm cool} + U_{\rm trap}]\ . \qquad (4)$$

$D_{\rm cool}$ and $D_{\rm trap}$ are of the same order. But $1/\tau_{\rm cool} \gg 1/\tau_{\rm trap}$ so that $\tau \simeq 2\tau_{\rm cool}$ and $U_{0\,\rm trap} \gg U_{0\,\rm cool}$ so that $U_0 = U_{0\,\rm trap}/2$. The stability condition (2) becomes

$$U_{0\,\rm trap} \gg [2(D_{\rm cool} + D_{\rm trap})\tau_{\rm cool}]/3M\ . \qquad (5)$$

Since we have optimized separately $U_{0\,\rm trap}$ and $\tau_{\rm cool}$, while keeping reasonably small values of $D_{\rm cool}$ and $D_{\rm trap}$, it follows that stable traps can be achieved [we take "half the best of each function".].

We consider now the two specific examples of Mg and Yb atoms which have a $J = 0$ to $J = 1$ resonance line [^{1}S–^{1}P at 285 nm with $\Gamma = 5 \times 10^8\ {\rm s}^{-1}$ for Mg, ^{1}S–^{3}P at 556 nm with $\Gamma = 1.2 \times 10^6\ {\rm s}^{-1}$ for Yb]. Using an asymmetrical $\sigma^+ - \sigma^-$ trap and a single $\sigma^+ - \sigma^-$ cooling beam (see end of sect. 3), one gets the following values: for Mg (with a 100 mW trapping laser power † focused on a waist $w_0 = 13\ \mu$m), $U_0 = 40\,\hbar\Gamma$ and $k_BT = 2.5\ \hbar\Gamma$ ($T = 10$ mK); for Yb (1 W on 250 μm), $U_0 = 370\,\hbar\Gamma$ and $k_BT = 2.5\ \hbar\Gamma$ ($T = 24\ \mu$K). Large values of U_0/k_BT are thus achieved (16 for Mg, 150 for Yb).

Finally, we would like to emphasize the versatile character of the alternating scheme. One could for example achieve a more compact spherical trap by alternating trapping phases using $\sigma^+ - \sigma^-$ beams with orthogonal directions. In such a case, the direction of the cooling beam would have also to be alternated. "Black" phases could be also devoted to the observation of unperturbed atoms.

5. Simultaneous cooling and trapping on two different atomic transitions

When a single atomic transition is used, alternating cooling and trapping phases seems the only way to avoid mutual perturbations of the two functions. Another solution is to use simultaneously two different atomic transitions sharing no common level for cooling and trapping (fig. 3).

The 4-level scheme of fig. 3 represents for example a simplified energy diagram for an alkali atom. Levels a and b are then the two hyperfine ground levels, sepa-

‡ The same result would be obtained by leaving the cooling on, all the time, and switching on and off the trapping, since, when the trapping is on, its products light shifts which make the effect of the cooling negligible.

† Entering a linearly polarized beam in an optical cavity containing two quarter wave plates and two focusing lenses, one can produce the laser configuration of fig. 2a, while taking advantage of the power enhancement factor of the cavity. A 100 mW power at 285 nm seems therefore achievable.

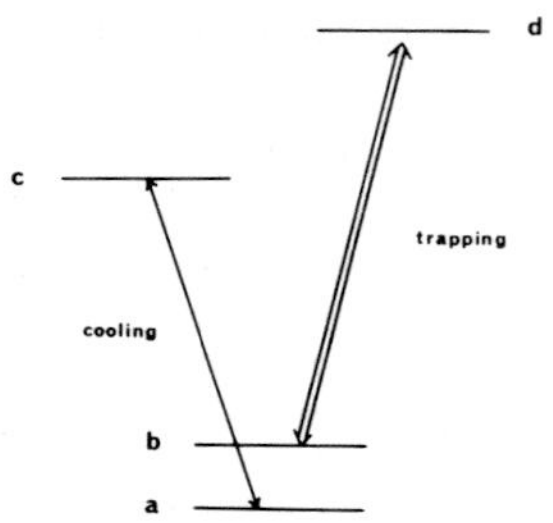

Fig. 3. Four level scheme. Two transitions a–c and b–d are respectively used for cooling and trapping.

rated by the hyperfine splitting S_g. Transition a–c (D_1 line) is used for cooling, with a detuning δ_{cool} and a Rabi frequency $\omega_{1\,cool}$. Transition b–d (D_2 line) is used for trapping (δ_{trap} and $\omega_{1\,trap}$). Because of spontaneous emission processes, c → a, b and d → a, b, the atom interacts randomly and successively with both cooling and trapping beams. The simultaneous presence of the two laser beams prevents atoms from being put in a trap level by optical pumping.

Even if the trapping beam is far from resonance for the a–d transition, it however produces light shifts on level a. If one uses the $\sigma^+ - \sigma^-$ cooling design of sect. 3, which is optimum for $\delta_{cool} = -\Gamma/2$, these light shifts must be kept much smaller than Γ, if one wants an efficient cooling throughout the trap. The standing wave cooling design on the other hand works with larger values of δ and consequently allows larger light shifts of level a. This is why we will prefer here such a scheme.

All these qualitative considerations have been quantitatively confirmed by a numerical resolution of the 16 optical Bloch equations of the problem. Stable trapping is predicted for each alkali atom. Best results are obtained for cesium (λ_{cool} = 894 nm and λ_{trap} = 852 nm with $\Gamma = 3.3 \times 10^7\ s^{-1}$) which has the greatest hyperfine splitting (S_g = 1740 Γ) and then allows the most intense trapping beam. For $\delta_{trap} = -250\ \Gamma$, $\omega_{1\,trap} = 200\ \Gamma$ (at the center of the trap), $\delta_{cool} = 10\ \Gamma$ and $\omega_{1\,cool} = 4\ \Gamma$ (averaged over λ), one gets a potential depth $U_0 = 20\,\hbar\Gamma$ with a temperature $k_B T = \hbar\Gamma$, (T = 0.2 mK), i.e. $U_0/k_B T = 20$. We find that the shift of level a due to the trapping beam never exceeds $-5\ \Gamma$ ($< \delta_{cool}$) so that cooling effectively remains efficient on the whole trap.

We finally discuss the validity of our model.

(i) The hyperfine structure of level d ($6P_{3/2}$) in Cs is of the order of 110 Γ. The trap detuning $|\delta_{trap}|$ is larger than this structure, so that if the laser is tuned below the lowest hyperfine level of $6P_{3/2}$, all the four hyperfine levels of d contribute to trapping with the same sign.

(ii) The hyperfine structure of level c ($6P_{1/2}$) in Cs is of the order of 230 Γ. δ_{cool} and $\omega_{1\,cool}$ are much smaller than this structure so that one can choose for c the upper hyperfine level of $6P_{1/2}$ and ignore the other one.

(iii) For each hyperfine level, we have neglected the Zeeman structure. But taking it into account would not change drastically the physical results.

6. Conclusion

We have proposed new laser configurations for trapping and cooling neutral atoms. Stable optical traps have been quantitatively predicted with large values of $U_0/k_B T$ (ranging from 16 to 150). A lower bound for the confinement time can be obtained by multiplying the oscillation period in the trap by $\exp(U_0/k_B T)$ [5]. One finds confinements times larger than one minute in all presented cases. This means that other physical processes (collisions with residual gas for example) will actually limit the trapping time. Finally, the recent developments in the production of slow atomic beams [19,20] seem to provide a possible solution for the problem of loading such traps #.

Acknowledgements

The authors wish to thank W.D. Philipps for stimulating discussions.

For Yb, one would have to use the strong resonance line $^1S-^1P$ at 399 nm, with $\Gamma = 1.8 \times 10^8\ s^{-1}$, for slowing down a thermal beam in a reasonable length.

References

[1] J.P. Gordon and A. Ashkin, Phys. Rev. A21 (1980) 1606.
[2] R.J. Cook, Phys. Rev. A22 (1980) 1078.

[3] V.S. Letokhov and V.G. Minogin, Phys. Rep. 73 (1981) 1.
[4] S. Stenholm, Phys. Rep. 43 (1978) 152, Phys. Rev. A27 (1983) 2513.
[5] H.A. Kramers, Physica 7 (1940) 284.
[6] See for example the argument of Purcell, cited by Ashkin and Gordon (ref. [7]) or Wineland and Itano (ref. [18]).
[7] A. Ashkin and J.P. Gordon, Optics Lett. 4 (1979) 161.
[8] J.P. Gordon, in: Laser-cooled and trapped atoms, Proc. Workshop on Spectroscopic applications of slow atomic beams, ed. W.D. Phillips, NBS Special Publication 653.
[9] V.G. Minogin and J. Javanainen, Optics Comm. 43 (1982) 119.
[10] A. Ashkin, Phys. Rev. Lett. 40 (1978) 729.
[11] V.S. Letokhov and V.G. Minogin, Appl. Phys. 17 (1978) 99.
[12] R.J. Cook, Phys. Rev. Lett. 44 (1980) 976.
[13] E. Arimondo, A. Bambini and S. Stenholm, Phys. Rev. A24 (1981) 898.
[14] C. Tanguy, Thèse de 3e cycle, Paris (1983), unpublished.
[15] V.G. Minogin and O.T. Serimaa, Optics Comm. 30 (1979) 373.
[16] D.J. Wineland and H. Dehmelt, Bull. Am. Phys. Soc. 20 (1975) 637.
[17] N. Neuhauser, M. Hohenstatt, P.E. Toschek and H. Dehmelt, Phys. Rev. A22 (1980) 1137.
[18] D.J. Wineland and W.M. Itano, Phys. Rev. A20 (1979) 1521.
[19] J.V. Prodan, W.D. Phillips and H. Metcalf, Phys. Rev. Lett. 49 (1982) 1149 and their contribution in ref. [8].
[20] S.V. Andreev, V.I. Balykin, V.S. Letohkov and V.G. Minogin, Sov. Phys. JETP 55 (1982) 828.

Paper 6.3

J. Dalibard and C. Cohen-Tannoudji, "Dressed-atom approach to atomic motion in laser light: The dipole force revisited," *J. Opt. Soc. Am.* **B2**, 1707–1720 (1985).

This paper was written for a special issue on "The Mechanical Effects of Light" (*J. Opt. Soc. Am.* **B2**, Nov. 1985, eds. P. Meystre and S. Stenholm).

In contrast with the radiation pressure force, which can be easily interpreted in terms of exchanges of momentum between atoms and photons in absorption-spontaneous emission cycles, the dipole (or gradient) force has some intriguing features. Standard quantum optics calculations, using, for example, optical Bloch equations and the quantum regression theorem, can give analytical expressions for the mean value of the force and for the momentum diffusion coefficient associated with its fluctuations. These expressions, however, have no obvious physical interpretation at high intensity. Similarly, for a two-level atom slowly moving in an intense standing wave, one finds that the velocity-dependent force changes its sign when the laser intensity is increased. For a red detuning, the nature of the force is to damp the atomic motion at low intensity — this is standard Doppler cooling. At high intensity, the force changes sign and becomes "antidamping."

The purpose of this paper was to get some physical insight into the dipole forces by using the dressed atom approach. If the mode function associated with the laser field varies in space, the Rabi frequency, and consequently the dressed state energies, becomes position-dependent, so that it is possible to define for each dressed state a position-dependent potential energy (Fig. 1). As in the Stern–Gerlach effect, one gets a double-valued force that depends on the internal state of the dressed atom. Spontaneous radiative transitions occur at random times between dressed states, changing in a random way the sign of the instantaneous force experienced by the atom (Fig. 4). One can quantitatively understand in this way the mean value and the fluctuations of the dipole forces.

In an intense laser standing wave, the laser–atom coupling (Rabi frequency) is spatially modulated. This produces not only a spatial modulation of the dressed state energies, but also a spatial modulation of the spontaneous departure rates from these dressed states (due to the variations of the admixture of the unstable excited state in each dressed state). Due to the correlations between these two modulations, an atom moving in these undulated dressed state potentials can, on the average, run up the potential hills more often than down (Fig. 6). One can understand in this way why the velocity-dependent force is a damping force at high intensity for a blue detuning. Note that the cooling mechanism of Fig. 6, derived here for a two-level atom moving in an intense standing wave, turns out to be quite general. The ideas developed in this paper have been very useful for identifying new laser cooling mechanisms which appear at low intensity for an atom having several ground state sublevels (see papers 7.1, 7.2, and 7.5). Note also that in this paper atomic motion in the bipotential associated with the dressed states is treated classically. It was only five years later that, in a different context, quantization of atomic motion in a spatially modulated optical potential was found to play an essential role and to give rise to observable effects (see paper 7.4 and the introductory notes of this paper).

Finally, it should be mentioned that we restrict ourselves in this paper to the adiabatic regime where the atomic velocity is small enough to allow nonadiabatic transitions between the dressed states to be neglected, in particular near the nodes of the standing wave where the distance between the dressed states is a minimum. At higher velocities, Landau–Zener transitions between the dressed states become important and their effect is analyzed in another paper of this special issue [A. P. Kazantsev, V. S. Smirnov, G. T. Surdutovich, and V. P. Yakovlev, *J. Opt. Soc. Am.* **B2**, 1731 (1985)].

Reprinted from Journal of the Optical Society of America B, Vol. 2, page 1707, November 1985

Dressed-atom approach to atomic motion in laser light: the dipole force revisited

J. Dalibard and C. Cohen-Tannoudji

Collège de France and Laboratoire de Spectroscopie Hertzienne de l'Ecole Normale Supérieure [Laboratoire Associé au Centre National de la Recherche Scientifique (LA 18)], 24 rue Lhomond, F 75231 Paris Cedex 05, France

Received March 28, 1985; accepted June 6, 1985

We show that the dressed-atom approach provides a quantitative understanding of the main features of radiative dipole forces (mean value, fluctuations, velocity dependence) in the high-intensity limit where perturbative treatments are no longer valid. In an inhomogeneous laser beam, the energies of the dressed states vary in space, and this gives rise to dressed-state-dependent forces. Spontaneous transitions between dressed states lead to a multivalued instantaneous force fluctuating around a mean value. The velocity dependence of the mean force is related to the modification, induced by the atomic motion, of the population balance between the different dressed states. The corresponding modification of the atomic energy is associated with a change of the fluorescence spectrum emitted by the atom. The particular case of atomic motion in a standing wave is investigated, and two regimes are identified in which the mean dipole force averaged over a wavelength exhibits a simple velocity dependence. The large values of this force achievable with reasonable laser powers are pointed out with view to slowing down atoms with dipole forces.

INTRODUCTION

Absorption and emission of photons by an atom irradiated by a resonant or quasi-resonant laser beam give rise to a variation of the atomic momentum that can be analyzed, for time scales longer than the radiative lifetime, in terms of radiative forces fluctuating around a mean value.[1–3]

For an atom at rest or slowly moving, the mean radiative force is usually split into two parts[1,2]: The first part is related to the phase gradient of the laser wave (and to the quadrature part of the atomic dipole) and is called radiation pressure. The second one, related to the intensity gradient of the laser (and to the in-phase atomic dipole), is called dipole force.

The radiation-pressure force is now well understood, and its various features, such as velocity dependence and momentum diffusion, have been analyzed in detail in terms of cycles involving absorption of laser photons and spontaneous emission of fluorescence photons.[1,2,4–6]

The dipole force, on the other hand, is due to redistribution of photons among the various plane waves forming the light wave, using absorption-stimulated emission cycles.[1,2,7,8] Unfortunately, this interpretation does not give a physical account for some characteristics of the dipole force, especially at high intensity. Consider, for example, the problem of atomic motion in a standing wave formed by two counterpropagating plane waves. At low intensity, one finds that the dipole force averaged over a wavelength is just the sum of the radiation pressures of the two running waves.[5,9] In particular, the force is a damping one for negative detuning (laser frequency lower than atomic frequency), and this is easily understood when one considers that, owing to the Doppler effect, a moving atom "sees" the counterpropagating running wave more than the other one; it therefore experiences a force opposed to its velocity (usual radiative cooling). At high intensity, however, this conclusion is reversed[1,10,11]: One finds that the force heats the atoms for a negative detuning and cools them for a positive one. Such a surprising result has not yet been interpreted physically.

The purpose of this paper is to present precisely for the high-intensity domain a new theoretical treatment of the dipole force that will allow us to give a physical interpretation for such unexpected features. This treatment is based on the dressed-atom approach that has been already applied with success to the physical interpretation of resonance fluorescence in the saturation regime.[14–16]

The fact that the dressed-atom approach is well adapted to the high-intensity limit can be easily understood. When the Rabi frequency ω_1 characterizing the strength of the laser atom coupling is large compared with the spontaneous damping rate Γ, it is a good approximation to consider first the energy levels of the combined system: atom and laser photons interacting together (dressed states). Then, in a second step, we can take into account the effect of spontaneous emission (coupling with all other empty modes of the radiation field), which can be described as a radiative-relaxation mechanism inducing, for example, population transfers between the dressed states with well-defined rates.

The case of an atom moving in an inhomogeneous laser beam raises new interesting questions. The Rabi frequency ω_1 then varies in space, since it is proportional to the position-dependent laser amplitude. It follows that the energy of the dressed states is now a function of $\mathbf{r}$, so that it is possible to define for each dressed state a force equal to minus the gradient of the energy of this state. As in the Stern–Gerlach effect, we can introduce a force that depends on the internal state of the dressed atom. Is the dipole force

0740-3224/85/111707-14$02.00

connected with such dressed-state-dependent forces? Is it possible with such an approach to build a clear physical picture of dipole forces and to derive quantitative expressions for their main features: mean values, fluctuations, velocity dependence? This is the problem that we want to address in this paper.

The paper is organized as follows: In Section 1, we present our notations. The dressed-atom approach is introduced in Section 2. Section 3 is devoted to the calculation of the mean dipole force and of its velocity dependence. We then calculate in Section 4 the momentum diffusion coefficient induced by the fluctuations of the dipole force. Finally, in Section 5, we investigate the particular case of atoms moving in a standing wave, and we compare our results with previous ones.

1. NOTATIONS AND ASSUMPTIONS

The total Hamiltonian is the sum of three parts:

$$H = H_A + H_R + V, \tag{1.1}$$

where H_A is the atomic Hamiltonian, H_R the Hamiltonian of the radiation field, and V the atom–field coupling. H_A is the sum of the kinetic and the internal energies of the atom considered here as a two-level system:

$$H_A = \frac{\mathbf{P}^2}{2m} + \hbar\omega_0 b^+ b. \tag{1.2}$$

ω_0 is the atomic resonance frequency and b and b^+ the lowering and raising operators:

$$b = |g\rangle\langle e|, \qquad b^+ = |e\rangle\langle g| \tag{1.3}$$

($|g\rangle$ is the atomic ground level and $|e\rangle$ the excited one). The electromagnetic field is quantized on a complete set of orthonormal field distributions $\mathcal{E}_\lambda(\mathbf{r})$, one among which corresponds to the laser field $\mathcal{E}_L(\mathbf{r})$. The Hamiltonian H_R of the free radiation field is then

$$H_R = \sum_\lambda \hbar\omega_\lambda a_\lambda{}^+ a_\lambda, \tag{1.4}$$

where a_λ and $a_\lambda{}^+$ are, respectively, the destruction and the creation operators of a photon in the mode λ. The atom–field coupling V can be written in the electric-dipole and rotating-wave approximations as

$$V = -\mathbf{d}\cdot[b^+\mathbf{E}^+(\mathbf{R}) + b\mathbf{E}^-(\mathbf{R})], \tag{1.5}$$

where $\mathbf{d}$ is the atomic electric-dipole moment and $\mathbf{E}^+(\mathbf{R})$ and $\mathbf{E}^-(\mathbf{R})$ the positive and the negative frequency components of the electric field taken for the atomic position operator $\mathbf{R}$:

$$\mathbf{E}^+(\mathbf{R}) = \sum_\lambda \mathcal{E}_\lambda(\mathbf{R})a_\lambda,$$

$$\mathbf{E}^-(\mathbf{R}) = \sum_\lambda \mathcal{E}_\lambda{}^*(\mathbf{R})a_\lambda{}^+. \tag{1.6}$$

We shall use here a semiclassical approximation in the treatment of the atomic motion, by replacing the atomic position operator $\mathbf{R}$ by its average value $\langle\mathbf{R}\rangle = \mathbf{r}$ in expressions such as $\mathcal{E}_L(\mathbf{R})$. This is valid as soon as the extension Δr of the atomic wave packet is small compared with the laser wavelength λ, scale of variation of $\mathcal{E}_L$:

$$\Delta r \ll \lambda. \tag{1.7}$$

On the other hand, we shall also require the atomic velocity to be known with a good accuracy, such that the Doppler-effect dispersion $k\Delta v$ is small compared with the natural linewidth Γ of the excited level:

$$k\Delta v \ll \Gamma. \tag{1.8}$$

Note that, because of Heisenberg inequality:

$$m\Delta r\Delta v \gtrsim \hbar, \tag{1.9}$$

inequalities (1.7) and (1.8) are compatible only if

$$\frac{\hbar^2k^2}{2m} \ll \hbar\Gamma. \tag{1.10}$$

We shall suppose that inequality (1.10) is satisfied throughout this paper. Note that it is then possible to show[12] that the forces and the diffusion coefficients calculated semiclassically, as is done here, are identical to the ones appearing in a fully quantum treatment of the atomic motion.[3,4,12,13]

2. DRESSED-ATOM APPROACH

The semiclassical approximation leads to expressions for the forces and the diffusion coefficients that are average values of products involving internal atomic operators and field operators taken at the center of the atomic wave packet $\mathbf{r}$ (see Section 3). The usual method for calculating these average values is to start from optical Bloch equations (OBE's) for an atom at point $\mathbf{r}$ and to extract from their steady-state solution the required quantities. This method is in theory simple, but it does not lead to any physical picture concerning the dipole force and its velocity dependence.

The dressed-atom approach used in this paper treats the atom–field coupling in a different way.[14–16] We first diagonalize the Hamiltonian of the coupled system (atom + laser photons) and obtain in this way the so-called dressed states. We then take into account the coupling of the dressed atom with the empty modes of the electromagnetic field that is responsible for spontaneous emission of fluorescence photons. Note that, as when one uses OBE's, this treatment is done at a given point $\mathbf{r}$, i.e., we omit in this section the kinetic energy term $\mathbf{P}^2/2m$ in H_A [Eq. (1.2)].

A. Position-Dependent Dressed States

Let us start with the dressed-atom Hamiltonian at point $\mathbf{r}$, $H_{DA}(\mathbf{r})$, which is the sum of the atomic internal energy, the laser mode energy, and the atom–laser mode coupling:

$$H_{DA}(\mathbf{r}) = \hbar(\omega_L - \delta)b^+b + \hbar\omega_L a_L{}^+ a_L - [\mathbf{d}\cdot\mathcal{E}_L(\mathbf{r})b^+a_L + \mathbf{d}\cdot\mathcal{E}_L{}^*(\mathbf{r})ba_L{}^+], \tag{2.1}$$

where we have introduced the detuning δ between the laser and the atomic frequencies:

$$\delta = \omega_L - \omega_0 \ll \omega_L, \omega_0. \tag{2.2}$$

If the atom–laser mode coupling is not taken into account ($\mathbf{d} = \mathbf{O}$), the eigenstates of the dressed Hamiltonian are bunched in manifolds $\mathcal{E}_n$ (Fig. 1a), n integer, separated by the energy $\hbar\omega_L$, each manifold consisting of the two states $|g, n+1\rangle$ and $|e, n\rangle$ (atom in the internal state g or e in the

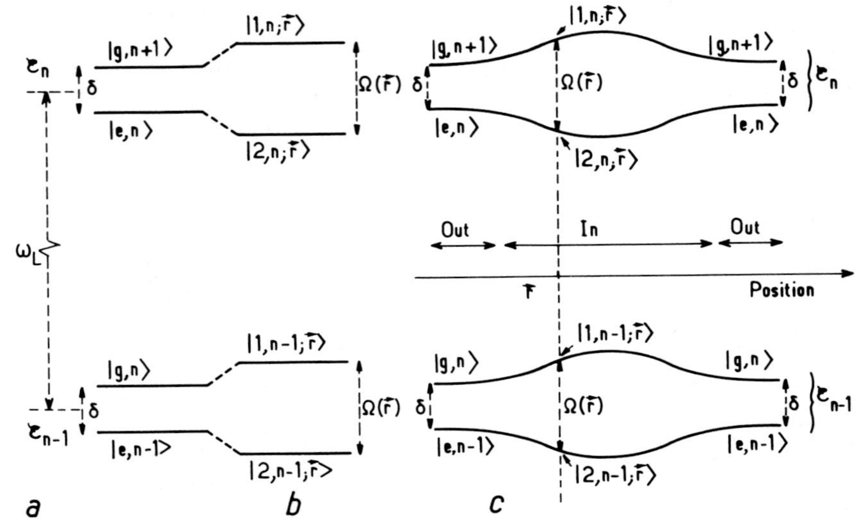

Fig. 1. Dressed-atom energy diagram. a, States of the combined atom–laser mode system without coupling, bunched in well-separated two-dimensional manifolds. b, Dressed states in a given point **r**. The laser–atom coupling produces a **r**-dependent splitting $\Omega(\mathbf{r})$ between the two dressed states of a given manifold. c, Variation across the laser beam of the dressed-atom energy levels. The energy splitting and the wave functions both depend on **r**. Out of the laser beam, the energy levels connect with the uncoupled states of a.

presence of $n+1$ or n laser photons). The atom–laser coupling connects only the two states of a given manifold (transition from g to e with the absorption of one laser photon), and it can be characterized by the phase $\varphi(\mathbf{r})$ and the Rabi frequency $\omega_1(\mathbf{r})$ (real) defined by

$$\frac{2}{\hbar}\langle e, n|V|g, n+1\rangle = -2\sqrt{n+1}\,\frac{\mathbf{d}\cdot\mathscr{E}_L(\mathbf{r})}{\hbar} = \omega_1(\mathbf{r})\exp[i\varphi(\mathbf{r})]. \tag{2.3}$$

Note that $\omega_1(\mathbf{r})$ actually depends on the number n of photons in the manifold, but we shall neglect this dependence by supposing that the laser beam is initially excited in a coherent state with a Poisson distribution for n, the width Δn of which is very small compared with the average number of photons.

At this approximation, we then find a periodic energy diagram for H_{DA} when we take the atom–laser coupling into account (Fig. 1b). The new eigenenergies for the manifold $\mathscr{E}_n$ are

$$E_{1n}(\mathbf{r}) = (n+1)\hbar\omega_L - \frac{\hbar\delta}{2} + \frac{\hbar\Omega(\mathbf{r})}{2},$$

$$E_{2n}(\mathbf{r}) = (n+1)\hbar\omega_L - \frac{\hbar\delta}{2} - \frac{\hbar\Omega(\mathbf{r})}{2}, \tag{2.4}$$

with

$$\Omega(\mathbf{r}) = [\omega_1^2(\mathbf{r}) + \delta^2]^{1/2}, \tag{2.5}$$

and the corresponding eigenvectors (dressed states) can be written as

$$\begin{aligned}|1, n; \mathbf{r}\rangle &= \exp[i\varphi(\mathbf{r})/2]\cos\theta(\mathbf{r})|e, n\rangle \\ &\quad + \exp[-i\varphi(\mathbf{r})/2]\sin\theta(\mathbf{r})|g, n+1\rangle, \\ |2, n; \mathbf{r}\rangle &= -\exp[i\varphi(\mathbf{r})/2]\sin\theta(\mathbf{r})|e, n\rangle \\ &\quad + \exp[-i\varphi(\mathbf{r})/2]\cos\theta(\mathbf{r})|g, n+1\rangle,\end{aligned} \tag{2.6}$$

where the angle $\theta(\mathbf{r})$ is defined by

$$\cos 2\theta(\mathbf{r}) = -\delta/\Omega(\mathbf{r}), \qquad \sin 2\theta(\mathbf{r}) = \omega_1(\mathbf{r})/\Omega(\mathbf{r}). \tag{2.7}$$

The important point is that, in an inhomogeneous laser beam, these energies and eigenstates will vary with the position **r**. In Fig. 1c, we have represented the variation of the energy levels across a Gaussian laser beam: Out of the beam, the dressed levels coincide with the bare ones, and their splitting in a manifold is just $\hbar\delta$. Inside the beam, each dressed level is a linear superposition of $|g, n+1\rangle$ and $|e, n\rangle$, and the splitting between the two dressed states of a given manifold is now $\hbar\Omega(\mathbf{r})$, larger than $\hbar\delta$.

B. Effect of Spontaneous Emission

We now take into account the coupling of the dressed atom with the empty modes, responsible for spontaneous emission of fluorescence photons. The emission frequencies correspond to transitions allowed between dressed levels, i.e., to transitions between states connected by a nonzero matrix element of the atomic dipole. In the uncoupled basis, the only transition allowed is from $|e, n\rangle$ to $|g, n\rangle$. In the coupled basis, we find transitions from the two dressed states of $\mathscr{E}_n$ [both contaminated by $|e, n\rangle$, see Eqs. (2.6)] to the two dressed states of $\mathscr{E}_{n-1}$ (both contaminated by $|g, n\rangle$), and the dipole matrix element $d_{ij}(\mathbf{r})$ between $|j, n; \mathbf{r}\rangle$ and $|i, n-1; \mathbf{r}\rangle$ is given by [cf Eqs. (2.6)]

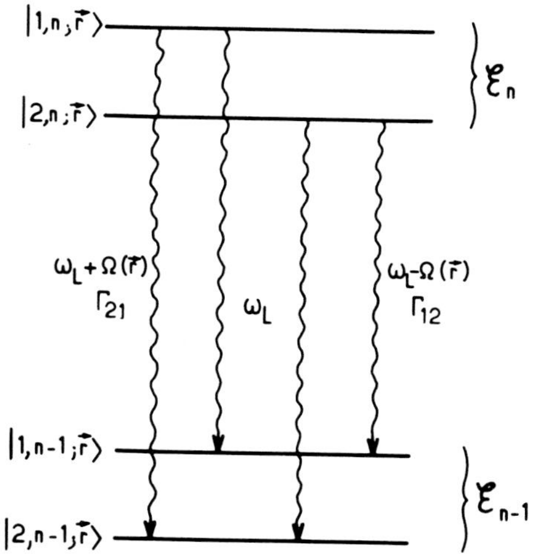

Fig. 2. Spontaneous radiative transitions between two adjacent manifolds, giving rise to the three components of the fluorescence spectrum with frequencies $\omega_L + \Omega$, ω_L, $\omega_L - \Omega$. Γ_{ji} is the transition rate from a level i to a level j.

$$\begin{aligned}\mathbf{d}_{ij}(\mathbf{r}) &= \langle i, n-1; \mathbf{r}|\mathbf{d}(b + b^+)|j, n; \mathbf{r}\rangle,\\ \mathbf{d}_{11} &= -\mathbf{d}_{22} = \mathbf{d}\cos\theta\sin\theta e^{i\varphi},\\ \mathbf{d}_{12} &= -\mathbf{d}e^{i\varphi}\sin^2\theta, \qquad \mathbf{d}_{21} = \mathbf{d}e^{i\varphi}\cos^2\theta. \end{aligned} \tag{2.8}$$

Three different frequencies correspond to these four transitions allowed (Fig. 2): $\omega_L + \Omega(\mathbf{r})$ for $|1, n; \mathbf{r}\rangle$ to $|2, n-1; \mathbf{r}\rangle$, $\omega_L - \Omega(\mathbf{r})$ for $|2, n; \mathbf{r}\rangle$ to $|1, n-1; \mathbf{r}\rangle$, and ω_L for $|1, n; \mathbf{r}\rangle$ to $|1, n-1; \mathbf{r}\rangle$ and $|2, n; \mathbf{r}\rangle$ to $|2, n-1; \mathbf{r}\rangle$. We interpret simply in this way the triplet structure of the fluorescence spectrum.[17]

It is now possible to write a master equation[14–16] for the density matrix ρ of the dressed atom at a given point $\mathbf{r}$. This equation describes both the internal free evolution of the dressed atom (atom–laser coupling) and the relaxation that is due to the atom–vacuum coupling, which causes, through the transitions $\mathcal{E}_n \to \mathcal{E}_{n-1} \to \ldots$, a cascade of the dressed atom down its energy diagram. Actually, in this paper, we shall need not this complete master equation but only the evolution of the four reduced populations and coherences $\Pi_i(\mathbf{r})$ and $\rho_{ij}(\mathbf{r})$ defined by

$$\Pi_i(\mathbf{r}) = \sum_n \langle i, n; \mathbf{r}|\rho|i, n; \mathbf{r}\rangle, \tag{2.9a}$$

$$\rho_{ij}(\mathbf{r}) = \sum_n \langle i, n; \mathbf{r}|\rho|j, n; \mathbf{r}\rangle. \tag{2.9b}$$

Furthermore, we shall restrict ourselves in the following to the limit of well-resolved lines:

$$\Omega(\mathbf{r}) \gg \Gamma, \tag{2.10}$$

which means either intense fields ($|\omega_1(\mathbf{r})| \gg \Gamma$) or large detunings ($|\delta| \gg \Gamma$). In such a case, a secular approximation can be made that greatly simplifies the relaxation part of the master equation. For a fixed point $\mathbf{r}$, one then finds for the evolution of Π_1 and Π_2 that

$$\begin{aligned}\dot{\Pi}_1(\mathbf{r}) &= -\Gamma_{21}(\mathbf{r})\Pi_1(\mathbf{r}) + \Gamma_{12}(\mathbf{r})\Pi_2(\mathbf{r}),\\ \dot{\Pi}_2(\mathbf{r}) &= \Gamma_{21}(\mathbf{r})\Pi_1(\mathbf{r}) - \Gamma_{12}(\mathbf{r})\Pi_2(\mathbf{r}),\end{aligned} \tag{2.11}$$

where the rates of transfer Γ_{ij} from j to i are proportional to the squares of the dipole matrix elements d_{ij}'s:

$$\Gamma_{12}(\mathbf{r}) = \Gamma\sin^4\Theta(\mathbf{r}), \qquad \Gamma_{21}(\mathbf{r}) = \Gamma\cos^4\Theta(\mathbf{r}). \tag{2.12}$$

Since each transition $1 \to 2$ or $2 \to 1$ corresponds to the emission of a photon $\omega_L + \Omega$ or $\omega_L - \Omega$, $\Gamma_{21}\Pi_1$ and $\Gamma_{12}\Pi_2$ represent, respectively, the number of photons emitted per unit time in the sidebands $\omega_L + \Omega$ and $\omega_L - \Omega$. For a fixed point $\mathbf{r}$, the evolution of ρ_{12} and ρ_{21} is given by

$$\begin{aligned}\dot{\rho}_{12}(\mathbf{r}) &= [-i\Omega(\mathbf{r}) - \Gamma_{\text{coh}}(\mathbf{r})]\rho_{12}(\mathbf{r}),\\ \dot{\rho}_{21}(\mathbf{r}) &= [i\Omega(\mathbf{r}) - \Gamma_{\text{coh}}(\mathbf{r})]\rho_{21}(\mathbf{r}),\end{aligned} \tag{2.13}$$

with

$$\Gamma_{\text{coh}}(\mathbf{r}) = \Gamma\left[\frac{1}{2} + \cos^2\Theta(\mathbf{r}) \cdot \sin^2\Theta(\mathbf{r})\right]. \tag{2.14}$$

The steady-state solution of Eqs. (2.11) and (2.13) is

$$\begin{aligned}\Pi_1^{\text{st}}(\mathbf{r}) &= \frac{\Gamma_{12}(\mathbf{r})}{\Gamma_{12}(\mathbf{r}) + \Gamma_{21}(\mathbf{r})} = \frac{\sin^4\Theta(\mathbf{r})}{\sin^4\Theta(\mathbf{r}) + \cos^4\Theta(\mathbf{r})},\\ \Pi_2^{\text{st}}(\mathbf{r}) &= \frac{\Gamma_{21}(\mathbf{r})}{\Gamma_{12}(\mathbf{r}) + \Gamma_{21}(\mathbf{r})} = \frac{\cos^4\Theta(\mathbf{r})}{\sin^4\Theta(\mathbf{r}) + \cos^4\Theta(\mathbf{r})},\\ \rho_{12}^{\text{st}}(\mathbf{r}) &= \rho_{21}^{\text{st}}(\mathbf{r}) = 0.\end{aligned} \tag{2.15}$$

It is reached with a rate $\Gamma_{\text{coh}}(\mathbf{r})$ for the coherences ρ_{ij} and with a rate

$$\Gamma_{\text{pop}}(\mathbf{r}) = \Gamma_{12}(\mathbf{r}) + \Gamma_{21}(\mathbf{r}) = \Gamma[\cos^4\Theta(\mathbf{r}) + \sin^4\Theta(\mathbf{r})] \tag{2.16}$$

for the populations Π_i, since Eqs. (2.11) can be rewritten, using Eqs. (2.15) and $\Pi_1 + \Pi_2 = 1$, as

$$\dot{\Pi}_i(\mathbf{r}) = -\Gamma_{\text{pop}}(\mathbf{r})[\Pi_i(\mathbf{r}) - \Pi_i^{\text{st}}(\mathbf{r})]. \tag{2.17}$$

Note, finally, that in steady state we have, according to Eqs. (2.11), $\Gamma_{21}\Pi_1^{\text{st}} = \Gamma_{12}\Pi_2^{\text{st}}$, so that equal numbers of photons are emitted in the two sidebands $\omega_L \pm \Omega$. Furthermore, one can show that the two sidebands have the same width, given by Eq. (2.14). It follows that, in steady state, the fluorescence spectrum is symmetric.[17]

C. Effect of Atomic Motion

If the point $\mathbf{r}$ varies with time (case of a moving atom), it is still possible to obtain the evolution of the Π_i's and ρ_{ij}'s. The master equation must be modified to take into account the time dependence of $|i, n; \mathbf{r}(t)\rangle$ and $|j, n; \mathbf{r}(t)\rangle$ in Eqs. (2.9). Using

$$\dot{\Pi}_i(\mathbf{r}) = \sum_n \langle i, n; \mathbf{r}|\dot{\rho}|i, n; \mathbf{r}\rangle + \overline{\langle i, n; \mathbf{r}}|\rho|i, n; \mathbf{r}\rangle + \langle i, n; \mathbf{r}|\rho|\overline{i, n; \mathbf{r}\rangle} \tag{2.18}$$

with

$$|\dot{\overline{i, n; \mathbf{r}}}\rangle = \mathbf{v} \cdot \nabla |i, n; \mathbf{r}\rangle \tag{2.19}$$

and coming back to the definitions (2.6) of $|i, n; \mathbf{r}\rangle$, one obtains, for example,

$$\dot{\Pi}_1 = -\Gamma_{\text{pop}}(\Pi_1 - \Pi_1^{\text{st}}) + \mathbf{v} \cdot \nabla\Theta(\rho_{12} + \rho_{21}) + i\mathbf{v} \cdot \nabla\varphi \sin\Theta \cos\Theta(\rho_{21} - \rho_{12}), \tag{2.20a}$$

$$\dot{\rho}_{12} = -[i(\Omega + \mathbf{v} \cdot \nabla\varphi \cos 2\Theta) + \Gamma_{\text{coh}}]\rho_{12} + [\mathbf{v} \cdot \nabla\Theta + i\mathbf{v} \cdot \nabla\varphi \sin\Theta \cos\Theta](\Pi_2 - \Pi_1). \tag{2.20b}$$

The variation $d\Pi_i = \dot{\Pi}_i dt$ of Π_i during the time dt now appears from Eq. (2.20a) as the sum of two terms:

$$d\Pi_i = (d\Pi_i)_{\text{Rad}} + (d\Pi_i)_{\text{NA}}. \tag{2.21}$$

$(d\Pi_i)_{\text{Rad}}$ corresponds to the modification of Π_i that is due to radiative relaxation through spontaneous emission:

$$(d\Pi_i)_{\text{Rad}} = -\Gamma_{\text{pop}}(\Pi_i - \Pi_i^{\text{st}}). \tag{2.22}$$

Such a term already appeared for an atom at rest [cf. Eq. (2.17)]. $(d\Pi_i)_{\text{NA}}$, on the other hand, represents the contribution of the two terms proportional to the atomic velocity:

$$(d\Pi_1)_{\text{NA}} = \mathbf{v}dt \cdot [\nabla\Theta(\rho_{12} + \rho_{21}) + i \sin\Theta \cos\Theta\nabla\varphi(\rho_{21} - \rho_{12})] = -(d\Pi_2)_{\text{NA}}. \tag{2.23}$$

This modification of the dressed populations, induced by the atomic motion, is due to the spatial variation of the dressed levels: We shall call this term nonadiabatic (NA) kinetic coupling since it describes the possibility for a moving atom initially on a level $|i, n; \mathbf{r}(0)\rangle$ to reach, in the absence of spontaneous emission, the other level $|j, n; \mathbf{r}(t)\rangle$ ($j \neq i$), instead of following adiabatically $|i, n; \mathbf{r}(t)\rangle$. Let us take, for example, the case of an atom that goes from the antinode to the node of a standing wave and that thus experiences a rapid change of the dressed levels, and let us give an order of magnitude of the velocity v for which this NA coupling becomes important. The probability $p_{i \to j}$ for a NA transition from $|i, n; \mathbf{r}\rangle$ to $|j, n; \mathbf{r}\rangle$ is overestimated by (see Ref. 18)

$$p_{i \to j} \leqslant \sup\left\{\frac{|\langle j, n; \mathbf{r}(t)|\dot{\overline{i, n; \mathbf{r}(t)}}\rangle|^2}{|\omega_{ij}(t)|^2}\right\}. \tag{2.24}$$

$\omega_{ij}(t)$ is the Bohr frequency between levels i and j at time t equal to $\pm\Omega[\mathbf{r}(t)]$. On the other hand, using expression (2.6) for the dressed levels, we obtain (φ constant)

$$|\dot{\overline{i, n; \mathbf{r}(t)}}\rangle = \pm\mathbf{v} \cdot \nabla\Theta|j, n; \mathbf{r}(t)\rangle, \tag{2.25}$$

and Eqs. (2.7) give for $\nabla\Theta$

$$\nabla\Theta = \frac{-\delta\nabla\omega_1}{2(\delta^2 + \omega_1^2)}. \tag{2.26}$$

In a standing wave, ω_1 varies as $\omega_1(\mathbf{r}) = \tilde{\omega}_1 \cos \mathbf{kr}$ so that

$$|\nabla\Theta| = \frac{k}{2}\left|\frac{\delta\tilde{\omega}_1 \sin \mathbf{k} \cdot \mathbf{r}}{\delta^2 + \tilde{\omega}_1^2 \cos^2 \mathbf{k} \cdot \mathbf{r}}\right| \lesssim \frac{k}{2}\left|\frac{\tilde{\omega}_1}{\delta}\right| \tag{2.27}$$

and

$$p_{i \to j} \lesssim \left(\frac{kv}{2}\right)^2 \frac{|\delta\tilde{\omega}_1 \sin \mathbf{kr}|^2}{|\delta^2 + \tilde{\omega}_1^2 \cos^2 \mathbf{kr}|^3} \lesssim \left|\frac{kv}{2} \cdot \frac{\tilde{\omega}_1}{\delta^2}\right|^2. \tag{2.28}$$

The effect of this NA coupling, which is maximal at the nodes of the standing wave, is negligible compared with the transfer by spontaneous emission (smaller than $\Gamma\lambda/2v$) when

$$kv \ll kv_{cr} = (2\Pi\Gamma\delta^4/\tilde{\omega}_1^2)^{1/3}. \tag{2.29}$$

Note that for a resonant wave ($\delta = 0$), $\nabla\Theta$ is zero [see Eq. (2.26)] so that the adiabatic approximation holds for any velocity.

3. MEAN DIPOLE FORCE $\mathbf{f}_{\text{dip}}$

A. Expression of $\mathbf{f}_{\text{dip}}$ in Terms of Dressed States

As usual in semiclassical theory, we start, according to the Heisenberg point of view, from the equation of motion of the atomic momentum **P**. The force operator **F** is defined as the time derivative of **P**:

$$\mathbf{F} = \frac{d\mathbf{P}}{dt} = \frac{i}{\hbar}[H, \mathbf{P}] = -\nabla_{\mathbf{R}}H = -\nabla_{\mathbf{R}}V. \tag{3.1}$$

In the semiclassical treatment followed here, we replace in $\nabla_R H$ the position operator **R** by its average value **r**. Furthermore, we are interested in the average **f** of **F** over both field and internal atomic states:

$$\mathbf{f}(\mathbf{r}) = \langle \mathbf{F}(\langle \mathbf{R} \rangle)\rangle. \tag{3.2}$$

In such an average, the contribution of empty modes in Eq. (3.1) vanishes, and the average force is related only to the gradient of the atom–laser mode coupling:

$$\mathbf{f}(\mathbf{r}) = \langle b^+ a_L \nabla[\mathbf{d} \cdot \mathcal{E}_L(\mathbf{r})] + b a_L^+ \nabla[\mathbf{d} \cdot \mathcal{E}_L^*(\mathbf{r})]\rangle. \tag{3.3}$$

Using Eq. (2.3), this can be written as

$$\mathbf{f}(\mathbf{r}) = \frac{\hbar\omega_1}{2} i\nabla\varphi(\rho_{eg}e^{-i\varphi} - \rho_{ge}e^{i\varphi}) - \frac{\hbar\nabla\omega_1}{2}(\rho_{eg}e^{-i\varphi} + \rho_{ge}e^{i\varphi}), \tag{3.4}$$

where we have put

$$\rho_{eg} = \sum_n \langle e, n|\rho|g, n + 1\rangle,$$

$$\rho_{ge} = \sum_n \langle g, n + 1|\rho|e, n\rangle. \tag{3.5}$$

Expression (3.4) for $\mathbf{f}(\mathbf{r})$ is well known. Its two parts are, respectively, the radiation-pressure term proportional to the gradient of the phase $\varphi(\mathbf{r})$ and the dipole force proportional to the gradient of the Rabi frequency $\omega_1(\mathbf{r})$. As indicated in the Introduction, we are interested here in the dipole force, so we shall focus on this second term in all the following, and we shall omit all terms proportional to $\nabla\varphi$. Using expressions (2.6) for the dressed levels, the mean dipole force $\mathbf{f}_{\text{dip}}$ can be written in the dressed-atom basis as

$$\mathbf{f}_{\text{dip}} = \frac{\hbar\nabla\Omega}{2}(\Pi_2 - \Pi_1) - \hbar\Omega\nabla\Theta(\rho_{12} + \rho_{21}). \tag{3.6}$$

B. Energy Balance in a Small Displacement

In order to get some physical insight into expression (3.6) of $\mathbf{f}_{\text{dip}}$, we now calculate the work dW that has to be provided for moving the dressed atom by a quantity $d\mathbf{r}$:

$$\mathrm{d}W = -\mathbf{f}_{\mathrm{dip}} \cdot \mathrm{d}\mathbf{r}$$

$$= -\hbar \frac{\nabla\Omega}{2} \cdot \mathrm{d}\mathbf{r}(\Pi_2 - \Pi_1) + \hbar\Omega\nabla\Theta \cdot \mathrm{d}\mathbf{r}(\rho_{12} + \rho_{21}). \tag{3.7}$$

The first term of this expression can be written simply as

$$-\frac{\hbar \mathrm{d}\Omega}{2}(\Pi_2 - \Pi_1) = \sum_{i=1,2} \Pi_i \mathrm{d}E_i, \tag{3.8}$$

where $\mathrm{d}E_i$ represents the change of energy of the dressed level $|i, n; \mathbf{r}\rangle$ in the manifold $\mathcal{E}_n$:

$$E_1(\mathbf{r}) = \frac{1}{2}\hbar\Omega(\mathbf{r}),$$

$$E_2(\mathbf{r}) = -\frac{1}{2}\hbar\Omega(\mathbf{r}) = -E_1(\mathbf{r}). \tag{3.9}$$

[E_1 and E_2 are the deviations of E_{1n} and E_{2n} from $(E_{1n} + E_{2n})/2$, which is independent of $\mathbf{r}$—see Eqs. (2.4).] Using Eq. (2.23), we can reexpress the second term of Eq. (3.7) in terms of the NA change of Π_i in the displacement $\mathrm{d}\mathbf{r} = \mathbf{v}\mathrm{d}t$:

$$\hbar\Omega\nabla\Theta \cdot \mathbf{v}\mathrm{d}t(\rho_{12} + \rho_{21}) = \hbar\Omega(\mathrm{d}\Pi_1)_{\mathrm{NA}} = -\hbar\Omega(\mathrm{d}\Pi_2)_{\mathrm{NA}}$$

$$= \frac{\hbar\Omega}{2}[(\mathrm{d}\Pi_1)_{\mathrm{NA}} - (\mathrm{d}\Pi_2)_{\mathrm{NA}}] = \sum_i E_i(\mathrm{d}\Pi_i)_{\mathrm{NA}}. \tag{3.10}$$

Finally, $\mathrm{d}W$ can be written as

$$\mathrm{d}W = \sum_{i=1,2}[\Pi_i \mathrm{d}E_i + E_i(\mathrm{d}\Pi_i)_{\mathrm{NA}}]. \tag{3.11}$$

A first comment that can be made about Eq. (3.11) is that only NA changes of populations $(\mathrm{d}\Pi_i)_{\mathrm{NA}}$ appear in $\mathrm{d}W$. It follows that, if v is low enough, NA effects can be neglected [(see expression 2.29)], and we can keep only the first term of Eq. (3.11):

$$\mathrm{d}W = \sum_i \Pi_i \mathrm{d}E_i \quad \text{if} \quad v \ll v_{cr}. \tag{3.12}$$

Since $(\mathrm{d}\Pi_i)_{\mathrm{NA}}$ is not equal to $(\mathrm{d}\Pi_i)$, it is clear also from Eq. (3.11) that $\mathrm{d}W$ is *not* equal to the change of $\Sigma_i E_i\Pi_i$, which can be interpreted as the mean potential energy of the atom in the field. In other words, if we put

$$U_A = \sum_i E_i \Pi_i, \tag{3.13}$$

then

$$\mathrm{d}W \neq \mathrm{d}U_A. \tag{3.14}$$

In order to understand the physical meaning of the difference between $\mathrm{d}W$ and $\mathrm{d}U_A$, we now add and substract $\Sigma_i E_i(\mathrm{d}\Pi_i)_{\mathrm{rad}}$ to the right-hand side of Eq. (3.11). Using Eqs. (2.21) and (3.13), we first obtain

$$\mathrm{d}W = \mathrm{d}U_A - \sum_i E_i(\mathrm{d}\Pi_i)_{\mathrm{Rad}}. \tag{3.15}$$

Then, we use Eqs. (2.11) and (3.9) to transform the last term of Eq. (3.15), and, finally, we obtain

$$\mathrm{d}W = \mathrm{d}U_A + (\Gamma_{21}\Pi_1\hbar\Omega - \Gamma_{12}\Pi_2\hbar\Omega)\mathrm{d}t. \tag{3.16}$$

We claim now that the last term of Eq. (3.16) is the energy change $\mathrm{d}U_F$ of the electromagnetic field (laser + fluorescence photons) during the time $\mathrm{d}t$ of the displacement $\mathrm{d}\mathbf{r}$:

$$\mathrm{d}U_F = (\Gamma_{21}\Pi_1\hbar\Omega - \Gamma_{12}\Pi_2\hbar\Omega)\mathrm{d}t. \tag{3.17}$$

Such a result can be understood by considering that, during the time $\mathrm{d}t$, $\mathrm{d}n$ laser photons (energy $\hbar\omega_L$) disappear, and $\mathrm{d}n$ fluorescence photons are emitted. Photons emitted on transitions $|i, n; \mathbf{r}\rangle \rightarrow |i, n-1; \mathbf{r}\rangle$ can be omitted in the energy balance since they have the same energy $\hbar\omega_L$ as laser photons. By contrast, photons emitted on transitions $|1, n; \mathbf{r}\rangle \rightarrow |2, n-1; \mathbf{r}\rangle$ or $|2, n; \mathbf{r}\rangle \rightarrow |1, n-1; \mathbf{r}\rangle$ have an energy $\hbar\omega_L + \hbar\Omega$ or $\hbar\omega_L - \hbar\Omega$, and the emission of such photons changes the energy of the field by a quantity $\hbar\Omega$ or $-\hbar\Omega$. [Actually, because of the Doppler effect, the mean frequencies of the three components of the fluorescence spectrum are slightly shifted from the values ω_L, $\omega_L + \Omega$, $\omega_L - \Omega$. We neglect these shifts for the moment, and we shall discuss their physical consequences later on. See remark (2) at the end of this subsection.] Since there are, respectively, $\Gamma_{21}\Pi_1\mathrm{d}t$ and $\Gamma_{12}\Pi_2\mathrm{d}t$ transitions during $\mathrm{d}t$, we understand why the energy change $\mathrm{d}U_F$ of the field is given by Eq. (3.17). Note that $\mathrm{d}U_F$ different from zero implies that $\Gamma_{21}\Pi_1\mathrm{d}t \neq \Gamma_{12}\Pi_2\mathrm{d}t$, i.e., that the numbers of photons $\mathrm{d}n_+$ and $\mathrm{d}n_-$ emitted in the two sidebands $\omega_L + \Omega$ and $\omega_L - \Omega$ are not the same. In other words, the energy change $\mathrm{d}U_F$ of the field is associated with an *asymmetry* between the two sidebands of the fluorescence spectrum emitted by the atom during the displacement $\mathrm{d}\mathbf{r}$.

Finally, we can write

$$\mathrm{d}W = -\mathbf{f}_{\mathrm{dip}} \cdot \mathrm{d}\mathbf{r} = \mathrm{d}U_A + \mathrm{d}U_F, \tag{3.18}$$

which shows that the work done against the dipole force for moving the atom from $\mathbf{r}$ to $\mathbf{r} + \mathrm{d}\mathbf{r}$ is transformed into a variation of atomic and field energies. Note that Eq. (3.18) is valid for any velocity (since NA effects are included in $\mathrm{d}U_A$).

Remarks

(1) The energy $\mathrm{d}U_F$ taken by the field is different from zero even in the quasi-static limit, i.e., when the velocity $\mathbf{v}$ between $\mathbf{r}$ and $\mathbf{r} + \mathrm{d}\mathbf{r}$ is extremely low. This is because the steady-state populations $\Pi_i^{\mathrm{st}}(\mathbf{r})$ depend on $\mathbf{r}$. If, for example, $\Pi_1^{\mathrm{st}}(\mathbf{r} + \mathrm{d}\mathbf{r}) < \Pi_1^{\mathrm{st}}(\mathbf{r})$ and, consequently, $\Pi_2^{\mathrm{st}}(\mathbf{r} + \mathrm{d}\mathbf{r}) > \Pi_2^{\mathrm{st}}(\mathbf{r})$, there are necessarily more transitions from 1 to 2 than from 2 to 1 during the displacement $\mathrm{d}\mathbf{r}$. This means that, in the quasi-static limit, the difference $\mathrm{d}n_+ - \mathrm{d}n_-$ between the number of photons emitted in the two sidebands depends only on $\mathrm{d}\mathbf{r}$ and not on the velocity. On the other hand, when v decreases, the time $\mathrm{d}t$ required for going from $\mathbf{r}$ to $\mathbf{r} + \mathrm{d}\mathbf{r}$ increases, and the number of photons $\mathrm{d}n_+$ and $\mathrm{d}n_-$ increases. This shows that the *relative* asymmetry of the fluorescence spectrum $(\mathrm{d}n_+ - \mathrm{d}n_-)/(\mathrm{d}n_+ + \mathrm{d}n_-)$ tends to zero when v tends to zero, whereas the *absolute* asymmetry $\mathrm{d}n_+ - \mathrm{d}n_-$ remains constant and proportional to $\mathrm{d}U_F$.

(2) We come back now to the mean Doppler shift of the fluorescence spectrum mentioned above. Consider the simple case of an atom moving with velocity $\mathbf{v}$ in a plane wave with wave vector $\mathbf{k}$. In the rest frame of the atom, the laser photons have a frequency $\omega_L - \mathbf{k} \cdot \mathbf{v}$, and the fluorescence spectrum is centered on $\omega_L - \mathbf{k} \cdot \mathbf{v}$. Coming back to the laboratory frame and averaging over the direction of the spontaneously emitted photons, one finds that the fluorescence spectrum is still centered, on the average, on $\omega_L - \mathbf{k} \cdot \mathbf{v}$.

If n fluorescence cycles occur per unit time, the energy balance dU_F of the field calculated above in Eq. (3.17) must be corrected in the laboratory frame by an amount $-ndt\hbar\mathbf{k}\cdot\mathbf{v}$ equal to $-n\hbar\mathbf{k}\cdot d\mathbf{r}$. Such a correction corresponds to the work done against the *radiation-pressure force* $n\hbar\mathbf{k}$. This shows that taking into account the Doppler shift in the energy balance is equivalent to including the radiation-pressure force in this energy balance. Since this paper is devoted to dipole forces, we shall ignore these corrections in what follows.

C. Mean Dipole Force for an Atom at Rest in r

If the atom is at rest in $\mathbf{r}$, we can ignore NA effects and replace in Eq. (3.12) the populations Π_i by their steady-state values Π_i^{st}, which gives

$$\mathbf{f}_{\mathrm{dip}}^{\ st} = -\sum_i \Pi_i^{st}\nabla E_i = -\Pi_1^{st}\nabla E_1 - \Pi_2^{st}\nabla E_2. \quad (3.19)$$

The physical meaning of this expression is clear. The mean dipole force $\mathbf{f}_{\mathrm{dip}}$ is the average of the forces $-\nabla E_1$ and $-\nabla E_2$ "seen," respectively, on levels $|1, n; \mathbf{r}\rangle$ and $|2, n; \mathbf{r}\rangle$ and weighted by the probabilities of occupation Π_1^{st} and Π_2^{st} of these two types of states.

Using Eqs. (3.9) and expressions (2.5) and (2.15) of Ω and Π_i^{st}, we can write Eq. (3.19) as

$$\mathbf{f}_{\mathrm{dip}}^{\ st} = -\hbar\delta \frac{\omega_1^{\,2}}{\omega_1^{\,2}+2\delta^2}\alpha = -\nabla\left[\frac{\hbar\delta}{2}\log\left(1+\frac{\omega_1^{\,2}}{2\delta^2}\right)\right], \quad (3.20)$$

where we have put

$$\alpha = \frac{\nabla\omega_1}{\omega_1} = \frac{\Omega}{\omega_1^{\,2}}\nabla\Omega. \quad (3.21)$$

Expression (3.20) of $\mathbf{f}_{\mathrm{dip}}^{st}$ coincides exactly with the value derived from OBE's in the limit (2.10) of well-separated lines.[1,2,4]

We would like, finally, to show how the dressed-atom approach gives a simple understanding of the connection between the sign of the dipole force and the sign of the detuning $\delta = \omega_L - \omega_0$ between the laser and atomic frequencies. If the detuning δ is positive (Fig. 3a), the levels 1 are those that coincide with $|g, n+1\rangle$ outside the laser beam. It follows that they are less contaminated by $|e, n\rangle$ than levels 2 and that fewer spontaneous transitions start from 1 than from 2. This shows that levels 1 are more populated than levels 2 ($\Pi_1^{st} > \Pi_2^{st}$). The force resulting from levels 1 is therefore dominant, and the atom is expelled from high-intensity regions. If the detuning is negative (Fig. 3b), the conclusions are reversed: Levels 2 are more populated, and the atom is attracted toward high-intensity regions. Finally, if $\omega_L = \omega_0$, both states 1 and 2 contain the same admixture of e and g, they are equally populated ($\Pi_1^{st} = \Pi_2^{st}$), and the mean dipole force vanishes.

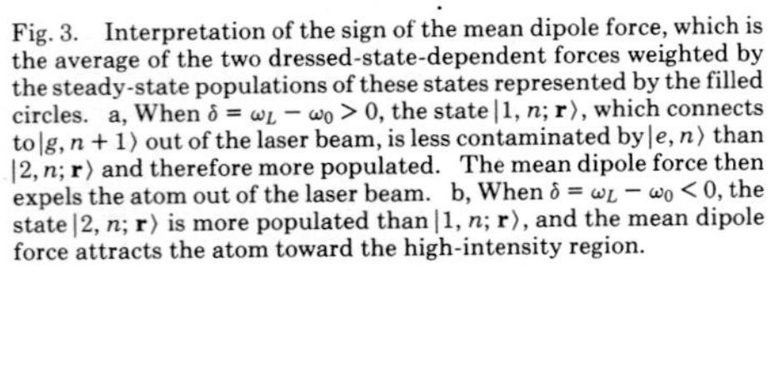

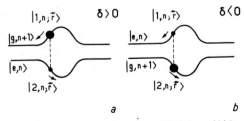

Fig. 3. Interpretation of the sign of the mean dipole force, which is the average of the two dressed-state-dependent forces weighted by the steady-state populations of these states represented by the filled circles. a, When $\delta = \omega_L - \omega_0 > 0$, the state $|1, n; \mathbf{r}\rangle$, which connects to $|g, n+1\rangle$ out of the laser beam, is less contaminated by $|e, n\rangle$ than $|2, n; \mathbf{r}\rangle$ and therefore more populated. The mean dipole force then expels the atom out of the laser beam. b, When $\delta = \omega_L - \omega_0 < 0$, the state $|2, n; \mathbf{r}\rangle$ is more populated than $|1, n; \mathbf{r}\rangle$, and the mean dipole force attracts the atom toward the high-intensity region.

D. Mean Dipole Force for a Slowly Moving Atom

We consider now a slowly moving atom for which NA effects are negligible, so that we can use Eq. (3.12) and write

$$\mathbf{f}_{\mathrm{dip}} = -\Pi_1\nabla E_1 - \Pi_2\nabla E_2. \quad (3.22)$$

Furthermore, we limit ourselves in this subsection to extremely small velocities such that

$$\frac{kv}{\Gamma} \ll 1 \quad \Leftrightarrow \quad v\Gamma^{-1} \ll \lambda. \quad (3.23)$$

Condition (3.23) means that the Doppler effect is very small compared with the natural width or, equivalently, that the atom travels over a small distance (compared with the laser wavelength λ) during the radiative-relaxation time. It follows that the populations $\Pi_i(\mathbf{r})$ for the moving atom are very close to the steady-state values $\Pi_i^{st}(\mathbf{r})$, the difference between $\Pi_i(\mathbf{r})$ and $\Pi_i^{st}(\mathbf{r})$ being of the order of kv/Γ. We therefore expect that Eq. (3.22) differs from the steady-state value (3.20) by a term linear in kv/Γ, which we now want to evaluate. Before doing this calculation, let us emphasize that the NA terms neglected in Eq. (3.22) would also give rise to velocity-dependent dipole forces if they were taken into account, but we shall see at the end of this section that their contribution to $\mathbf{f}_{\mathrm{dip}} - \mathbf{f}_{\mathrm{dip}}^{st}$ is much smaller than that of $\pi_i - \pi_i^{st}$.

In order to obtain the first-order correction (in kv/Γ) to $\Pi_i - \Pi_i^{st}$, we go back to Eq. (2.17) [since $(\dot{\Pi}_i)_{NA}$ is negligible], and we replace $\dot{\Pi}_i(\mathbf{r})$ by $\mathbf{v}\cdot\nabla\Pi_i(\mathbf{r})$ in the left-hand-side member of this equation:

$$\mathbf{v}\cdot\nabla\Pi_i(\mathbf{r}) = -\Gamma_{\mathrm{pop}}(\mathbf{r})[\Pi_i(\mathbf{r}) - \Pi_i^{st}(\mathbf{r})]. \quad (3.24)$$

Since the left-hand-side member of Eq. (3.24) already contains v, we can replace in this term $\Pi_i(\mathbf{r})$ by $\Pi_i^{st}(\mathbf{r})$. Equation (3.24) then gives

$$\Pi_i(\mathbf{r}) \simeq \Pi_i^{st}(\mathbf{r}) - \mathbf{v}\tau_{\mathrm{pop}}\cdot\nabla\Pi_i^{st}(\mathbf{r}), \quad (3.25)$$

where

$$\tau_{\mathrm{pop}}(\mathbf{r}) = 1/\Gamma_{\mathrm{pop}}(\mathbf{r}). \quad (3.26)$$

Expression (3.25), which can be also written as

$$\Pi_i(\mathbf{r}) \simeq \Pi_i^{st}(\mathbf{r} - \mathbf{v}\tau_{\mathrm{pop}}), \quad (3.27)$$

has a clear physical meaning. The radiative relaxation between the two states 1 and 2 takes place with a certain time constant τ_{pop}. Since the atom is moving, and since the steady-state population $\Pi_i^{st}(\mathbf{r})$ generally depends on $\mathbf{r}$, the radiative relaxation cannot instantaneously adjust the population $\Pi_i(\mathbf{r})$ to the steady-state value $\Pi_i^{st}(\mathbf{r})$ that would be obtained if the atom were staying in $\mathbf{r}$. There is a certain

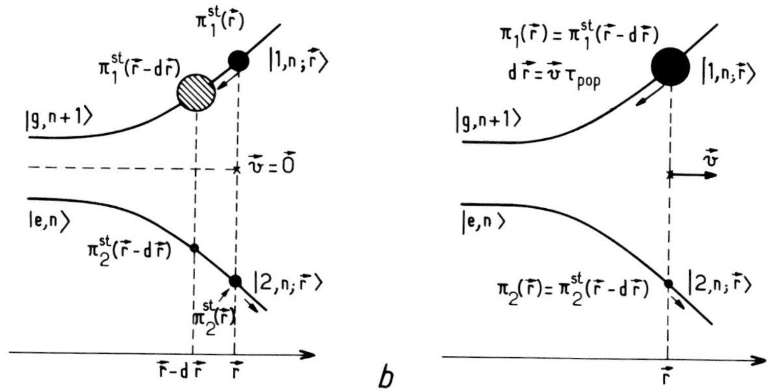

Fig. 4. Interpretation of the sign of the velocity-dependent dipole force ($\delta > 0$) for a slowly moving atom. a, Level $|1, n; \mathbf{r}\rangle$ connects with $|g, n + 1\rangle$ out of the laser beam, so that the steady-state population Π_1^{st} decreases as the atom is put in higher-intensity regions: $\Pi_1^{st}(\mathbf{r} - d\mathbf{r})$ (hatched circle) is larger than $\Pi_1^{st}(\mathbf{r})$ (filled circle), and consequently, $\Pi_2^{st}(\mathbf{r} - d\mathbf{r}) < \Pi_2^{st}(\mathbf{r})$. b, For an atom entering with a velocity $\mathbf{v}$ in the laser beam, because of the time lag τ_{pop} of radiative relaxation the instantaneous population in $\mathbf{r}$, $\Pi_1(\mathbf{r})$, is the steady population at point $\mathbf{r} - \mathbf{v}\,\tau_{pop}$, which is larger than $\Pi_1^{st}(\mathbf{r})$. The mean dipole force then expels the moving atom out of the laser beam more than if it were at rest. The component of the force linear in v is therefore a damping term.

lag, characterized by the time constant τ_{pop}, so that the population $\Pi_i(\mathbf{r})$ for an atom passing in $\mathbf{r}$ at t is the steady-state population corresponding to a previous time $t - \tau_{pop}$, i.e., corresponding to the position $\mathbf{r} - \mathbf{v}\tau_{pop}$.

Such a simple idea provides a straightforward interpretation of the unusual sign of the velocity-dependent dipole force, which we have already mentioned in the Introduction. The problem is to understand why the dipole force is a friction force when the detuning δ is positive, rather than a heating force, as is the case for radiation pressure. Consider an atom entering into a laser beam and suppose that $\delta = \omega_L - \omega_0$ is positive. We have represented in Fig. 4a the steady-state populations in $\mathbf{r}$, $\Pi_1^{st}(\mathbf{r})$, and $\Pi_2^{st}(\mathbf{r})$ by a circle with a diameter proportional to $\Pi_1^{st}(\mathbf{r})$ and $\Pi_2^{st}(\mathbf{r})$, respectively. Since, for $\delta > 0$, the state $|1, n; \mathbf{r}\rangle$ is transformed continuously into $|g, n + 1\rangle$ out of the laser beam, it is more contaminated by $|g, n + 1\rangle$ than $|2, n; \mathbf{r}\rangle$, and it is more populated: $\Pi_1^{st}(\mathbf{r}) > \Pi_2^{st}(\mathbf{r})$. Furthermore, the contamination of $|1, n; \mathbf{r}\rangle$ by $|e, n\rangle$ increases when the Rabi frequency $\omega_1(\mathbf{r})$ increases. It follows that $\Pi_1^{st}(\mathbf{r})$ decreases when $\mathbf{r}$ is shifted toward the laser beam: $\Pi_1^{st}(\mathbf{r} - d\mathbf{r}) > \Pi_1^{st}(\mathbf{r})$. Consider now an atom moving with the velocity $\mathbf{v}$ (Fig. 4b). According to Eq. (3.27), the population $\Pi_1(\mathbf{r})$ in $\mathbf{r}$ is not $\Pi_1^{st}(\mathbf{r})$ but $\Pi_1^{st}(\mathbf{r} - d\mathbf{r})$ with $d\mathbf{r} = \mathbf{v}\tau_{pop}$. It follows that

$$\Pi_1(\mathbf{r}) = \Pi_1^{st}(\mathbf{r} - \mathbf{v}\tau_{pop}) > \Pi_1^{st}(\mathbf{r}). \tag{3.28}$$

(The filled circles in Fig. 4b have the same diameters as the hatched circles of Fig. 4a.) The same argument gives

$$\Pi_2(\mathbf{r}) = \Pi_2^{st}(\mathbf{r} - \mathbf{v}\tau_{pop}) < \Pi_2^{st}(\mathbf{r}). \tag{3.29}$$

Finally, the moving atom is expelled from the high-intensity region with the force

$$\mathbf{f}_{dip} = -\frac{\hbar\nabla\Omega}{2}[\Pi_1(\mathbf{r}) - \Pi_2(\mathbf{r})], \tag{3.30}$$

which is *larger* than the steady-state force that it would experience if it were at rest in $\mathbf{r}$: The extra velocity-dependent force is therefore a *damping* force. With a negative detuning, the conclusions would be reversed: The velocity-dependent dipole force would then be a *heating* force.

We can also derive an explicit expression for the velocity-dependent force by inserting expression (3.25) into Eq. (3.22) and by using expressions (2.15) and (2.16) of Π_i^{st} and $\Gamma_{pop} = \tau_{pop}^{-1}$. We obtain in this way

$$\mathbf{f}_{dip}(\mathbf{r}, \mathbf{v}) = \mathbf{f}_{dip}^{st}(\mathbf{r}) - \frac{2\hbar\delta}{\Gamma}\left(\frac{\omega_1^2(\mathbf{r})}{\omega_1^2(\mathbf{r}) + 2\delta^2}\right)^3 (\boldsymbol{\alpha}\cdot\mathbf{v})\boldsymbol{\alpha}, \tag{3.31}$$

where $\mathbf{f}_{dip}^{st}$ is the dipole force (3.20) for an atom at rest in $\mathbf{r}$ and where $\boldsymbol{\alpha}$ is given in Eq. (3.21). Such an expression coincides exactly [in the limit (2.10)] with the one derived by Gordon and Ashkin.[1] In Section 5, we shall come back to Eq. (3.31) for the particular case of a standing wave, and we shall calculate the average of $\mathbf{f}_{dip}(\mathbf{r}, \mathbf{v})$ over a wavelength. We shall see that the contribution of $\mathbf{f}_{dip}^{st}(\mathbf{r})$ to this average is zero so that one is left only with the contribution of the second part, proportional to the velocity, which is a damping or a heating force, depending on whether the detuning δ is positive or negative.

Remark

In this section we have neglected NA effects coming from $(d\Pi_i)_{NA}$. If they were taken into account, they would give rise also to velocity-dependent forces, since $(d\Pi_i)_{NA}$ is proportional to v [see Eq. (2.23)]. To estimate the order of magnitude of these NA forces, we come back to Eq. (3.6), and we try to overestimate the last term of this equation that has been neglected here. From Eq. (2.20b), we obtain

$$|\rho_{12}|, |\rho_{21}| \leq \mathrm{Max}\left\{\frac{kv}{\Gamma} \times \frac{\Gamma}{\Omega}, \frac{kv}{\Gamma} \times \frac{\Gamma\omega_1}{\Omega\delta}\right\}, \quad (3.32)$$

since $|\nabla\Theta|$ and $|\nabla\varphi|$ are, respectively, smaller than or equal to $k\omega_1/\delta$ and k [see Eq. (2.27)]. This has to be compared with the v-dependent contribution of the first term of Eq. (3.6), which is of the order of kv/Γ since it comes from the difference between Π_i and Π_i^{st}. This shows that NA forces are Ω/Γ or $\Omega\delta/\omega_1\Gamma$ smaller than the velocity-dependent forces studied in this section, which come from the lag of radiative relaxation for a moving atom. It is therefore correct to neglect them in the limit (2.10) of well-resolved lines and for δ not too small compared with ω_1. (Note, finally, that, if Γ were not small compared with Ω, it would be also necessary to include nonsecular couplings between diagonal and off-diagonal elements of the density matrix in the master equation describing radiative relaxation).

4. ATOMIC-MOMENTUM DIFFUSION DUE TO THE FLUCTUATIONS OF DIPOLE FORCES

Because of the random character of spontaneous emission, the forces acting upon an atom in a laser beam fluctuate around their mean value, and these fluctuations produce a diffusion of the atomic momentum **P**, characterized by a diffusion coefficient D. The calculation of D exhibits several contributions, most of which are now well understood.[6] For example, there is a contribution that is proportional to the square of the phase gradient and that is associated with the fluctuations in the number of fluorescence cycles occuring in a given time interval (fluctuations of radiation pressure). There is also another term describing the fluctuations of the recoil momentum transferred by the fluorescence photons that are emitted in random directions. In this section we shall focus on the fluctuations of dipole forces that give rise to a contribution D_{dip} proportional to the square of the intensity gradient. Gordon and Ashkin have already pointed out that the dressed-atom approach provides a simple physical picture for the fluctuations of dipole forces.[1] We shall show here that such an approach can lead also to a quantitative evaluation of D_{dip} for an atom at rest.

A. Fluctuations of Dipole Forces

The picture of the dressed atom cascading down its energy diagram leads to a simple interpretation of the mean value and fluctuations of dipole forces for an atom initially at rest in **r**. If the dressed atom is in a dressed state of type 1, it undergoes a force $-\nabla E_1$ equal to minus the gradient of the energy of this state (Fig. 5). Then, by spontaneous emission of a photon $\hbar(\omega_L + \Omega)$, which occurs at a *random* time, it jumps into a state of type 2, where the force $-\nabla E_2 = +\nabla E_1$ has a value opposite the previous one. A subsequent emission of a photon $\hbar(\omega_L - \Omega)$ puts it back in a state of type 1 and again changes the sign of the force. And so on .... It thus appears that the instantaneous force experienced by the atom switches back and forth between two opposite values after random time intervals $\tau_1, \tau_2, \ldots$. If $\bar{\tau}_1$ and $\bar{\tau}_2$ are the mean values of these successive time intervals spent by the dressed atom in levels of type 1 and 2, it is clear that the mean dipole force is the average value of $-\nabla E_1$ and $-\nabla E_2$, respectively, weighted by $\bar{\tau}_1/(\bar{\tau}_1 + \bar{\tau}_2)$ and $\bar{\tau}_2/(\bar{\tau}_1 + \bar{\tau}_2)$, which are actually just the steady-state probabilities of occupation Π_1^{st} and Π_2^{st} of levels 1 and 2. We obtain in this way the result already derived in Subsection 3.B for the mean dipole force. But the present discussion also provides a good insight into the random nature of the two-valued instantaneous dipole force.

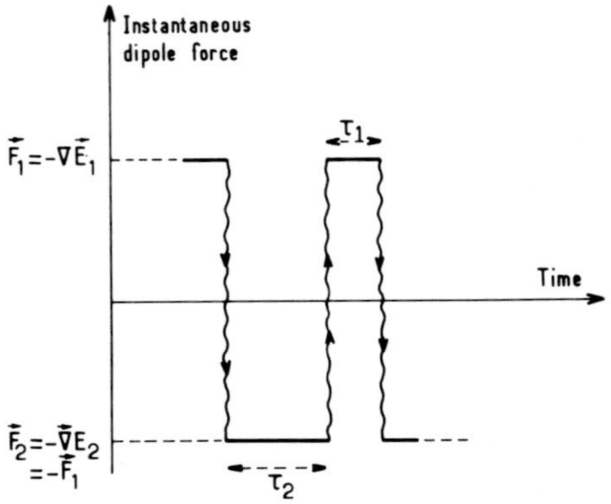

Fig. 5. The instantaneous dipole force switches back and forth between the two dressed-state-dependent forces $-\nabla E_1$ and $-\nabla E_2$. The intervals of time τ_1 and τ_2 spent in each dressed state between two successive jumps are random variables.

B. Evaluation of the Momentum Diffusion Coefficient

The fluctuations of dipole forces are responsible for a diffusion of atomic momentum described by a diffusion coefficient D_{dip}, which is given (in the semiclassical treatment followed here for an atom at rest) by

$$D_{\mathrm{dip}} = \int_0^{\infty} \mathrm{d}t\, [\langle \mathbf{F}(t) \cdot \mathbf{F}(t+\tau)\rangle - \mathbf{f}_{\mathrm{dip}}^2], \quad (4.1)$$

where **F** is the two-valued instantaneous dipole force with mean value $\mathbf{f}_{\mathrm{dip}}$.

The expression of the correlation function $\langle \mathbf{F}(t) \cdot \mathbf{F}(t+\tau)\rangle$ results from the physical picture given above:

$$\langle \mathbf{F}(t) \cdot \mathbf{F}(t+\tau)\rangle = \sum_{i=1,2}\sum_{j=1,2} (-\nabla E_i)(-\nabla E_j) P(i, t; j, t+\tau). \quad (4.2)$$

It is equal to the product of the two instantaneous forces $-\nabla E_i$ and $-\nabla E_j$ weighted by the probability to be in a state of type i at time t *and* in a state of type j at time $t + \tau$ and summed over i and j. In the steady-state regime, $P(i, t; j, t + \tau)$ depends only on τ and can be written as

$$P(i, t; j, t+\tau) = P_i P(j, \tau/i, 0), \quad (4.3)$$

where P_i is the steady-state probability to be in i, which is just Π_i^{st}:

$$P_i = \Pi_i^{st}, \quad (4.4)$$

and $P(j, \tau/i, 0)$ is the *conditional* probability to be in j at τ, *knowing* that the atom is in i at $t = 0$. Solving Eq. (2.17) with the initial condition $\Pi_i(0) = 1$ gives

$$P(i, \tau/i, 0) = \Pi_i^{st} + \Pi_j^{st}\exp(-\Gamma_{pop}\tau), \quad (4.5a)$$

$$P(j, \tau/i, 0) = 1 - P(i, \tau/i, 0). \quad (4.5b)$$

Finally, inserting Eqs. (4.3)–(4.5) into Eqs. (4.2) and (4.1) and using the expressions given above for E_i, Π_i^{st}, Γ_{pop}, one obtains

$$D_{dip} = \frac{\hbar^2}{2\Gamma}\left(\frac{\omega_1^2}{\omega_1^2 + 2\delta^2}\right)^3 (\nabla\omega_1)^2. \quad (4.6)$$

C. Discussion

Expression (4.6) for D_{dip} coincides exactly with the one derived from OBE's[1] in the limit (2.10) of well-resolved lines. Actually, Gordon and Ashkin have used a dressed-atom picture, similar to the one presented here in Subsection 4.A, for evaluating the order of magnitude of D_{dip} at resonance. Our result (4.6), which is valid for any detuning δ, shows that the dressed-atom picture is useful not only for an understanding of the physical mechanisms but also for a quantitative calculation of D_{dip}.

The most important feature of Eq. (4.6) is that D_{dip} increases as $(\nabla\omega_1)^2$ and does not saturate when the light intensity increases. Such a behavior is quite different from the one exhibited by the diffusion coefficient of radiation pressure that saturates to values of the order of $(\hbar k)^2\Gamma$. The large value of D_{dip} is due to the fact that, between two spontaneous emission processes, the atomic momentum increases as ∇E_i and is therefore not limited when ω_1 increases. This introduces severe limitations for the realization of radiative traps using standing waves: The diffusion coefficient increases more rapidly with ω_1 (as ω_1^2) than the depth of the potential well, which varies only as $\log(1 + \omega_1^2/2\delta^2)$ [see Eq. (3.20)].

5. ATOMIC MOTION IN A STANDING WAVE

This last section is devoted to the application of the dressed-atom approach to the particular case of atomic motion in a standing wave. We are interested here in the average $\bar{f}$ of the dipole force over a wavelength and in the variations of $\bar{f}$ with the atomic velocity. We first relate $\bar{f}$ to the rate of variation of the field energy (Subsection 5.A); we then restrict ourselves to the adiabatic limit [velocities smaller than v_{cr}; see inequality (2.29)], and we investigate in detail the two velocity ranges $kv \ll \Gamma$ (Subsection 5.B) and $kv \gtrsim \Gamma$ (Subsection 5.C). Finally (Subsection 5.D), we compare our results with the ones obtained with a continued-fraction expansion of the dipole force.

A. Dipole Force Averaged on a Wavelength

We consider in the following a one-dimensional standing wave:

$$\omega_1(z) = \tilde{\omega}_1 \cos kz, \quad (5.1)$$

and we restrict ourselves to a motion along the z direction. With view to using this standing wave for slowing down (or accelerating) atoms, it is interesting to consider the kinetic energy ΔW lost or gained by the atom over a wavelength and equal to the work of the dipole force along a wavelength[19]:

$$\Delta W = \int_z^{z+\lambda} f_{dip}\mathrm{d}z = \lambda\bar{f}. \quad (5.2)$$

$\bar{f}$ is the average of the dipole force over a wavelength. Because of the spatial periodicity of the system, ΔW depends only on the atomic velocity v and not on z. Now, using Eq. (3.18), $\bar{f}$ can be related to the change of the atomic potential energy U_A and of the field energy U_F over one wavelength:

$$\bar{f} = -\frac{1}{\lambda}\int_z^{z+\lambda}\mathrm{d}U_A - \frac{1}{\lambda}\int_z^{z+\lambda}\mathrm{d}U_F. \quad (5.3)$$

Since Π_i and E_i are periodic functions of z, the atomic potential energy $U_A(z)$ given in Eq. (3.13) is also periodic in z, and the contribution of the first term of Eq. (5.3) vanishes:

$$-\frac{1}{\lambda}\int_z^{z+\lambda}\mathrm{d}U_A = -\frac{1}{\lambda}[U_A(z+\lambda) - U_A(z)] = 0. \quad (5.4)$$

Equation (5.3) then reduces to

$$\bar{f} = -\frac{1}{\lambda}\int_z^{z+\lambda}\mathrm{d}U_F. \quad (5.5)$$

The integral of $\mathrm{d}U_F$ over one wavelength, contrary to $\mathrm{d}U_A$, is not necessarily zero. The atomic motion can indeed induce an asymmetry of the fluorescence triplet, so that the energy radiated in the two sidebands of this triplet, at $\omega_L + \Omega$ and $\omega_L - \Omega$, can be larger or smaller than the energy of the photons ω_L absorbed in the laser wave. This gain (or loss) of energy by the electromagnetic field is then of course compensated by a loss (or gain) of kinetic energy of the atom, by the action of the dipole force upon this atom.

To go further in the calculation of $\bar{f}$, we now need to evaluate f_{dip} [Eq. (5.2)] or $\mathrm{d}U_F$ [Eq. (5.5)] as functions of the position and the velocity of the atom. From Eq. (3.6) for f_{dip} or Eq. (3.17) for $\mathrm{d}U_F$, we see that this amounts to determining the populations Π_i and the coherences ρ_{ij} at a given point and for a given velocity. A general determination of the Π_i's and the ρ_{ij}'s (i.e., for any velocity) would require that the set of equations (2.20) be solved. Actually, we shall restrict ourselves to velocities such as kv small compared with kv_{cr} so that only the Π_i's are needed and NA terms can be neglected in Eqs. (2.20). The equation of evolution for the Π_i's is then Eq. (2.17), which we are now going to solve for the following two velocity ranges: very low velocities $kv \ll \Gamma$ (which have already been explored in Subsection 3.D) and intermediate velocities $\Gamma \lesssim kv \ll kv_{cr}$.

B. Case of Very Low Atomic Velocities

For very low velocities such that kv is small compared with Γ, the principle of the resolution of the equation of evolution of Π_i [Eq. (2.17)] has already been given in Subsection 3.D: One can expand the solution of Eq. (2.17) in powers of kv/Γ, the zeroth-order solution being simply the steady-state value Π_i^{st}. The simplest way to obtain $\bar{f}$ is then to start from the expression of $f_{dip}(z, v)$ [Eq. (3.31)] obtained in Subsection 3.D and to average it over a wavelength:

$$\bar{f} = \frac{1}{\lambda}\int_{-\lambda/2}^{\lambda/2} f_{dip}(z, v)\mathrm{d}z$$
$$= \frac{1}{\lambda}\int_{-\lambda/2}^{\lambda/2} f_{dip}^{st}(z)\mathrm{d}z - \frac{1}{\lambda}\int_{-\lambda/2}^{\lambda/2}\frac{2\hbar\delta}{\Gamma}\left(\frac{\omega_1^2}{\omega_1^2 + 2\delta^2}\right)^3 \alpha^2 v\mathrm{d}z. \quad (5.6)$$

$f_{dip}{}^{st}(z)$ is an odd function of z so that its contribution to Eq. (5.6) vanishes. One is then left only with the second term of Eq. (5.6) that can be written as

$$\bar{f} = -\frac{m}{\tau} v, \tag{5.7}$$

provided that the dipole force is sufficiently small so that the velocity v can be considered as constant over a wavelength. Depending on the sign of the characteristic time τ, $\bar{f}$ is either a damping or an accelerating force. The explicit calculation of τ from Eq. (5.6) gives

$$\frac{1}{\tau} = \frac{1}{\tau_0}\frac{\delta}{\Gamma}\left\{\frac{3}{4}\sqrt{1+s} + \frac{3}{2\sqrt{1+s}} - \frac{1}{4(1+s)^{3/2}} - 2\right\}, \tag{5.8}$$

with

$$\tau_0 = m/\hbar k^2, \qquad s = \bar{\omega}_1{}^2/2\delta^2. \tag{5.9}$$

Several remarks can be made about Eq. (5.8). First, we note, as in Subsection 3.D, that the force damps the motion (τ positive) for a positive detuning δ and accelerates it (τ negative) for a negative detuning. Second, Eq. (5.8) permits a comparison of τ with τ_0 [given in Eqs. (5.9)], which is the characteristic time of radiation-pressure cooling. We see that τ can be much shorter than τ_0, which indicates that the dipole force in a strong standing wave can be much more efficient for radiative cooling than radiation pressure.[20] Let us mention, finally, that Eq. (5.8) is equal, in the limit of well-separated lines, to the result found by Minogin and Serimaa[10] by a continued-fraction expansion of the dipole force, calculated from OBE's.

C. Case of Intermediate Velocities

We now turn to the case of intermediate velocities $\Gamma \lesssim kv \ll kv_{cr}$, for which NA terms can still be neglected in the evolution of the Π_i's:

$$v\frac{d\Pi_i}{dz} = -\Gamma_{pop}(\Pi_i - \Pi_i{}^{st}) \tag{5.10}$$

but for which an expansion of Π_i in powers of kv/Γ is no longer possible. We then have to start with the general solution of Eq. (5.10):

$$\Pi_i(z) = e(z_0, z)\Pi_i(z_0) + \int_{z_0}^{z} dz' \frac{\Gamma_{pop}\Pi_i{}^{st}}{v} e(z', z),$$

$$e(z_1, z_2) = \exp\left\{-\int_{z_1}^{z_2} dz'' \frac{\Gamma_{pop}}{v}\right\}. \tag{5.11}$$

We now take advantage of the periodicity of $\Pi_i(z)$ and write Eqs. (5.11) with $z_0 = z - \lambda$. This gives

$$\Pi_i(z) = \frac{\displaystyle\int_{z-\lambda}^{z} dz' \frac{\Gamma_{pop}\Pi_i{}^{st}}{v} e(z', z)}{1 - e(z-\lambda, z)}. \tag{5.12}$$

This last expression is valid for any velocity satisfying the adiabatic approximation. It would now be possible to insert this value into the dipole force (3.22) and to obtain in this way a general result for the dipole force at the adiabatic approximation. A similar result has already been obtained by Fiordilino and Mittleman[21] by a method using a Fourier expansion of the OBE solution in the standing wave. We shall not perform this general calculation here, since we are rather interested in $\bar{f}$, and, furthermore, we shall restrict ourselves to the high-velocity side: $kv \gg \Gamma$. For such velocities, the function $e(z_1, z_2)$ is close to 1 if $z_1 - z_2$ is smaller than or of the order of λ, so that we can write

$$e(z_1, z_2) \simeq 1 - \int_{z_1}^{z_2} dz'' \frac{\Gamma_{pop}}{v}. \tag{5.13}$$

Assuming that the velocity v does not change much on a wavelength, this gives the approximate value for Π_i:

$$\Pi_i(z) \simeq \frac{\overline{\Gamma_{pop}\Pi_i}}{\bar{\Gamma}_{pop}}, \tag{5.14}$$

where $\bar{A}$ stands for the average of a quantity $A(z)$ over a wavelength. We have neglected the second term of expression (5.13) in the numerator of Eq. (5.12) since this numerator is already in $1/v$. Using Eqs. (2.15) and (2.16) for Π_i and Γ_{pop}, expression (5.14) can be written as

$$\Pi_1 \simeq \frac{\bar{\Gamma}_{12}}{\bar{\Gamma}_{12} + \bar{\Gamma}_{21}}, \qquad \Pi_2 \simeq \frac{\bar{\Gamma}_{21}}{\bar{\Gamma}_{12} + \bar{\Gamma}_{21}}. \tag{5.15}$$

These two last expressions have a straightforward interpretation: When kv is large compared with Γ, the atom has a small probability of emitting a fluorescence photon when it moves over a single wavelength. It is therefore not sensitive to the local Γ_{ij}'s, but rather it averages them over a wavelength λ; the populations then become nearly independent of z, and they are determined by the balance of transfers between the dressed levels with these averaged rates $\bar{\Gamma}_{ij}$.

The final step of the calculation of $\bar{f}$ is now to insert the Π_i's into expression (3.17) of dU_F and integrate the result over one wavelength to get $\bar{f}$ by using Eq. (5.5). We find that

$$dU_F = \left(\hbar\Omega\Gamma_{21}\frac{\bar{\Gamma}_{12}}{\bar{\Gamma}_{12} + \bar{\Gamma}_{21}} - \hbar\Omega\Gamma_{12}\frac{\bar{\Gamma}_{21}}{\bar{\Gamma}_{12} + \bar{\Gamma}_{21}}\right)dt \tag{5.16}$$

so that, by putting $dt = dz/v$,

$$\bar{f} = -\frac{\hbar}{v}\frac{\overline{\Omega\Gamma_{21}} \times \bar{\Gamma}_{12} - \overline{\Omega\Gamma_{12}} \times \bar{\Gamma}_{21}}{\bar{\Gamma}_{12} + \bar{\Gamma}_{21}}. \tag{5.17}$$

For this second velocity range ($\Gamma \ll kv$), it appears that the variation of $\bar{f}$ with the velocity is completely different from what has been found for the first range $kv \ll \Gamma$: Instead of being proportional to the velocity (5.7), $\bar{f}$ is now inversely proportional to v, thus indicating that the power dissipated by $\bar{f}$ and transferred to the field is independent of the velocity.

Before giving the explicit results for $\bar{\Gamma}_{ij}$ and $\overline{\Omega\Gamma_{ij}}$, let us transform Eq. (5.17) in order to get some physical insight for $\bar{f}$:

$$-\bar{f}v = \frac{dU_F}{dt} = \frac{\dfrac{\overline{\hbar(\omega_L + \Omega)\Gamma_{21}}}{\bar{\Gamma}_{21}} + \dfrac{\overline{\hbar(\omega_L - \Omega)\Gamma_{12}}}{\bar{\Gamma}_{12}} - 2\hbar\omega_L}{\dfrac{1}{\bar{\Gamma}_{12}} + \dfrac{1}{\bar{\Gamma}_{21}}}. \tag{5.18}$$

The two quantities $\overline{\hbar(\omega_L + \Omega)\Gamma_{21}}/\bar{\Gamma}_{21}$ and $\overline{h(\omega_L + \Omega)\Gamma_{12}}/\bar{\Gamma}_{12}$ are, respectively, the average energies of photons emitted in the transitions $|1, n\rangle \to |2, n-1\rangle$ and $|2, n'\rangle \to |1, n'-1\rangle$, whereas $-2\hbar\omega_L$ is the energy lost by the laser field when these two transitions occur. The numerator of Eq. (5.8) is then the total variation of the field energy in a cycle $1 \to 2 \to 1$ (or $2 \to 1 \to 2$). On the other hand, the denominator is just

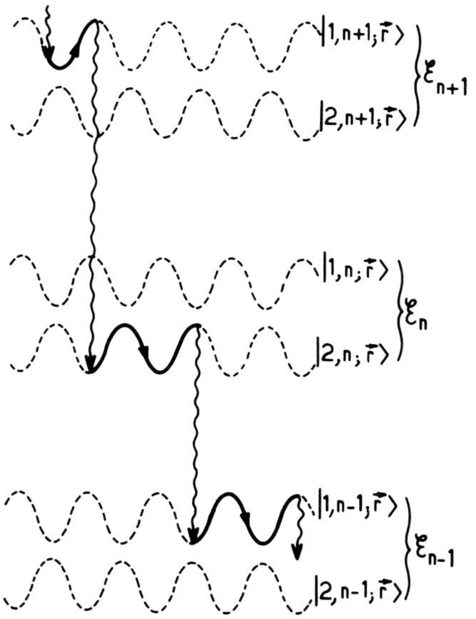

Fig. 6. Interpretation of the slowing down for $\delta > 0$ of an atom moving in a standing wave with intermediate velocities. The emission of the upper sideband of the fluorescence spectrum (transitions $1 \to 2$) occurs preferentially at the antinodes of the standing wave where the contaminations of $|1, n+1; \mathbf{r}\rangle$ by $|e, n+1\rangle$ and $|2, n, \mathbf{r}\rangle$ by $|g, n+1\rangle$ are the largest. By contrast, for the lower sideband, the transitions $2 \to 1$ occur preferentially at the nodes where $|2, n; \mathbf{r}\rangle$ and $|1, n-1; \mathbf{r}\rangle$ coincide, respectively, with $|e, n\rangle$ and $|g, n\rangle$. Consequently, between two transitions $1 \to 2$ or $2 \to 1$, the moving atom "sees" on the average more "uphill" parts that "downhill" ones in the dressed-atom energy diagram and is therefore slowed down.

the duration of such a cycle so that the right-hand side of Eq. (5.18) is the variation of the field energy per unit time, as expected. The main interest of Eq. (5.18) is to indicate clearly the dependence of the sign of $\bar{f}$ with the detuning δ. Take, for example, $\delta > 0$ (Fig. 6). Photons emitted on the lines $1, n \to 2, n-1 (\omega_L + \Omega)$ will be preferentially emitted at the *antinodes* of the standing wave, since it is at these points that the level $|1, n; \mathbf{r}\rangle$ (essentially $|g, n+1\rangle$ for $\delta > 0$) contains the largest admixture of $|e, n\rangle$ and is therefore the most unstable. We then obtain

$$\frac{\overline{\hbar(\omega_L + \Omega)\Gamma_{21}}}{\bar{\Gamma}_{21}} \approx \hbar[\omega_L + (\tilde{\omega}_1^{\,2} + \delta^2)^{1/2}]. \qquad (5.19)$$

By contrast, photons emitted on the line $2, n \to 1, n-1$ will be preferentially emitted at the *nodes* of the standing wave since, at these points, $|2, n; \mathbf{r}\rangle$ is equal to $|e, n\rangle$ and is therefore the most unstable. This gives

$$\frac{\overline{\hbar(\omega_L - \Omega)\Gamma_{12}}}{\bar{\Gamma}_{12}} \approx \hbar(\omega_L - \delta). \qquad (5.20)$$

Putting approximations (5.19) and (5.20) into expression (5.18), we obtain

$$-\bar{f}v \approx \frac{\overline{\hbar(\omega_1^{\,2} + \delta^2)^{1/2}} - \hbar\delta}{\dfrac{1}{\bar{\Gamma}_{12}} + \dfrac{1}{\bar{\Gamma}_{21}}}, \qquad (5.21)$$

which shows that $\bar{f}$ will be a damping force for δ positive. Another way of expressing this result is to say that the moving atom "sees" more "uphill" parts than "downhill" ones, since transitions preferentially occur for $\delta > 0$ from the "top" of a given dressed energy level to the "bottom" of the other one (see Fig. 6). For $\delta < 0$, the conclusion is of course reversed so that, finally, it appears that the respective signs of $\bar{f}$ and δ are the same here as for very slow atoms (Subsection 5.B).

An explicit calculation of $\bar{\Gamma}_{ij}$ and $\overline{\Omega\Gamma_{ij}}$ is possible from expressions (2.5) and (2.12) of Ω and Γ_{ij}, where ω_1 is replaced by Eq. (5.1). One obtains

$$\bar{\Gamma}_{\substack{12\\21}} = \frac{\Gamma}{4}\left\{1 + \frac{1}{4(1+2s)^{1/2}}\left[1 \pm \frac{4\epsilon}{\pi} K\left(\frac{2s}{1+2s}\right)^{1/2}\right]\right\},$$

$$\overline{\Omega\Gamma}_{\substack{12\\21}} = \frac{\Gamma|\delta|}{2\pi}\left\{(1+2s)^{1/2} E\left(\frac{2s}{1+2s}\right)^{1/2}\right.$$

$$\left. + \frac{1}{(1+2s)^{1/2}} K\left(\frac{2s}{1+2s}\right)^{1/2} \pm \pi\epsilon\right\}, \qquad (5.22)$$

where K and E are the elliptic integrals of the first and the second kind[22]:

$$K(k) = \int_0^{\pi/2} \frac{d\alpha}{(1 - k^2 \sin^2 \alpha)^{1/2}},$$

$$E(k) = \int_0^{\pi/2} d\alpha\, (1 - k^2 \sin^2 \alpha)^{1/2}, \qquad (5.23)$$

where s is given by Eq. (5.9) and where ϵ is the sign of $\delta (\epsilon = \delta/|\delta|)$.

Remark

It is interesting to come back to the problem of the asymmetry of the fluorescence spectrum emitted by the moving atom. In Subsection 2.B we have seen that, in a small displacement $d\mathbf{r} = \mathbf{v}\, dt$, a change dU_F of the field energy reflects that different numbers of photons dn_+ and dn_- are emitted in the two sidebands $\omega_L \pm \Omega(\mathbf{r})$. On the other hand, because of the periodic variation of the populations $\Pi_i(z)$ for an atom moving in a standing wave, the averages over a distance λ of the numbers of photons emitted in the two sidebands $\bar{N}_+$ and $\bar{N}_-$ are necessarily equal. This equality $\bar{N}_+ = \bar{N}_-$ does not imply, however, that the field energy does not change when the atom travels over λ but only that the total weights of the two sidebands of the fluorescence spectrum emitted during this interval are equal. Actually the field energy *does* vary, because the average energies of the $\bar{N}_+$ and $\bar{N}_-$ photons emited in the upper and lower sidebands are larger (smaller) than $\omega_L + \bar{\Omega}$ and $\omega_L - \bar{\Omega}$ if δ is positive (negative) (see Fig. 6). In other words, even if the two sidebands have the same weights, their centers of gravity are not symmetric with respect to ω_L.

D. Connection with Previous Works

In the low-intensity limit ($\tilde{\omega}_1 < \Gamma$), atomic motion in a standing wave can be analyzed in perturbative terms. At the lowest order (in $\tilde{\omega}_1^2/\Gamma^2$), the mean dipole force averaged over λ appears as the difference between the radiation pressures of the two counterpropagating waves, "seen" with different Doppler shifts by the moving atom.[9] At higher orders, resonant multiphoton processes appear that involve absorption of photons from one wave and stimulated emission of photons in the opposite wave ("Doppleron" resonances).[7]

At higher intensities ($\tilde{\omega}_1 \gg \Gamma$), such a perturbative approach is no longer valid. Most previous works use then an exact solution of OBE's in terms of continued fractions or Fourier-series expansion.[10,11,21] These methods provide an exact solution, but, unfortunately, they do not give any physical picture for the new features that appear in this intensity range.

The dressed-atom approach followed in this paper is precisely well adapted to the limit $\tilde{\omega}_1 \gg \Gamma$. It has the advantage of providing not only simple physical pictures but also tractable analytical expressions in different velocity ranges. In order to demonstrate the accuracy of expressions (5.7) and (5.17)–(5.22) given above, we compare now their predictions with those of an exact calculation.

For example, the solid curve of Fig. 7 represents the result obtained by the continued-fraction method for the variations with kv/Γ of the mean dipole $\bar{f}$ when $\tilde{\omega}_1 = 1000\Gamma$ and $\delta = 200\Gamma$, whereas the two dashed lines represent the dressed-atom predictions (5.7) and (5.17)–(5.22):

$$kv \ll \Gamma, \qquad \bar{f} = -460\left(\frac{\hbar k\Gamma}{2}\right)\left(\frac{kv}{\Gamma}\right), \tag{5.24a}$$

$$\Gamma \ll kv \ll kv_{cr} \simeq 20\Gamma, \qquad \bar{f} = -40\left(\frac{\hbar k\Gamma}{2}\right)\left(\frac{\Gamma}{kv}\right). \tag{5.24b}$$

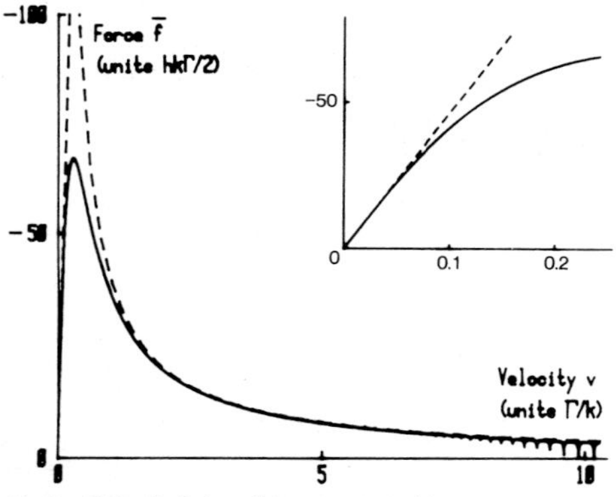

Fig. 7. Mean dipole force $\bar{f}$ (in units of $\hbar k\Gamma/2$) versus velocity (in units of Γ/k) for an atom moving in a standing wave ($\tilde{\omega}_1 = 1000\Gamma$, $\delta = 200\Gamma$). The solid curve is an exact numerical solution obtained by the method of continued fractions. The two dashed lines represent the analytical predictions of the dressed-atom approach for very low velocities ($kv \ll \Gamma$) (see also the insert) and for intermediate velocities ($\Gamma \ll kv \ll kv_{cr}$). The structures appearing in the exact solution in the high-velocity domain are a signature of the breakdown of the adiabatic approximation ("Doppleron" resonances).

We see that the agreement between the two theories is very good for these two velocity ranges. Note that it is possible to connect the two results for the dressed atom [expressions (5.24a) and (5.24b)] by calculating f from the general expression (5.12) for the populations. Actually, we have done such a numerical calculation, and the predictions of the two theories (dressed atom and continued fractions) then coincide perfectly, provided that the adiabatic approximation holds. When the velocity becomes too large, resonances appear on the solid curve of Fig. 7 (continued-fractions result), which are a signature of the breakdown of the adiabatic approximation. These are related to the so-called "Doppleron resonances."[7]

The force has been expressed in Fig. 7 in units of $\hbar k\Gamma/2$, which is the saturation radiation pressure. We see that the averaged dipole force can exceed this radiation pressure by 2 orders of magnitude for realistic Rabi frequencies ($\tilde{\omega}_1 = 1000\Gamma$ is achieved for sodium atoms with 1-W laser power focused on 100 μm). This indicates the very rich potentialities of this system, for example, for slowing down an atomic beam by sweeping a standing wave over the Doppler profile. The idea would be to change the relative frequencies of the two counterpropagating waves so that the nodes and the antinodes of the standing wave would move with a velocity v_{SW}. The velocity appearing in the expressions (5.24) of the dipole force would now be the relative velocity $v - v_{SW}$ between the moving atom and the standing wave. An appropriate sweeping of v_{SW} would then permit the decelerating force to be kept close to the optimal value of Fig. 7. Kazantsev has also suggested[23] that a swept standing wave be used to accelerate beams of neutral atoms.

6. CONCLUSION

In conclusion, we have derived the following results in this paper.

The dipole force experienced by an atom in a gradient of light intensity is closely related to the spatial variation of the energy levels of the combined system: atom + laser photons (dressed states) and to the redistribution of populations between these levels induced by the atomic motion (NA effects) or by spontaneous emission of fluorescence photons (radiative relaxation). We have shown that the work done by the dipole force during a small atomic displacement $\mathbf{dr}$ corresponds to the sum of the changes of the atomic potential energy and of the field energy, the latter change being related to an asymmetry of the fluorescence spectrum emitted by the atom during the displacement.

As in the Stern–Gerlach effect, two different forces with opposite signs are associated with the two types of position-dependent dressed states. An atom initially at rest in $\mathbf{r}$ undergoes spontaneous transitions between these two types of states. The corresponding picture of a two-valued instantaneous force fluctuating around a mean value leads to the correct values for the mean dipole force and for the atomic-momentum diffusion coefficient associated with intensity gradients.

For a very slowly moving atom ($kv \ll \Gamma$), we have interpreted the velocity-dependent dipole force as being due to the finite time constant of radiative relaxation, which introduces a time lag in the variation of the dressed-state populations of the moving atom. We have explained in this way why the velocity-dependent dipole force damps the atomic motion when the laser is detuned above the atomic frequency and why, in a high-intensity standing wave, the sign of the force is opposite the one obtained by adding the radiation pressures of the two counterpropagating waves.

We have also considered the case of an atom moving in a high-intensity standing wave with intermediate velocities ($\Gamma \ll kv \ll kv_{cr}$). We have shown in this case that the dipole force averaged over λ is inversely proportional to v, and we have interpreted this result as being due to the fact that one sideband of the fluorescence specrum is emitted preferentially in the antinodes of the standing wave, whereas the other one is emitted in the nodes. Potentialities of such a dipole force for efficient slowing down of atoms have been pointed out.

It thus appears that the dressed atom provides useful physical insights in the dipole force in the high-intensity domain ($\omega_1 \gg \Gamma$) where perturbative approaches are no longer valid. We have also shown that such an approach leads to tractable mathematical expressions that are in good quantitative agreement with the prediction of other exact solutions (analytical or numerical) when they exist.

ACKNOWLEDGMENTS

We would like to thank Serge Renaud and Christian Tanguy for several stimulating discussions.

REFERENCES

1. J. P. Gordon and A. Ashkin, Phys. Rev. A **21**, 1606 (1980).
2. R. J. Cook, Comments At. Mol. Phys. **10**, 267 (1981).
3. V. S. Letokhov and V. G. Minogin, Phys. Rep. **73**, 1 (1981).
4. A. P. Kazantsev, G. I. Surdutovich, and V. P. Yakovlev, J. Phys. (Paris) **42**, 1231 (1981).
5. D. J. Wineland and W. M. Itano, Phys. Rev. A **20**, 1521 (1979).
6. S. Stenholm, Phys. Rev. A **27**, 2513 (1983).
7. E. Kyrölä and S. Stenholm, Opt. Commun. **22**, 123 (1977).
8. A. F. Bernhardt and B. W. Shore, Phys. Rev. A **23**, 1290 (1981).
9. R. J. Cook, Phys. Rev. A **20**, 224 (1979).
10. V. G. Minogin and O. T. Serimaa, Opt. Commun. **30**, 373 (1979).
11. V. G. Minogin, Opt. Commun. **37**, 442 (1981).
12. J. Dalibard and C. Cohen-Tannoudji, J. Phys. B **18**, 1661 (1985).
13. R. J. Cook, Phys. Rev. A **22**, 1078 (1980).
14. C. Cohen Tannoudji and S. Reynaud, in *Multiphoton Processes*, J. H. Eberly and P. Lambropoulos, eds. (Wiley, New York, 1978), p. 103.
15. C. Cohen-Tannoudji and S. Reynaud, J. Phys. B **10**, 345 (1977).
16. S. Reynaud, Ann. Phys. (Paris) **8**, 315 (1983).
17. B. R. Mollow, Phys. Rev. **188**, 1969 (1969).
18. A. Messiah, *Mécanique Quantique II* (Dunod, Paris, 1964), p. 642.
19. The phase of the standing wave is constant so that radiation pressure does not play any role here.
20. The counterpart of this advantage is that the diffusion coefficient is bigger in a strong standing wave, so that the equilibrium velocities after cooling are larger than for usual radiation-pressure cooling (See Ref. 5).
21. E. Fiordilino and M. H. Mittleman, Phys. Rev. A **30**, 177 (1984).
22. I. S. Gradshteyn and L. M. Ryzhik, *Tables of Integrals, Series, and Products* (Academic, New York, 1980).
23. A. P. Kazantsev, Sov. Phys. Usp. **21**, 58 (1978).

J. Dalibard

J. Dalibard was born in 1958 in Paris. Since 1979, he has worked at the Ecole Normale Supérieure with C. Cohen-Tannoudji. He obtained the *doctarat 3ème cycle* in 1981 and he is now working for the Ph.D. degree, devoted to the study of fluctuation processes in quantum optics and quantum electrodynamics. Since 1982 he has been a member of the Centre National de la Recherche Scientifique.

C. Cohen-Tannoudji

C. Cohen-Tannoudji, professor at the Collège de France, was born in 1933. Since 1960 he has been involved in research at the Ecole Normale Supérieure in Paris with Alfred Kastler and Jean Brossel. His principal research is in optical pumping, quantum optics, and the interaction of radiation with matter.

Paper 6.4

A. Aspect, J. Dalibard, A. Heidmann, C. Salomon, and C. Cohen-Tannoudji, "Cooling atoms with stimulated emission," *Phys. Rev. Lett.* **57**, 1688–1691 (1986).
Reprinted by permission of the American Physical Society.

This letter reports the experimental results demonstrating the existence of the cooling mechanism analyzed in paper 6.3 and occurring in a high intensity laser standing wave with a blue detuning. The cooling is due to a correlation between the spatial modulation of the dressed state energies and the spatial modulation of the spontaneous departure rates from these dressed states. As a result of this correlation, the moving atom is, on the average, running up the potential hills more often than down, so that it is slowed down (Fig. 1). The comparison is made here, for the first time, between such a situation and the "Sisyphus myth" of the Greek mythology. Later on, the denomination "Sisyphus cooling" will be adopted for all the cooling schemes based on similar mechanisms. Since stimulated emission plays an important role in the dipole forces associated with the spatial modulations of the dressed state energies of Fig. 1, the corresponding optical molasses is also called "stimulated molasses."

The experiment is done here in one dimension, by sending an atomic beam of cesium perpendicular to an intense laser standing wave. One observes that the beam is collimated for a blue detuning, and decollimated for a red one (Fig. 3). As the depth of the potential wells of Fig. 1 can increase indefinitely with the laser power, the damping force associated with stimulated molasses does not saturate as it does in usual Doppler molasses, where the friction mechanism is due to a Doppler-induced imbalance between the radiation pressure forces exerted by the two counterpropagating waves. This explains why the collimation by stimulated molasses is obtained here with a $4\mu s$ interaction time, whereas it would require at least $100\mu s$ for an ordinary Doppler molasses.

At the end of the paper, we mention that velocity-dependent stimulated forces, applied in a longitudinal geometry, could be interesting for an efficient slowing down of atomic beams. Several groups tried to observe such an effect, but without success. This is an intriguing feature which is not well understood. Also, to our knowledge, no three-dimensional stimulated molasses has yet been demonstrated.

Note finally the small reproducible peak at the center of curve c of Fig. 3. It is a first indication of trapping of atoms in the antinodes of an intense standing wave detuned to the red. It stimulated further studies which are described in the next paper 6.5.

Cooling Atoms with Stimulated Emission

A. Aspect, J. Dalibard, A. Heidmann, C. Salomon, and C. Cohen-Tannoudji
Laboratoire de Spectroscopie Hertzienne de l'Ecole Normale Supérieure et Collège de France, F-75231 Paris Cedex 05, France
(Received 30 July 1986)

We have observed an efficient collimation of a cesium atomic beam crossing at right angles an intense laser standing wave. This new cooling scheme is mainly based on a stimulated redistribution of photons between the two counterpropagating waves by the moving atoms. By contrast with usual radiation pressure cooling, this "stimulated molasses" works for blue detuning and does not saturate at high intensity.

PACS numbers: 32.80.Pj, 42.50.Vk

Control of atomic motion with quasiresonant laser light is a field of research which is rapidly expanding. Several experiments have demonstrated the possibility of using radiative forces for decelerating and stopping an atomic beam,[1] or for achieving a three-dimensional viscous confinement and cooling of atoms.[2] More recently, atoms have been trapped in the focal zone of a laser beam.[3]

This Letter gives experimental evidence for a new type of laser cooling, which is mainly based on stimulated emission and which can be much more efficient than the usual one involving only spontaneous emission. Let us first recall briefly the principle of usual radiative cooling[4,5] as it works in "radiation-pressure molasses." Consider at atom moving in a laser standing wave, with a light intensity weak enough (saturation parameter $s \lesssim 1$) so that the radiation pressures due to the two counterpropagating waves can be added independently. If the laser frequency ω_L is tuned below the atomic one ω_0 (detuning $\delta = \omega_L - \omega_0$ negative), because of the Doppler effect, a moving atom will get closer to resonance with the opposing wave, and farther from resonance with the copropagating wave. The radiation pressure of the opposing wave will predominate, and the atom will be slowed down. When the laser intensity is increased ($s \gg 1$), this simple picture breaks down. Stimulated emission processes, responsible for a coherent redistribution of photons between the two counterpropagating waves, become predominant. They produce a heating of the atoms for a negative detuning and a cooling for a positive one. This Letter reports the first experimental observation of such a change of sign. We also emphasize the potentialities of these velocity-dependent stimulated forces which, in contrast to radiation pressure, do not saturate at high laser intensity.

Atomic motion in a strong standing wave has been theoretically studied by various authors.[6-10] Recently, a physical picture, based on the dressed-atom approach, has been proposed for the understanding of this motion.[10] It can be summarized as follows. In a strong standing wave, the energies of the dressed levels, i.e., the eigenstates of the atom plus laser-field system, oscillate periodically in space, as the Rabi frequency $\omega_1(z)$ characterizing the atom-laser coupling in z. Figure 1 represents these dressed states for a positive detuning ($\omega_L > \omega_0$). At a node $[\omega_1(z)=0]$, the dressed states $|1,n\rangle$ and $|2,n\rangle$ respectively coincide with the unperturbed states $|g,n+1\rangle$ and $|e,n\rangle$ (an atom in the ground state g or in the excited state e, in the presence of $n+1$ or n laser photons). Out of a node $[\omega_1(z)\neq 0]$ the dressed states are linear combinations of $|g,n+1\rangle$ and $|e,n\rangle$ and their splitting $\hbar[\delta^2+\omega_1^2(z)]^{1/2}$ is maximum at the antinodes of the standing wave. Consider now the effect of spontane-

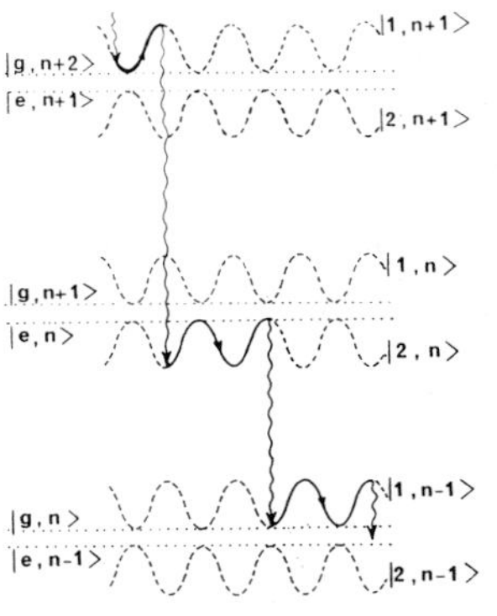

FIG. 1. Laser cooling in a strong standing wave. The dashed lines represent the spatial variations of the dressed-atom energy levels which coincide with the unperturbed levels (dotted lines) at the nodes. The solid lines represent the "trajectory" of a slowly moving atom. Because of the spatial variation of the dressed wave functions, spontaneous emission occurs preferentially at an antinode (node) for a dressed state of type 1 (2). Between two spontaneous emissions (wavy lines), the atom sees, on the average, more uphill parts than downhill ones and is therefore slowed down.

ous emission. An atom in level $|1,n\rangle$ or $|2,n\rangle$—each containing some admixture of $|e,n\rangle$—can emit a spontaneous photon and decay to level $|1,n-1\rangle$ or $|2,n-1\rangle$—each containing some admixture of $|g,n\rangle$. The key point is that the various rates for such spontaneous processes vary in space. If the atom is in level $|1,n\rangle$, its decay rate is zero at a node where $|1,n\rangle = |g,n+1\rangle$ and maximum at an antinode where the contamination of $|1,n\rangle$ by $|e,n\rangle$ is maximum. In contrast, for an atom in level $|2,n\rangle$, the decay is maximum at the nodes, where $|2,n\rangle$ is equal to $|e,n\rangle$. We can now follow the "trajectory" of a moving atom[11] starting, for example, at a node of the standing wave in level $|1,n+1\rangle$ (Fig. 1). Starting from this valley, the atom climbs uphill until it approaches the top (antinode) where its decay rate is maximum. It may jump either into level $|1,n\rangle$ (which does not change anything from a mechanical point of view[12]) or into level $|2,n\rangle$, in which case the atom is again in a valley. It has now to climb up again until it reaches a new top (node) where $|2,n\rangle$ is the most unstable, and so on. It is clear that the atomic velocity is decreased in such a process, which can be viewed as a microscopic realization of the "Sisyphus myth": Every time the atom has climbed a hill, it may be put back at the bottom of another one by spontaneous emission. We have used such a picture to derive quantitative results for the velocity dependence of the force acting upon the atom.[10] The force is found to be maximum for velocities such that the Doppler effect kv_z is on the order of the natural width Γ, or, in other words, for situations in which—as in Fig. 1—the atom travels over a distance on the order of a wavelength between two spontaneous emissions. The main point is that the magnitude of this friction force is directly related to the modulation depth of the dressed energy levels, i.e., to the Rabi frequency ω_1. As a consequence, this force increases indefinitely with the laser intensity. To conclude this theoretical part, we can analyze the energy-momentum balance in the cooling process.[10] Between two spontaneous emission processes, the total (kinetic plus potential) energy of the atom is conserved. When the atom climbs uphill, its kinetic energy is transformed into potential energy by stimulated emission processes which redistribute photons between the two counterpropagating waves at a rate ω_1. Atomic momentum is therefore transferred to laser photons. The total atomic energy is then dissipated by spontaneous emission processes which carry away part of the atomic potential energy.

This scheme has been experimentally applied to the transverse cooling of a cesium atomic beam (see Fig. 2). This beam, produced by a multichannel-array effusive source (most probable longitudinal velocity $u = 250$ m/s), is collimated to ± 8 mrad. It is irradiated at right angles (along Oz) by an intense standing

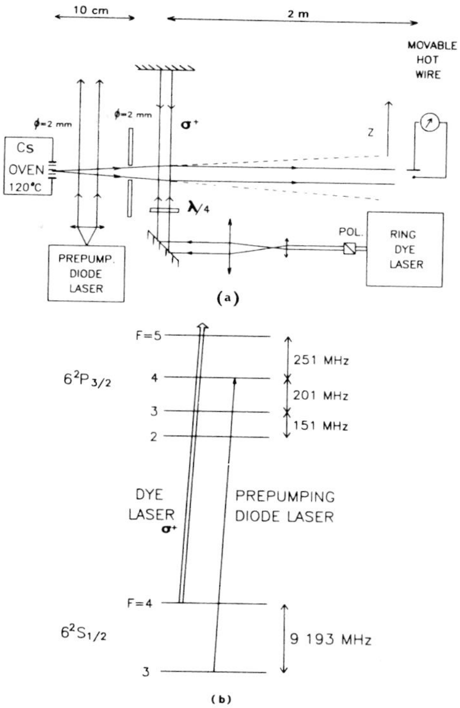

FIG. 2. (a) Experimental setup, (b) relevant cesium energy levels.

wave obtained from a frequency-controlled cw ring dye laser tuned to the D_2 line at 852 nm (Styryl 9M—Coherent model No. 699-21). At the entrance of the interaction region, the intial transverse velocity spread along Oz is ± 2 m/s. The final velocity profile is analyzed by a tungsten hot-wire detector diameter (500 μm) located 2 m downstream. Such a scheme allows us to study the cooling process in the low-velocity regime (Doppler effect $kv_z \lesssim$ natural linewidth $\Gamma = 3.3\times 10^7$ s^{-1}) where the cooling efficiency is maximum. Before entering the interaction region, all atoms are optically pumped into the $|6^2S_{1/2}, F=4\rangle$ ground-state hyperfine level by a single-mode diode laser (Hitachi HLP 1400). The cooling laser is tuned around the $|6^2S_{1/2}, F=4\rangle \rightarrow |6^2P_{3/2}, F=5\rangle$ resonance transition and σ^+ polarized. (A 10-G dc magnetic field is applied along Oz.) Because of optical pumping, the atoms are rapidly locked to the transition $|g, F=4, m_F=4\rangle \rightarrow |e, F=5, m_F=5\rangle$, which achieves a two-level system. In the interaction region the laser standing wave has a Gaussian profile with a beam waist $w = 1.8$ mm. This leads to a transit time $2w/u$ on the order of 15 μs.

Experimental results are presented in Fig. 3. The incident laser power is 70 mW and leads to a maximum Rabi frequency of about 50 Γ. For the optimum detuning $\delta = \omega_L - \omega_0 = +6\Gamma$ (note the sign reversal compared to usual molasses), the atomic beam is strongly collimated to a narrow velocity peak of 40 cm/s half-width at half maximum (HWHM) (curve *b*). This width is 5 times narrower than that of the unperturbed atomic beam (curve *a*). For various laser powers, the peak intensity and width are found in excellent agreeemnt with a Monte Carlo calculation which simulates the sequence of events depicted in Fig. 1 for our actual experimental configuration. For the previous laser power of 70 mW but opposite detuning ($\delta = -6\Gamma$) the atomic beam is decollimated and the velocity profile exhibits a double-peak structure[13] (curve *c*). The slight asymmetry between these two peaks results from the imperfect orthogonality between the atomic beam and the laser standing wave. Note also the presence of a small additional central peak with a very narrow width of 20 cm/s. This structure, appearing consistently in the data as well as in the Monte Carlo simulation, seems to be due to a residual trapping of very low-velocity atoms at the antinodes of the standing wave.

Let us now compare our experiment with two other types of experiments dealing with deflection of atomic beams by stimulated forces.[14,15] The first one[14] describes a focusing by dipole forces for a negative detuning. This process is a *nondissipative* one, to be contrasted with the *cooling* effect reported in this Letter leading to a collimation of the atomic beam. The second one[15] deals with the diffraction of an atomic beam by a standing wave (nearly resonant Kapitza-Dirac effect). In this diffractive regime, no spontaneous emission—and consequently no dissipation—takes place. In contrast, in the experiment presented here, each atom emits about 200 spontaneous photons.[16]

We have thus achieved a new type of transverse laser cooling, operating with a positive detuning. This "stimulated molasses" appears to be very efficient: Realization of the same cooling with the usual radiation-pressure molasses would have required an interaction length one order of magnitude larger. Actually, we have checked that with our beam waist of 1.8 mm this usual molasses—obtained at the optimal detuning $\delta = -\Gamma/2$ and saturation parameter $s \simeq 1$ — has no significant effect. As a matter of fact, the minimum damping time of usual molasses is about 100 μs for Cs, while it is only 4 μs for stimulated molasses in our experimental conditions. Furthermore, since stimulated forces do not saturate, the damping time for stimulated molasses, which is inversely proportional to ω_1, could be yet more decreased by an increase in the laser power.[10] On the other hand, because of the relatively large fluctuations of dipole forces, the final velocity spread in our experiments is about 3 times larger than the limit of usual molasses. When ultimate cooling is necessary, one can use the scheme presented here for an initial rapid cooling (of special interest for fast beams) combined with usual molasses for the final stage.

Another attractive effect is suggested by our Monte Carlo calculation which predicts, for a positive detuning, a "channeling" of the atoms: On a time scale of a few hundred microseconds the atoms should concentrate at the nodes of the standing wave, with a spatial spread $\Delta z \simeq \lambda/40$ and a residual velocity spread $\Delta v_z \simeq 30$ cm/s. Such a spatially ordered structure might be observed by Bragg diffraction.

To conclude, let us emphasize the potentialities of these velocity-dependent stimulated forces in a standing wave of efficient longitudinal slowing down of aotms. The standing wave must then be swept in order to have a weak enough relative velocity with respect to the atoms, corresponding to the most efficient decelerating force.[6,10] For a cesium thermal beam, a laser intensity of 100 mW/mm^2 would produce a decelerating force one order of magnitude larger than the maximum radiation-pressure force. Consequently, the stopping distance would drop down from 1 m to about 10 cm. This might be of special interest for the realization of a compact atomic clock using slow atoms.

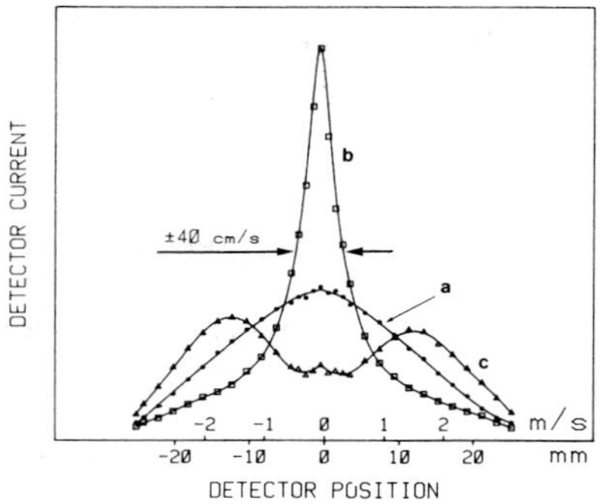

FIG. 3. Detector current vs position of the hot-wire detector. The corresponding transverse atomic velocities are given in m/s. Peak current is 2.2×10^9 atoms/s. The full lines are intended merely as visual aids. Curve *a*, laser beam off (HWHM 2 m/s); curve *b*, laser beam on with a positive detuning ($\delta/2\pi = +30$ MHz); curve *c*, laser beam on with a negative detuning ($\delta/2\pi = -30$ MHz).

We thank R. Kaiser for valuable help during the final runs. This work is partially supported by Direction des Recherches et Etudes Techniques, under Grant No. 84-208. Laboratoire de Spectroscopic Hertzienne de l'Ecole Normale Supérieure et Collège de France is unité associée No. 18 au CNRS.

[1]For a review of these experiments, see, for example, W. D. Phillips, J. V. Prodan, and H. J. Metcalf, J. Opt. Soc. Am. B **2**, 1751 (1985) (special issue on the mechanical effects of light).

[2]S. Chu, L. Hollberg, J. E. Bjorkholm, A. Cable, and A. Ashkin, Phys. Rev. Lett. **55**, 48 (1985).

[3]S. Chu, J. E. Bjorkholm, A. Ashkin, and A. Cable, Phys. Rev. Lett. **57**, 314 (1986).

[4]T. W. Hänsch and A. Schawlow, Opt. Commun. **13**, 68 (1975).

[5]D. J. Wineland and H. G. Dehmelt, Bull. Am. Phys. Soc. **20**, 637 (1975).

[6]A. P. Kazantsev, Zh. Eksp. Teor. Fiz. **66**, 1599 (1974) [Sov. Phys. JETP **39**, 784 (1974)].

[7]V. G. Minogin and O. T. Serimaa, Opt. Commun. **30**, 373 (1979).

[8]J. P. Gordon and A. Ashkin, Phys. Rev. A **21**, 1606 (1980).

[9]A. P. Kazantsev, V. S. Smirnov, G. I. Surdutovich, D. O. Chudesnikov, and V. P. Yakovlev, J. Opt. Soc. Am. B **2**, 1731 (1985).

[10]J. Dalibard and C. Cohen-Tannoudji, J. Opt. Soc. Am. B **2**, 1707 (1985).

[11]We suppose here that the atomic velocity is sufficiently small that we can neglect Landau-Zener transitions from one dressed level to another one. Between two spontaneous emissions, the atom then follows adiabatically a given dressed level. A possible way to take into account such Landau-Zener transitions for large atomic velocities is presented in Ref. 9.

[12]Actually, the atomic velocity slightly changes in such a process because of the recoil due to the spontaneously emitted photon. We have taken into account these recoils in our Monte Carlo simulation and found the corresponding heating negligible compared to the dipole-force heating (Refs. 8 and 10).

[13]This decollimation process does not affect all transverse velocities. Above a critical value v_0 the sign of the velocity-dependent force changes. Consequently, an atom with a small transverse velocity is accelerated until its velocity gets locked to v_0 if the interaction time is long enough. This critical velocity increases with the Rabi frequency, and is on the order of 3 m/s at the center of our interaction region. This point has been suggested to us by A. P. Kazantsev.

[14]J. E. Bjorkholm, R. R. Freeman, A. Ashkin, and D. B. Pearson, Phys. Rev. Lett. **41**, 1361 (1978).

[15]P. L. Gould, G. A. Ruff, and D. E. Pritchard, Phys. Rev. Lett. **56**, 827 (1986), and references therein.

[16]The results presented here differ also from the rainbow structure predicted in the deflection profiles of an atomic beam by a laser standing wave [C. Tanguy, S. Reynaud, M. Matsuoka, and C. Cohen-Tannoudji, Opt. Commun. **44**, 249 (1983)]. These profiles appear for long interaction times and when the transverse displacement of the atoms inside the laser beam is much smaller than the wavelength. They do not depend on the sign of δ.

Paper 6.5

C. Salomon, J. Dalibard, A. Aspect, H. Metcalf, and C. Cohen-Tannoudji, "Channeling atoms in a laser standing wave," *Phys. Rev. Lett.* **59**, 1659–1662 (1987).
Reprinted by permission of the American Physical Society.

This letter describes an experiment which followed the one presented in paper 6.4, and which tried to achieve better conditions for observing the trapping of atoms near the bottom of the potential wells of the dressed states containing the largest admixture of the stable bare ground state g. In an intense standing wave, these potential wells are located near the nodes for a blue detuning, and near the antinodes for a red detuning.

If the atoms crossing the standing wave have a very small velocity along the direction of the standing wave, i.e. if the collimation of the atomic beam is very high around a direction perpendicular to the direction of the standing wave, the transverse kinetic energy of the atoms will be too small to allow them to climb up to the ridge, and they will be guided into the channels (see Fig. 1). With this in mind, the experiment described here has been done with better collimation of the atomic beam than in the experiment described in paper 6.4. To observe the channeling of atoms, their absorption spectrum within the standing wave was measured with an auxiliary weak probe beam. As a result of the spatially varying light shifts due to the intense standing wave, the absorption spectrum of each atom carries information on its localization in the standing wave.

The experimental results obtained here (Fig. 4) gave direct evidence for the possibility of confining neutral atoms in optical wavelength size regions. Indirect evidence had already been obtained from an analysis of the fluorescence spectrum of atoms in a standing wave [see M. Prentiss and S. Ezekiel, *Phys. Rev. Lett.* **56**, 46 (1986)]. In fact, more spectacular results were obtained a few years later (see paper 7.4) using a "low intensity Sisyphus cooling" due to correlated spatial modulations of light shifts and optical pumping rates in a laser polarization gradient. It is now possible to observe periodic arrays of atoms (called "optical lattices"), trapped in minimum uncertainty quantum states, having a spatial width on the order of $\lambda_L/25$, where λ_L is the laser wavelength.

Note finally that there is presently a renewal of interest in the focusing or the channeling of atoms crossing a standing wave, because of possible applications to submicron neutral atom lithography [see, for example, G. Timp, R. E. Behringer, D. M. Tennant, J. E. Cunningham, M. Prentiss, and K. K. Berggren, *Phys. Rev. Lett.* **69**, 1636 (1992)].

Channeling Atoms in a Laser Standing Wave

C. Salomon, J. Dalibard, A. Aspect, H. Metcalf,[a] and C. Cohen-Tannoudji

Laboratoire de Spectroscopie Hertzienne de l'Ecole Normale Supérieure et Collège de France, F-75231 Paris Cedex 05, France

(Received 3 August 1987)

We report the experimental observation of laser confinement of neutral atoms in optical-wavelength–size regions. A well-collimated atomic beam was crossed at right angles by a one-dimensional standing wave and atoms were observed to be channeled into paths between the peaks of the standing wave.

PACS numbers: 32.80.Pj, 42.50.Vk

Atomic motion in a laser standing wave is a problem which has been extensively studied because of its importance for trapping and cooling. The possibility of trapping atoms near the nodes or antinodes of an intense laser standing wave was suggested as early as 1968 by Letokhov.[1] A few years later, Kazantsev predicted the existence of velocity-dependent forces acting upon an atom moving in an intense standing wave.[2] Since then, several developments concerning the dynamics of an atom in a quasiresonant laser standing wave have been reported, including the observation of the resonant Kapitza-Dirac effect[3] and the realization of "optical molasses."[4-6]

Here we restrict our attention to the problem of trapping atoms in a standing wave. The confining force is the so-called dipole (or gradient) force which is proportional to the laser-intensity gradient and which derives from a potential $U(\mathbf{r})$ varying in space as the laser intensity. This potential $U(\mathbf{r})$ corresponds to the polarization energy of the in-phase atomic dipole moment induced by the laser electric field. There have already been some experiments on the focusing[7] and trapping[8] of atoms by dipole forces in the focal zone of traveling laser waves. However, nobody has yet demonstrated such confinement on the scale of the optical wavelength itself. A major difficulty arises from the heating of the atoms due to the fluctuations of dipole forces. This heating is proportional to the square of the field gradient and is therefore particularly important in an optical standing wave.

In this Letter, we present the experimental evidence for one-dimensional confinement of atoms by an intense laser standing wave. A well-collimated atomic beam is crossed at right angles by the standing wave which creates a periodic array of potential valleys parallel to the atomic beam. When the atomic transverse kinetic energy is low enough, atoms are observed to be channeled into these valleys.

For a two-level atom, the potential $U(\mathbf{r})$ created by the laser standing wave is given by[9]

$$U(\mathbf{r}) = \tfrac{1}{2}\hbar\delta \ln[1+2\omega_1^2(\mathbf{r})/(4\delta^2+\Gamma^2)] \tag{1}$$

and is represented in Fig. 1. Here $\delta = \omega_L - \omega_0$ is the detuning between the laser (ω_L) and the atomic (ω_0) frequencies, Γ is the natural width of the excited state, and $\omega_1(\mathbf{r})$ is the local Rabi frequency proportional to the laser electric field. Across the atomic beam, $\omega_1(\mathbf{r})$ varies as $\sin kz$, leading to a periodicity $\lambda/2$ for the potential $U(\mathbf{r})$. Along the atomic beam, $\omega_1(\mathbf{r})$ exhibits a slower variation proportional to $\exp(-r^2/w^2)$ (w is the laser-beam radius). When the atoms enter the standing wave with a low enough kinetic energy, they are guided into the channels where they oscillate in the transverse direction. The exact determination of the maximum trappable velocity is not trivial, but the intuitive criterion $mv_z^2/2 \le \max[U(\mathbf{r})]$ appears to be valuable according to our numerical simulations. The channeling takes place near the nodes if the detuning is "blue" ($\delta > 0$) and near the antinodes if the detuning is "red" ($\delta < 0$). This discussion has actually two limitations. First, Eq. (1) is valid only in the limiting case of very low transverse velocities ($kv_z \ll \Gamma$). In fact, the force acting on the atom is also velocity dependent and, in a strong standing wave, this leads to cooling for a blue detuning and heating for a red detuning.[10-12] Second, there are fluctuations caused by the random character of spontaneous emis-

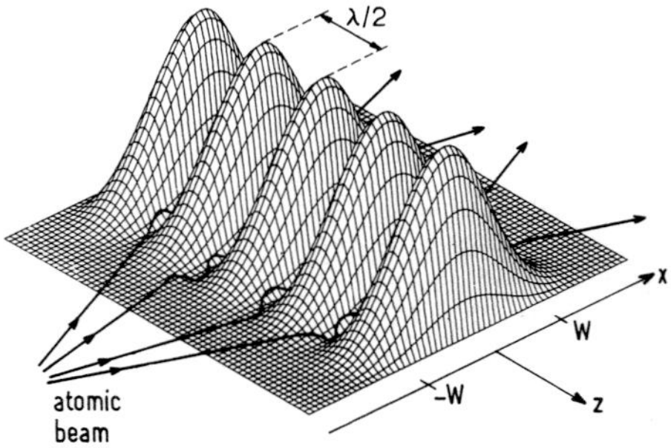

FIG. 1. Atomic potential energy $U(\mathbf{r})$ in a Gaussian standing wave aligned along $0z$, for a blue detuning. Valleys correspond to nodes, and ridges correspond to antinodes.

sion.[11,12] We have found numerically that these two effects do not drastically affect the channeling because of the short transit time of the atoms through the laser beam.

To detect this channeling, we have chosen to use the atoms themselves as local probes of their own positions: Because of the spatially varying light shifts, the absorption spectrum of each atom carries information about its location in the standing wave.[13] For an atom at a node $[\omega_1(\mathbf{r})=0]$, there is no light shift and the absorption spectrum is just a Lorentzian centered at ω_0, of width Γ. Elsewhere $[\omega_1(\mathbf{r})\neq 0]$, the absorption line is shifted to[14]

$$\omega_{\rm abs}(\mathbf{r})=\omega_0-\delta\{[1+\omega_1^2(\mathbf{r})/\delta^2]^{1/2}-1\}, \qquad (2)$$

and the maximum shift occurs at the antinodes. The absorption spectrum of the atomic beam is obtained by adding the contributions of the atoms in the various locations, weighted by the local atomic density we want to detect.

In Fig. 2, we have plotted two calculated absorption spectra. Figure 2(a) corresponds to a uniform spatial distribution of atoms (no channeling) for a blue detuning of the standing wave. It exhibits a broad structure corresponding to the range of the frequencies given by Eq. (2) for ω_1 varying from zero at a node to $\omega_1^{\rm max}$ at an antinode. The end peaks arise because $\omega_{\rm abs}(\mathbf{r})$ is stationary with respect to the position z around the nodes and the antinodes (peaks N and A). Peak A is smaller than peak N because the transition matrix element is weaker near antinodes as a result of state mixing by the strong laser field.[15] Figure 2(b) is calculated with a simple periodic spatial distribution of atoms channeled near the nodes. Peak N, corresponding to atoms near the nodes, is enhanced, while peak A, corresponding to the antinodes, is weakened. By contrast, for red detuning, channeling occurs at the antinodes and will lead to an absorption spectrum with peak A enhanced and peak N weakened.

The experimental observation of channeling has been performed with the apparatus shown in Fig. 3. An effusive cesium atomic beam is formed by a multichannel array (3-mm^2 area) on a 220 °C oven (most probable velocity 300 m/s). This beam is collimated by the 2-mm diameter aperture 1 m away. The transverse velocity is then less than about 0.6 m/s (HWHM $\simeq$0.3 m/s) so that, for most atoms, $mv_z^2/2$ is not larger than the depth of the potential valleys. The atoms are prepumped into the $F=4$ hyperfine sublevel of the ground state by a 10-mW diode laser tuned to the transition $(g,F=3)\rightarrow(e,F=4)$ at 852 nm (g refers to $6S_{1/2}$ and e to $6P_{3/2}$). The intense standing wave (150 mW in each running wave, and with a beam radius of 2.3 mm) that irradiates the atomic beam at right angles is produced by a frequency-controlled cw ring dye laser (Coherent 699—Styryl 9 dye). It is tuned near the transition $(g,F=4)\rightarrow(e,F=5)$ and is σ^+ polarized along a 10-G applied magnetic field in order to approximate a two-level system. For this transition, $\Gamma/2\pi=5$ MHz and $\omega_1=\Gamma$ for a laser intensity of 2.2 mW/cm^2. The weak probe beam (0.4 mW/cm^2) is also orthogonal to the atomic beam and travels through the central part of the strong standing wave where the channeling is best. The central millimeter of this probe beam is admitted through a movable aperture to a silicon photodiode. This beam is obtained from a single-mode diode laser which is frequency stabilized by optical feedback from a confocal Fabry-Perot resonator by the technique of Dahmani, Hollberg, and Drullinger.[16] It can be scanned over 1.5 GHz while maintaining a frequency jitter less than 2 MHz. Since the fractional absorption to be detected is typically as small as 10^{-5}, we modulate the population in the $(g,F=4,m_F=4)$ level using optical pumping induced by a "chopping" diode laser. Its frequency is square-wave modulated between the transition $(g,F=4)\rightarrow(e,F=4)$ (emptying $g,F=4$) and the transition $(g,F=4)\rightarrow(e,F=5)$ (filling $g,F=m_F=4$). Synchronous detection allows us to measure the absorption of as few

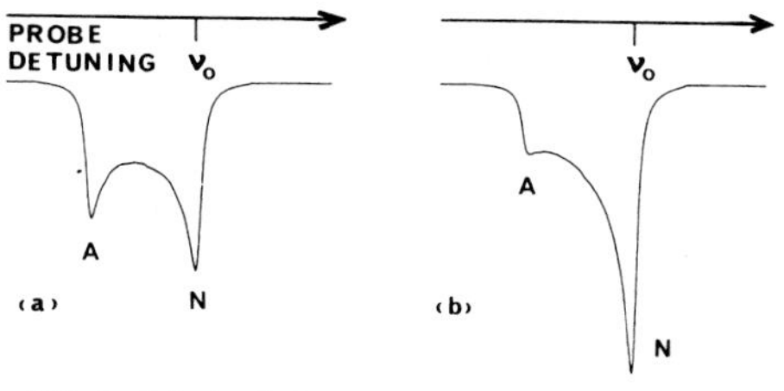

FIG. 2. Calculated absorption spectra of atoms in a strong standing wave. (a) Uniform spatial atomic distribution. Peak N at frequency ν_0 corresponds to atoms near the nodes, peak A to atoms near the antinodes. (b) Periodic triangular distribution with an atomic density at nodes five times larger than at antinodes. Channeling at the nodes enhances peak N and reduces peak A.

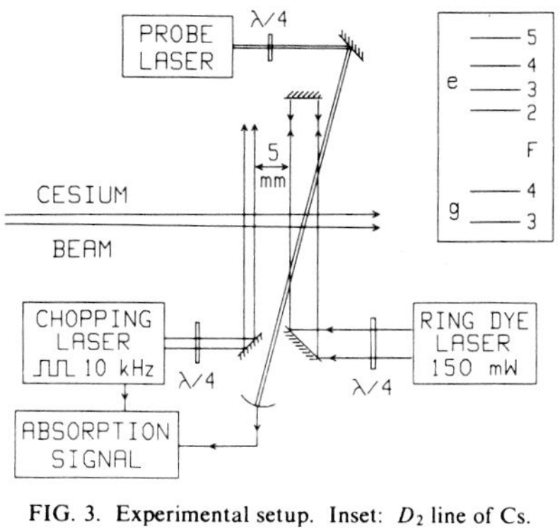

FIG. 3. Experimental setup. Inset: D_2 line of Cs.

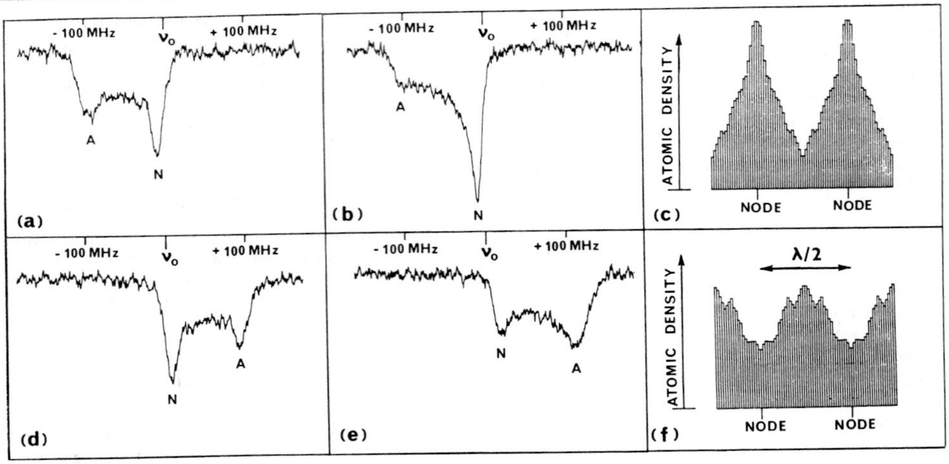

FIG. 4. Imaging atomic positions using light shifts. (a) Experimental absorption spectrum for a +150-MHz detuning, a 210-MHz Rabi frequency, and with a tilted standing wave: no channeling. (b) Same as (a) with an orthogonal standing wave: channeling near the nodes. (c) Atomic spatial distribution deduced from spectrum (b). (d)–(f) Corresponding data for a −150-MHz detuning: channeling near the antinodes.

as ten atoms in the 2-mm^3 observation volume ($S/N=1$ in 1-s integration time).

Figure 4 presents experimental evidence of of channeling, obtained for detunings $\delta/2\pi = \pm 150$ MHz, on-resonance Rabi frequency $\omega_1/2\pi = 210$ MHz, and about 10000 atoms in the observation volume. This Rabi frequency is measured with the light shifts induced by the strong standing wave. The maximum height of the potential hills of Fig. 1 is then $U_0/h = 45$ MHz or 2 mK, corresponding to a maximum trappable velocity ($mv_z^2/2 = U_0$) equal to 0.5 m/s. For blue detuning, experimental absorption spectra are presented in Figs. 4(a) (no channeling) and 4(b) (channeling). As expected, channeling makes the peak A (antinodes) nearly disappear whereas the peak N (nodes) increases sharply. The curves with channeling were obtained by the adjustment of the orthogonality between the atomic beam and the laser standing wave to within 5×10^{-4} rad. The curves without channeling were obtained by tilting the standing wave through 5×10^{-3} rad, corresponding to an average velocity along the standing wave of 1.5 m/s. With such a velocity, channeling is no longer possible, resulting in a nearly uniform distribution of atoms across the standing wave (note that we still have $kv_z < \Gamma$).

From the experimental absorption spectra exhibiting channeling [Figs. 4(b) and 4(e)] we have deduced corresponding spatial distributions $N(z)$ of atoms in the standing wave (Figs. 4(c) and 4(f)]. These discretized $N(z)$ functions give the best least-squares fit between calculated and observed absorption spectra, which are found to coincide within the noise. Figures 4(c) and 4(f) show that we have produced gratings of atoms with a period $\lambda/2$ and with a contrast between the densities at the nodes and antinodes equal to 5 for $\delta > 0$, and equal to 2 for $\delta < 0$. The difference between the two contrasts, in qualitative agreement with our numerical simulations, stems from the fact that the channeled atoms are cooled for $\delta > 0$ and heated for $\delta < 0$.[6]

For a blue detuning, the degree of channeling would be improved by an increase of the interaction time, so that the trapped atoms could experience further cooling. Such an enhancement of channeling by cooling has been predicted theoretically.[17,18] This dissipative channeling could be observed with laser-decelerated atoms. Another attractive scheme would be to stop the atoms and then to trap them at the nodes of a three-dimensional standing wave.[1]

So far, our experiment has been interpreted in terms of classical atomic motion in the potential $U(\mathbf{r})$ associated with the mean dipole force. In order to investigate the quantum features of this motion, one can use the dressed-atom approach.[12] In this model, the atom moves in two types of periodic potentials associated with the two types of dressed states, trapping, respectively, near the nodes or near the antinodes. An interesting regime occurs when the atom makes several oscillations in a given potential before decaying by spontaneous emission to the opposite one. The quantized states of vibration of the atom in the light field are then well resolved, and this results in sidebands on the absorption or emission lines. In our experiment, the calculated oscillation frequency is about 1 MHz, so that some improvements of our apparatus might allow this observation.

This work is partially supported by the Direction des Recherches, Etudes et Techniques, under Grant No. 84-208. Laboratoire de Spectroscopie Hertzienne de l'Ecole Normale Supérieure is associated unit No. 18 of CNRS.

[(a)]Permanent address: Department of Physics, State University of New York, Stony Brook, NY 11790.

[1]V. S. Letokhov, Pis'ma Zh. Eksp. Teor. Fiz. **7**, 348 (1968) [JETP Lett. **7**, 272 (1968)].

[2]A. P. Kazantsev, Zh. Eksp. Teor. Fiz. **66**, 1599 (1974) [Sov. Phys. JETP **39**, 784 (1974)].

[3]P. L. Gould, G. A. Ruff, and D. E. Pritchard, Phys. Rev. Lett. **56**, 827 (1986), and references therein.

[4]V. I. Balykin, V. S. Letokhov, and A. I. Sidorov, Pis'ma Eksp. Teor. Fiz. **40**, 251 (1984) [JETP Lett. **40**, 1027 (1984)].

[5]S. Chu, L. Hollberg, J. E. Bjorkholm, A. Cable, and A. Ashkin, Phys. Rev. Lett. **55**, 48 (1985).

[6]A. Aspect, J. Dalibard, A. Heidmann, C. Salomon, and C. Cohen-Tannoudji, Phys. Rev. Lett. **57**, 1688 (1986).

[7]J. E. Bjorkholm, R. R. Freeman, A. Ashkin, and D. B. Pearson, Phys. Rev. Lett. **41**, 1361 (1978).

[8]S. Chu, J. E. Bjorkholm, A. Ashkin, and A. Cable, Phys. Rev. Lett. **57**, 314 (1986).

[9]A. Ashkin, Phys. Rev. Lett. **40**, 729 (1978).

[10]V. G. Minogin and O. T. Serimaa, Opt. Commun. **30**, 373 (1979).

[11]J. P. Gordon and A. Ashkin, Phys. Rev. A **21**, 1606 (1980).

[12]J. Dalibard and C. Cohen-Tannoudji, J. Opt. Soc. Am. B **2**, 1707 (1985).

[13]Observation of Bragg diffraction with use of a shorter wavelength would not be conclusive, since it would only indicate a modulation of the density of ground-state atoms.

[14]See, for example, C. Cohen-Tannoudji and S. Reynaud, J. Phys. B **10**, 345 (1977).

[15]The detailed calculation based on the dressed-atom approach (Ref. 14) will be published elsewhere.

[16]B. Dahmani, L. Hollberg, and R. Drullinger, Opt. Lett. (to be published).

[17]J. Dalibard, A. Heidmann, C. Salomon, A. Aspect, H. Metcalf, and C. Cohen-Tannoudji, in *Fundamentals of Quantum Optics II*, edited by F. Ehlotzky (Springer-Verlag, Berlin, 1987), p. 196.

[18]A. P. Kazantsev, G. A. Ryabenko, G. I. Surdutovich, and V. P. Yakovlev, Phys. Rep. **129**, 75 (1985).

Paper 6.6

J. Dalibard, C. Salomon, A. Aspect, H. Metcalf, A. Heidmann, and C. Cohen-Tannoudji, "Atomic motion in a laser standing wave," in *Proc. 8th Int. Conf. on Laser Spectroscopy*, Åre, Sweden, June 22–26, 1987, eds. W. Persson and S. Svanberg (Springer-Verlag, 1987), pp. 81–86.

This paper has been written for the proceedings of the 8th International Conference on Laser Spectroscopy held in Åre, Sweden, in June 1987. It has been selected here because it presents a short synthetic review of the various effects described in the three previous papers.

Atomic Motion in a Laser Standing Wave

J. Dalibard, C. Salomon, A. Aspect, H. Metcalf(*), A. Heidmann, and C. Cohen-Tannoudji

Laboratoire de Spectroscopie Hertzienne de l'ENS et Collège de France, 24 rue Lhomond, F-75231 Paris Cedex 05, France

Atomic motion in a laser standing wave is a problem which has been extensively studied because of its importance for trapping and cooling. The first suggestion to trap atoms near the nodes or near the antinodes of a non-resonant laser standing wave was made about twenty years ago by LETOKHOV [1]. A few years later, KAZANTSEV predicted the existence of velocity dependent forces acting upon atoms moving in a standing wave and he proposed to use these forces to accelerate atoms [2]. At about the same time, the idea of radiative cooling was put forward by HANSCH and SCHAWLOW for neutral atoms [3] and by WINELAND and DEHMELT for trapped particles [4]. In such a scheme, one supposes that the forces due to the two counterpropagating waves can be added independently, which means that the intensity of the standing wave cannot be too high. During the last ten years, the number of theoretical and experimental papers dealing with atomic motion in a standing wave has increased considerably and it would be impossible to review here all these works.

The purpose of this paper is to present simple physical pictures based on the dressed atom approach [5] for understanding atomic motion in a standing wave. We would like also to apply these pictures to the interpretation of new experimental results obtained recently at Ecole Normale on cooling and channeling of atoms in an intense standing wave.

1. DRESSED ATOM APPROACH [5]

We consider a two-level atom with a ground state g and an excited state e, separated by $\hbar\omega_A$. We call Γ the spontaneous radiative linewidth of e. The laser field is single mode with a standing wave structure along the Oz direction and with a frequency ω_L. We denote $\delta = \omega_L - \omega_A$ the detuning between the laser and atomic frequencies (we suppose $|\delta| \ll \omega_A$).

The uncoupled states of the atom + laser photons system can be written $|e$ or $g,n\rangle$. They represent the atom in e or g in presence of n laser photons. We call $\mathcal{E}(n)$ the manifold of the two unperturbed states $|g,n+1\rangle$ and $|e,n\rangle$. These two states are separated by $\hbar\delta$ and they are coupled by the interaction

(*) Permanent address : Department of Physics, State University of New York, Stony Brook, NY 11790 USA.

hamiltonian V_{AL} describing absorption and stimulated emission of laser photons by the atom. The corresponding matrix element can be written

$$\langle e,n|V_{AL}|g,n+1\rangle = \hbar\omega_1(z)/2 \tag{1}$$

where $\omega_1(z) = \omega_1 \sin kz$ is a z dependent Rabi frequency.

When the coupling (1) is taken into account, the two unperturbed states of $\mathcal{E}(n)$ transform into two perturbed states $|1(n)\rangle$ and $|2(n)\rangle$. These so called dressed states are linear combinations of $|e,n\rangle$ and $|g,n+1\rangle$ and their splitting $\hbar\Omega(z)$ is equal to

$$\hbar\Omega(z) = \hbar\left[\delta^2 + \omega_1^2 \sin^2 kz\right]^{1/2}. \tag{2}$$

The full lines of Fig. 1 represent the variations with z of the energies of the two dressed states $|1(n)\rangle$ and $|2(n)\rangle$. We take $\delta > 0$, so that the unperturbed state $|g,n+1\rangle$ is above $|e,n\rangle$.

At a node ($\omega_1(z) = 0$), the two dressed states coincide with the unperturbed ones and the splitting $\hbar\Omega$ reduces to $\hbar\delta$. At an antinode, the splitting takes its maximum value and, if $\omega_1 \gg \delta$, $|1(n)\rangle$ and $|2(n)\rangle$ are approximately equal to the symmetric and antisymmetric linear combinations of $|g,n+1\rangle$ and $|e,n\rangle$.

We introduce now spontaneous emission. Since both states $|1(n)\rangle$ and $|2(n)\rangle$ of $\mathcal{E}(n)$ contain admixtures of $|e,n\rangle$, they can decay radiatively towards the two states $|1(n-1)\rangle$ and $|2(n-1)\rangle$ of $\mathcal{E}(n-1)$ which both contain admixtures of $|g,n\rangle$. It is important to note that the corresponding radiative linewidth of $|1(n)\rangle$ and $|2(n)\rangle$ depends on z. Consider for example the dressed state $|1(n)\rangle$ for $\delta > 0$. At a node, it reduces to $|g,n+1\rangle$ which is radiatively stable, so that the natural width of $|1(n)\rangle$ is then equal to zero. At an antinode and for $\omega_1 \gg \delta$, the weight of the unstable excited state e in $|1(n)\rangle$ is ½ so that the natural

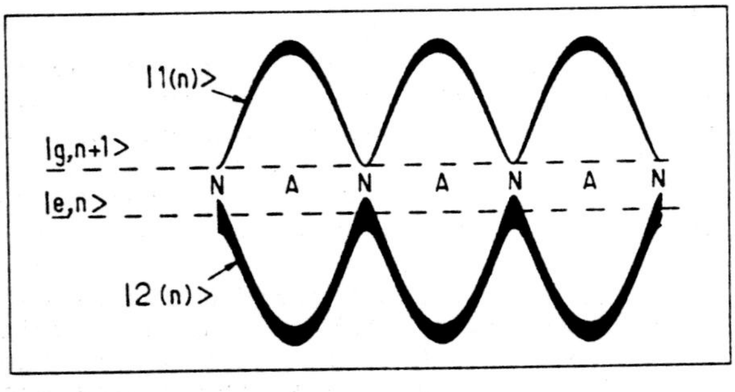

Figure 1 Spatial dependence of the dressed state energies in a standing wave (full lines). The thickness of the lines is proportional to the radiative linewidth of the levels. The dotted lines represent the unperturbed energy levels.

82

width of $|1(n)\rangle$ is equal to $\Gamma/2$. Similarly, the natural width of $|2(n)\rangle$ is equal to Γ at a node (since $|2(n)\rangle$ reduces then to $|e,n\rangle$) and to $\Gamma/2$ at an antinode.

2. ATOMIC ANALOGUE of the "SISYPHUS MYTH" : STIMULATED COOLING

Consider an atom moving along the direction Oz of the standing wave and being on one of the two dressed states $|1(n)\rangle$ or $|2(n)\rangle$. We suppose that its kinetic energy $mv_z^2/2$ is large compared to the height of the hills appearing on the energy curves of each dressed state (see Fig. 1). When the atom climbs a hill, its kinetic energy decreases : it is transformed into potential energy by stimulated emission processes which redistribute photons between the two counterpropagating waves.

Consider now the effect of spontaneous emission for $\delta > 0$ (blue detuning). The analysis of the previous section shows that, for each dressed state, the spontaneous emission rate is always maximum at the tops of the hills (antinodes for levels 1, nodes for levels 2). This means that the atom will leave preferentially a dressed state at the top of a hill. It follows that, during the time spent on a given dressed state, the atom sees on the average more uphill parts than downhill ones. Consequently, it is slowed down.

This new cooling mechanism is quite different from the usual one occuring for red detuning and at low intensity [6]. The mean energy loss per fluorescence photon is of the order of the height of the hills of Fig. 1. It scales as $\hbar\omega_1$ and does not saturate at high intensity : the velocity damping time of these "stimulated molasses" can therefore be much shorter than the one of usual molasses (by a factor Γ/ω_1). Experimental evidence for such a cooling mechanism has been obtained on Cesium atoms and is discussed in detail in reference [7].

3. CHANNELING of ATOMS

We suppose now that the kinetic energy of the atom along the standing wave, $mv_z^2/2$, is smaller than the height of the hills of Fig. 1 ($mv_z^2/2 \lesssim \hbar\omega_1$). This can be achieved for example by crossing at a right angle a one dimensional standing wave by a sufficiently well collimated atomic beam.

Figure 2 represents the energy surface of the dressed state $|1(n)\rangle$ which, for a blue detuning, connects to $|g,n+1\rangle$ out of the laser beam. Along the direction Oz of the standing wave, the rapid variation of $\sin^2 kz$ in (2) leads to a periodicity $\lambda/2$. Along the mean direction Ox of the atomic beam, the variations are much smoother since they are determined by the laser beam radius w_0. Because of the wings of the gaussian beam profile, the atoms which have a very small velocity spread along Oz enter the standing wave "adiabatically" and are thereby guided into

83

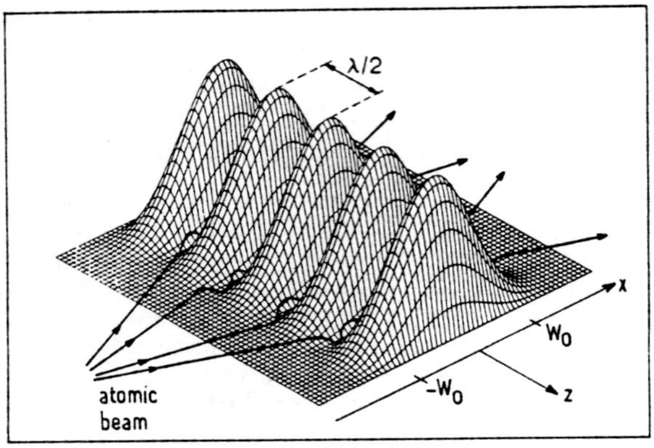

Figure 2 Energy surface of the dressed state $|1(n)\rangle$ in a gaussian standing wave propagating along Oz. Atoms with a very small transverse velocity are channelled near the nodes.

the channels where they oscillate in the transverse direction. A numerical calculation of the atomic trajectories shows that a channeling of the atoms takes place near the nodes within the standing wave. A similar calculation predicts a channeling near the antinodes for a red detuning. We have checked that spontaneous transitions between the dressed states do not drastically reduce the channeling because of the short passage time of the atoms through the laser beam.

To detect this channeling, we have chosen to use the atoms themselves as local probes of their own position. Because of the spatially varying light intensity, there are position dependent light-shifts $\Delta(z)$ which are zero at the nodes (where $\omega_1(z) = 0$) and take their maximum value Δ_M at the antinodes. The center of the atomic absorption line is therefore located between two extreme values, ω_A and $\omega_A + \Delta_M$ (for $\delta > 0$, $\Delta(z) = \delta - \Omega(z)$).

We have obtained experimental evidence for such a channeling on Cesium atoms [8]. Figure 3a gives the absorption spectrum measured on a weak probe laser beam for a uniform spatial distribution of atoms (no channeling) and for a blue detuning (Δ_M is then negative). It exhibits a broad structure corresponding to the range of frequencies between ω_A and $\omega_A + \Delta_M$. The end peaks arise because the line position is stationary with respect to the position z around the nodes (peak N) and the antinodes (peak A). The heights of these two peaks are different because the oscillator strength and the saturation factor of the atomic line depend on the intensity. The modification induced by channeling clearly appears on Fig. 3.b. Peak N, corresponding to atoms near the nodes, is enhanced while peak A, corresponding to the antinodes, is weakened. The curve with channeling (Fig. 3b) has been obtained by adjusting the orthogonality between the atomic beam and the laser standing wave to within 5.10^{-4} rad. The curve without channeling

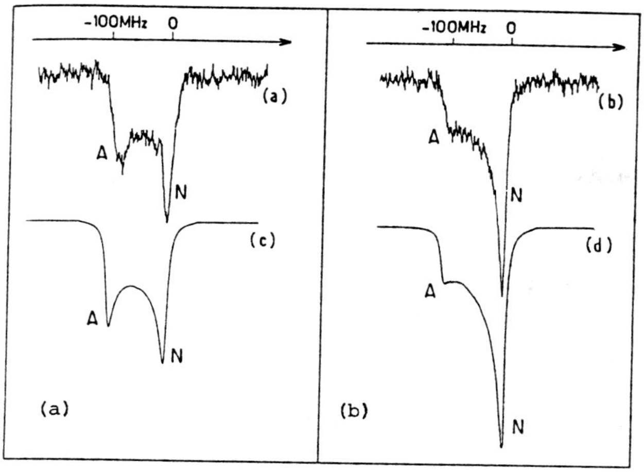

Figure 3 (a) and (b) : Experimental absorption of cesium atoms (D_2 line) at the center of a strong standing wave (Rabi frequency at the antinodes : 210 MHz ; detuning : 150 MHz ; laser beam waist : 2.3 mm), measured on a probe laser beam (power : 0,6 mW/cm^2 ; diameter : 1 mm). Curve (a) : no channeling. Curve (b) : channeling. (c) and (d) : calculated absorption spectra. Curve (c) : no channeling. Curve (d) : channeling.

(Fig. 3a) has been obtained by tilting the standing wave through 5.10^{-3} rad, corresponding to an average velocity along the standing wave of 1.7 m/s. With such a velocity, channeling is no longer possible.

In order to get some information on the spatial repartition of atoms N(z) in the standing wave, we have calculated absorption spectra for our experimental conditions and with simple shapes for N(z). Fig. 3c has been obtained with a uniform N(z) and is in good agreement with Fig. 3a. Fig. 3d has been calculated with a triangular shape for N(z) with a density at the nodes 5 times larger than at the antinodes. We are working on a more sophisticated deconvolution process, but the fit with the experimental curve is already of good quality. The spectra of Fig. 3 thus demonstrate the achievement of a laser confinement of neutral atoms in optical wavelength size regions.

It seems possible to improve the localization of the atoms by increasing the interaction time so that the trapped atoms could experience a further cooling for a blue detuning. Such a "dissipative channeling" has been predicted by a Monte-Carlo simulation [9] and by an analytical treatment [10]. It could be observed with laser decelerated atoms. Another attractive scheme would be to stop atoms and then to trap them at the nodes of a 3 dimensional standing wave. Finally, it would be interesting to try to observe the quantum states of vibration of the atom in the trapping light field potential. If the oscillation frequency (which in our experimental conditions is already 1 MHz) is large compared to the natural width of the dressed state, one could observe sidebands in the absorption or emission lines.

REFERENCES

1. V.S. Letokhov : Pisma Zh. Eksp. Teor. Fiz. 7, 348 (1968) [JETP Lett. 7, 272 (1968)]
2. A.P. Kazantsev : Zh. Eksp. Teor. Fiz. 66, 1599 (1974) [Sov. Phys. - JETP 39, 784 (1974)]
3. T.W. Hänsch and A.L. Schawlow : Opt. Commun. 13, 68 (1975)
4. D.J. Wineland and H.G. Dehmelt : Bull. Am. Phys. Soc. 20, 637 (1975)
5. J. Dalibard and C. Cohen-Tannoudji : J. Opt. Soc. Am. B2, 1707 (1985)
6. S. Chu, L. Hollberg, J.E. Bjorkholm, A. Cable and A. Ashkin : Phys. Rev. Lett. 55, 48 (1985)
7. A. Aspect, J. Dalibard, A. Heidmann, C. Salomon and C. Cohen-Tannoudji : Phys. Rev. Lett. 57, 1688 (1986)
8. A detailed description of this experiment will be published elsewhere
9. J. Dalibard, A. Heidmann, C. Salomon, A. Aspect, H. Metcalf and C. Cohen-Tannoudji : In Fundamental of quantum optics II, F. Ehlotzky ed., (Springer Series Lectures Notes in Physics), to be published
10. A.P. Kazantsev, G.A. Ryabenko, G.I. Surdutovich and V.P. Yakovlev : Physics Reports 129, 75 (1985)

Paper 6.7

R. Kaiser, N. Vansteenkiste, A. Aspect, E. Arimondo, and C. Cohen-Tannoudji, "Mechanical Hanle effect," *Z. Phys.* **D18**, 17–24 (1991). Reprinted by permission of Springer-Verlag.

This paper has been written for a special issue of *Zeitschrift für Physik D* dedicated to Professor W. Hanle. It shows that the Hanle effect in the lower state of an atomic transition can be detected by a modification of the atomic trajectories.

Earlier experiments (see papers 1.4 and 1.5) had shown that the resonant variations of the Zeeman coherences giving rise to the Hanle effect in atomic ground states could be detected by resonant variations of the light absorbed by the atoms. With these resonant variations of the absorbed light are associated resonant variations of the momentum transferred to the atom, and consequently resonant variations of the deflection of the atomic beam which give rise to the curves of Figs. 5 and 6.

One interesting difference between the mechanical detection of the Hanle effect described here and the usual optical detection is that each absorbed photon transfers a momentum $\hbar k$ to the atom, so that the atomic trajectory keeps a record of the whole sequence of fluorescence cycles. By contrast, in optical detection methods, all photons are not detected, and those which are detected give information only on the state of the atom at the place where the photon is absorbed or emitted. Note also that the mechanical detection of the Hanle effect has proven to be quite useful for compensating *in situ*, and at the milligauss level, the stray residual magnetic fields in the subrecoil laser cooling experiments described in paper 7.6.

Z. Phys. D – Atoms, Molecules and Clusters 18, 17–24 (1991)

Atoms, Molecules
Zeitschrift für Physik D and Clusters

Mechanical Hanle effect

R. Kaiser, N. Vansteenkiste, A. Aspect, E. Arimondo*, and C. Cohen-Tannoudji

Laboratoire de Spectroscopie Hertzienne de l'Ecole Normale Supérieure** and Collège de France, 24 rue Lhomond, F-75231 Paris Cedex 05, France

Received 6 September 1990

Abstract. This paper describes an experiment where the Hanle effect in the ground state of an atomic transition is detected, not by a modification of the light absorbed or reemitted by the atoms, but by a modification of the atomic trajectories. The experimental results are compared with the theoretical predictions of two calculations, the first one considering only the steady-state regime, the second one including the effects of the transient phenomena which take place when the atom enters the laser beam.

PACS: 32.80.B; 32.80.P

1. Introduction

It is a great pleasure for us to dedicate this paper to Professor W. Hanle and to show him a new manifestation of the effect which he discovered more than sixty years ago [1] and which has played such an important role in Atomic Physics.

The Hanle effect can, very generally, be considered as resulting from the competition between two perturbations with different symmetries: a Larmor precession around a static magnetic field B applied along the direction n; an optical excitation produced by a light beam having a polarisation e_L which is not invariant by rotation around n. In zero magnetic field, there is no Larmor precession, and the anisotropy (orientation or alignment) introduced in the atomic state by the light beam can build up. When the magnetic field is applied, the anisotropy introduced by the light beam along a direction transverse to n starts to precess around n with a Larmor frequency $\Omega_B = \gamma B$ proportional to B (γ: gyromagnetic ratio of the atomic state). Such a precession will wash out the anisotropy transverse to n if, during the characteristic damping time τ of the atomic state (radiative lifetime for an atomic excited state, optical pumping time or relaxation time for an atomic ground state), the rotation angle $\Omega_B \tau$ is not small compared to 1. It follows that, when B is scanned around zero, the anisotropy introduced by the light beam in the atomic state undergoes resonant variations which can be detected by changes in the light absorbed or emitted by the atoms. The corresponding resonances, called Hanle resonances (or zero-field level crossing resonances since they are centred on the value zero of the magnetic field for which all Zeeman sublevels cross), have a width ΔB given by

$$\gamma \Delta B = 1/\tau \tag{1}$$

Hanle resonances in atomic ground states were observed for the first time in 1964 [2]. Their interest lies in the fact that the damping time τ for atomic ground states can be much longer than the radiative lifetime of excited states, so that the width ΔB can be extremely small. For example, for ^{87}Rb atoms contained in a paraffin coated cell, τ can be as long as 1 second, which leads (with $\gamma \simeq 1$ MHz/Gauss) to widths ΔB of the order of 1 microgauss. Very sensitive magnetometers, able to detect fields smaller than 10^{-9} Gauss, have been developed in this way [3, 4].

During the last fifteen years, it has been realized that the mechanical effects of light, resulting from resonant exchanges of linear momentum between atoms and photons, can lead to spectacular effects [5]. The purpose of this paper is to show that the Hanle effect in atomic ground states can give rise to a modification of the atomic trajectories when a static magnetic field, perpendicular to the laser polarisation, is scanned around zero.

We first present in Sect. 2 a simple explanation of the physical effect, allowing us to point out differences which exist between the optical and mechanical detections of the Hanle effect. Using a semiclassical approach, we then evaluate in Sect. 3, for the simplest possible atomic transition having a degenerate atomic ground state ($J_g = 1/2 \leftrightarrow J_e = 1/2$), the steady-state atomic density

* Permanent address: Dipartimento di Fisica, Universita di Pisa, I-56100 Pisa, Italy
** Laboratoire associé au Centre National de la Recherche Scientifique et à l'Université Pierre et Marie Curie

matrix, from which it is possible to derive the expression of the mean force deflecting the atomic beam as a function of the magnetic field. Our experimental results, obtained on the transition $2^3S_1 \leftrightarrow 2^3P_1$ of ^{4}He, are presented in Sect. 4 and compared with the theoretical predictions of Sect. 3. Such a comparison shows that one cannot in general neglect the photons absorbed during the transient regime which takes place when the atom enters the laser beam. We thus present in Sect. 5 a more precise description of the phenomena, which takes into account the transient regime and which corresponds to the level scheme studied experimentally (transition $J_g = 1 \leftrightarrow J_e = 1$).

2. Presentation of the effect in a simple case

The principle of the experiment is the following (see Fig. 1a). An atomic beam, propagating along the Ox axis, is irradiated at right angle by a resonant σ^+ polarized laser beam propagating along Oz. In this section, we consider the simple case where the laser excites a ($J_g = 1/2 \leftrightarrow J_e = 1/2$) transition (see Fig. 1b which gives the Clebsch-Gordan coefficients of the various components of the optical line). A static magnetic field B is applied along Oy and slowly scanned around zero.

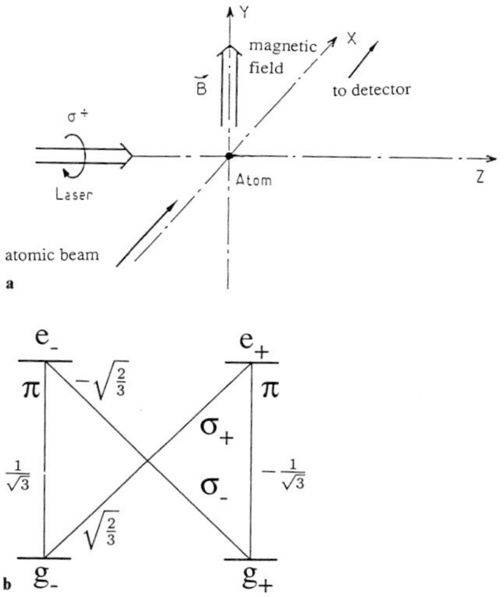

Fig. 1a, b. Configuration for observing the mechanical Hanle effect: **a** Experimental configuration: the laser beam is applied transversely to the atomic beam, and can deflect the atoms. This deflection, measured by the detector, exhibits a resonant variation when the transverse magnetic field is scanned. **b** Simplest atomic level scheme for observation of the mechanical Hanle effect with a σ_+ circularly polarized laser. At zero magnetic field, the atoms are optically pumped into g_+ where they no longer interact with the laser, and there is no deflection. We have indicated the Clebsch-Gordan coefficients characterizing the strength of the transitions

Suppose first that one measures the absorption of the light beam by the atoms. Let us take Oz as a quantization axis and let $|g_+\rangle$ and $|g_-\rangle$ be the eigenstates of J_g with eigenvalues $+\hbar/2$ and $-\hbar/2$. Since there is no σ^+ transition starting from $|g_+\rangle$ (see Fig. 1b), the absorption of the σ^+ polarized laser beam is proportional (at low intensity) to the population of $|g_-\rangle$.

As a result of optical pumping by the σ^+ polarized laser beam, each atom crossing the interaction zone is transferred from the sublevel $|g_-\rangle$ to the sublevel $|g_+\rangle$. Just after such an optical pumping cycle, its spin points along the positive direction of the Oz axis. Then it starts to precess around the magnetic field with an angular frequency Ω_B proportional to B. If $B=0$, there is no Larmor precession and the atom remains in the state $|g_+\rangle$, so that the absorption vanishes. When B is non zero, the Larmor precession around Oy induces a Rabi oscillation between $|g_+\rangle$ and $|g_-\rangle$, which repopulates the state $|g_-\rangle$ and therefore gives rise to a non zero absorption. Such an absorption remains small as long as the spin rotates by a small angle before undergoing a new optical pumping cycle which puts it back into the state $|g_+\rangle$, i.e. as long as $\Omega_B \tau_P \ll 1$, where τ_P is the optical pumping time. On the other hand, when B is large enough, so that $\Omega_B \tau_P \gg 1$, the two sublevels $|g_+\rangle$ and $|g_-\rangle$ are completely mixed by the Larmor precession, the population of $|g_-\rangle$ is equal to 1/2 and the absorption takes a large value. One therefore expects the absorption of the light beam, plotted versus B, or Ω_B, to exhibit a narrow dip centred on $\Omega_B = 0$, with a width given by $\Delta\Omega_B \approx 1/\tau_P$. What we have described is just an optical detection of the Hanle effect in an atomic ground state.

Consider now what happens to the atomic trajectory. After each fluorescence cycle, consisting of an absorption of a laser photon followed by a spontaneous emission, the atom gets a momentum kick equal, on the average, to $+\hbar k$ along Oz. This is due to the fact that the momentum of the absorbed photon is always the same ($+\hbar k$ along Oz), whereas the momentum loss due to spontaneous emission is zero on the average since spontaneous emission can occur in a random direction, but with equal probabilities in two opposite directions. When $B=0$, each atom undergoes a very small number of fluorescence cycles before being optically pumped into the sublevel $|g_+\rangle$ where it remains trapped. The momentum transfer along Oz is then limited to a few $\hbar k$ and consequently the deflection of the atomic trajectory remains very small. On the other hand, when B is large, optical pumping cannot empty the sublevel $|g_-\rangle$ since it is refilled at a much faster rate by the Larmor precession around Oy. The absorption of photons by the atom then never stops during its transit time through the laser beam, producing a large momentum transfer along Oz, and consequently a large deflection of the atomic trajectory. The critical value of the field, for which the effects of optical pumping and Larmor precession are on the same order, is still given by (1), so that one expects to get, for the variations of the deflection versus B, the same type of curve as the one obtained for the optical detection of the Hanle effect.

Although they look quite similar, the optical and mechanical detections of the Hanle effect differ in some important respects. First, the atomic trajectory keeps a record of all fluorescence cycles, since each absorbed photon transfers a momentum $+\hbar k$ along Oz, so that the deflection of each atom reflects the integral of the force experienced by such an atom during the whole interaction time, including the transient regime. By contrast, the optical detection signal can give local informations on the state of the atom at the point of observation. Second, the mechanical detection does not introduce any extra fluctuation. The random nature of the deflection is only related to the fundamental fluctuations of the number of fluorescence cycles occurring during a given time interval and to the random direction of the spontaneously emitted photons. By contrast, an additional statistical element has to be considered for optical signals, namely the fact that each photon is usually not detected with a 100% efficiency [6]. Third, the atomic detectors may be much more efficient that photodetectors. For instance, the lower state of the atomic transition of Helium which we have studied is a metastable state, carrying a lot of internal energy, so that it is very easy to detect the deflected atoms with an electron multiplier. By contrast, the fluorescence photons have a wavelength equal to 1.08 μm not convenient to detect with current photomultipliers. Finally, if one wants to make quantitative comparisons between experimental data and theoretical predictions, the mechanical detection signals do not require absolute calibrations of quantities such as mean number of photons, detector efficiency, probe intensity .... An example of such advantages will clearly appear in Sect. 4.

3. Calculation of the steady-state force

3.1. Principle of the calculation

In this section, we compute the mean force experienced by the atom in the steady-state regime. We use the so-called semiclassical approximation which is valid when the spatial extension of the atomic wave packet is small compared to the laser wavelength [7, 8]. The mean radiative force can then be written

$$f(r) = -\langle \nabla V_{AL}(r)\rangle \tag{3.1}$$

where

$$V_{AL}(r) = -d\cdot E_L(r) \tag{3.2}$$

is the electric dipole interaction hamiltonian describing the coupling between the atomic dipole moment d and the laser electric field $E_L(r)$, treated as a c-number external field and evaluated at the center of the atomic wave packet. The quantum average value appearing in (3.1) involves only the internal degrees of freedom, so that f can be expressed in terms of the atomic density matrix σ describing the internal atomic state. To calculate σ, we use the so-called optical Bloch equations which describe the evolution of σ, including the hamiltonian evolution in the external laser and magnetic fields as well as the damping due to spontaneous emission.

We consider here a $J_g=1/2 \leftrightarrow J_e=1/2$ transition (see Fig. 1b). Since we are only interested in the Hanle resonance of the ground state, which is much narrower than the Hanle resonance of the excited state, we consider a simplified model where the gyromagnetic ratio γ_e of the excited state is zero. This simplification does not affect the shape of the narrow structure appearing in the detection signal (Hanle effect in the ground state), but this model cannot of course give a precise account of the broader structures. Since the laser light excites only the $|e_+\rangle$ Zeeman sublevel, which cannot be coupled to $|e_-\rangle$ because of the previous assumption ($\gamma_e=0$), we can ignore $|e_-\rangle$. The total hamiltonian H describing the atom in the external laser and magnetic fields is thus

$$H = \hbar\omega_0 |e_+\rangle\langle e_+| + V_{AL} + V_B \tag{3.3}$$

In (3.3), $\hbar\omega_0$ is the energy interval between e and g, V_{AL} is given in (3.2) and

$$V_B = -i\hbar\frac{\Omega_B}{2}|g_-\rangle\langle g_+| + h.c. \tag{3.4}$$

describes the Zeeman coupling of the atomic ground state with a magnetic field B applied along Oy (Larmor frequency $\Omega_B = -\gamma_g B$).

For a σ^+ polarized laser wave propagating along Oz, the laser electric field is

$$E_L(z,t) = E_0\,\boldsymbol{\varepsilon}_+ \exp i(k_L z - \omega_L t) + c.c. \tag{3.5}$$

where $\boldsymbol{\varepsilon}_+ = -(\boldsymbol{\varepsilon}_x + i\boldsymbol{\varepsilon}_y)/\sqrt{2}$. In the so-called rotating wave approximation, V_{AL} can be written

$$V_{AL} = \frac{\hbar\Omega_L}{2}|e_+\rangle\langle g_-| \exp i(k_L z - \omega_L t) + h.c. \tag{3.6}$$

where

$$\Omega_L = -\langle e_+|\mathbf{d}\cdot\boldsymbol{\varepsilon}_+|g_-\rangle E_0/\hbar \tag{3.7}$$

is the Rabi frequency characterizing the atom-laser coupling. We suppose that the atom, moving along Ox, crosses the laser beam at $z=0$, which leads for the mean force f to the following expression

$$\begin{aligned} f &= -\langle \nabla V_{AL}(z=0)\rangle \\ &= i\hbar k_L e_g \frac{\Omega_L}{2}\sigma_{e_+g_-} \exp i\omega_L t + c.c. \end{aligned} \tag{3.8}$$

The value of the density matrix elements $\sigma_{e_+g_-}$ is determined from the optical Bloch equations

$$\frac{d\sigma}{dt} = \frac{1}{i\hbar}[H,\sigma] + \left(\frac{d\sigma}{dt}\right)_{sp} \tag{3.9}$$

where H is given in (3.3), and where the damping terms due to spontaneous emission have the following expression

$$(\mathrm{d}\sigma_{e_+e_+}/\mathrm{d}t)_{sp} = -\Gamma\sigma_{e_+e_+}$$
$$(\mathrm{d}\sigma_{e_+g_i}/\mathrm{d}t)_{sp} = -\frac{\Gamma}{2}\sigma_{e_+g_i}$$
$$(\mathrm{d}\sigma_{g_+g_+}/\mathrm{d}t)_{sp} = +\frac{\Gamma}{3}\sigma_{e_+e_+}$$
$$(\mathrm{d}\sigma_{g_-g_-}/\mathrm{d}t)_{sp} = +\frac{2\Gamma}{3}\sigma_{e_+e_+}$$
$$(\mathrm{d}\sigma_{g_+g_-}/\mathrm{d}t)_{sp} = 0 \tag{3.10}$$

where $i=-, +$ and where Γ^{-1} is the radiative lifetime of e. If we put

$$\tilde{\sigma}_{e_+g_i} = \exp i\omega_L t\,\sigma_{e_+g_i} \tag{3.11}$$

the optical Bloch equations take the form of a set of coupled linear differential equations with time independent coefficients. For example, the equation of evolution of $\tilde{\sigma}_{e_+g_-}$ is

$$\dot{\tilde{\sigma}}_{e_+g_-} = i\left(\delta + i\frac{\Gamma}{2}\right)\tilde{\sigma}_{e_+g_-} + \frac{i\Omega_L}{2}(\sigma_{e_+e_+} - \sigma_{g_-g_-}) - \frac{\Omega_B}{2}\tilde{\sigma}_{e_+g_+} \tag{3.12}$$

where

$$\delta = \omega_L - \omega_0 \tag{3.13}$$

is the detuning between the laser frequency and the atomic frequency.

3.2. Steady-state solution

The laser-atom interaction time is the time $T = l/v$ it takes for the atom with velocity v to cross the laser beam diameter l. We will suppose that T is long enough for allowing the atom to reach a steady-state. On the other hand, T is supposed to be not too long, so that one can neglect the Doppler effect associated with the mean velocity Δv_z communicated by the laser to the atom during the interaction time

$$k_L \Delta v_z \ll \Gamma \tag{3.14}$$

One can thus consider that the detuning (3.13) between the laser frequency and the atom frequency remains constant during T. The steady-state solution of optical Bloch equations can then be calculated analytically. Inserting the corresponding value of $\sigma_{e_+g_-}$ into (3.8), one gets the following expression for the steady-state force

$$f_{st} = \hbar k_L \frac{\Gamma}{2} \frac{\frac{\Omega_L^2}{4}}{\delta^2 + \frac{\Gamma^2}{4} + \frac{\Omega_L^2}{6} + \frac{\Omega_B^2}{4}\left(1 + \frac{\Omega_L^4}{6\Omega_B^4}\right)} \tag{3.15}$$

In Fig. 2, we have plotted this force versus Ω_B, for $\Omega_L = 0.2\Gamma$ and for a zero detuning. The dip which appears around $\Omega_B = 0$ is a signature of the Hanle effect in the ground state. The decrease of f_{st} for larger values of Ω_B is due, in the simplified model use here ($\gamma_e = 0$), to the fact that the laser excitation gets out of resonance when the Zeeman shift of the ground state sublevels becomes of the order of Γ. In a more precise treatment ($\gamma_e \neq 0$), such a decrease would also be partly associated with the Hanle effect in the excited state.

Here we are only interested in the central dip of Fig. 2 and in the low intensity limit ($\Omega_L \ll \Gamma$) where this dip is very narrow, with a width $\Delta\Omega_B \ll \Gamma$. Putting $\delta = 0$ in the denominator of (3.15) and neglecting $\Omega_L^2/6$ and $\Omega_B^2/4$ in comparison with $\Gamma^2/4$, one easily transforms (3.15) into

$$f_{st} = \hbar k_L \frac{\Gamma}{2}\frac{\Omega_L^2}{\Gamma^2}\left[1 - \frac{\Gamma'^2}{\Omega_B^2 + \Gamma'^2}\right] \tag{3.16}$$

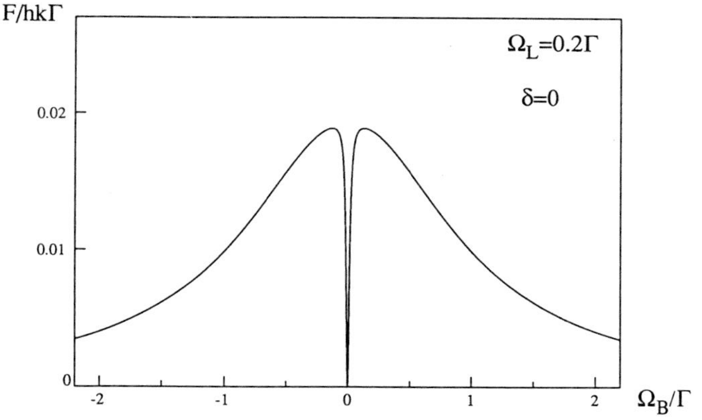

Fig. 2. Mechanical Hanle effect: This curve presents the result of the calculation of Sect. 3, and shows the value of the steady state force as a function of the Larmor angular frequency of precession in the ground state. The narrow resonance around 0 is the manifestation of the Mechanical Hanle effect

where

$$\Gamma' = \frac{\Omega_L^2}{\Gamma\sqrt{6}} \tag{3.17}$$

It is clear on (3.16) that the narrow dip goes to zero for $\Omega_B = 0$ and has a Lorentzian shape with a width $2\Gamma'$. Moreover, one recognizes in Γ' the absorption rate of laser photons from the ground state (at resonance and at low intensity), or equivalently the inverse of the optical pumping time. The calculations of this section thus confirm the qualitative predictions of Sect. 2 according to which the width of the Hanle resonance of the ground state must be equal to the inverse of the optical pumping time.

4. Experimental results

4.1. Apparatus

The experimental setup (Fig. 3a) is the same as the one used for other experiments [9–11]. The atomic source is a supersonic beam of Helium cooled by liquid nitrogen, and excited by colinear electron bombardment. After elimination of undesirable atomic species, we have a beam of triplet metastable 2^3S_1 propagating along Ox. The velocity distribution is peaked at 1300 $\mathrm{ms^{-1}}$, and has a width ΔV of 150 $\mathrm{ms^{-1}}$ (HWHM).

The atoms interact with a circularly polarized transverse laser beam, propagating along Oz, tuned on the $2^3S_1 - 2^3P_1$ transition ($\lambda = 1.083$ μm; natural linewidth $\Gamma/2\pi = 1.6$ MHz) (Fig. 3b). The home built LNA laser [11] is frequency stabilized to 0.1 MHz. The beam is enlarged (beam waist radius 50 mm) in order to have an almost uniform intensity on the interaction region 40 mm long, determined by a diaphragm. The intensity (0.6 $\mathrm{mWcm^{-2}}$) corresponds to a Rabi angular frequency $\Omega_L = \Gamma$ for any σ_+ component of the considered transition (Fig. 3b). The magnetic field in the interaction region is controlled by three pairs of coils, approximately in the Helmholtz position, allowing us to achieve an inhomogeneity less than 10^{-3} on the interaction volume.

In order to measure the transverse velocity distribution, we limit the atomic beam by a slit S_1, 0.2 mm wide along Oz, placed just before the interaction region. The transverse atomic beam profile is scanned along Oz by an electron multiplier with a similar input slit, placed 1.3 m after the interaction region. This detector is sensitive only to the metastable atoms. Because of the narrow longitudinal velocity distribution, we obtain directly the transverse velocity distribution, with a resolution of 0.1 $\mathrm{ms^{-1}}$ (HWHM) in the range ± 10 $\mathrm{ms^{-1}}$. Comparing these profiles with and without the laser allows us to observe the deflection of the atoms.

4.2. Direct observation of the mechanical Hanle effect

If we place the detector in the far wing of the transverse beam profile, the signal increases with the deflection, and thus with the force experienced by the atoms (Fig. 4). When we scan the transverse magnetic field B_y around 0, we observe the signal of Fig. 5, which clearly shows the dip corresponding to the decrease of the force at $B_y = 0$, as predicted by the analysis above.

This method has allowed us to achieve a compensation of the earth magnetic field in the interaction region exactly along the atomic trajectory. An extension of the calculation of Sect. 3 predicts that the dip is narrower when the components of the magnetic field orthogonal to the one which is scanned are smaller. With an iterative procedure, it is then possible to cancel the three components of the earth magnetic field [12]. When this is done, the width of the dip (10^{-1} Gauss, HWHM) is only due to the absorption rate Γ' (3.17). It is possible to adjust the current in the compensating coils with an accuracy of one tenth of this width, so that we estimate that the earth magnatic field is cancelled to less than 10 mG.

The method above of direct observation of the mechanical Hanle effect does not allow one an accurate comparison between the experiment and the theoretical analysis of Sect. 3. As a matter of fact, the signal is sensitive not only to the average force experienced by the atoms, but also to the spread of the atomic velocity distribution due to the fluctuations of the force: the signal

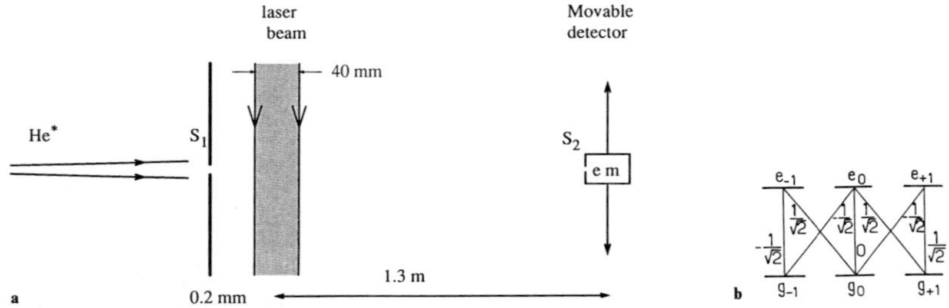

Fig. 3a, b. Experiment: **a** Experimental setup. The metastable beam of helium, transversely limited by the slit S_1 (0.2 mm wide), is analysed by an electron multiplier with a similar slit S_2 yielding the transverse velocity profile. When the laser beam is applied, the atomic beam is deflected, and the transverse velocity profile is modified. **b** Transition of the metastable Helium used for the experiment, with the corresponding Clebsch-Gordan coefficients. Note that the $g_0 \rightarrow e_0$ transition is forbidden

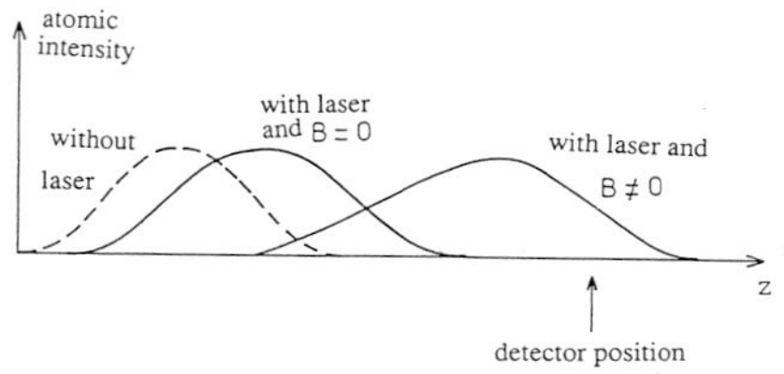

Fig. 4. Direct detection of the Mechanical Hanle Effect: The detector is placed in the far wing of the atomic beam profile, so that the signal increases when the deflection increases

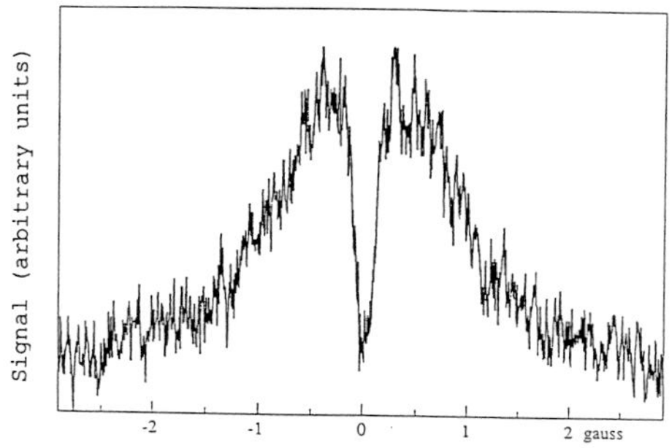

Fig. 5. Direct detection of the Mechanical Hanle Effect: signal obtained with the detector located as indicated in Fig. 4

in the wing of the profile can then increase even if the average force is null. In order to make a quantitative comparison with the theory, we have used another observation method that we describe now.

4.3. Study of the velocity distribution

The method consists of measuring the final velocity distribution for a series of different values of the magnetic field. For each profile, it is then easy to calculate the average velocity. On Fig. 6, we have plotted this average velocity as a function of the magnetic field. We clearly see the dip around zero, characteristic of the magnetic Hanle effect in the ground state.

The dotted line represents the expected average velocity change, calculated by assuming that the steady state force is applied during the whole interaction time of $310\Gamma^{-1}$. The calculation is analogous to the one of Sect. 3, extended to the $J_g=1 \rightarrow J_e=1$ transition of the experiment (Fig. 3b). Although there is a qualitative agreement, we clearly see two quantitative differences. First, the measured velocity change does not go to zero. Second, for a magnetic field B larger than 50 mG, the measured velocity change is smaller than the calculated value.

The difference at large magnetic field is not surprising. The deviation between the calculation and the experiment happens for magnetic fields such that the velocity change is larger than $15hk/M$. The corresponding Doppler effect is then of the order of Γ, and the velocity change is large enough so that the atoms get out of resonance (the condition 3.14 is no longer fulfilled). Note also that our model ignores the Hanle effect in the excited state, but this effect plays little role at these values of the magnetic field (the width of the Hanle effect in the excited state would be of the order of 1 Gauss).

We attribute the difference around zero to the transient regime, which has been ignored in the calculation. The effect of this transient regime can be easily understood at zero magnetic field, where the average steady state force is zero. In fact, if we start with a statistical mixture of atoms equally distributed in the three sublevels of the ground state, it requires several fluorescence

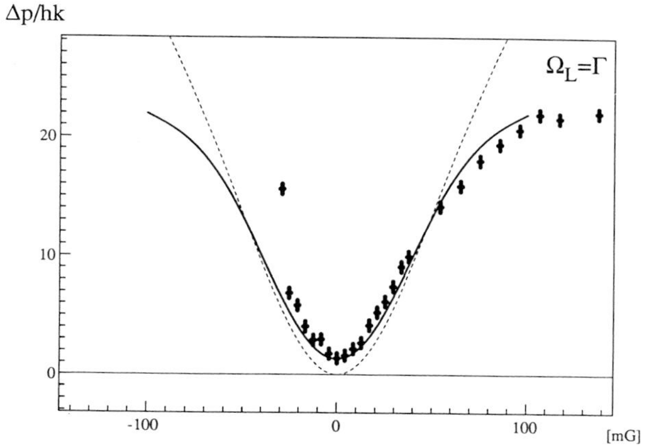

Fig. 6. Average transverse momentum change of the atomic beam, as a function of the magnetic field. The experimental points are obtained from the transverse velocity profiles, recorded as indicated in Sect. 4.2. The dotted curve is the theoretical prediction with the semi-classical theory. The full curve is the theoretical prediction with the generalized optical Bloch equations: it renders a good account of the transient regime (change of $4/3hk$ at zero magnetic field) and of the shape of the wings at larger magnetic field

cycles until all atoms are pumped into the trapping $m_z = 1$ sublevel. A straightforward calculation shows that the average number of fluorescence cycles per atom is

$$\bar{n} = \tfrac{4}{3} \tag{4.1}$$

This corresponds precisely to the experimentally observed velocity change at zero magnetic field (Fig. 6)

$$\Delta v_0 = 1.3 \hbar k / M \tag{4.2}$$

The theoretical analysis of Sect. 3 is thus unable to give a full quantitative account of the effect: it neglects the variation of the Doppler effect during the deflection, and it does not take into account the transient regime. The transient regime only involves a small number of photons (see above), but the sensitivity of the method is large enough to measure such small velocity changes (Fig. 6).

We will present now a completely different theoretical analysis to take into account these effects.

5. Full quantum treatment

In order to render a better account of the experimental results, one possibility would be to try to improve the semiclassical calculation of Sect. 3 by including the transient regime and the velocity change during the interaction time. We have found more fruitful to use another approach, starting directly from the full quantum equations where both the internal and external degrees of freedom of the atom are quantized [14]. The numerical intergration of these equations gives us directly the time dependent atomic density matrix from which we compute the velocity distribution by tracing over the internal variables. Also, it turns out that this fully quantum approach is more correct when the atomic velocity (along Oz) is so small that the corresponding de Broglie wavelength is no longer negligeable compared to the laser wavelength.

This theoretical treatment is very close to the one used to describe laser cooling below the one-photon recoil energy by velocity selective coherent population trapping [9, 13]. Let us introduce the state $|g_-, p_z\rangle$, which represents the atom in the ground state g_- with a linear momentum p_z along Oz. Because of the selection rule for the angular momentum, the σ^+ polarized wave can couple together only g_- and e_+. On the other hand, because of the selection rule for the linear momentum, such an interaction with a wave propagating towards $+Oz$ can couple only $|g_-, p_z\rangle$ and $|e_+, p_z + \hbar k\rangle$. The magnetic field along Oy couples the different Zeeman levels in the ground state $|g_-, p_z\rangle$ and $|g_+, p_z\rangle$ without modifying their linear momentum. Assuming a zero gyromagnetic factor in the excited state $\gamma_e = 0$, we are thus led to introduce a family of three states coupled by absorption or stimulated emission and by the static magnetic field:

$$F(p_z) = \{|g_-, p_z\rangle, |g_+, p_z\rangle, |e_+, p_z + \hbar k\rangle\} \tag{5.1}$$

As long as spontaneous emission is not taken into account, this is a closed family of coupled states. Taking into account the spontaneous emission of photons gives rise to a redistribution between different families: an atom in the state $|e_+, p_z + \hbar k\rangle$ from the family $F(p_z)$ can emit a photon with a linear momentum u along $Oz(|u| \leqq \hbar k)$ and arrive into $|g_-, p_z + \hbar k - u\rangle$ which belongs to $F(p_z + \hbar k - u)$.

Considering such families of states introduces significant simplifications in the equations of evolution of the atomic density matrix (generalized optical Bloch equations, including the external quantum number p_z, see [13]). We have numerically solved these equations, using a truncation and a discretisation of p_z similar to the one described in [13]. From the result of this numerical integration we get the value of the density matrix as a function of time. We then deduce the final atomic linear momentum distribution $N(p_z)$ along Oz, which can be written:

$$N(p_z) = \langle g_-, p_z | \sigma | g_-, p_z \rangle + \langle g_+, p_z | \sigma | g_+, p_z \rangle + \langle e_+, p_z | \sigma | e_+, p_z \rangle \tag{5.2}$$

The curve in full line of Fig. 6 represents the results of the computation done for the $J_g = 1 \rightarrow J_e = 1$ transition of Helium excited by a σ_+ transition, corresponding to our experimental parameters ($\delta = 0$, $\Omega_L = \Gamma$, $T = 310\,\Gamma^{-1}$). Such a curve obtained without any adjustable parameter is in a very good quantitative agreement with the experimental results. Note in particular the change of $\Delta p = \frac{4}{3} \hbar k$ in linear momentum for $B = 0$, and the reduced slope of the curve for large values of B. We thus see that the calculation sketched in this section, which relies on a completely rigourous approach of the problem, gives results in excellent agreement with the experimental data. It contains other informations, for instance about the spread of the velocity distribution, that could also be compared to the measurements. It is clearly a very powerful theoretical method.

6. Conclusion

We have presented in this paper a new manifestation of the Hanle effect in an atomic ground state. The effect appears as a resonant modification of the atomic trajectories in an atomic beam irradiated transversely by a laser, when the magnetic field is scanned around 0. The sensitivity of the method has allowed us to detect effects corresponding to a single fluorescence cycle. At this level of precision, semi-classical models are no-longer adequate. We have thus presented a fully quantum analysis, where internal and external degrees of freedom of the atom are quantized. This analysis provides an accurate quantitative interpretation of the experimental results without any adjustable parameter.

References

1. Hanle, W.: Z. Phys. **30**, 93 (1924); Z. Phys. **35**, 346 (1926)
2. Lehmann, J.-C., Cohen-Tannoudji, C.: C. R. Acad. Sci. **258**, 4463 (1964)

3. Dupont-Roc, J., Haroche, S., Cohen-Tannoudji, C.: Phys. Letters **28**A, 638 (1969)
4. Cohen-Tannoudji, C., Dupont-Roc, J., Haroche, S., Laloë, F.: Phys. Rev. Letters **22**, 758 (1969)
5. See for example the papers published in the special issue on "Laser cooling and trapping of atoms". Chu, S., Wieman, C. (eds.) J. Opt. Soc. Am. B **6** (1989)
6. Cook R.J. has suggested to use the deflection of an atomic beam for studying the statistics of fluorescence photons without being limited by the efficiency of photodetectors: Cook, R.J.: Opt. Commun. **35**, 347 (1980); see also the experiments described in Wang, Y.Z., Huang, W.G., Cheng, Y.D., Liu, L.: In laser spectroscopy VII. Hansch, T.W., Shen, Y.R. (eds.) p. 238. Berlin, Heidelberg, New York: Springer 1985
7. Cook, R.J.: Phys. Rev. A **20**, 224 (1979)
8. Gordon, J.P., Ashkin, A.: Phys. Rev. A **21**, 1606 (1980)
9. Aspect, A., Arimondo, E., Kaiser, R., Vansteenkiste, N. Cohen-Tannoudji, C.: Phys. Rev. Lett. **61**, 826 (1988)
10. Aspect, A., Vansteenkiste, N., Kaiser, R., Haberland, H., Karrais, M.: Chem. Phys. **145**, 307 (1990)
11. Vansteenkiste, N., Gerz, C., Kaiser, R., Holberg, L., Salomon, C., Aspect, A.: J. Phys. (Paris) (submitted)
12. It is also possible to use a linearly polarized laser beam. One can then show that there is a similar Hanle resonance when the component B_z of the magnetic field is scanned around 0. See Kaiser, R., thèse de doctorat de l'Université Pierre et Marie Curie (Paris VI), Paris 1990
13. Aspect, A., Arimondo, E., Kaiser, R., Vansteenkiste, N., Cohen-Tannoudji, C.: J. Opt. Soc. Am. B **6**, 2112 (1989)
14. Cook, R.J.: Phys. Rev. A **22**, 1078 (1980)

Section 7

Sisyphus Cooling and Subrecoil Cooling

Before 1988, two main laser cooling mechanisms were known: Doppler cooling and the high intensity Sisyphus effect described in papers 6.3 and 6.4. The second mechanism can give larger friction coefficients because dipole forces do not saturate at high intensity. But the large fluctuations of dipole forces lead to higher temperatures than in Doppler cooling which uses a Doppler-induced imbalance between two opposite radiation pressure forces. In fact, one predicts that the lowest temperature T_D which can be achieved by Doppler cooling is given by $k_B T_D = \hbar\Gamma/2$, where Γ is the natural width of the upper state, this minimum temperature being reached when the laser is detuned to the red by half a linewidth $\Gamma/2$. T_D is called the Doppler limit and is on the order of a few hundreds of microkelvin for alkalis.

Another important landmark in the temperature scale is the recoil temperature T_R given by $k_B T_R/2 = E_R = \hbar^2 k^2/2M$. It corresponds to the recoil kinetic energy E_R of an atom with mass M absorbing or emitting a single photon with momentum $\hbar k$. For most allowed optical lines, $\hbar\Gamma \gg E_R$ and the recoil limit T_R is much lower than the Doppler limit T_D by two or three orders of magnitude.

Very spectacular developments occurred in 1988, when it was shown that these two limits could be overcome. The papers contained in this section describe some of the contributions of the Paris group, either theoretical or experimental, to these developments. Papers 7.2 to 7.5 deal with sub-Doppler cooling and papers 7.6 to 7.8 with subrecoil cooling. Paper 7.1 is a short review paper, written in 1990. It gives the chronology of the various developments and a simple qualitative explanation of the new mechanisms.

It is amusing to note that most of the ingredients used in the new cooling mechanisms described here were already contained in the papers of Sec. 1. Sub-Doppler cooling uses appropriate correlations between light shifts and optical pumping rates. In addition, the subrecoil cooling scheme described here uses "dark states" which are linear superpositions of ground state sublevels. The key idea is to create velocity-dependent destructive interference between the excitation amplitudes of the Zeeman sublevels involved in the dark state.

Paper 7.1

C. Cohen-Tannoudji and W. D. Phillips, "New mechanisms for laser cooling," *Phys. Today* **43**, 33–40 (1990).
Reprinted by permission of the American Institute of Physics.

This paper serves as a simple introduction to the other papers of this section. It recalls the main features of the "traditional" cooling mechanisms, such as Doppler cooling, and reviews the various steps which led in 1988 to the discovery of new more efficient cooling mechanisms. These new mechanisms are introduced and explained in a simple way, and a few experimental results (prior to 1990) are also presented to support the existence of these new mechanisms.

NEW MECHANISMS FOR LASER COOLING

Optical pumping and light shifts have unexpectedly conspired to improve laser cooling by orders of magnitude and to produce the lowest kinetic temperatures ever measured.

Claude N. Cohen-Tannoudji and William D. Phillips

When an atom or a molecule interacts with a light beam, the light emitted or absorbed carries valuable information about the atomic or molecular structure. This phenomenon underlies the whole field of spectroscopy. But the interaction of a photon with an atom can be used to manipulate the atom as well as to probe its structure. For example, in an approach called optical pumping, invented by Alfred Kastler, one can use the resonant exchange of angular momentum between atoms and polarized photons to align or orient the spins of atoms or to put them in non-equilibrium situations. In his original 1950 paper Kastler also proposed using optical pumping to cool and to heat the internal degrees of freedom, calling the phenomena the "effet luminofrigorique" and the "effet luminocalorique." Another famous example of the use of photon–atom interaction to control atoms is laser cooling. This technique relies on resonant exchange of linear momentum between photons and atoms to control their external degrees of freedom and thus to reduce their kinetic energy. Laser cooling was suggested independently by Theodor Hänsch and Arthur Schawlow for neutral atoms[1] and by David Wineland and Hans Dehmelt for trapped ions.[2] In an article written three years ago for PHYSICS TODAY (June 1987, page 34), Wineland and Wayne Itano presented the principle of laser cooling and the potential applications of cold atoms to fields of physics such as ultrahigh resolution spectroscopy, atomic clocks, collisions, surface physics and collective quantum effects. At that time laser cooling had brought temperatures down to a few hundred microkelvin, but unexpected improvements during the last three years have dramatically lowered those temperatures to only a few microkelvin. We now feel we understand the new physical mechanisms responsible for these very low temperatures.

Doppler cooling: The traditional mechanism

The principle of Doppler cooling for free atoms[1] can best be illustrated by a two-level atom in a weak laser standing wave with a frequency ω_L slightly detuned below the atomic resonance frequency ω_A (see figure 1a). Each of the two counterpropagating laser beams forming the standing wave imparts an average pressure in its direction of propagation as the atom absorbs photons in that direction but radiates the photons isotropically. Suppose first that the atom is at rest. The radiation pressures exerted by the two counterpropagating waves exactly balance, and the total force experienced by the atom, averaged over a wavelength, vanishes. If the atom is moving along the standing wave at velocity v, the counterpropagating waves undergo opposite Doppler shifts $\pm \omega_L v/c = \pm kv$, where k is the magnitude of the wavevector. The frequency of the wave traveling opposite to the atom gets closer to resonance and this wave exerts a stronger radiation pressure on the atom than the wave traveling in the same direction as the atom, which gets farther from resonance. This imbalance between the two

Claude Cohen-Tannoudji is a professor at the Collège de France and does research at the Ecole Normale Supérieure in a laboratory associated with the University of Paris VI and with Centre National de la Recherche Scientifique.
William Phillips is a physicist at the National Institute of Standards and Technology (formerly the National Bureau of Standards) in Gaithersburg, Maryland.

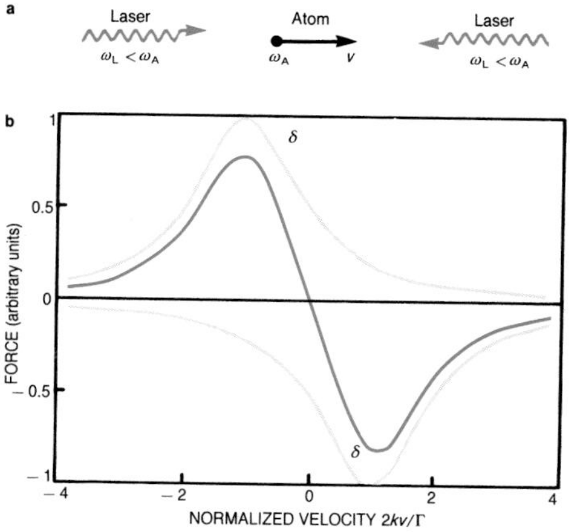

Principle of Doppler cooling. (**a**) An atom moves along the standing wave set up by two counterpropagating laser beams, each with a frequency below the atom's resonance frequency by a small amount δ. (**b**) At low intensities the atom feels average forces in opposite directions from the two beams (light blue curves), with the peaks offset because of the laser detuning. The net force (dark blue curve) is the friction that cools the atom. The slope at $v = 0$ is the friction coefficient. For the curve shown δ is exactly half the natural linewidth of the excited state. **Figure 1**

radiation pressures gives rise to an average net friction force F, which is opposite to the atomic velocity v and which can be written, if v is low enough, as $F = -\alpha v$, where α is a friction coefficient.

Figure 1b shows, for low laser intensity I_L, the damping (cooling) force as the sum of two opposing forces that vary with kv as Lorentzian curves, each curve having a width Γ equal to the natural width of the excited state. These curves are centered at $kv = \pm\delta$, where $\delta = \omega_L - \omega_A$ is the amount by which the frequency is detuned from resonance. The slope of the total force at $v = 0$, that is, the friction coefficient α, is maximum when $\delta \approx -\Gamma/2$. The total force is then proportional to the laser intensity, always opposes the velocity and is nearly linear in velocity for $|kv| < \Gamma/2$. This inequality defines a range v_D of velocities (called the velocity capture range) over which the atomic motion is most effectively damped by Doppler cooling. For low I_L this range is independent of I_L.

Actually, the friction force considered above is only a mean force, averaged over several fluorescence cycles. The random nature of radiative processes introduces fluctuations in atomic motion. For example, each individual fluorescence photon is emitted in a random direction, giving a random recoil to the atom. Furthermore, the number of fluorescence cycles occurring during a given time interval is random, so that the momentum absorbed from the laser beams by the atom during this time interval is also random. As in Brownian motion, these fluctuations in momentum exchanges tend to increase the width Δp of the atomic momentum distribution. The corresponding heating rate is characterized by the rate of increase of $(\Delta p)^2$, that is, by the momentum diffusion coefficient D, which can be shown to be proportional to the laser intensity I_L. In the steady state the heating rate, characterized by D, is balanced by the cooling rate, characterized by the friction coefficient α, and the atom reaches an equilibrium temperature T that is proportional to D/α. Since both D and α are proportional to the laser intensity I_L, T is predicted to be independent of I_L (in the limit of low I_L). From the theoretical expressions for D and α, one can show[3] that the lowest temperature T_D that can be achieved by Doppler cooling is given by $k_B T_D = \hbar\Gamma/2$. This "Doppler limit" is obtained for a frequency detuning of $\delta = -\Gamma/2$. For sodium, T_D is approximately 240 μK, whereas for cesium it is about 125 μK.

Other two-level cooling mechanisms using stimulated emission processes in an intense laser standing wave have been proposed[4] and demonstrated,[5] but they will not be considered here. They give rise to larger friction coefficients but higher equilibrium temperatures.

Three-dimensional cooling of untrapped atoms requires multiple laser beams. Hänsch and Schawlow[1] suggested a configuration of six beams arranged as three orthogonal pairs. With the beams configured in this way the strong damping provided by Doppler cooling can produce not only low temperatures, but also viscous confinement. Sodium atoms subject to the friction force described above would have such a short mean free path that they would take longer than 1 second to diffuse a centimeter. By contrast, if they moved ballistically at their cooling limit velocity, they would move a centimeter in 20 msec. This confinement is similar to that of a particle in Brownian motion in a viscous fluid. The confinement capability of laser cooling was first realized and demonstrated at Bell Laboratories in 1985 by Steven Chu (now at Stanford University) and his colleagues.[6] They gave the name "optical molasses" to this laser configuration. Figure 2 shows sodium atoms viscously confined in an optical molasses.

The Bell Labs group measured the temperature of the sodium atoms in the "molasses" by studying their ballistic motion after the confining laser beams were shut off. The rate at which the released atoms left the confinement volume allowed the group to determine the temperature. The interpretation of the data depends on the dimensions of the confinement volume and the distribution of atoms within that volume at the time of release. The result of 240^{+200}_{-60} μK included the expected Doppler cooling limit. Furthermore, the diffusion time of the atoms out of the molasses agreed fairly well with the expected value, so optical molasses and the laser cooling process appeared to be well understood.

Subsequent experiments at the National Institute of Standards and Technology[7] and at Bell Labs[8] soon cast

Sodium atoms in optical molasses. The molasses, or region in which the laser pressure cools and viscously confines atoms, is the bright region at the intersection of three orthogonal pairs of counterpropagating laser beams. (Photo courtesy of NIST.) **Figure 2**

doubt on the depth of this understanding. In particular the group at NIST found that the confinement time of the molasses was optimized when the laser beams were detuned much further from resonance than predicted by the theory. Furthermore, the molasses was degraded by magnetic fields too small to produce Zeeman shifts significant compared with either the detuning or the natural linewidth. These and other disquieting results prompted the NIST team to make more precise measurements of the temperature. They adopted another form of the ballistic technique, measuring the time atoms released from the molasses took to reach a nearby probe region. Thus this time-of-flight method avoided some of the large uncertainties of the earlier technique. The deduced velocity spectrum does not depend as strongly on the details of the original confinement volume. In early 1988 the new technique gave the startling result[9] that the temperature was only 40 μK, much lower than the predicted lower limit of 240 μK. Furthermore, the lowest temperatures were reached with the laser tuned several linewidths from resonance, whereas the theory predicted that the lowest temperature would occur just half a linewidth from resonance.

Such disagreements were at first difficult to believe, especially considering the attractive simplicity of the Doppler cooling theory (and the generally held belief that experiments never work better than one expects). Nevertheless, remeasurements made by the NIST group, using a variety of techniques, and confirming experiments at Stanford[10] and at the Ecole Normale Supérieure in Paris,[11] left little doubt that the Doppler cooling limit had been broken. Furthermore, subsequent experiments[12] showed that the low temperature was not an effect of high intensity. The temperature decreased as the intensity decreased, indicating that the low temperatures occurred in the low-intensity regime where the Doppler cooling theory was expected to work best. This turn of events was both welcome and unsettling. How were these results to be understood?

Optical pumping induces new mechanisms

The explanation for the very low temperatures came in mid-1988, when groups at Ecole Normale Supérieure[11] and at Stanford[13] independently proposed new cooling mechanisms. These mechanisms rely upon optical pumping, light shifts and laser polarization gradients. Since then, more quantitative theories have been worked out.[14,15] We will focus here on the key ideas.

The first essential point is that alkali atoms are not simple two-level systems. They have several Zeeman sublevels in the ground state g, which are degenerate in the absence of external fields; they correspond to the different possible eigenvalues of the projection of the total angular momentum on a given axis. These sublevels open the door for such important physical effects as optical pumping, which transfers atoms from one sublevel g_m of g to another $g_{m'}$ through absorption–spontaneous emission cycles. Such cycles occur with a mean rate Γ', which at low laser intensity I_L is proportional to I_L and which can be written as $\Gamma' \sim 1/\tau_p$, where τ_p represents an optical pumping time between Zeeman sublevels. As a result of optical pumping, a particular distribution of populations (and coherences) is reached in steady state among the various sublevels g_m. This distribution depends on the laser polarization.

The optical interaction also induces energy shifts $\hbar\Delta'$ in g, which are called "light shifts."[16] One way of understanding the light shifts is to consider the "dressed" states of the atom–laser field system. Such dressed states have a splitting $|\delta|$ between the atomic ground level with a given number of photons and the excited level with one photon less. The atom–field interaction couples these two states of the atom–laser system with a coupling strength characterized by the Rabi frequency Ω. The interaction causes the two dressed states to repel each other and, for large $|\delta|$, increases the distance between them by $\Omega^2/2|\delta|$. The magnitude of the light shift of the atomic ground level is half of that amount. The Rabi frequency is proportional to the field amplitude, so that the light shifts, like the pumping rate $1/\tau_p$, are proportional to I_L at low I_L. They also depend on the laser polarization, and they vary in general from one Zeeman sublevel to the other.

Another important ingredient of the new cooling mechanisms is the existence of polarization gradients, which are unavoidable in three-dimensional molasses. Because of the interference between the multiple laser

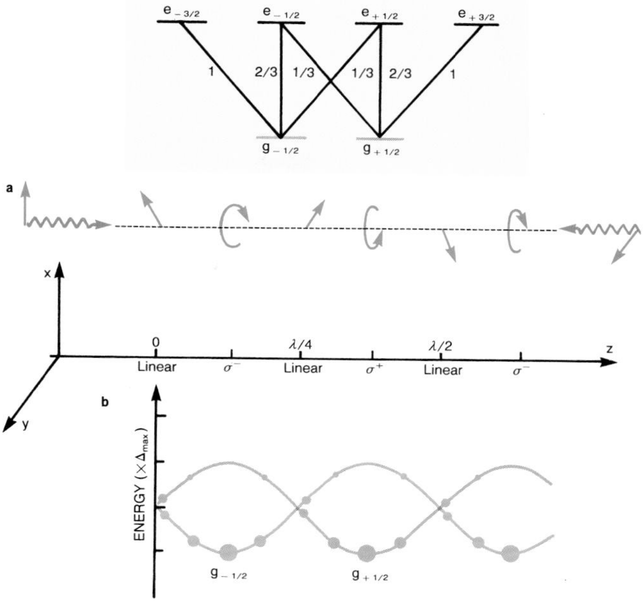

Light shifts in a polarization gradient. (**a**) Counterpropagating laser beams with orthogonal linear polarizations produce a total field whose polarization changes every eighth of a wavelength from linearly polarized to circularly polarized, as shown. An atom with no velocity is put into such a field. The inset shows the energy levels of the atom used in this example. The numbers along the lines joining the various ground and excited-state sublevels indicate the relative transition probabilities. (**b**) The light-shifted energies and the populations of the two ground-state sublevels of this atom. The energies and populations vary with polarization and thus change with the atom's position. The populations are proportional to size of solid circles. **Figure 3**

beams, the laser polarization varies rapidly over a distance of one optical wavelength. Thus both the equilibrium population distribution among the sublevels g_m and the light shift of each sublevel depend on the position of the atom in the laser wave.

Consider a specific simple example of the new cooling mechanisms, using a one-dimensional molasses in which the two counterpropagating waves have equal amplitudes and orthogonal linear polarizations. Such a laser configuration gives rise to strong polarization gradients because the polarization of the total fields changes continuously over one eighth of a wavelength from linear to σ^+ (circularly polarized in a counterclockwise direction as seen from $+z$ axis), from σ^+ to linear in the next $\lambda/8$, from linear to σ^- (clockwise) in the next $\lambda/8$ and so on as one moves along the z axis of the stationary wave (see figure 3a). In order to have at least two Zeeman sublevels in the atomic ground state g, we take the simple case of an atomic transition from the ground state with total angular momentum $J_g = 1/2$ to the excited state e with $J_e = 3/2$. (See the inset in figure 3.)

Because of the polarization gradients, the populations and the energies of the two ground state sublevels depend strongly on the position of the atom along the z axis. Consider, for example, an atom at rest located at $z = \lambda/8$, the polarization there being σ^- (see figure 3b). The absorption of a σ^- photon can take the atom from $g_{+1/2}$ to $e_{-1/2}$, from which state it can decay to $g_{-1/2}$. (If the atom decays to $g_{+1/2}$ it can absorb another σ^- photon and have another chance to arrive at $g_{-1/2}$.) By contrast absorbing a σ^- photon from $g_{-1/2}$ brings the atom to $e_{-3/2}$, from which it can only decay to $g_{-1/2}$. It follows that, in the steady state, all of the atomic population is optically pumped into $g_{-1/2}$. (We are assuming that the laser intensity is low enough that the excited state population is negligible.) As shown in the inset in figure 3, the σ^- transition beginning on $g_{-1/2}$ is three times as intense as the σ^- transition starting from $g_{+1/2}$. Consequently the light shift Δ'_- of $g_{-1/2}$ is three times larger (in magnitude) than the light shift Δ'_+ of $g_{+1/2}$. (We assume here that the laser is detuned to the red, so that both light shifts are negative.) If the atom is at $z = 3\lambda/8$, where the polarization is σ^+, the previous conclusions are reversed. All the population is in $g_{+1/2}$ and we have now $\Delta'_+ = 3\Delta'_-$. Finally, if the atom is in a place where the polarization is linear, for example in $z = 0$, $\lambda/4$, $\lambda/2, \ldots$, symmetry considerations show that the two sublevels are equally populated and undergo the same light shift. All these results are summarized in figure 3b, which represents as a function of z the light-shifted energies and the populations of the two ground state sublevels for an atom at rest in z.

Clearly the force on an atom at rest spatially averages to zero, because the population is symmetrically distributed around the hills and the valleys. If the atom moves, the symmetry is disturbed, and an average friction force appears. The key point is that optical pumping, which establishes the population distribution, takes a finite time τ_p. Consider, for example, an atom moving to the right and starting at $z = \lambda/8$, where the population is pumped into the bottom of the valley (see figure 4). If the velocity v is such that the atom travels over a distance of the order of $\lambda/4$ during τ_p, the atom will on the average remain on the same sublevel and climb up the potential hill. At the top of the hill, it has the highest probability of being optically pumped to the bottom of the potential valley. From there, the same sequence can be repeated, as indicated by the solid curves in figure 4. Because of the time lag τ_p, the atom, like Sisyphus in Greek mythology, always seems to be climbing potential hills, transforming part of its kinetic energy into potential energy.

The previous physical picture clearly shows that this new cooling mechanism is most effective when the atom travels a distance of the order of λ during the optical pumping time τ_p. Thus the velocity-capture range is defined by $v_p \approx \lambda/\tau_p$, or equivalently $kv_p \approx 1/\tau_p$. Because the optical pumping rate is proportional to the laser intensity I_L, the range v_p is also proportional to I_L and tends to zero as I_L goes to zero. This contrasts with the case for Doppler cooling, where the velocity-capture range v_D is independent of I_L. On the other hand the friction coefficient α of the new cooling mechanism remains large and independent of I_L, whereas it was proportional to I_L in Doppler cooling. This important (and rather counterintuitive) property results because when I_L tends to zero, the long optical pumping times compensate for the weakness of the light shifts.

While the friction coefficient α does not depend on the laser intensity, the heating rate does. The temperature to which the atoms are cooled depends on the ratio of the heating rate to the friction coefficient, so the temperature is proportional to I_L. The friction and heating also depend on the laser detuning in such a way that at large detuning the temperature is inversely proportional to δ.

Figure 5 compares in a qualitative way the behavior of Doppler and polarization gradient cooling forces for different intensities. Clearly the Doppler force maintains the same capture range for increasing intensity while the friction coefficient (the slope at $v = 0$) increases. In polarization gradient cooling, on the other hand, it is the friction coefficient that remains constant (and quite large) and the capture range (which may be quite small) that increases. At low velocity, polarization gradient cooling is generally the more effective mechanism. For higher velocities, depending on the laser parameters, the Doppler cooling may be better.

Other laser configurations can produce cooling exhibiting the same properties. Some of these have polarization gradients without any Sisyphus effect. (See, for example the σ^+–σ^- configurations studied in references 14 and 15.) Others use a Sisyphus effect appearing in a standing wave having no polarization gradient but subjected to a weak static magnetic field.[17,18] All these new cooling mechanisms, as well as the one described above, share the following features: When the multilevel atom is at rest at a position z the density matrix $\sigma_{st}(z)$, which describes the steady-state distribution of populations (and coherences) in the ground state, strongly depends on z, on a wavelength scale. Because optical pumping takes a finite time τ_p, when the atom is moving, its internal state $\sigma(z)$ cannot follow adiabatically the variations of the laser field due to atomic motion: $\sigma(z)$ lags behind $\sigma_{st}(z)$ with a delay of the order of τ_p. It is precisely this time lag τ_p that is responsible for the new friction mechanism. The time lag becomes longer when the laser intensity becomes smaller, and the friction mechanism retains its effectiveness even as the intensity is lowered.

Comparing experiment and theory

This theory of a new laser cooling force caused by spatially dependent optical pumping, although formulated only in one-dimension, accounted for most of the major features observed in three-dimensional optical molasses. The extremely low temperatures, as well as the dependence of the temperature on laser intensity and on detuning, were all consistent with the predictions of the new theory. Furthermore, the extreme sensitivity of the molasses to the magnetic field could be understood on the grounds that the magnetic field shifts and mixes the Zeeman sublevels,

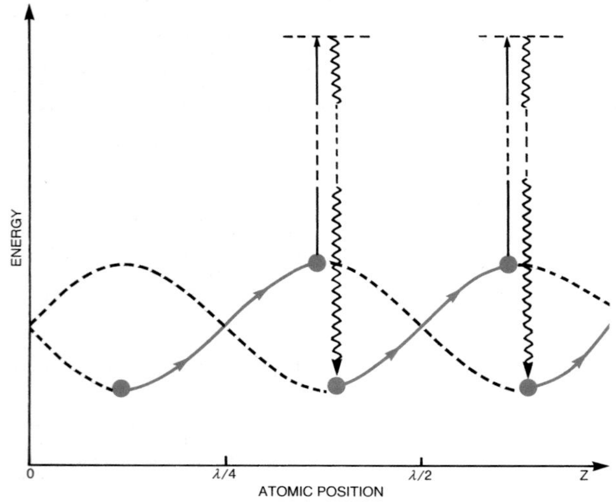

Forever climbing hills, as did Sisyphus in the Greek myth, an atom that is traveling in the laser configuration of figure 3 moves away from a potential valley and reaches a potential hill before being optically pumped to the bottom of another valley. On the average, the atom sees more uphill parts than downhill ones, and the net energy loss cools it. The effect is near maximum in the special case shown here because the atom travels one fourth of a wavelength in the mean time τ_p that an atom waits before undergoing an optical pumping cycle. **Figure 4**

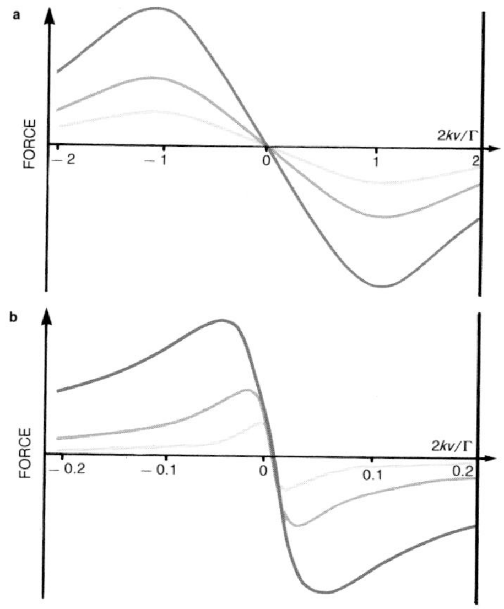

Damping force in Doppler cooling (**a**) and in polarization-gradient cooling (**b**). Horizontal axes are the normalized velocities $2kv/\Gamma$, where k is the wavevector of the laser beams and Γ is the linewidth of the atomic resonance. Curves are shown for an arbitrary intensity I_0 (dark) and for $I_0/2$ (medium shade) and $I_0/4$ (light). For Doppler cooling, the velocity range over which cooling remains effective is independent of intensity while the friction coefficient (slope of the force curve at $v = 0$) increases with increasing intensities. By contrast, for polarization cooling the velocity range increases for increasing intensities while the friction coefficient stays constant and large. Note the different horizontal scales. **Figure 5**

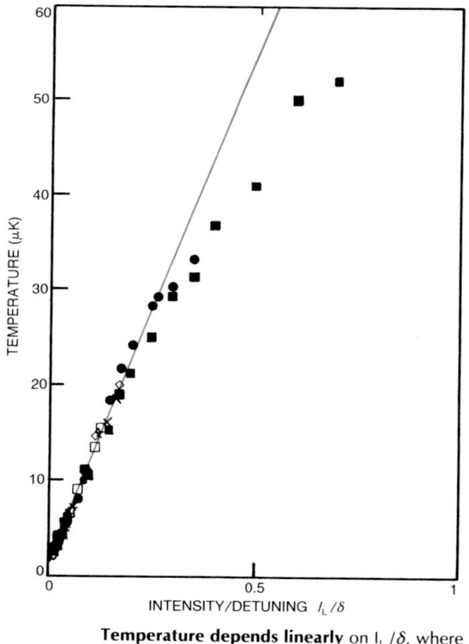

Temperature depends linearly on I_L/δ, where I_L is the laser intensity and δ is the laser detuning. These experimental results agree with the theory for polarization-gradient cooling. Symbols corresponds to different values of detuning. (Adapted from ref. 20.) **Figure 6**

frustrating the cooling mechanism that depends on optical pumping and light shifts of these same levels. The new theory also led to a testable prediction: The magnetic field should inhibit the cooling less at higher laser intensity because the field competes with larger light shifts and optical pumping rates. The confirmation[19] of this new prediction indicated that the theory was at least qualitatively correct. Another positive indication was the observation at Stanford[17] of nonthermal, bimodal velocity distributions, indicating a velocity-capture range smaller than for Doppler cooling. Because the velocity-capture range of the cooling force is proportional to the laser intensity, there will be a nonzero threshold laser intensity for which the cooling works, in contrast to the case for Doppler cooling. The team at NIST qualitatively confirmed the existence of such a threshold.[19]

Although the new cooling mechanism was first found in sodium, this atom has not proved to be an ideal testing ground for the theory. The particular hyperfine spectroscopic structure of sodium prevents the molasses from working as the laser is detuned far from resonance. This large detuning limit is exactly where the theory is simplest and least dependent on the details of the polarization gradients. Experiments at the Ecole Normale Supérieure using cesium, which has a much larger hyperfine structure, have been able to explore the large detuning limit and show striking agreement between the one-dimension theory and the three-dimensional experiments.[20] The theory predicts that the temperature is linearly dependent on the ratio of laser intensity to detuning. Figure 6 shows the temperature for atoms in a cesium molasses for a wide range of detunings and intensities. All except the smallest detunings and highest intensities follow the expected dependences. The lower limit to the intensity for which the cooling works follows the expected dependence on detuning.

The lowest temperature obtained in these experiments on cesium is $2.5 \pm 0.6\ \mu$K, representing the coldest kinetic temperature yet reported for any sample of atoms in a three-dimensional cooling arrangement. Figure 7 shows a typical experimental time-of-flight spectrum from which this temperature is deduced. Carl Wieman and his colleagues at the Joint Institute for Laboratory Astrophysics have recently observed[21] similarly low temperatures. This temperature for cesium and the 25-μK temperatures for sodium measured in a three-dimensional configuration by the NIST[19] and Stanford[17] groups represent rms velocities just a few times the velocity of recoil from absorption or emission of a single photon.

Below the recoil energy

In all the previous cooling schemes, the cooled atoms constantly absorb and reemit light, so that it seems impossible to avoid the random recoil due to spontaneously emitted photons. The fundamental limit for laser cooling is therefore expected to be on the order of $E_{rec} = \hbar^2k^2/2M$, where M is the atomic mass. Actually, this limit does not always hold: At least in one-dimension, the recoil limit can be overcome with a completely different cooling mechanism that was demonstrated in 1988 by the group at the Ecole Normale Supérieure.[22]

This new mechanism is based on "velocity-selective coherent population trapping." Coherent population trapping means that atoms are prepared in a coherent superposition of two ground state sublevels that cannot absorb light; the two absorption amplitudes starting from these two sublevels have completely destructive interference with each other. Once the atoms are optically pumped into such a trapping state, the fluorescence stops. This well-known phenomenon was observed[23] for the first time at the University of Pisa in 1976. The team at the Ecole Normale Supérieure in 1988 introduced the new trick of making the trapping state velocity selective and therefore usable for laser cooling. They accomplished this with a one-dimensional molasses where the two counterpropagating laser beams had opposite circular polarizations. One can show that the trapping state exists only for atoms with zero velocity.[22,24] If $v \neq 0$, the interference between the two transition amplitudes starting from the two ground state sublevels is no longer completely destructive and the atom can absorb light. The larger v is, the higher the absorption rate. The challenge of course is to populate the nonabsorping trapping state.

The idea is to use the atomic momentum redistribution that accompanies an absorption–spontaneous emission cycle: There is a certain probability for an atom initially in an absorbing velocity class ($v \neq 0$) to be optically pumped into the $v = 0$ nonabsorbing trapping state. When this happens, the atoms are "hidden" from the light and so protected from the random recoils. Thus they remain at $v = 0$. Atoms should therefore pile up in a narrow velocity interval δv around $v = 0$. Atoms for which v is not exactly 0 are not perfectly trapped: As a result the width δv of the interval around $v = 0$ is determined by the interaction time Θ. For a given Θ the only atoms that can remain trapped are those for which the absorption rate times Θ is smaller than 1. Since the absorption rate increases with v, the larger Θ, the smaller v for the remaining atoms. There is no lower limit to the velocity width that can be reached by such a method, provided of course that the interaction time can be made long enough. This kind of cooling differs from all the previous cooling mechanisms in that friction is not involved. Instead, the cold atoms are selected by a combination of optical pumping and filtering processes that accumulate them in a small domain in one-dimensional velocity space.

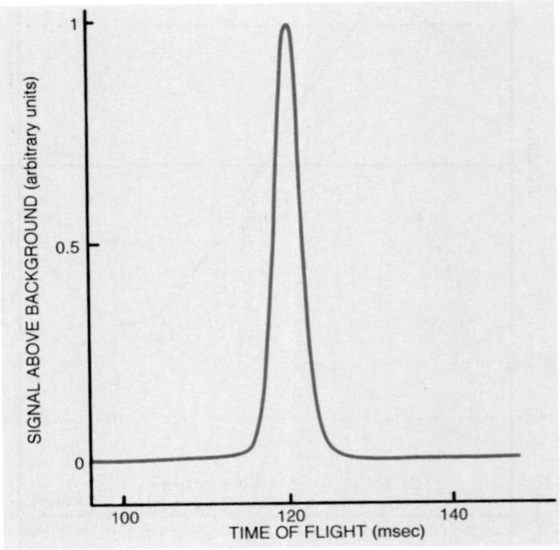

Time of flight distribution for cesium atoms that were released from an optical molasses and traveled 7 cm from there to a probe. The curve implies a temperature of 2.5 μK, a record low temperature. (Adapted from ref. 20.) **Figure 7**

The discussion so far has been oversimplified. A more careful analysis,[22,24] using a quantum description of the atomic translational degrees of freedom along the direction **z** of the two counterpropagating laser waves, shows that the trapping state is a linear combination of two atomic states differing not only by the internal Zeeman quantum number but also by the momentum quantum number p along **z**. The trapping state is therefore a double momentum state. Indeed, the experimental results obtained at Ecole Normale Supérieure for the momentum distribution along **z** of helium-4 atoms cooled by this method[22] exhibit a double-peak structure (see figure 8), as predicted theoretically. The width of each peak is smaller than the photon momentum, $\hbar k$, which verifies that velocity widths have gone below the recoil limit. The one-dimensional temperature (determined by the component of velocity along the laser axis) corresponding to these observed widths is of the order of 2 μK. Possible two-dimensional extensions,[24,25] as well as three-dimensional extensions[25,26] of this cooling scheme have been recently proposed, leading to trapping states that are linear combinations of several momentum eigenstates whose momenta point in different directions, but all have the magnitude $\hbar k$.

A combination of known effects

In conclusion we would like to stress that the new physical mechanisms that have made it possible to cool atoms to the microkelvin range are based on physical effects, such as optical pumping, light shifts and coherent population trapping, that have been known for a long time. For example, the first observation of light shifts[27] predates the use of lasers for atomic spectroscopy: Kastler called them "lamp shifts" in a word play indicating that they were produced by light from a lamp. The researchers of 30 years ago fully realized that the differential light shifts of the ground state Zeeman sublevels depended strongly on the polarization of the light. The use of optical pumping to

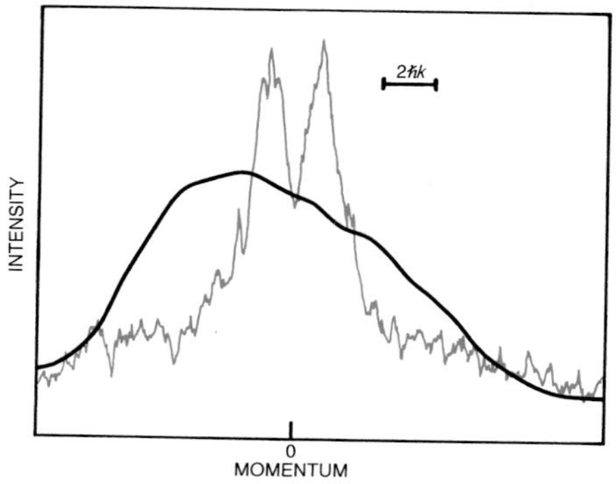

Distribution of atomic momenta in the direction of the laser beam for helium-4 atoms cooled by the velocity-selective coherent-population trapping method (red). The width of each peak is less than the momentum $\hbar k$ of a single photon, indicating cooling below the recoil limit. The uncooled atomic momentum distribution is shown in black. (Adapted from ref. 22.) **Figure 8**

differentially populate Zeeman sublevels is even older. For us it has been especially appealing to see such well-known physical effects acquire new life as they conspire in quite unexpected ways to cool atoms to the lowest kinetic temperatures ever measured.

* * *

The authors wish to thank La Direction des Recherches, Etudes et Techniques, the European Economic Community and the US Office of Naval Research for support of activities in their respective laboratories.

References

1. T. Hänsch, A. Schawlow, Opt. Commun. **13**, 68 (1975).
2. D. Wineland, H. Dehmelt, Bull. Am. Phys. Soc. **20**, 637 (1975).
3. D. Wineland, W. Itano, Phys. Rev. A **20**, 1521 (1979). S. Stenholm, Rev. Mod. Phys. **58**, 699 (1986). J. P. Gordon, A. Ashkin, Phys. Rev. A **21**, 1606 (1980).
4. J. Dalibard, C. Cohen-Tannoudji, J. Opt. Soc. Am. B **2**, 1707 (1985). A. P. Kazantsev, V. S. Smirnov, G. I. Surdutovich, D. O. Chudesnikov, V. P. Yakovlev, J. Opt. Soc. Am. B **2**, 1731 (1985).
5. A. Aspect, J. Dalibard, A. Heidmann, C. Salomon, C. Cohen-Tannoudji, Phys. Rev. Lett. **57**, 1688 (1986).
6. S. Chu, L. W. Hollberg, J. E. Bjorkholm, A. Cable, A. Ashkin, Phys. Rev. Lett. **55**, 48 (1985).
7. P. Gould, P. Lett, W. Phillips in *Laser Spectroscopy VIII*, W. Persson, S. Svanberg, eds., Springer-Verlag, Berlin (1987), p. 64.
8. S. Chu, M. Prentiss, A. Cable, J. Bjorkholm in *Laser Spectroscopy VIII*, W. Persson, S. Svanberg, eds., Springer-Verlag, Berlin (1987), p. 58.
9. P. Lett, R. Watts, C. Westbrook, W. D. Phillips, P. Gould, H. Metcalf, Phys. Rev. Lett. **61**, 169 (1988).
10. Y. Shevy, D. Weiss, S. Chu, in *Spin Polarized Quantum Systems*, S. Stringari, ed., World Scientific, Singapore (1989), p. 287.
11. J. Dalibard, C. Salomon, A. Aspect, E. Arimondo, R. Kaiser, N. Vansteenkiste, C. Cohen-Tannoudji, in *Atomic Physics 11*, S. Haroche, J. C. Gay, G. Grynberg, eds., World Scientific, Singapore (1989), p. 199.
12. W. D. Phillips, C. I. Westbrook, P. D. Lett, R. N. Watts, P. L. Gould, H. J. Metcalf, in *Atomic Physics 11*, S. Harouche, J. C. Gay, G. Grynberg, eds., World Scientific, Singapore (1989), p. 633.
13. S. Chu, D. S. Weiss, Y. Shevy, P. Ungar, in *Atomic Physics 11*, S. Haroche, J. C. Gay, G. Grynberg, eds., World Scientific, Singapore (1989), p. 636.
14. J. Dalibard, C. Cohen-Tannoudji, J. Opt. Soc. Am. B **6**, 2023 (1989).
15. P. J. Ungar, D. S. Weiss, E. Riis, S. Chu, J. Opt. Soc. Am. B **6**, 2058 (1989).
16. C. Cohen-Tannoudji, Ann. Phys. (Paris) **7**, 423, 469 (1962).
17. D. S. Weiss, E. Riis, Y. Shevy, P. J. Ungar, S. Chu, J. Opt. Soc. Am. B **6**, 2072 (1989), M. Kasevich, D. Weiss, S. Chu, Optics Lett. **15**, 607 (1990).
18. B. Sheevy, S. Q. Shang, P. van der Straten, S. Hatamian, H. J. Metcalf, Phys. Rev. Lett. **64**, 85 (1990).
19. P. D. Lett, W. D. Phillips, S. L. Rolston, C. E. Tanner, R. N. Watts, C. I. Westbrook, J. Opt. Soc. Am. B **6**, 2084 (1989).
20. C. Salomon, J. Dalibard, W. Phillips, A. Clairon, S. Guellati, Europhys. Lett. **12**, 683 (1990).
21. C. Monroe, W. Swann, H. Robinson, C. Wieman, Phys. Rev. Lett. **65**, 1571 (1990).
22. A. Aspect, E. Arimondo, R. Kaiser, N. Vansteenkiste, C. Cohen-Tannoudji, Phys. Rev. Lett. **61**, 826 (1988).
23. G. Alzetta, A. Gozzini, L. Moi, G. Orriols, Nuovo Cimento B **36**, 5 (1976).
24. A. Aspect, E. Arimondo, R. Kaiser, N. Vansteenkiste, C. Cohen-Tannoudji, J. Opt. Soc. Am. B **6**, 2112 (1989).
25. F. Mauri, F. Papoff, E. Arimondo, proceedings of the LIKE workshop, Isola D'Elba, Italy, May, 1990, L. Moi et al., eds., to be published.
26. M. A. Ol'shanii, V. G. Minogin, proceedings of the LIKE workshop, Isola D'Elba, Italy, May, 1990, L. Moi et al., eds., to be published.
27. C. Cohen-Tannoudji, C. R. Acad. Sci. **252**, 394 (1961). M. Arditi, T. R. Carver, Phys. Rev **124**, 800 (1961). ■

Paper 7.2

J. Dalibard and C. Cohen-Tannoudji, "Laser cooling below the Doppler limit by polarization gradients: Simple theoretical models," *J. Opt. Soc. Am.* **B6**, 2023–2045 (1989).

This paper has been written for a special issue of the *J. Opt. Soc. Am. B* on "Laser cooling and trapping of atoms" (Vol. 6, Nov. 1989; feature editors: S. Chu and C. Wieman). It presents a detailed study of two simple one-dimensional models of sub-Doppler cooling mechanisms. The atomic transitions which are considered here, $J_g = 1/2 \longleftrightarrow J_e = 3/2$ and $J_g = 1 \longleftrightarrow J_e = 2$, are simple enough to allow analytical expressions to be derived for the friction coefficient, the momentum diffusion coefficient, and the equilibrium temperature. Another paper of the same special issue [P. J. Ungar, D. S. Weiss, E. Riis, and S. Chu, *J. Opt. Soc. Am.* **B6**, 2058–2071 (1989)] gives the results of a numerical integration of optical Bloch equations, for similar one-dimensional laser configurations and for atomic transitions involving several hyperfine levels.

The first situation considered here corresponds to an atomic transition $J_g = 1/2 \longleftrightarrow J_e = 3/2$ and a laser configuration formed by two counterpropagating laser waves with orthogonal linear polarizations (lin⊥lin configuration). It gives rise to a cooling mechanism which can be considered as a low intensity version of the Sisyphus effect described in papers 6.3 and 6.4. As in papers 6.3 and 6.4, we have an atom moving in a bipotential and jumping preferentially from the tops of the hills of one potential to the bottoms of the valleys of the other potential, so that it is, on the average, running up the potential hills more often than down. But now the bipotential is no longer associated with two dressed states originating from the excited state e and the ground state g, but with two ground state Zeeman sublevels $g_{\pm 1/2}$. Due to the spatial modulation of the laser polarization appearing in the lin⊥lin configuration [see Fig. 1(b)], the light shifts of $g_{\pm 1/2}$ are spatially modulated as well as the optical pumping rates from one sublevel to the other. It is the correlation between these two modulations which gives rise to the Sisyphus effect. The treatment presented here is semiclassical for external variables, in the sense that the motion of the center of mass is treated classically. The important results derived here concern the friction coefficient which is found to be large and independent of the laser intensity and the equilibrium temperature T_{eq} which appears to be proportional to the light shift, or more precisely to the depth U_0 of the potential wells of Fig. 4. This last result is easy to understand. After each optical pumping cycle, the total energy decreases by an amount on the order of U_0, and this can be repeated until the atom gets trapped in the potential wells with an energy on the order of U_0.

The second situation considered in this paper corresponds to a transition $J_g = 1 \longleftrightarrow J_e = 2$ and to two orthogonal circular polarizations for the two counterpropagating waves (σ^+–σ^- configuration). The total electric field has then a constant amplitude and a linear polarization which rotates in space [Fig. 1(a)]. The light shifts are thus position-independent, which excludes any possibility of Sisyphus cooling. Their effect is equivalent to that which would be produced by a fictitious static electric field parallel to the linear polarization of the total field (see also paper 1.3). The important result derived here is that very slow atomic motion in such a rotating electric field can give rise to a large population difference between the two Zeeman sublevels g_{-1} and g_{+1}, resulting in an imbalance between the radiation pressures exerted by the two counterpropagating waves. As in the previous case, one finds that the friction coefficient is independent of the laser intensity and that the equilibrium temperature is proportional to the light shifts.

The semiclassical treatment presented here has the advantage of providing simple physical pictures, supported by analytical expressions. But it does not predict the minimum temperature which can be achieved by these sub-Doppler cooling mechanisms. A full quantum treatment, including external variables, is then required (see paper 7.3). Note, however, that the simplified model presented here leads to theoretical predictions which are in excellent agreement with experimental observations. For example, the proportionality of T_{eq} to U_0, i.e. to $I_L/|\delta|$ at large detunings (where I_L is the laser intensity and δ the detuning), has been verified experimentally with a great accuracy, at least for large enough values of U_0 (see Fig. 6 and Ref. 20 of paper 7.1).

Laser cooling below the Doppler limit by polarization gradients: simple theoretical models

J. Dalibard and C. Cohen-Tannoudji

Collège de France et Laboratoire de Spectroscopie Hertzienne de l'Ecole Normale Supérieure [Laboratoire associé au Centre National de la Recherche Scientifique (LA18) et à l'Université Paris VI], 24, rue Lhomond, F-75231 Paris Cedex 05, France

Received April 3, 1989; accepted June 29, 1989

We present two cooling mechanisms that lead to temperatures well below the Doppler limit. These mechanisms are based on laser polarization gradients and work at low laser power when the optical-pumping time between different ground-state sublevels becomes long. There is then a large time lag between the internal atomic response and the atomic motion, which leads to a large cooling force. In the simple case of one-dimensional molasses, we identify two types of polarization gradient that occur when the two counterpropagating waves have either orthogonal linear polarizations or orthogonal circular polarizations. In the first case, the light shifts of the ground-state Zeeman sublevels are spatially modulated, and optical pumping among them leads to dipole forces and to a Sisyphus effect analogous to the one that occurs in stimulated molasses. In the second case (σ^+–σ^- configuration), the cooling mechanism is radically different. Even at very low velocity, atomic motion produces a population difference among ground-state sublevels, which gives rise to unbalanced radiation pressures. From semiclassical optical Bloch equations, we derive for the two cases quantitative expressions for friction coefficients and velocity capture ranges. The friction coefficients are shown in both cases to be independent of the laser power, which produces an equilibrium temperature proportional to the laser power. The lowest achievable temperatures then approach the one-photon recoil energy. We briefly outline a full quantum treatment of such a limit.

1. INTRODUCTION

The physical mechanism that underlies the first proposals for laser cooling of free atoms[1] or trapped ions[2] is the Doppler effect. Consider, for example, a free atom moving in a weak standing wave, slightly detuned to the red. Because of the Doppler effect, the counterpropagating wave gets closer to resonance and exerts a stronger radiation pressure on the atom than the copropagating wave. It follows that the atomic velocity is damped, as if the atom were moving in a viscous medium (optical molasses). The velocity capture range Δv of such a process is obviously determined by the natural width Γ of the atomic excited state

$$k\Delta v \sim \Gamma, \tag{1.1}$$

where k is the wave number of the laser wave. On the other hand, by studying the competition between laser cooling and diffusion heating introduced by the random nature of spontaneous emission, one finds that for two-level atoms the lowest temperature T_D that can be achieved by such a method is given by[3,4]

$$k_B T_D = \hbar \frac{\Gamma}{2}. \tag{1.2}$$

T_D is called the Doppler limit. The first experimental demonstrations of optical molasses seemed to agree with such a limit.[5,6]

In 1988, it appeared that such a limit could be overcome. More precise measurements by the National Institute of Standards and Technology Washington group[7] showed that temperatures much lower than T_D, and even approaching the recoil limit T_R given by

$$k_B T_R = \frac{\hbar^2 k^2}{2M}, \tag{1.3}$$

where M is the atomic mass, can be observed on laser-cooled sodium atoms at low laser powers. Such an important result was confirmed soon after by other experiments on sodium[8] and cesium.[9]

A possible explanation for these low temperatures based on new cooling mechanisms resulting from polarization gradients was presented independently by two groups at the last International Conference on Atomic Physics in Paris.[9,10] We summarize below the broad outlines of the argument[11]:

(i) The friction force experienced by an atom moving in a laser wave is due to the fact that the atomic internal state does not follow adiabatically the variations of the laser field resulting from atomic motion.[12,13] Such effects are characterized by a nonadiabaticity parameter ϵ, defined as the ratio between the distance $v\tau$ covered by the atom with a velocity v during its internal relaxation time τ and the laser wavelength $\lambda = 1/k$, which in a standing wave is the characteristic length for the spatial variations of the laser field

$$\epsilon = \frac{v\tau}{\lambda} = kv\tau. \tag{1.4}$$

(ii) For a two-level atom, there is a single internal time, which is the radiative lifetime of the excited state

$$\tau_R = \frac{1}{\Gamma}, \tag{1.5}$$

so that

0740-3224/89/112023-23$02.00

$$\epsilon = kv\tau_R = \frac{kv}{\Gamma}. \quad (1.6)$$

But for atoms, such as alkali atoms, that have several Zeeman sublevels g_m, $g_{m'}$, ...in the ground state g, there is another internal time, which is the optical-pumping time τ_p, characterizing the mean time that it takes for an atom to be transferred by a fluorescence cycle from one sublevel g_m to another $g_{m'}$. We can write

$$\tau_p = \frac{1}{\Gamma'}, \quad (1.7)$$

where Γ' is the mean scattering rate of incident photons and also can be considered the width of the ground state. It follows that for multilevel atoms we must introduce a second nonadiabaticity parameter

$$\epsilon' = kv\tau_p = \frac{kv}{\Gamma'}. \quad (1.8)$$

At low laser power, i.e., when the Rabi frequency Ω is small compared with Γ, we have $\tau_p \gg \tau_R$ and consequently $\Gamma' \ll \Gamma$:

$$\Omega \ll \Gamma \rightarrow \Gamma' \ll \Gamma \rightarrow \epsilon' \gg \epsilon. \quad (1.9)$$

It follows that nonadiabatic effects can appear at velocities ($kv \sim \Gamma'$) much smaller than those required by the usual Doppler-cooling scheme ($kv \sim \Gamma$). This explains why large friction forces can be experienced by very slow atoms.[14]

(iii) The last point concerns the importance of polarization gradients. Long pumping times can give rise to large friction forces only if the internal atomic state in g strongly depends on the position of the atom in the laser wave, so that when the atom is moving there are large changes in its internal state and, consequently, large nonadiabatic effects. By internal atomic state in g, we mean actually the anisotropy in g (usually described in terms of orientation or alignment) that results from the existence of large population differences among the Zeeman sublevels of g or from coherences among these sublevels. Polarization gradients are essential if there are to be important spatial variations of the ground-state anisotropy. For example, if the polarization changes from σ^+ to σ^-, the equilibrium internal state in g changes from a situation in which the atom is pumped in g_m with $m = J_g$ to a situation in which it is pumped in $g_{m'}$ with $m' = -J_g$; if the polarization ϵ is linear and rotates, the atomic alignment in g is parallel to ϵ and rotates with ϵ. By contrast, in the low-power regime considered here [see expression (1.9)], a gradient of light intensity without gradient of polarization would produce only a slight change of the total population in g (which remains close to 1) without any change of the anisotropy in g.[15]

Finally, note that the laser field does not produce only optical pumping between the Zeeman sublevels of g; it also induces light shifts Δ_m' that can vary from one sublevel to the other. Another consequence of polarization gradients is that the various Zeeman sublevels in g have not only a population but also a light-shifted energy and a wave function that can vary in space.

The purpose of this paper is to analyze in detail the physical mechanisms of these new cooling schemes by polarization gradients and to present a few simple theoretical models for one-dimensional (1-D) molasses, permitting a quantitative calculation of the new friction force and of the equilibrium temperature. Our treatment will be limited here to a J_g to $J_e = J_g + 1$ transition, neglecting all other possible hyperfine levels of the optical transition.

We first introduce, for a 1-D molasses, two types of polarization gradient (see Section 2). In the first case, which occurs with two counterpropagating waves with opposite (σ^+ and σ^-) circular polarizations, the polarization vector rotates when one moves along the standing wave, but it keeps the same ellipticity. In the second case, which occurs, for example, with two counterpropagating waves with orthogonal linear polarizations, the ellipticity of the laser polarization varies in space, but the principal axis of polarization remain fixed. The basic difference between these two situations is that the second configuration can give rise to dipole or gradient forces but the first one cannot.

Section 3 is devoted to a physical discussion of the cooling mechanisms associated with these two types of polarization gradient; they are shown to be quite different. In the configuration with orthogonal linear polarizations, hereafter denoted as the lin $\perp$ lin configuration, the light shifts of the various Zeeman sublevels of g oscillate in space, and optical pumping among these sublevels provides a cooling mechanism analogous to the Sisyphus effect occurring in high-intensity stimulated molasses[16,17]: The atom is always climbing potential hills. In the σ^+–σ^- configuration, the combined effect of the rotation of the polarization and of optical pumping and light shifts produces a highly sensitive motion-induced population difference among the Zeeman sublevels of g (defined with respect to the axis of the standing wave) and, consequently, a large imbalance between the radiation pressures of the two counterpropagating waves.

In Sections 4 and 5 some quantitative results for 1-D molasses and simple atomic transitions are presented. In Section 4 the case of a transition $J_g = 1/2 \leftrightarrow J_e = 3/2$ is considered for an atom moving in the lin $\perp$ lin configuration, whereas in Section 5 the case of a $J_g = 1 \leftrightarrow J_e = 2$ transition is considered for an atom moving in the σ^+–σ^- configuration. In Sections 4 and 5, atomic motion is treated semiclassically: the spatial extent of the atomic wave packet is neglected and the force at a given point in the laser wave is calculated. Since the new cooling mechanisms work at low power, the calculations are limited to the perturbative regime ($\Omega \ll \Gamma$), where it is possible to derive from optical Bloch equations a subset of equations that involve only the populations and Zeeman coherences in the atomic ground state g. In both configurations, analytical or numerical solutions of Bloch equations are derived that are then used to analyze the velocity dependence of the mean radiative force. Quantitative results are derived for the friction coefficient, the velocity capture range, and the equilibrium temperature, which is shown to be proportional to the laser power Ω^2.

When the laser power is low enough, the equilibrium temperature approaches the recoil limit T_R. It is then clear that the semiclassical treatment breaks down, since the de Broglie wavelength of an atom with $T = T_R$ is equal to the laser wavelength. At the end of Section 5, a full quantum treatment is presented of the cooling process in the σ^+–σ^- configuration for a simplified atomic-level scheme. Such a treatment is similar to the one used in the analysis of other cooling schemes allowing temperatures of the order of or below T_R to be reached.[18,19] We show that the velocity distribution curves exhibit a very narrow structure around $v = 0$, with a width of a few recoil velocities, in agreement with the semiclassical predictions.

2. TWO TYPES OF POLARIZATION GRADIENT IN A ONE-DIMENSIONAL MOLASSES

In this section, we consider two laser plane waves with the same frequency ω_L that propagate along opposite directions on the Oz axis and we study how the polarization vector of the total electric field varies when one moves along Oz. Let $\mathcal{E}_0$ and $\mathcal{E}_0'$ be the amplitudes of the two waves and ϵ and ϵ' be their polarizations. The total electric field $\mathbf{E}(z, t)$ in z at time t can be written as

$$\mathbf{E}(z, t) = \boldsymbol{\mathcal{E}}^+(z)\exp(-i\omega_L t) + \text{c.c.}, \tag{2.1}$$

where the positive-frequency component $\boldsymbol{\mathcal{E}}^+(z)$ is given by

$$\boldsymbol{\mathcal{E}}^+(z) = \mathcal{E}_0\epsilon e^{ikz} + \mathcal{E}_0'\epsilon' e^{-ikz}. \tag{2.2}$$

By a convenient choice of the origin on the Oz axis, we can always take $\mathcal{E}_0$ and $\mathcal{E}_0'$ real.

A. The σ^+-σ^- Configuration—Pure Rotation of Polarization

We consider first the simple case in which

$$\epsilon = \epsilon_+ = -\frac{1}{\sqrt{2}}(\epsilon_x + i\epsilon_y), \tag{2.3a}$$

$$\epsilon' = \epsilon_- = \frac{1}{\sqrt{2}}(\epsilon_x - i\epsilon_y). \tag{2.3b}$$

The two waves have opposite circular polarizations, σ^- for the wave propagating toward $z < 0$ and σ^+ for the other wave.

Inserting Eqs. (2.3) into Eq. (2.2), we get

$$\boldsymbol{\mathcal{E}}^+(z) = \frac{1}{\sqrt{2}}(\mathcal{E}_0' - \mathcal{E}_0)\epsilon_X - \frac{i}{\sqrt{2}}(\mathcal{E}_0' + \mathcal{E}_0)\epsilon_Y, \tag{2.4}$$

where

$$\epsilon_X = \epsilon_x \cos kz - \epsilon_y \sin kz, \tag{2.5a}$$

$$\epsilon_Y = \epsilon_x \sin kz + \epsilon_y \cos kz. \tag{2.5b}$$

The total electric field in z is the superposition of two fields in quadrature, with amplitudes $(\mathcal{E}_0' - \mathcal{E}_0)/\sqrt{2}$ and $(\mathcal{E}_0' + \mathcal{E}_0)/\sqrt{2}$ and polarized along two orthogonal directions ϵ_X and ϵ_Y deduced from ϵ_x and ϵ_y by a rotation of angle $\varphi = -kz$ around Oz. We conclude that the polarization of the total electric field is elliptical and keeps the same ellipticity, $(\mathcal{E}_0' - \mathcal{E}_0)/(\mathcal{E}_0' + \mathcal{E}_0)$ for all z. When one moves along Oz, the axes of the ellipse just rotate around Oz by an angle $\varphi = -kz$. As expected, the periodicity along z is determined by the laser wavelength $\lambda = 2\pi/k$.

Previous analysis shows that, for a σ^+–σ^- configuration, we have a pure rotation of polarization along Oz. By pure we mean that the polarization rotates but keeps the same ellipticity. One can show that the σ^+–σ^- configuration is the only one that gives such a result.

In the simple case in which the two counterpropagating waves σ^+ and σ^- have the same amplitude $\mathcal{E}_0 = \mathcal{E}_0'$, the total electric field is, according to expression (3.4) below, linearly polarized along ϵ_Y. For $z = 0$, ϵ_Y coincides with ϵ_y. When one moves along Oz, ϵ_Y rotates, and its extremity forms a helix with a pitch λ [Fig. 1(a)].

B. The lin ⊥ lin Configuration—Gradient of Ellipticity

We suppose now that the two counterpropagating waves have orthogonal linear polarizations

$$\epsilon = \epsilon_x, \tag{2.6a}$$

$$\epsilon' = \epsilon_y. \tag{2.6b}$$

If we suppose, in addition, that the two waves have equal amplitudes, we get from Eqs. (2.2) and (2.6)

$$\boldsymbol{\mathcal{E}}^+(z) = \mathcal{E}_0\sqrt{2}\left(\cos kz\,\frac{\epsilon_x + \epsilon_y}{\sqrt{2}} - i\sin kz\,\frac{\epsilon_y - \epsilon_x}{\sqrt{2}}\right). \tag{2.7}$$

The total electric field is the superposition of two fields in quadrature, with amplitudes $\mathcal{E}_0\sqrt{2}\cos kz$ and $\mathcal{E}_0\sqrt{2}\sin kz$, and polarized along two fixed orthogonal vectors $(\epsilon_y \pm \epsilon_x)/\sqrt{2}$ parallel to the two bisectrices of $\mathbf{e}_x$ and $\mathbf{e}_y$. It is clear that the ellipticity changes now when one moves along Oz. From Eq. (2.7) we see that the polarization is linear along $\epsilon_1 = (\epsilon_x + \epsilon_y)/\sqrt{2}$ in $z = 0$, circular (σ^-) in $z = \lambda/8$, linear along $\epsilon_2 = (\epsilon_x - \epsilon_y)/\sqrt{2}$ in $z = \lambda/4$, circular (σ^+) in $z = 3\lambda/8$, is linear along $-\epsilon_1$ in $z = \lambda/2$, and so on... [Fig. 1(b)].

If the two amplitudes $\mathcal{E}_0$ and $\mathcal{E}_0'$ are not equal, we still have the superposition of two fields in quadrature; however, now they are polarized along two fixed but nonorthogonal directions. For $\mathcal{E}_0 = \mathcal{E}_0'$ the nature of the polarization of the total field changes along Oz. Such a result generally holds; i.e., for all configurations other than the σ^+–σ^- one, there are gradients of ellipticity when one moves along Oz (excluding, of course, the case when both waves have the same polarization).

C. Connection with Dipole Forces and Redistribution

The two laser configurations of Figs. 1(a) and 1(b) differ radically with regard to dipole forces. Suppose that we have in z an atom with several Zeeman sublevels in the ground state g. For example, we consider the simple case of a $J_g = 1/2 \leftrightarrow J_e = 3/2$ transition for which there are two Zeeman sublevels, $g_{-1/2}$ and $g_{+1/2}$, in g and four Zeeman sublevels in e. It is easy to see that the z dependence of the light shifts of the two ground-state sublevels is quite different for the two laser configurations of Figs. 1(a) and 1(b). For the σ^+–σ^- configuration, the laser polarization is always linear, and the laser intensity is the same for all z. It follows that the two light-shifted energies are equal and do not vary with z [Fig. 1(c)]. On the other hand, since the Clebsch–Gordan coefficients of the various transitions $g_m \leftrightarrow e_{m'}$ are not the same, and since the nature of the polarization changes with z, one can easily show (see Subsection 3.A.1) that the two light-shifted energies oscillate with z for the lin ⊥ lin configuration [Fig. 1(d)]: the $g_{1/2}$ sublevel has the largest shift for a σ^+ polarization the $g_{-1/2}$ sublevel has the largest shift for a σ^- polarization, whereas both sublevels are equally shifted for a linear polarization.

The striking difference between the z dependences of the light-shifted energies represented in Figs. 1(c) and 1(d)

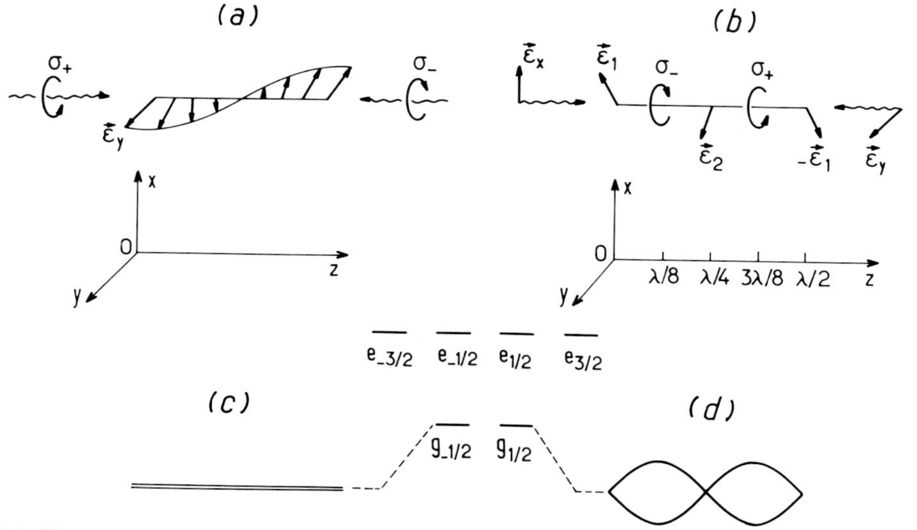

Fig. 1. The two types of polarization gradient in a 1-D molasses and the corresponding light-shifted ground-state sublevels for a $J_g = 1/2 \leftrightarrow J_e = 3/2$ atomic transition. (a) σ^+–σ^- configuration: two counterpropagating waves, σ^+ and σ^- polarized, create a linear polarization that rotates in space. (b) lin ⊥ lin configuration: The two counterpropagating waves have orthogonal linear polarizations. The resulting polarization now has an ellipticity that varies in space: for $z = 0$ linear polarization along $\epsilon_1 = (\epsilon_x + \epsilon_y)/\sqrt{2}$; for $z = \lambda/8$ σ^- polarization; for $z = \lambda/4$ linear polarization along $\epsilon_2 = (\epsilon_x - \epsilon_y)/\sqrt{2}$; for $z = 3\lambda/8$ σ^+ circular polarization.... (c) Light-shifted ground-state sublevels for the σ^+–σ^- configuration: The light-shifted energies do not vary with z. (d) Light-shifted ground-state sublevels for the lin ⊥ lin configuration: The light-shifted energies oscillate in space with a period $\lambda/2$.

means that there are dipole or gradient forces in the configuration of Fig. 1(b), whereas such forces do not exist in the configuration of Fig. 1(a). We use here the interpretation of dipole forces in terms of gradients of dressed-state energies.[16] Another equivalent interpretation can be given in terms of redistribution of photons between the two counterpropagating waves, when the atom absorbs a photon from one wave and transfers it via stimulated emission into the opposite wave.[12,20] It is obvious that conservation of angular momentum prevents such a redistribution from occurring in the configuration of Fig. 1(a).[21] After it absorbs a σ^+ photon, the atom is put into $e_{+1/2}$ or $e_{+3/2}$, and there are no σ^- transitions starting from these levels and that could be used for the stimulated emission of a σ^- photon. For more complex situations, such as for a $J_g = 1 \leftrightarrow J_e = 2$ transition (see Fig. 5 below), redistribution is not completely forbidden but is limited to a finite number of processes. Suppose, for example, that the atom is initially in g_{-1}. When it absorbs a σ^+ photon, it jumps to e_0. Then, by stimulated emission of a σ^- photon, it falls to g_{+1}, from where it can be reexcited to e_{+2} by absorption of a σ^+ photon. However, once in e_{+2}, the atom can no longer make a stimulated emission in the σ^- wave, since no σ^- transition starts from e_{+2}. We thus have in this case a limited redistribution, and one can show that, as in Fig. 1(c), the light-shifted energies in the ground state do not vary with z (see Subsection 3.B.1). The situation is completely different for the configuration of Fig. 1(b). Then, each σ^+ or σ^- transition can be excited by both linear polarizations ϵ_x and ϵ_y, and an infinite number of redistribution processes between the two counterpropagating waves can take place via the same transition $g_m \leftrightarrow e_{m+1}$ or e_{m-1}. This is why the light-shifted energies vary with z in Fig. 1(d).

Finally, let us note that, at first sight, one would expect dipole forces to be inefficient in the weak-intensity limit considered in this paper since, in general, they become large only at high intensity, when the splitting among dressed states is large compared with the natural width Γ.[16] Actually, here we consider an atom that has several sublevels in the ground state. The light-shift splitting between the two oscillating levels of Fig. 1(d) can be large compared with the width Γ' of these ground-state sublevels. Furthermore, we show in Subsection 3.A.2 that for a moving atom, even with weak dipole forces, the combination of long pumping times and dipole forces can produce a highly efficient new cooling mechanism.

3. PHYSICAL ANALYSIS OF TWO NEW COOLING MECHANISMS

In this section, we consider a multilevel atom moving in a laser configuration exhibiting a polarization gradient. We begin (Subsection 3.A) by analyzing the lin ⊥ lin configuration of Fig. 1(b), and we show how optical pumping between the two oscillating levels of Fig. 1(d) can give rise to a new cooling mechanism analogous to the Sisyphus effect occurring in stimulated molasses.[16,17] Such an effect cannot exist for the configuration of Fig. 1(a) since the energy levels of Fig. 1(c) are flat. We show in Subsection 3.B that there is a new cooling mechanism associated with the σ^+–σ^- configuration, but it has a completely different physical interpretation.

The emphasis in this section will be on physical ideas. A more quantitative analysis, based on optical Bloch equations, is presented in the following sections.

A. Multilevel Atom Moving in a Gradient of Ellipticity

The laser configuration is the lin ⊥ lin configuration of Fig. 1(b). As in Subsection 2.C, we take a $J_g = 1/2 \leftrightarrow J_e = 3/2$ transition. The Clebsch–Gordan coefficients of the various transitions $g_m \leftrightarrow e_{m'}$ are indicated in Fig. 2. The square of these coefficients give the transition probabilities of the corresponding transitions.

1. *Equilibrium Internal State for an Atom at Rest*

We first show that, for an atom at rest in z, the energies and the populations of the two ground-state sublevels depend on z.

Suppose, for example, that $z = \lambda/8$ so that the polarization is σ^- [Fig. 1(b)]. The atom is optically pumped in $g_{-1/2}$ so that the steady-state populations of $g_{-1/2}$ and $g_{1/2}$ are equal to 1 and 0, respectively. We must also note that, since the σ_- transition starting from $g_{-1/2}$ is three times as intense as the σ_- transition starting from $g_{1/2}$, the light shift Δ_-' of $g_{-1/2}$ is three times larger (in modulus) than the light-shift Δ_+' of $g_{1/2}$. We assume here that, as usual in Doppler-cooling experiments, the detuning

$$\delta = \omega_L - \omega_A \tag{3.1}$$

between the laser frequency ω_L and the atomic frequency ω_A is negative so that both light shifts are negative.

If the atom is at $z = 3\lambda/8$, where the polarization is σ^+ [Fig. 1(b)], the previous conclusions are reversed. The populations of $g_{-1/2}$ and $g_{1/2}$ are equal to 0 and 1, respectively, because the atom is now optically pumped into $g_{1/2}$. Both light shifts are still negative, but we now have $\Delta_+' = 3\Delta_-'$.

Finally, if the atom is in a place where the polarization is linear, for example, if $z = 0, \lambda/4, \lambda/2\ldots$ [Fig. 1(b)], symmetry considerations show that both sublevels are equally populated and undergo the same (negative) light shift equal to 2/3 times the maximum light shift occurring for a σ^+ or σ^- polarization.

All these results are summarized in Fig. 3, which shows as a function of z the light-shifted energies of the two ground-state sublevels of an atom at rest in z. The sizes of the black circles represented on each sublevel are proportional to the

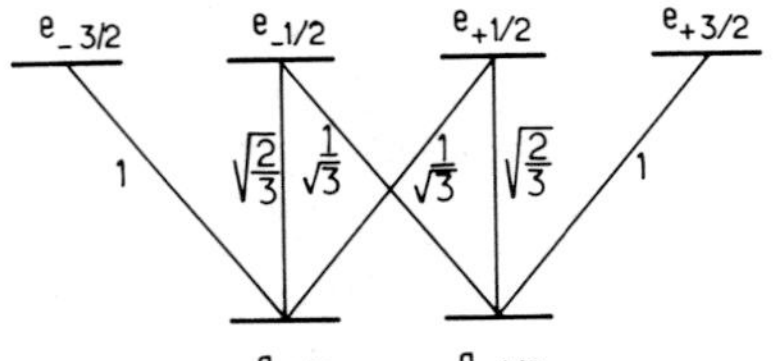

Fig. 2. Atomic level scheme and Clebsh–Gordan coefficients for a $J_g = 1/2 \leftrightarrow J_e = 3/2$ transition.

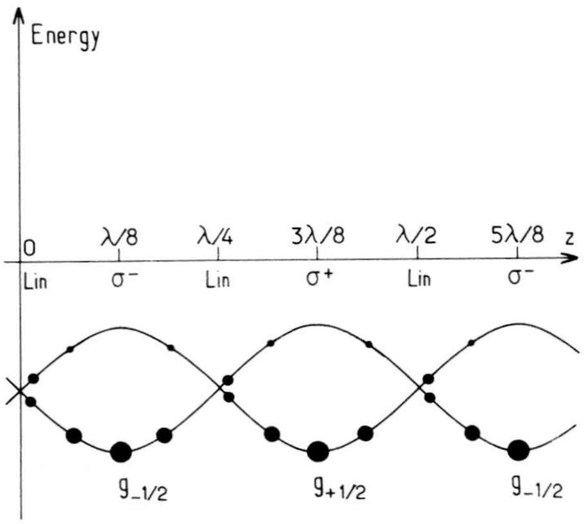

Fig. 3. Light-shifted energies and steady-state populations (represented by filled circles) for a $J_g = 1/2$ ground state in the lin ⊥ lin configuration and for negative detuning. The lowest sublevel, having the largest negative light shift, is also the most populated one.

steady-state population of this sublevel. It clearly appears in Fig. 3 that the energies of the ground-state sublevels oscillate in space with a spatial period $\lambda/2$ and that the lowest-energy sublevel is also the most populated one.

2. *Sisyphus Effect for a Moving Atom*

We suppose now that the atom is moving along Oz, and we try to understand how its velocity can be damped. The key point is that optical pumping between the two ground-state sublevels takes a finite time τ_p. Suppose that the atom starts from the bottom of a potential valley, for example, at $z = \lambda/8$ (see Fig. 4), and that it moves to the right. If the velocity v is such that the atom travels over a distance of the order of $\lambda/4$ during τ_p, the atom will on average remain on the same sublevel, climb the potential hill, and reach the top of this hill before being optically pumped to the other sublevel, i.e., to the bottom of the next potential valley at $z = 3\lambda/8$. From there, the same sequence can be repeated (see the solid lines in Fig. 4). It thus appears that, because of the time lag τ_p, the atom is always climbing potential hills, transforming part of its kinetic energy into potential energy. Here we have an atomic example of the Sisyphus myth that is quite analogous to the cooling effect that occurs in stimulated molasses and discussed in Ref. 16. Note, however, that the effect discussed in this paper appears at much lower intensities than in Ref. 16 since it involves two ground-state sublevels with spatially modulated light shifts Δ' much smaller than Γ; on the contrary, in Ref. 16 the modulation of the dressed-state energies is much larger than Γ.

3. *Mechanism of Energy Dissipation and Order of Magnitude of the Friction Coefficient*

The previous physical picture clearly shows how the atomic kinetic energy is converted into potential energy: The atom climbs a potential hill. In the same way as for the usual dipole forces, one can also understand how the atomic momentum changes during the climbing. There is a corre-

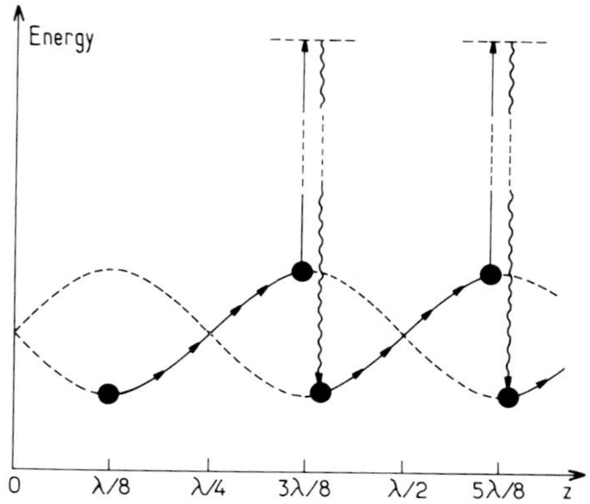

Fig. 4. Atomic Sisyphus effect in the lin ⊥ lin configuration. Because of the time lag τ_p due to optical pumping, the atom sees on the average more uphill parts than downhill ones. The velocity of the atom represented here is such that $v\tau_p \sim \lambda$, in which case the atom travels overs λ in a relaxation time τ_p. The cooling force is then close to its maximal value.

sponding change of momentum of the laser field because of a coherent redistribution of photons between the two counter-propagating waves. Photons are absorbed from one wave and transferred by stimulated emission to the other wave. All these processes are conservative and could occur in both ways. The atom could slide down a potential hill and transform its potential energy into kinetic energy. Optical pumping is the mechanism of energy dissipation essential for introducing irreversibility into the process and for producing cooling. We see from Fig. 4 that when the atom reaches the top of the hill, there is a great probability that it will absorb a laser photon $\hbar\omega_L$ and emit a fluorescence photon, blue-shifted by an amount corresponding to the light-shift splitting between the two ground-state sublevels. The gain of potential energy at the expense of kinetic energy is dissipated by spontaneous Raman anti-Stokes photons that carry away the excess of energy. Here also we find a mechanism quite analogous to the one occurring in stimulated molasses.[16] Note, however, that the energy dissipated here is much smaller, since it corresponds to the light shift of the ground state at low laser power.

From the previous discussion, we can derive an order of magnitude of the friction coefficient α appearing in the low-velocity expression

$$F = -\alpha v \tag{3.2}$$

of the friction force. It is clear in Fig. 4 that the maximum value of the friction force occurs when $v\tau_p \sim \lambda/4$, i.e., when

$$kv \sim \Gamma', \tag{3.3}$$

where $\Gamma' = 1/\tau_p$. For this value of v, the energy dissipated during τ_p is of the order of $-\hbar\Delta'$ (since $\Delta' < 0$), so the energy dissipated per unit time is

$$\frac{\mathrm{d}W}{\mathrm{d}t} \sim \frac{-\hbar\Delta'}{\tau_p} = -\hbar\Delta'\Gamma'. \tag{3.4}$$

On the other hand, we can also calculate $\mathrm{d}W/\mathrm{d}t$ from F:

$$\frac{\mathrm{d}W}{\mathrm{d}t} \sim -Fv. \tag{3.5}$$

Since we evaluate only orders of magnitude, we can keep the linear expression (3.2) of F, even when v is given by expression (3.3), so that

$$\frac{\mathrm{d}W}{\mathrm{d}t} \sim -\alpha v^2. \tag{3.6}$$

Equating expressions (3.4) and (3.6) and using expression (3.3) of v, we finally obtain

$$\alpha \sim -\hbar k^2 \frac{\Delta'}{\Gamma'}. \tag{3.7}$$

Since all the previous considerations are restricted to the low-intensity limit (we want to have Γ', $|\Delta'| \ll \Gamma$), Δ' and Γ' are both proportional to the laser intensity. It then follows from expression (3.7) that the friction coefficient of this new cooling mechanism is independent of the laser power at low power. This clearly distinguishes this new friction force from the usual one occurring in Doppler cooling, which is linear in laser power. We can still transform expression (3.7) by using the expressions of Γ' and Δ' at low power ($\Omega \ll \Gamma$). Assuming, in addition, a large detuning ($|\delta| \gg \Gamma$) in order to have in the ground-state light shifts larger than the level widths, we get

$$\Gamma' \sim \Omega^2\Gamma/\delta^2, \tag{3.8a}$$

$$\Delta' \sim \Omega^2/\delta, \tag{3.8b}$$

so that

$$\alpha \sim -\hbar k^2 \frac{\delta}{\Gamma}. \tag{3.9}$$

Note, finally, that the friction coefficient [expression (3.7) or (3.9)] is large, and even larger (since $|\delta| \gg \Gamma$) than the optimal friction coefficient for the usual Doppler cooling, which is of the order of $\hbar k^2$.[3,4] One must not forget, however, that the velocity capture range of this new friction force, which is given by expression (3.3), is much smaller than the velocity capture range for Doppler cooling (given by $kv \sim \Gamma$). One can also understand why α is so large, despite the fact that the size $\hbar|\Delta'|$ of the potential hills of Fig. 4 is so small. We see in expression (3.7) that $\hbar|\Delta'|$ is divided by Γ', which is also very small since the optical-pumping time is very long. In other words, the weakness of dipole forces is compensated for by the length of the optical-pumping times.

B. Multilevel Atom Moving in a Rotating Laser Polarization

The laser configuration is now the σ^+–σ^- laser configuration of Fig. 1(a) for which the laser polarization remains linear and rotates around Oz, forming an helix with a pitch λ. As shown in Fig. 1(c), the light shifts of the ground-state sublevels remain constant when the atom moves along Oz, and there is no possibility of a Sisyphus effect. Such a result is easily extended to all values of J_g. If J_g were larger than 1/2, we would have in Fig. 1(c) several horizontal lines instead of a single one, since sublevels g_m with different values of $|m|$ have different light shifts and since there are several possible values for $|m|$ when $J_g > 1/2$.

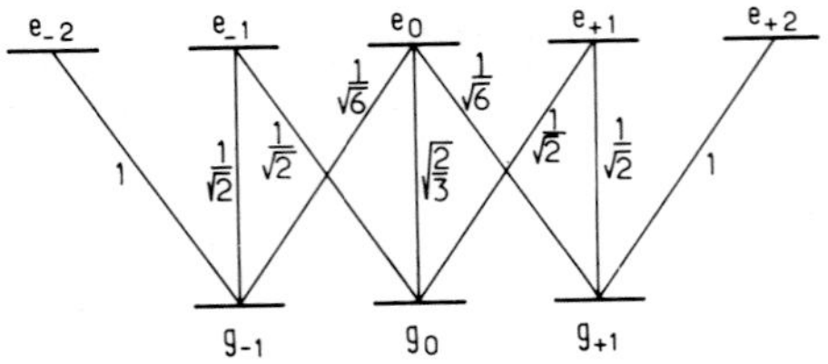

Fig. 5. Atomic level scheme and Clebsh–Gordan coefficients for a $J_g = 1 \leftrightarrow J_e = 2$ transition.

In this subsection we describe a new cooling mechanism that works in the σ^+–σ^- laser configuration for atoms with $J_g \geqslant 1$ and is quite different from the one discussed in Subsection 3.A. We show that, even at very low velocity, there is an atomic orientation along Oz that appears in the ground state as a result of atomic motion. Because of this highly sensitive motion-induced atomic orientation, the two counterpropagating waves are absorbed with different efficiencies, which gives rise to unbalanced radiation pressures and consequently to a net friction force. We consider here the simplest possible atomic transition for such a scheme, the transition $J_g = 1 \leftrightarrow J_e = 2$ (see Fig. 5).

1. *Equilibrium Internal State for an Atom at Rest*

We suppose first that the atom is at rest in $z = 0$. If we take the quantization axis along the local polarization, which is ϵ_y at $z = 0$ [see Fig. 1(a)], and if we note that $|g_{-1}\rangle_y$, $|g_0\rangle_y$, $|g_1\rangle_y$, the eigenstates of J_y (**J**: angular momentum), we see that optical pumping, with a π polarization along Oy, will concentrate atoms in $|g_0\rangle_y$, since the optical-pumping rate $|g_{-1}\rangle_y \rightarrow |g_0\rangle_y$ proportional to $(1/\sqrt{2})^2(1/\sqrt{2})^2 = 1/4$ is greater than the rate $|g_0\rangle_y \rightarrow |g_{-1}\rangle_y$ proportional to $(\sqrt{2/3})^2(1/\sqrt{6})^2 = 1/9$. The steady-state populations of $|g_0\rangle_y$, $|g_{-1}\rangle_y$, and $|g_{+1}\rangle_y$ are equal to 9/17, 4/17, and 4/17, respectively.

We must also note that, since the π transition starting from $|g_0\rangle_y$ is 4/3 as more intense as the two π transitions starting from $|g_{\pm 1}\rangle_y$, both sublevels $|g_{\pm 1}\rangle_y$ undergo the same light shift Δ_1', smaller (in modulus) than the light-shift Δ_0' of $|g_0\rangle_y$

$$\Delta_0' = {}^4\!/_3\Delta_1'. \tag{3.10}$$

As in the previous subsection, we take a red detuning so that Δ_0' and Δ_1' are both negative. Figure 6 represents the light-shifted ground-state sublevels in $z = 0$ with their steady-state populations.

For subsequent discussions, it will be useful to analyze briefly the spectrum of the fluorescence light emitted by an atom at rest in $z = 0$. We suppose that the laser power is very weak ($\Omega \ll \Gamma$) and that the detuning is large ($|\delta| \gg \Gamma$). To the lowest order in Ω^2/δ^2, we find first a Rayleigh line at ω_L corresponding to fluorescence cycles where the atom starts and ends in the same ground-state sublevel. We also have a Raman–Stokes line at $\omega_L + (\Delta_0'/4)$ (remember that $\Delta_0' < 0$), corresponding to cycles where the atom starts from $|g_0\rangle_y$ and ends in $|g_{+1}\rangle_y$ or $|g_{-1}\rangle_y$, and a Raman–anti-Stokes line at $\omega_L - (\Delta_0'/4)$, corresponding to the inverse processes where the atom starts from $|g_{+1}\rangle_y$ or $|g_{-1}\rangle_y$ and ends in $|g_0\rangle_y$. In steady state, the populations of the various ground-state sublevels adjust themselves to values such that the mean number of Stokes processes from $|g_0\rangle_y$ to $|g_{-1}\rangle_y$ balances the mean number of anti-Stokes processes from $|g_{-1}\rangle_y$ to $|g_0\rangle_y$. It is thus clear that in steady state, the mean number of photons emitted per unit time at $\omega_L + (\Delta_0'/4)$ and $\omega_L - (\Delta_0'/4)$ will be equal, giving rise to a symmetrical fluorescence spectrum.

So far, we have considered only an atom at rest in $z = 0$. If the atom is in a different location but still at rest, the same calculations can be repeated, giving rise to the same values for the light shifts (since the laser intensity does not change with z) and to the same steady-state populations. We must note, however, that the wave functions vary in space, since the light-shifted Zeeman sublevels are the eigenstates of the component of **J** along the rotating laser polarization ϵ_Y. It follows that, when the atom moves along Oz, nonadiabatic couplings can appear among the various Zeeman sublevels undergoing different light shifts.

2. *Moving Atom—Transformation to a Moving Rotating Frame*

The atom is now moving with a velocity v along Oz:

$$z = vt. \tag{3.11}$$

In its rest frame, which moves with the same velocity v, the atom sees a linear polarization ϵ_Y, which rotates around Oz in the plane xOy, making an angle with Oy [see Fig. 1(a) and Eq. (2.5b)]

$$\varphi = -kz = -kvt. \tag{3.12}$$

It is then convenient to introduce, in the atomic rest frame, a rotating frame such that in this moving rotating frame the laser polarization keeps a fixed direction. Of course, Larmor's theorem tells us that, in this moving rotating frame, an inertial field will appear as a result of the rotation. This inertial field looks like a (fictitious) magnetic field parallel to the rotation axis Oz and has an amplitude such that the corresponding Larmor frequency is equal to the rotation speed kv. More precisely, one can show (see Appendix A) that the new Hamiltonian, which governs the

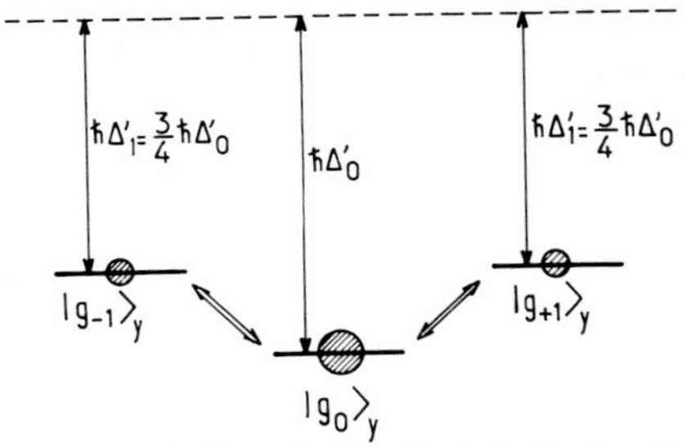

Fig. 6. Light-shifted ground-state sublevels of a $J_g = 1 \leftrightarrow J_e = 2$ transition in the σ^+–σ^- configuration. The quantization axis Oy is chosen along the resulting linear laser polarization. The steady-state populations of these states (4/17, 9/17, 4/17) are represented by the filled circles. The double arrows represent couplings between Zeeman sublevels owing to the transformation to the moving rotating frame.

atomic evolution after the unitary transformation to the moving rotating frame, contains, in addition to a coupling term with a fixed-polarization laser field, an extra inertial term resulting from the rotation and equal to

$$V_{\rm rot} = kvJ_z. \tag{3.13}$$

If we compare the new Hamiltonian in the moving rotating frame with the Hamiltonian for an atom at rest in $z = 0$ considered in Subsection 3.B.1 we see that all the new effects that are due to atomic motion in a rotating laser polarization must come from the inertial term [Eq. (3.13)]. Since J_z has nonzero matrix elements among the eigenstates of J_y, this inertial term introduces couplings proportional to kv between $|g_0\rangle_y$ and $|g_{\pm1}\rangle_y$ (double arrows in Fig. 6). These couplings are sometimes called nonadiabatic since they vanish when v tends to 0. We show in the next subsection how they can give rise to an atomic orientation in the ground state that is parallel to Oz and sensitive to kv.

3. *Motion-Induced Orientation in the Atomic Ground State*

In order to get a clear insight into the modifications introduced by the inertial term [Eq. (3.13)] and also to understand the energy exchanges between the atom and the laser field, it is important to determine first what the new energy levels are in the ground state as well as the new steady-state density matrix in such an energy basis. To simplify the calculations, we assume here that the light shift $|\Delta'|$ is much larger than Γ', so that the energy splitting between the ground-state energy levels is much larger than their widths:

$$\Gamma' \ll |\Delta'|. \tag{3.14a}$$

We also suppose that

$$kv \ll |\Delta'|, \tag{3.14b}$$

which permits a perturbative treatment of the effect of $V_{\rm rot}$. Quantitative calculations, not restricted by conditions such as Eqs. (3.14) and therefore valid for any velocity, are presented in Section 5.

First, consider the level $|g_0\rangle_y$ in Fig. 6. The perturbation kvJ_z that has no diagonal element in $|g_0\rangle_y$ shifts this level only to second order in kv/Δ'. More important is the modification of the wave function. The state $|g_0\rangle_y$ is contaminated by $|g_1\rangle_y$ and $|g_{-1}\rangle_y$ to first order in kv/Δ', becoming the perturbed state $\overline{|g_0\rangle_y}$. Since we know the matrix elements of J_z in the basis $\{|g_m\rangle_y\}$ of eigenstates of J_y (see Appendix A), we get from first-order perturbation theory

$$\overline{|g_0\rangle_y} = |g_0\rangle_y + \frac{kv}{\sqrt{2}(\Delta_0' - \Delta_1')}|g_{+1}\rangle_y + \frac{kv}{\sqrt{2}(\Delta_0' - \Delta_1')}|g_{-1}\rangle_y. \tag{3.15}$$

Since the matrix elements of J_z in the manifold $\{|g_{+1}\rangle_y, |g_{-1}\rangle_y\}$ are zero, the energies of $|g_{\pm1}\rangle_y$ are not changed to first order in kv/Δ', while their wave functions become

$$\overline{|g_{+1}\rangle_y} = |g_{+1}\rangle_y + \frac{kv}{\sqrt{2}(\Delta_1' - \Delta_0')}|g_0\rangle_y, \tag{3.16a}$$

$$\overline{|g_{-1}\rangle_y} = |g_{-1}\rangle_y + \frac{kv}{\sqrt{2}(\Delta_1' - \Delta_0')}|g_0\rangle_y. \tag{3.16b}$$

We now study the steady-state density matrix in the energy basis $\{\overline{|g_m\rangle_y}\}$. Since we know the effect of optical pumping in the $\{|g_m\rangle_y\}$ basis and since Eqs. (3.15) and (3.16) give the new states in terms of the old ones, it is possible to show (see Appendix A) that, if we neglect terms of order $(kv/\Delta')^2$, $(kv/\Delta')(\Gamma'/\Delta')$ or higher, the steady-state density matrix $\rho_{\rm st}$ is diagonal in the $\{\overline{|g_m\rangle_y}\}$ basis and has the same diagonal elements as those calculated in Subsection 3.C.1:

$$\overline{{}_y\langle g_0|}\rho_{\rm st}\overline{|g_0\rangle_y} = 9/17, \tag{3.17a}$$

$$\overline{{}_y\langle g_{+1}|}\rho_{\rm st}\overline{|g_{+1}\rangle_y} = \overline{{}_y\langle g_{-1}|}\rho_{\rm st}\overline{|g_{-1}\rangle_y} = 4/17. \tag{3.17b}$$

To sum up, provided that we change from the $\{|g_m\rangle_y\}$ basis to the $\{\overline{|g_m\rangle_y}\}$ basis, the energies and populations of the ground-state sublevels are the same as in Subsection 3.B.1. To first order in kv/Δ' and to zeroth order in Γ'/Δ', the modifications introduced by atomic motion concern only the wave functions.

Now, the important point is that in the perturbed states $\{\overline{|g_m\rangle_y}\}$ the populations of the two eigenstates $|g_{+1}\rangle_z$ and $|g_{-1}\rangle_z$ of J_z are not equal, as they are in $|g_m\rangle_y$. To demonstrate this result, we calculate the average value of J_z in $\overline{|g_m\rangle_y}$, which is proportional to this population difference. From Eqs (3.15) and (3.16), we get

$$\overline{{}_y\langle g_0|}J_z\overline{|g_0\rangle_y} = \frac{2\hbar kv}{\Delta_0' - \Delta_1'}, \tag{3.18a}$$

$$\overline{{}_y\langle g_{+1}|}J_z\overline{|g_{+1}\rangle_y} = \overline{{}_y\langle g_{-1}|}J_z\overline{|g_{-1}\rangle_y} = \frac{\hbar kv}{\Delta_1' - \Delta_0'}. \tag{3.18b}$$

Weighting these values by the populations [Eqs. (3.17)] of the corresponding levels and summing over m, one finds for the steady-state value of J_z that

$$\langle J_z\rangle_{\rm st} = \frac{2\hbar kv}{\Delta_0' - \Delta_1'}\left(\frac{9}{17} - \frac{2}{17} - \frac{2}{17}\right) = \frac{40}{17}\frac{\hbar kv}{\Delta_0'}, \tag{3.19}$$

where we have used Eqs. (3.10). $\langle J_z\rangle_{\rm st}$ is a motion-induced atomic orientation in the ground state. Thus we have shown that, when the atom moves along Oz in a rotating laser polarization, the two eigenstates $|g_{\pm1}\rangle_z$ of J_z have different steady-state populations. Noting Π_{+1} and Π_{-1} for these populations and using $\langle J_z\rangle_{\rm st} = \hbar(\Pi_{+1} - \Pi_{-1})$, we get from Eq. (3.19)

$$\Pi_{+1} - \Pi_{-1} = \frac{40}{17}\frac{kv}{\Delta_0'}. \tag{3.20}$$

Such a result is in quantitative agreement with the more detailed calculations in Section 5.

Suppose that the atom moves toward $z > 0$, i.e., that $v > 0$. Since we have chosen a red detuning ($\delta < 0$), Δ' is negative. It follows from Eq. (3.20) that $|g_{-1}\rangle_z$ is more populated than $|g_{+1}\rangle_z$:

$$v > 0, \delta < 0 \rightarrow \Pi_{-1} > \Pi_{+1}. \tag{3.21}$$

We show in the next subsection how this motion-induced population difference can give rise to a new much more efficient friction mechanism than the one used in Doppler cooling.

4. *Remarks*

(i) We saw in Subsection 3.C.2 that the problem studied here is formally equivalent to the problem of an atom at rest, interacting with a laser field linearly polarized along Oy and submitted to a static magnetic field $\mathbf{B}_0$ along Oz, with an amplitude such that the Larmor frequency in $\mathbf{B}_0$ is equal to kv. Changing v is equivalent to changing $|\mathbf{B}_0|$; such a formulation of the problem allows us to establish a connection between the effects studied in this paper and other well-known effects that were previously observed in optical-pumping experiments. It is well known, for example, that the application of a static field $\mathbf{B}_0$ in a direction different from the symmetry axis of the laser polarization can give rise to very narrow structures in the variations with $|\mathbf{B}_0|$ of the light absorbed or emitted. Examples of such structures are zero-field level-crossing resonances and Hanle resonances in atomic ground states.[22,23] These resonances have a narrow width ΔB_0 such that the Larmor frequency in ΔB_0 is equal to the width Γ' of the ground state, which can be very small at low power.

Actually, the problem studied here is a little more complicated than a pure Hanle effect in the ground state since the laser beam not only introduces an atomic alignment along Oy ($\langle 3J_y^2 - \mathbf{J}^2\rangle$ differs from zero) but also produces light shifts of the $|g_m\rangle_y$ states, which have the same symmetry as the Stark shifts that would be produced by a fictitious static electric field $\mathbf{E}_0$ parallel to Oy. In the absence of $\mathbf{B}_0$, the alignment $\langle 3J_y^2 - \mathbf{J}^2\rangle$ produced by optical pumping does not precess around $\mathbf{E}_0$, which has the same symmetry axis. When $\mathbf{B}_0$ is applied this alignment starts to precess around $\mathbf{B}_0$, giving rise to a new nonzero component of the alignment $\langle J_xJ_y + J_yJ_x\rangle$. It is the interaction of this alignment with $\mathbf{E}_0$ that gives rise to the orientation $\langle J_z\rangle$ along Oz. In a certain sense, there is an analogy between the motion-induced atomic orientation studied here and the effects described in Refs. 24 and 25 and dealing with the orientation produced by the interaction of an atomic alignment with a real or fictitious electric field.

(ii) One can easily understand why the new cooling mechanism studied in this section does not work for a ground state $J_g = 1/2$. In a $J = 1/2$ state no alignment can exist (Wigner–Eckart theorem). Optical pumping with a linearly polarized light cannot therefore introduce any anisotropy in a $J_g = 1/2$ ground state, at least when v, i.e., $|\mathbf{B}_0|$, is very small. It is only when $|\mathbf{B}_0|$ is large enough to produce Zeeman detuning comparable with Γ that the two counterpropagating laser beams begin to be scattered with different efficiencies, leading to usual Doppler cooling. Another way of interpreting this result is to note that the two sublevels $|g_{\pm 1/2}\rangle_z$ cannot be connected to the same excited state by the two laser polarizations σ^+ and σ^-, so that no coherence can build up between these two sublevels.

5. *Getting Unbalanced Radiation Pressures with a Motion-Induced Atomic Orientation*

Looking at Figs. 1(a) and 5, one sees there is a six times greater probability that an atom in $|g_{-1}\rangle_z$ will absorb a σ^- photon propagating toward $z < 0$ than that it will absorb a σ^+ photon propagating toward $z > 0$. The reverse conclusions can be drawn for an atom in $|g_1\rangle_z$.

If the atom moves toward $z > 0$ and if the detuning δ is negative, we saw above in expression (3.21) that the sublevel $|g_{-1}\rangle_z$ is more populated than $|g_{+1}\rangle_z$. It follows that the radiation pressures exerted by the two σ^- and σ^+ waves will be unbalanced. The atom will scatter more counterpropagating σ^- photons than copropagating σ^+ ones, and its velocity will be damped. Note that here we ignore the Zeeman coherence between $|g_{-1}\rangle_z$ and $|g_{+1}\rangle_z$. We will see in Section 5 that the contribution of such a Zeeman coherence does not change the previous conclusion.

We must emphasize here that the fact that the two radiation pressures become unbalanced when the atom moves is due not to the Doppler effect, as in Doppler cooling, but to a difference of populations in the ground state that is induced by the inertial term [Eq. (3.13)]. It appears clearly in Eq. (3.20) that the dimensionless parameter characterizing this new cooling mechanism is $kv/|\Delta'|$. At low laser power $|\Delta'| \ll \Gamma$, $kv/|\Delta'|$ is much larger than the corresponding parameter kv/Γ characterizing Doppler cooling. Consequently, the new cooling mechanism works at velocities much lower than for Doppler cooling.

We can now give the order of magnitude of the new friction force. The difference between the number of σ^+ and σ^- photons scattered per unit time is, according to Eq. (3.20) and neglecting numerical factors, of the order of

$$(\Pi_{+1} - \Pi_{-1})\Gamma' \sim kv \frac{\Gamma'}{\Delta'}, \tag{3.22}$$

where Γ' is of the order of the mean scattering rate of photons by an atom in the ground state. Since each σ^+ (σ^-) scattered photon transfers to the atom a mean momentum $+\hbar\mathbf{k}$ ($-\hbar\mathbf{k}$), we conclude that the mean momentum transferred to the atom per unit time, i.e., the mean force F acting upon the atom, is of the order of

$$F \sim \hbar k^2 \frac{\Gamma'}{\Delta'} v. \tag{3.23}$$

F is proportional to v and opposite v since the light shift Δ' is negative for $\delta < 0$; therefore F is a friction force. As in Subsection 3.A we find that F is independent of the laser power at low power since Γ' and Δ' are both proportional to the laser power. Note, however, that the friction coefficient associated with expression (3.23),

$$\alpha \sim -\hbar k^2 \frac{\Gamma'}{\Delta'}, \tag{3.24}$$

is much smaller than expression (3.7), since it varies as Γ'/Δ' instead of Δ'/Γ' and since we suppose here that $\Gamma' \ll |\Delta'|$ [see expression (3.14a)]. We will see, however, in Sections 4 and 5 that the diffusion coefficient associated with expression (3.24) is smaller than the one associated with expression (3.7), so that both configurations lead to equilibrium temperatures of the same order.

6. *Mechanism of Energy Dissipation*

The physical picture presented in the previous subsection clearly shows how the atomic momentum decreases in this new cooling scheme. This is due not, as in the Sisyphus effect of Subsection 3.A.2, to a coherent redistribution of photons between the two counterpropagating waves but to the fact that the atom scatters more photons from one wave than from the other. The two radiation pressures get unbalanced when the atom moves.

We can now try to understand how the atomic kinetic energy is dissipated. In order to have a precise energy balance, we must work in the energy basis $\{|g_m\rangle_y\}$ introduced in Subsection 3.B.3, and we have to wait long enough that we can reach a steady state and get an energy resolution better than $\hbar|\Delta'|$ for the scattered photons. (Of course, this time should not be too long so that we can neglect any velocity change resulting from the friction force.) It is then clear that the steady-state populations of $|g_0\rangle_y$ and $|g_{\pm1}\rangle_y$ adjust themselves to values such that the rate of Stokes processes from $|g_0\rangle_y$ to $|g_{+1}\rangle_y$ balances the rate of anti-Stokes processes from $|g_{+1}\rangle_y$ to $|g_0\rangle_y$. As in Subsection 3.B.1, we find a fluorescence spectrum that remains symmetric even when the atom moves, since there are always as many Raman Stokes as Raman anti-Stokes photons emitted per unit time. Consequently, it does not seem appropriate, as was done in the first explanations of this cooling mechanism, to invoke direct nonadiabatic transitions between $|g_0\rangle_y$ and $|g_{\pm1}\rangle_y$ converting kinetic energy into potential energy, this potential energy then being dissipated by Raman anti-Stokes processes.

Actually, for this second cooling scheme the dissipation is, as in Doppler cooling, due to the fact that in the laboratory frame the fluorescence photons have on average a blue Doppler shift on the Rayleigh line as well as on the two Raman lines. Consider, for example, the fluorescence photon following the absorption of a σ^- photon. If it is reemitted toward $z < 0$, it has no Doppler shift in the laboratory frame, whereas it has a Doppler shift $2kv$ when it is reemitted toward $z > 0$. On average, the Doppler energy dissipated by a fluorescence cycle involving a σ^- photon is $\hbar kv$. For a σ^+ photon a similar argument gives $-\hbar kv$. The total Doppler energy dissipated per unit time is therefore equal to

$$\frac{\mathrm{d}W}{\mathrm{d}t} \sim -\Gamma'(\Pi_{+1} - \Pi_{-1})\hbar kv \sim -\frac{\Gamma'}{\Delta'}hk^2v^2, \quad (3.25)$$

which coincides with the power $-Fv$ dissipated by the friction force [expression (3.23)].

4. THEORY OF LASER COOLING IN THE lin ⊥ lin CONFIGURATION

This section is devoted to a quantitative study of the cooling mechanism presented in Subsection 3.A. Let us recall that this mechanism is based on a Sisyphus effect induced by a spatial modulation of the light shifts of the atomic Zeeman ground sublevels. As in Subsection 3.A, we study here a $J_g = 1/2 \leftrightarrow J_e = 3/2$ atomic transition and use a semiclassical approach to evaluate the friction force and the equilibrium temperature reached by the atom.

Our treatment is limited to the low-power domain ($\Omega \ll \Gamma$). As explained in the Introduction, this ensures that pumping times τ_p much longer than the radiative lifetime τ_R can appear, which in turn may lead to temperatures well below $\hbar\Gamma$. This low-power hypothesis leads, in addition, to much simpler calculations since it permits a perturbative treatment of the problem.

We also restrict our calculation of the radiative force to the low-velocity domain (Doppler shift $kv \ll \Gamma$). This also introduces an important simplification. Indeed, in this low-velocity domain, optical coherences (density-matrix elements between ground and excited states) and excited-state populations are almost unaffected by atomic motion: The effect of the Doppler shift kv during the relaxation time τ_R (or $2\tau_R$) of these quantities is negligible. Let us, however, emphasize that we do not impose any condition on kv and the inverse Γ' of the pumping time τ_p. Atomic motion can therefore greatly affect the atomic ground-state dynamics and then induce a large velocity-dependent force.

First, we study the internal atomic evolution. Starting from the optical Bloch equations that describe the evolution of the atomic density operator,[26] we obtain two equations giving the evolution of the ground-state populations. We then calculate the average radiative force as a function of the atomic velocity, which gives the friction coefficient and the velocity capture range for this cooling mechanism. Finally, we evaluate the momentum diffusion coefficient and derive the equilibrium temperature of atoms cooled in the lin ⊥ lin configuration.

A. Internal Atomic Evolution

All the calculations of this paper are done in the electric-dipole and rotating-wave approximations so that the atom–laser field coupling can be written as

$$V = -[\mathbf{D}^+ \cdot \mathcal{E}^+(\mathbf{r})\exp(-i\omega_L t) + \mathbf{D}^- \cdot \mathcal{E}^-(\mathbf{r})\exp(i\omega_L t)]. \quad (4.1)$$

$\mathbf{D}^+$ and $\mathbf{D}^-$ are the raising and lowering parts of the atomic electric-dipole operator, and $\mathcal{E}^+$ and $\mathcal{E}^- = (\mathcal{E}^+)^*$ are the positive- and negative-frequency components of the laser electric field. The laser field for the lin ⊥ lin configuration was given in Eq. (2.7). Inserting its value into the atom–field coupling and using the Clebsh–Gordan coefficients indicated in Fig. 2, we get

$$V = \frac{\hbar\Omega}{\sqrt{2}}\sin kz\left[|e_{3/2}\rangle\langle g_{1/2}| + \frac{1}{\sqrt{3}}|e_{1/2}\rangle\langle g_{-1/2}|\right] \times \exp(-i\omega_L t) + \frac{\hbar\Omega}{\sqrt{2}}\cos kz\left[|e_{-3/2}\rangle\langle g_{-1/2}| + \frac{1}{\sqrt{3}}|e_{-1/2}\rangle\langle g_{1/2}|\right]\exp(-i\omega_L t) + \text{h.c.} \quad (4.2)$$

Note that, in order to simplify the mathematical expression of V, we shifted the origin on the z axis by an amount $\lambda/8$.[27] In Eq. (4.2), Ω represents the Rabi frequency for each of the two running waves calculated for an atomic transition with a Clebsh–Gordan coefficient equal to 1 and with a reduced dipole moment for the transition equal to d:

$$\Omega = -2\frac{d\mathcal{E}_0}{\hbar}. \quad (4.3)$$

Expression (4.2) also can be interpreted as describing the interaction of the atom with two standing waves, σ^+ and σ^- polarized, and shifted with respect to each other by $\lambda/4$.

The average force acting on the atom can now be derived from the spatial gradient of V:

$$\begin{aligned} f &= \left\langle -\frac{\mathrm{d}V}{\mathrm{d}z}\right\rangle \\ &= -\frac{\hbar k\Omega}{\sqrt{2}}\cos kz\left[\tilde{\rho}(g_{1/2}, e_{3/2}) + \frac{1}{\sqrt{3}}\tilde{\rho}(g_{-1/2}, e_{1/2}) + \text{c.c.}\right] \\ &\quad + \frac{\hbar k\Omega}{\sqrt{2}}\sin kz\left[\tilde{\rho}(g_{-1/2}, e_{-3/2}) + \frac{1}{\sqrt{3}}\tilde{\rho}(g_{1/2}, e_{-1/2}) + \text{c.c.},\right. \end{aligned} \quad (4.4)$$

with

$$\tilde{\rho}(g_i, e_j) = \langle g_i|\rho|e_j\rangle \exp(-i\omega_L t), \tag{4.5}$$

where ρ is the steady-state density operator.

We now need to calculate the steady-state value of the optical coherences $\tilde{\rho}(g_i, e_j)$, using optical Bloch equations. For example, we have for $\tilde{\rho}(g_{1/2}, e_{3/2})$

$$\dot{\tilde{\rho}}(g_{1/2}, e_{3/2}) = -\left(i\delta + \frac{\Gamma}{2}\right)\tilde{\rho}(g_{1/2}, e_{3/2}) - i\frac{\Omega}{\sqrt{6}}\cos kz\langle e_{-1/2}|\rho|e_{3/2}\rangle + \frac{i\Omega}{\sqrt{2}}\sin kz[\langle g_{1/2}|\rho|g_{1/2}\rangle - \langle e_{3/2}|\rho|e_{3/2}\rangle]. \tag{4.6}$$

This equation is valid for any power and for any atomic velocity $\dot{z}(t)$. It can be simplified in the low-power and low-velocity domains in the following ways:

(i) The low-intensity hypothesis ($\Omega \ll \Gamma$) implies that the populations and coherences of the excited state remain very small compared with the populations of the ground state. Consequently, we can neglect $\langle e_i|\rho|e_j\rangle$ in Eq. (4.6) and calculate $\tilde{\rho}(g_{1/2}, e_{3/2})$ to first order in Ω.

(ii) Since the velocity is low ($kv \ll \Gamma$), the relaxation time $2\Gamma^{-1}$ of optical coherences is much shorter than the typical evolution time of sin(kz) (of the order of $1/kv$) or of the ground-state populations (τ_p). This means that the optical coherence $\tilde{\rho}(g_{1/2}, e_{3/2})$ follows adiabatically the ground-state population so that we can write

$$\tilde{\rho}(g_{1/2}, e_{3/2}) = \frac{\Omega/\sqrt{2}}{\delta - i\frac{\Gamma}{2}}\Pi_{1/2}\sin kz, \tag{4.7}$$

with

$$\Pi_{\pm 1/2} = \langle g_{\pm 1/2}|\rho|g_{\pm 1/2}\rangle. \tag{4.8}$$

Consequently, we now need to calculate the ground-state populations $\Pi_{\pm 1/2}$ in order to evaluate the force [Eq. (4.4)]. Note that the coherence between the two ground states $\langle g_{1/2}|\rho|g_{-1/2}\rangle$ does not contribute to the calculation and actually has a zero steady-state value for this laser configuration, since it is not coupled to the ground-state populations. This would no longer be true for a more complicated atomic transition for which nonzero steady-state coherences can appear among ground-state sublevels.

In order to calculate $\Pi_{\pm 1/2}$, we now write the optical Bloch equations for excited-state populations; for example, for $\langle e_{3/2}|\rho|e_{3/2}\rangle$:

$$\langle e_{3/2}|\dot{\rho}|e_{3/2}\rangle = -\Gamma\langle e_{3/2}|\rho|e_{3/2}\rangle + i\frac{\Omega}{\sqrt{2}}\sin kz[\tilde{\rho}(e_{3/2}, g_{1/2}) - \tilde{\rho}(g_{1/2}, e_{3/2})]. \tag{4.9}$$

In this equation we replace the optical coherences by their expressions in terms of ground-state populations. Now, since the relaxation time of the excited-state populations is Γ^{-1}, we can again note that they follow adiabatically the variations of the ground-state populations so that

$$\langle e_{3/2}|\rho|e_{3/2}\rangle = s_0\,\Pi_{1/2}\sin^2 kz, \tag{4.10}$$

where s_0 is the detuning-dependent saturation parameter

$$s_0 = \frac{\Omega^2/2}{\delta^2 + \frac{\Gamma^2}{4}}. \tag{4.11}$$

Finally, we write the optical Bloch equations for the ground-state populations. For example, we have for $\Pi_{1/2}$

$$\dot{\Pi}_{1/2} = \Gamma\left[\langle e_{3/2}|\rho|e_{3/2}\rangle + \frac{2}{3}\langle e_{1/2}|\rho|e_{1/2}\rangle + \frac{1}{3}\langle e_{-1/2}|\rho|e_{-1/2}\rangle\right] + \left[\frac{i\Omega}{\sqrt{2}}\tilde{\rho}(g_{1/2}, e_{3/2})\sin kz + \frac{i\Omega}{\sqrt{6}}\tilde{\rho}(g_{1/2}, e_{-1/2})\cos kz + \text{c.c.}\right]. \tag{4.12}$$

We insert the expressions of optical coherences and excited-state populations in terms of $\Pi_{\pm 1/2}$ to get

$$\dot{\Pi}_i = -\frac{1}{\tau_p}[\Pi_i - \Pi_i^{\text{st}}(z)], \tag{4.13}$$

where the pumping time τ_p and the stationary populations $\Pi_i^{\text{st}}(z)$ are given by

$$1/\tau_p = \Gamma' = 2\Gamma s_0/9, \tag{4.14a}$$

$$\Pi_{1/2}^{\text{st}}(z) = \sin^2 kz, \qquad \Pi_{-1/2}^{\text{st}}(z) = \cos^2 kz. \tag{4.14b}$$

For an atom at rest in z the populations $\Pi_i(z)$ reach their stationary value in a time τ_p inversely proportional to the laser power, as mentioned in the Introduction. We also note that these stationary populations are strongly modulated in space (see Fig. 3).

B. Force in the lin ⊥ lin Configuration

In order to calculate the radiative force f [Eq. (4.4)], we first replace the optical coherences contributing to f by their expressions in terms of the ground-state populations. This leads to

$$f = -\frac{2}{3}\hbar k\delta s_0(\Pi_{1/2} - \Pi_{-1/2})\sin 2kz. \tag{4.15}$$

This expression has a clear physical meaning in terms of light shifts: The two levels $g_{1/2}$ and $g_{-1/2}$ are light-shifted by a quantity that corresponds to the sum of the two light shifts created by the two σ^+ and σ^- standing waves appearing in expression (4.2) of the laser–atom coupling V. We can indeed add these two terms independently in the low-intensity domain since the two states $g_{1/2}$ and $g_{-1/2}$ are not connected to the same excited sublevel. Using the Clebsh–Gordan coefficients given in Fig. 2, we obtain

$$\Delta E_{1/2} = \hbar\Delta_+' = \hbar\delta s_0\left(\sin^2 kz + \frac{1}{3}\cos^2 kz\right) = E_0 - \frac{\hbar\delta s_0}{3}\cos 2kz,$$

$$\Delta E_{-1/2} = \hbar\Delta_-' = \hbar\delta s_0\left(\cos^2 kz + \frac{1}{3}\sin^2 kz\right) = E_0 + \frac{\hbar\delta s_0}{3}\cos 2kz, \tag{4.16}$$

where

$$E_0 = \frac{2}{3}\hbar\delta s_0. \tag{4.17}$$

As sketched in Fig. 3, the two light-shifted ground-state sublevels oscillate in space with a period $\lambda/2$. This spatial dependence then causes a state-dependent force; taking the gradient of $\Delta E_{\pm 1/2}$, we get

$$f_{\pm 1/2} = -\frac{d}{dz}\Delta E_{\pm 1/2} = \mp\frac{2}{3}\hbar k\delta s_0 \sin 2kz, \tag{4.18}$$

so that the average force [Eq. (4.15)] can be written as

$$f = f_{1/2}\Pi_{1/2} + f_{-1/2}\Pi_{-1/2}. \tag{4.19}$$

This force f is then just the average of the two state-dependent forces $f_{\pm 1/2}$ weighted by the populations of these states. Such an expression is similar to the one obtained for a two-level atom in intense laser light, provided that the levels $g_{\pm 1/2}$ are replaced by the two dressed levels.[16] However, an important difference arises here since each of the two levels involved in Eq. (4.19) is essentially a ground-state sublevel with a long residence time τ_p. By contrast, in the two-level problem the two dressed states were strongly contaminated by the excited state, so that their lifetime was $\simeq \Gamma^{-1}$.

We now calculate the populations $\Pi_{\pm 1/2}$ in order to evaluate the force from Eq. (4.19). First, we take an atom at rest. These two populations are then equal to their steady-state value [Eq. (4.14b)], so that we obtain

$$f(z, v = 0) = \frac{2}{3}\hbar k\delta s_0 \sin 2kz \cos 2kz = -\frac{dU}{dz}, \tag{4.20}$$

where the potential U is given by

$$U(z) = -\frac{1}{6}\hbar\delta s_0 \sin^2 2kz. \tag{4.21}$$

The fact that $f(z, v = 0)$ derives from a potential is again similar to the corresponding result for the dipole force acting on a two-level atom in a standing wave.

We now consider a very slow atom for which the Doppler shift kv is smaller than $1/\tau_p$. Note that this condition is much more stringent than the condition $kv \ll \Gamma$ required for writing Eq. (4.7) or (4.10). For such very slow atoms, the effect of atomic motion on the populations $\Pi_{\pm 1/2}$ can be treated pertubatively by an expansion in terms of the small parameter $kv\tau_p$:

$$\Pi_i(z, v) = \Pi_i^{st}(z) - v\tau_p\frac{d\Pi_i^{st}}{dz} + \cdots. \tag{4.22}$$

We insert these expressions into the result [Eq. (4.19)] for the force, and we get

$$\begin{aligned} f(z, v) &= f(z, v = 0) - v\tau_p \sum_{i=\pm 1/2} f_i \frac{d\Pi_i^{st}}{dz} \\ &= f(z, v = 0) + \frac{4}{3}\hbar k^2\delta s_0 v\tau_p \sin^2(2kz). \end{aligned} \tag{4.23}$$

We now average this result over a wavelength. The average of $f(z, v = 0)$ is zero, so that we get

$$\bar{f}(v) = -\alpha v, \tag{4.24}$$

where the friction coefficient α is equal to

$$\alpha = -\frac{2}{3}\hbar k^2\delta s_0\tau_p \qquad (\delta < 0) \tag{4.25}$$

or, using Eq. (4.14a),

$$\alpha = -3\hbar k^2\frac{\delta}{\Gamma} \qquad (\delta < 0). \tag{4.26}$$

We therefore get a friction coefficient independent of the laser power [see relation (3.9)]. On the other hand, the range of validity of the result [Eq. (4.24)] is proportional to laser power. Indeed, the expansion (4.22) requires $kv \ll 1/\tau_p$, where $1/\tau_p$ is proportional to laser power.

Finally, we come to the calculation of the force on the whole range $kv \ll \Gamma$ with no restriction on the relative values of kv and $1/\tau_p$. The evolution equations (4.13) are still valid, but they can no longer be solved by a perturbative expansion such as Eq. (4.22). Fortunately, it is possible to get an exact solution for the forced regime of Eq. (4.13):

$$\Pi_{\pm 1/2}(z, v) = \frac{1}{2}\left(1 \mp \frac{\cos 2kz + 2kv\tau_p \sin 2kz}{1 + 4v^2\tau_p^2}\right). \tag{4.27}$$

Inserting this result into expression (4.19) for the force and averaging over a wavelength, we obtain

$$\bar{f}(v) = \frac{-\alpha v}{1 + (v^2/v_c^2)}, \tag{4.28}$$

where the critical velocity v_c is

$$kv_c = 1/2\tau_p. \tag{4.29}$$

As predicted in Subsection 3.A.3, the force is maximal in this configuration when $v = v_c$, that is, when the distance covered during a pumping time is of the order of the spatial period of the modulated light shifts. In Fig. 7 we have plotted this force versus v (solid curve). Note that expression (4.28) of the force is valid only for $kv \ll \Gamma$. Outside this range, the polarization gradient cooling becomes inefficient, and the dominant process is Doppler cooling. For this lin $\perp$ lin configuration, we did not calculate the full velocity dependence of the force, which would allow one to study the transition between the two cooling regimes. In Fig. 7 we plotted just (dotted curve) the force that one would get by independently summing the two radiation pressure forces exerted by each Doppler-shifted wave. The differences between the slopes at $v = 0$ (friction coefficients) and between the capture ranges appear clearly.

To sum up, we obtained an analytical expression for the velocity-dependent force [Eq. (4.28)] that gives both the friction coefficient α (slope at origin) and the velocity capture range v_c.

C. Equilibrium Temperature in the lin $\perp$ lin Configuration

We now turn to the problem of evaluating the equilibrium temperature in this new cooling scheme. We first evaluate the momentum diffusion coefficient D_p and then calculate the equilibrium temperature resulting from the competition between the cooling described above and the heating from diffusion

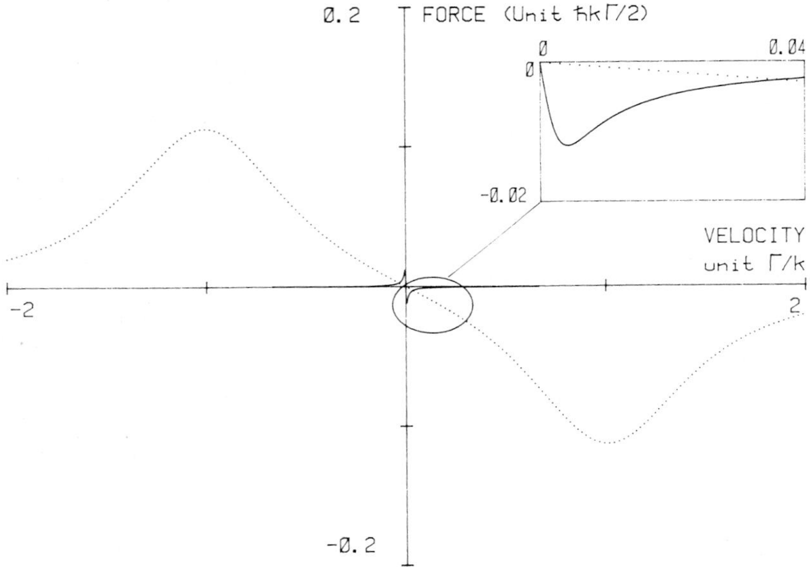

Fig. 7. Variations with velocity v of the force due to polarization gradients in the lin ⊥ lin configuration for a $J_g = 1/2 \leftrightarrow J_e = 3/2$ transition (solid curve). The values of the parameters are $\Omega = 0.3\Gamma$, $\delta = -\Gamma$. The dotted curve shows sum of the two radiation pressure forces exerted independently by the two Doppler-shifted counterpropagating waves. The force due to polarization gradients leads to a much higher friction coefficient (slope at $v = 0$) but acts on a much narrower velocity range.

$$k_B T = \frac{D_p}{\alpha}. \tag{4.30}$$

Finally, we discuss the validity of the semiclassical approximation used throughout this calculation.

In order to calculate the exact value of D_p, one could compute the correlation function of the force operator.[12,13] For a multilevel atom, such a calculation would be rather tedious, so that we prefer to use a heuristic calculation here.

There are three main contributions to D_p; the two first ones are already present for a $J_g = 0 \leftrightarrow J_e = 1$ transition,[21] and the third one is specific of an atom with several ground-state sublevels:

(i) There are fluctuations of the momentum carried away by fluorescence photons.

(ii) There are fluctuations in the difference among the number of photons absorbed in each of the two laser waves.

(iii) There are fluctuations of the instantaneous dipole force oscillating back and forth between $f_{1/2}(z)$ and $f_{-1/2}(z)$ at a rate $1/\tau_p$.

For a $J_g = 0 \leftrightarrow J_e = 1$ transition,[21] the two first contributions give for a dipole radiation pattern

$$\overline{D_p'} = \frac{7}{10}\hbar^2 k^2 \Gamma s_0. \tag{4.31}$$

We assume that Eq. (4.31) still gives the good order of magnitude for these two contributions in the case of a $J_g = 1/2 \leftrightarrow J_e = 3/2$ transition. To evaluate the third contribution (coefficient D_p''), we start from

$$D_p'' = \int_0^\infty d\tau [\overline{f(t)f(t+\tau)} - \bar{f}^2], \tag{4.32}$$

which must be calculated for an atom at rest in z (the label z was omitted for simplification). The force $f(t)$ oscillates between $f_{1/2}(z)$ and $f_{-1/2}(z)$, and its correlation function can be written as

$$\overline{f(t)f(t+\tau)} = \sum_{i=\pm 1/2} \sum_{j=\pm 1/2} f_i f_j P(i, t; j, t+\tau), \tag{4.33}$$

where $P(i, t; j, t + \tau)$ represents the probability of being in state i at time t and in state j at time $t + \tau$. The calculation is then similar to the one done to evaluate the fluctuations of the dipole force for a two-level atom (Ref. 16, Subsection 4B), and it leads to

$$\begin{aligned} D_p'' &= 4[f_{1/2}(z)]^2 \Pi_{1/2}^{\text{st}}(z) \Pi_{-1/2}^{\text{st}}(z) \tau_p \\ &= 2\hbar^2 k^2 \frac{\delta^2}{\Gamma} s_0 \sin^4(2kz). \end{aligned} \tag{4.34}$$

Once this is averaged over a wavelength, it gives

$$\overline{D_p''} = \frac{3}{4}\hbar^2 k^2 \frac{\delta^2}{\Gamma} s_0. \tag{4.35}$$

This second coefficient exceeds the first one as soon as $|\delta|$ is larger than Γ. Therefore, neglecting $\bar{D}_p'$, we get

$$|\delta| \gg \Gamma \Rightarrow k_B T = \frac{D_p}{\alpha} \simeq \frac{\hbar|\delta|}{4} s_0 \tag{4.36}$$

or, using definition (4.11) for s_0,

$$|\delta| \gg \Gamma \Rightarrow k_B T \simeq \frac{\hbar\Omega^2}{8|\delta|}. \tag{4.37}$$

It appears in these expressions that the residual kinetic energy is of the order of the light shift $\hbar\Delta'$ of the ground state. This simple result must be compared with the one obtained for a two-level system [Eq. (1.2)]. It may lead to a much lower temperature, and it is consistent with two experimental observations,[7–9] as long as the other hyperfine levels of the transition can be ignored:

(i) At a given power (Ω fixed), the temperature decreases when the detuning increases.

(ii) At a given detuning, reducing the power decreases the temperature.

Another important remark concerns the comparison between the residual kinetic energy $k_BT/2$ and the potential $U(z)$ derived in Eq. (4.21). We actually find that these two quantities are of the same order, which indicates that in the stationary state atoms are bunched around the points $z = n\lambda/4$ rather than uniformly distributed. In this regime, one should then correct expression (4.24) for the force, which was obtained by assuming a constant velocity. A Monte Carlo simulation, similar to the one in Ref. 28, is probably the best way to derive precise results concerning the stationary state in this configuration.

Finally, let us look for the lowest temperatures achievable in this configuration. Expression (4.37) suggests that an arbitrarily low temperature could be reached, for instance, by decreasing the laser power. Actually, this is not true. Indeed one must check that the rms velocity deduced from expression (4.37) is well below the critical velocity v_c [Eq. (4.29)], so that the cooling force is indeed linear for all velocity classes contributing to the stationary state. We therefore get

$$v_{\rm rms} \ll v_c \Rightarrow \Omega \gg \sqrt{\frac{\hbar k^2}{M}\frac{|\delta|^3}{\Gamma^2}}, \tag{4.38}$$

which puts a lower bound on the laser power required for our treatment to be valid. This in turn gives a lower bound on the achievable rms velocity:

$$v_{\rm rms} \gg \frac{\hbar k}{M}\frac{|\delta|}{\Gamma}. \tag{4.39}$$

Consequently, the lowest achievable rms velocity in this model remains larger than the recoil velocity. Let us recall that the recoil velocity was, in any event, a limit for the validity of our semiclassical treatment.

We are currently working on a full quantum treatment of cooling in the lin $\perp$ lin configuration, analogous to the one presented at the end of Subsection 5.D for the σ^+–σ^- configuration. Note that such a treatment in the present configuration is more complicated than for the σ^+–σ^- one, owing to the possibility that photons are coherently redistributed between the two waves.

5. THEORY OF LASER COOLING IN THE σ^+–σ^- CONFIGURATION

Now we come to this final section of this paper, which is devoted to the quantitative study of laser cooling in a σ^+–σ^- configuration for a $J_g = 1 \leftrightarrow J_e = 2$ atomic transition.

As shown in Section 2, the polarization gradient is then quite different from the one studied in Section 4: The polarization is linear in any place and rotates along the propagation axis Oz on the length scale λ.

Cooling in this configuration originates from two quite distinct processes. The first is the usual Doppler cooling that results from differential absorption of the σ^+ and σ^- waves when the Doppler shift kv is a nonnegligible part of the natural width Γ. The second mechanism, qualitatively studied in Subsection 3.B, originates from the enhancement of radiation pressure imbalance that is due to a sensitive motion-induced atomic orientation. We study here the case of a $J_g = 1 \leftrightarrow J_e = 2$ transition (Fig. 5), which, as explained in Subsection 3.B, is the simplest atomic transition exhibiting this sensitive velocity-induced orientation. For simplification, we also use at the end of this section a fictitious W atom, which can be formally obtained from the real 1–2 transition by removing the V system formed by $|g_0\rangle$, $|e_{-1}\rangle$, $|e_{+1}\rangle$.

A. Various Velocity Domains

As in Section 4, we restrict our treatment to the low-intensity domain ($\Omega \ll \Gamma$, leading to $\tau_p \gg \tau_r$ or equivalently to $\Gamma' \ll \Gamma$). This also allows for a perturbative treatment of the problem: One needs to consider only the density matrix in the ground state (3×3 elements) instead of the total atomic density matrix (8×8 elements). In this low-intensity regime, we can distinguish three velocity domains:

(i) For very low velocities ($kv \ll \Gamma'$), we expect the force to be linear with velocity. In order to calculate this force, we need to take into account all coherences among the various ground-state sublevels, since the coupling between populations and coherences is responsible for the motion-induced orientation.

(ii) In the intermediate regime ($\Gamma' \ll kv \ll \Gamma$), the precession frequency kv of the coherences among ground-state sublevels [owing to the inertial term in Eq. (3.13)] is large compared with their damping time τ_p, and these coherences cannot build up. Consequently, the new cooling force decreases. On the other hand, the Doppler shift kv is still small compared with Γ, so that the usual Doppler-cooling force remains small.

(iii) For higher velocities ($kv \gtrsim \Gamma$), the coherences among the ground-state sublevels are completely negligible, and the Doppler shift is now comparable to the natural width. In this domain, the force is then practically equal to the usual Doppler cooling force.

B. Calculation of the Cooling Force

In order to calculate the steady-state radiative force, we start with the atom–laser coupling [Eq. (4.1)], which we write in the atomic reference frame. Using expressions (2.2) and (2.3) for the laser electric field, we get

$$V = \frac{\hbar\Omega}{2}\left[|g_1\rangle\langle e_2| + \frac{1}{\sqrt{2}}|g_0\rangle\langle e_1| + \frac{1}{\sqrt{6}}|g_{-1}\rangle\langle e_0|\right] \times \exp[i(\omega_- t - kz)] + \text{h.c.}$$
$$+ \frac{\hbar\Omega}{2}\left[|g_{-1}\rangle\langle e_{-2}| + \frac{1}{\sqrt{2}}|g_0\rangle\langle e_{-1}| + \frac{1}{\sqrt{6}}|g_1\rangle\langle e_0|\right] \times \exp[i(\omega_+ t - kz)] + \text{h.c.}, \quad (5.1)$$

where we have put

$$\Omega = -2d\mathscr{E}_0/\hbar \qquad \text{[identical to Eq. (4.3)]},$$
$$\omega_\pm = \omega_L \pm kv. \quad (5.2)$$

The first (third) line of Eq. (5.1) describes the coupling with the σ^+ (σ^-) laser wave propagating toward $z > 0$ ($z < 0$). As in Section 4, the semiclassical force is obtained from the average value of the gradient of the coupling V. Assuming that the atom is at the point $z = 0$ in its reference frame, we get

$$\mathbf{f} = i\hbar\mathbf{k}\Omega\left[\tilde{\rho}(e_2, g_1) + \frac{1}{\sqrt{2}}\tilde{\rho}(e_1, g_0) + \frac{1}{\sqrt{6}}\tilde{\rho}(e_0, g_{-1})\right] + \text{c.c.}$$
$$- i\hbar\mathbf{k}\Omega\left[\tilde{\rho}(e_{-2}, g_{-1}) + \frac{1}{\sqrt{2}}\tilde{\rho}(e_{-1}, g_0) + \frac{1}{\sqrt{6}}\tilde{\rho}(e_0, g_1)\right] + \text{c.c.}, \quad (5.3)$$

where the coefficients $\tilde{\rho}$ are defined by

$$\tilde{\rho}(e_{i\pm1}, g_i) = \langle e_{i\pm1}|\rho|g_i\rangle \exp(i\omega_\mp t). \quad (5.4)$$

Actually, these coefficients are nothing but the matrix elements of ρ in the moving rotating frame defined in Subsection 3.C.2.

We now need to evaluate the steady-state value of the optical coherences $\tilde{\rho}(e_i, g_j)$. This is done using optical Bloch equations, which give the evolution of the atomic density operator ρ.[26] Let us, for example, write down the equation for $\tilde{\rho}(e_1, g_0)$:

$$\dot{\tilde{\rho}}(e_1, g_0) = \left[i(\delta - kv) - \frac{\Gamma}{2}\right]\tilde{\rho}(e_1, g_0)$$
$$+ \frac{i\Omega}{2\sqrt{2}}[\langle e_1|\rho|e_1\rangle + \langle e_1|\rho|e_{-1}\rangle \exp(-2ikvt) - \langle g_0|\rho|g_0\rangle]. \quad (5.5)$$

In this equation, $\langle e_1|\rho|e_1\rangle$ and $\langle e_1|\rho|e_{-1}\rangle$ can be neglected compared with $\langle g_0|\rho|g_0\rangle$ because of the low-power hypothesis. We then get in steady state

$$\tilde{\rho}(e_1, g_0) = \frac{\Omega/2\sqrt{2}}{\delta - kv + i\frac{\Gamma}{2}}\Pi_0, \quad (5.6)$$

where

$$\Pi_i = \langle g_i|\rho|g_i\rangle. \quad (5.7)$$

We can, in this way, calculate all optical coherences in terms of the ground-state populations Π_i and coherences among these states. Note that, because of the structure of the laser excitation, the only nonzero Zeeman coherence in steady state is the coherence between g_1 and g_{-1}. We put in the following:

$$C_r = \text{Re}[\langle g_1|\rho|g_{-1}\rangle \exp(-2ikvt)],$$
$$C_i = \text{Im}[\langle g_1|\rho|g_{-1}\rangle \exp(-2ikvt)]. \quad (5.8)$$

Once all optical coherences have been calculated, it is possible to get a new expression for the force [Eq. (5.3)]. The detailed calculation is rather long and tedious and is presented in Appendix B. Here, we give only the main results. First we get for the force

$$\mathbf{f} = \hbar\mathbf{k}\frac{\Gamma}{2}\left[\Pi_1\left(s_+ - \frac{s_-}{6}\right) + \Pi_0\left(\frac{s_+ - s_-}{2}\right) + \Pi_{-1}\left(\frac{s_+}{6} - s_-\right) + C_r\left(\frac{s_+ - s_-}{6}\right) - \frac{1}{3}C_i\left(s_+\frac{\delta - kv}{\Gamma} + s_-\frac{\delta + kv}{\Gamma}\right)\right], \quad (5.9)$$

where

$$s_\pm = \frac{\Omega^2/2}{(\delta \mp kv)^2 + \frac{\Gamma^2}{4}} \ll 1 \quad (5.10)$$

represents the saturation parameter of each of the two waves $\sigma^\pm$ for the strongest corresponding transition ($g_{\pm1} \rightarrow e_{\pm2}$). Each term has a clear meaning in expression (5.9) for the force. Take, for instance, an atom in the state g_1. In a time interval dt, it scatters on the average $\Gamma s_+ dt/2$ photons from the σ^+ wave and $\Gamma s_- dt/12$ photons from the σ^- wave (see the Clebsh–Gordan coefficients of Fig. 5). The resulting radiation pressure force, weighted by the population Π_1 of g_1, is therefore equal to the first term of Eq. (5.9). The second and third terms of Eq. (5.9) describe in the same way the radiation pressure force when the atom is in the states g_0 and g_{-1}. Finally, the last two terms, which involve the laser-induced coherence between g_1 and g_{-1}, describe the force induced by the limited photon redistribution that takes place when the atom jumps between g_1 and g_{-1} by absorption-stimulated emission cycles (see Subsection 2.C).

Now we must calculate the five ground-state variables Π_0, $\Pi_{\pm1}$, C_r, C_i. This is done again by using optical Bloch equations, through elimination of the excited-state populations and coherences. One is then left with a closed system of five equations involving only these five required ground-state variables. This elimination is done in Appendix B of this paper. In the very low-velocity domain ($kv\tau_p \ll 1$) these equations lead to the following solutions, to first order in $kv\tau_p = kv/\Gamma' \simeq kv/s_0\Gamma$:

$$\Pi_{\pm1} = \frac{1}{34}\left(13 \pm 240\frac{kv}{s_0\Gamma}\frac{\delta\Gamma}{5\Gamma^2 + 4\delta^2}\right),$$
$$\Pi_0 = \frac{4}{17},$$
$$C_r = \frac{5}{34},$$
$$C_i = -\frac{60}{17}\frac{kv}{s_0\Gamma}\frac{\Gamma^2}{5\Gamma^2 + 4\delta^2}, \quad (5.11)$$

where we have put, as in Section 4 [cf. Eq. (4.11)],

$$s_0 = \frac{\Omega^2/2}{\delta^2 + (\Gamma^2/4)}. \tag{5.12}$$

We can note that these results are in agreement with the ones obtained in Section 3. First, for an atom at rest, it is easy to show that the nondiagonal density matrix obtained here in the $|g_m\rangle_z$ basis indeed leads to the diagonal density matrix obtained in Subsection 3.B in the $|g_m\rangle_y$ basis. Second, the population difference $\Pi_1 - \Pi_{-1}$ calculated from Eqs. (5.11) is equal to the one predicted in Eq. (3.20) in the limit $|\delta| \gg \Gamma$. (In this limit, one indeed gets for the light shift Δ_0' of $|g_0\rangle_y$ the value $\Delta_0' = \Omega^2/3\delta$.)

We are now able to calculate the force in this low-velocity domain. First we note that Eq. (5.9) can be greatly simplified; by neglecting all terms in kv/Γ and keeping only terms in kv/Γ', we get

$$f = \frac{\hbar k\Gamma}{2} s_0 \left[\frac{5}{6}(\Pi_1 - \Pi_{-1}) - \frac{2}{3}\frac{\delta}{\Gamma} C_i\right]. \tag{5.13}$$

The first term of Eq. (5.13) has already been estimated in Subsection 3.B, whereas the second one describes the effect of limited photon redistribution.

Now by inserting the result [Eqs. (5.11)] for the atomic density matrix into the force, we obtain

$$f = -\alpha v,$$

$$\alpha = \frac{120}{17}\frac{-\delta\Gamma}{5\Gamma^2 + 4\delta^2}\hbar k^2. \tag{5.14}$$

The contribution of the population term $5/6(\Pi_1 - \Pi_{-1})$ represents 4/5 of the total result for the friction coefficient α, the remaining 1/5 part being due to $2\delta C_1/3$.

As expected, we get in this low-velocity domain a force linear with velocity, with a damping coefficient (for negative detunings) independent of power. This damping coefficient is maximal for a detuning $\delta = -\Gamma\sqrt{5/4}$, where the force is of the order of $-0.8\hbar k^2 v$. We find here a result that was already mentioned in Subsection 3.B: For $|\delta| \gg \Gamma$, the friction coefficient in the σ^+–σ^- configuration, which varies as Γ/δ, is much smaller than the friction coefficient for the lin ⊥ lin configuration, which is proportional to δ/Γ [Eq. (4.26)]. Furthermore, we see here that, even for the optimum detuning, the σ_+–σ_- damping coefficient is four times smaller than the lin ⊥ lin one.

We now come to the complete calculation of the force for any atomic velocity in the low-power approximation. This is done by keeping all the velocity-dependent terms in expressions like (5.6) and by using Eq. (5.9) for the force instead of the simplified expression (5.13). The result of such a calculation (which is detailed in Appendix B) is represented in Fig. 8. In the low-velocity domain, we again find the friction force just calculated above (see, in particular, the inset of Fig. 8). Outside this domain, the force appears to be close to the usual Doppler force, represented by dotted curves. This Doppler force is calculated by neglecting all coherences among ground-state sublevels, so that ground-state populations are obtained only from rate equations:

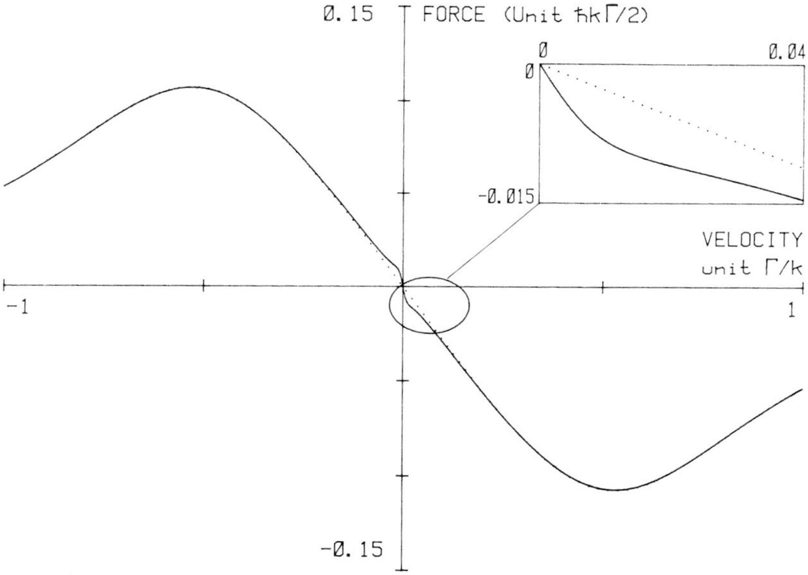

Fig. 8. Variations with velocity of the steady-state radiative force for a $J_g = 1 \leftrightarrow J_e = 2$ transition in the σ_+–σ_- configuration ($\Omega = 0.25\ \Gamma$; $\delta = -0.5\ \Gamma$). The slope of the force near $v = 0$ is very high (see also inset), showing that there is polarization gradient cooling. This new cooling force acts in the velocity range $kv \sim \Delta'$. Outside this range, the force is nearly equal to the Doppler force (shown by the dotted curve) calculated by neglecting all coherences between ground-state sublevels $|g_m\rangle_z$.

$$\Pi_{\pm 1} = \frac{3s_\pm(s_\mp + 5s_\pm)}{15(s_+^2 + s_-^2) + 14s_+s_-},$$

$$\Pi_0 = \frac{8s_+s_-}{15(s_+^2 + s_-^2) + 14s_+s_-}. \quad (5.15)$$

We therefore confirm quantitatively that the new cooling force mainly acts in the $kv < \Gamma'$ domain.

C. Equilibrium Temperature in the σ^+-σ^- Configuration

In order to evaluate the equilibrium temperature in this configuration, we first need to evaluate the momentum diffusion coefficient D_p. The exact calculation of D_p is sketched at the end of Appendix B. It uses a method suggested to us by Castin and Molmer[29] and leads to

$$D_p = D_1 + D_2, \quad (5.16)$$

$$D_1 = \frac{18}{170}\hbar^2k^2\Gamma s_0,$$

$$D_2 = \left[\frac{36}{17}\frac{1}{1 + (4\delta^2/5\Gamma^2)} + \frac{4}{17}\right]\hbar^2k^2\Gamma s_0. \quad (5.17)$$

Such an expression can be understood by simple momentum-conservation arguments. Since there are no dipole forces in the σ^+–σ^- configuration, the momentum diffusion is due only to the first two mechanisms mentioned at the beginning of Subsection 4.C.

The first term of Eq. (5.16) (D_1) corresponds to the fluctuations of the momentum carried away by fluorescence photons. The second term (D_2) corresponds to the fluctuations of the difference between the number of photons absorbed in each wave. For large detunings ($|\delta| \gg \Gamma$), D_1 and D_2 are of the same order, as for a $J_g = 0 \leftrightarrow J_e = 1$ transition.[21] By contrast, for small δ, D_2 becomes much larger than D_1. As pointed out to us by Molmer and Castin,[29] this enhancement of D_2 is a consequence of correlations introduced by optical pumping between the directions of two successively absorbed photons. Immediately after a cycle involving the absorption of a σ^+ photon, the atom is more likely to be in the $|g_1\rangle_z$ state and is therefore more likely to absorb another σ^+ photon rather than a σ^- one. As a consequence, the steps of the random walk in momentum space (due to absorption) can be several $\hbar k$ instead of $\hbar k$, and this can increase D_2 for a given saturation parameter by a factor as large as 10. Of course, such an argument holds only if the atom remains in $|g_1\rangle_z$ for a time $\tau_p = 1/\Gamma'$, which is the mean time between two successive fluorescence cycles. If this is not the case, i.e., if the populations are redistributed among the three Zeeman sublevels in g in a time shorter than τ_p, the previous memory effect and, consequently, the large-step random walk, disappear, leading to a small value of D_2 and thus to low temperatures. At low velocities ($kv \ll |\Delta'|$), such a fast redistribution of populations in g occurs at large detuning, as we show now. Since the true stationary states of the systems are the $\{|g_m\rangle_y\}$ states, separated by a splitting of the order of $\hbar\Delta'$, Rabi oscillations between $|g_{+1}\rangle_z$ and $|g_{-1}\rangle_z$ occur at the frequency $|\Delta'|$. If $|\Delta'| \ll \Gamma'$, i.e., if $|\delta| \ll \Gamma$, $|g_{+1}\rangle_z$ can be considered nearly stationary on a time scale τ_p. By contrast, if $|\Delta'| \gg \Gamma'$, i.e., if $|\delta| \gg \Gamma$, the Rabi oscillations in g are fast enough to redistribute completely the populations in g in a time τ_p. This explains why the enhancement of D_2 disappears at large δ [see Eqs. (5.17)].

The result [Eq. (5.16)] can now be used to get the equilibrium temperature

$$k_B T = \frac{\hbar\Omega^2}{|\delta|}\left[\frac{29}{300} + \frac{254}{75}\frac{\Gamma^2/4}{\delta^2 + (\Gamma^2/4)}\right]. \quad (5.18)$$

For large $|\delta|$, this result is quite similar to the one obtained in the lin $\perp$ lin configuration [expression (4.37)]. In particular, it is proportional to laser power and decreases as $1/\delta$ when $|\delta|$ increases. Note that for intermediate detunings ($\Gamma/2 \leqslant |\delta| \leqslant 3\Gamma$), D_2 remains larger than D_1, so that k_BT varies approximately as $1/\delta^3$.

The validity of the result [Eq. (5.18)] is obtained as in Section 4. The only change concerns the condition that the velocities must satisfy in order to get a linear force. Such a condition is now $kv \ll |\Delta'|$ (see Section 3). An argument analogous to the one given at the end of Section 4 then leads to (for $|\delta| \gtrsim \Gamma$)

$$k\bar{v} \ll |\Delta'| \Rightarrow \Omega \gg \sqrt{\frac{\hbar k^2}{M}\delta} \Rightarrow \bar{v} \gg \frac{\hbar k}{M}. \quad (5.19)$$

This limit is smaller than the one found in the lin $\perp$ lin case [expression (4.39)] when the detuning δ is large compared with Γ

D. Principle of a Full Quantum Treatment

It is clear from the result obtained above that, for sufficiently low power, the cooling limit becomes of the order of the one-photon recoil energy. As emphasized in the Introduction, a semiclassical treatment then is no longer possible.

We present here the principle of a treatment in which atomic motion is treated in a full quantum way. For simplicity, we considered a W transition, sketched in Fig. 9(a), instead of the real $J = 1 \leftrightarrow J = 2$ transition. We use the concept of closed families of states introduced in Refs. 18 and 19: In the σ^+–σ^- configuration, the set of states

$$\mathcal{F}(p) = \{|e_{-2}, p - 2\hbar k\rangle, |g_{-1}, p - \hbar k\rangle, |e_0, p\rangle, |g_1, p + \hbar k\rangle, |e_2, p + 2\hbar k\rangle\}$$

is closed with respect to absorption and stimulated-emission processes, and transfers between families occur only via spontaneous-emission processes. Then it is possible to show that the total atomic density operator in steady state has nonzero matrix elements only among states belonging to the same family. This greatly simplifies the study of the evolution of this density matrix: If one wants to take, for instance, 1000 points in momentum space, one has to consider only a $N_p \times 1000$ vector instead of a $N_p \times [1000]^2$ square matrix; N_p is the size $[(2J_g + 1) + (2J_e + 1)]^2$ of the internal atomic density matrix.

Using the generalized optical Bloch equations including recoil,[18,19] we studied the evolution of the atomic momentum distribution for a W atom with a linewidth $\hbar\Gamma$ equal to 400 times the recoil energy $\hbar^2k^2/2M$ (analogous to sodium). A typical result is presented in Fig. 9(b). The initial distribution is Gaussian with a rms width of $16\hbar k/M$. (The standard Doppler limit $k_BT = \hbar\Gamma/3$ for an isotropic radiation pattern leads to a rms velocity of $12\hbar k/M$.) One clearly sees that during the evolution a narrower peak appears around the zero velocity with a width of $\sim 2\hbar k/M$. This peak is superimposed upon a much broader background. The reason that such a background remains present is because the con-

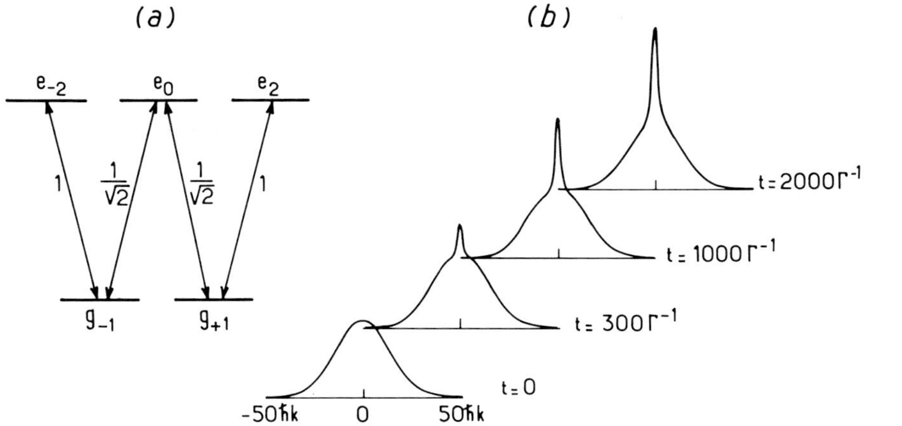

Fig. 9. (a) Fictitious *W* atom: This atom is the simplest atomic-level scheme leading to extra cooling in the σ^+–σ^- configuration. (b) Time evolution of the atomic velocity distribution for a *W* transition ($\delta = -\Gamma$, $\Omega = 0.2\,\Gamma$, $\hbar\Gamma = 200\hbar^2k^2/M$ as for a sodium atom). The initial velocity distribution is chosen to be Gaussian with a rms width of 16 recoil velocities. The evolution is calculated via the generalized optical Bloch equations including recoil, which permit a full quantum treatment of atomic motion. During the evolution, the velocity distribution becomes non-Gaussian, with a very narrow peak (HWHM $\simeq$ 2 recoil velocities) superimposed upon a much broader background.

dition $kv \ll \Delta'$ for a linear force is not fulfilled for all velocity classes contributing to the equilibrium state. There are therefore still warmer atoms remaining in this equilibrium state. Note that such a non-Gaussian momentum distribution could be at the origin of the recent double-components velocity profiles measured in sodium molasses[8] (see also Ref. 30). We are currently working to improve this quantum treatment to take into account real atomic transitions ($J_g \leftrightarrow J_e = J_g + 1$), and we are studying the variations of the characteristics of the stationary state with laser power and detuning (see, for example, Ref. 31).

6. CONCLUSION

In conclusion, we have studied in this paper two new laser-cooling mechanisms that are based on laser polarization gradients and work at low laser power ($\Omega \ll \Gamma$). These two schemes are much more efficient than usual Doppler cooling, and they could be responsible for the anomalously low temperatures recently observed in 3-D molasses, where polarization gradients are certainly always present.

For simplicity, we limited our treatment to 1-D molasses and to transitions $J_g \leftrightarrow J_e = J_g + 1$. We clearly identified two types of polarization gradient; the first one corresponds to a gradient of ellipticity with fixed polarization axis (lin $\perp$ lin configuration) and the second to a pure rotation of the polarization axis with a fixed ellipticity (σ^+–σ^- configuration). We showed that the cooling mechanisms are quite different in these two cases. In the first case, which works for $J_g \geqslant 1/2$, the light shifts of the ground-state sublevels are spatially modulated, and optical pumping between these states gives rise to a Sisyphus effect analogous to the one occurring in stimulated molasses but that works here at low intensity. In the second case, which works for $J_g \geqslant 1$, the cooling is due to an imbalance between the radiation pressures exerted by the two counterpropagating laser waves. This imbalance results from an ultrasensitive motion-induced population difference appearing among the ground-state sublevels.

These two new cooling mechanisms have a common characteristic: The friction coefficient α, i.e., the coefficient of proportionality between the friction force and the velocity v near $v = 0$, is independent of the laser power at low Rabi frequency. This must be contrasted with the result for usual Doppler cooling for which α is proportional to the laser power. On the contrary, the capture range of the cooling, i.e., the range of velocities over which the force is approximately linear, is now proportional to the laser power, whereas it is independent of this power for Doppler cooling. This can be summarized a follows:

$$\text{Doppler cooling}\begin{cases}\text{friction proportional to power}\\ \text{capture range independent of power}\end{cases},$$

$$\begin{matrix}\text{Polarization gradient}\\ \text{cooling}\end{matrix}\begin{cases}\text{friction independent of power}\\ \text{capture range proportional to power}\end{cases}.$$

On the other hand, the momentum diffusion coefficient is in both cases proportional to the laser power, so that the steady-state temperature is proportional to the laser power for polarization gradient cooling, whereas, it is independent of this power for Doppler cooling. Note here that, although the two new mechanisms lead to a different variation with detuning for both the friction and the diffusion coefficients [compare Eqs. (4.26) and (4.35) with Eqs. (5.14) and (5.16)], the steady-state temperatures are actually found to be the same (in Ω^2/δ for large $|\delta|$), within a numerical factor [compare expression (4.37) with Eq. (5.18)].

The best way to check the theoretical predictions of this

paper experimentally is to investigate the velocity dependence of the friction force in 1-D molasses, for example, by studying the transverse collimation of an atomic beam crossing two counterpropagating laser waves with controllable polarizations. Actually, preliminary results have already been obtained on the $2^3S_1 \leftrightarrow 2^3P_2$ transition of helium.[32] They clearly show that cooling with orthogonal linear polarizations (i.e., with a polarization gradient) is more efficient than with parallel linear polarizations (no polarization gradient). Transverse temperatures below the Doppler limit T_D were measured in the lin ⊥ lin configuration. For σ^+–σ^-, the residual kinetic energy remains of the order of the Doppler limit, but the velocity profiles are far from Gaussian. A full quantum treatment is certainly required in order to analyze them (see Subsection 5.D) because of the vicinity of the Doppler ($T_D = 23\mu K$) and recoil ($T_R = 4\mu K$) limits.

To extend our results to real 3-D molasses, one should first note that Doppler cooling is still present in these results (see, for example, Figs. 7 and 8). Therefore one takes advantage of both coolings: atoms with velocities of up to Γ/k are first Doppler-cooled and then reach lower temperatures by polarization gradient cooling. On the other hand, it does not seem easy to single out one of the two new cooling mechanisms since both types of polarization gradient are usually simultaneously present in a real 3-D experiment.

Finally, let us emphasize that the steady-state rms velocities that can be achieved in these new cooling schemes are very low, since they can approach the recoil velocity [see expressions (4.39) and (5.19)]. For such low velocities, a full quantum approach of both internal and external atomic degrees of freedom is required. The basis of such an approach and preliminary results are presented at the end of Section 5. We are currently extending this approach to more realistic situations, but these preliminary results already appear to be quite promising (see, for example, Ref. 31).

APPENDIX A: INTERNAL ATOMIC STATE IN THE MOVING ROTATING FRAME FOR THE σ^+-σ^- CONFIGURATION

In this appendix, we establish the expression of the new Hamiltonian that governs the atomic evolution in the moving rotating frame introduced in Subsection 3.B.2. We then determine the new ground-state energy sublevels in such a moving rotating frame (for a $J_g = 1$ ground state) and the expression of the steady-state density matrix in this energy basis.

Hamiltonian in the Moving Rotating Frame

In the laboratory frame and in the σ^+–σ^- laser configuration with $\mathcal{E}_0 = \mathcal{E}_0'$ [see Eq. (2.4)], the laser–atom coupling V is proportional to the component along ϵ_Y [given by Eq. (2.5b)] of the dipole moment operator $\mathbf{D}$. In the atomic-rest frame, we just replace z with vt, and we get from Eq. (2.5b)

$$V \sim \mathbf{D} \cdot \epsilon_y = D_x \sin kvt + D_y \cos kvt. \tag{A1}$$

The transformation to the moving rotating frame is then achieved by applying a unitary transformation

$$T(t) = \exp(-ikvtJ_z/\hbar). \tag{A2}$$

The only term of the initial Hamiltonian H that changes in such a transformation is V. Now, since $\mathbf{D}$ is a vector operator, its components satisfy the well-known commutation relations with J_z

$$[J_z, D_x] = i\hbar D_y, \qquad [J_z, D_y] = -i\hbar D_x, \tag{A3}$$

from which it is easy to show that

$$T(t)[D_x \sin kvt + D_y \cos kvt]T^+(t) = D_y. \tag{A4}$$

Thus it is clear that the transform of V by $T(t)$ describes the coupling of $\mathbf{D}$ with a laser field keeping a fixed polarization ϵ_y, which proves that $T(t)$ is the unitary operator associated with the transformation to the moving rotating frame.

The fact that $T(t)$ is time dependent introduces a new term, $i\hbar[\mathrm{d}T(t)/\mathrm{d}t]T^+(t)$, in addition to $T(t)H(t)T^+(t)$ in the Hamiltonian H' governing the time evolution in the new representation. According to Eq. (A2), we have

$$i\hbar\left[\frac{\mathrm{d}T(t)}{\mathrm{d}t}\right]T^+(t) = kvJ_z, \tag{A5}$$

which is nothing but Eqs. (3.13). To sum up, in the moving rotating frame, the atomic dynamics is due to coupling with a laser field with fixed polarization ϵ_y and to the inertial term [Eq. (A5)].

Ground-State Energy Sublevels in the Moving Rotating Frame

If, in a first step, we neglect the inertial term [Eq. (A5)], the energy sublevels in the ground state are the eigenstates $|g_m\rangle_y$ of J_y (see Subsection 3.B.1). These states can be easily expanded on the basis $\{|g_m\rangle_z\}$ of eigenstates of J_z. One gets

$$|g_{\pm 1}\rangle_y = \pm\frac{1}{2}|g_{+1}\rangle_z + \frac{i}{\sqrt{2}}|g_0\rangle_z \mp \frac{1}{2}|g_{-1}\rangle_z, \tag{A6a}$$

$$|g_0\rangle_y = \frac{1}{\sqrt{2}}|g_{+1}\rangle_z + \frac{1}{\sqrt{2}}|g_{-1}\rangle_z. \tag{A6b}$$

From Eqs. (A6), one can then calculate the matrix elements of the inertial term [Eq. (A5)] between the $\{|g_m\rangle_y\}$ states that are necessary for a perturbative treatment of the effect of the term given by Eq. (A5) [see expression (3.14b)]. One finds that the only nonzero matrix elements of $V_{\mathrm{rot}} = kvJ_z$ are

$${}_y\langle g_{+1}|V_{\mathrm{rot}}|g_0\rangle_y = {}_y\langle g_0|V_{\mathrm{rot}}|g_{+1}\rangle_y = \hbar kv/\sqrt{2}, \tag{A7a}$$

$${}_y\langle g_{-1}|V_{\mathrm{rot}}|g_0\rangle_y = {}_y\langle g_0|V_{\mathrm{rot}}|g_{-1}\rangle_y = -\hbar kv/\sqrt{2}. \tag{A7b}$$

Since V_{rot} has no diagonal elements in $|g_0\rangle_y$ and in the manifold $\{|g_{\pm 1}\rangle_y\}$, the energy diagram in the ground state (see Fig. 6) is not changed to order 1 in V_{rot}. On the other hand, the wave functions are changed to order 1 and become

$$\overline{|g_{\pm 1}\rangle_y} = |g_{\pm 1}\rangle_y + |g_0\rangle_y \frac{{}_y\langle g_0|V_{\mathrm{rot}}|g_{\pm 1}\rangle_y}{\hbar(\Delta_1' - \Delta_0')}, \tag{A8a}$$

$$\overline{|g_0\rangle_y} = |g_0\rangle_y + |g_{+1}\rangle_y \frac{{}_y\langle g_{+1}|V_{\mathrm{rot}}|g_0\rangle_y}{\hbar(\Delta_0' - \Delta_1')} + |g_{-1}\rangle_y \frac{{}_y\langle g_{-1}|V_{\mathrm{rot}}|g_0\rangle_y}{\hbar(\Delta_0' - \Delta_1')}. \tag{A8b}$$

In Eq. (A8b), we used ${}_y\langle g_{+1}|V_{\rm rot}|g_{-1}\rangle_y = 0$. Inserting Eqs. (A7) into (A8) gives Eqs. (3.15) and (3.16).

Steady-State Density Matrix in the Energy Basis $\{\overline{|g_m\rangle_y}\}$

The terms describing optical pumping in the master equation are diagonal in the $\{|g_m\rangle_y\}$ basis. This is no longer the case in the $\{\overline{|g_m\rangle_y}\}$ basis. From Eqs. (3.15) and (3.16), one sees that there will be source terms of order 1 in kv/Δ' in the equation of motion of ${}_y\langle\overline{g_0}|\rho|\overline{g_{\pm1}}\rangle_y$ and of order 2 in kv/Δ' in the equations of motion of the populations ${}_y\langle\overline{g_m}|\rho|\overline{g_m}\rangle_y$ and of the coherence ${}_y\langle\overline{g_{+1}}|\rho|\overline{g_{-1}}\rangle_y$. The only nonzero matrix elements of ρ, to order 1 in kv/Δ', are thus ${}_y\langle\overline{g_0}|\rho|\overline{g_{\pm1}}\rangle_y$. On the other hand, since the evolution frequencies of these coherences are $\pm(\Delta_0' - \Delta_1')$, with a damping rate of the order of Γ', and since the optical-pumping source term is static (at frequency 0), the steady-state value of ${}_y\langle\overline{g_0}|\rho|\overline{g_{\pm1}}\rangle_y$ will be reduced by an extra nonsecular term of the order of Γ'/Δ'. Consequently, if we neglect all terms of order $(kv/\Delta')^2$, $(kv/\Delta')(\Gamma'/\Delta')$ or higher, the steady-state density matrix $\rho_{\rm st}$ is diagonal in the $\{\overline{|g_m\rangle_y}\}$ basis and has the same diagonal elements as those calculated in Subsection 3.B.1, which proves Eqs. (3.17).

APPENDIX B: $J_g = 1 \leftrightarrow J_e = 2$ TRANSITION IN THE σ^+-σ^- CONFIGURATION

The purpose of this appendix is to outline the calculations of the radiative force and of the momentum diffusion coefficient in the σ^+–σ^- configuration for the case of a $J_g = 1 \leftrightarrow J_e = 2$ transition. The calculation is done in the low-power limit ($\Omega \ll \Gamma$), so that excited-state populations remain small compared with ground-state populations. As explained at the beginning of Subsection 5.B, we calculate the force in the atomic reference frame, in which the atom–laser coupling is given by Eq. (5.1) and the radiative force by Eq. (5.3).

The first part of the calculation consists of calculating the optical coherences and the excited-state populations and coherences in terms of the ground-state populations and coherences. This gives first the expression of the force only in terms of ground-state variables (density-matrix elements in g), and second a closed system of five equations dealing only with ground-state variables. This system is finally solved numerically to get the value of the steady-state force.

Calculation of Optical Coherences

For simplicity, we introduce the following notation:

$$\bar\delta_\pm = \delta \pm kv + i\frac{\Gamma}{2},$$

$$\bar\delta_{3\pm} = \delta \pm 3kv + i\frac{\Gamma}{2}. \qquad \text{(B1)}$$

The coherences $\tilde\rho(e_1, g_0)$ [Eq. (5.6)] and $\tilde\rho(e_{-1}, g_0)$ can then be written as

$$\tilde\rho(e_1, g_0) = \frac{\Omega}{2\sqrt{2}\bar\delta_-}\Pi_0,$$

$$\tilde\rho(e_{-1}, g_0) = \frac{\Omega}{2\sqrt{2}\bar\delta_+}\Pi_0. \qquad \text{(B2)}$$

In a similar way, one calculates the other optical coherences

$$\tilde\rho(e_2, g_1) = \frac{\Omega}{2\bar\delta_-}\Pi_1, \qquad \tilde\rho(e_{-2}, g_{-1}) = \frac{\Omega}{2\bar\delta_+}\Pi_{-1},$$

$$\tilde\rho(e_0, g_1) = \frac{\Omega}{2\sqrt{6}\bar\delta_+}(\Pi_1 + C_r - iC_i),$$

$$\tilde\rho(e_0, g_{-1}) = \frac{\Omega}{2\sqrt{6}\bar\delta_-}(\Pi_{-1} + C_r + iC_i),$$

$$\tilde\rho(e_2, g_{-1}) = \frac{\Omega}{2\bar\delta_{3-}}(C_r + iC_i), \qquad \tilde\rho(e_{-2}, g_1) = \frac{\Omega}{2\bar\delta_{3+}}(C_r - iC_i) \qquad \text{(B3)}$$

and the ones that can be deduced from Eqs. (B3) by complex conjugation. Note that several optical coherences, such as $\tilde\rho(e_0, g_0)$, have a zero steady-state value in this σ^+–σ^- configuration.

Putting the results [Eqs. (B2) and (B3)] into expression (5.3) for the force, one immediately gets Eq. (5.9), in which the force is expressed only in terms of Π_0, $\Pi_{\pm1}$, C_r, and C_i.

Calculation of Excited-State Populations and Coherences

We now calculate the expressions of excited-state populations and coherences in terms of ground-state variables. Take, for example, the evolution of $\rho(e_2, e_2)$, which is the population of the state e_2. The corresponding optical Bloch equation is

$$\dot\rho(e_2, e_2) = -\Gamma\rho(e_2, e_2) + i\frac{\Omega}{2}[\tilde\rho(e_2, g_1) - \tilde\rho(g_1, e_2)]. \qquad \text{(B4)}$$

We take the steady-state value [$\dot\rho(e_2, e_2) = 0$], and we replace the optical coherences $\tilde\rho(e_2, g_1)$ and $\tilde\rho(g_1, e_2)$ by their expression in terms of ground-state variables [cf. Eqs. (B.3)]. This gives

$$\rho(e_2, e_2) = \frac{s_+}{2}\Pi_1, \qquad \text{(B5)}$$

where s_+ is defined in Eq. (5.10).

We proceed in the same way for the other excited-state populations

$$\rho(e_1, e_1) = \frac{s_+}{4}\Pi_0 \qquad \rho(e_{-1}, e_{-1}) = \frac{s_-}{4}\Pi_0,$$

$$\rho(e_{-2}, e_{-2}) = \frac{s_-}{2}\Pi_{-1},$$

$$\rho(e_0, e_0) = \frac{s_-}{12}\Pi_1 + \frac{s_+}{12}\Pi_{-1} + \nu_1 C_r + \mu_1 C_i, \qquad \text{(B6)}$$

where we have put

$$\mu_1 = [(\delta + kv)s_- - (\delta - kv)s_+]/6\Gamma,$$

$$\nu_1 = (s_+ + s_-)/12. \qquad \text{(B7)}$$

The same procedure allows one to calculate excited-state coherences. We first define

$$\tilde\rho(e_1, e_{-1}) = \langle e_1|\rho|e_{-1}\rangle\exp(-2ikvt) \qquad \text{(B8)}$$

(coherence between e_1 and e_{-1} in the moving rotating frame), which has the following equation of motion:

$$\dot{\tilde{\rho}}(e_1, e_{-1}) = -(\Gamma + 2ikv)\tilde{\rho}(e_1, e_{-1}) + \frac{i\Omega}{2\sqrt{2}}[\tilde{\rho}(e_1, g_0) - \tilde{\rho}(g_0, e_{-1})]. \quad \text{(B9)}$$

The steady-state value for $\tilde{\rho}(e_1, e_{-1})$ is then, using Eqs. (B2),

$$\tilde{\rho}(e_1, e_{-1}) = (\mu_2 + i\nu_2)\Pi_0, \quad \text{(B10)}$$

where we have put

$$\mu_2 = \frac{3\Gamma}{2}\frac{\nu_1\Gamma - 2\mu_1 kv}{\Gamma^2 + 4k^2v^2},$$
$$\nu_2 = -\frac{3\Gamma}{2}\frac{\mu_1\Gamma + 2\nu_1 kv}{\Gamma^2 + 4k^2v^2}. \quad \text{(B11)}$$

We also need for the following the quantity

$$\tilde{\rho}(e_2, e_0) + \tilde{\rho}(e_0, e_{-2}) = (\langle e_2|\rho|e_0\rangle + \langle e_0|\rho|e_{-2}\rangle)\exp(-2ikvt), \quad \text{(B12)}$$

which is found to be

$$\tilde{\rho}(e_2, e_0) + \tilde{\rho}(e_0, e_{-2}) = \sqrt{\frac{2}{3}}(\mu_2 + i\nu_2)(\Pi_1 + \Pi_{-1}) + (\mu_4 + i\nu_4)(C_r + iC_i), \quad \text{(B13a)}$$

with

$$\mu_4 = \sqrt{\frac{3}{2}}\frac{\Gamma}{\Gamma^2 + 4k^2v^2}[\Gamma(\nu_1 + \nu_3) - 2kv(\mu_1 + \mu_3)],$$
$$\nu_4 = -\sqrt{\frac{3}{2}}\frac{\Gamma}{\Gamma^2 + 4k^2v^2}[2kv(\nu_1 + \nu_3) + \Gamma(\mu_1 + \mu_3)], \quad \text{(B13b)}$$

and

$$\mu_3 = [(\delta + 3kv)s_{3-} - (\delta - 3kv)s_{3+}]/6\Gamma,$$
$$\nu_3 = (s_{3+} + s_{3-})/12. \quad \text{(B13c)}$$

Calculation of Ground-State Populations and Coherences

We now write the equations of motion of the ground-state populations. For example, we have for Π_1

$$\dot{\Pi}_1 = \Gamma\rho(e_2, e_2) + \frac{\Gamma}{2}\rho(e_1, e_1) + \frac{\Gamma}{6}\rho(e_0, e_0) + i\frac{\Omega}{2}[\tilde{\rho}(g_1, e_2) - \tilde{\rho}(e_2, g_1)] + i\frac{\Omega}{2\sqrt{6}}[\tilde{\rho}(g_1, e_0) - \tilde{\rho}(e_0, g_1)]. \quad \text{(B14)}$$

The first line describes how the state g_1 is fed by spontaneous emission from the three excited states e_2, e_1, e_0, and the second line describes absorption and stimulated-emission processes. In steady state, we can put $\dot{\Pi}_1 = 0$ and replace excited populations and optical coherences by their value in terms of ground-state variables. We obtain in this way

$$0 = -\frac{5}{6}s_-\Pi_1 + \frac{3}{2}s_+\Pi_0 + \frac{1}{6}s_+\Pi_{-1} + (2\nu_1 - s_-)C_r + 2\left(\mu_1 - \frac{\delta + kv}{\Gamma}s_-\right)C_i. \quad \text{(B15)}$$

In a similar way, we obtain from $\dot{\Pi}_{-1} = 0$

$$0 = \frac{1}{6}s_-\Pi_1 + \frac{3}{2}s_-\Pi_0 - \frac{5}{6}s_+\Pi_{-1} + (2\nu_1 - s_+)C_r + 2\left(\mu_1 + \frac{\delta - kv}{\Gamma}s_+\right)C_i. \quad \text{(B16)}$$

For the population Π_0, we just use

$$1 = \Pi_1 + \Pi_0 + \Pi_{-1} \quad \text{(B17)}$$

since excited-state populations are negligible at this order in Ω. We now write down the evolution equation of the ground-state coherence in the moving rotating frame:

$$\tilde{\rho}(g_1, g_{-1}) = \langle g_1|\rho|g_{-1}\rangle\exp(-2ikvt) = C_r + iC_i, \quad \text{(B18a)}$$

$$\dot{\tilde{\rho}}(g_1, g_{-1}) = -2ikv\tilde{\rho}(g_1, g_{-1}) + \frac{\Gamma}{2}\tilde{\rho}(e_1, e_{-1}) + \frac{\Gamma}{\sqrt{6}}[\tilde{\rho}(e_2, e_0) + \tilde{\rho}(e_0, e_{-2})] + i\frac{\Omega}{2\sqrt{6}}[\tilde{\rho}(g_1, e_0) - \tilde{\rho}(e_0, g_{-1})] + i\frac{\Omega}{2}[\tilde{\rho}(g_1, e_{-2}) - \tilde{\rho}(e_2, g_{-1})]. \quad \text{(B18b)}$$

We again replace the excited-state coherences and the optical coherences by their steady-state values. Taking the real part and the imaginary part of the equation $\dot{\tilde{\rho}}(g_1, g_{-1}) = 0$, we get

$$0 = \left(\mu_2 - \frac{s_-}{8}\right)\Pi_1 + \frac{3}{2}\mu_2\Pi_0 + \left(\mu_2 - \frac{s_+}{8}\right)\Pi_{-1} + \mu_5 C_r - \nu_5 C_i, \quad \text{(B19a)}$$

$$0 = \left(\nu_2 + s_-\frac{\delta + kv}{4\Gamma}\right)\Pi_1 + \frac{3}{2}\nu_2\Pi_0 + \left(\nu_2 - s_+\frac{\delta - kv}{4\Gamma}\right)\Pi_{-1} + \nu_5 C_r + \mu_5 C_i, \quad \text{(B19b)}$$

where

$$\mu_5 = \sqrt{\frac{3}{2}}\mu_4 - \frac{3}{2}\nu_1 - 9\nu_3, \quad \text{(B19c)}$$

$$\nu_5 = -\frac{6kv}{\Gamma} + \sqrt{\frac{3}{2}}\nu_4 + \frac{3}{2}\mu_1 + 9\mu_3. \quad \text{(B19d)}$$

The set formed by the five equations [Eqs. (B15)–(B19)] allows one to calculate numerically the five quantities $\Pi_{\pm 1}$, Π_0, C_r, and C_i for any value of the atomic velocity. Inserting the result into Eq. (5.9), one then gets the value of the radiative force for any atomic velocity in the low-power regime (see, e.g., Fig. 8).

In the very low-velocity domain ($kv \ll 1/T_p = \Gamma s_0$), the five previous equations can be simplified by neglecting all terms in kv/Γ and keeping only terms in $kv/\Gamma s_0$. We then put

$$s_+ = s_- = s_0, \quad \text{(B20)}$$

so that the previous set becomes

$$0 = -\frac{5}{6}\Pi_1 + \frac{3}{2}\Pi_0 + \frac{1}{6}\Pi_{-1} - \frac{2}{3}C_r - 2\frac{\delta}{\Gamma}C_i,$$
$$0 = \frac{1}{6}\Pi_1 + \frac{3}{2}\Pi_0 - \frac{5}{6}\Pi_{-1} - \frac{2}{3}C_r + 2\frac{\delta}{\Gamma}C_i,$$
$$1 = \Pi_1 + \Pi_0 + \Pi_{-1},$$
$$0 = \frac{1}{8}\Pi_1 + \frac{3}{8}\Pi_0 + \frac{1}{8}\Pi_{-1} - \frac{5}{4}C_r + \frac{6kv}{\Gamma s_0}C_i,$$
$$0 = \frac{\delta}{4\Gamma}\Pi_1 - \frac{\delta}{4\Gamma}\Pi_{-1} - \frac{6kv}{\Gamma s_0}C_r - \frac{5}{4}C_i. \quad \text{(B21)}$$

Then it is straightforward to check that the quantities given in Section 5 [Eqs. (5.11)] are indeed solutions of this simplified set.

On the other hand, for velocities such that $kv \gg 1/\tau_p$, the coherence between the two ground states g_1 and g_{-1} becomes negligible. One can then neglect C_r and C_i in the three equations [Eqs. (B16)–(B17)], which gives the simplified set

$$-5s_-\Pi_1 + 9s_+\Pi_0 + s_+\Pi_{-1} = 0,$$
$$s_-\Pi_1 + 9s_-\Pi_0 - 5s_+\Pi_{-1} = 0,$$
$$\Pi_1 + \Pi_0 + \Pi_{-1} = 1. \quad \text{(B22)}$$

The solution of this set is given in Eqs. (5.15). Inserting the corresponding values into expression (5.9) for the force, we recover the usual Doppler force, which has been plotted in dotted curves in Fig. 8.

Calculation of the Atomic Momentum Diffusion Coefficient

In order to calculate the momentum diffusion coefficient, we use a method introduced by Castin and Mølmer.[29] This method is well adapted to the present σ^+–σ^- laser configuration with a low laser power. It consists of writing down the generalized optical Bloch equations including recoil. Since we are interested here in the momentum diffusion coefficient, we take the limit of infinite atomic mass. This amounts to considering an atom with zero velocity but still exchanging momentum with the laser field, so that $\langle p^2\rangle$ increases linearly with time as $2Dt$. In order to get $d\langle p^2\rangle/dt$, we multiply the generalized optical Bloch equations (with $v = p/M = 0$) by p^2, and we integrate over p.

We start with the equation of motion for the population of $|g_0, p\rangle$, i.e., the atom in the ground state g_0 with momentum p:

$$\langle g_0, p|\dot{\rho}|g_0, p\rangle = \frac{\Gamma}{2}\overline{\langle e_1, p|\rho|e_1, p\rangle} + \frac{2\Gamma}{3}\overline{\overline{\langle e_0, p|\rho|e_0, p\rangle}}$$
$$+ \frac{\Gamma}{2}\overline{\langle e_{-1}, p|\rho|e_{-1}, p\rangle}$$
$$+ \frac{i\Omega}{2\sqrt{2}}[\langle g_0, p|\rho|e_1, p + \hbar k\rangle$$
$$+ \langle g_0, p|\rho|e_{-1}, p - \hbar k\rangle]\exp(-i\omega_L t) + \text{c.c.} \quad \text{(B23)}$$

The first two lines describe feeding by spontaneous emission, and the last two lines describe departure due to absorption. The single or double bar over $\langle e_i, p|\rho|e_i, p\rangle$ means an average over the momentum carried away by the fluorescence photon, either $\sigma_\pm$ polarized or π polarized:

$$\sigma_\pm: \ \overline{\langle e_1, p|\rho|e_1, p\rangle} = \int dp' \frac{3}{8\hbar k}\left(1 + \frac{p'^2}{\hbar^2k^2}\right) \times \langle e_1, p + p'|\rho|e_1, p + p'\rangle,$$
$$\pi: \ \overline{\overline{\langle e_0, p|\rho|e_0, p\rangle}} = \int dp' \frac{3}{4\hbar k}\left(1 - \frac{p'^2}{\hbar^2k^2}\right) \times \langle e_0, p + p'|\rho|e_0, p + p'\rangle. \quad \text{(B24)}$$

We can in the same way rewrite all the other optical Bloch equations. This is done in detail in Refs. 18 and 19 for a $J_g = 0 \leftrightarrow J_e = 1$ transition or $J_g = 1 \leftrightarrow J_e = 0$ transition, so that we just give the main results here. First, owing to the conservation of angular momentum, the following family:

$$\{|e_m, p + m\hbar k\rangle; |g_n, p + n\hbar k\rangle\}, \qquad m = 0, \pm1, \pm2, \quad n = 0, \pm1$$

remains globally invariant in absorption and stimulated-emission processes. Transfers among families occur only via spontaneous-emission processes. Taking now the following notation:

$$\Pi_m(p) = \langle g_m, p + m\hbar k|\rho|g_m, p + m\hbar k\rangle, \qquad m = 0, \pm1,$$
$$(C_r + iC_i)(p) = \langle g_1, p + \hbar k|\rho|g_{-1}, p - \hbar k\rangle, \quad \text{(B25)}$$

we can get a closed set of equations for these variables by elimination of the optical coherences and the excited-state populations and coherences. Here we just give the result of this elimination:

$$\dot{\Pi}_0(p) = \frac{\Gamma s_0}{2}\left\{\frac{1}{9}\overline{\overline{\Pi_1(p)}} + \frac{1}{4}[\overline{\Pi_0(p - \hbar k)} + \overline{\Pi_0(p + \hbar k)}] - \Pi_0(p) + \frac{1}{9}\overline{\overline{\Pi_{-1}(p)}} + \frac{2}{9}C_r(p)\right\},$$
$$\dot{\Pi}_1(p) = \frac{\Gamma s_0}{2}\left\{\overline{\Pi_1(p - \hbar k)} + \frac{1}{36}\overline{\Pi_1(p + \hbar k)} - \frac{7}{6}\Pi_1(p) + \frac{1}{4}\overline{\overline{\Pi_0(p)}} + \frac{1}{36}\overline{\Pi_{-1}(p + \hbar k)} + \frac{1}{18}\overline{C_r(p + \hbar k)} - \frac{1}{6}C_r(p) - \frac{\delta}{3\Gamma}C_i(p)\right\},$$
$$\dot{C}_i(p) = \frac{\Gamma s_0}{2}\left\{\frac{\delta}{6\Gamma}[\Pi_1(p) - \Pi_{-1}(p)] + \frac{1}{6}[\overline{C_i(p - \hbar k)} + \overline{C_i(p + \hbar k)}] - \frac{7}{6}C_i(p)\right\}. \quad \text{(B26)}$$

If one integrates these equations over p, one just recovers the stationary values deduced from Eqs. (5.11) for zero velocity. Now, multiplying these equations by p and integrating over p, we get

$$\langle pC_i\rangle = \int dp\, pC_i(p) = \frac{2\delta}{5\Gamma}\langle p\Pi_1\rangle,$$
$$\langle p\Pi_1\rangle = \frac{36}{17}\hbar k\frac{1}{1 + (4\delta^2/5\Gamma^2)} = -\langle p\Pi_{-1}\rangle; \quad \text{(B27)}$$

whereas for symmetry reasons one has

$$\langle p\Pi_0\rangle = \langle pC_r\rangle = 0. \qquad \text{(B28)}$$

We now multiply Eqs. (B26) by p^2 and integrate over p in order to get the rate of variation of $\langle p^2\rangle$:

$$\frac{\mathrm{d}}{\mathrm{d}t}\langle p^2\rangle = \frac{\mathrm{d}}{\mathrm{d}t}(\langle p^2\Pi_1\rangle + \langle p^2\Pi_0\rangle + \langle p^2\Pi_{-1}\rangle). \qquad \text{(B29)}$$

Owing to symmetry around $p = 0$, one has $\langle p^2\dot{\Pi}_{-1}\rangle = \langle p^2\dot{\Pi}_1\rangle$. After some calculations, we obtain from Eqs. (B26) and (B27)

$$\frac{\mathrm{d}}{\mathrm{d}t}\langle p^2\rangle = \hbar^2k^2\Gamma s_0\left\{\frac{72}{17}\,\frac{1}{1+(4\delta^2/5\Gamma^2)} + \frac{58}{85}\right\}, \qquad \text{(B30)}$$

which represents twice the total momentum diffusion coefficient D. The two contributions D_1 and D_2 appearing in Eq. (5.16) can easily be deduced from this calculation. For example, D_1 represents the fluctuations of the momentum carried away by the fluorescence photons. If we replace in Eq. (B23) the kernel describing the spontaneous-emission pattern by just a $\delta(p')$ function, we cancel out this cause of diffusion. Then, repeating the same calculation again, we get an expression similar to Eq. (B30), where 58/85 is replaced by 8/17. This represents the contribution of the fluctuations of the difference among the numbers of photons absorbed in each wave (D_2 term). We then get D_1 by difference between D and D_2.

ACKNOWLEDGMENTS

The authors warmly thank all their colleagues from the Ecole Normale Supérieure laboratory and A. Aspect, E. Arimondo, Y. Castin, R. Kaiser, K. Mølmer, C. Salomon, and N. Vansteenkiste for many helpful discussions and remarks about this paper. They are also grateful to W. Phillips and his group for their comments on this work and communicating their experimental results previous to publication. Finally, they acknowledge stimulating discussions with S. Chu, H. Metcalf, and T. W. Hänsch last summer.

REFERENCES AND NOTES

1. T. W. Hänsch and A. Schawlow, Opt. Commun. **13,** 68 (1975).
2. D. Wineland and H. Dehmelt, Bull. Am. Phys. Soc. **20,** 637 (1975).
3. D. Wineland and W. Itano, Phys. Rev. A **20,** 1521 (1979); V. S. Letokhov and V. G. Minogin, Phys. Rev. **73,** 1 (1981).
4. S. Stenholm, Rev. Mod. Phys. **58,** 699 (1986).
5. S. Chu, L. Hollberg, J. E. Bjorkholm, A. Cable, and A. Ashkin, Phys. Rev. Lett. **55,** 48 (1985).
6. D. Sesko, C. G. Fan, and C. E. Wieman, J. Opt. Soc. Am. B **5,** 1225 (1988).
7. P. Lett, R. Watts, C. Westbrook, W. D. Phillips, P. Gould, and H. Metcalf, Phys. Rev. Lett. **61,** 169 (1988).
8. Y. Shevy, D. S. Weiss, and S. Chu, in *Proceedings of the Conference on Spin Polarized Quantum Systems*, S. Stringari, ed. (World Scientific, Singapore, 1989); Y. Shevy, D. S. Weiss, P. J. Ungar, and S. Chu, Phys. Rev. Lett. **62,** 1118 (1989).
9. J. Dalibard, C. Salomon, A. Aspect, E. Arimondo, R. Kaiser, N. Vansteenkiste, and C. Cohen-Tannoudji, in *Proceedings of the 11th Conference on Atomic Physics*, S. Harsche, J. C. Gay, and G. Grynberg, eds. (World Scientific, Singapore, 1989).
10. S. Chu, D. S. Weiss, Y. Shevy, and P. J. Ungar, in *Proceedings of the 11th Conference on Atomic Physics*, S. Harsche, J. C. Gay, and G. Grynberg, eds. (World Scientific, Singapore, 1989).
11. We restrict ourselves here to neutral atoms. Note that for trapped ions, mechanisms overcoming the Doppler limit were also proposed. They involve Raman two-photon processes: H. Dehmelt, G. Janik, and W. Nagourney, Bull. Am. Phys. Soc. **30,** 612 (1985); P. E. Toschek, Ann. Phys. (Paris) **10,** 761 (1985); M. Lindberg and J. Javanainen, J. Opt. Soc. Am. B **3,** 1008 (1986).
12. J. P. Gordon and A. Ashkin, Phys. Rev. A **21,** 1606 (1980).
13. J. Dalibard and C. Cohen-Tannoudji, J. Phys. B **18,** 1661 (1985).
14. Other consequences of long atomic pumping times are described in W. Gawlik, J. Kowalski, F. Träger, and M. Vollmer, J. Phys. B **20,** 997 (1987).
15. J. Javanainen and S. Stenholm, Appl. Phys. **21,** 35 (1980).
16. J. Dalibard and C. Cohen-Tannoudji, J. Opt. Soc. Am. B **2,** 1707 (1985).
17. A. Aspect, J. Dalibard, A. Heidmann, C. Salomon, and C. Cohen-Tannoudji, Phys. Rev. Lett. **57,** 1688 (1986).
18. A. Aspect, E. Arimondo, R. Kaiser, N. Vansteenkiste, and C. Cohen-Tannoudji, Phys. Rev. Lett. **61,** 826 (1988); J. Opt. Soc. Am. B **6,** 2112 (1989).
19. Y. Castin, H. Wallis, and J. Dalibard, J. Opt. Soc. Am. B **6,** 2046 (1989).
20. E. Arimondo, A. Bambini, and S. Stenholm, Phys. Rev. A **24,** 898 (1981).
21. J. Dalibard, S. Reynaud, and C. Cohen-Tannoudji, J. Phys. B **17,** 4577 (1984).
22. J.-C. Lehmann and C. Cohen-Tannoudji, C. R. Acad. Sci. **258,** 4463 (1964).
23. J. Dupont-Roc, S. Haroche, and C. Cohen-Tannoudji, Phys. Lett. **28A,** 638 (1969).
24. M. Lombardi, C. R. Acad. Sci. **265,** 191 (1967); J. Phys. **30,** 631 (1969).
25. C. Cohen-Tannoudji and J. Dupont-Roc, Opt. Commun. **1,** 184 (1969).
26. C. Cohen-Tannoudji, in *Frontiers in Laser Spectroscopy*, R. Balian, S. Haroche, and S. Liberman, eds. (North-Holland, Amsterdam, 1977).
27. We also reincluded in the definition of the excited states the phase factors $\exp(\pm i\pi/4)$ that appear when Eq. (2.7) is inserted into Eq. (4.1).
28. J. Dalibard, A. Heidmann, C. Salomon, A. Aspect, H. Metcalf, and C. Cohen-Tannoudji, in *Fundamentals of Quantum Optics II*, F. Ehlotzky, ed. (Springer-Verlag, Berlin 1987), p. 196.
29. K. Mølmer and Y. Castin, J. Phys. B (to be published).
30. D. S. Weiss, E. Riis, Y. Shevy, P. J. Ungar, and S. Chu, J. Opt. Soc. Am. B **6,** 2072 (1989).
31. Y. Castin, K. Mølmer, J. Dalibard, and C. Cohen-Tannoudji, in *Proceedings of the Ninth International Conference on Laser Spectroscopy*, M. Feld, A. Mooradian, and J. Thomas, eds. (Springer-Verlag, Berlin, 1989).
32. E. Arimondo, A. Aspect, R. Kaiser, C. Salomon, and N. Vansteenkiste, Laboratoire de Spectroscopic Hertzienne, Ecole Normale Supérieure, Université Paris VI, 24 Rue Lhomond, F-75231 Paris Cedex 05, France (personal communication).

Paper 7.3

Y. Castin, J. Dalibard, and C. Cohen-Tannoudji, "The limits of Sisyphus cooling," in *Proc. Workshop on Light Induced Kinetic Effects on Atoms, Ions and Molecules*, Elba Island, Italy, May 2–5, 1990, eds. L. Moi, S. Gozzini, C. Gabbanini, E. Arimondo, and F. Strumia (ETS Editrice, Pisa, 1991), pp. 5–24.
Reprinted by permission of ETS Editrice.

This paper has been written for the proceedings of the International Workshop on Light Induced Kinetic Effects on Atoms, Ions and Molecules held in Elba Island in May 1990.

The semiclassical treatment of Sisyphus cooling presented in the previous paper 7.2 predicts that the equilibrium temperature T should scale as the depth U_0 of the optical potential wells associated with the spatially modulated light shifts of the ground state sublevels, i.e. as $I_{\mathrm{L}}/|\delta|$ at large detuning (I_{L} is the laser intensity and δ the detuning). Such a proportionality of T to I_{L} cannot remain valid when $I_{\mathrm{L}} \longrightarrow 0$, and it is easy to understand why. If $U_0 \sim I_{\mathrm{L}}/|\delta|$ is too small, the decrease of potential energy after each optical pumping cycle, on the order of U_0, cannot overcome the increase of kinetic energy due to the recoil communicated by the fluorescence photon, which scales as the recoil energy $E_{\mathrm{R}} = \hbar^2 k^2/2M$. There are therefore limits to the lowest temperatures which can be achieved by Sisyphus cooling.

This paper tries to evaluate these limits, starting from the full quantum equations of motion, where not only internal variables, but also external variables (position and momentum of the atomic center of mass) are treated quantum mechanically. From a numerical solution of these equations, it is found that the steady state kinetic energy $\bar{E}_{\mathrm{K}}$ only depends on U_0/E_{R}. As predicted by the semiclassical theory, $\bar{E}_{\mathrm{K}}$ varies linearly with U_0/E_{R} for large U_0/E_{R}, but when U_0/E_{R} decreases, $\bar{E}_{\mathrm{K}}$ passes through a minimum and then increases [see Fig. 3(b)]. There is therefore a threshold for Sisyphus cooling, corresponding to a minimum temperature which scales as E_{R} (and not as $\hbar\Gamma \gg E_{\mathrm{R}}$, as is the case for Doppler cooling).

This paper also presents approximate analytical solutions of the full quantum equations. Since the width Δp of the momentum distribution remains large compared to $\hbar k$, it is possible to expand the Wigner functions associated with the two ground state sublevels $g_{\pm 1/2}$ and to get the coupled Fokker–Planck equations which confirm the physical picture given for Sisyphus cooling. Further reduction of these two coupled equations can be achieved by using other approximations corresponding to the various limiting cases. A very important parameter appearing in these calculations is the product $\Omega_{\rm osc}\tau_{\rm p}$ of the oscillation frequency $\Omega_{\rm osc}$ of the atom near the bottom of the optical potential wells and the time $\tau_{\rm p}$ it takes for an atom to change its internal state by optical pumping. It turns out that the coldest regime of Sisyphus cooling occurs for $\Omega_{\rm osc}\tau_{\rm p} \gg 1$, i.e. when the atom oscillates several times in the optical potential well before undergoing an optical pumping cycle.

A few months after the Elba meeting, a new approach was introduced for studying such an oscillating regime [Y. Castin and J. Dalibard, *Europhys. Lett.* **14**, 761 (1990)]. The idea is to diagonalize in a first step the Hamiltonian part of the quantum equations of motion, describing a quantum particle moving in a bipotential. Due to the periodicity of the potential, the energy spectrum consists of energy bands. Then, in a second step, one takes into account the relaxation associated with optical pumping. Condition $\Omega_{\rm osc}\tau_{\rm p} \gg 1$ allows one to get simple rate equations for the populations of the various bands (secular approximation) and means also that the splitting $\hbar\Omega_{\rm osc}$ between the bands is large compared to their radiative width $\hbar/\tau_{\rm p}$.

THE LIMITS OF SISYPHUS COOLING

Y. Castin, J. Dalibard and C. Cohen-Tannoudji
Laboratoire de Spectroscopie Hertzienne de l'Ecole Normale Supérieure (*)
and Collège de France,
24, Rue Lhomond, F-75231 Paris Cedex 05, France

Abstract: *We present a theoretical analysis of the Sisyphus cooling occuring in a 1-D polarization gradient molasses. Starting from the full quantum equations of motion, we show that, in the limit of large detunings, the steady state atomic density matrix depends only on a single parameter U_0/E_R, where U_0 is the depth of the optical potential wells and E_R the recoil energy. The minimal kinetic energy is found to be on the order of 40 E_R and is obtained for $U_0 \simeq 100\ E_R$. We derive also simple analytical equations of motion which confirm the physical picture of Sisyphus cooling. Steady state solutions of these equations are obtained in the two limiting cases of jumping particles (optical pumping time τ_P shorter than the oscillation period $2\pi/\Omega_{osc}$ in an optical potential well) and oscillating particles ($\Omega_{osc}\tau_P \gg 1$).*

1. INTRODUCTION

Laser cooling is known to have led to extremely low atomic kinetic temperatures in the recent years [1]. Initially it was thought that Doppler cooling [2, 3] was sufficient to explain these temperatures. This type of laser cooling is based on the radiation pressure forces, exerted by identical counterpropagating laser waves on a moving atom, which become unbalanced because of opposite Doppler shifts. The temperatures achievable by Doppler cooling can be shown to be limited by the lower bound T_D:

$$k_B T_D = \hbar\Gamma/2 \ . \tag{1.1}$$

However, the discovery in 1988 [4] of temperatures well below this theoretical Doppler limit T_D initiated a search for new cooling mechanisms, more effective than Doppler cooling.

First qualitative explanations were given soon after this experimental discovery [5, 6] and were followed by more quantitative treatments [7, 8]. They are based on the internal atomic ground state dynamics induced by the atomic motion in the polarization gradients of the molasses laser fields. These dynamics arise from the fact that the ground state of the atoms experimentally studied (Na, Cs) is degenerate. This had been left out of the previous theoretical models, which were dealing only with two level atoms. The internal atomic dynamics lead, for very low laser intensities, to long internal atomic pumping times which, when associated to differential light shifts of the various ground state sublevels, may be at the origin of a strong cooling and of sub Doppler temperatures.

In this paper, we restrict ourselves to 1D molasses. In such a case, two distinct cooling mechanisms in a laser polarization gradient can be identified [7]. The first one, on which we will focus

(*) Laboratoire associé au Centre National de la Recherche Scientifique et à l'Université Pierre et Marie Curie.

will focus in the following, occurs in the lin $\perp$ lin configuration, formed by two orthogonally linearly polarized, counterpropagating plane waves. It arises from a "Sisyphus" effect: due to the spatial modulation of light shifts and optical pumping rates, the atom "ascends" more than it "descends" in its energy diagram. The second 1-D mechanism occurs in a superposition of two counterpropagating waves with σ_+ and σ_- polarizations. For a $J_g = 1 \longleftrightarrow J_e = 2$ atomic transition for instance, a strong cooling occurs, due to a differential scattering force induced by a very sensitive velocity-selective population difference appearing between the two ground state sublevels $|J_g, m_g = 1\rangle$ and $|J_g, m_g = -1\rangle$.

When the detuning $\delta = \omega_L - \omega_A$ between the laser and atomic frequencies is large compared to the natural width Γ, the Sisyphus mechanism leads, for very low velocities, to a cooling force and to a momentum diffusion coefficient stronger by a factor δ^2/Γ^2 than the ones for the second mechanism. We will therefore focus in the following on the Sisyphus cooling.

We will first (§ 2) give a qualitative description of Sisyphus cooling, restricting ourselves to a $J_g = 1/2 \longleftrightarrow J_e = 3/2$ transition. We will then present (§ 3) numerical results concerning the temperature achievable by this cooling. These results have been derived from a full quantum treatment of both internal and external degrees of freedom of the atom. Finally, we present in § 4 some elements for a semi-classical treatment of this process, in which the external motion can be analyzed in classical terms. We show that this approach allows some simple physical pictures, while giving results in good agreement with the exact quantum treatment.

2. QUALITATIVE DESCRIPTION OF SISYPHUS COOLING

2.1 The Laser Field

In this section, we outline the physical mechanism which leads to Sisyphus cooling for a $J_g = 1/2 \longleftrightarrow J_e = 3/2$ atomic transition (Fig. 1a). The laser electric field resulting from the superposition of two counterpropagating waves with respective polarizations ϵ_x and ϵ_y, respective phases at $z = 0$ equal to 0 and $-\pi/2$, and with the same amplitude $\mathcal{E}_0$ can be written:

$$\mathrm{E}(z,t) = \mathcal{E}^+(z)e^{-i\omega_L t} + c.c. \tag{2.1}$$

with :

$$\begin{aligned}\mathcal{E}^+(z) &= \mathcal{E}_0\left(\epsilon_x e^{ikz} - i\epsilon_y e^{-ikz}\right) \\ &= \sqrt{2}\mathcal{E}_0\left(\cos kz\frac{\epsilon_x - i\epsilon_y}{\sqrt{2}} + i\sin kz\frac{\epsilon_x + i\epsilon_y}{\sqrt{2}}\right).\end{aligned} \tag{2.2}$$

The total electric field is the superposition of two fields respectively σ_- and σ_+ polarized and with amplitudes $\mathcal{E}_0\sqrt{2}\cos kz$ and $\mathcal{E}_0\sqrt{2}\sin kz$. Therefore the resulting ellipticity depends on z. Light is circular (σ_-) at $z = 0$, linear along $(\epsilon_x - \epsilon_y)/\sqrt{2}$ at $z = \lambda/8$...(Fig. 1b).

2.2 The Atomic Internal Dynamics

We now determine the positions of the light shifted energy levels, assuming here that the laser intensity is low, so that we can restrict our analysis to the ground state density matrix. Furthermore, since the laser polarization is a superposition of σ_+ and σ_-, and since $J_g < 1$, the optical excitation cannot create Zeeman coherences with $\Delta m = \pm 2$ in the ground state so that we can restrict our discussion to populations.

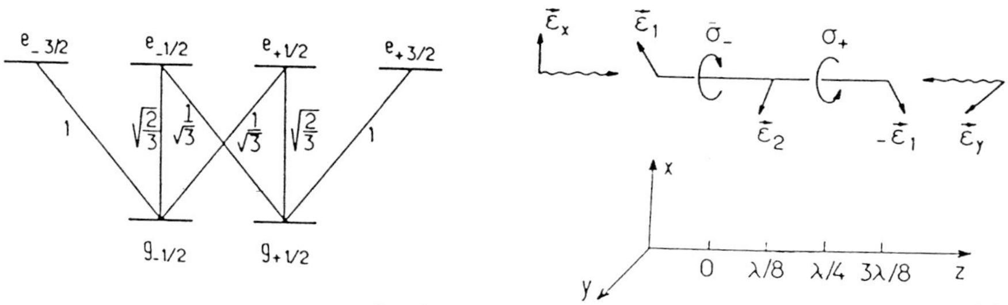

(a) (b)

Fig.1a: Atomic level scheme and Clebsch–Gordan coefficients for a $J_g = 1/2 \longleftrightarrow J_e = 3/2$ *transition.*

Fig.1b: The resulting polarization in a lin ⊥ lin configuration.

Suppose, for example, that $z = 0$ so that the polarization is σ_- (Fig. 1b) The atom is optically pumped into $g_{-1/2}$ so that the steady-state populations of $g_{-1/2}$ and $g_{1/2}$ are equal to 1 and 0, respectively. We must also note that, since the σ_- transition starting from $g_{-1/2}$ is three times as intense as the σ_- transition starting from $g_{1/2}$, the light shift Δ'_- of $g_{-1/2}$ is three times larger (in modulus) than the light shift Δ'_+ of $g_{1/2}$. We assume here that, as usual in Doppler-cooling experiments, the detuning :

$$\delta = \omega_L - \omega_A \tag{2.3}$$

between the laser frequency ω_L and the atomic frequency ω_A is negative so that both light shifts are negative.

If the atom is at $z = \lambda/4$, where the polarization is σ_+ (Fig. 1b), the previous conclusions are reversed. The populations of $g_{-1/2}$ and $g_{1/2}$ are equal to 0 and 1, respectively, because the atom is now optically pumped into $g_{1/2}$. Both light shifts are still negative, but we now have $\Delta'_+ = 3\Delta'_-$.

Finally, if the atom is in a place where the polarization is linear, for example, if $z = \lambda/8, 3\lambda/8, ...$, symmetry considerations show that both sublevels are equally populated and undergo the same (negative) light shift equal to 2/3 times the maximum light shift occurring for a σ_+ or σ_- polarization.

All these results are summarized in Fig. 2a which shows as a function of z the light shifted energies of the two ground-state sublevels. The analytic expression for these light shifted energies $\hbar\Delta_\pm(z)$ can be derived simply from the expression for the laser field (2.2) and from the intensity factors of the various σ_+ and σ_- transitions given in Fig. 1a. One can indeed add independently the two light shifts created by the two σ_+ and σ_- standing waves appearing in (2.2), since $g_{1/2}$ and $g_{-1/2}$ are not connected to the same excited level :

$$\hbar\Delta_+(z) = \hbar\delta s_0 \sin^2 kz + \frac{1}{3}\hbar\delta s_0 \cos^2 kz = -U_0 + \frac{U_0}{2}\cos 2kz = -\frac{3U_0}{2} + U_+(z) \tag{2.4a}$$

$$\hbar\Delta_-(z) = \hbar\delta s_0 \cos^2 kz + \frac{1}{3}\hbar\delta s_0 \sin^2 kz = -U_0 - \frac{U_0}{2}\cos 2kz = -\frac{3U_0}{2} + U_-(z)\,. \tag{2.4b}$$

with:

$$U_+(z) = U_0 \cos^2 kz \tag{2.4c}$$
$$U_-(z) = U_0 \sin^2 kz \ . \tag{2.4d}$$

The saturation parameter s_0 is defined as :

$$s_0 = \frac{\Omega^2/2}{\delta^2 + \Gamma^2/4}, \tag{2.5}$$

where Ω is the Rabi frequency for each of the two running waves, calculated for a Clebsh-Gordan coefficient equal to 1 and for a reduced dipole moment for the transition equal to d :

$$\Omega = -2d\mathcal{E}_0/\hbar. \tag{2.6}$$

The energy U_0 introduced in (2.4) :

$$U_0 = \frac{2}{3}\hbar(-\delta)s_0 \ > \ 0 \tag{2.7}$$

represents the modulation depth of the oscillating light shifted ground state sublevels. In the same way, one can derive the expression of the rate γ_+ at which the atom jumps from $g_{1/2}$ to $g_{-1/2}$:

$$\gamma_+ = \left(\frac{1}{3}\Gamma s_0 \cos^2 kz\right)\frac{2}{3} = \frac{2}{9}\Gamma s_0 \cos^2 kz \ . \tag{2.8}$$

This is the probability per unit time of absorbing a σ_- photon from $g_{1/2}$, and then decaying from $e_{-1/2}$ to $g_{-1/2}$ by emitting a π photon. In the same way, one gets :

$$\gamma_- = \frac{2}{9}\Gamma s_0 \sin^2 kz \ . \tag{2.9}$$

The characteristic internal relaxation time τ_p (*i.e.* optical pumping time) is then given by:

$$\frac{1}{\tau_p} = \gamma_+ + \gamma_- = \frac{2\gamma s_0}{9} \ . \tag{2.11}$$

2.3 Sisyphus Effect for a Moving Atom

We now consider an atom moving along Oz in the bi-potential $U_\pm(z)$. We suppose for instance that the atom is initially in the state $g_{1/2}$ with a kinetic energy much larger than the modulation depth U_0 (Fig. 2b). As the atom moves in $U_+(z)$, it may undergo a transition to $g_{-1/2}$. The rate γ_+ at which such a transition occurs is maximal around the tops of $U_+(z)$, the atom being then put in a valley for $U_-(z)$. This transition decreases the potential energy of the atom, while leaving its kinetic energy unchanged, if one neglects the momentum of the fluorescence photon involved in the process. From $g_{-1/2}$ the same sequence can be repeated so that the atom on the average climbs more than it goes down in its energy diagram. An

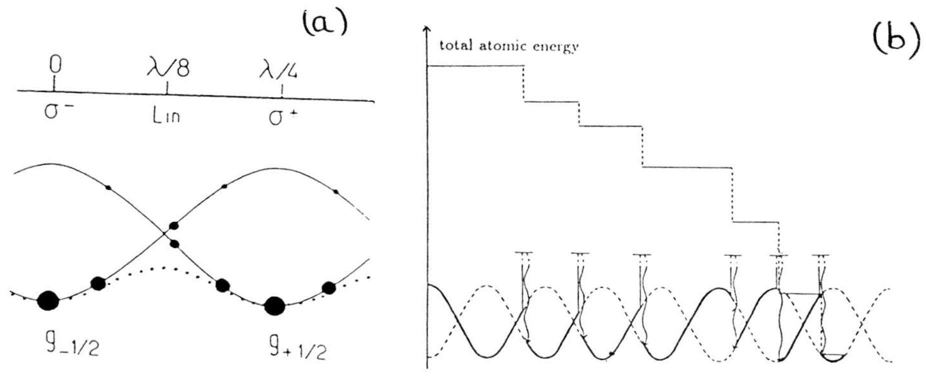

Fig. 2a: Light shifted energies and steady-state populations for a $J_g = 1/2$ ground state and for a negative detuning. The lowest sublevel, having the largest light shift, is also the most populated one. We have plotted in broken lines the average potential $\bar{U}(z)$ seen by the atom in the jumping case (§ 4.3).

Fig. 2b: Atomic Sisyphus effect. Because of the spatial modulation of the transition rates $\gamma_\pm$, a moving atom sees on the average more uphill parts than downhill ones and its velocity is damped. The random path sketched here has been obtained for $\delta = -5\ \Gamma$ and $\Omega = 2.3\ \Gamma$, and for the Cesium recoil shift $\hbar k^2/m\Gamma = 7.8\ 10^{-4}$.

example of a sequence of successive discontinuous changes of the total atomic kinetic energy is represented in Fig. 2b. This constitutes an atomic realisation of the Sisyphus myth.

The intuitive limit of this type of cooling is the modulation depth U_0 of the potential: cooling is efficient until the average kinetic energy is so low that the atom cannot reach the top of the hills. (see for example the last jump represented in Fig. 2b). We will see in the following using a more rigorous treatment that the kinetic energies achievable by Sisyphus cooling are indeed on the order of a fraction of U_0.

3. QUANTUM TREATMENT OF SISYPHUS COOLING

3.1 Principle of the Quantum Treatment

In order to make a quantitative treatment of Sisyphus cooling, we have made a numerical integration of the equation of motion of the atomic density matrix σ, involving both internal and external degrees of freedom. From the steady state value of σ, we can then derive several features of the atomic stationary distribution. For instance, the quantity:

$$\pi(p) = \sum_{\text{int}} \langle \text{int}, p|\sigma|\text{int}, p\rangle, \tag{3.1}$$

where the sum bears on all internal atomic states, gives the stationary momentum distribution. Similarly,

$$\mathcal{P}(z) = \sum_{\text{int}} \langle \text{int}, z|\sigma|\text{int}, z\rangle \tag{3.2}$$

gives the spatial repartition of the atoms, etc...

The equation of evolution of σ is [9]:

$$\dot{\sigma} = \frac{i}{\hbar}[\sigma, H] + (\dot{\sigma})_{SE} \tag{3.3}$$

where the total hamiltonian H involves the center of mass kinetic energy term $P^2/2m$, the atomic internal Hamiltonian H_{int} and the atom laser coupling V_{AL} :

$$H_{int} = \sum_{m_e=-3/2}^{3/2} \hbar\omega_A |J_e, m_e\rangle\langle J_e, m_e| \tag{3.4a}$$

$$\begin{aligned} V_{AL} = & \frac{\hbar\Omega}{i\sqrt{2}} \sin kZ \left(|e_{3/2}\rangle\langle g_{1/2}| + \frac{1}{\sqrt{3}}|e_{1/2}\rangle\langle g_{-1/2}| \right) e^{-i\omega_L t} + h.c. \\ & + \frac{\hbar\Omega}{\sqrt{2}} \cos kZ \left(|e_{-3/2}\rangle\langle g_{-1/2}| + \frac{1}{\sqrt{3}}|e_{-1/2}\rangle\langle g_{1/2}| \right) e^{-i\omega_L t} + h.c. \end{aligned} \tag{3.4b}$$

where Z represents the atomic center of mass position operator. The term $(\dot{\sigma})_{SE}$ describes the relaxation of σ due to spontaneous emission processes.

To solve the equation of evolution (3.3), we expand σ in the momentum basis and we look for the evolution of matrix elements of the type $\langle i, p|\sigma|i', p'\rangle$, where i and i' stand for two internal states of the atom, and p and p' for two momenta. We get for instance :

$$\begin{aligned} \dot{\sigma}(g_{1/2}, p; e_{3/2}, p') = & -\left(i\left(\delta + \frac{p^2 - p'^2}{2m\hbar}\right) + \frac{\Gamma}{2} \right) \sigma(g_{1/2}, p; e_{3/2}, p') \\ & + \frac{i\Omega}{2\sqrt{2}} \left(\langle g_{1/2}, p|\sigma|g_{1/2}, p' + \hbar k\rangle - \langle g_{1/2}, p|\sigma|g_{1/2}, p' - \hbar k\rangle \right) \\ & + \frac{i\Omega}{2\sqrt{2}} \left(\langle e_{3/2}, p + \hbar k|\sigma|e_{3/2}, p'\rangle - \langle e_{3/2}, p - \hbar k|\sigma|e_{3/2}, p'\rangle \right) \\ & - \frac{i\Omega}{2\sqrt{6}} \left(\langle e_{-1/2}, p + \hbar k|\sigma|e_{3/2}, p'\rangle + \langle e_{-1/2}, p - \hbar k|\sigma|e_{3/2}, p'\rangle \right), \end{aligned} \tag{3.5}$$

where we have put :

$$\sigma(g_{1/2}, p; e_{3/2}, p') = \langle g_{1/2}, p|\sigma|e_{3/2}, p'\rangle \exp(-i\omega_L t) \tag{3.6}$$

and where we have used :

$$e^{\pm ikZ}|p\rangle = |p \pm \hbar k\rangle\ . \tag{3.7}$$

In order to minimize the number of matrix elements involved in the calculation, we have chosen to discretize the momenta on a grid with the largest step compatible with equations such as (3.5). Thus we have chosen

$$\begin{aligned} &\text{for} \quad g_{1/2}, e_{1/2}, e_{-3/2}, \quad p = -\frac{\hbar k}{2} + 2n\hbar k \\ &\text{for} \quad g_{-1/2}, e_{3/2}, e_{-1/2}, \quad p = \frac{\hbar k}{2} + 2n'\hbar k \end{aligned} \tag{3.8}$$

where n and n' are positive or negative integers, and where the terms $\pm\hbar k/2$ have been put to keep the symmetry between $g_{+1/2}$ and $g_{-1/2}$. One can easily check that this momentum discretisation allows the integration of the evolution equation of optical "coherences" (matrix elements involving one g and one e) such as (3.5) or of ee matrix elements (terms involving two excited states). On the other hand the evolution of ground state matrix elements (terms with two g) is more complicated because of the feeding of these terms by spontaneous emission. For instance, one gets [9]:

$$\begin{aligned}(\langle g_{1/2},p|\dot{\sigma}|g_{1/2},p'\rangle)_{S.E.} &= \Gamma \int dp''\mathcal{N}_{\sigma_+}(p'')\langle e_{3/2},p+p''|\sigma|e_{3/2},p'+p''\rangle \\ &+ \frac{2\Gamma}{3}\int dp''\mathcal{N}_{\pi}(p'')\langle e_{1/2},p+p''|\sigma|e_{1/2},p'+p''\rangle \\ &+ \frac{\Gamma}{3}\int dp''\mathcal{N}_{\sigma_-}(p'')\langle e_{-1/2},p+p''|\sigma|e_{-1/2},p'+p''\rangle \qquad (3.9)\end{aligned}$$

where $\mathcal{N}_{\varepsilon}(p'')dp''$ is the probability that, when a fluorescence photon with ε polarization is emitted, it will have a momentum along z between p'' and $p''+dp''$ (dipole radiation pattern). Since p'' varies between $-\hbar k$ and $+\hbar k$, the only way to make (3.9) consistent with the momentum discretization is to take :

$$\begin{aligned}\mathcal{N}_{\sigma_+}(p'') &= \mathcal{N}_{\sigma_-}(p'') = \frac{1}{2}(\delta(p''-\hbar k)+\delta(p''+\hbar k)) \\ \mathcal{N}_{\pi}(p'') &= \delta(p'') \ . \qquad (3.10)\end{aligned}$$

This means that we will consider in the following that $\sigma_\pm$ fluorescence photons are emitted along the Oz axis, while π polarized fluorescence photons are emitted orthogonally to the z axis. This constitutes a simplification of the real atomic dipole radiation pattern, but the modifications induced on the final calculated atomic distribution are small.

Once this approximation is made, we are left with a set of coupled differential equations that we truncate at a large value p_{max} of p and p' (p_{max} ranges between 40 $\hbar k$ and 100 $\hbar k$). We can numerically integrate these equations until the density matrix elements reach their steady state values, which are checked to be independent of the truncation p_{max}. Three independent parameters are necessary to specify the steady state : the reduced Rabi frequency Ω/Γ, the reduced detuning δ/Γ and the reduced recoil shift $\hbar k^2/m\Gamma$. Before giving the results of this integration, we now indicate how these equations can be simplified in the low intensity limit which is of interest here.

3.2 The Low Intensity Approximation

The previous equations such as (3.5) contain all the physics of the motion of a $J_g = 1/2 \longleftrightarrow J_e = 3/2$ atom in a lin $\perp$ lin configuration. They are valid for any laser intensity and detuning, provided that the error introduced by the truncation on p is small. In particular they can describe saturation effects, if s_0 becomes of the order or larger than 1, and also Doppler cooling when the momenta p are such that kp/m is not negligible compared to Γ.

Since we are dealing here mainly with low intensity situations, we can simplify these equations of motion which makes the numerical resolution much faster. The approximation consists in neglecting excited state matrix elements in comparison with ground state matrix elements. This allows a direct calculation of optical coherences and excited state coherences and populations only in terms of ground state matrix elements. Eq. 3.5 gives for instance in steady state:

$$\begin{aligned}\sigma(g_{1/2},p;e_{3/2},p') = \frac{i\Omega/2\sqrt{2}}{i(\delta+(p^2-p'^2)/2m\hbar)+\Gamma/2}&(\langle g_{1/2},p|\sigma|g_{1/2},p'+\hbar k\rangle \\ &- \langle g_{1/2},p|\sigma|g_{1/2},p'-\hbar k\rangle) \ . \qquad (3.11)\end{aligned}$$

We then replace these expressions for eg, ge and ee matrix elements in the equation of evolution of the ground state matrix elements so that we are left with equations involving only terms such as $\langle g_{\pm 1/2}, p|\sigma|g_{\pm 1/2}, p'\rangle$. This constitutes a considerable simplification of the initial numerical problem.

A second simplifying approximation consists in neglecting the kinetic energy term $(p^2 - p'^2)/2m\hbar$ appearing in the denominator of (3.11). Indeed this term can be written $[(p + p')/m][(p - p')/\hbar]$ where $(p + p')/m$ is a typical atomic velocity $\bar{v}$, while $(p - p')/\hbar$ is the inverse of the characteristic length of the spatial distribution, i.e. k (this will be made more clear in the Wigner representation in § 4). This approximation therefore amounts to neglecting the Doppler shift $k\bar{v}$ in comparison with Γ.

Note that on the contrary we do not neglect the term $(p^2 - p'^2)/2m$ in the evolution of $\langle g_{1/2}, p|\sigma|g_{1/2}, p'\rangle$, because this term has then to be compared with the feeding terms appearing in (3.9) such as $\Gamma\langle e_{3/2}, p|\sigma|e_{3/2}, p'\rangle \sim \Gamma s_0$, and we do not make any assumption on the respective sizes of $k\bar{v}$ and Γs_0.

Once these two approximations are made, the quantum problem becomes very close to the simple model presented in § 2: all the dynamics is restricted to the ground state, and the residual Doppler cooling has been neglected so that one is left only with Sisyphus cooling.

3.3 Results of the quantum treatment

Since we have developped the two versions of the program solving the set of differential equations, either keeping all terms (§ 3.1) or restricting the set of equations with the low intensity assumption (§ 3.2), we can check whether the approximations presented above are justified. We have found that for $|\delta| \geq 3\Gamma$, and $s_0 \leq 0.1$, the results obtained by the two methods are close. For instance, for $\hbar k^2/m\Gamma = 7.8\ 10^{-4}$ (corresponding to the Cesium atom recoil shift), and for $\Omega = \Gamma$, $\delta = -3\Gamma$, we get a steady state momentum distribution with $p_{r.m.s.} \simeq 7.4\ \hbar k$ using the complete set of equations, and with $p_{r.m.s.} \simeq 7.7\ \hbar k$ neglecting Doppler cooling and saturation effects. Consequently, we will only present in the following results obtained in the low power approach, which is much less computer-time consuming, keeping in mind that the addition of Doppler cooling could slightly reduce the width of the momentum distributions.

We have given in Fig. 3a a set of results for the momentum distribution obtained for the cesium recoil shift and for a detuning $\delta = -5\Gamma$. The Rabi frequency Ω varies between 0.1Γ and 2.0Γ. All distributions are equally normalized on the interval $[-40\ \hbar k, 40\ \hbar k]$. It clearly appears that there exists an optimal Rabi frequency around 0.5Γ for getting a high and narrow distribution.

To get more quantitative results, we have plotted in Fig. 3b the average kinetic energy $\bar{E}_K = (p_{r.m.s.})^2/2m$ in units of the recoil energy $E_R = \hbar^2 k^2/2m$. $\bar{E}_K$ is calculated on a range $[-100\ \hbar k, 100\ \hbar k]$ for various sets of parameters δ, Ω and $\hbar k^2/2m$. For a given recoil shift and a given detuning, $\bar{E}_K$ is remarkably linear with the laser intensity Ω^2, provided Ω^2 is sufficiently large. When Ω^2 is decreased, $\bar{E}_K$ reaches a minimum value and then increases again as Ω^2 tends to zero.

Data of Fig. 3b also clearly show that, for large δ, $\bar{E}_K/E_R$ is actually a function of a single parameter, $m\Omega^2/|\delta|\hbar k^2$, which is proportionnal to U_0/E_R. The minimal value of $\bar{E}_K$ is obtained for:

$$U_0 \simeq 105\ E_R \tag{3.12}$$

and is found to be:

$$(E_K)_{min} \simeq 40\ E_R \quad \rightarrow \quad (p_{r.m.s.})_{min} \simeq 6.3\ \hbar k. \tag{3.13}$$

One can see from Fig. 3b that $U_0 \simeq 100\ E_R$ appears as a threshold potential for having good Sisyphus cooling: below this value, the steady-state kinetic energy increases very rapidly as U_0 decreases.

Now, one might ask whether these momentum distributions are Gaussian and can be assigned a temperature. In Fig. 4, we have plotted, for $\delta = -15\Gamma$, both $p_{r.m.s.}$ and $\delta p_{1/\sqrt{e}}$ (half width of the distribution at $1/\sqrt{e}$ of full height) *vs* Ω/Γ. For a Gaussian distribution, these two quantities are equal. Here, one clearly sees that a discrepancy appears either for very low or high Rabi frequencies. In both cases, $p_{r.m.s.}$ is larger than $\delta p_{1/\sqrt{e}}$, indicating the presence of large wings in the momentum distributions. The minimal value reached by $\delta p_{1/\sqrt{e}}$ is only:

$$(\delta p_{1/\sqrt{e}})_{min} \simeq 3\ \hbar k \tag{3.14}$$

and is obtained for:

$$U_0 \simeq 25\ E_R\ . \tag{3.15}$$

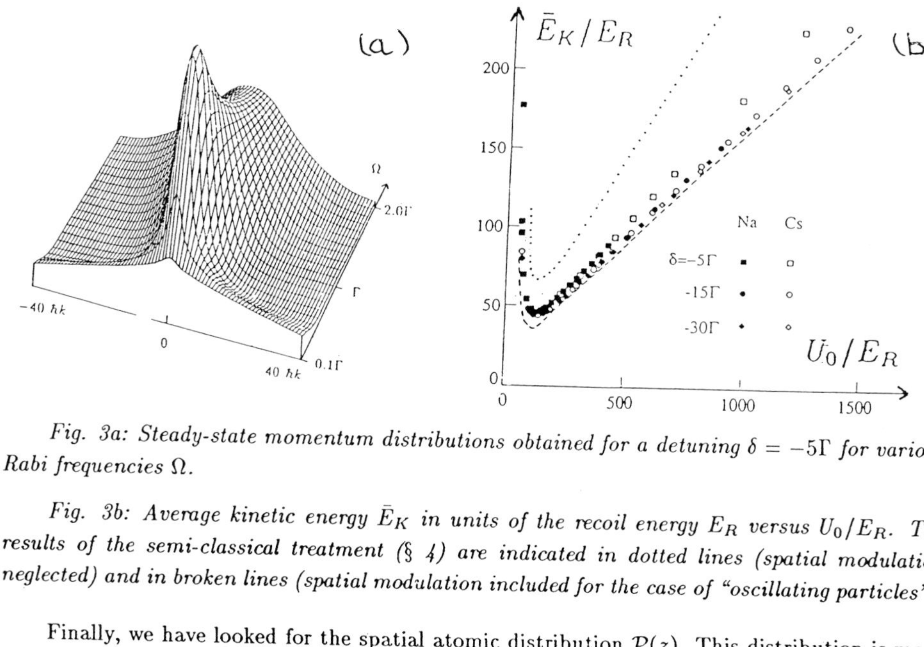

Fig. 3a: Steady-state momentum distributions obtained for a detuning $\delta = -5\Gamma$ for various Rabi frequencies Ω.

Fig. 3b: Average kinetic energy $\bar{E}_K$ in units of the recoil energy E_R versus U_0/E_R. The results of the semi-classical treatment (§ 4) are indicated in dotted lines (spatial modulation neglected) and in broken lines (spatial modulation included for the case of "oscillating particles").

Finally, we have looked for the spatial atomic distribution $\mathcal{P}(z)$. This distribution is modulated in z with a period $\lambda/4$. The distribution is found to be nearly uniform for small U_0 ($U_0 \leq 100\ E_R$); the atoms are on the contrary localized around the points $z = n\lambda/4$ for large U_0.

To summarize the results of this quantum treatment, we have shown that, for large detunings, the steady state momentum distributions obtained by Sisyphus cooling depend only on a single parameter U_0/E_R when $\hbar k$ is chosen as the momentum unit. This has to be compared

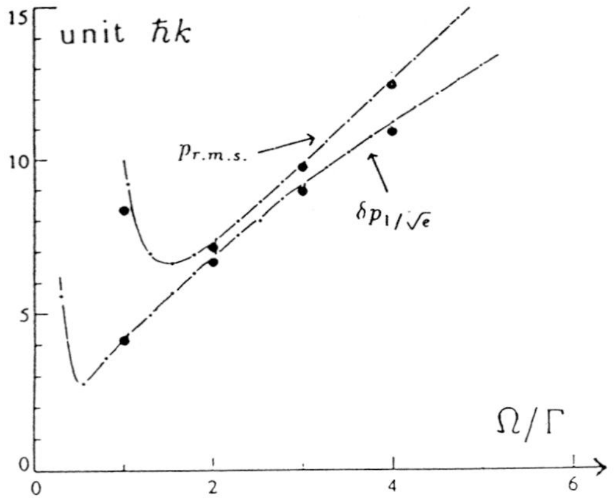

Fig. 4: Comparison between the r.m.s. momentum $p_{r.m.s.}$ and the width at $1\sqrt{e}$ of the steady-state momentum distribution, for the cesium recoil shift and for a detuning of -15Γ. These two quantities would be equal in the case of a Gaussian momentum distribution. The dots indicate the results of a Monte-Carlo treatment (see § 4).

with the result for Doppler cooling where the momentum distributions are Gaussian with a temperature (in units of $\hbar\Gamma/k_B$) depending only on δ/Γ. Here the situation is more complex since the momentum distributions are not always Gaussian. Therefore they cannot be characterized by a single number such as a temperature. Depending whether one looks for a "compact" momentum distribution (small $p_{r.m.s.}$) or a very narrow central peak (small $\delta p_{1/\sqrt{e}}$), the optimal value for the "universal parameter" U_0/E_R changes by a numerical factor of the order of 4.

3.4 Physical discussion

We now compare the results of this quantum approach with the ones obtained from a simple analytical treatment [7]. That treatment was limited to a situation where the cooling could be described, after a spatial averaging, by a force linear with the atomic momentum p and a diffusion coefficient independent of p. It led to Gaussian momentum distributions with an average kinetic energy given by $\bar{E}_K = 3U_0/16$.

Here we recover this linear dependence of $\bar{E}_K$ *vs* U_0 over a wide range of parameters. The slope $(\partial \bar{E}_K/\partial U_0)$ is 0.14 instead of $3/16 \simeq 0.19$, which is in remarkable agreement if one takes into account all the approximations introduced in the analytical treatment of [7].

There is however a discrepancy between the results obtained here and the predictions of [7]. It indeed appears from the results of this full quantum treatment that Sisyphus cooling works better than what was expected! In [7], Sisyphus cooling was expected to be efficient as long as the cooling force was linear with p over all the steady-state momentum distribution which has a typical width p_{rms}. This requirement led to a minimum kinetic energy given by:

$$\bar{E}_K \gg E_R \frac{\delta^2}{\Gamma^2} \,. \tag{3.16}$$

On the contrary, the minimal kinetic energy found here is independent of the detuning δ even for very large detunings. This will be explained further as due to the fact that Sisyphus cooling works even if the *r.m.s.* momentum is outside the range of linearity of the force. For such large momenta, indeed, the diffusion coefficient, and therefore the heating, decrease when p increases so that Sisyphus cooling may remain efficient.

Another unexpected feature of the results of this quantum approach concerns the deviation from a Gaussian of the steady-state momentum distribution obtained for large modulation depths U_0 (Fig. 4). This deviation has to be connected to the apparition of an important modulation of the spatial atomic distribution $\mathcal{P}(z)$ in steady-state. Such a localization of the atoms had not been taken into account in [7] because of the spatial averaging of the force and of the momentum diffusion coefficient.

We now present an analytical treatment which gives a good account for these two features, minimum of $\bar{E}_K$ *vs* U_0 at low U_0, and localization of atoms for large U_0.

4. SEMI-CLASSICAL TREATMENT OF SISYPHUS COOLING

In order to get some physical insights in the results given by the quantum treatment presented in the previous section, we now turn to an approach in which the external motion can be analyzed in classical terms. The corresponding equations of motion can be derived from an expansion in $\hbar k/\bar{p} \ll 1$ of the quantum equations of evolution. We will see that this expansion validates the physical pictures given in § 2, and that it gives an interpretation for most of the results given by the quantum treatment.

4.1 Expansion of the Equations of Motion

The principle of the calculation is very similar to the one developed for a 2-level atom by various authors [10]. We start from the Wigner representation of the atomic density operator:

$$W(z,p,t) = \frac{1}{h}\int dv\ \langle p+\frac{v}{2}|\sigma|p-\frac{v}{2}\rangle\ \exp(\frac{izv}{\hbar})\ . \tag{4.1}$$

Note that $W(z,p,t)$ is still an operator with respect to the internal degrees of freedom. For instance, (3.5) can be written:

$$\begin{aligned}\frac{\partial}{\partial t}(e^{-i\omega_L t}\langle g_{1/2}|W(z,p,t)|e_{3/2}\rangle) = &-(i\delta+\frac{\Gamma}{2}+\frac{p}{m}\frac{\partial}{\partial z})\langle g_{1/2}|W(z,p,t)|e_{3/2}\rangle e^{-i\omega_L t}\\ &+\frac{i\Omega}{2\sqrt{2}}e^{ikz}\langle g_{1/2}|W(z,p+\frac{\hbar k}{2},t)|g_{1/2}\rangle\\ &-\frac{i\Omega}{2\sqrt{2}}e^{-ikz}\langle g_{1/2}|W(z,p-\frac{\hbar k}{2},t)|g_{1/2}\rangle\ ,\end{aligned} \tag{4.2}$$

where we have neglected, in the low intensity limit, the two last lines of (3.5) since they involve only matrix elements of W between excited states.

Now, since we have seen in § 3 that the momentum extension $p_{r.m.s.}$ of the steady state remains larger than $\hbar k$, we can expand W in the following way :

$$W(z,p+\hbar k) \simeq W(z,p)+\hbar k\frac{\partial W}{\partial p}(z,p)\ +\ \cdots$$

We note that the atomic kinetic energy contribution, leading to the free flight term $p/m\cdot\partial W/\partial z$, is easy to evaluate in the Wigner representation since $\partial W/\partial z$ is of the order of kW. In expressions such as (4.2), this contribution is therefore negligible if $kp/m \ll \Gamma$.

We now proceed in the same way as in § 3.3. We eliminate optical coherences and excited state populations and coherences to get two equations dealing only with:

$$w_{\pm}(z,p,t) = \langle g_{\pm 1/2}|W(z,p,t)|g_{\pm 1/2}\rangle \ . \tag{4.3}$$

After some algebra we obtain:

$$\begin{aligned}(\frac{\partial}{\partial t}+\frac{p}{m}\frac{\partial}{\partial z}-\frac{dU_{\pm}}{dz}\frac{\partial}{\partial p})w_{\pm} &= \mp(\gamma_{+}(z)w_{+}-\gamma_{-}(z)w_{-}) \\ &+ \frac{\hbar^2k^2\Gamma s_0}{18}\frac{\partial^2}{\partial p^2}((10-\cos 2kz)w_{\pm}+w_{\mp})\end{aligned} \tag{4.4}$$

This equation is a straightforward validation of the physical picture given in § 2. It describes the motion of a particle with mass m, moving on the bi-potential $U_{\pm}(z)$ given in (2.4), with random jumps between the levels $g_{\pm 1/2}$ with rates $\gamma_{\pm}(z)$ (Eqs. 2.8,9). The second line in (4.4) corresponds to the atomic momentum diffusion in absorption and emission processes due to the discretness of the photon momentum. For instance the atom on level $g_{1/2}$ can jump to $e_{3/2}$ or $e_{-1/2}$ by absorbing a laser photon, and come back to $g_{1/2}$ by emitting a fluorescence photon. The ground state sublevel is not changed in such a process but there is a momentum diffusion due to the randomness of the momentum ($\pm\hbar k$) of both the absorbed laser photon and the emitted fluorescence one. We note that the momentum diffusion coefficient appearing in (4.4) has the same order of magnitude ($\hbar^2k^2\Gamma s_0$) as the one found for a two level atom in a weak standing wave.

The last term of the second line of (4.4) describes a diffusive coupling between w_{+} and w_{-}. It does not vanish for the values of z for which $\gamma_{+}(z)$ and $\gamma_{-}(z)$ vanish, and where one would expect that no transfer is possible between $g_{-1/2}$ and $g_{1/2}$. The existence of such a term is actually due to the fact that the atomic wave packet has a finite extension $\Delta x \simeq \hbar/\Delta p$, which gives rise to correction terms for the transfer rates of the order of $(\Delta x/\lambda\!\!\!^-)^2 \simeq \hbar^2k^2/\Delta p^2$.

4.2 The Steady-State Distribution in the Limit of Negligible Spatial Modulation

We now turn to the research of an analytical solution to the semi-classical equations of motion (4.4). We begin in this section by introducing a rather crude approximation which however gives results in good agreement with the ones obtained from the quantum approach. We look for the evolution of the atomic distribution function given by:

$$\psi(z,p,t) = w_{+}(z,p,t) + w_{-}(z,p,t) \tag{4.5}$$

and we make the very simple assumption that ψ is actually independent of z, i.e. the total atomic distribution function has a negligible spatial modulation in steady state. We will come back to this hypothesis at the end of the calculation.

Summing the two equations (4.4) for w_{+} and w_{-}, we get in steady state:

$$\frac{p}{m}\frac{\partial\psi}{\partial z} = -F(z)\frac{\partial\varphi}{\partial p} + D_0\frac{\partial^2\psi}{\partial p^2} \tag{4.6a}$$

with:

$$\frac{\partial\psi}{\partial z} \simeq 0 \tag{4.6b}$$

$$F(z) = -\frac{dU_{+}}{dz} = \frac{dU_{-}}{dz} = kU_0\sin 2kz \tag{4.6c}$$

$$\varphi(z,p,t) = w_{+}(z,p,t) - w_{-}(z,p,t) \tag{4.6d}$$

$$D_0 = 11\hbar^2k^2\Gamma s_0/18 \ . \tag{4.6e}$$

Note that we have neglected the modulation in $\cos 2kz$ of the momentum diffusion coefficient appearing in (4.4).

Now the evolution of the difference φ between w_+ and w_- is obtained also from (4.4):

$$\left(\frac{\partial}{\partial t}+\frac{p}{m}\frac{\partial}{\partial z}\right)\varphi=-F\frac{\partial\psi}{\partial p}+(\gamma_- -\gamma_+)\psi-(\gamma_+ +\gamma_-)\varphi+\frac{1}{2}\hbar^2k^2\Gamma s_0\frac{\partial^2\varphi}{\partial p^2}\ . \tag{4.7}$$

The last term of (4.7) is small compared to $(\gamma_+ + \gamma_-)\varphi = (2\Gamma s_0/9)\varphi$ since $\bar{p} \gg \hbar k$ and will be neglected in the following. In steady state, (4.7) can then be integrated to give for $p > 0$:

$$\varphi(z,p)=\frac{m}{p}\int_{-\infty}^{z}dz'e^{-2kp_c(z-z')/p}\left((\gamma_- -\gamma_+)(z')\psi-F(z')\frac{\partial\psi}{\partial p}\right) \tag{4.8a}$$

with:

$$\frac{kp_c}{m}=\frac{\Gamma s_0}{9}\ . \tag{4.8b}$$

Replacing $\gamma_\pm$ and F by their expression (2.8-9 and 4.6c) and with the assumption that ψ is independent of z, we get :

$$\varphi(z,p)=\frac{-p/p_c}{1+(p/p_c)^2}\left[\left(\sin 2kz+\frac{p_c}{p}\cos 2kz\right)\psi-\frac{mU_0}{2p_c}\left(\cos 2kz-\frac{p_c}{p}\sin 2kz\right)\frac{\partial\psi}{\partial p}\right]\ . \tag{4.9}$$

We now put this expression for φ in (4.6a) and we average the result over a wavelength, in order to be consistent with the assumption that ψ is not modulated in steady state. This gives:

$$0=\frac{\partial}{\partial p}\left(\left(\frac{\alpha p/m}{1+(p/p_c)^2}\right)\psi+\left(\frac{D_1}{1+(p/p_c)^2}+D_0\right)\frac{\partial\psi}{\partial p}\right) \tag{4.10}$$

with:

$$\alpha=\frac{kU_0}{2p_c}=-3\hbar k^2\frac{\delta}{\Gamma} \tag{4.11a}$$

$$D_1=\frac{kmU_0^2}{4p_c}=\hbar^2k^2\Gamma s_0\frac{\delta^2}{\Gamma^2} \tag{4.11b}$$

Expression (4.10) has a straightforward interpretation: in steady state, the momentum distribution results from an equilibrium between a cooling force due to the Sisyphus effect:

$$f(p)=-\frac{\alpha p/m}{1+(p/p_c)^2} \tag{4.12}$$

and heating due to momentum diffusion described by the diffusion coefficient:

$$D(p)=\frac{D_1}{1+(p/p_c)^2}+D_0\ . \tag{4.13}$$

The expression (4.12) for the cooling force has already been derived elsewhere [7]. It is equal to the average of the two state dependent forces $-(dU_\pm/dz)$, weighted by the steady state populations of these states for an atom moving with velocity $v = p/m$.

The momentum diffusion (4.13) has two contributions. The term D_0 has been discussed above; it corresponds to the fluctuations of the momentum carried away by the fluorescence photons and to the fluctuations in the difference between the number of photons absorbed in each of the two laser waves. The term proportional to D_1 corresponds to the fluctuations of the instantaneous gradient force $F_g(t)$ oscillating back and forth between $-dU_+/dz$ and $-dU_-/dz$ at a rate $1/\tau_P$. It is approximatively equal to the time integral of the correlation function of $F_g(t)$:

$$I(p) = \int_0^\infty \langle F_g(t-\tau)F_g(t)\rangle_{\text{position}}\, d\tau$$

$$= \frac{D_1}{1+(p/p_c)^2}\left(1 - \frac{5/4}{1+(p/p_c)^2} + \frac{1}{\left(1+(p/p_c)^2\right)^2}\right)$$

which gives a good understanding of the variation with p of this diffusion term: if the atom moves slowly ($p \ll p_c$) it travels over a small fraction of a wavelength during the correlation time τ_P. Then there is a strong correlation between $F_g(t-\tau)$ and $F_g(t)$ and I is large. On the other hand, if $p \gg p_c$, the atom travels over many wavelengthes before changing level and the value of I is decreased since the correlation between $F_g(t-\tau)$ and $F_g(t)$ becomes small.

Remark: many terms have been left out in the procedure which led to (4.10) and it is possible to get a more accurate (but more complicated) equation for ψ if one keeps some of these terms. For instance, for $p = 0$, there is a discrepancy by a factor 4/3 between the momentum diffusion coefficient $D(p)$ found here and the value of $I(p)$. This discrepancy can be lifted if one takes into account more spatial harmonics in the derivation of the Fokker–Planck equation (4.10).

We now look for the solution of (4.10). This solution can be written:

$$\psi(p) = \psi(0)\exp\left(\int_0^p \frac{f(p')}{D(p')}dp'\right) \tag{4.14}$$

We first note that, if D_0 is neglected, this momentum distribution is Gaussian with $k_BT = D_1/\alpha = U_0/2$, since f/D is linear in p. Therefore we see that Sisyphus cooling may lead to narrow momentum distributions even if the cooling force is not linear in p over the steady-state momentum distribution. This is due to the fact that the momentum diffusion associated with the Sisyphus mechanism actually decreases faster (in $1/p^2$) than the cooling force (in $1/p$). We therefore understand in this way why the real lower bound on $\bar{E}_K$ is actually smaller than the one given in (3.16).

We now take into account D_0. We then get :

$$\psi(p) = \frac{\psi(0)}{(1+p^2/\bar{p}_c^2)^A} \tag{4.15}$$

with :

$$\bar{p}_c = p_c\sqrt{1+D_1/D_0} \quad \Rightarrow \quad \frac{\bar{p}_c}{\hbar k} \approx \frac{1}{\sqrt{88}}\frac{U_0}{E_R} \quad \text{for } |\delta| \gg \Gamma \tag{4.16a}$$

$$A = \frac{\alpha p_c^2}{2mD_0} = \frac{U_0}{44\ E_R}\ . \tag{4.16b}$$

Expression (4.15) exhibits several features similar to the ones derived from the quantum treatment. First we see from (4.16a,b) that, if we express p in units of $\hbar k$, the steady-state distribution depends only on U_0/E_R. One finds for the r.m.s. momentum after some algebra:

$$\bar{E}_K = \frac{1}{4}\frac{U_0^2}{U_0 - 66E_R} \quad \text{for } U_0 > 66\ E_R, \tag{4.17}$$

the integral giving $< p^2 >$ diverging for $U_0 \leq 66\ E_R$. The variations of $\bar{E}_K$ as a function of U_0 have been plotted in dotted lines in Fig. 3b. They are in good qualitative agreement with the quantum results for small values (< 100) of U_0/E_R. As U_0/E_R increases, a discrepancy between the two results appears. This is due to the fact, for large U_0, the particles become localized in the potential valleys (Fig. 4b), and the hypothesis that ψ is not spatially modulated becomes very unrealistic.

We also note that for $U_0 \leq 22\ E_R$, Eq. 4.15 leads to a non normalisable distribution ($A \leq 0.5$), which means that the Sisyphus cooling is then too weak to maintain the particles around $p = 0$ in steady state.

To summarize, one should consider this analytical approach as a good qualitative treatment, valid mainly around and below the minima of the average kinetic energy plotted in Fig. 3b. On the other hand, much above these minima, *i.e.* for large U_0/E_R, this treatment predicts that $\bar{E}_K$ becomes on the order of $U_0/4$. With such a kinetic energy, much smaller than the potential depth U_0, the hypothesis of non localised particles which is at the basis of this treatment is very unrealistic. We therefore present now some elements concerning this regime where the particles get localized.

4.3 Taking into Account the Localization

An important parameter for characterizing the motion of trapped particles is the ratio between the harmonic oscillation frequency of the particles in the wells:

$$\Omega_{\text{osc}} = \sqrt{\frac{4\hbar|\delta|s_0k^2}{3m}} \tag{4.18}$$

and the rate $1/\tau_P$ at which the particles jump from one level ($g_\pm$) to the other one ($g_\mp$). This ratio is:

$$\Omega_{\text{osc}}\tau_P = \sqrt{27\frac{\hbar k^2|\delta|}{m s_0 \Gamma^2}} = \sqrt{36\frac{E_R}{U_0}\frac{\delta^2}{\Gamma^2}} \tag{4.19a}$$

$$= \sqrt{\frac{U_0}{2p_c^2/m}}\ . \tag{4.19b}$$

If $\Omega_{\text{osc}}\tau_P \gg 1$, we are in a situation where the particles make several oscillations before changing level. On the other hand, if $\Omega_{\text{osc}}\tau_P \ll 1$, the particles can make several transitions between $g_{1/2}$ and $g_{-1/2}$ in a single oscillation period. These two regimes have been represented in Fig. 5 as a function of $|\delta|/\Gamma$ and Ω/Γ, for the cesium recoil shift.

In order to show more clearly the relevance of this parameter $\Omega_{\text{osc}}\tau_P$, it is worthwhile to rewrite (4.4) in terms of a reduced set of parameters:

$$x = kz \tag{4.20a}$$

$$u = p/\sqrt{2mU_0} \tag{4.20b}$$

In steady state this leads to:

$$u\frac{\partial w_\pm}{\partial x} \pm \frac{1}{2}\sin 2x \frac{\partial w_\pm}{\partial u} = \frac{1}{\Omega_{\text{osc}}\tau_P}\left(\mp\left(w_+\cos^2 x - w_-\sin^2 x\right) + \frac{E_R}{4U_0}\frac{\partial^2}{\partial u^2}\left((10 - \cos 2x)w_\pm + w_\mp\right)\right) \tag{4.21}$$

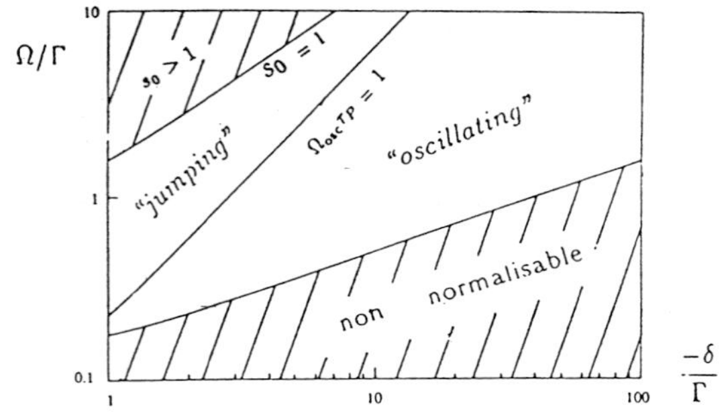

Fig. 5: Various regimes for the motion of an atom (with the cesium recoil shift) in the lin⊥lin configuration. Depending on the value of the detuning and the Rabi frequency, the atom is either in the "oscillating" case or in the "jumping" one.

We now present for each of these regimes an analytical approach based on an expansion of this equation in powers of the small parameter $\Omega_{osc}\tau_P$ (jumping situation) or $(\Omega_{osc}\tau_P)^{-1}$ (oscillating situation). Here, emphasis is put mainly on the derivation of equations of motion. A detailed analysis of the solution of these equations and of the corresponding results for the position, momentum, energy... distributions will be presented in a subsequent paper.

4.3.a The case of jumping particles: $\Omega_{osc}\tau_P \ll 1$

We first note from (4.19a) that, in this domain, the potential U_0 is much larger than 36 E_R (for $|\delta| \geq \Gamma$) so that we are in the linear domain of variation of $\bar{E}_K$ with U_0 (Fig. 3b). On the other hand, (4.19b) implies that U_0 is much smaller than $p_c^2/2m$, so that $\hbar k \ll p_{rms} \ll p_c$. We are therefore in the domain where the cooling force is linear with p, and where the diffusion coefficient is independant of p. We now show that it is possible in this case to derive a Fokker-Planck equation for $\psi(z,p,t)$. Note that the condition $\Omega_{osc}\tau_P \ll 1$ can also be written as $T_{int} \ll T_{ext}$, since the optical pumping time τ_P can be considered as a characteristic internal time T_{int}, whereas the oscillation period $2\pi/\Omega_{osc}$ in a potential well is a typical external time T_{ext}. It is then well known that such a separation of time scales allows one to eliminate adiabatically the fast variables and to derive a Fokker–Planck equation for the slow variable $\psi(z,p,t)$.

Starting from (4-8), in which we keep the spatial modulation of ψ, we get at the lowest order in $\hbar k/p$:

$$\varphi(z,p) = -\cos 2kz\ \psi(z,p) \tag{4.22}$$

Indeed the kernel $\exp(-2kp_c(z-z')/p)$ is nearly equal to $\delta(z-z')p/2kp_c$, since $|p| \ll p_c$. Note that (4.22) can be rewritten as $w_+(z,p) = \sin^2 kz\ \psi(z,p)$ and $w_-(z,p) = \cos^2 kz\ \psi(z,p)$, which corresponds to the internal stationary state of an atom at rest in z and which gives the solution of (4.21) at order 0 in $\Omega_{osc}\tau_P$ and for $U_0 \gg E_R$. We now insert (4.22) in the equation of evolution of ψ (4.6a) which gives still at lowest order:

$$\frac{p}{m}\frac{\partial\psi}{\partial z} = F(z)\cos 2kz \frac{\partial\psi}{\partial p}\ . \tag{4.23}$$

At this order, the particles move in an average potential $\bar{U}(z)$, plotted in dotted lines in Fig.2a, and given by [7]:

$$\bar{U}(z) = \frac{U_0}{4}\sin^2(2kz)\ . \tag{4.24}$$

At the next order we get after some calculation and using (4.23):

$$\begin{aligned}\varphi(z,p) &= -\left(\cos 2kz + \frac{p}{p_c}\sin 2kz\right)\psi(z,p) + \frac{p}{2kp_c}\cos 2kz\frac{\partial\psi}{\partial z} - \frac{m}{2kpc}F(z)\frac{\partial\psi}{\partial p}\\ &\simeq -\left(\cos 2kz + \frac{p}{p_c}\sin 2kz\right)\psi(z,p) - \frac{m}{2kp_c}F(z)(1-\cos^2 2kz)\frac{\partial\psi}{\partial p}\end{aligned} \tag{4.25}$$

which gives when inserted in (4-6a):

$$\frac{p}{m}\frac{\partial\psi}{\partial z} = \frac{\partial}{\partial p}\left(\left(\frac{d\bar{U}}{dz} + \frac{\bar{\alpha}(z)p}{m}\right)\psi\right) + \left(\bar{D}_1(z) + D_0\right)\frac{\partial^2\psi}{\partial p^2} \tag{4.26}$$

with :

$$\bar{\alpha}(z) = 6\hbar k^2\left(\frac{-\delta}{\Gamma}\right)\sin^2 2kz \tag{4.27a}$$

$$\bar{D}_1(z) = 2\hbar^2 k^2\frac{\delta^2}{\Gamma}s_0\sin^4 2kz \tag{4.27b}$$

This equation describes the Brownian motion of a particle in a potential $\bar{U}(z)$, with a linear friction force $-\bar{\alpha}(z)p/m$, and with a spatially varying diffusion coefficient $\bar{D}_1(z) + D_0$. We recover here the results already obtained in [7] from the usual theory of radiative forces in the limit of well separated time scales ($T_{int} \ll T_{ext}$). We can note that the oscillation frequency $\bar{\Omega}_{osc}$ in $\bar{U}(z)$:

$$\bar{\Omega}_{osc} = \sqrt{\frac{2k^2 U_0}{m}} \tag{4.28}$$

is always larger than $\bar{\alpha}(z)/m$:

$$\frac{\bar{\alpha}(z)}{m\bar{\Omega}_{osc}} = \sqrt{36\frac{E_R}{U_0}\frac{\delta^2}{\Gamma^2}}\sin^2 2kz \leq \Omega_{osc}\tau_P \ll 1 \text{ (for jumping particles).} \tag{4.29}$$

This means that the motion in the average potential $\bar{U}(z)$ is underdamped so that Eq. 4.26 could now be solved by successive approximations if one parametrizes the motion with z and $\bar{E} = \bar{U}(z) + p^2/2m$, instead of z and p [11].

4.3.b The case of oscillating particles: $\Omega_{osc}\tau_P \gg 1$

We suppose now that the particles make several oscillations in a potential well before being optically pumped into another sublevel. The characteristic time for z and p, Ω_{osc}^{-1}, is then shorter than $T_{int} = \tau_P$. There is however another external variable which varies slowly, the total energy $E = U_\pm + p^2/2m$. We therefore parametrize the motion with the new variables z and E instead of z, p. Using:

$$\frac{p}{m}\left(\frac{\partial}{\partial z}\right)_p + F(z)\left(\frac{\partial}{\partial p}\right)_z = v\left(\frac{\partial}{\partial z}\right)_E$$

where v stands for $\sqrt{2(E - U_+(z)/m}$, we get at order zero in $(\Omega_{osc}\tau_P)^{-1}$:

$$\left(\frac{\partial w_+^{(0)}}{\partial z}\right)_E = 0 \tag{4.30}$$

which gives:

$$w_+^{(0)}(z,p) = \Phi(E) \; . \tag{4.31a}$$

In the same way, we obtain by symmetry:

$$w_-^{(0)}(z,p) = \Phi\left(E - U_+(z) + U_-(z)\right) \; . \tag{4.31b}$$

We now write (4.4) or (4.21) at order one in $(\Omega_{\rm osc}\tau_P)^{-1}$:

$$\begin{aligned} v\left(\frac{\partial w_+^{(1)}}{\partial z}\right)_E &= -\,\gamma_+(z)w_+^{(0)} + \gamma_-(z)w_-^{(0)} \\ &+ \frac{\hbar^2k^2\Gamma s_0}{18}v\frac{\partial}{\partial E}\left(v\frac{\partial}{\partial E}\left((10-\cos 2kz)w_+^{(0)} + w_-^{(0)}\right)\right) \; , \end{aligned} \tag{4.32}$$

We now divide this equation by v and integrate over an oscillation period for $E < U_0$:

$$\begin{aligned} 0 = &-\oint \frac{dz}{v}\gamma_+(z)\Phi(E) + \oint \frac{dz}{v}\gamma_-(z)\Phi(E - U_+(z) + U_-(z)) \\ &+ \frac{\hbar^2k^2\Gamma s_0}{18}\frac{\partial}{\partial E}\left(\oint dz\; v\; \left((10-\cos 2kz)\Phi'(E) + \Phi'(E - U_+(z) + U_-(z))\right)\right) \; . \end{aligned} \tag{4.33}$$

For $E > U_0$, a similar equation holds, where the integral is now taken over a spatial period. Eq. 4.33 has a clear physical meaning: The first line just expresses that the rate at which particles with energy E leave level $g_{1/2}$ to $g_{-1/2}$ is equal to the rate at which particles arrive from $g_{-1/2}$ to $g_{1/2}$ with the same energy E. The second line of (4.33) corresponds to the correction to this balance due to the heating leaving the particles on the same level. For $U_0 \gg E_R$, this heating is for most energies E negligible. However it should be kept to prevent particles to accumulate in the bottom of the well U_+ (resp. U_-), where the departure rate γ_+ (resp. γ_-) vanishes. It is indeed easy to show that without this term the solution of (4.33) would diverge as $1/E$ around $E = 0$, and would therefore not be normalisable.

We have performed a numerical integration of this equation whose result is plotted in broken lines in Fig. 3b. One immediatly sees that it reproduces in a very satisfactory way the results of the quantum approach in the limit of large detunings and for a given U_0, *i.e.* in the limit $\Omega_{\rm osc}\tau_P \gg 1$.

To summarize, we have been able in both situations (jumping or oscillating) to obtain a single equation for $\psi(z,p)$ or $\Phi(E)$. The regime of jumping particles can be treated with concepts usual in laser cooling theory: a force deriving from a potential plus a cooling force linear with the atomic momentum, and a momentum diffusion coefficient independent of p. It should be emphazised however that the range of parameters (detuning, Rabi frequency) leading to this regime is rather small (see Fig. 5). In particular, the perturbative treatment used here is valid only if $s_0 \ll 1$ and this condition, for large detunings, immediately leads to the oscillating situation rather than to the jumping one.

The theoretical study of the oscillating regime is very different from the jumping one. The equation (4.33) for $\Phi(E)$, probability for finding an atom with energy E on level $g_{1/2}$ is *not* a differential equation, contrarily to what is usually found in laser cooling. This is due to the non-locality of the atom dynamics: as the atom jumps from level $g_{1/2}$ to level $g_{-1/2}$, its energy changes suddenly from $U_+(z)+p^2/2m$ to $U_-(z)+p^2/2m$. Since $p^2/2m$ is of the order of U_0, this change cannot be treated as a small variation, which prevents deriving a Fokker–Planck type equation for $\Phi(E)$.

4.4 Monte-Carlo Approach

Finally, an alternative approach consists in performing a Monte-Carlo simulation of this problem. Such a simulation is made possible because no coherence appears between levels $g_{\pm 1/2}$, contrarily to what would occur for a more complex atomic transition. Furthermore, in order to be able to associate to (4.4) a classical stochastic process describable by a Monte-Carlo simulation, we have chosen to slightly simplify the second line of (4.4) by taking as a diffusion term $D_0 \partial^2 w_\pm / \partial p^2$.

This approach is then directly connected with the physical picture presented in § 2. It consists in a numerical integration of the equation of motion of the particles on the bi-potential $U_\pm(z)$, with random jumps from one potential to the other one, and also a random heating corresponding to the simplified diffusion term described just above. We record for given interaction times the position and the momentum of the particle. The steady state distributions are found to be in very good agreement with the results of the quantum treatment (see Fig. 4).

A first advantadge of this Monte-Carlo method lies in the fact that it can be run on a small computer. Also it can be generalized, for the $J_g = 1/2 \longleftrightarrow J_e = 3/2$ transition, to the case of 2 or 3 dimensional Sisyphus cooling, provided that the laser configuration is such that the light polarization is always a linear combination of σ_+ and σ_- polarizations with no π component. In these conditions indeed, no coherence is built between $g_{1/2}$ and $g_{-1/2}$ and the simple picture of a particle moving on a bi-potential can be applied.

CONCLUSION

To summarize, we have presented here both a full quantum and a semi-classical treatment for the 1-D cooling of a $J_g = 1/2 \longleftrightarrow J_e = 3/2$ atomic transition in a lin⊥lin laser configuration. The mechanism at the basis of the cooling is a Sisyphus effect in which a given atom climbs more than it goes down in its potential energy diagram. These two treatments are in good agreement concerning the minimal "temperature" achievable by this cooling mechanism (Eqs. 3.12-15).

We have also shown that, for light shifted energies much larger than the ones minimizing the atomic kinetic energy, the atoms get localized around the minima of the potential associated with the light shifts and we have indicated the two possible approaches to this situation depending on the nature of the atomic motion around the position of these minima (see Fig. 5).

We should emphazize that there are many other schemes leading to a Sisyphus type cooling, not necessarily requiring a gradient of ellipticity of the polarization of the laser light. For instance a combination of a σ_+ standing wave and of a magnetic field can lead in 1-D to a cooling of the same type [8, 12].

In a similar way, in 2-D or 3-D, the superposition of 2 or 3 standing waves having the same phase leads to a situation where the light is linearly polarized in any point, with a rotating polarization and with a spatially varying intensity, with nodes and antinodes. As the atoms move in this configuration, a Sisyphus effect may occurs for $J_g \geq 1$: it would involve a randomization of the population of the various ground-state sublevels around the nodes due to Landau–Zener type transitions, and optical pumping back into the most light shifted energy levels around the anti-nodes.

Consequently the model studied here should be considered as a particularly simple prototype of this type of cooling, but, on the other hand, the detailed algebra has probably to be readjusted for the study of any other Sisyphus type cooling mechanism.

We thank W.D. Phillips and C. Salomon for many stimulating discussions.

REFERENCES

[1] See for example the special issue of J.O.S.A. **B6** , November 1989.

[2] T.W. Hänsch and A. Schawlow, Opt. Commun. **13**, 68 (1975).

[3] D. Wineland and W. Itano, Phys.Rev. **A20**, 1521 (1979).

[4] P. Lett, R. Watts, C. Westbrook, W.D. Phillips, P. Gould and H. Metcalf , Phys.Rev.Lett. **61**,169 (1988).

[5] J. Dalibard, C. Salomon, A. Aspect, E. Arimondo, R. Kaiser, N.Vansteenkiste and C. Cohen-Tannoudji, in *Proceedings of the 11th Conference on Atomic Physics*, S. Haroche, J.C. Gay and G. Grynberg, eds (World Scientific, Singapore, 1989).

[6] S. Chu, D.S. Weiss, Y. Shevy and P.J. Ungar, in *Proceedings of the 11th Conference on Atomic Physics*, S. Haroche, J.C. Gay and G. Grynberg, eds (World Scientific, Singapore, 1989).

[7] J. Dalibard and C. Cohen-Tannoudji, J.O.S.A. **B6**, 2023 (1989).

[8] D. Weiss, P.J. Ungar and S. Chu, J.O.S.A. **B6**, 2072 (1989).

[9] see *e.g.* Y. Castin, H. Wallis and J. Dalibard, J.O.S.A. **6**, 2046 (1989) and ref. in.

[10] see *e.g.* J. Dalibard and C. Cohen-Tannoudji, J.Phys.**B18**, 1661 (1985).

[11] N.G. van Kampen, *Stochastic Processes in Physics and Chemistry*, North-Holland, 1981.

[12] B. Sheehy, S.Q. Shang, P. van der Straten, S. Hatamian and H. Metcalf, Phys.Rev.Lett. **64**, 858 (1990).

Paper 7.4

P. Verkerk, B. Lounis, C. Salomon, C. Cohen-Tannoudji, J.-Y. Courtois, and G. Grynberg, "Dynamics and spatial order of cold cesium atoms in a periodic optical potential," *Phys. Rev. Lett.* **68**, 3861–3864 (1992).

The coldest temperature which can be achieved by Sisyphus cooling corresponds to an "oscillating regime" where the atom oscillates several times in the bottom of the optical potential wells associated with the light shifts before undergoing an optical pumping cycle which changes its internal state (see paper 7.3). The theoretical approach developed by Y. Castin and J. Dalibard for analyzing such a regime [*Europhys. Lett.* **14**, 761 (1990)] predicts that there are well-resolved vibrational levels (more precisely energy bands) in the potential wells and that most of the atomic population is concentrated in the first two or three levels. This letter reports the experimental results giving evidence for such a quantization of atomic motion in an optical potential well.

The principle of the experiment is to measure the absorption spectrum of a weak probe beam. The observed spectra [Figs. 1(b) and 1(c)] exhibit sidebands which can be simply interpreted in terms of stimulated Raman transitions between adjacent vibrational levels (see Fig. 2). Their very small width reflects the existence of a Lamb–Dicke narrowing due to the strong localization of atoms in the bottom of the potential wells (the width of the lowest vibrational state is 25 times smaller than the laser wavelength). Subsequent experiments, measuring the fluorescence spectrum of the 1D molasses with a heterodyne technique, confirmed the existence of well-resolved vibrational levels [P. S. Jessen, C. Gerz, P. D. Lett, W. D. Phillips, S. L. Rolston, R. J. C. Spreeuw, and C. I. Westbrook, *Phys. Rev. Lett.* **69**, 49 (1992)].

In the experimental spectra of Figs. 1(b) and 1(c), there is also a very narrow central line which is interpreted here as giving evidence for a long range antiferromagnetic spatial order of atoms (atoms in two adjacent wells have opposite polarizations). The experiment described in this letter stimulated several attempts to extend such an effect to two and three dimensions in order to obtain periodic arrays of atoms trapped in very well-localized quantum states. These arrays have now been observed by several groups, in Paris, Munich, and Gaithersburg, and they are called "optical lattices." (For a review of the field, see the search and discovery paper of G. P. Collins in *Phys. Today*, June 1993, p. 17 and references therein).

Dynamics and Spatial Order of Cold Cesium Atoms in a Periodic Optical Potential

P. Verkerk, B. Lounis, C. Salomon, and C. Cohen-Tannoudji
Collège de France et Laboratoire de Spectroscopie Hertzienne de l'Ecole Normale Superieure, 24 rue Lhomond, F-75231 Paris, CEDEX 05, France

J.-Y. Courtois and G. Grynberg
Laboratoire de Spectroscopie Hertzienne de l'Ecole Normale Superieure, Université Pierre et Marie Curie, F-75252 Paris, CEDEX 05, France
(Received 23 March 1992)

The spatial distribution and the dynamics of Cs atoms in a 1D optical molasses are probed by measuring the absorption (or amplification) spectrum of a weak laser beam. Narrow (35–50 kHz) Raman lines give access for the first time to the frequency and to the damping of the atom's oscillation in the potential wells associated with light shifts. A narrower (8 kHz) Rayleigh resonance demonstrates the existence of a large-scale spatial order of the atoms, presenting some analogy with an antiferromagnetic medium.

PACS numbers: 32.80.Pj, 42.65.−k

Laser cooling is a very active subject in atomic physics [1]. Atoms confined in optical molasses have been cooled to microkelvin temperatures [2], providing an important test of the proposed polarization-gradient cooling mechanisms [3]. Theoretically, two 1D laser configurations have been studied in detail, the σ^+-σ^- and lin⊥lin configurations, where the two counterpropagating laser beams have, respectively, orthogonal circular and linear polarizations [3]. A full quantum treatment has been also performed for the lin⊥lin configuration, which predicts that the periodic character of the potentials associated with light shifts leads to vibrational levels for the atomic center of mass exhibiting a band structure [4]. The present Letter reports novel experiments using stimulated Raman and Rayleigh spectroscopy for probing the position distribution of the atoms in the light field and the dynamics of their motion. We measure for the first time the oscillation frequency of the atoms in the light potential. From the width of the Raman lines, we deduce the damping time of this oscillation, which exhibits a dramatic lengthening due to the spatial confinement of atoms to a fraction of optical wavelength (Lamb-Dicke effect) [5]. Furthermore, we get stimulated Rayleigh signals which give experimental evidence for a large-scale spatial order of the atomic gas presenting some analogy with an antiferromagnetic medium.

Contrary to previous work investigating Raman transitions for atoms in a 3D magneto-optical trap [6,7], we restrict ourselves to a 1D optical molasses of adjustable polarization state. This molasses is obtained as follows: Cesium atoms are cooled and trapped by three pairs of σ^+-σ^- counterpropagating beams in a magneto-optical trap. After this loading and cooling phase the inhomogeneous magnetic field is switched off and the intensity of each trapping beam is reduced from 5 mW/cm^2 to about 0.1 mW/cm^2. A pump wave of frequency ω made of two counterpropagating beams having σ^+-σ^- or linear crossed polarizations (lin⊥lin) is then switched on. A 1D molasses is achieved in a transient way (the atomic density decreases with a time constant of 5–50 ms because of the transverse heating induced by the pump beams). We monitor the transmitted intensity of a weak traveling probe wave of frequency ω_p making a 3° angle with the pump wave. All laser beams are derived from a frequency-stabilized diode laser (jitter < 1 MHz) and are independently tuned to the red side of the $6S_{1/2}(F=4) \rightarrow 6P_{3/2}(F'=5)$ transition. Typical intensities for the pump and probe beams are, respectively, $I=5$ mW/cm^2 and $I_p=0.1$ mW/cm^2. We show in Fig. 1 the probe absorption spectrum versus ω_p for two different configurations of polarization of the pump beams. In Fig. 1(a), these beams are in the σ^+-σ^- configuration whereas in Figs. 1(b) and 1(c) they have linear orthogonal polarizations. Figure 1(b) corresponds to the probe polarization orthogonal to that of the pump wave which propagates in the same direction; in Fig. 1(c), it is parallel. The difference between Figs. 1(a) and 1(b),1(c) is striking. While the absorption varies smoothly over a range of about 500 kHz in the σ^+-σ^- case, much sharper structures are observed in the lin⊥lin case. First, one observes two narrow resonances [width ~35 kHz in Fig. 1(b) and ~50 kHz in Fig. 1(c)] symmetrically located with respect to $\omega_p=\omega$ and corresponding to extra absorption for $\omega_p-\omega>0$ and to gain for $\omega_p-\omega<0$. For a pump detuning of $\delta=-10$ MHz, the position Ω_v of the maximum of these lateral resonances varies as $I^{0.4}$. Second, spectra shown in Figs. 1(b) and 1(c) exhibit a very steep central structure which depends on the orientation of the probe polarization. The narrowest resonance [Fig. 1(c)] appears to be dispersive with a peak-to-peak separation of 8 kHz [8].

We interpret these resonances as follows. In the σ^+-σ^- case, the ground-state light shifts do not depend on space, and there are no bounds states in the optical potential. Furthermore, as shown in a preceding paper [6], the transmission probe spectrum involves on one hand Raman transitions between Zeeman sublevels which are populated differently and light shifted and on the other hand

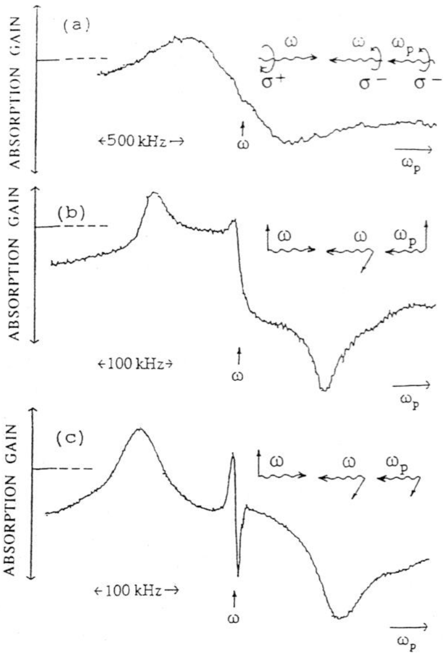

FIG. 1. Probe absorption spectrum for three different polarization configurations. (a) σ^+-σ^- polarized pump waves. The signal is 2% of the probe intensity and the shape is insensitive to the probe polarization (experimental frequency resolution of ~10 kHz). (b) lin⊥lin polarized pump waves (probe has a linear polarization perpendicular to the polarization of the copropagating pump wave). (c) Same as (b) but with a probe polarization parallel to the one of the copropagating pump wave. In (b) and (c), the frequency resolution is ~3 kHz and signals are typically 10% of the probe intensity. Note the difference of scales on the frequency axis between (a) and (b),(c).

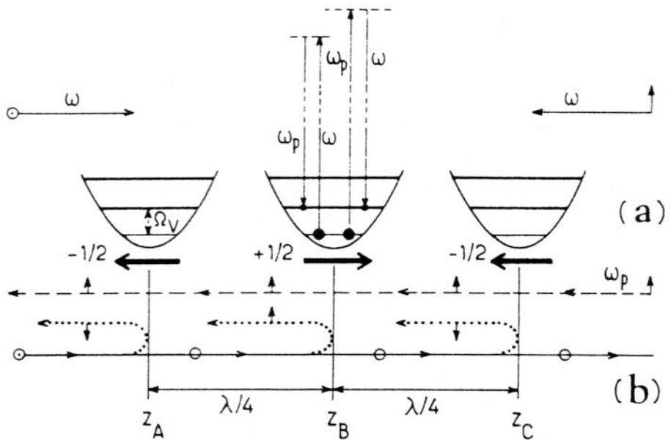

FIG. 2. (a) Bottom part of three adjacent optical potential wells for a $F=\frac{1}{2}\rightarrow F'=\frac{3}{2}$ transition in a lin⊥lin pump configuration. These potential wells are alternatively associated with ground-state sublevels $m_J=-\frac{1}{2}$ and $m_J=\frac{1}{2}$ as shown in the figure. The magnetizations in successive planes have opposite signs as in an antiferromagnetic medium. The vertical arrows represent Raman processes between $v=0$ and $v=1$ vibrational levels, leading to an absorption or an amplification of the probe beam. More generally, all transitions $v\rightarrow v\pm 1$ contribute to the Raman lines shown in Figs. 1(b) and 1(c) in a way which depends on the probe polarization. This explains the difference in the widths of the Raman resonances. (b) Interpretation of the central narrow structure for the configuration of Fig. 1(c). The pump beam coming from the left (solid line) is backscattered by the magnetization planes in z_A, z_B, and z_C. The backscattered waves (dotted lines) undergo a rotation of polarization and can interfere with the probe wave coming from the right (dashed line). The change of sign of the rotation of polarization due to the change of sign of the magnetization (represented by a bold arrow) compensates for the π phase shift due to propagation between successive planes.

two-wave mixing resonances [9,10]. The width of the resonances in Fig. 1(a) is on the order of the optical pumping rate (typically 0.5 MHz in our experimental conditions), which varies linearly with the laser intensity as does the peak-to-peak distance of Fig. 1(a).

In the case of crossed linear polarizations, the light shifts display a periodic spatial modulation (period $\lambda/2$). To interpret the results, we consider the simple case of a $F=\frac{1}{2}\rightarrow F'=\frac{3}{2}$ transition [4]. Each Zeeman sublevel $m_F=\pm\frac{1}{2}$ has a well-defined spatially modulated light shift as depicted in Fig. 2. Near the bottom of the potential wells the atomic medium is alternatively polarized: $\langle J_z\rangle$ changes sign every $\lambda/4$. When the light shifts are sufficiently large, several well-separated bands are predicted in the potential wells associated with the light shifts [4]. The energy separation $\hbar\Omega_v$ between two consecutive bands near the bottom of the potential is proportional to the Rabi frequency, i.e., to $\sqrt{I}$. We thus interpret the lateral resonances of Figs. 1(b) and 1(c) in terms of Raman transitions between adjacent bands as illustrated in Fig. 2. The slight discrepancy between the $I^{1/2}$ law and the experimentally observed $I^{0.4}$ law may result from a weak saturation of the atomic transition. Note that these Raman transitions involve only the atom's external degrees of freedom, within a given m_J manifold. One unexpected feature of these Raman resonances is that their width is almost 1 order of magnitude smaller than the optical pumping rate. This result is very surprising since one would expect the Raman coherence between two bands to be destroyed by an absorption–spontaneous-emission cycle. Actually, a large amount of coherence is preserved during such a cycle because of the spatial localization of atoms. An atom leaving, by absorption, a localized vibrational state with $m_F=\frac{1}{2}$ has a probability close to 1 to return to the same state. First, the probability that m_F changes is very small because the polarization of the laser field is nearly pure σ^+ for a localized $m_F=\frac{1}{2}$ state, and the absorption of a σ^+ photon brings the atom into $m_{F'}=\frac{3}{2}$ from where it can only return to $m_F=\frac{1}{2}$. Second, the probability that the vibrational quantum number changes is also very small. More precisely, since the transfer of momentum $\hbar\Delta k$ in the scattering process is small compared to the width of the initial wave function in momentum space (because of spatial localization), the atomic state at the end of the scattering process has a very small overlap with the other vibrational wave functions (Lamb-Dicke effect). The damping rate of the coherence between two vibrational levels is thus considerably reduced because several absorption-spontaneous-emission cycles are required to destroy this coherence [11]. The localization assumption is consistent with the spatial extent $[(2\hbar/M\Omega_v)^{1/2}]$ of the ground-state wave function which is on the order of $\lambda/25$ for $\Omega_v/2\pi=120$ kHz.

We now sketch a physical interpretation of the narrow central structures of Figs. 1(b) and 1(c), by studying how the probe changes the populations of the vibrational states in each potential well and then, by considering the interference between the probe field and the field scattered from the pump beams, by these probe-induced changes of populations. Consider first the case of Fig. 1(b). In order to qualitatively understand the effect of the probe, we combine the copropagating pump beam with the probe. The resulting field is space independent and has a time-dependent polarization which has alternatively a dominant σ^+ or σ^- component, the period being $2\pi/|\omega-\omega_p|$. When the dominant component is σ^+ polarized, optical pumping redistributes the atomic population between the various vibrational states and results in a global departure from the potential wells associated with $m_F=-\frac{1}{2}$ towards those corresponding to $m_F=+\frac{1}{2}$. This optical pumping gives rise to a net magnetization along Oz (i.e., with a nonzero spatial integral), which is modulated at $|\omega-\omega_p|$ and which is phase shifted with respect to the exciting field because the response times of the populations of the various vibrational levels are nonzero. Consider now the effect of such a modulated magnetization on the pump beam ω copropagating with the probe. The polarization of the pump beam undergoes a modulated Faraday rotation, so that the transmitted pump beam has a small component having the same polarization (and also the same frequency ω_p and direction of propagation) as the probe beam and can thus interfere with it [12]. As shown in [10], the energy transfer from the pump beam to the probe beam or vice versa varies with $\omega_p-\omega$ as a dispersion curve with extrema for $|\omega-\omega_p|\simeq 1/\tau$, where τ is the response time of the populations. The interference process considered here involves a forward scattering of the pump wave, so that all population changes in all vibrational levels are probed. Several different response times are thus involved and the central structure results from the superposition of several dispersion curves with different widths, which explains its uncommon shape.

We consider now the case of Fig. 1(c). As above, we combine the copropagating pump beam with the probe. The resulting field has then a fixed linear polarization but its intensity is modulated. When this intensity is maximum, the resulting field adds everywhere an equal amount of σ^+ and σ^- light. The transfers due to optical pumping between the potential wells associated with $m_F=\pm\frac{1}{2}$ balance each other and no net magnetization appears in the sample. The only effect of the probe is to change the population of each vibrational state, the total population in each potential well remaining the same. These population changes are modulated at $|\omega-\omega_p|$ and phase shifted with respect to the exciting field. We now analyze the effect on the pump beams of the population redistribution between the vibrational levels. We have represented in Fig. 2 three successive potential wells corresponding to $m_F=-\frac{1}{2}$, $m_F=+\frac{1}{2}$, and $m_F=-\frac{1}{2}$, located, respectively, at z_A, z_B, and z_C with $z_B-z_A=z_C-z_B=\lambda/4$. The pump beam coming from the left is backscattered by the magnetization associated with the atoms occupying the potential well in $z=z_A$. The backscattered wave undergoes a change of polarization and a change of frequency, so that it has a component having the same polarization, the same frequency, and the same direction of propagation as the probe beam coming from the right. We now show that the waves backscattered by the magnetization planes in $z=z_A$, $z=z_B,\ldots$ interfere constructively. The phase shift due to the propagation between the waves backscattered in z_A and z_B is equal to π, since $z_B-z_A=\lambda/4$. However, the magnetizations in two successive planes $z=z_A$ and $z=z_B$ are opposite (as in an antiferromagnetic medium), so that the rotation of the polarization has an opposite sign in $z=z_A$ and $z=z_B$ (see Fig. 2) and this change of sign compensates for the π phase shift due to propagation. The interference of the total backscattered wave with the probe wave gives rise to a two-wave mixing signal which has a dispersion shape and a width corresponding to the inverse of the response time of the involved vibrational levels. So far, we have considered only magnetization planes. The wave functions of the vibrational levels have actually a certain width δz along Oz. If δz is too large, the waves backscattered by the right part and the left part of the wave function interfere destructively. This shows that the two-wave mixing signal will come predominantly from the localized vibrational levels. The observation of such a signal is thus a direct evidence for a spatial order of the atoms. Since the time required to reach the population equilibrium for these localized levels is very long (because of the Lamb-Dicke effect), one understands why the central structure of Fig. 1(c) is so narrow [13].

Our qualitative interpretations are supported by a calculation of the probe absorption spectrum, based on the formalism of [4]. Theoretical spectra, in reasonable agreement with those of Fig. 1, will be reported in a forthcoming publication. We conclude this Letter by summarizing the information contained in the spectra of Figs. 1(b) and 1(c). The position of the Raman sidebands gives the oscillation frequency of the atom in the optical potential wells of Fig. 2. The narrow width of these sidebands, in comparison with the width observed when atoms are not localized [Fig. 1(a)], is a clear evidence for a lengthening of the dephasing time of the atom oscillatory motion due to the Lamb-Dicke effect. The very narrow central structure of Fig. 1(c) is due to a backward Bragg diffraction of one of the two pump beams by a large-scale spatially ordered structure consisting of equidistant sets of localized atoms, separated by $\lambda/4$, the magnetizations in two successive sets being opposite, as in an antiferromagnetic medium.

We are grateful to J. Dalibard and Y. Castin for fruitful discussions. Laboratoire de Spectroscopie Hertzienne is a unité de recherche de l'Ecole Normale Supérieure et de l'Université Pierre et Marie Curie, associée au CNRS. This work has been supported by DRET (No. 89214) and CNES (No. 910414).

[1] See, for example, *Laser Manipulation of Atoms and Ions*, edited by E. Arimondo and W. D. Phillips, Varenna Summer School, 1991 (North-Holland, Amsterdam, 1992).

[2] C. Salomon, J. Dalibard, W. D. Phillips, A. Clairon, and S. Guellati, Europhys. Lett. **12**, 683 (1990); C. Monroe, W. Swann, H. Robinson, and C. Wieman, Phys. Rev. Lett. **65**, 1571 (1990).

[3] J. Dalibard and C. Cohen-Tannoudji, J. Opt. Soc. Am. B **6**, 2023 (1989); P. J. Ungar, D. S. Weiss, E. Riis, and S. Chu, J. Opt. Soc. Am. B **6**, 2058 (1989); C. Cohen-Tannoudji and W. D. Phillips, Phys. Today **43**, No. 10, 33 (1990).

[4] Y. Castin and J. Dalibard, Europhys. Lett. **14**, 761 (1991).

[5] Localization of atoms in wavelength-size potentials has been observed in 3D molasses by C. I. Westbrook, R. N. Watts, C. E. Tanner, S. L. Rolston, W. D. Phillips, P. D. Lett, and P. L. Gould, Phys. Rev. Lett. **65**, 33 (1990), and by N. P. Bigelow and M. G. Prentiss, Phys. Rev. Lett. **65**, 29 (1990).

[6] D. Grison, B. Lounis, C. Salomon, J.-Y. Courtois, and G. Grynberg, Europhys. Lett. **15**, 149 (1991).

[7] J. W. R. Tabosa, G. Chen, Z. Hu, R. B. Lee, and H. J. Kimble, Phys. Rev. Lett. **66**, 3245 (1991).

[8] The widths of these resonances are much narrower than the laser jitter. This is not surprising because they correspond to Raman or Rayleigh processes which involve frequency differences between two sources derived from the same laser. The relative frequency jitter of the two sources has been independently measured to be less than 0.2 kHz.

[9] G. Grynberg, E. Le Bihan, and M. Pinard, J. Phys. (Paris) **47**, 1321 (1986).

[10] G. Grynberg, M. Vallet, and M. Pinard, Phys. Rev. Lett. **65**, 701 (1990).

[11] When increasing the pump intensity I, the optical pumping rate increases but the localization becomes more pronounced. This is why the width of the Raman resonances grows with I more slowly than the optical pumping rate, as observed experimentally.

[12] The fact that the experiment is made with a small angle between the probe and pump beams does not invalidate this explanation. The important point is that the scattering of the pump wave on the induced magnetization creates a wave which does propagate in the probe direction. See [9].

[13] The previous analysis considered only the scattering of one of the two pump beams by a modulated magnetization. Other scattering processes should also be included to fully describe the central resonances. For example, in the configuration of Fig. 1(b), the $m_F = -\frac{1}{2}$ and $m_F = \frac{1}{2}$ potential wells are alternatively depleted. The backscattering of the counterpropagating pump beam by such a population grating gives rise to a wave that can interfere with the probe wave and thus yields other two-wave mixing contributions to the central resonance. More generally, for angular momenta in the ground state higher than $\frac{1}{2}$, one should also consider the effect of a modulated alignment.

Paper 7.5

D. J. Wineland, J. Dalibard, and C. Cohen-Tannoudji, "Sisyphus cooling of a bound atom," *J. Opt. Soc. Am.* **B9**, 32–42 (1992).

This paper shows that the theory of sub-Doppler cooling using a Sisyphus effect does not apply only to neutral atoms. It can be extended to ions bound in a trap.

When the vibration frequency ω_v in the trap is large compared to the natural width Γ of the excited state, which is a very frequent case in the laser cooling of ions, Doppler cooling leads to temperatures on the order of $\hbar\Gamma/k_B$. Several vibrational levels ($\sim \Gamma/\omega_v$) are then populated. This paper shows that by applying an intensity gradient on the bound particle, position-dependent light shifts and position-dependent optical pumping rates appear, which can give rise to a Sisyphus effect. The equilibrium temperature is calculated in the Lamb–Dicke regime and found to be much smaller than the Doppler limit $\hbar\Gamma/k_B$. A very small number of vibrational levels are then populated, as in the case of resolved sideband cooling, when ω_v is large compared to Γ. Such a Sisyphus cooling of a bound particle has not yet been observed experimentally.

Sisyphus cooling of a bound atom

D. J. Wineland

Time and Frequency Division, National Institute of Standards and Technology, Boulder, Colorado 80303

J. Dalibard and C. Cohen-Tannoudji

Laboratoire de Spectroscopie Hertzienne de l'Ecole Normale Supérieure, and Collège de France, 24, Rue Lhomond, F-75231 Paris Cedex 05, France

Received May 28, 1991; revised manuscript received September 6, 1991

Cooling that results from optical dipole forces is considered for a bound atom. Through optical pumping, the atom can be made to feel decelerating optical dipole forces more strongly than accelerating optical dipole forces. This effect, which has previously been realized for free atoms, is called Sisyphus cooling. A simple model for a bound atom is examined in order to reveal the basic aspects of cooling and heating when the atom is confined in the Lamb–Dicke regime. Results of semiclassical and quantum treatments show that the minimum energy achieved is near the zero-point energy and can be much lower than the Doppler cooling limit. Two practical examples that approximate the model are briefly examined.

1. INTRODUCTION

Interest in laser-cooled atoms and atomic ions has continued to increase over the past few years. The simplest cooling scheme that has been proposed is called Doppler cooling, in which the atom experiences a damping force owing to spontaneous scattering of light.[1] This cooling applies to a two-level system. That is, it can be explained by a consideration of scattering between a single ground state and a single optically excited state. It leads to minimum temperatures (the Doppler cooling limit) $T_D \simeq \hbar\Gamma/2k_B$ when $\hbar\Gamma \gg R$. Here $2\pi\hbar$ is Planck's constant, Γ is the decay rate from the excited state, k_B is Boltzmann's constant, and $R = (\hbar k)^2/2m$ is the recoil energy, where $\lambda = 2\pi/k$ is the wavelength of the exciting radiation and m is the mass of the atom. For strongly allowed (large-Γ) electric dipole transitions in atoms and ions, this leads to temperatures of approximately 1 mK.

In 1988 an important experiment by the group of Phillips at the National Institute of Standards and Technology, Gaithersburg, Maryland,[2] showed that temperatures of laser-cooled sodium atoms were substantially below the minimum temperature predicted theoretically for two-level systems. A theoretical analysis and subsequent experiments[3–8] showed that the new cooling mechanisms responsible for these low temperatures were based on a combination of several effects such as optical pumping between more than one ground-state sublevel, light shifts, and polarization or intensity gradients.

The idea of the new cooling mechanisms is that laser beam electric fields **E** create a polarization **d** in an atom that depends on the ground-state sublevel and on the laser polarization. This dipole interacts with the laser field, and the reactive part of this interaction induces an energy shift of the ground-state sublevels, which varies from one ground-state sublevel to the other. This shift is called the light shift or the ac Stark shift. If the laser intensity or the laser polarization varies in space, these light shifts, which are now position dependent, give rise to a dipole or ponderomotive force equal in magnitude to the gradient of the atomic energy. Optical pumping takes place between the sublevels, so if the laser polarization/intensity varies in space, the relative populations of the ground-state sublevels are also position dependent. For an atom moving arbitrarily slowly in a spatially periodic light field, the averaged force is equal to zero, because the deceleration force experienced by the atom in the ascending parts of the potential curves (associated with the position-dependent light shifts) is offset by the acceleration felt in the descending parts. However, optical pumping takes a finite time to occur (the pumping time τ_P is inversely proportional to the laser intensity I). Therefore, in general, for a moving atom, it is possible to arrange the laser tuning and the polarization/intensity gradients so that the atom has time to run up one of the dipole potential hills (thereby losing kinetic energy) before being optically pumped into another ground-state sublevel where the dipole potential has less effect on the kinetic energy. After a while, the atom is returned by optical pumping (or by some other relaxation mechanism) to the original ground state, and the process is repeated. Since the atom appears to be running up the potential hills more than down, this cooling has been called Sisyphus cooling after the Greek myth[9] (see also Refs. 10 and 11). Cooling that is due to static electric and magnetic fields in combination with optical pumping has also been considered.[12,13]

The Sisyphus cooling mechanism was first introduced for a two-level atom moving in a high-intensity laser standing wave.[9] The required multilevel structure of the atom was then provided by the dressed states of the atom in the strong laser field. However, the time lag appearing between the dressed-state populations of a moving atom and the corresponding populations of an atom at rest is, for a two-level atom, of the order of the radiative lifetime $\tau_R = \Gamma^{-1}$ of the atomic excited state. At low intensity the optical pumping time τ_P for a multilevel atom can be much longer than τ_R. Because of this, the new cooling mechanisms based on optical pumping and light shifts can lead

0740-3224/92/010032-11$05.0C

to friction coefficients as high as Sisyphus cooling for two-level atoms but at lower intensity, since, with longer time lags ($\tau_P \gg \tau_R$), smaller velocities can give rise to comparable decelerations.[3]

Doppler cooling exhibits the damping of the spontaneous scattering force, whereas Sisyphus cooling uses the decelerating effect of the dipole force combined with a dissipation of potential energy by spontaneous Raman processes. For completeness, it is useful to identify a third kind of cooling, which may be regarded as due to optical pumping of the atom into a low-energy state that no longer interacts with the laser. Velocity-selective coherent population trapping[8,14] and resolved sideband cooling of trapped ions[15,16] are of this category. In both cases the atoms (ions) are pumped into low-energy states that interact only weakly with the laser. This interaction becomes weaker the smaller the velocity becomes or, in the case of sideband cooling, the narrower the cooling transition is. Related schemes, which put atoms into a low-energy state that no longer interacts (or interacts weakly) with the laser light, have been proposed.[17]

Sisyphus or polarization-gradient cooling[8] has been an important development for cooling and manipulation of atoms. For free atoms Sisyphus cooling gives temperatures down to values where the kinetic energy of the atoms is approximately equal to the depth of the potential wells associated with the position-dependent light shifts. This limit applies down to the point where the dipole well energies are of the order of the recoil energy R, in which case the limiting energy is approximately equal to R.

In this paper we investigate the possibility of extending the Sisyphus cooling mechanism to trapped atoms or ions. We propose a specific scheme and show that it can lead to temperatures much lower than the Doppler limit. Instead of permitting the atom to move freely in space, we assume that the atom is bound to a localized region of space by some external potential. We assume that the intensity gradient is due to a standing-wave laser field. By a localized region of space we mean a region whose spatial extent is much smaller than the wavelength of the cooling laser divided by 2π (e.g., k^{-1}). That is, the atom is confined in the Lamb–Dicke regime. For simplicity of discussion, the atom is assumed to be bound in one dimension by a harmonic well characterized by the oscillation frequency ω_v. The spread of the minimum-energy state is given by $x_0 = (\hbar/2m\omega_v)^{1/2}$, where m is the atomic mass. The spatial extension of the wave functions then scales as x_0, and the condition $x_0 <$ (spatial extent) $\ll 1/k$ is equivalent to $\hbar\omega_v \gg R$. When $R \gg \hbar\omega_v$, the atom, even when it is near its cooling limit, will always sample many peaks and valleys of the standing-wave laser field, and the cooling limit should be adequately described by the theory for free atoms.

For a two-level bound atom the Doppler cooling limit is achieved when the natural width Γ of the optical transition is much larger than the oscillation frequency ω_v[1] and $R/\hbar$. The opposite condition, $\Gamma \ll \omega_v$, corresponds to what is called resolved sideband cooling. In this regime it has been shown[15,16] that it is possible to achieve conditions in which the difference between the minimum energy and the zero-point energy is less than the recoil energy as long as $\omega_v \gg R/\hbar$. (For this case, however, $k_BT > \hbar\Gamma$.) In order to compare Doppler cooling and Sisyphus cooling in the same conditions, we will therefore assume here that $\Gamma \gg \omega_v$. The main result of this paper is that, when $\Gamma \gg \omega_v$ and $\hbar\omega_v \gg R$, Sisyphus cooling leads to minimum temperatures T_s such that $k_BT_s \simeq \hbar\omega_v$, whereas Doppler cooling leads to temperatures T_D such that $k_BT_D \simeq \hbar\Gamma$, that is, higher than T_s by a factor of Γ/ω_v.

To illustrate the basic ideas, we consider a simple model system, which is described in Section 2. More-complicated cases can be generalized from this example. From a semiclassical treatment (atomic motion treated classically) given in Section 3, we will be able to derive cooling rates and limits. From this treatment we will see that the minimum energies are approximately equal to $\hbar\omega_v$. At these energies we might expect quantum effects of the motion to be important, so we will examine the cooling limits, treating the motion quantum mechanically in Section 4. In Section 5 we briefly compare the cooling rates and limits achieved here with those obtained from Doppler cooling. Although the model was chosen to be simple enough to show the basic effects, in Section 6 we examine a couple of possible experimental examples that closely approximate the simple model.

2. MODEL

A. Atomic Level Structure and Laser Configuration

We consider Sisyphus cooling of a single bound atom. We assume that the atom's internal structure is represented by three levels as shown in Fig. 1. We label these levels g for ground state, e for excited state, and r for reservoir state. We assume that the transition $g \to e$ is an electric dipole transition excited by a standing-wave laser beam whose frequency ω is tuned above the resonance frequency ω_0 for this transition by an amount δ (where all frequencies are expressed in radians per second). Level e spontaneously decays at rate Γ. It decays to level r with branching fraction β and to level g with branching fraction $1 - \beta$. We assume that the laser's intensity and detuning are such that the fraction of time the atom spends in the excited state is negligible. We assume that level r is transferred back to level g at a rate $R_{r\to g}=1/T_r$, where the duration of the transfer process is so short ($\ll T_r$) that one can consider the position of the ion as remaining unchanged during the transfer. We assume that the atom is confined to one dimension (the x direction) by a harmonic well U_0 [Fig. 1(b)] characterized by the atom oscillation (or vibration) frequency ω_v. Here, U_0 is assumed to be an external potential that is independent of the laser beam. When the atom spontaneously decays from level e, the direction of photon emission is assumed parallel (or antiparallel) to the atom's motion. We assume that $E_e - E_g \gg |E_r - E_g|$, so that the effect of recoil heating is mathematically simple. These simplifying assumptions will not qualitatively affect the results for other, more complicated cases.

A key element in Sisyphus cooling is that the energies of the dressed states or of the light-shifted ground-state sublevels vary along the direction of the atomic motion. Such a situation will be achieved here if we take a laser intensity that varies linearly with x over the range of atomic motion. We are concerned mainly with the case in which this intensity gradient is due to a laser standing wave along the x direction (see also Appendix A). We then

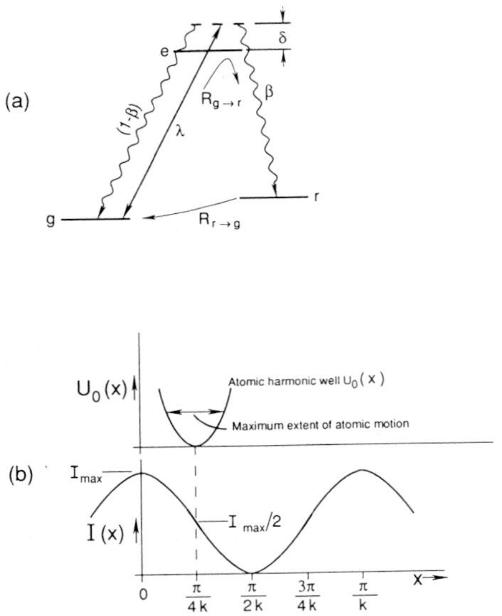

Fig. 1. Model system. (a) The atom has three internal energy levels: g, e, and r. A standing-wave laser beam drives $g \to e$ above its resonance frequency. Level e decays with branching fraction β to level r and with branching fraction $1 - \beta$ to level g. Transfer from level r to g occurs at a rate $R_{r\to g}$. (b) The atom is assumed to be confined by a harmonic well in the x direction. The maximum extent of the atom's motion is assumed to be less than $\lambda/2\pi$ (Lamb–Dicke regime).

write the laser electric field (classically) as

$$\mathbf{E} = (\mathbf{E}_{max}/2)[\cos(kx - \omega t) + \cos(kx + \omega t)] = \mathbf{E}_{max} \cos \omega t \cos kx\,, \tag{1}$$

where x is the atom's position and the wave vector $k = 2\pi/\lambda$, where λ is the laser wavelength. According to Eq. (1), the laser intensity $I(x)$ varies as $\cos^2(kx)$, as shown in Fig. 1(b). Sisyphus cooling will be most efficient when the intensity gradient is a maximum; this occurs at the half-intensity point of the standing wave. Therefore we assume that the atom's average position is near $x = \pi/4k$ [Fig. 1(b)]. The linear variation of the light shift of level g with x over the range of the atom's motion follows from the localization assumption: The extent of the atom's motion is less than $\lambda/2\pi$ (Lamb–Dicke regime).

In this paper we focus on the regime

$$R_{g\to r}, R_{r\to g} \ll \omega_v \ll \Gamma \ll \delta, \tag{2}$$

where $R_{g\to r}$ and $R_{r\to g}$ are, respectively, the rates of transfer from g to r when the atom is in level g and from r to g when the atom is in level r. We also assume that the laser intensity is weak enough to avoid any saturation of the $g \to e$ transition. That is,

$$s \equiv \frac{2\omega_1^2}{4\delta^2 + \Gamma^2} \ll 1. \tag{3}$$

In Eq. (3), s is the saturation parameter and $\omega_1 = \langle e|\mathbf{d}|g\rangle \cdot \mathbf{E}_{max}/\hbar$ is the Rabi frequency. In this low-saturation regime the population of the excited state is small, and we can derive rate equations for the evolution of the lower states r and g.

The condition $\Gamma \ll \delta$ implies that the light shift of g [Eqs. (13) below] is larger than the contribution to the width of this level that is due to the photon scattering rate. The condition $\omega_v \ll \Gamma$ has already been discussed in Section 1 as defining the regime in which the Doppler limit is achieved for a two-level bound atom. In a point of view in which the atomic motion is treated classically (semiclassical approach), the condition $R_{g\to r}, R_{r\to g} \ll \omega_v$ means that the bound atom makes several oscillations in the harmonic binding potential before being transferred from g to r or from r to g. It is then possible to neglect the variation with space of the populations of levels g and r and to consider only their average over an oscillation period. This greatly simplifies the calculation of the rate of variation of the atomic external energy in the semiclassical approach. From a fully quantum point of view, in which the atomic motion is quantized, the condition $R_{g\to r}$, $R_{r\to g} \ll \omega_v$ means that the width of the vibrational levels in the binding potential, owing to the excitation rates from g or r, is smaller than the spacing $\hbar\omega_v$ between these levels. This introduces a similar simplification into the calculations, since it permits a secular approximation to be used. The secular approximation consists in neglecting, in the master equation describing the evolution of the atomic density matrix σ, any coupling between the populations of the vibrational levels and the off-diagonal elements of σ. In this way we can obtain a set of equations involving only the populations of the vibrational levels, which has a simple interpretation in terms of transition rates. This is an example of a situation in which the rate of variation of atomic internal variables ($R_{g\to r}, R_{r\to g}$) is slower than the rate of variation of external variables (ω_v). A similar example was recently studied in connection with the quantization of atomic motion in optical molasses.[18]

B. Qualitative Explanation of the Cooling

For $\delta > 0$, as shown in Fig. 1(a), the electric field of the laser shifts the level g to higher energy. Because $s \ll 1$, the atom is primarily in g or r. When it is in the state g (more precisely, in the dressed state, which contains the larger admixture of g), it is subject to an additional potential energy $U_L(x)$, which is a function of x proportional to the laser intensity. For the conditions of Fig. 1(b) the effect of this potential for the limited range of the atom's motion is to give an additional force in the $+x$ direction.

A crude explanation of the Sisyphus cooling is the following: As the atom oscillates back and forth (with frequency ω_v) in the well $U_0(x)$, it experiences an additional potential hill $U_L(x)$ sloping down toward the $+x$ direction. The atom is more likely to be transferred to level r by spontaneous Raman scattering when it is in regions of higher intensity. Therefore the predominant effect is that, after the atom runs up the laser hill $U_L(x)$ in the $-x$ direction (therefore losing kinetic energy), it is transferred to level r, where $U_L(x) = 0$. After a time of order T_r it is transferred back to level g, where on the average it must run up the hill $U_L(x)$ again before being transferred to level r. This leads to a net cooling effect.

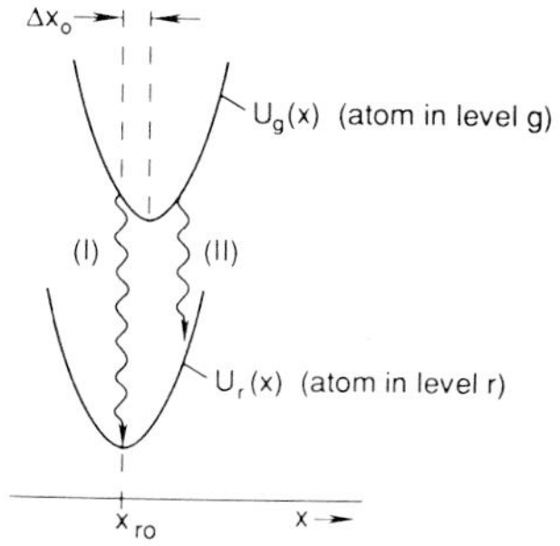

Fig. 2. Qualitative explanation of the cooling. When the atom is in state r, it experiences the confining potential $U_r(x)$, which is unperturbed by the laser fields. When the atom is in level g, the potential well is shifted in the $+x$ direction by the dipole force of the laser. This shifted potential is represented by $U_g(x)$. The laser excitation is assumed to be weak enough that the atom spends a negligible amount of time in level e. Therefore the spontaneous Raman transitions $g \to e \to r$ can be represented by transitions between g and r such as those indicated by (I) and (II) in the figure. Process (I) is favored more than process (II) because, when the atom is on the left-hand side of the well U_g, the chance of $g \to e$ excitation is higher since the laser intensity is higher [see Fig. 1(b)]. Process (I) leads to cooling because the atom drops to a lower part of the well U_r. Process (II) causes heating and, along with the heating resulting from recoil, eventually balances the cooling, resulting in a minimum energy.

A more accurate explanation is the following: When the atom is in the state g, it experiences the combined potential $U_0 + U_L = U_g$, which is a well with frequency ω_v shifted by an amount Δx_0 in the $+x$ direction (upper part of Fig. 2). When the atom oscillates in the $-x$ direction in the well U_g, it is more likely to be transferred to level r by spontaneous Raman scattering because the laser intensity is higher. It can therefore drop into a lower part of the unshifted well $U_r(x) = U_0(x)$, keeping the same position x since the duration Γ^{-1} of the transfer process is much smaller than the oscillation period ω_v^{-1} in the binding potential. It therefore loses potential energy [process (I) of Fig. 2]. After a time of order T_r (which is independent of the position x), the atom is transferred back to level g and the process is repeated. Heating, as illustrated by process (II) in Fig. 2, in which the atom gains potential energy, can also occur but is less favored because the laser intensity is less in the $+x$ direction.

Spontaneous Raman scattering ($g \to e \to r$) occurs at a rate proportional to the intensity, which according to Eq. (1) can be expressed as

$$R_{g\to r} \propto \frac{E_{\max}^2}{2}\cos^2(kx) \simeq I\left(x = \frac{\pi}{4k}\right)\left[1 - 2k\left(x - \frac{\pi}{4k}\right)\right]. \tag{4}$$

The term $-2kxI(x = \pi/4k)$ is responsible for the cooling. The term that is independent of x causes heating because of two effects. First, for each scattering event, photon recoil causes an average increase in energy $2R$.[19] Second, when the atom changes from level g to level r, the well switches from U_g to U_r. As we will see in Section 3, the corresponding potential energy change, when it is averaged over one oscillation period, leads to heating. A similar effect occurs in the transitions from r to g. The balance of the cooling with these sources of heating yields the minimum kinetic energy for the atom. Since $\delta > 0$, there is some additional Doppler or spontaneous force antidamping that tends to increase the atom's energy; this is shown in Subsection 5.B to be negligible for the conditions assumed here.

The cooling is the same when the atom's well is in a region of positive slope [e.g., $x = 3\pi/4k$ in Fig. 1(b)]. The cooling effect goes to zero when the well is centered at points of zero slope [e.g., $x = 0$, $\pi/2k$, and π/k in Fig. 1(b)].

3. SEMICLASSICAL TREATMENT

In this section we treat the external motion of the atom classically. Such treatment, often called semiclassical, is valid if the atomic de Broglie wavelength is small compared with the length scale (the light wavelength λ) over which the field varies.[20] In principle, it should also require that the extension of the atomic wave packet be much larger than the size of the ground state of the confining potential. Actually, we will see that the latter condition can be dropped, and the semiclassical and quantum results are identical even if the atom is mostly in the ground state of the well.

A. Internal Atomic Dynamics

The internal states of the atom are treated quantum mechanically. In the low-intensity domain of interest here [relation (3)], the optical Bloch equations, giving the evolution of the atomic density operator, can be simplified by an adiabatic elimination of the optical coherences (off-diagonal matrix elements of the density operator between ground and excited states). We are then left with a set of rate equations for the populations π_j $(j = g, r, e)$ of the atom's three internal levels[20,21]:

$$\dot{\pi}_g = -R_{g\to e}(x)(\pi_g - \pi_e) + R_{r\to g}\pi_r + (1-\beta)\Gamma\pi_e, \tag{5a}$$

$$\dot{\pi}_e = R_{g\to e}(x)(\pi_g - \pi_e) - \Gamma\pi_e, \tag{5b}$$

$$\dot{\pi}_r = -R_{r\to g}\pi_r + \beta\Gamma\pi_e, \tag{5c}$$

where

$$R_{g\to e}(x) = (\Gamma s/2)\cos^2(kx). \tag{6}$$

Since we have assumed that $s \ll 1$, the scatter rate $R_{g\to e}(x)$ is much smaller than Γ and the population of the excited state, π_e, is small compared with 1. For times long compared with Γ^{-1}, we have therefore approximately

$$\pi_e = \pi_g(s/2)\cos^2(kx), \tag{7}$$

$$\dot{\pi}_g = -R_{g\to r}(x)\pi_g + R_{r\to g}\pi_r, \tag{8a}$$

$$\dot{\pi}_r = -\dot{\pi}_g, \tag{8b}$$

where

$$R_{g\to r}(x) = \beta R_{g\to e}(x) = \beta(\Gamma s/2)\cos^2(kx). \tag{9}$$

In the limit $R_{r\to g}, R_{g\to r} \ll \omega_v$, and when we use $\pi_g + \pi_r \simeq 1$, the steady-state solution of Eqs. (8) is simply

$$\pi_g^{\,st} = \frac{R_{r\to g}}{\langle R_{g\to r}\rangle + R_{r\to g}}, \tag{10a}$$

$$\pi_r^{\,st} = \frac{\langle R_{g\to r}\rangle}{\langle R_{g\to r}\rangle + R_{r\to g}}, \tag{10b}$$

where $\langle R_{g\to r}\rangle$ stands for the average of $R_{g\to r}(x)$ over the atom oscillation period for the atom in level g (recall that we have assumed that $R_{r\to g}$ does not depend on x). The time constant τ_{int} for the relaxation of these internal variables is given by

$$1/\tau_{int} = \langle R_{g\to r}\rangle + R_{r\to g}. \tag{11}$$

B. External Atomic Dynamics

When the atom is in level r, or when the atom is in level g in the absence of the laser, the center of the atom's well is denoted x_{r0}. Therefore the atom's harmonic well can be described by

$$U_r(x) = U_0(x) = \tfrac{1}{2} m\omega_v^2 (x - x_{r0})^2. \tag{12}$$

When the atom is in level g in the presence of the laser field, the center of the atom's well is shifted by the laser light. Using the dressed-state formalism,[9] we find that the energy of the state g is shifted by an amount

$$U_L(x) = \frac{\hbar}{2}[\omega_1^2 \cos^2(kx) + \delta^2]^{1/2} - \frac{\hbar}{2}\delta \simeq U_{L0}\cos^2(kx), \tag{13a}$$

where

$$U_{L0} = \hbar\omega_1^2/4\delta \tag{13b}$$

is the maximum value of U_L. Equations (13) are valid for $\delta \gg \Gamma, \omega_1$. The internal state $|g\rangle$ changes to the dressed state $|g\rangle'$, but $|g\rangle' \simeq |g\rangle$ in the limit $\omega_1 \ll \delta$. The center of the atom's well, x_{g0}, when it is shifted by the dipole potential, corresponds to the spatial minimum of the total potential for the atom in level g:

$$U_g(x) = U_r(x) + U_L(x). \tag{14}$$

Since the cooling will be a maximum where the intensity gradient is maximum, we choose $kx_{r0} = \pi/4$. Assuming that the shift Δx_0 between the two wells is small compared with $\lambda/2\pi$, we linearize $U_L(x)$ around x_{r0} to obtain

$$U_L(x) \simeq U_{L0}/2 - kU_{L0}(x - x_{r0}). \tag{15}$$

The shift Δx_0 is then

$$\Delta x_0 = x_{g0} - x_{r0} = 2\xi(kx_0)x_0, \tag{16a}$$

where

$$\xi = U_{L0}/\hbar\omega_v \tag{16b}$$

and $x_0 = (\hbar/2m\omega_v)^{1/2}$ is the spread of the zero-point wave function in the harmonic well. We show in Subsection 3.D that the minimum kinetic energy is achieved for $U_{L0} \simeq \hbar\omega_v$, that is, for $\xi \simeq 1$. Therefore, since we have assumed the Lamb–Dicke criterion $kx_0 \ll 1$, the shift Δx_0 of the well $U_g(x)$ that is due to the dipole potential is, for minimum kinetic energy, much smaller than x_0 and thus much smaller than $\lambda/2\pi$, as we assumed in deriving Eq. (16a).

C. Cooling Rate

The variation of the external (kinetic + potential) energy E_x can be expressed by the equation

$$\dot{E}_x = \pi_g\langle R_{g\to r}(x)[U_r(x) - U_g(x)]\rangle + \pi_r R_{r\to g}\langle U_g(x) - U_r(x)\rangle + \pi_g\langle R_{g\to e}(x)\rangle 2R. \tag{17}$$

The first two terms stand for the average change in potential energy as the atom goes from g to r and from r to g, respectively. They therefore contain both Sisyphus cooling and the heating that is due to the sudden switching of the wells. Recoil heating for the $g \to r$ transfer is contained in the third term of Eq. (17), and spontaneous force Doppler antidamping (heating) can be neglected (Subsection 5.B). The averages are taken over one oscillation period in the initial potential [$U_g(x)$ for the first term of Eq. (17) and $U_r(x)$ for the second].

As in relation (4), we linearize the rate $R_{g\to r}(x)$ [Eq. (9)] around x_{r0}:

$$R_{g\to r}(x) \simeq \beta(\Gamma_s/4)[1 - 2k(x - x_{r0})], \tag{18}$$

and we use the equipartition of energy for the atom oscillating in $U_g(x)$:

$$E_x = 2\left\langle \frac{1}{2} m\omega_v^2 (x - x_{g0})^2 \right\rangle. \tag{19}$$

For times long compared with τ_{int}, we then obtain, using Eqs. (10) for π_g and π_r,

$$\dot{E}_x = -(1/\tau_s)(E_x - E_{x0}), \tag{20a}$$

where the steady-state energy E_{x0} is

$$E_{x0} = \frac{m\omega_v^2(\Delta x_0)}{2k} + \frac{R}{k\beta(\Delta x_0)} = \frac{U_{L0}}{2}\left(1 + \frac{1}{\xi^2\beta}\right) = \frac{\hbar\omega_v}{2}\left(\xi + \frac{1}{\xi\beta}\right) \tag{20b}$$

and the Sisyphus cooling time constant τ_s is given by

$$\frac{1}{\tau_s} = \frac{4\langle R_{g\to r}\rangle R_{r\to g}}{\langle R_{g\to r}\rangle + R_{r\to g}}\left(\frac{R}{\hbar\omega_v}\right)\xi. \tag{20c}$$

For the conditions of interest ($\xi \simeq 1$, $R/\hbar\omega_v \ll 1$), one can check that $\tau_s \gg \tau_{int}$.

D. Cooling Limit

In steady state the atom's external energy is reduced to E_{x0} [Eq. (20b)]. E_{x0} is minimized when the laser intensity is adjusted to make $\xi \equiv U_{L0}/\hbar\omega_v = \beta^{-1/2}$, in which case

$$E_{x0}^{\,min} = \hbar\omega_v/\sqrt{\beta} = U_{L0}. \tag{21}$$

From the second expression in Eq. (21) the minimum external energy is equal to the depth of the wells created by the standing-wave laser beam. This agrees with the result of Sisyphus cooling of free atoms.[8] When $\beta \simeq 1$, this predicts an energy near the zero-point energy for the ion in its well. In such a situation we might question the validity of this approach, which treats the atomic motion classically. Therefore it will be useful to compare the cooling limit derived here with the results from a quantum-mechanical treatment of the atom's motion.

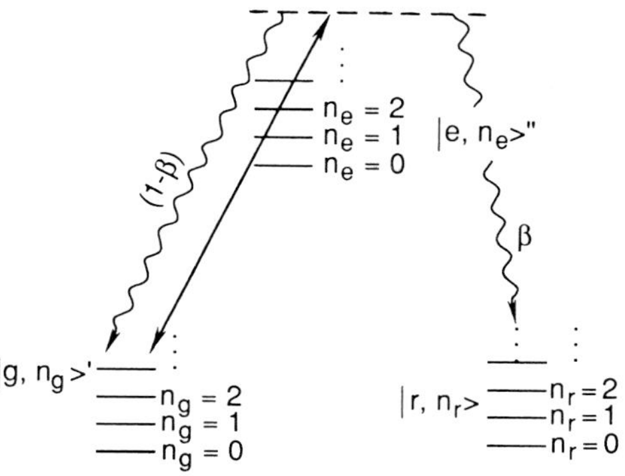

Fig. 3. Diagram for the cooling when the motion is quantized. Each electronic state has a sublevel structure of harmonic-oscillator levels labeled by the quantum numbers n_j, where $j = g$, e, or r. Cooling is represented by scattering processes of the form $n_g \rightarrow n_e \rightarrow n_r$, where $n_r < n_g$. This may be viewed as due to spontaneous Raman scattering off states $|g, n_g\rangle'$ and $|e, n_e\rangle''$, which are dressed by the laser.

4. QUANTUM TREATMENT

A. Transition Rates

In this section we treat the atom's motion in its well quantum mechanically. We describe the cooling process as shown in Fig. 3, where laser photons undergo spontaneous scattering from the dressed states, which now include the perturbed harmonic-oscillator states (denoted by primes and double primes).

Cooling results from spontaneous Raman scattering processes of the form $|g, n_g\rangle' \rightarrow |e, n_e\rangle'' \rightarrow |r, n_r\rangle$, where $n_r < n_g$. States $|g, n_g\rangle'$ and $|e, n_e\rangle''$ are assumed to be dressed by the standing-wave laser field. We can calculate the cooling and the cooling limit as was done in Ref. 19. For practical purposes the cooling rate is adequately represented by the semiclassical treatment of Subsection 3.C. Here we are interested primarily in the cooling limit, since the semiclassical treatment predicts a minimum energy approximately equal to $\hbar\omega_v$. We can calculate the minimum energy, using Eq. (27) of Ref. 19. It will be more instructive, however, to calculate the rates for each process $n_g \rightarrow n_r$ separately. According to Ref. 19, these rates can be written as

$$\Gamma_{g,n_g\rightarrow r,n_r} = C\left|\sum_{n_e} \frac{\langle n_r|\exp(-i\mathbf{k}_s\cdot\mathbf{X}|n_e\rangle''\{\langle n_e|''\}f(X)|n_g\rangle'}{\delta - (E_{n_e} - E_{n_g})/\hbar + i\Gamma/2}\right|^2, \quad (22)$$

where C is a factor that includes the laser intensity (at the position $x = \pi/4k$) and matrix elements for the $g \rightarrow e$ transition, $\mathbf{X}$ is the atomic position operator, and $\mathbf{k}_s$ is the wave vector for the scattered photon. For simplicity we will assume the scattered photon to be in either the $+x$ or the $-x$ direction, so that $\mathbf{k}_s \cdot \mathbf{X} = \pm kX$. $f(X)$ is a function representing the x dependence of the laser's electric field amplitude near $x = \pi/4k$; from Eq. (1), $f(X) \simeq 1 - k(X - x_{r0})$. E_{n_e} and E_{n_g} are the energies of the individual harmonic-oscillator levels for the excited and ground states, respectively. The sum is performed over all possible excited harmonic-oscillator states.

Since we have assumed that $\delta \gg \omega_v$, the denominator in the sum in Eq. (22) can be approximated by δ. This amounts to neglecting Doppler antidamping; the validity of this approximation is discussed in Subsection 5.B. With this approximation and the closure relation over the states $|n_e\rangle''$, Eq. (22) simplifies to

$$\Gamma_{g,n_g\rightarrow r,n_r} = \beta(C/\delta^2)|\langle n_r|\exp(-i\mathbf{k}_s\cdot\mathbf{X})f(X)|n_g\rangle'|^2. \quad (23)$$

When $\beta \neq 1$, we must also consider scattering directly back to the ground state from the excited state. These direct rates give rise to additional recoil heating for the $g \rightarrow e \rightarrow g$ scattering process:

$$\Gamma_{g,n_g\rightarrow g,n_g^*} = (1-\beta)(C/\delta^2)|\{\langle n_g^*|'\}\exp(-i\mathbf{k}_s\cdot\mathbf{X})f(X)|n_g\rangle'|^2, \quad (24)$$

where n_g^* is the final harmonic-oscillator state in the direct scattering process. Finally, we must consider the change in harmonic-oscillator energy levels in the transitions $r \rightarrow g$. As in the semiclassical treatment, this leads to a heating resulting from the sudden switching of the harmonic well (even without any spatial variation of the transfer rate $R_{r\rightarrow g}$). This process is described by the rate

$$\Gamma_{r,n_r\rightarrow g,n_g} = C'|\{\langle n_g|'\}1|n_r\rangle|^2, \quad (25)$$

where C' is a constant characterizing the rate of the $r \rightarrow g$ process. In Subsection 4.D these rates will be used in a master equation for the populations of the harmonic-oscillator levels. Before that is discussed, two preliminary steps are required. First we must find an expression for the perturbed harmonic-oscillator wave functions. Then we will obtain simple expressions for the rates in Eqs. (23)–(25).

B. Dressed Harmonic-Oscillator Wave Functions

As we discussed in Section 1, the dipole force acts uniformly over the extent of the wave functions of interest in the Lamb–Dicke limit. Therefore the effect of this dipole force is simply to shift the center of the harmonic-oscillator well for the g state to $x_{r0} + \Delta x_0$, the value calculated semiclassically. (This can be explicitly verified by the use of second-order perturbation theory to dress the wave functions.) The wave functions $|n_g\rangle'$ are simply obtained by using the spatial translation operator

$$|n_g\rangle' = \exp(-i\Delta x_0 P_x/\hbar)|n_g\rangle, \quad (26)$$

where P_x is the x component of the atomic momentum operator.

In the following, we will require both the position and momentum operators X and P_x in terms of raising and lowering operators $a^\dagger$ and a:

$$X = x_0(a^\dagger + a), \quad (27)$$

$$P_x = ix_0 m\omega_v(a^\dagger - a). \quad (28)$$

C. Evaluation of the Rates

Using Eq. (26) in Eqs. (23)–(25), we find that

$$\Gamma_{g,n_g\rightarrow r,n_r} = \beta(C/\delta^2)|\langle n_r|A_1|n_g\rangle|^2, \quad (29a)$$

$$\Gamma_{g,n_g\rightarrow g,n_g^*} = (1-\beta)(C/\delta^2)|\langle n_g^*|A_2|n_g\rangle|^2, \quad (29b)$$

$$\Gamma_{r,n_r\rightarrow g,n_g} = C'|\langle n_g|A_3|n_r\rangle|^2, \quad (29c)$$

where

$$A_1 = \exp(-ik_s X) f(X) \exp(-i\Delta x_0 P_x/\hbar), \quad (30a)$$

$$A_2 = \exp(i\Delta x_0 P_x/\hbar) \exp(-ik_s X) f(X) \exp(-i\Delta x_0 P_x/\hbar), \quad (30b)$$

$$A_3 = \exp(-i\Delta x_0 P_x/\hbar) \quad (30c)$$

and where $k_s = \pm k$, depending on the direction of the spontaneously emitted photon (assumed to be along the $+x$ or the $-x$ direction).

We now replace the position and momentum operators X and P_x in A_1, A_2, and A_3 by their expressions in terms of a and $a^\dagger$ [Eqs. (27) and (28)]. It is convenient to change the origin of the x axis to x_{r0}, in which case $f(X) = 1 - kX$. Since $kx_0(n+1)^{1/2} \ll 1$ (Lamb–Dicke criterion), we keep only terms in first order in $kx_0 a$ or $kx_0 a^\dagger$. This gives

$$A_1 \simeq 1 - kx_0[a^\dagger(1 - \xi + ik_s/k) + a(1 + \xi + ik_s/k)], \quad (31a)$$

$$A_2 \simeq 1 - kx_0(a^\dagger + a)(1 + ik_s/k), \quad (31b)$$

$$A_3 \simeq 1 + \xi kx_0(a - a^\dagger). \quad (31c)$$

Therefore, in the Lamb–Dicke limit, the important rates are those for which the vibrational quantum number changes by 1, and we have

$$\Gamma_{g,n\to r,n} = \beta\frac{C}{\delta^2} \equiv R_{g\to r}, \quad (32a)$$

$$\Gamma_{g,n\to r,n+1} = R_{g\to r}(kx_0)^2(n+1)[1 + (1-\xi)^2], \quad (32b)$$

$$\Gamma_{g,n\to r,n-1} = R_{g\to r}(kx_0)^2 n[1 + (1+\xi)^2], \quad (32c)$$

$$\Gamma_{r,n\to g,n} = C' \equiv R_{r\to g}, \quad (32d)$$

$$\Gamma_{r,n\to g,n+1} = R_{r\to g}(kx_0)^2(n+1)\xi^2 = \left(\frac{n+1}{n}\right)\Gamma_{r,n\to g,n-1}, \quad (32e)$$

$$\Gamma_{g,n\to g,n+1} = \frac{1-\beta}{\beta} R_{g\to r} 2(kx_0)^2(n+1) = \left(\frac{n+1}{n}\right)\Gamma_{g,n\to g,n-1}. \quad (32f)$$

D. Rate Equations and Cooling Limit

A master equation for the populations takes the form

$$\dot{\pi}_{g,n} = \sum_{n'=n-1}^{n+1} \sum_{i=g,r} (-\Gamma_{g,n\to i,n'}\pi_{g,n} + \Gamma_{i,n'\to g,n}\pi_{i,n'}), \quad (33a)$$

$$\dot{\pi}_{r,n} = \sum_{n'=n-1}^{n+1} (-\Gamma_{r,n\to g,n'}\pi_{r,n} + \Gamma_{g,n'\to r,n}\pi_{g,n'}), \quad (33b)$$

where $\pi_{g,n}$ denotes the population with internal state g and external state n, etc. As expected, in steady state these equations show, after a little algebra, that the total population going from n to $n+1$ is equal to the total population going from $n+1$ to n. That is,

$$(\Gamma_{g,n\to r,n+1} + \Gamma_{g,n\to g,n+1})\pi_{g,n} + \Gamma_{r,n\to g,n+1}\pi_{r,n} = (\Gamma_{g,n+1\to r,n} + \Gamma_{g,n+1\to g,n})\pi_{g,n+1} + \Gamma_{r,n+1\to g,n}\pi_{r,n+1}. \quad (34)$$

In order to exploit this result, we now look for an approximate expression for $\pi_{g,n}$ and $\pi_{r,n}$ as a function of the total population of level n ($\pi_n = \pi_{g,n} + \pi_{r,n}$). Equations (33), written for steady state, give a relation between $\pi_{g,n}$, $\pi_{r,n}$, $\pi_{g,n\pm1}$, and $\pi_{r,n\pm1}$. If we assume that ξ is not large compared with 1 and recall that $kx_0(n+1)^{1/2} \ll 1$, then Eqs. (32) and (33) give $\Gamma_{g,n\to r,n}\pi_{g,n}/\Gamma_{r,n\to g,n}\pi_{r,n} \simeq 1 + O[(n+1)(kx_0)^2]$, so

$$\pi_{gn} \simeq \frac{\Gamma_{r,n\to g,n}}{\Gamma_{g,n\to r,n} + \Gamma_{r,n\to g,n}}\pi_n, \quad (35a)$$

$$\pi_{rn} \simeq \frac{\Gamma_{g,n\to r,n}}{\Gamma_{g,n\to r,n} + \Gamma_{r,n\to g,n}}\pi_n. \quad (35b)$$

Substituting relations (35) into Eq. (34) and using Eqs. (32), we obtain

$$\frac{\pi_{n+1}}{\pi_n} = \frac{1 + \beta\xi(\xi - 1)}{1 + \beta\xi(\xi + 1)}, \quad (36)$$

where we have neglected terms of order $(n+1)(kx_0)^2$ and higher. For $\xi \ll 1$, we have $\pi_{n+1}/\pi_n \to 1$. π_{n+1}/π_n is minimized for $\xi = U_{L0}/\hbar\omega_v = \beta^{-1/2}$, in which case

$$\left(\frac{\pi_{n+1}}{\pi_n}\right)_{\min} = \frac{2 - \sqrt{\beta}}{2 + \sqrt{\beta}}. \quad (37)$$

Since, according to Eq. (36), π_{n+1}/π_n is independent of n, we can write

$$\frac{\pi_{n+1}}{\pi_n} = \exp\left(-\frac{\hbar\omega_v}{k_B T}\right), \quad (38)$$

which shows that the system reaches a thermodynamic equilibrium. For such a thermodynamic equilibrium, $\langle n_v\rangle = [\exp(\hbar\omega_v/k_B T) - 1]^{-1}$, in which case

$$\langle n_v\rangle = [1 + \beta\xi(\xi - 1)]/2\beta\xi. \quad (39)$$

This is minimized for $\xi = \beta^{-1/2}$, in which case

$$\langle n_v\rangle = \beta^{-1/2} - 1/2. \quad (40)$$

This corresponds to a minimum energy

$$E_{x0}^{\min} = \hbar\omega_v(\langle n_v\rangle + 1/2) = \hbar\omega_v\beta^{-1/2}, \quad (41)$$

in agreement with the semiclassical answer [Eq. (21)]. This remarkable agreement between the semiclassical and quantum theories can be interpreted in the following way. The motion of a quantum particle in a harmonic well is governed by the same basic equations as those for the classical motion. (This is particularly clear in the Wigner function approach and is a particular feature of the harmonic potential.) Consequently, the only place where Planck's constant plays a role in the problem here is in the recoil heating, where $R = \hbar^2k^2/2m$, and this recoil is handled in the same way in both treatments. Therefore it should not be surprising that both approaches lead to the same minimum energy, even though this energy is close to the zero-point energy in the quantum well.

5. DISCUSSION

A. Cooling Rate

It is interesting to compare the rate for the Sisyphus cooling discussed here with the rate for Doppler cooling. Doppler cooling can be represented in Fig. 1 by the conditions $\beta = 0$ and $\delta < 0$. The rate for Doppler cooling has been calculated by many authors; for example, from Eq. (19a) of Ref. 22 the cooling rate is

$$\tau_D^{-1} = -2R_{SD}\hbar k^2\delta_D\{m[(\Gamma/2)^2 + \delta_D^2]\}^{-1}, \quad (42)$$

where R_{SD} is the total scattering rate, the subscripts D stand for Doppler cooling, and the intensity is assumed to be below saturation ($s \ll 1$). For minimum temperature using Doppler cooling, we want $\delta_D = -\Gamma/2$. For this case,

$$\tau_D^{-1} = 4R_{SD}R/\hbar\Gamma. \quad (43)$$

According to Eq. (20c), assuming, for example, that $R_{r\to g} \gg \langle R_{g\to r}\rangle$ (that is, $\pi_g \simeq 1$), the ratio of rates for Sisyphus cooling and Doppler cooling is

$$\frac{\tau_s^{-1}}{\tau_D^{-1}} = \left(\frac{\Gamma}{\omega_v}\right)\left(\frac{\langle R_{g\to r}\rangle}{R_{SD}}\right)\xi. \quad (44)$$

Therefore, for the minimum-temperature case ($\xi \simeq 1$), the ratio of Sisyphus cooling to Doppler cooling is approximately given by the ratio $(\Gamma/\omega_v)(\langle R_{g\to r}\rangle/R_{SD})$. For $\langle R_{g\to r}\rangle/R_{SD} \simeq 1$, Sisyphus cooling is faster by Γ/ω_v.

Comparing the Sisyphus cooling rate with the cooling rate in the resolved sideband limit[15,16,19] is not so straightforward because the conditions in which each applies are different. For efficient sideband cooling (in a two-level atom), we want $\delta = -\omega_v$ and $\Gamma \ll \omega_v$, and these conditions are incompatible with relation (2). Therefore a comparison of cooling rates depends on the specific atomic system considered. The practical advantages of one cooling scheme over the other will also depend on the specific system investigated; this will depend, for example, on the availability and the ease of operation of the required lasers.

B. Contribution of Doppler Antidamping in Sisyphus Cooling

For the model considered here ($\delta > 0$), Doppler cooling is turned into an antidamping term. We can use Eq. (42) to check that this heating effect can be neglected compared with Sisyphus cooling. For the situation of interest here ($\delta \gg \Gamma$), we have

$$\tau_D^{-1} = \left(\frac{4\pi_g\langle R_{g\to r}\rangle}{\beta}\right)\frac{R}{\hbar\delta} = \left(\frac{4}{\beta}\right)\left(\frac{\langle R_{g\to r}\rangle R_{r\to g}}{\langle R_{g\to r}\rangle + R_{r\to g}}\right)\left(\frac{R}{\hbar\delta}\right). \quad (45)$$

By comparing with Eq. (20c), we find that

$$\frac{\tau_D^{-1}}{\tau_S^{-1}} = \left(\frac{1}{\beta\xi}\right)\frac{\omega_v}{\delta} \ll 1. \quad (46)$$

Therefore we may neglect the effects of Doppler antidamping compared with Sisyphus cooling except when $\beta \ll 1$.

C. Cooling Limit

The minimum energy for Doppler cooling is $\hbar\Gamma/2$. Therefore, according to Eq. (21) or (41), the minimum energy for Sisyphus cooling will be smaller than that for Doppler cooling by the approximate ratio $\omega_v/\Gamma \ll 1$. Consequently, the Sisyphus cooling rate is more efficient (at low temperatures, where the Lamb–Dicke criterion is satisfied) and the Sisyphus cooling limit is smaller than that for Doppler cooling. The minimum energy for sideband cooling and Sisyphus cooling is approximately the same, since the ion can be cooled to near the zero-point energy ($\hbar\omega_v/2$) in either case. However, for some applications it may be desirable to cool to $\langle n_v\rangle \ll 1$, in which case sideband cooling appears to be the appropriate choice.

6. POSSIBLE EXPERIMENTAL CONFIGURATIONS

To give an idea of how Sisyphus cooling might be employed, we consider the example of a single, trapped $^{24}Mg^+$ ion in a magnetic field **B**. To make the problem tractable, we will consider only the cooling of one degree of freedom, namely, the axial oscillation in a Paul rf trap or a Penning trap. To be consistent with the notation above, we call this the x degree of freedom. We will also make the simplifying assumption that the scattering rate for cooling the other degrees of freedom is adjusted so that, on the average, the recoil heating of the axial degree of freedom appears to be due only to reemission along the $+x$ or the $-x$ direction from the laser that cools the axial degree of freedom. This is consistent with the assumption made in the calculations of Sections 3 and 4.

The relevant internal energy levels are shown in Fig. 4(a). We assume that a linearly polarized standing-

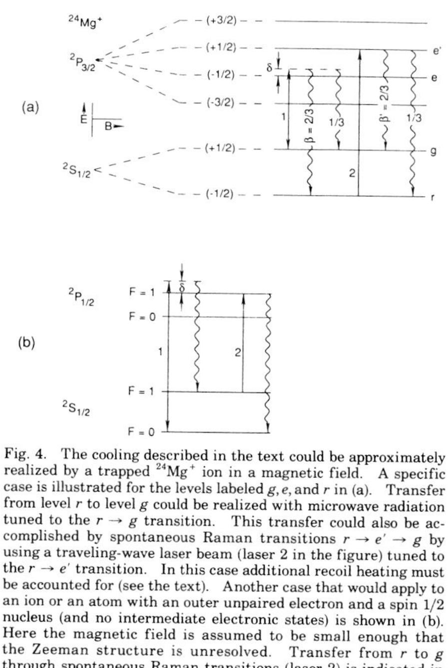

Fig. 4. The cooling described in the text could be approximately realized by a trapped $^{24}Mg^+$ ion in a magnetic field. A specific case is illustrated for the levels labeled $g, e,$ and r in (a). Transfer from level r to level g could be realized with microwave radiation tuned to the $r \to g$ transition. This transfer could also be accomplished by spontaneous Raman transitions $r \to e' \to g$ by using a traveling-wave laser beam (laser 2 in the figure) tuned to the $r \to e'$ transition. In this case additional recoil heating must be accounted for (see the text). Another case that would apply to an ion or an atom with an outer unpaired electron and a spin 1/2 nucleus (and no intermediate electronic states) is shown in (b). Here the magnetic field is assumed to be small enough that the Zeeman structure is unresolved. Transfer from r to g through spontaneous Raman transitions (laser 2) is indicated in the figure.

wave laser beam (**k** vectors parallel and antiparallel to **x**) is tuned above the $^2S_{1/2}(m_J = +1/2) \rightarrow {}^2P_{3/2}(m_J = -1/2)$ transition frequency by an amount δ [laser 1 in Fig. 4(a)]. We assume that **B** (parallel to **x**) is large enough that $\hbar\delta \ll 2\mu_B B/3$, where μ_B is the Bohr magneton. This ensures that there will be negligible excitation on transitions other than those of interest. One situation for approximate realization of the cooling limit described in Subsections 3.D and 4.D is the following: First we leave laser 1 on long enough that the ion is pumped to level r with high probability [from Fig. 4(a), $\beta = 2/3$)]. We then turn laser 1 off and transfer ions from level r to g with a microwave π pulse. (To accomplish the transfer, we need not as-sume that the duration of the π pulse is less than ω_v^{-1}.) Laser 1 is then turned on again, and the process is repeated. When laser 1 is turned back on, we assume that it is accomplished in a time long compared with ω_v^{-1} but short compared with $R_{g\rightarrow r}^{-1}$, so n_g is unchanged as $|g\rangle$ becomes dressed. As far as the cooling limit goes, this situation is actually somewhat better than the model that we have assumed in Section 2 because we avoid the heating resulting from well switching in the $r \rightarrow g$ transition. Mathematically, this amounts to setting $A_3 = 1$ in Eq. (29c). In this case the steady-state energy would be given by $\langle n_v \rangle = [2 + \beta\xi(\xi - 2)]/4\beta\xi$. This would be minimized for $\xi = (2/\beta)^{1/2}$, in which case $\langle n_v \rangle_{\min} = (2\beta)^{-1/2} - ½$. For $\beta = 2/3, \langle n_v \rangle_{\min} \simeq 0.37$.

Experimentally, it might be easier to accomplish the $r \rightarrow g$ transfer with a second, traveling-wave laser beam tuned near the $^2S_{1/2}(m_J = -1/2) \rightarrow {}^2P_{3/2}(m_J = +1/2)$ transition [laser 2 in Fig. 4(a)]. (Additional cooling could be obtained with a second, standing-wave laser beam, but this would be more difficult to arrange experimentally.) The $r \rightarrow g$ transfer is then accomplished by spontaneous Raman scattering with probability $\beta' = 2/3$ for each scattering event from laser 2. This basic scheme could also be realized on $^2S_{1/2} \rightarrow {}^2P_{1/2}$ transitions in $^{24}Mg^+$ or other ions (atoms) with similar energy-level structure.

Using laser 2 will lead to a slightly higher minimum energy than our model predicts because of the additional recoil heating in the $r \rightarrow g$ transfer. To account for this heating properly, we must modify Eq. (17). Therefore we write

$$\dot{E}_x' = \dot{E}_x + \pi_r R_{r\rightarrow e'}(2R), \tag{47}$$

where $\dot{E}_x$ is given by Eq. (17), $R_{r\rightarrow e'}$ is the excitation rate from r to e' [e' is the $^2P_{3/2}(m_J = +1/2)$ level] that is due to the second laser, and $R_{r\rightarrow g} = 2R_{r\rightarrow e'}/3$. In steady state this amounts to doubling the recoil heating term in Eq. (17). For this case, $E_{x0} = \hbar\omega_v(\xi + 3/\xi)/2$, which is minimized for $\xi = \sqrt{3}$, yielding $E_{x0} = \sqrt{3}\hbar\omega_v$ or $\langle n_v \rangle = \sqrt{3} - 1/2 \simeq 1.23$.

For $^{24}Mg^+$ we take $\Gamma/2\pi = 43.0$ MHz and $\lambda = 279.64$ nm. If we assume that $\omega_v/2\pi = 2$ MHz, the conditions of relation (2) are reasonably satisfied for $\delta/2\pi = 1$ GHz and $\omega_1/2\pi = 0.118$ GHz (obtained from $\xi = \sqrt{3}$), in which case $R_{g\rightarrow e} \simeq 4.68 \times 10^5\ s^{-1}$. For these conditions and laser 2 adjusted to make $R_{r\rightarrow e'} = R_{g\rightarrow e}$, we have $\tau_s = 17.4\ \mu s$. For the transitions of interest the resonant cross section is $\lambda^2/4\pi$. If laser 2 is tuned to resonance the required intensity is 5.34 mW/cm^2. For one of the beams in the standing-wave laser beam, we require an intensity of 5.78 W/cm^2. To satisfy the condition $\hbar\delta \ll 2\mu_B/3$, we require that $B \gg 0.107T$. The effective temperature of the ion is given by

$$T = \hbar\omega_v/[k_B \ln(1 + \langle n_v \rangle^{-1})]. \tag{48}$$

For $\langle n_v \rangle \simeq 1.23$, $T \simeq 0.16$ mK. For the same transition the Doppler cooling limit is $\langle n_v \rangle \simeq 10$, corresponding to $T \simeq 1$ mK. For $\langle n_v \rangle < 1$, Eq. (48) shows that the temperature is only logarithmically dependent on $\langle n_v \rangle$. To achieve lower temperatures, we require ω_v to be lower, but if we make ω_v too low, we violate the condition $kx_0 \ll 1$ (in the example above, $kx_0 \simeq 0.23$).

Another scheme that might be used to cool an ion in a rf trap in a low magnetic field is illustrated in Fig. 4(b). This would work for $^{199}Hg^+$ ions, for example. Laser 1 provides the Sisyphus cooling, and laser 2 [or microwave radiation between the $^2S_{1/2}$ ($F = 0$) and ($F = 1$) levels] provides the repumping into level g. Similar schemes exist in other ions or atoms.

Experimentally, it may be difficult to make the center of the atom's well coincide with the point of maximum intensity gradient. One way around this problem for the standing-wave configuration would be to permit the standing wave to run over the center of the atom's position. This could be accomplished by the construction of a moving standing wave composed of two counterpropagating laser beams separated by frequency ω_m. When $R_{g\rightarrow r} \ll \omega_m \ll \omega_v$, the above expressions hold, with the magnitude of the intensity gradient replaced by its value averaged over the standing wave.

7. SUMMARY

We have examined Sisyphus cooling for a bound atom for the condition in which the radiative linewidth Γ is much larger than the oscillation frequency ω_v of the atom in its well. We have studied the strong-binding limit, which is given by the condition that the recoil energy be much less than the zero-point energy of the atom in the well. We have examined the cooling, using a simple three-level model for the internal states of the atom. We have assumed that the atom is confined in one dimension and cooled by a standing-wave laser beam. This model can be generalized to more-complicated cases. Since the minimum energies are near the zero-point energy of the atom in its well, we have examined the cooling limit, treating the atom's motion both classically and quantum mechanically. Within the approximations of the model the cooling limits are found to be the same.

We found that the minimum energy of the atom occurs when the depth of the dipole potential well created by the standing wave is approximately equal to the zero-point energy of the atom. In this case the minimum energy of the atom is given by the condition that the mean occupation number $\langle n_v \rangle$ of the atom in its well be approximately equal to 1. If we compare Sisyphus cooling with Doppler cooling, which operates on the same type of broad transition ($\Gamma \gg \omega_v$), we find that Sisyphus cooling is much more efficient for both the cooling rate (as long as we are in the Lamb–Dicke limit) and the cooling limit. Sisyphus cool ing leads to a temperature nearly as low as that resulting from sideband cooling without the requirement of a narrow atomic transition. We have briefly examined experimental examples that assume atomic ions stored in traps. The same ideas should apply, however, for neutral atoms confined by magnetic traps, optical dipole traps, etc.

APPENDIX A: COOLING IN OTHER INTENSITY GRADIENTS

In the main text we have treated Sisyphus cooling in a standing-wave laser beam. The main ingredient in the cooling is that the atom experiences an intensity gradient along its direction of motion. Therefore it is useful to consider cooling in a more general intensity gradient. The cooling treatment of Section 4 applies, except that we must replace k in relations (4) and (15), Eq. (16a), and relation (18) by $[dI/dx_i]/2I$ evaluated at the equilibrium position of the ion, $x_i(0)$. If we define

$$\zeta = \frac{1}{k}\left|\frac{[dI/dx_i]_{x_i(0)}}{2I[x_i(0)]}\right|, \tag{A1}$$

then we find that the cooling rate is equal to the cooling rate of Eqs. (20) multiplied by ζ^2, and the cooling limit (from the condition $\dot{E}_x = 0$) is given by

$$E_{x_0} = U_{L_0}\frac{1 + 1/\xi^2\zeta^2\beta}{2}. \tag{A2}$$

This limiting energy is minimized for $\xi = (2/\beta\zeta^2)^{1/2}$, in which case

$$E_{x_0}{}^{\min} = \hbar\omega_v/\zeta\sqrt{\beta}. \tag{A3}$$

As an example, consider cooling in the intensity gradient of a focused traveling-wave Gaussian laser beam whose intensity in the direction transverse to the axis of the beam is given by $I(x_i) = I_0 \exp(-2x_i^2/w_0^2)$, where w_0 is the beam waist. If we assume that the atom is nominally localized to the position where $I[x_i(0)] = I_0/2$, then $x_i(0) = \pm[(\ln 2)/2]^{1/2}w_0$. For this condition, $\zeta = [(\ln 2)/2\pi^2]^{1/2}(\lambda/w_0)$. For a given ω_v, the cooling rate is reduced by the factor ζ^2, and the minimum energy is increased by the factor ζ^{-1}. However, in certain experiments this cooling might still be useful, because the region over which this intensity gradient is linear is larger and a standing-wave laser beam is not required. Therefore the condition $\hbar\omega_v \gg R$ need not be satisfied. On the other hand, the minimum achievable energy is larger than the recoil energy. This can be shown with the fact that the relative variation of $I(x)$ over the spatial distribution corresponding to Eq. (A3) should remain much less than 1.

ACKNOWLEDGMENTS

D. J. Wineland thanks the U.S. Office of Naval Research and the U.S. Air Force Office of Scientific Research for support. J. Dalibard warmly thanks the National Institute of Standards, Gaithersburg, for hospitality and partial support for the period during which this research was completed. He also acknowledges financial help from Direction des Recherches, Etudes et Techniques. We thank W. M. Itano and W. D. Phillips for helpful suggestions on the manuscript.

The Laboratoire de Spectroscopie Hertzienne de l'Ecole Normale Supérieure is associated with the Centre National de la Recherche Scientifique and the Université Pierre et Marie Curie.

REFERENCES AND NOTES

1. For a review of early experiments and theory see W. D. Phillips, ed., *Laser Cooled and Trapped Atoms*, Vol. 8 of Progress in Quantum Electronics (Pergamon, Oxford, 1984); P. Meystre and S. Stenholm, eds. feature on the mechanical effects of light, J. Opt. Soc. Am. **2**, 1705 (1985); S. Stenholm, Rev. Mod. Phys., **58**, 699 (1986); D. J. Wineland and W. M. Itano, Phys. Today **40**(6), 34 (1987).
2. P. Lett, R. Watts, C. Westbrook, W. D. Phillips, P. Gould, and H. Metcalf, Phys. Rev. Lett. **61**, 169 (1988).
3. J. Dalibard, C. Salomon, A. Aspect, E. Arimondo, R. Kaiser, N. Vansteenkiste, and C. Cohen-Tannoudji, in *Atomic Physics 11*, S. Haroche, J. C. Gay, and G. Grynberg, eds. (World Scientific, Singapore, 1989), p. 199; J. Dalibard and C. Cohen-Tannoudji, J. Opt. Soc. Am. B **6**, 2023 (1989).
4. S. Chu, D. S. Weiss, Y. Shevy, and P. J. Ungar, in *Atomic Physics 11*, S. Haroche, J. C. Gay, and G. Grynberg, eds. (World Scientific, Singapore, 1989), p. 636; P. J. Ungar, D. S. Weiss, E. Riis, and S. Chu, J. Opt. Soc. Am. B **6**, 2058 (1989); D. S. Weiss, E. Riis, Y. Shevy, P. J. Ungar, and S. Chu, J. Opt. Soc. Am. B **6**, 2072 (1989).
5. P. D. Lett, W. D. Phillips, S. L. Rolston, C. E. Tanner, R. N. Watts, and C. I. Westbrook, J. Opt. Soc. Am. B **6**, 2084 (1989).
6. B. Sheehy, S-Q. Shang, P. van der Straten, S. Hatamian, and H. Metcalf, Phys. Rev. Lett. **64**, 858 (1990); S-Q. Shang, B. Sheehy, P. van der Straten, and H. Metcalf, Phys. Rev. Lett. **65**, 317 (1990).
7. See S. Chu and C. Wieman, eds., feature on laser cooling and trapping of atoms, J. Opt. Soc. Am. B **6**, 2109 (1990); L. Moi, S. Gozzini, C. Gabbanini, E. Arimondo, and F. Strumia, eds., *Light Induced Kinetic Effects on Atoms, Ions, and Molecules* (ETS Editrice, Pisa, 1991).
8. C. Cohen-Tannoudji and W. D. Phillips, Phys. Today **43**(10), 33 (1990).
9. J. Dalibard and C. Cohen-Tannoudji, J. Opt. Soc. Am. B **2**, 1707 (1985).
10. A. P. Kazantsev, Zh. Eksp. Teor. Fiz. **66**, 1599 (1974) [Sov. Phys. JETP **39**, 784 (1974)]; A. P. Kazantsev, V. S. Smirnov, G. I. Surdutovitch, D. O. Chudesnikov, and V. P. Yakovlev, J. Opt. Soc. Am. B **2**, 1731 (1985).
11. V. G. Minogin and O. T. Serimaa, Opt. Commun. **30**, 123 (1977).
12. T. Breeden and H. Metcalf, Phys. Rev. Lett. **47**, 1726 (1981).
13. D. Pritchard, Phys. Rev. Lett. **51**, 1336 (1983).
14. A. Aspect, E. Arimondo, R. Kaiser, N. Vansteenkiste, and C. Cohen-Tannoudji, Phys. Rev. Lett. **61**, 826 (1988); J. Opt. Soc. Am. B **6**, 2112 (1989).
15. F. Diedrich, J. C. Bergquist, W. M. Itano, and D. J. Wineland, Phys. Rev. Lett. **62**, 403 (1989); W. Neuhauser, M. Hohenstatt, P. Toschek, and H. Dehmelt, Phys. Rev. Lett. **41**, 233 (1978); D. J. Wineland, W. M. Itano, J. C. Bergquist, and R. G. Hulet, Phys. Rev. A **36**, 2220 (1987).
16. Sideband cooling in the resolved sideband limit could also be obtained by using stimulated Raman scattering. See, for example, M. Lindberg and J. Javanainen, J. Opt. Soc. Am. B **3**, 1008 (1986); H. Dehmelt, G. Janik, and W. Nagourney, Bull. Am. Phys. Soc. **30**, 111 (1988); P. E. Toschek and W. Neuhauser, J. Opt. Soc. Am B **6**, 2220 (1989); D. J. Heinzen and D. J. Wineland, Phys. Rev. A **42**, 2977 (1990).
17. T. V. Zueva and V. G. Minogin, Sov. Tech. Phys. Lett. **7**, 411 (1981); L. Moi, Opt. Commun. **50**, 349 (1984); J. Liang and C. Fabre, Opt. Commun. **59**, 131 (1986); D. E. Pritchard, K. Helmerson, V. S. Bagnato, G. P. Lafayatis, and

A. G. Martin, in *Laser Spectroscopy VIII,* W. Persson and S. Svanberg, eds. (Springer-Verlag, Berlin, 1987), p. 68; J. Hoffnagle, Opt. Lett. **13,** 102 (1988); H. Wallis and W. Ertmer, J. Opt. Soc. Am. B **6,** 2211 (1989).
18. Y. Castin and J. Dalibard, Europhys. Lett. **16,** 761 (1991).
19. D. J. Wineland and W. M. Itano, Phys. Rev. A **20,** 1521 (1979).
20. S. Stenholm, *Foundations of Laser Spectroscopy* (Wiley, New York, 1984).
21. These results may be derived from more-general density matrix treatments. See, for example, Ref. 20 and V. S. Letokhov and V. P. Chebotayev, *Nonlinear Laser Spectroscopy* (Springer-Verlag, Berlin, 1977).
22. W. M. Itano and D. J. Wineland, Phys. Rev. A **25,** 35 (1982).

Paper 7.6

A. Aspect, E. Arimondo, R. Kaiser, N. Vansteenkiste, and C. Cohen-Tannoudji, "Laser cooling below the one-photon recoil energy by velocity-selective coherent population trapping," *Phys. Rev. Lett.* **61**, 826–829 (1988).

The recoil temperature T_R, given by $k_B T_R/2 = E_R = \hbar^2 k^2/2M$, corresponds to the recoil kinetic energy E_R of an atom with mass M absorbing or emitting a single photon with momentum $\hbar k$. In most laser cooling experiments, fluorescence cycles never cease, and it is impossible to avoid the random recoil due to fluorescence photons emitted in all the possible directions. This explains, for example, why the recoil temperature is a lower bound for the temperatures which can be reached by Sisyphus cooling (see paper 7.3). In fact, the recoil temperature T_R is not a fundamental limit and this letter demonstrated for the first time that atoms can be cooled below T_R.

The transverse cooling experiment described here uses a combination of two effects. The first is a quenching of absorption for atoms with a very small momentum ($p \simeq 0$) which protects them from the "bad" effects of fluorescence cycles (random recoil). The second effect concerns atoms with $p \neq 0$ which can absorb light and undergo random recoils; a random walk in momentum space allows some of them to diffuse from the $p \neq 0$ absorbing states into the $p \simeq 0$ non-absorbing states where they remain trapped and accumulate. The quenching of absorption uses an effect which was discovered in Pisa in 1976 (see Ref. 7) called "coherent population trapping." If two lasers simultaneously drive two atomic transitions connecting two ground state Zeeman sublevels g_+ and g_- to the same excited sublevel e_0, and if the resonance condition for the Raman processes connecting g_+ to g_- is fulfilled, then the atoms are optically pumped, after a few fluorescence cycles, in a linear superposition of g_+ and g_- which no longer absorbs light ("dark" state). The two absorption amplitudes from g_+ to e_0 and from g_- to e_0 interfere destructively and the fluorescence stops. When the detuning Δ from the resonance Raman condition is varied around $\Delta = 0$, the fluorescence reappears. The new idea introduced here is to use the Doppler effect between two counterpropagating waves exciting $g_+ \longleftrightarrow e_0$ and $g_- \longleftrightarrow e_0$, respectively, for achieving a velocity-dependent detuning Δ. The quenching of absorption is then velocity selective and this is why the new scheme used here is called "velocity selective coherent population trapping" (VSCPT).

During the development of this idea, it soon appeared that the two transition amplitudes connecting g_+ and g_- to e_0 correspond to the absorption of two photons having opposite momenta, so that the two states which are linearly superposed in the dark state must have different momenta in order to be connected to the same excited state. This explains why, in the VSCPT scheme, the laser-cooled atoms exhibit a momentum distribution with two peaks separated by an interval $2\hbar k$ (see Fig. 4).

The transverse temperature measured here on a beam of metastable helium is half the recoil temperature and corresponds to a de Broglie wavelength of 1.4 μm, larger than the wavelength of the laser used to cool the atoms (1.08 μm). A theoretical analysis (see paper 7.7) shows that the temperature which can be reached by VSCPT is inversely proportional to the laser–atom interaction time Θ. For this reason, a new generation of VSCPT experiments has been started, replacing the fast atomic beam of metastable helium by a source of slower, precooled atoms released from a magneto-optical trap. One can then hope to increase the interaction time Θ by one or two orders of magnitude (see the epilogue).

Note finally that after this work another subrecoil cooling scheme was proposed and demonstrated in 1992 [M. Kasevich and S. Chu, *Phys. Rev. Lett.* **69**, 1741 (1992)]. Here too, fluorescence cycles are suppressed for atoms with $p \simeq 0$. Atoms with $p \neq 0$ are pushed towards $p = 0$ by appropriate sequences of stimulated Raman and optical pumping pulses.

Laser Cooling below the One-Photon Recoil Energy by Velocity-Selective Coherent Population Trapping

A. Aspect, E. Arimondo,[a] R. Kaiser, N. Vansteenkiste, and C. Cohen-Tannoudji

Laboratoire de Spectroscopie Hertzienne de l'Ecole Normale Supérieure et Collège de France, F-75231 Paris Cedex 05, France

(Received 11 July 1988)

We present a new laser-cooling scheme based on velocity-selective optical pumping of atoms into a nonabsorbing coherent superposition of states. This method has allowed us to achieve transverse cooling of metastable ^{4}He atoms to a temperature of 2 μK, lower than both the usual Doppler cooling limit (23 μK) and the one-photon recoil energy (4 μK). The corresponding de Broglie wavelength (1.4 μm) is larger than the atomic-transition optical wavelength.

PACS numbers: 32.80.Pj, 42.50.Vk

The lowest temperature T which can be achieved by the usual laser-Doppler-cooling method is given, for a two-level atom, by $k_B T/2 = \hbar\Gamma/4$, where Γ is the spontaneous-emission rate from the excited atomic state (for Na, $T \simeq 240$ μK).[1] In order to reach lower temperatures, proposals based on Raman two-photon processes in a three-level atom have been presented,[2,3] but the efficiency of Raman cooling has not yet been demonstrated. Recently, surprisingly low temperatures (around 40 μK) have been measured for sodium[4] and tentatively interpreted in terms of a new friction mechanism.[5] The recoil energy $(\hbar k)^2/2M$ for an atom with mass M emitting a photon with momentum $\hbar \mathbf{k}$ represents another landmark in the energy scale for laser cooling. It has been suggested that optical pumping in translation space might be used to cool the translational degrees of freedom below this so-called recoil limit, by velocity-selective recycling in a trap.[6] In this Letter, we present a mechanism of laser cooling below the one-photon recoil energy, based on optical pumping of both internal and translational atomic degrees of freedom. This velocity-selective process is based on coherent trapping of atomic populations[7] and has allowed us to achieve a one-dimensional cooling of ^{4}He atoms in the triplet metastable state down to a temperature of about 2 μK. This temperature is lower than both the Doppler cooling limit (23 μK for 1D cooling) and the one-photon recoil energy (4 μK).

Our scheme involves a closed three-level Λ configuration where two degenerate ground Zeeman sublevels $g_\pm$ ($m = \pm 1$) are coupled to an excited level e_0 ($m = 0$) by two counterpropagating σ_+ and σ_- laser beams with the same frequency ω_L and the same intensity (solid lines of Fig. 1). For an atom at rest, two-photon Raman processes give rise to a nonabsorbing coherent superposition of g_+ and g_-. If the atom is moving along 0z, the Raman resonance condition is no longer fulfilled as a consequence of opposite Doppler shifts on the two counterpropagating laser beams. This simple argument explains how the phenomenon of coherent population trapping can be velocity selective for appropriate laser configurations.[8] Our cooling scheme consists of accumulating atoms in the zero-velocity nonabsorbing state where they remain trapped. To populate this state, we take advantage of momentum redistribution due to spontaneous emission, which allows certain atoms to be optically pumped from the absorbing velocity classes to the nonabsorbing state. Since the recoil of the last spontaneous-emission photon is part of the cooling mechanism, the one-photon recoil energy is not a limit and the final temperature is limited only by the coherent interaction time. Note also that, contrary to other cooling schemes, our mechanism, based on a Raman resonance condition, does not depend on the sign of the laser detuning.

A more rigorous analysis requires the introduction of both internal and translational quantum numbers. For example, the state $|e_0,p\rangle$ represents an atom in level e_0 with the value p of P_z^{at} ($\mathbf{P}^{at}$ is the atomic momentum). If we ignore spontaneous emission, $|e_0,p\rangle$ is coupled only to $|g_-,p-\hbar k\rangle$ (or $|g_+,p+\hbar k\rangle$) by stimulated emission of a σ_+ (σ_-) laser photon carrying a momentum

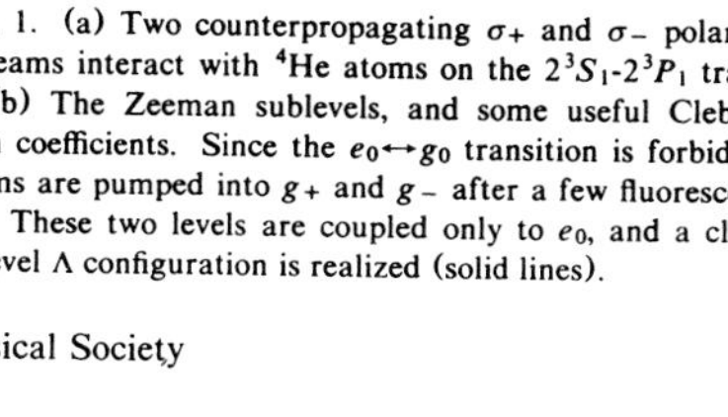

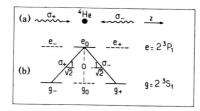

FIG. 1. (a) Two counterpropagating σ_+ and σ_- polarized laser beams interact with ^{4}He atoms on the 2^3S_1-2^3P_1 transition. (b) The Zeeman sublevels, and some useful Clebsch-Gordan coefficients. Since the $e_0 \leftrightarrow g_0$ transition is forbidden, all atoms are pumped into g_+ and g_- after a few fluorescence cycles. These two levels are coupled only to e_0, and a closed three-level Λ configuration is realized (solid lines).

$+\hbar k$ $(-\hbar k)$. We are thus led to introduce, for each value of p, a family $F(p)$ of three states $\{|e_0,p\rangle, |g_+,p+\hbar k\rangle$, and $|g_-,p-\hbar k\rangle\}$ which are coupled by the interaction Hamiltonian V (Ref. 9):

$$\langle g_\pm,p\pm\hbar k|V|e_0,p\rangle = \mp(\hbar\omega_1/2)\exp(i\omega_L t),$$

where ω_1 is the Rabi frequency associated with each laser and where the $\mp$ signs come from the Clebsch-Gordan coefficients $e_0 \leftrightarrow g_+$ and $e_0 \leftrightarrow g_-$ (Fig. 1). Note that for $p \neq 0$, the kinetic energy $(p+\hbar k)^2/2M$ of $|g_+,p+\hbar k\rangle$ differs from the kinetic energy $(p-\hbar k)^2/2M$ of $|g_-,p-\hbar k\rangle$ by an amount $2\hbar kp/M$ (i.e., the Doppler shift introduced above for the two-photon Raman resonance).

We can now write the expression of the nonabsorbing trapping state considered above:

$$|\psi_{NA}(0)\rangle = [|g_-,-\hbar k\rangle + |g_+,+\hbar k\rangle]/\sqrt{2}.$$

This state is stationary since the two states $|g_\pm,\pm\hbar k\rangle$ have the same internal and kinetic energies, and since $\langle\psi_{NA}(0)|V|e_0,0\rangle = 0$. These properties are not modified when spontaneous emission is taken into account [$|\psi_{NA}(0)\rangle$ is radiatively stable], so that an atom pumped in this state remains trapped there indefinitely (coherent population trapping). Note that $|\psi_{NA}(0)\rangle$ is not an eigenstate of P_z^{at}, so that, for atoms trapped in $|\psi_{NA}(0)\rangle$, the atomic momentum distribution presents two peaks at eigenvalues $p_{at} = \pm\hbar k$.

For the families $F(p\neq 0)$, we can introduce two orthogonal linear combinations of $|g_\pm,p\pm\hbar k\rangle$:

$$|\psi_{NA}(p)\rangle = [|g_-,p-\hbar k\rangle + |g_+,p+\hbar k\rangle]/\sqrt{2},$$

$$|\psi_A(p)\rangle = [|g_-,p-\hbar k\rangle - |g_+,p+\hbar k\rangle]/\sqrt{2}.$$

The first one, $|\psi_{NA}(p)\rangle$, is not coupled to $|e_0,p\rangle$, while $|\psi_A(p)\rangle$ is coupled to $|e_0,p\rangle$ with a Rabi frequency $\sqrt{2}\omega_1$. However, the nonabsorbing state $|\psi_{NA}(p)\rangle$ is not a trapping state, because it is not stationary (the energies of $|g_\pm,p\pm\hbar k\rangle$ differ by $2\hbar kp/M$). More precisely, if an atom is in $|\psi_{NA}(p)\rangle$ at $t=0$, it will oscillate between $|\psi_{NA}(p)\rangle$ and the absorbing state $|\psi_A(p)\rangle$ at the frequency $2kp/M$. One can then show that for small values of p [$kp/M \ll \Gamma'$ where $\Gamma' \simeq \omega_1^2/\Gamma$ is the absorption rate from $|\psi_A(p)\rangle$ for $\omega_1 \ll \Gamma$ and zero detuning], the absorption rate from $|\psi_{NA}(p)\rangle$ is of the order of $\Gamma'' = (kp/M)^2/\Gamma'$. The smaller p, the longer the time spent in $|\psi_{NA}(p)\rangle$. We have thus achieved a velocity-selective coherent population trapping.[10]

So far, we have only considered the evolution of a given p family. Spontaneous emission can actually redistribute atoms between different families since the one-photon recoil momentum along $0z$ due to such a process is a random variable between $-\hbar k$ and $+\hbar k$. Such a random walk in momentum space is essential for the cooling discussed here. It provides the mechanism for the pumping and accumulation of atoms into the nonabsorbing superposition of states $|\psi_{NA}(p)\rangle$ with $p=0$ or very small. The longer the interaction time Θ, the narrower the range $\pm\delta p$ of values of p around $p=0$ for the states $|\psi_{NA}(p)\rangle$ in which the atoms can remain trapped during Θ, and the greater the number of fluorescence cycles which can bring them into these states. For Θ large enough so that $\delta p \lesssim \hbar k$, the final atomic momentum distribution $\mathcal{P}(p_{at})$ along $0z$ will exhibit two resolved peaks emerging at $\pm\hbar k$ above the initial distribution. This will be the signature of cooling by velocity-selective coherent trapping.

We have performed a quantitative calculation of such a "generalized optical pumping cycle" (in both internal and momentum spaces) which confirms all the previous predictions. Such a calculation is based on three-level generalized optical Bloch equations involving internal and external degrees of freedom.[11] Because of spontaneous emission, these equations are finite-difference equations. It must be emphasized that, since the width δp can become smaller than $\hbar k$, most of the standard approximation methods used in laser-cooling theories[3,8] break down: Especially, it is no longer possible to derive a Fokker-Planck equation. Figure 2 shows the final distribution $\mathcal{P}(p_{at})$ of atomic momentum deduced from a numerical integration of Bloch equations for parameters corresponding to our experimental conditions. As expected, one clearly sees two narrow peaks emerging above the background around $\pm\hbar k$. Note that the half-width of each peak is narrower than the one-photon recoil energy. We have checked that an increase of the interaction time Θ increases the height and decreases the width of these peaks. The value of Θ leading to the largest area under the peaks depends on the shape of the ini-

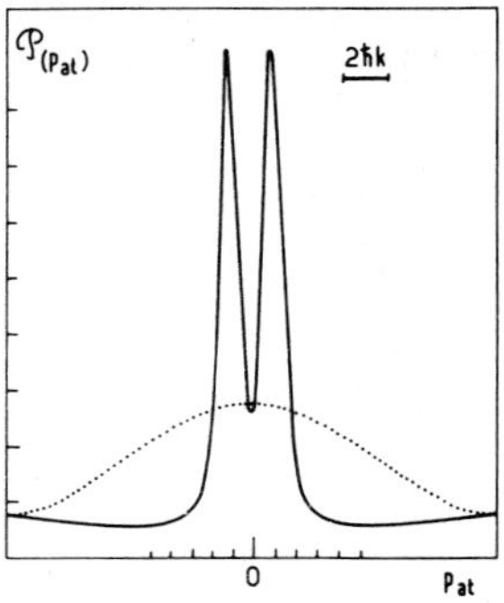

FIG. 2. Calculated transverse atomic momentum distribution resulting from cooling by velocity-selective coherent population trapping, for parameters close to our experimental situation (zero detuning, Rabi frequency $\omega_1 = 0.6\Gamma$, interaction time $\Theta = 350\Gamma^{-1}$). The initial distribution is represented by a dotted line.

tial distribution.

This cooling process has been demonstrated with the experimental setup shown in Fig. 3. A supersonic helium beam,[12] liquid-nitrogen cooled, is excited by counterpropagating electrons at 40 eV. The metastable He* atoms in the 2^1S_0 state are optically quenched, and we obtain a beam of He* in the 2^3S_1 state, with an intensity larger than 10^{12} atoms s^{-1} sr^{-1} and an average velocity of 1100 m s^{-1}. The He* atoms interact on the 2^3S_1-2^3P_1 transition (1.083 μm) with a home-made single-mode ring version of a LNA laser[13] pumped by a 4-W Ar^+ laser. The laser frequency is locked to the atomic transition in an auxiliary discharge, by saturated-absorption techniques, and the laser linewidth is less than 1 MHz. After spatial filtering, the laser beam is expanded, passed through two quarter-wave plates (Fig. 3), and retroreflected, yielding two counterpropagating plane waves with opposite circular polarizations, with an almost uniform intensity in the 40-mm-diam interaction region (Rabi frequency $\omega_1 = 0.6\Gamma$ with $\Gamma/2\pi \simeq 1.6$ MHz). There are stringent requirements for this experiment. First, the Zeeman, sublevels g_+ and g_- must remain degenerate in the whole interaction region. This condition is fulfilled by compensation of the magnetic field to less than 1 mG by Helmholtz coils and a Mumetal shield. Second, the relative phase between both laser beams must remain constant in the whole interaction region. This is achieved by our deriving both waves from the same laser beam and by using very high quality optical components for the second quarter-wave plate and for the retroreflecting mirror (wave-front distortion less than $\lambda/8$). Also, the exact overlap of the two beams is adjusted to 10^{-5} rad by autocollimation techniques. The transverse velocity distribution after the interaction zone is deduced from a transverse scan of an electron multiplier (sensitive to He*) with a 100-μm entrance slit, placed downstream at 1.4 m from a first 100-μm slit just after the interaction region. The corresponding HWHM transverse velocity resolution is 4 cm s^{-1}.

Figure 4 shows the transverse velocity profiles with and without laser. The two peaks at about $\pm \hbar k/M$ (± 9.2 cm s^{-1}) clearly appear well above the initial distribution. A measurement of the standard half-width at $\exp(-\frac{1}{2})$ gives 6 cm/s, which corresponds to a temperature of about 2 μK. This experimental curve is in reasonable agreement with the theoretical prediction. Finer details concerning, for example, the variations of the efficiency of the cooling effect with the detuning still require further investigation.

We have performed supplementary tests to support the theoretical analysis given above. First, we replaced the σ_+ and σ_- circularly polarized beams by two orthogonally linearly polarized beams, and we checked that the final velocity distribution still presents two peaks at $\pm \hbar k/M$. On the contrary, for parallel linear polarizations where the nonabsorbing atomic superposition is not velocity selective, the two peaks at $\pm \hbar k/M$ disappear. Another test consists of our arranging the laser beams so that they do not exactly overlap at the end of the interaction region, the last acting laser beam being the σ_+ one. One expects atoms to be removed from the $|g_-, -\hbar k\rangle$ component of $|\psi_{NA}(0)\rangle$ and to be pumped after a few cycles (two on the average) into g_+ with a momentum spread around $+\hbar k$. Indeed, we have observed that the peak at $-\hbar k$ disappears while the peak at $+\hbar k$ increases and is broadened.

We have thus demonstrated that this velocity-selective optical pumping into a nonabsorbing state is a very efficient process to accumulate atoms in an extremely narrow velocity class. By increasing the coherent interaction time, still narrower velocity distributions could

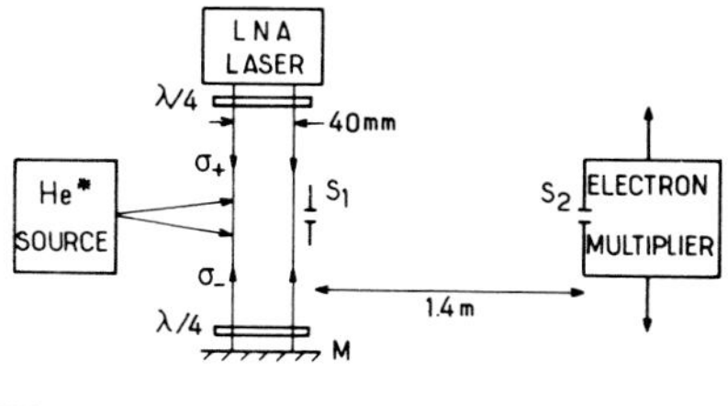

FIG. 3. Schematic experimental setup. The atomic source at 77 K produces a beam of metastable triple helium atoms (2^3S_1) at an average velocity of 1100 m/s. These atoms interact with two σ_+ and σ_- polarized counterpropagating waves at 1.08 μm. The transverse velocity distribution at the end of the interaction region is analyzed with two slits S_1 and S_2, 100 μm wide. S_2 is the entrance slit of a movable He* detector.

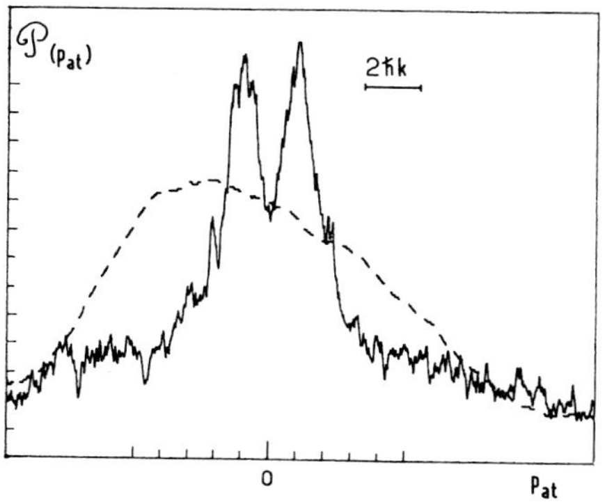

FIG. 4. Transverse atomic momentum profile at the end of the interaction region, with the laser on (solid line) and off (dashed line; this profile has been smoothed). The double-peak structure at about $\pm \hbar k$ and above the initial distribution is a clear signature of the cooling effect presented in this Letter.

be produced, allowing one to reach temperatures in the nanokelvin range. Several developments of this work can be considered: extensions to other level schemes; direct observation of the coherence between the two components of $|\psi_{NA}(0)\rangle$ propagating along different directions; generalization to three dimensions.

Finally, let us emphasize that this cooling mechanism is quite different from the previously demonstrated ones, since it is not due to a friction force but to diffusion into the cooled velocity class. Another important feature is that the cooled atoms no longer interact with the laser field which then causes no perturbation, either on external degrees of freedom (no diffusion) or on internal degrees of freedom (no light shifts). This particularity may be essential for future applications.

We warmly thank our colleagues Jean Dalibard and Christophe Salomon for very useful contributions to this work. This work is part of an operation supported by the stimulation program of European Economic Community. We have benefitted from crucial help from Helmut Haberland and Martin Karrais with the He* atomic beam. Laboratoire de Spectroscopie Hertzienne de l'Ecole Normale Supérieure is Laboratoire No. 18 associé au Centre National de la Recherche Scientifique.

[a]Permanent address: Dipartimento di Fisica, Università di Pisa, I-56100 Pisa, Italy.

[1]D. J. Wineland and W. M. Itano, Phys. Rev. A **20**, 1521 (1979); J. P. Gordon and A. Ashkin, Phys. Rev. A **21**, 1606 (1980).

[2]H. Dehmelt, G. Janik, and W. Nagourney, Bull. Am. Phys. Soc. **30**, 612 (1985); P. E. Toschek, Ann. Phys. (Paris) **10**, 761 (1985).

[3]M. Lindberg and J. Javanainen, J. Opt. Soc. Am. B **3**, 1008 (1986).

[4]P. D. Lett, R. N. Watts, C. I. Westbrook, W. D. Phillips, P. L. Gould, and H. J. Metcalf, Phys. Rev. Lett. **61**, 169 (1988).

[5]See the contributions of J. Dalibard *et al.* and S. Chu, in Proceedings of the Eleventh International Conference on Atomic Physics, edited by S. Haroche, J. C. Gay, and G. Grynberg (World Scientific, Singapore, to be published).

[6]D. E. Pritchard, K. Helmerson, V. S. Bagnato, G. P. Lafyatis, and A. G. Martin, in *Laser Spectroscopy VIII*, edited by S. Svanberg and W. Persson (Springer-Verlag, Heidelberg, 1987), p. 68.

[7]First experimental observation in G. Alzetta, A. Gozzini, L. Moi, and G. Orriols, Nuovo Cimento **36B**, 5 (1976); analyses in E. Arimondo and G. Orriols, Lett. Nuovo Cimento **17**, 333 (1976); H. R. Gray, R. W. Whitley, and C. R. Stroud, Opt. Lett. **3**, 218 (1978).

[8]V. G. Minogin and Yu. V. Rozhdestvenskii, Zh. Eksp. Teor. Fiz. **88**, 1950 (1985) [Sov. Phys. JETP **61**, 1156 (1985)]. The theoretical treatment of these authors is valid only for atomic momenta p larger than the photon momentum $\hbar k$ since their Fokker-Planck equation is based on an expansion in powers of $\hbar k/p$.

[9]Although we use here a classical description of the laser field, the matrix elements of $\exp(\pm ikz)$ appearing in V introduce the conservation laws for the total momentum.

[10]Semiclassical arguments can help one to understand the properties of $|\psi_{NA}(p)\rangle$. In the laser configuration of Fig. 1(a), the polarization of the total laser electric field $\mathbf{E}_L$ is linear and forms a helix along $0z$ with a pitch λ. For an atom in $|\psi_{NA}(p)\rangle$ the transition dipole moment $\mathbf{d}$ between $|\psi_{NA}(p)\rangle$ and $|e_0,p\rangle$ is also linearly polarized and forms a similar helix with the same pitch. The important point is that $\mathbf{d}$ is perpendicular to $\mathbf{E}_L$ for all z, so that the coupling is zero. Furthermore, the "laser helix" is at rest (since both lasers have the same frequency) whereas the "atomic helix" moves along $0z$ with a velocity p/M. Only for $p=0$ do both helices keep orthogonal polarizations for all times.

[11]Generalized optical Bloch equations have been discussed in detail by R. J. Cook, Phys. Rev. A **22**, 1078–1098 (1980).

[12]H. Conrad, G. Ertl, J. Küppers, W. Sesselmann, and H. Haberland, Surf. Sci. **121**, 161 (1982).

[13]L. D. Schearer, M. Leduc, D. Vivien, A. M. Lejus, and J. Thery, IEEE J. Quantum Electron. **22**, 713 (1986).

Paper 7.7

A. Aspect, E. Arimondo, R. Kaiser, N. Vansteenkiste, and C. Cohen-Tannoudji, "Laser cooling below the one-photon recoil energy by velocity-selective coherent population trapping: Theoretical analysis," *J. Opt. Soc. Am.* **B6**, 2112–2124 (1989).

This paper has been written for a special issue of the *J. Opt. Soc. Am. B* on "Laser cooling and trapping of atoms" (Vol. 6, Nov. 1989; feature editors: S. Chu and C. Wieman). It presents a detailed theoretical analysis of the one-dimensional subrecoil cooling scheme using velocity selective coherent population trapping (VSCPT) that was demonstrated in paper 7.6.

Atoms cooled below the recoil temperature T_R, corresponding to the recoil kinetic energy of an atom absorbing or emitting a single photon, have a de Broglie wavelength, or more precisely a spatial coherence length, larger than the wavelength of the laser used to cool them. They are therefore delocalized in the laser wave and semiclassical descriptions of atomic motion no longer apply. A full quantum treatment of both the internal and external (translational) degrees of freedom is then required. The purpose of this paper was to present such a full quantum treatment of one-dimensional VSCPT.

The influence of the various parameters controlling the cooling efficiency is analyzed from a numerical solution of the generalized optical Bloch equations. Simple arguments also provide analytical expressions for the momentum dependence of the quenching of fluorescence associated with VSCPT [see Fig. 2 and Eq. (3.16)]. From this momentum dependence, one can predict that the width δp of the momentum distribution of cooled atoms should vary as $1/\sqrt{\Theta}$, where Θ is the laser–atom coherent interaction time [Eq. (5.6)]. Such a result, confirmed by the numerical calculation [Fig. 3(a)], is important because it shows that there is no fundamental lower limit to the temperature T which can be achieved by VSCPT (T decreases as $1/\Theta$ when Θ increases).

Another important issue concerns the proportion f of cooled atoms, i.e. the area under the peak of Fig. 7. Numerical results are given for the variations of f with Θ (Fig. 11), but they are limited to short interaction times. Accurate numerical calculations become difficult for very long Θ, and the problem of the asymptotic behavior of the proportion f of cooled atoms (when $\Theta \longrightarrow \infty$) remains an unsolved problem in this paper, as mentioned at the end of Sec. 6F. More powerful approaches, giving an answer to this question, have since been found and are mentioned in the epilogue.

Finally, this paper presents a possible extension of VSCPT to two dimensions (see Sec. 7). Other schemes, also valid for three dimensions, have been proposed by other groups [M. A. Ol'shanii and V. G. Minogin, *Opt. Commun.* **89**, 393 (1992) and references therein to earlier work; F. Mauri and E. Arimondo, *Europhys. Lett.* **16**, 717 (1991)]. For example, for a transition $J_g = 1 \leftrightarrow J_e = 1$, Ol'shanii and Minogin have shown that there is a dark state whose wave function is given by a vector field having the same structure as the light wave used to cool the atoms. This wave function is given by the same linear superposition of plane waves as the light wave, with the same polarizations. Due to the monochromaticity of the light wave, all the wave vectors appearing in the plane wave expansion of the dark state have thus the same modulus, but different directions. Ol'shanii and Minogin have also determined the conditions to be fulfilled for having a single dark state. (See the epilogue where a recent experimental observation of two-dimensional VSCPT is mentioned.)

Laser cooling below the one-photon recoil energy by velocity-selective coherent population trapping: theoretical analysis

A. Aspect, E. Arimondo,* R. Kaiser, N. Vansteenkiste, and C. Cohen-Tannoudji

Collège de France et Laboratoire de Spectroscopie Hertzienne de l'Ecole Normale Supérieure (Laboratoire Associé au Centre National de la Recherche Scientifique et à l'Université Paris VI), 24 Rue Lhomond, F 75231 Paris Cedex 05, France

Received April 3, 1989; accepted June 29, 1989

We present a theoretical analysis of a new one-dimensional laser-cooling scheme that was recently demonstrated on a beam of metastable ^4He atoms. Both internal and translational degrees of freedom are treated quantum mechanically. Unlike semiclassical approaches, such a treatment can be applied to situations in which the atomic coherence length is of the same order of or larger than the laser wavelength, which is the case for atoms cooled below the one-photon recoil energy. We introduce families of states that are closed with respect to absorption and stimulated emission, and we establish the generalized optical Bloch equations that are satisfied by the corresponding matrix elements. The existence of velocity-selective trapping states that are linear combinations of states with different internal and translational quantum numbers is demonstrated, and the mechanism of accumulation of atoms in these trapping states by fluorescence cycles is analyzed. From a numerical solution of the generalized optical Bloch equations, we study in detail how the final atomic-momentum distribution depends on the various physical parameters: interaction time, width of the initial distribution, laser detuning, laser power, and imbalance between the two counterpropagating waves. We show that the final temperature decreases when the interaction time increases, so that there is no fundamental limit to the lowest temperature that can be achieved by such a method. Finally, possible extensions of this method to two-dimensional cooling are presented.

1. INTRODUCTION

Laser cooling uses momentum exchange between photons and atoms to reduce the kinetic energy of atoms. Since each elementary momentum transfer is equal to the photon momentum $\hbar k$, the one-photon recoil energy $E_R = \hbar^2k^2/2M$ (M is the atomic mass) represents an important landmark in the energy scale. Recent developments in laser cooling have permitted researchers to reach the regime where the equilibrium atomic kinetic energy becomes of the order of a few E_R (Refs. 1–3) or even smaller than E_R.[4] In this new regime, where the elementary momentum transfer can no longer be considered a small quantity, the analogy between atomic motion in laser light and Brownian motion breaks down, and the Fokker–Planck description of laser cooling is no longer valid. A new theoretical treatment is thus required.

The purpose of this paper is to present a quantitative analysis of laser cooling below the one-photon recoil energy by velocity-selective coherent population trapping. A one-dimensional laser cooling of this type was recently demonstrated on a beam of metastable ^4He atoms.[4] Here we present equations of motion that permit a quantitative interpretation of such a cooling scheme, and we discuss their physical content as well as their solutions. The theoretical approach followed here can be also useful for the analysis of other situations in which temperatures of the order of the one-photon recoil energy are approached. For example, similar equations can be found in the analysis of laser-cooling schemes below the Doppler limit based on gradients of laser polarization[5] or in the investigation of the lowest temperature that can be reached by cooling with ultranarrow atomic transitions for which $\hbar\Gamma \lesssim E_R$, where Γ is the natural width of the line.[6]

To describe atomic motion in laser light, one usually starts from equations of motion that describe the coupled evolution of the internal and external (translational) atomic degrees of freedom as a result of resonant exchanges of energy and momentum between photons and atoms. Because of the discrete character of the photon momentum $\hbar k$, these equations are finite-difference equations. They are usually transformed into coupled partial differential equations through an expansion of the density-matrix elements in powers of $\hbar k/\Delta p$, where Δp is the width of the atomic-momentum distribution. For sufficiently slow atoms, one also makes an expansion in powers of $k\Delta p/M\Gamma$ (the ratio between the Doppler shift and the natural width). Finally, after an adiabatic elimination of the fast internal variables, one gets, for the atomic Wigner function, a Fokker–Planck equation that allows one to consider atomic motion in laser light as a Brownian motion and that provides theoretical expressions for the friction coefficient γ and the diffusion coefficient D and consequently for the equilibrium temperature T ($k_BT \sim D/M\gamma$).[7]

The previous theoretical scheme is valid only if the expansion parameter $\hbar k/\Delta p$ is very small, i.e., if the atomic coherence length $\hbar/\Delta p$ is small compared with the laser wavelength $\lambda = 2\pi/k$. When the energy $k_BT = p^2/2M$ becomes of the order of or smaller than the recoil energy $E_R = \hbar^2k^2/2M$, we reach a new regime where the coherence length $\hbar/\Delta p$ becomes longer than the laser wavelength λ. It is then no longer possible to consider the atomic wave packet to be well localized in the laser wave and to describe its motion by a

0740-3224/89/112112-13$02.00

Fokker–Planck equation. We must return to the full quantum coupled equations of motion. This is precisely what we do in this paper.

The paper is organized as follows. In Section 2 we give the level scheme and the laser configuration that are used in the new laser-cooling method, whose principle is briefly explained. We show in Section 3 that, for two counterpropagating σ_+ and σ_- circularly polarized laser waves, the absence of redistribution of photons between the two waves allows us to introduce a finite number of states, labeled by external and internal quantum numbers, and that are coupled by absorption and stimulated-emission processes. These closed families of states are the basic ingredient of this paper. In Section 3 we give the equations of motion of the density-matrix elements within such a family as a result of absorption and stimulated emission, and in this way we interpret the principle of velocity-dependent coherent population trapping. Spontaneous emission plays an important role in redistributing atoms among the different families. The corresponding equations are established and discussed in Section 4. It is then possible to write in Section 5 the full equations of motion as well as of the initial state and the detection signal. Numerical solutions of these equations are presented in Section 6, and the influence of the various physical parameters is discussed in detail. Finally, a possible extension of this new cooling scheme is considered in Section 7.

2. SIMPLE PRESENTATION OF THE NEW LASER-COOLING SCHEME

The new scheme uses a three-level Λ configuration in which two degenerate ground sublevels $g_\pm$ are coupled to an excited level e_0 by two counterpropagating σ_+ and σ_- polarized laser beams with the same frequency ω_L [Fig. 1(a)]. In the experiment described in Ref. 4, $g_\pm$ are the two Zeeman sublevels $m = \pm 1$ of the 2^3S_1 state of ^{4}He, whereas e_0 is the $m = 0$ Zeeman sublevel of 2^3P_1 [the Clebsch–Gordan coefficient between 2^3S_1 $(m = 0)$ and 2^3P_1 $(m = 0)$ vanishes, permitting us to ignore the 2^3S_1 $(m = 0)$ state in what follows].

First consider an atom at rest. For such an atom the two apparent laser frequencies are equal, and resonant processes involving one interaction with each beam can take place between g_+ and g_-. We can then show that there is a coherent superposition of g_+ and g_- that is not coupled to e_0 by the laser excitation. Such a situation occurs when the two amplitudes for absorbing a σ_+ or a σ_- photon interfere destructively. For example, if the two excitation amplitudes $g_+ \to e_0$ and $g_- \to e_0$ are equal, the nonabsorbing coherent superposition of g_+ and g_- is just $(|g_+\rangle - |g_-\rangle)/\sqrt{2}$. An atom put in such a superposition of states remains trapped there indefinitely since it can no longer absorb light. Such a mechanism of coherent population trapping owing to destructive interference between two excitation amplitudes is actually quite general and can give rise to narrow resonances. It was discovered in 1976,[8] and several theoretical treatments based on optical Bloch equations[9] or on the dressed-atom approach[10,11] have been given.

Coming back to the scheme of Fig. 1(a), we suppose now that the atom is moving along Oz. The Raman resonance condition is no longer fulfilled as a consequence of opposite Doppler shifts on the two counterpropagating laser beams.

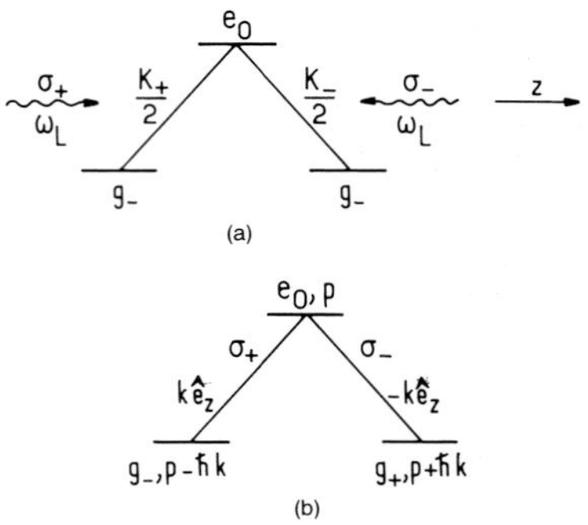

Fig. 1. Three-level Λ configuration. (a) Two degenerate ground sublevels $g_\pm$ are coupled to an excited level e_0 by two counterpropagating σ_+ and σ_- circularly polarized laser beams with the same frequency ω_L; the corresponding coupling matrix elements are $K_+/2$ and $K_-/2$ in frequency units. (b) Closed family of states coupled by interaction with the two lasers. Each state is characterized by its internal quantum number and its linear momentum along Oz.

It follows that the two excitation amplitudes $g_+ \to e_0$ and $g_- \to e_0$ can no longer interfere destructively. This simple argument explains how the phenomenon of coherent population trapping can be velocity selective for appropriate laser configurations.[12] The new cooling scheme discussed in this paper consists of accumulating atoms in the zero-velocity nonabsorbing state where they remain trapped. To populate this state, we take advantage of the momentum redistribution due to spontaneous emission, which allows certain atoms to be pumped optically from the absorbing velocity classes into the nonabsorbing state. Since the recoil of the last spontaneous-emission photon is part of the cooling mechanism, the one-photon recoil energy is not a limit, and the final temperature is limited only by the coherent interaction time.[13] Note also that, unlike other cooling schemes, our mechanism, based on a Raman resonance condition, does not depend on the sign of the laser detuning.

However, the previous analysis is too crude. Since the two laser waves propagate in opposite directions, the phases of the two electric fields, and consequently the phases of the two excitation amplitudes $g_- \to e_0$ and $g_+ \to e_0$, vary as $\exp(ikz)$ and $\exp(-ikz)$, respectively. It follows that, for an atom at z, the nonabsorbing superposition of states must be written as

$$\frac{1}{\sqrt{2}}\left[\exp(ikz)|g_+\rangle - \exp(-ikz)|g_-\rangle\right] \tag{2.1}$$

and depends on z. On the other hand, when the atoms get very cold ($\Delta p \ll \hbar k$), their coherence length becomes large compared with λ, and it is no longer possible to restrict the discussion to atoms localized at a given z. This shows that the nonabsorbing state must actually be described by an extended spinor or vector wave function of the type of expression (2.1), which exhibits strong correlations between internal and external degrees of freedom. A more rigorous analysis thus requires the introduction of a basis of states involving both internal and translational quantum numbers and that we expand the atomic state vector (or density matrix) on such a basis. That is what we do in Section 3.

3. CLOSED FAMILIES OF STATES COUPLED BY ABSORPTION AND STIMULATED EMISSION

A. Physical Idea and Notation

Let us introduce the state $|e_0, p\rangle$, which represents an atom in the excited state e_0 with a linear momentum p along Oz ($p_{\rm at}^z = p$, where $\mathbf{p}_{\rm at}$ is the atomic momentum). Because of angular-momentum conservation, the interaction with the σ_+ circularly polarized wave (stimulated emission or absorption) can couple together only e_0 and g_-. On the other hand, because of linear-momentum conservation, such an interaction with a wave propagating toward $+Oz$ involves the exchange of a photon of momentum $+\hbar k$ and thus can couple only $|e_0, p\rangle$ and $|g_-, p - \hbar k\rangle$. Similarly, the interaction of the atom with the σ_- circularly polarized wave propagating toward $-Oz$ can couple only $|e_0, p\rangle$ and $|g_+, p + \hbar k\rangle$ [Fig. 1(b)].

We are thus led to introduce a family of three states coupled by absorption or stimulated emission:

$$\mathcal{F}(p) = \{|e_0, p\rangle, |g_-, p - \hbar k\rangle, |g_+, p + \hbar k\rangle\}. \tag{3.1}$$

As long as spontaneous emission is not taken into account, this is a closed family of coupled states.

When considering the evolution of the density-matrix elements due to absorption and stimulated emission, strong selection rules appear. For instance, $\langle e_0, p'|\sigma|e_0, p''\rangle$ is coupled only to $\langle g_\pm, p' \pm \hbar k|k\sigma|e_0, p''\rangle$ and $\langle e_0, p'|\sigma|g_\pm, p'' \pm \hbar k\rangle$. A further simplification happens because all the interesting quantities that we need to calculate (see Section 5 below) are terms such as $\langle e_0, p|\sigma|e_0, p\rangle$, $\langle g_+, p|\sigma|g_+, p\rangle$, $\langle g_-, p\,|\sigma|g_-, p\rangle$, and $\langle g_-, p - \hbar k|\sigma|g_+, p + \hbar k\rangle$. These terms are coupled only to terms internal in the family. For example, $\langle e_0, p|\sigma|e_0, p\rangle$ is coupled only to $\langle g_\pm, p \pm \hbar k|\sigma|e_0, p\rangle$ and $\langle e_0, p|\sigma|g_\pm, p \pm \hbar k\rangle$. In summary, the evolution equations relevant to the problem under discussion will involve only density-matrix elements defined inside a family $\mathcal{F}(p)$. For such elements, we use the simplified notation,

$$\sigma_{ee}(p) = \langle e_0, p|\sigma|e_0, p\rangle, \tag{3.2a}$$

$$\sigma_{\pm\pm}(p) = \langle g_\pm, p \pm \hbar k|\sigma|g_\pm, p \pm \hbar k\rangle, \tag{3.2b}$$

$$\sigma_{e\pm}(p) = \langle e_0, p|\sigma|g_\pm, p \pm \hbar k\rangle, \tag{3.2c}$$

$$\sigma_{\pm e}(p) = [\sigma_{e\pm}(p)]^*. \tag{3.2d}$$

We show below that, although spontaneous emission couples different families, it involves only coupling with terms of the type defined in Eqs. (3.2). For instance, $\sigma_{ee}(p)$ can decay only to terms such as $\sigma_{++}(p')$ and $\sigma_{--}(p')$. The elements defined in Eqs. (3.2) are thus the only ones that we have to consider.

Remarks

(i) The notion of closed families of states is central in the analysis presented in this paper. It must be emphasized that closed families exist only for specific level schemes and laser wave configurations.[14] In the standard situation when a two-level atom interacts with two counterpropagating linearly polarized waves, $|e, p\rangle$ is coupled to $|g, p - \hbar k\rangle$ and $|g, p + \hbar k\rangle$, which are themselves coupled to $|e, p\rangle$, $|e, p - 2\hbar k\rangle$, and $|e, p + 2\hbar k\rangle$, etc. In such a situation, each family has an infinite number of coupled states. Families of this type have been already considered (see, for example, Ref. 15).

(ii) The quantity p appearing in Eq. (3.1) or Eqs. (3.2) is just a label used to index a family. We will see below that it can be interpreted as the total linear momentum (modulo $\hbar k$) of the atoms + laser field system, which is an invariant quantity of the family.

B. Evolution Equations

We now write the equations describing the evolution of the atom interacting with the laser field, taken as a classical field. Here we do not yet take spontaneous emission into account, and we consider only absorption and stimulated-emission processes. The corresponding Hamiltonian is the sum of two parts:

$$H = H_A + V, \tag{3.3}$$

where H_A is the Hamiltonian of the free atom and V is the laser–atom coupling. H_A is the sum of the kinetic and internal energies:

$$H_A = \frac{\mathbf{P}^2}{2M} + \hbar\omega_0|e_0\rangle\langle e_0|. \tag{3.4}$$

In order to simplify the equations, we consider here the case when the two ground states $|g_+\rangle$ and $|g_-\rangle$ have the same internal energy, taken equal to zero. The formalism developed in this paper could easily be generalized to the case when the energies E_{g_+} and E_{g_-} are different, and the physics would be the same provided that the two laser frequencies differ by $(E_{g_+} - E_{g_-})/\hbar$.

The coupling Hamiltonian is

$$V = -\mathbf{D}\cdot\mathbf{E}(z, t), \tag{3.5}$$

where $\mathbf{D}$ is the electric-dipole-moment operator and $\mathbf{E}(z, t)$ is the classical electric field:

$$\mathbf{E}(z, t) = \tfrac{1}{2}\{\boldsymbol{\epsilon}_+ E_+ \exp[i(kz - \omega_L t) + \text{c.c.}]\} + \tfrac{1}{2}\{\boldsymbol{\epsilon}_- E_- \exp[i(-kz - \omega_L t) + \text{c.c.}]\}, \tag{3.6}$$

(where c.c is the complex conjugate). The first term corresponds to a σ_+ circularly polarized wave propagating toward $z > 0$, while the second one corresponds to a σ_- circularly polarized wave propagating toward $z < 0$ [$\boldsymbol{\epsilon}_\pm = \mp(\mathbf{e}_x \pm i\mathbf{e}_y)/\sqrt{2}$].

The coupling of the atom with each of these waves is characterized by the Rabi frequencies K_+ and K_-:

$$K_\pm = -\frac{d_\pm E_\pm}{\hbar}, \quad d_\pm = \langle e_0|\boldsymbol{\epsilon}_\pm\cdot\mathbf{D}|g_\mp\rangle. \tag{3.7a}$$

Note the selection rules

$$\langle e_0|\boldsymbol{\epsilon}_+\cdot\mathbf{D}|g_+\rangle = \langle e_0|\boldsymbol{\epsilon}_-\cdot\mathbf{D}|g_-\rangle = 0, \tag{3.7b}$$

which can be interpreted in terms of conservation of angular momentum. With the rotating wave approximation, V can be written as

$$V = \left[\frac{\hbar K_+}{2} |e_0\rangle\langle g_-| \exp(ikz) + \frac{\hbar K_-}{2} |e_0\rangle\langle g_+| \times \exp(-ikz)\right] \exp(-i\omega_L t) + \text{H.c.} \quad (3.8)$$

(where H.c. is the Hermitian conjugate).

Note that in Eq. (3.8) z is an operator acting on the external degrees of freedom of the atom. Using the relation

$$\exp(\pm ikz) = \sum_p |p\rangle\langle p \mp \hbar k|,$$

we finally get

$$V = \sum_p \left[\frac{\hbar K_+}{2} |e_0, p\rangle\langle g_-, p - \hbar k| + \frac{\hbar K_-}{2} |e_0, p\rangle\langle g_+, p + \hbar k|\right] \times \exp(-i\omega_L t) + \text{H.c.} \quad (3.9)$$

It clearly appears from Eq. (3.9) that $|e, p\rangle$ is coupled only to $|g_-, p - \hbar k\rangle$ and $|g_+, p + \hbar k\rangle$. As was already emphasized in Subsection 3.A, the atom–laser interaction can induce transitions only inside the closed family $\mathcal{F}(p)$. The evolution of such a family is thus described by a closed set of equations among the nine density matrix elements characterizing the family at time t [Eq. (3.2)].

In order to eliminate time-dependent coefficients, it is useful to make the usual transformation

$$\tilde{\sigma}_{e\pm}(p) = \sigma_{e\pm} \exp(i\omega_L t),$$
$$\tilde{\sigma}_{+-}(p) = \sigma_{+-}(p),$$
$$\tilde{\sigma}_{ii}(p) = \sigma_{ii}(p) \qquad (i = +, -, e). \quad (3.10)$$

The evolution equations are then

$$\left[\frac{d}{dt} \tilde{\sigma}_{--}(p)\right]_{\text{Ham}} = -i \frac{K_+^*}{2} \tilde{\sigma}_{e-}(p) + \text{c.c.},$$

$$\left[\frac{d}{dt} \tilde{\sigma}_{++}(p)\right]_{\text{Ham}} = -i \frac{K_-^*}{2} \tilde{\sigma}_{e+}(p) + \text{c.c},$$

$$\left[\frac{d}{dt} \tilde{\sigma}_{ee}(p)\right]_{\text{Ham}} = i \frac{K_+^*}{2} \tilde{\sigma}_{e-}(p) + i \frac{K_-^*}{2} \tilde{\sigma}_{e+}(p) + \text{c.c},$$

$$\left[\frac{d}{dt} \tilde{\sigma}_{e+}(p)\right]_{\text{Ham}} = i\left(\delta_L + k \frac{p}{M} + \omega_R\right) \tilde{\sigma}_{e+}(p) - i \frac{K_-}{2} [\tilde{\sigma}_{++}(p) - \tilde{\sigma}_{ee}(p)] - i \frac{K_+}{2} \tilde{\sigma}_{-+}(p),$$

$$\left[\frac{d}{dt} \sigma_{e-}(p)\right]_{\text{Ham}} = i\left(\delta_L - k \frac{p}{M} + \omega_R\right)\tilde{\sigma}_{e-}(p) - i \frac{K_+}{2} [\tilde{\sigma}_{--}(p) - \tilde{\sigma}_{ee}(p)] - i \frac{K_-}{2} \tilde{\sigma}_{-+}^*(p),$$

$$\left[\frac{d}{dt} \tilde{\sigma}_{-+}(p)\right]_{\text{Ham}} = -i \frac{K_+^*}{2} \tilde{\sigma}_{e+}(p) + i \frac{K_-}{2} \tilde{\sigma}_{e-}^*(p) + 2ik \frac{p}{M} \tilde{\sigma}_{-+}(p), \quad (3.11)$$

and three complex-conjugated equations.

These equations generalize the usual optical Bloch equations by including external quantum numbers.[16] We have called $\omega_R = \hbar k^2/2M$ the recoil frequency shift and $\delta_L = \omega_L - \omega_0$ is the laser detuning. Note that kp/M is the Doppler shift associated with the velocity p/M.

C. Velocity-Selective Coherent Population Trapping

The evolution equations [Eqs. 3.11)] allow us to understand how coherent population trapping is velocity selective in the configuration considered here. Let us consider the following two orthogonal linear combinations of $|g_+, p + \hbar k\rangle$ and $|g_-, p - \hbar k\rangle$:

$$|\psi_{\text{NC}}(p)\rangle = \frac{K_-}{(|K_+|^2 + |K_-|^2)^{1/2}} |g_-, p - \hbar k\rangle - \frac{K_+}{(|K_+|^2 + |K_-|^2)^{1/2}} |g_+, p + \hbar k\rangle, \quad (3.12a)$$

$$|\psi_{\text{C}}(p)\rangle = \frac{K_+^*}{(|K_+|^2 + |K_-|^2)^{1/2}} |g_-, p - \hbar k\rangle + \frac{K_-^*}{(|K_+|^2 + |K_-|^2)^{1/2}} |g_+, p + \hbar k\rangle. \quad (3.12b)$$

The reason for introducing $|\psi_{\text{NC}}(p)\rangle$ is that, according to Eq. (3.9), the transition matrix element between $|\psi_{\text{NC}}(p)\rangle$ and $|e_0, p\rangle$ vanishes:

$$\langle e, p|V|\psi_{\text{NC}}(p)\rangle = 0. \quad (3.13a)$$

Consequently, an atom in the noncoupled state $|\psi_{\text{NC}}(p)\rangle$ cannot absorb a laser photon, and it cannot be excited to $|e_0, p\rangle$. A similar calculation gives

$$\langle e_0, p|V|\psi_c(p)\rangle = \frac{\hbar}{2} (|K_+|^2 + |K_-|^2)^{1/2} \exp(-i\omega_L t) \quad (3.13b)$$

and shows that $|\psi_{\text{C}}(p)\rangle$ is coupled to the excited state.

We now suppose that an atom has been prepared at a certain time in $|\psi_{\text{NC}}(p)\rangle$, and we study its subsequent evolution. Equations (3.11) and (3.12) lead to the following equation of motion for $\langle\psi_{\text{NC}}(p)|\sigma|\psi_{\text{NC}}(p)\rangle$:

$$\frac{d}{dt} \langle\psi_{\text{NC}}(p)|\sigma|\psi_{\text{NC}}(p)\rangle = -ik \frac{p}{M} \frac{2K_+K_-}{|K_+|^2 + |K_-|^2} \times \langle\psi_{\text{NC}}(p)|\sigma|\psi_{\text{C}}(p)\rangle + \text{c.c.} \quad (3.14)$$

Suppose first that $p = 0$. The right-hand side of Eq. (3.14) then vanishes. This means that an atom prepared in $|\psi_{\text{NC}}(0)\rangle$ cannot leave this state either by free evolution (effect of the free Hamiltonian H_A) or by absorption of a laser photon (effect of the laser–atom coupling V). Although we have not yet taken spontaneous emission into account, it is clear also that the atom cannot leave $|\psi_{\text{NC}}(0)\rangle$ by spontaneous emission since this state is, according to Eq. (3.12a), a linear combination of two ground states $|g_+\rangle$ and $|g_-\rangle$, which are both radiatively stable. To conclude, the state $|\psi_{\text{NC}}(0)\rangle$ is a perfect trap since an atom prepared in this state remains there indefinitely.

On the other hand, if $p \neq 0$, Eq. (3.14) shows that there is a coupling proportional to kp/M (coming from the free Hamiltonian H_A) between $|\psi_{NC}(p)\rangle$ and $|\psi_C(p)\rangle$. This means that an atom initially in $|\psi_{NC}(p)\rangle$ can be transferred by H_A to $|\psi_C(p)\rangle$ and from there to $|e_0, p\rangle$ by V [see Eq. (3.13b)]. The state $|\psi_C(p)\rangle$ cannot therefore be considered a perfect trap when $p \neq 0$, since excitation by the laser can take place after an intermediate transition to $|\psi_C(p)\rangle$. Interpreting p/M as the atomic velocity in the excited state of the family $\mathcal{F}(p)$, we thus see that coherent population trapping in $|\psi_{NC}(p)\rangle$ is velocity selective, since it happens only for $p = 0$.

The motional coupling between $|\psi_{NC}(p)\rangle$ and $|\psi_C(p)\rangle$ appearing in Eq. (3.14) can also be interpreted by noticing that when $p \neq 0$ the kinetic energies of $|g_-, p - \hbar k\rangle$ and $|g_+, p + \hbar k\rangle$ differ by $2\hbar kp/M$. It appears clearly from Eqs. (3.12) that, in this case ($p \neq 0$), $|\psi_{NC}(p)\rangle$ and $|\psi_C(p)\rangle$ are not stationary with respect to H_A; consequently H_A induces an oscillation between these two states. It is easy to show that the Rabi frequency of this oscillation is just $2kp/M$, which is also the beat note between the two Doppler-shifted laser frequencies. The visibility of this oscillation is maximum (equal to 1) when the intensities are equal ($|K_+| = |K_-|$).

Remarks

(i) The various couplings between $|\psi_C(p)\rangle$, $|\psi_{NC}(p)\rangle$, and $|e_0, p\rangle$ due to H_A and V are represented in Fig. 2. $|\psi_C(p)\rangle$ and $|\psi_{NC}(p)\rangle$ are coupled by the motional term kp/M; $|\psi_C(p)\rangle$ and $|e_0, p\rangle$ are coupled by the atom–laser interaction $K/\sqrt{2}$ (here we take $K_+ = K_- = K$). Although we have not yet introduced spontaneous emission, we know that $|e_0, p\rangle$ has a natural width Γ. It follows that for a resonant excitation ($\delta_L = 0$), and in the weak-intensity limit ($K \ll \Gamma$), the Rabi coupling $K/\sqrt{2}$ between $|\psi_C(p)\rangle$ and the broad state $|e_0, p\rangle$ gives to the state $|\psi_C(p)\rangle$ a finite width

$$\Gamma' = 2K^2/\Gamma. \tag{3.15}$$

The same argument shows that the motional coupling kp/M between $|\psi_{NC}(p)\rangle$ and the state $|\psi_C(p)\rangle$ with a width Γ' gives to $|\psi_{NC}(p)\rangle$ a finite width Γ'', which, in the limit $kp/M \ll \Gamma'$, is equal to

$$\Gamma'' = \frac{2(kp/M)^2\Gamma}{K^2}. \tag{3.16}$$

Γ'' is the probability per unit time of an atom's leaving the state $|\psi_{NC}(p)\rangle$. The smaller p, the longer the time an atom

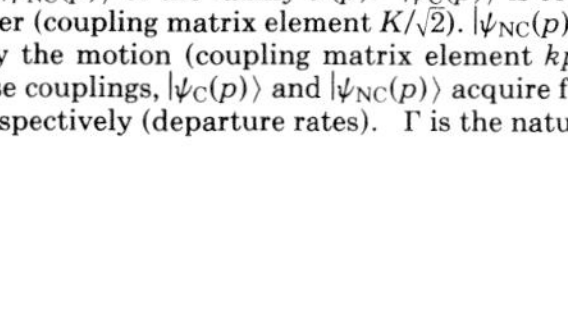

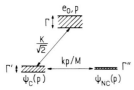

Fig. 2. Couplings and level widths for the three states $|e_0, p\rangle$, $|\psi_C(p)\rangle$, and $|\psi_{NC}(p)\rangle$ of the family $\mathcal{F}(p)$. $|\psi_C(p)\rangle$ is coupled to $|e_0, p\rangle$ by the laser (coupling matrix element $K/\sqrt{2}$). $|\psi_{NC}(p)\rangle$ is coupled to $|\psi_C(p)\rangle$ by the motion (coupling matrix element kp/M). As a result of these couplings, $|\psi_C(p)\rangle$ and $|\psi_{NC}(p)\rangle$ acquire finite widths Γ' and Γ'', respectively (departure rates). Γ is the natural width of $|e_0, p\rangle$.

can be trapped in $|\psi_{NC}(p)\rangle$. Consider an interaction time Θ. Only atoms with p such that $\Gamma''\Theta < 1$, i.e., such that

$$\left(\frac{kp}{M}\right)^2 < \frac{K^2}{2\Theta\Gamma}, \tag{3.17}$$

can remain trapped in the noncoupled state during Θ.

(ii) One can give a classical picture of velocity-selective coherent population trapping for the situation considered here. The electric field [Eq. (3.6)] is linearly polarized at every point, with the direction of polarization changing with z as a helix of pitch λ. On the other hand, for a state $|\psi_{NC}(p)\rangle$ the transition electric-dipole moment between the state $|\psi_{NC}(p)\rangle$ and the excited state $|e_0, p\rangle$ also makes a helix with the same pitch λ, orthogonal everywhere to the electric field, so that the coupling is zero. For a state $|\psi_C(p)\rangle$ the transition-dipole moment makes a similar helix shifted by $\lambda/4$, and it is parallel everywhere to the electric field, so that the coupling is maximum. Suppose now that an atom is in the state $|\psi_{NC}(p)\rangle$ at a given time; the transition-dipole-moment helix will move along Oz with a velocity p/M, so that the probability of the atom's being in $|\psi_C(p)\rangle$ (i.e., to be excited to $|e_0, p\rangle$) will be modulated at the frequency $2kp/M$. If $p = 0$, the transition electric-dipole-moment helix does not move. It remains orthogonal to the electric-field helix indefinitely, and the atom cannot be excited to $|e_0, p\rangle$: it is thus trapped in $|\psi_{NC}(0)\rangle$.

4. SPONTANEOUS EMISSION

A. Redistribution among Families

In Section 3 we showed that an atom prepared in $|\psi_{NC}(0)\rangle$ cannot leave this state by any process. We now have to explain how atoms can be prepared in such a state. In this respect, spontaneous emission plays a basic role since it allows atoms to jump from one family to another one. In particular, atoms can be optically pumped from a family $\mathcal{F}(p \neq 0)$ into the family $\mathcal{F}(p = 0)$ where they may get trapped in the $|\psi_{NC}(0)\rangle$ state.

Consider an atom in the excited state $|e_0, p\rangle$ of the family $\mathcal{F}(p)$. It can emit by spontaneous emission a fluorescence photon in any direction. Suppose that the fluorescence photon has a linear momentum u along Oz (u can take any value between $-\hbar k$ and $+\hbar k$). Because of the law of momentum conservation, the atomic momentum changes by $-u$, so that, in such a process, the atom makes a transition from $|e_0, p\rangle$ to $|g_+, p - u\rangle$ [Fig. 3(a)] or to $|g_-, p - u\rangle$ [Fig. 3(b)] or to a linear superposition of these two states. Note that the two states $|g_\pm, p - u\rangle$ do not in general belong to the same family as $|e_0, p\rangle$: $|g_+, p - u\rangle$ belongs to $\mathcal{F}(p - u - \hbar k)$ and $|g_-, p - u\rangle$ to $\mathcal{F}(p - u + \hbar k)$ (see Fig. 3). Spontaneous emission can thus redistribute atoms from the family $\mathcal{F}(p)$ to any family $\mathcal{F}(p')$, with

$$p - 2\hbar k \leq p' \leq p + 2\hbar k. \tag{4.1}$$

This diffusion in the family space provides the mechanism for accumulating atoms in the family $\mathcal{F}(p = 0)$.

B. Corresponding Terms in the Master Equation

The first effect of spontaneous emission is the usual damping of populations and coherences involving the excited state[17]

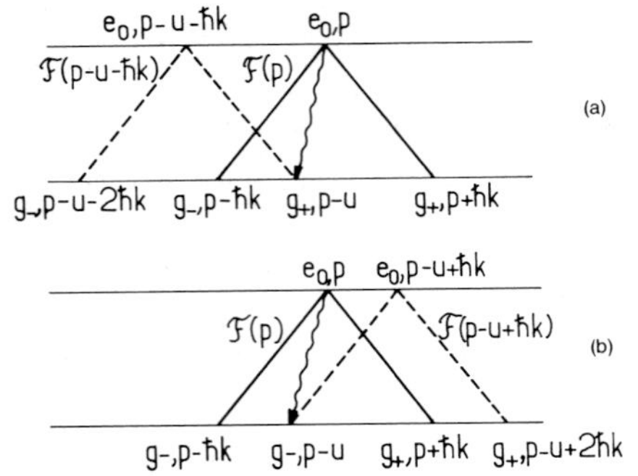

Fig. 3. Redistribution among families by spontaneous emission. Spontaneous emission of a photon with linear momentum u along Oz (wavy lines) can bring an atom from the family $\mathcal{F}(p)$ (solid lines) to the family $\mathcal{F}(p-u-\hbar k)$ [dashed lines in (a)] or to the family $\mathcal{F}(p-u+\hbar k)$ [dashed lines in (b)]. Each state is represented by a point with an abscissa equal to its atomic momentum along Oz and by its internal quantum number e_0 (upper horizontal line) or $g_\pm$ (lower horizontal line). The label of a family is the atomic momentum of its excited state.

$$\left[\frac{\mathrm{d}}{\mathrm{d}t}\sigma_{ee}(p)\right]_{\mathrm{sp}} = -\Gamma\sigma_{ee}(p), \tag{4.2a}$$

$$\left[\frac{\mathrm{d}}{\mathrm{d}t}\sigma_{e+}(p)\right]_{\mathrm{sp}} = -\frac{\Gamma}{2}\sigma_{e+}(p), \tag{4.2b}$$

$$\left[\frac{\mathrm{d}}{\mathrm{d}t}\sigma_{e-}(p)\right]_{\mathrm{sp}} = -\frac{\Gamma}{2}\sigma_{e-}(p). \tag{4.2c}$$

The corresponding feeding terms in the ground state must take into account the redistribution among families introduced above. Consider, for example, $[\mathrm{d}\sigma_{++}(p)/\mathrm{d}t)_{\mathrm{sp}}$, which gives the rate at which $|g_+, p+\hbar k\rangle$ can be populated by spontaneous emission. Such a state is populated from $|e_0, p+\hbar k+u\rangle$ [see Fig. 3(a)] with a rate $\Gamma_+ H(u)$, where $H(u)$ is the normalized probability

$$\int_{-\hbar k}^{+\hbar k} \mathrm{d}u H(u) = 1$$

that the emitted photon has a momentum u along Oz and Γ_+ is the deexcitation rate from the excited state e_0 to the state g_+; the oscillator strength of the transition $e_0 \to g_+$ having been taken into account:

$$\Gamma_+ = \Gamma/2.$$

Summing over u, one gets[17]

$$\left[\frac{\mathrm{d}}{\mathrm{d}t}\sigma_{++}(p)\right]_{\mathrm{sp}} = \frac{\Gamma}{2}\int_{-\hbar k}^{+\hbar k} \mathrm{d}u H(u)\sigma_{ee}(p+\hbar k+u). \tag{4.3a}$$

A similar argument [see Fig. 3(b)] gives

$$\left[\frac{\mathrm{d}}{\mathrm{d}t}\sigma_{--}(p)\right]_{\mathrm{sp}} = \frac{\Gamma}{2}\int_{-\hbar k}^{+\hbar k} \mathrm{d}u H(u)\sigma_{ee}(p+u-\hbar k). \tag{4.3b}$$

The kernel $H(u)$ depends on the radiation pattern for the $|e_0\rangle \to |g_\pm\rangle$ transitions.[18] For instance, in the $|J=1, m=0\rangle \to |J=1, m=\pm 1\rangle$ transition considered in Ref. 4,

$$H(U) = \frac{3}{8}\frac{1}{\hbar k}\left(1+\frac{u^2}{\hbar^2 k^2}\right). \tag{4.3c}$$

The possibility of feeding the coherences of the ground state $\sigma_{+-}(p)$ must also be considered. In fact, we are dealing here with Zeeman ground sublevels, and it is well known that such coherences can be fed only by corresponding coherences in the excited state. But here there is only one populated excited state, so we have no feeding term for these ground Zeeman coherences. More precisely, spontaneous emission of a photon $\hbar\mathbf{k}$ in a well-defined direction (and with a well-defined polarization) from the excited state $|e_0, \mathbf{p}\rangle$ will give rise to a well-defined coherence between $|g_+, \mathbf{p}-\hbar\mathbf{k}\rangle$ and $|g_-, \mathbf{p}-\hbar\mathbf{k}\rangle$. But, if we average over the azimuthal angle ϕ of $\mathbf{k}$, keeping the angle θ between Oz and $\mathbf{k}$ constant, and if we trace over the components of the atomic momentum perpendicular to Oz (which are not observed), we find that the coherence between $|g_+, p-u\rangle$ and $|g_-, p-u\rangle$ (where $p = p_z$ and $u = \hbar k\cos\theta$) vanishes. This is a consequence of the invariance of spontaneous emission in a rotation around Oz.

We must also discuss the question of external coherences, i.e., terms such as

$$\langle g_-, p'|\sigma|g_-, p''\rangle.$$

We can show that because of translational invariance for spontaneous emission in free space, such a term could be fed only by a corresponding coherence in the excited state, i.e., by a term

$$\langle e, p'-u|\sigma|e, p''-u\rangle.$$

In the problem considered here, we start from an initial distribution of atoms in the ground states $|g_-, p'\rangle$ and $|g_+, p''\rangle$, without any coherence between such terms. The coupling [Eq. (3.9)] cannot create external coherences in the excited state from such an initial state, and we can thus conclude that spontaneous emission will not feed external coherences in the ground state.

We have thus justified the statement of Subsection 3.A according to which the only density-matrix elements relevant to our problem are the elements defined in Eqs. (3.2), i.e., density-matrix elements defined inside a family $\mathcal{F}(p)$. We can also conclude that Eqs. (4.2) and (4.3) describe correctly the effect of spontaneous emission for the problem discussed in this paper.

C. Mechanism for Accumulating Atoms in the Trapping State

As is shown by Eqs. (4.3a) and (4.3b), spontaneous emission provides the mechanism for accumulating atoms in the trapping state: indeed, an atom in the excited state $|e_0, p\rangle$ with $0 \leqslant p \leqslant 2\hbar k$ can decay by spontaneous emission into $|g_+, +\hbar k\rangle$, which increases $\sigma_{++}(p=0)$ [see Fig. 3(a)]. Similarly, $|g_-, -\hbar k\rangle$ [corresponding to $\sigma_{--}(p=0)$] may be populated from any excited state $|e_0, p\rangle$ with $-2\hbar k \leqslant p \leqslant 0$.

Note, however, that although each of these ground states belongs to the $\mathcal{F}(p=0)$ family, an atom in $|g_+, +\hbar k\rangle$ or in $|g_-, -\hbar k\rangle$ is not yet in the trapping state $|\psi_{\mathrm{NC}}(0)\rangle$. This requires a further step, namely, filtering in the state space. Take, for instance, an atom in $|g_-, -\hbar k\rangle$. It can be considered as being in a linear superposition of $|\psi_{NC}(0)\rangle$ and $|\psi_C(0)\rangle$:

$$|g_-, -\hbar k\rangle = \frac{1}{\sqrt{2}}[|\psi_{NC}(0)\rangle + |\psi_C(0)\rangle] \tag{4.4}$$

[see Eqs. (3.12) in which $K_+ = K_-^*$ and $p = 0$]. While $|\psi_{NC}(0)\rangle$ is perfectly stable, $|\psi_C(0)\rangle$ is not, since it may get excited through interaction with the lasers at a rate Γ' [Eq. 3.15]. After a time long compared with Γ'^{-1}, the atom will either be in $|\psi_{NC}(0)\rangle$, where it will remain trapped, or it will be involved in some new fluorescence cycles. This filtering process thus leaves 50% of the atoms in the trapping state $|\psi_{NC}(0)\rangle$, while the other 50% resume a sequence of fluorescence cycles. The physical mechanism involved in this filtering is the Raman interaction that builds up the coherence between $|g_-, -\hbar k\rangle$ and $|g_+, +\hbar k\rangle$ that is characteristic of $|\psi_{NC}(0)\rangle$.

The reason why $|\psi_{CN}(0)\rangle$ cannot be directly populated from $|e_0, p\rangle$ by spontaneous emission is related to the conservation of linear momentum. Just after the spontaneous emission of a photon with momentum u, along Oz, an atom starting from $|e_0, p\rangle$ has its momentum changed from p to $p - u$. On the other hand, $|\psi_{NC}(0)\rangle$ is not an eigenstate of the atomic momentum P_{at}^z. It follows that the spontaneous emission of a photon with momentum u along Oz cannot connect $|e_0, p\rangle$ to both states $|g_+, +\hbar k\rangle$ and $|g_-, -\hbar k\rangle$.

One may wonder how to deal with linear-momentum conservation during the second step, i.e., during the filtering process. In fact, the laser fields have been considered here as external classical fields, and there is no isolated system in which one can look for momentum conservation. We could indeed generalize our treatment by quantizing the laser fields. In such a treatment, one finds that the three states of a given family have the same total linear momentum (sum of the atomic and laser field linear momentum) equal to the label p of the family, modulo $\hbar k$. The filtering process, leading from $|g_-, -\hbar k\rangle$ with the laser field in a certain quantum state to $|\psi_{NC}(0)\rangle$ with the laser field in a different state, conserves the total linear momentum.

5. EVOLUTION OF THE ATOMIC MOMENTUM DISTRIBUTION

A. Initial State

For the initial atomic state, we take a statistical mixture of the two ground states g_+ and g_- with the same momentum distribution along Oz:

$$\mathcal{P}_+{}^0(p_{at}^z) = \mathcal{P}_-{}^0(p_{at}^z). \tag{5.1}$$

The initial density matrix elements are thus equal to zero, except for σ_{++} and σ_{--}:

$$\sigma_{++}(p) = \mathcal{P}_+{}^0(p + \hbar k),$$
$$\sigma_{--}(p) = \mathcal{P}_-{}^0(p - \hbar k),$$
$$\sigma_{ee}(p) = 0,$$
$$\sigma_{+-}(p) = \sigma_{e+}(p) = \sigma_{e-}(p) = 0. \tag{5.2}$$

The assumption that there are no coherences and that the momentum distributions are the same in the two ground-state sublevels is quite natural for atoms in an atomic beam emerging from a nozzle. However, in the real experiment[4] there is also an initial population in the $m = 0$ ground sublevel that will be optically pumped into g_+ and g_-; in some circumstances (laser detuning different from 0) the resulting distributions may be dissymmetric, and condition (5.1) may not be fulfilled in some experiments. However, we keep such a condition in the subsequent calculation since it allows us to extract simply the most important features of the new cooling process.

B. Master Equation: Generalized Optical Bloch Equations

Adding the terms found in Section 3 and Subsection 4.B, we get the equations governing the evolution of the density-matrix elements:

$$\frac{d\sigma}{dt} = \left(\frac{d\sigma}{dt}\right)_{Ham} + \left(\frac{d\sigma}{dt}\right)_{sp}, \tag{5.3}$$

where the first term [Eqs. (3.11)] is the Hamiltonian evolution corresponding to free evolution and atom–laser coupling. The second term [Eqs. (4.2) and (4.3)] corresponds to spontaneous emission.

In spite of the fact that internal and external degrees of freedom are treated completely quantum mechanically, this set of equation is remarkably simple, and it is well adapted for a numerical step-by-step time integration. Note in particular that the finite momentum exchange $\hbar k$ (recoil) is accounted for in all atom–field interactions, although it does not appear explicitly in the atom–laser interaction because of the concise notations [Eqs.(3.2)].

C. Final Atomic Distribution

We are interested in the atomic linear-momentum distribution along Oz at the end of the interaction with the lasers, whatever the internal state of the atoms may be. This distribution is[19]

$$\mathcal{P}(p_{at}^z) = \sigma_{++}(p_{at}^z - \hbar k) + \sigma_{--}(p_{at}^z + \hbar k) + \sigma_{ee}(p_{at}^z). \tag{5.4}$$

We can predict the shape of this distribution by using the results of Sections 3 and 4. Velocity-selective coherent population trapping consists in accumulating atoms around the trapping state:

$$|\psi_{NC}(0)\rangle = \frac{1}{\sqrt{2}}[|g_-, -\hbar k\rangle - |g_+, +\hbar k\rangle] \tag{5.5}$$

[see Eq. (3.12a) with $K_+ = K_-$ and $p = 0$].

First consider atoms trapped in $|\psi_{NC}(0)\rangle$. This state is not an eigenstate of the linear-momentum operator, and a linear-momentum measurement will yield either $p_{at}^z = +\hbar k$ or $p_{at}^z = -\hbar k$ with equal probability (case $|K_+| = |K_-|$). The corresponding atomic-momentum distribution $\mathcal{P}(p_{at}^z)$ is a double Dirac peak at $\pm\hbar k$ [solid vertical lines of Fig. 4(a)]. For such atoms, the distribution of the population of the noncoupled states $\langle\psi_{NC}(p)|\sigma|\psi_{NC}(p)\rangle$ is a single Dirac peak at $p = 0$ [solid vertical line of Fig. 4(b).

Now consider atoms in $|\psi_{NC}(p)\rangle$ with p close to 0. Their atomic-momentum distribution $\mathcal{P}(p_{at}^z)$ is a shifted double Dirac peak at $p_{at}^z = p \pm \hbar k$ [dashed vertical lines of Fig. 4(a)]. The corresponding distribution of $|\psi_{NC}(p)\rangle$ exhibits a single Dirac peak with the same shift [dashed vertical line of Fig. 4(b)].

We can then predict the atomic-momentum distribution

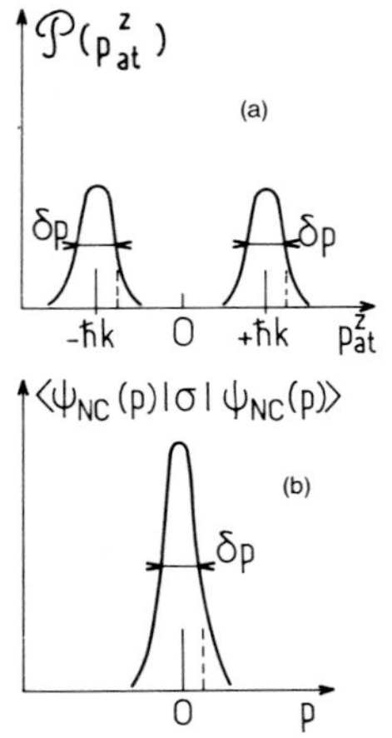

Fig. 4. Expected shape (a) of the atomic-momentum distribution $\mathcal{P}(p^z_{at})$ and (b) of the population in the noncoupled state $\langle\psi_{NC}(p)|\sigma|\psi_{NC}(p)\rangle$. The vertical solid lines indicate the positions of the Dirac functions representing the contribution of the atoms in $|\psi_{NC}(0)\rangle$. The dashed vertical lines indicate the positions of the Dirac functions representing the contribution of atoms in $|\psi_{NC}(p)\rangle$. For atoms accumulated in noncoupled states $|\psi_{NC}(p)\rangle$ with p in a narrow range δp around $p = 0$ (b), the expected atomic-momentum distribution consists of twin peaks centered at $\pm\hbar k$, with the same shape and the same width δp (a).

after an interaction time θ. As a consequence of inequality (3.17), atoms are accumulated in states $|\psi_{NC}(p)\rangle$ with p in a narrow band around $p = 0$ with a width δp of the order of

$$\delta p \simeq \frac{M}{k\sqrt{\Gamma}}\frac{K}{\sqrt{\theta}}. \tag{5.6}$$

The corresponding atomic-momentum distribution $\mathcal{P}(p^z_{at})$ will thus exhibit two peaks of width δp around $p^z_{at} = \pm\hbar k$ [Fig. 4(a)]. Finally, these two peaks will emerge over a broad background corresponding to atoms in the states $|\psi_C(p)\rangle$.

6. NUMERICAL ANALYSIS AND DISCUSSION OF THE RESULTS

We have obtained numerical solutions of the generalized optical Bloch equations with internal and external degrees of freedom [Eq. (5.3)], making use of the convenient p family basis introduced above. We have used the parameters corresponding to the experiment[4] on the transition $2\,^3S_1$–$2\,^3P_1$ at $\lambda = 1.083\ \mu$m of ^{4}He atoms ($\Gamma/2\pi = 1.6$ MHz).

A. Numerical Procedure

The time evolution of the density-matrix elements is obtained by incrementation starting from the initial condition of Eq. (5.1). The time increment is typically $0.05\ \Gamma^{-1}$, small enough to have no artificial instabilities introduced by the incrementation.

The p variable is discretized in intervals $\epsilon = \hbar k/30$, between $-p_{max}$ and $+p_{max}$ (typically $p_{max} = 30\ \hbar k$). These values have been chosen in order to fulfill the following requirements: First, ϵ must be small compared with the narrowest structure appearing in the p dependence of the solution of Eq. (5.3). Second, p_{max} must be large enough that the interesting part of the solution (near $p = 0$) is not affected by the truncation of the p range. We have chosen $p_{max} = 30\hbar k$ so that, for the largest value of θ considered here ($\theta = 1000\Gamma^{-1}$), the effect of momentum diffusion from p values larger than p_{max} to $p = 0$ is negligible.

B. Time Evolution of the Momentum Distribution

Figure 5 represents the final atomic-momentum distribution $\mathcal{P}(p^z_{at})$ for four different interaction times ($\theta\Gamma = 50, 150, 400, 1000$). We have taken a zero detuning ($\delta_L = \omega_L - \omega_0 = 0$), a Rabi frequency $K = |K_+| = |K_-| = 0.3\Gamma$, and a Gaussian initial distribution with a standard half-width at $\exp(-1/2)$: $\Delta p_0 = 3\hbar k$. For θ large enough, $\mathcal{P}(p^z_{at})$ exhibits two resolved peaks emerging at $\pm\hbar k$ above the initial distribution. This is the signature of the new cooling scheme. It is remarkable that, for $\theta = 150\ \Gamma^{-1}$, the cooling effect already appears. When the interaction time increases, the two peaks become narrower and higher.

Figure 6 shows on a larger momentum interval the shape of the right wing of $\mathcal{P}(p^z_{at})$ (the curve is symmetrical) at the initial and final times. Besides the cooling effect, one sees that a fraction of atoms has diffused toward higher momentum values, which is in agreement with the physical picture of a diffusion in momentum space produced by spontaneous emission.

In order to visualize the accumulation of atoms in $|\psi_{NC}(p)\rangle$ with p close to 0, we have also calculated the populations $\langle\psi_{NC}(p)|\sigma|\psi_{NC}(p)\rangle$ and $\langle\psi_C(p)|\sigma|\psi_C(p)\rangle$. Figure 7 shows the

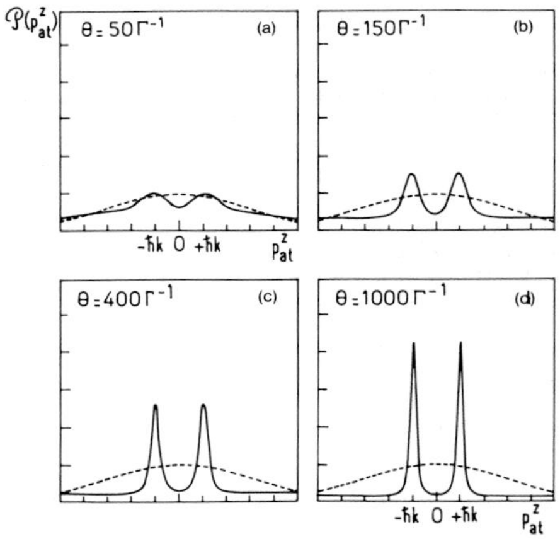

Fig. 5. Time evolution of the atomic-momentum distribution $\mathcal{P}(p^z_{at})$. The dashed curves with half-width $\Delta p_0 = 3\hbar k$ show the initial distribution. As the interaction time θ increases, the height of the double peak at $\pm\hbar k$ (characterizing the new cooling process) increases, and its width decreases. Conditions for these figures: laser detuning $\delta_L = 0$; Rabi frequencies of the atom laser coupling $|K_+| = |K_-| = 0.3\Gamma$.

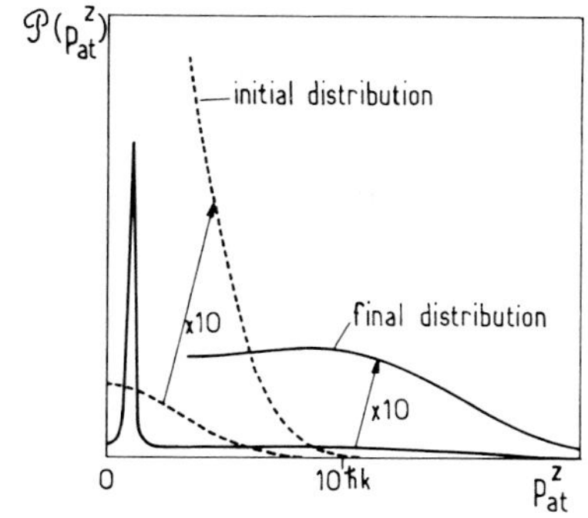

Fig. 6. Half of Fig. 5(d) with a different scale showing the diffusion of a fraction of the atoms toward large values of the momentum.

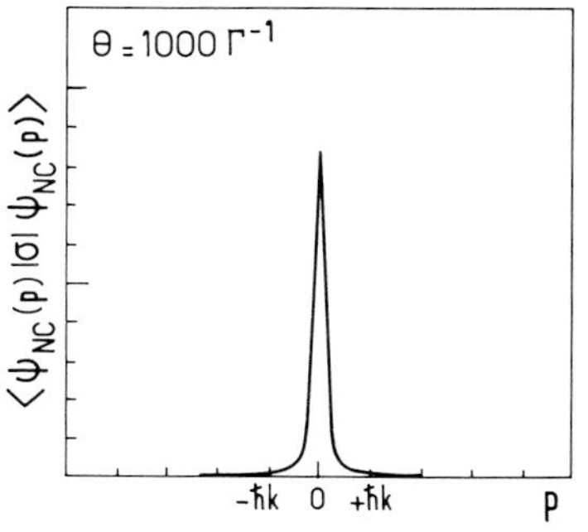

Fig. 7. Atomic population in the noncoupled states $|\psi_{NC}(p)\rangle$ in the same situation as for Fig. 5(d). The peak height is twice as large, and the width is the same as in one peak of Fig. 5(d). At this scale, the population in $|\psi_C(p)\rangle$ would not be visible.

resulting distribution of $\langle\psi_{NC}(p)|\sigma|\psi_{NC}(p)\rangle$ for the same parameters as in Fig. 5(d) [at this scale, $\langle\psi_C(p)|\sigma|\psi_C(p)\rangle$ is so small that it would not be visible]. The sharp peak near $p = 0$ appearing in the $|\psi_{NC}(p)\rangle$ population is clearly related to the double peak with the same width in the atomic-momentum distribution. The big difference between $\langle\psi_{NC}(p)|\sigma|\psi_{NC}(p)\rangle$ and $\langle\psi_C(p)|\sigma|\psi_C(p)\rangle$ near $p = 0$ shows that the coherence between $|\psi_{NC}(p)\rangle$ and $|\psi_C(p)\rangle$ is very small. In such a situation, the atomic distribution in the peaks can be considered a statistical mixture of $|\psi_{NC}(p)\rangle$ and $|\psi_C(p)\rangle$. We have checked that, outside the peak of Fig. 7, of the populations $\rangle$ and $|\psi_C(p)\psi_{NC}(p)\rangle$ are almost equal.

C. Peak Width, Temperature

In order to characterize the cooling process, we define a temperature in terms of the width of a momentum distribution. According to the discussions above, the cooled atoms are in states $|\psi_{NC}(p)\rangle$ with a distribution of p values shown in Fig. 7. We use the width of this distribution, which is also the width of each of the two peaks of Fig. 5(d), to define a temperature. Since we do not address the question of a Gaussian shape for this distribution, we will not give a precise value for the temperature. We can nevertheless note that the peak half-width may become much smaller than the one-photon recoil, corresponding to a temperature below the recoil energy.

We have plotted the half-width Δp [taken arbitrarily at $\exp(-1/2)$ after subtraction of the broad background] as a function of the interaction time θ [Fig. 8(a)] and of the Rabi frequency K [Fig. 8(b)]. The results obtained are in good agreement with a simple model based on relation (5.6), which predicts a width varying as $K\theta^{-1/2}$.

Remark

To characterize the temperature, one could also calculate the mean kinetic energy of the momentum distribution. We do not think that such a quantity would be appropriate for defining a temperature since, even if all atoms were in the pure state $|\psi_{NC}(0)\rangle$, their kinetic energy would be nonzero and equal to the recoil energy E_R, although this situation obviously corresponds to a zero temperature.

D. Unbalanced Laser Beams

Figure 9 shows the atomic-momentum distribution for unequal Rabi frequencies ($K_+ = 1.5K_-$). The peak height difference is easily interpreted: when $K_+ \neq K_-$, the coefficients of the expansion of the trapping state $|\psi_{NC}(0)\rangle$ on $|g_+, +\hbar k\rangle$ and $|g-, -\hbar k\rangle$ [Eq. (3.12a))] have different moduli.

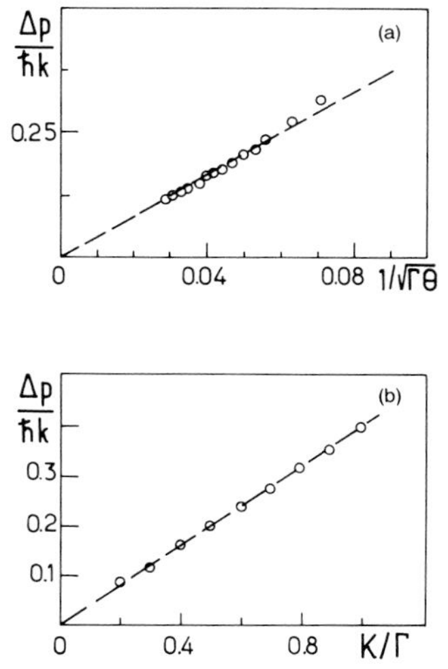

Fig. 8. Half-width of the peaks (initial half-width $\Delta p_0 = 3\hbar k$, laser detuning $\delta_L = 0$): (a) Δp for various interaction times θ for a Rabi frequency K = 0.3Γ; (b) Δp as a function of the Rabi frequency $K = K_+ = K_-$ for an interaction time $\theta = 1000\Gamma^{-1}$. These results show that Δp in proportional to $\theta^{-1/2}$ and to K (dashed lines) and thus confirm relation (5.6) for θ large enough that the two peaks are well separated.

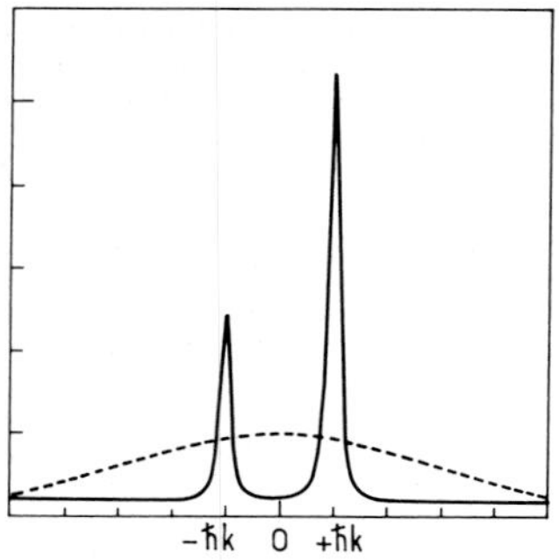

Fig. 9. Atomic-momentum distribution for unbalanced laser beams. Same conditions as for Fig. 5(d) except for the Rabi frequencies: $K_+ = 0.3\Gamma$; $K_- = 0.2\Gamma$.

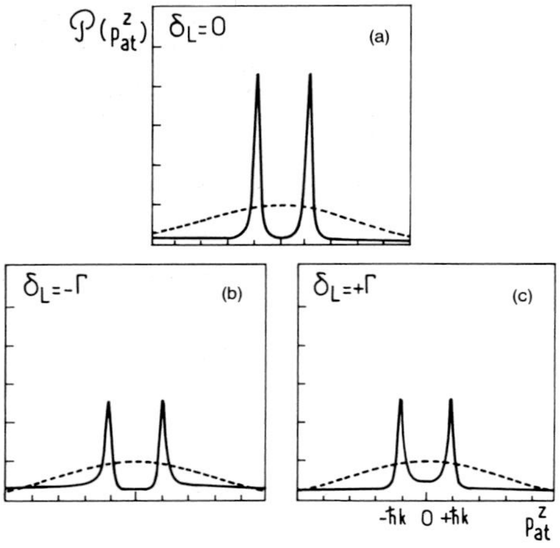

Fig. 10. Atomic-momentum distribution for various detunings. Same conditions as for Fig. 5(d) except for the detunings δ_L $\pm\Gamma$ (a), corresponding to $\delta_L = 0$, is the same as Fig. 5(d)]. Cooling is efficient for any sign of the detuning.

One predicts that for atoms trapped in $|\psi_{NC}(0)\rangle$ the probability for a momentum $+\hbar k$ is $|K_+/K_-|^2$ times greater than the probability for $-\hbar k$. This is in good agreement with the ratio of the two peaks of Fig. 9, which is found equal to 2.25 (theoretical value, 9/4).

E. Dependence on Laser Detuning

Figure 10 shows the atomic distribution at a given interaction time $\theta = 1000\Gamma^{-1}$ for three different laser detunings ($\delta_L = 0$, $\delta_L = \pm\Gamma$) and for the same laser intensities ($K_+ = K_- = K$). Note first that the new cooling mechanism is efficient for the three values of the detuning and particularly that it does not depend strongly on the sign of δ_L. This has to be contrasted with other schemes such as Doppler cooling, stimulated molasses, and polarization gradient cooling, which have a dispersionlike behavior.

The variation with δ_L of the height and width of the peaks can be interpreted by an extension of the perturbative calculation of Remark (i), Subsection 3.C, to a nonzero detuning. In this case, the width Γ' of $|\psi_C(p)\rangle$ is changed [from Eq. (3.15)] to

$$\Gamma' = (K^2/2)\frac{\Gamma}{\delta_L{}^2 + \frac{\Gamma^2}{4}}. \tag{6.1}$$

In addition, $|\psi_C(p)\rangle$ undergoes a light shift[20]

$$\delta' = (K^2/2)\frac{\delta_L}{\delta_L{}^2 + \frac{\Gamma^2}{4}}. \tag{6.2}$$

With these modifications taken into account, the motional coupling kp/M between $|\psi_{NC}(p)\rangle$ and $|\psi_C(p)\rangle$ now gives to $|\psi_{NC}(p)\rangle$ a width Γ'':

$$\Gamma'' = (kp/M)^2\frac{\Gamma'}{\delta'^2 + \frac{\Gamma'^2}{4}}. \tag{6.3}$$

Inserting Eqs. (6.1) and (6.2) into Eq. (6.3), we find that

$$\Gamma'' = (kp/M)^2\frac{\Gamma}{K^2/2}, \tag{6.4}$$

which coincides with Eq. (3.16), showing that Γ'' does not depend on the detuning δ_L. This explains why the peak width, which is determined by Γ'' [Remark (i) of Subsection 3.C], keeps the same value for the three curves of Fig. 10. On the other hand, Eq. (6.1) shows that Γ' decreases when the detuning increases: the absorption rate for atoms in $|\psi_C(p)\rangle$ is then weaker, yielding a lower optical pumping rate into $|\psi_{NC}(0)\rangle$. This explains the smaller peak heights in Figs. 10(b) and 10(c).

Note finally that there are small differences between the curves corresponding to $\delta_L = +\Gamma$ and $\delta_L = -\Gamma$. These differences have not yet been interpreted.

F. Efficiency of the Cooling Process

The cooling process is characterized not only by its ability to yield atoms in a narrow p range but also by the accumulation of atoms in this range, leading to a final density (in p space) larger than the initial one. The density at the center of the cooled distribution (near $p = 0$) is measured by the peak height.

We first considered the case of narrow initial distributions centered on $p = 0$. Figure 11(a) shows the evolution of the peak height as a function of the interaction time for an initial width of the momentum distribution $\Delta p_0 = \hbar k$. We have checked that, for the same total number of atoms, the evolution is almost independent of the width of the initial distribution, provided that this width is smaller than $2\hbar k$. An immediate interpretation is that each fluorescence cycle produces a redistribution in p space over an interval $2\hbar k$. After a few fluorescence cycles, there is no memory of structures narrower than $2\hbar k$. In agreement with the interpretation of this new cooling scheme, the peak height increases

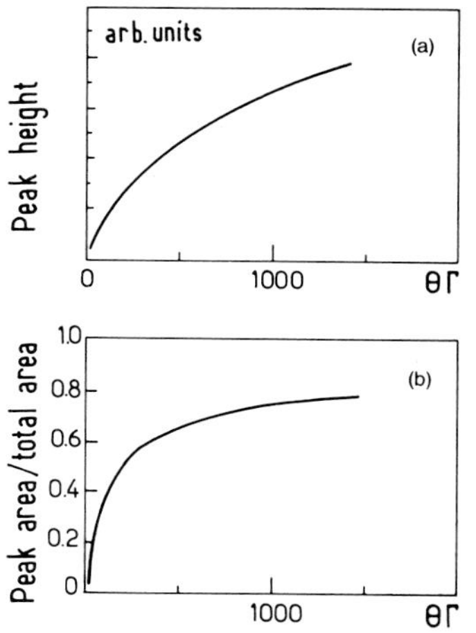

Fig. 11. Accumulation of atoms in the peaks as a function of time. The height of the peak (a) is a measure of the maximum atomic density in the p space. (b) Shows the fraction of atoms in the peaks. Conditions are the same as for Fig. 5 except for the initial distribution ($\Delta p_0 = \hbar k$).

with time. The decrease of the slope can be related to a depletion of the background of untrapped atoms that constitute a reservoir for the accumulation process. It is also interesting to study the evolution of the total number of atoms in the peaks, since this results from opposite variations of height (which increases) and of the width (which decreases). Figure 11(b) shows that a large fractions of the atoms can be trapped in the peaks of cooled atoms.

We also investigated the case of broad initial distribution ($\Delta p_0 > 3\hbar k$). For small interaction times θ, the evolution of the peak height versus θ is linear and depends only on the initial atomic density at $p = 0$. But a decrease of the slope appears at an interaction time that is longer when the initial distribution is broader. As a consequence, the peak height (normalized by the initial density at $p = 0$) is larger for broader initial distribution when θ is long enough. For example, for $\Delta p_0 = 10\,\hbar k$ and $\theta = 1000\Gamma^{-1}$ the normalized peak height is 1.7 times larger than the one of Fig. 5(d) (corresponding to $\Delta p_0 = 3\hbar k$, $\theta = 1000\Gamma^{-1}$). This behavior can be interpreted by considering the diffusion of atoms in momentum space, from the edges of the initial distribution to $p = 0$, where they can be trapped. Note finally that for Δp_0 large enough (and for $\delta_L = 0$) the Doppler detuning can decrease the diffusion rate at the edges of the momentum distribution, which introduces a natural cutoff that is independent of Δp_0.

This discussion clearly raises the question of the asymptotic behavior at long interaction times. One can hardly rely on a numerical calculations to answer this question. Note that a double Dirac peak (corresponding to $|\psi_{NC}(0)\rangle$) is a steady-state solution of Eq. (5.3), but we do not know whether such a solution can be reached by starting from realistic initial conditions. This question is still unresolved.

In order to increase the fraction of cooled atoms, we have considered schemes in which atoms with large p would be reflected toward $p = 0$ by interaction with another laser beam. With such walls in p space, it is clear that the accumulation process into $|\psi_{NC}(0)\rangle$ will continue indefinitely.

7. GENERALIZATION TO TWO DIMENSIONS

So far we have dealt only with one-dimensional cooling. Now we explain how velocity-selective coherent population trapping can be extended to two dimensions. We consider the same atomic transition $J_g = 1 \leftrightarrow J_e = 1$ as the one used in the experimental demonstration of one-dimensional cooling.[4] Figure 12(a) represents the various Zeeman sublevels in the ground state and in the excited state and the Clebsch–Gordan coefficients of the various transitions $g_m \leftrightarrow e_{m'}$ (m, $m' = -1, 0, +1$). The laser configuration consists of three laser beams [Fig. 12(b)] with the same frequency and the same amplitude. As above, there are two counterpropagating beams along Oz, one σ_+ polarized with a wave vector $k\hat{e}_z$ one σ_- polarized with a wave vector $-k\hat{e}_z$ (k is the wave number; $\hat{e}_z$ is a unit vector along Oz). In addition, there is a third laser beam along Ox (wave vector $k\hat{e}_x$), linearly polarized along Oz (π polarization). Each of these beams excites only one type of transition: $g_m \leftrightarrow e_{m+1}$ for the σ_+ beam, $g_m \leftrightarrow e_{m-1}$ for the σ_- beam, and $g_m \leftrightarrow e_m$ for the π beam.

Consider the state

$$|\psi_{NC}(\mathbf{p})\rangle = \frac{1}{\sqrt{3}}\left(|g_{-1}, \mathbf{p} - \hbar k\hat{e}_z\rangle + |g_0, \mathbf{p} + \hbar k\hat{e}_x\rangle + |g_{+1}, \mathbf{p} + \hbar k\hat{e}_z\rangle\right), \quad (7.1)$$

which is a linear superposition of three states differing not

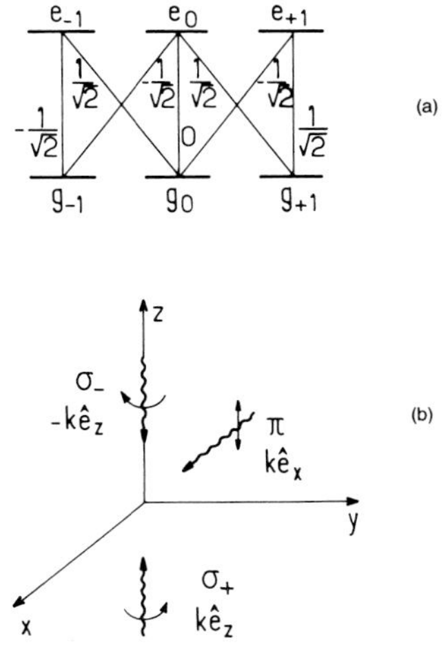

Fig. 12. Configuration for two-dimensional velocity-selective coherent population trapping. (a) The $J = 1 \leftrightarrow J = 1$ atomic transition with the corresponding Clebsch–Gordan coefficients. (b) The three laser wave vectors and polarizations for which the state defined in Eq. (7.1) is trapping and velocity selective along Ox and Oz.

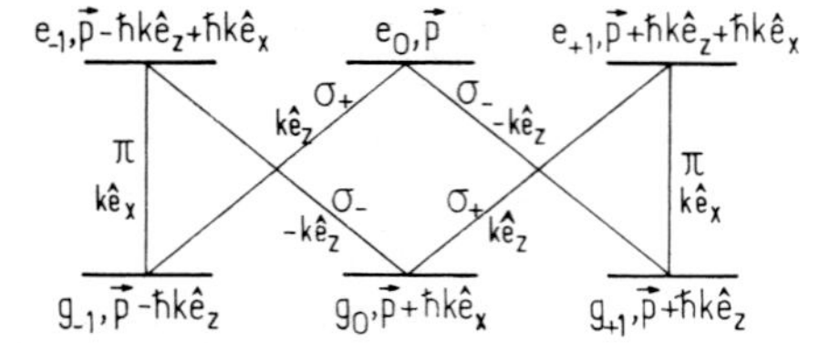

Fig. 13. Closed family of states coupled by interaction with the lasers of Fig. 12(b). Each state is characterized by its internal and external quantum numbers.

only in their internal quantum numbers but also in their momenta. We are going to show that such a state cannot be coupled to any excited state in the same way as the $|\psi_{NC}(p)\rangle$ states introduced in Subsection 3.C. For that purpose we first determine to what excited states each component of Eq. (7.1) is coupled (Fig. 13). Because of the conservation of angular and linear momentum, an atom in $|g_{-1}, \mathbf{p} - \hbar k\hat{e}_z\rangle$ is coupled only to $|e_{-1}, \mathbf{p} - \hbar k\hat{e}_z + \hbar k\hat{e}_x\rangle$ by absorption of a (π, $k\hat{e}_x$) photon and to $|e_0, \mathbf{p}\rangle$ by absorption of a (σ_+, $k\hat{e}_z$) photon. In the same way, $|g_0, \mathbf{p} + \hbar k\hat{e}_x\rangle$ is coupled only to $|e_{-1}, \mathbf{p} - \hbar k\hat{e}_z + \hbar k\hat{e}_x\rangle$ (respectively, $|e_{+1}, \mathbf{p} + \hbar k\hat{e}_z + \hbar k\hat{e}_x\rangle$) by absorption of a ($\sigma_-$, $-k\hat{e}_z$) [respectively, (σ_+, $k\hat{e}_z$)] photon, and $|g_{+1}, \mathbf{p} + \hbar k\hat{e}_z\rangle$ is coupled only to $|e_{+1}, \mathbf{p} + \hbar k\hat{e}_z + \hbar k\hat{e}_x\rangle$ (respectively, $|e_0, \mathbf{p}\rangle$) by absorption of a (π, $k\hat{e}_x$) [respectively, (σ_-, $-k\hat{e}_z$)] photon. As in Section 3, we thus find a family of six states (instead of three) $\{|g_{-1}, \mathbf{p} - \hbar k\hat{e}_z\rangle, |g_0, \mathbf{p} + \hbar k\hat{e}_x\rangle, |g_{+1}, \mathbf{p} + \hbar k\hat{e}_z\rangle, |\hat{e}_{-1}, \mathbf{p} - \hbar k\hat{e}_z + \hbar k\hat{e}_x\rangle, |e_0, \mathbf{p}\rangle, |e_{+1}, \mathbf{p} + \hbar k\hat{e}_z + \hbar k\hat{e}_x\rangle\}$ that remains closed with respect to absorption and stimulated-emission processes. The important point is that all transition amplitudes starting from Eq. (7.1) and ending in any of the three excited states of the family interfere destructively. This is because each of the three excited states of Fig. 13 is coupled only to two ground states (because of the zero value of the Clebsch–Gordan coefficient for $e_0 \leftrightarrow g_0$) by two transitions having opposite Clebsch–Gordan coefficients [Fig. 12(a)]. Since the state [Eq. (7.1)] is completely symmetric, the six excitation amplitudes from such a state interfere destructively two by two.

Consequently, an atom in Eq. (7.1) cannot leave this state by interaction with the lasers. Since it contains only ground states, it cannot decay by spontaneous emission. It remains to see under what condition it is stationary with respect to the free evolution Hamiltonian H_A. We must write that the kinetic energies of the three components of Eq. (7.1) are the same (as above, we suppose that there is no static magnetic field), which gives

$$(\mathbf{p} - \hbar k\hat{e}_z)^2 = (\mathbf{p} + \hbar k\hat{e}_x)^2 = (\mathbf{p} + \hbar k\hat{e}_z)^2. \tag{7.2}$$

We conclude that $|\psi_{NC}(\mathbf{p})\rangle$ is a perfect trap only if

$$\mathbf{p} \cdot \hat{e}_z = \mathbf{p} \cdot \hat{e}_x = 0. \tag{7.3}$$

This shows that optical pumping into the states [Eq. (7.1)] satisfying Eq. (7.3) could provide a two-dimensional cooling for the components of $\mathbf{p}$ perpendicular to $\hat{e}_y$.

Experimentally, one could send an atomic beam along Oy in the laser configuration of Fig. 12(b). Accumulation of atoms by optical pumping into the trapping states Eq. (7.1) satisfying Eq. (7.3) could be revealed by measuring $P_{\rm at}^x$ and $P_{\rm at}^z$ after the interaction zone. From Eqs. (7.1) and (7.3) we then predict that the surface giving the atomic-momentum distribution in the (p_x, p_z) plane should exhibit three narrow peaks, at

$$\begin{cases} p_{at}^x = 0 \\ p_{at}^z = +\hbar k \end{cases}, \quad \begin{cases} p_{at}^x = 0 \\ p_{at}^z = -\hbar k \end{cases}, \quad \begin{cases} p_{at}^x = +\hbar k \\ p_{at}^z = 0 \end{cases}. \tag{7.4}$$

Remark

Note that in such an experiment there must be no force acting along the velocity-selective directions Ox and Oz. In order to avoid the effect of gravity, we should thus align the atomic beam vertically.

In this section we have demonstrated that there is a perfect trapping state that is velocity selective in two dimensions. However, in order to evaluate the efficiency of the cooling process, one should also solve the generalized optical Bloch equations corresponding to this situation. This would allow one to evaluate how long it would take for momentum diffusion in two dimensions to accumulate many atoms into the trapping state.

It is tempting to try a further generalization to three dimensions. We have found no scheme that allows accumulation of many atoms into a noncoupled state that is velocity selective in three dimensions. We have found such states for more-complicated level schemes. Unfortunately, in the situations that we have investigated, there is always another trapping state that is velocity selective in a smaller number of dimensions (two or one). The atoms are then rapidly trapped into this less-selective noncoupled state, where they are no longer available for the three-dimensional trapping.

8. CONCLUSION

We have presented a full quantum theoretical treatment of a new one-dimensional laser-cooling scheme permitting transverse temperatures below the one-photon recoil energy to be reached by velocity-selective coherent population trapping. Unlike semiclassical approaches, this treatment can be applied to situations in which the atomic coherence length is comparable with or larger than the laser wavelength. It is based on the use of families that contain a finite number of states defined by translational and internal quantum numbers and that remain closed with respect to absorption and stimulated emission. Redistributions among these families occur through spontaneous emission. We have established generalized optical Bloch equations for the density-matrix elements corresponding to these families, and we have presented numerical solutions of these equations.

This theoretical study has allowed us to exhibit the essential features of the new cooling process and to support the underlying physical ideas. The main differences from other cooling methods are the following:

(i) The cooling exists for both signs of the detuning and for zero detuning;

(ii) The width of the final momentum distribution, which characterizes the temperature, decreases as $\theta^{-1/2}$, where θ is the interaction time. There is no fundamental limit to the lowest temperature achievable by this method; in particular, the one-photon recoil is not a limit;

(iii) The basic cooling mechanism relies not on a friction force but on a diffusion process in momentum space, which pumps atoms into nonabsorbing states corresponding to a small region of the momentum space;

(iv) Since the cooled atoms no longer interact with the laser field they suffer no perturbation either on the external degrees of freedom (no diffusion) or on the internal degrees of freedom (no light shifts).

We presented in Section 7 a possible extension of this new cooling scheme to two dimensions. The method of families used in this paper could easily be applied to such a situation. It would also be interesting to add a supplementary interaction for reflecting toward $p = 0$ atoms that have diffused at large p values; such walls should improve the cooling efficiency at long interaction times.

The fundamental property on which the new cooling process is based is the quantum coherence between $|g_-, p - \hbar k\rangle$ and $|g_+, p + \hbar k\rangle$. A remarkable feature associated with this coherence is the total coherence between states of different linear momentum $p - \hbar k$ and $p + \hbar k$. Since p is distributed in a narrow interval around 0, such coherence gives rise to two coherent wave packets propagating along different directions. Another interesting feature is the complete correlation between the internal state and the direction of propagation, as in a Stern–Gerlach experiment. The calculations presented in this paper permit a quantitative treatment of all these coherence effects by use of the nondiagonal terms $\sigma_{+-}(p)$ of the density matrix. These results could be useful in the analysis of atomic interferences based on this scheme.

ACKNOWLEDGMENTS

We acknowledge many fruitful discussions with Jean Dalibard and Christophe Salomon. We thank F. Papoff for help with the numerical calculations. This research has been partly supported by the European Economic Community.

* Permanent address, Dipartimento di Fisica, Università di Pisa, I—56100 Pisa, Italy.

REFERENCES AND NOTES

1. P. D. Lett, R. N. Watts, C. I. Westbrook, W. D. Phillips, P. L. Gould, and H. J. Metcalf, Phys. Rev. Lett. **61**, 169 (1988).
2. J. Dalibard, C. Salomon, A. Aspect, E. Arimondo, R. Kaiser, N. Vansteenkiste, and C. Cohen-Tannoudji, in *Atomic Physics 11*, proceedings of the Eleventh International Conference on Atomic Physics, S. Haroche, J. C. Gay, and G. Grynberg, eds. (World Scientific, Singapore, 1989).
3. Y. Shevy, D. S. Weiss, and S. Chu, in *Proceedings of the Conference on Spin Polarized Quantum Systems*, S. Stringari, ed. (World Scientific, Singapore, 1989); see also Y. Shevy, D. S. Weiss, P. J. Ungar, and S. Chu, Phys. Rev. Lett. **62**, 1118 (1989).
4. A. Aspect, E. Arimondo, R. Kaiser, N. Vansteenkiste, and C. Cohen-Tannoudji, Phys. Rev. Lett. **61**, 826 (1988).
5. J. Dalibard and C. Cohen-Tannoudji, J. Opt. Soc. Am. B **6**, (1989).
6. Y. Castin, H. Wallis, and J. Dalibard, J. Opt. Soc. Am. B **6**, (1989).
7. J. Dalibard and C. Cohen-Tannoudji, J. Phys. B 18, 1661 (1985), and references therein.
8. G. Alzetta, A. Gozzini, L. Moi, and G. Orriols, Nuovo Cimento **36B**, 5 (1976).
9. E. Arimondo and G. Orriols, Lett. Nuovo Cimento **17**, 333 (1976); H. R. Gray, R. W. Whitley, and C. R. Stroud, Opt. Lett. **3**, 218 (1978).
10. P. M. Radmore and P. L. Knight, J. Phys. B **15**, 561 (1982).
11. J. Dalibard, S. Reynaud, and C. Cohen-Tannoudji, in *Interaction of Radiation with Matter*, a volume in honour of Adriano Gozzini (Scuola Normale Superiore, Pisa, Italy, 1987), pp. 29–48.
12. V. G. Minogin and Yu. V. Rozhdestvenskii, Zh. Eksp. Teor. Fiz. **88**, 1950 (1985) [Sov. Phys. JETP **61**, 1156 (1985)]. The theoretical treatment of these authors is valid only for atomic momenta p larger than the photon momentum $\hbar k$ since their Fokker–Planck equation is based on an expansion in powers of $\hbar k/p$.
13. Other proposals for getting temperatures below the recoil limit have been presented. It has been suggested that optical pumping in translation space might be used to cool the translational degrees of freedom by velocity-selective recycling in a trap. See D. E. Pritchard, K. Helmerson, V. S. Bagnato, G. P. Lafyatis, and A. G. Martin, in *Laser Spectroscopy VIII*, S. Svanberg and W. Persson, eds. (Springer-Verlag, Heidelberg, 1987), p. 68.
14. Closed families exist only when the two counterpropagating waves have polarizations such that they cannot both excite the same atomic transition $|g, m\rangle \leftrightarrow |e, m'\rangle$. This is always the case for a $\sigma_+ - \sigma_-$ configuration because of angular-momentum conservation. In the particular cases of $J_g = 1 \leftrightarrow J_e = 0$ and $J_g = 1 \leftrightarrow J_e = 1$ transitions, closed families also exist when the two counterpropagating waves have orthogonal linear polarizations. This is easily seen by use of new bases of sublevels for g and e, such as $\{|g, m = 0\rangle, [|g, m = -1\rangle \pm |g, m = 1\rangle]/\sqrt{2}\}$. Using these new bases, we find that the two waves cannot excite the same transition. This explains why cooling by velocity-selective coherent population trapping has been also observed on the $2\,^3S_1$–$2\,^3P_1$ transition of ^4He with the orthogonal linear configuration.[4]
15. Ch. J. Bordé, in *Advances in Laser Spectroscopy*, F. T. Arrechi, F. Strumia, and H. Walther, eds. (Plenum, New York, 1983); S. Stenholm, Appl. Phys. **16**, 159 (1978).
16. R. J. Cook, Phys. Rev. A **22**, 1078 (1980).
17. C. Cohen-Tannoudji, in *Frontiers in Laser Spectroscopy*, R. Balian, S. Haroche, and S. Liberman, eds. (North-Holland, Amsterdam, 1977), p. 1. For an extension of these equations including translational quantum numbers, see S. Stenholm, Appl. Phys. **15**, 287 (1978).
18. In fact, the exact shape of $H(u)$ is not important, provided that it has the correct width $2\hbar k$ and it is normalized. We have checked that a constant value over $2\hbar k$ [$H(u) = 1/2\hbar k$ for $-\hbar k \leqslant u \leqslant \hbar k$] yields almost identical results after only a few fluorescence cycles. We have thus taken the constant form for $H(u)$, simpler for the calculations, for all the interaction times longer than $10\Gamma^{-1}$.
19. In an experiment like ours,[4] the atoms are allowed to fly a long distance without any interaction until they are detected. Excited atoms will then decay to one of the ground states, and the recoil of the corresponding photon has to be taken into account. The last term of Eq. (5.4) must then be convoluted by the kernel $H(u)$ introduced in Section 4. Note that this amounts to a convolution of $\sigma_{ee}(p)$ by a function with width $2\hbar k$. In the case of a high light intensity (for which our calculation is still valid), $\sigma_{ee}(p)$ assumes values comparable with those of $\sigma_{++}(p)$ or $\sigma_{--}(p)$, and this convolution will produce a widening of the narrow structures of $\sigma_{ee}(p)$. In the case of a weak intensity, this correction is negligible.
20. These results are readily obtained by following the method presented in C. Cohen-Tannoudji, Metrologia **13**, 161 (1977).

Paper 7.8

C. Cohen-Tannoudji, F. Bardou, and A. Aspect, "Review on fundamental processes in laser cooling," in *10th Int. Conf. on Laser Spectroscopy*, eds. M. Ducloy, E. Giacobino, and G. Camy (World Scientific, 1992), pp. 3–14.

This paper has been written for the proceedings of the International Conference on Laser Spectroscopy held in Font-Romeu, France, in June 1991.

It reviews a certain number of fundamental problems associated with photon scattering: the analogy between photon scattering and a quantum measurement process which destroys atomic spatial coherences; the scattering of a photon by a single atom prepared in a linear superposition of two nonoverlapping wave packets; the sequence of quantum jumps associated with a sequence of photon scattering processes, etc. This paper has been selected here because it presents a new approach to the subrecoil cooling method described in papers 7.6 and 7.7 using velocity selective coherent population trapping (VSCPT). Such an approach describes the atomic evolution in terms of coherent evolution periods, separated by quantum jumps occurring at random times. It turned out to be quite useful for improving our understanding of VSCPT.

As in paper 4.3, one uses the delay function which gives the distribution of the time intervals between two successive spontaneous emissions. During such a time interval, there is a coherent evolution of the atomic wave function governed by the Hamiltonian (25), which is not Hermitian because it includes the decay rate of the excited state. The important difference from the situation analyzed in paper 4.3 is that the delay function changes after each jump. Each spontaneous emission produces a random change of the momentum p. Due to the p dependence of (25), one must then use a new Hamiltonian for describing the next coherent evolution period and for computing the probability of the next jump. Figure 2 gives an example of a Monte Carlo simulation calculated in this way. Each vertical discontinuity corresponds to a quantum jump during which p changes in a random way. When p gets close to zero, it may happen that one has to wait for a very long time before the next fluorescence cycle occurs. This clearly reflects the p dependence of the quenching of fluorescence associated with VSCPT.

There is another feature of Fig. 2 which must be noted. The random walk along the time axis is anomalous in the sense that it is dominated by a few dark periods which last for an appreciable fraction of the total interaction time. The analysis of this feature led to new theoretical developments mentioned in the epilogue.

A last comment can be made about the quantum jump description of dissipative processes presented in this paper. Such an approach is quite general. Other problems, such as amplification without inversion, have been studied by similar methods using the delay function [C. Cohen-Tannoudji, B. Zambon, and E. Arimondo, *J. Opt. Soc. Am.* **B10**, 2107 (1993)]. When the delay function is not easy to calculate, other more powerful approaches have been worked out, such as the "Wave Function Monte Carlo" approach [see, for example, the review paper of Y. Castin, J. Dalibard, and K. Mølmer, in *Atomic Physics 13*, eds. H. Walther, T. W. Hänsch, and B. Neizert (American Institute of Physics, 1993), p. 143].

REVIEW ON FUNDAMENTAL PROCESSES IN LASER COOLING

CLAUDE COHEN-TANNOUDJI,
FRANCOIS BARDOU and ALAIN ASPECT
Collège de France et Laboratoire de Spectroscopie
Hertzienne de l'Ecole Normale Supérieure(*)
24 rue Lhomond, F 75231 PARIS Cedex 05

ABSTRACT

Laser cooling is based on photon scattering. New physical insights can be obtained on photon scattering by considering it as a quantum measurement process or by associating a series of quantum jumps with a sequence of scattering processes.

1. Introduction

Laser cooling and trapping is an expanding field of research where spectacular developments have occurred during the last few years[1]. Very low kinetic temperatures, in the microkelvin range, have been obtained[2], opening the way to the realization of new schemes, such as atomic fountains, which seem quite promising for the improvement of atomic clocks[3]. Another important feature of such ultra-cold atoms is their long de Broglie wavelength which makes the wave aspects of atomic motion easier to detect. Several papers of these proceedings are devoted to the new subject of atomic interferometry.

All these developments provide a great stimulation for a deeper understanding of the quantum features of atomic motion in laser light. New types of questions may be asked leading to new physical insights in photon-atom interactions. In this paper, we present and discuss a few examples of such problems which exhibit the connection existing between photon scattering and a quantum measurement process.

We first consider in Section 2 a single photon scattering process and we show how it can be considered as a quantum measurement of the atom's position in the von Neumann's sense. Such an analogy clearly explains why photon scattering destroys spatial coherences and why therefore it should be avoided in atomic interferometers. The theoretical analysis of Section 2 is then applied in Section 3 to

(*) Laboratoire associé au CNRS et à l'Université Paris 6

the discussion of a question which has been asked about the detection of spatial coherences. If an atom has been prepared in a coherent superposition of two non overlapping wave packets, is it possible to detect this spatial coherence by interference fringes on the scattering cross section of an incoming photon ? Finally, we consider in Section 4 a sequence of scattering processes and we give a description of the atomic evolution in terms of a series of coherent evolutions separated by quantum jumps occurring at random times.

2. Photon Scattering and Spatial Coherences

2.1 Spatial Coherence Length

Consider an atom in a translational state described by a density operator σ. Spatial coherence for such an atom is related to the off-diagonal elements of σ, $\langle \mathbf{r}'|\sigma|\mathbf{r}''\rangle$, in the position representation. More precisely, one can introduce the global spatial coherence at a distance $\boldsymbol{\rho}$, defined by

$$F(\boldsymbol{\rho}) = \int d^3r \ \langle \mathbf{r}|\sigma|\mathbf{r}+\boldsymbol{\rho}\rangle \tag{1}$$

and which is the sum of all spatial coherences between two points separated by a fixed distance $\boldsymbol{\rho}$. Changing from the position representation to the momentum representation, one can easily derive the following relation

$$F(\boldsymbol{\rho}) = \int d^3p \ e^{i\mathbf{p}\cdot\boldsymbol{\rho}/\hbar}\langle \mathbf{p}|\sigma|\mathbf{p}\rangle \tag{2}$$

which shows that $F(\boldsymbol{\rho})$ is the Fourier transform of the momentum distribution $\langle \mathbf{p}|\sigma|\mathbf{p}\rangle$. The normalization of σ results in $F(\mathbf{0}) = 1$.

The spatial coherence length ξ is the typical length characterizing the decrease of $F(\boldsymbol{\rho})$ with $|\boldsymbol{\rho}|$. From Eq. 2, it clearly appears that the narrower the momentum distribution, i.e. the colder the atom, the broader is $F(\boldsymbol{\rho})$, i.e. the larger is ξ. For example, for a particle of mass M, in thermal equilibrium at temperature T, ξ is, within a numerical factor, the well known thermal de Broglie wavelength $\lambda_T = \left(2\pi\hbar^2/Mk_BT\right)^{1/2}$. Laser cooling is thus interesting for achieving large spatial coherence lengths. An important question concerns then the limits which can be reached by such methods. If the cooled atoms don't stop absorbing and reemitting photons, it seems impossible to avoid the random recoil due to spontaneous emission, so that the momentum distribution has a width Δp larger than the photon momentum $\hbar k$. It then follows from Eq. 2 that $F(\boldsymbol{\rho})$ has a width smaller than $1/k$. The fundamental limit for the spatial coherence lengths which can be achieved by usual laser cooling methods seems therefore to be the laser wavelength $\lambda = 2\pi/k$(*). We try now to give a new physical insight in this problem in terms of quantum measurement theory.

(*) Such a limitation can be removed in certain cases, for example if the photon absorption probability varies rapidly with the atomic momentum $\mathbf{p}$ around $\mathbf{p} = \mathbf{0}$ (see Section 4).

2.2 Main features of a quantum measurement process

We first briefly recall the main features of a quantum measurement process in the von Neumann's sense[4]. Let $\mathcal{S}$ be the measured system and $\mathcal{A}$ the observable of $\mathcal{S}$ which is measured by the measuring apparatus $\mathcal{M}$. If $\mathcal{S}$ is initially in an eigenstate $|a\rangle$ of $\mathcal{A}$, and if $\mathcal{M}$ is initially in the state $|\mathcal{X}_{\text{in}}\rangle$, the $\mathcal{S}$-$\mathcal{M}$ interaction is supposed to lead the total $\mathcal{S}+\mathcal{M}$ system in the state $|a\rangle \otimes |\mathcal{X}_a\rangle$

$$|a\rangle \otimes |\mathcal{X}_{\text{in}}\rangle \longrightarrow |a\rangle \otimes |\mathcal{X}_a\rangle \tag{3}$$

In other words, $\mathcal{S}$ remains in the eigenstate $|a\rangle$ of $\mathcal{A}$ whereas $\mathcal{M}$ ends in a state $|\mathcal{X}_a\rangle$ which is correlated with $|a\rangle$. This correlation is perfect if, for any pair $|a\rangle$, $|a'\rangle$ of orthogonal eigenstates of $\mathcal{A}$, the two corresponding states of $\mathcal{S}$, $|\mathcal{X}_a\rangle$ and $|\mathcal{X}_{a'}\rangle$, are themselves orthogonal

$$\langle a'|a\rangle = 0 \Longrightarrow \langle \mathcal{X}_{a'}|\mathcal{X}_a\rangle = 0 \tag{4}$$

The measurement is then ideal in so far as observing the final state of $\mathcal{M}$ determines unambiguously the initial state of $\mathcal{S}$.

From the linearity of Schrödinger equation, it then follows that, if $\mathcal{S}$ is initially in a linear superposition of the states $|a\rangle$, $\mathcal{S}+\mathcal{M}$ ends in the same linear superposition of the states $|a\rangle \otimes |\mathcal{X}_a\rangle$

$$\left(\sum_a c_a|a\rangle\right) \otimes |\mathcal{X}_{\text{in}}\rangle \longrightarrow \sum_a c_a|a\rangle \otimes |\mathcal{X}_a\rangle \tag{5}$$

Suppose now that, after the measurement process, $\mathcal{S}$ and $\mathcal{M}$ no longer interact. It is then well known that all predictions concerning $\mathcal{S}$ alone can be deduced from the reduced density operator of $\mathcal{S}$ obtained by tracing $|\psi_{\text{fin}}\rangle\langle\psi_{\text{fin}}|$ over $\mathcal{M}$, where $|\psi_{\text{fin}}\rangle$ is the final state of $\mathcal{S}+\mathcal{M}$ appearing on the right hand side of Eq. 5

$$\sigma_{\text{fin}} = Tr_{\mathcal{M}}\,|\psi_{\text{fin}}\rangle\langle\psi_{\text{fin}}| = \sum_a \sum_{a'} c_a c_{a'}^* \langle \mathcal{X}_{a'}|\mathcal{X}_a\rangle\, |a\rangle\langle a'| \tag{6}$$

If one compares Eq. 6 with the initial density operator of $\mathcal{S}$, $\sigma_{\text{in}} = \sum_a \sum_{a'} c_a c_{a'}^* |a\rangle\langle a'|$ one concludes that the diagonal elements of σ remain unchanged during the measurement process since

$$\langle a|\sigma_{\text{fin}}|a\rangle = |c_a|^2 \langle \mathcal{X}_a|\mathcal{X}_a\rangle = |c_a|^2 = \langle a|\sigma_{\text{in}}|a\rangle \tag{7}$$

whereas the off diagonal elements

$$\langle a|\sigma_{\text{fin}}|a'\rangle = c_a c_{a'}^* \langle \mathcal{X}_{a'}|\mathcal{X}_a\rangle = \langle a|\sigma_{\text{in}}|a'\rangle \langle \mathcal{X}_{a'}|\mathcal{X}_a\rangle \tag{8}$$

become multiplied by $\langle \mathcal{X}_{a'} | \mathcal{X}_a \rangle$ which vanishes if the measurement is perfect. In other words, in the basis of eigenstates of the measured observable $\mathcal{A}$, the measurement process appears as a pure T_2 relaxation process.

2.3 Photon Scattering as a Quantum Measurement Process

We come back to photon scattering. Such a process is entirely characterized by the scattering $\mathcal{S}$-matrix which gives the amplitudes of the elementary processes

$$|\mathbf{K}\rangle \otimes |\mathbf{k}_i\rangle \longrightarrow |\mathbf{K} + \mathbf{k}_i - \mathbf{k}_f\rangle \otimes |\mathbf{k}_f\rangle \tag{9}$$

where an atom with momentum $\hbar\mathbf{K}$ scatters a photon whose momentum changes from $\hbar\mathbf{k}_i$ to $\hbar\mathbf{k}_f$. Conservation of the total momentum explicitly appears in Eq. 9 since the atom momentum changes from $\hbar\mathbf{K}$ to $\hbar(\mathbf{K} + \mathbf{k}_i - k_f)$. We will denote $\mathcal{S}(\mathbf{k}_i, \mathbf{k}_f; \mathbf{K})$ the amplitude of such a process. The $\mathbf{K}$ dependence of this amplitude is due for example to the Doppler effect which is proportionnal to the atomic velocity $\hbar\mathbf{K}/M$, where M is the atom's mass.

The most general initial state $|\varphi\rangle$ for the atom can be written

$$\begin{aligned} |\varphi\rangle &= \int d^3r \; |\mathbf{r}\rangle\langle\mathbf{r}|\varphi\rangle = \int d^3r \; \varphi(\mathbf{r})|\mathbf{r}\rangle \\ &= \int d^3K \; |\mathbf{K}\rangle\langle\mathbf{K}|\varphi\rangle = \int d^3K \; \tilde{\varphi}(\mathbf{K})|\mathbf{K}\rangle \end{aligned} \tag{10}$$

where $\varphi(\mathbf{r}) = \langle\mathbf{r}|\varphi\rangle$ and $\tilde{\varphi}(\mathbf{K}) = \langle\mathbf{K}|\varphi\rangle$ are the wave functions associated with $|\varphi\rangle$ in the position representation and the momentum representation respectively. From the linearity of the Schrödinger equation, one deduces that, if the initial state of the "atom + photon" system is

$$\begin{aligned} |\psi_{\text{in}}\rangle &= |\varphi\rangle \otimes |\mathbf{k}_i\rangle \\ &= \int d^3r \; \varphi(\mathbf{r})|\mathbf{r}\rangle \otimes |\mathbf{k}_i\rangle = \int d^3K \; \tilde{\varphi}(\mathbf{K})|\mathbf{K}\rangle \otimes |\mathbf{k}_i\rangle \end{aligned} \tag{11}$$

the final state is

$$|\psi_{\text{fin}}\rangle = \int d^3k_f \int d^3K \; \mathcal{S}(\mathbf{k}_i, \mathbf{k}_f; \mathbf{K})\tilde{\varphi}(\mathbf{K}) \, |\mathbf{K} + \mathbf{k}_i - \mathbf{k}_f\rangle \otimes |\mathbf{k}_f\rangle \tag{12}$$

We introduce now an approximation which consists in neglecting the $\mathbf{K}$ dependence of $\mathcal{S}^{(*)}$. In several cases, this is a very good approximation (see however the

(*) $\mathcal{S}$ could eventually depend on the average value of $\mathbf{K}$. What we neglect here is the variation of $\mathcal{S}$ with $\mathbf{K}$ over the width ΔK of $\tilde{\varphi}(\mathbf{K})$.

section 4 of this paper, for an example of situation where the $\mathbf{K}$ – dependence of $\mathcal{S}$ plays an essential role)

$$\mathcal{S}(\mathbf{k}_i, \mathbf{k}_f; \mathbf{K}) \simeq \mathcal{S}(\mathbf{k}_i, \mathbf{k}_f) \tag{13}$$

Introducing Eq. 13 in Eq. 12 and using

$$|\mathbf{K} + \mathbf{k}_i - \mathbf{k}_f\rangle = e^{i(\mathbf{k}_i - \mathbf{k}_f)\cdot\mathbf{R}}|\mathbf{K}\rangle \tag{14}$$

where $\mathbf{R}$ is the position operator of the atom, we can transform Eq. 12 into

$$|\psi_{\text{fin}}\rangle \simeq \int d^3k_f\ \mathcal{S}(\mathbf{k}_i, \mathbf{k}_f)\, e^{i(\mathbf{k}_i - \mathbf{k}_f)\cdot\mathbf{R}}|\varphi\rangle \otimes |k_f\rangle \tag{15}$$

We replaced $\int d^3\mathbf{K}\ \tilde{\varphi}(\mathbf{K})|\mathbf{K}\rangle$ by $|\varphi\rangle$. Using Eq. 10 to replace $|\varphi\rangle$ by $\int d^3\mathbf{r}\ \varphi(\mathbf{r})|\mathbf{r}\rangle$, and the fact that $|\mathbf{r}\rangle$ is an eigenstate of $\mathbf{R}$ with eigenvalue $\mathbf{r}$, we finally get

$$|\psi_{\text{fin}}\rangle = \int d^3r\ \varphi(\mathbf{r})|\mathbf{r}\rangle \otimes |\mathcal{X}_{\mathbf{r}}\rangle \tag{16}$$

where

$$|\mathcal{X}_{\mathbf{r}}\rangle = \int d^3k_f\ e^{i(\mathbf{k}_i - \mathbf{k}_f)\cdot\mathbf{r}}\ \mathcal{S}(\mathbf{k}_i, \mathbf{k}_f)\,|\mathbf{k}_f\rangle \tag{17}$$

is a photon state which depends on $\mathbf{r}$. Comparing Eq. 11 and Eq. 16, we can describe the scattering process by the transformation

$$|\psi_{\text{in}}\rangle = \left(\int d^3r\ \varphi(\mathbf{r})|\mathbf{r}\rangle\right) \otimes |k_i\rangle \longrightarrow |\psi_{\text{fin}}\rangle = \int d^3r\ \varphi(\mathbf{r})|\mathbf{r}\rangle \otimes |\mathcal{X}_{\mathbf{r}}\rangle \tag{18}$$

which is quite similar to Eq. 5.

As in a von Neumann's measurement process, each position state of the atom becomes correlated with a photon state $|\mathcal{X}_{\mathbf{r}}\rangle$ which depends on $\mathbf{r}$. The probability for the atom to be in $\mathbf{r}$, after the scattering process, is equal to $|\varphi(r)|^2\,\langle\,\mathcal{X}_{\mathbf{r}}|\,\mathcal{X}_{\mathbf{r}}\rangle$, and remains unchanged since $\langle\,\mathcal{X}_{\mathbf{r}}|\,\mathcal{X}_{\mathbf{r}}\rangle = 1$ as a consequence of the unitarity of the $\mathcal{S}$-matrix. More precisely, one deduces from Eq. 17 that

$$\langle\,\mathcal{X}_{\mathbf{r}'}|\,\mathcal{X}_{\mathbf{r}''}\rangle = \int d^3k_f\,|\mathcal{S}(\mathbf{k}_i, \mathbf{k}_f)|^2\, e^{i(\mathbf{k}_i - \mathbf{k}_f)\cdot(\mathbf{r}' - \mathbf{r}'')} \tag{19}$$

Since the variations of $|\mathcal{S}(\mathbf{k}_i, \mathbf{k}_f)|^2$ with $\mathbf{k}_f$ are restricted to an interval on the order of $2\hbar k$, it follows from Eq. 19 that $\langle\,\mathcal{X}_{\mathbf{r}'}|\,\mathcal{X}_{\mathbf{r}''}\rangle$ is a function of $\mathbf{r}' - \mathbf{r}''$, which is equal to 1 for $\mathbf{r}' = \mathbf{r}''$ and which tends to 0 if $|\mathbf{r}' - \mathbf{r}''| \gg \lambda$. The fact that $|\mathcal{X}_{\mathbf{r}'}\rangle$ and $|\mathcal{X}_{\mathbf{r}''}\rangle$ become orthogonal only if $|\mathbf{r}' - \mathbf{r}''| \gg \lambda$ means that the measurement of the atom's position by photon scattering is not perfect, but has a finite resolution, on the order of the photon wavelength λ. This is in agreement with the well known result of wave optics according to which two points cannot be resolved optically if their distance is smaller than λ.

The calculation which leads from Eq. 5 to Eq. 8 can be repeated for Eq. 18 and gives

$$\langle \mathbf{r}' | \sigma_{\text{fin}} | \mathbf{r}'' \rangle = \varphi(\mathbf{r}')\varphi^*(\mathbf{r}'') \langle \mathcal{X}_{\mathbf{r}'} | \mathcal{X}_{\mathbf{r}''} \rangle = \langle \mathbf{r}' | \sigma_{\text{fin}} | \mathbf{r}'' \rangle \langle \mathcal{X}_{\mathbf{r}'} | \mathcal{X}_{\mathbf{r}''} \rangle \qquad (20)$$

This shows that, after a scattering process, the spatial coherence length is necessarily smaller than λ, whatever the initial state may be. We find again the result derived above in Subsection 2.1, but here in the context of quantum measurement theory.

So far, we have considered only a single scattering process. One can show that, if the atom undergoes a sequence of independent scattering processes, its spatial coherences $\langle \mathbf{r}' | \sigma | \mathbf{r}'' \rangle$ are damped, even if $|\mathbf{r}' - \mathbf{r}''|$ is smaller than λ, with a rate proportional to $|\mathbf{r}' - \mathbf{r}''|^2$. This explains why macroscopic systems, with large scattering cross-sections, are rapidly localized by their interaction with the environment and how classical properties emerge as a result of this coupling[5].

To sum up, photon scattering may be considered as a measurement process of the atom's position. This measurement has a finite resolution given by λ and destroys spatial coherences beyond a range which is also given by λ. These results provide also some physical insight in the quantum state of an atom in an optical molasses. Because of the quantum correlations which appear as a result of photon-atom interactions, the state of the atom cannot be described by a wave packet, but rather by a statistical mixture of wave packets. Since the spatial coherence length is necessarily smaller than λ, as a consequence of scattering processes, each of the wave packets forming the statistical mixture has a width which is smaller than λ, but the centers of these wave packets are distributed over a range Δr which may be much larger than λ. In other words, a clear distinction must be made between the width Δr of the position distribution $\langle \mathbf{r} | \sigma | \mathbf{r} \rangle$, which can increase indefinitely by spatial diffusion (if the atom is not trapped), and the spatial coherence length ξ which is reduced to very low values by photon scattering.

3. Are Photon Scattering Cross-sections Sensitive to Atomic Spatial Coherences ?

Consider a single atom whose wave function $\varphi(\mathbf{r})$ is a linear superposition of two wave packets $\varphi_a(\mathbf{r})$ and $\varphi_b(\mathbf{r})$, centered on two points $\mathbf{r}_a$ and $\mathbf{r}_b$, the width of each of these wave packets being small compared to $|\mathbf{r}_a - \mathbf{r}_b|$.

$$\varphi(\mathbf{r}) = c_a \varphi_a(\mathbf{r}) + c_b \varphi_b(\mathbf{r}) \qquad (21)$$

Suppose that a photon with momentum $\hbar \mathbf{k}_i$, is impinging on this atom and that one looks at the scattered photon along a direction $\mathbf{k}_f / k_f$ different from $\mathbf{k}_i / k_i$. Intuitively, one is tempted to consider that the incident light wave is scattered simultaneously by the two wave packets φ_a and φ_b, so that one expects to have interference effects between the two outgoing waves emerging from $\mathbf{r}_a$ and $\mathbf{r}_b$. Is such a picture correct ? Does the differential scattering cross-section exhibit interference fringes depending on $\mathbf{r}_a - \mathbf{r}_b$ when $\mathbf{k}_f/k_f$ is varied ? (*)

The calculations of the previous section allow one to give a clear answer to this question, since we know the final state of the "photon+atom" system after the scattering process. The probability to find the photon in the state $|\mathbf{k}_f\rangle$ is equal to the norm of the vector multiplying $|\mathbf{k}_f\rangle$ in Eq. 15, i.e. to(**)

$$|\mathcal{S}(\mathbf{k}_i,\mathbf{k}_f)|^2 \left\langle \varphi \left| e^{-i(\mathbf{k}_i-\mathbf{k}_f)\cdot\mathbf{R}} e^{i(\mathbf{k}_i-\mathbf{k}_f)\cdot\mathbf{R}} \right| \varphi \right\rangle = |\mathcal{S}(\mathbf{k}_i,k_f)|^2 \tag{22}$$

This is independent of the double peak structure of $\varphi(\mathbf{r})$, which shows that there are no corresponding interference fringes in the scattering cross-section.

Such a result, which remains valid even if the approximation corresponding to Eq. 13 is not made, has actually a simple physical meaning. There are indeed two scattering paths for the incoming photon, one through $|\varphi_a\rangle$ and one through $|\varphi_b\rangle$. But the final states of the atom corresponding to these two paths are not the same : the scattering through $|\varphi_a\rangle$ leaves the atom localized near $\mathbf{r}_a$, whereas the scattering through $|\varphi_b\rangle$ leaves the atom localized near $\mathbf{r}_b$. It follows that the two scattering paths cannot interfere because they correspond to orthogonal final atomic states.

This would be no longer true if, instead of a single atom, we had two atoms, one in the state $|\varphi_a\rangle$, the other in the state $|\varphi_b\rangle$. Now, the two paths could interfere, provided however that the momentum transfer $\hbar(\mathbf{k}_f - \mathbf{k}_i)$ occurring after a scattering through $|\varphi_i\rangle$ ($i = a$ or b) does not transform $|\varphi_i\rangle$ into a state orthogonal to $|\varphi_i\rangle$. For such a condition to be fulfilled, the momentum spread in $|\varphi_i\rangle$ must be large compared to $\hbar k$, which means that the spatial extent of the wave packet $\varphi_i(\mathbf{r})$ must be small compared to λ.

4. Photon Scattering and Quantum Jumps

4.1 Coming Back to the Approximation Made on the $\mathcal{S}$-Matrix

In the calculations of the previous two sections, we have neglected the $\mathbf{K}$ – dependence of the amplitude $\mathcal{S}(\mathbf{k}_i,\mathbf{k}_f;\mathbf{K})$ associated with the process (see Eq. 13). To interpret Doppler cooling, it is necessary to introduce the first order corrections in $\mathbf{K}$, which describe how the scattering cross-section depends on the atomic velocity through first-order Doppler effect. It is then possible to describe

---

(*) We are grateful to W.D. Phillips and G.P. Lafyatis for bringing this problem to our attention.

(**) Note that we don't specify here the final state of the atom. We measure only the final state of the photon, so that the cross-section calculated here is the total one (elastic plus inelastic).

the competition between the broadening of the momentum distribution due to the terms of $\mathcal{S}$ independent of $\mathbf{K}$ and the narrowing due to the first order corrections. Note however that, since scattering processes never stop, the coherence length ξ remains always smaller than λ.

It may happen that the amplitude $\mathcal{S}(\mathbf{k}_i, \mathbf{k}_f; \mathbf{K})$ vanishes for certain values $\mathbf{K}_0$ of $\mathbf{K}$. For example, one can have two distinct absorption amplitudes whose interference is perfectly destructive for $\mathbf{K} = \mathbf{K}_0$. This is the case for velocity selective coherent population trapping[6] (V.S.C.P.T.). Since scattering processes stop for $\mathbf{K} = \mathbf{K}_0$, one can show that, as a result of optical pumping and filtering in momentum space, it is now possible to get coherent lengths larger than λ. Because of the rapid variations of $\mathcal{S}$ around $\mathbf{K} = \mathbf{K}_0$, the calculations of Section 3 are no longer valid for analyzing such a process. We present now a new approach to photon scattering in terms of quantum jumps which can be applied to V.S.C.P.T., and which provides a new insight in the time evolution of the system.

4.2 A New Method for Describing a Sequence of Scattering Processes

We introduce the principe of this method on the simple case of one dimensional V.S.C.P.T. (Fig. 1)

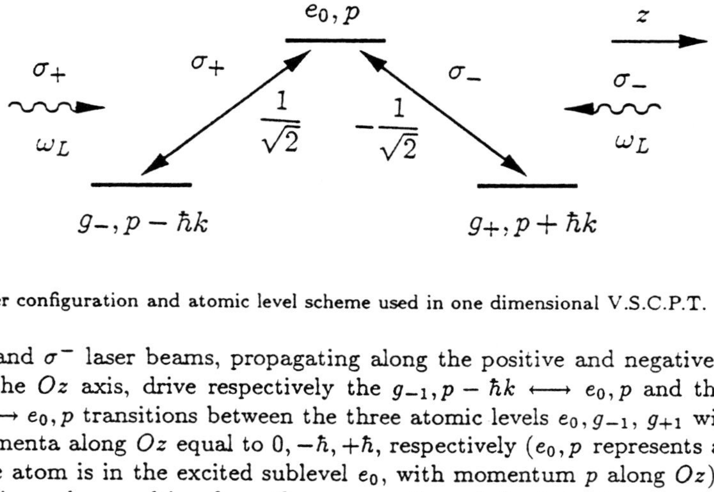

Fig. 1 Laser configuration and atomic level scheme used in one dimensional V.S.C.P.T.

Two σ^+ and σ^- laser beams, propagating along the positive and negative directions of the Oz axis, drive respectively the $g_{-1}, p - \hbar k \longleftrightarrow e_0, p$ and the g_{+1}, $p + \hbar k \longleftrightarrow e_0, p$ transitions between the three atomic levels e_0, g_{-1}, g_{+1} with angular momenta along Oz equal to $0, -\hbar, +\hbar$, respectively (e_0, p represents a state where the atom is in the excited sublevel e_0, with momentum p along Oz). Note the selection rules resulting from the conservation of the total linear and angular momenta along Oz. The Clebsch-Gordan coefficients of the two σ^+ and σ^- transitions are equal to $+1/\sqrt{2}$ and $-1/\sqrt{2}$, respectively.

As long as spontaneous emission is not taken into account, we have a coherent evolution between the three states of Fig. 1, which can be described in terms of Rabi precessions and stimulated Raman processes. Spontaneous emission introduces a random character in the atomic evolution. At random times, the atom "jumps" into the lower states, while a fluorescence photon appears in one of the initially empty modes of the quantized radiation field. Each individual scattering process can thus be associated with a quantum jump of the atom. To study the statistics of this sequence of quantum jumps, it is very convenient to consider the "delay function", introduced for analyzing intermittent fluorescence[7]. We summarize now the main steps of such an approach, as it can be applied to V.S.C.P.T.

(i) When an atom in e_0, with a well defined momentum p' along Oz, spontaneously emits a photon in a given direction with polar angles θ and Φ, and with a given polarization $\boldsymbol{\varepsilon}$, it jumps into a well defined linear superposition of g_{-1} and g_{+1}. In a 1D problem, we are not interested in the azimuthal angle Φ and in the polarization $\boldsymbol{\varepsilon}$. Averaging over Φ and $\boldsymbol{\varepsilon}$ leads, for the state of the atom just after the jump, to a statistical mixture with equal weights 1/2 of g_{-1} and g_{+1}, the momentum of the atom along Oz being $p' - \hbar k \cos\theta$. So we can decide randomly the value of θ (according to the emission diagram) and the sublevel g_{-1} or g_{+1} into which the atom jumps after a spontaneous emission.

(ii) Suppose that the previous random choice has given an atom jumping at time $\tau = 0$ into $g_{-1}, p' - \hbar k\cos\theta$ and let us put $p' - \hbar k\cos\theta = p - \hbar k$. After such a jump the wave function of the total system evolves according to

$$\begin{aligned} |\psi(\tau)\rangle = & \left[c_0(\tau)\,|e_0, p\rangle + c_1(\tau)\,|g_{+1}, p+\hbar k\rangle + c_{-1}(\tau)\,|g_{-1}, p-\hbar k\rangle\right] \\ & \otimes |0 - \text{fluorescence photon}\rangle \\ & + \ \text{States with } 1, 2\ldots \text{ fluorescence photons} \end{aligned} \tag{23}$$

(iii) The probability to have the *next* spontaneous emission occurring between τ and $\tau + d\tau$ is then given by

$$W(\tau)d\tau = \Gamma\,|c_0(\tau)|^2\,dt \tag{24}$$

where Γ is the spontaneous emission rate (natural width of e_0). According to Eq. 24 and Eq. 23, $W(\tau)$ is the departure rate from the 0 – fluorescence photon manifold. $W(\tau)$ can also be considered as the distribution of the time intervals $\tau = t_{n+1} - t_n$ between two *successive* spontaneous jumps, the nth one occurring at $t = t_n$ and the next one occurring at $t = t_{n+1}$.

(iv) The three functions $c_0(\tau), c_1(\tau), c_{-1}(\tau)$ appearing in the first two lines of Eq. 23 and describing the evolution within the 0-fluorescence photon manifold can be obtained by solving a Schrödinger equation governed by an effective non Hermitian hamiltonian H_{eff}, obtained by adding and imaginary term $-i\hbar\Gamma/2$ to the energy of $|e_0, p\rangle$[(*)]

$$H_{\text{eff}} = \begin{pmatrix} \frac{p^2}{2M} - i\hbar\frac{\Gamma}{2} & -\frac{\hbar\Omega_1}{2\sqrt{2}} & \frac{\hbar\Omega_1}{2\sqrt{2}} \\ -\frac{\hbar\Omega_1}{2\sqrt{2}} & \frac{(p+\hbar k)^2}{2M} + \hbar\delta & 0 \\ \frac{\hbar\Omega_1}{2\sqrt{2}} & 0 & \frac{(p-\hbar k)^2}{2M} + \hbar\delta \end{pmatrix} \tag{25}$$

In Eq. 25, Ω_1 is the Rabi frequency associated with the two σ^+ and σ^- laser fields, assumed to have the same amplitude, and $\delta = \omega_L - \omega_A$ is the detuning between the laser and atom frequencies. For $\tau = 0$, we have $c_{-1}(0) = 1$, $c_0(0) = c_{+1}(0) = 0$.
(v) Once the next spontaneous emission process has occurred at $t = t_{n+1}$, we know a posteriori that, between $t = t_n$ and $t = t_{n+1}$, the system is certainly in the 0-fluorescence photon manifold. Its state is thus described between t_n and t_{n+1}, by the normalized state vector

$$\frac{c_0(t)\,|e_0, p\rangle + c_1(t)\,|g_{+1}, p+\hbar k\rangle + c_{-1}(t)\,|g_{-1}, p-\hbar k\rangle}{\left[|c_0(t)|^2 + |c_1(t)|^2 + |c_{-1}(t)|^2\right]^{1/2}} \tag{26}$$

4.3 Monte-Carlo Simulation of the Quantum Jumps Occurring in V.S.C.P.T.

The procedure outlined in the previous subsection can be applied to V.S.C.P.T. and provides a Monte-Carlo simulation of such a phenomenon, preserving its quantum features.

The key point for V.S.C.P.T. is the existence of atomic states which are not coupled to the laser field. If one introduces the two orthogonal linear combinations of $g_{-1}, p-\hbar k$ and $g_{+1}, p+\hbar k$ given by

$$\begin{aligned} |\psi_{NC}(p)\rangle &= 2^{-1/2}\left[\, |g_{-1}, p-\hbar k\rangle + |g_{+1}, p+\hbar k\rangle\right] \\ |\psi_C(p)\rangle &= 2^{-1/2}\left[\, |g_{-1}, p-\hbar k\rangle - |g_{+1}, p+\hbar k\rangle\right], \end{aligned} \tag{27}$$

one can easily check that $|\psi_{NC}(p)\rangle$ is not coupled to $|e_0, p\rangle$ by the laser-atom interaction hamiltonian (terms proportional to Ω_1 in Eq. 25)). On the other hand, the fact that the two states $|g_{\pm 1}, p \pm \hbar k\rangle$ have not the same kinetic energy results in the appearance a motional coupling between $|\psi_{NC}(p)\rangle$ and $|\psi_C(p)\rangle$ proportional to the difference between these two kinetic energies. Actually, one can easily show from Eq. 25 and Eq. 27 that

$$\langle\psi_{NC}(p)|\, H_{\text{eff}}\, |\psi_C(p)\rangle = \hbar k p/M \tag{28}$$

(*) Such a simplification is due to the fact that, in the 0-fluorescence photon manifold, spontaneous emission can be entirely described by departure rates.

It follows that, if $p = 0$, the state $|\psi_{NC}(p=0)\rangle$ is a perfect trap where the atoms can remain trapped indefinitely, such a trap becoming less and less perfect when $|p|$ increases as a consequence of the indirect coupling between $|\psi_{NC}(p)\rangle$ and $|e_0, p\rangle$ through $|\psi_C(p)\rangle$.

In the quantum jump description, one can say that one of the three complex eigenvalues of Eq. 25 has a damping rate which becomes smaller and smaller when $p \longrightarrow 0$, so that the time delay between two successive quantum jumps can increase considerably when p gets smaller and smaller. Since p can change in a random way after each jump, and since this change of p is taken into account in the procedure of Subsection 4.2, it follows that the length of the "dark periods" (periods between two successive jumps) can change during the time evolution, becoming longer and longer when p gets smaller and smaller. Figure 2 shows the results of a Monte-Carlo type simulation which confirms such predictions.

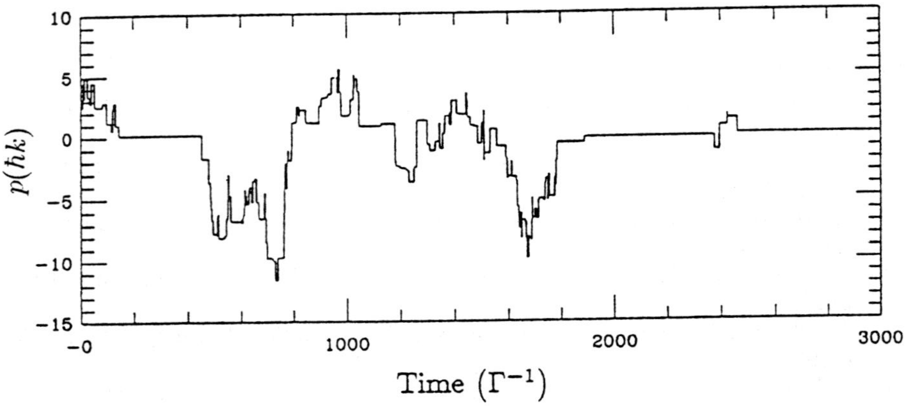

Fig. 2 Monte-Carlo simulation of the quantum jumps occurring in V.S.C.P.T. Curve giving the variations of p with time. Each discontinuity corresponds to a quantum jump. The time interval τ between each jump and the next one (dark period) is a random variable which is chosen according to the distribution $W(\tau)$ which depends on p. Note that the dark periods are longer when p is close to zero.

4.4 Advantages of Such an Approach

Figure 2 shows that the atom spends most of its time in long dark periods. Since its state is then given by Eq. 26 and since only $|\psi_{NC}(p)\rangle$ is associated with a small decay rate, it is clear that the weight of $|\psi_{NC}(p)\rangle$ in Eq. 26 becomes rapidly predominant in these dark periods. We thus clearly understand how an atom which jumps into g_{-1} or g_{+1} after a spontaneous emission process is then rapidly filtered in the dark state $|\psi_{NC}(p)\rangle$ if p is small enough. Averaging over a set of such Monte-Carlo realizations, one can reconstruct the momentum distribution of the atom. The results obtained in this way are in good agreement with those obtained from a numerical solution of optical Bloch equations.

Similar Monte-Carlo approaches have been recently developed for dealing with dissipative processes in quantum optics[8]. They lead to a picture of the time evolution of the atom which consists of a series of quantum jumps separated by time invervals where the atomic state can be described by a wave function. Such approaches are called for that reason "Monte-Carlo Wave Function". Their complete equivalence with optical Bloch equations has been proven. They not only give a new physical insight in dissipative processes, but they are also numerically simpler since dealing with wave functions requires less computer memory than for density matrices. They look therefore very promising for investigating a whole series of problems.

5. Acknowledgements

We thank C. Westbrook and J. Dalibard for fruitful discussions.

6. Références

1. See special feature *Laser Cooling and Trapping of Atoms*, eds. S. Chu and C. Wieman, in *J. Opt. Soc. Am.* **B6** (1990) 2109-2278.
2. C. Salomon, J. Dalibard, W.D. Phillips, A. Clairon and S. Guellati, *Europhys. Lett.* **12** (1990) 683.
   C. Monroe, W. Swann, H. Robinson and C. Wieman, *Phys. Rev. Lett.* **65** (1990) 1571.
3. M.A. Kasevich, E. Riis, S. Chu and R.G. Devoe, *Phys. Rev. Lett.* **63** (1989) 612.
   A. Clairon, C. Salomon, S. Guellati and W.D. Phillips, *Europhys. Lett.* **16** (1991) 165.
4. J. von Neumann, in *Mathematical Foundations of Quantum Mechanics* (Princeton University Press, Princeton, 1955), chapter VI.
5. E. Joos and H.D. Zeh, *Z. Phys.* **B59** (1985) 223.
6. A. Aspect, E. Arimondo, R. Kaiser, N. Vansteenkiste and C. Cohen-Tannoudji, *Phys. Rev. Lett.* **61** (1988) 826.
   Same authors, *J. Opt. Soc. Am.* **B6** (1990) 2112.
7. C. Cohen-Tannoudji and J. Dalibard, *Europhys. Lett.* **1** (1986) 441.
8. K. Mølmer, Y. Castin and J. Dalibard, to be published.

Epilogue

The reprints contained in this volume were selected in July 1992. Since that time, some noteworthy developments have taken place and a few papers, which could have been added to the previous list, are briefly mentioned here.

Subrecoil laser cooling experiments using velocity selective coherent population trapping (VSCPT; see Sec. 7, paper 7.6) have been significantly improved. Starting from a cloud of trapped and precooled metastable helium atoms, it has been possible to increase the laser–atom interaction time by one order of magnitude. One-dimensional temperatures $T \sim 200$ nK have been measured, twenty times smaller than the recoil temperature T_{R} and corresponding to a de Broglie wavelength of 4.5 μm [F. Bardou, B. Saubamea, J. Lawall, K. Shimizu, O. Emile, C. Westbrook, A. Aspect, and C. Cohen-Tannoudji, *C. R. Acad. Sci.* **318II**, 877–885 (1994)]. Very recently, two-dimensional VSCPT has been demonstrated. Using four laser beams in a horizontal plane xOy, with two counterpropaging σ^+ and σ^- polarized beams along Ox and two similar beams along Oy, one detects four well-resolved peaks, as predicted by M. Ol'shanii and V. Minogin. The corresponding temperature is on the order of $T_{\mathrm{R}}/20$.

New theoretical methods for analyzing subrecoil laser cooling have been developed. Monte Carlo simulations of the time evolution of the atomic momentum in a VSCPT experiment have shown that the corresponding random walk along the time axis is quite anomalous in the sense that it is dominated by a few dark periods which last for an appreciable fraction of the total interaction time. During a seminar given at the Ecole Normale, similar anomalous random walks were presented by J. P. Bouchaud in a quite different context (polymer physics), and were analyzed in terms of "Lévy flights." This was the starting point of a fruitful collaboration. It turned out that Lévy flights can provide a new purely statistical approach to VSCPT, from which one can derive analytical results for the proportion of cooled atoms in the limit of long interaction times, where the standard quantum optics methods become inappropriate [F. Bardou, J. P. Bouchaud,

O. Emile, A. Aspect, and C. Cohen-Tannoudji, *Phys. Rev. Lett.* **72**, 203 (1994)].

We finally mention the realization of a stable gravitational cavity for cesium atoms [C. G. Aminoff, A. M. Steane, P. Bouyer, P. Desbiolles, J. Dalibard, and C. Cohen-Tannoudji, *Phys. Rev. Lett.* **71**, 3083 (1993)]. Cesium atoms from a magneto-optical trap are released above a curved mirror formed by an evanescent light wave and they are observed to rebound up to 10 times. One of the ultimate goals of such an experiment would be to observe the quantum modes of such a cavity, calculated by H. Wallis, J. Dalibard, and C. Cohen-Tannoudji, in *Appl. Phys.* **B54**, 407 (1992). These modes would be the equivalent for atomic de Broglie waves of the standing waves of light in a Fabry–Pérot cavity.

Paris, February 1994